印刷图像安全与智能识别

曹 鹏 著

電子工業出版社
Publishing House of Electronics Industry
北京 · BEIJING

内 容 简 介

本书围绕印刷信息防伪与物品溯源技术展开，结合计算机图形图像、数字编解码、信息加解密、多光谱成像、色彩管理等多学科技术，探讨如何创新解决传统防伪技术依赖特种材料与工艺的问题。全书内容涵盖数字图像处理、印刷复制技术、防伪材料和工艺、加网技术、信息隐藏等方面，提供了从理论到应用的全面分析，并介绍了最新的防伪技术及其实际应用案例。本书适合作为印刷防伪、图像识别、信息安全等领域的高年级本科生、研究生课程教材，以及科研人员和工程技术人员的技术参考。

图书在版编目（CIP）数据

印刷图像安全与智能识别 / 曹鹏著. -- 北京 : 电子工业出版社, 2025. 1. -- ISBN 978-7-121-49507-6

Ⅰ. TS803.1

中国国家版本馆 CIP 数据核字第 2025YZ6925 号

责任编辑：朱雨萌　　　　特约编辑：王纲

印　　刷：北京建宏印刷有限公司

装　　订：北京建宏印刷有限公司

出版发行：电子工业出版社

　　　　　北京市海淀区万寿路 173 信箱　邮编 100036

开　　本：787×1 092　1/16　印张：33.75　字数：824 千字

版　　次：2025 年 1 月第 1 版

印　　次：2025 年 1 月第 1 次印刷

定　　价：198.00 元

凡所购买电子工业出版社图书有缺损问题，请向购买书店调换。若书店售缺，请与本社发行部联系，联系及邮购电话：（010）88254888，88258888。

质量投诉请发邮件至 zlts@phei.com.cn，盗版侵权举报请发邮件至 dbqq@phei.com.cn。

本书咨询联系方式：zhuyumeng@phei.com.cn。

前　言

印刷信息防伪与物品溯源技术在秉持绿色低碳环保理念的前提下，应用计算机图形图像、数字可靠性编解码、数字调制解调、信息隐藏、信息加解密、多光谱图像、彩色复制、色彩管理、先进印刷图文信息处理及半色调加网等多学科技术交叉创新，解决传统印刷信息防伪技术过度依赖特种材料、特种印刷工艺，导致防伪门槛和成本越来越高等问题。当前，尽管电子和网络信息防伪、安全识别认证技术发展异常迅猛，但商品标识、证卡票签等防伪市场的现实需求并未减少。防伪技术作为很多商品交易和流通过程中不可或缺的刚性需求在可预见的时间段内会坚挺地存在，并且会不断攀升发展，这正是本书研究内容的生命力所在。

本书先后受到国家自然科学基金面上项目（61972042、61370140、61170259）、北京市教委—市基金联合项目（KZ202010015023、KZ201010015013）等资助。书中很多内容是作者及其研究生长期研究和积累的结果，他们是孟凡俊、衣旭梅、刘喆灿、李沐明、陈建博、王敬、朱建乐、胡建华、陈方方、吕光武、王育军、曹晓鹤、黄媛、李杰、邱英英、池稼轩、王丽君、张博儒、原波等，在此一并谢过。

作　者

2024 年 7 月

目 录

第 1 章

数字图像基础

图像是人类最容易接收的信息，是多媒体的重要媒体元素。人类有 70%～80%的信息是通过视觉系统获取的图像。一幅图像可以形象、生动、直观地表达大量的信息，具有其他媒体元素不可比拟的优点。计算机是多媒体处理工具，本章将讨论图像处理的基本概念，以及计算机中存储、处理图像涉及的相关知识。

1.1 人类视觉系统

人类能从大千世界的缤纷万物中获取信息，靠的是精密、智能的视觉成像系统。眼睛是敏感的光感应器官，是一切外界视觉联系的信息接收器。人观察物体时，由于物体本身会反射、透射和吸收不同的光，被反射和透射的光进入人眼，在人的视网膜上成像，图像包含物体的颜色、形状、尺寸等信息。对周围世界的成像形成了人眼中的客观世界，称为“影像”。图像是自然界存在或者人为制作的反映电磁波能量的空间分布状态，由大量微小像素构成的视觉信息体。

1.1.1 人类视觉系统组成与成像原理

人类视觉系统（Human Visual System，HVS）是一个典型的图像处理系统，如图 1-1 所示，人类视觉系统包括眼睛、视神经、外侧膝状核和视觉中枢四部分。其中，眼睛的功能是接收光信号并转换成生物电信号，视神经的功能是传输信号，外侧膝状核的功能是同时接收左右眼采集的信号，视觉中枢的功能是处理信号并形成决策。

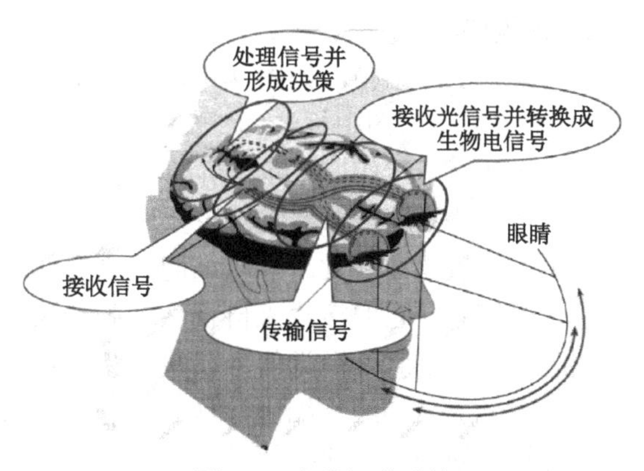

图 1-1 人类视觉系统

1. 眼部结构与成像原理

图 1-2 所示为眼球剖面，可以看出眼睛的三层结构，最外层是角膜、巩膜，主要作用是保护眼球。中间一层包括脉络膜、睫状体和虹膜，形成瞳孔。脉络膜包含丰富的血管和黑色素，一方面给眼睛提供营养，

另一方面在成像过程中起到暗视的作用。睫状体拉动虹膜，调节瞳孔的大小，形成类似于光圈的作用。里面一层包括视网膜、晶状体和玻璃体，晶状体类似于相机的镜头，主要作用是成像，晶状体成像在视网膜上，视网膜上的视敏细胞类似于传感器，把光信号转变成生物电信号。视网膜区域中有两个特殊的地方，一个是黄斑区，它是光学成像的中心；另一个是所有视神经汇集的通路，这个地方没有视敏细胞，称为盲点。

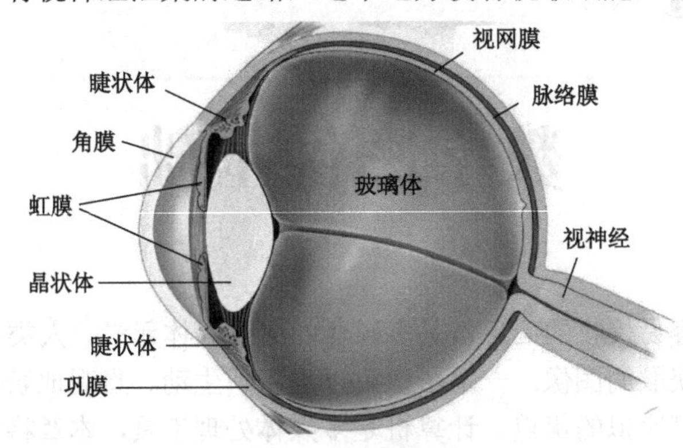

图 1-2 眼球剖面

在眼睛的所有部件中，与成像有关的主要是角膜、虹膜、晶状体、玻璃体和视网膜。这些部件中哪一个有问题都会影响视觉系统。晶状体本质上是一个非常典型的光学镜片，它的主要作用就是把外界的物体在视网膜上形成一个倒立的像，如图 1-3 所示。

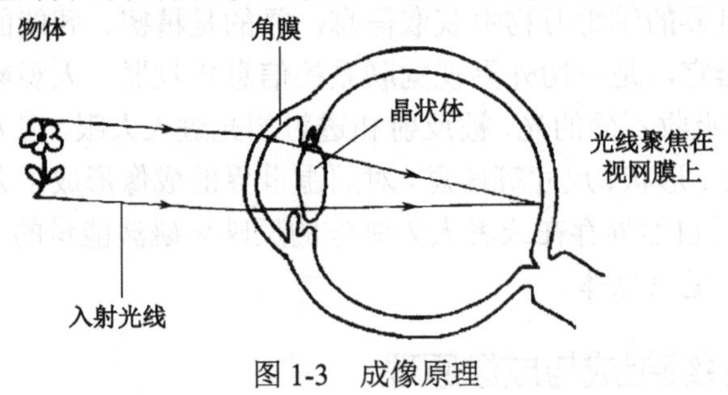

图 1-3 成像原理

2. 视网膜

视网膜为三层结构，如图 1-4 所示。最上面一层是视敏细胞，包括两种类型的光感受器：①视锥细胞（图中标注为“彩色信号敏感——彩色传感器”）：负责感知颜色信号，主要在亮光环境下工作，能够分辨红、绿、蓝等不同颜色。②视杆细胞（图中标注为“单色信号敏感——灰度传感器”）：主要用于感知亮度（灰度）信息，特别是在暗光环境下发挥作用，提供黑白视觉。视敏细胞的主要作用是将光学信号转换为生物电信号。中间一层是双极细胞，它们接收来自视敏细胞的信号，并负责将这些信号传递到下一层的神经节细胞。双极细胞是视觉信号在视网膜内传递的中继站。

最下面一层是神经节细胞，这些细胞负责收集来自双极细胞的信号，并通过其轴突形成视神经。视神经将这些信号传送到大脑的视觉皮层，完成视觉感知的处理。

视敏细胞分为两类：①视锥细胞，形状像锥子，主要负责彩色视觉。②视杆细胞，形状像杆子，主要负责灰度视觉。最终，视敏细胞将光信号转变为生物电信号，通过双极细胞传导，神经节细胞汇集后形成视神经，传递到大脑，形成视觉感知。

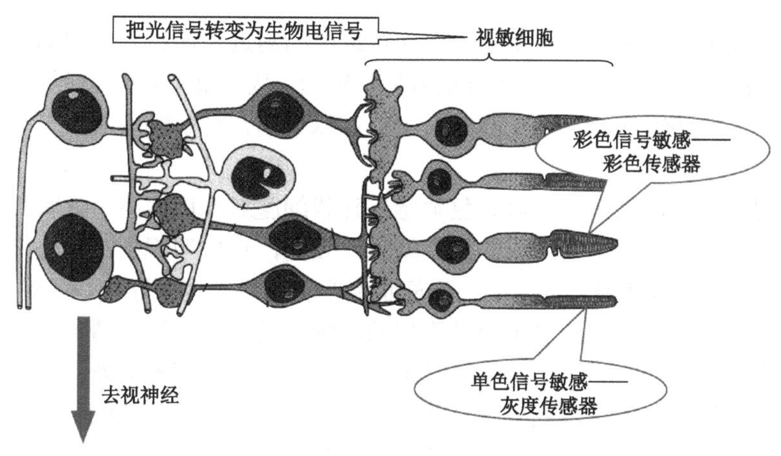

图 1-4　视网膜结构

人体是一个生物体，每个细胞都有一个刺激阈值，当外界刺激超过刺激阈值时，细胞才开始工作。对视敏细胞的刺激就是外界输入视网膜的亮度。锥状细胞的刺激阈值一般为 10^{-3}mL，而杆状细胞的刺激阈值是 10^{-6}mL。在没有月亮的夜晚，人们不太能够分辨出物体的颜色，而且物体轮廓模糊，这个时候杆状细胞在工作；人们在白天看到的物体轮廓清晰、颜色分明，主要是锥状细胞的作用，如图 1-5 所示。表 1-1 所列为两种细胞的工作环境参数。

图 1-5　锥状细胞和杆状细胞的成像效果

表 1-1　两种细胞的工作环境参数

参数		锥状细胞	杆状细胞
光通量范围/mL		10^{-3}～10^{4}	10^{-6}～10^{0}
晴天/lx	室外	10^{3}～10^{5}	
	室内	10^{2}～10^{3}	
阴天/lx	室外	50～500	
	室内	5～50	
满月夜室外/lx		0.03～0.3	0.03～0.3
无月夜室外/lx			0.001～0.02
一般室内/lx		50～100	
阅读/lx		300	
工作场景			

注：1 毫朗伯（mL）=10 流明（lm），1 勒克斯（lx）=1 流明/平方米（lm/m²）。

从分布状况来看，锥状细胞主要集中在黄斑区的附近，而杆状细胞的分布范围非常广，除了盲点和黄斑区，其他区域都有很多杆状细胞。从数量上看，锥状细胞有 600 万～700 万个，杆状细胞有 7600 万～15000 万个，可以看出，杆状细胞的数量是锥状细胞的 10～20 倍。

从敏感因素上看，锥状细胞对彩色敏感，杆状细胞对亮度敏感。杆状细胞的刺激阈值比较低，形成暗视觉；锥状细胞的刺激阈值比较高，形成明视觉。从分辨率上看，锥状细胞和神经末梢的连接是一对一的，而杆状细胞和神经末梢的连接是多对一的。因此，当杆状细胞工作时，人们看到的画面是模糊的，物体轮廓没有那么清晰，读者可以自己体会一下，晚上看东西的时候，不仅分辨不出颜色，而且轮廓不清晰。

那么，锥状细胞如何获取色彩呢？从生理学研究中发现，锥状细胞分为三类，分别是红敏细胞、蓝敏细胞和绿敏细胞。也就是说，当某种颜色的光线进入眼睛后，经过视网膜，实际上产生了三个分量，分别是蓝色、红色和绿色分量。例如，波长为 480nm 的光线落在视网膜上，经过视网膜，它产生了 0.65 倍的绿色分量、0.42 倍的红色分量和 0.31 倍的蓝色分量。也就是说，经过视网膜以后，每个波长的光都分成了三个分量。假如外界输入这样一个信号，它包括 0.65 倍的绿色分量、0.42 倍的红色分量和 0.31 倍的蓝色分量，那么经过视网膜之后，它产生的信号的波长就等于 480nm，这就是三基色原理。

彩色图像都包括三个分量，分别为 $R(x,y)$、$G(x,y)$ 和 $B(x,y)$。结合上述内容，理论基础就是三基色原理，而三基色原理的生理学基础就是视网膜上的三种锥状细胞。

3. 相对视敏函数

在辐射功率相同的情况下，不同的光不仅给人以不同的彩色感觉，而且给人以不同的亮度感觉。

对于不同波长的光，人类视觉系统有不同的彩色感觉和不同的亮度感觉。在获得相同亮度感觉的前提下测量不同波长的光，它的辐射功率越大，说明人类视觉系统对这个光越不敏感。假设不同波长的光的辐射功率为 $P(\lambda)$，则相对视敏函数符合：

$$k(\lambda)=1/P(\lambda) \tag{1-1}$$

$k(\lambda)$ 越大，人眼对光越敏感，经过研究发现，λ 的最大值是 555，相对视敏函数为

$$V(\lambda)=k(\lambda)/k(500) \tag{1-2}$$

1.1.2 人类视觉系统数学模型

人类视觉系统数学模型（HVS 模型）利用人类视觉的敏感性和选择性来塑造和完善可见图像质量。HVS 将心理现象（颜色、对比度、亮度等）与物理现象（光强、空间频率、波长等）相关联，它决定了什么样的物理条件可以产生一个特定的心理状态（感知能力）。一个通用的方法是研究刺激量与最小可视觉差（Just Noticeable Difference，JND）之间的关系。Weber-Fecher 定律对可混淆缩放的基本理论（观察者需要区别在视觉上会引起 JND 的色刺激的过程）起着关键的作用。

1. Weber-Fecher 定律

Weber 提出了一个感觉阈限的一般定律，即一个刺激和另一个刺激之间的 JND 是第一个刺激的恒定的分数。该分数 Ω 称为“Weber 分数”，其在给定的观察条件下对于任意的感觉形态来说都是一个常数。该 JND 的大小是由一个给定属性的物理量（如辐射和亮

度）测得的，它依赖所涉及的刺激程度。通常来说，刺激程度越大，JND 越大。对应的数学公式为

$$\frac{\Delta L}{L+L_0}=\Omega \tag{1-3}$$

式中：ΔL 为一个增量，它必须增加到给定的刺激 L 中使其可见；常量 L_0 可以被视为内部噪声。

Fecher 给出了 JND 一定会在感知测量 Φ 中表现出变化的推论。因此，他推测出所有刺激大小在“感觉等级”中的 JND 与增量 $\Delta\Phi$ 相等，即

$$\Delta\Phi=\Omega'\frac{\Delta L}{L+L_0} \tag{1-4}$$

式中：Ω' 为一个常量，它指定了感觉等级增量的一个合适单位。分别将 $\Delta\Phi$ 和 ΔL 进行微分，变成 $\mathrm{d}\Phi$ 和 $\mathrm{d}L$ 。将式（1-4）积分，得到

$$\Phi(L)=\int\mathrm{d}\Phi=\Omega'\int\frac{\mathrm{d}L}{L+L_0}=a+b\lg(L+L_0) \tag{1-5}$$

式（1-5）通过刺激 L 的一个对数函数关联感知测量 $\Phi(L)$，依据一个物理单位来测量，a 和 b 是常量，该关系称为 Weber-Fecher 定律。式（1-5）的含义为，一个可感知等级可以通过将 JND 求和来确定。随后，Fecher 处理了测量感知的问题。他通过三种方法来处理 JND 的实验测定：

（1）极限法；

（2）常量刺激法；

（3）平均误差法。

极限法通过将刺激值连续增大，直到观察者的响应发生变化。通常“没有变化”与“变化”之间的界限是从相反方向来逼近的，其数据是平均值。常量刺激法描述观察者是根据两种分类（绝对阈值）的判定还是三种分类（不同的阈值）的判定做出刺激响应的。通过将每个刺激作为常量来处理，并且记录分配给了哪类频率，就获得了通常在 50%的点被作为阈值的一个“心理测量曲线”。平均误差法提供了一个标准刺激，即观察者试图与一个可调刺激相匹配，匹配的平均误差就假定为阈值。

式（1-5）表明量化级应该在反射中以对数的方式间隔，即在密度区域中也以对数的方式间隔。这个理论上的预测大致与 Roetling 和 Holladay 的实践经验相吻合，他们通过印刷系统中的重叠网点发现了色调复制曲线（TRC）是与密度呈线性关系的曲线。

2. 色彩差异

Weber-Fecher 定律被用作形成色差的尺度，早期定量研究对色彩的单一属性（如亮度、色度或色彩度）进行了阈值处理。图 1-6 展示了由 König 和 Brodhum 在 1889 年提出的 Weber 分数 $\Delta L/L$ 。这个结果表明 Weber 分数在整个亮度研究范围内不是一个常数。然而，其在对数级为−1～3 几乎是一个常数，这个对数级是

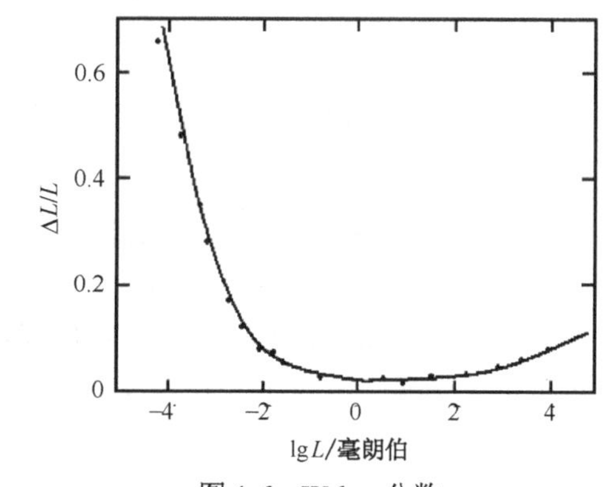

图 1-6　Weber 分数

一个亮度变化为 10^4 的数量级。由于 Weber 分数是敏感度的倒数，因此当亮度降低时，敏感度会迅速下降。

波长中的阈值差异导致色度的差异可由相似的方法确定。图 1-7 展示了由 König 和 Dieterici 在 1884 年测量的色度中的 JND。这种早期测量的大致趋势被后来的研究者所证实，它的色差阈值 $\Delta\lambda$ 在 420～450nm 有所偏高。图 1-7 表明对色度的敏感度在可见频谱的两端会更低。人类视觉系统可区分出在蓝色、黄色区域主波长大约有 1nm 差异的颜色，但在频谱的两端则需要 10nm 的差异才能区分。该曲线表明人眼具有很强的分辨色度差异的能力。

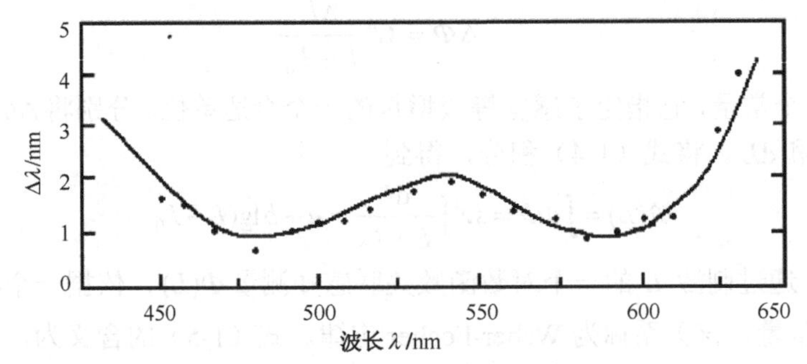

图 1-7　在色度中可感知的一个 JND 所需要的色差阈值Δλ表现为一个波长的函数

如图 1-8 所示，色彩纯度阈值随着波长发生明显的变化。最小值出现在 570nm 左右，JND 在这个波长的一侧显著增加。图 1-8 中的点表示由 Wright 以三个研究小组和重要协议的测量为基础而导出的平均数据。

理论上，色彩差异的度量可以针对图 1-7 和图 1-8 中数据的属性根据 Fecher 原理来建立，这些视觉测量对评估彩色图像质量至关重要。对比度阈值是一个特别重要的半色调 Weber 分数测量。

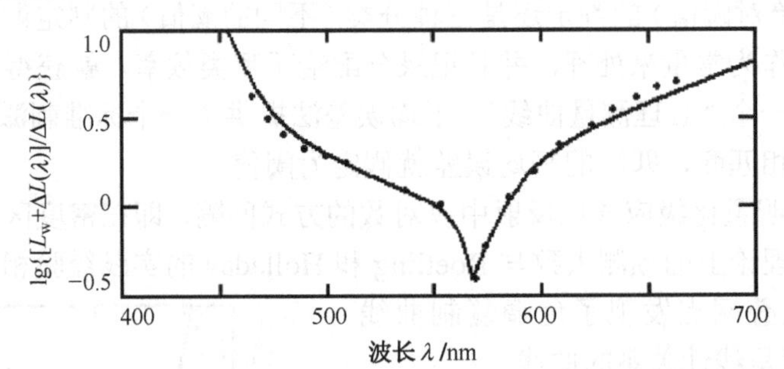

图 1-8　由 Wright 和 Pitt 测得的可感知一个 JND 所需要的色彩纯度（以对数增长的阈值变化）的波长函数

3．对比灵敏度与方位灵敏度

大多数数字半色调 HVS 模型都基于对比灵敏度函数（CSF）。图像对比度是局部图像强度与平均图像强度的比值。对比灵敏度描述了在阈值附近的视觉系统的信号特性。对于正弦光栅，将对比度 C 定义为迈克尔逊对比度：

$$C = \frac{L_{\max} - L_{\min}}{L_{\max} + L_{\min}} = \frac{A_L}{L} \tag{1-6}$$

式中：$L_{\max}$ 和 $L_{\min}$ 分别为最大亮度和最小亮度；A_L 为亮度振幅；L 为平均亮度。对比灵敏度是对比度阈值的倒数。

一个 CSF 描述了在每度周期视角下对正弦光栅的对比敏感度的一个空间频率函数。对比灵敏度曲线是由 Schade 在 1956 年测量得到的，如图 1-9 所示。水平轴是依据现实设备测量的空间频率，垂直轴是对比灵敏度，即 $\lg(1/C) = -\lg C$，其中 C 为检测域中图像的对比度。

图 1-9 所展示的 CSF 显示了两个特性。第一，当所测图像的空间频率增大时，灵敏度降低，这表明视觉路径对高频目标敏感。换句话说，人类视觉具有低通滤波特性。第二，在空间频率较低时，灵敏度并没有显著地改善，甚至在更低的频率下灵敏度反而会降低。这个现象依赖背景强度，在更高强度的背景下表现更显著。

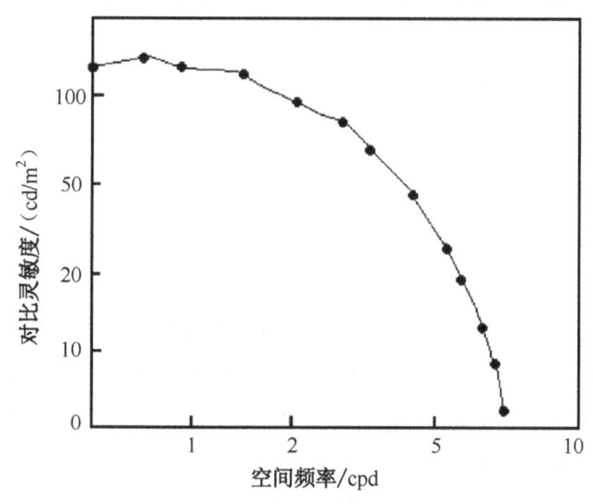

图 1-9 对比灵敏度曲线（对比度阈值是关于显示器的空间频率而不是每度周期视角）

彩色 CSF 曲线与亮度 CSF 曲线不同。高度 CSF 曲线在高亮度或中等亮度处获得平均亮度等级，亮度 CSF 曲线显示出带通特性，彩色 CSF 曲线则通过 Mullen 测量显示出低通特性。近来，一些非决定性证据表明，彩色 CSF 曲线也可在高饱和度颜色中表现出低通特性。另一个重要的不同点是，在中频和高频区，彩色 CSF 曲线要比亮度 CSF 曲线低。彩色 CSF 曲线的衰退与亮度 CSF 曲线相似，它在一个更低频率上呈指数级衰退。这就表明 HVS 对亮度中的空间变化比对色度中的空间变化具有更高的灵敏度。在亮度中具有空间衰退的图像通常会被感知为模糊的或不锐利的，而在色度中相似的衰退通常不能被感知。高频截止和与空间频率有关的指数关系形成了不同 HVS 模型的基础。物体的放置方位影响人类视觉灵敏度。

这个灵敏度对半色调印刷尤为重要，这是因为人们普遍认为，如果半色调网屏被放置在 45° 的位置，那么图像看上去会有更好的效果。早在 19 世纪 60 年代，Taylor 进行了五组有关方位灵敏度的研究，其中三组研究测试了辨识一个清晰可见的图案的方位的能力，另两组测试了在不同方位上察觉目标的存在性的能力。实验表明，灵敏度在 45° 和 135° 左右最低。同样，对于倾斜和水平的光栅，方位灵敏度随着空间频率的增大而增大。

近来的一项具有空间变化的色刺激的 HVS 研究证实：人类视觉对于水平和垂直的正弦光栅上的亮度变化，以及红绿和蓝黄刺激的变化更为敏感。对于亮度部分，对比灵敏度随着平均亮度的增大而增大。然而，对于色度的不同刺激，对比灵敏度对亮度的变化并不敏感。

4．对比灵敏度函数公式

CSF 在决定图像分辨率、图像质量改善、半色调设计和图像压缩方面起着十分重要的作用。因此，对于 CSF 有许多推导公式。一些重要的公式如下所述。

Campbell 等提出了一个经验公式，它用来解释对比灵敏度$V(f_r)$在径向空间频率f_r上的依赖性。

$$V(f_r)=k[\exp(-2\pi f_r\alpha)-\exp(-2\pi f_r\beta)] \tag{1-7}$$

式中：α、β为常数；k为相对于平均亮度的比例常数。Analoui 和 Allebach 通过实验和误差发现，$\alpha=0.012$ 和 $\beta=0.046$ 与 Campbell 的实验数据相吻合。当f_r从 0 开始增大时，$V(f_r)$也开始增大，并在$f_r=\ln(\alpha/\beta)[2\pi(\alpha-\beta)]$时达到最大值，之后随着空间频率的增大单调减小。因此，此 CSF 表现出带通滤波特性。当$\alpha=0.012$和$\beta=0.046$时，最大值f_r出现在 6.3cpd 处。

Mannos 和 Sakrison 估算了人眼的空间频率灵敏度，通常称为“调制传递函数”（MTF），它用来得出一个能够很好地预测编码图像主观质量的公式：

$$V(f_r)=a(b+cf_r)\exp[-(cf_r)^d] \tag{1-8}$$

式中：a、b、c、d为由 9 个测试者对图像判断所得的视觉实验常数，结果为a=2.6，b=0.0192，c=0.114，d=1.1；参数f_r为以 cpd 为单位的视觉对象角的标准径向空间频率。这个 MTF 的对比灵敏度的峰值出现在 8cpd 附近，其灵敏度在高频区的降低相当于人类视觉的低通滤波特性。灵敏度在低频区的降低解释了“同步对比错觉”（对于一个确定的灰度级区域，当其周围具有更亮的灰度时所受到的影响）和马赫带现象（具有不同色调级的两个区域在边缘出现时，人眼能在边缘的亮侧感受到一个亮带，在边缘的暗侧感受到一个暗带）。

Nasanen 提出了一个视觉模型用来解释半色调图案的可见性，他利用了一个基于指数函数的循环对称模型。视觉 CSF 的下降部分V_L在空间频率高于 2cpd 处可由一个指数函数来表示：

$$V_L=\kappa\exp(-\alpha f_r) \tag{1-9}$$

式中：α和κ为只依赖显示器的平均亮度的系数。指数的斜率随着平均亮度的增大而减小，因此系数α和κ是平均亮度L的函数，则式（1-9）变为

$$V_L=\kappa(L)\exp(-\alpha(L)f_r)。 \tag{1-10}$$

其中

$$\kappa(L)=\delta L^\gamma \tag{1-11}$$

且

$$\alpha(L)=\varepsilon/[\zeta\ln(L)+\eta] \tag{1-12}$$

式中：δ、γ、ε、ζ、η分别为常数 131.6、0.3188、1.0、0.525、3.91。

近来，Nill 和 Bouzas 提出了一个 CSF：

$$V(f_r)=(b+cf_r)\exp(-df_r) \tag{1-13}$$

式中：b=0.2，c=0.45，d=0.8。

此外，还有 Mannos-Sakrison 曲线、修正的 Mannos-Sakrison 曲线、Nasanen 曲线（平

均亮度为 11cd/m^2）和 Nill-Bouzas 曲线，除了 Nasanen 曲线，其他曲线都具有带通特性，而 Nasanen 模型可以看成一个低通滤波器。

Kelly 进行了一个实验来解释在小的、不平稳的和随机的眼部运动下追踪和补偿“稳定”的观察条件。该实验通过在一个显示器屏幕上显示具有空间频率成分 (f_x, f_y) 的无色正弦光栅来进行。光栅振幅的频率 ω 是关于它的标称亮度 L 以正弦的方式调制所得的刺激函数：

$$f(\omega)=L+\Delta L(\cos\omega t)\cos(xf_x+yf_y) \tag{1-14}$$

实验目的是直接改变 ΔL，直到超过可以被感知的刺激阈值。这个过程对不同 (f_x, f_y, ω) 重复进行，因此定义了一个函数 $\Delta L(f_x, f_y, \omega)$。基于该数据，Kelly 提出了适合大范围频率的曲线数学表达式：

$$V(f,\omega)=\left\{6.1+7.3\left|\lg[\omega/(3f)]\right|^3\right\}\omega f\exp[-2(\omega+2f)/45.9] \tag{1-15}$$

式中，

$$f=(f_x^2+f_y^2)^2 \tag{1-16}$$

5．人类视觉系统

许多 HVS 模型被提出以试图抓住人类感知能力的主要特征。CSF 曲线就被应用于各种不同的 HVS 模型。最简单的 HVS 模型包括一个视觉滤波器。更好的方法是在滤波器前添加一个模块，用来说明类似于 Weber-Fecher 定律的非线性特性。滤波后的信号合并为信息的一个单独信号“通道”，这个结构称为“单通道模型”。因为数字信号图像质量十分复杂，所以需要所有失真类型的输入。鉴于图像的复杂性，发展了多通道模型来包含多种输入，即以系统的方式在非线性特性前加入一些滤波器，每个滤波器负责整个图像质量的某一方面。

在办公环境中，人们通常在十分明亮的条件下观察半色调图像，并且由于成像设备和材料的局限性，图像通常具有低对比度，这表明视觉响应很好地逼近一个线性移不变系统的 MTF。通过运用逆对比灵敏度数据创建了一个简便的可分离极坐标形式来描述这个 MTF。许多研究者运用 Mannos-Sakrison 的光适应 MTF 模型来表示人类视觉系统的低对比度环境的特征。在此给出由 Sullivan、Ray、Miller 和 Pios 提出的方法：

$$\begin{cases} V(f_x,f_y)=a(b+cf_r)\exp[-(cf_r)^d], & f_r>f_{\max} \\ V(f_x,f_y)=1.0, & \text{其他} \end{cases} \tag{1-17}$$

式中：常数 a、b、c 和 d 由回归分析得出，分别与水平和垂直阈值调制数据 2.2、0.192、10114 和 1.1 相匹配；$f_{\max}$ 是 CSF 曲线中的峰值频率。注意到常数 a 和 b 的值与 Mannos-Sakrison 值不同。式（1-17）中的第二个表达式将带通 CSF 转变为低通 CSF。

为解释人类视觉函数灵敏度的角度变化，Daley 利用了一个依赖角度的比例函数，得到了从实际径向空间频率中计算出的标准径向空间频率：

$$f_r=\frac{f}{s(\theta)} \tag{1-18}$$

其中

$$f=(f_x^2+f_y^2)^{1/2} \tag{1-19}$$

且 $s(\theta)$ 由下式给出：

$$s(\theta)=\frac{1-\phi}{2}\cos(4\theta)+\frac{1+\phi}{2} \tag{1-20}$$

式中：ϕ为一个由实验得出的对称系数，且

$$\theta=\arctan(f_y/f_x) \tag{1-21}$$

这个角度的标准化在 45° 处产生了一个 70%的带宽。为完善视觉模糊函数，依据图像频率，最后一步是从周期/级转换成周期/毫米：

$$f_r=(\pi/180°)\left\{f_i/\sin^{-1}[1/(d_v^2)^{1/2}]\right\}，\ i=1,2,3,\cdots,N \tag{1-22}$$

式中：d_v 为以毫米为单位的观察距离；f_i 为以毫米为周期单位的离散采样频率，公式如下：

$$f_i=\frac{i-1}{N\tau_s} \tag{1-23}$$

式中：τ_s 为文件的采样间隔。对于 256mm 的观察距离，以及所导出的 a、b、c、d 和ϕ的值，就能得到对 16samples/mm 的采样间距为 32×32 的离散视觉 MTF。模糊函数的各向异性会引起二值输出的误差产生 45° 和 135° 的优先图，模糊函数的非零宽度会产生可见低频误差，这样做的代价是高频误差不可见。

6．彩色视觉模型及 S-CIE LAB

通常来说，彩色视觉模型是亮度模型的扩展和延伸，它是通过利用人类视觉在亮度和色度上的差异获得的。Kolpatzik 和 Bouman 将他们的亮度模型延伸到色彩上，利用对立色彩描述来分离亮度和色度通道，提出了一个简单独立通道模型。对于色度部分，他们利用了人们所熟知的事实，即相对于空间频率，对比度灵敏性在色度中的空间变化比在亮度中的下降要早和快。他们利用 Mullen 的实验结果得出色度频率响应：

$$V_C(f)=A_C\exp(-\alpha f) \tag{1-24}$$

式中：α 为常数，α=0.419；A_C=100。径向空间频率 f 定义在式（1-19）中。

图 1-10 展示了亮度的平方级和色度频率响应。亮度的平方级、色度频率响应图都具有低通滤波特性，但只有亮度频率响应在 45° 的奇数倍时才会减少，这导致频域内沿着对角线方向具有更多的亮度误差。色度频率响应比亮度频率响应有着更窄的带宽。比起对亮度和色度同样的响应，利用该色度频率响应，会允许更多不易观察到的低频色度误差，并且允许在亮度和色度之间进行调整和权衡。将亮度频率响应与一个权重因数相乘得到：当权重因数增大时，更多的误差被迫进入色度成分。

Zhang 和 Wandell 延伸了 CIE LAB 来解释在数字彩色图像复制中的空间误差和色彩误差，他们将这个新方法称为 S-CIE LAB。设计目标为在一个小区域或良好图案区域中对彩色图像运用空间滤波器，而不采用传统的 CIE LAB。S-CIE LAB 的计算过程如下。

（1）将输入图像数据转换成一个对立色彩空间。这种色彩转变以指定的 CIE XYZ 值为依据，使输入图像转变为代表亮度、红绿色、蓝黄色部分的三个对立色彩平面。

（2）每个对立色彩平面与二维内核相卷积，这个二维内核形状是由颜色因素的视觉空间敏感度决定的，每个区域里的内核集中为一个。低通滤波用来模拟人类视觉系统的空间模糊。这个卷积计算基于图案色彩分离的概念，在色彩转换中不依赖图像的空间图

案，空间卷积也不依赖图像的颜色。颜色转换和空间滤波器的系数是由精神物理学测量估算得出的，是由 Poirson、Wandell、Bauml 和 Wandell 提出的。

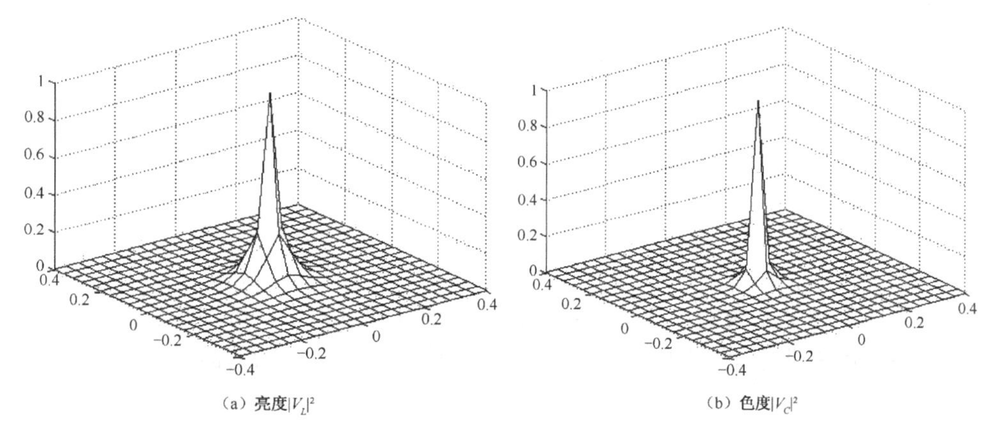

图 1-10 亮度的平方级和色度频率响应

（3）将过滤后的表示形式转换回 CIE XYZ 空间，然后变为一个 CIE LAB 代表形式，代表形式包括空间滤波和 CIE LAB 处理。

（4）原始 S-CIE LAB 代表形式与其复制品的差异在于复制错误的方法不同。这种不同用 ΔE_s 表示，它是传统 CIE LAB 精确计算的 ΔE_{ab}。

S-CIE LAB 反映了空间和色彩的灵敏度。S-CIE LAB 是一个人类视觉系统和数字成像模型。S-CIE LAB 也可作为一个色彩结构度量，已被用于印刷后的半色调图像，以及改善多级半色调图像。在 Zhang 和 Wandell 的实验中，与标准 CIE LAB 相比，S-CIE LAB 与感知数据的相关性更好。

7．视觉模型的应用

传统的客观图像质量评价方法，如均方误差（MSE）、峰值信噪比（PSNR）等方法，通过与标准图像比较像素的灰度差异来评价图像质量的退化程度。人们在实际应用中发现，这些评价方法与主观感受并不一致。因此，人们试图从其他角度来构建图像质量评价模型，基于各种因素的图像质量评价方法也不断被提出，如结构相似度（SSIM）。但大多数方法没有考虑人眼的视觉特性。

客观图像质量评价方法应该考虑人类视觉系统的各种特性。通过大量实验研究得知，对于同一图像，如果考虑了人眼视觉特性，其评价结果则要远远优于没有考虑人眼视觉特性。因此，很有必要在图像质量评价中引入人眼视觉特性，基于 HVS 的图像质量评价方法也受到了研究人员的广泛关注。

除了前面所提到的亮度适应性、对比敏感度，人眼还具有马赫效应、掩蔽效应、视觉惰性及多通道特性。

马赫效应是指由于侧抑制特性对图像边缘有增强作用，人眼对高、低频成分的响应较低，对中频成分的响应较高，因此在观察亮度发生跃变时，人们会感觉到边缘暗侧更暗、亮侧更亮。当人眼观察一幅一边暗、一边亮、中间缓慢过渡的图像时，人的主观视觉感受是亮的一边更亮，暗的一边更暗，靠近亮的一边比远离亮的一边更暗，靠近暗的一边比远离暗的一边更亮，马赫效应如图 1-11 所示。

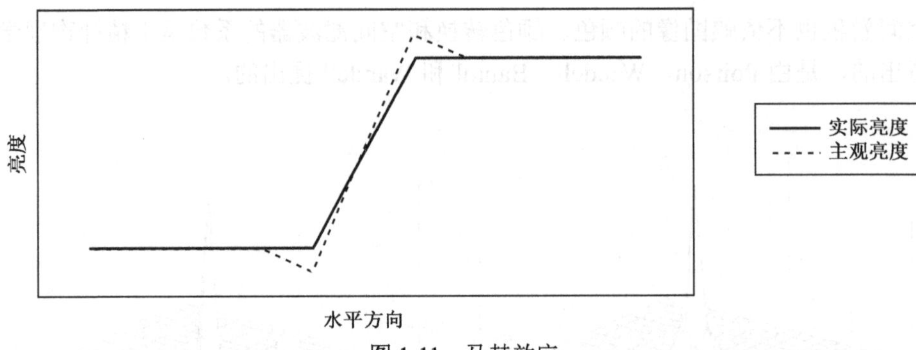

图 1-11 马赫效应

掩蔽效应是视觉系统的一个重要特性，在图像处理过程中，特别是在描述视觉激励的相互作用时起着非常重要的作用。它是指原激励在出现一个新的激励后的可视度降低的现象，或者在超阈值对比度背景下原激励被掩蔽，掩蔽效应在原始信号和掩蔽信号具有相同的频率内容和方向时最强。通常情况下，当激励单独存在时很容易被辨别，因此一般激励也不会单独存在。观察者对掩盖物的熟悉程度及掩盖物的相位、方向、带宽都会对掩蔽效应产生影响，除此之外，视觉系统的最小可视觉差的变化也是由掩蔽效应导致的，掩蔽效应分为以下三种。

（1）纹理掩蔽：相比平坦区域，对于边缘、纹理区域中的噪声，人眼敏感度较低。

（2）对比度掩蔽：在非常亮或非常暗的区域，人眼对失真的敏感度下降。

（3）运动掩蔽和切换掩蔽：人眼对失真的敏感度在场景切换时或视频序列高速运动时会降低。

视觉惰性是指人眼的亮度感觉并不是随着光的消失而立刻消失，而是按照一定的指数函数规律逐渐减小的生理现象。相比长时间的光刺激，在重复频率较低的情况下短暂的光刺激更醒目。现实生活中电影电视的播放就充分利用了人眼的视觉惰性，通过在一定时间内播放多帧连续图像序列，从而获得景物连续运动的感觉。

多通道特性是指人眼系统可以看成一组滤波器，而该滤波器组是各视觉机制的近似装置，它们将可见数据分解成一组各个方向、空间频率和时间频率带宽均有限的信号，这种有限带宽信号称为通道。

基于 HVS 的图像质量评价 JND 方法，就是视觉模型实际应用的一个例子。它的基本思想如下：把原始图像和失真图像作为输入，经过一系列基于 HVS 的处理，输出一幅 JND 图，JND 图上的像素值以 JND 为单位，它不仅显示出两幅图像差别的幅度，而且显示出位置。JND 模型的框架如图 1-12 所示。

JND 模型的具体做法如下：首先，对图像进行预处理，把 R、G、B 分量转换成更符合人眼视觉特性的一个亮度和两个色度分量 Y、U、V。其次，利用高斯塔式分解对每个序列进行滤波和下采样处理。再次，对亮度信号进行归一化处理，即依据亮度的时变平均值设定图像的总增益，以模拟视觉系统对总体亮度值的相对不敏感性。经过归一化处理的数据还要进行 3 种比较操作：定向比较、闪烁比较和彩色比较。这 3 种比较实际上是计算每个像素值与所有像素值总和的比值并进行塔形舍入，当比值是 1 时就说明图像的对比度刚好达到人眼可觉察的门限，即一个单位 JND。从次，将对比图像通过能量对比掩码，能量对比掩码用于模拟人眼的视觉掩蔽效应。最后，把经过上述相同处理的原始参考视频和失真视频的输出进行差值运算，得到每个亮度和色度分量的 JND 图，进而合并得到一幅完整的 JND 图。

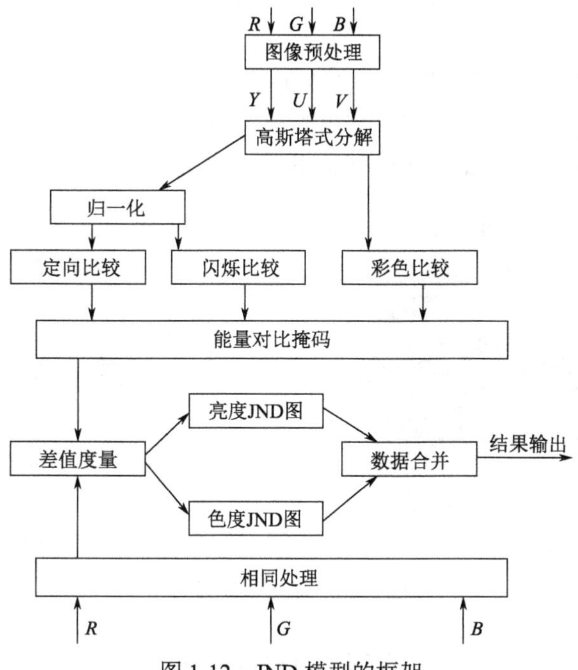

图 1-12　JND 模型的框架

与传统的客观评价方法相比，图 1-12 所示的方法运用拟合后的客观成绩与主观成绩之间的相关系数（Correlation Coefficient，CC），能够很好地反映客观评价方法的准确性；主观成绩和客观成绩之间的 Spearman 排列次序相关系数（Rank Order Correlation Coefficient，ROCC）反映了客观评价方法预测的离出率（Outlier Ratio，OR），它能够客观地反映评价方法预测的稳定性以测试该方法的有效性。

相关计算公式如下：

$$\mathrm{CC}=\frac{\sum_{i=1}^{n}(x_i-\overline{x})(y_i-\overline{y})}{\sqrt{\sum_{i=1}^{n}(x_i-\overline{x})^2\sum_{i=1}^{n}(y_i-\overline{y})^2}} \tag{1-25}$$

式中：x_i 为第 i 幅图像的客观成绩经过 logistic 函数拟合后的结果；$\overline{x}$ 为拟合后成绩的平均值；y_i 为第 i 幅图像的主观成绩；$\overline{y}$ 为所有主观成绩的平均值；n 为用于测试的图像的总数。

$$\mathrm{ROCC}=1-\frac{6\sum_{i=1}^{n}(rx_i-ry_i)^2}{n(n^2-1)} \tag{1-26}$$

式中：rx_i 和 ry_i 分别为主观成绩和客观成绩经过从小到大排序后，第 i 幅图像在各自序列中的序号；n 为用于测试的图像的总数。

$$OR=\frac{n_1}{n} \tag{1-27}$$

式中：n 为用于测试的图像的总数；n_1 为所有客观评分满足非线性回归后的成绩超出主观成绩两倍方差的个数。

实验证明，基于 HVS 的图像质量评价 JND 方法得到的相关系数和排列次序相关系数比 PSNR 和 SSIM 更大，而得到的离出率相对更小，因此说明此方法较以前方法有很大的改进。相关实验图及图像测试结果如图 1-13 及表 1-2 所示。

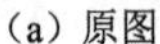

（a）原图

（b）失真图

图 1-13　原图和失真图

表 1-2　图像测试结果

项目	相关系数	排列次序相关系数	离出率
PSNR	0.9298	0.9013	0.1732
SSIM	0.9655	0.9498	0.044
JND 方法	0.9803	0.9711	0.0234

基于 HVS 的 JND 模型充分考虑了人类视觉特性，包含评估动态和复杂视频序列的 3 个方面：空域分析、时域分析和全色彩分析，且独立于编码过程和失真类型，基本上满足了一个健壮的客观评价方法的要求，因而有较大的应用价值。

另一种利用人类视觉特性中的对比灵敏度的图像评价方法也被提出。它根据人眼对边缘信息的敏感性，先对图像的边缘信息进行增强；然后利用人眼对局部区域感兴趣的心理特性，在对原始图像和失真图像进行评估前进行区域显著。该方法很好地考虑了人类视觉特性。

基于对比灵敏度的图像质量评价框图如图 1-14 所示。其中，利用 Sobel 算子对原始图像和失真图像分别进行了边缘增强，突出了边缘结构信息。

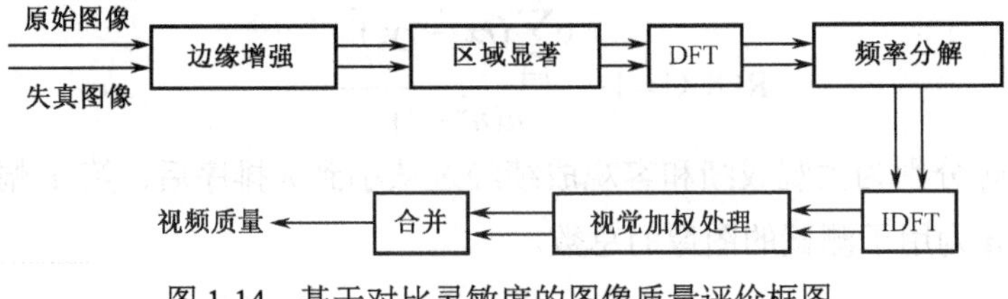

图 1-14　基于对比灵敏度的图像质量评价框图

根据人眼对低频敏感、高频不敏感的特性，利用边缘亮度的平方表示局部区域的显著，对局部区域进行显著增强以突出人眼感兴趣的区域。

利用离散傅里叶变换，对原始图像和失真图像分别进行 DFT 和 IDFT 处理。二维 DFT 和 IDFT 公式如下：

$$F(u,v)=\frac{1}{MN}\sum_{x=0}^{M-1}\sum_{y=0}^{N-1}f(x,y)\mathrm{e}^{\left[-\mathrm{j}2\pi\left(\frac{ux}{M}+\frac{vy}{N}\right)\right]} \tag{1-28}$$

$$f(x,y)=\frac{1}{MN}\sum_{x=0}^{M-1}\sum_{y=0}^{N-1}F(u,v)\mathrm{e}^{\left[\mathrm{j}2\pi\left(\frac{ux}{M}+\frac{vy}{N}\right)\right]} \tag{1-29}$$

由大量实验得知，在 3～6cpd 的空间频率分量上人眼最敏感。因此，依据人类视觉特性，在 0～4.5cpd 对经过离散傅里叶变换得到的原始图像和失真图像的频谱进行子带分割。分割方法是进行等频宽的子带分割，得到三个宽度均为 1.5cpd 的子带和一个直流分量。将子带分割滤波后，通过离散傅里叶反变换得到 3 个子带图像。

由于对于不同的频率分量，人眼的敏感度也不同，因此对于含有不同频率分量的各个子带，需要赋予不同的权值。最后对所得结果进行加权处理，获得归一化均方误差。为了模拟视觉皮层的合并过程，需要对上述处理过程所得到的归一化均方误差进行 Minkowski 合并，公式如下：

$$M=\left(\sum_{i}\left|S_i\right|^{\beta}\right)^{\frac{1}{\beta}} \tag{1-30}$$

式中：S_i 为不同通道的损伤强度；β 为合并参数。

相关实验图及图像测试结果如图 1-15、图 1-16 及表 1-3 所示。

图 1-15　原图

图 1-16　失真图

表 1-3　图像测试结果

项目	相关系数	排列次序相关系数	离出率
PSNR	0.9227	0.8912	0.1879
SSIM	0.9674	0.9478	0.039
基于对比敏感度的图像质量评价方法	0.9752	0.9531	0.0232

由实验可知，相比 PSNR 和 SSIM，该方法在客观评价尺度上具有较大的改进。

1.2 人类视觉特性

人类视觉系统由光学成像系统与神经调节系统组成，本节将讨论人类视觉系统的一些特性，主要包括空间频率特性、亮度适应性、视觉分辨率与人眼分辨率、视觉现象及彩色视觉。

1.2.1 空间频率特性

空间频率是指每度视角内图像或刺激图形的亮暗进行正弦调制的栅条周数，单位是周/度。它是根据 19 世纪数学家傅里叶提出的分析振动波形的理论而出现的描述人类视觉系统工作特性的概念。最初在物理光学中，空间频率是指每毫米具有的光栅数，单位为线/毫米。这一概念的广泛运用，为视觉特性、图形知觉及视觉系统信号的传输、信息的加工等研究提供了一个新的途径。

在数学、物理和工程中，空间频率是任何在空间中具有周期性的结构的特征。空间频率是一种描述单位长度的正弦分量（由傅里叶变换得到的）频率的量。在图像处理应用中，空间频率通常以每毫米的周期单位或每毫米的等值线对数表示。

在波动力学中，空间频率常用ξ来表示，有时也用 v 来表示，但 v 也可以表示时间频率，它与波长λ互为倒数。同时，角波数 k（以 m 为单位）也与空间频率和波长有关。

$$k = 2\pi\xi = \frac{2\pi}{\lambda} \tag{1-31}$$

在用空间频率描述人类视觉系统的特性时，栅条空间频率的大小和栅条本身的对比度都是重要的因素。栅条图形的对比度是(最高亮度−最低亮度)/(最高亮度+最低亮度)。调整某一空间频率栅条的对比度，当观察者能有 50%的正确分辨率时，这个对比度就是该空间频率的对比阈限。对比阈限的倒数即观察者对这个空间频率的对比感受性。实验测定，人眼对比阈限是随空间频率的改变而改变的，是空间频率的函数，称为对比感受性函数（CSF），它类似于光学系统的调制传递函数（MTF）。一般视力正常的观察者对每度视角 3 周或 4 周的栅条最敏感，高于或低于这个频率时感受性都会降低。如果空间频率超过每度视角 60 周，无论对比度怎样增大，都不能看清栅条。不能看清栅条时的频率称为截止频率，它可作为视觉锐度的指标。

1. 人眼的光学频率特性

有四位学者对人眼的光学频率特性进行了测试，测试结果分别是图 1-17 中的曲线 *A*（劳克斯科普夫的测试结果）、曲线 *B*（罗尔勒的测试结果）、曲线 *C*（迪莫特的测试结果）及曲线 *D*（拉曼特的测试结果）。由图 1-17 可以看出，人眼是一个低通滤波器，而且不同的人测出来的结果的一致性很高。

2. 视觉系统的空间频率特性

视觉系统的空间频率特性也采用主观测量方法，图 1-18（a）所示为一个空间正弦波的图像，如果整个图像的每一列都是完全一样的，每一行都按照正弦变化，那么，人们所看到的就是这个图像通过正弦波的频率，对应图像的亮暗间隔会不断变化，通过这样一种方式来测试人类视觉系统的空间频率特性。图 1-18（b）所示为一些国际著名机构测试的结果，可以看出它们测试的曲线不完全相同，但总体趋势是一样的。

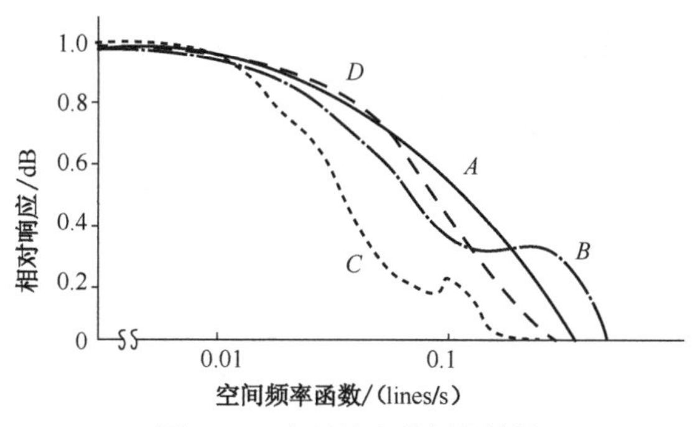

图 1-17　人眼的光学频率特性

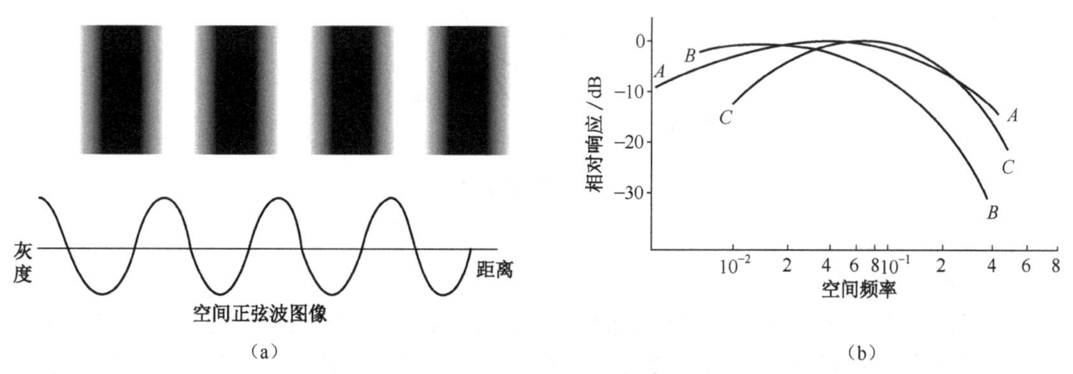

图 1-18　视觉系统的空间频率特性

可以看到，随着频率的升高和降低，空间频率特性都在逐渐衰减，即人类视觉系统的空间频率特性是带通特性。

1.2.2　亮度适应性

1．客观亮度与主观亮度

亮度分为客观亮度和主观亮度。客观亮度就是外界进入眼睛的光线的强度，可以用辐射功率来表示，而主观亮度就是人类视觉系统感知的外界亮度。通常情况下，由于视力提高的特性，主观亮度近似为客观亮度的对数。图 1-19 中有两条曲线。左下角的是杆状细胞的响应曲线，右上角的是锥状细胞的响应曲线；横坐标是光强的对数，纵坐标是主观亮度。可以看到，在光强取对数的情况下，主观亮度和客观亮度近似呈现相关性，所以主观亮度与客观亮度存在对数关系。

从图 1-19 中可以看出，人眼可以感知的亮度范围是很大的，为 10^{-6}～10^{4} 毫朗伯。但是，视觉系统不可能同时分辨这么大范围的亮度，在特定亮度下会形成特定的亮度响应曲线，感知一定亮度范围的变化，换一个环境，则可以自动调整为与环境相适应的亮度响应曲线，感知相应范围的亮度变化。这就是人类视觉系统的亮度适应性。

举例来讲，假设晚上在教室里面上自习，亮度环境是 B_a 这个环境，那么在这个环境下，亮度小于 B_b 的细节是分辨不出来的。上完晚自习以后走在路上，从 B_a 环境来到 B_c 环境，一开始可能什么都看不清楚，但过一会儿就能够看清楚了。这是什么原因呢？其原因就在于视觉系统重建了一个和 B_c 环境相适应的响应曲线。由这个例子引出了另外两个概念——明适应和暗适应。

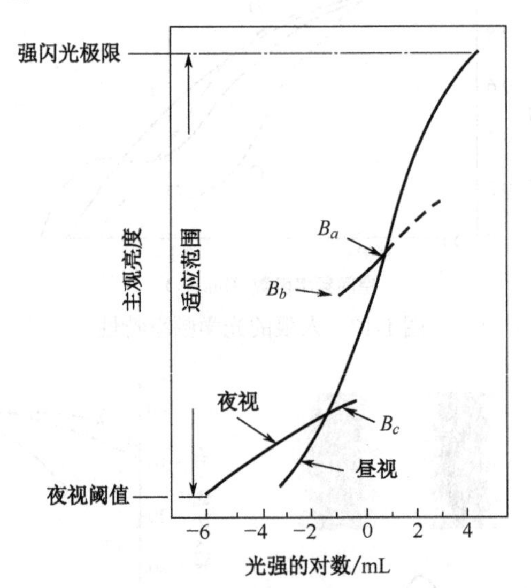

图 1-19 人眼视觉亮度适应性曲线

2．明适应与暗适应

当人们从较亮的光环境进入较暗的光环境，或者从较暗的光环境进入较亮的光环境时，由于环境的亮度变化，人眼会有一个适应过程，称为视觉适应。视觉适应是由于空间光环境的亮度变化，人眼通过瞳孔变化、视觉细胞的再调节，以及人眼在明视觉、暗视觉与中间视觉间的转换来适应环境变化的过程，视觉适应通常来说时间很短。

由于个体差异，以及测定方法的不同，并不能得出明适应与暗适应时间的准确值，当人们从较暗的光环境进入较亮的光环境时，特别是在强光下，人眼会突然感到光线变亮，需要一段时间去适应才能逐渐看清物体，这种适应过程称为明适应，又称光适应，是视觉适应的一种。明适应的时间较短，一般来说，在人们进入较亮的光环境或有较强光线直射时，正常人眼在几秒内就可以初步完成明适应，2～3min 即可达到稳定水平，通常人眼的明适应时间不超过 8min。暗适应即人眼从较亮的光环境到较暗的光环境的适应过程。在暗适应过程中，瞳孔会扩大，以得到更多的入射光线。初步的暗适应需要几分钟的时间，但彻底的暗适应通常需要历经很长时间，为 30～40min。

3．邦森-罗斯科定律

人眼观察物体时，必须在一定亮度下使视觉细胞活跃起来，才能产生视觉感受。在一定条件下，亮度×时间=常数。也就是说，呈现时间越短，就需要越高的亮度来产生视觉感受，如图 1-20 所示。物体越亮，识别它的时间就越短。

1.2.3 视觉分辨率与人眼分辨率

视觉分辨率就是人眼对亮度变化的分辨能力。下面看一个经典实验，如图 1-21 所示，在一个毛玻璃片的一侧打上一束亮度为 I 的光，被测试者站在另一侧，然后在中间位置以闪烁的方式打上另一束光，它的亮度为 $I+\Delta I$，询问被测试者有没有看到闪烁，如果光源闪烁了一百次，而被测试者看到了五十次，那么此时的 ΔI 为当前亮度下的最小可分辨亮度变化，$\Delta I/I$ 就是著名的韦伯比。ΔI 越小，说明相应亮度 I 下的亮度变化越容易分辨，视觉分辨率越高。

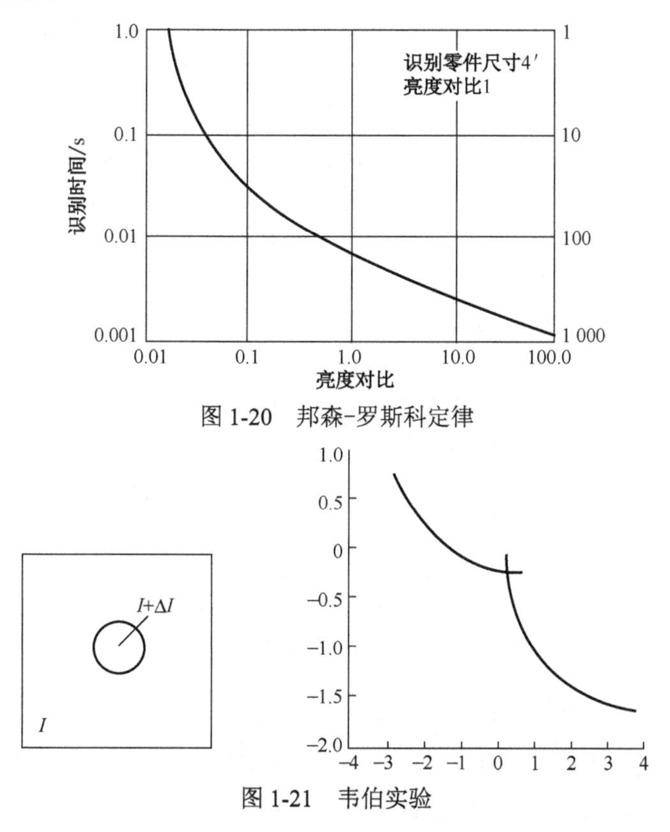

图 1-20 邦森-罗斯科定律

图 1-21 韦伯实验

除了视觉分辨率，还有人眼分辨率，根据科学家和摄影师罗杰•克拉克博士的说法，人眼分辨率为 5.76 亿像素。自然界图像分辨率为 5.76 亿像素，在垂直方向上约为 18 000 像素，这一数值非常大，至少目前没有相机具有接近人眼的分辨率。佳能发明了一个 2.5 亿像素的 CMOS 传感器原型，这是迄今为止最接近人眼的成像设备。人眼可以处理 1000fps 的图像，但这只是理论峰值，每个人的具体情况视眼睛和大脑的协调能力会有差异。视力良好的人可以感受的刷新率为 200～400Hz，UHD 电视的刷新率可以达到 240Hz。

眼睛以小角度快速移动，并不断更新大脑中的图像以“绘制”细节，大脑将这些信号结合起来以进一步提高分辨率。人们通常还会在场景中移动视角以收集更多信息。由于这些因素，与视网膜中感光体的数量相比，眼睛和大脑所组合的图像分辨率更高。

人眼的每条视神经中大约有一百万条神经纤维，通过一系列中继站向大脑提供一连串的信息。而且在人们完全没有意识的过程中，大脑正在进行大量的处理工作。人们生活的视觉世界是一个完整的场景，人们所看到的是通过大脑处理整个场景呈现的图像。

1.2.4 视觉现象

在日常生活中，人们常常遇到一些奇特的视觉现象，如 3D 风扇广告机可以完整地播放一个视频，其原理就是视觉暂留效应。本节将讲述马赫效应、同时对比度效应、视觉暂留效应和视幻觉。

1. 马赫效应

马赫效应是 1868 年由奥地利物理学家马赫发现的一种明度对比现象，即人们在明暗交界处感到亮处更亮、暗处更暗的现象。它是一种主观的边缘对比效应。当观察两个亮度不同的区域时，边界处亮度对比增强，使轮廓表现得特别明显。例如，将一个星形白纸片贴在一个较大的黑色圆盘上，再将圆盘放在色轮上快速旋转，可看到一个全黑的外圈和一个全白的内圈，以及一个由星形各角形成的不同明度灰色渐变的中间区域。还可看到，在圆盘黑圈的内边界上，有一个窄而特别黑的环。由于不同区域亮度的相互作用而产生明暗边界处的对比，使人们更好地形成了轮廓知觉。这种在图形轮廓部分发生的主观明度对比增强的现象称为边缘对比效应。边缘对比效应总是发生在亮度变化最大的边界区域。

从物体表面感受到的主观亮度受到该表面与周围环境亮度之间相对关系的影响。两个本身亮度不同的物体，如果它们的背景有相对关系，那么它们看起来可以有相同的亮度；反之，两个本身亮度相同的物体在适当的背景下看起来可以有不同的亮度。此时，人们感知的亮度与物体亮度的绝对值无关。

简而言之，同样的物体放在暗背景下看起来亮，放在亮背景下看起来暗。

如图 1-22 所示，这是一条有灰度变化的色带，可以看到在同一色块中，若旁边是相对亮的色块，则这一侧相对较暗；反之则相对较亮。

图 1-22　马赫效应

2. 同时对比度效应

图 1-23 中有四个大色块，各自包含一个相同色值的小色块，从视觉观察结果可知，虽然是同一小色块，但其背景越亮，则显得小色块越暗，这就是同时比对度效应。由此可见，相同的客观亮度受到不同的影响会产生不同的主观亮度。

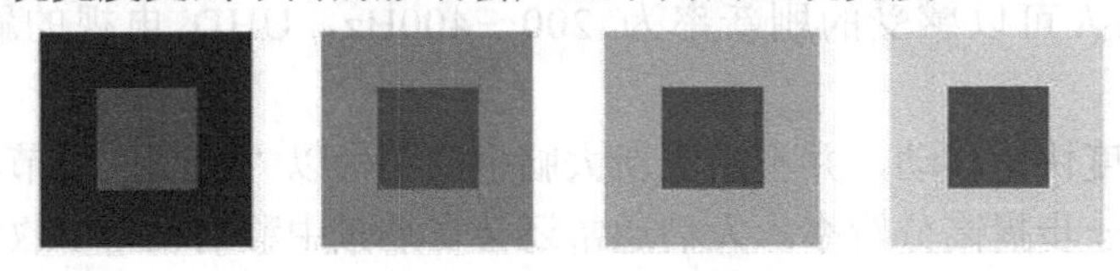

图 1-23　同时对比度效应

3. 视觉暂留效应

光学图像一旦在视网膜上形成，视觉系统就会将这个光学现象维持一段有限的时间，这种现象称为视觉暂留效应，也称视觉惰性。对于中等亮度的光刺激，视觉暂留时间为 0.05～0.2s。这也是视频至少要达到每秒 25 帧的生理学基础。

视觉暂留效应于 1824 年，由英国伦敦大学教授彼得·马克·罗杰特（Peter Mark Roget）在他的研究报告《移动物体的视觉暂留现象》中最先提出。

视觉暂留效应的具体应用是电影的拍摄和放映。视觉暂留效应是由视神经的反应速度造成的，它是动画、电影等视觉媒体形成和传播的基础。视觉实际上是靠眼睛的晶状体成像，感光细胞感光，并且将光信号转换为神经电流传回大脑引起的。感光细胞的感光靠一些感光色素，感光色素的形成是需要一定时间的，这就形成了视觉暂留效应的机理。

视觉暂留效应首先被中国人利用，走马灯便是历史记载中最早的视觉暂留应用。我国在宋代已有走马灯，当时称为“马骑灯”。随后，法国人保罗·罗盖在 1828 年发明了留影盘，它是一个被绳子从两面穿过的圆盘。圆盘的一面画了一只鸟，另一面画了一个空笼子。当圆盘旋转时，鸟便在笼子里出现了，这证明了当眼睛看到一系列图像时，它一次保留一幅图像。

视觉暂留实验方法：利用 Flash 软件，将帧频调至 10，即 1 帧 0.1s 的播放速度。

① 在第一帧插入一张图片，第二帧插入空白关键帧，让第一张图片消失。

② 在第六帧插入另一张图片，第七帧插入空白关键帧，并延长至第十帧。

③ 循环播放并观看，此时无法同时看到两张图片。

④ 每张图片后删除一帧，再进行观看，此时已有同时看到两张图片的状况，但并不是每次。

4. 视幻觉

视幻觉又称视错觉，意为视觉上的错觉。视幻觉是指观察者在客观因素干扰下或自身心理因素支配下，对图形产生的与客观事实不相符的错误的感觉。日常生活中，人们遇到的视幻觉的例子有很多。

视觉上的大小、长度、面积、方向、角度等几何构成，和实际测得的数字有明显差别的错视，称为几何学错视。

有关几何学错视的最早研究是 1855 年 Oppel 所发表的分割距离错视，即没被分割的面积看起来比分割的面积小。

艾宾浩斯错视：这是一种对实际大小知觉上的错视。在最著名的错觉图中，两个相同大小的圆被放置在一张图上，其中一个围绕较大的圆，另一个围绕较小的圆，围绕大圆的圆看起来比围绕小圆的圆要小。

赫林错视：两条平行线因受斜线的影响而呈弯曲状，也称弯曲错视，如图 1-24（a）所示。

加斯特罗图形：如图 1-24（b）所示，两个扇形虽然大小、形状完全相同，但是下方的扇形看似更大。

弗雷泽图形：由英国心理学者弗雷泽于 1908 年发表，如图 1-24（c）所示，该图形是一个产生角度、方向错视的图形，被称为错视之王。旋涡状图形实际上是同心圆。

对于错视，迄今仍未有确切的解释。克里克曾给出以下三点评述。

1）你很容易被你的视觉系统欺骗

人们通常认为自己能以同样的清晰度看清楚视野内的任何东西，但如果使自己的眼睛在短时间内保持不动，就会发现这是错误的。只有接近视觉中心，才能看到物体的细节，越偏离视觉中心，对细节的分辨能力越差，到了视野的最外围，甚至连辨别物体都困难。在日常生活中这一点之所以不明显，是因为人们总是不断移动眼睛，从而产生了各处物体同样清晰的错觉。

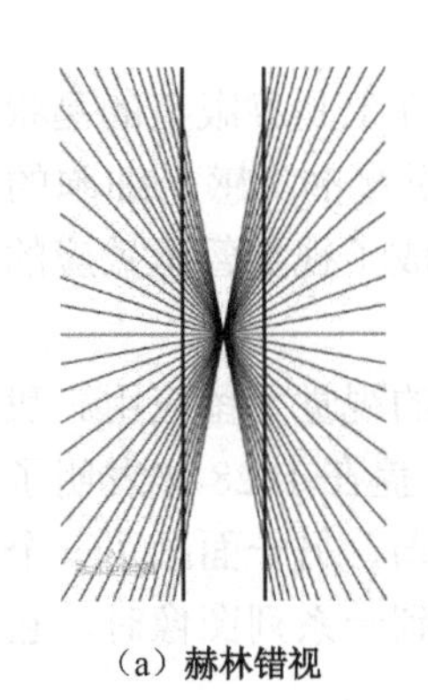
（a）赫林错视

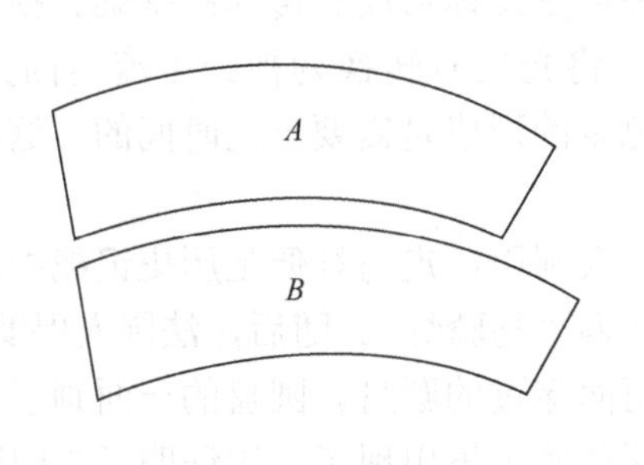

（b）加斯特罗图形

（c）弗雷泽图形

图 1-24　几何学错视

2）*眼睛提供的视觉信息可能是模棱两可的*

人类的眼睛提供的任何一种视觉信息通常都是模棱两可的，它本身提供的信息不足以使人们对现实世界中的物体给出一个确定的解释。事实上，经常会有多种可信的不同解释。但值得注意的是，某一时刻只能有一种解释，不会出现几种解释混合的奇特情况。对视觉图像的不同解释是数学上被称为“不适定问题”的例证。对任何一个不适定问题都有多种可能的解，在不附加任何信息的条件下，它们同样合理。为了得到真实的解，需要使用数学上所谓的“约束条件”。视觉系统必须得到如何最好地解释输入信息的固有假设。人们看东西时之所以不存在不确定性，是因为大脑把由视觉图像的形状、颜色、运动等许多显著特征所提供的信息组合在一起，并对所有这些不同视觉线索综合考虑后提出最为合理的解释。

3）*看是一个构建过程*

大脑并非被动地记录进入眼睛的视觉信息，而是主动地寻求对这些信息的解释。一个典型的例子是“填充”，如和盲点有关的填充现象。盲点是因为连接眼和脑的视神经纤维需要从某点离开眼睛，因此在视网膜的一个小区域内便没有光感受器。但是，尽管存在盲区，人们的视野中却没有明显的洞。这说明大脑试图用准确的推测填补盲点处应该有的东西。

俗话说“眼见为实”，按照通常的理解，意思是人们看到某件东西，就应该相信它确实存在。然而，克里克对此给出了完全不同的解释：你看见的东西并不一定存在，而是你的大脑认为它存在。在很多情况下，它确实与视觉世界的特性相符合，但在另一些情况下，盲目“相信”可能导致错误。看是一个主动的构建过程，大脑可根据先前的经验和眼睛提供的有限而又模糊的信息给出最好的解释。心理学家之所以热衷于研究视幻觉，就是因为人类视觉系统的部分功能缺陷恰恰能为揭示该系统的组织方式提供某些有用的线索。

1.2.5　彩色视觉

1．原理

彩色视觉（Color Vision）是一个生物体或机器基于物体所反射、发出或透过的光的频率（或波长）以区分物体的能力。颜色能够以不同的方式被测量和量化。事实上，人对颜色的感知是一个主观过程，不同的人也许会以不同的方式看同一个物体。

2. 频率和色调检测

艾萨克·牛顿发现白光在通过一个三棱镜时会被分解成彩色光带，如果将这些彩色光带通过另一个三棱镜重新混合，它们就会组成一个白色光束。特征性颜色按频率从低到高依次是红、橙、黄、绿、青、蓝、紫。足够的频率差异引起感知到的色调的差异，人类最小可视觉差在蓝绿色和黄色处的约 1nm 到红色与蓝色处的 10nm 之间变动。人眼可以区分几百种色调，当这些纯的光谱色（Spectral Color）被混合在一起或者被白光稀释时，可区分的色度可以相当高。

在非常低的光照水平下，视觉是暗视觉（Scotopic Vision）——光由视网膜上的杆状细胞检测。杆状细胞对 490nm 附近的频率最敏感，而且在彩色视觉中只起很小的作用。在更明亮的光下，如白天，视觉则是亮视觉（Photopic Vision）——光由负责彩色视觉的锥状细胞检测。锥状细胞对接近 530 nm 的频率最敏感。在这两个区域之间，中间视觉（Mesopic Vision）起作用，锥状细胞和杆状细胞均提供信号给视网膜神经节细胞（Retinal Ganglion Cell）。从暗光到亮光，色彩感知的改变产生了薄暮现象。

对“白色”的感知由整个可见光的光谱形成，或者混合少数几种频率的颜色，如红、绿和蓝，或者混合一对互补的颜色。

3. 生理机制

对颜色的感知开始于特定的含有不同光谱敏感度（Spectral Sensitivity）的色素的视网膜细胞，即锥状细胞。人体有 3 种对不同的光谱敏感的锥状细胞，形成了三色视觉（Trichromacy）。

每个单独的锥状细胞包含由视蛋白（Opsin）组成的色素，该色素共价连接于 11-顺-氢化视黄醛或者更罕见的 11-顺-脱氢视黄醛。

传统上按照光谱敏感度峰值频率的顺序将锥状细胞标记为 L、M、S 三种类型。这三种类型不完全对应于人们所知的特定的颜色。相反，对颜色的感知是由一个开始于这些位于视网膜的细胞差异化的输出，且将在大脑的视觉皮层和其他相关区域中完成的复杂过程实现的。

例如，尽管 L 锥状细胞简称红色感受器，但紫外-可见分光光度法表明其峰值敏感度在光谱的绿黄色区域。类似地，S 和 M 锥状细胞也不直接对应蓝色和绿色。RGB 色彩模型仅仅是表达颜色的一个方便的方式，并不基于人眼中的锥状细胞类型。

锥状细胞的峰值响应因人而异，即使在具有“正常”彩色视觉的个体之间也是如此；在一些非人的物种之中，这种多态的差异甚至更大，并很可能有适应性的优势。

4. 彩色视觉理论

关于彩色视觉的两种互补的理论分别是三色视觉理论和互补处理（Opponent Process）理论。三色视觉理论，即杨-亥姆霍兹理论（Young - Helmholtz Theory），于 19 世纪由托马斯·杨和赫尔曼·冯·亥姆霍兹提出，该理论说明了视网膜的三种锥状细胞分别优先敏感于蓝色、绿色和红色。Ewald Hering 则于 1872 年提出了互补处理理论。它表明视觉系统以一种拮抗的方式解释颜色：红对绿、蓝对黄、黑对白。现在人们知道，这两个理论都是正确的，描述了视觉生理的不同阶段。绿红和蓝黄是具有相互排斥的边界的标度。就像不可能存在“有一点点负”的正数一样，在相同的方式下，一个人不可能感知有点蓝的黄或者有点红的绿。

5．人脑中的色彩

色彩的处理过程起始于视觉系统中非常初期的层次（这一层次甚至还处在视网膜内），经初始色彩拮抗机制（Initial Color Opponent Mechanisms）完成。因此，上述两个理论均是正确的，但三色视觉发生在受体层次，拮抗加工则发生在视网膜神经节细胞这一层次及之后的过程中。在互补处理理论中，拮抗机制指的是红绿、黄蓝、浅深等色彩拮抗效应。然而，在视觉系统中，构成拮抗的是不同种类受体的活跃度。一些侏儒视网膜神经节细胞（Midget Retinal Ganglion Cells）与 L 锥状细胞和 M 锥状细胞在活跃度上相互拮抗，这大致上对应红绿互补，但实际上的对应关系表现为一条从蓝绿色到洋红色的轴。而在小双纹理视网膜神经节细胞（Small Bistratified Retinal Ganglion Cells）中，是 S 锥状细胞的输入信号与 L 锥状细胞及 M 锥状细胞的输入信号相互拮抗。通常认为，这与蓝黄互补相关，但实际上的对应关系表现为一条从黄绿色到紫色的轴。

视觉信息从视网膜神经节细胞通过视神经被送往大脑的视交叉（Optic Chiasm）：两条视神经相互交汇，来自（对侧）颞部视野的信息交叉至脑另一侧的点。通过视交叉后，视神经束进入丘脑，在外侧膝状核处形成突触。

外侧膝状核被分成若干层（区域），这些层有三种：M 层，主要由 M 细胞组成；P 层，主要由 P 细胞组成；粒状细胞（Koniocellular）层。M 和 P 细胞在整个视网膜的绝大多数地方接收来自 L 和 M 锥状细胞相对平衡的输入，小型细胞在 P 层形成突触。粒状细胞层接收来自小双层神经节细胞的轴突。

在外侧膝状核处形成突触后，视觉通道继续通往背侧，到位于脑的背侧枕叶之内的初级视觉皮质（V1）。在 V1 内有一个明显的带（Striation），称为纹状皮质，其他皮层视觉区域统称纹状体外皮质。在这一阶段，颜色处理变得更加复杂。

在 V1 中简单的三色隔离开始解体。V1 中的很多细胞响应光谱的某些部分多于其他部分，但这种“色彩调谐”通常随视觉系统的适应状态而不同。

1.3 成像与数字化

随着各类现代设备，特别是计算机的普及，人们对图像处理的需求不断增加，目前已经形成了完整的图像处理系统及各种图像处理算法来满足需求。

1.3.1 图像处理系统

一个完整的图像处理系统包括输入模块、控制与处理模块、输出模块及存储模块。把各个模块具体化后就得到一个实际的图像处理系统，如图 1-25 所示。

输入模块通常包括图像传感器，图像通过图像采集卡输入计算机，由计算机进行处理和控制，中间结果需要放到存储器中，最终结果在输出设备上显示。图像成像和数字化模块是图像处理的重要组成部分。

1．图像传感器

图像传感器主要分为两大类：CCD 和 CMOS。

1）CCD

（1）概念与发展。CCD 指电荷耦合器件，是一种用电荷量表示信号大小，用耦合方式传输信号的探测元件，具有自扫描、感受波谱范围宽、畸变小、体积小、重量轻、系统噪声低、功耗小、寿命长、可靠性高等一系列优点，并可做成集成度非常高的组合件。CCD 是 20 世纪 70 年代初发展起来的一种新型半导体器件。

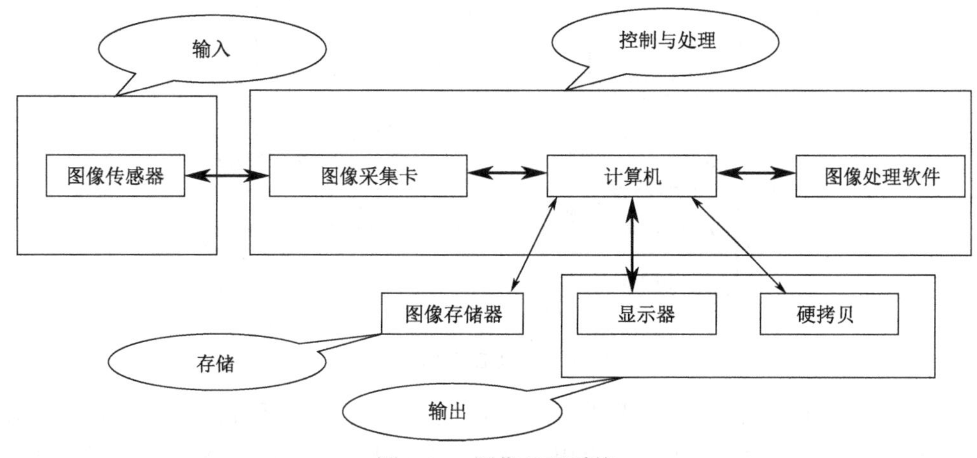

图 1-25 图像处理系统

（2）特点。CCD 图像传感器可直接将光信号转换为电流信号，电流信号经过放大和模数转换，实现图像的获取、存储、传输、处理和复现。其显著特点包括：

① 体积小，重量轻；

② 功耗小，工作电压低，抗冲击与振动，性能稳定，寿命长；

③ 灵敏度高，噪声小，动态范围大；

④ 响应速度快，有自扫描功能，图像畸变小，无残像；

⑤ 应用超大规模集成电路工艺技术生产，像素集成度高，尺寸精确，商品化生产成本低。

因此，许多采用光学方法测量外径的仪器把 CCD 器件作为光电接收器。

（3）分类。CCD 从功能上可分为线阵 CCD 和面阵 CCD 两大类。线阵 CCD 通常将 CCD 内部电极分成数组，每组称为一相，并施加同样的时钟脉冲。所需相数由 CCD 芯片内部结构决定，结构相异的 CCD 可满足不同场合的使用要求。线阵 CCD 有单沟道和双沟道之分，其光敏区采用 MOS 电容或光敏二极管结构，生产工艺相对简单。它由光敏区阵列与移位寄存器扫描电路组成，特点是处理信息速度快，外围电路简单，易实现实时控制，但获取信息量小，不能处理复杂的图像。面阵 CCD 的结构要复杂得多，它由很多光敏区排列成一个方阵，并以一定的形式连接成一个器件，获取信息量大，能处理复杂的图像。

（4）工作原理与流程。图 1-26 所示为 CCD 工作流程。

电荷生成：CCD 工作流程的第一步是电荷的生成。CCD 可以将入射光信号转换为电荷输出，原理是半导体内光电效应（光生伏特效应）。MOS 电容是构成 CCD 的基本单元。

电荷存储：CCD 工作流程的第二步是电荷的存储，就是将入射光子激励出的电荷收集起来成为信号电荷包的过程。

电荷转移：CCD 工作流程第三步是电荷的转移，就是将所收集起来的电荷包从一个像元转移到下一个像元，直到全部电荷包输出完成的过程。

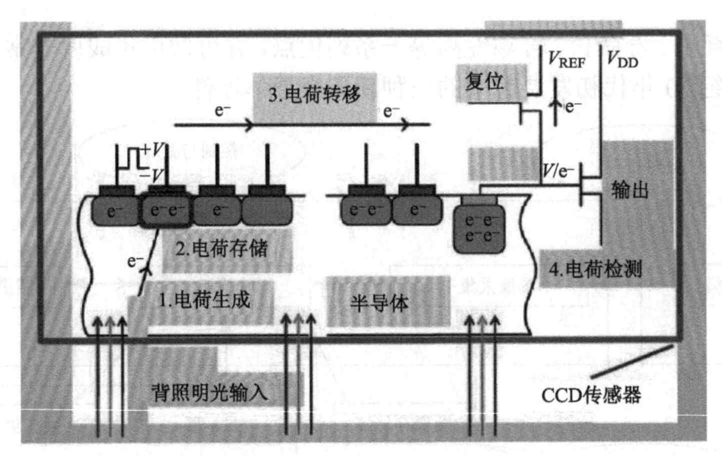

图 1-26 CCD 工作流程

电荷检测：CCD 工作流程第四步是电荷的检测，就是将转移到输出级的电荷转化为电流或电压的过程。输出类型主要有电流输出、浮置栅放大器输出和浮置扩散放大器输出 3 种。

2）CMOS

（1）发展与特点。2013 年业界发展了 CMOS 图像传感器新技术——C3D。C3D 技术的最大特点就是像素反应的均一性。C3D 技术重新定义了成像器的性能（把系统的整体性能包括在内），并提升了 CMOS 图像传感器在均一性和暗电流方面的标准性能。

CMOS 传感器采用一般半导体电路最常用的 CMOS 工艺，具有集成度高、功耗小、速度快、成本低等特点，最近几年在宽动态、低照度方面发展迅速。CMOS 即互补性金属氧化物半导体，是利用硅和锗两种元素做成的半导体，通过 CMOS 上带负电和带正电的晶体管来实现基本的功能。这两个互补效应产生的电流即可被处理芯片记录和解读成影像。

在模拟摄像机及标清网络摄像机中，CCD 的应用最为广泛，长期以来都在市场上占有主导地位。CCD 的特点是灵敏度高，但响应速度较低，不适用于高清监控摄像机采用的高分辨率逐行扫描方式，因此进入高清监控时代以后，CMOS 逐渐被人们认识，高清监控摄像机普遍采用 CMOS 感光器件。

CMOS 相对于 CCD 最主要的优势就是非常省电。不像由二极管组成的 CCD，CMOS 电路几乎没有静态电量消耗。这就使 CMOS 的耗电量只有普通 CCD 的 1/3 左右。CMOS 的问题是在处理快速变换的影像时，由于电流变换过于频繁而过热，暗电流抑制得好就问题不大，如果抑制得不好就十分容易出现噪点。

已经研发出 720P 与 1080P 专用的背照式 CMOS，其灵敏度已经与 CCD 接近。与表面照射型 CMOS 相比，背照式 CMOS 在灵敏度上具有很大优势，显著提升了低光照条件下的拍摄效果，因此在低照度环境下拍摄，能够大幅减少噪点。

虽然以 CMOS 技术为基础的百万像素摄像机产品在低照度环境和信噪处理方面存在不足，但这并不会影响它的应用前景，而且相关国际大企业正在加大力度解决这两个问题，相信在不久的将来，CMOS 的效果会越来越接近 CCD 的效果，并且 CMOS 设备的价格会低于 CCD 设备。

安防行业使用 CMOS 多于 CCD 已经成为不争的事实，尽管相同尺寸的 CCD 传感器分辨率优于 CMOS 传感器，但如果不考虑尺寸限制，CMOS 在量率上的优势可以有效克服大尺寸感光元件制造的困难，这样 CMOS 在更高分辨率下将更有优势。另外，CMOS 响应速度比 CCD 快，因此更适合高清监控的大数据量特点。

（2）工作流程。

第一步：外界光照射像素阵列，发生光电效应，在像素单元内产生相应的电荷。景物通过成像透镜聚焦到图像传感器阵列上，而图像传感器阵列是一个二维的像素阵列，每个像素都包括一个光敏二极管，每个像素中的光敏二极管将其阵列表面的光强转换为电信号。

第二步：通过行选择电路和列选择电路选取希望操作的像素，并将像素上的电信号读取出来。在选通过程中，行选择逻辑单元可以对像素阵列逐行扫描，也可以隔行扫描；列同理。行选择逻辑单元与列选择逻辑单元配合使用可以实现图像的窗口提取功能。

第三步：对相应的像素单元进行信号处理。行像素单元内的图像信号通过各自所在列的信号总线，传输到对应的模拟信号处理单元及 A/D 转换器，转换成数字图像信号并输出。其中，模拟信号处理单元的主要功能是对信号进行放大处理，并且提高信噪比。

总的来讲，CMOS 灵敏度低、成本低、分辨率低、噪声大，但功耗低；CCD 灵敏度高、成本低、分辨率高、噪声小，但功耗高。

2．图像采集卡

图像采集卡是用来采集 DV 或其他视频信号到计算机中进行编辑、刻录的板卡硬件。图像采集卡是图像采集部分和图像处理部分的接口。图像经过采样、量化以后转换为数字图像并输入、存储到帧存储器的过程称为采集。图像采集卡还提供数字 I/O 的功能。

视频是多幅静止图像（图像帧）与连续的音频信息在时间轴上同步运动的混合媒体，多帧图像随时间变化而产生运动感，因此也称运动图像。由此，相应的采集卡也称视频采集卡和图像采集卡。

一般图像采集卡和其他的 1394 卡差不多，都是一块芯片，连接在 PC 的 PCI 扩展槽上，就是显卡旁边的插槽，经过高速 PCI 总线能够直接采集图像到 VGA 显存或主机系统内存中。它不仅可以将图像直接采集到 VGA 中，实现单屏工作方式，而且可以利用 PC 内存的可扩展性，实现所需数量的序列图像逐帧连续采集，进行序列图像处理分析。此外，由于图像可直接采集到内存中，图像处理可直接在内存中进行，因此图像处理的速度随 CPU 速度的不断加快而得到加快，因而使并行实时处理内存中的图像成为可能。

具体的工作原理涉及图像的数字化方法，在后续章节中会详细讲解。

3．图像处理软件

图像处理软件是用于处理图像信息的各种应用软件的总称，专业的图像处理软件有 Adobe Photoshop 系列、基于应用的处理软件 Picasa 等，还有国内很实用的大众型软件彩影、美图秀秀，动态图片处理软件有 Ulead GIF Animator、GIF Movie Gear 等。

4．图像存储器

图像所包含的信息量非常大，因而存储图像也需要大量的空间。在数字图像处理系统中，大容量和快速的图像存储器是必不可少的。在计算机中，最小的度量单位是比特（bit）。存储器的存储量常用字节（1B=8bit）、千字节（1KB=1024B）、兆字节（1MB=1024×

1024B =1048576B）、吉字节（1GB=1024×1024×1024B）、太字节（1TB=1048576×1048576B）等表示。

计算机内存就是一种提供快速存储功能的存储器。目前，一般微型计算机的内存有 4GB、8GB 和 16GB 等。另一种提供快速存储功能的存储器是特制的硬件卡，也称帧缓存。

硬盘和软盘是小型和微型计算机的必备外部存储器。各类海量存储器的特点各不相同，应用环境也有较大差别，因此在实际应用中要根据环境的变化而选择不同的海量存储器。

1.3.2 采样与量化

一般来讲，利用光学设备或其他设备获取的图像是连续的。从广义上说，图像是自然界景物的客观反映。以照片形式或视频记录介质保存的图像是连续的，计算机无法接收和处理这种空间分布和亮度取值连续分布的图像。因此，需要对这些图像做离散化处理，这就是采样和量化理论的来源，也是上一节提到的图像采集卡的主要工作。

1. 采样

采样定理，又称香农采样定理、奈奎斯特采样定理，是信息论，特别是通信与信号处理学科中的一个重要基本结论，E. T. Whittaker（1915 年发表了统计理论）、克劳德 •香农与 Harry Nyquist 都对它做出了重要贡献。另外，V. A. Kotelnikov 也对这个定理做出了重要贡献。采样是将一个信号（时间或空间上的连续函数）转换成一个数值序列（时间或空间上的离散函数）。采样得到的离散信号经保持器后，得到的是阶梯信号，即具有零阶保持器的特性。如果信号是带限的，并且采样频率高于信号最高频率的一倍，那么，原来的连续信号可以从采样样本中完全重建出来。带限信号变换的快慢受到它的最高频率分量的限制，也就是说，它的离散时刻采样表现信号细节的能力是非常有限的。采样定理是指，如果信号带宽小于奈奎斯特频率（采样频率的二分之一），那么此时这些离散的采样点能够完全表示原信号。高于或等于奈奎斯特频率的频率分量会导致混叠现象。大多数应用要求避免混叠，混叠问题的严重程度与这些混叠频率分量的相对强度有关。

1）发展

1924 年，奈奎斯特推导出在理想低通信道的最高码元传输速率的公式。

1928 年，奈奎斯特推导出采样定理，因此称为奈奎斯特采样定理。

1933 年，科捷利尼科夫首次用公式严格地表述了这一定理，因此在有些文献中该定理被称为科捷利尼科夫采样定理。

1948 年，信息论的创始人香农对这一定理加以明确说明并正式作为定理引用，因此在许多文献中称其为香农采样定理。采样定理有许多表述形式，但最基本的表述形式是时域采样定理和频域采样定理。

采样定理在数字式遥测系统、时分制遥测系统、信息处理、数字通信和采样控制理论等领域得到了广泛的应用。

2）采样定理的内容

采样定理：设时间连续信号 $f(t)$，其最高截止频率为 f_m，如果用时间间隔为 T，且满足

$$T \leqslant \frac{1}{2f_m} \tag{1-32}$$

的开关信号对 $f(t)$ 进行采样，则 $f(t)$ 可被样值信号唯一表示。在一个频带限制 $(0, f_h)$ 内的时间连续信号 $f(t)$，如果以满足式（1-32）的时间间隔对它进行采样，那么根据这些采样值就能完全恢复原信号。或者说，如果一个连续信号 $f(t)$ 的频谱中最高频率不超过 f_h，这个信号必定是周期性信号，当采样频率 $f_s \lessdot 2f_h$ 时，采样后的信号就包含原连续信号的全部信息，而不会有信息丢失，当需要时，可以根据这些采样信号的样本还原原来的连续信号。根据这一特性，可以完成信号的模数转换和数模转换。

3）分类

时域采样定理：一个频谱受限的信号 $f(t)$，如果频谱只占据 $-w_m \sim w_m$，则信号 $f(t)$ 可以用等间隔的采样值唯一地表示。而采样间隔必须不大于 $1/2\,f_m$（其中 $w_m = 2\pi f_m$），或者说，最低采样频率为 $2f_m$。

频域采样定理：信号 $f(t)$ 是时间受限信号，它集中在 $-t_m \sim t_m$，若在频域中以不大于 $1/2\,t_m$ 的频率间隔对 $f(t)$ 的频谱 $F(w)$ 进行采样，则采样后的频谱 $F_1(w)$ 可以唯一地表示原信号。

4）应用

采样定理在实际应用中应注意在采样前后对模拟信号进行滤波，把高于二分之一采样频率的频率滤掉，这是采样中必不可少的步骤。

（1）低通信号的采样。奈奎斯特采样定理：设有一个频带限制在 $(0, f_h)$ 内的时间连续信号 $f(t)$，如果以不低于 $2f_h$ 的频率对它进行采样，那么所得的采样值将包含 $f(t)$ 的全部信息，并且可以用低通滤波器从这些采样值中重建 $f(t)$。假设 $f(t)$ 的频谱为 $F(w)$，采样所用的信号是单位冲激序列：

$$\delta_T(t) = \sum_{k=-\infty}^{\infty} \delta(t - kT_s) \tag{1-33}$$

式中：T_s 为采样时间间隔，那么采样后的信号 $f_s(t)$ 为

$$f_s(t) = f(t) \cdot \delta_T(t) \tag{1-34}$$

其信号频谱为

$$F_s(w) = \frac{1}{T_s} \sum_{k=-\infty}^{\infty} F(w - kw_s) \tag{1-35}$$

采样后信号 $f(t)$ 的频谱 $F_s(w)$ 由无限多个以 w_s 的各次谐波为中心的点所组成，当然幅度只有原来的 $1/T_s$，如图 1-27 所示。显然，为了使相邻的边带不发生混叠，必须满足条件 $w_s \geqslant 2w_h$ 或 $f_s \geqslant 2f_h$。当采样满足采样定理要求，频谱不发生混叠时，在接收端只要用理想低通滤波器就可以从采样信号中无失真地恢复原信号。

（2）带通信号的采样。设 $f(t)$ 频带为 (f_l, f_h)，仍按 $f_s = 2f_h$ 采样，采样后的信号频谱如图 1-28（b）所示。$f_s(w)$ 频谱图中有很多空隙，带通信号的最高频率 f_h 如果是其带宽的整数倍，如 $f_h = 2B$，当采样频率 $f_s = 2(f_h - f_l) = 2B$ 时，其频谱并不发生混叠，如图 1-28（c）所示。

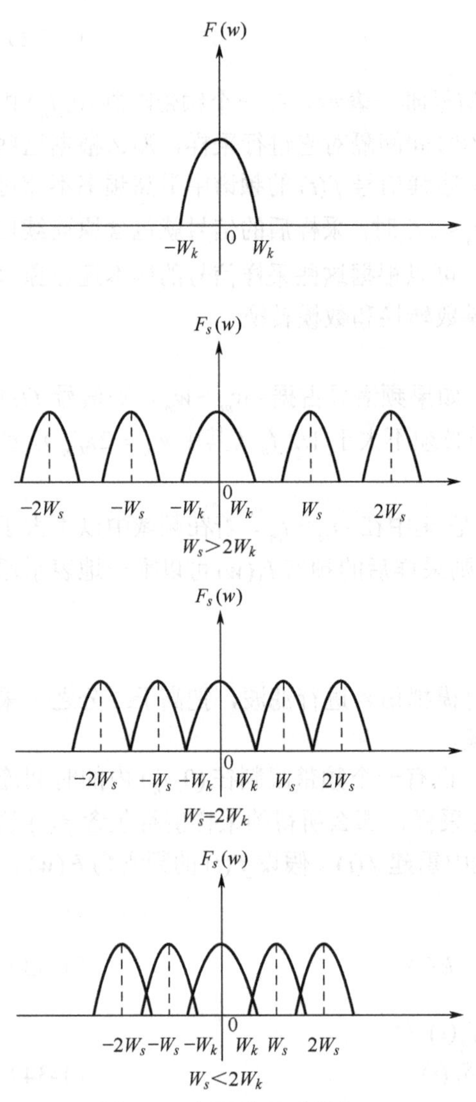

图 1-27　低通信号采样定理

如果最高频率 f_h 不是信号带宽 B 的整数倍，即 $f_h = KB$，其中 K 的整数部分为 n，小数部分为 k，即 $K = n + k$。可以假想一个比 B 大的带宽 B'，f_h 正好是它的整数倍，即 $f_h = nB'$，只要以 $2B'$ 采样频率对 $f(t)$ 进行采样必然不会出现频谱混叠。因此：

$$f_s = 2B' = 2\frac{f_h}{n} = \frac{2B(n+k)}{n} \tag{1-36}$$

式中，随着 n 的增大，右侧趋向 $2B$，当 n 比较大时，可简化为 $f_s = 2B$。

图像信号的采样依据上述方式进行即可达到图像采集的目的。

2. 量化

量化在数字信号处理领域是指将信号的连续取值（或者大量可能的离散取值）近似为有限多个（或较少的）离散值的过程。量化主要应用于从连续信号到数字信号的转换。连续信号经过采样成为离散信号，离散信号经过量化成为数字信号。注意，离散信号通常情况下并不需要经过量化的过程，但可能在值域上并不离散，还是需要量化的过程。

1）定义

量化就是设置一组规定的电平，将瞬时采样值用最接近的电平值来表示；或者把输入信号幅度连续变化的范围分为有限个不重叠的子区间（量化级），每个子区间用该区间内一个确定数值表示，落入其内的输入信号将以该值输出，从而将连续输入信号变为具有有限个离散值电平的近似信号。相邻量化电平差值称为量化阶距，任何落在大于或小于某量化电平分别不超过上一或下一量化阶距一半范围内的模拟样值，均以该量化电平表示，样值与该量化电平之差称为量化误差或量化噪声。当模拟样值超过可量化的范围时，将出现过载。过载误差通常大大超过正常量化噪声。量化可分为均匀量化和非均匀量化两类。前者的量化阶距相等，又称线性量化，适用于信号幅度均匀分布的情况；后者量化阶距不等，又称非线性量化，适用于幅度非均匀分布信号（如语音）的量化，即对小幅度信号采用小的量化阶距，以保证有较大的量化信噪比。对于非平稳随机信号，为适应其动态范围随时发生的变化，有效提高量化信噪比，可采用量化阶距自适应调整的自适应量化。在语音信号的自适应差分脉码调制（ADPCM）中就采用这种方法。通过量化进而实现编码，是数字通信的基础。量化被广泛用于计算机、测量、自动控制等各个领域。

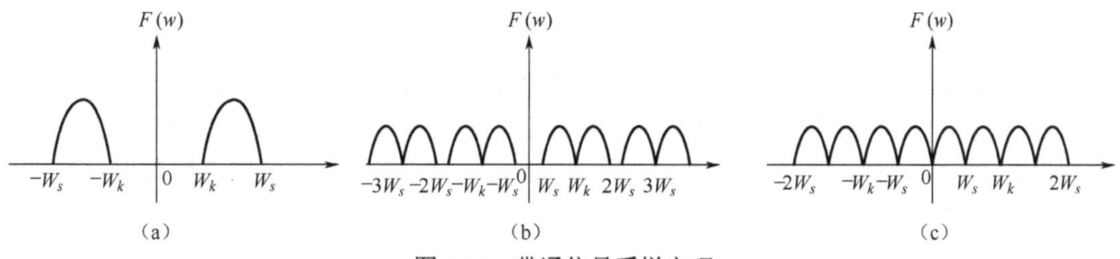

图 1-28 带通信号采样定理

例如，经过采样的图像，只是在空间上被离散成像素（样本）的阵列。而每个样本灰度值还是一个由无穷多个取值组成的连续变化量，必须将其转化为有限个离散值，赋予不同码字才能真正成为数字图像。这种转化称为量化。

2）分类

无论是将样本连续灰度值等间隔分层的均匀量化，还是不等间隔分层的非均匀量化，在两个量化级（两个判决电平）之间的所有灰度值都用一个量化值（称为量化器输出的量化电平）来表示。

（1）均匀量化和非均匀量化。按照量化级的划分方式分为均匀量化和非均匀量化。

均匀量化：ADC 输入动态范围被均匀地划分为 2^n 份。

非均匀量化：ADC 输入动态范围的划分不均匀，一般用类似指数的曲线进行量化。

非均匀量化是针对均匀量化提出的，因为一般的语音信号中，绝大部分是小幅度的信号，且人耳听觉遵循指数规律。为了保证人们关心的信号能够被更精确地还原，应该将更多的位用于表示小信号。常见的非均匀量化有 A 律和 μ 率等，它们的区别在于量化曲线不同。

（2）标量量化和矢量量化。按照量化的维数分为标量量化和矢量量化。标量量化是一维的量化，一个幅度对应一个量化结果。而矢量量化是二维甚至多维的量化，两个或两个以上的幅度决定一个量化结果。

以二维情况为例，两个幅度决定了平面上的一点。而这个平面事先按照概率已经划分为 N 个小区域，每个区域对应一个输出结果。由输入确定的那一点落在哪个区域内，矢量量化器就会输出那个区域对应的码字（Codeword）。矢量量化的好处是引入了多个决定输出的因素，并且使用了概率的方法，效率一般比标量量化高。

3. 图像中的采样与量化

采样：设对图像 x、y 方向的采样间隔分别为Δx、Δy，其采样频率分别为

$$\begin{cases} \Delta u = \dfrac{2\pi}{\Delta x} \\ \Delta v = \dfrac{2\pi}{\Delta y} \end{cases} \tag{1-37}$$

设图像在 x、y 方向的最高频率为u_c和v_c，则不失真采样应满足

$$\begin{cases} \Delta u \geqslant 2u_c \\ \Delta v \geqslant 2v_c \end{cases} \tag{1-38}$$

量化：采样点灰度值的离散化过程。假设图像大小为 $M \times N$，量化灰度级数为 Q。

- Q 一般为 2 的整数次幂，$Q=2^b$。一般情况下，$b=5$～8，人眼的灰度分辨率为 32～64 灰度级。而遥感图像和医学图像中，$b=8$～12。

- M、N的选取应满足采样定理。

图像具体采样过程：把一幅连续图像在空间上分割成$M \times N$个网格，每个网格用一亮度值来表示，一个网格称为一个像素，模拟图像经过采样后得到的二维离散信号的最小单位就是像素，但采样所得的像素值（灰度值）仍是连续量。$M \times N$的取值满足采样定理，采样示意如图 1-29 所示。

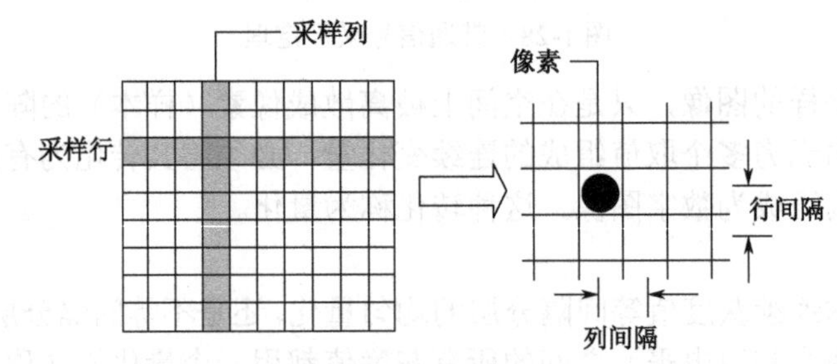

图 1-29　采样示意

一般情况下，水平方向的采样间隔和垂直方向的采样间隔相同。

对于运动图像（时域上的连续图像），须先在时间轴上采样，再沿垂直方向采样，最后沿水平方向采样。

采样通常是由图像传感器完成的，它将每个像素位置上的亮度转换成与之相关的连续的测量值，然后将该测量值转换成与其成正比的电压值。图像传感器后面有电子线路的模数转换器，它将连续的电压值转换成离散的整数。

量化后，图像就被表示成一个整数矩阵。每个像素具有两个属性：位置和灰度。位置由行、列表示。灰度是表示该像素位置上亮暗程度的整数。将数字矩阵$M \times N$作为计算机处理的对象。灰度级一般为 0～255（8bit 量化）。图像的数字化过程如图 1-30 所示。

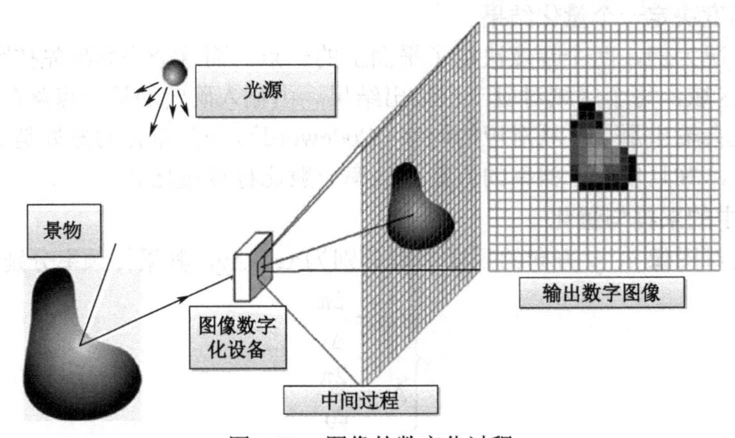

图 1-30　图像的数字化过程

1.3.3　图像的色彩模型

1. 三基色原理

人们区分颜色常用三种基本特性量：亮度、色调和饱和度。亮度与物体的反射率成正比，如果没有彩色，就只有亮度 1 个自由度的变化。对于彩色来说，颜色中掺入白色越多就越明亮，掺入黑色越多亮度就越小。色调是颜色的重要特征，是与混合光谱中主要光波长相联系的，不同波长产生不同颜色的感觉，如红、橙、黄、绿、青、蓝、紫。饱和度指一个颜色的鲜明程度，饱和度越高，颜色越深，如深红、深绿等。饱和度与一定色调的纯度有关，纯光谱色是完全饱和的，随着白光的加入，饱和度逐渐减小。色调和饱和度合起来称为色度。颜色可用亮度和色度共同表示。

自然界中常见的各种颜色的光都可由红（R）、绿（G）、蓝（B）三种颜色的光按照不同比例相配而成，并且它们之间是相互独立的，即任何一种颜色都不能由其他两种颜色合成。

同样，绝大多数颜色也可以分解成红、绿、蓝三种色光，这就是色度学中的基本原理——三基色原理。三种颜色的光越强，到达人们眼睛的光就越多，它们的比例不同，人们看到的颜色也就不同。没有光到达眼睛，就是一片漆黑。三基色的选择不是唯一的，也可以选择其他三种颜色为三基色，但三种颜色必须是相互独立的。把三种基色光按照不同比例相加称为相加混色。相加混色的红、绿、蓝三基色及其补色如图 1-31 所示。

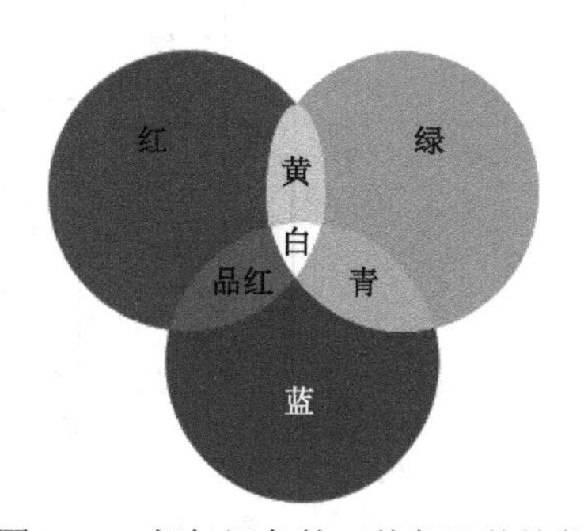

图 1-31 相加混色的三基色及其补色

当把红、绿、蓝色光混合时，通过改变三者各自的强度比例可以得到白色及各种彩色：

$$C \equiv rR + gG + bB \tag{1-39}$$

式中：C 为某一特定颜色；符号“≡”表示匹配；R、G、B 为三基色；r、g、b 为比例系数，且有 $r+g+b=1$。

2. 颜色模型

为了科学定量地描述和使用颜色，需要建立颜色模型。颜色模型是表示颜色的一种数学方法，人们用它来指定和产生颜色，使颜色更加形象化。一种颜色可以用 3 个基本参量来描述，所以建立颜色模型就是建立一个三维坐标系统，形成不同的颜色坐标系，其中每个空间点都代表一种颜色。

目前常用的颜色模型按用途可分为两类，一类面向视频监控器、彩色摄像机或打印机等设备，常用的颜色模型是 RGB 模型；另一类面向以彩色处理为目的的应用，如动画中的彩色图形，常用的颜色模型是 HSI 模型。这两种颜色模型也是图像处理中最常见的模型。另外，在印刷工业和电视信号传输中，还经常使用 CMYK 和 YUV 模型。下面分别介绍几种颜色模型。

1）RGB 模型

RGB 模型可以表示在笛卡儿坐标系中，如图 1-32 所示。在 RGB 模型立方体中，3 个轴分别代表 R、G、B 分量，原点所对应的颜色为黑色，它的 3 个分量值都为 0。距离原点最远的顶点对应的颜色为白色，它的 3 个分量值都为 1。从黑到白的灰度值分布在这两个点的连接线上，该线称为灰色线。立方体的 3 个角对应三基色——红（1,0,0）、绿（0,1,0）、蓝（0,0,1），其余 3 个角对应三基色的补色——青（0,1,1）、品红（1,0,1）、黄（1,1,0）。立方体内的每个点对应不同的颜色，有 3 个分量，分别代表该点颜色的红、绿、蓝亮度值，可用从原点到该点的矢量表示，其亮度值范围限定在[0,l]。

2）HSI 模型

HSI 模型以人眼的视觉特性为基础，利用 3 个相对独立、容易预测的颜色心理属性——色调（Hue）、饱和度（Saturation）和强度（Intensity，对应成像亮度或图像灰度）来表示颜色，反映了人眼的视觉系统观察彩色的格式。

HSI 模型定义在圆柱坐标系的双圆锥子集上，如图 1-33 所示。

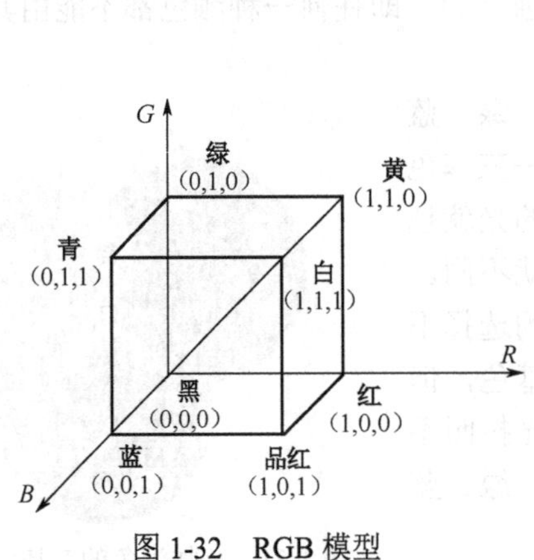

图 1-32 RGB 模型

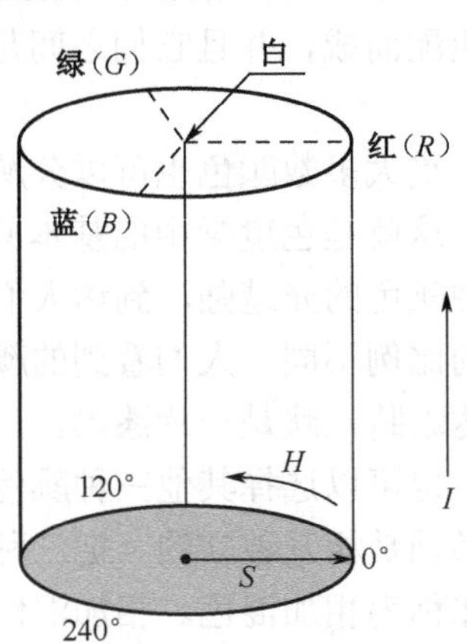

图 1-33 HSI 模型

色调 H 由水平面的圆周表示，圆周上各点（0°～360°）代表光谱上各种不同的色调。一般假定 0° 表示的颜色为红色，120° 表示的颜色为绿色，240° 表示的颜色为蓝色。饱和度 S 是颜色点与中心轴的距离，在中心轴上各点的饱和度为 0，在锥面上各点的饱和度为 1。强度 I 的变化是从下锥顶点的黑色（0）逐渐变到上锥顶点的白色（1）。

3）CMYK 模型

CMYK 模型也是一种常用的表示颜色的方式，如图 1-34 所示。它是通过颜色相减来产生其他颜色的，也称减色模型。CMYK 的原色为青色（Cyan）、品红色（Magenta）、黄色（Yellow）和黑色（Black）。在日常处理图像时，一般不用这种模型，原因是这种模型的文件大，占用的磁盘空间和内存大，其一般用在印刷工业中。

CMYK 模型更贴近印刷品和绘画作品的色彩。

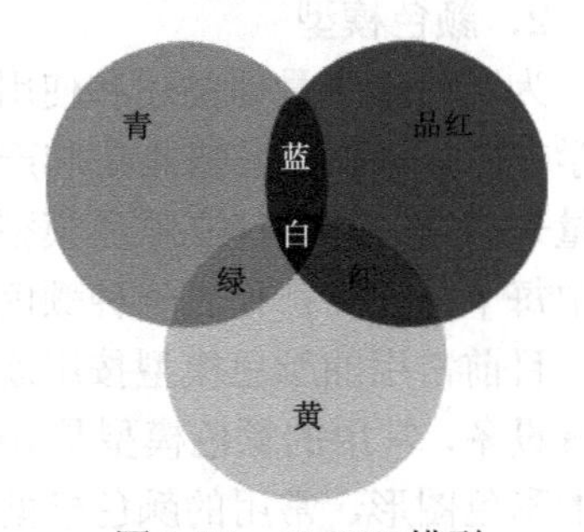

图 1-34 CMYK 模型

1.3.4 图像的基本存储格式

数字图像发展至今，已有多种图像格式被设计出来满足不同的需求。

1. JPEG 格式

JPEG 图片以 24 位颜色存储单个光栅图像。JPEG 是与平台无关的格式，支持最高级别的压缩，不过这种压缩是有损耗的。可以提高或降低 JPEG 文件压缩的级别。但是，文件大小与图像质量相关。压缩比率可以高达 100：1。JPEG 格式可在 10：1～20：1 下轻松地压缩文件，而图片质量不会下降。JPEG 格式可以很好地处理写实摄影作品。但是，对于颜色较少、对比强烈、实心边框或纯色区域大的较简单的作品，JPEG 压缩无法提供理想的结果。有时，压缩比率会低到 5∶1，严重损失图片完整性。这一损失产生的原因是，JPEG 压缩方案可以很好地压缩类似的色调，但 JPEG 压缩方案不能很好地处理亮度的强烈差异或纯色区域。

摄影作品或写实作品支持高级压缩，利用可变的压缩比率可以控制文件大小。但是，有损耗的压缩会使原始图片数据质量下降。当编辑和重新保存 JPEG 文件时，JPEG 会使原始图片数据的质量下降，这种下降是累积性的。JPEG 有损压缩不适用于所含颜色很少、具有大块颜色相近的区域或亮度差异十分明显的较简单的图片。

2. BMP 格式

BMP 格式可以用任何颜色深度存储单个光栅图像，BMP 格式与其他 Windows 程序兼容。BMP 格式不支持文件压缩，也不适用于网页。

3. RAW 格式

RAW 表示“未处理的”，RAW 格式是一种未经处理也未经压缩的格式，可理解成 RAW 图像就是 CMOS 或 CCD 图像传感器把捕捉到的光信号转换为数字信号的原始数据，通常用于软件和计算机平台之间进行图像传递。

RAW 格式包含了描述图像色彩信息的字节，每个像素可用二进制数表示，可以转化为每通道 16 位的图像，也就是说，该格式的图像可以调整 65536（2^{16}）个层次。RAW 格式支持 CMYK、RGB 和带有 Alpha 通道的灰度图等。

4. PNG 格式

PNG 格式以任何颜色深度存储单个光栅图像，与 JPEG 格式类似，网页中有很多图片都采用 PNG 格式，压缩比高于 GIF 格式，支持图像透明，可以利用 Alpha 通道调节图像的透明度。PNG 格式支持高级别无损耗压缩，支持伽马校正，被最新的 Web 浏览器支持。较早的浏览器和程序可能不支持 PNG 格式。作为 Internet 文件格式，与 JPEG 格式的有损耗压缩相比，PNG 格式提供的压缩量较少。PNG 格式不支持多图像文件或动画文件。

5. GIF 格式

GIF 格式是一种图形交换格式，以 8 位颜色或 256 色存储单个光栅图像数据或多个光栅图像数据。GIF 格式支持透明度、压缩、交错和多图像图片（动画 GIF）。

GIF 压缩是 LZW 压缩，压缩比率大概为 3∶1。GIF 文件规范的 GIF89a 版本支持动画 GIF，GIF 广泛支持 Internet 标准，支持无损耗压缩和透明度。动画 GIF 很流行，可以使用 GIF 动画程序创建。很多 QQ 表情都是 GIF 格式的。但 GIF 格式只支持 256 色调色板，因此细节图片和摄影图像会丢失颜色信息。

6. PSD 格式

PSD 格式是 Photoshop 专用图像格式，可以保存图片的完整信息、图层、通道、文字，文件一般较大。

7. TIFF 格式

TIFF 格式的特点是图像格式复杂、存储信息多，TIFF 是在 Mac 中广泛使用的图像格式，正因为它存储的图像细微层次的信息非常多，图像的质量也得以提高，因而非常有利于原稿的复制。TIFF 格式常用于印刷。

8. TGA 格式

TGA 格式结构比较简单，属于一种图形、图像数据的通用格式，在多媒体领域有很多应用，如影视编辑。

9. EPS 格式

EPS 格式是用 PostScript 语言描述的一种 ASCII 码文件格式，主要用于排版、打印等输出工作。

1.3.5 图像的分辨率与灰度级

数字图像的获得需要对图像信号进行采样和量化，而不同采样和量化的参数也会对最终的图像质量造成影响。

其中，采样决定了图像的空间分辨率。空间分辨率就是图像中的最小可分辨细节，可以用单位距离上的线对数量或像素点数来表示，如每英寸点数（dpi）。量化决定了灰度分辨率，灰度分辨率即图像中的最小可分辨灰度变化，测量可分辨的灰度变化比较主观。当实际的物理分辨率度量没有必要时，通常一幅图像的空间分辨率用其像素点数来表示，灰度分辨率用其灰度级来表示。

1. 像素与灰度级

对于认识和处理图像而言，像素和灰度级的概念是非常重要的。

1）像素

如图 1-35 所示，由一个数字序列表示的图像中的最小单位称为像素，一般来说，就是组成图像的最小色块。

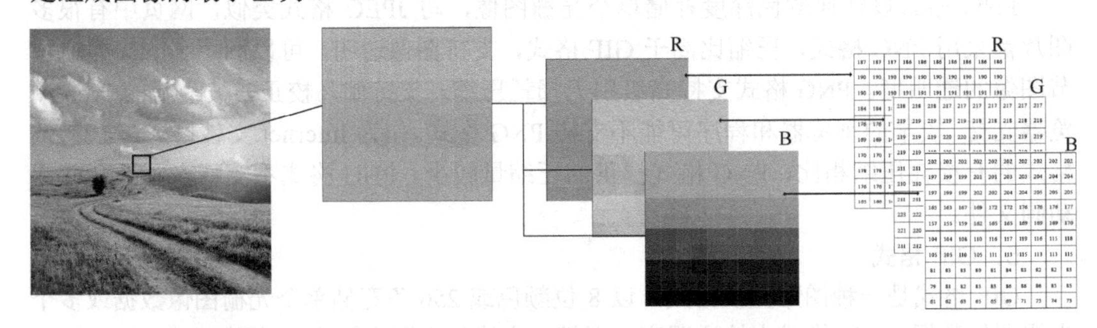

（a）RGB彩色图像分解示意

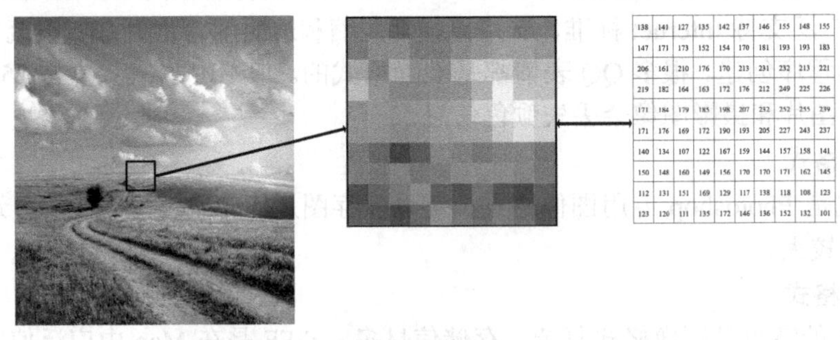

（b）灰度图像分解示意

图 1-35 图像像素示意

图 1-35 中有灰度图像和彩色图像，灰度图像就是单通道图像，每个像素只有亮度或灰度的区别。彩色图像一般分为三通道和四通道图像，其中，三通道图像一般指 RGB 三通道图像，常见存储格式为 JPG、PNG 等；四通道图像一般在印刷领域中使用，分为 CMYK 四个通道，常见存储格式为 TIFF。

2）灰度级

灰度级也称中间色调（Half-tone），主要用于传送和显示图片，常用的有 16 级、32 级、64 级三种，它采用矩阵处理方式将文件的像素处理成 16 级、32 级、64 级，使传送的图片更清晰。举例来说，LED 显示屏的灰度级越高，颜色越丰富，色彩越艳丽；反之，显示颜色越单一，变化越简单。

前面提到的灰度图像是一种具有从黑到白 256 级灰度色阶或等级的单色图像。该图像中的每个像素用 8 位数据表示，因此像素值是介于黑白间的 256 种灰度中的一种。该图像只有灰度级，没有颜色的变化。

在讨论灰度级和采样点数对图像的影响之前，先将图像分为三大类：低复杂度图像、中复杂度图像和高复杂度图像，如图 1-36 所示。

（a）低复杂度图像

（b）中复杂度图像

（c）高复杂度图像

图 1-36　图像分类

分类是根据细节的多少、色彩变化剧烈程度来判定的。

如图 1-37 所示，为对比清晰，选用低复杂度图像和高复杂度图像进行对比。图 1-37（a）所示为 128 级灰度级下的图像，其后的图像灰度级依次以 2 的指数递减。可以看出，直到降到 16 级之前，两张图的变化并不大，这印证了人类视觉系统对灰度级的要求至少为 32 级。

从 16 级到 8 级可以看出，细节较少的图更快地显示出不连贯性，出现许多伪影，质量明显下降，直到 2 级灰度图，就是所谓的二值图像，它只有黑和白两级。

2. 图像分辨率

图像分辨率指图像中存储的信息量、点或像素密度，一般指每英寸图像中有多少个像素点。常见的分辨率单位为 dpi（点或像素/英寸）、ppi（像素/英寸）和 lpi（线数/英寸）。其中，dpi 常用于印刷行业和打印设备，有 300dpi、600dpi、1200dpi 等，与之对应的有 dpcm（点或像素/厘米）。ppi 常用于电子设备，如显示器分辨率，与之对应的有 ppcm（像素/厘米）。lpi 常用于印刷设备和光学设备，印刷行业中利用 lpi 来控制印刷精度。例如，报纸一般为 85lpi，而表面无涂布的道林纸、模造纸印刷一般在 100～133lpi。

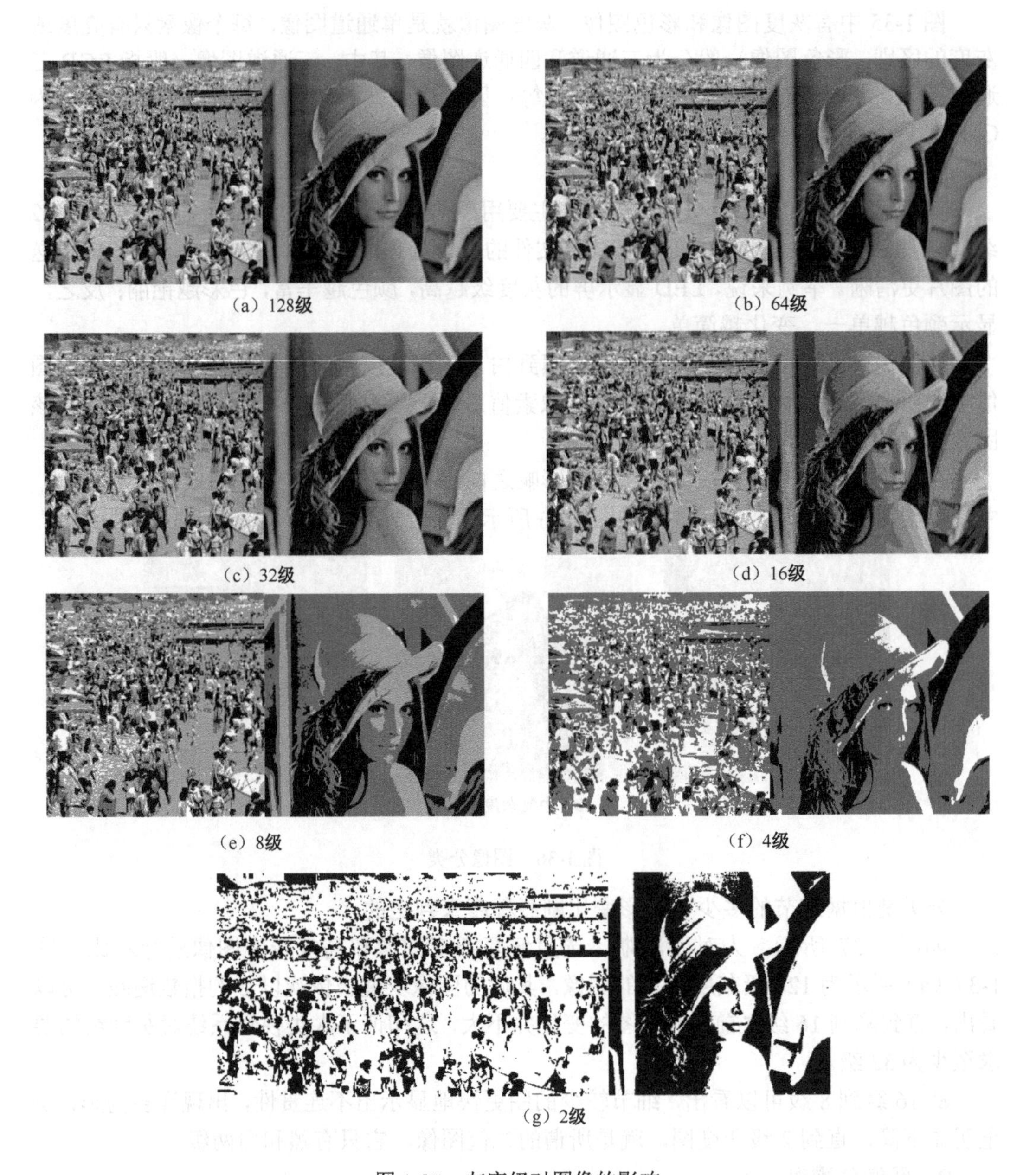

图 1-37　灰度级对图像的影响

如图 1-38 所示，每张图的左边为高复杂度图像，右边为低复杂度图像。将高复杂度图像和低复杂度图像的分辨率由 u=600dpi 按照 2 的指数逐渐降低，观察分辨率对图像的影响。可以看出，高复杂度图像先开始模糊。

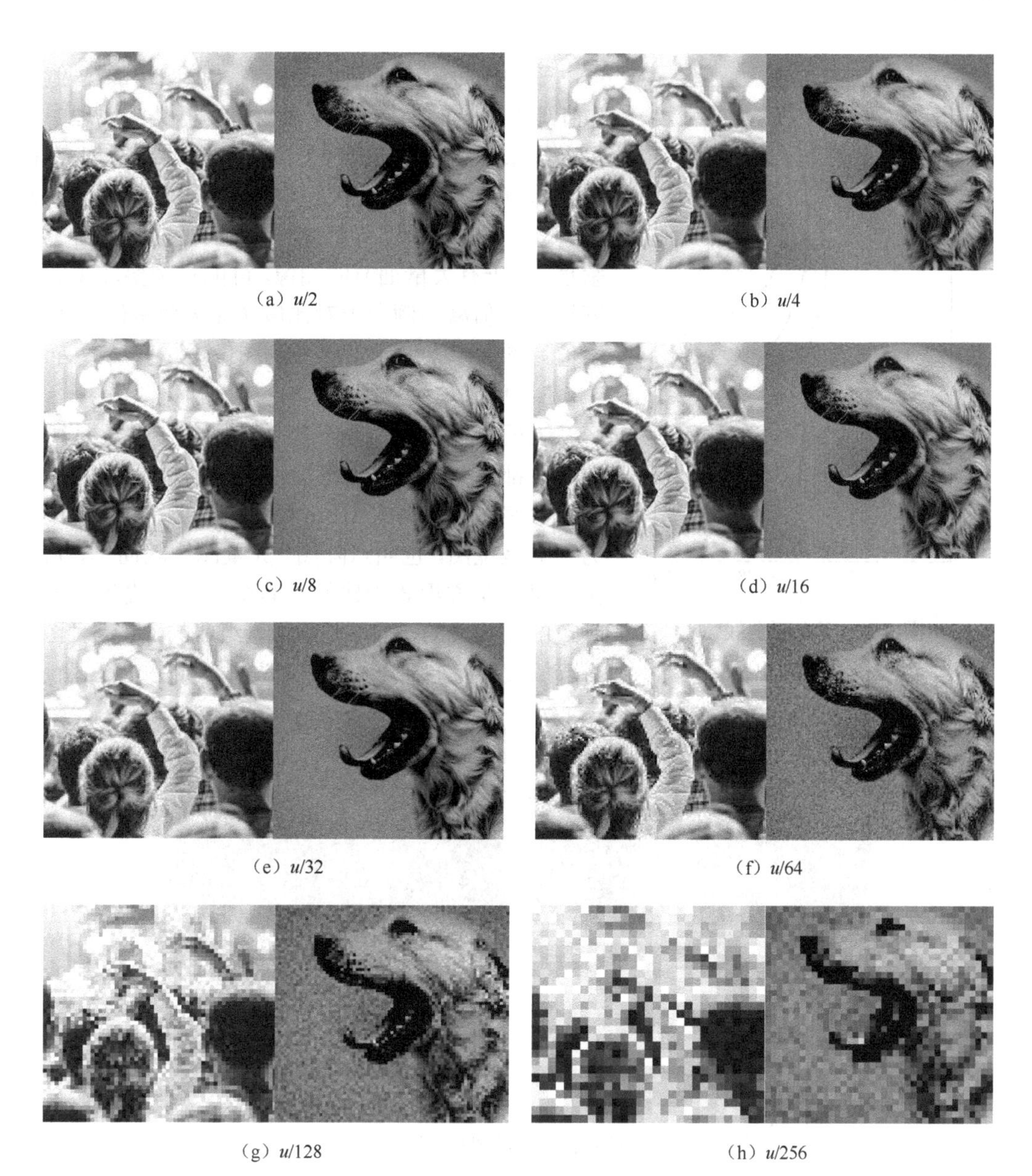

（a）$u/2$　（b）$u/4$

（c）$u/8$　（d）$u/16$

（e）$u/32$　（f）$u/64$

（g）$u/128$　（h）$u/256$

图 1-38　分辨率对图像的影响

由图 1-37 和图 1-38 可以得出这样的结论，对于低复杂度图像，由于图像中有大面积灰度变化平缓的区域，降低分辨率不会引起细节损失，因而图像质量保持较好；减少灰度级则容易导致灰度平滑区域出现假轮廓，引起图像质量下降。对于高复杂度图像，由于图像中细节较多，降低分辨率容易引起细节损失，导致图像质量下降；减少灰度级不会丢失图像细节，因而图像质量保持良好。

以上分别讨论了分辨率和灰度级对图像的影响，当二者同时对图像起作用时是什么情况呢？这时就需要采用等偏爱曲线来进行解释。如图 1-39 所示，等偏爱曲线是随着 k（分辨率）和 N（灰度级）的变化，对人们主观感受到的图像质量用一条曲线汇总的结果。

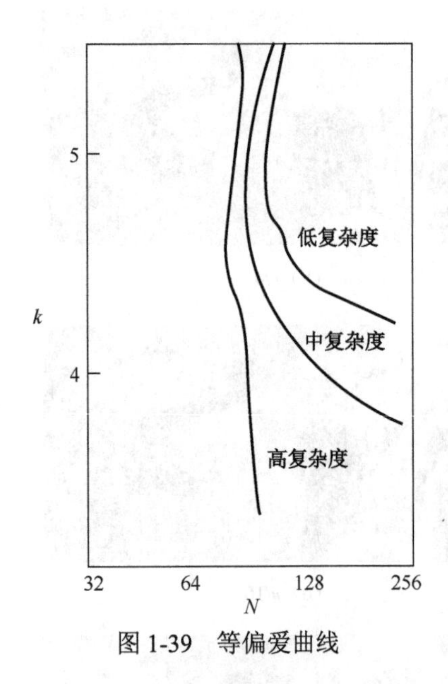

图 1-39　等偏爱曲线

平面中每一点表示一幅图像（该图像的 N 值和 k 值等于该点的坐标），等偏爱曲线可类比地理中的等高线来理解（实质一样）。等偏爱曲线向右上方移动意味着越大的 N 值和 k 值，图像质量越好，人们越喜欢。当图像中细节增加时，等偏爱曲线变得更加垂直（对于有大量细节的图像，可能只需要较少的灰度级），k 值减小倾向于对比度（最大像素值/最小像素值）增大，人们通常感受到图像质量有所改善。

3．位图与矢量图

上面讨论的其实是一类数字图像，并不是所有的图像都以分辨率来衡量清晰度和信息量。

数字图像有两大类，一类是矢量图，也叫向量图；另一类是位图，也叫点阵图。矢量图比较简单，它是由大量数学方程式创建的，其图形是由线条和填充颜色的面构成的，而不是由像素组成的，对这种图形进行放大和缩小不会引起图形失真，如图 1-40 所示。

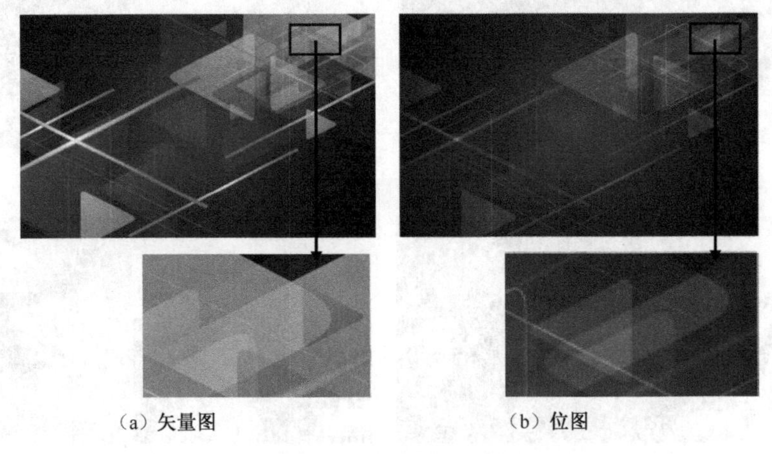

（a）矢量图　　（b）位图

图 1-40　矢量图与位图

可以看出，基本同样清晰的两张图，矢量图放大后依然清晰，但位图已经比较模糊了。位图很复杂，是通过摄像机、数码相机和扫描仪等设备，利用扫描的方法获得的，它由像素组成，以每英寸的像素数（ppi、dpi）来衡量。位图具有精细的图像结构、丰富的灰度层次和广阔的颜色阶调。当然，矢量图经过图像软件的处理，也可以转换成位图。家庭影院所使用的图像、动画片的原图属于矢量图，但经过制作中的转换就变成了位图。

图像分辨率的表达方式为“水平像素数×垂直像素数”，也可以用规格代号来表示。

需要注意的是，在不同的书籍中，甚至在同一本书中的不同地方，对图像分辨率的叫法不同。除图像分辨率这种叫法外，也可以称为图像大小、图像尺寸、像素尺寸和记录分辨率。这里，“大小”和“尺寸”的含义具有双重性，它们既可以指像素的多少（数量大小），又可以指画面的尺寸（边长或面积的大小），因此很容易引起误解。由于在同一显示分辨率的情况下，分辨率越高的图像像素点越多，图像的尺寸和面积也越大，所以往往会用图像大小和图像尺寸来表示图像分辨率。

1.4　图像处理基础

21 世纪是一个充满信息的时代，图像作为人类感知世界的视觉基础，是人类获取信息、表达信息和传递信息的重要手段。数字图像处理，即用计算机对图像进行处理，其发展历史并不长。数字图像处理技术源于 20 世纪 20 年代，当时通过海底电缆从英国伦敦向美国纽约传输了一幅照片，采用了数字压缩技术。数字图像处理技术可以帮助人们更客观、准确地认识世界，人类视觉系统可以帮助人类从外界获取 3/4 以上的信息，而图像、图形又是所有视觉信息的载体，尽管人眼的鉴别力很高，可以识别上千种颜色，但很多情况下，图像对于人眼来说是模糊的甚至是不可见的，通过图像增强技术，可以使模糊甚至不可见的图像变得清晰明亮。总的来说，图像处理技术已经是人们日常生活中普遍存在和使用的技术，与人们的日常生活息息相关。

了解图像处理技术，首先需要了解图像的基本概念及其作用，上一节对图像的基本概念做了一定讲解，本节将做进一步延伸。

1.4.1　图像像素的基本关系

1. 基本邻接关系

1）邻域（Neighbors）

为了方便处理图像，对图像像素之间的关系进行了定义，即邻域，指某一像素周围像素的集合。图 1-41 所示为某像素 P 周围的 8 个像素的集合。

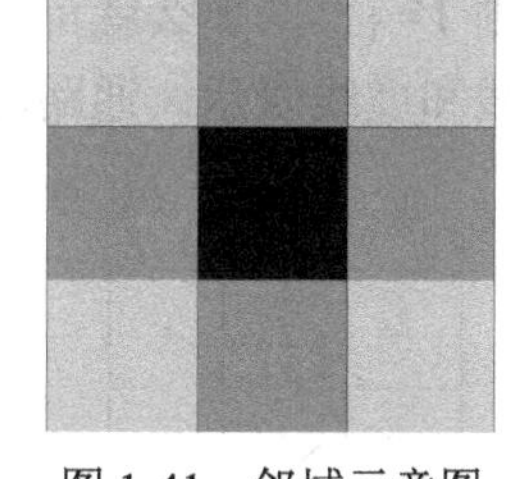

图 1-41　邻域示意图

4 邻域 $N_4(P)$：为该像素上、下、左、右 4 个像素的集合。

对角邻域 $N_D(P)$：为该像素左上、左下、右上和右下 4 个像素的集合。

8 邻域 $N_8(P)$：为该像素周围所有 8 个像素的集合，所以有 $N_8(P)=N_4(P)\cup N_D(P)$。

有了邻域的概念，就可以表达图像中至少 3×3 的区域，但邻域只能表达图像像素的空间位置关系。以此为基础，便衍生出邻接（连通）的概念。

2）邻接（Adjacency）

像素间的邻接是一个基本概念，它简化了许多数字图像概念的定义，如区域和边界。为了确定两个像素是否邻接，必须确定它们是否相邻，以及它们的灰度值是否满足特定的相似性准则（或者说，它们的灰度值是否相等）。

首先定义相似性准则 V（定义邻接性的灰度颜色集合）：

- 二值图像中，$V=\{1\}$或者 $V=\{0\}$；
- 灰度图像中，V 可以是所有灰度值的任意子集；
- 彩色图像中，V 可以是所有颜色值的任意子集。

有了 V，就可以定义 4 邻接和 8 邻接。

4 邻接：若像素 p 和像素 q 的灰度值（颜色值）均属于集合 V，并且 p 和 q 互为 4 邻域，则 p、q 是 4 邻接的。

8 邻接：若像素 p 和像素 q 的灰度值（颜色值）均属于集合 V，并且 p 和 q 互为 8 邻域，则 p、q 是 8 邻接的。

m 邻接：首先像素 q 和像素 p 的灰度值都在 V 内，其次 q 和 p 互在 4 邻域内，或者 q 和 p 互在对角邻域内且两个像素 4 邻域共同覆盖的点的灰度值不在 V 内，则像素 p 和像素 q 是 m 邻接的，又称混合邻接。

显然，当像素 q 和 p 属于 4 邻接时，它们必然也属于 8 邻接；当像素 q 和 p 属于 8 邻接时，它们不一定属于 4 邻接。4 邻接一定是 m 邻接，8 邻接不一定是 m 邻接。V 是根据具体要求定义的灰度集合。

3）通路（Path）

通路也称路径，将两个像素 $p(x,y)$ 和 $q(s,t)$ 通过两两像素邻接的方式连接到一起的路径称为这两个像素的一条通路，所以通路是一个特定的像素序列或集合。

假设有一条通路 $(x_0,y_0)(x_1,y_1)\cdots(x_i,y_i)\cdots(x_n,y_n)$，其中起始点为 $p(x,y)=(x_0,y_0)$，终止点为 $q(s,t)=(x_n,y_n)$，中间相邻像素是相互邻接的，那么通路的长度为 n。

由此，可以通过中间像素的邻接方式来定义通路类别。

当中间像素的邻接方式均为 4 邻接时，该通路为 4 通路。同理，当中间像素的邻接方式均为 8 邻接时，该通路为 8 通路。m 邻接即 m 通路。

当 $(x,y)=(s,t)$，即像素 p 和 q 为同一像素时，该通路为闭合通路。

图 1-42 所示为 3×3 的像素集合，定义右上角像素为 p，右下角像素为 q，相似性准则 V={1}，那么就可以看到，p 和 q 之间没有 4 通路，但是有两条 8 通路，用图中的实线和虚线表示。通路的长度由通路经过的像素数决定，此时 p 和 q 就有长度为 2 和 3 的两条 8 通路，显然很容易引起歧义。

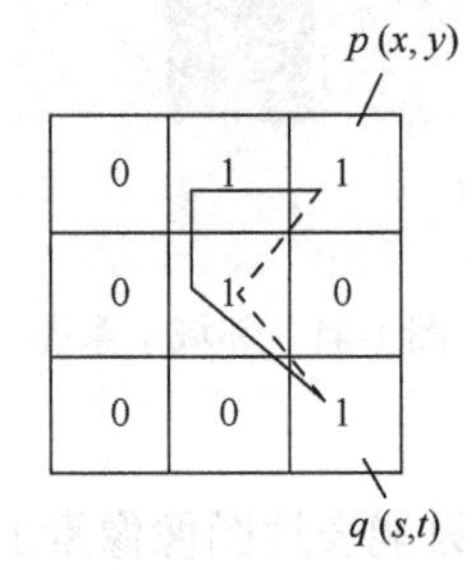

图 1-42　8 通路示意图

此时，m 邻接的作用就体现出来了，其主要目的就是消除使用 8 邻接时经常出现的二义性。例如，图 1-42 中的实线就是 p 和 q 的唯一一条 m 通路，没有歧义。

4）连通性（Connectivity）

假设 $\boldsymbol{S}$ 是图像中的一个像素子集，p 和 q 都是 $\boldsymbol{S}$ 中的像素，如果从 p 到 q 能找到一条路径，这条路径上所有的像素都属于 $\boldsymbol{S}$，那么认为 p 和 q 在 $\boldsymbol{S}$ 上是连通的。

当然，从 p 到 q 的路径上的所有像素之间也是连通的，所有和 p 连通的像素组成一个子集，称为 $\boldsymbol{S}$ 的连通分量。

如果 $\boldsymbol{S}$ 有且仅有一个连通分量，那么说明这个 $\boldsymbol{S}$ 里面所有的像素都是连通的，称 $\boldsymbol{S}$ 为连通集。

5）区域（Region）

假设 $\boldsymbol{R}$ 是图像中的一个像素子集。如果 $\boldsymbol{R}$ 是连通集，则称 $\boldsymbol{R}$ 为一个区域。如果两个区域联合成一个连通集，则区域 $\boldsymbol{R}_i$ 和 $\boldsymbol{R}_j$ 称为邻接区域。在谈到区域时，考虑的是 4 邻接和 8 邻接。为使定义有意义，必须指定邻接的类型。如果仅使用 8 邻接，那么图 1-43 中的两个区域（由 1 组成的）是邻接的（根据前面的定义，两个区域之间不存在 4 通路，它们的并集不是连通集）。

R_i			R_j		
1	1	0	1	1	1
1	0	1	0	1	0
1	1	0	0	0	1

图 1-43 区域 8 邻接示意图

6）边界（轮廓，Boundary/Contour）

假设 $\boldsymbol{R}$ 是一个区域，如果其一个子集 $\boldsymbol{B}$ 中任意一个像素的一个或多个邻域像素不属于 $\boldsymbol{R}$，则称 $\boldsymbol{B}$ 为 $\boldsymbol{R}$ 的边界。如果 $\boldsymbol{R}$ 是一幅完整的图像，则 $\boldsymbol{B}$ 是图像中第一行（列）和最后一行（列）的所有像素点的集合。区域的边界可以形成一条封闭的路径。

假设一幅图像包含 K 个不连接的区域，即 $\boldsymbol{R}_k$，$k=1, 2, \cdots, K$，且它们都不接触图像的边界。令 $\boldsymbol{R}_u$ 代表所有 K 个区域的并集，并且令 $(\boldsymbol{R}_u)^c$ 代表其补集（集合 $\boldsymbol{S}$ 的补集是不在 $\boldsymbol{S}$ 中的像素的集合），则称 $\boldsymbol{R}_u$ 中的所有像素为图像的前景，而称 $(\boldsymbol{R}_u)^c$ 中的所有像素为图像的背景。

7）边缘（Edge）

边缘也是一组像素的集合，这些像素的插分值或者微分值超过设定的阈值，表示灰度的不连续性。对于边界和边缘，边界是一个全局的概念，与区域相对应；边缘是一个局部的概念，表示某一像素与其相邻像素的灰度不连续性。

在二值图像中，边缘和边界是等价的，但是在灰度图像中，它们并不完全等价，二者有一定的相关性。

2. 距离度量

对于坐标分别为 (x,y)、(s,t) 和 (v,w) 的像素 p、q 和 z，如果：

- $D(p,q)\geqslant 0$［$D(p,q)=0$，当且仅当 $p=q$］
- $D(p,q)=D(q,p)$
- $D(p,z)\leqslant D(p,q)+D(q,z)$

则 D 是距离函数或度量。p 和 q 的欧氏距离定义如下：

$$D_e(p,q)=[(x-s)^2+(y-t)^2]^{\frac{1}{2}} \tag{1-40}$$

对于距离度量，与 (x,y) 的距离小于或等于某个值 r 的像素形成一个中心在 (x,y) 且半径为 r 的圆平面。p 和 q 的 D_4 距离（城市街区距离）定义如下：

$$D_4(p,q)=|x-s|+|y-t| \tag{1-41}$$

在这种情况下，与 (x,y) 的距离 D_4 小于或等于某个值 r 的像素形成一个中心在 (x,y) 的菱形。例如，与 (x,y) 的距离 D_4 小于或等于 2 的像素形成固定距离的如图 1-44 所示的轮廓，其中 $D_4=1$ 的像素是 (x,y) 的 4 邻域。

```
    2
  2 1 2
2 1 0 1 2
  2 1 2
    2
```

图 1-44 D_4 距离

p 和 q 的 D_8 距离（城市街区距离）定义如下：

$$D_8(p,q)=\max(|x-s|,|y-t|) \tag{1-42}$$

在这种情况下，与 (x,y) 的距离 D_8 小于或等于某个值 r 的像素形成一个中心在 (x,y) 的方形。例如，与 (x,y) 的距离 D_8 小于或等于 2 的像素形成固定距离的如图 1-45 所示的轮廓，其中 $D_8=1$ 的像素是(x,y)的 8 邻域。

通路与距离的概念可能会造成混淆，实际上，p 和 q 之间的 D_4 和 D_8 距离与任何通路都没有关系，通路可能存在于各点之间，因为这些距离仅与该点的坐标有关。然而，如果考虑 m 邻接，则两点之间的 D_m 距离用点间的最短通路定义。在这种情况下，两个像素间的距离依赖沿通路的像素值及其相邻像素值。例如，若像素排列如图 1-46 所示，假设 p、p_2 和 p_4 的值为 1，p_1 和 p_3 的值为 0 或 1。设定相似性准则 V={1}，如果 p_1 和 p_3 的值是 0，则 p 和 p_4 之间的最短 m 通路的长度是 2。如果 p_1 的值是 1，则 p_2 和 p 将不再是 m 邻接的，并且最短 m 通路的长度变为 3。类似地，如果 p_3 的值是 1 且 p_1 的值是 0，则最短 m 通路的长度也是 3。若 p_1 和 p_3 的值都是 1，则 p 和 p_4 之间的最短 m 通路的长度为 4，通路通过 p、p_1、p_2、p_3、p_4。

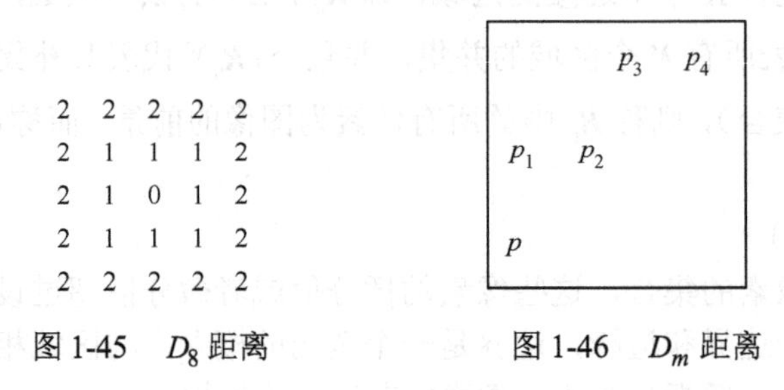

图 1-45 D_8 距离　　图 1-46 D_m 距离

1.4.2 图像质量评价

图像质量评价是图像通信工程的基础技术之一。在图像通信工程中，图像被光学系统成像到接收器上，并经过光电转换、记录、编码压缩、传输、增强和复原处理及其他变换等过程，对这些过程的技术优劣的评价都归结到图像质量评价中。

1. 图像质量的主观评价

对图像质量最普遍和最可靠的评价是观察者的主观评价。主观评价的任务是把人对图像质量的主观感觉与客观参数和性能联系起来。只要主观评价准确，就可以用相应的客观参数作为评价图像质量的依据。

主观评价有三种测试方法：第一种是质量测试，观察者应评定图像的质量等级；第二种是损伤测试，观察者要评定图像的损伤程度；第三种是比较测试，观察者对一幅给定图像和另一幅或几幅图像做出质量比较。这三种测试方法都有各自的分级标准和测试规程。

表 1-4 列出了 CCIR 在 20 世纪 60 年代中期推荐的主观测试分级标准。

表 1-4 主观测试分级标准

损伤			质量			比较		
每级的主观质量		国别	每级的主观质量		国别	每级的主观质量		国别
五级标准	1—不能察觉 2—刚察觉，不讨厌 3—有点讨厌 4—很讨厌 5—不能用	原联邦德国、日本等	五级标准	5—优 4—良 3—中 2—次 1—劣	原联邦德国、日本、英国等	五级标准	+2—好得多 +1—好 0—相同 −1—坏 −2—坏得多	原联邦德国、英国等

续表

损伤			质量			比较		
每级的主观质量		国别	每级的主观质量		国别	每级的主观质量		国别
六级标准	1—不能察觉 2—刚察觉 3—明显但不妨碍 4—稍有妨碍 5—明显妨碍 6—极妨碍（不能用）	英国、EBU 等	六级标准	6—优 5—良 4—中 3—稍次 2—次 1—极次	英国、EBU 等	六级标准	+3—好得多 +2—好 +1—稍好 0—相同 −1—稍坏 −2—坏 −3—坏得多	EBU 等

表 1-5 所列为目前国际上通用的由 CCIR 推荐的主观测试规程。

表 1-5 CCIR 推荐的主观测试规程

观察项目	观察结果	
	50 场/s	60 场/s
观察距离/图像高度	6H	4～6H
屏幕最大亮度/（cd/m^2）	70±10	70±10
显像管不工作时的屏幕亮度/最大亮度	<0.02	<0.02
暗室内显示黑电平时的屏幕亮度/显示峰值时的亮度	约 0.01	约 0.01
图像监视器的背景亮度/图像峰值亮度	9～1	0～15
室内环境亮度	低	低
背景色度	白	D65

2. 图像质量的客观评价

图像质量的客观评价方法可分为无参考评价和有参考评价两类。有参考评价即计算过程需要将观测图像与标准图像进行对比，从而得出观测图像与标准图像之间的差异，该差异越大，说明观测图像的质量降低程度越大，图像质量也越差。但在实际应用中，往往找不到标准图像，例如，一些在运动中拍摄的图像往往带有各种噪声和运动模糊，在评价这些图像的质量时，不存在与之对比的标准图像，因此在这种情况下需要开发无参考评价指标去衡量其图像质量。

目前，常规客观评价方法已有数十种。这些方法大部分着眼于处理后的图像与标准图像之间的像素值的变化，对于图像在经过处理后出现的质量降低，最直接的衡量方法是计算其像素值与标准图像之间的差异，这种思想在有参考评价中得到了较广泛的应用。例如，目前应用最广泛的指标是峰值信噪比（PSNR）和均方误差（MSE），即计算两幅图像之间的像素差异。

设 $f(x,y)$ 表示大小为 $M\times N$ 的标准图像，$f(i,j)$ 表示处理后的图像，则峰值信噪比的数学公式如下：

$$\mathrm{PSNR} = 10 \times \log_{10}\left[\frac{(f_{\max} - f_{\min})^2}{\mathrm{MSE}}\right] \tag{1-43}$$

式中：$f_{\max}$ 和 $f_{\min}$ 分别为图像的最大灰度值和最小灰度值，在常用的 8bit 灰度图像中，通常分别取 255 和 0。MSE 为均方误差，其公式如下：

$$\mathrm{MSE} = \frac{1}{MN}\sum_{i=0}^{M-1}\sum_{j=0}^{N-1}[f'(i,j) - f(i,j)]^2 \tag{1-44}$$

第 2 章

印刷复制技术

印刷的主要任务是传递信息，而信息传递可以通过各种不同的载体来进行，其中包括文字、图形、图像、视频、动画和声音等。而印刷在信息传递中主要利用的是一些静态的信息载体，也就是文字、图形和图像。这些信息载体具有不同的特征，在印刷复制的过程中，需要考虑它们各自的特征并采取不同的复制技术和方法。

首先是文字，不管是中文还是西文，都是由一些笔画构成的，关键在于笔画的粗细，没有深浅的变化，所以文字复制的关键在于将字体、大小、排列方式在载体上清晰地体现出来。其次是图形，图形一般是通过绘画的方式产生的，由一些点、线、面及填充色组成，复制的关键在于将所有的线条及填充色按照需要的深浅（密度大小）清晰地再现到载体上，而且要考虑到这些线条的粗细和颜色变化。最后是图像，图像一般通过拍摄或者绘画的方式得到，它的变化比文字、图形复杂得多，图像的不同位置会有不同的深浅和颜色的变化，而这些变化通常是连续的，所以对于图像的复制，关键就是将图像各个部位的明暗、深浅变化和颜色变化清晰、准确地再现在载体上。由于文字和图形经常作为图像的附属组件进行复制，因此本章主要介绍图像的复制技术和原理，按照图像的阶调、颜色和清晰度等特征来讲解。

2.1 图像的阶调复制

图像的阶调是图像的主要特征之一，在复制图像时，应力求准确地再现原稿的阶调，但由于原稿的阶调往往变化非常丰富（实际上是连续变化的），而实际印刷中无法直接再现连续阶调的图像层次，因此需采用特殊的复制技术，即加网技术来再现图像丰富的层次。

图 2-1 Lena 图像

2.1.1 图像的阶调特征

对于一幅图像来讲，人们能够从这幅图像中获取的各种信息，是由它的一些阶调特征来决定的。图 2-1 所示为一张彩色的 Lena 图像，可以看出，它各部分的明暗、深浅是不一样的，也就是说，各部分具有不同的阶调特征。

1．反差

第一个特征是明暗、深浅变化的范围，这个范围称为图像的反差 D。

$$D = I_{\max} - I_{\min} \tag{2-1}$$

式中：$I_{\max}$ 为图像的最大灰度值；$I_{\min}$ 为最小灰度值。

如图 2-2 所示，这两幅图像的实际内容是相同的，视觉效果却有极大的不同，而这种差异的产生原因就是这两幅图像明暗、深浅变化的范围是不一样的，即反差不一样。很显然，左边图像的反差要大一些，右边图像的反差要小一些。

图 2-2　反差对图像的影响

反差大小对于图像的影响从图 2-2 中可以看出来，反差大的图像比较清晰，而反差小的图像会稍微模糊一点。另外，可以从图像中细微的地方体会到明暗的变化，显然，反差大的图像更加明显一些。

2．层次

第二个特征就是层次，指图像中各部位亮度的变化。如图 2-3 所示，右图有明显的层次的变化，但与左图相比变化较少。人们的视觉感知更倾向于左边的图像，即左边的图像更符合实际情况。

图 2-3　层次对图像的影响

在印刷复制中，给予层次基本的划分方法，即按照亮调、暗调、中间调来区分不同的亮度区域。如图 2-4 所示，通常将图像中亮度处于中等水平的部分定义为中间调，高于中等水平的部分定义为亮调或高调，低于中等水平的部分定义为暗调。

对于一些特殊的图像，如图 2-4 中的陶瓷，由于反光等形成的极亮的斑点，称为极亮调。

层次的划分并不是绝对的，因为图像的层次是连续过渡的，所以这种划分只是一种实际情况下的相对划分。在印刷中，须分别考虑这些层次复制再现的效果和评价方法。

实际生活中，图像都以数字图像的形式存储和复制，数字图像的层次并不能以连续的方式存在，上一章中详细讨论了数字图像的灰度级，这就是层次的定量表示。

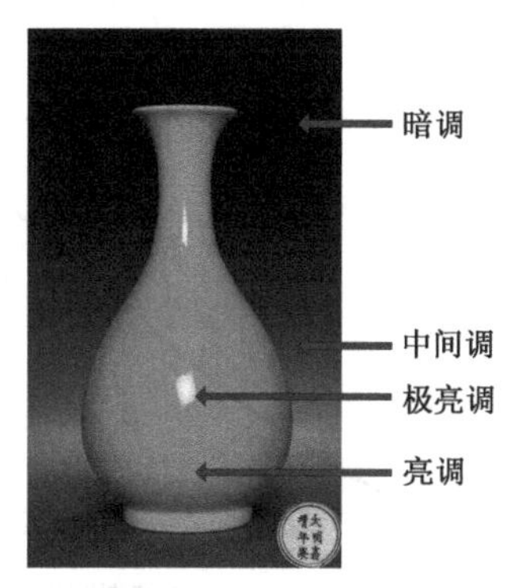

图 2-4　层次的划分

2.1.2　图像阶调复制的基本方法

由上一节可知，对于一幅连续调图像，它的层次是逐渐变化的，也就是说，它具有无数不同的层次，那么在印刷复制中就需要考虑如何复制这种变化。初始的想法是利用油墨的厚度来表示，颜色深则墨层厚一点，颜色浅则墨层薄一点。实际上，这种方法基本无法将图像的层次变化比较好地复制出来。

1．半色调图像与连续调图像

一般情况下，印刷设备是一种二值设备，不具备连续输出不同色值的能力。随着技术的发展，半色调图像应运而生，为连续的图像复制创造了条件。如图 2-5 所示，上方是连续的渐变色条，下方是由黑白点组成的二值色条。二者均具有颜色从左到右逐渐变暗的视觉效果，并且在适当的距离下，二者的视觉效果非常接近。

图 2-5　连续调图像（上）与半色调图像（下）

由于上方的图像是连续变化的，所以称为连续调图像。而下方的图像是由一些黑点和白点组成的图像，虽然具有类似的灰度连续变化的视觉效果，但与上方的图像有着本质上的不同，称为半色调图像或网目调图像。将连续调图像转化为半色调图像的过程称为半色调处理或加网。

经过数十年的发展，目前在半色调图像中，主要通过黑色点的大小和排列方式来模拟连续调图像。

在图 2-5 中的两幅图像中间画一条水平线，测量每一点的灰度值，可以获得相应的灰度图，如图 2-6 所示。可以看到，连续调图像的灰度值变化是一种连续变化，而半色调图像的灰度值变化是一种跳跃变化，因为它本身只有两个灰度值，这也印证了两种图像本质上的不同。

如图 2-7 所示，人们在日常生活中看到的所有印刷品图像都是半色调效果，如果使用放大镜来观察，就可以发现它们是由一些极小的墨点组成的。

2．视觉空间混合原理

事实上，半色调处理符合人眼的视觉空间混合原理。在印刷品中，人眼对阶调复制的要求是网目阶调在视觉上连续，即相邻点之间的距离小于视觉能分辨的最小距离。

前面介绍了人眼的构造，视觉空间混合原理的生理学基础就是，两个网点在眼球上成像的距离若小于锥状细胞的大小，人眼便无法将它们视作两个独立的点，会认为这两个点是连续的，一般小于 5μm 即可。

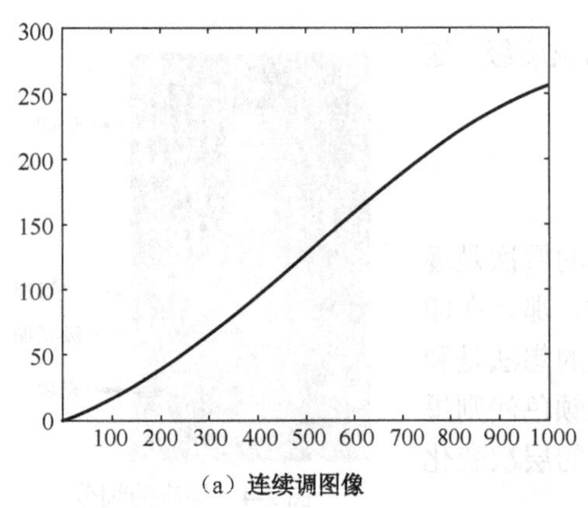

（a）连续调图像

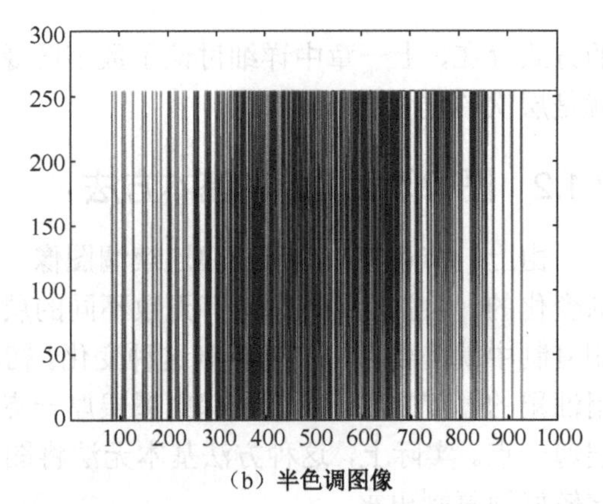

（b）半色调图像

图 2-6　水平线灰度

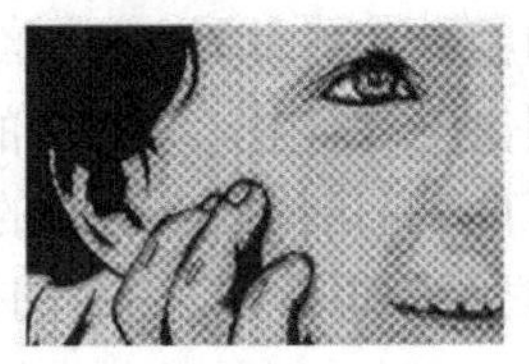

图 2-7　印刷品与放大效果

视角和观察距离又取决于什么呢？假设人眼与被观察印刷品的距离为 D，此时的视角为 α，两个网点的位置分别为 A、B，则

$$\tan\frac{\alpha}{2}=\frac{AB}{2D} \tag{2-2}$$

因为 α 很小，所以可近似认为 $\alpha=AB/D$（单位为′）。

当 AB 的像 $A'B'$ 小于 5μm 时，A、B 两点分辨不清。由此，可分辨的最小视角为

$$\alpha=\frac{0.005\times57.3\times60}{17}=1' \tag{2-3}$$

又可得，可分辨的两点间的最小距离为

$$AB=1'\times D=\frac{D}{57.3\times60} \tag{2-4}$$

最终可得，人眼能够分辨的 A、B 两个点之间的最小距离与观察距离成正比。也就是说，观察距离越小，能够分辨的两个点之间的距离就越小。

具体的半色调技术原理和实现方法将在后续章节中详细讲解。

3. 图像层次的校正

从原理上讲，半色调技术可以比较好地再现图像的层次，但是由于图像在复制过程中，其信息要经过多个过程的传递，而在传递过程中图像的层次会受到一些影响，所以需要对图像的层次进行校正。

1）层次复制曲线

通常将原稿的阶调层次用一个二维坐标系的横坐标表示，而纵坐标表示复制品对原稿的阶调再现效果。原稿的阶调层次通常用密度（灰度）来表示深浅，复制品由于是半色调图像，可以直接使用网点的大小（网点百分比）来表示，也可以使用积分密度来表示。这样，就在一个二维坐标系中建立了复制品与原稿的阶调对应关系。

图 2-8 所示为层次复制曲线。图中的曲线 B 实际上是一条斜率为 1 的直线，表示随着原稿密度的增大，复制品的密度等量、线性地增大，即复制品完全将原稿的阶调层次再现出来。

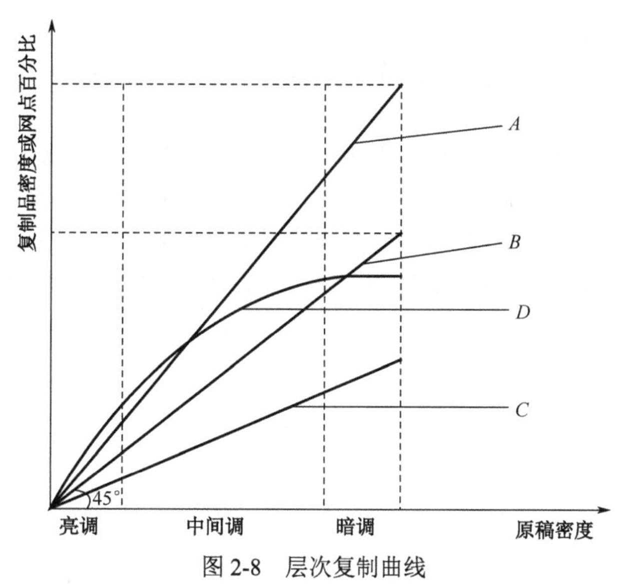

图 2-8　层次复制曲线

曲线 A 表示复制品的密度仍然随着原稿密度的增大而线性增大，但复制品密度的增大速度比原稿快，表示复制品将原稿的层次拉开了，复制品的反差要比原稿大。而曲线 C 正好相反，表示复制品将原稿的层次压缩了，复制品的反差要比原稿小。

实际上，以上三种情况基本不会出现，最常出现的为曲线 D 代表的情况，即在亮调部分，曲线比较陡，复制品将原稿的层次拉开了；在中间调部分，曲线斜率近似为 1，表示复制品能比较好地再现原稿阶调；在暗调部分，曲线斜率小于 1，代表复制品将原稿的层次压缩了；在最暗调部分，曲线斜率接近零，代表原稿的密度增大，而复制品的密度不再增大。

2）校正的必要性

对图像层次进行校正一般有三个原因。

（1）一般要对原稿的阶调层次进行压缩。这是因为原稿是通过各种途径获得的，它的密度范围可能会很大，而印刷品的密度范围是有限的，这就要求对原稿的密度范围做适当的压缩。

（2）印刷工艺过程对层次再现有非线性影响。在复制过程中，原稿要经过扫描，转化为数字图像，然后需要处理图像，处理完成后要输出到分色片、印版、橡皮布、承印物等，这中间的每个传递过程对图像层次的影响都是非线性的。为了保证复制品对于原稿的复制效果，就需要对这些非线性影响做校正。

（3）人们对层次再现有主观需求。首先，由于人类视觉特性的影响，一般情况下，人眼对图像的不同阶调部分的分辨能力，也就是图像变化的敏感性是不一样的，通常对于亮调部分人眼是比较敏感的，而对于暗调部分迟钝一些，所以在印刷过程中，应尽可能完整复现图像的亮调部分，对于暗调部分可以适当地压缩，甚至损失一部分。其次，由于艺术加工的需要，在印刷过程中需要对部分信息做突出处理，对另外一部分信息做模糊处理，这就需要对图像的阶调层次做人为调整。

3）图像阶调层次的压缩处理

在条件允许的情况下，人们希望原稿如何变化，在复制品上就能表现出相应的变化，达到理想的复制效果。

假设原稿不同位置的亮度为 V_0，复制品的亮度为 V_r，如图 2-9 所示，那么理想的层次复制就是 $V_0=V_r$。

但是由于实际复制条件的影响，需要对原稿的密度范围进行压缩，而这种压缩并不是随意的压缩，因为复制品是服务于人类的，必须符合人类视觉特性。理想的压缩效果是复制品各部分的层次变化与原稿相应部分的层次变化呈线性关系，这种关系符合人类视觉特性，这样的压缩方法称为孟塞尔压缩。图 2-10 所示为压缩示意。

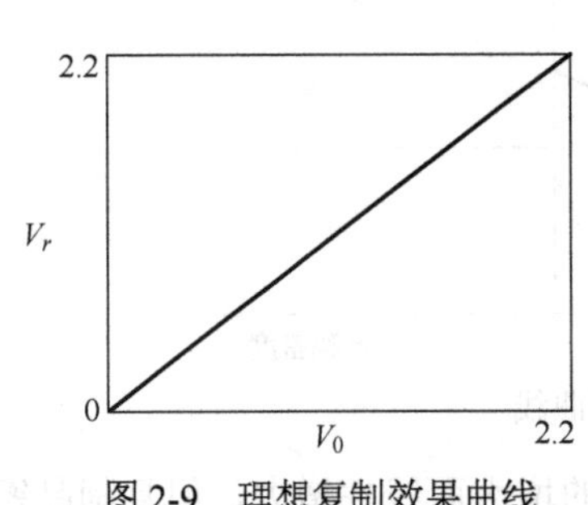

图 2-9 理想复制效果曲线

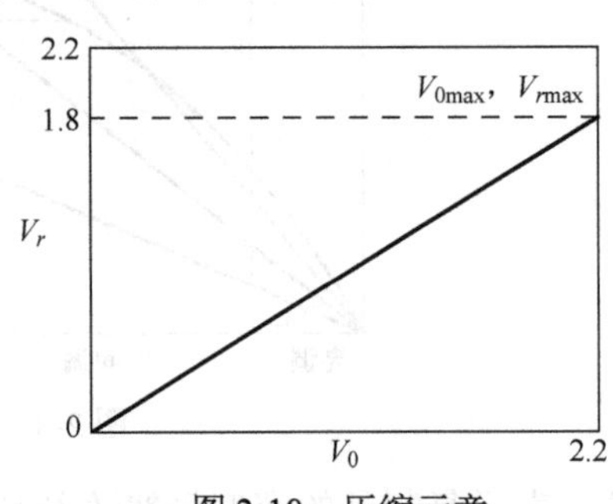

图 2-10 压缩示意

根据图 2-10，可以得到线性压缩方程：

$$V_r = V_{r\min} + \frac{V_{r\max} - V_{r\min}}{V_{0\max} - V_{0\min}}(V_0 - V_{0\min}) \tag{2-5}$$

这个方程表示的是利用明度值反映复制情况，但实际情况下并不是直接利用明度值来表现图像的明暗变化的，这就需要将明度值转化为密度值，线性压缩方程就变成了非线性压缩方程，线性压缩曲线也就变成了非线性压缩曲线，图 2-11 所示为孟塞尔密度压缩曲线。

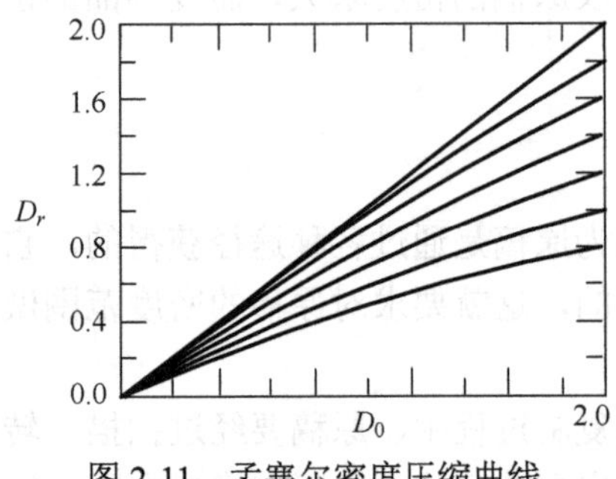

图 2-11 孟塞尔密度压缩曲线

从图 2-11 中可以看出，在图像的亮调部分，曲线相对陡峭一些，越到暗调，曲线越平滑，说明在不同程度的压缩复制过程中，对图像的亮调部分突出强调或者较少进行压缩，而对暗调部分的压缩相对多一些。

在一些特殊的情况下，如要更好地突出图像主体的层次，则可以按照需要直接损失一部分暗调。

4）阶调复制曲线设计

在实际复制过程中，需要在印前处理阶段提前设计好阶调复制曲线，以决定将图像的阶调复制成什么样的效果。通常采用的是多象限循环推导的方式。

如图 2-12 所示，以四象限循环图来说明，第一象限为印前处理输出的层次再现效果；横坐标为原稿密度；纵坐标为图像输出前阶调，多用网点百分比来表示，或者用图像的灰度值来表示。这部分曲线需要设计推导出来。

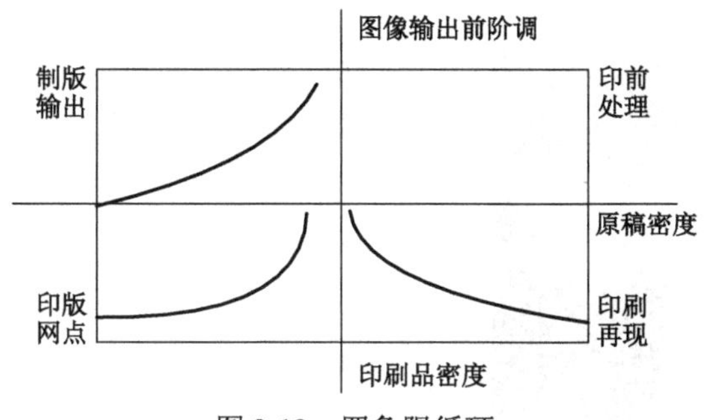

图 2-12　四象限循环

第二象限是印前输出记录过程中的图像层次传递效果，纵坐标还是图像输出前阶调，横坐标则表示输出记录之后的图像的层次，这里如果采取 CTP 直接制版的方式来记录，横坐标就是印版的阶调，通常采用网点百分比来表示，这条曲线可以实际测量出来。具体方法是在印前系统中设计一个灰度梯尺，在固定的印刷输出的条件下输出记录这个灰度梯尺，测出印版上对应网点与梯级的关系，就可以得到第二象限的曲线。

第三象限的曲线是印刷过程中的层次传递曲线，横坐标是印版网点，而纵坐标是印刷品记录的图像的阶调层次变化。仍然可以利用上面提到的灰度梯尺，此时的灰度梯尺转移到了印刷品，记录每个梯级之间的对应关系并绘制成曲线，就可以得到第三象限印刷转移的层次再现效果。

第四象限的曲线就是最终所需的复制品对原稿的阶调再现曲线，该曲线利用孟塞尔压缩方程就可以得到。

已知第二、三和四象限的曲线，就可以利用循环推导的方式得出第一象限的曲线。例如，对于原稿上的某个阶调，需要在印刷品上印出多深的阶调，就可以通过第四象限的曲线推导出来，再通过第三象限的曲线反推出印版上应该有多大的网点，进一步推导出印前输出之前图像的灰度级应该是多少，这样就得出在印前处理时需要做怎样的处理，从而得到第一象限的曲线。

2.2　图像的颜色复制

颜色是图像的第二大特征，本节将讲解颜色复制的相关内容。

对于一幅彩色图像，一般都有明暗层次的变化和颜色的变化，对图像明暗层次变化的复制方法在上一节中已经介绍了。那么，颜色如何再现呢？首先想到的是原稿是什么颜色，就使用什么颜色的油墨来印刷，但通常一幅图中颜色的种类是非常多的，实际应用中是利用色彩学中的色光加色法和色料减色法的原理来复制的。

2.2.1　图像颜色复制的基本方法

如图 2-13 所示，印刷中通常使用 CMYK 模式处理图像，即将图像分为四种彩色成分，但本节不涉及黑色的问题，有关黑色的问题将在后续章节中讲述。

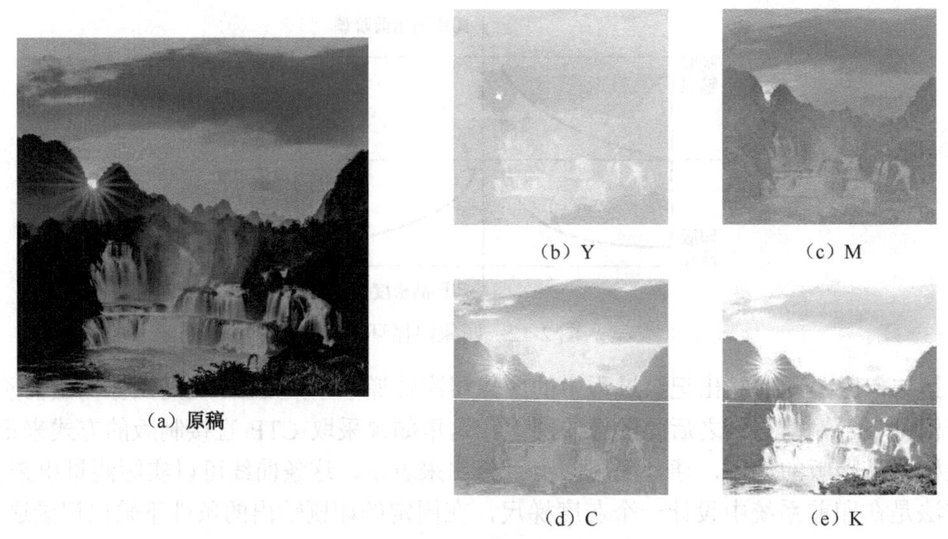

（a）原稿　（b）Y　（c）M　（d）C　（e）K

图 2-13　CMYK 模式原稿及四种彩色成分

把原稿分解为各彩色成分之后，印刷的时候再合成到一起，就可以得到原稿的颜色表现效果了，这就是彩色图像颜色复制的基本方法。

如图 2-14 所示，彩色图像印刷流程可以分为四个步骤：分色、图像运算与加网、制版及印刷。

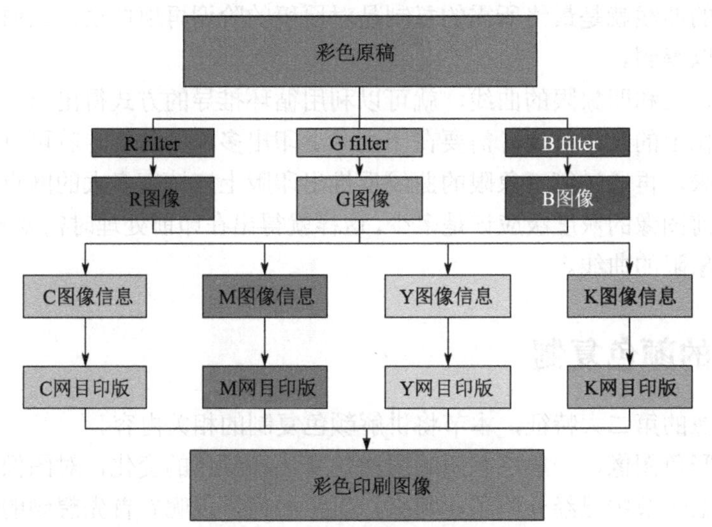

图 2-14　彩色图像印刷流程

印刷之前需要将颜色分解出来，所以第一个步骤就是分色，具体方法是用白光照射原稿，原稿中各个不同的色彩部位就会反射或透射出不同的色光，而这些色光都由红、绿、蓝三色光构成。下一步是将这些色光分别投射在红、绿、蓝三色滤色片上进行色光分解。这样可以得到原稿的红、绿、蓝三色图像，经过一定的校正处理后，再利用这三色图像分别输出记录分色片或印版。这样就可以得到原稿的青色、品红色、黄色及黑色的图像信息。在印刷的过程中分别利用这些印版及相应颜色的油墨进行叠印，就可以得到原稿的彩色复制品。

为了方便理解分色合成原理，下面用一个具体的例子来说明，如图 2-15 所示，假设需要复制的图像是由几个色块组成的简单图像，包括红、绿、蓝、黄、品红、青、黑、白这八个色块。根据色料混合的原理，先将黄色成分分离出来。根据色料减色法的原理，红色、绿色、黄色和黑色这四个色块是含有黄色信息的，因此黄色信息就在图 2-15 的 Y 图像中表示出来，其中含有黄色信息的用黑色表示，不含有的则用白色表示。同理，品红色信息和青色信息分别在图 2-15 的 M 和 C 图像中表现出来。然后利用三色图像制作成相应的印版，在印刷过程中利用各色的印版分别印各色的油墨来转移印版上的图像信息，并在承印物上的同一位置进行叠印。

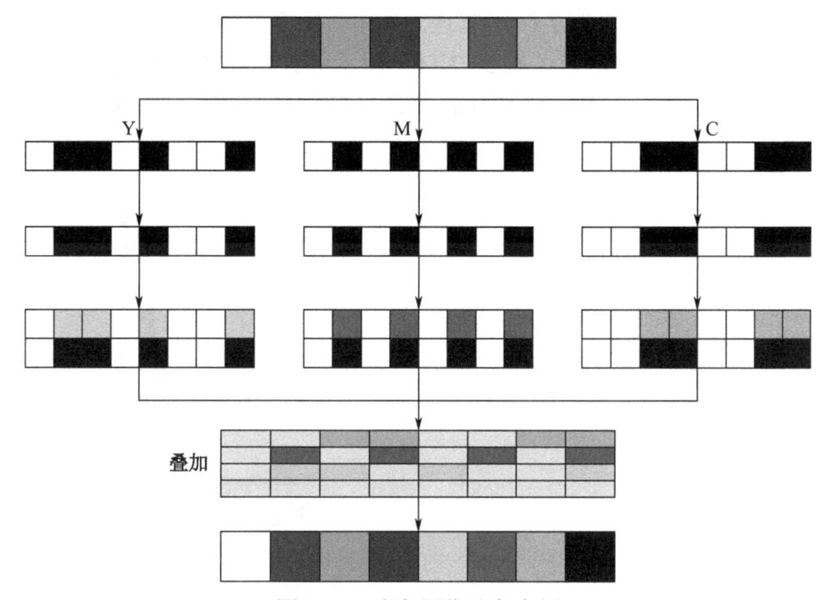

图 2-15 彩色图像分色实例

假设按照黄色、品红色、青色的顺序来转印，那么首先在黄色印版上涂布黄色油墨，其次转移到承印物上，再次用品红色印版印品红色油墨，最后用青色印版印青色油墨，这样就获得了图 2-15 中叠加的效果，各位置的各色油墨基于加色法原理进行混合，最终实现对八个色块的颜色进行复制。同理，就可以实现对彩色图像的复制。

2.2.2 颜色分解基础

由 2.2.1 节可知，对彩色图像的复制，最关键的就是将彩色原稿的颜色信息分解为不同的单色信息。在对原稿的颜色进行分解的过程中，首先需要的就是一套分色工具，即滤色片。

1. 滤色片

滤色片是对色光具有选择性吸收、反射或透射作用的光学器件。在图像颜色分解过程中，通常选用三种特定的滤色片——中性灰滤色片、干涉滤色片和选择吸收滤色片。

1）中性灰滤色片

它平均削弱各色光，对所有色光具有相同的吸收和透射作用。如图 2-16 所示，一束白光照射在中性灰滤色片上，其中 40%被吸收了，最后透过的就是由 60%的红、绿、蓝光合成的白光。这种滤色片的削弱比例是固定的，与入射光没有关系。

2）干涉滤色片

它可透过三原色光中的本色光，反射另外两种色光。它是利用干涉原理只使特定光谱范围内的光通过的光学薄膜，通常由多层薄膜构成。干涉滤色片种类繁多，用途不一，常见干涉滤色片分为截止滤色片和带通滤色片两类。截止滤色片能把光谱范围分成两个区，一个区中的光不能通过（截止区），另一个区中的光能充分通过（通带区）。典型的截止滤色片有短通滤色片（只允许短波光通过）和长通滤色片（只允许长波光通过），它们均为多层介质膜，具有由高折射率层和低折射率层交替构成的周期性结构。图 2-17 所示为干涉滤色片的光学作用原理。其中，图 2-17（a）所示的蓝色滤色片能使蓝色光透过，反射红色和绿色光；图 2-17（b）所示的红色滤色片能使红色光透过，反射绿色和蓝色光；图 2-17（c）所示的绿色滤色片能使绿色光透过，反射红色和蓝色光。

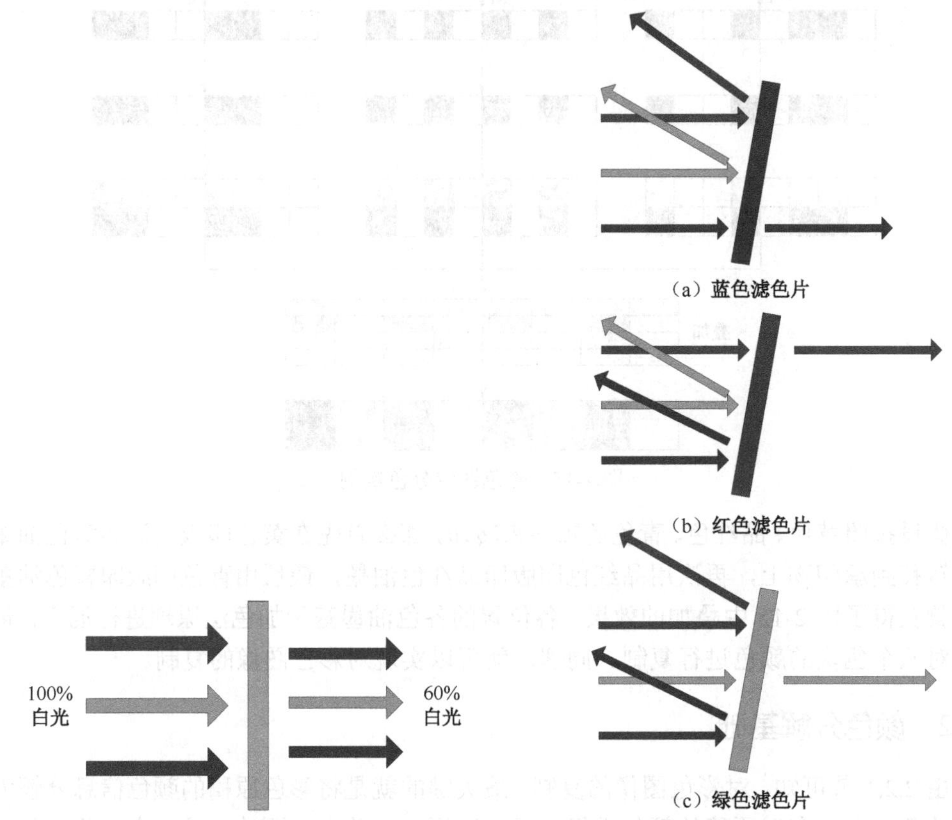

图 2-16　中性灰滤色片的光学作用原理　　图 2-17　干涉滤色片的光学作用原理

3）选择吸收滤色片

它可透过三原色光中的本色光，吸收另外两种光。图 2-18 所示为选择吸收滤色片的光学作用原理。其中，图 2-18（a）所示的蓝色滤色片能使蓝色光透过，吸收红色和绿色光；图 2-18（b）所示的红色滤色片能使红色光透过，吸收绿色和蓝色光；图 2-18（c）所示的绿色滤色片能使绿色光透过，吸收红色和蓝色光。

2．原稿对光的作用

颜色分解除了需要了解滤色片，还要了解原稿对光的反射或透射作用。原稿的颜色是由色料三原色构成的，当光线照射在图像不同色彩部位时，不同色料对光的作用是不一样的。具体来讲，不同色料会分别吸收其互补色光而透过或反射另外两种色光。

如图 2-19 所示为原稿各种颜色部位对入射光的作用情况。例如，原稿中白色或透明的部位，会将三种色光全部透过或反射；而红色部位会将红色光透过或反射，吸收另外两种色光，因为红色部位含有黄色色料和品红色色料，黄色色料会将蓝色光吸收，品红色色料会将绿色光吸收。同理，绿色部位只能透过或反射绿色光，蓝色部位只能透过或反射蓝色光。

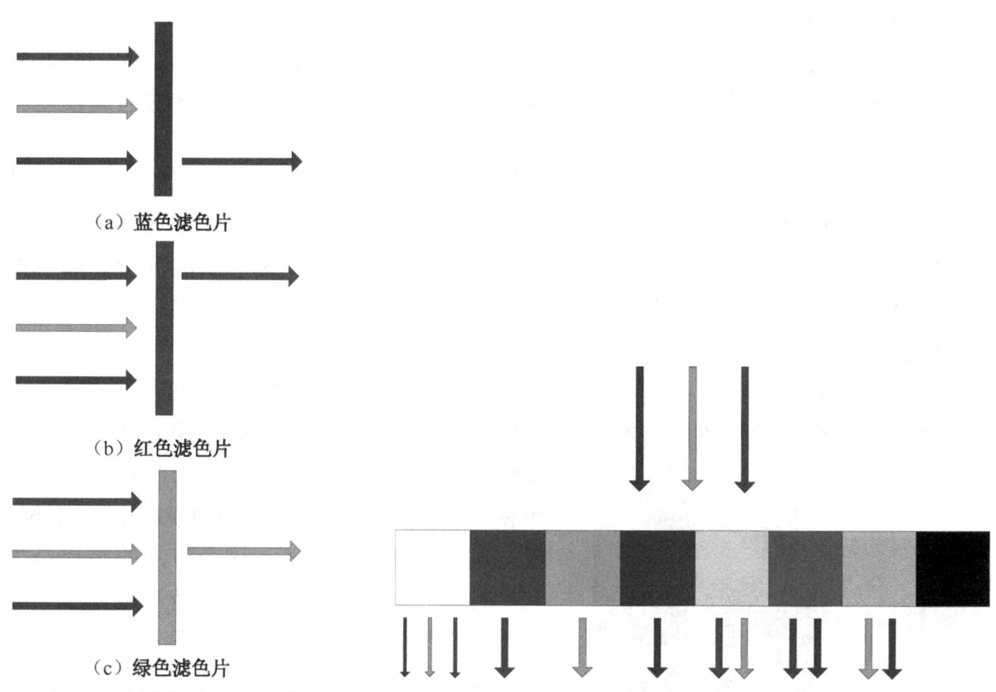

图 2-18 选择吸收滤色片的光学作用原理

图 2-19 原稿各种颜色部位对入射光的作用情况

对于黄、品红、青三种颜色部位，黄色部位吸收蓝色光，透过或反射红色光和绿色光；品红色部位吸收绿色光，透过或反射蓝色光和红色光；青色部位吸收红色光，透过或反射蓝色光和绿色光；黑色部位则将全部色光吸收，没有色光透过或反射。

在现代印前系统中，除了使用滤色片进行分色，还可以利用光源的呈色特性进行分色，称为呈色光分色，即利用红色光、绿色光和蓝色光对原稿进行照射，将原稿的黄、品红、青三色信息记录下来。还可以利用感光材料的感色性进行分色，即利用感光材料分别对红色光、绿色光和蓝色光敏感的特性进行分色。

2.2.3 颜色复制误差

前面讲解了颜色复制的基本方法，从理论上讲，通过颜色的分解与合成，应该能够比较理想地再现原稿的所有颜色。但在实际应用中，如果不经过特定的处理，所复制出的图像颜色与原稿的颜色往往是有差异的，图 2-20 所示为未处理的复制效果。显然，复制品与原稿之间存在比较大的差异，这种差异的产生一般有三方面原因，包括原稿本身的色调误差、分色误差及印刷呈色误差。

（a）原稿　　（b）复制品

图 2-20　未处理的复制效果

1. 原稿本身的色调误差

由于图像的来源多种多样，成像过程及方式等会导致原稿存在一定的偏差，例如，曝光不准确或显影处理不正确等问题都有可能导致原稿存在不同程度的色调误差。

对原稿色调误差的评价方法如下。

（1）主观评价色调误差：直接通过人眼观察图像的颜色并做出判断。可以将被评价图像与标准图像进行对比，但在实际应用中很难找到标准图像，所以更多利用实践中所积累的一些经验来进行判断，也就是利用大脑中所存储的记忆色做出评价。人们的大脑对于自然界中一些具有特定颜色的物体都有一个记忆色，例如，人们对各种不同的水果在不同的成熟期会有一个记忆色。

（2）三色密度值评价：利用图像中一些特定颜色的三色密度值来进行评价，而这一特定颜色最常用的就是图像中本该是中性灰色的颜色，即三色成分相同的颜色。对于图像中本该是中性灰色的部分，若测量之后发现其三色密度值基本相同，则代表这幅图像是不偏色的；反之则存在偏色的情况。这个方法的重点是如何找到中性灰色的部分，一种方式是认定图像中某一灰色就是中性灰色，如图像中白色的墙；另一种方式是灰梯尺，即在成像设备中放一个灰梯尺，在成像过程中和图像一起成像，为了不影响图像美观度，一般将其放在图像中不起眼的地方。图 2-21 所示为灰梯尺放置效果。如果图像没有偏色，那么灰梯尺各个灰度的三色密度值基本相同。

（a）放大效果　　（b）原图

图 2-21　灰梯尺放置效果

2. 分色误差

实际上在一般复制过程中，是以原稿的颜色为依据进行复制的，并不会过多考虑原稿本身对于所表现事物的颜色是否准确。因此，最终的颜色是否准确，取决于复制品对于原稿颜色再现的程度。

根据颜色复制的基本工艺流程，最关键的就是颜色的分解与合成这两个过程，而对分色起关键作用的就是滤色片。在前面介绍的内容中，假设采用的都是理想的滤色片，如图 2-22 所示，理想的滤色片具有完全透过或反射本色光且完全吸收非本色光的能力。也就是说，对于一张红色滤色片，当一束白光投射在其上时，它会将白光中的红色光全部透过，其他色光全部吸收。

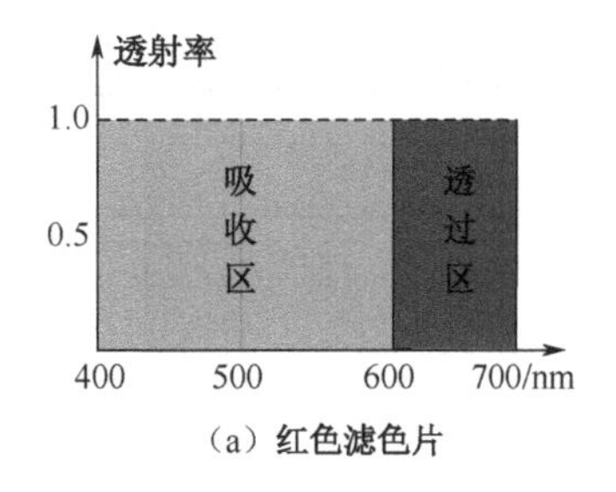

（a）红色滤色片

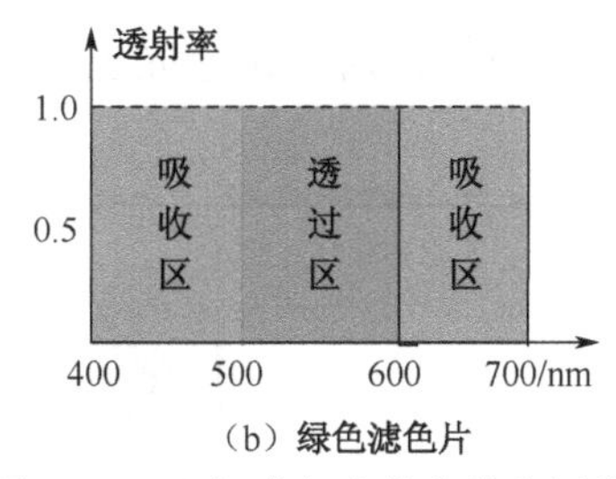

（b）绿色滤色片

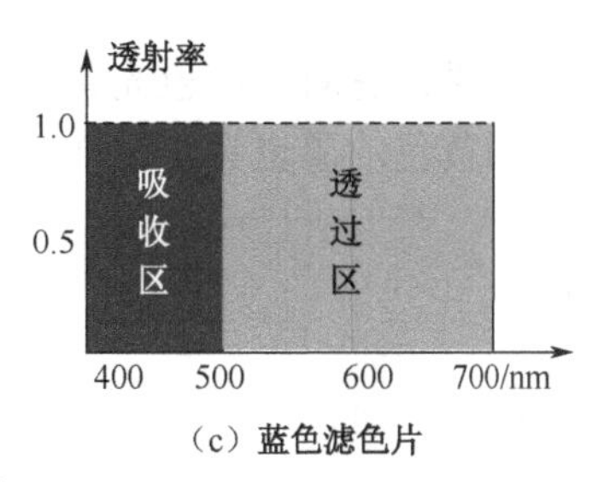

（c）蓝色滤色片

图 2-22　理想滤色片的光学作用效果

但实际分色过程中所使用的滤色片并不具备理想的光谱性能，一般是既不能对其本色光完全透过，也不能完全吸收其本色光之外的另两种色光。使用这些滤色片时，必然会在分色过程中产生一定的分色误差。使用滤色片进行分色时，理想的结果是在青色版中，原图中不含青色的部分为完全的白色，含有青色的部分能完整地将其表现出来，实际结果变成了不含青色的部分另两种色光吸收不彻底，而含有青色的部分透射不彻底，并且同样有另两种色光透过。品红色版、黄色版及黑色版的情况与此相同。

分色误差就是基本色部位密度偏高，而相反色部位密度偏低。如果将由滤色片投射过来的光图像直接记录成分色阳片，那么在分色阳片上的表现是基本色部位密度偏低，相反色部位密度偏高。最终印制出来的图像与原图像之间就存在明显的偏差。

图 2-23 进一步说明了分色误差对印刷效果的影响。由于实际滤色片存在误差，因此利用三种滤色片分色之后，所得到的黄、品红、青各色分色阴片并不能达到理想的效果。对于原稿的绿色部分，可以看到，青色分色阴片上并不是完全透明的，品红色分色阴片上也并不是完全黑色的，用这样的分色片去制版，所得到的青色印版对于原稿的绿色部分，其网点百分比就不能达到百分之百，最终在承印物上印出的绿色部分中带有一部分品红色，印不出纯绿色。

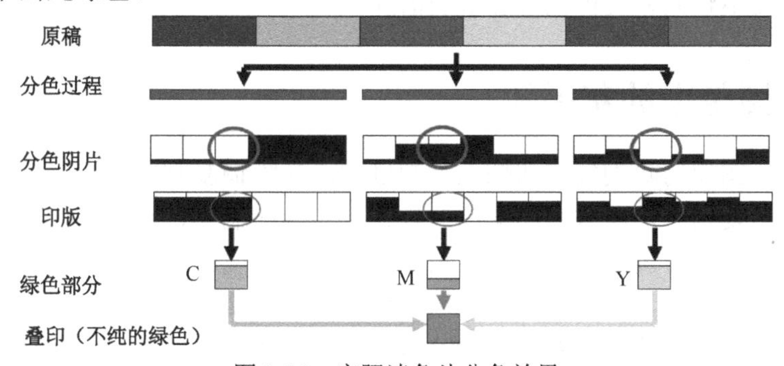

图 2-23　实际滤色片分色效果

3. 印刷呈色误差

在色彩的印刷复制过程中起关键作用的就是分色和合成过程，合成过程的误差称为印刷呈色误差。

对于印刷呈色，起关键作用的就是油墨。同样，若使用的是理想的油墨，就能将其互补色光全部吸收，除互补色光之外的另两种色光则全部透过或反射。

但实际使用的油墨与滤色片类似，并不能将其互补色光全部吸收，也不能将其互补色光之外的另两种色光全部透过或反射。图 2-24 所示为实际油墨的反射率。对于青色油墨来讲，它对于红色光并不能完全反射，对于绿色光也不能完全反射。同样，品红色油墨和黄色油墨也具有这样的特性。

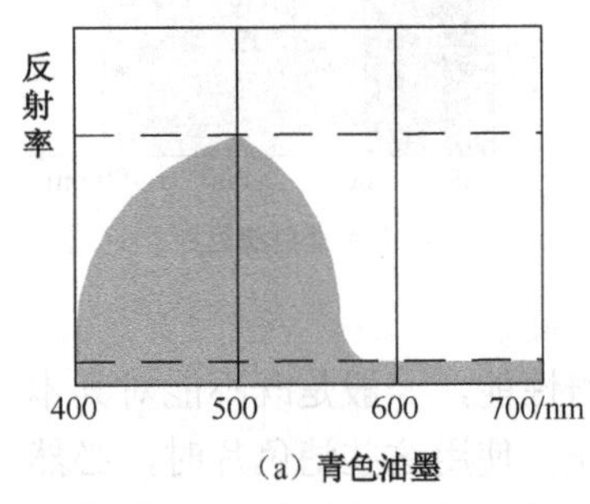

（a）青色油墨

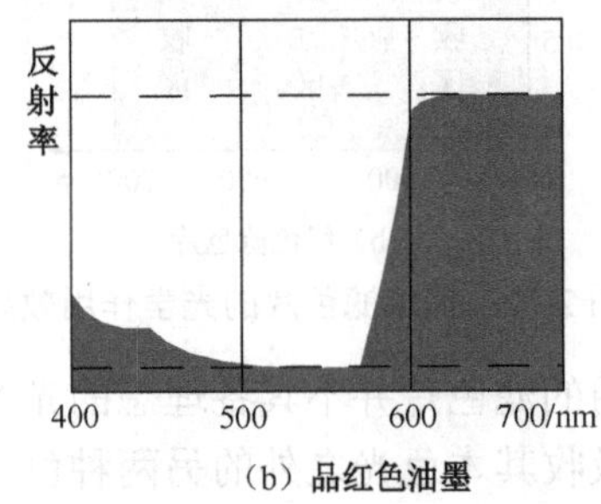

（b）品红色油墨

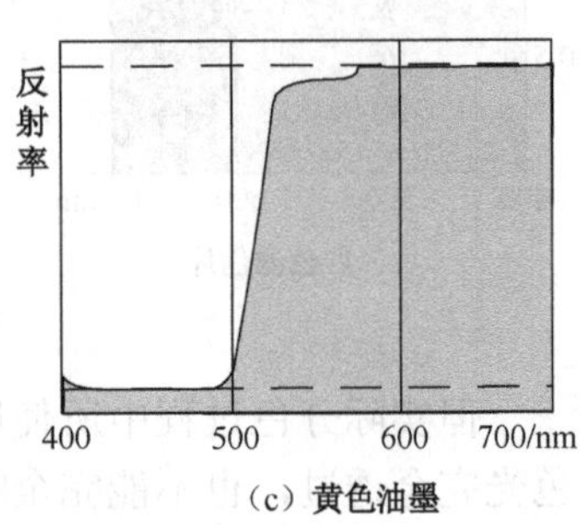

（c）黄色油墨

图 2-24　实际油墨的反射率

因此，可以用实际的油墨对各色光的吸收性能来反映它的实际光学性能。对于各色油墨来讲，根据吸收与否分为主吸收区与副吸收区。

- 主吸收区：油墨应该完全吸收的光谱区，相应的吸收称为主吸收。
- 副吸收区：油墨不应吸收的光谱区，相应的吸收称为副吸收。

对于黄色油墨来讲，蓝色光谱区就是主吸收区，蓝色光的吸收量为黄色油墨的主吸收；红色和绿色光谱区就是副吸收区，红色光和绿色光的吸收量为黄色油墨的副吸收。

由图 2-24 可以看出，实际的油墨总会存在主吸收不足、副吸收过量的呈色误差。一般不会直接测量油墨吸收量的大小，而使用密度值来表示，各色油墨对其互补色光测量的密度值称为主密度，另两种色光所测得的油墨密度值称为副密度。

也就是说，把一幅图像印刷在承印物上，再分别用红、绿、蓝三色光测量它的密度值，由于呈色误差，总会存在主密度偏小、副密度偏大的情况。这样，最终的印刷品就会出现本色色量不足而相反色色量过量的情况。

2.3　彩色图像中的灰平衡

前面介绍了图像的阶调复制和颜色复制过程。在阶调复制中，没有考虑对图像颜色的再现；在颜色复制中，没有考虑图像的阶调。实际印刷中，一幅图像的颜色变化会影响它的阶调再现，而阶调再现必然会影响图像的颜色再现。

对于一幅图像来讲，它的各部分颜色含量的多少，实际上在图像的灰色部分是有体现的，而图像的灰色部分又是对图像的阶调表现得最明显的部分。本节将介绍在彩色图像复制过程中如何控制图像的灰色再现效果。

2.3.1　黑版

从理论上讲，彩色图像的颜色不管怎么变化，都应该可以由三原色油墨叠印得到，但是由于实际的油墨都存在一定的呈色误差，所以当用实际的三原色油墨来叠印图像的颜色时，对图像中黑色的区域并不能很好地表现。理论上，当把三原色油墨的量都调到最大时，应该可以叠印出饱和的黑色，但实际上并不能，这自然就会影响图像暗调部分的表现。

使用黑版的原因具体包括以下两方面。

- 三原色油墨叠印不出饱和的黑色；
- 三原色油墨叠印对图像暗调层次有一定损失。

如图 2-25 所示，*A* 曲线在图像暗调部分的表现不是很突出，导致图像暗调部分的层次压缩严重。直接使用三原色油墨对图像进行复制，很可能导致图像暗调层次有一定损失。为了弥补这个损失，可以在图像暗调部分加一定量的黑色油墨，也就是图 2-25 中的 *B* 曲线。最后得到的阶调复制曲线就会接近 *C* 曲线，拉开了图像暗调层次。因此，实际印刷中使用四色印刷。

如图 2-26 所示，使用黑版与不使用黑版得到的结果有明显的差异。当直接使用三原色印刷时，可以看到，黑色的地方并不是很黑，只表现出一种深灰色，而且暗调部分的层次变化基本上没有表现出来。当加了黑版时，可以看到，黑色部分表现比较好，层次变化比较明显。

由前面的内容可知，每部分三原色的墨量是由互补分色的方式得到的，而黑色墨量由下式得到：

$$K_i = S_i - \frac{1}{F}(L_i - S_i) \tag{2-6}$$

式中：K_i 为第 i 个像素的黑色分量；S_i 为该像素的最小色量；L_i 为该像素的最大色量；F 为黑色分量的调节系数。

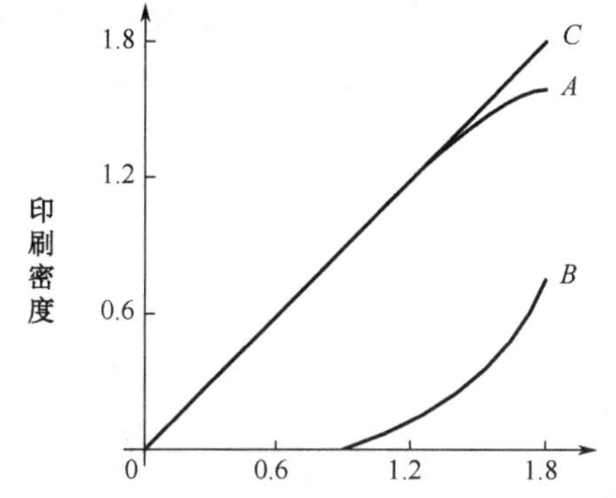

图 2-25　三原色油墨叠印对图像暗调复制的影响

图 2-26　直接使用三原色印刷和加黑版的效果

如果直接使用上述公式进行每个像素的计算，必然会出现负值，但实际中黑色墨量不可能为负值。这样的位置可以直接定为 0，因为这样的位置可能为纯色或金色，不会含有灰色成分，不需要用黑色来叠印。

实际上，只有当三色值均不为 0 时才会按照上述公式去求黑色值，即使出现负值，也会直接赋值为 0。

F 值是用来调节黑版信号的，如果将 *F* 值调大，那么黑版信号可能分布在图像比较大的阶调范围内。若基本覆盖原稿的全部阶调范围，则这样的黑版称为长调黑版或全调黑版，一般这样的黑版用于以消色（灰色、复合色）为主、色彩为辅的原稿。反之，黑版信号就会分布在图像暗调比较小的阶调范围内。这样的黑版称为短调黑版，用于表示和增强图像暗调层次和灰平衡，还可表示图像的轮廓或骨架，适用于色彩鲜艳、消色较少的原稿。位于长调黑版和短调黑版之间的则称为中调黑版。

长调黑版、短调黑版、中调黑版只是相对的概念。根据想要的结果和图像的特征适当地调整 F 值，可以得到一个理想的黑版。

2.3.2 底色去除

在彩色图像复制中，对于图像的暗调灰色及黑色的部分，通过分色之后获得的色版的墨量一般比较大，而墨量大了之后，在印刷的过程中往往会带来一些印刷故障。

当色版墨量比较大时，在高速印刷过程中会导致印刷油墨转移不畅，同时会导致承印物的背面蹭脏。对于一般的四色胶印印刷机，其速度可以达到每小时 15000 张以上。也就是说，每一张承印物在机器上印刷的时间只有零点零几秒。色版的油墨只有很短的时间进行转移，并且只有在之前印刷的油墨已经干燥的情况下，才能顺利地转移后续的油墨。这样的话，一旦墨量太大，油墨干燥就比较困难。

1．底色去除的概念

根据色彩学原理，三原色油墨叠印出来的灰色可以由黑色油墨直接表现，为了解决图像暗调部分各色墨量都比较大带来的各种问题，将原本应该由三原色油墨来叠印的部分变为直接由黑色油墨来叠印。

这种按照一定比例减少三原色油墨，由黑色油墨来代替的方法就称为底色去除（UCR）。图 2-27 所示为底色去除基本方案。可以看到，图 2-27（a）中为没有处理的分色结果，总墨量达到 265%，这样比较容易引起前述的各种问题。而采取底色去除的方案后，将三原色的墨量同时减少 30%，相当于减少了 30%的灰色成分，然后用黑色墨量增加 30%的方法，使叠印的结果恢复到原本该有的样子。此时的总墨量就是 205%。

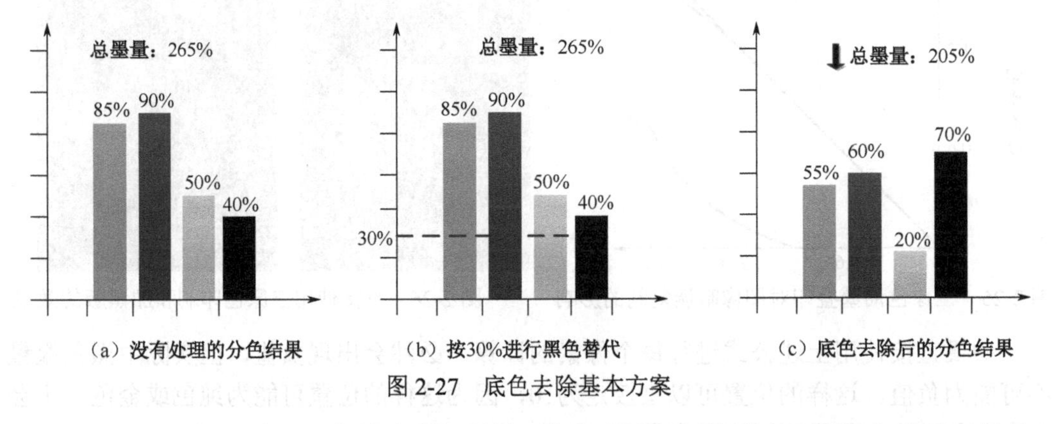

图 2-27 底色去除基本方案

理论上，上述方法可以有效地降低墨量，降低印刷复制的难度。实际上是否可行呢？如图 2-28 所示，A 行为三色叠印的效果，B 行为常规的四色印刷的效果，C 行为底色去除的印刷效果。第三列是黑版信号，第二列是三色叠印效果，第一列则是最终印刷效果。

可以看到，三种方法中，对于黑版的信息量，底色去除>四色印刷>三色印刷。而从常规四色印刷的三色叠印效果和底色去除工艺的三色叠印效果可以看出，底色去除工艺极大地减少了灰色成分，而彩色部分并没有多少变化。从第一列可以看到最终的印刷效果，底色去除工艺能基本达到与三色印刷和四色印刷相同的效果，验证了底色去除工艺的有效性。

2．底色去除的作用

在彩色图像复制中，底色去除具有以下作用。

- 增加印刷图像的反差和层次；
- 使图像更容易达到灰平衡；
- 减少彩色油墨的用量和总墨量，避免糊版和蹭脏问题；
- 在一定程度上降低印刷成本和难度。

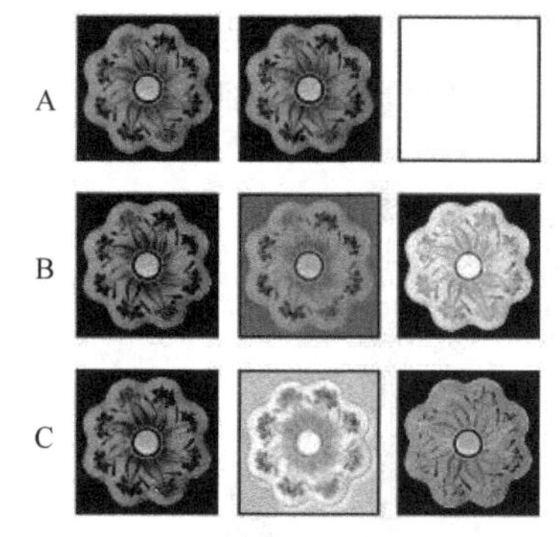

图 2-28　底色去除实际效果

3．底色去除的方法

实际印刷过程中，应如何确定彩色油墨的去除量呢？对于一幅图像，不是只对某一阶调进行底色去除，而是对一个阶调范围进行底色去除。并且，灰色成分不同的部位，其底色去除的量也应该是不一样的。

底色去除量的计算公式如下：

$$\mathrm{UCR}=\mathrm{MIN}(C,M,Y)-\frac{1}{F}[\mathrm{MAX}(C,M,Y)-\mathrm{MIN}(C,M,Y)] \tag{2-7}$$

式中：UCR 为底色去除量；MIN(C,M,Y)为每个像素点所含的青色、品红色、黄色墨量的最小值；MAX(C,M,Y)为每个像素点所含的青色、品红色、黄色墨量的最大值；F 为调节系数。

可以看出，式（2-7）与式（2-6）的含义是一样的，它们主要的区别就是 F 的取值。底色去除和黑版计算中的 F 值是不一样的，这里更注重图像中的灰色成分，所以 F 的取值就要相对小一些。

二者相同的一点是对于某一像素点，若该像素点含有数值为 0 的成分或计算结果为负数，代表该点不含有或含有较少的灰色成分，那么该点底色去除量和黑版信号均为 0。

4．底色去除的基本原则

从长期以来的技术应用经验来看，底色去除技术使用的基本原则如下。

- 为了保证图像色彩丰富性和图像反差，一般按一定比例少量去除组成非彩色的三原色量，相应增加黑版量。
- 印刷条件好，则去除量少；印刷条件差，则去除量多。
- 原稿色彩鲜艳，灰色调少，则去除量少；原稿色彩灰暗，则去除量多。

2.3.3　非彩色结构工艺与底色增益

作为 2.3.2 节内容的衍生，本节主要讲解两个底色去除工艺的特例：非彩色结构工艺与底色增益。

1．非彩色结构工艺

由 2.3.2 节可知，根据色彩学理论，可以将三原色构成的灰色适当减少，然后用黑色油墨去替代。在图 2-27 中，将一组三原色色值统一降低了 30%，而黑色增加了 30%。那么，是否可以将灰色全部用黑色替代呢，即将三原色色值降低 50%，黑色增加 50%？此时，三原色中的青色将被全部去除，最终印刷只保留黄色油墨、品红色油墨和黑色油墨。

理论上，这种方式是可行的。如图 2-29 所示，按照 50%进行灰色替代，只剩下三种颜色后，总墨量进一步降低。

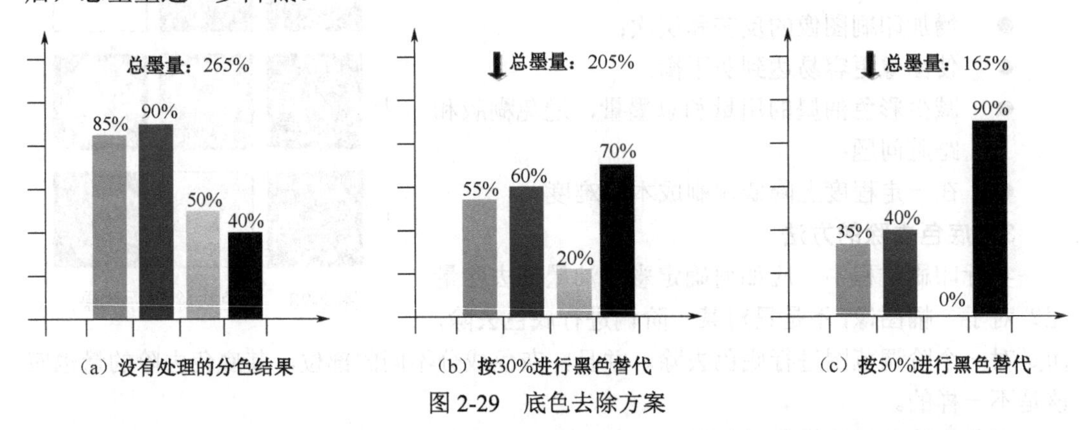

图 2-29　底色去除方案

将图像中的中性灰色全部用黑色替代，如图 2-29（c）所示，就称为非彩色结构工艺，由于实际是将底色去除最大化，因此又称全底色去除或集成色彩去除（Integrated Color Removal，ICR）。

对于常规四色印刷和一般的底色去除工艺来讲，颜色的可能构成方式有哪些呢？对于图像中的一些纯色或间色，由三原色油墨中的一种或两种来实现；对于图像中的灰色或含有灰色成分的部分，由三原色油墨或三原色油墨加黑色油墨来实现，也就是至少含有三种彩色成分。

但是对于非彩色结构工艺，图像中的一些灰色成分可能只含有一种或两种彩色成分，当三原色油墨相同时，最终复制品的这个灰色成分将不含彩色成分，因此称由非彩色结构工艺复制的图像为非彩色结构图像。

非彩色结构图像的特点如下：

- 纯色分别由三原色中的一种来实现。
- 间色使用三原色中的两种以不同的量叠加实现。
- 复合色使用两种彩色成分以不同量与适量的黑色叠加实现。
- 中性灰色使用适量的黑色实现，不含有彩色成分。

2. 底色增益

在实际复制过程中，如果对于图像的暗调灰色成分，三原色油墨叠印颜色不够深，可直接等量增加三原色的墨量，这种方法称为底色增益（Under Color Addition，UCA）。

底色增益是指对暗调复合色区域利用底色去除功能适当增加各色版的墨量，以便得到合适的中性灰色。

为了不改变图像原本的色彩，通常只在图像的灰色成分上做底色增益。

2.3.4 中性灰平衡

由前面的内容可知，原稿一般含有一些灰色成分，对于含有灰色成分的部位，存在以下三种情况：三原色色值互不相同、其中两种色值相同或三种色值均相同（中性灰色）。

1．中性灰平衡的意义

中性灰色在印刷复制时，理论上应该由黄、品红、青三种油墨等量叠加得到。但是由于实际的三原色油墨都存在一定的呈色误差，所以等量的三原色油墨叠加并不能得到中性灰色。按照经验来讲，等量的三原色油墨印刷出来的颜色会偏一定的暖色，所以为了得到中性灰色，就需要增加一定量的冷色调油墨，即青色油墨。具体增加的墨量则根据实际油墨的呈色性能和中性灰色的浓度来确定。

如果三原色油墨叠印得到了中性灰色，则称三原色油墨达到了中性灰平衡，简称灰平衡（或色彩平衡）。

总结一下，灰平衡需要注意以下几点：

- 青、品红、黄三色以相同的油墨密度叠印时达不到灰平衡。
- 用三原色油墨叠印后，如果测得叠印色的三色密度值相等，则达到灰平衡。

为了方便测量复制图像是否达到了灰平衡，一般会将一个灰梯尺与图像一同印刷，通过测量灰梯尺的各个阶梯灰度的三色密度值是否相等，判断图像是否达到了灰平衡。

将灰梯尺三色密度值测量结果绘制成曲线，如图 2-30 所示。如果绘制的三条曲线完全重合，则表示复制图像的各个阶调均达到了灰平衡。而对于图 2-30，最终测量的结果为在图像的暗调部分，三色密度值曲线并不重合，显然没有达到灰平衡。此时，蓝色光测得的密度值是最大的，绿色光测得的密度值是最小的，说明叠印出来的灰色中黄色成分最多，品红色成分最少，从而得出暗调部分印刷时黄色墨量偏多，品红色墨量偏少。

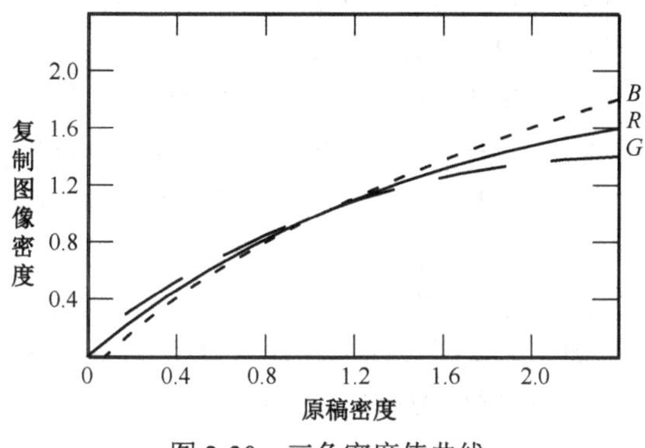

图 2-30　三色密度值曲线

2．灰平衡方程

如果测量得到的灰平衡曲线没有达到预期的重合，那么说明图像已经偏色。因此，需要在印刷前利用一定的方法来调整墨量，从而达到灰平衡。

这就需要用到三原色的灰平衡方程，即三原色油墨的配比。

前面提到，彩色墨量的多少会被油墨的呈色性能所影响，所以首先需要确定各色油墨的主、副密度值。

方法就是将青、品红、黄各色油墨用网点梯尺印刷在纸张上，测出每一级的主密度值和副密度值，以及三色网点梯尺叠印的密度值。假设测量的各种数值见表 2-1。

表 2-1　三色密度值

梯级	Y			M			C			K
	D_{YB}	D_{YG}	D_{YR}	D_{MB}	D_{MG}	D_{MR}	D_{CB}	D_{CG}	D_{CR}	D_{end}
1	0.10	0.04	0.04	0.10	0.14	0.06	0.01	0.10	0.14	0.16
2	0.12	0.04	0.04	0.12	0.16	0.06	0.08	0.12	0.18	0.20
3	0.15	0.05	0.04	0.14	0.20	0.07	0.09	0.15	0.24	0.26
4	0.19	0.05	0.04	0.18	0.26	0.08	0.10	0.17	0.29	0.32
5	0.16	0.06	0.05	0.20	0.32	0.08	0.11	0.21	0.36	0.38
⋮	⋮	⋮	⋮	⋮	⋮	⋮	⋮	⋮	⋮	⋮
12	0.62	0.08	0.06	0.50	0.90	0.14	0.18	0.44	1.02	1.35

得到三色各自的主、副密度值后，设定三原色油墨的构成比例，假设某个灰度值所需要的三原色油墨的量分别是 φ_{Ce}、φ_{Me} 和 φ_{Ye}。它们的含义是实际所印刷墨量的百分比。

假设在承印物上，按照 φ_{Ce}、φ_{Me} 和 φ_{Ye} 的比例印刷了一定量的黄、品红、青三色油墨，而且已经达到了灰平衡，那么分别用 R、G 和 B 色光来测量这个叠印色的密度值，结果应该相同。

由此得到下式：

$$\begin{cases} D_B = D_{YB} \cdot \varphi_{Ye} + D_{MB} \cdot \varphi_{Me} + D_{CB} \cdot \varphi_{Ce} \\ D_G = D_{YG} \cdot \varphi_{Ye} + D_{MG} \cdot \varphi_{Me} + D_{CG} \cdot \varphi_{Ce} \\ D_R = D_{YR} \cdot \varphi_{Ye} + D_{MR} \cdot \varphi_{Me} + D_{CR} \cdot \varphi_{Ce} \end{cases} \tag{2-8}$$

式中：D_B、D_R、D_G 分别为利用 B、R 和 G 色光测量的密度值，D_{YB}、D_{MB}、D_{CB} 等为上文中灰梯尺的测量结果。其中，蓝色光测得的密度值即蓝色光对黄色油墨层测得的密度值乘黄色墨量百分比，由于油墨的呈色误差，品红色墨和青色墨同样对蓝色光起作用，所以需要加上蓝色光对品红色油墨层测得的密度值乘品红色墨量百分比和蓝色对青色油墨层测得的密度值乘青色墨量百分比。绿色光和红色光作用下的密度值也这样计算。

假设这样会达到灰平衡，那么在方程中，D_B、D_R、D_G 就应该等于 D_{end}（等效中性灰密度）。这样得到的三个方程就称为灰平衡方程，其中只有 φ_{Ce}、φ_{Me} 和 φ_{Ye} 是未知的，利用这三个方程就可以求出各色墨量的比例系数。

通常使用的是上述方程的另一种表现形式：

$$\begin{bmatrix} D_{YB} & D_{MB} & D_{CB} \\ D_{YG} & D_{MG} & D_{CG} \\ D_{YR} & D_{MR} & D_{CR} \end{bmatrix} \begin{bmatrix} \varphi_{Ye} \\ \varphi_{Me} \\ \varphi_{Ce} \end{bmatrix} = \begin{bmatrix} D_{end} \\ D_{end} \\ D_{end} \end{bmatrix} \tag{2-9}$$

通过解方程就可以得到：

$$\begin{pmatrix} \varphi_{Ye} \\ \varphi_{Me} \\ \varphi_{Ce} \end{pmatrix}_i = \begin{pmatrix} D_{YB} & D_{MB} & D_{CB} \\ D_{YG} & D_{MG} & D_{CG} \\ D_{YR} & D_{MR} & D_{CR} \end{pmatrix}_i^{-1} \begin{pmatrix} D_{end} \\ D_{end} \\ D_{end} \end{pmatrix}_i \tag{2-10}$$

式中：i 为不同的灰度级。

φ_{Ce}、φ_{Me}和φ_{Ye}只是墨量的比例，最终要将墨量转换成实际的密度值：

$$\begin{cases}(D_{\mathrm{Ce}})_i=(\varphi_{\mathrm{Ye}})_i\,(D_{\mathrm{CR}})_i\\(D_{\mathrm{Me}})_i=(\varphi_{\mathrm{Me}})_i\,(D_{\mathrm{MG}})_i\\(D_{\mathrm{Ye}})_i=(\varphi_{\mathrm{Ce}})_i\,(D_{\mathrm{YB}})_i\end{cases}\tag{2-11}$$

得到密度值之后，可以利用尤尔尼尔森方程将其转换成各色的网点百分比。

3. 灰平衡曲线

灰平衡曲线就是叠印不同深浅的中性灰色密度值与所需三原色墨量的对应关系曲线。

图 2-31 所示为灰平衡曲线，横坐标表示所叠印出来的不同深浅的中性灰色的等效中性灰密度值；纵坐标表示的是叠印不同的中性灰色所需要的三原色墨量，可以用单色密度值或网点百分比来表示。

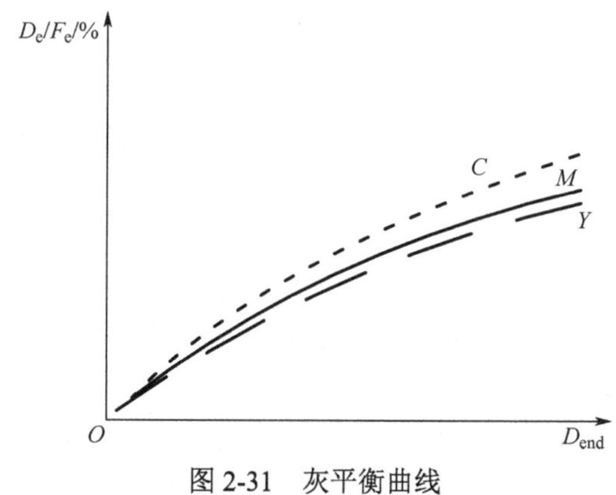

图 2-31 灰平衡曲线

得到灰平衡曲线的第一种方法就是利用解灰平衡方程得到的数据进行绘制。但这种方法有一定的缺陷，即在列灰平衡方程的时候，各色油墨叠印之后所产生的不同色光测得的密度值是将三色油墨的密度值直接进行了线性累加，但实际应用中，因为各色油墨相互之间会有一定的影响，所以灰平衡方程只是一个近似的方程。

为了得到比较准确的数据来绘制曲线，就需要用到第二种方法：实验法。即直接在实际生产中，通过实验测量得到灰平衡数据。

该方法的具体步骤如下。

1）设计一套要印刷的灰平衡导表

这种导表就是用来收集不同深浅的中性灰色所需要的三原色墨量的印刷测试版。目标是得到灰平衡下的三原色墨量，因此在一定范围内把各种不同的三原色墨量构成比例都设计出来。如图 2-32 所示，先设计 36 个不同的墨量构成比例的色块，其中青色墨量都是 10%，再使品红色和黄色墨量在 5%～10%变化，每次按照 1%递增。按照不同阶调设计 36 个色块，这样就构成了灰平衡导表。需要注意的是，前面提到了三色均匀叠印结果偏暖色调，因此在设计导表的时候，每个阶调的 36 个色块均有意识地将品红色和黄色墨量设置得小于或等于青色墨量。

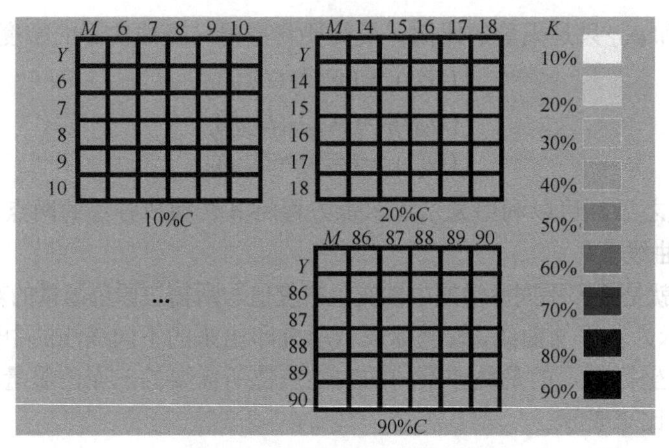

图 2-32 灰平衡导表设计案例

2）在固定条件下实际复制灰平衡导表

在实际印刷条件下，使用既定的三色油墨，将灰平衡导表印刷出来。只有利用实际印刷条件印制的灰平衡导表才有参考意义。

3）测量印制的灰平衡导表

测量各个阶调中每个色块的三色密度值，找出其中达到灰平衡的。需要注意的是，在同一阶调的 36 个色块中，只可能有一个色块达到了灰平衡。

4）测量等效中性灰密度值

对于达到灰平衡的各个色块，测量它们的等效中性灰密度值，这样就得到了灰平衡数据，利用这些数据，就可以绘制出比较准确的灰平衡曲线。

上述两种方法各有优缺点，后者更常用一些。

4．灰平衡曲线的应用

根据灰平衡曲线，可以在实际印刷中准确地调节各色墨量，从而印刷出不同深浅的中性灰色。但是，灰平衡曲线并不是在上机印刷过程中应用的，而应在印前处理过程中应用。通过反推导的方式利用阶调复制曲线、灰平衡曲线，在印前处理中将各色版的墨量提前设置好。

2.4 图像复制的清晰度强调

图像清晰度是图像的第三个特征，本节将介绍在印刷复制中图像清晰度的一些影响因素，以及清晰度强调的一些基本方法。

2.4.1 图像的清晰度

图像的清晰度是指图像中细节的清晰程度，包含以下三个方面：

- 分辨出图像线条间差别的能力。
- 线条边缘清晰程度。
- 细小层次清晰程度。

在印刷复制中，由于各种主客观因素的影响，复制之后的图像清晰度会有一定程度的下降。

为了尽量提高复制图像的清晰度，就需要分析影响复制图像清晰度的各种因素。

1．图像数字化

对原稿进行扫描数字化，会一定程度降低图像清晰度。如图 2-33 所示，原稿两边是空白区域，中间有一个黑色区域，黑白交界是非常明显的，如果沿水平方向逐点测量其密度值，黑白交界的地方则应该是跳跃变化的，但扫描之后得到的数字信息并不是这样的。这是由于扫描头按照图中椭圆的位置进行逐点扫描，扫描头从左往右运动时，就有光孔全部落在空白区域、全部落在黑色区域、一部分落在空白区域而另一部分落在黑色区域三种情况，扫描结果如图 2-33 所示。

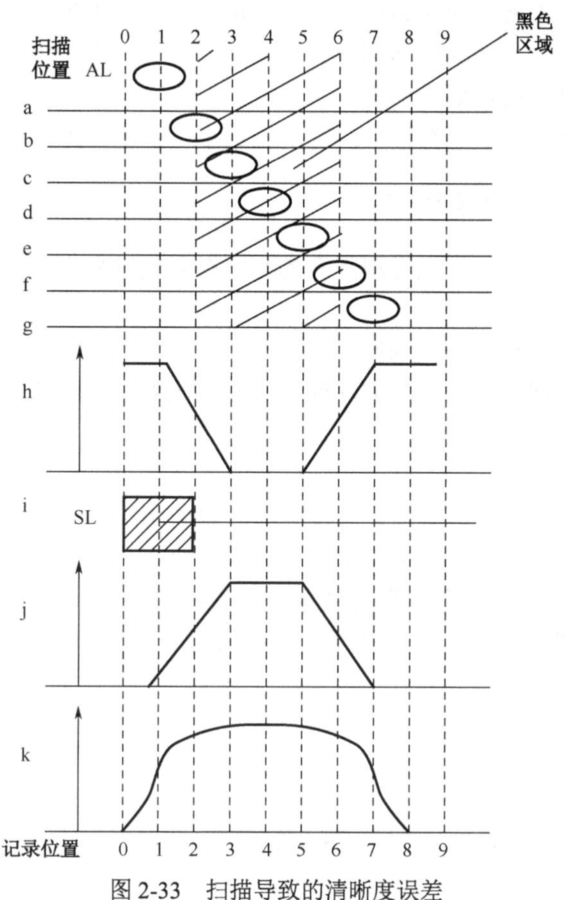

图 2-33　扫描导致的清晰度误差

这就导致明显的黑白交界扫描完却变成了一种渐变效果。以这样的图像信号去印刷复制，必然会导致原来跳跃式的阶调变化变成缓慢的变化，造成清晰度的降低。

这种误差的大小显然与扫描仪的光孔大小有直接关系，光孔越大则误差越大，复制图像的清晰度越低。考虑到数字化后的数据量，光孔也不能太小，所以这个中间值的选取是非常关键的。

2．层次压缩

由于印刷条件的限制，通常会对图像的层次进行压缩。显然，压缩层次会导致一部分层次丢失，清晰度必然会因此下降。

3．图像网点化

图像阶调复制的基本方法就是利用半色调技术进行阶调再现。但是，半色调技术对于图像的边缘内容剧烈变化的部位的再现性比较差，这是半色调技术面临的一大难题。

4．复制系统成像误差

在印刷复制过程中，图像信息要经过很多成像系统、设备的传递，这些成像系统本身就具有一定的成像误差，会导致图像清晰度下降。

5．印刷条件

还有一个主要因素就是印刷条件的限制，承印物、油墨等的印刷性能同样会影响印刷图像的清晰度。例如，油墨转移到承印物上之后，会产生一定的扩散，这个扩散就极大地影响图像的复制效果，如清晰度。

影响图像清晰度的因素还有很多，这里总结了一些主要因素。

2.4.2 图像的清晰度强调原理

前面提到图像清晰度由于主客观因素的影响在复制过程中会下降，本节将介绍如何提高图像清晰度。

1．提高图像清晰度的理论基础

提高图像清晰度就是利用一些方法使图像在人眼看来更加清晰，这些方法主要基于以下理论。

1）奥布莱恩效应

第一个理论称为奥布莱恩效应，假设实际图像如图 2-34（a）所示，它左、右两部分的亮度都是均匀变化的，只是在中间部位先慢慢地变亮，然后突然跳跃式变暗，再逐步恢复到原来的亮度。这幅图像的视觉效果如图 2-34（b）所示，观看者会感到右半部分比左半部分暗一些，实际上图像的左、右两边亮度相同。

（a）图像的实际状态　　（b）图像的视觉效果

图 2-34　奥布莱恩效应

2）马赫带效应

第二个理论就是马赫带效应。

3）图像反差

图像反差越大，图像层次就拉得越开，清晰度就越高。

2．清晰度强调方法

清晰度强调方法一般分为三大类：基于光学效应的清晰度强调方法、基于电子效应的清晰度强调方法和基于数学的清晰度强调方法。

1）基于光学效应的清晰度强调方法

这类方法来源于传统照相分色中的虚光蒙版的原理，在现代数字印前过程中也称电子虚光蒙版法，基本原理如图 2-35 所示，图中上方表示原稿，直径不同的圆代表不同尺寸的扫描仪光孔。左侧斜线部分代表黑色，右侧代表白色，黑白区域边界明显。由前述内容可知，直接通过扫描数字化进行复制，结果就是复制的边缘会有缓慢的过渡。

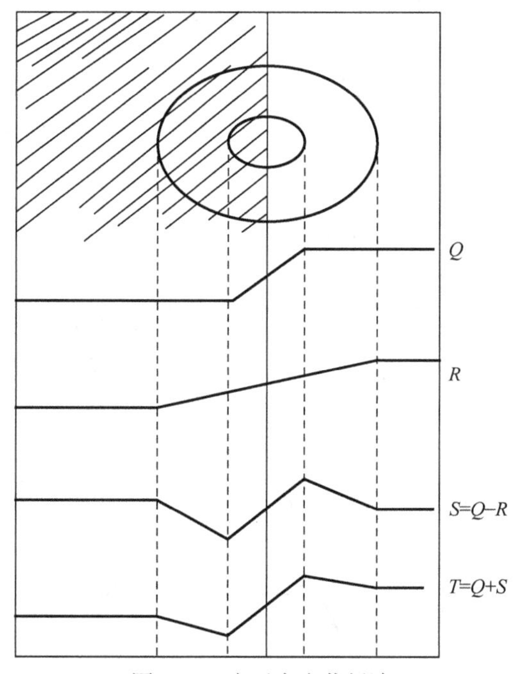

图 2-35　电子虚光蒙版法

在这种情况下就需要进行清晰度强调。在图像的采样过程中，利用小光孔进行扫描，得到初始信号 Q，设置为主信号。同时，使用大光孔采集图像信号，这个信号称为虚光信号，用 R 来表示，这个信号在过渡区域变化更为缓慢。

然后在主信号上逐点反向叠加虚光信号，叠加后的信号用 S 表示，这个信号就是用来对图像进行清晰度强调的信号，直接在主信号上逐点叠加强调信号 S，叠加后的信号用 T 表示。

可以看到，新得到的图像主信号在图像黑白交界的黑色一边出现了一个更黑的黑边，而白色一边出现了一个更亮的亮边，新得到的图像在黑白交界处的边缘更加黑白分明，视觉上会觉得这幅图像边缘更加清晰。

2）基于电子效应的清晰度强调方法

这类方法主要有两种：二次微分法和延迟叠加法。

（1）二次微分法。在对图像进行采样时，采取逐点采样的办法，所以对图像像素的采样是有先后顺序的。可以将图像信号看成以时间为自变量的一个函数，以曲线的形式表达出来。如图 2-36 所示，A 曲线表示原稿本身的阶调曲线，即黑白交界处的变化曲线。对原稿的黑白交界处进行采样，根据前面描述的采样结果得到 B 曲线，可以看出其交界处变化更加平缓。

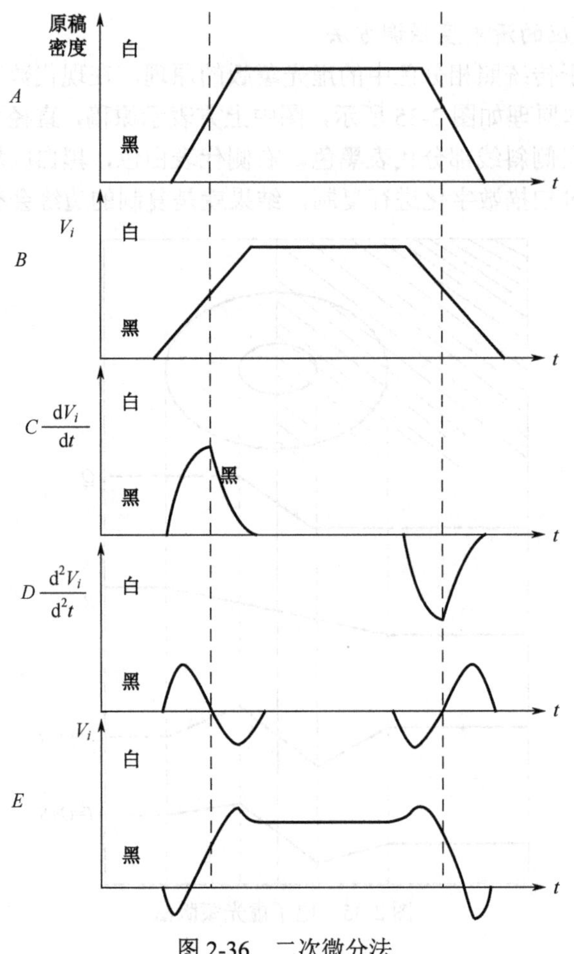

图 2-36 二次微分法

先对 B 曲线做一次微分，结果用 C 曲线表示，接下来再做一次微分，结果用 D 曲线表示。D 曲线就是清晰度强调信号。具体方法就是在图像主信号的基础上，逐一反向叠加清晰度强调信号，得到的信号用 E 曲线表示。

可以看到，新的主信号在图像的黑白交界处出现了一个黑边和一个亮边，增大了反差，因此人类视觉系统会认为图像更加清晰了。

（2）延迟叠加法。延迟叠加法同样将图像信号看成以时间为自变量的一个函数，只不过对图像清晰度强调的过程是不一样的，对图像的黑白交界处进行采样时，先后采样三个信号，这三个信号依次延迟一定的时间。例如，从零时刻开始采集图像信号，然后依次延迟一段时间再采集两个图像信号，这样可以得到三个信号，设为 V_{t0}、V_{t1}、V_{t2}。

对这些信号做一些简单的变换：

- $V_{t3}=V_{t0}+V_{t2}$
- $V_{t4}=V_{t1}\times 2$
- $V_{t5}=V_{t2}-V_{t3}$
- $V_{t6}=V_{t1}-V_{t5}$

其中：V_{t5} 为图像清晰度强调信号；V_{t6} 为处理后的主信号。这样处理的结果同样会使主信号出现一个黑边和一个亮边。

（3）基于数学的清晰度强调方法。基于数学的清晰度强调方法主要依托数字图像处理技术，将在下一节中做介绍。

2.4.3　图像清晰度的印前处理方法

在印刷的印前处理过程中，通常需要利用一些图像处理软件对图像进行处理，如 Photoshop、Illustrator 等。

锐化的实质就是将图像的黑白交界或轮廓边缘分为两部分，一部分比较亮，另一部分则比较暗。锐化调整就是将暗的部分调整得更暗，亮的部分调整得更亮，这样就加大了图像边缘的反差。

如图 2-37 所示，Photoshop 具有多种图像锐化功能。相对于图 2-37（b）所示的原图，图 2-37（c）所示的图像有明显的层次差别，对于人类视觉系统来讲更加清晰。

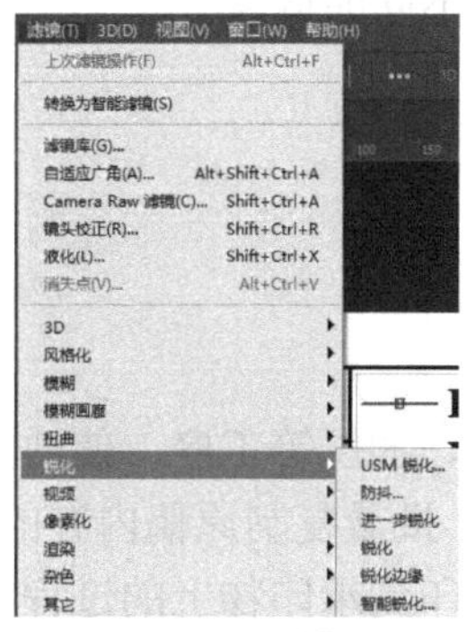

（a）Photoshop 锐化界面

（b）原图

（c）锐化后

图 2-37　Photoshop 的图像锐化功能

在图像的清晰度处理过程中，并不需要把图像的所有细节都突出出来，甚至有时还需要将图像的部分细节模糊化或虚化，这就是图像的平滑，以及印刷品的去网。

由于多种客观因素的影响，图像可能会出现噪声、脏点及污点等缺陷，这样的细节显然不能突出，反而需要去除或模糊化。

软件的类似功能一般为模糊，例如，Photoshop 的模糊功能可以用来对图像中的部分细节进行平滑处理，如图 2-38 所示。

有时原稿本身就是印刷品，印刷品本身就是由网点组成的，对这个印刷品再次进行复制，必须再次加网，二次加网会导致明显的龟纹。因此，必须对原稿进行去网操作，即对原有的网点进行模糊化。去网操作一般有扫描过程去网和后期处理去网两种。

扫描过程去网分为硬件去网和软件去网两种。

硬件去网：在扫描输入印刷品时，将扫描镜头焦点调虚，光孔增大，以使网点的边界模糊，一般在高档滚筒扫描仪中使用。

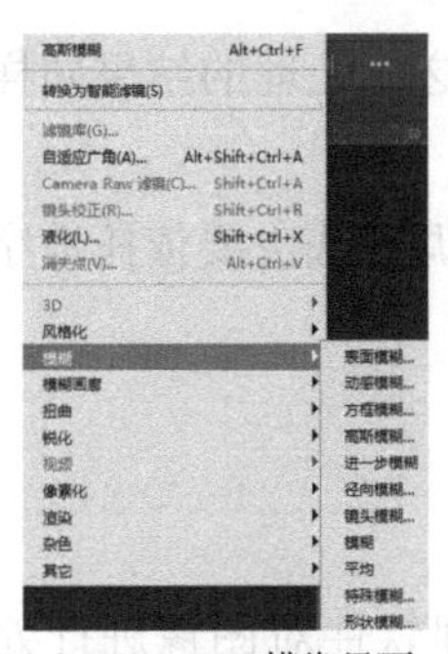

（a）Photoshop 模糊界面

（b）原图

（c）模糊后

图 2-38　Photoshop 的模糊功能

软件去网：扫描软件中都包含去网滤镜，可以通过去网滤镜自动去除事先已经存在的四色网点图案。

对于后期处理去网，主要是在 Photoshop 中采用去除噪声的方式。

以上就是在印前处理过程中，对于图像清晰度处理的一些基本方法。需要注意的是，清晰度调整不是清晰度强调，应该对图像中不同的成分进行不同的调整。

2.5　数字印前技术

2.5.1　传统印前技术

印刷是将文字、图画、照片、防伪等原稿经制版、施墨、加压等工序，使油墨转移到纸张、纺织品、塑料品、皮革、PVC、PC 等材料表面上，批量复制原稿内容的技术。印刷也指把经审核批准的印版，通过印刷机械及专用油墨转印到承印物上的过程。印刷可以分为印前工艺、印刷工艺和印后工艺三个过程，如图 2-39 所示。

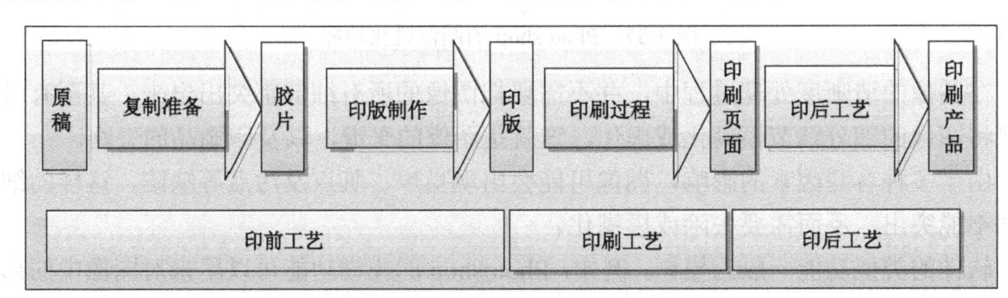

图 2-39　印刷的三个工艺过程

印前工艺又称制版工艺，主要是根据尺寸、位置、颜色等印刷要求，通过电子扫描等适当的处理后，将原稿（图文）信息进行数字或模拟加工发版、打样、制版等。印前工艺分为三部分：一是原稿的分色；二是对连续的原稿层次信息进行加网，即离散化；三是拼版。

印前工艺经历了两个技术阶段，即传统印前技术阶段和数字印前技术阶段。传统印前技术主要采用手工雕刻制版、照相制版、电子分色制版等。

1. 手工雕刻制版

在印刷技术发展的初期，制版主要采用的是手工制版工艺（包括描绘、雕刻、蚀刻等），手工雕刻制版由于雕刻手法的不同，雕刻线条的深浅、风格等也大为迥异，且手工雕刻是在细微之处形成独有印记，因此手工雕刻制版成为早期最佳的防伪技术，该技术至今仍在使用。

2. 照相制版

照相制版是现代丝印制版的主要方式，是一种利用照相复制和化学腐蚀相结合的技术制取金属印版的化学加工方法，以银盐感光材料、制版照相机或手动照排机为基础技术手段。照相制版工艺主要经历了明胶制版工艺、明胶干版照相法和软片照相法三次变革。

照相制版在进行印前处理时将图像和文字分别处理，在印版上建立图、文与空白三部分，其中图、文部分能够与油墨发生反应，而空白部分不行，这样原稿中的信息就可以通过其敏感部分的不同感光度而传递到感光胶片上，再转至印版。

在图、文部分与油墨发生反应的过程中，对于图、文部分的处理方式是不同的。图像部分的处理方式主要是以银盐感光材料（胶片）和制版照相机为基础进行的处理，产生用于图像复制的网点分色胶片；而文字部分的处理方式主要是以银盐感光材料（相纸或胶片）和手动照排机为基础进行的处理，产生用于文字复制的文字胶片。图、文部分处理产生的胶片由人工拼接组成印刷页面，经过拷贝、晒版、修版等过程制成印版。

对于图像部分的处理，其加网技术主要分为间接分色加网和直接分色加网。

1）间接分色加网

在处理的过程中将分色与加网分开进行，即原稿通过滤色片被分解成连续调阴图，通过手工拼接修正，然后用接触网屏拷贝成加网点阳图，再制成印版，如图 2-40 所示。

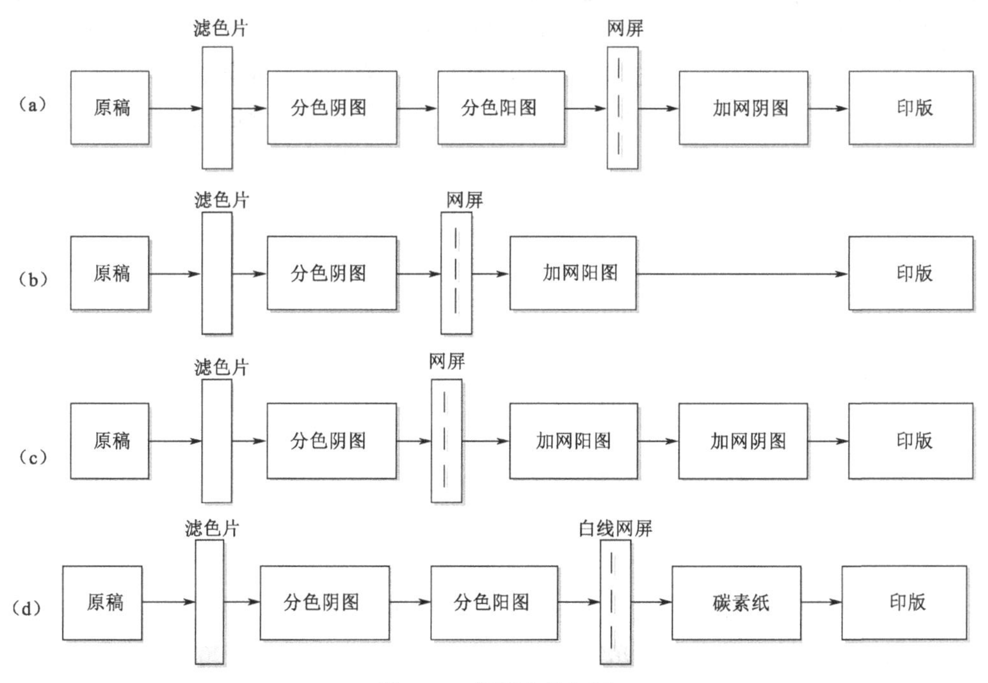

图 2-40 间接分色加网

2）直接分色加网

在处理的过程中使分色和加网一次性完成，即分色的同时利用接触网屏或玻璃网屏对原稿进行加网，将原稿的阶调层次以网点的形式记录在分色片上，如图 2-41 所示。

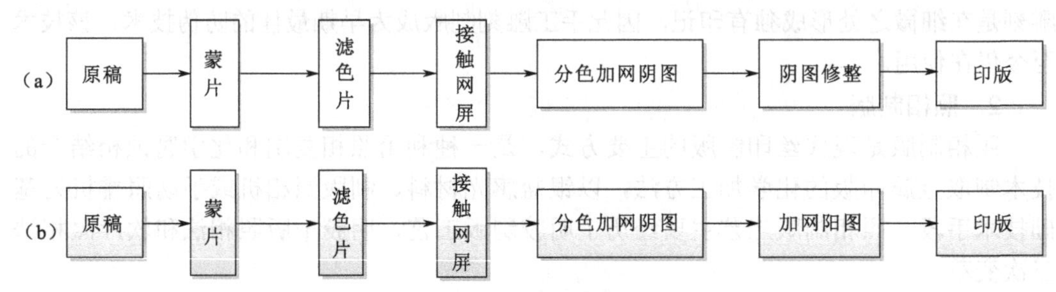

图 2-41 直接分色加网

间接分色加网和直接分色加网各有优劣。间接分色加网各流程独立且制版效果容易控制，但其操作复杂，多次拷贝和照相使图像清晰度受损。直接分色加网解决了操作复杂的问题，缩短了制版周期，减少了拷贝次数的同时提高了图像清晰度，但是其在层次再现和制版效果上不及间接分色加网。

3. 电子分色制版

照相制版工艺流程繁多，工艺复杂且生产效率低下，而日益增长的生产需求促使了制版新技术的诞生——电子分色制版。电子分色机集光、机、电（光电技术、电子技术和计算机技术）于一体，作为 20 世纪 70～80 年代的主流制版技术，它得益于电子计算机的微型化发展，以及自动控制技术、激光技术和光纤材料的广泛普及。

电子分色是将透射稿或反射稿等原稿通过电子分色机，转换成计算机使用的数字元影像，也就是分色成 RGB 或 CMYK 数字元影像。经过层次及色彩校正，电子分色技术得到的图像清晰度很高，制得的分色片稍做修正即可制作印版，提升了效率又节约了感光材料。尤其是在计算机技术飞速发展的背景下，计算机可实现全部层次色彩校正、细微层次强调及缩放等功能，使分色机的结构进一步简化。电子分色机如图 2-42 所示。

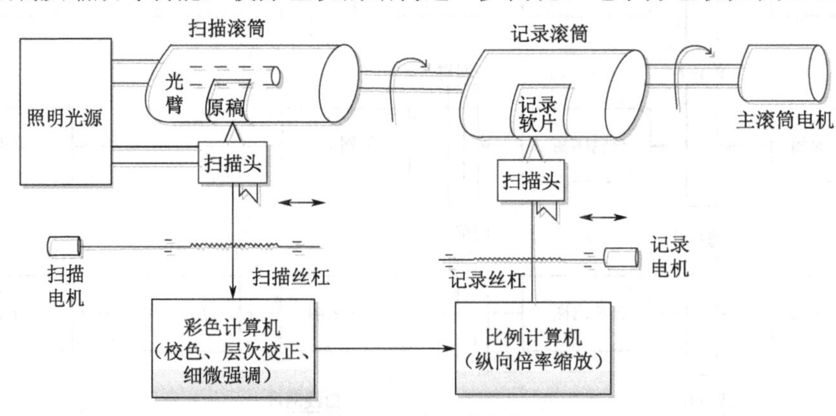

图 2-42 电子分色机

电子分色机的工作原理：光源发出光线照射原稿，扫描头对被光源照射的像元进行扫描，根据原稿信息形成不同的光信号，光信号进入光学系统（分光镜、滤色片等），分解为 R、G、B 三色光，然后到达光电倍增管，进行 RGB-CMY 信号转换，以及色彩校正、黑（K）版计算、底色去除、清晰度调整等计算和调节，产生满足需求的输出电信号，送入记录部分，记录部分通过电光转换器件将电信号转换为光信号，然后由网点发生器产生激光将光信号分别记录在感光软片上。

从图像处理的角度来看，电子分色机分为三部分：原稿输入单元、图像信息处理单元和图像信息输出单元。

1）原稿输入单元

原稿输入单元的作用是扫描原稿的图文信息，将原稿图文信息的浓淡转换为光的强弱，再转换为对应的电信号和数字信号。原稿输入单元的核心部分是光电倍增管，它是电子分色机的颜色感知器，可分成 4 个主要部分，分别是光电阴极、电子光学输入系统、电子倍增系统、阳极，它可感知微弱的光信号，放大并转换为与颜色深浅对应的电信号。

2）图像信息处理单元

图像信息处理单元主要包括彩色计算机、比例计算机、网点计算机等部分。其中，彩色计算机主要实现信号转换，即将图像模拟电信号转换成与密度值成正比的电信号，完成层次校正、颜色校正、黑版校正、清晰度调整等。比例计算机主要实现图像的缩放功能。网点计算机主要实现加网处理、形成曝光信号等，并将修正好的图像信号提供给记录输出系统（图像信息输出单元）。

3）图像信息输出单元

图像信息输出单元的作用是将符合要求的图像信号记录到感光材料上，经过显影处理后输出。

电子分色机对图像的处理从很多方面来说都是高质量的，如颜色复制、精度、层次等。但是电子分色机没有绘图、文字输入等功能，它对图像、文字的处理需要在不同的系统中完成，然后将处理之后的网点胶片和照排片拼接成所需页面，再进行后续处理，而其所用的计算机是专用系统，各个生产商的系统也是自主研发的，数据不能共享，彼此之间不兼容。此种生产工艺在图文处理过程中采用数字处理和模拟处理并存的混合生产方式。电子分色制版工艺主要经历了电机分色制版、整页拼版和电机高端联网三个阶段。

2.5.2　数字印前技术的原理

随着计算机技术的高速发展，计算机带来的影响渗透到人们生活的方方面面，同样包括印刷行业的印前领域，对于原稿图文的处理，以及整页版面的输出都采用电子方式，减少了生产环节，降低了生产成本，缩短了印刷周期，且相较于手工排版整页图文，数字印前工艺的出现提供了更可靠的印刷方式，成为更便捷的印前工艺。数字印前工艺经历了桌面出版（Desk Top Publishing，DTP）系统、计算机直接制版（CTP）系统和数字印刷系统三个阶段。

1．桌面出版系统

桌面出版系统是 20 世纪 90 年代推出的新型印前处理设备，主要由桌面分色和桌面电子出版两部分组成，它是使用图形化用户界面（GUI）实现“所见即所得”的输出方法。从结构上来说，桌面出版系统可以分为输入、加工处理和输出三部分。

1）桌面出版系统的输入部分

输入部分的基本功能是对原稿进行扫描、分色并输入系统。在输入过程中，文字可通过键盘输入，而图像的输入可以采用多种设备，如数字化扫描仪、电子分色机、数字照相机等，图形可以由计算机绘图软件绘制生成。处理桌面出版系统输入的软件包括设备驱动软件、PC/Mac 操作软件。数字原稿的形成如图 2-43 所示。

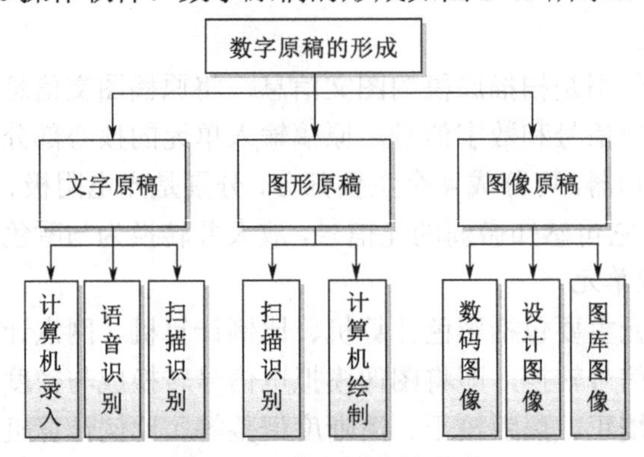

图 2-43　数字原稿的形成

2）桌面出版系统的加工处理部分

桌面出版系统的加工处理部分统称图文工作站，主要功能是对原稿数据进行加工处理，如校色、修版、拼版等，图文的混排可以通过交互式排版软件实现“所见即所得”，拼版文件可以通过页面解释语言解释输出到印刷胶片或纸媒介，然后传到输出设备。加工处理软件包括图像处理类软件（如 Photoshop 等）、图形类软件（如 Freehand 等）、排版软件（如 Pagemaker 等）、三维图像制作软件（如 3ds Max 等）、包装设计软件（如 Signpack）等。

3）桌面出版系统的输出部分

桌面出版系统的输出部分是生成最终产品的设备，由光栅图像处理器（Raster Image Processor，RIP）和高精度的图文记录仪组成。其中，光栅图像处理器是桌面出版系统的核心，其主要作用是接收 PostScript 语言的版面，将其转换为光栅图像，再从照排机输出，实现将数字化图文信息转换为印版等模拟输出，将经由计算机制得的数字化图文页面中的图文信息转换到能记录高分辨率图像点阵信息的输出设备（如打印机、照排机等），然后输出设备将图像点阵信息记录在印版、纸张等上。

采用桌面出版系统可以完成图像输入、图像分色及调节处理、文字输入、图形绘制、排版、页面解释等基本流程，印前技术开始由模拟处理转变为数字技术，但其印版的晒制过程采用的仍是模拟方式，受限于制版技术和版材问题等，这个过程会存在很多不可控问题。

2．计算机直接制版系统

在光学技术、电子技术、自动化技术、彩色图像技术、精密机械、计算机及软件技术、新型印刷及材料技术等的发展背景下，计算机直接制版系统逐渐兴起于印刷行业，成为当代印刷技术与数字化紧密结合的产物。相对于桌面出版系统，计算机直接制版系统取消了对印刷胶片的后期处理和印版的晒制过程，即不需要输出到胶片，节省了大量的资金投入，避免了图像处理过程中的网点损失问题，能够实现 1%～99%网点的输出，网点再现性好。

1）计算机直接制版系统的工作原理

直接制版机由精确而复杂的光学系统、电路系统及机械系统三部分构成。

由激光器产生的单束原始激光，经多路光学纤维或复杂的高速旋转光学裂束系统分裂成多束（通常是 200～500 束）极细的激光，经声光调制器按计算机中图像信息的亮暗等特征，对激光束的亮暗变化加以调制后，使之变成受控光束，再经聚焦后，直接射到印版表面进行刻版工作，通过扫描刻版后，在印版上形成图像的潜影。经显影后，计算机中的图像信息就还原在印版上供胶印机直接印刷。

每个微激光束的直径及光束的光强分布形状，决定了在印版上形成图像的潜影的清晰度及分辨率。微激光束的光斑越小，微激光束的光强分布越接近矩形（理想情况），则潜影的清晰度越高。扫描精度取决于系统的机械及电子控制部分，微激光束的数目则决定了扫描时间的长短。微激光束越多，则刻蚀一个印版的时间就越短。微激光束的直径已发展到 4.6μm，相当于可刻蚀出 600lpi 的印刷精度。微激光束的数目可达 500 束。刻蚀一个对开印版的时间为 3min。另外，微激光束的输出功率及能量密度（单位面积上产生的激光能量，单位为 J/cm^2）越高，刻蚀速度就越快。但是，过高的功率会缩短激光的工作寿命，降低微激光束的分布质量。

2）计算机直接制版系统的制版设备分类

制版设备的分类方式多种多样，可以按成像原理、自动化程度、版材的固定形式、成像机构等进行分类。

其中，按成像原理可以划分为光敏成像系统和热敏成像系统。光敏成像系统依靠光束中的光能使印版起成像反应，而热敏成像系统依靠热能使印版起成像反应。光敏成像系统采用内鼓式 CTP，如图 2-44 所示；热敏成像系统采用外鼓式 CTP，如图 2-45 所示。

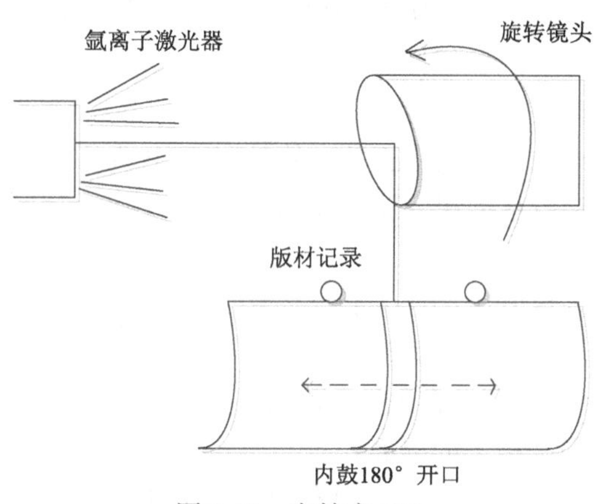

图 2-44　内鼓式 CTP

内鼓式 CTP 光路长且简单，激光器距离版面 25cm 左右，容易实现聚焦，元件少，易于维护；制版时滚筒和印版静止，转镜旋转，机械稳定性高；上下版容易实现，避免了卡版问题。而外鼓式 CTP 光路短，聚焦难度大，细微的光距变化对聚焦的影响大；外鼓式 CTP 采用激光分光结构，光路复杂，元件多，维护成本高；外鼓式 CTP 需要采用复杂的光学系统，出现问题时光学系统校准困难；制版时，滚筒和印版高速转动，需要特定的配重装置维持平衡。外鼓式 CTP 振动强烈，稳定性差，磨损严重；自动上版较难实现，在曝光过程中版材吸附在滚筒外壁高速旋转，容易出现卡版和飞版现象。

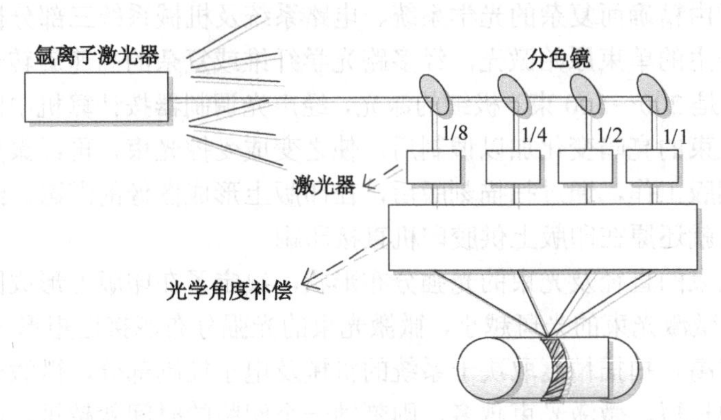

图 2-45　外鼓式 CTP

在图像质量方面，内鼓式 CTP 图像质量好，激光到版面各处的距离相等，对光点的控制好，而且成像过程中运动器件少、可控性高。外鼓式 CTP 模拟印刷机的滚筒形状，热敏版材成像的二值性提升了网点的成像质量；但聚焦相比内鼓式 CTP 较差，版材、滚筒和激光器在成像过程中均处于运动状态，影响了成像的稳定性。

在成像速度方面，由于外鼓式 CTP 受到滚筒速度 900 转/分的限制，内鼓式 CTP 输出速度远大于外鼓式 CTP；内鼓式 CTP 的高精度输出速度比外鼓式 CTP 的高精度输出速度大；输出低线数（133/150 线）时，内鼓式 CTP 的激光扫描速度更是远大于外鼓式 CTP。

在版材要求方面，内鼓式 CTP 对于版材性能的要求低，特别是对铝基的要求，没有外鼓式 CTP 高。外鼓式 CTP 对于版材的要求非常高，版材背面要平整才能吸附牢靠，光路短，要求版材厚薄均匀，以保证聚焦。

在外设方面，内鼓式 CTP 的外设体积小、噪声小、品质稳定；内鼓式 CTP 对于吸附真空的要求并不高，版材与鼓都是静止的。外鼓式 CTP 为了增大吸附力，减少飞版情况的发生，需要配置大型空气压缩机，噪声很大。

3．数字印刷系统

与照相制版和电子分色制版相比，数字印刷系统具有以下特点。

（1）操作简单便捷。所有图文处理都可以在计算机屏幕上直接观察到，便于控制。所有印刷系统设备的控制和操作都是在计算机上完成的，操作实现了数字化、程序化，质量更加稳定，效率得到了极大的提高。

（2）在图像分色处理方面，数字印刷系统能够实现传统电子分色机的所有功能，包括分色、尺寸变化、加网、黑白场标定、灰平衡控制、分色曲线的选择、底色去除、颜色校正、层次校正等。除此之外，数字印刷系统还能够根据所用油墨和纸张及印刷条件选择分色曲线及进行网点扩大补偿，针对性更强。在层次调节方面，可以灵活地调整曲线形状，实现个性化操作。在颜色校正方面，工具众多，可以视图像的具体情况选择使用，效果更好。

（3）数字印刷系统的图形软件可以完成基本几何图形和复杂图形的绘制，并能够实现图形之间的陷印。文字处理可以自动实现排版的各种要求，特别是中英文的各种禁排规定都能实现；字型多种多样，使版面更加生动活泼。能够实现整页图文合一处理，而不需要任何手工加工，这样能够大大提高制版质量与效率，而且文字、线条质量有明显的提高。不管是大号文字还是极小号文字，都能做到笔画光洁、清晰可辨。

（4）数字印刷系统能够实现对不同工艺、不同输出、不同材料、不同设备的有效色彩管理，实现真正的“所见即所得”。数字印刷系统能够实现对全印刷生产流程的数字化控制，为印刷的标准化、数字化创造了条件，使印刷质量更稳定、控制更方便。数字印刷系统的应用软件能够实现多种特效创意，提高了版面设计水平，也丰富了印刷画面。

第 3 章

印刷防伪技术

人类社会自从有了商品交换，就有了商品的以次充好、以假充真，防伪技术与方法也随之产生。防伪技术是防止伪造、假冒的技术。本章将对常见的国内外防伪技术，特别是印刷防伪技术做简明扼要的分析与论述。印刷防伪技术最初主要应用于钞票、支票、债券、股票等有价证券的印刷，现已广泛应用于商品的商标、包装的印刷及商品的防伪。

3.1 防伪技术历史起源

史书记载，早在3000年前，商代就有了比较有效的防伪手段，符印就是其中的典型代表。到了春秋战国时期，虎符、照身贴等开始盛行。到了金代（公元1115年至1234年），复合防伪技术开始出现。总的来讲，单独的防伪技术主要有两个方向：信息比对和信息印记。

3.1.1 信息比对

信息比对通过对比验证来实现防止伪造的目的。

1．虎符

春秋战国时期（公元前770年至公元前221年），帝王授予臣属兵权和调遣军队的信物称为虎符，它是最早能证明身份和权力的“证件”。虎符由铜铸成，背有铭文。为了达到防伪的目的，将虎符一分为二，右半边留在中央，左半边给地方官或统兵将帅，调发军队时需要由使臣持符验合方能生效。图3-1所示为青铜虎符示意。

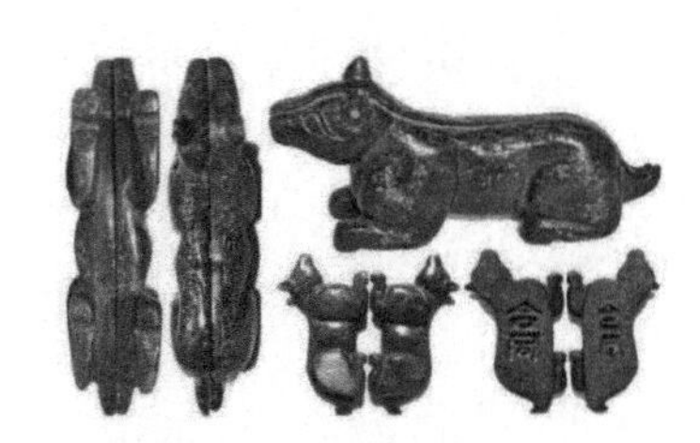

图3-1 青铜虎符示意

虎符盛行于秦汉时期。信陵君虎符救赵的故事是我国现有文字记载中最早使用证件的历史。

从防伪的角度看，我们的祖先是很高明的，因为这种符无论是古代还是现代都不容易仿造，其中包含的信息量相当大，例如，自然产生的裂痕是无法仿造的，其外形和材质更是很难做到与原来的完全一致，因此在古代军事上一直采用这种“高级”的防伪方式。

如今，我国自行研制开发的原子核双卡防伪技术，就是将古代虎符防伪原理引入微观世界的高科技防伪技术，在世界范围内具有领先水平，已在海关等部门得到广泛应用。

2．照身贴

公元前 359 年，秦孝公任用商鞅，并在全国推行各类变法。其中，第一次变法的重要内容就是编录户籍的改变。按照当时的规定：什伍连坐，鼓励告奸，无户籍凭证者不得上路，不得留宿客舍。其中所谓的“户籍凭证”就是照身贴。此时的照身贴由光滑的竹片制成，包含持证人姓名、职业、照片和公章四项内容，与当下的身份证极为类似。但由于当时没有摄影技术，持证人的照片通常由画师绘制，因此时常出现画像与本人存在出入的情况。在明人余邵鱼所著的《周朝秘史》中曾有过这样的描述——店家说：“吾邦商君之法，不许收留无贴之徒，如有受者，与无贴之人同斩，绝不敢留。”图 3-2 所示为照身贴示意。

图 3-2　照身贴示意

3.1.2　信息印记

信息印记通过使用特定的方式产生特定的印记来进行物品或个人身份验证。

1．印章

印章是印于文件上表示鉴定或签署的文具，一般印章都会先蘸上颜料再印文件。不蘸颜料、印上之后文件平面后会呈现凹凸之感的称为钢印，还有印于蜡或火漆上的蜡印。其制作材质有金属、木头、石头、玉石等。

有一种理论认为印章从周朝便被发明出来，从发明至今已有数十上百种风格、类型。其具有权威认证的作用，也承担着许多物品的真伪鉴定的责任。从古文中便能看出，自古以来便有人试图利用印章造假来达到自己的目的。

《史记·货殖列传》载：“史士舞文弄法，刻章伪书。”《史记·封禅书》载：“（文成将军少翁）乃为帛书以饭牛，详不知，言曰此牛腹中有奇。杀视得书；书言甚怪。天子识其手书。问其人，果是伪书，于是诛文成将军，隐之。”

秦始皇统一中国后，大建咸阳宫，其中有一处名章台，在这里汇集了中央及各郡县的奏章。因为当时的文章均写在竹简上，所以一本奏章就是一捆竹简。为了便于管理及保密，上奏官员要将竹简捆扎并糊上泥团，再在泥上印上自己的玺印，然后在火上烤干，促其变硬。奏章要呈送给秦始皇亲自查验，看泥封是否完好、印迹是否明晰，如确未被人私拆偷阅，才敲掉泥封御览，敲下的泥封残块便倾倒在章台附近的一个土坑里。这种泥封就是后世各国盛行的火漆封缄的雏形。

《唐律疏义·诈伪·伪造皇帝宝》载：“诸伪造皇帝八宝者斩。”从上述史料可以看出当时已有伪造文书、私刻图章之事。唐律还为私刻皇帝玉玺者定下了死刑。明朝沈德符在《野获编·史部二·颐书》中载：“钟会作伪书以赚宝剑。”这指的也是伪造文书。《太平天国·天情道理书》载：“又有李裕松假冒天国官员，自命造印……逆天悖理之行棹发难数。”可见历代都有伪造文书或图章者，后世更是不鲜。图 3-3 所示为战国玉玺。

图 3-3 战国玉玺

2. 火漆封缄

对于国家行政管理来说，保密工作是很重要的。因此，自古至今出现了一系列的“公文保密”手段。在纸张未发明之前，公文的载体主要是竹简和木牍。在公文往来过程中，为了严守机密和防假杜伪，就在简牍的绳结处包裹软泥，即“封泥”，然后钤盖玺印，此谓“缄”。对方收到后，将书绳和封泥拆解破坏之后，方可看到里面的文书。收件人也主要依据封泥印戳文字及完好度，来查验判断是否被人提前拆阅泄密。

竹简封和木牍封主要流行于秦、汉、魏时期，两者都以“黏土”封口，若以封口材质来说，应该统称“黏土封”。晋后，纸帛盛行，简牍封缄逐渐废止。

棉纸封是纸帛盛行时期信函封缄的常用形式，普遍用于平常信函与家书。信封由多层薄纸裱糊成形，形似当代直式信封。棉纸封使用方便，原指信封上下封舌之处，加贴棉纸钤印封口，以资保护，后来也泛指纸质信封。

火漆封缄起源于战国时期的泥封，是一种用点熔火漆滴于信函（物件）封口，结硬前钤印以防范被拆的封缄形式，是古代竹简、木牍封缄的延伸与发展，是特定条件下的历史产物。火漆，也称“封口漆”“封蜡”，以松脂、石蜡、焦油加颜料混合加热制成，呈块条状，一般为红色或棕红色，也可制成蓝、白等特殊颜色，易点燃，专供瓶口、信函封粘之用。火漆是火漆封缄必需的物料，与之配套的是金属的火漆印。图 3-4 所示为电视剧《东宫》火漆封缄截图。

3.1.3 复合防伪

随着单独的防伪方式逐渐增多，复合防伪方式开始出现，纸币是复合防伪的典型代表。例如，在纸币的骑缝边上加盖指定兑现地点的图章；用活字印制术，在每张纸币上编码，这种编码采用《千字文》中不同的两个字组成序编码（可排列组合 100 万个“号”）；在纸币的四边用精刻的底饰花纹印成边框。

纸币起源于中国北宋年代，称为“交子”。北宋初年，四川用铜钱，体重值小，1000 枚铜钱重 25 斤，买 1 匹绢需要 90 斤到上百斤的铜钱，流通很不方便。于是，商人发行了一种纸币，命名为“交子”，代替铜钱流通。兑换时每贯必须扣除 30 枚铜钱。成都 16 户富商为了印造发行并经营铜钱与交子的兑换业务而开设了交子铺，开创了民间金融的先声。图 3-5 所示为北宋交子。

传统采用的复合印刷防伪方法大致有如下四种。

（1）控制印钞材料。选择一般人难以仿造的特制“佳纸”，即洁白、光厚、耐久的纸张来印钞。

（2）统一书写字迹。古代纸币上的字均由善书者手书，然后刻印，且文字较多，有的书刻“孝经”，有的书刻“先正格言”，有的书刻“刑律”。文字一多，则难以模仿和容易辨别。

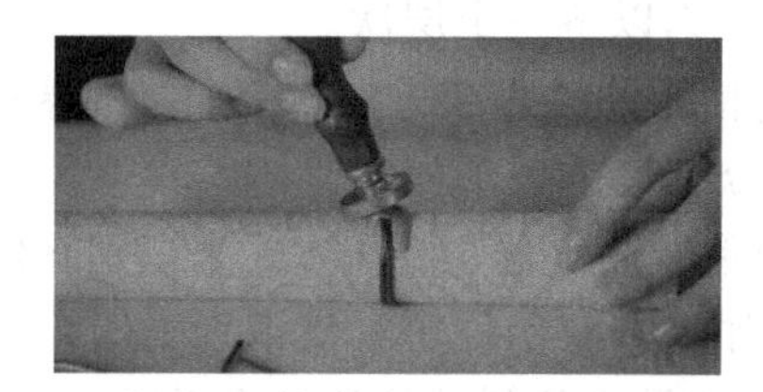

图 3-4 电视剧《东宫》火漆封缄截图

图 3-5 北宋交子

（3）印刷复杂图案。宋代交子上印有房屋、树木、人物、“朱墨间错，以为私记”。金代交钞，外有花纹边栏，其上横书贯数，左右书写某字料、某字号、号外篆书禁条。清代宝钞、钱票上印有龙的图案。钞面图案复杂，作伪者不容易临摹。

（4）多加印记签押。最早由私人发行的交子，在货齐时，要将收到的钱记在交子上，经签押后，方可使用。金代交钞在复杂的图案上加上层层签押，交钞库副使专管书押诺印合同之事；清代有人建议造钞发于各省市布政司为记，发于各府又为印记，发于各县又为印记，发于钱庄，钱庄又为记，然后行之民间，则易辨伪。我们现在看到的大清宝钞上多盖有汉满文字并用的印章三四种。

清道光三年（1823 年），中国第一家票号——日升昌在山西平遥成立。到清朝末年，山西票号已增加到 33 家，占当时全国票号总数的 2/3 以上。在国内 85 个城市和国外许多城市，共设有分号 400 多处，并且总部都设在平遥。中国的金融汇兑业务基本上由山西票号（或者说平遥票号）垄断。

为了保证异地汇款所用汇票真实而不发生假票、伪票冒领款项，各家票号一般只能使用在山西平遥总号统一印制的汇票，其主要特点有：第一，纸质为麻纸，上印红格绿线，特别使用专用纸，内加“水印”，日升昌票号汇票上水印为“昌”字，蔚泰厚票号汇票上水印为“蔚泰厚”三字等；第二，各分号书写汇票，指定专人，用毛笔书写，其字迹在票号及各分号预留备案，各分号收到汇票与预留字迹核对无误，才会付款；第三，汇票书写完成，须加盖印鉴，票号印鉴正中多有人物像，如财神像，周边刻蝇头小字，以防假冒。此外，汇票金额、汇款时间均设有暗号，汇款人、持票人是无法知道的，只有票号内部专人才能辨认真假。暗号编成歌诀，以便记忆。为确保万无一失，在暗号之外再加一道锁，叫自暗号。

3.2 常见的防伪方式

防伪技术从古代发展至今已有数千年之久，但真正快速蓬勃发展是在近现代。现在的防伪技术涉及光学、化学、生物、材料、机械等多学科因素，已形成由具体技术、检测设备及使用管理方法组成的系统。

我国国家标准中规定的防伪技术是指为了达到防伪目的而采取的，在一定范围内能准确鉴别真伪并不易被仿制或复制的技术。

3.2.1 防伪中的常见概念

1．防伪技术层次

现代防伪技术经过数百年的发展，一般分为以下三个层次。

一线防伪（公众防伪）：供大众识别真伪使用的技术或方法。例如，钞券发行时对外公布的防伪特征，产品销售上市时提供给大众识读的条形码等。

二线防伪（专业防伪）：专供专业人士使用专业仪器、特殊方式来识别真伪的技术或方法。例如，银行内部人员使用一些仪器（如静态鉴伪仪等）来识别真伪。

三线防伪（仲裁防伪）：最隐蔽、最稳定和最难仿制的防伪技术手段。直到 20 世纪末发行的第五套人民币才全面采用三线防伪技术。

2．普及型防伪技术的一般要求

（1）技术可靠性：主要体现在设计上先进与新颖、工艺上成熟与独特、选材上超常与巧妙。可靠性不仅意味着抑制仿冒，而且具备产品的一致性、使用的一次性和质量的连贯性。

（2）技术独占性：用于区分真假的防伪产品必须在技术上具有独占性和不可替代性，没有技术垄断、缺乏独占“绝技”的产品，随时存在被复制和伪造的可能性。

（3）识别简便性：不受时间、场合的限制，不借助任何仪器设备，仅用简便易行的方法就能识别。

（4）防伪时效性：在现代社会中，随着科学技术的发展、信息的传播和利益的驱动，任何一项防伪技术都存在被仿冒、复制的可能。由于普及型防伪技术识别特征的公开化，其被仿冒的可能性比专用防伪技术高得多。因此，任何一项普及型防伪技术都有一定的安全使用期限，即防伪技术的时效性。当然，这个期限越长越好，越长说明技术越好。

（5）成本可接受性：防伪技术产品是为了满足生产环节和流通领域中防伪保真的需要而进入市场的一种特殊商品。因此，普及型防伪技术产品应尽可能降低成本，以提高自身的市场竞争力和生命力，其价格应控制在相应商品价格的 1%以内。

3．防伪技术产品分类

根据国家质量监督检验检疫总局 2003 年 12 月 19 日发布的 GB/T 19425—2003《防伪技术产品通用技术条件》，防伪技术产品分为以下六大类。

1）防伪标识类

防伪标识类（含配套识读系统）主要包括全息防伪标识、光学薄膜防伪标识、双卡防伪标识、集成照相防伪标识、图形输出激光防伪标识、重离子微孔防伪标识、印刷防伪标识、隐形图文回归防伪标识、阴阳图文揭露防伪标识、磁码防伪标识、覆盖层防伪标识、标记分布特性防伪标识等。

2）包装结构防伪技术产品类

包装结构防伪技术产品类是指利用特殊设计的包装结构等达到防伪目的的防伪技术产品，主要包括防伪瓶盖、防伪塑胶帽、防伪包装等产品。

3）防伪材料类

（1）防伪纸，如纤维纸、水印纸、安全线纸、剥离易碎纸、防擦（刮）涂改纸、防复印纸、防涂改复写纸、防伪全息纸等。

（2）防伪膜，如全息防伪膜、微孔防伪膜、易碎防伪膜等。

（3）防伪油墨，如紫外激发荧光防伪油墨、光学变色防伪油墨、日光激发变色防伪油墨、红外激发荧光防伪油墨、电致发光油墨、热敏变色防伪油墨、压敏变色防伪油墨、水敏变色油墨、磁性防伪油墨、防涂改油墨等。

（4）防伪印油，如紫外激发荧光防伪渗透印油。

（5）其他防伪材料。

4）计算机-多媒体数字信息防伪技术产品类

计算机-多媒体数字信息防伪技术产品类主要包括数字信、核验防伪系统、防伪集成电路（IC）卡及识读系统、带加密智能点防伪技术产品及识读系统、水印磁卡及识读系统、防伪条形码及识读系统、防伪光卡及识读系统等。

5）生物特征识别防伪技术产品类

生物特征识别防伪技术产品类主要包括人体特征识别防伪技术产品、生物脱氧核糖核酸（DNA）识别防伪技术产品等。

6）其他防伪技术产品类

其他防伪技术产品类主要包括防伪票证产品，如货币、防伪票据、防伪证件证书、防伪卡、多种防伪技术集成产品等。

4．防伪技术产品的基本要求

根据 GB/T 19425—2003 的规定，防伪技术产品应符合以下 8 个方面的基本要求。

1）防伪力度

防伪力度是指识别真伪、防止假冒伪造功能的可靠程度与持久性，防伪力度是评价和衡量防伪技术产品防伪性能的重要指标，由防伪技术独占性、防伪识别特征的数量、仿制难度的大小、仿制成本的高低等因素决定。防伪力度共分 A、B、C、D 四个等级，A 级最高，D 级最低。

2）身份唯一性

身份唯一性是指防伪技术产品防伪识别特征的唯一性和不可转移性，对于不同类型的产品，其内涵不同。身份唯一性共分 A、B、C、D 四个等级，A 级最高，D 级最低。

（1）防伪标识（不带有覆盖层）的身份唯一性：不可转移率应大于或等于 90 %，即防伪标识应符合一次性使用的要求，防止真标转移到假品上。

（2）结构和/或包装防伪技术产品的身份唯一性：开启后即行破坏的比率应大于或等于 90%，防止二次使用。

（3）防伪材料的身份唯一性：每种防伪材料使用企业数应小于 4，保证产品进入市场时有记录、可追溯。

（4）计算机-多媒体数字信息防伪技术产品的身份唯一性：数字信息的唯一性应大于或等于 99. 90%，保证数字信息的唯一性和随机性，才能保证数字信息的安全性。

（5）生物特征识别防伪技术产品的身份唯一性：每个产品的特征识别数应大于 8。

3）稳定期

稳定期是指在正常使用条件下，防伪技术产品的防伪识别特征可持续保持的最短时间。稳定期共分A、B、C、D四个等级，A级最高，D级最低。

4）识别性能

识别性能是反映鉴别防伪识别特征的准确、难易和快慢程度的指标。识别性能共分A、B、C、D四个等级，A级最高， D级最低。

5）使用适应性

使用适应性是指防伪技术产品的防伪性能可与标的物或服务对象使用要求相适应的能力。防伪技术产品的使用适应性应能满足产品或标的物的要求。具体要求见防伪技术产品标准。

6）使用环境要求

使用环境要求是指防伪技术产品的防伪性能应能满足标的物的正常使用环境要求。具体要求见防伪技术产品标准。

7）技术安全保密性

防伪技术产品应具有技术安全保密性，具体要求见防伪技术产品标准。

8）安全期

安全期是指在正常使用条件下，防伪技术产品防伪识别特征被成功仿制的最短时间，安全期共分A、B、C、D四个等级，A级最高，D级最低。

3.2.2 激光全息防伪技术

激光全息防伪技术是一种用激光进行全息照相的技术，它不仅能够较好地起到防伪作用，并且具有改善产品外观的装饰效果。其技术特点包括：使产品外观华丽精致，装饰性强，防复制性能好，批量生产成本低（每平方厘米成本仅几分钱），识别速度快，效果好，识别时不用借助工具，只要在有光亮的地方就可看到二维或三维立体图形及彩虹效果。当前，该技术已广泛应用于各种商品的商标、标识、服装及皮具的挂牌、邮票、信用卡、护照、证件等。

1．激光全息防伪技术的起源与发展

全息技术最早由盖伯（Gabor）于1948年提出，1962年随着激光器的问世，利思和乌帕特尼克斯（Leith and Upatnieks）在全息技术的基础上发明了离轴全息术。1969年，本顿（Benton）发明了彩虹全息术，掀起了以白光显示为特征的全息三维显示新高潮。随着光学全息技术的发展，20世纪80年代在印刷工业领域出现了一项能够在二维载体上清楚且大量地复制出三维图像的新印刷工艺，这项新印刷工艺就是全息印刷技术。我国将激光全息技术用于防伪始于20世纪80年代，到20世纪90年代，模压全息防伪达到鼎盛。经过数十年的发展，激光全息防伪技术也从最初的全息防伪标识逐步升级发展为第二代、第三代、第四代激光全息防伪技术。

2．激光全息防伪技术的应用

1）第一代激光全息防伪技术

第一代激光全息防伪技术主要用于制作激光模压全息图像防伪标识。20世纪70年代末期，人们发现全息图片具有包含三维信息的表面结构（纵横交错的干涉条纹，这种结构是可以转移到高密度感光底片等材料上的）的特点。1980 年，美国科学家利用压印全息技术，将全息表面结构转移到聚酯薄膜上，从而成功地印制出世界上第一张模压全息图片，这种激光全息图片又称彩虹全息图片，通过激光制版将影像制作到塑料薄膜上，从而产生五光十色的衍射效果，使图片具有三维空间感。在普通光线下，图片中隐藏的图像、信息会重现，而当光线从某一特定角度照射时，图片上又会出现新的图像。这种模压全息图片可以像印刷一样大批量、快速复制，成本较低，还可以与各类印刷品结合使用。至此，全息技术向实际应用迈出了决定性的一步。

我国引进和应用激光模压全息防伪技术是在 20 世纪 80 年代末至 90 年代初，在引进和使用初期，这种防伪技术确实起到了一定的防伪作用，但随着激光全息图像制作技术的迅速扩散和管理的混乱，激光全息防伪标识几乎完全失去了防伪能力，要使该技术能够起到有效的防伪作用，必须加以升级改进。

2）第二代激光全息防伪技术

（1）应用计算机图像处理技术改进全息图像，主要有以下两个方向。

① 计算机合成全息技术。这种技术是将一系列普通二维图像经光学成像后，按照全息图像的成像原理进行处理后记录在一张全息记录材料上，从而形成计算机像素全息图像。

② 计算机控制直接曝光技术。与普通全息成像不同，这种技术不需要拍摄对象，所需图形完全由计算机生成，通过计算机控制两束相干光束以像素为单位逐点生成全部图案，对不同点可改变双光束之间的夹角，从而制成具有特殊效果的三维全息图像。

（2）透明激光全息图像防伪技术。普通的激光全息图像一般是模压而成的，镀铝的作用是增大反射光的强度，使再现图像更加明亮，这样的激光彩虹模压全息图像是不透明的，照明光源和观察方向都在观察者一侧。透明激光全息图像实际上就是取消了镀铝层，将全息图像直接模压在透明的聚酯薄膜上。

（3）反射激光全息图像防伪技术。反射激光全息图像成像原理是将入射激光射到透明的全息乳胶介质上，一部分光作为参考光；另一部分透过介质照亮物体，再由物体散射回介质作为物光，物光和参考光相互干涉，在介质内部生成多层干涉条纹面，介质底片经处理后在介质内部生成多层半透明反射面，用白光点光源照射全息图像，介质内部生成的多层半透明反射面将光反射回来，迎着反射光可以看到原物的虚像，因而称为反射激光全息图像。

3）第三代激光全息防伪技术

加密全息图像是指采用光学图像编码加密技术（如激光阅读、光学微缩、低频光刻、随机干涉条纹、莫尔纹等），对防伪图像进行加密而得到的不可见或变成一些散斑的加密图像，这样可以增强其防伪性能。

（1）激光阅读。利用光学共轭原理将文字或图像信息存储在全息图像中，在普通环境下，这些信息不会显现，当用激光笔照射时，可以借助硫酸纸或白纸看到所存储的信息，其表现形式有反射式和透射式两种。

（2）光学微缩。将图文信息用光学微缩的方式记录在全息图像上，平常人眼难以辨认，在高倍放大镜下才可以观察到具体内容。一般情况下，中文可缩至 0.1mm，英文可缩至 0.05mm。这种技术可以单独使用，也可以与其他防伪技术（如安全线技术）配合使用，具有较好的防伪效果，如香烟包装的防伪拉线、2005 年版人民币激光全息缩微文字开窗安全线等，都使用了这种技术。

（3）低频光刻。以非干涉方式将预先设计好的条纹花样以缩微的形式直接记录在全息图像上，这些花样的条纹密度比普通干涉条纹低 10 倍，在 100 线/毫米左右，直观效果是在全息图像上某些部位具有类似金属光泽的衍射花样，若条纹花样是用计算机产生的全息图像，则可用激光再现其信息。

（4）随机干涉条纹。在全息图像上记录随机干涉花样，这种花样具有明显的特征，且不可重复，即使同一个人使用同样的工艺在不同的时间所产生的花样也不相同（除静态平面干涉条纹外，还有动态、立体干涉条纹），仿制者根本无法复制，因此是一种很好的防伪方式。

（5）莫尔纹。利用莫尔纹原理，在其中一套条纹中改变其位相并编码一个图案，这种图案在平时是隐藏的，不能分辨，当与另一套周期条纹重叠时图案即显现出来。由于加密全息图像不可见或只显现一片噪光，没有密钥很难破译，所以具有一定的防伪功能。但由于它在通常环境下无法分辨，因此不具备被普通大众所识别的能力。

4）第四代激光全息防伪技术

目前，激光全息防伪技术仍然在不断地发展，第四代激光全息防伪技术中较典型的主要有组合全息图和真三维全息图。

（1）组合全息图。组合全息图是将几十幅甚至几百幅不同的二维图像通过几十次甚至几百次曝光所记录的全息图。组合全息图的效果可以从两方面体现，一方面，类似于平面动态设计，可以拍摄各种花样的平面动态变化图案；另一方面，利用 3D 软件或借助数码相机，将三维目标的各个侧面及随时间的变化过程记录下来，制作“四维”全息图（不仅能够记录和再现物体的三维空间特性，还能够记录和再现该三维物体随时间的变化），“四维”全息图是一种防伪性能极高的全息图。

（2）真三维全息图。真三维全息图是利用真实三维雕刻模型制作的全息图，其防伪意义在于以下两方面。

① 真三维全息图的拍摄难度比普通全息图高很多，尤其是将二者结合起来。

② 即使仿冒者能够制作真三维全息图，三维雕刻及拍摄时物体的角度等也会有很大差异。因此，真三维全息图是一种高防伪性的全息图。

随着更多的新技术与激光全息防伪技术相结合，激光全息防伪技术会得到更大的发展，新型激光全息防伪技术会不断地涌现。

3.2.3 印刷图文信息防伪

制版与印刷的防伪技术过去主要用于钞票、证券印刷，现已用于一般商品的防伪印刷，主要包括使用细密的底纹、雕刻凹版、多种特殊印版、隐藏文字、彩虹印刷、补色印刷、对印、叠印、多色接线、计算机产生图案及缩微文字印刷等，一般印刷设备不能承印，因此具有较好的防伪效果。这些印品的识别有些用眼观察，有些用手摸，而有些要用特殊的仪器来检测才能识别真伪。例如，美元上用凹印技术印出高出纸面 20μm 的黑色和绿色图案，使之产生手摸立体感。目前，我国在这些技术上相当于 20 世纪 90 年代初的国际水平。

综合图案设计、制版、特种油墨和模压等技术的综合性能防伪是一种防伪效果十分理想的技术。由于是两种以上防伪技术的综合应用，所以防伪性能较好，制作的防伪标识美观、精致。例如，可以采用变色墨、隐形墨、磁性墨等特殊油墨印刷图文，模压精致细密的底纹或在底纹上印制各种颜色的图案或文字，还可以采用一次性防揭胶纸，以达到增强防伪性能的目的。

1．设计防伪

设计防伪是指利用防伪设计系统绘制出各种线条效果，即使采用超高精度（光学分辨率在 5000dpi 以上）的扫描仪或照相制版技术也不能再现原线条形态，从而达到防止扫描复制的目的。粗细线条经扫描后形成点阵式图像，线条微弱的粗细变化就会引起损失，且专色线条输出分色后形成网点图形，套印不准也将带来很大损失，因此经扫描后的粗细专色线条输出后和原成品相差很大，肉眼即可轻易识别，从而达到防伪的目的。

例如，证券版纹技术是利用特殊手段对底色、文字、图案、图像等制成不同的特殊纹理的特种技术，如浮雕版纹防伪技术、超微缩防伪技术、折光潜影防伪技术。

可用制图软件制作复杂、细微、精致、高分辨率的印品底纹，如团花、几何图形等，还可使其扭索、变形，或者设计成四方连、同心圆、四版式、平线浮雕、曲线浮雕、多色浮雕、多色单嵌式浮雕等。

下面介绍几种基本的防伪设计。

（1）团花。以花的各种造型进行加工、夸大处理，配合线条的弧度、疏密，加上色彩的烘托，使其轮廓流畅，层次清晰，结构合理，独自成形。团花是版纹防伪设计系统中很重要的一种功能，它既可以单独应用，又可以作为元素结合其他功能，生成综合防伪效果。团花是票据、证书设计中必不可少的元素，在防伪包装中的使用也很频繁。其防伪效果明显，有利于提高产品档次。根据造型或组合的不同，可分为艺术穿插团花、对称复合式团花、多边形复合式团花、扭索组合团花及古典团花等。

（2）花边。针对一个或几个元素进行连续复制，或者将多种元素组合在一起，构成框架形式，从而形成花边，按结构可分为全封闭式和半封闭式；按制作形式可分为单层花边、多层花边和单线花边；还可根据造型名称组合进行命名，如扭索纹花边、单元对称式花边、奥特洛夫花边、波浪式复合花边等。

（3）底纹。将元素进行反复变化，形成连绵一片的纹路，具有规律性、连续性、贯穿性、变化性。由于底纹是由元素构成的，而元素的取材又不受限制，因此底纹的使用范围广，变化形式也极其随意。底纹按形式可以分为团花底纹、浮雕底纹、渐变底纹，按制作方法可以分为拼接底纹、阴阳底纹（浮雕类）、连贯底纹。

（4）浮雕。运用线条底纹做底结合背景图片（标志、文字或图像）进行处理，使线条整体产生犹如雕刻般的凹凸效果，称为浮雕。浮雕是设计防伪的核心功能，有很强的立体感且变化丰富，将其作为包装、证件或票据的背景图，效果最佳。

（5）劈线。根据图像的轮廓，在一组线条的基础上，将一条粗线分成两条细线，称为劈线（也称分裂线）。其优点是线条美观流畅，很难仿制，属于防伪软件的高端功能，防扫描效果极佳。

（6）粗细线。这是线组或底纹与图像相结合的一种防伪设计，其特征是图像暗部对应的线条粗，亮部对应的线条细，由粗细变化构成明暗层次。

（7）潜影。这是双向平行线和团花或底纹相结合的一种防伪设计，可隐藏文字、标识。当图像与视线垂直时，图案被隐藏；当图像与视线水平时，可以看见藏在纹路中的图案。

（8）开锁。利用计算机软件设计一种平面的查验媒介——胶片，在此媒介上实现防伪，这是一种既防扫描，又可一次生成，且无法复制的技术。铜版纸上的印刷图案不可见，但借助由胶片材料特制的解码片，可以看到其中隐含的文字或图案。铜版纸上的印刷图案如同锁，解码片如同钥匙。

（9）微缩文字。通常由极微小的文字构成，常见于钞票和银行支票，文字一般足够小，以至于肉眼难辨。例如，支票中使用微缩文字作为签名线。

2. 印刷信息防伪

印刷机械是二值设备，故要求输出文件为半色调图像，半色调图像的特殊性使其具有强大的隐藏信息的能力，当以一定方式将信息隐藏于图文中时，该半色调图像便具有了防伪的能力。

改变网点的大小、形状、位置等属性，不同的信息用不同属性的网点进行表示，则可以实现半色调图像的信息隐藏。现有的信息隐藏技术主要有基于网点形状的半色调加网信息隐藏技术和基于网点位置的半色调加网信息隐藏技术。

3. 印刷光谱防伪

（1）光学防伪技术：光学防伪技术是物理防伪技术中非常重要的一类，利用光与物质相互作用时产生的散射、反射、透射、吸收、衍射等基本规律获得某种特殊的视觉效果，从而形成某种防伪技术和防伪产品。光学防伪技术主要包括光学信息处理防伪检测技术、光学全息防伪检测技术、光学频率转换防伪检测技术、光学图像防伪技术和光扫描防伪检测技术。

（2）油墨的光学特性：CMYK 四种印刷油墨的光谱响应范围各不相同，品红色和黄色油墨的响应范围在 570nm 以下，青色油墨的响应范围在 815nm 以下，黑色油墨的响应范围在 1000nm 以上，即在 1000nm 以上还可以清晰显示。也就是说，黄色、品红色、青色油墨在红外波段已经停止响应，只有黑色油墨可以吸收可见光和红外光谱，从而达到可识别的效果。

（3）同色异谱防伪：同色异谱现象结合信息隐藏技术和现代光学技术的防伪应用备受青睐。同色异谱防伪基于同色异谱现象及 CMYK 四色油墨的光谱特性，通过 CMYK 不同配比中黑色油墨含量的差异实现防伪功能。

3.2.4 防伪材料

所谓防伪材料，即在材料制造中采用特殊的专利技术，使特种材料与普通材料有本质的区别，从而起到材料防伪的作用。防伪材料一般分为防伪纸张、防伪油墨及其他防伪材料。

1. 防伪纸张

防伪纸张是指在造纸过程中使用特殊工艺加工而成，具有一种或多种防伪功能的纸张，一般在纸张表面或内部含有特殊标记或隐藏特征，如水印、图案等，其防伪功能在纸张出厂时就已经具备，且易于识别，效果显著，成本较低。防伪纸张及其防伪技术是多学科交叉的产物，涉及化学、光学、物理学、电磁学等领域，也是制浆造纸技术与其他领域新技术的结合。

1）水印纸

水印纸是最常用的一种防伪纸张，它是一种具有浮雕型、可透视、可触摸的图像或条形码的纸张。水印是一种效果良好的公众防伪技术。钞票是利用水印防伪的一个重要载体，验看水印也是识别钞票真假的最有效手段之一。自 1666 年在瑞典斯德哥尔摩第一次发行带有特制水印的钞票以来，现在世界上几乎所有的钞票都采用带有水印的纸张。水印纸在制造过程中融汇了设计、雕模、制网、抄纸等复杂的工艺过程，常使伪造者束手无策。

2）安全线纸

在造纸过程中，在纸张的特定位置埋入特制的聚酯类塑料线、微缩安全线或荧光线。对光观察时可见到一条完整或开窗的线埋藏于纸基中。安全线是公众防伪特征之一，无须借助任何工具，只要有光源即可观察。

3）纤维纸

在纸浆中按照一定比例加入有色或荧光纤维，使防伪纸成纸中含有特殊纤维丝，从而达到防伪目的。纤维在纸浆中的添加方式既可以选择满版添加，也可以选择定向施放，使纤维在防伪纸表面特定区域进行分布，形成有色纤维带。在第五套人民币（1999 年版）中就使用了有色纤维，在自然光下，可以肉眼观测到红色纤维在纸张中均匀分布。

4）全息防伪纸

全息防伪纸是全息防伪技术在纸张上的一种应用，它可分为膜贴纸和纯纸两种。膜贴纸是以全息薄膜贴合在不同类型的纸张表面复合而成的防伪纸，经薄膜贴合后的纸，不仅挺度更好、不易撕裂，而且纸表面有防水功能。纯纸则是通过先进的压印技术直接将全息图案压印在纸张表面。

5）防伪复写纸

防伪复写纸又称干式复写纸或叠色防伪票证纸。这种复写纸正面为白色原纸，背面为无毒干性有色转移涂层（有红、黑、蓝、紫、绿等多种颜色），配方新颖、结构合理、工艺技术先进，保持了传统复写纸的复写功能，复写真实、方便，不用垫衬复写纸，经书写或打印，即可一次性获得正面为阳文、背面为阴文的一式多份拷贝。其发色速度快，字迹清晰，色泽鲜艳，防涂改能力强，可防止假票印刷、假票真开、真票假开等。

6）致变防伪纸

光致变色防伪纸：利用某些防伪材料经光照后颜色发生改变、离开光照后恢复原色的特性，将其添加到纸中形成的防伪纸。

热敏防伪纸：主要通过将热敏物质涂布于纸张材料上而制得。利用热敏物质的热可逆变色特性来鉴别真伪。在受热时变色，冷却后褪色。

压敏防伪纸：在防伪鉴别时利用较大外部压强（如书写）作用于压敏防伪纸的上层正面，受其作用微胶囊破裂，其中的发色剂与显色层接触，立即发生显色反应，在中层和下层显示一定的颜色以达到防伪的目的。

7）磁性防伪纸

用特殊的方式将磁粉加入纸浆中，或者在纸张基材上涂布具有磁性的磁粉，从而使纸张具有磁性。这种磁性防伪纸加入磁粉的位置的手感不同于普通纸，特别是可以通过带磁性的金属识别器或磁感应设备进行识别，从而达到防伪的目的。

8）防复印纸

通过在纸浆中加入或在纸基上均匀涂布一层物质，使其在受强光照射时发生某种吸收、反射或光致发光，使背景与文字、图案的反差消失或极为接近，从而失去复印条件。

9）纹理纸

在纸浆中加入有色纤维，形成肉眼可见、图案清晰的纹理，再将其印刷成防伪标签，并将标签的纹理图像存入专门的计算机防伪系统数据库中，商品贴上这种标签后，顾客可通过电话、传真或互联网进入数据库，查对标签实物纹理，鉴别商品真伪。

随着防伪技术的不断发展，防伪纸张的性能还在不断提升，种类还在不断增加。

2．防伪油墨

防伪油墨是防伪材料中目前发展最迅速的一种。由于这类油墨研制难度大，进口价格高，市场上很难购买到，从而实现了这类油墨的客观防伪性。防伪油墨就使用来说与普通油墨一样，适用于各种印刷机，所以通用性好，用传统的印刷工艺就可印制具备防伪功能的印刷产品。

目前主要应用的防伪油墨有以下几种。

1）磁性防伪油墨

磁性防伪油墨是采用具有磁性的粉末作为功能成分所制作的油墨，适用于钞票、发票、支票等印品。这种油墨在专用工具检测下，可显示其内含的信息或发出信号，以示其真伪。其适用于丝印、胶印和涂布等印刷工艺。

2）光学可变防伪油墨

光学可变防伪油墨防伪原理是色料采用多层光学干涉碎膜，适用于钞票、商标、标记、包装印刷，也可用于塑料印刷。其防伪特征是改变印刷品观察角度时，颜色会发生变化，因此具有用眼就能识别的直观性。其技术要求是控制薄膜的层厚。具有绿-黑、红-绿、金-灰等多组颜色的变化。这种油墨既不损害印刷品原来的完整图文，又具有防伪作用，适用于丝印和凹印等印刷工艺。

3）紫外荧光油墨

紫外荧光油墨分为无色（隐形）荧光油墨和有色荧光油墨，有长波（365nm）和短波（254nm）两种。无色荧光油墨适用于钞票、票据、商标、标签、证件、标牌等印刷品。

4）热敏油墨

热敏油墨是在热作用下能产生变色效果的油墨，通常分为可逆和不可逆两种。可将暗记用这一油墨印在印品的任何位置，颜色有变红、变绿和变黑三种。其鉴别方法简单，用打火机、火柴，甚至烟头就可使暗记发生呈色反应，无须采用专用工具识别。可逆热敏油墨在降温后会自动褪色，恢复原样。

5）化学反应变色类防伪油墨

（1）防涂改油墨。其防伪原理是在油墨中加入涂改用的化学物质或具有显色化学反应的物质。这种油墨适用于各种票据、证件。用这种油墨印的防伪印品一旦被涂改，就会使纸张变色，或者显示隐藏的文字，使涂改的票据作废，起到防止涂改的作用。防伪特征是当票据、证件被消字灵等涂改液更改时，防涂改底纹会出现消色或变色，印刷物会褪色、显色和变色等，留下很明显的可觉察标记。其适用于干式或湿式胶印工艺。

（2）压敏变色油墨。其防伪原理是在油墨中加入特殊化学试剂或压敏变色的化合物或微胶囊。其防伪特征是用这种油墨印刷成的有色或隐形图文，在硬质对象或工具的摩擦、按压下会发生化学的压力色变或微胶囊破裂染料的色变。其有有色和无色之分，压致显色有红、绿、蓝、紫、黄等多种颜色，可根据用户的要求选择显示的颜色并设计暗记。

（3）化学加密油墨。其防伪原理是在油墨中加入设定的特殊化合物。其防伪特征是在预定范围内涂抹一种解密化学试剂后，立即显示出隐蔽图文或产生荧光。不同的温度、气压下有不同的编码、译码化学密写组合。

6）摩擦变色类防伪油墨

（1）金属油墨。这种油墨适用于各种商标、标识的防伪印刷。把这种有色或无色的金属油墨印在特定位置上，鉴别时用含铅、铜等的金属制品一划，就可显出划痕，以辨真伪。

（2）可擦除油墨。这是一种化学溶剂挥发型油墨。可擦除油墨经常用于票据的背面印刷，如出生证明的图案和个人指纹的背景图。如果对票据进行摩擦处理，油墨就会从票据中被擦除。其适用于干式或湿式胶印工艺。

（3）硬币反应油墨。用硬币边缘摩擦此类不透明或透明油墨时，就会出现黑色。其不需要专用设备检验，在许多原料纸上都能很好地印刷，适用于湿式或干式胶印与柔印工艺。

（4）碱性油墨。这种油墨适用于一次性使用的防伪印品，如各种车票等。使用这种油墨的印品识别时用特制的“笔”划过印品，观其色变以辨真伪。

此外，还有用指甲摩擦特定部位能产生香味的香味油墨等。

7）透印式编号印刷油墨

透印式编号印刷油墨包含一种成分，可以使红色染料渗透到纸张的纤维中，染料可以透印到票据的背面。其通常用于数字编号印刷，无法用刮刀把数字编号从纸上刮去，适用于凸版和胶印工艺。

8）湿敏变色油墨

湿敏变色油墨的防伪原理是色料中含有颜色随湿度而变化的物质。防伪特征是干燥状态为无色（或黑色），潮湿状态为有色（或红色）。这种油墨有可逆和不可逆两种，有蓝、绿、红、黑四种颜色。这种油墨识别时不需要鉴别工具，用水即可，便于普及使用。

9）隐形防伪油墨

隐形防伪油墨的防伪原理是在一般的油墨中加入 Isotag、Coircode 等隐形标记。由于这些标记都是不可见的，只有专业人员和特定的仪器及特定波长的光线照射下才会出现特定的标记，从而鉴定其真伪。其技术含量较高，防伪性能较好。

10）智能机读防伪油墨

智能机读防伪油墨的防伪原理是利用智能防伪材料的多变性，即防伪材料含有多种可变化学物质，其中特征化合物的性质、种类、数量、含量、存在形式等信息构成防伪材料的特殊性和个性。根据这些特殊性和个性生产防伪材料并制造检测仪器（可通过计算器处理后给出的结果检测真伪），以达到防伪目的。

11）多功能或综合防伪油墨

多功能或综合防伪油墨的防伪原理是在一般的防伪油墨中加入其他防伪技术，从而实现多重防伪功能。例如，激光全息标识结合荧光加密防伪油墨，在不损坏激光全息标识完整性的前提下，增加新的防伪措施来进行二次加密，从而增强其防伪功能。目前，市场上已有一种激光全息标识二次加密综合防伪技术，即在激光全息标识上通过一定工艺加入可检测的特殊荧光材料，在日光下肉眼看不见，在特殊仪器的检测下显示特殊的各色荧光图文。该技术具有耐摩擦、耐热、检测方便且准确、防伪性强等特点，且制作成本增加较少。

3.2.5 防伪工艺

印刷防伪技术是一种综合性防伪技术，涉及防伪设计制版、精密的印刷设备和与之配套的油墨、纸张等。若能独占一套高精尖的印刷设备和原材料，或者掌握某种他人未曾了解的工艺，且他人没有足够的财力来仿制，印刷防伪技术就能充分发挥作用。

（1）凹版印刷。图文低于印版的版面，而且凹下的版纹有深浅之分，以此表现图文的高低、油墨的厚薄，印出的图案可显示三维图像，立体感强，用手触摸有凹凸感。这种印刷技术既对纸张有保护作用，又具有防伪功能。手工雕刻凹版印刷的防伪效果较好，将其与油墨相结合，可实现防伪及装饰效果。

（2）对印图案。钞票或其他票据正背两面的图案透光观察时完全可以重合，或者正背两面的部分图案透光观察后互补地组成一个完整的新图案。例如，我国第五套百元人民币（1999 年版）在正面左下方和背面右下方均有一圆形图案，迎光观察时，正背两面的图案阴阳互补，组成一个对印的完整古钱图案。

（3）接线印刷。在票面花纹的同一条线上出现两种颜色彼此连接时，其连接处的两种颜色既不能分离又不能重叠，这需要精密的设备和高超的工艺水平。我国现已能一次完成 4 种颜色花纹图案的精确对接。

（4）彩虹印刷。图案的主色调或背景由不同的颜色组成，但线条或图像的颜色变换是逐渐过渡的，没有明显的界线，犹如天空七色彩虹的颜色渐变，故称彩虹印刷。采用多色叠印的方法难以实现彩虹印刷效果，且在商业票据上很难看出墨斗中各色隔板的间距和准确位置，从而增加了仿造的难度。若在大面积的底纹上采用这种工艺，则其防伪效果将更加显著。我国百元人民币正面及第二代身份证均采用了彩虹印刷技术。

3.3 防伪技术的发展

3.3.1 防伪技术的发展特点

最近十几年来，鉴于社会公共安全、商业安全防伪的需求剧增和流通领域假冒商品日益猖獗的严峻形势，国内外防伪技术迅速发展，人们的防伪意识日渐增强。目前，我国防伪技术的发展具有如下特点。

（1）防伪技术成为多学科竞相开发、相互交叉的边缘学科。许多学科拥有自身的特点和优势，并可与防伪技术相结合。防伪技术的应用涉及许多学科，如物理学、化学、生物学、核科学等，这些基础学科又与应用技术紧密结合，因此，防伪技术是建立在多学科、多专业技术基础上的一门综合集成技术。例如，数字信息核验防伪系统是综合应用现代计算机网络技术、通信技术、数据编码技术、高科技印刷技术进行防伪的一种高新技术。

（2）防伪技术从单一技术向多种技术集成发展。目前，使用单一技术进行防伪，已难以达到目的。为避免防伪标志本身的假冒，将几项或十几项防伪技术集成在一起，已显示出很好的防伪特性。就纸币来说，不仅应用了彩色水印技术、特种排版印刷技术、暗记及缩微等技术，而且集成了金属线、荧光、激光全息等防伪技术。例如，德国马克采用的防伪措施多达 25 种，俄罗斯伏特加酒的防伪标志采用了 15 种防伪技术。

（3）防伪技术日益同自动识别技术结合起来。通过自动识别技术能够高效、快捷、准确地对商品或其他防伪对象进行有效鉴别。例如，信息存储于磁性介质中，应用磁条可以存储大量编码信息，可用接触扫描器读出；采用电子芯片技术，利用特种扫描仪识读并验证真伪。

（4）防伪技术越来越网络化、信息化。利用数字水印技术、光学水印技术、网屏编码技术等，对证件、证书及软件产品的知识产权进行保护。

（5）传统的防伪技术继续发挥作用，但其技术含量越来越高，技术门类的集成越来越多。随着全息图像在各国护照、签证、钞票上的应用，激光全息成为防伪技术的基础，特别是在欧元、国际信用卡和签证上的成功应用，建立了激光全息在防伪技术领域牢固、不可或缺的地位。

（6）我国防伪技术发展速度快，个别防伪技术居国际领先水平。我国防伪骨干企业中，一部分是从特种行业转向民用商品防伪技术研制和生产的企业，另一部分是由一大批科研单位、高等院校、大型骨干印刷企业及 IT 企业投入防伪行业所成立的企业。经过近十几年的努力开拓，这些企业具有良好的信誉、领先的技术，它们熟悉国内外发展动向，并且起点高、质量稳定、社会覆盖面大，成为我国防伪应用领域的中坚力量。我国防伪行业的发展及防伪产品的开发应用，总体来说起步较晚，但十几年来已有了很大的发展，总体水平已达到国际先进水平，个别防伪技术已达到国际领先水平。

3.3.2 防伪技术的应用领域

在我国，人们的防伪意识日益增强，从政府部门管理的货币、证件、文件到商品的标志越来越多地采用防伪技术。防伪产品涉及面广，数量大，包括：各行各业名优商品防伪（如烟、酒、药、农资、食品、化妆品、服装、汽车零配件等）、金融证券防伪（除钞票外，还包括股票、债券、支票、汇票、彩票、邮票、信用卡、税票、海关报关单、保险单据、电信有价卡等）、政府部门颁发的各种证件防伪（如身份证、护照、各种证书、印章等）、第三产业的各种票证防伪（如机票、车船票、体育比赛门票等），以及艺术品防伪和信息领域中的防伪（如字画、古玩、软件、光盘等）。

（1）商品防伪分为标志或商标防伪、包装防伪。标志或商标防伪属于传统的防伪模式，数量大，但防伪产值相对较低。包装防伪产值大，具有非常广阔的发展空间，如烟、酒、药、化妆品等的包装。全息定位烫印技术已经在我国的卷烟包装印刷中得到了非常广泛的应用，起到了防伪和包装装饰的双重作用。目前，我国80%的高、中档卷烟包装已经采用全息烫印技术，这一趋势正在逐步向药品、高档日化用品的包装印刷转移。

（2）有价证券防伪：如钞票、信用卡、股票、债券、汇票、支票、有价单据等。

（3）证件、单据、文件、图章防伪：如身份证、护照、出生证、驾驶证、迁移证、毕业证、介绍信、合同、海关单证、保险单据、发票、税票等。

（4）计算机多媒体电子信息产品防伪：综合运用网络、数据库和加密等技术对产品进行防伪信息验证。

3.3.3 新型防伪技术的开发

随着我国社会主义市场经济的发展，防伪技术作为预防和打击假冒伪劣产品的重要措施，在我国国民经济建设和打假工作中发挥着越来越重要的作用。防伪技术保护了众多领域的数百万亿元价值的各种产品，防伪行业也在不断发展壮大。

随着信息化和网络化的发展，越来越多的数字信息产品及服务企业应运而生，从传统的电码电话系统到数字水印，以及基于射频识别（RFID）等技术的产品，相关系统服务提供商在市场上逐步占据一定的份额。目前，我国 RFID 技术主要应用于物流管理、医疗、货物和危险品的监控追踪管理、民航的行李托运及路桥的不停车收费等方面。例如，第二代身份证、大学生火车票购票证、奥运会门票、组织机构代码证、CNG 气瓶、车辆收费等方面都大量应用了 RFID 技术。

与此同时，DNA 防伪技术、NFC 识别技术、StarPerf 识别技术、MAGnite 识别技术、结构色防伪新型材料、人工智能防伪技术等不断发展，防伪技术领域正在不断地与最新科技接轨，发展出新型、智能及绿色的技术。

参考文献

[1] 秋慈，杜虎符. 中国最早的兵符[J]. 科学之友（上半月），2021(1):66-67.

[2] 潘春华. 趣说中国古代“身份证”[J]. 山西老年，2021(7):30-31.

[3] 刘瑞. 浅谈宋交子制造工艺与防伪措施[J]. 文物鉴定与鉴赏，2021(22):69-71.

[4] 佚名. 古代的铜钱是如何来防伪的[J]. 中国品牌与防伪，2021(2):76-77.

[5] 张逸新. 防伪印刷原理与工艺[M]. 北京：化学工业出版社，2004.

[6] 刘铁根. 光学防伪检测技术[M]. 北京：电子工业出版社，2008.

[7] 许文才. 现代防伪技术与应用[M]. 北京：中国质检出版社/中国标准出版社，2014.

[8] 李问渠. 中国文化常识全知道[M]. 哈尔滨：哈尔滨出版社，2009.

[9] 陈锡蓉. 我国防伪技术发展现状及应用[J]. 认证技术，2013(2): 27-28.

第 4 章

典型的印刷信息防伪技术

印刷防伪技术是众多产品防伪技术的核心之一。印刷防伪技术，顾名思义，是指为防止印刷领域出现假冒伪劣印刷生产而采取的技术。它主要通过在专设印刷工艺、印刷设备支持下的印刷生产，形成具有某种特殊表示和难以复制的产品形式。印刷防伪技术以往主要应用于钞票、支票、债券、股票等有价证券的印刷。近些年，随着市场经济的发展，以及假冒伪劣商品对名优商品的冲击的不断增强，印刷防伪技术已广泛应用于商品的包装和商标的印刷。本章将对印刷图文信息防伪、印刷防伪工艺、印刷防伪材料及典型的防伪印刷实例进行阐述。

4.1 印刷图文信息防伪

印刷图文信息防伪是指在印前处理过程中对文件进行防伪技术处理，印刷后通过一定的方式对印刷品进行真伪鉴别的防伪方法，涉及计算机平面设计、半色调处理等，通常需要借助专业的安全图文设计系统来完成防伪文件的制作。目前，安全图文设计系统与计算机技术相结合，可以根据使用者自己的风格，设计出有鲜明个性化特征的完整的图案背景及相关文字，如花球、缩微、防扫描图文、防复印图文、浮雕图案、隐形图文设计、劈线效果和版画效果等。这些图文均采用线条设计和专色印刷，可有效防止电分、照相、扫描等传统手段复制后的分色印刷和彩色复印，起到明显的防伪作用。

4.1.1 印刷信息防伪

由于印刷设备为二值设备，所以需要将印刷文件做半色调处理，半色调原理与防伪方法将在后续章节中详细讲解，本节将简单讲解半色调图像在防伪方面的应用。半色调加网技术所实现的效果是把原始的连续调图像转换为半色调图像，使印刷后的图像在人眼视觉系统中呈现的效果仍然是连续调的。但半色调加网技术只能实现印刷品在呈色方面的基本要求，所生成的半色调图像并不具备防伪功能。改变网点的大小、形状、位置等属性，不同的信息用不同属性的网点进行表示，则可以实现半色调图像的信息隐藏，从而为半色调图像附加防伪这一功能。

1．基于网点形状的半色调加网信息隐藏技术

基于网点形状的半色调加网信息隐藏技术的实现思路如下：在对原始的连续调图像

进行加网调制的过程中，用待嵌入的防伪信息对调幅网点的形状进行调制，使调制后的调幅网点携带防伪信息，从而实现信息隐藏与防伪，其流程如图 4-1 所示。

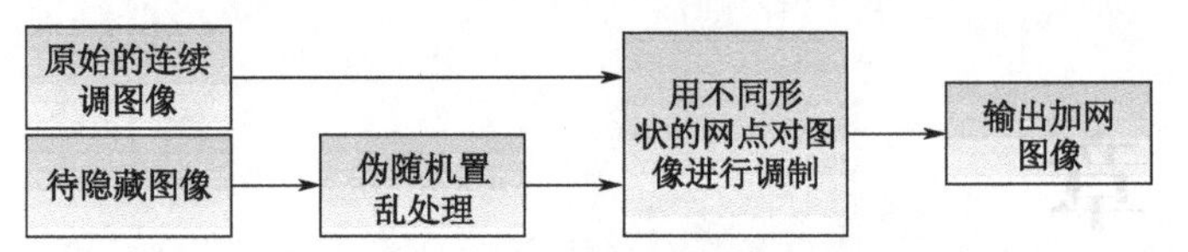

图 4-1　基于网点形状的半色调加网信息隐藏流程

表 4-1　调制信号与网点形状对应表

调制信号编码	网 点 形 状
00	圆形
01	方形
10	菱形
11	椭圆形

调幅加网的网点可以由不同函数生成，因此在信息隐藏时可将相同的算法进行编码，若在扫描图像的过程中，调制信号为 01，则在该位置所运用的加网调制方式为方形网点的加网。不同形状的网点对应不同的调制信号，见表 4-1。

基于网点形状的半色调加网信息隐藏的步骤如下。

（1）生成调幅网点。生成多种形状不同的调幅网点，将调制信号与网点的形状相对应，如果调制信号为 00，则使用圆形的调幅网点。

（2）防伪信息预处理。使用和原始的连续调图像尺寸一致的防伪信息，能够达到简化操作的效果；对待隐藏的防伪信息进行置乱操作，能够消除防伪信息的纹理，提高信息隐藏的效果。

（3）定义防伪信息的调制信号。将防伪信息的像素点按照其所在位置，与原始的连续调图像进行一一映射，并对每个像素点的坐标进行记录，以此坐标来定义其将要在半色调加网的过程中所使用的调制信号。

（4）半色调加网。逐点扫描原始的连续调图像，根据步骤 3 中定义的调制信号选用相对应形状的调幅网点进行加网，得到植入水印信息的半色调图像。

例如，将 Lena 图作为原始的连续调图像，将北京印刷学院的院标作为待隐藏图像，它们均为 256×256 的灰度图像。这里选取调制信号 00 与 10，分别进行圆形与菱形网点的调制。将待隐藏图像的像素点分为两部分，以像素值 128 为界，小于 128 则选择 00 调制，大于 128 则选择 10 调制。

图 4-2（a）所示为原始的连续调图像，图 4-2（b）所示为待隐藏图像，图 4-2（c）所示为嵌入信息后的加网图像，图 4-2（d）所示为嵌入信息后的图像局部放大图。

（a）原始的连续调图像

（b）待隐藏图像

图 4-2　信息隐藏前后的效果

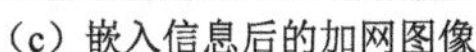

（c）嵌入信息后的加网图像

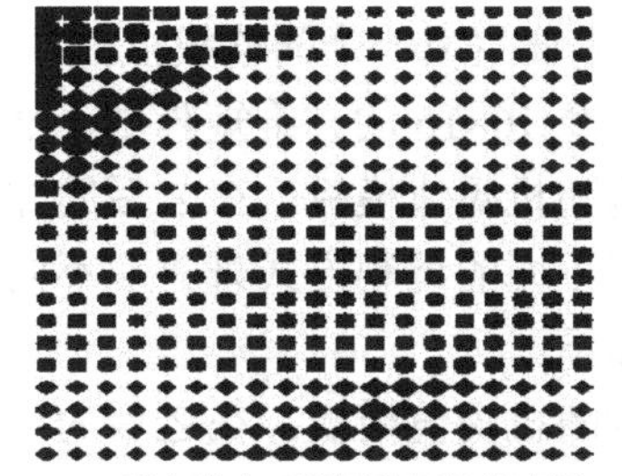

（d）嵌入信息后的图像局部放大图

图 4-2　信息隐藏前后的效果（续）

由图 4-2 可知，在进行信息隐藏后，由于网点形状的不同，加网后的图像依然存在隐藏信息的轮廓，这就大大降低了信息的安全性。因此，需要对待隐藏图像进行置乱处理，其目的是消除生成图像中防伪信息的纹理，提高信息隐藏的效果。图 4-3（a）所示为图像置乱图，图 4-3（b）所示为嵌入信息后的加网图像。

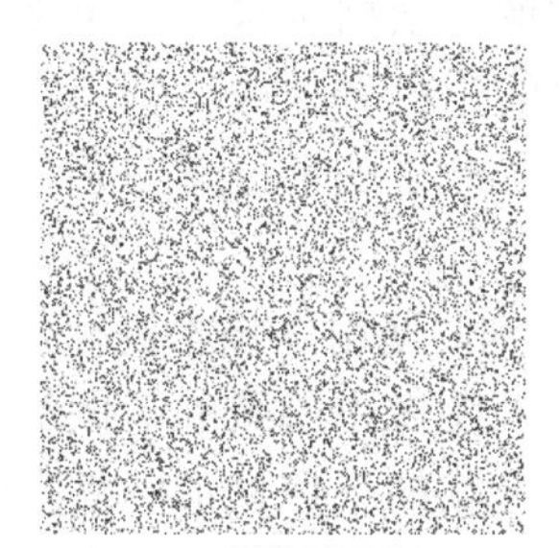

（a）图像置乱图

（b）嵌入信息后的加网图像

图 4-3　经过图像置乱及信息隐藏后的加网图像

对比图 4-2 和图 4-3 可知，因为加网时的网点形状是互不相同的，所以信息隐藏之后得到的图像中，隐藏信息仍然能十分清晰地被人眼识别，从信息安全性的角度考虑，显然是有隐患的。因此，有必要对待隐藏的图文信息进行置乱处理，以增强加网图像的安全性。

2．基于网点位置的半色调加网信息隐藏技术

基于网点位置的半色调加网信息隐藏技术的实现思路如下：在对原始的连续调图像进行加网调制的过程中，用待嵌入的防伪信息对调频网点的空间位置进行调制，使调制后的调频网点携带防伪信息，从而实现信息隐藏与防伪。

调频网点的排列方式是记录点根据原始的连续调图像相对应的灰度级进行排列，这种排列方式是随机的，使用不同的伪随机算法所得到的调频网点的排列方式也是不同的。通过该方式便能对隐藏信息和非隐藏信息进行区分，其流程如图 4-4 所示。

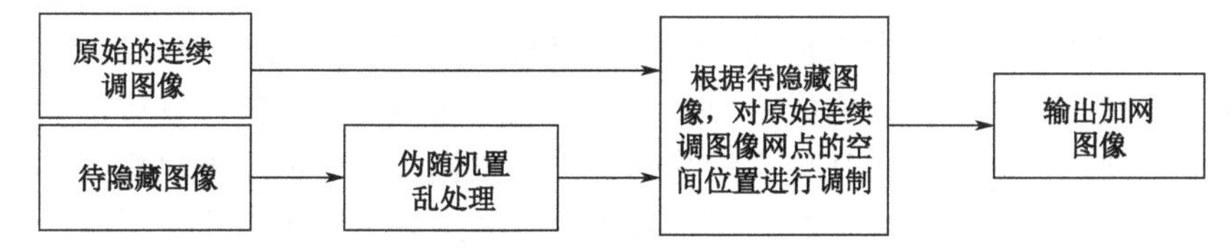

图 4-4　基于网点位置的半色调加网信息隐藏流程

在加网过程中，对于调频网点的阈值矩阵中记录点的随机排列可由伪随机置乱公式获得。在此，首先要生成一个阈值模板，方法是先将 0～255 的 256 个灰度级按从小到大的顺序放置在一个 16×16 的二维矩阵中，然后采用伪随机置乱公式将这 256 个灰度级随机排列，形成伪随机阈值模板。在之后的加网过程中，就可根据某一像素点是否携带待隐藏信息，使用不同的调制方式来对应不同的图文信息。基于网点位置的半色调加网信息隐藏的步骤如下。

（1）生成伪随机阈值模板。在之后的半色调加网过程中便能够依据某个像素点是否携带待隐藏信息，进行相应的加网处理。

（2）防伪信息预处理。使用和原始的连续调图像尺寸一致的防伪信息，能够达到简化操作的效果，对待隐藏的防伪信息进行置乱操作。

（3）定义防伪信息的调制信号。将防伪信息的像素点按照其所在位置，与原始的连续调图像进行一一映射，并对每个像素点的坐标进行记录，以此坐标来定义其将要在半色调加网的过程中所使用的调制信号。

（4）半色调加网。逐点扫描原始的连续调图像，根据步骤 3 中定义的调制信号选用相对应位置的网点进行加网，得到植入水印信息的半色调图像。

图 4-5（a）所示为未对防伪信息进行置乱处理产生的半色调图像，图 4-5（b）所示为对防伪信息进行置乱处理后产生的半色调图像。

对比图 4-5（a）和图 4-5（b），可以清楚地看到，使用该技术进行信息隐藏时，无论是否对防伪信息进行了置乱处理，所生成的半色调图像中隐藏的防伪信息的轮廓在人眼视距范围内都无法被人眼感知，这是与基于网点形状的半色调加网信息隐藏技术最大的不同之处。除此之外，该技术具备以下两个特点：一是调频网点呈现不规则的排列，二是具备丰富的灰度级。这两个特点令半色调加网调制后产生的半色调图像可以比较好地再现原始连续调图像的灰度级。

（a）未对防伪信息进行置乱处理产生的半色调图像

（b）对防伪信息进行置乱处理后产生的半色调图像

图 4-5　调频加网的信息隐藏效果图

4.1.2　印刷纹理防伪

印刷纹理防伪的原理是利用极细小的线和点构成规则或不规则的线型图案和底纹、团花、浮雕图案等元素，从而构成安全版纹，以达到防复制的目的。其中，版纹的组成元素可以单独使用，也可以将几种元素综合使用，根据设计者的不同风格，融入鲜明的个性化特征，从而构成更加复杂的图案。版纹可以通过以下三种方式来形成：

① 利用专门的绘图工具由人工刻画。

② 利用计算机绘图软件绘制。

③ 采用安全防伪软件直接生成各种纹理。

与通过特殊材料、特殊印刷工艺进行防伪相比，版纹防伪具有成本低、防伪性能好、美观等优点。

超线防伪也是印刷纹理防伪的重要组成部分，它是指通过采用化学性质敏感的特殊油墨对颜色实底的线条图案进行印刷。由于微缩文字、超线、团花等防伪图案线条极细，对于印刷设备的精度要求很高，印刷成本高，因此，一般印刷机难以复制，并且这些由实底线条组成的图案中还可以根据不同产品的需求加入隐藏的数字或字母等，它们难以用肉眼看到，却可以在专门的检测设备上显现。超线防伪的主要优点有：

① 由于光线的干涉、Moire 效应，复制者无法采取有效的技术来获取底纹的详细信息。

② 版纹信息量巨大，在有限的时间内难以复制所有信息。

③ 可以防止扫描仪扫描。

④ 可以防止其他软件模仿复制。

⑤ 线条造型的复杂性、线条变化的丰富性与相关光学理论配合，可以非常容易地实现折光、开锁、潜影等防伪形式。

正是因为上述特点，超线防伪适用于所有平面和包装物件防伪，如包装防伪、商标防伪、标识防伪、有价证券防伪、书籍和证件防伪等。

常见的超线防伪形式主要有团花、底纹、花边、缩微文字、劈线、潜影、开锁、图像挂网、浮雕、折光等。

1. 团花

以花的各种造型进行加工，夸大处理，配合线条的弧度、疏密，加上色彩的烘托，使其轮廓流畅、层次清晰、结构合理、独自成形，称为团花。可以通过多种方法来制作团花，制作团花的方法不同，效果也有明显区别，团花效果复杂，模仿难度高，艺术性强。团花图像如图 4-6 所示。

2. 底纹

将元素进行反复变化，形成连绵一片的纹路，具有规律性、连续性、贯穿性、变化性。底纹主要起陪衬和烘托的作用，它一般用色较淡、较浅，线条较疏、较细，粗看只见到一层素淡的底色，细看才能发现其中的变化。底纹有多种，如平底纹、渐变底纹、波浪底纹等。底纹图像如图 4-7 所示。

图 4-6　团花图像

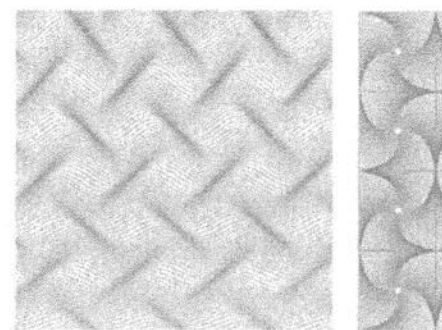

图 4-7　底纹图像

3. 花边

将一个或几个元素进行连续复制，形成框架形式，称为花边。花边按其结构可分为全封闭式花边和半封闭式花边，按其制作形式可分为单层花边、多层花边、单线花边。由于花边的构成形式为框架形式，因此花边多数起到四边的装饰作用。花边图像如图 4-8 所示。

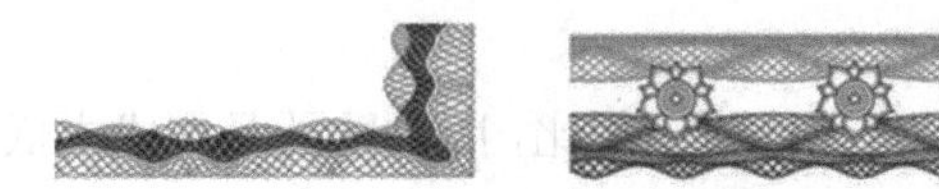

图 4-8　花边图像

4．缩微文字

缩微文字防伪原理是将文字缩小到一定的程度，以字代替线，粗看是一条细细的线，仔细一看才发觉是由文字构成的，再结合版纹的其他功能，便可以使文字线产生许多变化。缩微文字图像如图 4-9 所示。

5．劈线

劈线是指将一条线分割成两个或多个细纹，肉眼很难分辨，防伪效果显著。方正超线支持图形劈线与图像劈线。劈线图像如图 4-10 所示。

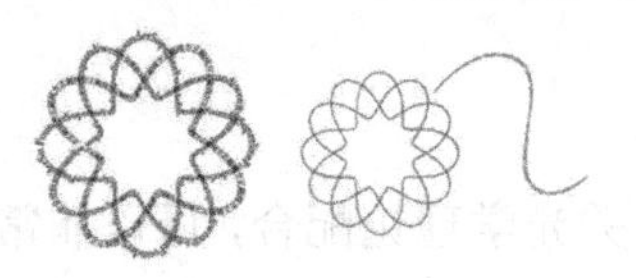

图 4-9　缩微文字图像

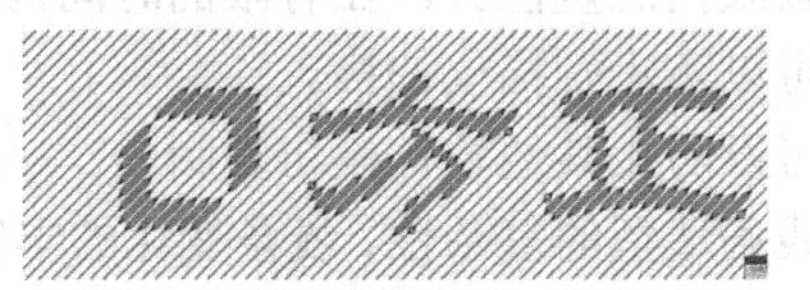

图 4-10　劈线图像

6．潜影

潜影是指将文字或图形潜藏在版纹中。潜影技术是从印钞技术中发展而来的，传统的潜影是指在印钞过程中利用“钞凹机”的油墨厚度，使观察者从一个角度能看见潜图，换一个角度又看不见潜图，因而能够起到很好的防伪效果。潜影往往需要与特殊的印刷技术相配合才能起到很好的防伪作用。潜影图像如图 4-11 所示。

7．开锁

开锁实质上是光的干涉现象的一种应用。其防伪原理如下：全部内容均由线条构成，通过防止扫描，使其无法复制成功，从而达到良好的防伪效果，尤其是潜入“版纹图片”的内部元素，用专门配置的“膜片”置于“版纹图片”上，稍做调整，便可清楚地看到其中的奥妙所在。由于需要专用的“膜片”与“版纹图片”配套使用才能生成“开锁”式防伪效果，因此大大增加了造假的难度，使造假者望而却步。开锁图像如图 4-12 所示。

图 4-11　潜影图像

图 4-12　开锁图像

8．图像挂网

用户可用规则或不规则图形对象通过自动排列或多重复制功能得到底纹，然后用其来描述图像。图像挂网可以说是对超线原有图像光栅功能的增强。图像挂网图像如图 4-13 所示。

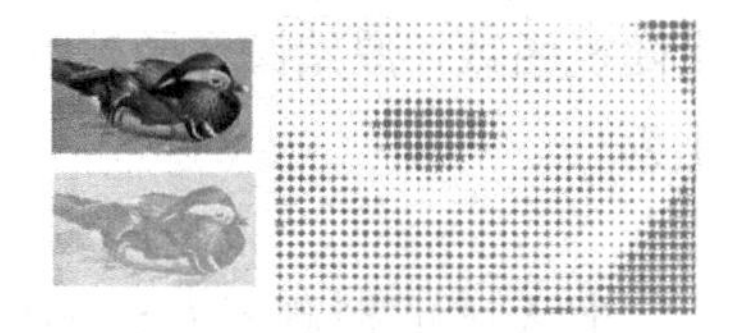

图 4-13　图像挂网图像

9．浮雕

运用线条底纹做底，结合背景图片进行浮雕程序处理后，使画面产生犹如雕刻般的凹凸效果，称为浮雕。由于浮雕是由底纹与图片结合生成的，因此可根据使用的需要任意取材，再经过浮雕程序，便可以产生优美的画面。即使是同一底纹与图片的浮雕，根据其设置的不同，也可以变化出许多不同的深浅效果。浮雕图像如图 4-14 所示。

10．折光

折光分为图形折光和图像折光两种，由于在印刷过程中常采用压纹技术实现，因此也称“压纹”。折光根据线条不同的走向、粗细、间距，利用光的反射原理形成中心发散式、旋转式、流动式效果。图形折光一般应用在烟盒、酒盒、药盒、卡片上，图像折光一般应用在工艺品金属画制作方面。折光图像如图 4-15 所示。

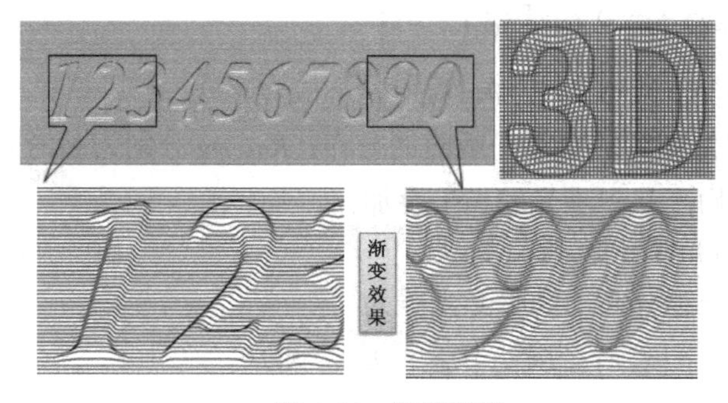

图 4-14　浮雕图像

图 4-15　折光图像

4.1.3　印刷光谱防伪

1．光学防伪技术

光学防伪技术是物理防伪技术中非常重要的一类，它利用光与物质相互作用时产生的散射、反射、透射、吸收、衍射等基本规律获得某种特殊的视觉效果，从而形成某种防伪技术和防伪产品。光学防伪技术主要包括光学信息处理防伪检测技术、光学全息防伪检测技术、光学频率转换防伪检测技术、光学图像防伪技术和光扫描防伪检测技术。

1）光学信息处理防伪检测技术

光学信息处理防伪检测技术主要基于相位编码原理，傅里叶光学信息处理系统具有读写复振幅信息的能力，但复振幅信息中的相位部分在普通光源下是无法看到的，利用相位掩膜器件，将防伪信息隐藏在相位部分，通过专用的联合变换相关器才能进行判读。

因为探测器（如 CCD 摄像机、显微镜）及人眼等只对光强敏感，所以利用光学相位对光学图像进行安全加密是一种行之有效的方法。

其加密过程是利用相位掩膜器件完成的，相位掩膜仅改变光学相位，在数学上可用

函数 $\exp[jM(x,y)]$ 描述，其中 $M(x,y)$ 是一个连续或离散化的实函数。假设 $M(x,y)$ 是一个随机函数，原始图像函数为 $f(x,y)$，则当将相位掩膜贴在原始图像上后，复合图像输出为

$$f(x,y)=f(x,y)\exp\left[jM(x,y)\right] \tag{4-1}$$

但人眼或探测器看到的仍是 $f(x,y)$，只有采用专用的联合变换相关器才能够对 $M(x,y)$ 进行判读，因此通过显微镜观察、拍照或者用计算机扫描器读取，都不能对相位掩膜进行分析和复制。由于采用的是相关计算，二维相位掩膜的相位在二维随机分布，因此造假者想确定掩膜的内容极为困难，只有制作者凭知道的其中的相位码才可进行判读。

2）光学全息防伪检测技术

光学全息防伪检测技术基于全息术，全息术是基于光的干涉和衍射原理的二步成像技术，记录的是通过某物体或被某物体反射的携带了物体信息的波前，该波前与参考光相干后，入射波的位相扰动转换成光强的调制，在感光干版上再现的是干涉条纹，而非物体的像。

具体过程：物体用相干光源照射后，其散射光与参考光在感光干版上发生干涉并被记录下来。给定物光 $O(x,y)$ 和参考光 $R(x,y)$ 分别为

$$\begin{aligned}O(x,y)&=O_0(x,y)\ \exp\left[j\phi_0(x,y)\right]\\R(x,y)&=R_0(x,y)\ \exp\left[j\phi_R(x,y)\right]\end{aligned} \tag{4-2}$$

式中：O_0、ϕ_0 分别为物光的振幅和位相到达全息干版时的分布；R_0、ϕ_R 分别为参考光的振幅和位相分布。干涉场光振幅为物光和参考光的相干叠加：

$$U(x,y)=O(x,y)+R(x,y) \tag{4-3}$$

全息干版接收到的是干涉场的光强分布，其曝光光强为

$$I(x,y)=U(x,y)-U^*(x,y)=|O|^2+|R|^2+OR^*+RO^* \tag{4-4}$$

所得到的底片称为全息照片或全息图。

假设光强记录为透明片，若用原参考光照射此透明片，则产生的光场为

$$U_c(x,y)=R(x,y)I(x,y)=R|R|^2+R|O|^2+|R|^2O+R^2O^* \tag{4-5}$$

如果参考光有恒定光强 $|R|^2$，则第三项就是物光波前重现，可选择参考光的方向分离式（4-5）中各项得到所需项。

由于人眼或探测器在普通灯光下看不到干版上的信息，只有在特定的条件下才能显示隐藏信息，因此全息术是很有效的防伪技术。

3）光学频率转换防伪检测技术

光学频率转换防伪检测技术利用多光子材料实现防伪。多光子材料包括上转换材料和光子倍增材料（下转换材料）。前者把红外线转变成可见光，后者把紫外线转变成可见光。上转换材料吸收多个低能光子，发射一个高能光子，即把几个红外光子“合并”成一个可见光子；光子倍增材料吸收一个高能光子，发射几个低能光子，即把一个紫外光子“分裂”成几个可见光子。

这两种光学频率转换材料由于激发光源波长都处于人眼不可见的范围，因此具有良好的隐秘性，转换波长具有唯一性，而且具有使用寿命长、材料制备技术难度高等特点，

是应用于防伪领域的新技术，可附加在金融证券或有效票证上作为防伪标记，可添加于塑料薄膜中，从而方便地与现有的激光全息防伪标识结合在一起，起到综合防伪的作用。

4）光学图像防伪技术

光学图像防伪技术是以光学图像处理为基础，综合利用生物学、模式识别、计算机科学等多个学科领域知识的一种前沿检测技术。目前，光学图像防伪技术涉及近 20 种生物特征，主要包括脸像、虹膜、红外脸部热量图、耳形、颅骨、牙形、声音、指纹、掌纹、手形、手背血管、手写签名、笔迹、足迹、步态等。完整的光学图像防伪技术包括图像的实时采集、图像特征库的建立和判别处理算法。光学图像防伪技术的基本检测流程如图 4-16 所示。检测系统首先建立检测对象的有效数据，给出检测依据，通过光学系统对待判断的目标进行图像采集、图像预处理及图像特征提取，将得到的图像特征与有效数据库中的图像特征进行图像匹配，分析待判断的目标与有效数据库中对应图像的相似度，根据该相似度做出真伪判断。

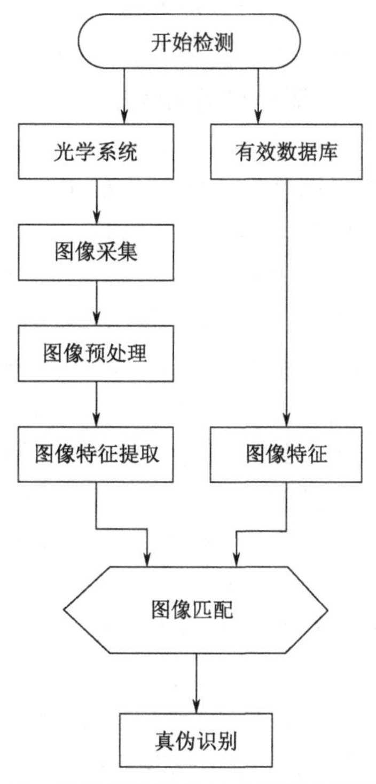

图 4-16　光学图像防伪技术的基本检测流程

5）光扫描防伪检测技术

光扫描防伪检测技术是利用各种光源和光学系统扫描某种特定的对象，根据一定算法鉴别真伪的一种检测技术。通过设计一些特定的编码技术，经图形识别处理后可以显示防伪信息，从而鉴别信息的真伪。目前常用的光扫描防伪检测技术主要是条形码技术，条形码技术是在计算机技术与信息技术的基础上发展起来的一种集编码、印刷、识别、数据采集和处理于一身的新兴技术。

一般来说，条形码技术包括符号技术、识别技术和应用系统设计等。符号技术，即各类条形码的编码原理和条形码符号的设计制作；识别技术，即条形码符号的扫描和译码。一个条形码系统由条形码标识、识读设备、计算机及通信接口等组成。条形码应用系统设计是指系统各部分的配置，如确定条形码标识的信息、选择码制，以及设计标识的形状、尺寸、颜色，选择识读设备等。条形码系统往往作为计算机应用系统中的“数据源”，设计条形码系统时还应考虑整个应用系统的运作。

与其他防伪技术相比，光学防伪技术有综合性好、识别性强、垄断性高等特点，主要应用于货币、票据、证券等领域。

2. 油墨的光学特性

电磁波的波长范围很大，可见光、红外线及紫外线等都属于电磁波。在电磁波的分布中，可见光仅占很小的部分。之所以称之为可见光，是因为只有它可以被人眼感知，只有它可以引起人眼的视觉响应。

可见光的波长主要分布在 380～780nm，波长处于该范围之外的光都无法被人眼感知。红外线的波长大于 780nm。

3. 同色异谱防伪

同色异谱现象结合信息隐藏技术和现代光学技术的防伪应用备受青睐。同色异谱防伪基于同色异谱现象及 CMYK 四色油墨的光谱特性，通过 CMYK 不同配比中黑色油墨含量的差异实现防伪功能。

根据 CMYK 四色油墨在红外光谱下的响应特性及灰色成分替代（GCR）原理，通过在加入黑色油墨的同时减少其他颜色油墨的比例，保持颜色色调相同，配置四组 CMYK 比例不同的配色方案。通过比例配色使第一组配色油墨 $C_1M_1Y_1K_1$ 在可见光下和红外线下看到的是相同的白色；使第二组配色油墨 $C_2M_2Y_2K_2$ 在可见光下看到的是黑色，在红外线下看到的是白色；使第三组配色油墨 $C_3M_3Y_3K_3$ 在可见光下看到的是白色，在红外线下看到的是黑色；使第四组配色油墨 $C_4M_4Y_4K_4$ 在可见光下和红外线下看到的是相同的黑色。以此实现可见光下可见 CMYK 叠色显示的载体图像，红外线下可见黑色油墨显示的待隐藏图像。同色异谱防伪图像的生成可以从同色异谱防伪图像的生成算法、同色异谱防伪图像的颜色配置、同色异谱防伪图像的加网方法三方面阐述。

1）同色异谱防伪图像的生成算法

首先，设计一幅 CMYK 四色通道 TIFF 格式的含水印载体图像，作为载体图像和待隐藏图像的载体。CMYK 彩色图像是含有四个信息通道的图像，需要四个通道分别设计图像后，再合成一幅图像。因此，同色异谱防伪图像有四个信息通道，每个通道负载一幅图像的信息，不同于灰度图像信息的简单叠加。其次，载体图像和待隐藏图像仅提供位置信息，须处理成二值图像，以便位置信息的提取。根据图像处理操作可知，两幅图像要求与含水印载体图像大小一致，以保证载体图像和待隐藏图像的细节在嵌入含水印载体图像时能够精确地还原。因此在程序中，须对载体图像和待隐藏图像做双线性差值处理，对不符合要求的进行缩放处理，缩放后的图像要与含水印载体图像保持大小一致。再次，利用循环遍历函数对载体图像和待隐藏图像进行扫描，根据映射关系做颜色替换，需要 CMYK 四个通道同时进行数据替换。最后，将替换后的四幅灰度图像输送到含水印载体图像的四个通道并保存输出。

2）同色异谱防伪图像的颜色配置

CMYK 颜色配比有四种，分别对应一对白色同色异谱对、一对黑色同色异谱对，共四种颜色。四种颜色的配比特征、对四种颜色的选择和红外特性的结合有效地解决了两幅图像同时呈现的问题。在颜色选择的设计方案中，待隐藏图像和载体图像仅仅提供位置信息，四种颜色的选择是由两者的位置信息共同决定的。当待隐藏图像为白点，载体图像也为白点时，选用 $C_1M_1Y_1K_1$ 配色；当待隐藏图像为黑点，载体图像为白点时，选用 $C_4M_4Y_4K_4$ 配色；当待隐藏图像为白点，载体图像为黑点时，选用 $C_2M_2Y_2K_2$ 配色；当待隐藏图像为黑点，载体图像也为黑点时，选用 $C_3M_3Y_3K_3$ 配色。

3）同色异谱防伪图像的加网方法

当同色异谱图像设计及同色异谱颜色匹配设置完成后，就要对图像进行半色调加网处理。这里采用调频加网的方式，不涉及加网线数和加网角度的问题，像素值设置：着墨点为 255，空白点为 0。加网的过程如下。

第一步：设计四个不同的加网模板，注意均匀化、随机分布。

第二步：对载体图像进行分色处理，提取出四个通道的图像。

第三步：以 C 通道为例，遍历 C 通道图像的像素值，根据像素值选择相匹配的加网模板，完成加网。

第四步：根据以上步骤对 M、Y、K 通道进行加网。

第五步：将生成的四个通道的图像进行叠加合成，生成半色调防伪图像。

同色异谱防伪图像只需要借助红外检测设备便可观察到清晰的隐藏图文信息，实现了去伪存真的防伪目的，该方法可应用于各个行业的商标图像防伪。

4.1.4　结构光防伪

光是一种电磁波，其波长范围很大，包括伽马射线、紫外线、可见光、红外线、无线电波等，但人眼能感受到的只有可见光。不同波长的单色光进入人眼时，人们可以观察到不同的颜色。众所周知，白光（阳光）是由各种波长的单色光混合而成的。白光照射到物体上，物体反射或透射的光进入人眼，引起人眼的生理反应，人们就观察到了颜色。例如，白光照射到物体上，物体本身吸收了紫色，其他色光混合在一起被反射或透射，人眼观察到物体呈现出黄绿色。以人类对色彩的感觉为基础，色彩三要素主要包括色调（色相）、饱和度和亮度。人眼观察到的任一彩色光都有这三个特性，改变其中任何一个，对颜色的感知也会发生变化。

随着光学技术的蓬勃发展，结构光（Structure Light）已被应用于防伪领域。结构光防伪就是指利用结构色来实现防伪目的。结构色与色素着色无关，是生物体亚显微结构所导致的一种光学效果，也称物理色。结构色是由于物体微结构对可见光进行选择性反射和透射而呈现出的颜色。例如，蛋白石、鱼类的鳞片等所呈现出的色彩。

结构色是由两种或两种以上光与物体共同作用而产生的，与化学色相比，结构色的特点如下。

① 从不同角度观察，结构色呈现不同色彩，即结构色的虹彩效应。

② 结构色是物体的微结构与光相互作用所显现出来的物理色，与物理材料的性状有关，保持材料的性状不变，结构色就不褪色。

③ 与制备的化学色相比，结构色绿色环保。

自然界中很多生物体呈现出五彩缤纷的颜色。从颜色形成的内因分析，生物体上的颜色主要可分为两类：化学色和结构色。自然界中大部分颜色是由色素产生的，但还有一些颜色是由非常精细的微结构形成的结构色，这些结构色通常具有光泽，颜色会随视角发生变化，如蝴蝶翅色、鸟类羽色等。

1. 结构色的类型

结构色源于光与微结构的相互作用，一般而言，其光学效应是由下面三种效应之一或它们的组合产生的：薄膜干涉、表面或与周期结构相联系的衍射效应、由亚波长大小的颗粒产生的波长选择性散射。

1）薄膜干涉

自然界生物结构色大多源于薄膜干涉，干涉形式可分为单层薄膜干涉和多层薄膜干涉。在自然界中常见的是多层薄膜干涉，其产生的结构色比单层薄膜干涉产生的结构色更加多样，色彩饱和度更高。由干涉理论可知，当多层膜光学厚度适中时，其颜色反射光强最大。

自然界中的多层膜结构大致有三种：第一种为多层层堆，即每个层堆由均匀层组成，每个层堆对某一特定波长进行调制；第二种为啁啾层堆，即高低折射率膜层的厚度沿薄膜垂直方向系统地减小或者增大；第三种为混沌层堆，即高低折射率膜层的厚度是随机变化的。在后两种结构中，膜层的层数随样品不同而有所差异，可根据膜层的厚度和膜层折射率确定反射带的位置与宽度，进而得知呈现的颜色。

2）表面或与周期结构相联系的衍射效应

衍射是指光波在传播过程中经过障碍物边缘或孔隙时所发生的偏离直线传播方向的现象，它与干涉一样，本质上都基于波场的线性叠加原理。与干涉效应相比，由表面或复杂的次表面周期结构产生的衍射效应是较少见的。自然界中的衍射结构可分为以下两种。

第一种为表面规则结构。一些结构表现为表皮上一系列规则间隔的平行或近似平行的沟槽突起，如一种 Burgess Shale 古生物，其表皮有良好的光栅结构，呈现明亮的彩虹色；还有一些类似于乳头状突起阵列的零级光栅表面结构，常见于节肢动物的眼角膜中。

第二种是在光学波段能产生布拉格衍射效应的结构，这种结构称为晶体衍射光栅或光子晶体。当带隙的范围落在可见光范围内时，特定波长的可见光将不能透过该晶体。这些不能传播的光将被光子晶体反射，在具有周期性结构的晶体表面形成相干衍射，从而产生能让眼睛感知的结构色。

3）由亚波长大小的颗粒产生的波长选择性散射

散射是指由于介质中存在随机的不均匀性，部分光波偏离原来的传播方向而向不同方向散开的现象。向四面八方散开的光，就是散射光。介质不均匀可能是因为介质内部结构疏松起伏，也可能是因为介质中存在杂质颗粒。光的散射通常可分为两大类：一类是散射后光的频率发生改变，如喇曼散射；另一类是散射后光的频率不变，如瑞利散射和米氏散射。与颜色相关的散射为第二类散射，散射光的颜色与颗粒的大小及颗粒与周围介质的折射率差有关。当颗粒尺寸小于光波波长时，散射光强和入射光强之比与波长的四次方成反比，散射为瑞利散射，此时短波长蓝色光会被优先散射，典型例子如天空的蓝色。当颗粒尺寸接近或大于光波波长时，散射为米氏散射，散射颜色不再是蓝色，颗粒会呈现各种颜色，主要是红色和绿色。从介质体系的有序性角度，可将散射分为非关联散射和关联散射。非关联散射指的是无序体系的散射，每个散射体与入射光单独发生作用且相互之间没有影响，如瑞利散射和米氏散射。关联散射是指体系具有一定的有序性、周期性，每个散射体之间会产生相互作用。关联散射和非关联散射的一个区别就是关联散射具有一定的方向性。

2. 结构色显色机理

物体微结构分为有序结构和无序结构两种。有序结构，即散射体的空间排布具有平移对称性，如光栅、单层膜、光子晶体等；无序结构，即散射体的空间排布不具有平移对称性，如白云中的液滴、涂料中的钛白颗粒等。有序结构的散射体之间具有相干排列，光的散射等同于所有单体散射的算数求和，因此，一般认为有序结构产生颜色的物理本源是相干散射。伴随对光与结构相互作用的认识的深入，特别是在光与无序结构相互作用方面的研究的深入，这种分类方法暴露了它的局限性。因此，产生结构色的物理机制是物体微结构对光进行的调制，不同的微结构将会产生不同的光学现象。

结构色的实现方案有很多种，这里简单介绍两种：表面纹理和材料结构。

1）表面纹理

这种是目前行业中用得比较多的一种结构色实现方案。大致工艺流程是通过纳米级高精度激光工艺按照设计好的纹理图样在模具上雕刻出纹理，此时整个表面被切割出数万个甚至更多的光学衍射单元，之后通过 UV 转印等方式直接印到产品表面或者膜片上（膜片要做贴合），然后进入镀膜、丝印等其他工艺。

2）材料结构

通过材料结构实现结构色效果，如光变涂料、光变油墨、光变颜料等。这种特定的纳米光学材料是由纳米级的薄膜结构复合叠加而成的，这种结构对光形成强烈的干涉等光学效果，可以实现动态的颜色变化及金属光泽，一般材料的附着工艺采用真空镀膜、喷涂等。

3. 结构色防伪应用

将结构色水凝胶条纹设计成一种具有防伪功能的动态条形码标签。与普通条形码相比，这种条形码能提供更加复杂的信息，从而增加了伪造的难度。通过将近红外线整合到条形码读取器中，这些结构色条纹图案可以在扫描器下显示出动态的颜色变化，甚至是隐藏的编码信息。结构色条纹图案复合材料的这些特征表明了其在模拟结构色生物、构建智能传感器和防伪设备中的潜在应用价值。

4.2 印刷防伪材料

所谓防伪材料，即在材料制造中采用特殊的专利技术，使特种材料与普通材料有本质的区别，从而起到材料防伪的作用。防伪材料一般分为防伪纸张、防伪油墨及其他防伪材料。

4.2.1 防伪纸张

由于纸张用途广泛、使用方便、绿色环保，且具有技术和材料双重防伪特性，因此，防伪纸张及其防伪技术受到了人们的青睐和重视，其主要用于各种证件、证券、证书、票据、商标、产品说明、外观包装，以及军事、公安、国防等相关行业的防复印、保密用纸等。防伪纸张及其防伪技术是多学科技术结合的产物，也是制浆造纸技术和其他技术的完美结合，应用前景非常广阔。

防伪纸张是一个比较宽泛的概念，它包括运用各种技术生产的以防止伪造为目的的纸张。目前，中国的防伪市场主要分为公众防伪和票证防伪两大类。公众防伪，即商品和包装防伪，涉及范围广，市场容量巨大。中国防伪市场规模位居世界第一，约占全球防伪市场的 3/4。有关部门统计，我国每年生产品牌香烟约 1100 万箱，以每盒香烟使用一枚防伪商标计算，年需求量高达 60 亿枚；按全国名优白酒年总产量的 20%计算，其防伪商标的年需求量约为 30 亿枚；按国内 20 家大企业总产量的 60%计算，食品类产品每年需要防伪商标 40 亿枚；药品类产品每年大约需要防伪商标 30 亿枚。此外，在服装、日用化妆品、机械、石油化工、冶金等领域也存在“打假”问题，同样需要大量防伪商标。目前，全国大约有2.5万个名优企业，若其中10%采用防伪商标，每个企业按1000万枚计算，其市场需求量就达250亿枚。在发达国家，70%的公众防伪采用纸张防伪技术，而目前国内多采用激光防伪技术。票证防伪市场大多分布在行政、金融等部门，以纸张防伪（含水印、彩色纤维或安全线等）为主。

1. 水印纸

水印纸是一种古老的防伪技术，我国是世界上最早掌握水印防伪技术的国家。起源于唐代的宣纸采用竹帘制成，在纸张上面呈现出的明暗有致的条纹是最早的水印图案。最早的水印防伪技术是在抄纸过程中实现水印的制作及显现的。水印纸伪造成本高且技术复杂，广泛应用于人民币、证券及证书中。

1）定义

水印纸是指纸张在成形过程中，利用特殊的网上成形技术，在纸页刚刚交织形成还带有一定水分时，使用带纹路或图案的饰面辊滚压湿纸面，使纸页局部纤维变位、变形，形成各种标记或图案，再经过压榨、干燥、压光等工艺，形成适合印刷、包装等用途的纸张。水印纸的特点是拿起纸张透光看，纸张上显示有特殊的纹路或图案，这是水印纸区别于普通纸张最大的特点。目前，水印纸仍然作为一种防伪手段，用于制作钞票纸。

2）分类

（1）根据透光效果不同，水印图案主要分为黑水印和白水印，这两类水印由于只有一个色调（明或暗），故称单色调水印（Single Tone Watermark）。通过改变水印图案不同位置的透光程度而衍生出黑白水印、多阶调水印和艺术水印。其中，黑白水印因其具有两个不同的色调（黑和白），故称双色调水印（Duotone Watermark）。多阶调水印和艺术水印因其具有较暗和较亮区域之间渐变的图案，故称半色调水印（Halftone Watermark）。

黑水印：图案部分较非图案部分厚度大，透光能力差，故透光观察时颜色深。携带黑水印的水印纸称为黑水印纸。图4-17所示为两款不同图案的黑水印效果。

图4-17　两款不同图案的黑水印效果

白水印：与黑水印相反，白水印图案部分纤维比较薄，透光能力强，故透光观察时白水印图案部分比纸面其他部分颜色浅。携带有白水印的水印纸称为白水印纸。图4-18所示为两款不同图案的白水印效果，图4-19所示为人民币中的白水印效果。

黑白水印：在水印图案中同时具有透光性弱和透光性强的两种水印效果，透光观察时水印图案透光性弱的部分比纸面其他部分颜色深，水印图案透光性强的部分比纸面其他部分颜色浅，形成更加强烈的明暗层次对比。图4-20所示为3款不同图案的黑白水印效果。

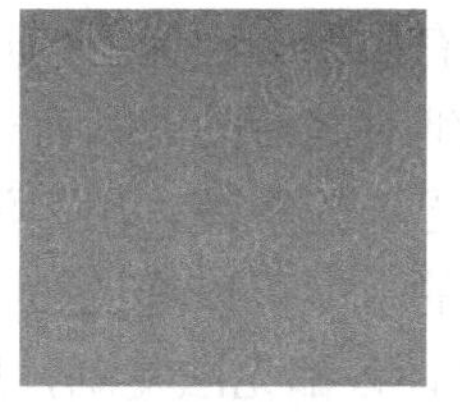

图 4-18　两款不同图案的白水印效果

图 4-19　人民币中的白水印效果

多阶调水印：该类水印具有多个阶调的层次效果，透光观察时，水印图案有非常柔和的明暗层次变化，可以得到多达 15 个灰度层次的效果，防伪性能更好，水印图案艺术效果更强。

艺术水印：该类水印具有很强的艺术观赏性，相比多阶调水印，图案阶调变化更加丰富，是由水印设计师采用多种水印制作手段进行艺术创作的产物，因其工艺复杂，批量小，水印图案大，多用于艺术观赏，而不适用于防伪应用。图 4-21 为一款艺术水印效果。

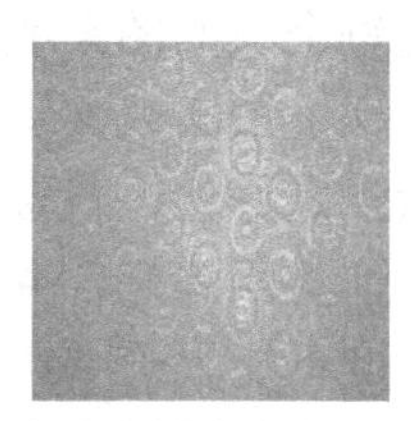
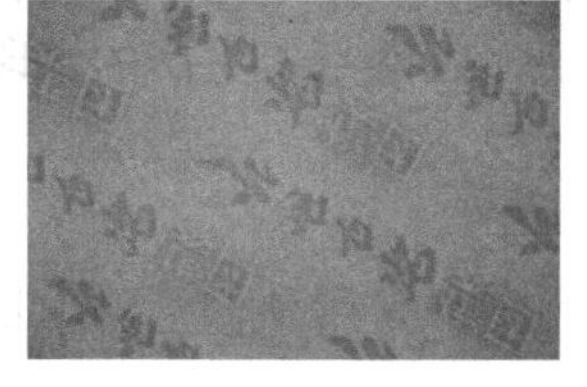

图 4-20　3 款不同图案的黑白水印效果

图 4-21　艺术水印效果

（2）依据分布位置的不同，可将水印分为满版水印、半固定水印和固定水印。

满版水印：该类水印位置不固定，分布于纸张的整个版面，通常具有一定的周期性。整个版面的水印图案通常只有一种，且位置没有严格限制，制作和印刷成本相对低廉，制作工艺比较简单。

半固定水印：每组水印之间的距离和相对位置保持不变，但各组水印本身是连续分布的，故又称连续水印。相比满版水印，这种水印的抄纸工艺更复杂。在印刷过程中，如果要达到相对较好的防伪效果，印制工艺也要有所提高。

固定水印：该类水印必须分布在印刷成品或设计版面的特定位置，与其他可见印刷图文准确匹配。在印刷好的防伪产品中，固定水印要在指定的位置出现，不得有较大误差；否则在指定区域无法呈现水印图案。因此，在制作工艺和印刷要求上，其难度最大，制作成本最高，但相较于满版水印和半固定水印，固定水印的防伪效果更好。固定水印多用于证件、证照、纸币的水印防伪，如人民币上人物头像的多阶调水印。

此外，还有化学水印纸和电子水印纸。

化学水印纸是将化学物质印在纸张上制成的水印纸，通过对光观察也可以看到相应的水印图案，但不像传统水印纸那样有层次。因为所使用的化学物质必须与纸张紧密结合，形成所需的纸张，所以这种水印纸对之后的印刷有一定的影响。

电子水印纸采用一个被称为“微巴”的系统，用混沌理论把数据编成密码，然后加入文件。这个“微巴”肉眼是看不到的，但可以通过扫描读取，破解它的密码。只有原版可以印刷“微巴”，任何精密的印刷设备都无法复制，只能印出一些模糊的图案。它可以轻松地隐藏在货币、股票等有价证券的水印、图像背景中。这种技术还可以应用于照片及其他纸张的防伪标识等，用扫描仪进行检查。

3）制作工艺

制作水印纸，首先要制版，即根据客户的要求及图案的要求制作铜版，其他材料不如铜柔软、可塑性强；制版要制作一对，即公母版，黑水印与白水印的公母版相反。为了保证下一环节压网不出问题，一般选 0.25mm 的间距，根据纸张厚度，确定版的纹路厚度，一般 80g/m^2 的纸张选 1.0mm。通过软件制作图案、文字，输入雕刻机，铜版很快就能制作出来。下一个环节就是压网，即通过压力机及特殊的压网装置，将铜网压出水印。压网前，需要先进行测量和计算。因为不是每个版的图案或文字都正好和水印辊的周长相吻合，所以要进行画线和排版工作，从而保证图案或文字符合客户的要求和工艺要求。如果是单张网，压网就比较简单，排好版，定好位，直接压网，然后将压好的水印网包覆在水印辊上。如果是满版水印，就要提前将网焊好，并且要求是螺旋网，螺旋网的作用是便于后道工序套网；螺旋网的裁剪角度不能大于 30°，虽然铜网有所浪费，但对后面的套网是必不可少的。水印纸生产设备分为长网纸机和圆网纸机，长网纸机的水印网套在水印辊上，圆网纸机的水印网套在圆网笼上，圆网纸机生产的水印纸水印更清晰，尤其黑水印更明显。

4）鉴别

纸张水印的鉴别方法有两种，一种是目测检验，另一种是用仪器检测。目测检验可采用以下方法。

① 确认产品的水印图案的位置是否正常。这种简单的目测方法对于满版水印产品是无法鉴别的。

② 检验水印图案的造型和层次是否柔润。水印图案的轮廓线条都是相对清晰的，但不像印刷品那样清晰。

③ 检验水印部位的正反两面，其中一面较为平整，另一面随水印轮廓线的深色部分而略微凸起，如果两面都平整则为假。

④ 固定水印图案的鉴定，如人民币的真假鉴定。这种方法是最有效的鉴别方法。

用仪器检测纸张水印可采用以下方法。

① 用专业双目显微镜观察，如被检轮廓与标准水印轮廓吻合，则初步说明是原模抄造。

② 用测厚度的专用探头检测被检水印的最薄部位与最厚部位，所测数据与真品相同，则初步确定是原模抄造。

③ 水解水印部位的纸样，确认显微条件下纤维的种类，化验纸样的填充剂和化学药品含量，从纸张成分上鉴定。

2. 安全线纸

1）定义

安全线纸是具有防假线的防伪纸。它是在抄纸阶段，利用特殊装置或特殊工艺和手段，将安全线（一条由金属、塑料或其他特殊物质制成的线）嵌入纸页中特定位置的一种防伪纸。利用安全线和纸页的颜色不一致及安全线的特殊性，达到防伪效果。

2）分类

（1）按照安全线的位置分类。

全埋式：把安全线全部埋入纸张内部称为全埋式安全线纸。该类安全线纸在正视或侧视观察时，一般不能发现嵌入的安全线，只有在透光观察时才会看到一条贯穿整张纸的黑色线影。图 4-22 所示为全埋式安全线纸。

由于全埋式安全线纸只有在透光观察时才能看到其中隐藏的安全线，因此其防伪功能和效果较弱，普通消费者很难分辨其真假，也就较容易伪造。目前，该类安全线纸很少使用，除非结合机器识读功能。

开窗式：把安全线半埋入纸张内部称为开窗式安全线纸。一般将开窗的一侧称为正面，不开窗的一侧称为背面，在正视或侧视观察该类安全线纸正面时，可以看到半隐半现的安全线，在透光观察时会看到一条贯穿整张纸的黑色线影。图 4-23 所示为开窗式安全线纸。

图 4-22　全埋式安全线纸

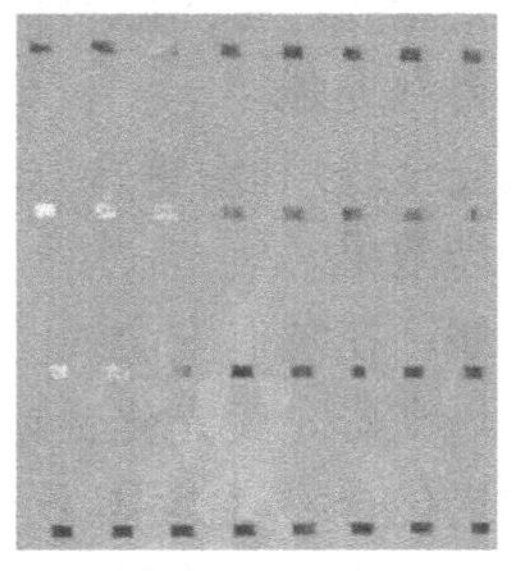

图 4-23　开窗式安全线纸

开窗式安全线纸透光观察时不但有黑窗和白窗的区别，而且有开窗大小的区别。根据开窗形式的不同，开窗式安全线纸又可分为普通半开窗式、异形半开窗式和全开窗式三种。

普通半开窗式：外观如同斑马线、几何图形等，安全线从斑马线或几何图形的中间上下穿过，出现断续的一段明线和一段隐线。图 4-24 所示为普通半开窗式安全线纸。

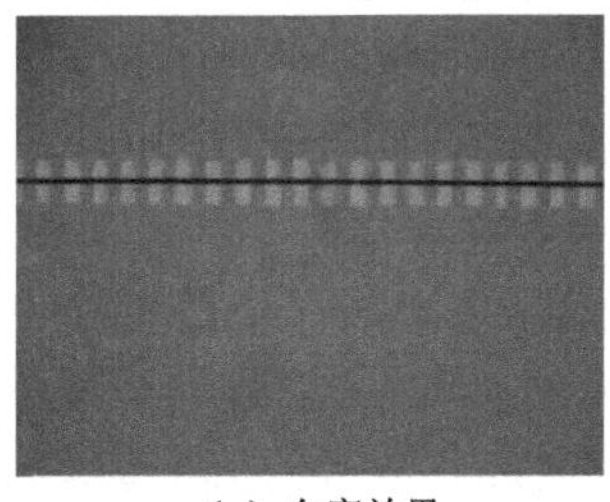

（a）白窗效果

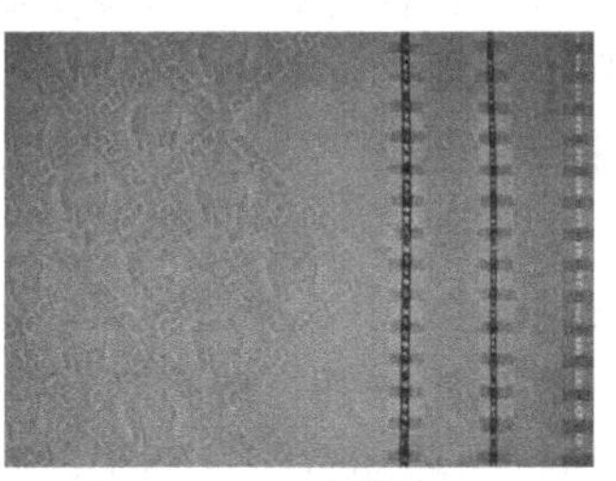

（b）黑窗效果

图 4-24　普通半开窗式安全线纸

除了常见的矩形开窗，还有平行四边形、三角形及其他规则形状的开窗。

异形半开窗式：开窗图形并非规则的几何图形，而是特殊的集合形状，具有一定的艺术性，图 4-25 所示为异形半开窗式安全线纸，右侧为俄罗斯 2011 年版 500 卢布使用的异形安全线。

全开窗式：在整个产品尺寸内，可以看到一条完整的贯穿纸张表面的安全线，中间未出现间断，其外观多呈锯齿状。图 4-26 所示为全开窗式安全线的效果。

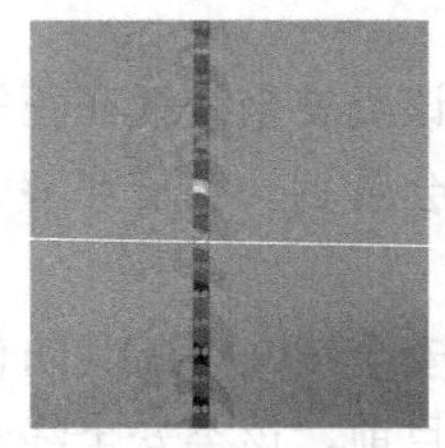

图 4-25　异形半开窗式安全线纸

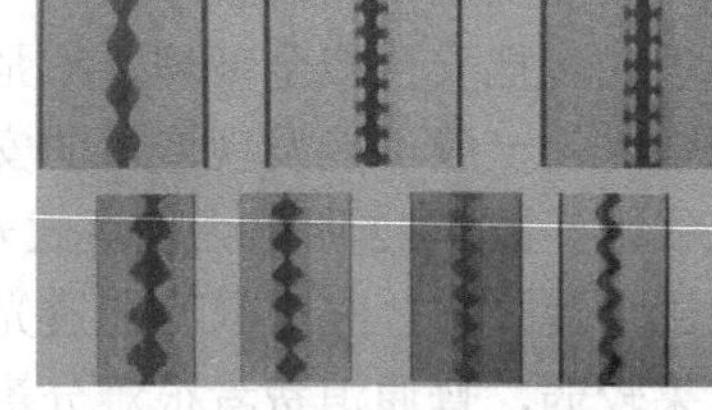

图 4-26　全开窗式安全线的效果

（2）按照不同的安全线分类。

磁性安全线：将安全线用磁性涂料涂敷而得，通常也称磁性丝。

微缩字母安全线：用特殊印刷方法在安全线上印制微缩字母。

金属安全线：将安全线全部或局部镀上不同金属颜色，如金银丝等。

热敏材料安全线：将热敏材料涂布在安全线上，由于热敏材料的特性，从而使安全线的防伪效果得到加强。

全息摄影安全线：利用特殊方法制作具有可变光学效果的安全线，如具有衍射图像、全息图像或干涉效果。

荧光安全线：在制作安全线时加入荧光化合物，在紫外线的照射下，安全线内的荧光化合物会闪烁光彩。荧光化合物包括具有芳环或杂环等结构的有机物，以及本身会发荧光的镧系元素化合物、类汞离子化合物、二元及三元配合物的荧光无机物。

宽带安全线：安全线的宽度超过传统的安全线宽度（1～1.2mm），达到 4mm。

3）制作工艺

安全线纸的制作流程如图 4-27 所示。

原材料的选用：一般用进口白金木浆和小叶木浆采用 1∶1 的配比生产防伪标签纸，加辽宁凌源的滑石粉作为填料（滑石粉碳酸钙含量高，检测烧蚀率为 46%）。

安全线的选用：安全线不能太宽，太宽则纸张无法抄造；也不能太窄，太窄则容易断线，影响抄造过程；更不能太厚，太厚则纸张包不住安全线。一般宽度为 1.5～4.0mm，厚度为 20μm，强度要求 50g 砝码不断线。

开窗大小的控制：通常控制在“开 5 关 5 长 10”，即开窗 5mm、关窗 5mm、窗的长度为 10mm。

线距的控制：线距太小，抄造困难，影响成品率，成品纸的价格也会因此提高。一般要求 80mm。线距确定好后，要控制好线的“漂移”，也就是安全线不能出窗，出窗部分就变成了全埋线，漂移超过工艺要求，就成了废品。一般控制漂移量为±3mm。掌握好缸温，控制好纸张收缩率。

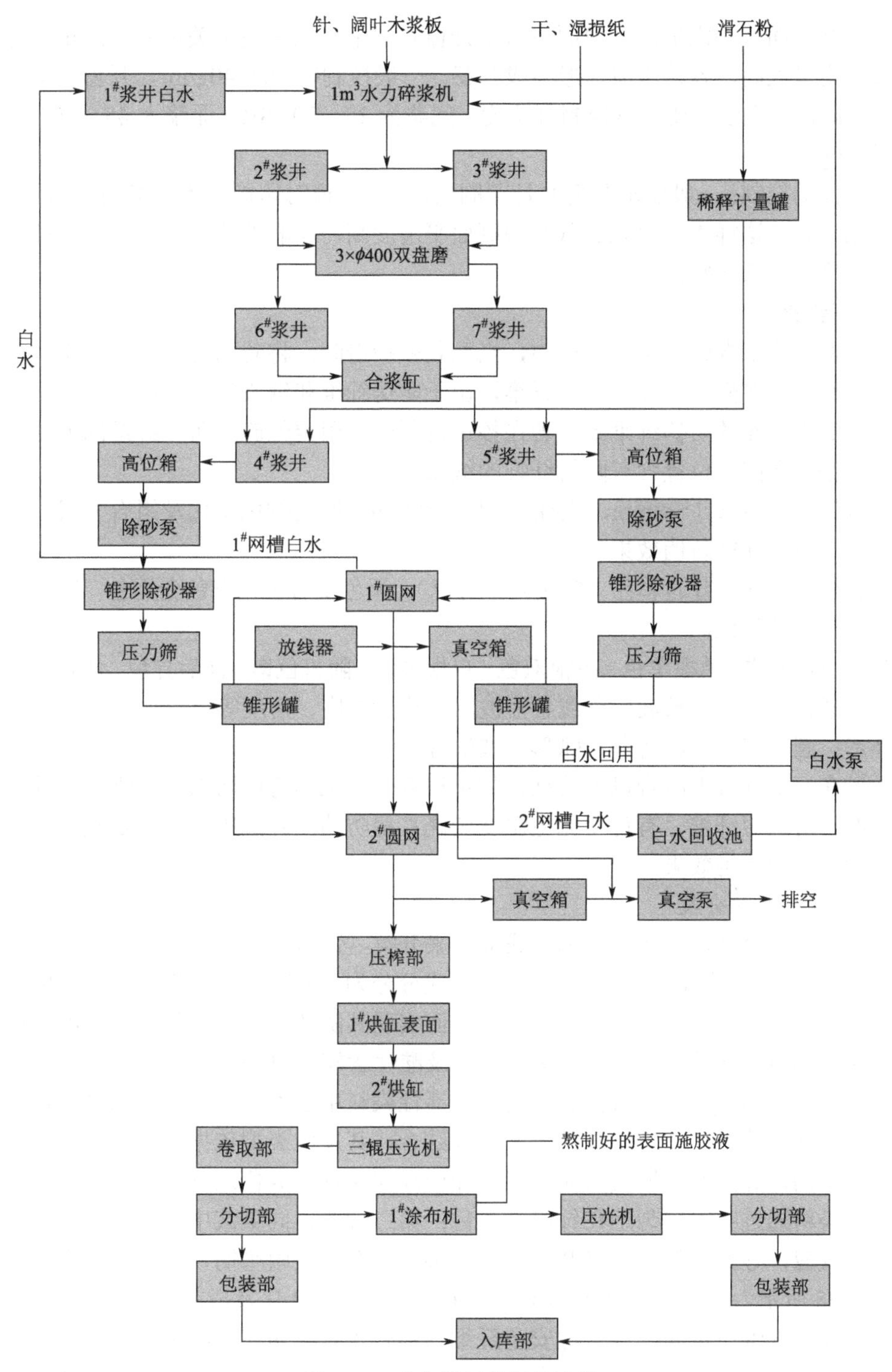

图 4-27　安全线纸的制作流程

定量的控制：安全线纸定量不能太低，太低就不能形成完整的纸张，也容易形成纸病，一般定量下限不低于 70g/m²。定量上限要根据脱水能力来确定，太高也会出现“压花”等纸病，一般以 70～120g/m² 为宜，个别有 150g/m² 的，如工商执照全埋式安全线纸。

控制开窗面浆的定量：开窗面浆对于开窗式安全线纸来说至关重要，定量太低，盖不住线；定量太高，容易压溃，形不成开窗。一般控制在30～40g/m^2，开窗要清晰、规则，必须露出安全线。要严格控制打浆度，底浆为25～30° SR，面浆为45～50° SR，湿重小于3.0g。

印刷面的控制：一般要求开窗面是印刷面，但是开窗对印刷效果有影响。一般来说，印刷面贴一缸，这样生产出来的纸张印刷面平滑度高，印刷性能好；另一面往往涂不干胶，平滑度相对低一些。

3. 纤维纸

在普通纸或证券纸的生产过程中，当配浆或抄造时，将防伪纤维加入其中，可制成防伪纤维纸。若在配浆时加入防伪纤维，由于防伪纤维和纸浆等混合在一起，抄造完成后可获得满版分布的防伪纤维纸。若在抄造过程中采用定位施放防伪纤维的方法，抄造完成后可获得在固定位置含有防伪纤维的纸张。

防伪纤维一般长1～8mm，直径为20～200μm，通过颜色变化及组合方式、变色条件、外形等特征获得防伪效果。

颜色变化方式：普通彩色（自然光下可见），无色变有色，有色变无色，有色变同色系色，有色变其他色。

颜色组合方式：单根单色、单根双色、单根多色、随机色谱、前后异色、正反异色等。

变色条件：日光、长波紫外线、短波紫外线、温度、角度等。

外形：圆、扁、直、弯曲、弧形、波浪等。

通过在一根纤维上组合以上特征，如单根双荧光色圆弯曲防伪短纤维、正反异荧光色扁状波浪防伪短纤维、有色变无色温变荧光直扁防伪短纤维等，可设定较高的复制难度，达到良好的防伪效果。

1）防伪纤维的分类

防伪纤维可分别依据其功能和组成成分来分类，按照功能分为染色纤维、荧光纤维、致变色纤维、无色纤维及磁性纤维，依据组成成分分为天然高分子改性纤维和合成纤维。

（1）染色纤维：将染料与纤维复合，进而实现其防伪效果的一类特殊纤维。染料可以分为还原染料、活性染料、分散染料媒介及酸性含媒染料等。

纤维染色以活性染料和直接染料为主，活性染料由于不含偶氮结构而受到众多研究者的青睐。它主要通过化学键与纤维素进行结合，其反应类型依据不同活性染料中活性官能团的不同，分为亲核取代反应和亲核加成反应两种。染色过程主要有两个阶段：第一阶段，染料通过吸附均匀地在纤维上染色；第二阶段，向染液中加入碱剂，加速染料与纤维的反应，导致染料与纤维共价结合，破坏原有的吸附平衡，形成新的更牢固的结合。图4-28所示为一种染色纤维制备方法中分子构型的变化及成品样例。

（2）荧光纤维：荧光纤维又称安全纤维。其制备方法为在纤维聚合物中加入荧光化合物，得到荧光纤维。纸中的纤维在可见光下看不见，但在特殊光线下可呈现不同的颜色，起到防伪作用。根据不同的激发光源，荧光纤维可以分为红外和紫外荧光纤维两种；也可分为365 nm的长波长荧光纤维和254nm的短波长荧光纤维；根据发射波长又可分为单波长、双波长等类型。图4-29为两款荧光纤维纸效果。

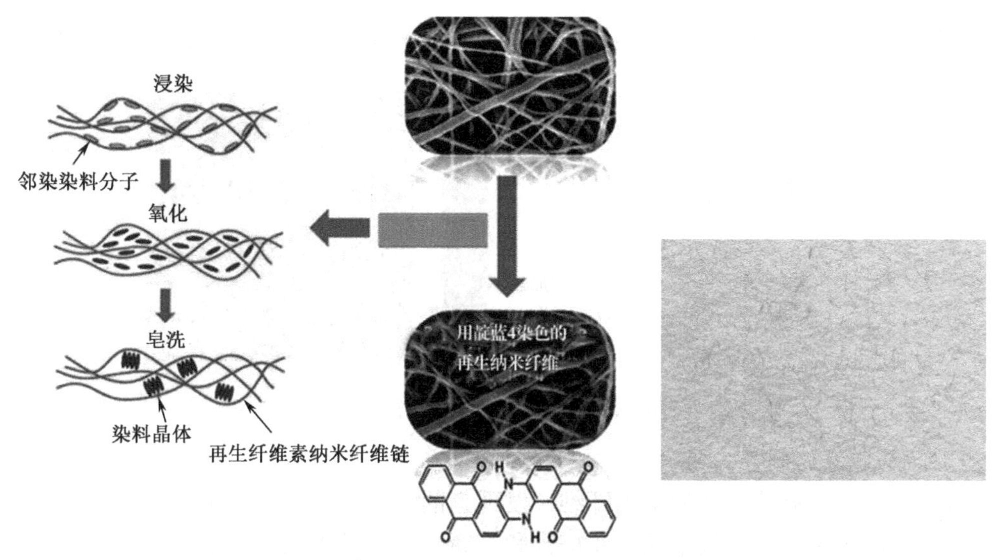

图 4-28 一种染色纤维制备方法中分子构型的变化及成品样例

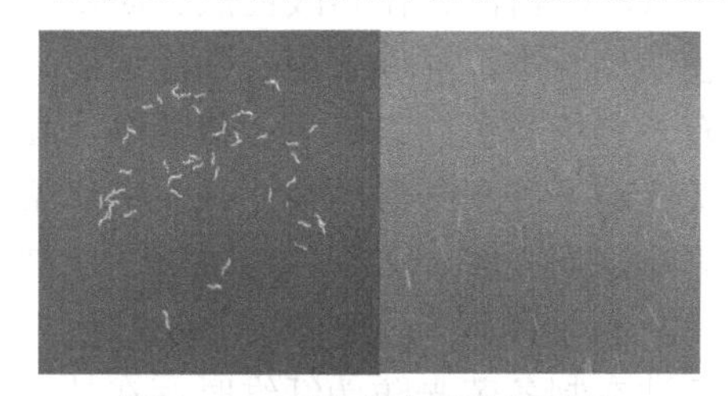

图 4-29 两款荧光纤维纸效果

（3）致变色纤维。

① 光致变色纤维是一种在不同波长光的激发下可在两种分子结构之间发生可逆光化学反应的防伪纤维，其中伴随着颜色的变化或热效应。光致变色是指当用一定波长的光照射时，化合物 a 为获得产物 b 而发生的特定化学反应。由于反应，化合物 a 的原始结构发生了变化，因此化合物 a 的吸收光谱发生了明显的变化。当用另一波长的光照射时或在热的作用下，产物 b 经历可逆反应以恢复到化合物 a 的结构，吸收光谱也相应地恢复。

② 温致变色纤维是纤维颜色随着温度变化的一类防伪纤维，主要应用于防伪领域、工业领域、装饰包装领域等。温致变色纤维可应用于纸张中，当人的双手触摸纸张时，纸张中图案颜色会发生变化，具有良好的防伪效果。温致变色纤维依照其成分构成和结构性质可分为三大类——液晶类、无机材料类、有机材料类。

（4）无色纤维：无色纤维又称隐形防伪纤维、无色荧光防伪纤维。这种纤维在自然光下为近白色，混入纸浆抄纸后，在自然光下纤维不可见，在紫外灯照射下，随机分布在纸张中的纤维发出荧光（红、蓝、绿等），用针可将纤维挑出。根据具体的防伪需要，也可制作出单色无色荧光防伪纤维和单根多色无色荧光防伪纤维。

如果将无色荧光物质换成双波段的，即可做成双波长荧光防伪纤维，又称长短波荧光防伪纤维，在长波或短波紫外灯照射下，分布在纸张中的纤维分别显示不同的荧光色。

（5）磁性纤维：磁性纤维是一种纤维状的磁性材料，它分为两类——磁性纺织纤维和非织造纤维。磁性材料因其优异的能量转换、存储性能等而成为重要的材料。磁性材料可制成磁性薄膜、磁性纤维、磁性液体和磁纸。图 4-30 所示为一种磁性纤维制备方案。

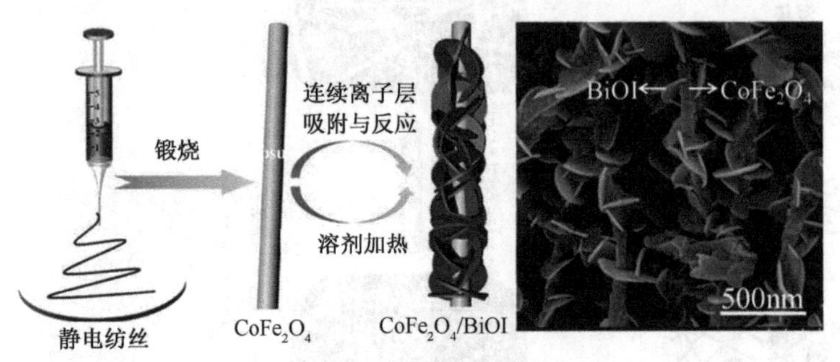

图 4-30　一种磁性纤维制备方案

2）防伪纤维的制备工艺

防伪纤维源于染整行业的染色纤维，发现它的特殊性后，便被用于防伪领域，从而出现在防伪纸张中。随着技术的不断提升和革新，防伪纤维的制备工艺多种多样，主要包括染色法、纺丝法、高速气流冲击法、化学改性法、印刷法、复合法等。

染色法：对于普通有色防伪纤维，可以采用表面涂层法，使染料和纤维发生物理或化学结合，从而使纤维具有一定的颜色，如红色、蓝色等。使用该方法制作的纤维具有一定的荧光特性，但由于荧光粒子处于纤维的表面或与成纤聚合物的相溶性不好，这种特性极易受到外界条件的影响，如光照、溶剂、酸碱等，使其失去荧光特性，从而不再具有防伪的功能。

纺丝法：为了弥补染色法在制备荧光防伪纤维时存在的缺陷，人们提出使用纺丝工艺来生产制备。国内荧光防伪纤维的制造方法主要分为熔融纺丝法和溶液纺丝法。

① 熔融纺丝法：直接将荧光化合物与聚合物进行共混熔融纺丝，或者把荧光化合物分散在能与纺丝高聚物混熔的树脂载体中，制成荧光母粒，然后混入高聚物中进行熔融纺丝。该方法简单易行，但对荧光化合物的要求非常苛刻（如耐氧化、耐高温、粒径等），因此其应用受到了一定程度的限制。若能开发出新的具有耐热、耐氧化性能的荧光化合物，或者降低熔融纺丝的温度，则该方法将会得到广泛的应用。日本有人将荧光纤维制备成皮芯型复合纤维，将荧光化合物和热塑性树脂混合作为芯层，以另一种聚合物为皮层进行熔融纺丝。这种皮芯结构有效地提高了荧光纤维的耐溶剂性、耐光性等。

② 溶液纺丝法：将荧光化合物溶解在纺丝原液中后进行纺丝而得到荧光纤维的一种方法，与熔融纺丝相比，这种方法的纺丝温度较低，不会出现氧化或热分解的问题，但要求荧光化合物在纺丝原液中可以溶解，因此选择相溶性好的荧光化合物是该方法的关键。

高速气流冲击法：采用一种高速气流冲击装置，将荧光化合物与短纤维放入该装置中进行高速冲击处理，从而使纤维表面吸附一层荧光化合物。该方法的装置比较复杂。

化学改性法：主要通过化学改性方法（如无规共聚、接枝共聚等）改变纤维基质的化学结构，再经过特定的纺丝工艺制得荧光纤维。在该方法中，荧光化合物以单体形式参与聚合或缩聚反应，或者通过共价键连接到纤维基质分子的主链或侧链上，使其本身具有荧光特性，然后通过特定的纺丝工艺制成荧光纤维。该方法可制备高稳定性的荧光纤维。

印刷法：印刷法就是在纤维表面（纤维的平均直径在 5～300μm）通过照相凹版印

刷、雕刻凹版印刷、胶版印刷、凸版印刷、柔版印刷、数码印刷等工艺进行印刷，使用的油墨可以是市售的普通印刷油墨，如四色墨、白色墨等，也可以是紫外激发有色荧光油墨或无色荧光油墨、红外激发有色荧光油墨或无色荧光油墨、热敏油墨、磁性油墨等。该方法工艺简单，获得的防伪纤维可以具备较多的形式和防伪功能。

复合法：复合法是指先将具有不同防伪功能的片材复合在一起，形成在厚度上具有多层结构的厚片材，再通过切削的方式将片材加工成在长度上具有多层结构的防伪纤维，针对含该防伪纤维的安全纸张，或者由该安全纸张制造的安全物件，采用印刷等方式伪造时，不能再现纤维的防伪特征，提高了其防伪的能力。

荧光纤维制备所使用的荧光化合物可分为无机、无机/有机、有机小分子和有机高分子荧光化合物。它们各有各的特点，例如，无机类的荧光效率较高，稳定性较好；有机类则与聚合物的相溶性好，易于制成各种各样的高分子荧光材料。上述大部分荧光化合物都可用于荧光纤维的生产，但考虑到与纤维的相溶性、纤维的生产工艺及荧光化合物的荧光效率，一般优先选用稀土有机配合物或高分子荧光化合物。

4. 全息纸

全息纸技术作为激光全息宽幅模压技术和镀铝纸技术的结合产物是 20 世纪 90 年代传入我国的。20 世纪 90 年代末至 21 世纪初，随着激光全息宽幅模压技术和镀铝纸技术的不断发展，全息纸技术在我国得到了快速发展。在市场方面，由于全息纸产品将纸这一广泛应用于包装领域的材料作为基材并将激光全息技术附加于其上，使其既具有装饰作用又具有防伪作用，又由于不含任何塑料成分，同时还是一种新型环保包装材料，因此一经问世便被广泛应用于烟包、啤酒标、酒盒、药盒、牙膏盒、礼品包装及化妆品等纸类包装领域。图 4-31 所示为三款全息纸效果。

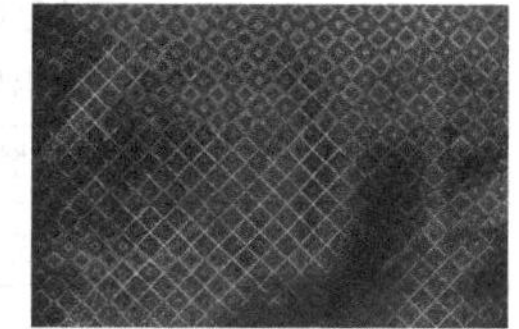

图 4-31　三款全息纸效果

将具有防伪功能的全息信息通过直接模压、覆合或转移的方式呈现在纸张上就制成了防伪全息纸。防伪全息纸有以下三种生产工艺。

1）直压型防伪全息纸生产工艺

在纸张表面涂布一层填平涂料后，直接使用携带有全息信息的金属模压板在纸张表面进行模压，以此生产全息纸。直压型防伪全息纸结构如图 4-32 所示。

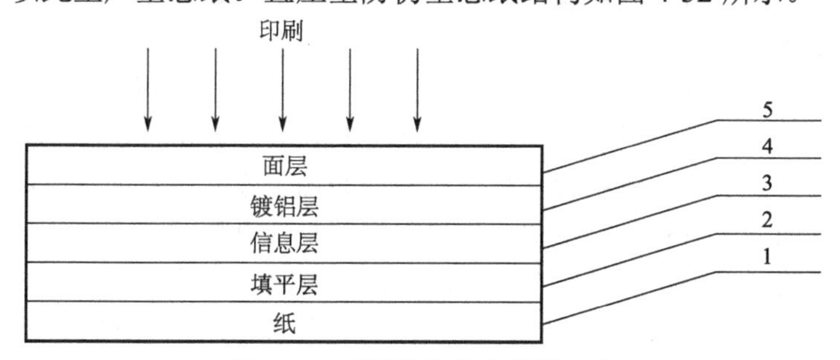

图 4-32　直压型防伪全息纸结构

第 1 层是纸。直压法要求纸张平整度好、粗糙度小，一般用进口铜版纸。镀铝前含水量在 4%以下，否则镀铝机的真空度难以维持。镀铝后必须补水，因为含水量达到 5%～6%才不会影响印刷质量。

第 2 层是填平层（底涂层）。与塑料膜相比，纸张的光洁度差、微观不平，必须涂布一层填平涂料，它对纸张和模压层均有很好的附着力。

第 3 层是信息层（模压层）。经过模压机后形成浮雕型凸凹条纹，要求它对镀铝层有很好的附着力。填平层与信息层可合二为一，一般采用高分子材料，有水溶性与醇溶性之分。

第 4 层是镀铝层。层厚 300～500Å，太薄会影响衍射效率，太厚会降低柔韧性。一般使用镀铝纸专用镀铝机，要求配备可冷凝水汽的深冷装置（最低温度可达-130℃）。

第 5 层是面层（二次涂布层）。涂在镀铝层表面，防止金属表面氧化，对镀铝层有很好的附着力，且成膜特性好。它不仅可以保护镀铝层，而且具有较好的印刷适应性，表面张力要求大于 38dyne/cm，以提高印刷油墨黏接性、着色性。此外，面层要求有一定的耐磨性。

2）覆合型防伪全息纸生产工艺

将全息信息模压在 BOPP 或 PET 塑料膜上，再与涂胶纸张直接覆合，以此生产覆合型防伪全息纸。该方法生产的防伪全息纸结构如图 4-33 所示。

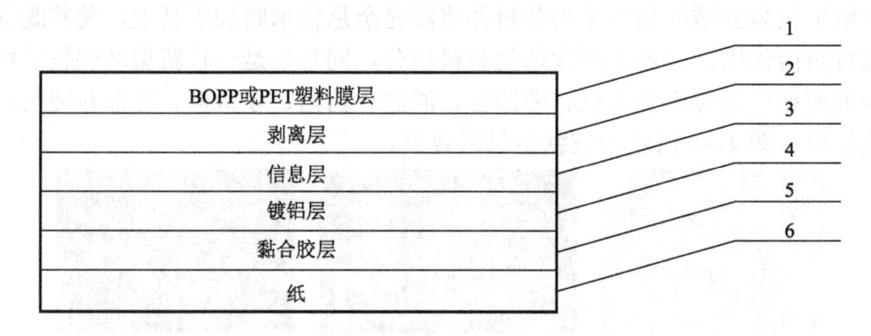

图 4-33 覆合型防伪全息纸结构

第 1 层是 BOPP 或 PET 塑料膜层。相比 BOPP，PET 密度大，耐热性好，软化温度高（220℃），在模压及覆合时一般不会影响衍射再现的图形，适宜在图形定位精度高时使用。PET 塑料膜变形极小，用转移法剥离后的 PET 塑料膜可以回收再次使用，而 BOPP 塑料膜由于变形，用转移法剥离后难以回收再次使用。

第 2 层是剥离层。转移膜的质量决定了在剥离机上能否将塑料膜层剥离干净，使剥离层具有镜面光泽。

第 3 层是信息层（模压层）。在信息层上软压，涂层材料不同，模压温度也不同，压印素面光栅或光柱光栅后，要求不反弹，即对模压信息有很好的复制。通常 PET 模压效果要比 BOPP 好。为了增强耐折性，使压印素面光栅上没有附加的晶点和橘皮瑕疵等，必须使各层配方和工艺有相应的变化。如果剥离层与信息层需要合二为一，则要求涂料与镀铝层有很好的附着力，且涂料对镀铝层表面有抗氧化和防潮作用。

第 4 层是镀铝层。PET 镀铝效果要比 BOPP 好，这是因为 BOPP 热封层表面张力小，镀铝层附着力差。这也说明 PET 预涂层材料的选择十分重要。

第 5 层是黏合胶层。应使用转移特性好的胶水，其既要有好的初黏性，又要有好的持黏性，硬度和柔韧性达到平衡且恰到好处。对于大批量连续生产，应使用快干胶，烘干后即剥离。

第 6 层是纸。通常对纸的克重无限制。PET 转移法适用于铜版纸、胶版纸、铝箔复合内衬纸、邮票纸和水印纸等。

根据高温、中温、低温，以及镜面、半亚光、亚光等要求，各层在配方上有相应的改变。PET 平整度好，转移后的纸表面平整光亮，色泽均匀，色差符合国标要求，预涂层保证印刷适应性稳定，可用于凹印、胶印、UV 印刷等多种印刷方式，可生产任意图案和文字的全息纸或金银卡纸。

3）转移型防伪全息纸生产工艺

将全息信息模压在 BOPP 或 PET 塑料膜上，再使用黏合胶水将镀铝层与纸张黏合在一起，烘干后将薄膜剥离，以此生产防伪全息纸。转移型防伪全息纸结构如图 4-34 所示。

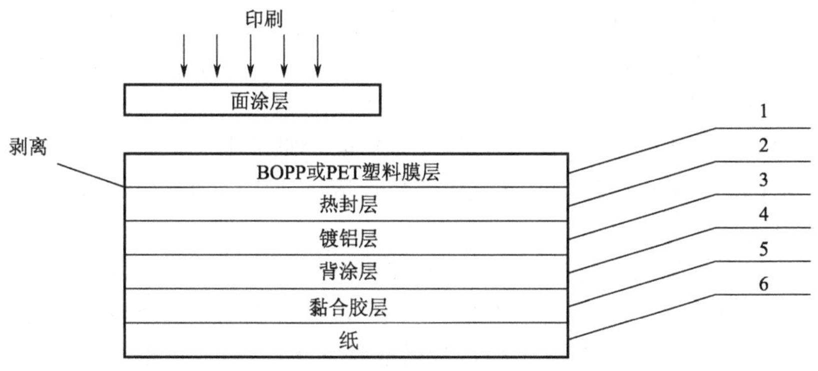

图 4-34 转移型防伪全息纸结构

5. 致变防伪纸

1）光致变色防伪纸

光致变色防伪纸是利用某些防伪材料经光照后颜色发生改变，离开光照后恢复原色的特性，将其添加到纸中形成的防伪纸。光致变色防伪纸主要有以下 3 类。

（1）自然光致变色防伪纸。这种防伪纸变色的光源是自然光，包括一般的室内光，其波长为 400～700nm。这种防伪纸应用较方便，易被大众掌握，但目前市面上的自然光致变色防伪纸在变色性能上还有待完善。

（2）紫外光致变色防伪纸。只要将防伪纸放在紫外灯下，就可以看到防伪纸显示特定的颜色，离开紫外灯后就不显示。

（3）红外光致变色防伪纸。这种防伪纸使用的是在红外线激发下显色的防伪材料。例如，有的商品商标上采用这种防伪纸，在识别时利用检测器进行检测，检测器发射特定波长的红外线，照射到纸张上就会显现特定的颜色，即可检验真伪。

光致变色防伪纸的生产工艺有两种：一种是直接把光致变色防伪材料作为填料添加到纸浆中；另一种是把光致变色防伪材料制成涂料，以涂布的方式涂于纸张表面。

2）热敏防伪纸

热敏防伪纸主要通过将热敏物质涂布于纸张材料上而制得，利用热敏物质的热可逆变色特性来鉴别真伪。热敏防伪纸在受热时变色，冷却后褪色，可以多次重复。按材料来分，热敏防伪纸主要有液晶、热致变色和无色染料 3 类。其中应用最多的是液晶热敏防伪纸。

液晶热敏防伪纸的热敏涂层是感温液晶。液晶的分子结构具有液体和晶体的双重性质。感温液晶的分子排列和螺距会随温度而发生变化，进而影响其折射光的波长，引起颜色的变化。感温液晶的最大特点是温度范围广，为-20～110℃。液晶热敏防伪纸的特点是变色速度快、对温度变化敏感、精确度高（可精确到±0.5℃）。但随着液晶技术的发展和成本的降低，其防伪效能在逐渐降低。

无色染料防伪纸主要利用无色染料在加热时微胶囊破裂，与具有质子酸的物质（如酚类和酸类白土等）起反应，破坏无色染料中的内酚环，使其开裂，让无色染料显色。无色染料主要有结晶紫内酯、荧烷素、螺吡喃等。

3）压敏防伪纸

压敏防伪纸一般有三层：上层、中层（多层结构的除最上层和最下层外均可视为中层）、下层，多层纸必须一起使用。原纸采用高平滑度、大强度、组织均匀且定量低的专用纸。在上层原纸的背面涂有一层微胶囊包裹的发色剂；在中层原纸的正面涂有一层显色剂，背面涂有一层微胶囊包裹的发色剂；在下层原纸的正面涂有一层显色剂。在防伪鉴别时利用较大外部压强（如书写）作用于压敏防伪纸的上层正面，受其作用微胶囊破裂，其中的发色剂与显色层接触立即发生显色反应，在中层和下层显示一定的颜色，以达到防伪的目的。

如果设计成含多种显色剂的微胶囊，且在中下层纸的正面涂以显色层，上中层纸的背面涂以显色发色层，以使正背面同时显示颜色，则可以制成正反显影压敏防伪纸。受书写等较大外部压强作用时，发色层微胶囊破裂使显色层显色。可根据不同用户的需要，设计不同的发色显色匹配方案，可使用单色，也可使用多色；可正反面同色，也可以正反面异色。

6. 磁性防伪纸

磁性防伪纸也称电化学纸，它是通过在普通纸浆原料中添加或在纸面上涂布某些特殊的化学物质，使纸张在特定的条件下发生某些反应的纸张。磁性防伪纸的特征在于在纸张内部含有磁性物质粉末或在纸张表面涂布含有磁性材料的磁性涂层。这种纸张可以通过带磁性的金属识别器或磁感应设备进行识别。磁性防伪纸现在已被用于工农业生产、医疗保健、印刷、防伪、国防、科研、文教卫生等领域。

1）制备方法

磁性防伪纸的制备大体可分为两种方法：抄造法和涂布成形法。

（1）抄造法。

混入抄造法：用印刷与造纸相结合的方法来实现。首先用凸版制版法在钢版上制备所需的图案，而将非图案部分刻蚀穿透，图案之外的空隙加上非磁性材料的栅栏，然后在钢版上加上许多磁极，磁化成磁极图案，在钢版上覆盖造纸抄造丝网。这里的磁极可以是永久磁极，也可以是稳压直流电磁极。在纸浆中混入适量的磁性材料粉末，当纸浆和磁性材料粉末沉积在抄造丝网上时，磁性材料粉末就按磁极图案的形状被植入防伪纸中，从而得到具有部分磁性的防伪纸。

胞腔内填充法：利用纤维素纤维细胞壁上有通道的特性，采用物理方法将磁粉颗粒引入纤维素纤维细胞壁通道中，从而制得磁性纤维，进而抄造成磁性防伪纸。通过机械搅拌的方法产生巨大的剪切力使纸浆纤维弯曲，产生的泵吸力将磁性颗粒吸入纤维素纤维细胞壁的通道中。具体做法是先将一定量的磁性颗粒分散在一定浓度的硫酸铝水溶液中制备填料悬浮液，同时将纤维分散在相同浓度的硫酸铝水溶液中，并在一定的速度下搅拌，然后将两种悬浮液混合，高速搅拌一定时间，磁性颗粒就会通过纤维细胞壁的纹孔或端口进入细胞壁的通道，还有一部分磁性颗粒吸附在纤维表面，需要清洗掉，然后加入助留剂使填充在细胞壁通道中的磁性颗粒稳定地留在里面。

定位合成法：利用纤维素中酸性官能团可以进行阳离子交换的性质，如纤维素纤维的羧甲基钠与铁离子发生交换后，再加入碱，在进行阳离子交换的位置生成氢氧化物沉淀，变成具有磁性的γ针状 Fe_2O_3 或 Fe_3O_4（统称铁氧体）而沉积在纤维的无定形区。然后滤去悬浮液中存在的大粒子，清洗除去附着在纤维外表面的粒子，由此制得磁性纤维的悬浮液，再进一步抄造成磁性防伪纸。

（2）涂布成形法。涂布成形法是将磁性涂料研磨后充分搅拌成浆，然后涂布于基材纸张上。涂布涂料主要由磁性材料、分散剂、溶剂、胶黏剂、偶联剂、防静电剂及其他助剂组成。磁性材料主要是 Fe_3O_4、γ针状 Fe_2O_3、二氧化铬或在氧化铁内加钴的三价氧化铁。这些磁性材料一般要求其粒径为 0.1～0.5μm。基材纸张要求采用表面光滑度非常高的优质纸张或涂布纸张，并且要求其不受湿度和温度的影响，保证纸张的变形和伸缩率很小。磁性浆料可用凹版印刷、气刀涂布、辊涂布等方法涂布于基材纸张上，最新的涂布方式是气喷涂布，采用气喷涂布，均匀性更一致、效果更佳。

2）应用前景

磁性防伪纸已在许多方面得到了很好的应用，如在农业上用作磁性保鲜包装薄膜，在工业上用于地铁、轻轨及铁路等的自动售票系统。磁性防伪纸的开发和广泛应用必将推动防伪事业的发展，从而推动经济的健康发展和维护消费者的利益，因此磁性防伪纸有着广阔的发展空间和重大的研究意义。

7. 防复印纸

对于防复印纸而言，其最基本的要求就是防止将原件经过复印机，复印出和原件完全一样的制品，以达到伪造的目的。因此，防复印的目的是让复印后的文字、图形、信息内容变成完全不能辨认的状态。理想的效果是原件能够清晰地辨认，而复印件完全不能辨认，或者能够一目了然地知道复印的内容是伪造的。

目前按防伪技术划分，防复印纸可分为利用底色花纹印刷隐藏文字、花纹、图案的防复印纸，利用着色特性的防复印纸，含有光变色材料的防复印纸，含有热变色材料的防复印纸，含有光致发光材料的防复印纸，含有荧光物质的防复印纸，利用光的漫反射原理的防复印纸，利用偏振光的防复印纸，具体介绍如下。

（1）利用底色花纹印刷隐藏文字、花纹、图案的防复印纸。这种防复印纸的特点是在纸上印有阅读或辨认时几乎没有任何障碍的底色花纹。它含有一种极细的网点花纹或隐藏的文字、图案印迹。一旦复印，“不可复印”“无效”“作废”等文字、图案就鲜明地显现出来。这是一种古老的防复印技术与方法。

（2）利用着色特性的防复印纸。这种防复印纸制备容易、结构简单、防复印效果好，因此应用广泛。其原理是用特定的染料和颜料将基纸着色，复印时经光线曝光，因图像部分和背景部分有相同的吸收率，反差消失，复印件全部变黑而不可能形成图像。其缺点是原件不容易辨认。目前较为实用的颜色是红褐色。

（3）含有光变色材料的防复印纸。在纸基上涂上化学变色（着色或消色）材料，在复印过程中，利用其在曝光时被激发变色，使背景部分和图像部分的反差消失而不能复印。原件离开复印机后，背景部分又恢复到无色状态。通常背景部分不着色，故原件的辨读性良好。光变色材料尤其是可逆的光变色材料的性能很重要。目前常采用的可逆的光变色材料为 Stenhouse 染料和 Thionine 染料。

防伪原理：变色过程中，物质 A 在一定波长的光线照射下发生光化学反应生成产物 B，物质结构及其吸收光谱发生变化，促使外观颜色发生明显改变。通常这种颜色变化是可逆的，即该物质一旦离开这种特定波长的光线照射，就能回到最初的颜色状态，这个变化过程可以用下式表示：

$$A \underset{\lambda_2}{\overset{\lambda_1}{\rightleftarrows}} B \tag{4-6}$$

式中：A、B 为同一物质的两种不同的颜色状态；λ_1、λ_2 为两种不同波长的光线。

由于物质结构变化导致其吸收光谱发生变化，表现为外观颜色变化，本质上是该物质反射回来的光线波长发生改变，从而刺激人眼感知系统，由大脑判断形成颜色信号。光致变色防复印纸就是在原纸表面涂布一层有色或者无色的光致变色物质，该物质不会影响原件的打印及阅读，但原件在被扫描或复印时，因受到设备的强光照射，会发生特定的光化学反应和物理效应，从而导致从原件上反射回来的光线波长发生改变。如果反射光的波长位于复印机光导材料的感光光谱灵敏度范围内，则复印件为白色，或者复印件图文与非图文之间反差变小；如果反射光的波长位于复印机光导材料的感光光谱灵敏度范围之外，则复印件为黑色，当离开扫描仪或复印机时，原件恢复原来的样子，起到防止扫描或复印的目的。图 4-35 所示为普通原件与光致变色防复印原件在复印时的不同反射光情况。

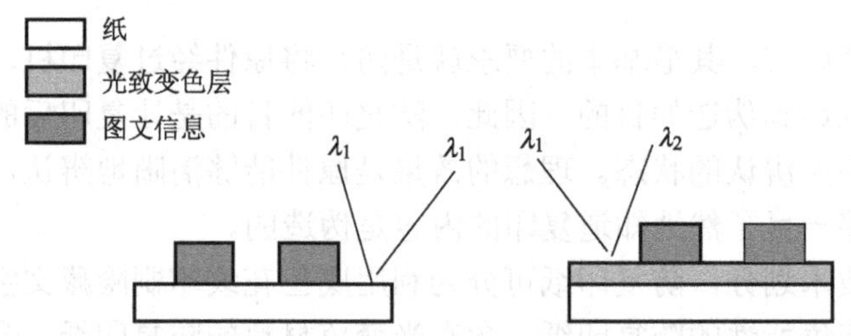

图 4-35　普通原件与光致变色防复印原件在复印时的不同反射光情况

（4）含有热变色材料的防复印纸。这种防复印纸是在纸基上涂上常温时为无色的热变色材料，当进行复印时，由于复印机的热量而变色，使图像部分和背景部分的反差消失而不能复印。当恢复到常温时消色，背景部分即原件变回原来的无色状态。

（5）含有光致发光材料的防复印纸。这种防复印纸是在纸基上涂上均匀的光致发光层，在复印时由于光激发而发光，使复印物变成白色状态而不能复印。图 4-36 所示为普通原件与光致发光防复印原件在复印时的不同反射光情况。

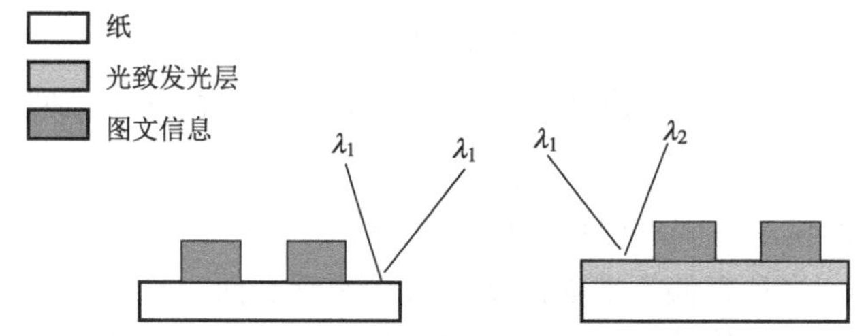

图 4-36 普通原件与光致发光防复印原件在复印时的不同反射光情况

（6）含有荧光物质的防复印纸。纸基上含有荧光物质（造纸过程中添加荧光助剂或采用荧光纤维），在复印过程中利用荧光物质发射波长的不同，使复印件变成全黑色或全白色，达到防复印的目的。

（7）利用光的漫反射原理的防复印纸。这种防复印纸与上述利用着色特性的防复印纸不同，它是在纸基表面涂上一层直径很小而反射率较大的材料，如铝粉、10μm 粒径的二氧化钛、吸收红外线的玻璃粒子，通过纸面的漫反射来覆盖或减少纸与图像的反差，使复印件呈黑色而达到防复印的目的。

漫反射是指投射到粗糙表面上的光向各个方向反射的现象。人之所以能看清一个物体，主要是靠漫反射在人眼中的成像，人们能看清楚手中的纸质文件就是这个原因。如果在纸质文件上打一束强光，调整纸张至一个合适的角度，就会有一束刺眼的反射光由纸张表面射入人眼，说明纸张表面可以形成较强的镜面反射。同理，复印机的感光鼓也能很好地接收到纸质文件反射回来的光线。

当复印机的强光照射到纸张表面时，很大一部分光线经过漫反射而无法被复印机的光学镜片所接收，导致传播到感光鼓上的有效反射光很少，不足以引起光导材料上的电荷发生较大变化，降低甚至消除纸张上图文部分与非图文部分之间的反差，复印件呈现全黑，不显示任何图文信息，以达到防复印的目的。图 4-37 所示为普通纸与漫反射防复印纸表面的光线反射对比。

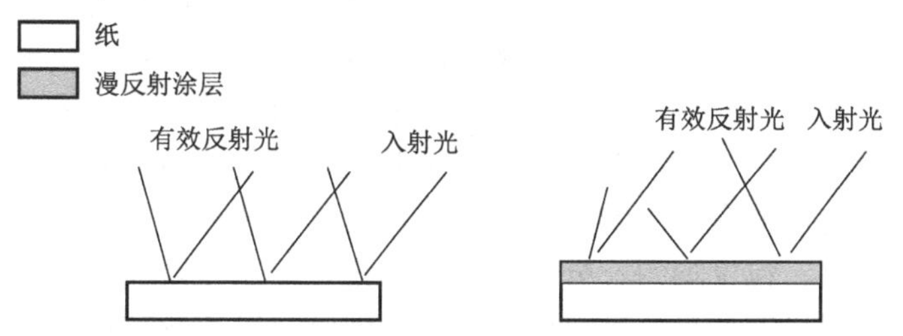

图 4-37 普通纸与漫反射防复印纸表面的光线反射对比

（8）利用偏振光的防复印纸。这种防复印纸是将偏振片制成膜覆盖在纸基上，在复印时利用光的二向色性，减少字与纸的反差，使复印件呈黑色。

物质吸收某个方向上的光振动，而只让与其相垂直的光振动通过，这种性质称为二向色性，涂有二向色性材料的透明薄片称为偏振片。透明聚乙烯醇是目前使用较多的偏振片材料，通过一定的工艺使聚乙烯醇长链分子在某个方向上排列整齐，再用碘溶液处理就可以得到偏振片。一束自然光 I_0 通过偏振片之后，由于偏振片的作用，使透过偏振片的光强 I 减弱，光强 I 变化情况如下：

$$I = 0.5I_0 \tag{4-7}$$

如果是线偏振光I_0入射，通过偏振片作用后，透过偏振片的光强依照马吕斯定律，满足

$$I = I_0 \cos^2 \partial \tag{4-8}$$

式中：∂为入射光的振动方向与偏振方向的夹角。

采用覆膜工艺，将具有偏振功能的薄膜覆在原纸表面，形成偏振性防复印纸，当复印机的强光通过纸张表面的偏振片时，光强减半，通过偏振片的光线经过纸张表面的漫反射再次成为非偏振光，这部分光线经过偏振片而最终传播到复印机的感光鼓上，如不考虑光线在光学系统传播过程中的损失，最终到达感光鼓上的光强将是原光强的 25%。实际上，在复印机全新、照度为 100%的情况下，光线到达感光鼓表面的照度只剩下38.4%～38.8%，如果复印机使用了一段时间，那么到达感光鼓表面的照度将更低。此时，如果使用偏振性防复印纸的原件进行复印，复印机感光鼓所能接收到的照度将低于 10%，因感光鼓曝光不足，使图文部分减少甚至消失，复印件呈现黑色，从而防止复印。

4.2.2 防伪油墨

防伪油墨是指具有防伪功能的油墨，这是一类在油墨连接料中加入特殊性能的防伪材料并经特殊工艺加工而成的特种印刷油墨。它利用油墨中有特殊功能的色料和连接料来达到防伪目的。

防伪油墨的应用非常广泛，在各种票证、单据、商标及标识等的防伪印刷中都能使用防伪油墨。防伪油墨具有防伪技术实施方便、成本低廉、隐蔽性较好、色彩鲜艳等特点。

目前国内外使用的防伪油墨已有数十种，本节将介绍其中常见的几种。

1. 磁性油墨

磁性油墨印刷属于磁性记录技术的范畴，它是一种利用电磁记录与读取技术进行加密的防伪技术，具体是指利用掺入氧化铁粉等磁性物质的磁性油墨进行印刷的方式。

磁性油墨的组成成分与普通油墨基本相同，也由颜料、黏合剂及附加材料组成，而其中的颜料不是显示颜色的材料，而是选用可磁化材料（铁、钴、镍等金属氧化物）来充当"颜料"。这种磁性"颜料"应具有在被磁场磁化后仍保持良好磁性的能力，也就是说，它对磁性材料的性能有很高的要求。为了保持强磁性并获得良好的印刷质量，需要制备饱和磁化强度高、粒度均匀、分散性好、稳定性好及时效长的磁性油墨。同时，可以在油墨中添加炭黑以增加黑色度，或者添加其他颜料以改变颜色。目前，铁、钴、镍等磁性材料，以及包含这些元素的强磁性复合材料被广泛用作磁性油墨的"颜料"。

1）磁场作用下的磁性油墨

磁性粒子的磁场诱导是由磁偶极子之间的相互作用力来驱动的。超顺磁性的纳米颗粒最适合用于磁场调控微观结构，因为在附加外部磁场的条件下，可以很容易地调节它们之间的相互作用力，进而改变其微观结构。当附加外部磁场时，磁性纳米颗粒会受到两个力的作用：一个是磁场对磁性纳米颗粒的作用力，即由磁场梯度所产生的磁场梯度力；另一个则是磁性纳米颗粒之间的相互作用力，如图 4-38（a）所示。这时磁性纳米颗粒会感生出与外部磁场同方向的磁偶极矩$\boldsymbol{\mu}$，对于具有磁偶极矩$\boldsymbol{\mu}$的磁性纳米颗粒 1，与

其相邻的磁性纳米颗粒 2 会受到磁性纳米颗粒 1 的感生磁场 H_1 的作用，即

$$\boldsymbol{H}_1=\left[2(\boldsymbol{\mu}\times\boldsymbol{r})\boldsymbol{r}-\boldsymbol{\mu}\right]/l^3 \tag{4-9}$$

式中：$\boldsymbol{r}$ 为两个磁性纳米颗粒之间的单位向量；l 为两个磁性纳米颗粒之间的距离。

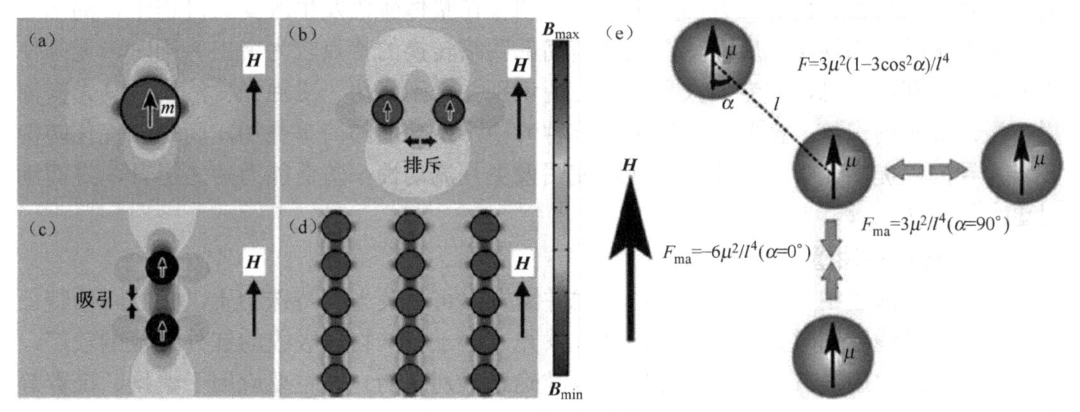

图 4-38　磁性油墨原理

因此，对于磁性纳米颗粒 2 而言，其所受到的磁性纳米颗粒之间的相互作用力的能量可以表示为

$$U_2=\boldsymbol{\mu}\cdot\boldsymbol{H}_1=(3\cos^2\alpha-1)\mu^2/l^3 \tag{4-10}$$

式中：α为外部磁场方向和两个磁性纳米颗粒中心连线之间的夹角，且 $0°\leqslant\alpha\leqslant 90°$。由磁性纳米颗粒 1 引发的施加在磁性纳米颗粒 2 上的偶极力可以表示为

$$F_2=\nabla(\boldsymbol{\mu}\cdot\boldsymbol{H}_1)=3(1-3\cos^2\alpha)m^2r/d^4 \tag{4-11}$$

式中：α的大小决定磁偶极子之间的相互作用力是吸引力还是排斥力。经过计算可以得出，当外部磁场方向和中心连线的夹角（α）为 54.09° 时，两个磁性纳米颗粒之间的相互作用力为 0。当 $0°\leqslant\alpha<54.09°$ 时，两个磁性纳米颗粒之间的相互作用力是吸引力；当 $54.09°<\alpha\leqslant 90°$ 时，两个磁性纳米颗粒之间的相互作用力则为排斥力。在特殊情况下，若两个相邻的磁性纳米颗粒以头尾相连的方式排列，则磁性纳米颗粒之间的相互作用力表现为吸引力[见图 4-38（c）、（e）]：

$$F_{ma}=-6\mu^2/l^4\ (\alpha=0°) \tag{4-12}$$

当两个相邻的磁性纳米颗粒以肩并肩的方式排列时，磁性纳米颗粒之间的相互作用力表现为排斥力[见图 4-38（b）、（e）]。

2）*磁性油墨防伪应用*

由于磁性油墨印品外观颜色深、检测仪器简单，所以经常用于银行票证的磁性编码字和符号，如图 4-39 所示。

磁性油墨还被用于烟酒包装印刷，既能提高商品包装美观度，又能起到防伪作用。

0123456789

图 4-39　银行票证的磁性编码字和符号

目前更为常用的是磁性光变油墨，这种油墨能基于磁场对颜料位置加以控制，在此基础上达到光学防伪的目的，常用于银行支票、钞票、护照等高风险产品中。这种油墨通过视角变色实现防伪目标，人眼观察视角发生改变后，图像也会跟着变化，通常图像会在明暗、流动性、色彩三方面发生改变。图像在整体颜色发生改变的过程中，局部还会跟随人眼的动态视角有所改变，尤其是局部明暗转换的特点较为突出。同时，无须使用专业设备获取信息，非专业人员也可直观识别并辨别真伪。磁性光变油墨兼具光变油墨、磁性油墨的优势，需要注意的是，这种油墨不是功能的简单叠加，而是以优化防伪技术为导向，提高光学颜色的变化性，使图像更具流动性，防伪能力随之提升，继而满足更高的防伪需求。

2. 隐形红外油墨

隐形红外油墨中含有能够吸收红外线并激发出可见荧光的特殊物质，它的防伪特征主要是用红外线鉴别时会显示隐形图文或发光。由于特殊物质吸收的红外线范围较广，所以红外检测仪应具有一定的灵敏度才能准确地辨别真伪。其主要应用于票据、证券等防伪印刷中。

图 4-40　2005 年版 50 元人民币应用红外激发油墨的效果

红外激发油墨：正常状态下隐形，经 980nm 红外线激发而发出可见光，可以呈现绿、蓝、黄等不同颜色；它含有稀土元素，可以吸收多个低能量的长波辐射，经多光子加和后发出高能量的短波辐射，从而使人眼看不见的红外线变为可见光。这种发光过程称为红外变可见过程。这种由长波长（较低能量）光子激发而得到短波长（较高能量）光子的现象称为反斯托克发光。因此，这种油墨也称反斯托克油墨。图 4-40 所示为 2005 年版 50 元人民币应用红外激发油墨的效果。

红外吸收油墨：在正常状态下隐形，在特殊光源照射下也隐形，只有使用特种仪器才可以看到印刷的信息，利用特殊物质对红外线的吸收性能进行检测，油墨中的染料或颜料不吸收可见光或有微弱吸收，对红外线却能充分吸收，主要用光学字符阅读器进行信息读取。图 4-41 所示为捷德公司测试钞的红外吸收油墨应用效果。

红外覆盖油墨：常态下为黑色，通过红外成像设备可以看到油墨下面的图案或文字。奥地利 OeBS 公司于 2010 年发行了一款测试钞，如图 4-42 所示，左侧为普通光下的情况，右侧为红外线下的情况。

红外透明油墨：外观为黑色或其他颜色，在红外镜头下呈现透明的状态，可穿透 75%～95%的近红外线（700～1000nm）。通过红外成像设备，可看到印品的一部分而另一部分看不见。几乎 90%的纸币都有此项功能。图 4-43 所示为西班牙 1000 比塞塔。

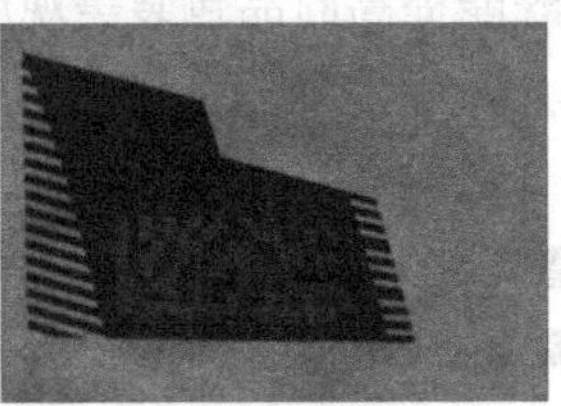

图 4-41　捷德公司测试钞的红外吸收油墨应用效果

图 4-42　奥地利 OeBS 公司测试钞

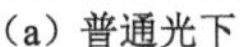
（a）普通光下

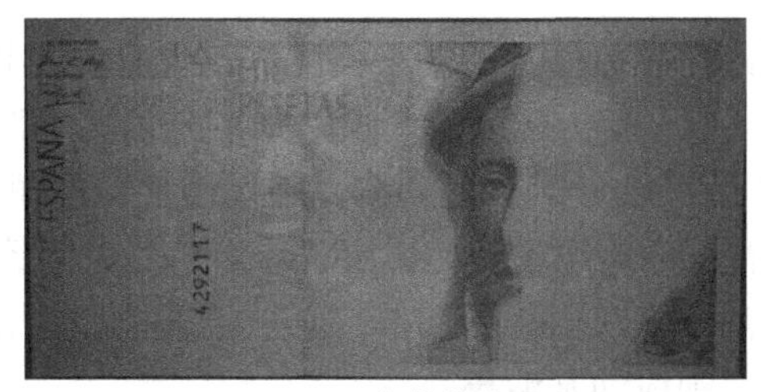

（b）红外线下

图 4-43　西班牙 1000 比塞塔

3. 致变色油墨

1）光致变色油墨

光致变色油墨通常以光致变色微胶囊为基础，加入不同用途黏合剂制备而成。当光致变色材料应用到油墨中时，要综合考虑连接料、溶剂、添加剂等问题，因为这些油墨原料会引起光致变色材料发生反应。

（1）光致变色材料分类及变色机制。光致变色材料分为无机变色材料和有机变色材料。

无机变色材料：

① 双电荷注入/抽出模型。在紫外线照射下，价带中的电子被激发到导带中，产生电子空穴对，随后光生电子被 W(Ⅵ)捕获，生成 W(Ⅴ)，同时光生空穴氧化薄膜内部或表面的还原物中生成质子 H^+，注入薄膜内部，与被还原的氧化物结合生成蓝色的钨青铜 H_xWO_3，这是 W(Ⅴ)价带中的电子向 W(Ⅵ)导带跃迁的结果。

② 小极化子模型。光谱吸收是不等价的两个钨原子之间的极化子跃迁所产生的，即注入电子被局限在 W(Ⅴ)位置上，并对周围的晶格产生极化作用，形成小极化子。入射光子被这些极化子吸收，从一种状态变到另一种状态，可简略表示成 WA(Ⅴ)-O-WB(Ⅵ)→WA(Ⅵ)-O-WB(Ⅴ)。由于上述变化不会引起材料晶体结构的破坏，因此典型无机材料的光致变色效应具有良好的可逆性和耐疲劳性能。

有机变色材料：有机体系的光致变色往往也伴随着许多与光化学反应有关的过程，从而导致分子结构的某种改变，其反应方式主要包括价键异构、顺反异构、键断裂、聚合作用、氧化-还原反应、周环反应等。以偶氮化合物为例，其光致变色效应基于分子中偶氮基—N=N—的顺反异构反应，通常偶氮化合物顺反异构体有不同的吸收峰，两者一般差值不大，但摩尔消光系数往往相差很大。另外，偶氮化合物还有明显的光偏振效应，即光致变色效果与光的偏振态有关。生物光致变色材料（如细菌视紫红质等）的感光效应也属于这一类反应机制。图 4-44 所示为光致变色油墨的变色效果。

图 4-44　光致变色油墨的变色效果

（2）油墨分类与传统制备方法。

① 光致变色水基油墨。水基油墨以其使用安全、操作方便而在纤维制品业中独占鳌头。这种油墨须用 80～120 目丝网印刷，经过 100℃、1min 干燥，再经过 130℃、3min 的加热架桥反应，即可得到纤维密附性极佳的制品。

水基油墨的特点：在阳光下可迅速显色，遮光后可在短时间内恢复无色状态（不同颜色各有差异，黄色经过 2～3min，青色可在瞬间完成）；分散性好，可得到均匀的显色印品；显色性及摩擦牢固度好；保存稳定性好，操作方便。

② 光致变色油基油墨。油基油墨主要用于塑料软片、金属板等表面印刷。这种油墨用 100～200 目丝网印刷。用作连接料的树脂有很多，如丙烯树脂、环氧树脂、氨基甲酸乙酯、环化橡胶变性树脂、硅酮变性树脂等。溶剂有酯类、酮类等，还有矿物质松节油、石油等。在由树脂和溶剂组成的黏合剂中加入光致变色材料，可适当调节丝印油墨的黏度，制成油基油墨。

③ 光致变色羧基油墨。羧基油墨作为一种不易干燥型油墨，常常不需要清洗丝印版，残存在版上的油墨可以在第二天继续使用。这种油墨是对醋酸乙烯酯共聚物的超微粉末（粒径约 1μm）用 DOP 增塑剂使粒子膨胀制成的丝印油墨。光致变色素也可加入这种塑料聚合剂，制成丝印油墨。当光致变色材料本身所具有的特性受到抑制时，会使光致变色素完全分解，这种现象经过数日后才可表现出来，因此，难以将它作为一种商品使用。但是，如果塑料树脂不用醋酸乙烯酯共聚物，而用一种具有同样特性且可控制光致变色素的超微粉末材料，那么它将是一种理想的粉末状光致变色羧基油墨。

（3）新型制备方案。更好的工业制备油墨方法是将光致变色染料溶解成重合单体，干燥后粉碎成超微粒子，粒径为 1～5μm。以上述超微粒子作为颜料制备的油墨，其耐光性能比光致变色微胶囊制备的防伪油墨高 10 倍以上。而且，它可以应用于各类黏合剂中，制备水性、油性油墨。

目前比较先进的一种变色染料为双稳态光致变色染料。双稳态光致变色染料是含有噻吩杂环或呋喃杂环的二芳基乙烯类化合物或全氟取代的环烯化合物，结构如图 4-45 所示。

在普通无色透明油墨中添加上述材料即可制成双稳态油墨，其外观为无色透明，印刷的图案、文字具有隐秘性，可达到防伪的目的。该油墨具有吸收紫外线后能从无色变为蓝色或其他颜色的特征，该特征不随紫外线消失而消失，只有吸收一定强度的可见光才能重新恢复无色透明状态，实现双稳态光致变色反应。该油墨可至少连续发生 1 000 次可逆光致变色反应，变色特征稳定、明显，易于识别。

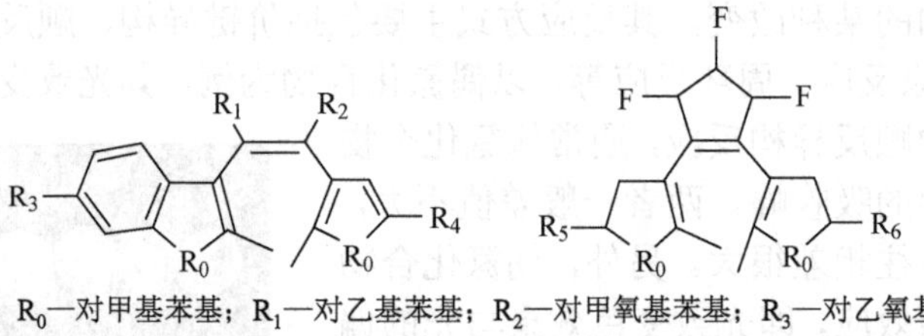

F—苯基；R_0—对甲基苯基；R_1—对乙基苯基；R_2—对甲氧基苯基；R_3—对乙氧基苯基；
R_4—对二甲基氨基苯基；R_5—对二乙基氨基苯基；R_6—对羟甲基苯基或对羟乙基苯基

图 4-45 双稳态光致变色染料

（4）应用。目前，光致变色防伪油墨已实现商品化生产，国内有多家油墨生产商销售该类油墨，常用的有紫红、红、黄、蓝等颜色，在室内光线下呈无色或浅色，在太阳光或长波紫外线照射下呈现相应的颜色，离开光源后恢复到无色或浅色。该类油墨可用于防伪包装、紫外线测试卡、服装等。光致变色油墨中光致变色染料的使用量为 0.1%～10%。

将光致变色油墨通过印刷方式制成防伪标签或防伪标识，可以广泛应用于证件、票据及商品外包装，兼具防伪性及审美趣味性。例如，在古井贡酒某产品的外包装上，就使用了光致变色油墨印刷的防伪标识，这种标识具有实施简单、成本低、检验方便、隐蔽性好、色彩鲜艳和重现性强等优点。

2）温致变色油墨

热敏（温变）材料是指受热或冷却时其吸收的可见光谱发生改变的功能材料，其颜色具有随温度变化而改变的特性。温致变色油墨是指在温度变化（升温或降温）时，所印刷的图文信息能够根据不同的温度表现出不同颜色效果的油墨。随着研究的不断深入，温致变色油墨在包装领域的防伪应用也不断扩大，但其示温应用还不多见，应加强示温功能方面的研究与应用。

（1）油墨分类与变色原理。从热力学角度，可将温致变色油墨分为不可逆和可逆两类。

不可逆温致变色油墨（Irreversible Thermosen-sitive Ink）：指材料加热至一定温度，印刷的图文颜色发生变化，冷却后不能恢复到原色的油墨。不可逆温致变色材料种类繁多，常用的有铅、镍、铬、锌、铁、镁、钡、锰等的硝酸盐、硫酸盐、磷酸盐、氧化物、硫化物，以及甲基紫、苯酚化合物等。其变色原理主要有热分解、氧化、热升华、固相反应、熔融反应等。这些温致变色材料的变色温度高，且大部分含有重金属元素，不符合 HJ/T 370—2007《环境标志产品技术要求胶印油墨》与 HJ/T 371—2007《环境标志产品技术要求凹印油墨和柔印油墨》的环保标准，因此，不适合作为温致变色油墨的颜料。能用于温致变色油墨的颜料主要是铵盐、碳酸盐、草酸盐及含有易挥发的小分子配体（NH_3、CO 和 O_2）的有色金属配合物或可脱结晶水的热敏无机材料，其热分解会生成新的有色物质，导致颜色发生改变。

可逆温致变色油墨（Reversible Thermosen-sitive Ink）：指材料加热到某一温度时，印刷的图文颜色发生明显变化（产生新的颜色），而当温度降至原始温度时，又能恢复到原来颜色的油墨。根据温致变色材料的成分差异，可逆温致变色油墨可分为无机可逆、有机可逆与液晶可逆 3 种。

① 无机可逆。早期无机可逆温致变色材料多选用金属和金属卤化物（如 Ag、Cu、Zn 及 HgI 等）、金属氧化物的多晶体（如 Fe_2O_3、PbO、HgO、VO_2 等）。可作为低温可逆温致变色材料的主要有银、汞、铜的碘化物、铬合物及复盐类等。引起无机可逆温致变色材料变色的原因主要是晶型转变，如在温度达 344K 时，红色 $CuHgI_4$ 四方晶系变为黑色 Cu_2HgI_4 立方晶系，即因晶型的改变而发生了颜色的变化。

② 有机可逆。有机可逆温致变色材料按组分可分为两类：一类是由一种化合物受热后发生组分或结构改变而导致变色，称为单一组分温致变色材料；另一类为一些受热时本身并不变色的化合物，当它与其他合适的化合物混合后，发生化学反应而产生温致变色现象，称为多组分复配温致变色材料。有机可逆温致变色材料的变色机理如下。

电子转移（得失）机理：主要由发色剂、显色剂和溶剂 3 种成分组成。发色剂是温致变色材料中的电子供体，向电子受体提供电子，是温致变色色基，决定复配物体系的颜色，其本身不能直接产生温致变色现象。常用的发色剂有结晶紫内酯、孔雀绿内酯、甲基红等。显色剂是温致变色材料中的电子受体，是引起温致变色的有机化合物，是能否使材料变色及颜色变化深浅的决定因素，它接收发色剂提供的电子而产生颜色变化反应。常用的显色剂有酚基化合物及其衍生物、磺基化合物及其衍生物。溶剂决定着温致变色材料的变色温度，一般通过改变所用溶剂来改变温致变色温度。常用的溶剂为醇类溶剂，醇类溶剂具有熔点较低、价格便宜、性能稳定等优点。

pH 变化机制：发色剂主要是酸碱指示剂，如酚酞、酚红等。显色剂为使 pH 发生变化的磺酸类及胺类的熔融性化合物。化合物随着温度变化而熔化或凝固时，由于介质的酸碱变化或受热引起分子结构变化，从而引起颜色的可逆变化。

分子结构变化机理：当温度变化时，体系由闭环变成开环和分子结构异构（顺反异构、互变异构、构象异构），引起颜色发生变化。

③ 液晶可逆。液晶可分为近晶液晶、向列液晶和胆甾液晶 3 类。温致变色液晶主要是胆甾醇及其衍生物，因此，温致变色液晶通常指胆甾液晶，主要依靠温度使其变色，其分子呈扁平状，排列成层，层内分子相互平行，分子长轴平行于层面。多层分子逐渐扭转成螺旋线，并沿着层的法线方向排列成螺旋状结构，其周期性的层间距称为螺距，螺距起衍射光栅的作用。螺旋结构还能选择性地反射光的偏振组分，显示彩虹图像。随着温度升高，螺距逐渐变小，散射光波长向短波移动，颜色相应从红色变为紫色，当温度降低时，颜色又从紫色变为红色，这就是胆甾液晶的热变色机制。

（2）温致变色油墨的应用。我国对温致变色油墨的关注主要体现在防伪功能及其应用上，对示温功能及其在包装领域的应用则关注不多。2005 年，荷兰 Bavaria 啤酒厂生产的 300mL 装 Pilsner 啤酒的标签就是使用温致变色油墨来印刷的。在适当的冷却温度下，标签上会显示出 Tatjana Simic 的图片；如果冷却温度不正确（过低或过高），则不显示任何图像信息。随后，比利时 Jupiler Beer 使用温致变色油墨来印刷品牌商标，只有在正确的温度条件下才会显示黑色品牌字母，否则为无色。例如，对于乙肝疫苗这类需要低温存储的药品，如低温存储设备停电或出现其他故障，导致疫苗的存储温度升高，超过其允许的存储温度范围，这时药品就会失效，甚至使用后还可能产生副作用。可以采用不可逆温致变色油墨印上警示语或其他图样，超过药品允许的存储温度范围时，显示警示语或图样颜色变化，以提示药品已失效，从而避免对患者造成伤害。

基于温致变色原理的化学防伪方法检测方便、迅速、准确、简单，且不需要任何特殊辅助仪器，较适合普通消费者，因此，在烟标等包装印刷领域具有广泛的应用前景。郑州黄金叶印务有限责任公司采用不可逆温致变色油墨印制“GOLDEN LEAF”字样、“散花”字样及特醉散花图案，加热后，“GOLDEN LEAF”字样与“散花”字样的颜色就会发生改变，由原来的红色变为白色，而特醉散花图案的颜色由紫色变为白色；常德金鹏印务有限公司采用温致变色防伪油墨印制芙蓉王图标，加热后，图标就会由深红色变为无色；湖北广彩印刷股份有限公司采用温致变色油墨印制烟标“金芒果”，当加热至 323 K 时，烟标的颜色就会由绿色变为白色。通过温致变色油墨印刷的防伪标识，能简单、方便、准确地辨别产品真伪，这种防伪标识的制作印版与印刷非常简单，温致变色油墨的购置也非难事，如何防止不良厂商的复制、仿制成为一个重要问题。

3）湿敏变色油墨

湿敏变色油墨又称水消色油墨，防伪原理是色料中含有颜色随湿度变化而变化的物质，用水或漂白剂可使其消色，一般采用含有氧化剂或还原剂的水溶解物质。其防伪特征是干燥状态为无色，潮湿状态为有色。湿敏变色油墨又分为可逆消色、不可逆消色、湿敏扩散三种，具有蓝、绿、黑、红四种颜色。

可逆湿敏变色油墨滴水后由有色变为无色，水滴挥发后恢复无色，只能丝印、凹印。

如丝印，建议用 200 目丝网印刷，越厚越好。

不可逆湿敏变色油墨是油性油墨，滴水后由有色变为无色，水滴挥发后不再恢复有色，颜色变化有黑→无、红→无、蓝→无、绿→无，只能丝印、凹印，要求印得薄一点，颜色鲜艳，褪色效果好，如丝印，建议用 350～420 目丝网印刷。

湿敏扩散油墨为不可逆油墨，颜色有红、黄、蓝、绿等，只能用水性网版印刷。

目前，湿敏变色油墨是普遍使用的油墨，常常用于文件签字部位的背景，并使用在填写的容易涂改的数字下面。此外，承印物被漂白时，也可能发生化学反应导致产生褐色斑点。在需要被识别的文件中，如护照上的照片，承印物和用于包裹材料的箔片之间就是覆合层压的，湿敏变色油墨印于箔片的内表面，这样就可以检测是否有水的存在。手机防水标识就是用湿敏变色油墨印刷的标识，可以把它贴在手机主机内部或电池外部的某个部位。这种标识在没有遇到水时，图文边缘清晰，不会褪色、变色。而遇到水后，图文边缘会出现颜色扩散，且无法复原。它可作为电子器件等产品运输、保存和使用的标识。目前，许多手机制造商均采用了这种高质量的防水标识。这种标识还可以辅助裁决一些理赔问题，提供相应的科学依据。

4）压敏变色油墨

用特殊化学试剂或含该种材料的微胶囊制作的油墨印刷有色或隐形印记，在用硬质物品或工具摩擦、按压时，印记被触动部分出现颜色变化。压敏变色油墨的基本原理与压敏防伪纸相同，此处不再赘述。

除了以上几种，常见的油墨还有荧光油墨、金银墨、导电油墨、镜像变色油墨、标记油墨等。

4.2.3　其他防伪材料

1. 光学干涉变色薄膜

光学干涉变色薄膜是在平行平板多层光束干涉原理的基础上，根据多层光学薄膜之间具有干涉效应的原理而设计的，其防伪原理是每个多层薄膜结构都具有特定的反射光谱曲线，反射光随入射角的改变而发生变化，即随着观看视角的不同而改变。

2. 光学回反膜

光学回反膜是由光学镀膜和玻璃微珠涂层覆合而成的，具有光学回反显像功能，即在白光照射下，沿入射光的方向可观察到图像。这是因为在灯光下观察时，光学镀膜上的彩色图文消失，而玻璃微珠上的隐形图文显现出来，有白、蓝、绿和红等多色可选。

3. 揭显镂空膜

揭显镂空膜是一种弹性受隐藏图文调制的图层结构。在揭启由该膜形成的防伪标识时，显现阴阳相对、内容相同的两种图文。这种阴阳相对的图文的变形率不同，因此一旦揭启产生变形，阴阳图文就无法再完全重合在一起，从而可以保证该防伪标识不会被仿冒或重新利用。该膜有镀铝、定位和不定位之分。

4. 光学透镜三维显示防伪薄膜

目前开发的三维显示防伪技术越来越多，一些技术利用透镜的光学性质，由普通的图片显示出三维效果，光学透镜三维显示防伪薄膜就是其中一种三维显示防伪技术。

5. 立体成像防伪薄膜

立体成像防伪薄膜也称三维显示薄膜，由柱面光栅、彩色感光乳剂膜、渗透反光膜和专用胶构成。在制作立体成像防伪薄膜时，先采用立体成像技术和计算机辅助设计制作出小幅面立体图片，然后用专用胶将立体图片粘贴在要进行防伪的物体表面即可。

由于在制作立体成像防伪薄膜的过程中，拍摄图像的空间位置是提前设计好且固定的，造假者要想获得和标识上一模一样的图像，除非使用原物拍摄，而采用翻拍及计算机成像技术都不能仿制已成像的立体图片。立体图片直观性强，色彩鲜艳，立体感强，便于使用者识别鉴定。另外，由于使用胶将防伪标识粘贴在商品上，因此这个防伪标识只能一次性使用，如果将其揭下来，其后面的反光层和药膜就会脱落，立体图片即被破坏，无法再次使用。

6. 压敏高分子多孔复合薄膜

压敏高分子多孔复合薄膜主要是由高分子多孔薄膜和压敏微胶囊覆合而成的，在高分子多孔薄膜下覆合一层压敏微胶囊，压敏微胶囊中含有溶剂，溶剂的折射率与薄膜相同。

7. 核径迹防伪膜

利用核反应堆和其他核材料对塑料薄膜做裂片辐照，在塑料薄膜中形成径迹损伤，再通过成像技术形成精细的、商标标识所需要的核径迹微孔图案，携带有这种核径迹微孔图案的薄膜称为核径迹防伪膜。经过后期商品加工，可得到微孔防伪标识或其他形式的核径迹微孔防伪技术产品。

在核径迹技术发展的早期，科学家采用威尔逊云雾室来探测核粒子径迹，即在空腔内充满过饱和蒸汽，当核粒子穿过云雾室时，在其经过的路径上留下一条白色的轨迹，然后拍照保留径迹图像，再通过测量径迹的距离和方向，便可以知道核粒子的大小、能量和方向。云雾室由于体积大，云雾径迹保留时间短，需要拍照才能留下离子径迹，使用很不方便，后来逐渐被固体径迹探测器所代替。

1）核径迹防伪膜的制备、防伪特点及识别

（1）核径迹的形成机制。入射的高能重离子在物质内与原子核、电子碰撞，将能量沉积在以其轨迹为中心轴的附近狭长的圆柱区域内，并且使被辐照的物质在此区域附近发生严重的损伤，产生永久性的结构改变，形成直径在 10nm 左右的径迹。

大多数绝缘固体可以产生重带电粒子径迹。一般来说，电阻率大的物质，能够记录和存储径迹，而在电阻率小的半导体金属物质中，尚未观察到径迹。一重带电粒子通过绝缘固体，沿其轨道产生一狭窄的辐射损伤区域，称为潜伏径迹。此区域的物理和化学特性都有所改变，平均分子量减少，化学溶解率增加，物理密度发生变化。对于有机聚合物，除电子和离子以外，还可能产生激发分子（寿命较短）、自由基和某些低分子量辐射分解产物。辐射损伤区域的大小可以通过电子显微镜观察云母中的蚀刻径迹，以及采用电化学电阻技术进行测量。

（2）核径迹的敏化。经重离子辐照后的聚合物薄膜，如果在常温条件下放置于空气中，径迹中的辐射分解产物在氧环境中容易进一步分解或氧化成易分解的—COOH 自由基原子团，经长时间的存放，辐射后的膜材料会与空气中的氧气反应，发生陈化作用。若经紫外线照射，则能加速自然陈化效应，缩短陈化时间，且紫外线能引起光的降解和氧化，从而产生一些不稳定的基团，也可使辐射分解产物分解而增敏。此外，不同的主

峰波长的紫外灯的敏化效果也不一样。

（3）核径迹的蚀刻。由放射性同位素裂变而产生高能粒子辐射（辐射强度一般为1MeV），垂直撞击膜材料薄片，使材料本体受到损害而形成径迹，然后用侵蚀剂腐蚀掉径迹处的本体材料，将此径迹扩大，形成具有很窄孔径分布的圆柱形孔，成为一种直通孔的微孔滤膜。

2）核径迹防伪膜的应用

核径迹防伪膜可应用于酒类、保健品、电子产品、汽车和摩托车配件、轴承、电池、水果、农业种子、农药、农产品、兽药、动物饲料、通信产品及配件等领域，其中，制药行业的用量非常大。核径迹防伪膜的市场前景非常好，目前已经在药品“利君沙”等近 30 个国内名牌产品上得到应用。

4.3　印刷防伪设计及工艺

印刷防伪是一种综合性防伪技术，属于特殊印刷的一个分支。它是指利用特殊的印刷工艺或印刷设备进行生产，以达到特殊的印刷效果和难以复制的产品形式。印刷防伪主要用于钞票、支票、债券等有价证券，现已被广泛用于商品的商标、包装的印刷。

我国的印刷防伪技术已有十分悠久的历史，这些技术主要应用于货币、有价证券和社会公共安全等特种行业。近年来，由于假冒现象日趋严重，出于自我保护的需要，越来越多的企业采用印刷防伪技术。因此，公众防伪印刷技术应运而生。在打击假冒、保护名优产品、维护企业和消费者的合法权益、推动市场经济健康发展方面，公众防伪印刷技术发挥了重要作用。

由于印刷防伪技术与各国市场管理有关，所以其发展水平也不一样。一般在钞票、有价证券、证件的防伪方面，印刷防伪的水平比较高，技术难度大，不易普及，防伪效果好，加之又有政府的财政支持，所以不断有新防伪技术运用在钞票等有价证券的印刷中。而民用商品的防伪印刷与经营者的意识、财力有关，因此大多采用一般性防伪技术或单一的防伪技术，防伪技术的发展比较缓慢，有些方面效果也不大理想。

4.3.1　印前防伪设计

印前工艺是指上机印刷之前所涉及的工艺流程，主要包括计算机平面设计和桌面出版。印前防伪技术是指在制作印刷文件时所使用的防伪技术，通常需要借助专业的安全图文设计系统来完成防伪文件的制作。目前，安全图文设计系统与计算机技术相结合，可以根据使用者自己的风格，设计出有鲜明个性化特征的完整的图案背景及相关文字，如花球、缩微、防扫描图文、防复印图文、浮雕图案、隐形图文、劈线效果和版画效果等。这些图文均采用线条设计和专色印刷，可有效防止电分、照相、扫描等传统手段复制后的分色印刷和彩色复印，并起到明显的防伪作用。例如，粗细不均匀变化的线条很难被复制，因此这种安全图文设计被广泛用于钞票、支票、国家重要证件、证券等的制作中。

1．版纹防伪

版纹防伪是印刷防伪中重要的防伪技术之一，是一种基于信息的防伪手段，一套设计好的底纹所拥有的信息量是相当大的。版纹图案由大量复杂且光滑的线条组成，这些线条的起伏、走向、振幅、疏密等情况都可以通过相关的算法来实现和控制，并设计成独立的防伪设计系统或依附于图形设计软件的防伪功能插件，从而使版纹图案的设计变得自由、简单。

在版纹图案中，团花、花边、底纹及其他由周期性或非周期性几何图形构成的图案统称扭索图纹。浮雕、粗细线等主要是在扭索图纹的基础上进行的防伪再创造，以提升防伪性能。下面简单地介绍扭索图纹和浮雕效果的算法实现。

1）扭索图纹

一部分扭索图纹可以通过傅里叶级数来实现，通过控制各曲线的周期、振幅、相位偏移等参数来形成不同的扭索图纹；另一部分扭索图纹则是通过摆线（旋轮线）原理来实现的，通过控制定圆、动圆的半径大小来形成不同的扭索图纹。

（1）傅里叶级数实现原理。通过傅里叶级数定义一个复合控制图形轮廓和图案效果的基础函数，通过这个基础函数来生成需要的特殊扭索图纹，这里将这个基础函数定义为$F(t)$，则有

$$F(t) = C + A_1\cos(t) + B_1\sin(t) + A_2\cos(2t) + B_2\sin(2t) + A_3\cos(3t) + B_3\sin(3t) + \cdots \tag{4-13}$$

式中：$A_1, B_1, \cdots$为控制这个基础函数$F(t)$的系数，系数的多少根据需要进行设定（如设定 20 个系数），系数越多，所生成的扭索图纹越复杂。

为了更加直观地说明函数系数的多少对函数图像及最终扭索图纹效果的影响，假定$F(t)_1$函数有 6 个系数，$F(t)_2$函数有 4 个系数，即令

$$F(t)_1 \quad C=0, A_1=1, A_2=0.5, A_3=4, B_1=2, B_2=1, B_3=3$$

$$F(t)_2 \quad C=0, A_1=1, A_2=0.5, A_3=0, B_1=2, B_2=1, B_3=0$$

利用 MATLAB 做测试：

```
C=0; A1=1;A2=0.5; A3=4; B1=2; B2=1;B3=3;w=Π;
t=linspace(-3,3,1000);
F=C+A1*cos(pi*t)+B1*sin(pi*t)+A2*cos(2*pi*t)+B2*sin(2*pi*t)+A3*cos(3*pi*t)+B3*sin(3*pi*t);
Plot(F);
```

即可得到$F(t)_1$、$F(t)_2$的函数图像，如图 4-46 所示。

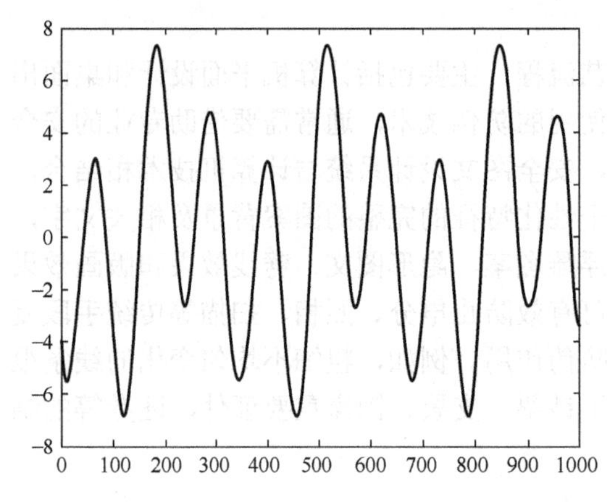

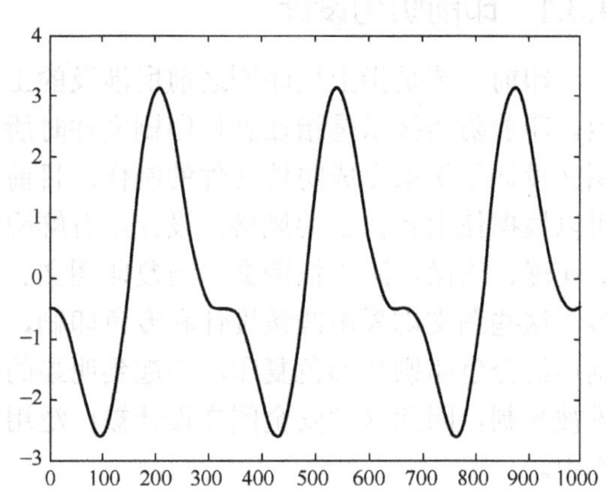

图 4-46 不同傅里叶函数系数个数产生的波形

函数 $F(t)$ 又可以由 y 轴向和 x 轴向两部分函数来表示。每个分函数都是一个独立的傅里叶级数。其中，y 轴向的分函数主要用于控制图形轮廓和图案效果在 y 轴向的弯曲程度，x 轴向的分函数主要用于控制图形轮廓和图案效果在 x 轴向的偏移量，该偏移量影响展现出来的周期数量。用 $X(t)$ 和 $Y(t)$ 表示 $F(t)$ 在 x 和 y 轴向的两个分函数，则

$$X(t) = A_{x1}\cos(t) + B_{x1}\sin(t) + A_{x2}\cos(2t) + B_{x2}\sin(2t) + \cdots \tag{4-14}$$

$$Y(t) = A_{y1}\cos(t) + B_{y1}\sin(t) + A_{y2}\cos(2t) + B_{y2}\sin(2t) + \cdots \tag{4-15}$$

同样，可以通过两个分函数的系数数量和数值来控制生成的扭索图纹外观效果，再通过封套处理等功能实现团花、花边、底纹等复杂图形图案的设计。

（2）摆线（旋轮线）实现原理。设一定点与滚动圆的圆心的距离为 d，基线是 x 轴，出发时定点的坐标为$(0,a-d)$，其中 a 是滚动圆的半径。当滚动圆滚动到图 4-47（a）所示的位置 A' 时，定点的位置在线段 OP 上，且与 O 点的距离为 d，此时与 x 轴的切点为 I。利用弧 IP 等于 O 的 x 坐标可知，其运动轨迹曲线的参数方程为

$$\begin{cases} x = at - d\sin t \\ y = a - d\cos t \end{cases} \tag{4-16}$$

式（4-16）说明 a 和 d 的大小关系会引起摆线轨迹的不同。当 $a = b$ 时，形成的轨迹称为摆线；当 $a > b$ 时，形成的轨迹称为短幅摆线；当 $a < b$ 时，形成的摆线轨迹称为长幅摆线，图 4-47（b）所示为短幅摆线和长幅摆线的轨迹示意。

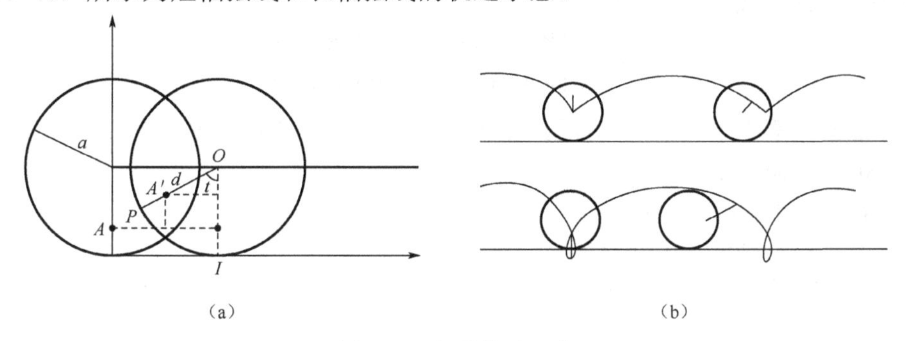

图 4-47　摆线轨迹示意

当在大圆内表面做滚动时，动圆的圆周上一个定点的轨迹称为内摆线，当在大圆外表面做滚动时，动圆圆周上一个定点的轨迹称为外摆线。

图 4-48 所示为内次摆线和外次摆线。设滚动圆的半径为 a，固定圆的半径为 ka，其中 k 是一个大于 1 的常数；又设固定圆的圆心为原点 O，滚动圆上的定点在出发时的位置是 $A = (ka,0)$；再设滚动圆到达某个位置时，其圆心为 J，与固定圆的切点为 I，而滚动圆上的定点移动到点 $P = (x,y)$；最后设以 OA 为始边、OJ 为终边的有向角为 $\angle AOI$。因为弧 IP 与弧 IA 的长度相等，所以角 $\angle PJI$ 的弧度是 kt。过 P 与 J 分别作水平直线和铅垂直线。可就 t 值所属的各种范围分别讨论，由此可得到摆线的参数方程：

$$\begin{cases} r = (k-l)a\cos t + a\cos t(k-1)t \\ y = (k-l)a\sin t - u\cos t(k-1)t \end{cases} \tag{4-17}$$

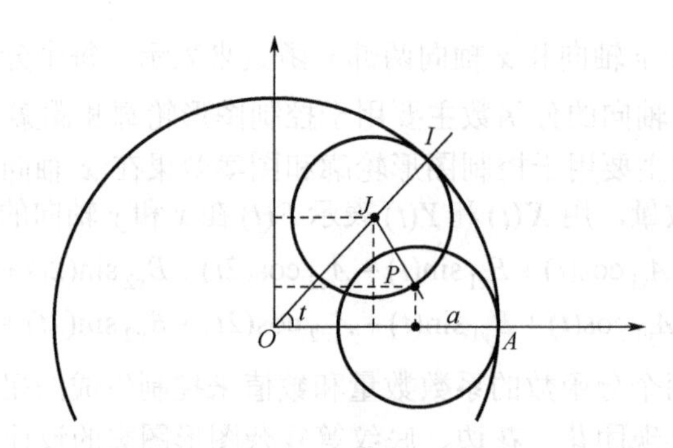

图 4-48 内次摆线和外次摆线

假定固定圆和滚动圆的半径分别为 R 和 r，令 L 为 R 和 r 的最小公倍数，于是由性质可得 $L=r\times T$，另外存在正整数 n，使得 $L=r\times T=R\times n$，进而 $r=R\times n/T$。因此，可以选择不同的 n 值使得 $R\times n/T$ 是整数，以得到不同的 r 值。根据 r 值的不同，可以得到总周期为 T 的一系列轨迹曲线图形组。

可得到内次摆线的参数方程为

$$\begin{cases} x=(R-r)\cos t+n\cos t[(R/r-1)t] \\ y=(R-r)\sin t-n\sin t[(R/r-1)t] \end{cases} \tag{4-18}$$

同理，外次摆线的参数方程为

$$\begin{cases} x=(R+r)\cos t+n\cos t[(R/r+1)t] \\ y=(R+r)\sin t-n\sin t[(R/r+1)t] \end{cases} \tag{4-19}$$

为了更加直观地说明 R、r 对函数图像的影响，利用 MATLAB 进行仿真：

```
R=100;r=5;h=80;theta=3.14;
t=linspace(-2*theta,2*theta,3000);
x=(R-r)*cos(t)+h*cos((R-r)*t/r-theta);
y=(R-r)*sin(t)+h*sin((R-r)*t/r-theta);
plot(x,y);
```

即可得到 (x_1,y_1) 和 (x_2,y_2) 的函数图像，如图 4-49 所示。

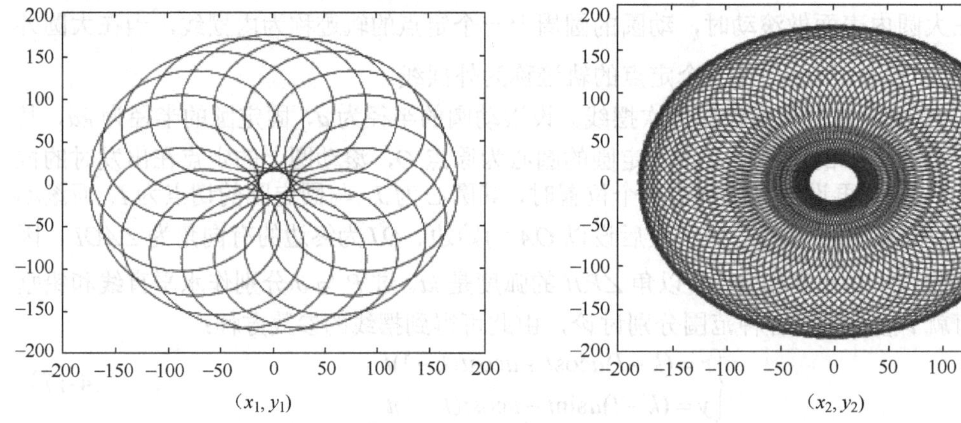

图 4-49 不同 r 值产生的图形效果

2）浮雕效果

浮雕是通过计算机图形处理改变原来二维平面图形中的有效内容，从而增强图形立体显示效果的技术。浮雕效果能艺术性地再现图像或图形，并能在平面上凸显图像效果及其层次，提高视觉冲击力。

一般来说，图像浮雕显示算法在某种意义上与模糊和锐化相似，是一种卷积运算，但该类算法在版纹印刷防伪领域不能应用，因为其产生的图像还是以点阵图像形式存在的。目前矢量图形浮雕效果生成算法之一是基于分段三次 Bezier 曲线的算法，浮雕效果偏移方向为单一方向。另一种矢量图形浮雕效果生成算法基于孔斯曲面理论，通过对矢量线条的局部变形来实现图像雕刻般的凹凸效果。

（1）分段三次 Bezier 曲线算法。该算法的大致过程如下。

求交点集合：求出底纹与图案轮廓的所有交点，即底纹的图元对象的位置关系会在这些点的附近做相应的偏移变化。

波动：将某些部分的线段相对于原来的位置进行偏移，按一定的规则发生变化，也就是对底纹线条进行干扰。其中涉及方向的选取、偏移的幅度等影响浮雕效果的因素。

接头处理：发生波动的曲线与原来相邻曲线之间的连接处理，必须保证连接处的曲线过渡光滑。

由该算法实现的矢量图形浮雕效果强化了图案边缘，使图案有浮雕般的感觉，产生比较美观的视觉效果。处理获得的浮雕效果在宏观上比较规整，但变化形式相对单一。

（2）孔斯曲面理论算法。孔斯曲面 $P(u,v)$ 是指在单位正方形上对曲边四边形进行差值运算而得到的曲面。其中 4 条曲线边分别为 P_{u0}、P_{u1}、P_{0v} 和 P_{1v}，并对于所有的 $(u,v)\in[0.1]^2$ 满足以下条件：

$$P_{u0}=P(u,0),P_{u1}=P(u,1),P_{0v}=P(0,v),P_{1v}=P(1,v) \tag{4-20}$$

显然，$P(u,v)$ 是从单位正方形到由 P_{u0}、P_{u1}、P_{0v} 和 P_{1v} 组成的曲边多边形的连续双线性变换。当边界曲线是二维平面曲线时，孔斯曲面即二维平面。因此，$P(u,v)$ 定义了一个灵活的从$[0.1]^2$ 到 R^2 的变换。

假定所有的矢量曲线均为三次 Bezier 样条，每段 Bezier 曲线包含 4 个控制点，分别是 P_0（起点）、P_1、P_2 和 P_3（终点）。对于所有的 $t\in[0,1]$，三次 Bezier 曲线的参数方程可以表示为

$$F(t)=(1-t)^3P+3t(1-t)^2P_1+3t^2(1-t)P_2+t^3P_3 \tag{4-21}$$

后续所有的变换都作用在 $F(t)$ 上，具体的算法步骤如下。

① 准备原始图像并进行必要的预处理。

② 按照一定的规则生成矢量曲线组，一般矢量曲线组的外接矩形要比图像区域大。

③ 将图像覆盖在矢量曲线组上并中心对齐。

④ 按照图片区域大小，对矢量线条组进行网格分割，记录每个网格单元 A 的 4 个顶点位置所对应的图像灰度值，然后制定相应的规则，使 A 的 4 个顶点根据灰度值大小的不同发生位移后变为不规则的网格单元 B。

⑤ 利用孔斯曲面方法构造 A 到 B 的双线性变换Φ，使 A 内所有矢量样条曲线在Φ的作用下发生扭曲变形。

为了更精确地得到经过Φ变换后的三次 Bezier 曲线形状，分别在$F(t)$表示的 Bezier 曲线C上取点$P_1 = F(1/3)$和$P_2 = F(2/3)$，并将p_0'、p_1'、p_2'和p_3'视为C在双线性变换作用下得到的目标 Bezier 曲线C'上 4 个新的控制点，其计算方法如下：

$$\begin{cases} p' = \varphi(p_0) \\ p_1' = \dfrac{1}{6}(18\varphi(p_1) - 5\varphi(p_0) - 9\varphi(p_2) + 2\varphi(p_3)) \\ p_2' = \dfrac{1}{6}(2\varphi(p_0) - 9\varphi(p_1) + 18\varphi(p_2) - 5\varphi(p_3)) \\ p_3' = \varphi(p_3) \end{cases} \tag{4-22}$$

通过该算法实现的图形浮雕图案在 4 个方向产生对称的疏密变化效果。曲线的局部更加丰富，所表现的浮雕效果更加细腻。

2．图像隐藏防伪

图像隐藏防伪技术充分运用图像数字处理技术，并结合特殊加网印刷技术、隐形防伪标识技术、纸类再加工技术和光栅技术，把图像巧妙地隐藏在表面图像的隐形区域里，从而使图像成为具有极强的防伪性、保密性和伪装性的隐形图像，以适应各种需要。

在国际上，最早开发成功并被应用的隐形图文设计来自扰视图文（Scrambled Indicia）处理和相应的图像编码技术，人眼看不见这种防伪图文，彩色复印机和数字扫描仪也无法复制这种防伪图文，只有在特制的解码镜下，防伪图文才能显现出来，并产生三维效果。

瑞士洛桑联邦理工学院的 I. Amidror 和 R. D. Hersch 等研究了将莫尔效应的原理应用于防伪证明文件上。他们分别利用一维、二维和随机的莫尔强度分布，实现隐形图像和文字在形状、位置、大小和方向上的变化，即隐形图文并不固定，实现高度敏感、不断变化的莫尔效应。

隐形图文设计或标记最早在安全产品中得到了广泛应用，如钞票、身份证、护照、邮票、税票和各种产品的防伪包装上，以提高它们的安全性能。该技术经常与紫外荧光油墨和红外油墨一起使用。隐形图文标记可以用紫外荧光油墨印刷，或者识别时不仅要用识别镜片，还要用紫外线灯或红外线灯，达到多重防伪的效果。

其中常见的便是利用莫尔纹的干涉现象达到图像隐藏的目的。将两组频率相同或相近的周期性图案叠加在一起，就能产生另一组放大的图案，这就是莫尔原理，所形成的图案为莫尔纹。可以利用莫尔纹的放大作用来进行信息的多层植入。将需要加密的图像调制到特定的背景中，此时人眼无法观察到背景中隐藏的信息；若该背景为光栅图像，将同频的光栅条纹叠加到隐藏信息的背景光栅中，就可以再现并放大隐藏的信息。产生莫尔纹的前提是两张光栅图像，所以这一对（相同频率）光栅条纹的产生是进行防伪的基础。根据龟纹机制来设计制作这两个光栅模板是关键所在，其中一个带有加密信息，称为信息板；另一个用于进行信息解码，称为解码板。

当待隐藏图像的轮廓信息与光栅条纹重合时进行信息隐藏，利用 2PSK 调制来映射到载体图像上。利用信息板与解码板完全重叠时出现的莫尔纹放大特性进行解码。而形成莫尔纹的前提是光栅，所以制作不同角度的光栅来达到光栅的匹配是该加密方法的重点。一方面，为了获得更大的信息隐藏量，进行了不同角度的信息嵌入；另一方面，为了减少多张图映射叠加时的信息干扰，使用单线条的光栅处理。

假设载体图像的角度为 45°，在 1200dpi 分辨率的打印条件下匹配 100lpi 光栅，不同角度光栅线条之间需要的垂直距离为 1200/100=12 像素。为达到与该柱镜光栅完全匹配，首先需要确定两光栅线条之间的水平间隔。

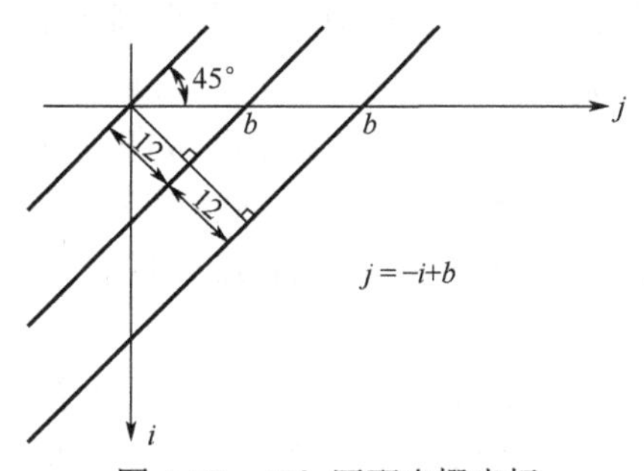

图 4-50　45° 匹配光栅坐标

通过图 4-50 所示的坐标，当角度为 45° 时，计算 b 的长度为 $12\times\sqrt{2}\approx 17$，即该角度下的匹配光栅的两条光栅线间的水平距离为 17 像素。

在信息检测时利用了莫尔纹放大的特性，所以为了得到密文信息，这种防伪技术需要对待隐藏信息进行调制处理来映射到载体图像上，以形成半色调的防伪图像。将经过预处理的待隐藏图文信息经过映射叠加的方式显现在载体图像上。利用 2PSK 调制方式进行图文信息的偏移交换隐藏，即遇到待隐藏的图文信息的轮廓矩阵与载体图像重叠时，进行待隐藏信息的像素调制偏移，同时为了获得更高的对比度，对载体图像的相应像素进行“赋白”操作。在调制的接口处利用平滑处理的方法来减少视觉的毛刺影响。根据单张图处理角度的不同，进行相应的调制方式调整，从而得到三张不同角度的隐藏有图文信息的载体图像。图 4-51 所示为隐藏有 indigo 的载体和局部放大图。解码效果如图 4-52 所示。

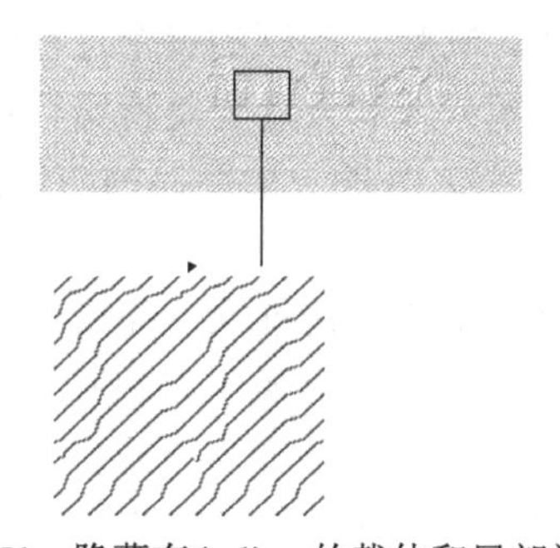
图 4-51　隐藏有 indigo 的载体和局部放大图

图 4-52　解码效果

4.3.2　印刷防伪工艺

利用普通或特殊的印刷方式达到防伪目的的印刷工艺技术称为印刷防伪工艺。主要的印刷防伪工艺有雕刻凹版印刷、接线印刷、彩虹印刷、无墨印刷、对印技术等。

1．雕刻凹版印刷

众所周知，钞票是诸多高端防伪技术结合的产物，而雕刻凹版印刷被认为是其中最理想的安全防伪技术之一。作为一种传统的印刷防伪技术，雕刻凹版印刷在今天仍然具有极高的防伪价值。这是因为雕刻凹版印刷作为特殊的印刷方式，其工艺技术被严格保密，专用设备被严格管制，在印钞厂的垄断下产生特殊的防伪价值。

对于钞票防伪的研究表明，在日常所接触的钞票防伪鉴别过程中，人们通常只能掌握有限的几种安全防伪特征，而雕刻凹版特征被认为是最理想的安全防伪特征之一。它凸起的线纹、强烈的手感、精致的线条和艺术效果成为伪造者不可逾越的屏障。这也是近年来世界各国的印钞企业突出雕刻凹版印刷防伪技术的主流地位，致力于不断提升雕刻凹版的防伪价值，开发全新理念的工艺方案的原因所在。随着人们对雕刻凹版防伪理念不断深入的理解，通过近二十年的开发应用，最终诞生了现代意义上的雕刻凹版印刷技术。传统的雕刻凹版印刷存在手工雕刻制版、低机速回印、油墨防伪单一、工艺完成周期长等不足，不能满足现代社会开发防伪产品的需要。现代雕刻凹版印刷采用凹版综合防伪、凹版精细化的防伪理念，以满足不同用户的需要，以及适应不同的钞票识别方式。

采用隐形图文和微缩文字等新型防伪手段的雕刻凹版在第五套人民币上获得了应用。隐形图文通过凹版转移到纸张表面，形成凸起的墨层，不仅有明显的触觉，而且能以一种特殊的方式展现其视觉效果。将钞票面对光源，置于与双目接近平行的位置，做 45° 或 90° 旋转观察特定区域时，隐形图文的内容就可以完全显示出来，而通过其他印刷方式是无法获得这一绝佳防伪效果的。微缩文字通过凹印在放大镜下也清晰可辨，而普通胶印的微缩文字是难以获得这种精细效果的。最新的雕刻凹版制版技术提供了一种仅使用一种油墨即能展现图案多层次、多色调变化的效果，极大地提高了设计的整体效果和防伪功能。

雕刻凹版印刷技术在艺术性和防伪性上的统一，是其他印刷手段无法比拟的。其将强烈的艺术感染力、丰富的思想文化内涵巧妙地融入整体的防伪设计中，使艺术性成为防伪的重要组成部分，发挥出了独特的防伪价值。

从以上几方面可以看出，现代雕刻凹版在设计、制版、印刷的整个过程中均体现了先进、复杂的工艺技术内容，与之适应、配套的技术人才和设备也是特殊行业长期发展积累出来的。目前，雕刻凹版印刷技术已应用于除钞票之外的一般商品的防伪，如烟花、酒标等。

雕刻凹版印刷这种传统的印钞防伪技术正在以全新的防伪理念、先进的方案、新的特征展现在世人面前，日益呈现卓越的防伪价值。同时，运用现代雕刻凹版印刷技术开发防伪产品已经具备周期短、质量高的优势，完全适应市场经济发展的要求。现代雕刻凹版印刷技术服务于社会是解决企业防伪打假难题的新方法，也是打击假冒伪劣的有效手段之一。

2. 接线印刷

接线印刷是指使用特制的雕刻凹版、凸印、胶印、丝印等印刷设备，在纸张上印刷出方向任意的细线条，每根线条平滑连续并包含不同的颜色，相邻的两种颜色无间断且明显过渡，从而达到一种“接线”效果的防伪技术。接线印刷于 1891 年由伊万·奥洛夫发明，这种工艺不仅巧妙地解决了多色印刷、不同颜色间准确衔接的业界难题，而且其所体现的“接线”效果对当时的普通设备而言是不可能达到的，具有极高的防伪作用，促使其很快被投入纸币印刷生产，后人为了纪念这种革新工艺的发明人，便将其称为奥洛夫工艺，简称奥氏工艺。

1）原理

接线印刷工艺采用一个机组、多个墨路、一套印版、一次印刷实现多个颜色的衔接，原理如图 4-53 所示。

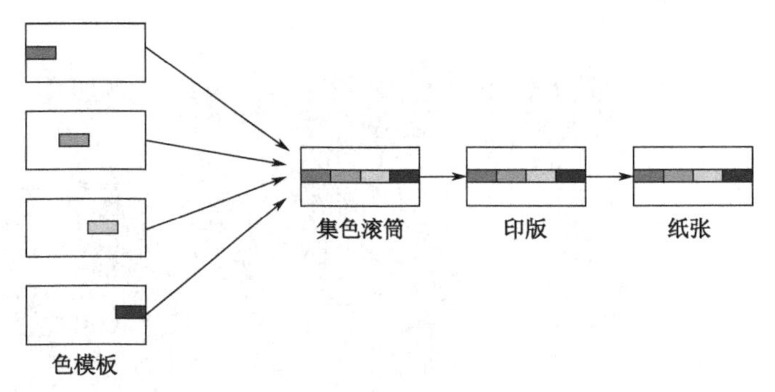

图 4-53　接线印刷原理

随着滚筒的转动，附着了油墨的色模板依次与集色滚筒接触并向其供墨，当 4 块色模板分别转过之后，印版上每个对应区域的油墨都已传递到集色滚筒上。然后，集色滚筒上的油墨又会转移到与之接触的印版上，这样印版上图文的分区供墨就实现了。当附着了油墨的印版转到与带着纸张的压印面接触时，印版上的图文便转移到纸张上，印刷过程完成。简而言之，奥氏工艺的奥秘在于“一版多色”，即一块印版分区供给多个颜色的油墨，一次压印完成多色印刷。这本质上相当于不同颜色的套印在印版上完成，对比纸张上的套印，套印精度有所提高，虽也存在套印误差，却可通过相邻颜色间一定程度的混色来抵消其影响；而普通印刷机则为“一版一色”，若要实现多色印刷，必须完成多次压印。本质上，不同颜色的套印在纸张上完成，而多次压印必然累积套印误差，且误差的影响无法通过其他途径有效消除，想要实现“接线”效果显然是很难做到的。

2）应用

奥氏工艺最早应用在卢布的印刷上，如图 4-54 所示，100 卢布的底纹线条和面额数字部分便采用该工艺印刷完成。从图 4-54（b）中可以看到，每根线条平滑连续并包含多种颜色，相邻的两种颜色过渡自然，且衔接处无断开和明显过渡，这种效果被称为“接线”，也是采用奥氏工艺所印线纹的最大特征。除此之外，该工艺还可完成叠印效果，如图 4-54（c）所示，蓝色线条叠印于棕色色块之上。奥氏工艺一经创立就作为重要的防伪手段应用于钞票的印刷上，并相继被许多国家采用。

我国的胶印接线印刷最早应用于第三套人民币的生产，极大地提高了人民币的印制品质，而干胶印接线印刷工艺的发明也早于其他国家 20 多年，成为我国当时钞票防伪技术的核心，并陆续出现在越南、阿尔巴尼亚、老挝、柬埔寨等国的纸币上。第三套人民币 2 元纸币正面胶印底纹和背面胶印花饰采用了接线印刷。值得一提的是，这张纸币胶印底纹的最初设计是围绕 145 甲型机的工艺特征而开展的，即正、背面各通过 145 甲型机印刷一次达到双面接线效果。后来随着 245 甲型机的投入使用，因生产需要，部分 2 元纸币采用该型设备生产，而 245 甲型机的工艺特征为正面接线、背面套印，所以其背面花饰采用套印印刷。这种正面接线、背面套印的搭配也逐渐成为人民币底纹的主流特征。

3．彩虹印刷

彩虹印刷是指通过改变印刷机供墨槽及串墨辊，在同一印刷单元上使用不同颜色的油墨，从而使一个完整的“团状图纹”在不同的部分具有不同的颜色，而且这些颜色的变换是逐渐过渡的，没有明显的界线，犹如天空中彩虹的渐变。这种工艺不但能产生特

（a）背面效果

（b）接线

（c）叠印

图 4-54　奥氏工艺应用在卢布印刷上

殊的印刷效果，使仿造者难以模仿，而且印刷效果极易识别，无须借助特殊工具，正是这些原因使彩虹印刷成为一种重要的防伪印刷工艺。我国百元人民币（正面背景底纹的颜色从橙黄向橙红、绿、蓝逐渐过渡）及第二代身份证应用了此工艺，图 4-55 所示为身份证和货币上的应用效果。彩虹印刷效果用多色叠印的方法是难以实现的，而且在商业票据上很难看出墨斗中各色隔板的准确位置，假冒者即使仿用彩虹印刷的方法也很难确定隔板间距，从而增加了假冒的难度。如果在大面积的底纹上采用这种工艺，其防伪效果将更加明显。

图 4-55　彩虹印刷在货币和身份证上的应用效果

那么，如何实现这种彩虹效果呢？这需要将胶印机原有的墨槽按照原稿彩虹效果位置，用分隔器（隔色板）分隔成几部分，按照顺序放置不同颜色的油墨（如 1 号墨、2 号墨、1 号墨、2 号墨……或 1 号墨、2 号墨、3 号墨、1 号墨、2 号墨、3 号墨……）；根据产品要求的混色区调整串墨辊的串墨幅度，即通常所说的串墨量，使其能在机械控制下有规律地左右窜动，当墨到达 PS 版时，墨的边沿部分已经融合在一起，印版的图案被涂布上彩虹般的油墨，再通过橡皮布转移到承印物上，完成彩虹印刷。这一过程中，分隔器的大小和串墨辊串动量都将影响最终的彩虹效果的实现，必须控制得当，才能保证印刷品质量的稳定和彩虹效果的一致。

彩虹印刷技术由于供墨、串墨过程有一定的随机性，加上混色产生的美观效果，使得每张印件具有独特性和可观赏性，使造假者难以仿造，有较好的防伪性能。目前这种操作简单、控制精确的彩虹印刷和专色墨印刷的防伪技术，正得到越来越多用户和印刷企业的认可和使用，随着人们的物质需求日益丰富，专色墨印刷和彩虹印刷技术必将得到更为广泛的应用。

4．无墨印刷

无墨印刷（Inkless Printing）又称无墨压印，是指印刷时不使用油墨，而是直接采用加热的、有图文的印版或通过压力在纸张或塑料基片等承印物上空压印，使承印基片发生一定的形变，冷却后图文定形，形成无色图文的一种特种印刷技术。2011 年 7 月 27 日，欧洲专利局发布了编号为 GB 2477139（A）的无墨印刷设备专利，该专利中无墨印刷采用干式工艺，打印图像时不需要墨粉、墨水等成像材料，但是需要使用特定的承印材料——基板，其上要含有联乙炔等感光呈色材料，当这些感光呈色材料曝光于合适的能量源（如激光）之下时，很容易改变颜色。为了打印所需的图像，应让激光束选择性地直接照射基板的不同区域，从而使基板产生从无色到任意色彩的变化。

图 4-56 所示为无墨印刷包装。

1）原理

无墨印刷是一种基于微纳米结构物理显色的无油墨印刷技术，可以完全不用或只用极少量的油墨进行包装或标签印制。采用电子束、全息模压、激光直写、超精密数控加工、电化学腐蚀等微细加工技术，都可以加工形成数码编制的微纳米级别的条纹结构母版，实现包装制品或标签的量产复制。这些微纳米条纹结构对光产生的折射、散射、反射、衍射等形成纹理的反差、变化或色彩，就形成了印刷图文，这一过程与化学油墨完全无关。为了实现无墨印品的批量复制，首先要通过成像法、掩膜法、电子束曝光法、激光曝光（直写）法、机械刻划法、干涉法（全息）制作出母版（相当于常规印刷中的印版），然后采用热压成形或 UV 复制成形等工艺，就可实现无墨印制品的批量生产。

图 4-56 无墨印刷包装

工艺上主要分为无墨凹印和素压纹两种。

雕刻凹版印刷在印刷过程中需要很大压力才能将印版上的油墨转移到承印材料上，由于压力的作用，使得印刷图文区的承印材料发生较大变形，在印刷图文正面形成一定浮雕高度，而在印刷图文的背面形成一定的凹陷。利用这一特性，在印刷时采取不上油墨进行空压，利用压力，使承印基材发生形变而形成浮雕图文，使雕刻凹版上的图文信息“转印”到承印基材上。无墨凹印的印刷压力比正常的雕刻凹版印刷要大，才能形成更加明显的浮雕图文。

素压纹（Blind Embossing）使用专用设备，图文被制于一对阴阳印模上，阴模上图文凹下，阳模上图文凸起，印刷时纸张在阴阳模的压力下形成浮凸图案，原理类似于钢印。

2）应用

无墨印刷具有简单、环保、防伪、低成本等特点，承印材料可以是纸张、塑料薄膜及塑料片材，也可以是金属化薄膜及金属板，目前已用于包装、标签、安全线、证卡等领域。压纹工艺效果如图 4-57 所示。

图 4-57　压纹工艺效果

使用一些特种材料，还可制作通用装饰底纹、喜庆用品；也可用于特种覆膜或转移，以及制作防伪拉线。无墨印品具有科技感、时尚性、环保性，定会创造更多应用形态，拓展到更广阔的市场领域。

（1）MVC（Moire Variable Color）及 MVC+。MVC 技术是 Goznak 公司将无墨印刷和胶印技术相结合而研发出来的高端防伪技术，俗称“变色龙”或“彩虹波纹”。从 MVC 技术的命名即可看出，该技术是 Moire 干涉防伪原理的一种应用。该技术首先需要在承印材料上印刷由一定粗细、周期的直线构成的基本光栅底色，而后进行无墨凹印空压，形成浮雕光栅，浮雕光栅与底色光栅呈一定的夹角，从而形成 Moire 干涉条纹。

随后，Goznak 公司对 MVC 技术进行了防伪性能升级，开发出 MVC+技术。MVC 技术与 MVC+技术的区别在于，MVC 技术采用的是无墨凹版盲压，所形成的浮雕光栅与底色上的光栅不需要精确套位，所形成的干涉条纹多为直线状或放射状，形式单一。MVC+技术采用的是无墨凹印套色空压，所形成的浮雕光栅与底色上的光栅精确套位，可以形成任意形状的图形、Logo、数字等信息，形式多样。

典型的应用是在新版 500 卢布上，在上下转动纸币时，隐藏的面值数字 500 中每个数字都发生颜色变换，其中 5 由黄绿色变为青色，中间的 0 由青色变为橙色，边上的 0 由品红色变为绿色，如此反复。

（2）精细凹印雕刻潜影及 PEAK。精细凹印雕刻潜影是新一代的能在三维背景上呈现真正的数字图像翻转的潜影图像。该技术是在精细凹印雕刻技术的基础上开发的。1996 年，德国捷德公司引入计算机高分辨率雕刻技术，首次使在凹印印版上雕刻精细线条成为可能，从而使新的安全特征技术得到发展。在该技术中形成潜影的元素直接通过高分辨率激光雕刻设备进行凹版雕刻，然后压印到纸币的金属反光层上，形成精细凹印雕刻潜影图案。当倾斜纸币时，潜影图案发生变化，使隐藏的两种图案变得清晰可见。

随后，捷德公司又开发出 PEAK（Printed Embossed Anticopy Key）技术，为公众提供了一个简单可行的方法来检验钞票的真伪。PEAK 技术的特点在于其工艺实现过程只是印刷和压纹工艺的结合，精心设计的细纹通过压纹工艺压印在一定的背景上，产生一个三维的光学可变的潜影图像，在不同的观察角度下可以看到不同的隐藏信息及颜色。

（3）Jasper。法国欧贝特公司将无墨印刷与全息技术结合形成了 Jasper 技术。Jasper 技术是国际上公认的高科技防伪技术之一。

Jasper 技术具有一种动态压花光学效应，结合盲压花三维全息图，具有至少两个以上的光学效应，可防止复制和扫描。

（4）光变结构式。中钞油墨有限公司开发了一种具有光变结构的防伪图纹，该图纹包括印刷在载体上的平版印刷线条和凹版素压印的浮雕线条。其中，平版印刷线条为带有弧度的一组曲线线条，曲线线条由粗变细或由细变粗。凹版素压印的浮雕线条为与平版印刷线条对应的具有相同弧度的一组曲线线条，叠印在平版印刷线条之上，浮雕线条的宽度变化规律与平版印刷线条相同。该技术通过两种印刷方式的精确叠印，产生线条宽度连续变化的曲线的浮雕结构，在转动观察印品时出现连续的光变效果，具有直观、易于识别、防复印、不易伪造等特征。该动态光变防伪图纹及其制作方法可以应用于有价证券的防伪。

5．对印技术

对印技术是在印刷材料的正反两面分别印刷图案的不同部分，当在有光源的条件下透光观察时，正反两面的图案能够准确对齐，形成一个完整的图案。

作为一种常见防伪手段，对印技术最早由西方国家在钞票生产中采用。德国在1849 年 7 月 1 日发行的 2 盾钞票，除纸张采用由植物图案构成的隐秘水印外，背面主景与正面主景的人像都采用了对印技术。奥地利在 1956 年发行的 20 先令钞票，采用了当时最先进的八色双面胶印机同时印刷两面，这种机器的高精度对花饰对印起到了很重要的作用，至今仍然是奥地利防伪措施中的一个关键手段。西班牙在 1978 年发行了全套所有面值的钞票，不仅保留了原有凹印人像、多色底纹和带安全线、荧光纤维的水印纸，而且只能在紫外线下观察到荧光油墨和正背对印图案。澳大利亚在 1988 年为庆祝建国200 周年发行了一种 10 澳元的塑料钞，钞票上面开了一个塑料窗，塑料窗上印有光变图案，光变图案能折光，当光线角度或观看角度发生变化时，会产生一种变幻的彩虹图案。不仅如此，在钞票的两面都印上了一些辅助性的菱形图案，对光观察时，可以看到对准的菱形。我国的现钞，从 10 元到 100 元，都采用了正背互补对印技术，印有一个完整的古钱币图案。

如图 4-58 所示，北京奥运会纪念印刷品正面人像、右下角的长方形团花、右上角的五环标志与背面人像、左下角的长方形团花、左上角的五环标志对印得一丝不差。如果印刷品的正背面图像用两种不同颜色对印得非常准确，将整个图像对着光线看，它会变成第三种颜色。反之，正背面两种颜色的图像对印得不是很准确，将印刷品对着光线看，图像不会变成第三种颜色。再看正面左上角的徽标与背面右上角的徽标，只是外圆线条对印，定义为“局部对印”。还可以把一个完整的图纹分割为正背互补图纹进行对印，即“互补对印”。

图 4-58 北京奥运会纪念印刷品

4.3.3 印后防伪工艺

为了提高印刷品的附加值和科技含量，印后整饰越来越受到人们的重视。印后整饰的作用在于保护商品，提升产品档次，使产品凸显视觉效果。传统烫金（也称烫印）作为印后整饰中的重要工艺，对印刷品起着独特的装饰作用。随着科技的发展和消费者的个性化需求提升，印后整饰工艺不断创新，先后出现了冷烫印、全息定位烫印等多种新工艺，其应用范围也从烟、酒、药品、食品逐步扩展到服装、化妆品等日常生活的各个领域，无不反映出烫印技术发展的迅猛势头，同时也导致烫印加工市场的竞争越来越激烈。

印后防伪技术主要有烫印技术、折光技术等。

1. 烫印技术

烫印是指在精装书封壳的封一或封四及书背部分烫上色箔等材料的文字和图案，或者用热压方法压印上凸凹的书名或花纹。

1）原理

烫印的实质就是转印，是把电化铝膜上面的图案通过热和压力的作用转移到承印物上面的工艺过程。当印版随着所附电热底板升温到一定程度时，隔着电化铝膜与纸张进行压印，利用温度与压力的作用，使附在涤纶薄膜上的胶层、金属铝层和色层转印到纸张上。

2）工艺流程

烫印的工艺流程包括烫印前的准备工作、装版、垫版、烫印工艺参数的确定、试烫、签样、正式烫印。

（1）烫印前的准备工作。烫印前的准备工作主要包括电化铝箔的检查和选用、烫印版的准备，以及烫印机的检查工作。合理使用电化铝箔，对充分利用材料、减少浪费和降低成本都有很重要的意义。因此，在进行图文设计时就要考虑到物尽其用，既要美观，又要节约。电化铝箔烫印前，一般要精确计算用料，根据产品烫印面积的需要，留有适当的空隙。

（2）装版。将制好的铜版安装在底板上，然后将底板固定在机器的电热板上，再将压力调整到合适的程度。铜版应固定于底板的合适位置上，既要保证受热效果好，又要方便手工操作，底板通过电热板受热，并将热量传给印版进行烫印。铜版一般采用粘贴或螺钉固定的方法，底板用螺钉固定在电热板上。安装铜版时，可借助图文版的阳图胶片来进行定位，以保证烫印定位准确。

（3）垫版。根据烫印效果，对局部不平并造成烫印效果不好处进行垫版处理，使各处压力均匀。

（4）烫印工艺参数的确定。烫印温度是依据被烫物的质地（如塑料、纸张、皮革等）与烫印形式决定的。烫印面积较大，温度要略高些；反之要低些。

烫印压力的大小应根据被烫物性质、厚度及烫印形式决定，比一般印刷压力大。烫印压力以不糊版、烫迹清晰光亮、牢固不脱落、不发花为宜。在同一块版上烫印两种面积大小悬殊的图文时，要使单位面积压力相等，烫印面积越大，烫印压力应越大；反之则小。

在实际操作中，通常把烫印时间当作一个常量，不轻易改变它。固定了烫印时间后，调整烫印温度与压力可使变量减少、操作简化，容易控制质量。一般来说，只有在条件特殊时才考虑改变烫印时间。

（5）试烫。当前期工作准备好后，可以进行试烫，如规矩不对，可适当调整前规或侧规；如果未达到质量要求，可再次调整烫印温度或进行垫版操作，达到烫印质量规定的要求后，可以带着试烫样张和标准原稿到车间主管处进行签样生产。

（6）签样。车间主管经反复对比确认烫印合格并签样后，操作人员可进行正式烫印。

（7）正式烫印。在正式生产过程中，操作人员要按生产要求进行自检。同时，车间主管及质检人员也会在机台边进行抽查检验。

3）发展

除了传统的热烫印，目前还发展出了冷烫印。冷烫印是指利用 UV 胶黏剂将烫印箔转移到承印材料上。冷烫印又可分为干覆膜式冷烫印和湿覆膜式冷烫印两种。

干覆膜式冷烫印对涂布的 UV 胶黏剂先固化，再进行烫印。10 年前，冷烫印技术刚刚问世时，采用的就是干覆膜式冷烫印。

冷烫印技术为广大印刷企业提供了新的机遇。其最大的优势就是投资少，甚至无须投资。但是，同热烫印技术相比，冷烫印技术在质量方面还存在一定的缺陷，有待进一步提高。因此，冷烫印技术通常不适用于高质量包装和标签产品的加工。

2. 折光技术

折光技术也称反光图文印刷技术、折光模压技术。该技术是国外 20 世纪 80 年代初兴起的，它是“印刷技术”和“印刷品表面整饰加工技术”的有机结合。它采用光反射率高的材料作为基材，经过精心设计、制版、印刷，压印出有规律、凹凸状的线条图文。在光的照射下，折光印刷品具有独特、迷人的光学色彩，其表面具有新颖、奇特的金属镜面折光效果，随着受光的变化或视觉角度的改变，图文呈现出耀眼的动感，立体感强。它在工艺上具有一定的特殊性和隐蔽性，因而具有一定的防伪性能，所以，它在香烟包装、酒类包装、化妆品包装、玩具包装和日用品包装中有着比较广泛的应用。

“折光”实际上指的是反射光，而非折射光。光的反射现象在很久以前就为人们所熟知。到了 17 世纪，法国科学家笛卡儿对此做了总结，在他所著的《折光学》一书中，正式提出了反射定律的现代形式。在研究折光技术时切勿将“折光”一词误解为折射光。

1）原理

折光印刷在印刷工艺过程中主要运用了光学原理。当一束光照射到物体表面时，一部分光线被有规律地反射，另一部分光线可能透射过去并发生折射或被物体所吸收。折光印刷运用了光学原理中的光反射特性产生的折光效果。

光反射的强弱是由被照物体表面的光滑程度所决定的。被照物体表面越平整光滑，对入射光反射越强烈，会产生镜面反射，即对平行入射的光线沿着同一方向反射；如果被照物体表面粗糙不平整，平行入射光线就不能按同一方向反射，而会朝各个不同方向反射，使反射光变得杂乱无序，反射光线就显得暗淡。因此，要充分展现折光印刷光彩夺目的效果，就必须采用表面平整光滑的承印材料。折光技术所产生的较强的光泽感和立体感，不同于其他表面整饰技术，如覆膜技术、上光技术、滴塑技术和烫印技术等，这些技术需要在印刷品表面增加新的物质才能使印刷品具有光泽感，而模压技术、凹凸压印技术需要复杂的加工模具和较大的压力。折光技术是对镜面承印基材（铝箔纸、镀铝纸等）进行细微凹凸线条处理的一种如同印刷般的轻量级机械加工，利用高反射率的

图 4-59　折光护身贴纸效果

基材表面和细微凹凸线条的多光位反射所产生的综合效应。它使单一平面的同位反射扩展为有正面光、前侧光、左侧光、右侧光、顶光、脚光等多光位的反射（图 4-59），使印品更加光彩夺目、动感十足。

2）发展与应用

近年来兴起的网版印刷折光技术是折光技术与网版印刷技术有机结合的一种新技术。激光折光技术和传统折光技术（机械折光技术）都不需要油墨，只通过刚性模板来压印折光纹理至承印物表面。而网版印刷折光技术通过网版印刷方式，在承印物（镜面金、银卡纸和铝箔等）上印刷出超细的凹凸线条，经光的照射后会产生多彩的折光效果，使网版印刷产品表现出高雅华丽、光彩动人的效果。

折光产品应当根据实际情况来选择适宜的网版印刷方式及印刷机械。一般来讲，印刷图形面积比较小时，可以采用手工网印的方式。如果印刷图形面积比较大，应考虑采用高精细度的网印机，以确保产品质量。网版印刷折光技术的工艺过程比较简单，技术要求不高，一般的网版印刷企业均可生产，只是生产效率与其他方法相比较低。

目前，折光技术在烟酒包装、书刊装帧等方面广为应用，不仅可以提高商品的陈列价值和附加值，还能达到保护商品、防止伪造的目的。可以有效地运用线条的不同走向、粗细、间距和光的反射原理形成中心发散式、旋转式或流动式等折光效果，加上印品本身的色彩和光泽，便形成了高档防伪包装。

3．热收缩全封口防伪带拉套瓶帽印刷技术

热收缩全封口防伪带拉套瓶帽多采用 PVC 或分切的吹塑薄膜等作为生产材料。当选用 PVC 热收缩软质薄膜、PVC 树脂等材料作为防伪带拉套瓶帽的生产材料时，对于单张或小批量、小幅面生产，采用圆压圆凸版、柔性版印刷机或手工丝印方式生产。对于大批量、大幅面的卷筒塑料薄膜，采用卫星式塑料薄膜凹版或橡皮凸版印刷机印刷。油墨选用液晶热变色油墨、温控印刷防伪剂、塑料用防伪油墨即可。

4．激光标码技术

多年来，对容器的标签进行激光标码已成为一项标准。在标签工位的粘胶盘上对标签进行标码，或者直接在机械手（如回转式容器盘或传送带）操作容器时进行标码。与其他标码技术（包括激光刻划标码）相比，激光掩模标码技术可对正在以最高线速操作和正在进行复杂运动的标签进行标码，最大标码速度可达每小时 9 万个标签。一般来说，激光标码是通过在已印刷好的区域去除颜色，使标码信息显示出与底色不同的颜色而实现的。对激光刻划标码技术而言，标签的标码时间取决于标码内容的多少，一般为 50～75ms。与激光掩模标码相比，激光刻划标码的优点是灵活性高。

5．激光穿孔技术

传统穿孔技术和微型穿孔技术有本质的区别。微型穿孔技术采用 KBA-Giori 独家提供的先进的激光阵列组，可以对钞纸或塑料钞基进行烧孔，一个激光阵列组可以在 1h 内完成 6000 张钞纸的烧孔。孔径大小统一，一般在 85～145pm，远小于 300μm 以上的机械式穿孔。纸币的激光孔也不是千篇一律的，在高倍放大镜下，它们形态各异，有正孔也有斜孔，有椭圆形也有蝌蚪形。由于微型穿孔的设备由 KBA-Giori 独家供应，因此成本较高。

4.4 典型的防伪印刷实例

防伪印刷的内容复杂且庞大，在纸币和包装上体现了最高的防伪印刷水平。本节将利用欧元的防伪技术和包装防伪技术来介绍防伪印刷的发展与应用。

4.4.1 欧元

1. 历史与发展

欧元（Euro）是欧盟 19 个成员国的货币。这 19 个成员国分别是德国、法国、意大利、荷兰、比利时、卢森堡、爱尔兰、西班牙、葡萄牙、奥地利、芬兰、立陶宛、拉脱维亚、爱沙尼亚、斯洛伐克、斯洛文尼亚、希腊、马耳他、塞浦路斯。

1999 年 1 月 1 日，在使用欧元的欧盟国家中实行统一货币政策（Single Monetary Act）。2002 年 7 月，欧元成为欧元区的合法货币，欧元由欧洲中央银行（European Central Bank，ECB）和各欧元区国家的中央银行组成的欧洲中央银行系统（European System of Central Banks，ESCB）负责管理。另外，欧元也是 6 个非欧盟国家（地区）的货币，它们分别是摩纳哥、圣马力诺、梵蒂冈、安道尔、黑山和科索沃地区。其中，前 4 个国家（地区）根据与欧盟的协议使用欧元，后两个国家（地区）则单方面使用欧元。

欧洲货币局发布的欧元草样有 7 张，面值分别为 5 欧元（灰色）、10 欧元（红色）、20 欧元（蓝色）、50 欧元（橘黄色）、100 欧元（绿色）、200 欧元（黄色）和 500 欧元（紫红色）。票面由窗户、大门和桥梁三个基本建筑要素构成，分别代表欧盟成员国之间的开放、合作与沟通精神。

第一套欧元纸币于 2002 年 1 月 1 日至 2013 年 5 月 1 日期间发行，随后从 2013 年 5 月 2 日起被欧罗巴序列纸币所取代。与硬币不同的是，纸币的设计在整个欧元区都是一样的。为了使纸币更耐用，并让人们更容易通过触摸来识别，印制纸币的纸张由纯棉纤维制造。欧元纸币的尺寸最小为 120mm×62mm，最大为 160mm×82mm。不同的纸币使用不同的主题色调以便区分。

欧洲央行 2014 年 1 月 13 日发布了新版 10 欧元的纸币样本，新版 10 欧元于 2014 年 9 月 23 日上市流通。

新版 10 欧元上印有神话人物欧罗巴的肖像水印作为安全标记。这个肖像取自意大利南部一个有两千多年历史的古董花瓶上的画像。除欧罗巴肖像之外，新版纸币还有其他的防伪标识。印在纸币正面的面值数字从侧面观察颜色会从祖母绿色变成深蓝色，纸币边缘设置了凸起的波纹，用特殊材料印制，比其他部分略厚。事实上，欧洲央行继 2013 年发行了新版 5 欧元纸币之后又推出新版 10 欧元的目的之一是增加纸币的使用寿命，方便人们在自动提款机、自动售货机上取款或付款，避免出现因钞票用旧导致机器无法识别的情况。

所有的欧元纸币都印有欧洲央行行长的签名。因此，当新的欧洲央行行长上任后，欧元纸币上的签名也随之改变。截至 2019 年，欧元纸币上印有三任不同行长的签名。

表 4-2 与表 4-3 所示分别为第一序列欧元与欧罗巴序列欧元。

表 4-2　第一序列欧元

面值	正面	背面	发行时间	印刷截止时间
5 元				2013/05/01
10 元				2014/09/23
20 元				2015/11/24
50 元			2002/01/01	2017/04/03
100 元				2019/05/27
200 元				2019/05/27
500 元				2019/01/27

表 4-3 欧罗马序列欧元

面值	正面	背面	印刷截止时间
5 元			2013/05/02
10 元			2014/09/23
20 元			2015/11/25
50 元			2017/04/04
100 元			2019/05/28
200 元			2019/05/28

2．防伪特征

欧元纸币是由奥地利中央银行的 Robert Kalina 设计的，主题是“欧洲的时代和风格”，描绘了欧洲悠久的文化历史中 7 个时期的建筑风格。其中，还包含一系列的防伪特征和各成员国的代表特色。

1）材料

欧元的纸张主要由棉、麻纤维抄造而成。纸质坚韧，挺度和耐磨力好，长期流通纤维不松散、不起毛、不断裂，在紫外线下无荧光反应。棉纤维长，使纸张不易断裂、吸墨好、不易掉色。麻纤维结实坚韧，使纸张挺括，经久流通不起毛，对水、油及一些化学物质有一定的排斥能力。用手触摸纸币时，有坚韧、紧实的手感，手指轻弹纸币，声音清脆。

2）技术与工艺

（1）水印。如图 4-60 所示，欧元纸币均采用了双水印，即与每一票面主景图案相同的门窗图案水印及面额数字白水印，双水印右侧印有机读条码黑水印。此外，还采用了多色调水印等一系列复合水印技术。

（2）安全线。如图 4-61 所示，欧元纸币采用了全埋黑色安全线，安全线上有欧元名称和面额数字。

图 4-60 双水印

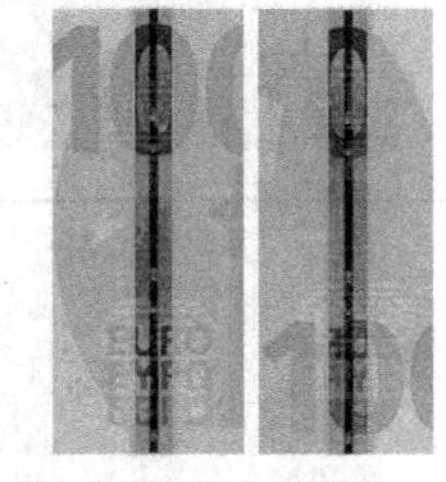

图 4-61 全埋黑色安全线

（3）对印图案。如图 4-62 所示，欧元纸币正背面左上角的不规则图形正好互补成面额数字，对接准确，无错位。

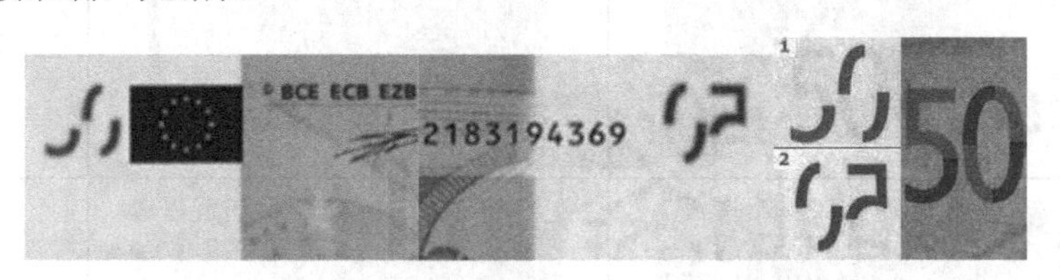

图 4-62 对印图案

（4）凹版印刷。欧元纸币多处采用了凹版印刷技术，触摸钞票正面的主题图案和手感线，能感觉到明显的凹凸感，如图 4-63 所示。

图 4-63 凹版印刷在欧元上的使用

（5）珠光油墨印刷图案。5 欧元、10 欧元、20 欧元背面中间用珠光油墨印刷了一个条带，不同角度下可出现不同的颜色，而且可看到欧元符号和面额数字。

（6）全息标识。5 欧元、10 欧元、20 欧元正面右边贴有全息薄膜条，变换角度观察可以看到明亮的欧元符号和面额数字；50 欧元、100 欧元、200 欧元、500 欧元正面的右下角贴有全息薄膜块，变换角度观察可以看到明亮的主景图案和面额数字。图 4-64 所示为 100 欧元纸币全息标识与 200 欧元纸币全息标识。

（7）光变面额数字。50 欧元、100 欧元、200 欧元、500 欧元背面右下角的面额数字是用光变油墨印刷的，将钞票倾斜一定角度，颜色由紫色变为橄榄绿色，且面额数字上有微缩的欧元符号“€”，如图 4-65 所示。

（8）荧光油墨和多色段无色荧光纤维。

欧元纸币的正背面都嵌入了多色段无色荧光纤维，每根纤维上有黄、红、蓝三种不同颜色，在紫外灯下发出明亮的荧光。票面正面的欧盟旗帜和欧姆龙环使用单波段荧光黄油墨印刷；五角星和部分主图像采用双波段荧光油墨印刷，在长波段紫外灯下发出明亮的黄色荧光，在短波段紫外灯下发出明亮的橙色荧光，使货币符号“€”从荧光图案中凸显出来。票面正面的图案右下角使用单波段荧光绿油墨印刷，在紫外灯下发出明亮的绿色荧光。

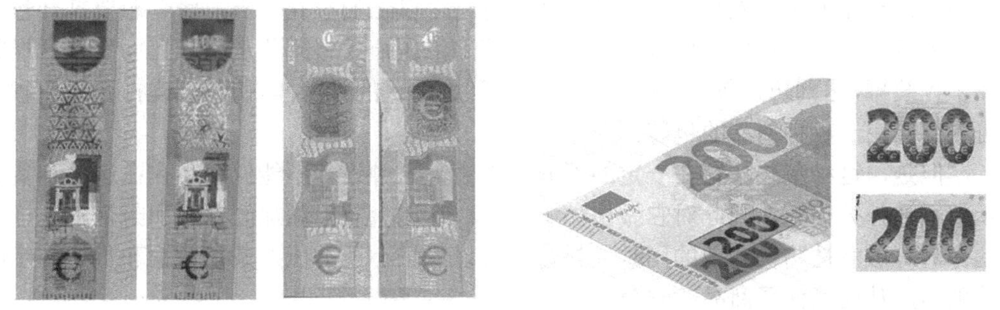

图 4-64　100 欧元纸币全息标识与 200 欧元纸币全息标识　　图 4-65　光变油墨使用效果

（9）凹印缩微文字。欧元纸币正背面均印有缩微文字，在放大镜下观察，缩微文字线条饱满且清晰。

（10）透明窗。转动观察，可见钞票右侧透明窗显现出的欧元符号“€”变换颜色，如图 4-66 所示。

（11）防复印底纹——欧姆龙环，如图 4-67 所示。

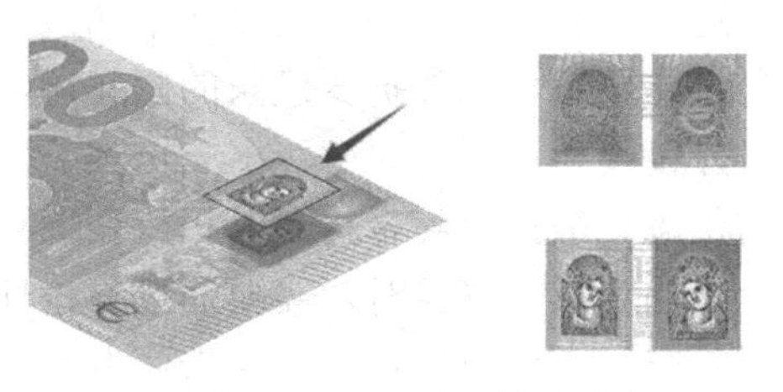

图 4-66　100 欧元的透明窗

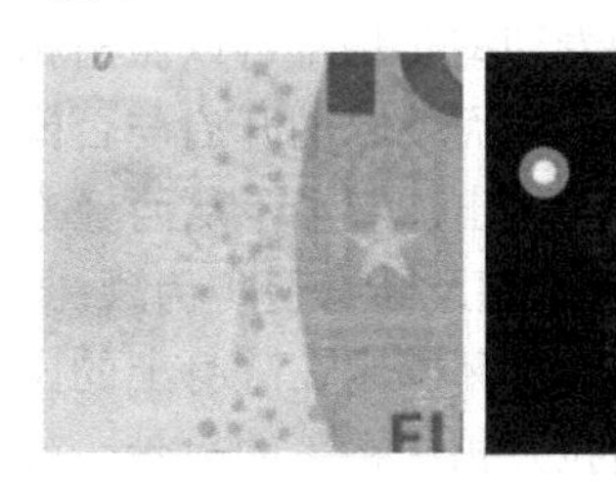

图 4-67　100 欧元的欧姆龙环效果

4.4.2　标签与包装防伪

我国国家标准 GB/T 4122.1—1996 中规定，包装是为在流通过程中保护产品、方便贮运、促进销售，按一定技术方法而采用的容器、材料及辅助物等的总体名称，也指为了达到上述目的而采用容器、材料和辅助物的过程中施加一定技术方法等的操作活动。应该说，这一定义既包含了包装的过程与目的，又包含了包装的结果与状态，概括了产品包装的内涵。

包装的主要作用是保证内装物在装卸、贮运、陈列、销售直至消费者过程中，在有效期内启用时不被破坏，即具有安全性，但今天这种安全性已经得到了延伸。包装防伪可以大致分为结构防伪、材料和工艺防伪。

1. 结构防伪

1）分类与原理

结构防伪主要分为整体结构防伪和局部结构防伪。

（1）整体结构防伪。整体结构防伪是指把包装的整个外形或包装材料（功能性材料为佳）设计得与众不同，以此达到防伪的目的。例如，可以为产品设计特殊的造型结构或全封闭式结构，或者采用整体功能型包装材料等。

① 易剪型防伪罐：固体小食品防伪包装通常采用全封闭式防伪罐。全封闭式防伪罐的结构多种多样。例如，易剪型防伪罐采用的是全封闭式结构防伪设计，罐身立面、罐盖的下方有压痕条，罐身及压痕条中间开有一个以上的小孔。当消费者想要打开包装罐取出内容物时，可将剪刀伸入小孔内，用剪刀沿压痕条将罐盖从罐身上剪离，这样就破坏了包装罐，达到防止包装罐被造假者回收利用的目的。这种防伪包装罐打开方便省力，可广泛应用于各种商品的包装。

但是，这种包装罐存在一定的不安全因素，这种设计不能保证小孔在运输和货架展示中不被外力损坏，因此对它做出如下改进：在原包装上增加固定钉和封带，这样包装罐在具有破坏性防伪功效的同时，封带也可以保护小孔的压痕条在运输和货架展示中不被破坏，从而确保了商品的安全。

② 卷切型防伪罐：固体小食品防伪包装还可采用卷切型防伪罐，它也采用全封闭式结构防伪设计，罐身立面、罐盖的下方有压痕条，压痕条上有由压痕压穿并向罐身外翘起的翘起端。当消费者想要取出包装罐内的商品时，可拉起罐身外的翘起端，撕开压痕条。这样就破坏了包装罐，可以防止包装罐被造假者回收利用。

但这种卷切型防伪罐存在一定的缺陷，即压痕条及压痕条翘起端比较容易在贮运过程中遭到破坏，从而使消费者难以辨别包装罐是否被打开过，也就不可能辨别出商品的真伪。对于这种卷切型防伪罐可以做出相应的改进，即在原有包装结构设计中加入带定位钉的拉环结构，从而使它的开启与否比较明显，定位钉可以保护压痕条的翘起端，同时可以方便消费者拔出翘起端，从而轻松地开启外包装。

③ 封带型防伪罐及断身型防伪罐：封带型防伪罐一般采用封带将罐盖扣压在罐身上，封带的另一端将易拉环固定在罐身上的压痕块上。当要打开罐盖时，需要通过易拉环拉脱压痕块，从而拉开扣压罐盖的封带，或者剪断封带，破坏包装罐，防止造假者回收利用。断身型防伪罐在罐身立面、罐盖的下方有压痕条，而且压痕条有向罐底弯曲的部分，在压痕条向罐底弯曲部分以上罐盖的立面装有易拉环。综合封带型和断身型防伪罐的设计理念，可以看出它们都是利用易拉环的不可再恢复性设计的破坏式防伪包装，可以很方便地被消费者辨别和使用。

（2）局部结构防伪。局部结构防伪是指在商品包装的某一部位采用特殊的结构进行防伪。最常见的局部结构防伪是在包装的封口和出口结构处设置防伪措施，或者在商品包装的局部设置特殊的结构、标志或附加结构。一旦商品包装被启用，或者商品被使用，则原有的包装无法再恢复，因此局部结构防伪多数是一次性包装，如最常见的鲜奶纸包装就属于毁灭式包装，其使用过程就是撕裂封口处，使其包装结构遭到破坏，从而达到防伪的目的。

一次性包装多种多样，如毁瓶毁盖式防伪瓶盖，它主要由瓶口、瓶盖、大小内塞、金属断瓶装置、凸缘、凸起环等部分组成，通过金属断瓶装置在瓶颈上的滑动槽中滑动来破坏瓶体，从而达到防伪的目的。同时，产生的碎玻璃不会外露而对使用者造成伤害，倾倒内装液体时也不会产生洒漏现象。

2）结构防伪的应用

近年来，随着白酒行业的复苏，塑胶包装生产厂家不断增多，同质化现象越来越严重，各大厂家在外观、结构、表面装饰等方面不断升级技术的同时，重新开始重视包装防伪结构设计与开启体验，进而提升产品的核心竞争力。

白酒塑胶包装防伪结构多为局部防伪结构，即在包装的部件上设置一个独立的撕裂防伪片，撕裂防伪片通过防伪齿（也称连接筋）连接包装主体部件。安装时，防伪卡扣穿过盒体安装孔与底座连接，同时防伪卡扣的弹片变形后与盒体撕裂片固定。当包装开启时，首先需要拔除防伪卡扣，防伪齿在撕裂过程中由于缺口效应断裂，进而实现撕裂片与盒体分离，最终实现盒体与底座分离，打开后的包装盒无法复原，从而达到防伪的目的。

塑胶包装防伪结构按开启防伪结构的方式，大体可分为四大类：拉断式防伪结构、撕裂式防伪结构、按压式防伪结构、特殊式防伪结构。这几类防伪结构历经市场锤炼，经过不断优化产品结构，改进生产工艺，现已具备较为完善的物理防伪功能，广泛应用于各大白酒包装。塑胶包装防伪结构如图 4-68 所示。

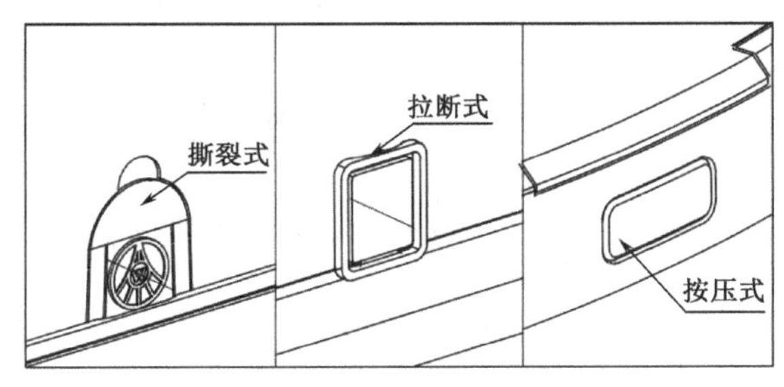

图 4-68　塑胶包装防伪结构

其中，特殊式防伪结构主要指采用多种材料复合而成的包装盒，可基于不同材质的优势设计开启防伪结构的方式，如塑胶制品与纸张、马口铁、皮革等结合，再根据不同材质的特性进行防伪结构设计，但复合包装盒不环保，回收再利用率低，因此使用率相对较低。

旋转卡钉作为使用者开启包装的媒介，不仅要实现包装开启的功能，还要具有美观性。为了给消费者提供更好的开启体验，根据旋转卡钉的设计理念，结合人体工程学原理，从以下几方面进行旋转卡钉的结构设计。

卡钉扣合处结构设计：设计卡钉结构时须将卡钉扣位变形装配与固定功能分开设计，即卡钉扣位与包装防伪齿无关联，另外设置一个部件，装配后使卡钉扣位变形增大，从而连接并固定包装盒。以旋转卡钉破坏包装盒两个部件为例，卡钉扣合处结构如图 4-69（a）所示。

卡钉切割刃口结构设计：需要通过旋转方式切割包装盒的连接齿，在实际使用过程中可能存在刃口相对较钝，不能同时切割两个连接齿的情况。因此，在设计卡钉刃口时，在保证切割强度的情况下，要优化刃口宽度，尽可能做到旋转时，每个刃口仅切割一个连接筋，进而降低切割强度。

旋转拉环结构设计：在白酒塑胶包装盒中，常见的卡钉拉环为细铁丝或基于塑料材质制作的拉环，而对于旋转结构来说，需要对拉环施加旋转切割连接齿的力，塑料或细铁丝能承受的扭矩较小，可考虑采用金属拉环。同时，为了区别开启的方式，旋转拉环可设计为扁平状，旋转卡钉结构如图 4-69（b）所示。

包装盒连接齿设计：根据旋转防伪卡钉的设计要点，防伪齿的排布须与防伪卡钉有机结合，使旋转卡钉时仅能切割一个连接齿，同时连接齿的强度设计须满足包装跌落的功能性要求。根据实验数据分析，最终设计 8 个连接齿，即每个部件的连接齿为 4 个，旋转角度大约为 130°，易于使用者旋转开启操作。切割连接齿的过程如图 4-69（c）所示。

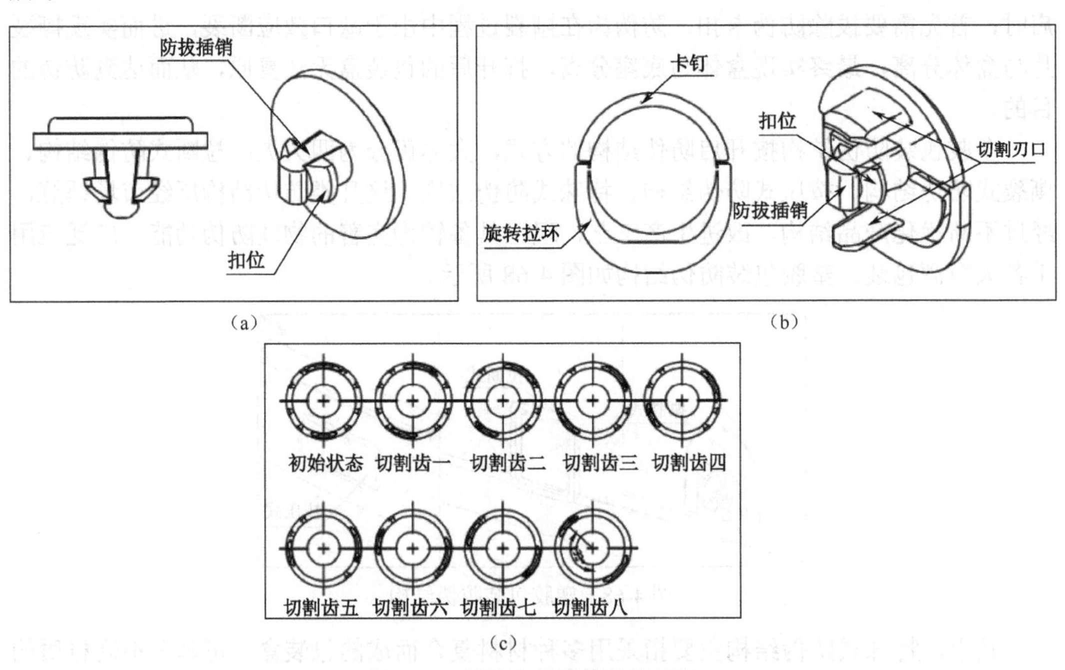

图 4-69　旋转卡钉结构设计示意

3）发展

现有的包装防伪结构设计虽然逐渐完善，但还是具有各种缺陷，而新的技术在不断发展。四川省宜宾普什集团 3D 有限公司提出了一种 PET 光栅包装结构设计，该包装通过双重撕裂开启结构，实现包装不可循环使用、防伪标识可兑奖等功能，具有极强的防伪功能和保护作用。

双开式光栅防伪包装盒（以下简称光栅包装）使用 0.6 mm 75 lpi PET 柱镜光栅片材轧制而成，包括盒体、盒底和盒盖三部分，如图 4-70 所示。内置物封装完成后，依次将两个相对的侧翼防尘顶盖 212 和 217、中层顶盖 213、半圆形顶盖 210 往内折叠成 90°，同时半圆形顶盖 210 上的上铆钉孔 510 与中层顶盖 213 上的下铆钉孔 511 相对应后，使用铆枪插入铆钉。完整的铆钉包括铆枪受力区、有色铆钉外部和铆钉银色固定区，如图 4-71 所示。将铆钉插入铆钉孔，以铆枪受力区朝上对铆枪加压后，铆枪受力区脱落，铆钉变形爆开后铆住下铆钉孔 511。

消费者在拆封的过程中有两种开启方式：向上拉起 210，破坏防伪结构 211 及上铆钉孔 510，将 210 剥离 213，再掀开 213 和 214、216 即打开封装，取出盒内的物品；手捏撕裂口沿防伪撕裂线 215 撕开，从而使 213 与中层顶盖剩余部分 214、216 分开，破坏防伪结构 211 及上铆钉孔 510，213 随即脱落，此时将 210 和 214、216 打开，即可取出盒内产品。在开箱前，消费者可通过观察防伪撕裂线 215 和铆钉是否完整来判断盒体是否被开启过。在防伪撕裂线 215 完整的情况下，想要在不破坏盒体的情况下取出内装物，则需要将 210 与 213 分离，由于 210 与 213 通过铆钉连接，因此只有将铆钉破坏才能分离 210 和 213，取出内装物。综上所述，防伪撕裂线 215 和防伪结构 211 中任意一个被破坏，则说明包装盒在封箱后曾被打开过。因此，无论采取哪种开启方式，都可以通过观察包装盒的完整性来判断它是否被打开过，具有较强的防伪性能，而且新颖的双重开启方式也给消费者带来了极佳的体验感。

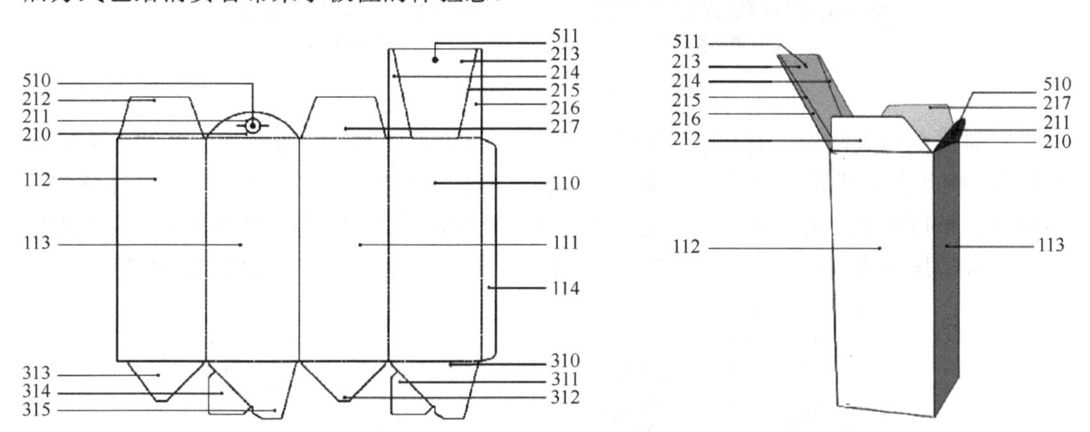

110—第 1 侧面；111—第 2 侧面；112—第 3 侧面；113—第 4 侧面；114—粘胶覆盒边；210—半圆形顶盖；211—防伪结构；212、217—侧翼防尘顶盖；213—中层顶盖（内侧为兑奖区）；215—防伪撕裂线；214、216—中层顶盖剩余部分；310—第 1 底板；311—内侧喷胶区域；312、313—底部防尘翼；314—外侧喷胶区；315—第 2 底板；510—上铆钉孔；511—下铆钉孔

图 4-70　光栅包装结构

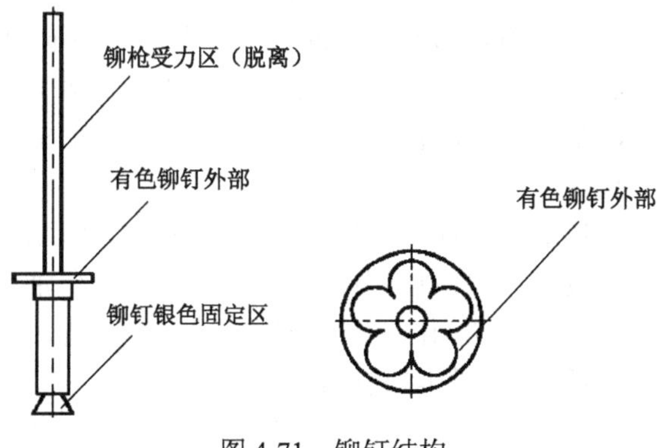

图 4-71　铆钉结构

2. 材料和工艺防伪

防伪材料与技术被广泛应用于包装行业，尤其是烟草包装（俗称烟标）。烟标防伪技术包括材料防伪、工艺防伪、电子溯源防伪等。

1）材料防伪

全息材料防伪：激光全息防伪结合了涂布、模压等工艺方法，如全息防伪定位电化铝，通过热转移或冷转移工艺将PET基膜上的蒸镀层、全息图案转移到纸上，得到全息防伪效果，如图4-72所示。

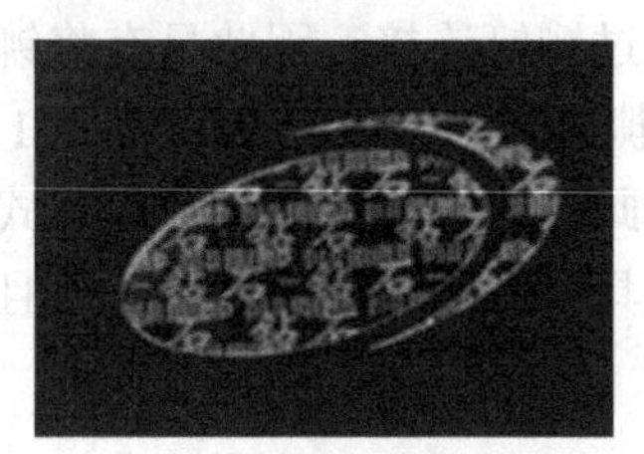

（a）钻石烫印微缩文字

（b）贵烟国酒香定位烫印

图4-72　全息防伪效果

浮雕光刻专版防伪：定位光刻纸是一种直观的防伪技术，浮雕制版工艺结合UV膜压技术，制作全息猫眼铂金浮雕定位卡纸、铂金浮雕防伪图案。铂金浮雕技术立体感强、亮度好、精度更高，并具有金银浮雕效果，印刷过程中颜色与浮雕图案套印。由于采用全息专版模压技术，因此材料具有唯一性，不能被扫描复制。定位光刻纸如图4-73所示。

（a）中华定位光刻纸

（b）云烟秘密花园定位光刻纸

图4-73　定位光刻纸

防伪油墨：指具有防伪功能的油墨，这种油墨由色料、连接料和油墨助剂组成，即在油墨连接料中加入特殊性能的防伪材料并经特殊工艺加工而成的特种印刷油墨。它利用油墨中有特殊功能的色料和连接料来防伪。通过施加不同的外界条件，主要采用光照、加热、光谱检测等方式，观察油墨印样的色彩变化，达到防伪的目的。防伪油墨按其防伪功能分，主要有以下几种。

（1）热敏变色油墨。热敏变色油墨防伪的原理是色料采用颜色随温度变化的物质。例如，中华条盒采用热敏变色油墨，常温下无色透明，当用指甲迅速划过后受热变蓝，冷却后还原为无色，如图4-74所示。

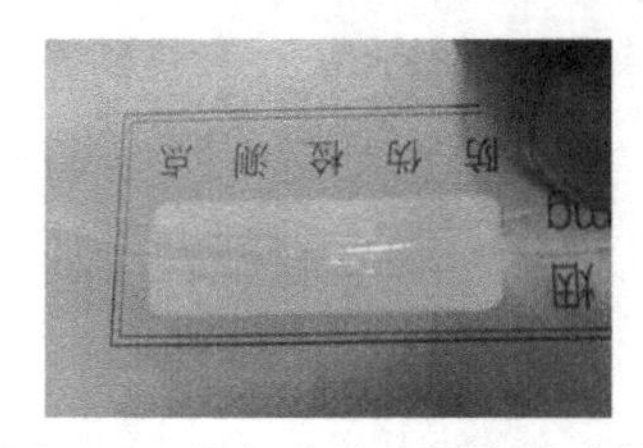

图4-74　烟标上的热敏变色油墨

（2）紫外荧光油墨。紫外荧光油墨防伪的原理是在油墨中加入紫外线激发的可见荧光化合物。例如，中华小盒顶部“CHUNGHWA”采用紫外荧光油墨，正常环境下为无色透明，在紫外线照射下变为紫色，撤除紫外线后渐渐褪为无色，如图 4-75 所示。

（3）变色油墨。色料采用多层干涉光学碎膜，观察者变换视角，可看到不同颜色。例如，泰山（儒风）使用红变金变色油墨，通过不同的视角可以看到红色和金色的变换；泰山（望岳）使用蓝变紫变色油墨，通过不同的视角可以看到蓝色和紫色的变换，如图 4-76 所示。

图 4-75　烟标上的紫外荧光油墨

图 4-76　变色油墨

（4）光敏变色油墨。光敏变色油墨防伪的原理是在油墨中加入光致变色或光激活化合物，如冬虫夏草（和润）在紫外线照射下，可看到隐藏的防伪文字，如图 4-77 所示。

（5）磁性油墨。磁性油墨所用色料为磁性物质，如氧化铁和氧化铁中掺钴等。云烟（大紫）条形码四周印有磁性油墨，使用专用检测笔检测时会发出声音信号，如图 4-78 所示。

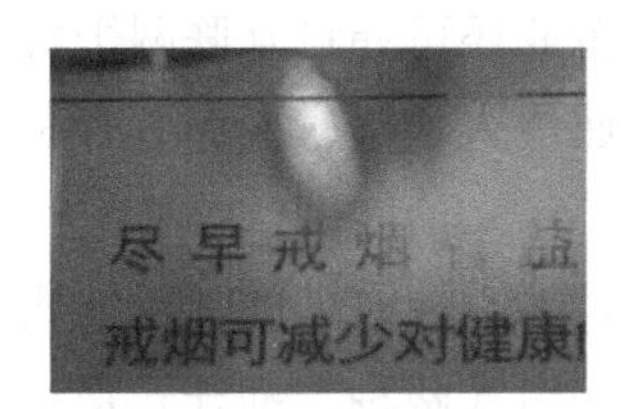

图 4-77　冬虫夏草（和润）使用的光敏变色油墨

图 4-78　云烟（大紫）使用的磁性油墨

2）工艺防伪

（1）钞线防伪。钞线防伪属于印刷防伪中较为常见的方式，通过设计印刷各种线条效果来达到防止扫描复制的目的，采用超高精度的扫描仪或照相制版也不能再现图文的线条形态。粗细线条扫描后，就成为点阵式图形，而不是矢量图形，所以线条微弱的粗细变化就会有损失，如果是专色线条，输出时必须分色，分色后就成为网点图形，套印不准也会有很大损失，这样的线条输出后就和原成品相差很大，用肉眼就可以轻易识别，所以能够防止复制，从而达到防伪的目的，如图 4-79（a）所示。

（2）专版微缩文字、图案防伪。专版微缩文字、图案印刷是一种 NDA 式图像文字复制分色加网新技术，其网点极其微小，加上印刷分色模式的变幻莫测，造假者用现有的设备是无法探明有关数据的，从而无法仿冒复制。对于采用了超微缩防伪技术的印刷品，消费者、经销商、质检和执法部门可用高倍放大镜仔细检验，鉴别商品真伪。例如，中华小盒华表使用加网技术，印刷后肉眼观察为小黑点，放大 60 倍后，单个网点为五角星形状，如图 4-79（b）所示。

（3）莫尔纹双卡防伪。莫尔纹双卡防伪又称叠栅，它包括 A 栅与 B 栅。A 栅称为解码栅，它含有规律性结构。B 栅称为编码栅，把图文信息编码在其中。B 栅可以通过文件处理形成印刷文件。把 A 栅与 B 栅叠合，在白光照射下，适当转动 A 栅，透过 A 栅可看到隐藏的图文信息。例如，泰山（望岳）使用莫尔纹双卡防伪技术，将隐形编码文件设计为白墨版，印刷后使用特制解码片在白光照射下适当转动角度，就能清晰地看到隐藏的文字及图案。另外，此编码印刷文件采用传统手动软片出版方式，以达到无法破解编码文件信息的目的。双重技术结合，使防伪可靠性更高，如图 4-79（c）所示。

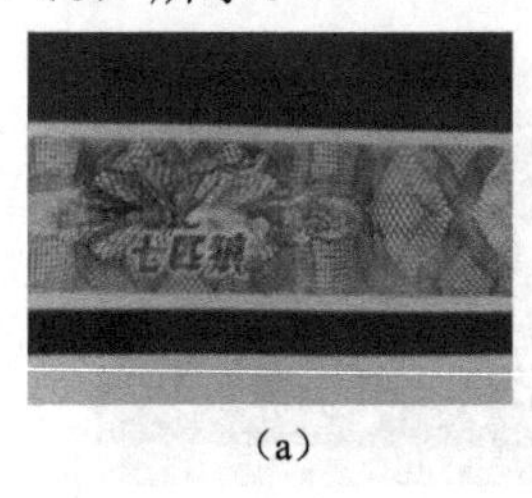

（a）

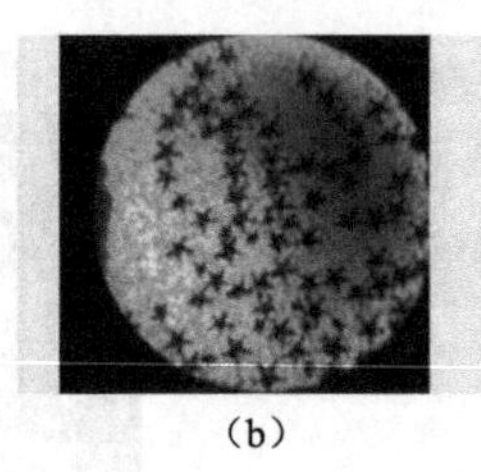

（b）

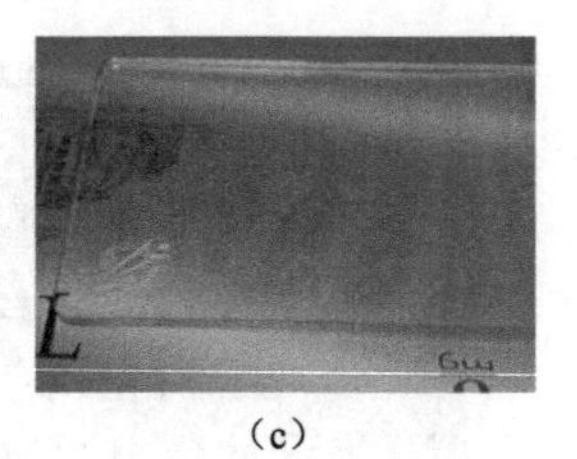

（c）

图 4-79　工艺防伪效果

3）其他防伪技术

（1）电子溯源防伪：在烟标中成熟运用的是喷印二维码防伪，二维码防伪系统集合了网络技术、通信技术、数据加密技术等，通过产品信息数据库对防伪码的生成、传输和使用环节进行全程监控和管理。首先要建立产品数据库，为每个产品建立一个唯一的二维码。通过二维码进入互联网平台进行防伪辨识，企业还可通过互联网平台进行产品销售追踪、策划营销活动等，使得产品生命周期能够通过大数据掌握，更有利于产品的品牌形象建立和推广。

（2）覆盖层防伪：覆盖层防伪是目前市场上使用较多也较有效的防伪方式，利用覆盖层覆盖数码或图文信息的防伪标识，分为刮开式和揭启式两种。刮开式是将覆盖层去掉，通过短信防伪查询、400 电话、800 免费电话、固定电话、网站、二维码等进行验证；揭启式目前在烟标行业中得到推广，结合二维码验证技术，验证时必须对包装进行撕裂，产生破坏，保证产品在到达消费者手中时是第一次使用和防伪验证。

随着其防伪保真的作用被社会逐渐认可，防伪材料与技术被广泛应用于各个领域，尤其是烟草包装行业，大胆创新，尝试将多种防伪技术相结合，由原来简单的图案防伪进化为电子防伪、互联网平台防伪，手段多样化，验证简捷化，最大限度地保护企业品牌、保护市场、保护广大消费者合法权益。充分利用防伪技术来打击假冒伪劣、整顿和规范市场，不仅能够促进行业良性发展，更是现代企业对外提升企业及其产品形象，展示企业对消费者、社会负责任的一种必要手段。因此，无论是企业还是消费者都应该重视防伪，提高防伪意识，保护自身的合法权益。

参考文献

[1] 张绍武. 生产水印防伪纸的关键部件水印网的制作[J]. 黑龙江造纸，2019,47(4): 33-34.

[2] 张俊翠，李光晨. 水印纸的发展进程及应用[J]. 印刷质量与标准化，2012(10):20-21.
[3] 张绍武. 安全线防伪标签纸生产工艺控制要点[J]. 中华纸业，2017,38(20):69-71.
[4] 郝晓秀，杨淑蕙，冯群策，等. 安全线防伪纸的研究进展[J]. 天津造纸，2002(4):21-23.
[5] 胥伟. 含铕荧光防伪纤维的制备及其发光性能研究[D]. 太原：太原理工大学，2019.
[6] 宋秉高. 防伪纸张与复写纸防伪[J]. 中国防伪报道，2003(1):15-16.
[7] 刘映尧，陈港. 在微胶囊囊芯中加荧光防伪材料增强无碳复写纸防伪性能的探讨[J]. 造纸科学与技术，2013,32(3):26-28.
[8] 司伟锋. 无碳复写纸用微胶囊的制备及其防伪性能研究[D]. 广州：华南理工大学，2012.
[9] 李金丽，刘全校. 磁性防伪纸[J]. 黑龙江造纸，2010,38(2):34-34.
[10] 孙帮勇. 防复印纸[J]. 印刷杂志，2006(2):74-75.
[11] 张钰培，诸葛阳. 法国纹理纸的应用与发展空间[J]. 包装世界，2017(2):84-83.
[12] 姚俊杰，陈静，钱建锋，等. 磁性防伪技术应用研究[J]. 丝网印刷，2021(8):37-40.
[13] 陈伊凡. 隐形红外油墨的制备及其性能测试[J]. 印刷技术，2010(17):57-58.
[14] 邢颖，郭林，张阳，等. 光致变色防伪应用的研究进展[J]. 染料与染色，2018,55(1):34-37.
[15] 邢颖，李文骁. 光致变色防伪材料研究进展[C]//第十四届染料与染色学术研讨会暨信息发布会论文集. [出版者不详]，2016:56-65.
[16] 宋词，童盛智，吕勇，等. 可逆温变转色 UV 油墨及其变色特性[J]. 包装工程，2017,38(1):76-80.
[17] 赵东柏，唐少炎，孔繁辉，等. 热敏（温变）油墨的变色原理及其在包装领域的应用[J]. 包装学报，2013,5(1):24-25.
[18] 樊官保. 360° 圆形彩虹雕刻凹版接线印刷工艺[J]. 中国品牌与防伪，2021(6):64-65.
[19] 张临垣，赵惠明，张雷. 雕刻凹版印刷——不断创新的防伪利器[J]. 中国防伪，2004(08):39-40.
[20] 王长安. 浅析专色墨印刷和彩虹印刷的防伪效果[J]. 中国印刷，2015(8):90-91.
[21] 海德堡公司. 防伪印刷中的靓丽“彩虹”——应用于单张纸胶印机的彩虹印刷工艺[J]. 印刷技术，2011(23):25-27.
[22] 张桂兰. 揭秘无墨印刷新技术[J]. 印刷技术，2014(11):44-45.
[23] 秩名. 日本京都大学研发出高清无墨全色打印技术[J]. 中国包装，2019,39(9):96.
[24] 刘永庆. 折光印刷技术[J]. 丝网印刷，2009(12):10-12.
[25] 黄山石，刘智理. 防伪新技术在欧元纸币中的应用研究[J]. 科协论坛（下半月），2013(2):35-36.
[26] 刁厚昌，郭伟东，王传龙. 白酒塑胶包装防伪结构设计浅析[J]. 工业设计，2019(11):159-160.

[27] 吕伟，李静. 烟草包装防伪技术及应用[J]. 中国包装，2018,38(9):31-35.
[28] 谢利，赵荣丽. 产品防伪包装结构设计与分析[J]. 印刷技术，2007(11):33,35-36.
[29] 阳培翔，刘坤宏，陈莉，等. PET 光栅包装结构设计及安全性能试验[J]. 包装工程，2019,40(23):258-263.
[30] 吴哉和，黄来军. 金属包装结构破坏性防伪设计[J]. 包装工程，2002(6):66-67,70.

第 5 章

半色调加网的基础理论

自印刷术发明以来，印刷行业迫切想实现在印刷品上表现出浓淡色调变化的图像，经过长期的探索，终于发明了具有划时代意义的技术——半色调技术（Halftone Technique），它是传统印刷中用来处理阶调并模拟连续调（Continue Tone）的技术，通常也称加网（Screening）技术。半色调是相对于连续调而言的表示阶调的一种方法。银盐相片上的影像是由连续的层次所构成的，这样的影像称为连续调影像。相对而言，印刷机或打印机打印的图像只能借着墨或不着墨两种阶调来表现层次，这样的二值化影像称为半色调影像。借助不同形式、不同大小的墨点，利用人眼可以将图像中邻近墨点进行视觉积分的原理，在一定的距离观察下，便可以使二值化影像重现连续调的感觉。也就是说，这些墨点越小，二值化影像就可以在越短的观测距离下被人眼观测成近似连续调的影像。

随着计算机技术的发展，数位半色调（Digital Halftoning）技术已经取代了传统的过网程序。一般数位过网的网点有两种，分别为调幅（Amplitude Modulation，AM）网点与调频（Frequency Modulation，FM）网点。简单来说，AM 网点是利用网点面积大小来表现图像的浓淡的，FM 网点则以网点排列间距的疏密不同来呈现图像的层次。

本章主要介绍传统印刷阶调控制原理及实现技术、半色调加网的基本原理和网点的物理特性，以及半色调加网的质量要求。

5.1 传统印刷阶调控制

半色调技术的发明是印刷史上的一个重要里程碑，其历史可以追溯到 1852 年，英国物理学家 Fox Talbot 将黑色纱布放置在一个感光材料和一个物体之间来复制图像，纱布的结构产生了一个网屏编码图像，成功将连续调图像分解为由大小不同而密度均匀的网点组成的半色调图像。在照相技术发明后，人们对印刷品还原其连续调形式的要求不断增加，Georg Meisenbach 通过照相半色调的方法创建了加网的基础，并且该方法沿用至今。Georg Meisenbach 利用一种栅格结构创造可重复利用的网屏，将连续调图像经加网分解成网目调图像。该方法在长期的发展中不断完善。1893 年，Louis 和 Max Levy 因照相制版工艺印刷网屏获得了专利。该技术将原稿的连续调值分解后得到大小不同的网点，以便用于印刷。

由此可知，半色调技术的作用就是将连续调原稿变成适合印刷的黑白信息元素。由不同大小的半色调网点来表现不同的明暗程度。由于人类视觉系统的特性，在一定的观察范围内，网目调所呈现的特性就是“平滑的”，即在视觉上观察到的图像与原连续调图像一致。因此，单位面积上的网点越多，所呈现的效果就越精细。以术语“加网线数”（或加网频率）来定义网点之间的距离。以正常阅读距离（30cm）观察一幅60l/cm的图像，人眼便不能区分出单个网点。

5.1.1 阶调控制

阶调来源于颜色差异，是图像明暗或颜色变化的视觉表现。在图像复制技术中，阶调是评价印刷品质量的一个重要指标，侧重对图像整体状况的描述。例如，“阶调分布”指图像中各种不同明暗等级的分布状况，“阶调长短”指图像最亮和最暗阶调值所构成的范围大小，“高调人物”指整体上十分明亮的人物肖像。

图像的最大阶调范围是由其最亮与最暗的等级决定的，根据图像的明暗差异可以将图像的阶调分为极高光、亮调、中间调和暗调。其中，亮调是指由高亮度颜色构成的阶调，也称高调。在加网图像中，亮调部分没有黑点（网点）或存在最小的黑点，在灰度等级为256级的情况下，其处于灰度值240附近的一个范围内。极高光一般是图像中的小面积区域，由极其明亮的颜色构成，灰度值几乎达到255。中间调是中等明亮程度的颜色形成的阶调，其构成图像的主要部分，处于灰度值127附近的一个较大范围内。暗调是指由明亮程度很低的颜色构成的阶调，即图像中很暗的区域，其处于灰度值12附近的一个范围内。在图5-1中，中间的花瓣部分为亮调，水珠的中间为极高光，蓝色背景为中间调，花柄为暗调。

图5-1 阶调示例

在阴图、透明正片或反射图像中，密度范围被定义为最亮部分与最暗部分的光密度差ΔD。仅在特殊情况下，原稿的密度范围才能达到印刷条件。例如，透明正片的密度范围为$\Delta D=2.0$，而用于凹印的氮素连续调阳图的标准密度范围为$\Delta D=1.35$。在这种情况下，原稿的密度范围在复制中会发生变化，所有的图像数据会尽可能地在$\Delta D=1.35$的范围内再现。尽管无损图像是不可能获得的，但尽可能减少视觉感知误差是可以做到的。这就意味着在图像复制中，要尽可能多地运用连续调阳图上的细节。图5-2显示了将原稿密度传递到印刷密度的不同的复制特性曲线。

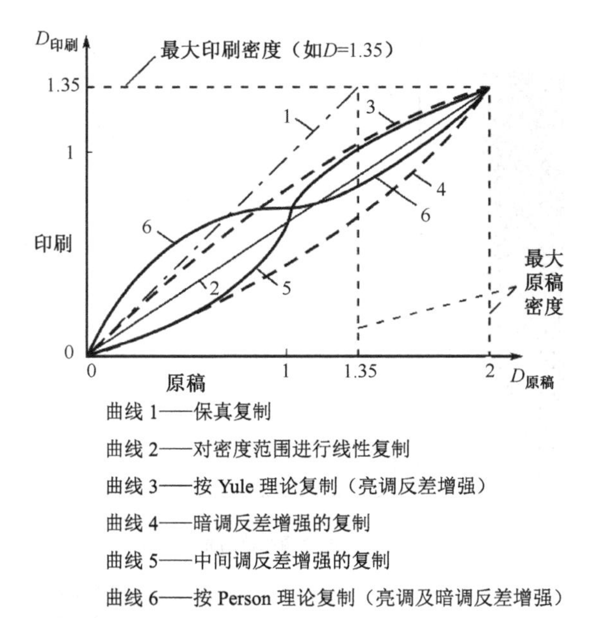

曲线 1——保真复制

曲线 2——对密度范围进行线性复制

曲线 3——按 Yule 理论复制（亮调反差增强）

曲线 4——暗调反差增强的复制

曲线 5——中间调反差增强的复制

曲线 6——按 Person 理论复制（亮调及暗调反差增强）

图 5-2　复制特性曲线

密度值为 1∶1 的传递（保真复制）只能再现部分图像数据，这对应于图 5-2 中的曲线 1。对于该曲线，图像中密度值低于 1.35 的内容将被如实地复制，而密度值高于 1.35 的原稿的细节（该例中的密度值为 2.0）都与最大密度值 1.35 的效果相同，因而它们在阴影区丢失。曲线 2 提供了一种将整个原稿密度范围压缩到期望复制的密度范围内的可能性。假设可见细节的密度差ΔD=0.02，那么透明正片上的可见细节区域在复制时就会消失，这可能与整个图像的大量信息丢失相关联。因此，根据图像内容确定暗调（高密度）区的细节是否比亮调（低密度）区的细节更重要是十分必要的。若亮调区更重要，则应使用曲线 3 进行复制；反之则使用曲线 4。若要使中间调复制的效果最好，如人像，则曲线 5 是最合适的。曲线 6 对于亮调和暗调的细节复制效果要优于中间调。

通过控制胶片材料的反差系数，能够获得不同的特性曲线。具有不同反差系数的胶片材料如图 5-3 所示。

显影处理和蒙版的使用（反差压缩蒙版、高光蒙版等）也会影响复制特性曲线的斜率和线性程度。

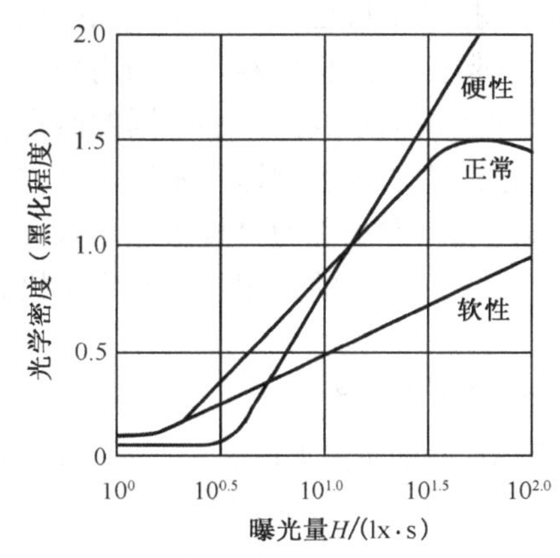

图 5-3　具有不同反差系数的胶片材料

5.1.2　照相加网工艺

连续调图像的加网是指对具有连续阶调的原稿或胶片进行投影或接触加网。在这两种情况下，振幅调制的周期网屏能够产生大小不同但间距相等的网点。图 5-4 显示了由一个连续调原稿生成一幅半色调阳图的特例，其中的图像信息是由不同形状的半色调网点组成的。

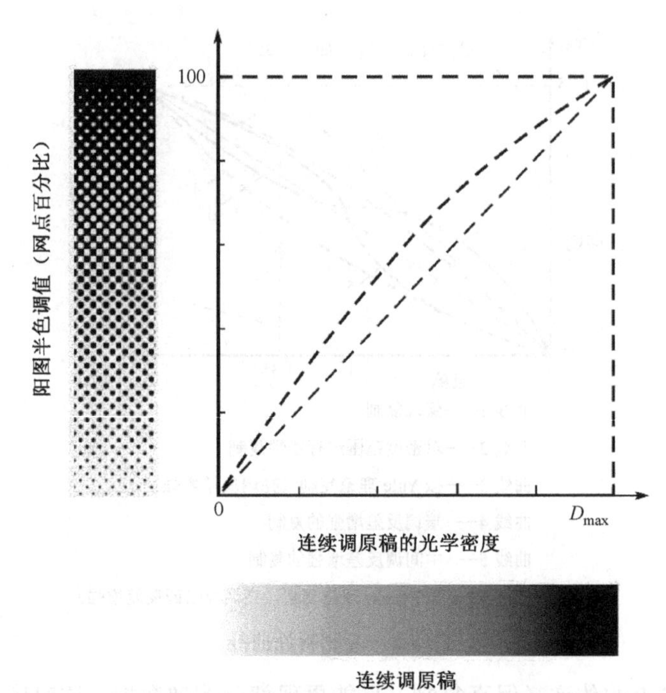

图 5-4　由一个连续调原稿生成一幅半色调阳图的特例

根据制版所用的印版类型的不同，在阴图印版和阳图印版上就产生了差异。其中，阳图印版需要阳图胶片，而阴图印版需要阴图胶片。为了对不同类型的印版事先补偿网点大小的固有变化（网点扩大），在制作加网胶片时就需要合适的复制特性曲线。

在照相技术发明之前，几乎不存在可复制阶调和颜色渐变的印刷技术。1882 年，德国人 Georg Meisenbach 首创将连续调图像经加网分解成网目调图像进行制版印刷的加网技术，该技术使得连续灰度级被加网成不同的网点，照相制版技术的出现也宣告了半色调技术的诞生。照相加网是指利用网屏对光线的分割作用，将连续调原稿的图像内容转移到胶片上，记录成由大小不同的网点构成的网目调图像。正因为网屏对连续调的分割作用，才产生了半色调这一术语，并被印刷行业普遍接受。其中，基于光路中的特殊玻璃网屏的加网方法称为“投影加网”，改用这种特殊网屏后，半色调图像质量明显提高。因此，真正意义上的照相加网起步于投影网屏。

5.1.3 投影加网

投影加网的示意如图 5-5 所示，在制版照相机 h 距离处的胶片前放置一个玻璃网屏，该网屏由两块互成 90° 的玻璃直线网屏黏合而成，直线的间距与网线频率一致。例如，网线间距 w=1/60cm 对应于 60l/cm 的加网线数，而且网线宽度 l=w/2，并被染成黑色。

玻璃网屏相对于水平直线可以以一定角度进行旋转。在胶片平面上，为了使网屏上每个网孔后的照相机光圈的孔径都成像为一个网点，就需要将网屏距离 h 调节到合适的大小。这些网点是胶片上最亮的区域，并且这些网点间的距离增大时，胶片平面上的光强随之减小，直至达到最小值；而后，随着进入下一个网点区域，光强又会逐渐增大。

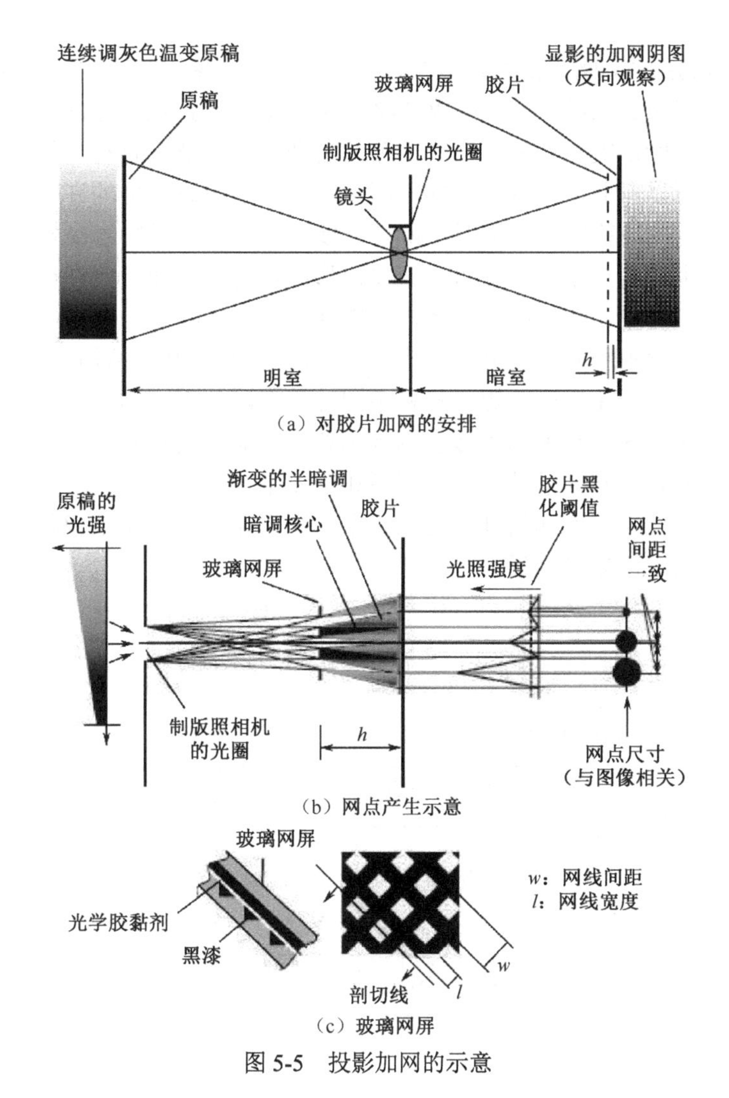

图 5-5　投影加网的示意

如果将一幅连续调图像（原稿）装入照相机的原稿架，由于亮度不均匀，在胶片平面内所呈现出的图像表现出具有虚晕的网点结构。要将亮度不均匀造成的虚晕网点转换成边缘清晰、遮盖力高、大小不同的网点，就必须使用“里斯型特硬片”。这类胶片能制作出高透明度或高遮盖力（黑色）的图像区域，并且两者间没有过渡区域。黑色区域的密度值为 D=3。

研究表明，使用投影网屏制作网点阳图时，其密度值会出现递增的现象。若将一幅阶调正确的网点阳图（图像部分是黑色的）复制成网点阴图（图像部分是白色的），则其传递曲线不再是线性的。采用特殊的曝光方法可以制作出阶调精确的照相加网复制品，反映图像的层次变化，但投影加网技术要求高，操作复杂。

5.1.4　接触网屏

在传统半色调工艺的发展历史中，唯一影响深远的改进是 1940 年引入了接触网屏，由 Kodak 公司根据半影理论首次用工业方法制造成功，弥补了投影网屏的诸多缺陷。例如，在高光和暗调部位，网点的表现效果较差；需要备用各种点型、反差、线数的网屏；耐用性较差等。德国 Klimsch 公司在 20 世纪 60 年代生产了全阶调 Gradar 网屏，该网屏的线型是透明的，所以能对原稿上明亮部分的色调予以调节，有利于保证高调细节的完整性。接触网屏可以弯曲，这种网屏的使用不仅解决了投影网屏的许多麻烦问题，如必须掌握网屏与胶片的准确距离，而且消除了光线“远”距离投影容易发生的衍射效应。利用接触网屏产生的网点不但尺寸可以变化，形状也可以改变，允许在给定的网点周期上产生更高的频率分量，图像细节由此得到增强。

接触网屏是包含不同光强的网点结构（虚晕灰度过渡型网点结构）的曝光显影胶片。接触网屏通常进行工业化生产并提供多种不同的规格，如不同的网点形状、不同的接触网点密度分布特性。图 5-6 所示为接触网屏示意，考虑了网点阳图和阴图不同层次变化的网点密度剖面分布状态。借助这些阳图型和阴图型接触网屏，就可获得阶调正确的照相复制品，而不需要进行附加的辅助曝光。用于制作印版的阳图型和阴图型接触网屏分别利用阳图和阴图进行曝光晒版。

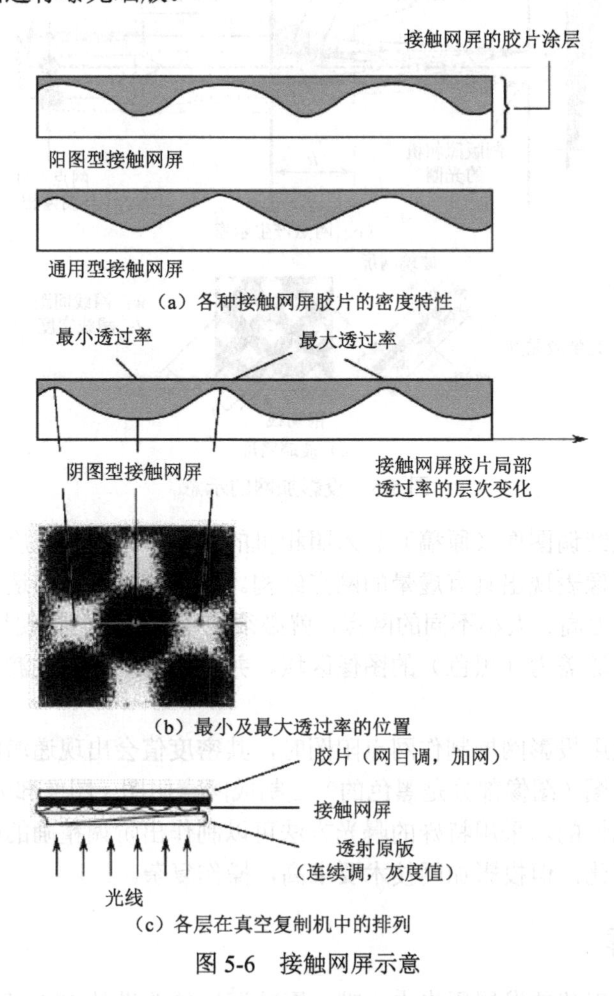

图 5-6 接触网屏示意

将接触网屏放入真空复制机中，其图层直接与需要曝光胶片的感光层接触。由原稿调制的光线通过接触网屏到达胶片，产生随着原稿密度不同而大小不同的网点。通过旋转网屏，可以在复制彩色印刷品的同时降低莫尔纹效应。接触网屏是摄影和印刷业的重大发明成果，它的出现使照相制版过程变得更容易控制，操作也变得更加方便。

5.1.5 网点阶调值

根据 Neugebauer 的理论，网点阶调值 φ_i 定义为

$$\varphi_i = (1-\beta_R)/(1-\beta_V) \tag{5-1}$$

式中：β_R 为漫反射系数；$1-\beta_V$ 为光吸收量。由于网点阶调值（简称阶调值）表示在一个可控区域内图像元素的有效面积的光学效果，因此也称面积覆盖率。由于漫反射系数 β 和光学密度 D 之间存在 $1-10^D$ 的关系，因此在印刷中，光学上的有效网点阶调值（有效面积覆盖率）为

$$F_D = (1-10^{-D_R})/(1-10^{-D_V}) \tag{5-2}$$

式中：D_R 为网点密度；D_V 为实地密度。这个著名的“Murray-Davies 公式”描述了光学密度与网点阶调值之间的关系。若阶调值以百分比的形式表示，则该公式表述为

$$F_D[\%] = [(1-10^{-D_R})/(1-10^{-D_V})] \times 100\% \tag{5-3}$$

在印刷中为了确定光学上的有效网点阶调值，需要使用反射密度计来测定网点密度值和实地密度值。根据所给出的关系式，F_D 可由这两个密度值计算得到。

测量胶片上的 D_R 和 D_V，则需要使用透射密度计。胶片的网点阶调值 F_F 相应地按照 Murray-Davies 公式计算得出。

从原稿到印刷结束，图像数据经历了一系列的工艺步骤，这些步骤之间的载体相互联系。信息由原稿传递到胶片，从胶片传递到印版，再从印版传递到纸张上。其目的是控制从原稿到印刷品的整个色调级的传递，以便尽可能获得与预期质量一致的整体特性曲线。

由印刷过程可知，胶印和柔性版印刷的网点阶调值再现，与印刷结果的网点阶调值增大（网点扩大）相联系（与印版的网点阶调值相比）。印刷特性曲线就描述了这种关系。印刷特性曲线表明，作为晒版原版使用的胶片，其网点面积覆盖率与印刷品网点面积覆盖率之间的关系也包含了以印版网点面积覆盖率绘制的印刷特性曲线。网点扩大的程度（$Z = F_D - F_F$）与印刷机的调节、正式批量印刷用纸的质量、油墨特性及加网线数等因素相关。例如，如果中间调的网点扩大率为 18%，则意味着面积覆盖率为 50%的网点在印刷品上呈现的网点面积覆盖率为 68%。

尽管从原稿到印版传递的网点阶调值存在变化，但是变化较小。印版特性曲线表示为印版网点阶调值 F_D 与胶片原版网点阶调值 F_F 间的函数形式。这两种系统性的网点阶调值的变化必须在复制过程中予以补偿。

特性曲线系统描述了各个量值之间的关系，该系统称为“Goldberg 图表”。第一象限描述了印刷密度与原稿密度的函数关系，作为整体再现的特性曲线。第二象限包含印刷品密度与印刷网点阶调值之间的函数关系，将其作为印刷特性曲线。第三象限为印版网点阶调值与胶片网点阶调值之间的函数关系，将其作为印版特性曲线。第四象限的曲线可以由其他三条曲线逐点构造出来，它描述了胶片原版网点阶调值与原稿密度之间的函数关系，该曲线（第四象限）在复制过程中必须根据胶片材料、曝光方法等予以实现。

5.2 半色调加网

5.2.1 网点

网点（幅度调制网点）是用来表现连续调图像层次与颜色变化的一个基本印刷单元，它的状态（大小和形状）和行为特征将影响最终的印刷品能否正确地还原原稿的阶调和色彩变化。

生成网点的过程称为“加网”或“半色调处理”（Halfing），它是各种类型传统印刷技术表现连续调原稿的重要环节。加网后，连续调原稿被转换成网目调图像，此时网点面积就表示像素值。像素值越高（亮），网点面积率就越低；像素值越低（暗），网点面积率就越高。由于加网后图像在人的视网膜中产生的综合效果是颜色和层次的逐渐变化，而加网后图像由无数个面积不等的网点组成，因此人眼观察到的是明暗层次变化的图像。

图文信息的印刷复制依赖于网点的生成和传递。待复制的原始图文信息必须转换成网点才能逐步传递到承印物上，成为印刷复制品。由此可见，网点是印刷复制的重要基础。一般而言，可以将网点形成过程看成将印刷图像的平面分割成若干个小格，在每个小格内生成一个或多个网点，每个网点的面积、形状、光学密度、空间排布方式和空间频率可以不同，由此传递不同数量的油墨等呈色剂，达到再现原稿颜色、阶调和细节的目的。

在二维平面内所划分的小格称为“网格”，网格是网点的活动空间，是网点面积率、网线角度、加网线数等网点特征参数计算的基础。网格自身的特征如下。

- 网格面积：计算网点面积率的基本面积单位。单位尺寸内的网点行数（加网线数）确定后，各网格的面积就确定了，而且各网格的面积是相等的。
- 网格形状：大多为正方形，也可以是矩形或其他形状。在一个网格内，可以安置一个或多个网点。
- 基于一个共同的轴心点，一些网格可以旋转任意角度。
- 网格对其内部网点的面积、形状、光学密度、空间频率、排布方式等没有限制。网格在印刷品上不可见。

由不同加网方法生成的网点，其传递行为及特性各不相同，因此会造成图像复制效果和质量的差异。把握网点的三要素（网点形状、网角、加网线数）与图像印刷复制的关系对提高复制质量十分重要。在加网过程中将可调节的参数变量称为加网参数，网点的三要素均属于加网参数，这些参数对印刷图像是否忠实于原稿起着重要的作用。加网线数取决于印刷品对精度的要求，网点形状的选择需要考虑原稿的阶调分布特点，而选择网角时必须考虑避免出现明显的莫尔纹。

5.2.2 网点形状

网点可以有不同的形状，网点形状是指单个网点的边缘形态或50%网点所呈现的几何形态。在传统加网中，网点的形状由相应的网屏结构决定。在图像复制过程中，网点除表现其特征以外，还会影响对复制结果的质量要求。

传统加网使用的网点形状有正方形、菱形、圆形、椭圆形等。

当选用正方形网点进行图像复制时，在50%网点面积率处，黑色与白色刚好相间呈棋盘状，它对于原稿层次的传递较为敏感。正方形网点在 50%网点面积率处才能真正显示其形状，而大于或小于 50%时，由于在网点形成过程中受到光学和化学的影响，在其角点处会发生形变，结果使得网点形状方中带圆，甚至成为圆形。由于正方形网点在面积率达到 50%后，网点之间四角相连，在印刷时就容易引起油墨堵塞和粘连，导致网点扩大。此时，网点的扩张系数最大，导致色彩不均匀、不一致。图 5-7 所示为成 90° 排列的 50%正方形网点。

菱形网点的两条对角线长度通常是不相等的。因此在图像中，除高光区的小网点呈独立状态，暗调处菱形的四个角相连接外，大部分中间调区域的网点都是长轴间相互连接，连接起来的长轴形状像链条，故称链形网点。对于菱形网点，面积率为 25%时发生网点长轴的交接，面积率为 75%时发生网点短轴的交接。尽管菱形网点在 25%和 75%面积率处由于网点扩大而产生了阶调跳跃，但菱形网点的交接仅发生在两个顶角上，所以其产生的阶调跳跃比正方形网点产生的阶调跳跃要缓和。用菱形网点表现的画面阶调柔和，并在 30%～70%表现最好，层次丰富，因此适用于人物和风景画。图 5-8 所示为从 0（左）渐变到 100%（右）的菱形网点。

图 5-7 成 90° 排列的 50%正方形网点

图 5-8 从 0（左）渐变到 100%（右）的菱形网点

椭圆形网点与对角线长度不等的菱形网点相似，区别为四角是圆的，因此不会像菱形网点那样在 25%面积率处交接，在 75%面积率处也没有明显的阶调跳跃现象。图 5-9 所示为从 0（左）渐变到 100%（右）的椭圆形网点。

圆形网点在同面积的网点中周长最短，其周长与面积比越小，则网点扩大越小，网点越容易控制。在利用圆形网点进行加网时，图像中亮调和中间调处的网点均互不相连，仅在暗调处才连接，因此中间调以下的网点扩大很小，可较好地保留中间调层次。相对于其他形状的网点而言，圆形网点扩张系数最小。正常情况下，圆形网点在 70%面积率处四周相连，并且相连后扩张系数很大，从而导致印刷时因暗调区域网点油墨量过大而容易在周边堆积，使暗调部分失去应有的层次。通常情况下，印刷中应避免使用圆形网点。但若要表现亮调、中间调的层次，利用圆形网点还是十分有利的。图 5-10 所示为大小渐变的圆形网点。

图 5-9 从 0（左）渐变到 100%（右）的椭圆形网点

图 5-10 大小渐变的圆形网点

通过大量实验可以得出，最佳的网点形状是菱形，在高光和暗调部分为圆形网点，而在中间调部分为椭圆形网点。由于数字半色调没有产生任意形状网点的能力，它极其依赖像素的形状，因此像素大小和形状对半色调网点有十分重要的影响，而圆形网点模型就能体现出构成数字半色调网点的主要部分。

圆形网点重叠模型不是唯一的网点重叠模型。Neugebauer 方程是根据重叠区域连接的概率，利用 Demichel 的网点重叠模型得到的。Demichel 模型用于解释色彩混合，而圆形网点重叠模型用来修正过大的像素引起的色调复制。Demichel 模型假定网点边界处的吸收率为常数值$\varepsilon_{\max}$，而在网点外围吸收率为$\varepsilon_{\min}$，整个网点呈现为一个固定大小的理想圆形。像素的重叠区域是利用几何关系计算得到的，所得密度或反射率是一个逻辑“或”运算。

重叠区域的大小取决于像素的位置和像素的大小。垂直（或水平）重叠与对角线重叠不同，如图 5-11 所示。

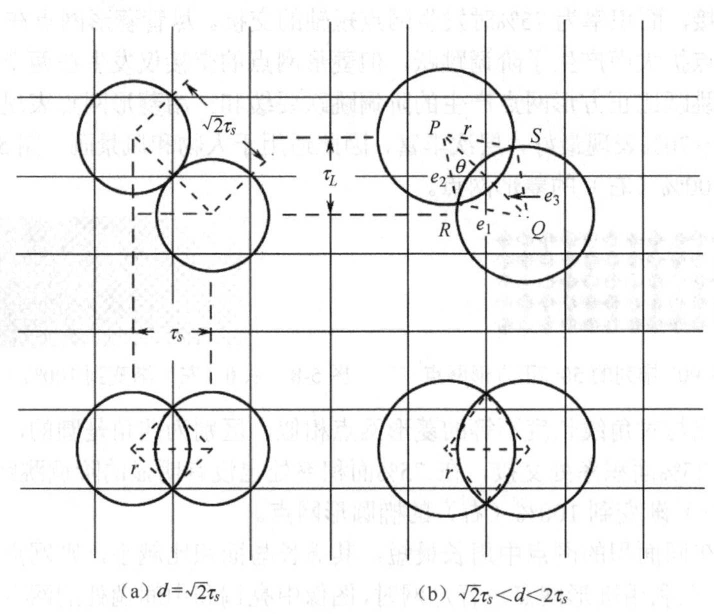

图 5-11　两个重叠圆形网点的几何关系

两个直径为$\sqrt{2}\tau_s$的像素在对角线方向没有重叠区域，而在垂直或水平方向有重叠区域（它们对于方形网格是相同的），可利用几何关系计算得到重叠区域，如图 5-11 的左下角所示。重叠区域A_V是由两个半径为$\tau_s/\sqrt{2}$的四分之一圆形封闭在宽为$\tau_s/\sqrt{2}$的正方形内形成的。

$$A_V=\frac{\pi r^2}{4}+\frac{\pi r^2}{4}-r^2=\frac{(\pi-2)\tau_s^2}{4}=0.2854\tau_s^2 \tag{5-4}$$

若像素的直径大于$\sqrt{2}\tau_s$，就可利用图 5-11 右侧的几何关系来计算重叠区域。重叠区域的面积为两个相同大小的扇形面积减去一个平行四边形的面积。在对角线重叠的情况下，连接两个重叠像素中心的直线为平行四边形的对角线，并且长度为$\sqrt{2}\tau_s$。由此，可利用三角形公式计算出由两条半径和一条对角线所形成的三角形的角度：

$$e_1^2=e_2^2+e_3^2-2e_2e_3\cos\theta_1 \tag{5-5}$$

式中：e_1、e_2、e_3为三角形的三边长；θ_1为e_1的对角。对图 5-11 中的三角形 PQR，有$e_1=r$，$e_2=r$，$e_3=\sqrt{2}\tau_s$，$\theta_1=\theta$，可得：

$$\cos\theta = \frac{\tau_s}{\sqrt{2}r}$$

$$\sin\theta = \left[1 - \frac{\tau_s^2}{2r^2}\right]^{1/2}$$

$$\theta = \arcsin\left\{\left[1 - \frac{\tau_s^2}{2r^2}\right]^{1/2}\right\} \tag{5-6}$$

角度为 2θ 的扇形面积 A_S（以点 P、R、S 表示）为

$$A_S = \theta r^2 = r^2 \arcsin\left\{\left[1 - \frac{\tau_s^2}{2r^2}\right]^{1/2}\right\} \tag{5-7}$$

边长为 r、对角线长度为 $\sqrt{2}\tau_s$ 的平行四边形 $PRQS$ 面积 A_P 为

$$A_P = r\sqrt{2}\tau_s \sin\left(\arcsin\left\{\left[1 - \frac{\tau_s^2}{2r^2}\right]^{1/2}\right\}\right) = \tau_s\left(2r^2 - \tau_s^2\right)^{1/2} \tag{5-8}$$

已知 A_S、A_P，便能计算出对角重叠区域面积 A_d 为

$$A_d = 2A_S - A_P = 2r^2 \arcsin\left\{\left[1 - \frac{\tau_s^2}{2r^2}\right]^{1/2}\right\} - \tau_s\left(2r^2 - \tau_s^2\right)^{1/2} \tag{5-9}$$

类似地，垂直和水平重叠区域的面积也能通过平行四边形的对角线长度算出，在这个例子中，对角线长度为 τ_s，得到：

$$\cos\theta = \frac{\tau_s}{2r},\quad \sin\theta = \left[1 - \frac{\tau_s^2}{4r^2}\right]^{1/2}$$

$$\theta = \arccos\left[\frac{\tau_s}{2r}\right],\quad \theta = \arcsin\left\{\left[1 - \frac{\tau_s^2}{4r^2}\right]^{1/2}\right\} \tag{5-10}$$

扇形面积为

$$A_S = r^2 \arccos\left[\frac{\tau_s}{2r}\right] \quad \text{或} \quad A_S = r^2 \arcsin\left\{\left[1 - \frac{\tau_s^2}{4r^2}\right]^{1/2}\right\} \tag{5-11}$$

平行四边形面积 A_P 为

$$A_P = \frac{\tau_s}{2}\left(4r^2 - \tau_s^2\right)^{1/2} \tag{5-12}$$

垂直或水平重叠区域面积 A_V 为

$$A_V = 2r^2 \arccos\left[\frac{\tau_s}{2r}\right] - \frac{\tau_s}{2}\left(4r^2 - \tau_s^2\right)^{1/2} \tag{5-13}$$

另一个有用的关系为过大的网点和数字网格 τ_s^2 大小之间的区域差异 A_e：

$$A_e = \pi r^2 - \tau_s^2 \tag{5-14}$$

Demichel 模型被许多研究者用来说明来自线性模型的误差。Roetling 和 Holladay 在 1979 年报道了一个电子绘图仪的 Demichel 模型对聚集态半色调网点的应用。Stucki 利用

Demichel 模型来修正打印机误差扩散中的失真。Pryor、Cinque、Rubinsten 和 Allebach 也利用 Demichel 模型作为一个半色调处理的主要部分。Pappas 和 Neuhoff 得出了一个明确的 Demichel 模型公式，而且把它运用到误差扩散、灰度传真和彩色图像中。这个模型计算了在每个像素处关于三个面积系数α、β、γ的网点重叠量，α、β、γ的定义如图 5-12 所示。

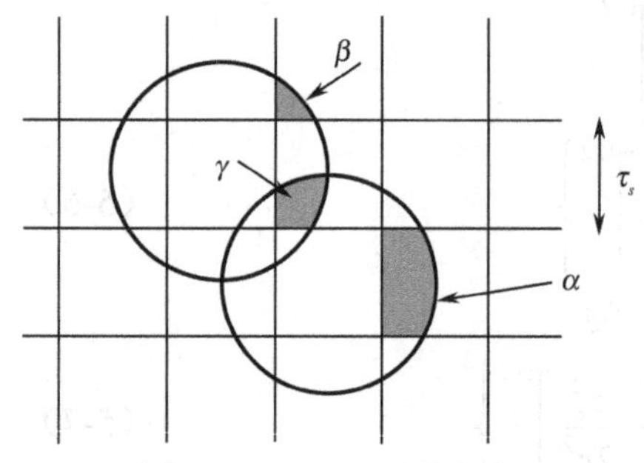

图 5-12　α、β、γ的定义

每个面积系数对像素面积$\tau_L\tau_s$（或对方形像素面积τ_s^2）进行规范化。图 5-12 表示如果位置被网点覆盖，则像素$p(i,j)$的值为 1；如果像素$p(i,j)$覆盖了网格，则相邻的垂直线或水平线会提供一个面积为α的区域，并且相邻的对角线会对该像素提供一个面积为β的区域；当两个像素在对角线方向上重叠时，重叠区域面积γ必须减小以适应逻辑条件“或”。通过利用这些区域系数，圆形网点重叠模型可表示为

$$\begin{cases} p(i,j)=P[W(i,j)]=1, & p(i,j)=1 \\ p(i,j)=P[W(i,j)]=\kappa_1\alpha+\kappa_2\beta-\kappa_3\gamma, & p(i,j)=0 \end{cases} \tag{5-15}$$

式中：窗$W(i,j)$由像素$p(i,j)$和它的 8 个相邻像素决定；κ_1为横向和纵向黑色像素的数量；κ_2为对角线邻近的黑色像素数量，并且它们与任何横向或纵向的黑色像素都不连接；κ_3为成对相邻的黑色像素，其中一个是水平相邻，另一个是垂直相邻。

实际像素半径r与最小重叠半径$\tau_s/\sqrt{2}$的比值为

$$\rho=\frac{\sqrt{2}r}{\tau_s} \tag{5-16}$$

利用式（5-9）、式（5-13）和式（5-14）使重叠面积A_d、A_V、A_e标准化，并且使它们与面积系数α、β、γ相关联，得

$$\begin{aligned} \frac{A_d}{\tau_s^2}&=2\beta+2\gamma=2\frac{r^2}{\tau_s^2}\arcsin\left\{\left[1-\frac{\tau_s^2}{2r^2}\right]^{1/2}\right\}-\frac{\left(2r^2-\tau_s^2\right)^{1/2}}{\tau_s} \\ \frac{A_V}{\tau_s^2}&=2\alpha+2\beta=2\frac{r^2}{\tau_s^2}\arccos\left[\frac{\tau_s}{2r^2}\right]-\frac{\left(4r^2-\tau_s^2\right)^{1/2}}{2\tau_s} \\ \frac{A_e}{\tau_s^2}&=4\alpha+4\beta=\frac{\pi r^2-\tau_s^2}{\tau_s^2} \end{aligned} \tag{5-17}$$

将式（5-16）代入式（5-17）得到：

$$\begin{aligned} \beta+\gamma&=\frac{\rho^2}{2}\arcsin\left[\left(1-\frac{1}{\rho^2}\right)^{1/2}\right]-\frac{(\rho^2-1)^{1/2}}{2} \\ \alpha+2\beta&=\frac{\rho^2}{2}\arccos\left[\frac{1}{\sqrt{2}\rho}\right]-\frac{(2\rho^2-1)^{1/2}}{4} \\ \alpha+\beta&=\frac{\pi\rho^2}{8}-\frac{1}{4} \end{aligned} \tag{5-18}$$

从中便得到系数α、β、γ的值，即

$$\alpha=\frac{\pi\rho^2}{4}+\frac{(2\rho^2-1)^{1/2}}{4}-\frac{\rho^2}{2}\arccos\left[\frac{1}{\sqrt{2}\rho}\right]-\frac{1}{2}$$

$$\beta=-\frac{\pi\rho^2}{8}-\frac{(2\rho^2-1)^{1/2}}{4}+\frac{\rho^2}{2}\arccos\left[\frac{1}{\sqrt{2}\rho}\right]+\frac{1}{4}$$

$$\gamma=\frac{\rho^2}{2}\arcsin\left[\left(1-\frac{1}{\rho^2}\right)^{1/2}\right]-\frac{(\rho^2-1)^{1/2}}{2}-\beta \tag{5-19}$$

Pappas 与 Neuhoff 给出了与式（5-19）等价的公式：

$$\alpha=\frac{(2\rho^2-1)^{1/2}}{4}+\frac{\rho^2}{2}\arcsin\left[\frac{1}{\sqrt{2}\rho}\right]-\frac{1}{2}$$

$$\beta=\frac{\pi\rho^2}{8}-\frac{(2\rho^2-1)^{1/2}}{4}-\frac{\rho^2}{2}\arcsin\left[\frac{1}{\sqrt{2}\rho}\right]+\frac{1}{4}$$

$$\gamma=\frac{\rho^2}{2}\arcsin\left[\left(1-\frac{1}{\rho^2}\right)^{1/2}\right]-\frac{(\rho^2-1)^{1/2}}{2}-\beta \tag{5-20}$$

由于像素直径在$\sqrt{2}\tau_s$与$2\tau_s$之间，黑色像素能够覆盖$\tau_s\times\tau_s$的方形区域，但不能完全覆盖在垂直或水平方向相分离的两个黑色像素的白色像素。图 5-13 所示为过大网点重叠作为输入像素的例子，图 5-14 所示为对应图 5-13 中像素模式的 Demichel 模型。

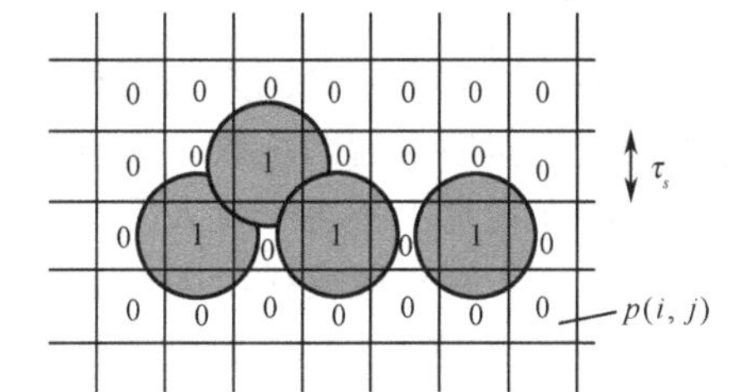

图 5-13 过大网点重叠作为输入像素的例子

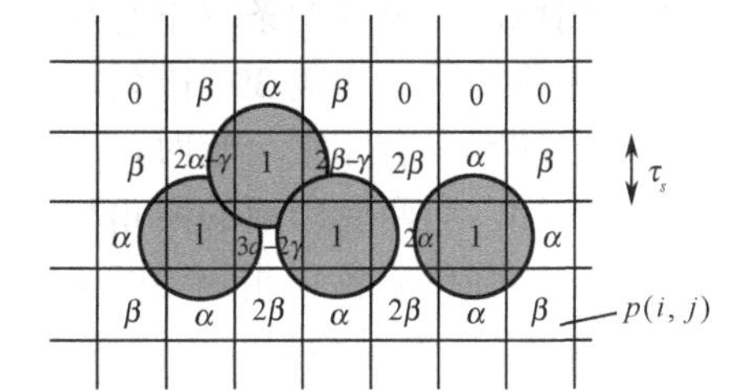

图 5-14 对应图 5-13 中像素模式的 Demichel 模型

利用式（5-19）或式（5-20）及系数ρ=1.25，就能得到α=0.33，β=0.029，γ=0.098。利用这些面积系数可以得出图 5-13 和图 5-14 中的数值，所得结果见表 5-1。

表 5-1 图 5-13 和图 5-14 中的数值

图 5-13 中的数值							图 5-14 中的数值						
0	0	0	0	0	0	0	0.00	0.03	0.33	0.03	0.00	0.00	0.00
0	0	1	0	0	0	0	0.03	0.56	1.00	0.56	0.06	0.33	0.03
0	1	0	1	0	1	0	0.33	1.00	0.79	0.11	0.66	1.00	0.33
0	0	0	0	0	0	0	0.03	0.33	0.06	0.33	0.06	0.33	0.03

Pappas 和 Neuhoff 用 Demichel 模型来分析不同级别的半色调网点以预测输出图案的实际反射率，然后调整半色调网点的门限级别，这样网点图案的输出反射率就与输入反射率相匹配。这种修正产生了具有少量孤立像素的图案，这是由于计算给出了在纸张上得到的更准确实际反射率的估计值。这个圆形网点重叠模型与人类视觉系统一起构成了基于模型的半色调的基础。

5.2.3 网角

网角是网点中心连线与水平线的夹角，也称网线角度或加网角度。一般按逆时针方向测得的角度就是该加网结构的网角。由于网点的排列结构由成 90° 的纵横两列组成，因此 30° 网角就与 120° 、210° 和 300° 等价。为了简便，仅用 0° ～90° 来表示网角。

由于菱形网点在纵向和横向的形状不同，网点在排列时会在一个方向上使长轴的对角线相连，在另一个方向上使短轴的对角线相连，并且只有相差 180° 的两列方向才能完全一致。因此，菱形网点的排列方向在 180° 内表示。

对于人类视觉系统来说，网角为 0° 时，能够看清每个网点排成的行；网角为 15° 时，可能会看得更清晰；网角为 45° 时，大脑引起的混乱使得人眼对行的印象变模糊，还能看清点，但看不出线，这也是黑白图像的网点设定在 45° 的原因。通常来说，45° 网角所表现出的图像稳定而不呆板，视觉感受最舒服，是最佳网角；15° 和 75° 次之，不够稳定，也不呆板；0° （90° ）网角虽然稳定，但最呆板，视觉效果最差，这也是四色印刷中把黄色安排在 0° 的原因。

选择网角时要考虑的主要问题是避免在四色印刷过程中因相同频率的网屏相互叠印而出现干扰人眼的龟纹。在长期的印刷过程中，传统加网得出了最佳的网角组合，对于四色套印，各色版理想的网角差均应采用 30° ，但在 90° 内无法做到这样的安排。在四色印刷中，黄色油墨对光的反射系数最大，品红色油墨和青色油墨次之，黑色油墨最小，因此将黄色称为弱色，其余三者称为强色。由于反射系数越大越接近白色，不容易被人眼察觉，因此弱色网点组成的条纹不易显示。

将三个主色的网角相隔 30° 排列，并将黄色版安排在 0° ，主要是因为当两种或两种以上不同角度的网点套印在一起时，会产生因遮光和透光作用引起的龟纹。从理论计算和实验证明得知，当两套印版的网角相差 30° 时，龟纹在视觉上不再干扰人眼，因此在四色印刷中三种强色应各自相隔 30° 。在彩色印刷中，45° 网角应安排给图像最主要的色版，15° 和 75° 则安排给另两个强色。在普通的原稿中，黄色、青色、黑色和品红色可分别安排在 0° 、15° 、45° 和 75° ，其中黑色起着骨架的作用。

在具体配置方面，应考虑图像主色调特点，进行合理的安排。例如，复制以暖色调为主的原稿时（以黄色和品红色为主），可以将品红色版安排在 45° ，使其与黄色版直接错开的角度拉大，这样即便暖色调中较多的黄色/品红色网点叠印，也不易产生明显可见的龟纹；复制以冷色调为主的原稿时（以青色为主），可以将青色版置于 45° ；没有明显的色相偏向或采用较多底色去除（UCR）/灰色成分替代（GCR）分色的图像，则将黑色版安置在 45° 。表 5-2 给出了常用的网角配置。

表 5-2 常用的网角配置

<table>
<tr><th>色 版 数</th><th colspan="2">网 角 配 置</th></tr>
<tr><td>单色</td><td colspan="2">45°</td></tr>
<tr><td>双色</td><td colspan="2">0°、45°（主色）</td></tr>
<tr><td>三色</td><td colspan="2">15°、45°（主色）、75°</td></tr>
<tr><td rowspan="3">四色</td><td>一般</td><td>0°（黄）、15°（青）、45°（黑）、75°（品红）</td></tr>
<tr><td>以暖色调为主</td><td>0°（黄）、15°（青）、45°（品红）、75°（黑）</td></tr>
<tr><td>以冷色调为主</td><td>0°（黄）、15°（品红）、45°（青）、75°（黑）</td></tr>
</table>

5.2.4　加网线数

加网线数是单位长度内网点个数的度量，反映了相邻网点中心的距离。加网线数的度量沿网角方向进行，而非沿水平或垂直方向。当长度计量单位为英寸时，常用的加网线数计量单位为线数/英寸（lpi）；当长度计量单位为公制时，常用的加网线数计量单位为线数/厘米（l/cm）。加网线数的倒数为网点宽度。

由于在不同的观察距离下观看同一印刷品时，其层次在人眼中的反映是不同的，因此加网线数主要由视觉距离（简称视距）来决定。视距小时网点要精细些，视距大时网点可以粗糙些。视觉敏锐度是人眼分辨物体细节的能力，在数值上等于眼睛刚好可以辨认两点的最小视角（单位为分）的倒数。实验证明，正常人的视角一般在 1′左右（视力为 1.0），考虑到正常视距为 250mm，则人眼所能分辨的两点间最小距离 D 为

$$D=S（视距）\times A（视角）$$

计算可得视力为 1.0 的人眼能分辨的最小距离 $D=250\times(3.14\div180\div60)=0.073(mm)$。

因此，当印刷品中所用的网点间距小于该距离时，由网点组成的网目调图像与原稿的连续调图像在视觉上没有区别。当网线增加时，两个网点之间的距离 D 便缩小，要使人眼能够分辨这两个点，只有缩小视距 S。对于彩色网点（或单色）印刷品，若给人的感觉是画面色彩均匀，层次和色调丰富，看不出网点形状，则视距一定超过了可分辨的距离，表 5-3 显示了最大视距和加网线数的关系。

表 5-3　最大视距和加网线数的关系

最大视距/mm	加网线数/（l/cm）	网点间隔/mm
1058	12	0.423
625	20	0.250
454	28	0.181
374	34	0.149
318	40	0.127
265	48	0.106

常用的加网线数有 80lpi、100lpi、120lpi、133lpi、150lpi、175lpi、200lpi 等。加网线数越大，表示网线越细，单位面积内分解所得的网点越多，能够表现的图像层次和细节就越丰富。在实际制版时，加网线数的选择须根据原稿类别、制版方法、印品用途、印刷设备及油墨、纸张或其他承印物的质量等多方面因素来综合考虑。例如，若要使用较大的加网线数，则应选用质量较好的纸张；若纸张质量较差，则图像高光区域的网点过小，无法印刷到纸张上，使画面失去高调层次，而且由于粗糙纸张的吸墨量要高于表面光洁的纸张，在图像的暗调区网点过早结合，会导致暗调层次丢失。另外，一般很少使用 200lpi 以上的加网线数，一是因为受到油墨、纸张、印刷设备等因素的限制，二是因为这种超细的网点结构超出了一般的视觉感受范围。表 5-4 列出了不同印刷品常用的加网线数。

表 5-4　不同印刷品常用的加网线数

加网线数（lpi）	印刷品
80～100	全张宣传画、招贴画、电影海报（用新闻纸印刷）
100～133	对开年画、教育挂图（用胶版纸印刷）
150～175	日历、明信片、画报、画册、四开以下的画片、书刊封面（用画报纸印刷）
175～200	精细画册、精致的科技插图（用铜版纸印刷）

数字加网不能因印刷材料优、印刷设备好而一味追求大加网线数；否则会适得其反，图像质量反而会降低。

5.2.5　网点测量与计算

网点的大小用网点面积率（也称网点覆盖率）来衡量，它是网点覆盖面积（着墨部分）与网目单元的面积之比。网点面积率用于描述所有包含面积率调制因素的加网技术，通常用百分数表示：

$$\varphi=\frac{S_{\text{DOT}}}{S_0}\times 100\% \tag{5-21}$$

式中：φ为网点面积率；S_{DOT}为网点覆盖面积；S_0为网格面积，如图 5-15 所示。印刷中习惯把网点面积率分成 10 个层次，称为“成数”，例如，覆盖率为 30%的网点称为 3 成网点，100%的网点称为实地。网点成数还可以进一步细分为 22 个层次，相邻层次间距为 5%。

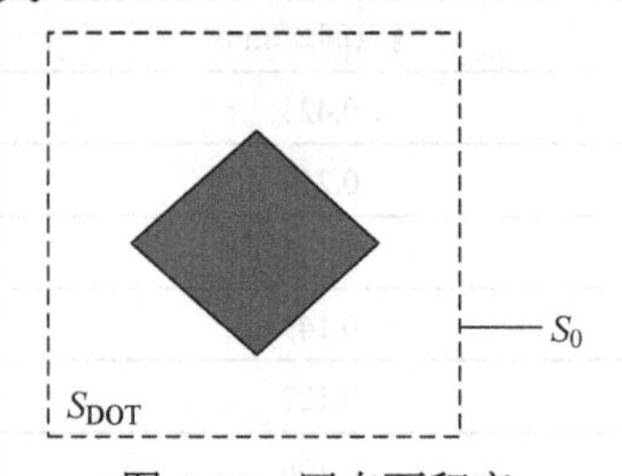

图 5-15　网点面积率

网点的大小通过密度计测量得到，通常有三种方法。第一种方法是用连续密度计测量出密度，再换算成网点面积率；第二种方法是用网点密度计测量，直接得出网点面积率；第三种方法是用读数显微镜测得网点的几何参数，再换算成网点面积。

上述方法中的第一种利用了 Murray-Davies 公式。该公式通过半色调网点的光吸收率来导出反射率。图 5-16 显示了半色调印刷的 Murray-Davies 模型。在单位面积内，如果实地油墨的反射率为P_V，那么通过网点覆盖面积F_D加权得到的半色调网点吸收量为$1-P_V$。半色调单位面积反射率P是单位面积白色反射率（1 或介质的反射率P_W）减去网点的吸收率，公式如下：

$$P=1-F_D(1-P_V) \quad 或 \quad P=P_W-F_D(P_W-P_V) \tag{5-22}$$

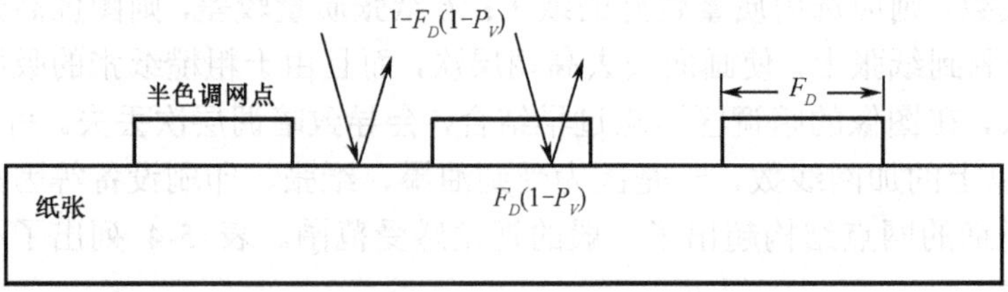

图 5-16　半色调印刷的 Murray-Davies 模型

式（5-22）通过密度反射率关系在密度域中表示为

$$D_R = -\lg P$$

且

$$D_V = -\lg P_V \quad 或 \quad P_V = 10^{-D_V}$$

则得到：

$$D_R = -\lg[1 - F_D(1 - 10^{-D_V})] \tag{5-23}$$

重新组合式（5-23），可得

$$F_D = \frac{1 - 10^{-D_R}}{1 - 10^{-D_V}} \tag{5-24}$$

式（5-24）通过测量实地反射率和半色调网点反射率来确定网点面积率。

Murray-Davies 模型的频谱方程式为

$$D(\lambda) = -\lg[1 - F_D(1 - 10^{-D_V(\lambda)})] \tag{5-25}$$

当测量透明片上的网点时，D_V 往往很大，因此式（5-24）可简化为

$$F_D = 1 - 10^{-D_R} \tag{5-26}$$

5.2.6　网目调特征

在产生网目调前需要知道与原稿和复制设备有关的四大基本因素，即放大系数、复制密度范围、阶调特性和复制特性。

1．放大系数（Magnification）

对于一个特定的设计好的页面，出现在页面上的图像可能与原稿同样大，也可能比原稿大或比原稿小。出现在页面上图像的尺寸与原稿尺寸之比称为放大系数。传统制版技术要求在对原稿进行加网前，须注意只有放大系数相同的一组原稿才能合在一起加网，其他加网条件也必须相同。

桌面出版系统出现后就没有这样的限制了。在现代印前技术中，页面上的图像可以以任意放大系数出现并互相组合起来，在页面制作好后做统一的加网处理。

2．复制密度范围（Copy Density Range）

密度对反射稿而言是印刷品墨色深浅程度的度量，对透射稿而言则为阻止光通过的能力。密度可以用密度计测量，密度计按其使用目的和结构复杂程度可以有很大的差别。密度通常以透射率或反射率倒数的十进制对数值表示。

密度范围表示一张照片上最黑部分和最白部分之间的差别，复制密度范围可用最暗密度读数减最亮密度读数得到。对反射稿，密度读数为 0.00 表示反射率为 100%（全部反射，极高光）；对透射稿，密度读数为 0.00 则表示透射率为 100%，即光线能全部透过。

在实践中，由于印刷油墨只能吸收 99%的光线，因此现有复制技术能达到的密度上限为 2.0。照相术可获得的复制密度范围为 1.7～1.8，但若制作的是网目调阴图，则最后制作出来的片子能获得的密度还将产生±0.03 的变化。

3．阶调特性（Tonality）

在不同的印刷纸张上，印刷工艺所能复制的密度范围不同。在高质量的纸张上，多数商业印刷工艺能达到的复制密度范围为 1.4～1.6，而在质量较低的纸张上用普通的印刷工艺可复制的密度可能会低于 1.1。因此，网目调工艺必须保持被复制图像中重要的阶

调，允许损失的应该是那些不重要的细节。照相制版可能落在三个阶调组之一：正常照片在高光和暗调区域能保持同等重要的细节，高调照片在高光区域可保持最重要的细节，低调照片则能在暗调区域保持最重要的细节。为了保持原稿不同区域内的重要细节，在制作网目调图像时需要分别拍照。

4．复制特性（Reproduction）

不是所有的印刷设备都能复制出同样的网点结构，纸张或其他承印材料保持网点（最小网点的着墨效果）的能力将影响网点的复制结果。复制特性指的是在一套给定的印刷工艺条件（包括网点形状、网线角度、加网线数、晒版、承印材料、油墨、印刷机精度等）下能印刷再现的最大和最小网点。

在制作网目调图像前，必须知道用于制版和印刷的设备和纸张标准。大多数商业印刷设备能复制的网点范围为5%～95%，但是，纸张和印刷工艺对可复制的网点范围将产生很大的影响。例如，铜版纸（涂布纸）可复制的网点范围为5%～95%，而在非涂布纸（胶版纸或新闻纸）上能复制的网点范围为10%～90%。

5.3 半色调网点物理特征

5.3.1 网点面积率与光学密度的关系

印刷品上色调的深浅（浓淡）是通过网点面积率的大小来表现的。某个区域的色调值是根据该区域反射到人眼的总光量，即网点之间空白区域（间隙）反射的光量与网点上反射光量的和决定的。虽然有时网点上反射的光量很小，但对于色调值仍然有一定的影响。要了解网点面积率与光学密度的关系，首先需要了解网点面积率与光学密度。

网点面积率可以用网点密度计测量，也可以用读数显微镜测量单个网点的几何参数，再换算出单个网点的面积率；如果将单个网点的面积率乘以1cm^2内的网点数，则可得到某一色调区域的网点面积率。

例如，如果某色调区域网点的面积是该区域总面积的15%，网点间的白色空隙是总面积的85%，则称这一区域的网点面积率为15%（一成半的网点）。网点本身的明暗程度，可用光学密度计测量印刷品上网点面积率为100%部分的光学密度来表示；而色调光学密度是指某一区域内网点与网点间隙反射光量的总和，网点越大，总的反射光量就越小，色调光学密度值就越大。

以下简要介绍光学密度。

1．黑白底片和照片的光学密度

（1）透光率。当光线投射到底片上时，由于底片上银粒对光线的吸收和阻挡，光线只能透过一部分。如果以F_0表示入射的光量，F表示透过的光量，T表示透过的光量与投射到底片上的光量的比（通常称T为透光率），则

$$T = \frac{F}{F_0} \tag{5-27}$$

显然，透光率是一个相对值，它与入射光的总量无关。当T=0.1时，表示透过的光量为10%。

（2）阻光比。在实践中把透光率的倒数 $1/T$ 称为阻光比，以 O 表示：

$$O=\frac{1}{T}=\frac{F_0}{F} \tag{5-28}$$

（3）光学密度。阻光比以 10 为底的对数称为光学密度（或称透射光密度），以 D_0 表示：

$$D_0=\lg_{10}\frac{1}{T}=\lg\frac{F_0}{F} \tag{5-29}$$

从以上关系可知，入射的光量等于透过的光量时，阻光比为 1.0，此时的光学密度为 0，表示投射的光全部透过去了；当透光率为 1/100 时，阻光比为 100，光学密度为 2.0。

实际工作中见到的底片，大多数是连续色调的阳图底片或阴图底片，其光学密度往往是逐步变化的，因此光学密度的值不一定是整数。

（4）反射率。光线照射到印刷品上时，一部分被吸收，另一部分被反射。印刷品上色调深的地方反射的光量少，则反射密度大；色调浅的地方反射的光量多，则反射密度小。

反射率的定义如下：印刷品上某一色调区域反射出来的光量 F 与印刷品白纸部分反射出来的光量 F_0 的比值，通常以 R 表示：

$$R=\frac{F\text{（色调区域）}}{F_0\text{（白纸）}} \tag{5-30}$$

反射率倒数以 10 为底的对数称为反射密度，以 D 表示：

$$D=\lg\frac{1}{R} \tag{5-31}$$

2．彩色底片和照片的光学密度

（1）彩色底片的光学密度。彩色底片上的影像是由叠合在一起的三层乳剂中的染料分别形成的黄色、品红色和青色影像综合的结果，可以用透射式彩色密度计来测量。这样的彩色密度计上有红、绿和蓝三种滤色片。测量原理可简述如下：要测量黄色染料影像的密度，则根据减色原理，黄色染料影像吸收蓝光，因此其光学密度越大，吸收的蓝光就越多，故黄色染料影像的光学密度可用蓝滤色片测得的数值表示（黄色染料影像的分解密度）。同理，可用红滤色片测得青色染料影像的分解密度，用绿滤色片测得品红色染料影像的分解密度。

彩色底片上的影像由黄色、品红色和青色三种染料重叠形成。因此，当用蓝滤色片测定黄色染料影像的光学密度时，同时也测得了品红色和青色染料影像的光学密度，它们的和称为加和密度（或称合成密度）。

（2）彩色照片的光学密度。由彩色摄影得到的照片，也是由叠合在一起的三层乳剂分别形成的黄色、品红色和青色影像综合的结果。测量时采用反射式彩色密度计，利用红、绿和蓝三种颜色的滤色片，测得彩色影像的分解密度和加和密度。

（3）彩色印刷品的光学密度。彩色印刷品上的图像是由黄色、品红色、青色和黑色的大小不同的网点组合而成的。通常用反射式彩色密度计测量其光学密度，同样须利用红、绿和蓝三种颜色的滤色片，根据需要测得分解密度或积分密度（合成密度），以指导打样和印刷的色彩控制。

网点面积率与光学密度之间的关系有以下几种。

① 网点面积率与网点光学密度之间的关系。由上述内容可知，印刷品上某一色调区域的反射密度为

$$D = \lg\frac{1}{R} = \lg\frac{F_0(\text{白纸})}{F(\text{色调区域})} \tag{5-32}$$

色调区域所反射光量的一部分是从网点上来的。因此，整个色调区域的反射光量是网点反射的光量 F_d 与网点间的白色间隙所反射光量 F_0 的和。若以 P 表示色调区域网点面积率，则网点间的白色间隙所构成的总面积比例为 $1-P$，可得

$$F = P \times F_d + (1-P) \times F_0 \tag{5-33}$$

将式（5-33）代入式（5-32），可得

$$D_R = \lg\frac{1}{1-P\left(1-\dfrac{F_d}{F_0}\right)} \tag{5-34}$$

式中：$\dfrac{F_d}{F_0}$ 为网点的反射比，即单个网点反射光量与相应的白色间隙反射光量的比，取其倒数的对数来表示，则称为网点的光学密度 d。设 $\dfrac{F_d}{F_0} = r_d$，则 $d = \lg\dfrac{1}{r_d}$，并有 $r_d = 10^{-d}$，代入式（5-34），可得

$$D_R = \lg\frac{1}{1-P\left(1-10^{-d}\right)} \tag{5-35}$$

上式说明了印刷品上网点面积率与网点光学密度之间的关系。

② 网点面积率与色调光学密度的关系。色调光学密度与网点大小之间并不是简单的正比例关系，它们之间的关系是比较复杂的。原因之一在于，印刷品上的网点并不是全实地的，网点的表面会反射一定的光量，其反射光量的强度取决于网点的光学密度值。网点的光学密度值越大，反射的光量就越小；反之，光学密度值越小，反射的光量就越大。另一主要原因是，人的眼睛并不是单纯地依据光的强度去衡量色调的。例如，同样功率的辐射在不同的光谱部位表现为不同的明亮程度。图 5-17 说明了上述特点，图中给出了 5 个不同百分比的网点，它们的面积以均匀的比例（20%）增大，但是，色调光学密度并不是按均匀的比例增大，而是呈现出非线性特点。

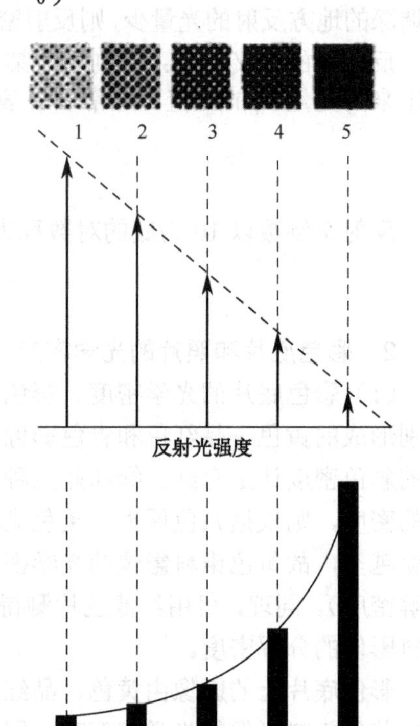

图 5-17　网点面积率与色调光学密度的关系

例如，对于面积率为 10%的网点，其色调光学密度为 0.04；当网点面积率增加到 30%时，色调光学密度相应增加到 0.14（增量为 0.10）；当网点面积率增加到 50%时，色调光学密度为 0.27，此时的增量并不是 0.10，而是 0.13；当网点面积率增大到 70%时，情况就更不同了，色调光学密度增加到了 0.46，净增 0.19；当网点面积率达到 90%后，色调

光学密度为 0.60，增量为 0.14。可将色调光学密度在网点面积率每增加 20%后的增量列出 0.10、0.13、0.19、0.14。可见，虽然色调光学密度随网点面积率的增大而增大，但不是成比例地增大。这一特点将影响人眼阅读印刷品。

由以上特点可以归纳出，网点面积率均匀递增时，色调光学密度并不随之均匀递增。通常情况下，当网点面积率较小时，色调光学密度随网点面积率增加而缓慢增加；当网点面积率越过 50%后，色调光学密度迅速增加。

生产上用的灰梯尺通常以网点面积率每改变 5%为一级来制作。因此，在光学密度小的一端，眼睛难以辨别连续色调之间的光学密度差别；在光学密度大的一端，一个色调与下一个色调之间的光学密度差别却非常显著，这就是人眼在光学上的非线性效应。

3. 网点光学密度与色调光学密度

（1）影响网点光学密度的因素。由平版印刷得到的网点光学密度通常在 1.5～1.7（黑版），有的印刷品偶尔也会出现较小或较大的光学密度。影响平版印刷品网点光学密度最主要的因素是印刷油墨的性质，如油墨的着色力、遮盖力和干燥后的状态（有光泽或无光泽）等，这些因素对反射光学密度均有影响。

① 水分。当油墨转移到纸张表面时，油墨中所含水分的多少也是很重要的因素。油墨中所含的水分越多，则印刷品上的油墨越有呈现灰色的倾向。有时，过量的水分会将网点光学密度降低到 1.0。为了获得比较理想的印刷品，在可能的条件下，应避免向版面供给过多的水分。通常，当水分减少到足以使网点光学密度在 1.5 左右时（黑版），便会得到较好的复制效果。

② 网点状态。印版上图像的网点状态也会影响复制出的网点光学密度。如果图像吸墨不足，则印刷品上的网点呈灰色。

③ 纸张。印刷用的纸张质量和品种也对网点光学密度有影响。不同质量的纸张，其白度是有差别的。纸张越白，与油墨的反差就越大。由于网点光学密度是这种反差的量度，因此网点光学密度也就越大。

④ 纸张表面平滑度。网点光学密度同样受到纸张表面平滑度的影响。以平版印刷为例，黏附在纸张上的油墨是一层很薄的薄膜。在表面平滑的纸张上，油墨表面是平滑的；在表面平滑度较差的纸张上，油墨表面则是粗糙的。因此，将同一种油墨印在平滑的纸张上，要比印在平滑度较差的纸张上获得的网点光学密度大些，即看起来颜色较深。例如，在铜版纸上，网点光学密度可以达到 1.6（黑版）；而在一般的纸上，网点光学密度最大只能达到 1.4（黑版）。

（2）网点光学密度与色调光学密度的关系。在网点面积率相同的条件下，比较不同的网点光学密度可了解网点光学密度与色调光学密度间的关系，见表 5-5。

表 5-5 网点光学密度与色调光学密度的对比（网点面积率为 70%）

网点光学密度	色调光学密度
0.0	0.000
0.2	0.130
0.4	0.238
0.6	0.323
0.8	0.387
1.0	0.432
1.5	0.492
2.0	0.513
2.0 以上	0.523

表 5-5 给出了网点面积率为 70%时不同网点光学密度和色调光学密度间的对比关系。从表 5-5 中可见，网点光学密度较小时对色调光学密度的

影响较大，而网点光学密度较大时对色调光学密度影响较小。此外，网点光学密度的相同变化，对于不同网点面积率的色调光学密度的影响不是均匀分布的，见表5-6。

当网点光学密度从1.2增加到1.4时，实地（100%网点面积率）网点区域的色调光学密度改变量为0.20；而五成（50%网点面积率）网点区域的色调光学密度只改变了0.01；小于五成的网点区域，色调光学密度改变量则小于0.01。人类视觉系统最高只能分辨出0.01的光学密度差，因此当印刷品的网点光学密度从1.2增加到1.4时，对于网点面积率为七成半（75%）左右的色调区域，其影响是能够看到的，但是并不明显。而在网点面积率大于90%的部分，影响则十分显著。

表5-6　网点光学密度改变对色调光学密度的影响

网点面积率	色调光学密度		网点光学密度差
	网点光学密度为1.2	网点光学密度为1.4	
0	0	0	0
0.25	0.116	0.119	0.003
0.50	0.275	0.285	0.010
0.75	0.530	0.560	0.030
1.00	1.200	1.400	0.200

5.3.2　数字网点的构成特点

彩色图像复制须经历分色、阶调调整、清晰度强调等过程，最终以青、品红、黄、黑四色网点的叠合再现原稿。用数字方法对图像加网时，网点生成方法及网点的构成形式与传统加网方法有不少区别，本节将从以下几方面叙述。

1. 网目调单元

传统照相加网技术利用网屏对原稿进行离散化，该过程把原稿分割成若干个面积相等的小方格，制版照相机根据原稿在不同部位有不同的亮度来产生不同的光量，在胶片上获得不同尺寸的网点。

（1）记录栅格（Recorder Grid）。桌面出版系统进入实际应用后，将数字图像转换为网目调图像通常采用激光照排机或直接制版机这样的输出设备把网点逐个记录在胶片或印版上，一个网点由有限个激光曝光点组成。显然，输出设备的激光光束对胶片只能通过曝光和不曝光两种形式工作，即照排机和胶片记录仪是典型的二值设备，像素与组成网点的激光曝光点存在“一对多”的映射关系。照排机和直接制版机以逐行扫描的方式工作，其作用是将计算机记录在页面上的元素栅格化（光栅化），因此人们把照排机和胶片记录仪称为光栅（扫描）输出设备。

从微观上看，数字化方法产生的网目调网点图像由成千上万个更小的点组成，它们由照排机或胶片记录仪发出的激光光束投射到胶片上曝光成像。为了在二值设备上获得规定大小的网点，需要将一个网目调单元（形成网点的基本单元）划分为更小的单元，即记录设备以固定的坐标将记录平面划分为细小的网格，这种网格称为记录栅格。对照排机或直接制版机这样的记录设备，记录栅格的每个单元可大可小，它由设备的输出分辨率和加网线数共同决定。由于同一台记录设备的分辨率通常仅有有限的几级，因此对于同一输出设备而言，网目调的灰度等级小方格数量的变化也是有限的。

（2）设备像素（Device Pixel）。图像输出设备在记录网点时按一定的规则把记录平面划分为一个个小方格，这样划分后形成的小方块集合称为记录栅格，记录栅格中的每个小方块称为设备像素，它们的大小是相同的。

（3）网目调单元（Mesh Tuning Unit）。假定有一个面积率为 100%的正方形网点，如图 5-18 所示，设其边长为 *A*，现在将它沿水平和垂直方向均细分为 10 格，则该网点由 100 个小方格组成，这 100 个小方格组成了一个网目调单元，又称网点单元。因此，网目调单元是一个用于包含网点的区域，只有 100%面积率的网点才会与网目调单元一样大。

当照排机的激光光束在该网目调单元的一个小方格上曝光时，对应的网点面积率为 1%，如图 5-18（a）所示。图 5-18（b）中的网点面积率为 12%。如果激光光束没有在网目调单元中曝光，则网点面积率为 0。若激光光束在网目调单元的每个小方格上均曝光，则网点面积率为 100%。

网目调单元中小方格的多少决定了网点轮廓接近理想形状的程度。对于同样尺寸的网点，沿纵向和横向划分的格子越多，网点的轮廓就越接近理想形状，即网点的轮廓形状越精细。例如，图 5-19 给出了同样尺寸的两个网目调单元，图 5-19（a）中的网目调单元由 24×24＝576（个）小方格组成，图 5-19（b）中的网目调单元由 12×12＝144（个）小方格组成。假定要形成一个圆形网点，图 5-19（a）形成的圆形网点轮廓更接近于圆，而图 5-19（b）形成的圆形网点轮廓较为粗糙。

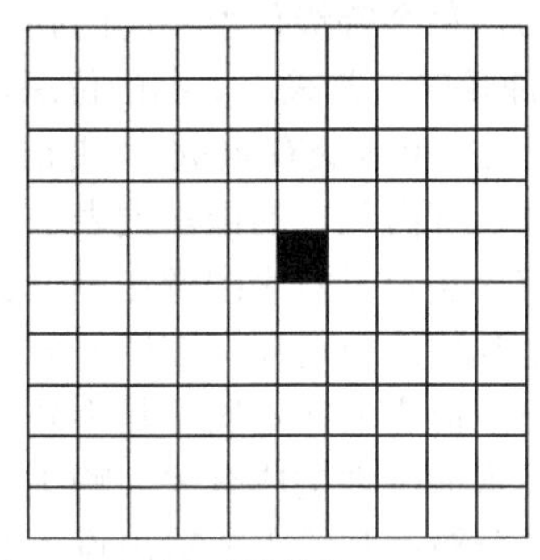

（a）网点单元

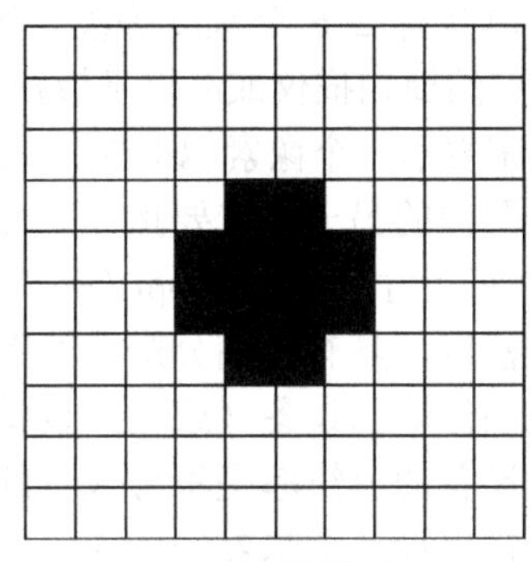

（b）曝光单元

图 5-18　网目调单元

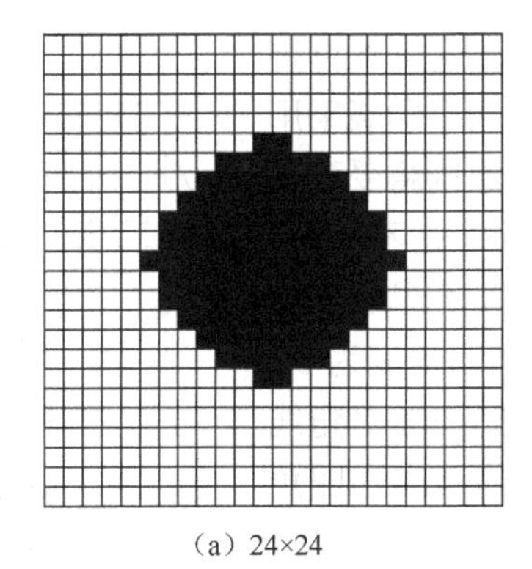

（a）24×24

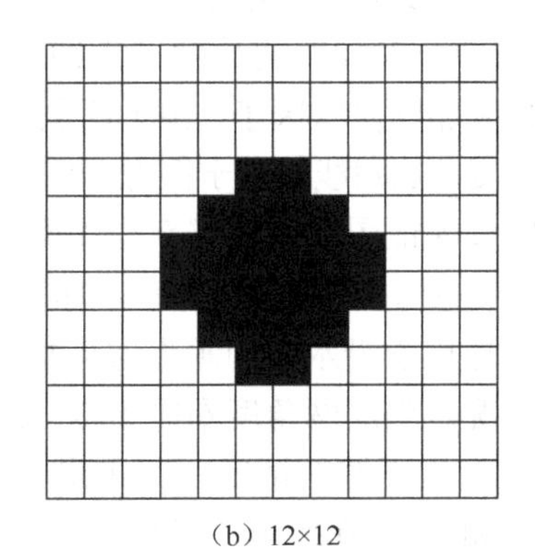

（b）12×12

图 5-19　同样尺寸的两个网目调单元

2. 像素与加网线数

为了进一步讨论数字加网，有必要先来解释数字图像的像素和像素值，以及它们与加网线数和记录分辨率之间的关系。

1）像素

像素与原稿有紧密的联系，像素有两个基本属性。一是位置属性，像素对应于抽样时由图像数字化设备划分的一个个小方块，在图像数字化后，这些小方块就变成了一组数字信息，称为像素。因此，每个像素均有确定的空间位置，具体取决于原稿及扫描设备如何划分原稿。数字图像其实是一个有序排列的二维数组，像素在这样的二维数组中也有确定的位置。当数字图像在屏幕上显示时，每一像素对应于屏幕上的一个显示点。二是数值属性，像素的数值属性很容易理解，因为数字图像就是一个二维数组，它与数学上的二维数组的不同在于数字图像数组中的数字代表像素的值，这些数值实际上代表的是某一位置上一个小区域（小方块）上的平均亮度。因此，像素的数值属性说明它具有确定的物理意义，不是抽象的数字。

2）像素值与分辨率

数字图像的像素值是原稿被数字化时由计算机赋予的值，它代表原稿某一小方块的平均亮度，或者该小方块的平均反射（透射）密度。在将数字图像转化为网目调图像时，网点面积率（网点百分比）与数字图像的像素值（灰度值）有直接的关系，即网点以其大小表示原稿某一小方块的平均亮度信息。流行的图像处理软件通常用 8 位表示一个像素，这样总共有 256 个灰度等级（像素值在 0～255），每个等级代表不同的亮度，高档扫描仪（如滚筒扫描仪或高档平板扫描仪）在数字化原稿时通常采用更高的位深，即用更多的位数来表示一个像素，如 12 位或 16 位，此时像素的灰度等级有 4096 个或 65536 个。

数字图像的另一个重要指标是分辨率，它用单位长度内包含的像素数表示，常用单位为 dpi（每英寸点数）或 ppi（每英寸像素数）。分辨率决定了数字图像在单位长度内的平均信息密度，具有较高分辨率的图像将使数据量呈几何级数增加。图像的分辨率虽然采用了与图像输出设备（或输入设备）相同的分辨率，但它们在本质上是不同的，这表现在物理设备的分辨率是不可改变的，它与数字化设备的硬件构成有关，购买高分辨率的输入或输出设备意味着经费支出的成倍增长。图像分辨率与输入或输出设备的分辨率不同，它不是一成不变的，可以由使用者来确定，并可随时修改。

3）加网线数与加网质量因子

在 5.2 节中已对加网线数做了详细的介绍，这里不再赘述。而对于图像加网质量因子，由于四色印刷的四个印版采用不同的网线角度，加网线数等于图像分辨率这一原则将受到严峻的挑战，即仅保证图像的分辨率与加网线数相等是不够的，在多数情况下还要提高图像分辨率。加网线数等于图像分辨率这一原则仅适用于沿水平和垂直方向加网（加网角度为 0° 或 90°）的情况。当加网角度不等于 0° 或 90° 时，在对角线方向上会发生像素不够的情况，其中最不理想的是当加网角度为 45° 时。如图 5-20 所示，当加网角度为 45° 时，在对角线方向上图像的像素数不够了，它不能满足输出一个网点需

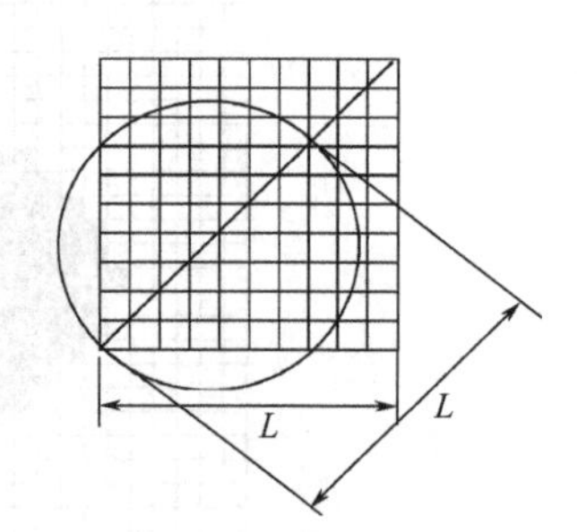

图 5-20 加网角度为 45°时须提高图像分辨率

要一个像素的要求，需要提高图像分辨率。因此，无论是对灰度图像还是彩色图像，考虑到均要采用 45° 加网角度，须将图像分辨率提高 1.414 倍，取整数为 1.5 倍。为了更加方便，桌面出版系统在扫描原稿时使用的一条实用规则是按加网线数的 2 倍取图像的扫描分辨率。其实，为满足数字加网的基本要求，取 1.5 倍加网线数扫描就够了。

从理论上讲，用于产生一个网点的像素数越多，复制效果就越好。因此，许多文献把图像分辨率与加网线数之比称为加网质量因子。但这样将大大增加输出处理时间，能否提高图像输出质量也有待确认。

5.3.3 记录分辨率

记录分辨率反映了输出设备的记录精度，它是指采用逐点扫描方式的图像输出设备可以在单位长度上扫描曝光的光点数。为了与图像分辨率区分，以 spi（spot per inch，每英寸光点数）表示设备的记录分辨率。但需要注意，照排机的生产和供应商通常采用 dpi 表示设备的记录分辨率。特别重要的是要搞清楚照排机的分辨率 dpi 与扫描仪分辨率不同，扫描仪的每个点可用于产生一个像素，该像素是原稿某一区域平均亮度的数字表示。通常打印机也采用 dpi 表示其输出精度，但需要得知其是否用一个点在纸上产生一个像素，如果是一个网点，则由 $n \times n$ 个墨粉点组成一个网点；如果不是，则该打印机很可能需要利用抖动技术来产生墨粉点。照排机的 dpi 指的是在 1 英寸内可曝光多少个激光光点，并由有限个激光光点组成一个数字网点。因此，从实际尺寸来看，照排机的一个激光光点要远小于数字图像的一个像素所代表的物理尺寸。

记录分辨率与加网关系密切，首先是记录分辨率与网点形状的关系。对于同一加网线数来说，输出设备的记录分辨率越高，构成网点的点阵密度可以越大；当采用更多的设备像素来构成一个网目调单元时，一个网点能反映的灰度等级增加，网点的轮廓（边缘）将更加细腻和光滑。记录分辨率高的另一个好处是可以更加方便地改变加网角度。在电子分色机中，构成网目调单元的点阵数保持不变，加网线数的增加或减少，通过调节输出光束孔径来实现，即加网线数决定了网点的最小直径。照排机的记录分辨率不是任意变化的，只能分成有限的几级。因此，加网线数的改变只能通过改变网目调单元的密度（大小）来实现。

其次是记录分辨率与网目调单元的关系。记录分辨率高并不意味着网点一定很精细，它还与用多少个设备像素来组成一个网目调单元有关，因为网目调单元的大小几乎可以自由指定。例如，对于一台 2400spi 的照排机，可以用 16×16 个设备像素组成一个网目调单元，也可以用 12×12 个像素组成一个网目调单元。显然，设备的最高记录精度是一个定值，它是不能改变的，但网目调单元的大小是可以控制的。原则上，网目调单元越小，加网线数可以取得越高。对于上面列举的例子，当用 16×16 个设备像素组成一个网目调单元时，可以达到的最高加网线数为 2400/16=150(lpi)；若网目调单元由 12×12 个设备像素构成，则最高加网线数可取 2400/12=200(lpi)。

最后是记录分辨率与加网线数的关系。像素被映射为网点，传统照相加网技术通过网屏将图像分割成若干个面积相等的小方块，根据原稿的亮度差异产生不同的光量，在分割成的小方块中形成大小不同的点（网点）。数字加网技术采用了完全不同的加网方法，页面中的图像由设备的记录分辨率和加网线数匹配来生成类似于照相加网网格的网点栅格点阵。在生成每个网点时，由输出设备（照排机）的控制单元控制输出记录光点在栅格点阵中各个单元上是否曝光来实现。因此，数字加网在一个规定的二值化平面内进行运算，并通过输出设备的控制单元获得与像素值匹配的网点，该网点的相对大小完全取决于像素值，但网点的形状和加网角度由用户指定。

二值化平面是设备的记录平面。“二值化”表示在输出设备的记录平面内，任一记录点只能从 0 和 1 中取一个数。网点的相对大小即网点面积率，它与网点的绝对尺寸不同。网点的相对大小由数字图像的像素值决定。例如，像素的灰度值为 127 时将产生一个 50% 面积率的网点。网点的绝对尺寸不仅与像素有关，还取决于网目调单元由多少个设备像素组成。

网目调单元点阵中包含的小方块（记录栅格）数由输出设备的记录分辨率和加网线数决定，可以用下式表示：

$$n = (\mathrm{spi}/\mathrm{lpi})^2 \tag{5-36}$$

式中：n 为网目调单元点阵包含的记录栅格数；spi 为输出设备的记录分辨率；lpi 为加网线数。

一个网目调单元中包含记录栅格的个数反映了该网目调单元表达灰度层次的能力，可称为网目调层次数。实际应用中，往往不加区分地称其为网点层次。

另外，由式（5-36）可知，记录分辨率越高，构成网点的栅格点阵可以越大，能表现的灰度级数当然也越多。当记录分辨率固定时（输出设备的记录分辨率只有有限的几级），网目调栅格点阵中能包含的单元数也就固定下来。每个网目调单元中可包含的记录栅格数必须是整数，因此只能相对有限地选择加网线数。这样，在使用数字方法加网时，通常不能保证得到指定的加网线数，往往导致设定的加网线数与输出后实际得到的线数有所偏离。

5.4 常见的加网类型

在印刷过程中，印版是信息载体，信息传递则通过呈色剂的转移来实现。为了使原稿能在承印物上以连续调的形式显示，需要将原稿分解为极小的网点，通过这些网点的大小或距离的改变来表现原稿，该过程称为加网。通过网点面积率的变化和组合使印刷品颜色在色相、明度和饱和度上产生变化，从而呈现出千变万化的颜色。到目前为止，加网技术仍是再现原稿色彩、层次、阶调的最有效方法，是现代印刷的基础。加网的主要作用就是进行半色调处理，模拟原稿连续调的层次，转换为二值图像或多值图像输出。在二维平面内，若能实现“有”和“无”呈色剂的两种状态，则称为“二值成像”；若能完成不同数量呈色剂的传递，则称为“多值成像”。由于大多数印刷技术都采用二值工作方式，并且只能完成转移油墨与不转移油墨这两种操作之一，因此加网技术是十分重要的。了解不同加网技术的优缺点有助于选择正确的工艺途径。

通常来说，模拟加网以周期函数作为网屏。将输入的模拟信号与周期函数相比较，以确定半色调网点的大小。网屏和输入信号可取任何值，网点可取任何宽度和任何相位关系。由于加网后的图像是由网点来呈现原稿的层次的，因此网点的大小及排列方式将直接影响印刷品的质量。图 5-21 所示为网点形式及形状。

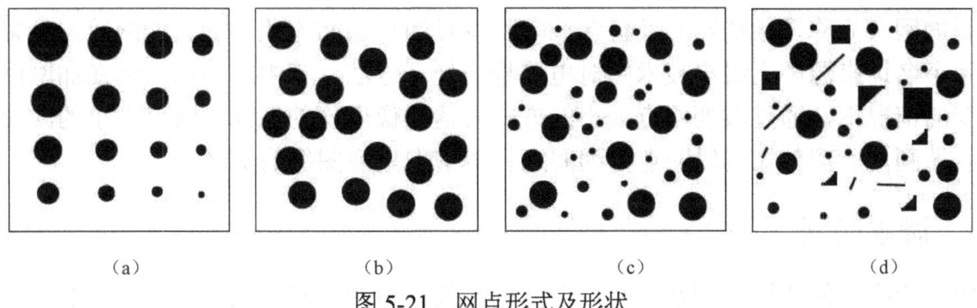

图 5-21 网点形式及形状

图 5-21（a）所示为周期性加网（调幅加网），其特点是网点距离相同，网点大小不同，网点形状相同。

图 5-21（b）所示为非周期性加网（调频加网），其特点是网点距离不同，网点大小相同，网点形状相同。

图 5-21（c）所示为非周期性加网，其特点是网点距离不同，网点大小不同，网点形状相同。

图 5-21（d）所示为非周期性加网，其特点是网点距离不同，网点大小不同，网点形状不同。

对彩色印刷的加网处理，实际上是通过适当的印版，把几种不同分色版叠印到承印物上的过程。例如，在四色印刷中，首先需要在印前过程中制作出青色、品红色、黄色、黑色 4 个印版，然后在印刷机的 4 个印刷机组上，将这 4 种独立的颜色一次性地连续印刷到纸张上，这样就获得了与原稿一致的多色印刷品。图 5-22 所示为四色印刷品生产流程。

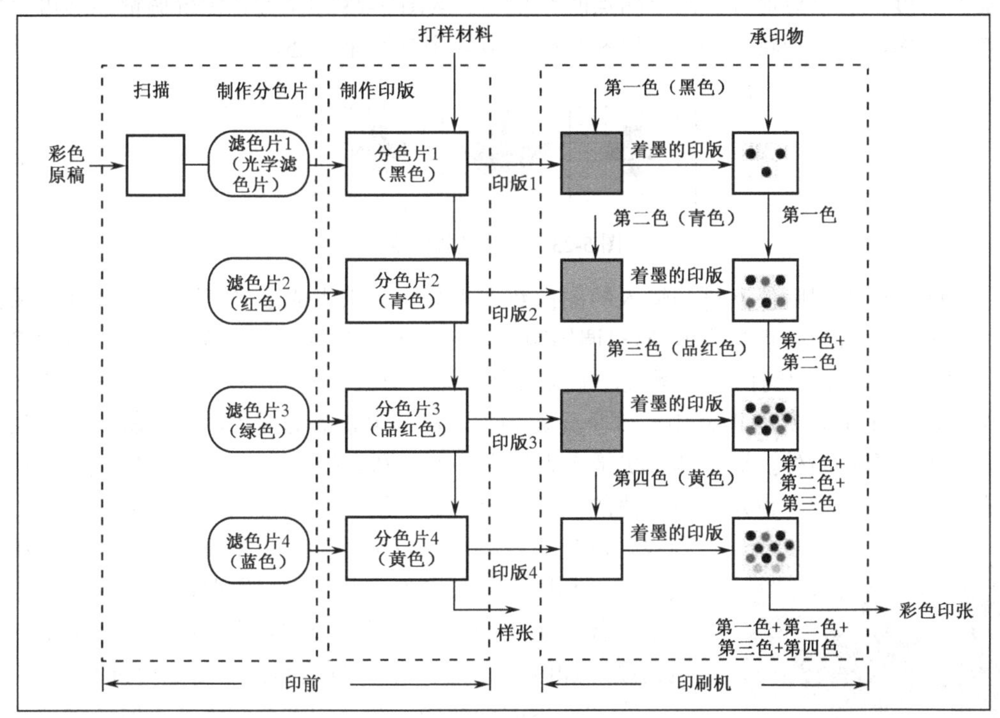

图 5-22 四色印刷品生产流程

按照网点大小及空间分布，数字加网技术可分为幅值调制加网（简称调幅加网）、频率调制加网（简称调频加网）及包含调幅和调频两种加网方式的混合加网等。调幅和调频这两个名词来源于无线电技术中对电信号的处理方法。其中，调幅加网在加网网点数目不变的情况下，通过改变网点大小的方式表达图像层次的深浅，网点大小的改变就属于幅度调制，而调频加网以网点排列间距的疏密来呈现图像的层次。

5.4.1 调幅加网

由于印刷机的特性，调幅加网是最典型、最常用的加网方式之一。调幅加网在本质上与照相加网原理相同，它的网点以中心胞点方式向外增长，网点中心具有固定的空间位置，每个网点中心位置保持不变，其形状是人为设计的，用原稿的像素值来控制网点的增长。在模拟原稿的连续调层次时，调幅网点由原稿的像素值来控制其增长，图 5-23 就形象地说明了调幅网点的幅度调制特性。最早的数字半色调仅使用幅度调制屏幕完成，其中点分布在具有固定位置的网格上，具体取决于分辨率。只能通过改变固定位置点的大小来实现不同的灰度级。

图 5-23 包含了 5 个网目调单元，并且每个网目调单元包含 49 个小方块，这些小方块就相当于设备的像素。为了说明调幅网点的幅度调制特性，将这 5 个网目调单元沿水平方向依次排列，正中间的网目调单元中的网点最大（网点面积率最大，共有 13 个像素为黑色），在这一网目调单元左右两侧的像素逐渐减少，网点（网点面积率）逐渐变小。由此可以看出，图像像素的灰度值决定了网点面积率，单位长度上的数目决定了加网线数，小点从中心向四周按规律扩散，集中分布，形成网点，扩散的规律决定了网点形状和加网角度，水平与垂直方向上网点间距相等。从图 5-23 中可知，传统调幅加网可以用网点面积率、网点形状、加网角度和加网线数 4 个参数来描述。

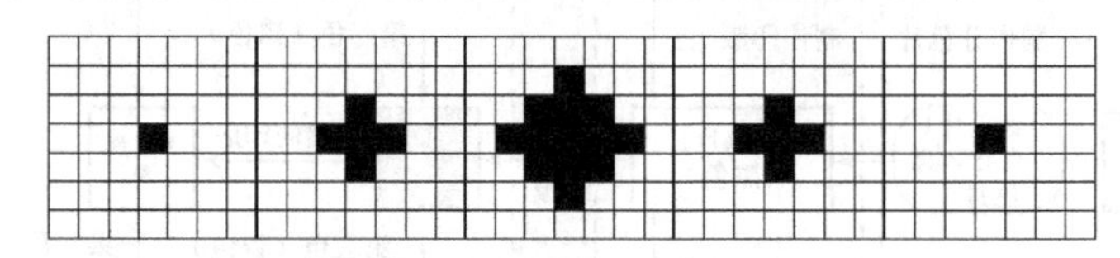

图 5-23 常规调幅网点

调幅加网采用阈值网屏与输入的图像数据进行比较来生成曝光点阵 1 或 0（图像信号大于阈值所对应的点曝光），形成调幅网点。加网阈值在单元格内规则排列，自网格中心到网格边缘，加网阈值逐渐增大，输入图像的像素值为 0 时，网格中所有元素值为 0；当像素值为 1 时，只有栅格中心一个元素为 1。随着像素值的增大，网点就以中心为基础以一定的形状向外扩展，其形状是人为设定好的，网点的大小，即方格中由值为 1 的像素所构成的面积，也是由像素值的大小来控制的。所以，调幅加网技术的核心在于如何设计阈值矩阵。现在较常用的是点聚集态网点技术，在本质上与照相网屏的加网原理相同，采用栅格图像处理的方式以点聚集态生成网点，通过调节网点面积率、网点形状、加网角度、加网线数这 4 个参数达到再现图像的目的。

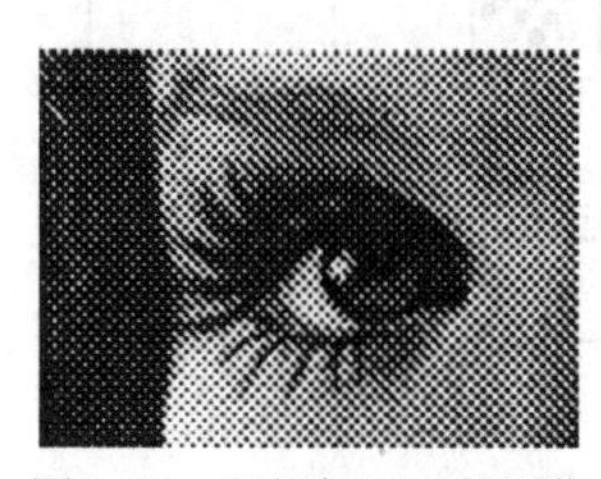

图 5-24 调幅加网后的图像

在加网后的图像中，网点的大小就表现了原连续调图像层次的深浅。图 5-24 所示为调幅加网后的图像。

由于调幅加网技术比较成熟，并且在中间调区域上能够完美表现图像特性，对设备环境和设备条件要求不高，所以被广泛应用于印前处理。然而，调幅加网仍存在一定的缺陷。

（1）调幅网点间的距离是固定的，因此在亮调和暗调区无法表现图像的细微层次，不能做到高保真印刷。

（2）随着像素灰度值的增大，调幅网点面积增大，最终在网点之间会产生相互连接的情况，这就使得阶调发生跳跃。

（3）在四色印刷中，由于加网角度的不同，容易形成龟纹和不可避免的玫瑰斑，且加网角度只能取特定的值，不支持四色以上的多色印刷。

为了克服调幅加网的缺陷，调频加网技术应运而生。

5.4.2 调频加网

数字打印机的引入使打印孤立像素的想法得以实现，以降低点和由点创建的图案的可见性，尤其是在多色生产中。识别孤立点的可能性是传统幅度调制屏幕的结果，其中点是由激活的相邻像素簇创建的。新的半色调技术正在改变激活像素之间的距离，具体取决于要实现的色调值。Bayer 等引入的第一个调频技术使用了孤立点的有序排列，该技术及调幅网点方案根据抖动阵列将每个像素独立于其相邻像素放置，但在有限数量的阈值上尽可能分散。相对于调幅加网，调频加网技术不改变网点大小，通过计算机按数字图像的像素值产生大小相同的点群，这些点的面积总和等于一个常规网点的大小，但这些大小相同的点在一个网目调单元内是随机分布的。调频加网采用点离散态网点技术，以网点数量的多少来表现阶调，利用单位面积内大小相同的点出现的频率来反映图像的层次变化。它打破了调幅网点的规律性分布，用加网频率、网点模型等进行描述。像素独立地以离散的形式转变为网点，因而可以获得与设备分辨率相同的半色调图像。

由于调频加网的网点是随机分布的，因此它的分布密度（频率，即网点个数）用来表现连续调原稿的层次，并且调频加网随着加网算法的不同而有不同的空间位置，它没有加网线数、加网角度的概念。图 5-25 所示为调频网点频率调制示意。

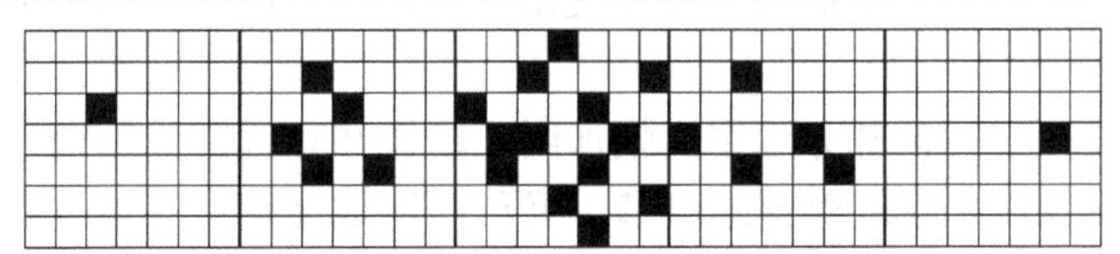

图 5-25 调频网点频率调制示意

图 5-25 中的调频网点所在区域与图 5-23 中的调幅网点所在区域相同，但不再称为网目调单元。从图 5-25 中可以得知，调频网点的每个曝光点在一个特定区域中是随机分布的，它不像调幅网点那样聚集在一起成为一个点群，因此没有固定的形状。

相对于调幅加网而言，调频加网能够复制出更多的图像细节，可解决细线的锯齿及断裂、带纹理图像及栅格的撞网、产生龟纹和玫瑰斑等问题，无须考虑网点角度，能实现高线数印刷的效果，可以进行高保真印刷。图 5-26 所示为调频加网后的图像。

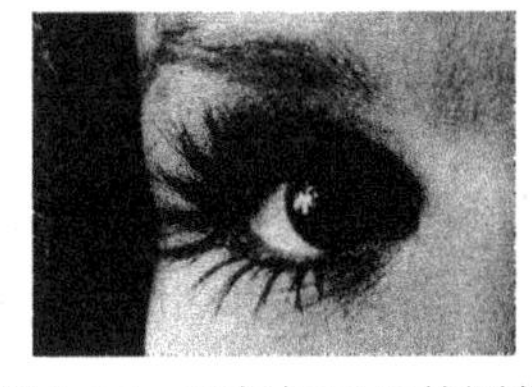

图 5-26 调频加网后的图像

尽管调频加网相对于调幅加网有许多优势，但其自身依旧存在不足之处。

（1）因调频网点大小相同而具有颗粒感，在中间调区域难以控制每组网点的位置。

（2）在整个生产过程中，由于网点尺寸太小，在印版上成像难度大，对设备和环境要求很高，所以调频加网比调幅加网需要更细致的工艺和监测技术。

（3）在处理过程中，高光部分非常容易丢失，而暗调部分又相对容易糊版。在打印过程中，需要通过消耗大量的油墨来弥补这些问题。

调频加网的最大优势在于其高屏幕分辨率及扩展色域的能力，理论上，与调幅加网技术相比，它可以在图像上提供更多细节。当然，这种高屏幕分辨率的好处可以从图像最精细的细节中看到，例如，带有颜色过渡的光滑表面的图片或织物，通过调频加网可以防止出现莫尔区域。使用调频加网印刷的图像比使用随机半色调印刷的图像具有更高的对比度。这可以用可以看到更大区域的白纸来解释，并且这些区域提高了图像对比度。由于随机样本的色调值增大，因此可以降低印刷对比度。

5.4.3 混合加网

由于调幅加网和调频加网都具有一定的局限性，因此新兴的混合加网技术综合了调幅加网和调频加网的网点特性，既体现了调频网点的高解像力、层次再现性的优势，又具有调幅网点的稳定性和可操作性。混合加网的一大特点是在沿用原有设备输出分辨率的条件下，实现超 300lpi 的画面精度且不影响输出速度。混合加网也没有传统的高线数加网工艺所需要的苛刻条件，印刷适性与传统的调幅加网相同，即在现有的印刷条件下就能真正实现 1%～99% 网点再现。

混合加网根据原稿颜色或阶调层次的变化，利用调幅加网和调频加网各自的优点进行混合，常用的混合方式有以下三种。

第一种方式是将图像分成不同部分，在很精细、层次比较丰富的部分采用调频加网，以表现细微的差异，而在平网部分以调幅加网来表现，但这种方式需要花费大量的时间来计算，而且调幅加网和调频加网交界处变得可见，在再现的图像中会产生干扰视觉连贯性的人工痕迹。

第二种方式是在中间调部分运用调幅加网，暗调和亮调部分用调频加网，这种方式能够产生柔和的图像，仍然能够显示细节，又称高网线加网。在该方式中，调频加网能确保网点不会过小，用直接制版机或印刷机能实现。但是，调幅加网和调频加网交界处还是能清楚地看出来。

第三种方式是采用大小可变化的调频网点或随机分布的调幅网点，即同时调制网点的大小和位置，产生的加网图像兼具调频网点的分布特性和调幅网点的阶调表现。这种混合加网技术也称“二阶调频加网”。

对于彩色印刷的混合加网，一般对干扰性较弱的黄色版采用调幅加网，对其他 3 个深色油墨版则采用调频加网。

新型混合加网技术都基于上述几种方案。目前常用的混合加网技术有爱克发公司的“晶华”（Sublima）加网技术、日本网屏公司的“视必达”（Spekta）加网技术和柯达公司的“视方佳”（Staccoto）加网技术。

“晶华”加网技术以调幅加网技术来表现中间调（8%～92%）的层次，而在亮调（0%～

8%）和暗调（92%～100%）区，用调频加网技术以大小相同的网点分布的密度来表现层次，调幅和调频的转换点随加网线数的变化而变化，这就使在网点转换处能够平滑地过渡，基本消除了龟纹和玫瑰斑。并且“晶华”加网技术采用爱克发公司的专利——XM 超频计算法，即当调幅网点向调频网点过渡时，如再现亮调区网点时，调幅网点会逐渐减小至可复制的最小尺寸，此时便淡出而以调频网点代替；同样，暗调区网点也从调幅网点逐渐扩大过渡到调频网点，而且调频的随机网点延续了调幅网点的角度，完全消除了过渡痕迹，让两种频率的网点巧妙地融合，实现平稳过渡。亮调和暗调区的网点大小一致、疏密相同。由于“晶华”加网技术中采用了“最小可印刷点”（相当于 175lpi、2%的调幅网点，21μm）的概念，无论中间调向亮调或暗调过渡，最小网点始终满足普通印刷的工艺要求，从而使印刷品真正实现 1%～99%网点的还原。同时，网点计算采用了“分布精确计算法”，显著提高了计算效率。

“视必达”加网技术是日本网屏公司于 2001 年开发的一种新型混合加网技术，它能够避免龟纹和断线等问题。“视必达”加网技术能够根据画面中色彩、层次的变化适时地选用“类调频网点”，它在网点百分比为 1%～10% 的亮调区域及 90%～99% 的暗调区域，像调频网点一样，使用大小相同的细网点，并以这些网点的疏密程度来表现图像的层次变化，但最小网点的尺寸比通常使用的要大些，从而弥补了调频网点难以印刷的不足。在 10%～90% 的中间调部分，又会像调幅网点一样改变网点大小，但所有网点的位置都具有随机性，这意味着加网角度不存在了。这使“视必达”加网技术可以在常规的 2400dpi、175lpi 的生产条件下实现相当于 300lpi 以上的超精细加网的质量，同时避免了玫瑰斑和龟纹对印品质量的影响。“视必达”加网技术更容易达到忠实于原稿的再现效果。例如，它可以使皮肤的中间调更加生动自然，在复制其他要求忠实于生活的颜色时也有很好的效果。

“视方佳”与“视必达”一样，都属于二阶调频加网技术。但是，“视方佳”加网技术更趋向于调频加网技术，它采用高频率随机网点插入技术，可表现细节，提高图像的色彩保真度。

“视方佳”加网技术采用二次调频加网。一次调频加网只使用随机算法，将原来单位面积里的网点充分打散，所以在中间调区域产生重复的概率很大。当多个色版的中间调相互叠加时，就会产生水波样的条纹，因此将完全打散的调频网点先进行一次重组，然后打散，就得到了所需要的二次调频网点。

该加网技术在亮调和暗调区域使用一次调频网点，而在易出现问题的中间调部分使用大小不等的网点以避免产生平网区域的问题。“视方佳”加网技术的加网结构经过优化后，不仅可以彻底避免玫瑰斑和龟纹，而且可使网目调结构更加稳定，减少颗粒、网点增大和中间调油墨堆积的现象。

5.4.4 扩频加网

在通信中，扩频是指利用与信息无关的伪随机码，用调制方法将已调制信号的频谱宽度扩展得比原调制信号的带宽大得多的过程，也就是说，扩频信号是不可预测的伪随机的宽带信号。由于在调频加网中，网点分布是随机的，在印刷过程中难以控制，而利用与通信中相似的扩频方式，就能使网点以一种伪随机的方式进行分布，因此也称扩频加网为伪随机加网。这就使加网后的图像在视觉上，网点是随机分布的，保持了调频网点的特性；而在实际的计算中，网点的分布遵循一定的规律，这就使扩频加网在一定程度上降低了印刷生产难度。

在半色调加网算法中可以充分借鉴扩频通信技术，尤其是用直接序列扩频（DSSS）方法解决半色调网点空间分布的伪随机化处理，使其在满足图像再现的前提下，实现高可靠、超大容量信息隐藏功能。并且，采用这种方法隐藏的信息理论上可以隐藏于噪声中，识别时可以通过印刷图像解决，产生非常显著的处理增益，获取高信噪比的隐藏信息，进而可靠提取隐藏和防伪信息。

基于 DSSS 的半色调加网算法主要利用沃尔氏正交函数基，对连续调像素点进行二维伪随机数据调制，实现单元半色调像素点的空间伪随机分布，解调时对恢复出的数据与半色调信息隐藏时所使用的伪随机序列进行相关运算，实现解扩的功能。在具体实现上，由于扩频网点的分布方式是遵循一定规则的，可以参考调幅加网的方式，对网点进行形状控制。例如，对某一灰度值的像素进行加网处理，就可以对其形状和位置进行控制。图 5-27 所示为在像素值相同的情况下，对扩频网点形状及位置的控制。

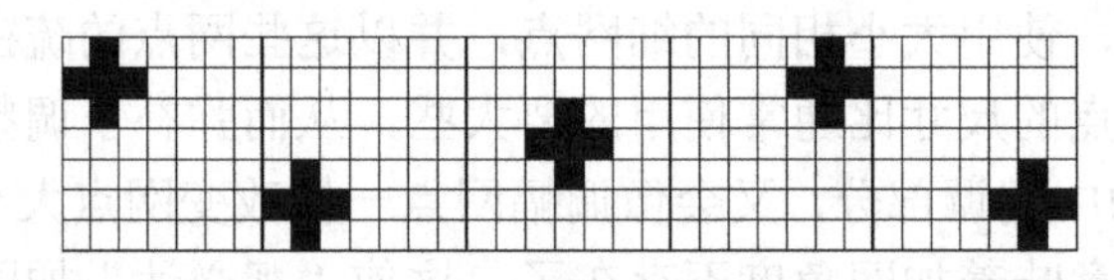

图 5-27　对扩频网点形状及位置的控制

由图 5-27 可知，扩频加网与混合加网的不同之处在于，扩频加网是将调幅加网和调频加网混合运用于每个网目调单元，而不像混合加网那样在整幅图像上分区进行加网处理，这就使网点的形状和位置更具多样性。因此，扩频加网除了能够避免龟纹、玫瑰斑的生成，实现高保真印刷，由于其不可预测性还能够应用于防伪印刷等领域。

5.4.5 艺术加网

艺术加网在很多情况下是指利用半色调网点的微结构图像进行加网。这种加网算法输出的图像的纹理细部特征人眼难以分辨，可以达到特殊的艺术效果，也有一定的防伪特性。艺术加网与基于调幅加网的信息隐藏相类似，如用各种形状的图形或图案代替常规网点，达到再现图像阶调和层次的目的。该加网方法可以通过调整网点函数的数学模型来灵活控制网点的形状。

具体的加网过程如下：可以利用抖动算法把网点排列成需要的形状，也可以利用一定的算法把作为网点的图形或图案的轮廓描述出来，然后对轮廓使用扩大、缩小或其他非线性变换算法，使轮廓曲线与图像灰度值一一对应，最后用轮廓所描述的图形或图案完成对图像的加网。图 5-28 所示为艺术加网所生成的图像，在图像的亮调部分，网点轮廓边缘表现为鱼形；暗调部分采用反向网点，空白部分的轮廓表现为雁形；而中间调部分用鱼形和雁形分别表现着墨部分和空白部分。改变控制网点形状的数学模型，可以把鱼

图 5-28　艺术加网所生成的图像

形和雁形变成其他形状，如各种线条图案，以丰富加网的种类。

将图像用栅格进行分割，并用函数控制栅格变形，就可以起到控制网点变形的效果。一种变化形式为从网点定义空间（确定网点的形状）非线性变换到网点表现空间（确定网点的排列形式）。该形式可以使网点空间排列方式富于变化，从而产生如膨胀、收缩和非线性变形等加网效果，这样得到的复制品无法被扫描（扫描会产生莫尔纹），从而达到一定的防伪效果。如图 5-29 所示，用一个 x 轴和 y 轴上不同周期的正弦函数加网来表示半色调图像，其表达式如下：

$$x' = k_1 x + k_2 \sin(k_3 x)\text{，}\quad y' = k_4 y + k_5 \sin(k_6 y) \tag{5-37}$$

式中：系数 k 为可变函数，可以根据需要改变。图 5-29 中的 t_s 为空间变换传递函数。

若愿意以牺牲某区域的邻域网点来转换该区域网点，可以定义一个单位半径为 1 的圆周，在这个圆周内通过一个几何变换，把原来的矩形网格转换为高度变形的网格。在极坐标下，可以这样描述这个几何变换：保持每个点在极坐标里的相位角不变，改变点到圆心的距离（达到一个类似鱼眼的效果）。若将圆周的中点定义为坐标原点，该映射的极坐标公式可表示为

$$\theta = \theta'\text{，}\quad r' = \begin{cases} \dfrac{mr/(1-r)}{1+mr/(1-r)}, & r \leqslant 1 \\ r, & \text{其他} \end{cases} \tag{5-38}$$

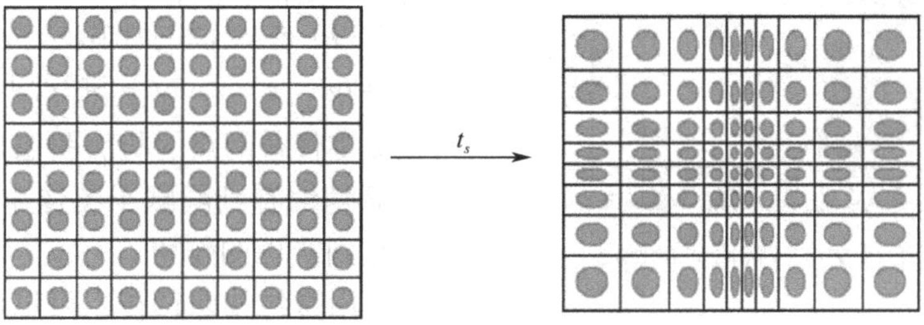

图 5-29　普通 0° 加网转换成正弦函数加网

利用式（5-38）进行非线性变换空间转化，如图 5-30 所示。

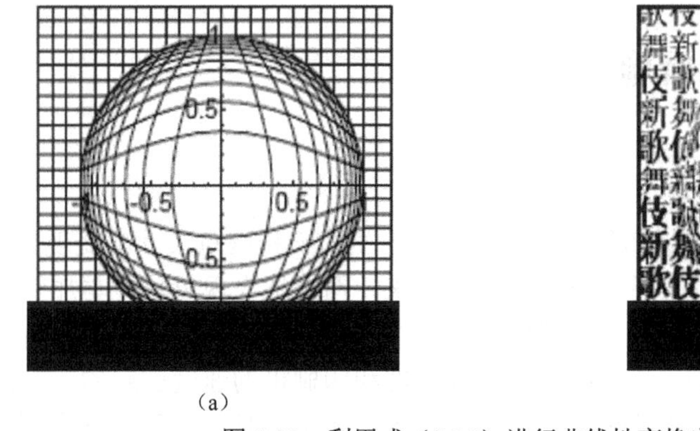

（a） 　　（b）

图 5-30　利用式（5-38）进行非线性变换空间转化

在不考虑网点损失时，可进行坐标空间变换。从(x, y)空间转换到(u, v)空间的变换函数如下：

$$w = k(1 + z + e^{z}),\quad w = u + iv,\quad z = x + iy \tag{5-39}$$

式中：k 为可变系数，通过 k 的变化可以达到所需要的效果，具体效果如图 5-31 所示。

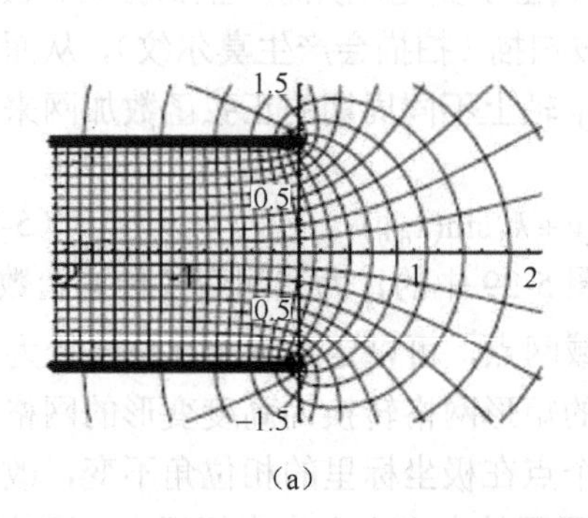

（a）

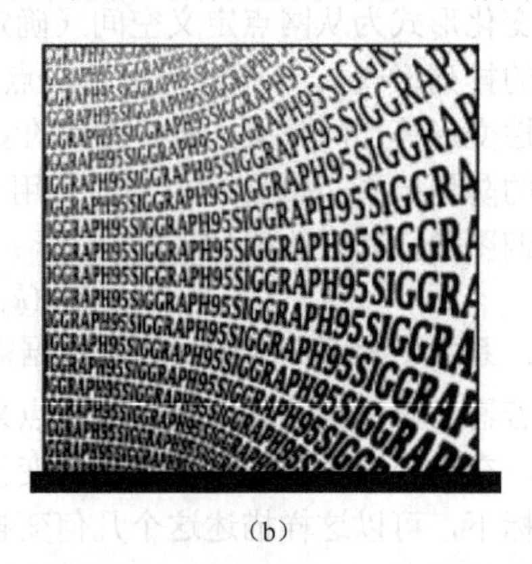

（b）

图 5-31　利用式（5-39）进行非线性变换空间转化

图 5-32　利用缩微文字替代网点的防伪图像

另外，防伪印刷也适合采用艺术加网，把缩微文字或图标（商标）作为网点形状印刷于图像中，因为网点轮廓算法唯一，所以能起到一定的防伪作用。图 5-32 就是运用与式（5-39）相类似的计算公式（$w = \tan(z)$，$w = u + iv$，$z = x + iy$）进行网点变换，并用缩微文字代替网点的防伪图像，借助放大镜可以清楚地看到隐藏于图像中的细小文字，从而起到防伪的作用。

利用微结构防伪技术可以达到肉眼无法辨析，以及复印扫描无法完整获得网点细节的效果。如果在加网时进行网点扩大补偿，同时利用调频加网技术进行防伪，就可以在有效消除莫尔纹的同时起到防止扫描打印和复印的作用，从而具有一定的防伪实用价值。

5.5　网点变形及补偿措施

5.5.1　网点扩大

网点扩大（Dot Gain）是制版和印刷工艺过程中产生的一种网点尺寸改变现象，它使实际产生的网点面积大于期望的网点面积。一直以来，网点扩大现象总是与加网成像联系在一起，网点扩大是一种重要的印刷适性，它是指当油墨印在纸张上时，网目调网点的大小和形状可能会发生改变，这是由纸张的吸墨性和印刷机的速度引起的，其结果是图像整体变黑，从微观上看也就是网点扩大了。表 5-7 所示的是不同印刷方式下中间调网点扩大和 50%网点（增大后）所需的原始网点大小，这些数据在不同的印刷环境下会有所不同。

表 5-7　不同印刷方式下中间调网点扩大和 50%网点（增大后）所需的原始网点大小

印刷方法	网点扩大	原始网点大小
卷筒纸印刷机/铜版纸	15%～25%	36%～30%
单张纸印刷机/铜版纸	10%～15%	41%～36%
单张纸印刷机/胶版纸	18%～25%	41%～36%
新闻纸印刷	30%～40%	28%～25%

从输入到最终的输出，或者从分色版到承印物，由于纸张、油墨和印刷工艺的特性，网点面积就会变大，如图 5-33 所示。例如，在标准条件下以 60l/cm 进行加网时，网点扩大量为 18%左右。网点扩大会使得所表达的色彩比预定的更强烈。网点扩大分为机械网点扩大和光学网点扩大两种，如图 5-34 所示。

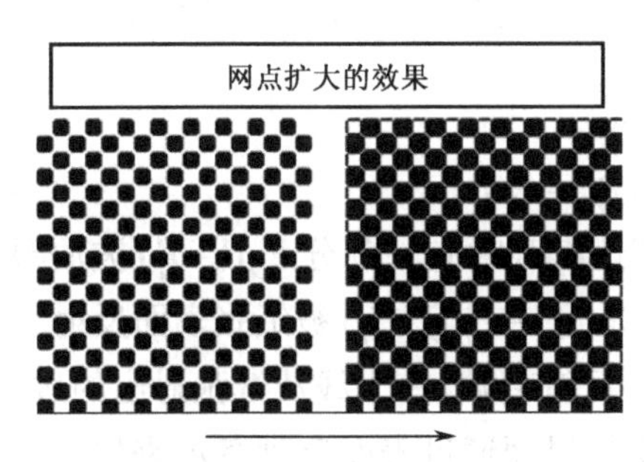

图 5-33　网点扩大示意

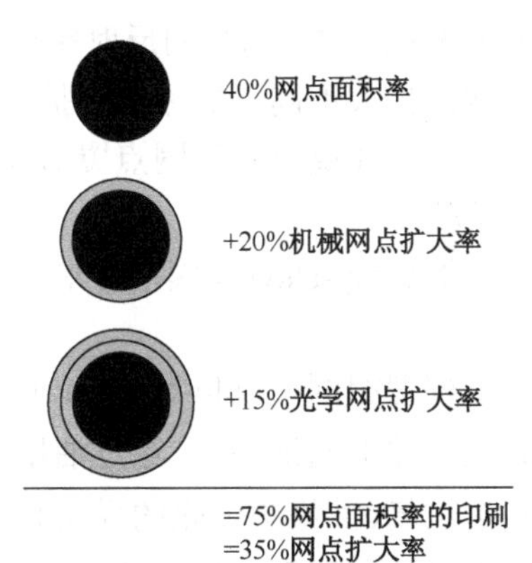

图 5-34　机械网点扩大和光学网点扩大

- 机械网点扩大（Mechianical Dot Gain）：指附着在金属版网点上的油墨在印刷的一瞬间被挤压变形而扩大。机械网点扩大是机器的性能、衬垫物、橡皮布和油墨特性的不同以及工艺条件的不同导致的。
- 光学网点扩大（Optical Dot Gain）：网点墨膜的边缘部分入射光散射，并在纸张内部反射，使网点外侧带黑色的光反射回来，由此造成光学网点扩大。光学网点扩大取决于油墨的透明度和纸张平滑度、吸收性能等表面状态。

在传统半色调印刷中，机械网点扩大是网点从作为印版的感光片到承印物上的大小变化。虽然现代数字成像采用了不同的印刷方式，如经典印刷、喷墨印刷和热传递打印机，但依旧存在网点扩大现象。为适应数字成像，将网点扩大的定义扩展为：在印刷过程中比所预定的网点更大或更暗的现象（用比特值来定义几何面积）。无论如何控制印刷条件，无论用何种方法印刷，网点扩大都是印刷过程中不可避免的现象，重要的是保持稳定，以便反馈到前一道工序，在制版时留出余地给予预补偿。

5.5.2　网点扩大的补偿措施

造成机械网点扩大的原因有很多种，如油墨与纸张的相互作用、印刷工艺和印刷条件，而其中油墨与纸张的相互作用是最主要的原因。油墨的扩散程度依赖承印物——在良好的铜版纸上只扩散一点，在胶版纸上扩散程度适中，而在软性材料（如报纸）上扩散最严重。印刷工艺在机械网点扩大中也发挥着作用，例如，喷墨印刷所形成的网点扩大就与静电印刷不同，由于液体油墨的扩散性，使喷墨印刷具有比静电印刷更严重的网点扩大。印刷条件，如印压压力、油墨下降速度等，也会影响油墨的扩散。网点扩大对所用的加网技术也很敏感。通常来说，一个离散的网点比一个聚集态的网点有着更高的网点扩大率。在一个给定的半色调细胞内，所有网点的扩大程度是不同的，这就使控制网点扩大变得更加复杂。实验表明，网点扩大在中间调区域最为明显，而在亮调和暗调区域程度相同，这会导致印刷品相对于原稿色调复制失真。

虽然机械网点扩大不可避免，但可对其进行控制。例如，选择优质版材，合理控制曝光时间和显影液浓度，在晒版时确保图文清晰、网点结实，这样既能保证网点的有效转移，又能保证印版有较高的耐印力。严格控制印刷中的水墨平衡，正确控制润版液的浓度，控制好纸张的张力，都能够有效地减少网点扩大现象。

人们发现，实验测得的反射率总是小于由 Murray-Davies 公式得出的结果。由于该现象中的网点扩大不同于机械网点扩大，因此称它为光学网点扩大。由于 Yule-Nielsen 模型能更好地解释反射率和网点覆盖面积之间的非线性关系，因此光学网点扩大又称 Yule-Nielsen 效应。

根据 Murray-Davies 模型可知，网点反射率为

$$P = P_W - F_D(P_W - P_V) \tag{5-40}$$

与该模型相同，Yule-Nielsen 模型中光线到达纸张时有一部分 $F_D(1-T_i)$ 被油墨层吸收（T_i 为油墨的透射率），穿过油墨层后其余的光线 $1-F_D(1-T_i)$ 被纸张表面反射。而当光线到达空气、油墨与纸张的界面时则以系数 P_W 反射衰减。在光线从纸张射出的过程中，这部分光又被油墨层吸收。最后，在空气和油墨的界面通过表面反射率 r_V 来修正。综合光线在油墨和纸张上反射的次数，可得到下式：

$$P = r_V + P_W(1-r_V)[1-F_D(1-T_i)]^n \tag{5-41}$$

式中：n 为 Yule-Nielsen 值。

假设 $r_V = 0$，那么式（5-41）就变成

$$P = P_W[1-F_D(1-T_i)]^n \tag{5-42}$$

实地油墨层的透射率定义为

$$T_V = \left[\frac{P_V - r_V}{P_W(1-r_V)}\right]^{1/n} \tag{5-43}$$

式中：P_V 为实地油墨层的反射率；P_W 为介质的反射率。

利用实地油墨层的透射率和 r_V=0，可得

$$T_V = \left(\frac{P_V}{P_W}\right)^{1/n} \tag{5-44}$$

将式（5-44）代入式（5-42）可得

$$P = [P_W^{1/n} - F_D(P_W^{1/n} - P_V^{1/n})]^n \tag{5-45}$$

因为反射率 P、P_V 和 P_W 可通过实验测量得到，所以一个给定的 n 值就能决定网点面积。式（5-45）是建立光学网点扩大模型最常用的形式。Yule-Nielsen 模型通常能够很好地

拟合实验数据，特别是当 n 的范围为 1～2 时，其值下降。该方程的优势在于，能够基于纸张和油墨的物理属性推导出 n 值，而不是将其作为数据拟合中的调整系数。理论和实证研究表明，油墨和纸张的基本物理和光学参数与 Yule-Nielsen 模型中的 n 值密切相关。

Kruse 和 Wedin 对 Yule-Nielsen 模型进行了修正，以解释光在承印物内部散射对油墨扩散的影响。该模型为模块化传递函数的减少提供了解释，并指向了高加网线数下的应用。此外，它还揭示了不同形状网点在网点扩大的过程中可能产生的影响。随后，Kruse 和 Gustavson 针对散射介质中的光学网点扩大提出了一个模型，这个模型预测了不同的加网技术在复制过程中产生的色彩偏移。这个模型是基于光通量在介质表面下降的一个点扩散函数的非线性应用。它成功地预测了单色印刷中的网点扩大现象。这个模型也许是解释混合介质中（包括吸收率、传输方向、表面反射、体积反射、漫透射和内表面反射）光相互作用最周密的模型。光在半色调印刷中可能的传播路径如图 5-35 所示，A 表示来自纸张表面的反射；B 表示在到达纸张前被油墨所吸收的光；C 表示来自油墨表面的反射；D 表示来自纸张的散射；E 表示从未被油墨覆盖的纸张射入而被吸收的光；F 表示从未被油墨覆盖的纸张射入，随后射出但衰减的光；G 表示从油墨层射入而被吸收的光；H 表示从油墨层射入并从油墨层射出但衰减的光；I 表示从油墨层射入而未从油墨层射出的光。F、G、H 和 I 路径对彩色印刷十分重要。

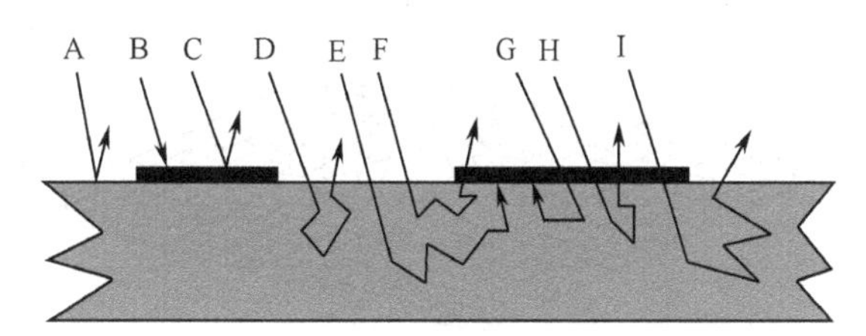

图 5-35　光在半色调印刷中可能的传播路径

Kruse-Wedin 模型通过保留局部图像的油墨量以油墨密度的形式来模拟机械网点扩大。它通过一个具有点扩散函数（PSF）的理想半色调图像的卷积来完成。这个具有清晰和完美半色调网点的半色调加网图像可以通过一个二值图像 $H(x,y)$ 来描述，0 表示没有油墨，1 表示油墨完全覆盖。Kruse 和 Wedin 提出了一个简单的公式，每个原色在一个给定波长λ处。

$$\begin{cases} T_c(x,y,\lambda)=10\exp\left\{-D_c(\lambda)[H_c(x,y)\otimes\Omega(x,y)]\right\} \\ T_m(x,y,\lambda)=10\exp\left\{-D_m(\lambda)[H_m(x,y)\otimes\Omega(x,y)]\right\} \\ T_y(x,y,\lambda)=10\exp\left\{-D_y(\lambda)[H_y(x,y)\otimes\Omega(x,y)]\right\} \\ T_k(x,y,\lambda)=10\exp\left\{-D_k(\lambda)[H_k(x,y)\otimes\Omega(x,y)]\right\} \end{cases} \tag{5-46}$$

式中：D_c、D_m、D_y、D_k 为原色油墨的实地油墨密度；$\Omega(x,y)$ 为一个描述油墨模糊化的点扩散函数；$T_i(x,y,\lambda)$ 为第 i 种原色的传输特性；$\otimes$表示卷积。在该式中卷积并不改变油墨量，它只是重新分配了油墨层在表面的分布。更专业地说，它模糊了半色调网点的边缘。

对于光学网点扩大，油墨层模拟了它的透光率 $T(x,y,\lambda)$，点扩散函数 $\Lambda(x,y,\lambda)$ 模拟了大量反射的模糊效果，则反射图像 $P(x,y,\lambda)$ 可描述为

$$P(x,y,\lambda)=\left\{\left[I(x,y,\lambda)T(x,y,\lambda)\right]\otimes\Lambda(x,y,\lambda)\right\}T(x,y,\lambda) \tag{5-47}$$

$$T(x,y,\lambda)=T_c(x,y,\lambda)T_m(x,y,\lambda)T_y(x,y,\lambda)T_k(x,y,\lambda)$$

式中：$I(x,y,\lambda)$ 为入射光强度；乘积 $I(x,y,\lambda)\ T(x,y,\lambda)$ 为承印物上的入射光，卷积描述了被散射的光的反射率，公式末尾与 $T(x,y,\lambda)$ 的第二次相乘表示反射光穿出油墨层的路径。与机械网点扩大的模型类似，式（5-47）构成了一个非线性传递函数。线性步骤——卷积，描述了承印物表面的反射率特性。

该模型的核心是两个点扩散函数 $\Omega(x,y)$ 和 $\Lambda(x,y,\lambda)$。机械网点扩大的 PSF 是一个实际油墨模糊的粗略估计，而且依赖于印刷环境。光学网点扩大的 PSF $\Lambda(x,y,\lambda)$ 考虑了多级光的散射。一个反射 PSF 的基本外观是在入射点有一个尖峰，然后从中心以径向距离近似指数衰减。一个典型的漫射与直角检测的模拟 PSF 如图 5-36 所示。

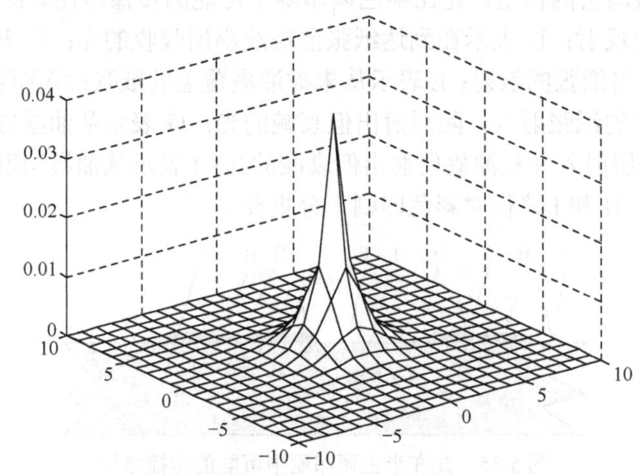

图 5-36　一个典型的漫射与直角检测的模拟 PSF

典型的 PSF 可以通过一个指数方程大致描述为

$$\Lambda(x,y)\approx P_0\frac{a}{2\pi r}\exp(-ar) \tag{5-48}$$

式中，$r=(x^2+y^2)^{1/2}$，系数 P_0 决定了承印物的总反射率，a 控制了 PSF 的径向延伸。

Gustavson 的仿真表明，网点扩大对色域的大小有着重要的影响。具有明显网点扩大的随机网屏通过复制比传统网屏更饱和的绿色和紫色调，给出了一个更大的色域。这个结果被 Andersson 的实验证实。

当发生网点扩大时，需要通过修正使色调级恢复正常，这种修正首先对印刷中期望的网点扩大进行补偿。因此，对于一个特殊半色调网点、打印机和纸张的组合，需要确定所有色调复制曲线中的网点扩大量。网点扩大修正被运用在聚集态网点和误差扩散算法中。在这两种情况下，都可以创建一个能够印刷出合适灰度级的位图。由于修正的误差扩散算法有着更高的空间频率分量及对细节更好地复制，因此它是优先使用的方法。另外，这两个方法修正的效果也有很大的差异。聚集态网点有着更低的频率分量，因此它比误差扩散算法需要更少的修正。正因如此，聚集态网点对网点扩大的包容性更好。因此，当对打印机的网点扩大在时间或空间中的变化不了解，甚至未知时，它可作为优先选用的方法。

5.5.3 网点扩大的修正

纽介堡方程是根据印刷网点模型和格拉斯曼颜色混合定律建立的印刷品呈色方程。它不仅从色彩学的角度阐明了印刷品呈色的机理，也从数学的角度给出了计算印刷品颜色值的方法，因此在彩色印刷复制中占有很重要的地位。在当今数字化制版和数字化印刷流行的时代，纽介堡方程具有更重要的实用价值，成为印刷品颜色值计算的最基本公式之一。在彩色管理软件中，纽介堡方程是建立输出设备彩色特性描述文件（Output Device Profile）的重要手段。

假设黄、品红、青色版上的网点面积率分别为 y、m、c，印刷到白纸上，形成白、黄、品红、青，以及叠印色红、绿、蓝和黑共 8 种颜色，它们的三刺激值分别用 (X_0,Y_0,Z_0)，(X_1,Y_1,Z_1)，…，(X_7,Y_7,Z_7) 表示，8 种颜色在图像中的面积占有率分别为 $a_0,a_1,\cdots,a_7$，根据颜色相加定律得出：

$$\begin{cases} X(y,m,c)=a_0\times X_0+a_1\times X_1+a_2\times X_2+a_3\times X_3+a_4\times X_4+a_5\times X_5+a_6\times X_6+a_7\times X_7 \\ Y(y,m,c)=a_0\times Y_0+a_1\times Y_1+a_2\times Y_2+a_3\times Y_3+a_4\times Y_4+a_5\times Y_5+a_6\times Y_6+a_7\times Y_7 \\ Z(y,m,c)=a_0\times Z_0+a_1\times Z_1+a_2\times Z_2+a_3\times Z_3+a_4\times Z_4+a_5\times Z_5+a_6\times Z_6+a_7\times Z_7 \end{cases} \tag{5-49}$$

式中：$a_0=(1-y)\times(1-m)\times(1-c)$；$a_1=y\times(1-m)\times(1-c)$；$a_2=m\times(1-y)\times(1-c)$；$a_3=c\times(1-y)\times(1-m)$；$a_4=y\times m\times(1-c)$；$a_5=y\times c\times(1-m)$；$a_6=m\times c\times(1-y)$；$a_7=y\times m\times c$。

式（5-49）为纽介堡方程。为使表达更加简洁，通常将式（5-49）写成矩阵形式：

$$\begin{bmatrix} X(y,m,c) \\ Y(y,m,c) \\ Z(y,m,c) \end{bmatrix}=\sum_{i=0}^{7}a_i\begin{bmatrix} X_i \\ Y_i \\ Z_i \end{bmatrix} \tag{5-50}$$

通常，三刺激值 (X_0,Y_0,Z_0)，(X_1,Y_1,Z_1)，…，(X_7,Y_7,Z_7) 可以通过测量白纸和各色印刷实地得到。也就是说，这时假设各色网点与所对应实地的颜色相同。

利用色域空间修正纽介堡方程是将整个颜色空间分割成几个子空间，分别对每个子空间选用不同的系数进行计算，以此提高纽介堡方程计算结果的准确度。但是，这样做会增加待确定变量的数目。

而利用指数修正纽介堡方程是目前应用和讨论较多的一种修正方法。该方法增加了 $1/n_X$、$1/n_Y$、$1/n_Z$，分别作为三刺激值的指数，则纽介堡方程被修正为

$$\begin{bmatrix} X^{1/n_X}(y,m,c) \\ Y^{1/n_Y}(y,m,c) \\ Z^{1/n_Z}(y,m,c) \end{bmatrix}=\sum_{i=0}^{7}a_i\begin{bmatrix} X_i^{1/n_X} \\ Y_i^{1/n_Y} \\ Z_i^{1/n_Z} \end{bmatrix} \tag{5-51}$$

方程中所增加的指数取决于印刷过程、纸张特性和印刷加网线数等因素，要通过实验加以确定。由于不同的印刷过程所得印刷结果不同，n 一般取值为 1.2～3.0。由于修正参数取指数形式，指数的任何微小改变均可能引起计算结果产生较大变化，因此对实验条件要求很高。另外，纽介堡方程本身是非线性方程组，采用指数修正后可能会进一步增加计算难度。

仔细分析纽介堡方程，可以将计算误差形成原因归纳为以下几点。

（1）方程中，印刷网点覆盖面积是以概率统计方法计算得到的，即假设网点的叠印比例与网点面积率成正比。但调幅印刷的网点是按一定规则排列的，并且实际印刷中会出现套印偏差而使网点错位，造成网点覆盖面积偏离理论计算值，最终使计算出的颜色三刺激值出现偏差。

（2）方程中，原色和叠印色的三刺激值 X_i、Y_i、Z_i 是通过测量它们的实地色块得到的，而实际上由于网点的墨层厚度、边缘光学效应等因素都与实地色块有差别，因此颜色值不会严格相等，致使所计算出的颜色值与实际不一致。

（3）实际印刷时会产生网点扩大现象，测量实际印刷样张的颜色时已包含了网点扩大效应，而在纽介堡方程中并没有考虑。很容易验证，当网点值 c、m、y 为 0 或 1 时，纽介堡方程的计算值与实测值相等，即误差为 0；当网点值 c、m、y 在中间调时，计算值与实测值有明显差别，而亮调和暗调只有较小的偏差。出现这种现象并非偶然，它正好与网点扩大的规律吻合，如图 5-37 所示，说明网点扩大对纽介堡方程计算误差存在影响。

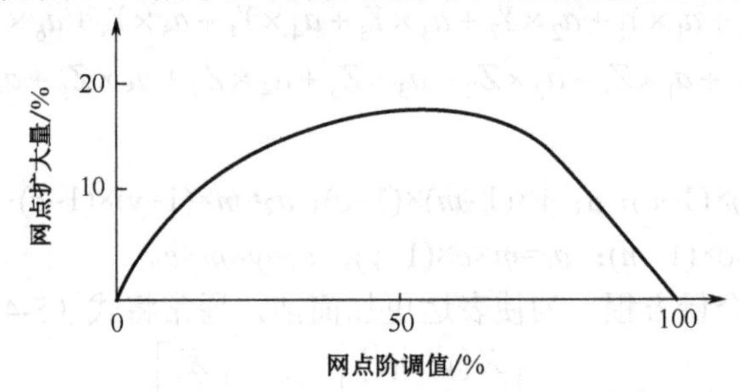

图 5-37　实际印刷的网点扩大曲线图

比较上述各原因，得出网点扩大对纽介堡方程计算误差的影响最大。在印刷过程中网点扩大是需要严格控制的，在实际生产中也最容易测量。因此，可以通过网点扩大量修正纽介堡方程，以消除网点扩大给纽介堡方程带来的误差。

设待复制的颜色三刺激值为 X、Y、Z，由于印刷时会出现网点扩大，因此必须从相应的 c、m、y 网点值中减去各自的网点扩大量 Δc、Δm、Δy，即以 $c-\Delta c$、$m-\Delta m$、$y-\Delta y$ 的网点值来印刷，这就是对纽介堡方程所进行的网点扩大量修正。

实际上，可以将网点扩大曲线保存为一个数值表，通过查表可以找出相应阶调处的网点扩大量。也可以采用数学拟合方法得出网点扩大曲线表达式，通过计算求出相应阶调处的网点扩大量。

在 CIE $L^*a^*b^*$均匀颜色空间中，$a^*=0$ 且 $b^*=0$ 的点表示非彩色。由于 L^*表示视觉上均匀的明度等级，只要选择等间隔的 L^*值，并计算出对应的三刺激值 X、Y、Z，代入纽介堡方程并进行网点扩大量修正，就可以计算出视觉上等间隔灰梯尺的网点值，绘制出灰平衡曲线。有关实验使用 Panton 油墨，其相关颜色数据见表 5-8。计算出的印刷灰平衡时的 c、m、y 网点值见表 5-9。

表 5-8 Panton 油墨颜色数据

序 号	颜 色	X	Y	Z
0	白（纸）	73.95	77.38	88.85
1	黄（y）	53.84	62.06	6.65
2	品红（m）	22.77	10.76	11.70
3	青（c）	9.68	12.04	49.63
4	红（ym）	19.79	9.49	1.02
5	绿（yc）	2.32	7.57	2.92
6	蓝（mc）	2.50	1.44	7.71
7	黑（ymc）	1.22	1.23	1.01

表 5-9 计算出的印刷灰平衡时的 c、m、y 网点值

L^*	c	m	y	L^*	c	m	y
75	0.00	0.02	0.07	35	0.45	0.24	0.35
70	0.05	0.04	0.10	30	0.51	0.29	0.39
65	0.11	0.06	0.13	25	0.58	0.34	0.45
60	0.16	0.08	0.16	20	0.64	0.41	0.51
55	0.22	0.11	0.19	15	0.72	0.49	0.58
50	0.27	0.14	0.23	10	0.80	0.59	0.66
45	0.33	0.17	0.26	5	0.89	0.74	0.78
40	0.39	0.20	0.30	0	1.00	1.00	1.00

若以横坐标表示明度值 L^*，纵坐标表示计算出的 c、m、y 网点值，则可绘出灰平衡曲线。

从图 5-38 中可以看到，采用网点扩大量修正后所计算出的网点值与一般灰平衡规律已经非常接近了。

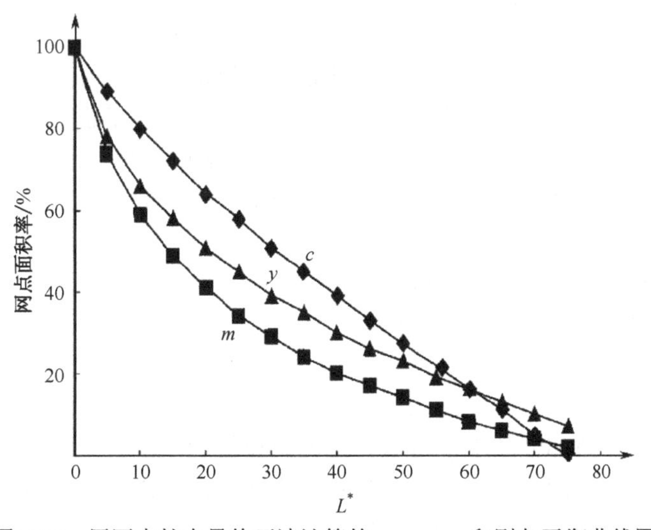

图 5-38 用网点扩大量修正法计算的 c、m、y 印刷灰平衡曲线图

分析纽介堡方程的计算误差，发现误差的分布规律与印刷网点扩大规律一致，这说明需要对纽介堡方程用印刷网点扩大量进行修正。实际上，从印刷品测量得到的三刺激值 X、Y、Z 已经包含了网点扩大效应，而纽介堡方程的计算值并不包含网点扩大效应，因此二者必然存在很大的误差。通过对纽介堡方程进行网点扩大量修正，明显改善了计算结果，证明所提出的修正纽介堡方程误差的方法是正确的。通过计算和实验得出以下结论。

（1）当已知网点面积率 c、m、y、k，用纽介堡方程计算印刷品颜色值时，应该加上网点扩大量，即以 $c+\Delta c$、$m+\Delta m$、$y+\Delta y$、$k+\Delta k$ 的网点值去计算，才能得到与印刷品实测颜色三刺激值相符合的数据。

（2）当已知印刷品实测颜色三刺激值 X、Y、Z，用纽介堡方程计算油墨网点面积率 c、m、y、k 时，应该从计算结果中减去网点扩大量，即实测颜色值是以 $c-\Delta c$、$m-\Delta m$、$y-\Delta y$、$k-\Delta k$ 的网点值印刷得到的。

纽介堡方程的优点在于原理清晰明了，只需要测量少量的油墨色样就可求解。在对印刷工艺进行研究和实验的基础上，利用上面所提出的基于印刷网点扩大量的修正方法，可以很方便地确定方程修正系数，简化计算过程，并取得较高的计算准确度。

5.6 半色调加网质量要求

在印刷技术领域，很难定义质量的概念，尤其是印前技术质量评估的问题极为突出。因为，这不仅涉及完整、正确的文字复制，还与人们对图片的鉴赏水平相关。印刷客户的高期望值、艺术家的想象、印前专家谨慎的优化处理及工业生产中使用的各种不同承印物所能实现的质量等，都具有很大的争议性，使得对质量的评定更加困难。

产品的质量通常定义为对预期目标的适应性。一方面，由于在客户眼中，产品的适用性是唯一的决定性因素，因此将质量水平调整到最终使用者的平均质量要求上的做法是不明智的；另一方面，通常客户对质量的看法会远远高于最终使用者所期望和感觉到的结果。

不可否认的是，人眼只能辨别出在正式批量印刷品、机械打样样张、预打样样张上出现的大约两百万种颜色中的一小部分。即使是色彩管理技术也无法改变这一事实。此外，纯手工技艺的印前产品也存在一定的质量要求。影响印前产品质量的典型错误如下。

（1）错误的数据格式，使用了应用程序的格式，而不是可交换格式，如 PS、EPS、PDF。

（2）分辨率不合适（过于粗糙或过于精细）。

（3）网线频率不合适（过高或过低）。

（4）边缘锐利度不够。

（5）将专色按四色或未定义的颜色进行分色。

（6）图像中重要的部分超出了可以传递的阶调值的范围。

（7）对于非周期（调频）网屏，最小的网点在可以传递的阶调值范围以下。

（8）网点形状不合适。

（9）网点阶调值总和过高。

（10）灰平衡出错。

（11）图像丢失或仅以显示器屏幕的分辨率存在。

（12）线条过细或多次生成线条。

（13）类型缺失或使用不当（如仅包含轮廓，反白类型过于精细）。

（14）预打样或机械打样丢失或不合适。

（15）文字处理程序错误（版本错误、换行连字程序错误、格式错误）。

（16）色彩管理中的输入色彩特性文件错误。

（17）色彩管理输出特性文件不合适。

（18）补漏白处理错误或不合适。

（19）折手拼版（裁切或折页线丢失）。

（20）加网角度引起的龟纹。

从输入设备到胶片的输出，原始印前技术完全利用 CMYK 数据进行工作，并且工作缓慢。然而现在，运用独立媒体工作流程的趋势越来越明显。其原理是将输入原稿的色域尽可能长时间地保持，直到输出前才将其压缩到某种再现工艺的色域上去。但该方法的问题在于，将与工艺方法无关的 CIE 数据转换为 CMYK 数据时，必会造成色域的缩小；而且，ICC 色彩特性文件中可感知呈现的结果，会因为根据色彩特性文件生成工具的开发商的不同而不同。若确定了色彩特性文件生成工具，或者确定了 CIE 数据已经按某种承印材料类型进行了色域剪裁，则在同一色域内，仅需要在印刷条件和工艺之间进行换算，这样色彩压缩匹配结果才具有唯一性。

5.6.1 输入与输出的分辨率

无论是出于设计的原因而有意降低原稿的清晰度，还是在扫描原稿并向胶片、印版或承印材料输出时受到分辨率的限制，图像清晰度都是衡量印刷品质量的一个重要特性。

原稿的扫描是通过数码照相机或电子分色机来完成的。在扫描过程中，图像信息并没有完全传递，而是依照一种扫描模板，按照预定的精细程度和预定的灰度级对信息进行采集。扫描模板是由扫描仪可分辨的最小图像单元——像素组成的。

用（空间）频率（每厘米或每英寸的像素数）来表示像素模板的精细程度，称为扫描精度或扫描分辨率。

在扫描中，扫描模板必须比需要再现的图像细节更加精细。选择扫描分辨率的另一个重要因素就是图像数据所需要的存储空间应该尽可能小。如果将扫描分辨率加倍，那么图像数据是原来的 4 倍。如果式（5-52）中的质量因子 F=2，那么在细节再现和文件大小之间可得到较好的权衡。

$$\text{扫描频率}f_s = F \times \text{放大倍率}M \times \text{网线频率}L \tag{5-52}$$

例如，如果将一幅尺寸为 5.3cm×8cm 的正片原稿，用 60l/cm 的网线频率进行加网，则其扫描分辨率为

$$f_s = 2 \times 1 \times 60\text{l/cm} = 120\text{l/cm}$$

约为 300dpi。图 5-39 显示了输入像素和输出像素之间的关系。

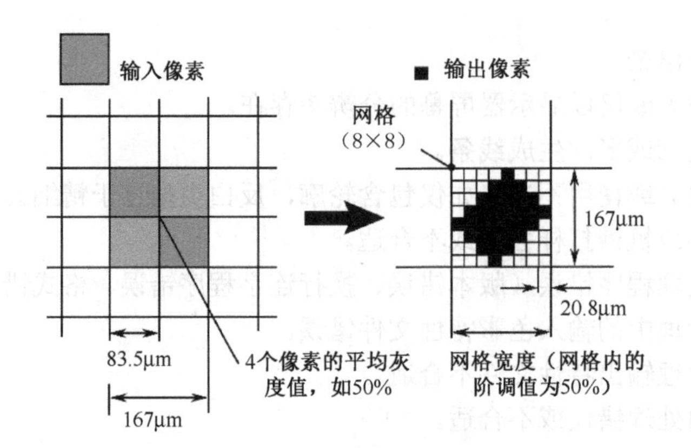

输入：
来自扫描仪的数据，如分辨率为120dpcm（305dpi），每个像素有65种灰度值

输出：
如计算机直接制版系统，其寻址能力为48dpcm（约1219dpi），在60l/cm的网格下，每个网格能够复制65种阶调值

图 5-39 输入像素和输出像素之间的关系

在输出端的每个网格中，通常安置 4 个输入像素，由于 F=2，每个像素占网格面积的 1/4。根据扫描的 4 个输入像素的阶调值（灰度级）获得平均值，并将其结果存入存储器。由此获得的平均值平衡了由设备决定的分子分色光电传感器信号的微小波动，并且使得平滑阶调区的显示更为平稳。扫描分辨率的选择不能过于精细，否则必须处理不必要的过大文件，从而延长了不必要的生产时间。

网线频率也就是常说的加网线数，表 5-10 中列出了典型印刷条件和工艺所采用的加网线数、阶调范围及最小网点尺寸。

表 5-10 典型印刷条件和工艺所采用的加网线数、阶调范围及最小网点尺寸

印刷条件和工艺	加网线数（最小网点尺寸）	阶 调 范 围
欧洲商业胶印	60lpcm（152lpi）（20μm）	3%～97%
日本商业胶印	70lpcm（178lpi）（20μm）	3%～97%
美国卷筒纸期刊胶印（SWOP）	52lpcm（132lpi）（20μm）	2(4)%～97%
报纸胶印	34～48lpcm（25～40μm）	3%～85%
商业表格印刷	52～60lpcm（20μm）	3%～97%
凹版印刷	70lpcm（178lpi）	5%～95%
柔性版印刷	40～60lpcm（约 30μm）	3%～94%
丝网印刷	30～40lpcm（80μm）	10%～90%

如果图像的清晰度要求不高，而追求最小的存储量，则式（5-52）中的 F 可以取更小一些的值（如 F=1.4），也就是采用较低的分辨率进行扫描。

将图像输出到胶片、印版或直接制作成印刷品，首先必须确定网点形状、加网线数和网角。由于网点是由多个记录像素组成的，因此需要确定记录像素的大小。与输入时的扫描分辨率类似，称其为输出频率或寻址频率（又称寻址能力）。由于设备值的不同，输出频率的范围为 197dpcm（500dpi）至 1000dpcm（2540dpi），有的甚至会更高。办公用的静电投影打印机一般只提供 118dpcm（300dpi）的输出频率。

输出频率的选择需要考虑以下多种因素。

（1）其值必须足够大，能够准确地再现预定网点的形状。

（2）可再现的灰度级必须足够多，以免在精细的过渡色区出现带状干扰（“断层”现象）。

（3）成像时间（输出时间）应尽可能短，过高的输出频率会延长不必要的时间。

从图 5-40 中可以看出，为了得到一个良好的网点形状，只需要大约 10×10 个像素。这就意味着记录频率至少是所记录的周期性网点频率的 10 倍。

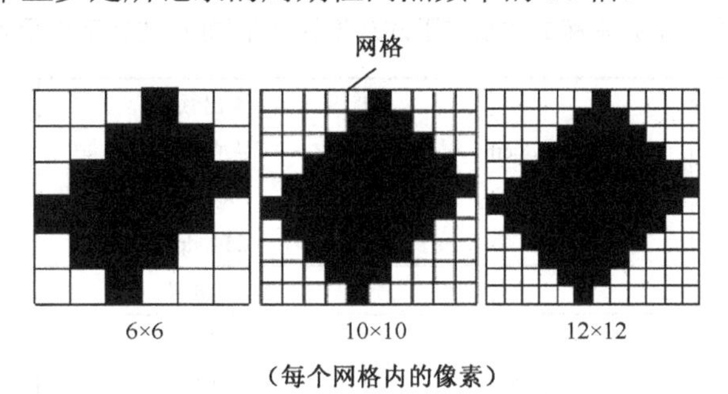

图 5-40　设备输出的寻址能力（输出频率）变化导致的网点结构（阶调值为 50%）

同时考虑了可再现灰度级随着输出频率的增加而急剧上升这一情况。可以明显地看到，设备能记录的图像灰度级仅能达到一个网格内所包含的输出像素数。若将空白纸张也作为一个灰度级，那么可再现的灰度级为

$$\text{灰度级}=1+\left(\frac{\text{输出频率}}{\text{网线频率}}\right)^2 \tag{5-53}$$

图 5-41 就描述了这种相关性。

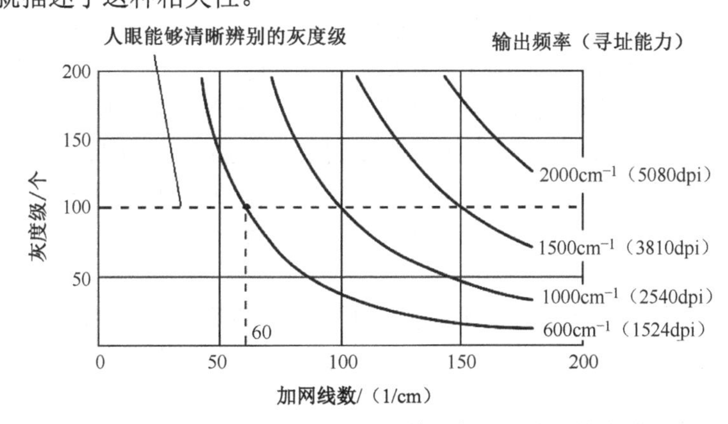

图 5-41　灰度级与加网线数（输出频率）的函数关系

由于人眼不能辨别超过 100 个灰度级，因此 10×10 的网格就已经足够了。它能够产生 101 个不同的灰度值，100 个级差为 1%的灰度级。在该例中，加网线数为 60l/cm，因此输出频率不必高于 600dpcm（1524dpi）。

加网线数的选择不必超过绝对必要的数值。但由于人们对接近照片的复制效果情有独钟，因此，具有创意性的工作经常要求采用极精细的加网线数（120l/cm，305lpi）。但

是，极精细的加网线数却伴随着质量的下降，这是因为网点向印版的传递更不稳定，印刷出现的波动更多，更不必说晒版上更高的投入费用了。

如果通过记录设备将输出频率限制在较小的数值，如 600dpcm（1524dpi），则使用高于 60l/cm 的加网线数加网时，灰度级会少于 100 个。按此推算可得，采用极精细加网线数 120l/cm 进行加网时，仅能复制出 26 个灰度级。为了能达到 100 个灰度级，输出频率至少要采用 1200dpcm（3048dpi）。若灰度级少于 100 个，则依图像的不同会产生相应的质量损失，见表 5-11，并且渐变的过渡区会出现视觉可见的阶跃（也称“断层”）。

表 5-11　不同输出频率和加网线数下的灰度级（带*标记的数字表示质量有损失）

加网参数	600dpcm（1524dpi）	输出频率（寻址能力）1000dpcm（2540dpi）	2000dpcm（5080dpi）
加网线数/（l/cm）		灰度级	
60	101	279	1112
80	57(*)	157	626
100	37(*)	101	401
120	26(*)	70(*)	279
300	5(*)	12(*)	45(*)

5.6.2　可传递的分辨率

印刷品的灰度值可以由 Murray-Davies 公式给出，而且与印刷工艺是否加网无关。这点同样适用于没有反差及反转的图像载体，如阳图胶片及大多数印版。对于阴图胶片及有反差和反转的印版（如胶印聚酯版），则可将黑化面积率与 100%的互补数值定义为灰度值。相应地，对 CMYK 数据组的灰度值按照阳图胶片输出时的黑化面积率定义。

对周期性（调幅）网屏而言，由于在各种印刷工艺方法中，其最小直径以下的网点不能可靠传递，因此可再现的阶调范围就会受到限制。这种情况不仅涉及极高光区的“阳图”网点，也涉及暗调区的“阴图”网点。因此，图像中的重要网点阶调（图像细节边缘）不能超出给定的阶调值范围。但这并不意味着图像不能出现所述范围外的阶调，而是要避免可见阶跃的产生。

理论上，非周期（调频）网屏不存在可再现的阶调范围的限制，这是因为其网点可以按任意位置进行分布。但是，网点的直径依旧不能小于一个最小值。

5.6.3　网点形状

鉴于凹版印刷中，凹版滚筒利用雕刻刀进行机械雕刻，这使凹版印刷的网穴形状或多或少是预先确定的，而其他印刷工艺，由于网点是由像素生成的，因此其形状是可变的。在阶调值连续上升的情况下，当单一网点在某种确定的面积率下接触时，就导致了阶调值的跳跃性变化。在传统的调幅加网中，可以采用特殊的网点形状，这就能使网点在不同的阶调值中相接触（第一次和第二次网点接触）。这种做法的结果是，通过特殊形状的网点将印刷中产生的阶调值跳跃转移到 3/4 阶调处（暗调处）。利用此类网点可以使以亮调为主的图像得到良好的复制，但由于在网点相连的过程中会产生不良效果，因此该方法并不适用于普通图像。例如，菱形网点对于方向极为敏感，它们很容易出现不正常的网点扩大。因此，面向胶印和连续表格印刷的 ISO 12647—2 和面向报纸印刷的 ISO 12647—3 都规定了网点的连接应发生在阶调值 40%～60%处，并且两个阶调值之差不得大于 20%。图 5-42 就描述了菱形网点间相接触的情况：第一次接触发生在 50%处，第二次接触发生在 60%处。

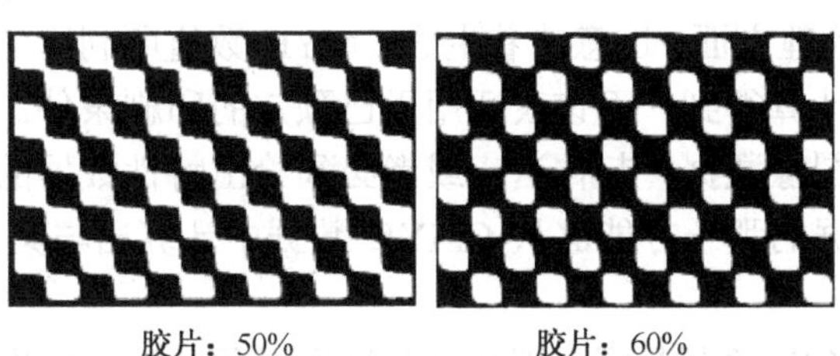

图 5-42　菱形网点第一次（左）和第二次（右）接触

（注意：第一次接触是在长对角线方向，第二次接触是在短对角线方向）

报纸印刷的保真复制及印刷控制条上规定采用圆形网点。其原因是阶调值在一定程度上依赖于网点形状，因此为了保持可比性，所有印刷控制条上都应采用相同的网点（圆形网点）。圆形网点的优势是，它不仅可以利用简单的手段进行测量，而且网点扩大最小。由于控制条并不用来记录印刷特性曲线，所以网点接触不会产生干扰。相反，这些控制条用于监控正式印刷中一些特定的阶调值情况。

对于柔版和丝网印刷，第一次网点接触，即高光区域的网点最小值通常不低于 2%，第二次网点接触，即暗调区域的网点最大值。通常不低于 98%。在雕刻凹版印刷中，不存在网点接触的现象，因而在凹版复制中也没有此类规定。对于不需要印版的印刷技术也无此类规定。

5.6.4　阶调值的影响

在多色印刷过程中，对所有参与构图颜色（通常是四色）的油墨必须进行限制，即最大油墨量，这是因为较厚墨层干燥不充分会导致干扰性的浮雕结构的产生。阶调值总和是由定义在数据文件中的各个分色计算得到的，即阶调值总和是一个纯粹与复制相关的特性参数，它不考虑阶调值的逐级变化。数值为 100%则对应实地，400%则对应 4 个印刷油墨层的叠印。在商业单张纸胶印中，阶调值总和不能超过 350%，在商业轮转胶印中不应超过 300%。在报纸印刷中，阶调值总和不得超过 260%，并且尽可能保持在 240%以下。由于在出版用的凹印中每个印刷机组后对纸张都进行干燥，因此对其没有这种限制。

在柔版印刷中，最大阶调值总和在 280%～320%。丝网印刷的优势就在于它具有高墨层厚度，其阶调值总和可达 400%。但是，丝网印刷制版通常需要印刷制版的数据与其他数据相互转换，因此它的阶调值总和一般较低。而无版印刷工艺还没有此类明确的规定。

印刷特性曲线或绝对阶调增大值是生成分色数据的基础，它们也被纳入了 CIP3 数据中。但其中任何一个属性都不能确定一个分色质量的优劣。应特别指出的是，如果阶调值增大量异乎寻常地低，则印刷质量也不会改善很大，这是因为复制的图像会比样张

“更亮”；而且不能通过提高原稿（打样样张）事先确定的实地密度来消除这种现象，这是因为实地密度的色度和色调与样张不匹配。与数十年前常见的情况相类似，如果是打样技术的原因，即只能达到比正式印刷生产低的阶调值增大量，那么极低的阶调值增大量对图像是有利的。

对工业化生产而言，在完成“复制”的生产阶段后，就不再干预图像内容了，也就是说，在印刷中不再更改实地着墨和印刷特性曲线，并将其作为一个普遍使用的规则。

印刷复制品的阶调再现质量，只在基于指定生产运行标准的印刷特性曲线的情况下才是适用的。从色彩管理方面，这意味着生成 CMYK 数值所利用的输出色彩特性文件应由一个特性化查找表计算得到，而该表适用于已预定的印刷条件。并且，所使用的输出色彩特性文件必须与图像数据一起传送，或者必须给出特性数据的名称、来源及黑版参数。这就使得接收数据的那一方能够从 CMYK 数据中计算出与其色彩等价的 CIE LAB 数据。

若系统用于接收 CIE 色彩数据，那么这些数据必须与批量印刷所预定的色域和阶调再现特性相匹配。

为了验证设置是否与输出过程相匹配，采用由数据文件进行非机械预打样的方法，或者采用机械打样（采用与连续印刷相对应的印刷技术和材料制作样张）的方法；样张上的控制条则显示了批量印刷的特性参数（在所给定的误差范围内）。这些参数包含实地的 CIE LAB 坐标（其油墨密度仅起到辅助作用）和原色 CMYK 的阶调值。数字打样的色彩控制条也包括了一系列附加的典型混合色域区，并且对每种印刷工艺方法和纸张，色彩坐标必须达到预先给定的数值。

如果非机械预打样或机械打样样张上的色彩控制条具有正确的数值，那么灰平衡是正确的，也就是说，在预定的印刷条件下，原稿上非彩色的复制不会出现偏色。在该情况下，彩色 C、M、Y 的阶调值必须达到某种确定的比例关系，即该比例关系由印刷工艺方法、印刷油墨和承印材料决定。因此，对确定的印刷工艺的灰平衡进行一般性规定。面向不同印刷工艺方法和印刷条件，对机械打样和非机械打样的详细说明，由德国印刷与媒体协会（BVDM）相关的标准说明书或 ISO 12647 标准系列给出。由于胶印至少在中/小印量和大印量领域内有优势，因此对于 NIP 技术，令其数据文件与胶印条件相吻合，在经济上是有意义的。

5.6.5 图像效果与补偿

当承印材料高速穿过印刷机时，可能会因为纸张的变形、套准差异和其他因素的影响而使各个色版出现“几何局部移位”，结果就使得在视觉上形成不美观的“白色缝隙”。该现象在锐利的边界处（如在黑底色或黑背景上的红点）尤为明显，这就导致了承印材料的白色显露出来。

这些“缝隙”并非只由印刷引起，在印前处理中也会出现该现象。当边界清晰的彩色页面元素组合到一起时，这种现象同样会出现。因此，可将相互连接的色彩区域进行扩展（增大范围）——通常将较为明亮的部分进行扩展。由于必要的扩张宽度与所使用的纸张网屏有关，故给出相应的近似数据。加网线数为 60l/cm 的网屏，扩张宽度在 0.1～0.2mm；加网线数为 33l/cm 的网屏，扩张宽度在 0.2～0.4mm。由于扩展范围与相对应的印刷条件相关，因此在生产过程中，扩展量的确定应该尽可能地延后（与输出加网的设定相同）。

生产中一定要避免产生两次扩展。第一次会发生在印前或客户单位中，第二次会发生在印刷中。两次扩展会导致多个细微页面元素边界相接并使细节还原受损。

收缩处理适用于背景色比前景色明亮的情况。为了使一个黑色区域更“深”，通常在黑色区域上会利用 40%的青色网屏进行加网。若该黑色区域被一个反向类型（黑底白字）打破，则在边界区域能够看到青色。为了消除这种影响，可以进行收缩处理，即将青色区域缩小。“补漏白”也用于描述将一种油墨层印刷到另一种油墨层上的油墨接收性。

龟纹是因两个或多个周期性网屏图案重叠不佳而产生的有规律的粗糙图案。它产生的一个最普遍的原因是在原稿上已经存在了一种有规律的结构，如加网原稿或纺织品的图案。这些干涉图案可以通过选择合适的加网角度，并在处理图像时运用特殊的滤波器软件来避免。

但是由于加网软件的不同，在曝光过程中也可能产生龟纹。通常情况下，这种缺陷与所提供的数据无关，而与输出单元有着必然的联系。调频加网中就不存在龟纹现象。

第 6 章

半色调加网的典型算法

数字半色调是指将连续调的图像或照片转换成黑白图像元素的过程，用于由只能选择打印或不打印点的二进制设备（如喷墨打印机）进行复制。人类的视觉系统就像一个低通滤波器，产生一种图像是连续的灰阶的错觉。根据点的具体分布方式，给定的显示设备可以产生或多或少颗粒度的不同程度的图像保真度。根据人类的视觉系统，通过适当分布的排列和随机的点来产生最高质量的图像，并保持清晰的边缘和其他精细的细节。但与此同时，某些显示和印刷设备无法连续地从一个点到另一个点再现每个点，因此会产生印刷故障，大大减少所要保留的那些细节。因此，在研究半色调时，主要目标是确定每个点的最佳分布位置，然后研究如何以高效的方式产生图像。

本章主要介绍数字加网的基本方法和算法，重点介绍半色调加网算法和彩色（多通道）半色调加网原理及其应用实例，并对多通道半色调点阵图像叠加产生干涉条纹（莫尔纹）的原因及其消除等进行介绍。

6.1 数字加网

数字加网是从传统加网发展而来的，并且与传统加网有着密切的联系。在 PostScript 推广的早期，加网方法首先受到了批评，特别是在使用高端成像设备时，会出现有害的莫尔纹。这个问题是由加网线数和加网角度的不恰当组合引起的。

DIN16547 规定了复制技术常用的无莫尔纹叠印网线角度及标准加网线数，并规定以 0°、15°、45° 和 75° 为基础，对黄色、青色、黑色和品红色分别进行加网。这些加网角度可以通过雕刻的玻璃网屏和接触网屏轻松实现。但是实践证明，DIN 标准液也存在缺陷。由于黑版并非总被安排在 45° 的位置，黄版与青版之间的 15° 差值只是一个折中的方法，并非理想的方法，这可以通过椭圆形网点来改善。

最终电子加网问题是采用一些由曝光设备像素阵列预先确定的网线系统（加网角度、加网线数）来解决的。由于每种数字化处理方法都会引起所谓的量化效应（数字量值只能设置按量化等级限定的数值，而不能实现等级之间的数值），因此产生了通常人眼难以分辨的不准确性。当采用四色印刷时就会出现莫尔纹。

因此，数字加网的核心问题就是要避免莫尔纹的出现。

6.1.1 有理正切加网

有理正切加网是由 HELL 公司发明的一种加网技术，是数字加网的基础。有理数是可以表示为两个整数之比的数。如果一个直角三角形的锐角的对边与邻边之比为有理数，则这个角具有有理正切。激光图像记录仪照排机是按栅格方式曝光成像的，由于不可能出现非整数的栅格数，所以照排机的输出必然是有理正切角的。可以用示意图来说明这一问题，图 6-1 中的栅格为照排机的激光记录栅格，其中的方格为设定的一个网目单元，则网点的角度为三角形的角 α。由于曝光单元最小为一个栅格，不可能出现非整数栅格，因此，网目单元的角点必然在栅格的交叉点上，α 的正切值 BC/AB 必然是整数栅格数之比，即整数比。因此，在这种情况下 $\tan\alpha$ 只能是有理数。

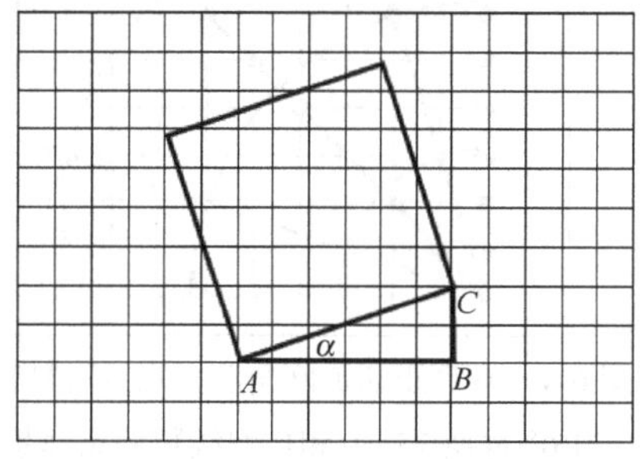

图 6-1 有理正切加网示意图

在加网中，都将网格看作正方形，根据加网角度的不同，可将其转动到任意角度，而且网格要与记录栅格对齐，如图 6-2 所示。在某些加网角度下，每个网格的 4 个角点必须与记录栅格的角点（交叉点）准确重合。在该情况下，旋转角点在纵向和横向两个方向都与左下角网格的记录像素保持整数的距离，如图 6-3 所示。由于纵横距离是有理数，并且该比值在数学上被称为正切值，当遇到正切值为非有理数的角度时，只能用比较接近这一正切值的整数比微调网目单元的大小。这样，实际上会使每个加网角度的正切值均为有理数，因此在 PostScript 加网中称其为有理正切加网。

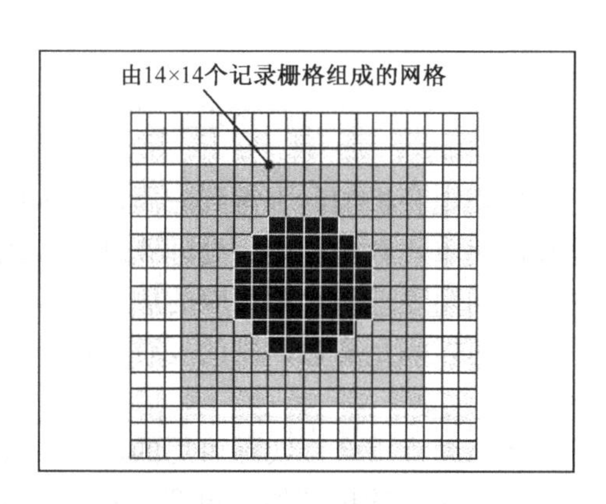

图 6-2 由 14×14=196 个记录栅格组成的网格，网点面积覆盖率约为 26.5%，加网角度为 0°

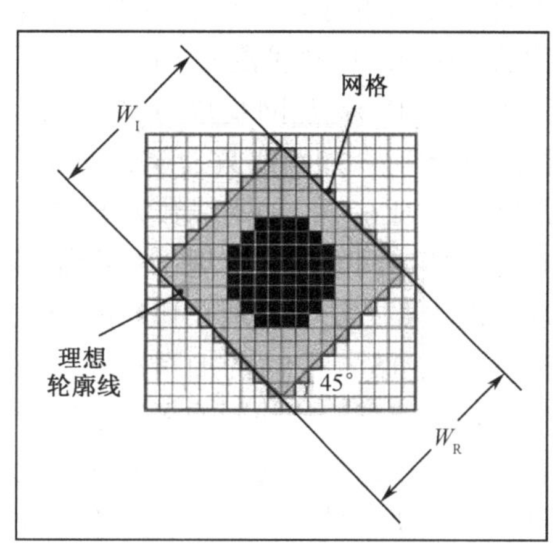

图 6-3 加网角度为 45° 的网格（网格轮廓线偏离理想轮廓线，W_R>W_I）

当网格单元的四个角点与记录栅格的角点重合时，每个网格就由相同数量的像素组成，这也意味着在网格中同样面积覆盖率形成的网点形状也是相同的。在四色印刷中将四个色版的加网角度分别设置为 0°、15°、45° 和 75°，可使各色版间因相互作用而出现的龟纹最小。其中，0°（或 90°）的正切值为 0，在数字加网中很容易实现，只需要将加网角度放在与照排机的记录曝光栅格平行或垂直的方向即可。45° 的正切值为 1，可以表示为两个相同整数之比，依曝光栅格的大小可以为 5∶5、9∶9、15∶15 等，这在数字加网中也很容易实现。但是，将网点的方向设置成 15° 或 75° 时，在数字加网中就会出现严重的障碍，原因在于 15°、75° 的正切值是一个无理数，不能表示为两个整数之比。

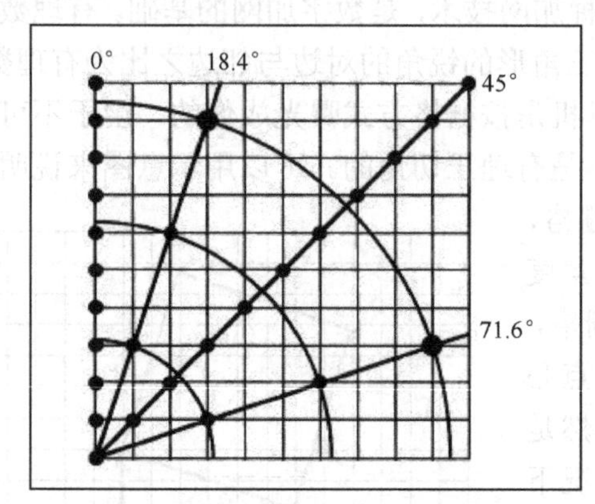

图 6-4　有理正切加网角度（18.4° 替换 15°，71.6° 替换 75°）和加网线数偏离理想状态

为了实现有理正切加网，可将网格旋转近似为 15°。将网格定位在曝光设备记录栅格的交点上，并将网格的角点在纵向上移动 3 个记录栅格，这时加网角度的正切值为 1/3，它所对应的网角近似为 18.4°；同样，75° 的网角也可以通过旋转近似得到正切值为有理数的 71.6° 网角。如图 6-4 所示为有理正切加网角度（18.4° 替换 15°，71.6° 替换 75°）和加网线数偏离理想状态。

由于加网线数的定义是单位长度内包含的网点个数，并且当加网角度发生变化时，在同样的单元中就包含了不同数量的网格，这就引起了加网角度的改变，使得加网线数也发生了变化。在图 6-4 中将基本节点相连就能显示该情况（0° 和 45° 与圆的交点明显偏离 18.4° 和 71.6° 与圆的交点）。

计算可得在 0°、18.4° 和 45° 的加网角度下，加网线数之比为

$$f_0 : f_{\pm 18.4} : f_{45} = \sqrt{9} : \sqrt{10} : \sqrt{8} \tag{6-1}$$

因此在实际加网中，各色版的加网线数符合式（6-1）中的比例。

黄版（0°）：加网线数为 50l/cm。

青版（18.4°）：加网线数为 52.7l/cm。

黑版（45°）：加网线数为 47.1l/cm。

品红版（71.6°）：加网线数为 52.7l/cm。

有理正切加网成功地实现了数字加网，它首先在电分机加网中得到应用，后来成为数字加网的主要方法。有理正切加网的优点是算法简单，数据量小，处理速度快。虽然不能准确实现 15°、75° 的加网角度，但通过采取网角逼近技术和相应的加网线数的细微变化后，已使莫尔纹的影响尽可能减少，基本上可以满足彩色印刷的要求。但是，有理正切加网也存在不少问题，主要的问题如下。

（1）为了使网目调单元角点与输出设备记录栅格角点重合，实际可用的加网角度与制版工艺要求的角度可能出现较大的偏差，比如对于 15° 的标准加网角度，为了实现有理正切加网，不得不改为 18.4°，由此产生的绝对误差是 3.4°，相对误差是 22.7°，这一偏差不是一个小数字。若原稿中含有相近周期的背景，则在加网时各色版的相互作用可能导致龟纹的出现。

（2）对设定的标准加网线数，加网后实际得到的数字会与指定的数字出现偏差，除黄版外，其他色版的实际加网线数均出现偏差，从而导致各色版实际加网线数不能完全一致。

（3）由于实际加网角度不能和传统的加网角度 0°、15°、45° 和 75° 完全吻合，加

网线数也不能做到各色版一致，因此在避免莫尔纹影响及层次再现力等方面不如传统加网效果好，在一定程度上降低了图像的表现能力和细节分辨力。

（4）可供选用的加网线数和加网角度只有有限的组合，从而在一定程度上影响了制版工艺。

6.1.2　无理正切加网

在有理正切加网中，采用近似的角度对数字图像进行加网，以保证半色调单元的四角匹配照排机记录网格的角点。但是，在通常情况下，很难满足这样的要求。因此，人们提出一种更接近传统加网角度的方法，这就是无理正切加网。如图 6-5 所示，在特定的加网角度下，网目调单元只有一个角点 A 与记录栅格的角点重合，其他的三个角点都不能与记录栅格的角点重合，此时的加网角度的正切值 BC/AB 不是两个整数之比，而是无理数，这就是无理正切加网名称的由来。

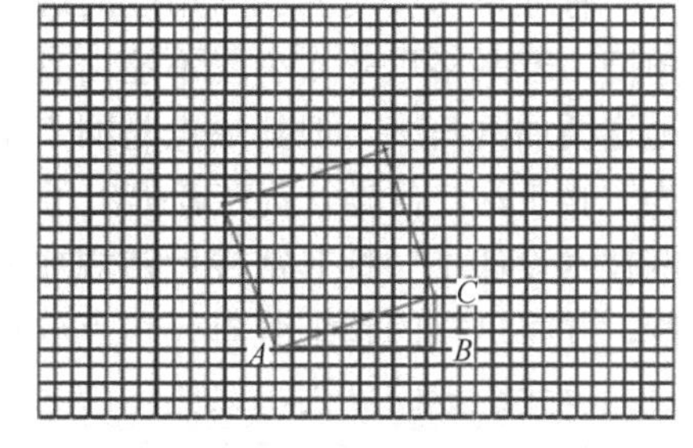

图 6-5　无理正切加网示意

无理加网的基础是一个网屏矩阵，在该矩阵中，网点间的中心距离对应一个特定的值。虽然无理加网保持了理想的加网角度，但由于步距序列不同，因此网点会发生形变。图 6-6 清晰地显示了模拟加网与有理正切加网、无理正切加网的差别。

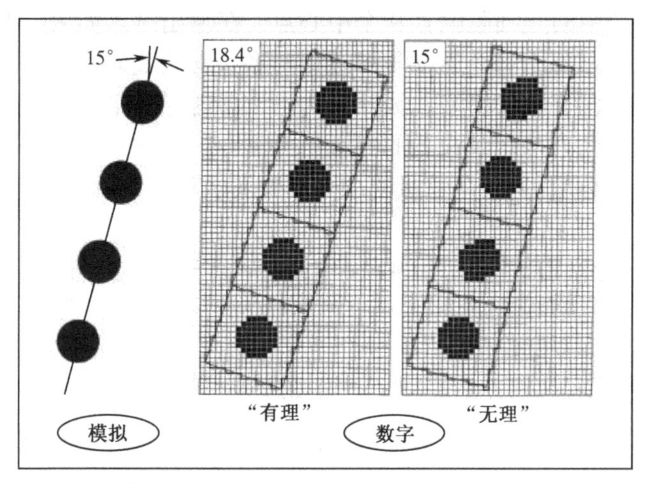

图 6-6　模拟加网与有理正切加网、无理正切加网的差别

为了解决无理正切加网网格单元角点不能与输出设备记录栅格（像素）角点重合的问题，无理正切加网在实现时通常采用以下两种方法。

第一种方法是逐个修正法。该方法的要点是，根据实际需要的加网线数和加网角度，精确地计算出每个网格的栅格点阵及其特点，将获得的网点大小和形状一个接一个网格进行角度修正。虽然用这种方法可获得高质量的输出，但其对光栅图像处理器及加网计算机的运算速度要求极高，对每个网目调单元的逐个修正将花去大量的计算时间，要求在瞬间完成巨大的计算量，同时需要庞大的存储空间来临时存放中间处理结果。

第二种方法是强制对齐法，该方法取无理正切角的对边和邻边，强制网格单元角点与记录设备的栅格角点重合，使之形成有理正切网点。但是，强制角点对齐后衍生出来的问题是，实际得到的加网角度和加网线数将与预定值发生偏离，它们是给定加网角度和加网线数的近似值。

相较于有理正切加网，无理正切加网处理后的图像还原质量较高，但在进行加网时其对计算机等基础设备的要求较高。

6.1.3 超细胞加网

有理正切加网的加网角度的选择范围是十分有限的。例如，对于 15° 和 75° 的加网角度，若网格尺寸太小就不能由有理正切加网精确地生成。因此，较大的网格可以精确地遵循加网角度，但其缺点是网点结构能够很容易地被识别，并可能造成细节的丢失。为了修正这一问题，研究者提出了“超细胞”的概念。以 PostScript 语言为基础的数字加网技术设计了一种非常接近常规加网角度的方法，即设置由数个网目调单元组成的超细胞，并将这样的超细胞单元角点放置在输出设备的像素角点上。超细胞是一个由多个网目调单元组成的阵列，比如一个 3×3 的超细胞是由 9 个网目调单元组成的，如图 6-7 所示。从图 6-7 中可以看出，每个网目调单元所包含的栅格数是不同的，它并不是简单地放大网格，而是将多个子网格组合成一个更大的网格。

超细胞的每个子网格的大小和形状都可以不同，但这些差异在一个超细胞内互相抵消。超细胞网点的生成方式不同于常规网格那样从一个中心点开始，而是从多个中心点开始。例如，图 6-7 中的超细胞就有 9 个中心点。在输出时，如果超细胞的四个角点与输出设备的角点重合，那么每个超细胞都有相同形状与数量的网格单元和网点。超细胞的尺寸与网目调单元相比要大得多，因此在输出设备的记录平面上有许多可以放置超细胞的点，使超细胞的角点与记录设备的像素角点重合。因此，用超细胞结构能以很高的精度逼近传统的加网角度，并使各色版的加网线数基本相同，从而保证复制精度的提高，如图 6-8 所示。

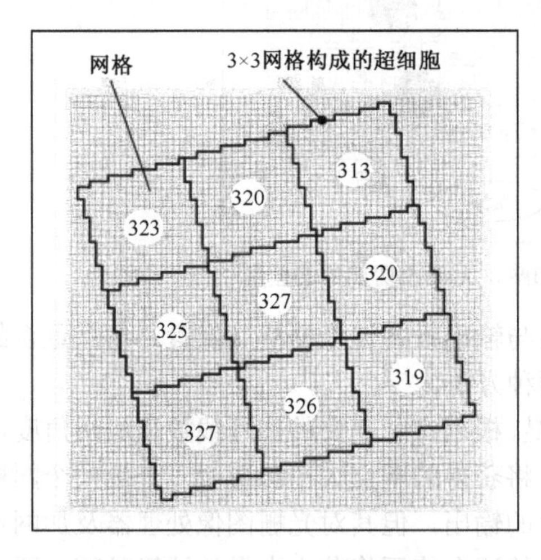

图 6-7 不同网格组成的超细胞，网格内数字表示每个网格可含的像素数

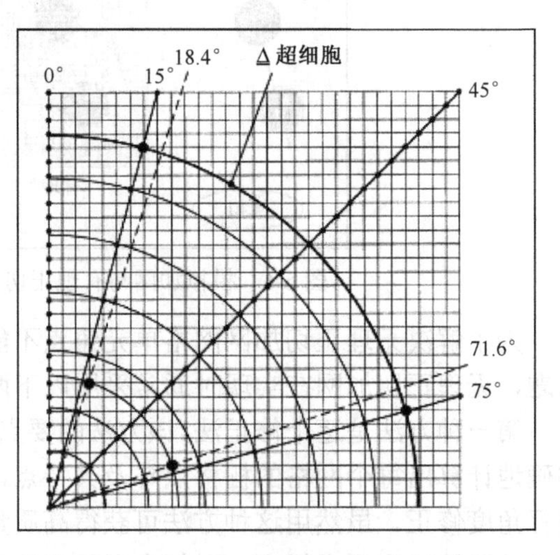

图 6-8 利用超细胞结构能够实现的理想加网角度与相应的加网线数

无论是有理正切加网还是无理正切加网，得到的加网角度都只是粗略的近似值。对于高品质的彩色复制来说，有理正切加网带来了轻微条纹干扰等不良现象，难以满足要求。超细胞加网技术能够实现较高的网线角度和加网线数准确性，同时，在计算量上又比无理正切加网小得多。因此，它很快成为印前领域主流的调幅加网技术。

在进行有理正切加网时，对于网点形状 RIP 只需要计算一次，而在计算超细胞时由于每个子网格的形状不尽相同，因此就比较烦琐。超细胞网点的分布并没有失去有理数的特征，因此仍然是以有理正切加网为基础的。在有限的激光照排精度范围之内，采用超大型细胞并在细胞内设置多个网点生长点，解决了精度逼近和分辨力之间的矛盾，使传统的四色分色工艺在电子出版系统中得以完整再现。许多出版系统开发商在这种超细胞加网机理的基础上，推出了各自改进的加网技术。Adobe 公司以“精确加网”的名称将超细胞技术集成到一部分第一级 PostScript 解释器和所有第二级 PostScript 解释器中，而精确加网技术可以通过特殊的 PostScript 指令激活。但是，精确加网的处理时间较长，并要求更大的存储容量，故 Adobe 公司采用专门的硬件进行超细胞计算以提高效率。

用超细胞加网技术能提高加网角度的精度，但这样的提高是有代价的。例如，采用由一个网目调单元组成的超细胞加网需要的运算时间比采用一个网目调单元进行有理正切加网需要的计算时间要多得多。实际上，在进行数字加网时总要进行权衡，超细胞单元越大，可获得的精度越高，但需要更多的运算时间，且将降低系统性能。超细胞结构在再现数字图像的灰度上效果很好，可表现的动态范围大，可以用较低记录分辨力的胶片记录仪或激光照排机生成网点，从而改善了光栅图像处理器和输出设备的生产能力，已成为现代数字加网技术的共同基础。

6.1.4 加网输出

在印刷中产生可供印刷的多色页面或序列页面的做法是，在印前就准备好一组完整数据，然后根据前述加网方法，通过光栅图像处理器处理这些页面，并按位图信息传送到输出设备上。在此，输出设备与其种类无关，可以是配备 NIP 技术的打印机（如静电摄影）、胶片记录曝光设备、计算机直接制版系统或直接成像的印刷机。

为产生印刷品而进行的数字信息的操作，在很多情况下产生了新的组织形式，并且这些被纳入各种不同工作流程管理系统中的变化赋予了数字预打样一种新的意义。

数字预打样工艺用来对一组数字数据进行输出，使其结果尽可能精确地模拟所要印刷的产品。在大多数情况下，最重要的因素是样张与后续印刷品的质量达到视觉匹配。只有使用一些特殊的预打样方法（保真打样、网点打样），才能根据正式印刷来设置特殊印刷技术参数（如网点结构）。

对于数字成像的印刷系统（如直接成像系统：海德堡 QM-DI）而言，数字预打样具有核心意义。在此生产流程中，不再进行胶片的制作。

基于应用目的和所要求的质量，数字预打样系统可以分为两种基本类型：软打样和硬打样。数字预打样方法如图 6-9 所示。

软打样描述了在显示器上模拟的印刷结果。如果原先的软打样只是简单地用色彩显示图像，以检查打印文件的完整性和状态，那么引入 PDF 数据格式和附加的应用软件（观察器），又与色彩管理系统相结合后，软打样在色彩可靠性上取得了显著的进展。显示器上色彩的可靠性对观察条件的依赖性较强，并且色彩并非总与印刷样张匹配。通常，可靠的平面色彩显示以相对较暗的环境为前提，印刷样张则必须在接近日光的标准照明条件下观察（如 D_{50}）。

项目		还原质量										花费	
		内容（图文）黑白	内容（图文）彩色（视觉印象满意）	内容+彩色（色彩真实）	内容+彩色+网点结构	油墨类型		纸张类型		印张尺寸		成本	时间
						专用	生产用	专用	生产用	单独页面（A3、双页 A4）	整页（8 页）		
	屏幕软打样	×	×	×	×	×				×		免费	立即
分类	硬打样												
	蓝图	×				×		×		×	×	低	合理
	折手打样		×			×		×		×	×	满意	合理
	彩色打样			×		×	(×)	×		×	×	可接受	少
	网点打样				×	×	(×)	×	(×)	×	(×)	高	少
	机械打样				×		×		×		×	高	很少

图 6-9 数字预打样方法（还原质量和花费）

虽然软打样在显示器上对后续的印刷质量的进一步完善还要做出一定的让步，但它仍然是客户和服务商之间在复制技术合作上的一种有意义的解决方案。图 6-10 描述了已经实现的解决方案，展示了用显示器评价图像的趋势。

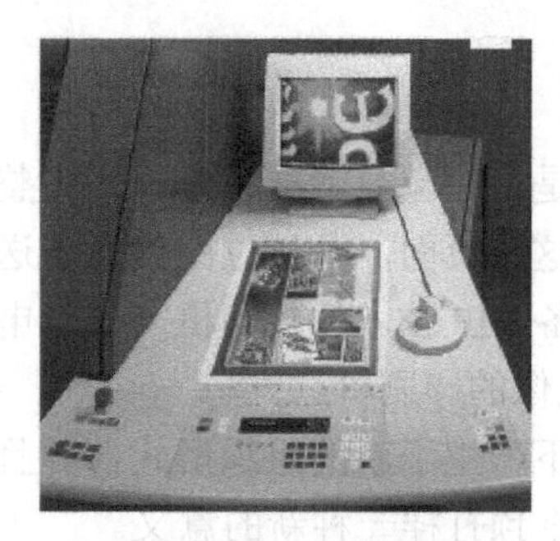

（a）控制台上的显示器

（b）显示器上印刷任务的图像细节

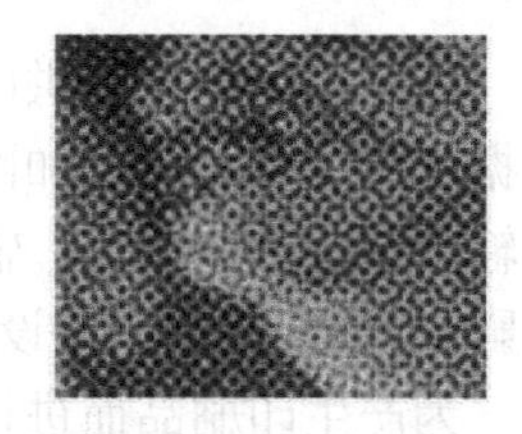

（c）在显示器上检查网点结构

图 6-10 计算机直接印刷/直接成像系统控制台上的软打样（海德堡 QM-DI）

硬打样分为 5 个基本类型。

（1）蓝图：获取一组在内容、折手版式和完整性方面需要印刷的数据的基本情况，就可以制作一个单色蓝图。蓝图在数字印刷中是一种通用的概念，与传统的“重氮复制”不同。

（2）折手打样（版式打样）：与蓝图的目的相同，都是为了获得一个文件的色彩印象（但其色彩不一定可靠），它可以通过制作一个版式样张来获得。

（3）彩色打样：在实际应用中最受公认的数字预打样工艺。在印刷工业及相关的高品质印刷领域内，这种打样为预定需要印刷的文件提供了色彩真实、可靠的再现样张。在这方面，标准打印系统被越来越多地采用，如喷墨打印机（见图 6-11）、热升华打印机（见图 6-12），并配合高性能色彩管理系统共同工作。印刷人员将这样制作出来的彩色样张作为正式批量印刷的参照准则（参照样）保存。

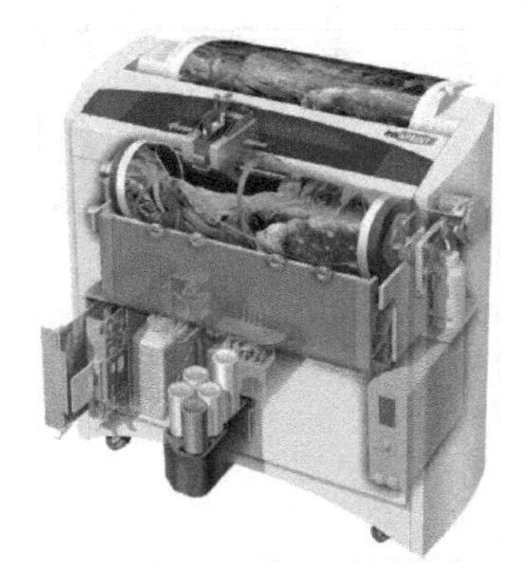

图 6-11 用于彩色打样的喷墨打印机

（赛天使 Iris 4 print）

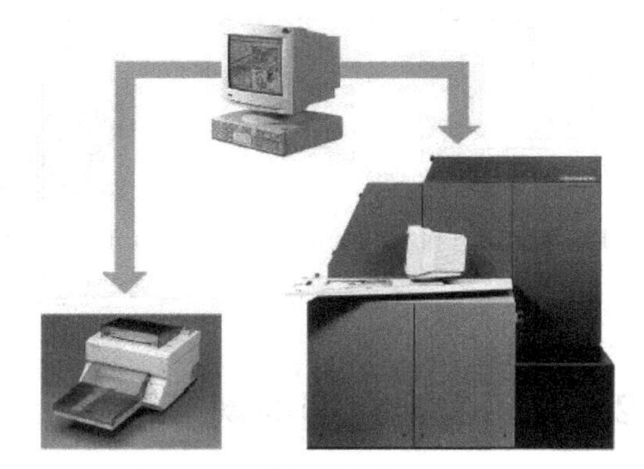

图 6-12 热升华打印机

（柯达 DCP 9500/海德堡 QM-DI）

（4）网点打样（保真打样）：通过一种数字打印方法来模拟后续印刷过程的网点结构。网点结构的有关信息使印刷人员能较早地了解阶调值变化，以及与之相关的颜色偏差，或者对颜色偏差的影响，必要时还可以有针对性地掌握传递特性曲线。网点打样反映了网点、网角及网线频率对印刷品的影响，展示了多色叠印所能达到的质量。

（5）机械打样（模拟打样）：一般在和印刷条件基本相同的情况下，把用原版晒制好的印版安装在打样机上进行印刷，得到样张。

用 PostScript 数据进行的网点打样存在固有的误差。这是因为网点结构通常并不是 PostScript 文件的组成部分，打样设备 PostScript 解释器中的网点发生器在构造网点时，必须与成像单元的 RIP 为胶片或印版曝光而生成的网点一样。这就意味着胶片、印版记录设备或计算机直接制版系统的 RIP 也需要控制预打样设备。只有这样，才能保证获得同样的网点形状和加网角度。

为了实现“保真打样”，一些制造商提供了专门的预打样系统。例如，在图 6-13 和图 6-14 中，设备采用了 CMYK 四色工作，通过供体的热转移（烧蚀）到达中间载体或批量印刷的承印物上来完成打样。这两套系统的结构都与胶片输出设备的结构相似，可复制图像的所有细节，包括色彩、网线频率和加网角度。图 6-13 所示为一套多功能系统，在使用同一个 RIP 的情况下，它能生成网点样张，也能用于印版曝光记录（计算机直接制版）。

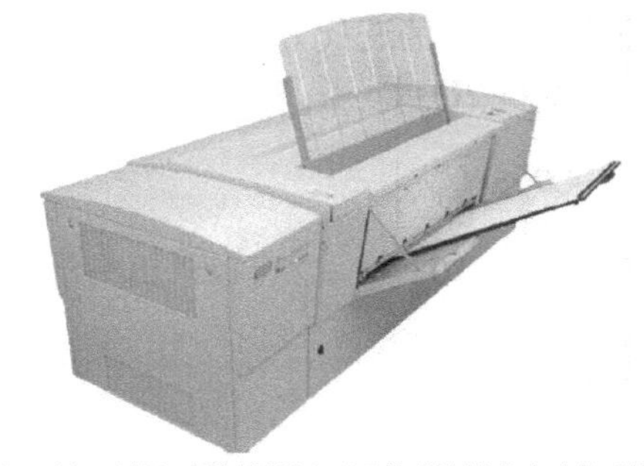

（a）用于计算机直接制版和网点预打样制作的多功能系统

（b）热激光热蚀方法

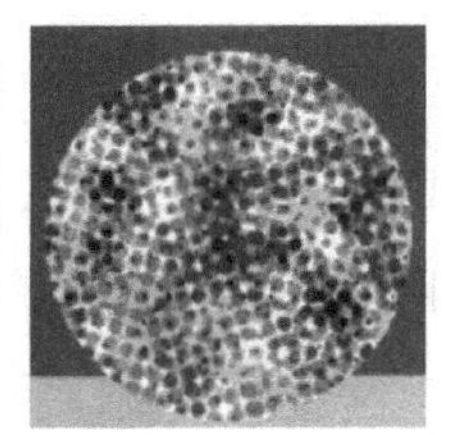

（c）样张的网点结构

图 6-13 通过中间载体进行热转移的网点打样

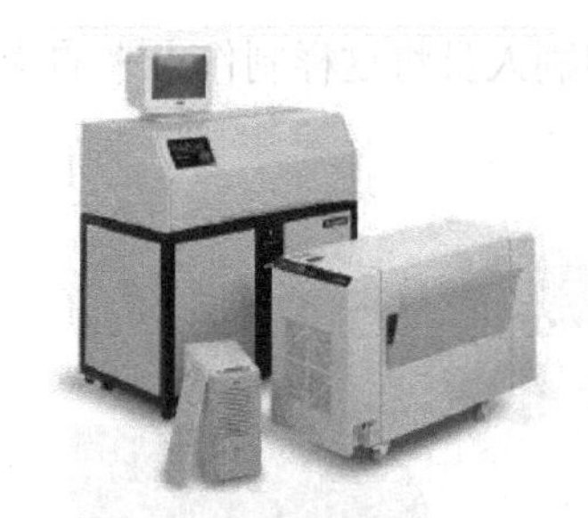

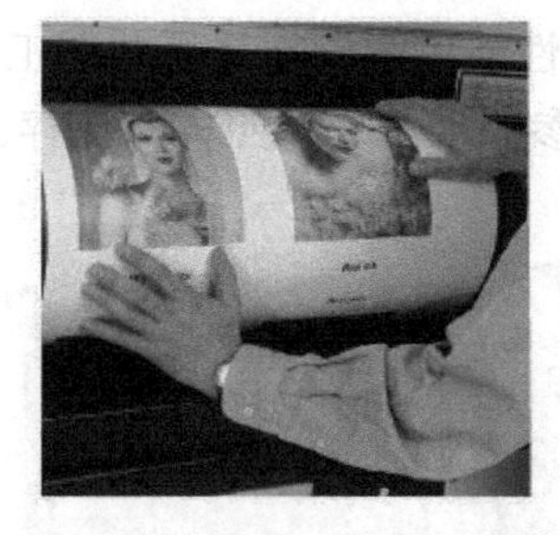

（a）带覆膜装置和工作站/RIP的预打样系统　（b）预打样单元滚筒上的网点预打样样张　（c）色膜和样张

图 6-14　通过热转移进行网点预打样

6.2　常用的半色调加网算法

本节将简要介绍主要的几种半色调加网算法：模式抖动加网算法、误差扩散算法、点扩散算法、蓝噪声算法，重点介绍迭代半色调算法，并对点画加网算法及艺术加网算法进行讨论。模式抖动加网算法最简单且能够完全并行处理整幅图像，但是生成的半色调图像视觉效果最差。误差扩散算法产生的半色调图像视觉效果很好，但由于生成半色调图像过程中所要求的传递性，它不能和模式抖动加网算法一样并行完成半色调过程。现在应用较广的误差扩散算法在表现图像细节上仍待改进，其生成的半色调图像纹理在人眼看来不够细腻，需要根据人类视觉系统的特性设计出视觉效果更加生动的半色调加网算法。

6.2.1　模式抖动加网算法

模式抖动加网算法主要分为有序抖动和无序（随机）抖动两大类。在这两种方式下抖动加网都需要一个模板(Pattern)，该模板一般为方阵，方阵的值称为阈值(Threshold)。抖动加网技术的核心是在保持图像前后像素的平均值不变的情况下，用模板去铺满原始图像，每个原始像素都与模板上的一个阈值相对应。比较两个值的大小，若原始值大于对应的阈值，则输出“1”，即打印一个白点（不打墨点）；否则，输出“0”，即打印一个墨点。

1. 有序抖动

有序抖动（Order Dither）的模板是有规律的。它最初由 Jucliue 提出，其中以 Bayer 有序抖动矩阵为代表，有序抖动矩阵的生成按照式（6-2）的迭代方式进行：

$$\boldsymbol{D}_n = \begin{bmatrix} 4\boldsymbol{D}_{\frac{n}{2}} & 4\boldsymbol{D}_{\frac{n}{2}} + 2\boldsymbol{U}_{\frac{n}{2}} \\ 4\boldsymbol{D}_{\frac{n}{2}} + 3\boldsymbol{U}_{\frac{n}{2}} & 4\boldsymbol{D}_{\frac{n}{2}} + \boldsymbol{U}_{\frac{n}{2}} \end{bmatrix} \tag{6-2}$$

式中：$n = 2^2, 2^3, 2^4, \cdots, 2^r$；$\boldsymbol{U}$ 为 $n \times n$ 的单位矩阵。令 $\boldsymbol{D}_1 = \boldsymbol{0}$，$n = 2$ 可以求出抖动矩阵，即

$$\boldsymbol{D}_2 = \begin{bmatrix} 0 & 2 \\ 3 & 1 \end{bmatrix} \tag{6-3}$$

然后可以推导出 $\boldsymbol{D}_4$ 和 $\boldsymbol{D}_8$ 的抖动矩阵：

$$
\boldsymbol{D}_4 = \begin{bmatrix} 0 & 8 & 2 & 10 \\ 12 & 4 & 14 & 6 \\ 3 & 11 & 1 & 9 \\ 15 & 7 & 13 & 5 \end{bmatrix} \tag{6-4}
$$

$$
\boldsymbol{D}_8 = \begin{bmatrix} 0 & 32 & 8 & 40 & 2 & 34 & 10 & 42 \\ 48 & 16 & 56 & 24 & 50 & 18 & 58 & 26 \\ 12 & 44 & 4 & 36 & 14 & 46 & 6 & 38 \\ 60 & 28 & 52 & 20 & 62 & 30 & 54 & 22 \\ 3 & 35 & 11 & 43 & 1 & 33 & 9 & 41 \\ 51 & 19 & 59 & 27 & 49 & 17 & 57 & 25 \\ 15 & 47 & 7 & 39 & 13 & 45 & 5 & 37 \\ 63 & 31 & 55 & 23 & 61 & 39 & 53 & 21 \end{bmatrix} \tag{6-5}
$$

在使用 Bayer 抖动时，选用 8×8 矩阵为宜。如果抖动矩阵太小，会给抖动结果留下明显的人工痕迹。如果抖动矩阵太大，对进一步提高二值图像的质量没有明显效果，但所需要的处理时间会大大增加。综合以上两点，从处理质量和运算时间两方面进行考虑，选用 8×8 矩阵最为适宜。模式抖动加网算法处理过程如图 6-15 所示。将待处理的图像信号 $I_{x,y}$ 和抖动信号一起输入比较回路，并输入一定的阈值信号。对输入信号和阈值信号（每一像素值与阈值矩阵相应位置上的元素值）按照抖动信号进行比较，若原始值大于对应的阈值，则输出“1”，不打墨；反之，输出“0”，打墨。

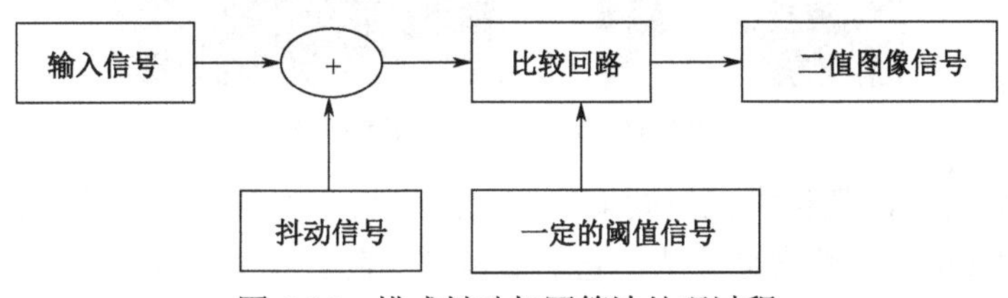

图 6-15　模式抖动加网算法处理过程

在 MATLAB 中使用如下代码进行仿真实验。

```
time = 8;
 K = 8;
 L = 8;
 N = 63;
 im = imread(&apos;E:\matlab\1\1.bmp&apos;);
 im2 = double(rgb2gray(im));
 [rows, cols] = size(im2);
 im3 = zeros(rows*time, cols*time);
 Mask=[21,63,31,55,23,61,29,53,21;
        42, 0,32, 8,40, 2,34,10,42;
        26,48,16,56,42,50,18,58,26;
        38,12,44, 4,36,14,46, 6,38;
        22,60,28,52,20,62,30,54,22;
        41, 3,35,11,43, 1,33, 9,41;
```

```
            25,51,19,59,27,49,17,57,25;
            37,15,47, 7,39,13,45, 5,37];
    for i=1 : rows*time
        k = mod(i,K);
        for j=1 : cols*time
            l = mod(j,L);
        pix loor(double(im2(ceil(i/time),ceil(j/time)))/255.0 * N +0.5);
        if pix > Mask(k+1, l+1）
            im3(i,j) = 1;
        else
          im3(i,j) = 0;
        end
      end
  end
```

Bayer 抖动加网效果如图 6-16 所示。

图 6-16　Bayer 抖动加网效果

随着算法的发展，几种类似但效果更好的改进版本相继出现，其中包括 Halftone、Screw、CoarseFatting 三种常见算法，它们的抖动矩阵如图 6-17 所示。

$$\begin{bmatrix} 28 & 10 & 18 & 26 & 36 & 44 & 52 & 34 \\ 22 & 2 & 4 & 12 & 48 & 58 & 60 & 42 \\ 14 & 6 & 0 & 20 & 40 & 56 & 62 & 50 \\ 24 & 16 & 8 & 30 & 32 & 54 & 46 & 38 \\ 37 & 45 & 53 & 35 & 29 & 11 & 19 & 27 \\ 49 & 59 & 61 & 43 & 23 & 3 & 5 & 13 \\ 41 & 57 & 63 & 51 & 15 & 7 & 1 & 21 \\ 33 & 55 & 47 & 39 & 25 & 17 & 9 & 31 \end{bmatrix}$$

（a）Halftone

$$\begin{bmatrix} 64 & 53 & 42 & 26 & 27 & 43 & 54 & 61 \\ 60 & 41 & 25 & 14 & 15 & 28 & 44 & 55 \\ 52 & 40 & 13 & 5 & 5 & 6 & 29 & 45 \\ 39 & 24 & 12 & 1 & 1 & 2 & 17 & 30 \\ 38 & 23 & 11 & 4 & 3 & 8 & 18 & 31 \\ 51 & 37 & 22 & 10 & 9 & 19 & 32 & 41 \\ 59 & 50 & 36 & 21 & 20 & 33 & 47 & 56 \\ 63 & 58 & 49 & 35 & 34 & 48 & 57 & 62 \end{bmatrix}$$

（b）Screw

$$\begin{bmatrix} 4 & 14 & 52 & 58 & 56 & 45 & 20 & 6 \\ 16 & 26 & 38 & 50 & 48 & 36 & 28 & 18 \\ 43 & 35 & 31 & 9 & 11 & 25 & 33 & 41 \\ 61 & 46 & 23 & 1 & 3 & 13 & 55 & 60 \\ 57 & 47 & 21 & 7 & 5 & 15 & 53 & 59 \\ 49 & 37 & 29 & 19 & 17 & 27 & 39 & 51 \\ 10 & 24 & 32 & 40 & 42 & 34 & 30 & 8 \\ 2 & 12 & 54 & 60 & 51 & 44 & 22 & 0 \end{bmatrix}$$

（c）CoarseFatting

图 6-17　其他常见算法的抖动矩阵

2. 无序抖动

所谓的无序抖动，指的是生成抖动矩阵的过程是随机的，但是在计算机中一般使用的是伪随机的方式，有平方取中法、乘同余发生器、素数模乘同余法、组合乘同余法等，但是都不能取得令人满意的效果，原因是无论怎样产生随机数，最大点距和最小点距不受控制，都有不规则的聚集现象。基于此，纯理论的随机加网算法是行不通的。

抖动加网是最简单的加网算法之一，不涉及复杂的算数运算，只是移位和位比较，因此运行速度较快。相对而言，Bayer 抖动更加适合高分辨率输出。但是，Bayer 抖动将一个固定的模式强加于整个图像，从而使抖动后的二值图像带有该模式的痕迹。整个阶调范围内层次信息丢失较多。高频和低频部分由于固定模板，有明显的阶调跃变。有序抖动生成的网目调图像有周期性模块出现。这些都是人们不希望出现的。根据抖动算法使用的抖动矩阵，仍然可以设计出这样一个连续调图像：它的每个像素值都小于并接近抖动矩阵对应位置的元素计算出来的阈值。如果使用该抖动矩阵对上述图像进行网目调化，该图像会被有序抖动算法网目调化成全 0 的网目调图像。

产生以上现象的根本原因是抖动加网使用的固定模板太死板，在处理阶调丰富的图像时必然会损失最大的细节，产生大批的人工痕迹。抖动时将图像分割为大小为 $N \times N$ 的块，每块的像素都和阈值矩阵中相应的元素比较大小。基于以上原因，在实际调频加网中一般不采用有序抖动算法，而采用误差扩散算法。

6.2.2　误差扩散算法

误差扩散算法对图像逐像素进行阈值化，并将产生的误差按一定规则扩散到周围像素，有误差扩散到的像素则将其本来的像素值和扩散过来的误差值相加，将结果与阈值比较。例如，对于 L 灰度等级，一般考虑 $L/2$（取整）为阈值。假设有一像素为 $L/3$，按照设定的阈值，则结果为“0”（黑），但这样做造成了灰度值为 $L/3$ 的误差。如果这个误差扩散到周围的像素，则它的影响对最后的抖动结果就不像它表现在一个像素上那样明显。运用一定的法则，对这种误差进行适当处理，会产生一系列新的黑白交替的像素，在视觉上与原来的灰度将会很接近。这就是误差扩散算法的基本思想。具体做法是在图像的归一化采集输入信号中加入误差过滤器的输出值得到信号值，然后进行阈值处理得到表示信号，将在表示信号产生过程中出现的误差扩散到周围相邻区域的信号，然后重复上述步骤。

最具影响力的误差扩散算法是 1975 年 Floyd 和 Steinberg 提出的 Floyd-Stein 误差扩散算法。该算法集成了每个像素位置的统计分析，位置由该像素位置和相邻像素位置的输入数据确定。该算法在每个抖动矩阵中引入一个误差，并将误差传递给下一个矩阵，前提是没有相同的矩阵，并且相同的矩阵不重复，从而给人一种随机性的错觉。这种随机性防止了图像中的莫尔效应，使图像看起来更自然。该算法自产生以来一直被广泛应用，但其对计算和执行的要求很高，误差扩散算法的思想一直影响着后来的各种网目调算法。它实际上由图 6-18 所示的误差分配图决定。

在图 6-18 中，数字的总和为 16。在抖动时，若黑点代表的像素点处的像素值与阈值之间有误差，则误差的 7/16 分配给该像素右边的像素，误差的 3/16 分配给该像素左下方的像素，误差的 5/16 分配给该像素正下方的像素，误差的 1/16 分配给该像素右下方的像素。

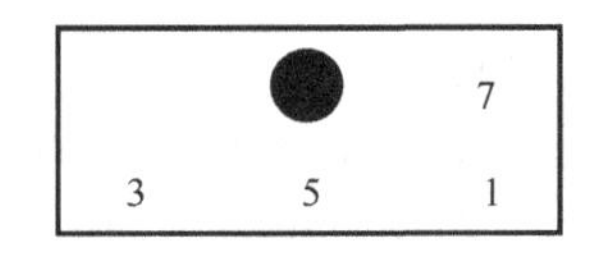

图 6-18　Floyd-Stein 误差分配

误差扩散流程示意如图 6-19 所示。给定阈值 $T_{x,y}$，将原图像的像素灰度值作为输入信号 $I_{x,y}$，当 $I_{x,y}$ 处的像素值与阈值之间有误差时，按照误差过滤器的分配法则分配此误差，全部处理结束后再与阈值相比，判断最终输出结果为“1”或“0”。阈值 $T_{x,y}$ 通常取中间值 0.5。曾有人对其他阈值做过尝试，但结果没有明显的优点，因此大多数算法仍然简单地用 0.5 作为阈值。

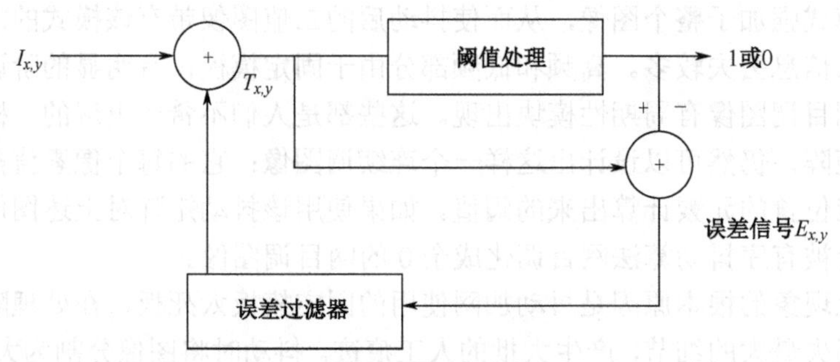

图 6-19　误差扩散流程示意

一般地，整幅图像从左到右、从上到下依次执行三步操作。

（1）阈值化输出结果 $I_{i,j}$：

$$I_{i,j}=\begin{cases}1 & I_{i,j}\geqslant T_{i,j}\\0 & I_{i,j}<T_{i,j}\end{cases} \tag{6-6}$$

（2）量化误差指输入与输出之间的差：

$$E_{i,j}=I_{i,j}-I'_{i,j} \tag{6-7}$$

（3）把量化误差根据误差过滤器扩散到邻近未被处理的点：

$$\begin{aligned}I_{i,j+1}&=I_{i,j+1}+\frac{7}{16}\times E_{i,j}\\I_{i+1,j+1}&=I_{i+1,j+1}+\frac{1}{16}\times E_{i,j}\\I_{i+1,j}&=I_{i+1,j}+\frac{5}{16}\times E_{i,j}\\I_{i+1,j-1}&=I_{i+1,j-1}+\frac{3}{16}\times E_{i,j}\end{aligned} \tag{6-8}$$

现举例说明阈值比较和扩散的过程：假设当前输入像素灰度值为 0.8，阈值为 0.5，则该点输出 1，量化误差为−0.2。根据 Floyd-Stein 误差过滤器的参数为 7/16、3/16、5/16、1/16，即将量化误差−0.2 分别乘以 7/16、3/16、5/16 和 1/16 叠加到右边、左下、正下、右下四个相邻像素上。

在 MATLAB 中的仿真代码如下。误差扩散算法效果如图 6-20 所示。

```
time = 8;
N = 144;
im = imread('F:\photo\1.bmp');
im2 = double(rgb2gray(im));
[rows, cols] = size(im2);
im3 = zeros(rows*time, cols*time);
pix = double(im3);
for i=1 : rows*time
    for j=1 : cols*time
        pix(i,j) = double(im2(ceil(i/time), ceil(j/time)))/255.0 * N + 0.5;
```

```
        end
    end
    for i1=1 : rows*time - 1
        for j1=2 : cols*time -1
            if pix(i1,j1) <= 72
                nError = pix(i1,j1);
                im3(i1,j1) = 0;
            else
                nError = pix(i1,j1) - N;
                im3(i1,j1) = 1;
            end
            pix(i1, j1+1) = pix(i1, j1+1) + (nError * double(7/16.0));
            pix(i1+1, j1-1) = pix(i1+1, j1-1) + (nError * double(3/16.0));
            pix(i1+1, j1) = pix(i1+1, j1) + (nError * double(5/16.0));
            pix(i1+1, j1+1) = pix(i1+1, j1+1) + (nError * double(1/16.0));
        end
    end
    imwrite(im3,'lijie', 'bmp')
    end
```

同样，误差扩散也有许多改进算法。

（1）蛇形 Floyd-Stein 算法：扩散方式与 Floy-Stein 算法一样，但扫描方式不同，Floyd-Stein 算法遵循从左到右、从上到下的顺序。换一种扫描方式就得到了蛇形 Floyd-Stein 算法，扫描的方式类似蛇形，先从左到右，再从右到左，接着继续从左到右。

（2）Burkes 算法：

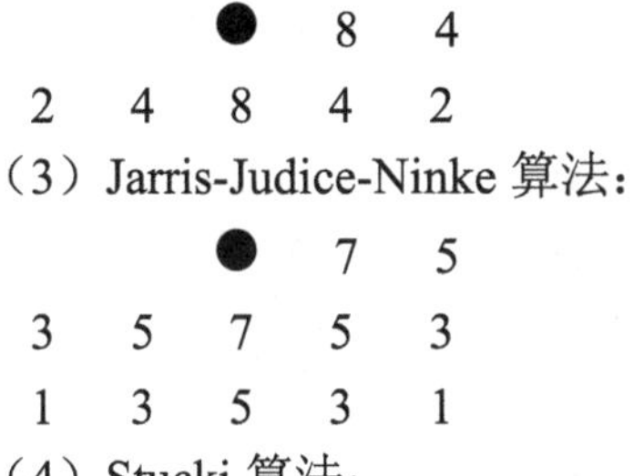

（4）Stucki 算法：

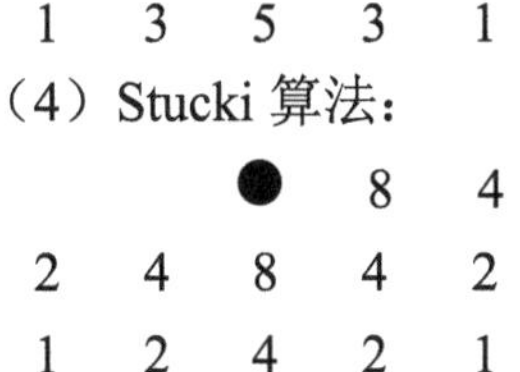

图 6-20 误差扩散算法效果

误差扩散算法的输出质量是比较好的，远优于抖动算法的输出效果，有细腻的层次表现，适用于低分辨率输出。这是由其邻域计算过程决定的，采用螺旋式扫描，有噪声，但没有明显的人工因素，相比于抖动算法，误差扩散算法的噪声低很多，而且处理后的图像具有更高的细节分辨力。

但是，该算法同样存在很多不足：第一，误差扩散滤波器具有非对称性，而在图像网目调过程中误差扩散系数表不断地进行周期性重复，导致产生与误差扩散滤波器的误差扩散方向及误差扩散滤波器的扫描方向相关的较明显的滞后纹理与鬼影现象。第二，在某些灰度处会产生类似轮廓的纹理，即伪轮廓。而实验发现，对扩散系数或量化阈值进行调制，能减轻这一现象。综上，改进误差扩散算法的主要途径有：设计对称性更好的误差扩散滤波器；在图形网目调过程中对误差扩散滤波器的系数和阈值化使用的阈值进行合理的调制。

6.2.3 点扩散算法

1987 年 D. E. Knuth 提出的点扩散算法是一种结合有序抖动思想和误差扩散思想的算法，它利用了有序抖动的等级处理方法，同时将误差进行了扩散。该算法具有有序抖动和误差扩散两方面的优点。

35	49	41	33	30	16	24	32
43	59	57	54	22	6	8	11
51	63	62	46	14	2	3	19
39	45	55	38	26	18	1	27
29	15	23	31	36	50	42	34
21	5	7	12	44	60	58	53
13	10	4	20	52	64	61	45
25	17	9	28	40	48	56	37

图 6-21 点扩散 8×8 等级矩阵

在进行点扩散处理时，将图像像素的处理顺序划分成许许多多的等级，按照等级的大小逐个处理图像中的每个像素。在处理过程中，涉及一个参数——等级矩阵 **C**，如图 6-21 所示。等级矩阵 **C** 的大小是 $n \times n$，其元素的值为 $1 \sim n^2$，矩阵中元素的排列顺序是由 D. E. Knuth 提出的。该等级矩阵主要决定处理图像像素的顺序。

点扩散算法的第一个步骤是将像素进行归类。设灰度图像的像素坐标为(m, n)，按照$(m \bmod M, n \bmod N)$的准则，将整幅图像的所有像素归入 $N \times N$ 个类中，其中 N 为常数。当 N=8 时，一个分类矩阵中共有 64 个元素，各位置的值表示像素处理的顺序。分类完成后，每个类都是一个和分类矩阵大小相同的像素矩阵。此时，(m, n)是连续的灰度，然后将每个像素的灰度值归一化到(0,1)范围内。

点扩散算法的思想是先处理等级等于 1 的图像中的所有像素，将它们与阈值进行比较，确定网目调图像相应像素的值，然后将量化误差扩散到等级大的相邻像素上。由于人的视觉系统对水平、垂直方向的误差较为敏感，因此在误差分配上水平、垂直比重大于对角比重。设要扩散误差的权值为 weight，在扩散过程中，误差仅扩散到与当前处理像素相邻且等级大于当前处理像素等级的像素上，因此仅计算要扩散像素的权值。

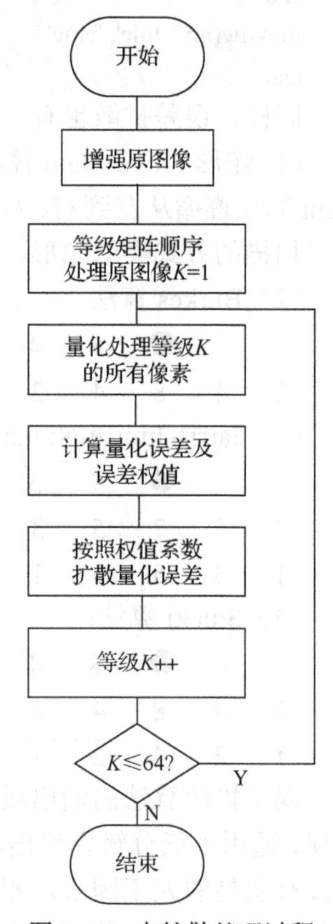

图 6-22 点扩散处理过程

点扩散处理过程如图 6-22 所示，分为以下 5 个步骤。

（1）首先将每个像素的灰度值归一化到(0,1)范围内，然后对原图像进行图像增强，目的是更好地再现原图像的边缘特征信息。增强后该像素的灰度值为 $f(m, n)$。

（2）等级矩阵平铺到增强后的图像，量化处理图像像素等级 K=1 的所有像素，量化处理的方法为

$$f'(m,n) = \begin{cases} 1 & f(m,n) \geqslant T(x,y) \\ 0 & f(m,n) < T(x,y) \end{cases} \tag{6-9}$$

（3）计算量化误差及误差权值，设量化误差为 error，则有

$$\text{error} = f(m,n) - f'(m,n) \tag{6-10}$$

（4）计算与当前像素相邻且等级大于当前像素等级的像素的灰度值。水平、垂直方向上像素的误差是对角线上像素误差的 2 倍。计算方法如下。

对角线上像素的灰度值为

$$f'(m,n) + 1\times(\text{error}/\text{weight}) \tag{6-11}$$

水平、垂直方向上像素的灰度值为

$$f'(m,n) + 2\times(\text{error}/\text{weight}) \tag{6-12}$$

在图 6-23 中，当前像素的等级为 36，与该像素相邻且等级大于当前像素的等级分别是 38、50、60 和 44，则其相应的权值为 weight= 1+2+1+2=6。

（5）重复步骤（2）～（4），分别处理，直至等级 K>64 时处理结束。

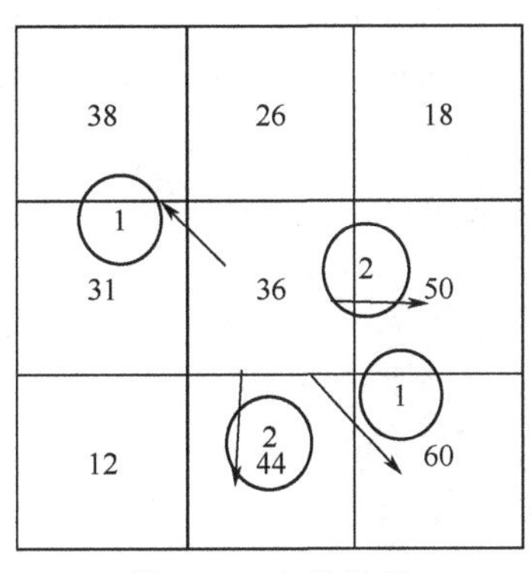

图 6-23　权值计算

在 MATLAB 中使用如下代码进行仿真实验。

```
%对图像进行增强
F = [1/9, 1/9, 1/9;1/9, 1/9, 1/9;1/9, 1/9, 1/9];
A = filter2(F, A);
I = (I - 0.8*A)/0.2;
%等级矩阵
K = [35,49,41,33,30,16,24,32;
     43,59,57,54,22,6,8,11;
     51,63,62,46,14,2,3,19;
     39,45,55,38,26,18,1,27;
     29,15,23,31,36,50,42,34;
     21,5,7,12,44,60,58,53;
     13,1,4,20,52,64,61,45;
     25,17,9,28,40,48,56,37];
%求出误差
if I(m,n)<0.5
     wc = I(m,n)-0;
     I(m,n) = 20;
else
     wc = I(m,n)-1;
     I(m,n) = 21;
end
%求出权重
for u=m-1:m+1
for v=n-1:n+1
if u==m && v==n
elseif I(u,v) ~=0 && I(u,v)~=1
weight = weight + 1/((u-m)^2 + (v-n)^2);
%对误差进行处理
```

```
weight = 0;
for u=m-1:m+1
for v=n-1:n+1
if u==m && v==n
elseif I(u,v) ~=20 && I(u,v)~=21
I(u,v) = I(u,v) + wc * (1/(u-m)^2 + (v-m)^2)/weight;
```

图 6-24 点扩散加网效果

点扩散加网效果如图 6-24 所示。

基于上述过程与结果，得出点扩散加网算法的优点：

（1）处理后得到的网目调图像具有有序抖动和误差扩散的优点，不具有与图像像素扫描顺序相关的滞后现象；

（2）对称性好，视觉感觉良好。

但是，其不足之处在于：

（1）在处理过程中，丢失了图像的大部分细节信息；

（2）处理后得到的图像边缘不平滑；

（3）具有与等级矩阵相关的规律性的纹理等。

点扩散算法中的误差扩散方法与分配系数和传统误差扩散算法有所不同。这种方法可以并行处理，加网后得到的图像效果最好，在进行主观评价时，最接近原图像。

6.2.4 蓝噪声算法

噪声这一名称来自随机信号。噪声具有不同的随机性来源，从这些不同的随机性来源映射到统计分析结果，便得到对应不同噪声来源的不同统计特性。若噪声信号通过傅里叶变换“映射”到频率表示，则噪声的功率谱密度（噪声在频域中的功率谱分布决定的信号特性）可用于区分不同类型的噪声。这种以功率谱密度分类噪声的方法导致以颜色命名噪声的有趣现象，即根据功率谱密度或功率谱分布赋予噪声以颜色的名字。许多对于噪声的定义假定信号包含所有的频率成分，由于不同的频率成分正比于以 1/f 为带宽单位的功率谱密度，从而可以按幂律为噪声命名。

Ulichnery 在 1988 年引入了蓝噪声算法，该算法使用单个比较器操作将连续色调图像转换为二值图像。这种算法具有快速的数据处理能力，不需要耗时和复杂的计算过程即可获得结果，可应用于简单的打印设备。蓝噪声也称天蓝噪声，误差扩散算法产生的半色调图像具有蓝噪声的基本特征，这意味着误差扩散系统所输出半色调图像的功率谱具有典型的蓝噪声分布，随着频率的增加，蓝噪声每 8 度音阶的功率谱密度增加 3 分贝，即功率谱密度与频率 f 成正比。在计算机图形学中，通常以蓝噪声类比具有最低频率成分的噪声，能量分布中不存在明显的脉冲。当然，这样的类比并不严格。除此之外，还有品红噪声和白噪声，品红噪声具有高频本质，蓝噪声功率谱密度 f 与品红噪声功率谱密度 $1/f$ 互成倒数，蓝噪声和品红噪声呈互补关系。由此可以认为，蓝噪声是品红噪声的高频表示，几乎不存在低频能量，从而可以产生高质量的半色调图像；品红噪声常用于描述低频白噪声，因为品红噪声的功率谱分布在超过某种有限高频限制的范围内也是平坦的。蓝噪声半色调图像与白噪声半色调图像至少在周期性和径向对称性上类似。

品红噪声在对数空间内的频率谱呈现线性特点，频带内相等的功率与带宽成正比，因此品红噪声在 40～60 Hz 频率范围内的功率与 4000～6000 Hz 频率范围内的功率是相等的。由于人的听觉系统具有这种比例空间特性，因而耳朵对于 40～60 Hz 频率范围的听觉感受与 4000～6000 Hz 频率范围相同。品红噪声具有功率谱密度与频率的倒数 1/f 成正比的特点，可见蓝噪声和品红噪声呈互补关系。据此可以认为，蓝噪声是品红噪声的高频表示，几乎不存在低频能量，从而可以产生高质量的半色调图像。

从物理学的角度看，光是电磁辐射的一种，而白光由电磁辐射可见光谱范围内的所有频率成分构成，占电磁波谱特定的区间，其中，长波端是红光，位置在功率谱的最低频率部分；蓝光是可见光中频率最高的，处在功率谱的高频端。因此，白噪声具有随机性质，常用来描述随机过程，所有空间频率成分有相等的功率。蓝噪声则不同于白噪声，包含高空间频率，但很少甚至没有低频成分。视觉研究结果已经证明，低频成分最容易为眼睛所察觉。白噪声法产生随机性的半色调图像，包含大量的低频成分，且白噪声图像容易出现颗粒感。由于蓝噪声半色调图像内包含的大多数频率成分属于高空间频率分量，因而半色调图像内的纹理结构很难看得清楚，细节不容易看清便成为蓝噪声半色调图像的重要优点，这也是人们放弃白噪声而选择蓝噪声技术产生半色调图像的主要原因。

蓝噪声实际上是一种统计模型，描述了理想的非周期分布的点模式的空间和频谱特征。以半色调图像重构固定灰度等级图像时，若半色调方法定义得足够好，则输出的半色调图像必须由各向同性的二值像素场构成，对这些二值像素来说必然存在一平均波长间隔λ_b，且二值像素的平均波长间隔应该以互不相关的方式变化，但波长的变化不能明显超过平均波长间隔λ_b。

$$\lambda_b=\begin{cases}D/\sqrt{g}\,, & 0<g<0.5\\ D/\sqrt{1-g}\,, & 0.5\leqslant g<1\end{cases} \tag{6-13}$$

式（6-13）中，D 是输出系统中可放置两点（像素）间的最小距离，对应蓝噪声的主波长。从这个方程可以看出，当灰度趋于 0（白色）或趋于 1（黑色）时，λ_b 趋于无穷大；当灰度从两极向 1/2 靠近时，λ_b 逐渐减小。理想状态蓝噪声的成对相关系数有如图 6-25 所示的形式。

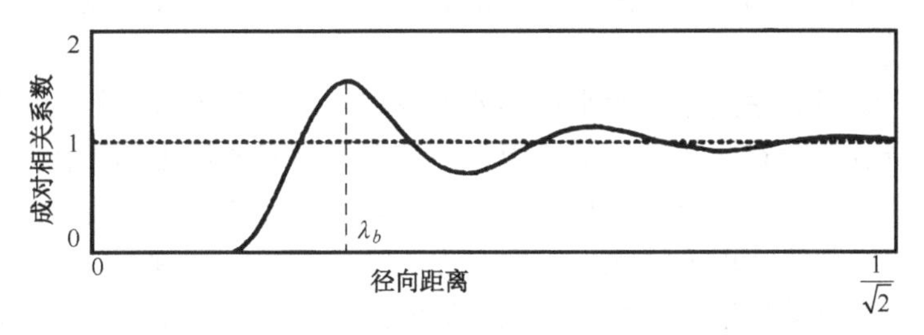

图 6-25　理想状态蓝噪声的成对相关系数

由图 6-25 看出，成对相关系数有以下几个特点。

（1）在已知的少数点周围 r 接近 0 时，对于其他少数点的出现具有强烈的排斥性。

（2）随着 r 的增大，成对相关系数 $R(r)$ 趋于 1，少数点之间的影响关系越来越小。

（3）在主波长 λ_b 及 λ_b 的整数倍位置处 $R(r)$ 出现几个高峰值点，峰值依次降低，就是说少数点之间在这些位置上影响关系最大。如图 6-26 所示的曲线表示具有蓝噪声特性的径向平均功率谱，因为蓝噪声特性二值图中不同灰度等级的少数点按照不同距离λ_b平均分布，使在同一灰度等级处点的分布具有规律性，在功率谱图中表现为只有高频部分。

图 6-26 中给出的径向平均功率谱分布从三方面展现了典型的蓝噪声特征：首先，蓝噪声半色调图像应该由各向同性的二值像素域组成，像素的平均距离为 λ_b，对应图 6-26 中（a）标记的主频能量峰值，意味着径向平均功率谱曲线的峰值应该出现在由固定灰度等级重构的半色调图像主频 f_b 位置，即蓝噪声在主频 f_b 处出现最大峰值：

$$f_b=\begin{cases}\dfrac{\sqrt{g}}{D}, & 0<g\leqslant\dfrac{1}{2}\\[2ex] \dfrac{\sqrt{1-g}}{D}, & \dfrac{1}{2}<g\leqslant 1\end{cases}\tag{6-14}$$

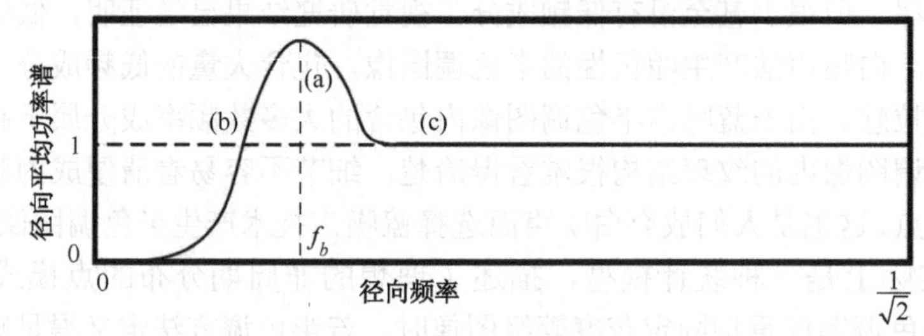

图 6-26　理想状态蓝噪声半色调图像的径向平均功率谱特征

二值像素的平均距离应该以与白噪声不相关的方式变化，波长的波动不能明显超过主波长，由此得到蓝噪声的另一关键特征，低于主频的区域（过渡区域）功率谱陡峭地下降，意味着这种区域几乎没有能量存在，如图 6-26 中的（b）标记；最后，在超过主频的区域尽管有可能存在不相关的高频波动，但视觉系统很难感受到，总体上呈现平坦而稳定的高频分布，意味着蓝噪声高频区域的径向平均功率谱分布类似于白噪声，因而称为蓝噪声区域，如图 6-26 中的（c）段那样平坦分布。通常情况下，半色调图像对于视觉有干扰效应是因为存在明显的低频能量。对记录点分散有序抖动而言，给定的阈值数组作用于灰度等级之半的数字图像时产生的半色调图像内不可避免地出现低频分量，这些低频分量对应阈值周期尺寸的波长。如果蓝噪声算法的处理性能良好，则最低频率基本上等于主频 f_b。

开发蓝噪声蒙版算法的原动力来自误差扩散和记录点分散有序抖动的组合优点，由此形成经典记录点分散有序抖动的随机版本，其含义是对本质上属于伪随机处理的经典记录点分散有序抖动进行必要的“改造”，使之过渡到真正的记录点分散随机抖动。以上数字半色调处理原则的实现方法之一被命名为蓝噪声蒙版。这种新颖的数字半色调技术将记录点分散有序抖动的速度优势与误差扩散的高质量处理结果组合起来，实现方法归结为如何构造蓝噪声蒙版，形成二维的单一数值的函数，即在给定蓝噪声蒙版具备记录点分散有序抖动蒙版结构的基础上，要求这种蒙版能产生误差扩散算法的蓝噪声特性。注意，蓝噪声蒙版名称中的“蓝噪声”指这种算法处理结果所得半色调图像的功率谱曲线形状，并非蒙版自身具有蓝噪声特性，这说明蓝噪声蒙版结构不受蓝噪声特征的约束。

构造蓝噪声蒙版时必须满足的重要条件是，当利用蓝噪声蒙版对任意灰度等级进行阈值处理时，作为输出结果的半色调图像应该具有正确的一阶统计特性，而半色调图像的功率谱具有蓝噪声特征。重要的问题在于，蓝噪声蒙版由 256×256 个像素构造而成，其尺寸或规模要明显大于传统记录点分散有序抖动蒙版。此外，由于蒙版在使用过程中常常要拼贴起来，因此要求其具有回绕的特性，即拼贴时边界处不能出现明显的不自然的过渡，因此虽然蓝噪声蒙版的尺寸比被处理图像小得多，但通过将蓝噪声蒙版排列成“瓷砖”状的结构，只要“瓷砖”排列周期合理，就可以处理尺寸更大的灰度图像了。

数学上，蓝噪声蒙版被定义为二维的单一数值的函数，半色调处理时完全独立于灰度图像。对于蓝噪声蒙版和输入连续调图像之间联系的唯一要求是，蓝噪声蒙版和被处理的灰度图像必须有相同的动态范围，可以粗略地理解为两者有相同的量化位数。蓝噪声蒙版半色调算法的重要特性表现在，利用蓝噪声蒙版在任意给定灰度等级下进行阈值处理时得到的半色调图像具有蓝噪声属性。任何半色调图像的频谱由原图像特定频域位置的频谱排列与原图像非零频谱排列畸变版本的频谱组合而成，蓝噪声蒙版半色调图像处理的关键目标在于使非零频谱排列的能量最小化，因为这些频谱排列是半色调图像内出现结构性赝像的主要来源。

蓝噪声蒙版的加网过程非常简单，主要的难点在于蒙版的设计。蓝噪声蒙版半色调算法的名称由来并非其蒙版具有蓝噪声的特性，而是该算法对常数灰度图像加网得到的半色调图像在频域具有蓝噪声特性。ACBNOM（Algorithm for the Construction of the Blue Noise Mask）算法就是以此特性为目标来设计蒙版的，该算法使用蓝噪声蒙版半色调算法对一个大小与蒙版相同的常数灰度图像加网得到的半色调图像为该灰度的记录点分布，用一个函数 $p(i,j,g_l)$ 来表示，i,j 为像素点的坐标，g_l 为灰度。在 ACBNOM 算法中，设计蒙版的过程分解为每一阶灰度的记录点分布的设计。正如前面所说的，每一阶灰度的记录点分布应该有蓝噪声特性，并且可以回绕，而不同灰度的记录点分布应该满足堆叠约束。假设蒙版的大小为 $M\times N$，蒙版可处理的灰度等级数为 K，在这些要求的指导下，ACBNOM 算法的步骤如下。

（1）选择灰度 $g_l=0.5$ 为起始灰度，通过某些算法使该灰度的记录点分布中的墨点分布充分均匀，同时建立一个累积数组 $c(i,j)$：

$$c(i,j)=\text{int}(K\times g_l) \tag{6-15}$$

式中：$\text{int}(x)$为取整函数；$i=0,1,2,\cdots,M$；$j=0,1,2,\cdots,N$。

（2）计算 $p(i,j,g_l)$ 的功率谱 $P(u,v,g_l)$，并使用式（6-15）计算相应的径向平均功率谱 $P_r(f_r,g_l)$：

$$P_r(f_r,g_l)=\frac{1}{N_r(f_r)}\sum_{\text{int}(u^2+v^2)^{1/2}}P(u,v,g_l) \tag{6-16}$$

（3）设计一维蓝噪声滤波器 $D_r(f_r,g_l+\Delta g)$：

$$\left|D_r(f_r,g_l+\Delta g)\right|^2=\frac{P_r'(f_r,g_l+\Delta g)}{P_r(f_r,g_l)} \tag{6-17}$$

式中：$\Delta g=1/K$；$P_r(f_r,g_l+\Delta g)$ 为灰度等级 $g_l+\Delta g$ 的理想记录点分布的功率谱。

（4）通过一维蓝噪声滤波器 $D_r(f_r,g_l+\Delta g)$ 产生二维径向对称的滤波器。

$$D(u,v,g_l+\Delta g)=[\left|D_r(f_r,g_l+\Delta g)\right|^2]^{1/2}，\ \text{int}(u^2+v^2)^{1/2}=f_r \tag{6-18}$$

（5）求 $p(i,j,g_l)$ 的傅里叶变换 $P_F(u,v,g_l)$，并对 $P_F(u,v,g_l)$ 应用上一步得到的滤波器。

$$P'(u,v,g_l+\Delta g)=P_F(u,v,g_l)\times D(u,v,g_l+\Delta g) \tag{6-19}$$

（6）计算 $P_F(u,v,g_l)$ 的傅里叶逆变换（IFT），得到

$$p'(i,j,g_l+\Delta g)=\mathrm{IFT}[P'(u,v,g_l+\Delta g)] \tag{6-20}$$

此时，$p'(i,j,g_l+\Delta g)$ 应具有理想的蓝噪声特性，但不是二值的，而记录点分布 $p(i,j,g_l+\Delta g)$ 必须是二值函数。

（7）计算误差。

$$e(i,j,g_l+\Delta g)=p'(i,j,g_l+\Delta g)-p(i,j,g_l) \tag{6-21}$$

（8）取集合 E。

$$E=\{e(i,j,g_l+\Delta g)\,|\,p(i,j,g_l)=0\} \tag{6-22}$$

对集合 E 中的元素按大小排序，并记录最大的 $(M\times N)/K$ 个元素对应的点在记录点分布 $p(i,j,g_l)$ 中的位置，然后将 $p(i,j,g_l)$ 中相应位置的像素值设为 1，得到 $p(i,j,g_l+\Delta g)$。

（9）更新累积数组。

$$c(i,j)\leftarrow c(i,j)+p(i,j,g_l+\Delta g)-p(i,j,g_l) \tag{6-23}$$

（10）令 $g_l=g_l-\Delta g$，如果 g_l>0，那么回到步骤（2），否则结束循环。

以上步骤建立了灰度为 0.5～1 的记录点分布，同时更新了累积数组，完整的算法还应该建立灰度为 0～0.5 的记录点分布，建立的过程基本上是一样的，不同的是最后四个步骤。

计算误差。

$$e(i,j,g_l-\Delta g)=p(i,j,g_l)-p'(i,j,g_l-\Delta g) \tag{6-24}$$

取集合 E。

$$E=\{e(i,j,g_l-\Delta g)\,|\,p(i,j,g_l)=1\} \tag{6-25}$$

对集合 E 中的元素按大小排序，并记录最大的 $(M\times N)/K$ 个元素对应的点在记录点分布 $p(i,j,g_l)$ 中的位置，然后将 $p(i,j,g_l)$ 中相应位置的像素值设为 0，得到 $p(i,j,g_l+\Delta g)$。

更新累积数组。

$$c(i,j)=c(i,j)+p(i,j,g_l-\Delta g)-p(i,j,g_l) \tag{6-26}$$

令 $g_l=g_l-\Delta g$，如果 g_l>0，那么回到步骤（2），否则结束循环。

最终得到的累积数组 $c(i,j)$ 即所求的蓝噪声蒙版，如图 6-27 所示是根据蓝噪声蒙版算法加网得到的半色调图像，如图 6-28 所示是其眼睛区域的局部放大图。

图 6-27　蓝噪声蒙版算法加网得到的半色调图像

图 6-28　眼睛区域的局部放大图

蓝噪声蒙版加网算法在色彩变化平缓的区域表现得非常好，记录点分布具有很好的蓝噪声特性，具有质量高、加网速度快的优点，因此有很高的实用价值。此外，具有蓝噪声特性的数字半色调算法不会像 AM 类半色调算法或者传统误差分散算法那样因算法本身的问题产生人工纹理，也不会产生白噪声特性的低频颗粒，在理想情况下最佳的数字半色调算法应具有蓝噪声特性，然而在实际应用中还必须考虑人类视觉系统、打印机点增益现象等机械本身变形的影响。

6.2.5 迭代半色调算法

直接二值搜索是迭代半色调算法的典型代表，针对显示或硬拷贝输出设备执行视觉优化处理。这种新颖的半色调算法本质上就是搜索由记录像素值组成的二值数组，使连续调图像和半色调图像间的差异最小化。

一般来说，直接二值搜索算法需要建立打印机和视觉系统模型，因此直接二值搜索算法的有效执行总是依赖特定的模型。从 20 世纪 90 年代开始，人们对为输出设备建立模型的兴趣大增，出现了大批研究打印机模型的文章，并提出了配合打印机模型的新型半色调算法，直接二值搜索算法就是在这样的研究浪潮中出现的，已成为数字半色调领域的主要研究方向之一。

直接二值搜索算法应该基于某种判断准则，且一旦判断准则建立起来，就成为半色调算法的有效组成部分。在各种判断准则中，以视觉效果判断半色调处理结果相当流行，尽管衡量指标可能各不相同。出现以视觉系统作为半色调处理系统固有成分的这种趋势并不奇怪，因为半色调处理的根本目的在于二值显示和硬拷贝输出，而无论是二值显示还是硬拷贝输出的效果都应当由视觉系统判断。为了适应上述趋势，有必要探索新的算法，使视觉判断成为算法设计的步骤，或者作为算法本身的组成部分加以考虑。

本质上，直接二值搜索算法基于启发式的优化处理技术，实践证明这是一种解决二值信号设计问题的强有力工具。直接二值搜索算法由任意离散参数组成的初始二值图像 $b_0(i,j)$ 开始，判断条件采用总体平方误差，由欧几里得距离计算公式给定，即

$$E = \| g^*(i,j) - b^*(i,j) \|^2 \tag{6-27}$$

式中：$g^*(i,j)$ 为视觉系统对于原连续调图像的感觉结果，由视觉系统模型确定；以 $b^*(i,j)$ 代表半色调图像的理由在于每次迭代计算的输出总是不同于初始二值图像，因而 $b^*(i,j)$ 并非算法输出的最终结果，仅当满足预先设定的优化准则/条件时才可以写成 $b(i,j)$。优化的最终目标是迭代运算，直到满足设定的条件。因此，直接二值搜索过程也是迭代运算过程，初始或中间二值图像的像素按某种预先确定的次序扫描。对于输入连续调图像内每个待处理的像素，直接二值搜索算法采用局部数值交换的方法寻找可能存在的最优解，数值交换的对象是当前处理像素及该像素的 8 个最近邻域内的任意一个像素。

当前处理像素与该像素的邻域像素的数值交换必然导致总体平方误差的改变，称为误差改变效应。直接二值搜索按下述原则执行迭代运算过程：邻域像素值的交换虽然被限制在局部范围内，但引起误差是难以避免的，问题在于最终应保留何种结果。明显的结论是应当保留使总体平方误差发生最大限度降低的交换结果；如果没有一种交换能导致总体平方误差降低，则作为中间处理结果的二值图像的像素值 $b^*(i,j)$ 保持不变；当前像素处理结束后，再按规定次序处理下一个像素。

很明显，每次迭代计算仅产生局部的优化结果，只有多次迭代计算并满足预先确定的判断准则，才能得到总体最优解。因此，多次迭代计算和多次局部优化构成直接二值搜索算法整体。在每次迭代计算过程中，直接二值搜索算法需要遍历初始二值图像 $b_0(i,j)$

或中间二值图像 $b^*(i,j)$ 的每个像素，分别对应首次迭代处理和后续迭代处理，并尝试在当前处理像素与其 8 个最近邻域像素间交换像素值，只有当整个迭代过程没有一个交换结果可以接受时，才能结束直接二值搜索算法。

通常，总体平方误差将包含许多局部最小值，可作为直接二值搜索所得结果的离散二值图像 $b(i,j)$的函数，因而最终结果取决于初始二值图像。另外，搜索结果与搜索方式并不存在明显的相关性，比如像素值交换范围从 8 个最近邻域像素扩大到超过 8 个，或者立即接受第一次交换实验得出的误差降低结果。此外，修改迭代过程中像素扫描的次序也不会产生明显的改善效果。在此之前，Analoui 和 Allebach 两人还曾经尝试将退火模拟技术与直接二值搜索算法结合，以便搜索范围能脱离局部最小值的限制。实践结果证明，采用退火模拟技术导致的误差降低效果并不明显，但以明显增加运算成本为代价。

应用直接二值搜索算法时，必须考虑的重要因素是计算成本。若以 g 和 b 分别表示需要再现的连续调图像和二值图像，假定 g 和 b 都由 $L=N\times N$ 个像素构成，并支持包含 $K=M\times M$ 个像素区域的点扩散函数，则据 Analoui 和 Allebach 估计，评价二值图像 b 需要执行 $2K$ 次相加运算。由于计算新的误差要求对整幅图像进行求和计算，因此大约需要执行 L 次相加运算和 L 次相乘运算。此外，不能不考虑的事实是，只有约 K 项可能产生数值交换结果，因此真正要求执行求和计算的平方误差项大体上等于 K 项。这样，相加运算和相乘运算的次数可分别降低到 $3K$ 次和 K 次，运算成本大大减小，比例大约为 $K:L$。在此情况下，每次迭代过程将需要大约 $40KL$ 次相加运算和 $8KL$ 次相乘运算，如此大的计算工作量仍然难以接受。特别重要的问题是，每次迭代计算独立于数值交换的数量，在迭代计算期间该数量保持不变，然而，随着直接二值搜索算法执行过程的逐步展开，数值交换的次数将会迅速下降；在后面的迭代计算过程中，发生数值交换的次数保持在很低的水平，需要执行的计算工作量大体上正比于可接受的数值交换次数。

直接二值搜索算法以二值图像为初始出发点，这种图像应该在执行迭代计算前预先按某种规则产生。初始二值图像以 50%固定阈值比较的方法建立时，由于全局固定阈值算法决定像素值的比较操作过于简单，因此算法输出的二值半色调图像调性太硬，常呈现为高反差图像。尽管如此，通过直接二值搜索算法的多次迭代过程和优化，依然可以从调性太硬的二值图像建立模拟连续调图像灰色层次的渐变效果，原因在于直接二值搜索是一种渐进式的处理过程，二值图像从搜索开始到结束体现了半色调图像视觉质量的逐步改善。

初始二值图像选择是一个重要的问题，改善直接二值搜索算法的处理效果并不局限于增加迭代计算次数，如果确实存在更有效的技术，应该值得尝试，因为通过增加迭代计算次数的方法改善处理效果代价太高。即使在计算机运算速度大幅提高的今天，增加迭代计算次数也可能使直接二值搜索算法变得不切实际，快速收敛是所有算法追求的永恒目标。

改变一下思路，考虑初始二值图像选择的合理性问题，更确切地说是通过初始二值图像的合理选择减少迭代计算次数。若考虑到高分辨率输出设备适合以模拟传统网点的方法再现连续调图像，则最容易想到的方法便是以传统网点图像作为初始二值图像，直接二值搜索算法的处理结果容易在中等分辨率设备上模拟出连续调效果。比较结果表明，如果分别以模拟传统网点的记录点集聚有序抖动和全局固定阈值法输出的数字半色调图像作为初始二值图像，并执行直接二值搜索算法建立连续调效果，则初始二值图像选择数字网点图像时仅仅经过 10 次迭代运算，直接二值搜索算法就产生了符合优化准则的处理结果，与选择全局固定阈值法半色调图像作为初始图像经 100 次迭代处理的结果相比甚至更好，也更适合在中等记录分辨率的硬拷贝设备上输出。

初始二值图像对直接二值搜索算法的收敛速度有明显的影响。若考虑到直接二值搜索算法在局部误差达到最小值时会停止，则初始半色调图像将明显影响最终处理结果。为了比较不同的初始二值图像对直接二值搜索算法最终处理效果的影响，有必要以不同算法生成的二值图像作为初始图像，检查迭代的次数，并由此决定最适合直接二值搜索算法的初始二值图像及相应的算法。

分别使用全局固定阈值、记录点集聚有序抖动、记录点分散有序抖动和经典误差扩散 4 种半色调算法，其中全局固定阈值算法使用的阈值取灰度等级的一半。结果如下：当使用记录点集聚有序抖动算法产生的网点图像作为迭代起始图像时，迭代计算的次数大大低于使用全局固定阈值算法得到的图像作为初始半色调图像时迭代计算的次数；以记录点分散有序抖动输出结果为初始二值图像时，直接二值搜索的迭代计算次数与记录点集聚有序抖动计算次数相差不多；将经典误差扩散算法产生的半色调图像用作直接二值搜索出发点时，结果图像内仍保留着误差扩散二值图像的纹理结构，原因在于起始误差比其他初始半色调图像直接二值搜索的同类误差低得多，在误差尚未达到其他初始图像直接二值搜索误差前，迭代计算就已经迅速地收敛到目标半色调操作结果了。然而，以经典误差扩散初始图像为初始图像的迭代计算开始于局部最小误差附近，结束于该局部最小误差，似乎掉入了局部最小误差的“陷阱”，虽然收敛速度很快，但处理结果不能令人满意。

如果按直接二值搜索算法使用的初始二值图像排序，则最终半色调图像与连续调图像视觉感受的均方根误差按升序排列为经典误差扩散、记录点集聚有序抖动、记录点分散有序抖动和全局固定阈值，该排列清单也表明了从最小误差到最大误差的排列次序。值得指出的是，纯粹地按均方根误差排序并不合理，这种排列次序并不符合半色调图像按主观感觉的排列次序。可见，综合性的处理效果排序不能置主观评价实验于不顾。但是，即使未曾经过主观评价实验，仍然有理由猜测绝大多数观察者很可能按主观感受排列为记录点集聚有序抖动、记录点分散有序抖动、全局固定阈值和经典误差扩散。以记录点集聚有序抖动和记录点分散有序抖动建立的半色调图像为初始二值图像时，直接二值搜索算法产生的结果图像非常相似，以至于观察者很难确定两者究竟孰前孰后。考虑到各方面因素，以视觉系统模型为基础确定的误差度指标确实能有效地指导直接二值搜索算法，但不应该视为半色调图像质量的全局性指标。

直接二值搜索（Direct Binary Search，DBS）算法简要来说就是对一个初始半色调图像的每个点做 0、1 切换及与 8 领域内不同的点做交换，逐渐减少与原图的误差。

设定均方误差：

$$\varepsilon = \sum_{m,n} e[m,n]\mathrm{cep}[m,n] \tag{6-28}$$

式中：

$$e[m,n] = g[m,n] - f[m,n]\,,\quad \mathrm{cep}[m,n] = e[m,n] ** \mathrm{cpp}[m,n] \tag{6-29}$$

经过切换和交换两种操作，可以将改变后的半色调图像表示为

$$g'[m,n]=g[m,n]+a_0\xi[m-m_0,n-n_0]+a_1\xi[m-m_1,n-n_1] \tag{6-30}$$

式中：$\xi[0,0]=1$，当进行本身 0、1 切换时，如果是从 0 切换到 1，那么 $a_0=1$，否则为 -1，此时 $a_1=0$。

当与领域内不同像素值交换时，$g[m_0,n_0]$ 和 $g[m_1,n_1]$ 称为交换值，a_0 是用来定义是否切换的，因此规则和上述一致，a_1 用来定义交换的点是否做切换操作，由于二者一定做相反的操作，即原始点做 1 到 0 的切换，被交换点则做 0 到 1 的切换，因此此时 $a_1=-a_0$。

那么，在做完一系列的操作之后，均方误差的变化量为

$$\Delta\varepsilon=(a_0^2+a_1^2)*\mathrm{cpp}[0,0]+2a_0a_1*\mathrm{cpp}[m_1-m_0,n_1-n_0]+2a_0*\mathrm{cep}[m_0,n_0]+2a_1*\mathrm{cep}[m_1,n_1] \tag{6-31}$$

如果 $\Delta\varepsilon<0$，就代表两个图像间的误差被减小，那么这个切换或者交换操作就可以被接受；反之，则不接受该变化。然后，初始半色调将被更改，cep 也将被更新。

$$\mathrm{cep}'[m,n]=\mathrm{cep}[m,n]+a_0\mathrm{cpp}[m-m_0,n-n_0]+a_1\mathrm{cpp}[m-m_1,n-n_1] \tag{6-32}$$

在 MATLAB 中使用如下代码进行仿真实验。

```
function [dst]=EDBS(im, time）
im=double(im);
[rows,cols]=size(im);   %初始化
fs=7;
%生成高斯滤波器
for q1=1:rows*time
    for q2=1:cols*time
        fix(q1,q2) = double(im(ceil(q1/time), ceil(q2/time)));
    end
end

dst=double(randn(rows*time,cols*time)>0.5);
d=(fs-1)/6;
gaulen=(fs-1)/2;
for k=-gaulen:gaulen
    for l=-gaulen:gaulen
        c=(k*k + l*l)/(2*d*d);
        GF(k+gaulen+1,l+gaulen+1)=exp(-c)/(2*3.14*d*d);
    end
end
cpp=zeros(13,13);
HalfCPPSize=6;
cpp=cpp+(conv2(GF,GF)); %AutoCorrelation of gaussian filter
fix=double(fix/255);
Err=dst-fix;
cep=xcorr2(Err,CPP);     %Cross Correlation between Error and Gaussian

double EPS=0; double EPS_MIN=0;   CountB=0;
```

```
while(1）
    CountB=0;
  double a0=0; double a1=0; double a0c=0; double a1c=0;
  uint8 Cpx=0; uint8 Cpy=0;

    for i=1:1:rows*time
        for j=1:1:cols*time
         a0c=0; a1c=0; Cpx=0; Cpy=0; EPS_MIN=0;
         for y=-1:1:1
             if (i+y < 1|| i+y >rows*time）
                 continue;
             end
             for x=-1:1:1
                 if (j+x < 1 || j+x >cols*time）
                     continue;
                 end
                 if(y==0 && x==0）
                     if(dst(i,j)==1）
                         a0=-1; a1=0;
                     else
                         a0=1; a1=0;
                     end
                 else      %交换
                     if (dst((i+y), (j+x))~= dst(i,j)）
                         if (dst(i ,j) == 1)
                             a0 = -1;
                             a1 = -a0;
                         else
                             a0 = 1;
                             a1 = -a0;
                         end
                     else
                         a0 = 0;
                         a1 = 0;
                     end
                 end
             EPS=(a0*a0+a1*a1)*cpp(HalfcppSize+1,HalfcppSize+1)+2*a0*a1*cpp(HalfcppSize+y+1,HalfcppSize+x+1)+2*a0*cep(i+HalfcppSize,j+HalfcppSize)+2*a1*cep(i+y+HalfcppSize,j+x+HalfcppSize);
             if (EPS_MIN > EPS）
                 EPS_MIN = EPS;    a0c = a0;   a1c = a1;   Cpx = x;   Cpy = y;
             end
```

```
                end
            end
                if(EPS_MIN<0)
                        for y=-HalfcppSize:1:HalfcppSize
                            for x=-HalfcppSize:1:HalfcppSize
                                cep(i+y+HalfcppSize,j+x+HalfcppSize)
cep(i+y+HalfcppSize,j+x+ HalfcppSize)+ a0c*cpp(y+HalfcppSize+1,x+HalfcppSize+1);
                            end
                        end
                        for y=-HalfcppSize:1:HalfcppSize
                            for x=-HalfcppSize:1:HalfcppSize
                                cep(i+y+Cpy+HalfcppSize,j+x+Cpx+HalfcppSize)
cep(i+y+Cpy+ HalfcppSize,j+x+Cpx+HalfcppSize)+a1c*cpp(y+HalfcppSize+1,x+HalfcppSize+1);
                            end
                        end
                        dst(i,j)=dst(i,j) + (a0c);
                        dst(Cpy+i,j+Cpx)=dst(i+Cpy,j+Cpx) + (a1c);
                        CountB=CountB+1;
                end
            end
        end

        if(CountB==0)
            break;
        end

    end
    dst=dst;
    end
```

直接二值搜索加网效果如图 6-29 所示。

图 6-29　直接二值搜索加网效果

对于其他迭代算法，数字半色调算法的多样性决定了算法的复杂程度差异，以最低复杂性层次（设计算法所要求的计算部分除外）而论，Sullivan 等人提出的模拟退火算法和 Chu 提出的遗传算法列于首位，这两种算法都适合产生对视觉影响最小的二值纹理。模拟退火算法和遗传算法均涉及特定的记录像素平均吸收系数，覆盖 0～1 的范围。由于算法本身的特殊性，二值纹理只能预先设计，且呈现特定的结构，它们是组成半色调算法的基础，每个记录点位置利用输入连续调图像的灰度值在二值图像堆栈内建立索引，但由于二值图像间缺乏连续性而不能准确地描述相邻灰度等级，产生质量较低的半色调图像。

通过阈值操作以记录点集聚有序抖动的方式实现半色调算法时，必然隐含着对二值图像很大程度上的连续性要求，问题归结为设计合适的记录点集聚方法，以便使输出半色调图像内纹理的可察觉程度最低。以周期性的网屏作为直接二值搜索算法的初始图像时，算法提出者 Allebach 和 Stradling 借助成对交换的启发式搜索方法找到阈值排列次序，使记录点外形的最大加权傅里叶变换系数最小化。在这一研究领域，Mitsa 和 Parker 设计出了具有蓝噪声特性的蒙版，相当于记录点集聚有序抖动算法的阈值矩阵，从吸收系数等于 0.5 开始处理，通过在半色调图像中增加黑色像素的方法得到更高吸收系数的二值图像，但必须保留二值图像的蓝噪声特性；对于吸收系数低于 0.5 的纹理可使用类似于得到高于 0.5 吸收系数的方法，但此时应该从半色调图像中减少黑色像素。研究结果表明，设计二值图像或阈值矩阵涉及很大的计算工作量。然而，只要能形成二值图像或阈值矩阵，就可以通过逐个像素索引或阈值操作的方法对连续调图像执行半色调处理。比退火模拟算法和遗传算法再复杂一些的半色调技术当属误差扩散，或者基于误差扩散原理的各种扩展算法。例如，Eschbach 和 Knox 建议以图像相关的方式确定阈值，要求控制边缘增强的程度，误差扩散算法确实具备这种能力。以蓝噪声概念解释误差扩散由 Ulichney 首先实现，他建议对误差扩散矩阵（误差过滤器）引入随机加权系数，也提出了修改扫描次序的建议。反馈信号算法从另一种角度改进误差扩散效果，由 Sullivan 等人提出的这种算法将误差信号反馈给误差过滤加权系数，须利用过滤信号修正阈值。Stucki 及其后 Pappas 和 Neuhoff 推出的方法至少在半色调操作时结合使用打印机模型上类似，以循环方式反馈信号时特别考虑到非线性叠加的记录点搭接效应。Eschbach 将脉冲密度调制和误差扩散技术相结合，改善了吸收系数接近 0 和 1 处的二值纹理。经典误差扩散及其改进算法都以串行方式处理，对连续调图像逐个像素地执行二值化操作。

另一类误差扩散改进算法建立在像素块操作的基础上，目标归结为满足像素块对平均吸收系数的限制条件，以 Roelling 的研究成果最为典型。块处理算法产生二值图像时也有强调连续调图像细节结构的建议，此时目标约束条件归结为如何保证像素块的细节结构。

无论是逐个像素地执行二值化操作，还是以像素块为基础产生二值图像，输出结果都以一次通过的方式建立。并行处理方式形成多次通过的半色调处理技术，为此须定义所谓的子采样栅格。在每次信号通过期间，属于子采样栅格陪集的像素执行二值化操作，误差扩散到当前尚未执行二值化操作的像素。虽然 Pali 采用的方法类似，但他的算法更应该归类于多重分辨率金字塔框架结构，金字塔每一层的像素邻域模拟固定尺寸的像素块。

大多数迭代优化半色调算法的误差衡量指标归结为频域加权均方根误差，不同算法之间的差异主要体现在优化处理的框架结构上。某些算法要求分布更合理的记录点，或者如同再结晶退火那样借助“内力” 的交互作用实现粒子平衡；有人在研究半色调算法时借用了神经网络的概念，引入了新的思路；有的迭代优化算法通过公式描述将最小化问题表示为数值积分的线性编程问题，以连续量的线性编程与分支搜索技术结合的方式求解；也有人提出了基于最小二乘原理的数字半色调优化算法，追求印刷图像与原图像差异最小化。

6.2.6　点画加网算法

1．劳埃德算法（Lloyd’s Algorithm）

劳埃德算法最早是由 McCool 和 Fiume 引入计算机图形学的，用于生成采样点集。

作为一种迭代算法，其可以从任何生成点集合生成质心 Voronoi 图。

在数学中，Voronoi 图又称泰森多边形，它由一组连接两邻点直线的垂直平分线组成的连续多边形组成。N 个在平面上有区别的点，按照最邻近原则划分平面；对于点集 $\{p_1,\cdots,p_n\}$ 里的种子点 p_k，它的 Voronoi 单元 R_k 定义为

$$R_k = \{x \in X \mid d(x,p_k) < d(x,p_j), j = \{0,1,2,\cdots,n\}, j \neq k\} \tag{6-33}$$

在这种情况下，每个站点 p_k 只是一个点，其相应的 Voronoi 单元 R_k 由欧几里得平面中的每个点组成，其与 p_k 的距离小于或等于其与任何其他 p_k 的距离。每个这样的单元是从半空间的交点获得的，因此它是凸多边形。Voronoi 图的边界是平面中与两个最近的站点等距的所有点。Voronoi 顶点（节点）是与三个（或更多）站点等距的点，通常选择使用欧几里得距离度量：

$$d(p_1,p_2) = \|p_1 - p_2\| = \sqrt{(x_1-x_2)^2+(y_1-y_2)^2} \tag{6-34}$$

式中：$p_1=(x_1,y_1)$ 和 $p_2=(x_2,y_2)$ 是平面上的任意两点。质心 Voronoi 图有一个有趣的特性，即每个生成点都恰好位于其 Voronoi 单元的质心上。劳埃德算法作为生成质心 Voronoi 图的迭代算法，Voronoi 单元的质心定义为

$$C_i = \frac{\int_\Omega \theta\rho(\theta)\mathrm{d}\Omega}{\int_\Omega \rho(\theta)\mathrm{d}\Omega} \tag{6-35}$$

式中：Ω 为区域；θ 为位置；$\rho(\theta)$ 为密度函数。算法可以简单地表述为

Algorithm 1: Lloyd's Algorithm
while generating points pi not converged to centroids do
Compute the Voronoi diagram of pi
Compute the centroids Rk
Move each generating point xi to its centroid Rk
end while

Voronoi 单元的生成点的质心迭代过程如图 6-30 所示。

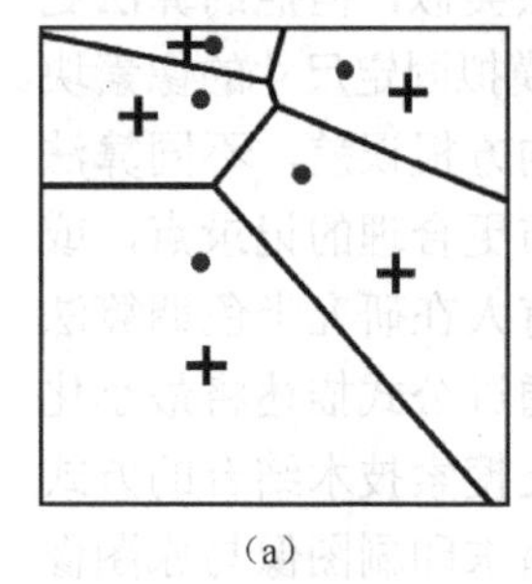
(a)

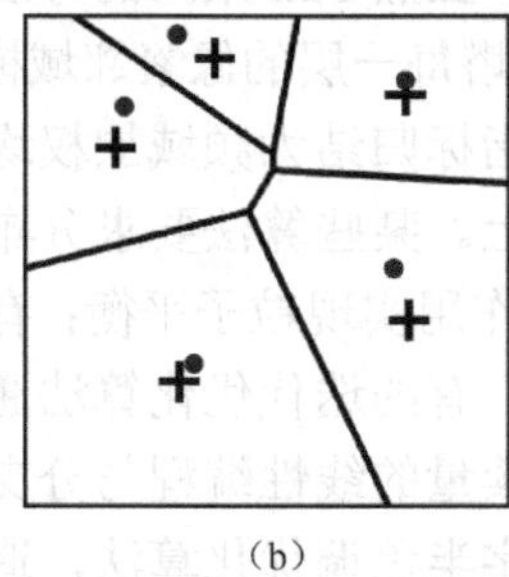
(b)

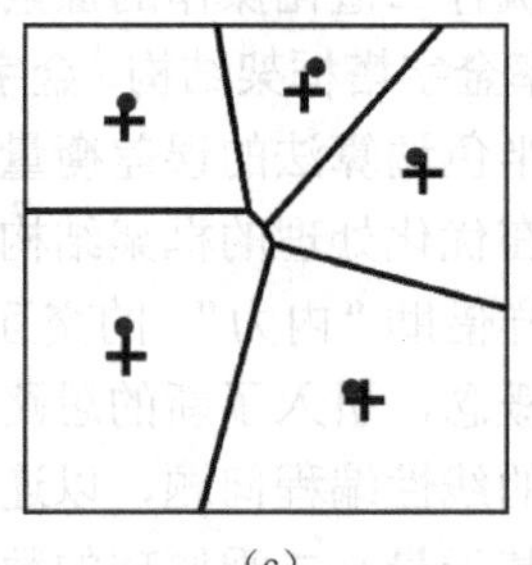
(c)

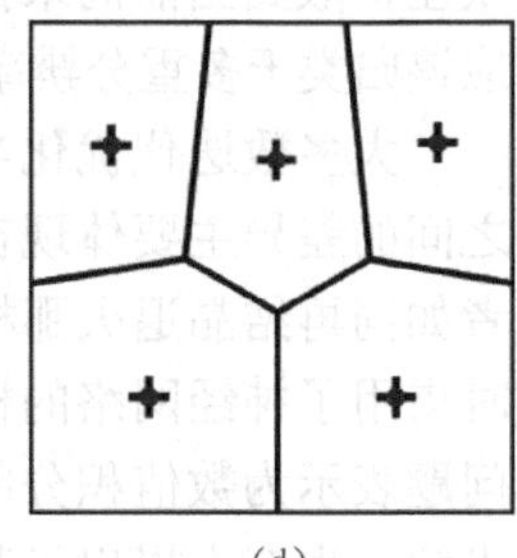
(d)

图 6-30　Voronoi 单元的生成点的质心迭代过程

图 6-30（a）在劳埃德算法下松弛为图 6-30（b）、图 6-30（c），直至图 6-30（d）。在一维情况下，这证明了劳埃德算法在质心 Voronoi 图上的收敛性。

2．基于劳埃德算法生成的点画

历史上，用于印刷书籍图像的半色调质量参差不齐，通常需要大幅调整图纸尺寸以

满足空间需求。半色调作为印刷中的一种复制技术，图像的连续色调由大小、形状和密度不同的全色调圆点表示，将点以重复的模式分布在任何地方达到半色调的目的，与点画方法的主要区别在于，点可以放置在任何地方，而不仅仅是固定的规则网格上。因此，点画这种艺术插画技法，以一种随机而又富于表现力的方式广泛应用于印刷行业。当时，艺术家需要手工在纸上小心地描绘许多小墨点，聚集多则形成暗区，聚集少则形成亮区，由局部密度差异感知不同的色调，从而表现出精细的纹理和细节。

目前，已有不少针对图像的点画生成算法展开的研究。点画领域的科学家主要利用计算几何来设计和优化点画绘制算法，以实现密度不同点的分布——用来由灰度图像绘制点画。其中，有的将数字图像作为输入，点画是一种基于点的绘图技术。美术人员试图随机设置点，但在大多数情况下几乎是一致的点对点距离。已有的数字点画技术大致分为质量优先、速度优先和查找优先三个方向。质量优先侧重于分布质量，速度优先注重成本消耗，查找优先则在质量和速度之间权衡利弊。在生成高质量点画方面，基于松弛的 Voronoi 镶嵌及其相关变体技术是优选的生成方法。Ahmed 等人以灵活组合产生的拓扑作为约束提出了基于蓝噪声采样空间生成高质量点集的方法。Balzer 等人设计了一种劳埃德算法的变体，能准确适应给定的密度函数，得到具有蓝噪声分布特性的点集。在快速生成点画方面，运用知名的低差异序列及其相关变体是实现加快速度的重要理论。Niederreiter 等人改进了 Sobol′、Faure 早期提出的低差异序列，通过(t, s)序列理论获得了差异更小的 s 维单位立方体序列。Schretter 等人利用数论中黄金比例的连续整数倍数的分数部分，对黄金比例序列进行简单的增量排列计算，从而得到均匀覆盖单元正方形或圆盘的点集。

事实证明，数字点画技术能够成功地传达视觉信息，其主要思想是在一张纸上仔细画出的许多点近似于局部密度差异所感知到的不同色调。在人眼中，高密度区域看起来比低密度区域更暗，点画能更忠实地保留它们的属性。与半色调方法相比，网点是手工分布的，好的点画的特点之一是点画间距均匀，也就是说，点画不会聚集在一起，留下不均匀的空隙，也不会形成不属于预期印象的虚假图案。因此，点画的主要困难在于获得适合给定密度函数的点分布，即一个区域中的点数量必须与基础密度成比例，如图 6-31 所示。

为了达到这种效果，点画过程采用了 Lloyd 的 K-Means 方法来获得适用于底层图像密度的 Voronoi 图。要做到这一点，需要两组点。

（1）根据图像的灰度强度密度选择第一组点，称为支撑点集。事实上，选择了源图像中的 N 个点，其中 N 可以大于图像中的像素总数。绘制这些支撑点时，如果一个像素比另一个像素暗，那么该像素应该有更多机会包含一个或多个支撑点。为了得到这些辅助点，以背景图像作为参考图像，对其进行半色调处理，将背景图像以栅格的方式划分成多个相对位置不变的网格区域，在每个区域里按照平均灰度放置不同数量的点，完成点的初始分布。其中，以参数化选定的点的大小确定网格区域的大小，且网格区域中不同数量的点代表具有不同的平均灰度等级（平均灰度等级越小则点越多，平均灰度等级越大则点越少），从而快速地将连续调灰度图像转换成以点绘制的图像。

（2）然后生成第二组点，这将创建 Voronoi 图。这些点称为站点。第二组点与支撑点具有相同的特征，以图像灰度作为密度函数，得到有限个在平面上有区别的点，快速创建随机分布的点，获得适应输入图像的 Voronoi 图，通过给定的欧几里得度量标准构造每个点的最近邻区域，执行更新步骤以获得外观良好的站点随机分布，并得到合适的 Voronoi 单元。

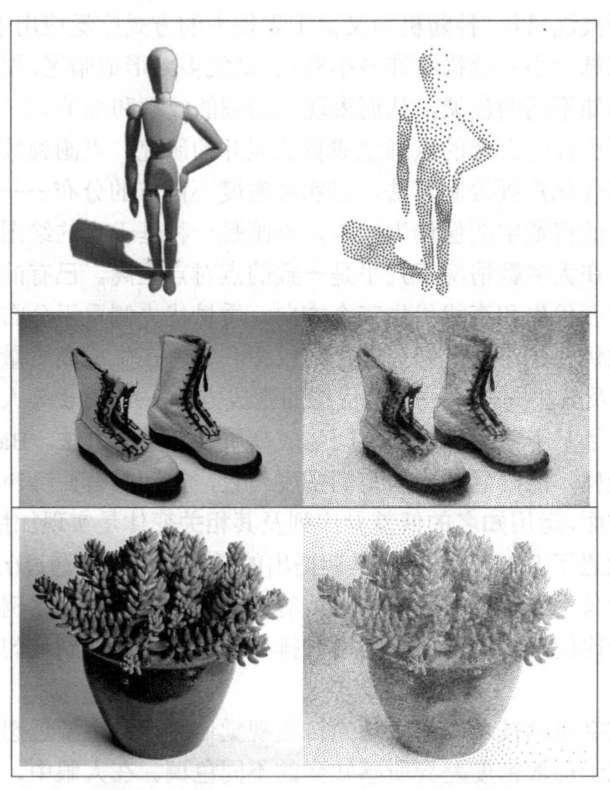

图 6-31　数字点画技术生成的点画图像

经典变密度（Centroidal Voronoi Tesselation，CVT）算法中每个 Voronoi 单元都是凸多边形，其计算的基本思路是把凸多边形分解成多个三角形，从而将非质点问题转化成质点问题。但其典型算法由于在灰度图像上定义了密度函数，通过光栅化或类似的操作，对该图像的三角形区域内进行离散采样，求质心坐标，存在点的位置与对应 Voronoi 单元的质心不重合的问题，从而导致各个 Voronoi 单元的体积存在一定的差异。

对此，通过迭代使点位置与对应的胞体质心重合，并且根据这些子集的分区是形状良好且均匀大小的凸细胞，Secord 提出了一种改进算法，使用了更高效的计算公式计算质心，由于积分在任意的 Voronoi 单元上，故将其转换为迭代积分，逐行对单元进行积分，从而可以预先计算大部分的积分。组合质心 C_i 的分母进行优化计算，转换的计算公式为

$$\int_{\Omega} \rho(\theta)\mathrm{d}\Omega = \int_{y_1}^{y_2}\int_{x_1(y)}^{x_2(y)} \rho(x,y)\mathrm{d}x\mathrm{d}y \tag{6-36}$$

这里，可以收敛到质心 Voronoi 图，这是一个适用于给定图像密度域的准均匀划分。CVT 算法操作总结如下。

Algorithm 2: Centroidal Voronoi Tesselation (CVT)

```
Generation of support points:
for i = 1 to Number of Sites ∗ α do
  x = Random Integer ∈ [0; Width]
  y = Random Integer ∈ [0; Height]
  m = Random Integer ∈ [0; 255]
  if m > 255−Color(x, y) then
    Add support point at (x, y)
    i ← i + 1 9:
  end if
end for
Generation of sites:
for i = 1 to Number of Sites do
  x = Random Integer ∈ [0; Width]
  y = Random Integer ∈ [0; Height]
  m = Random Integer ∈ [0; 255]
  if m > 255−Color(x, y) then
    Add Site at (x, y)
    i ← i + 1
  end if
end for
Associate support points to closest sites
for i = 1 to Number of Sites ∗ α do
  Find the closest Site to the support point i
  d Smallest distance
  id Id of the nearest Site
  for j = 1 to Number of Sites do
    Calculate the distance l between Site j and support point i
    if l < d then
      d = l
      id = j
    end if
  end for
  Associate support point i with Site id
end for
while Convergence criteria < threshold do
  Move sites to mass center
end while
```

如果在最后一次迭代期间每个站点的两个位置之间的距离总和低于规定的阈值，则认为计算终止，CVT 算法的离散化版本提供了良好且快速的结果。另一个常见的解决方案是在规定的迭代次数后停止劳埃德算法的搬迁计划。Lagae 等人在 2008 年的点画生成中，建议使用标准化的泊松半径 $\alpha \in [0,1]$ 作为点分布的质量度量。如果分布中的两点重合，则$\alpha = 0$；如果存在六角形晶格，则$\alpha = 1$；Lagae 选择$\alpha = 0.75$作为获得的参考点集的最佳值（一种常见的拒绝采样方法）。α的收敛性可用作终止准则，一旦α变得稳定，就停止劳埃德算法的迭代步骤。

6.2.7　艺术加网算法

艺术加网算法实际上对输入图像的特征线条进行提取之后，以生成背景图像的高质量点画图像为基础，使用手写签名像元图像作为可变的载体参量，对点画图像进行信息调制，接着加入轮廓图像生成点、线融合的艺术图像。

照片风格化处理是非真实感渲染在计算机图形学中逐渐兴起的研究领域。手写签名绘制人物肖像，作为一种新型的创作技法极具归属性和意义感，以手写签名的大小、疏密呈现图像明暗的表现手法属于艺术风格渲染。基于像元的作用描述，引入手写签字像元这个概念，手写签字像元是生成的艺术图像的最小单元，物理意义是该像元的内在信息，指同一像元只有一个内容。像元调制是将原图像经过多次变换转换成符合目标艺术特征的像元点画图像的过程。

第一步，自定义所需的手写签名像元图像I_s，根据I_b中单个像元的大小在一个 Voronoi 单元的遮盖率，对I_s进行处理。定义遮盖率F是点的面积d在单个 Voronoi 单元面积d'中的占比，即

$$F = \frac{d}{d'} \tag{6-37}$$

不同的手写签名像元图像I_s有不同的信息变量，图像上各种线条的粗细、长短、走向也是千变万化的。将I_s进行二值化处理，计算出黑色像素m在二值图像全部像素s中的占比，即

$$F' = \frac{m}{s} \tag{6-38}$$

在不改变像元图像I_s内容的前提下，通过I_b每个点在 Voronoi 单元的遮盖率F改变I_s的F'，使$F = F'$，完成手写签名像元图像与点模型的匹配。

第二步，加载点集数据。数据记录的是每个点在点画图像I_b里的相对数值，解决了只依据点坐标复现出的I_b由于不同的显示参数，产生不同程度的点偏差，导致视觉干扰的问题。根据显示需求计算出每个点坐标的绝对数值(x', y')，具体计算公式为

$$\begin{cases} x' = \lfloor x * d / I_{bx} \rfloor \\ y' = \lfloor y * d / I_{by} \rfloor \end{cases} \tag{6-39}$$

式中：x、y为点的相对坐标值；d为点的大小；I_{bx}、I_{by}为点画图像的高度、宽度。

第三步，将点坐标的绝对数值作为约束描绘手写签名像元。以每个(x', y')为中心，长宽为像元图像I_s的长宽的 1.25 倍的矩形区域为约束放置I_s。在描绘每个像元时，都要进行双重抖动，即在位置上进行范围内的随机抖动，同时根据特征纹理的流向在角度上进行伪随机抖动，使得像元的放置在整体上能更好地模仿手写的“感觉”。像元信息调制算法流程如图 6-32 所示。

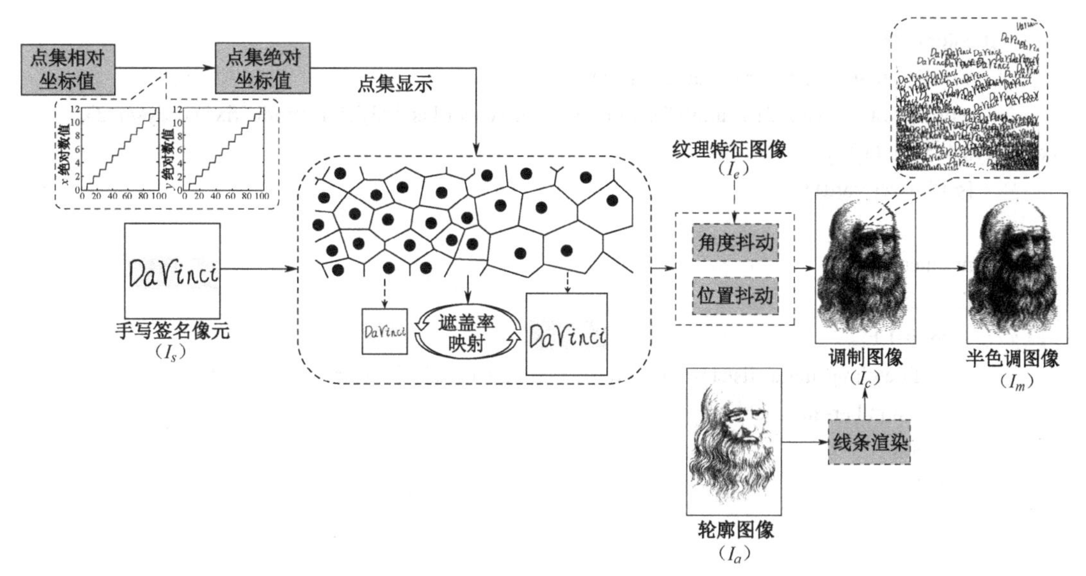

图 6-32　像元信息调制算法流程

在 MATLAB 中使用如下代码进行仿真实验。

```
%点画坐标加载转换
load imgup
[datax,datay]=size(imgup);
for list=1:datax
   imgup(list,1)=fix(imgup(list,1)*4000/988)+wordxb;
   imgup(list,2)=fix(imgup(list,2)*4000/990)+wordyb;
end
%重新绘制
newimg=zeros(imgx,imgy);
newimg=uint8(newimg);
for i = 1:imgx
   for j = 1:imgy
      newimg(i,j)=255;
   end
end

%调制的部分代码（逻辑一致）
for list=1: datax
   color=0; %对点画的颜色
   for i=1:wordxs
      for j=1:wordys
         color=color+ img(imgup(list,1)-fix(wordxs/2)+i,imgup(list,2)-fix(wordys/2)+j);
      end
   end
   color=fix(color/(wordxs*wordys));
```

```
    if color<135
        word1=second_img{1,randperm(num,1)};
        word1=imresize(word1,[randi([fix(wordxs/4*3),fix(wordxs/4*5)],1,1),randi([fix(wordys/4*3),
fix(wordys/4*5)],1,1)]);
        [g,h]=size(word1);

        number=0;
        for i=1:g
            for j=1:h
                if newimg(imgup(list,1)-fix(wordxs/2)+i,imgup(list,2)-fix(wordys/2)+j)~=255
                    number=number+1;
                end
            end
        end

        if number< fix(g*h/3)
            for i=1:g
                for j=1:h
                    if word1(i,j)~=255
                        word1(i,j)=min;
                    end
                end
            end

            for i =1:g
                for j = 1:h
                    if newimg(imgup(list,1)-fix(wordxs/2)+i,imgup(list,2)-fix(wordys/2)+j)==255
                        newimg(imgup(list,1)-fix(wordxs/2)+i,imgup(list,2)-fix(wordys/2)+j)=word1(i,j);
                    elseif newimg(imgup(list,1)-fix(wordxs/2)+i,imgup(list,2)-fix(wordys/2)+j)>min
                        newimg(imgup(list,1)-fix(wordxs/2)+i,imgup(list,2)-fix(wordys/2)+j)=newimg(imgup(list,1)-
fix(wordxs/2)+i,imgup(list,2)-fix(wordys/2)+j)-10;
                    end
                end
            end

        else
            word1=first_img{1,randperm(num,1)};
            word1=imresize(word1,[fix(sqrt(wordxb*wordyb-number)),fix(sqrt(wordxb*wordyb-number))]);
            [g,h]=size(word1);

            for i=1:g
                for j=1:h
                    if word1(i,j)~=255
```

```
                    word1(i,j)=min;
                end
            end
        end

        for i =1:g
            for j = 1:h
                if newimg(imgup(list,1)-fix(wordxs/2)+i,imgup(list,2)-fix(wordys/2)+j)==255
                    newimg(imgup(list,1)-fix(wordxs/2)+i,imgup(list,2)-fix(wordys/2)+j)=word1(i,j);
                elseif newimg(imgup(list,1)-fix(wordxs/2)+i,imgup(list,2)-fix(wordys/2)+j)>min
                    newimg(imgup(list,1)-fix(wordxs/2)+i,imgup(list,2)-fix(wordys/2)+j)=newimg(imgup
(list,1)-fix(wordxs/2)+i,imgup(list,2)-fix(wordys/2)+j)-10;
                end
            end
        end
    end
end
```

艺术加网效果如图 6-33 所示。

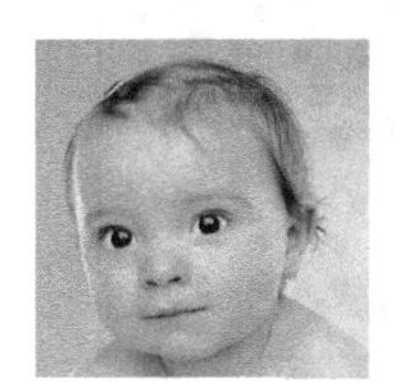   

图 6-33　艺术加网效果

6.2.8　半色调加网的应用

1. 爱克发水晶网加网

爱克发水晶网（CristalRaster）加网实际上是一种调频加网技术。由于爱克发水晶网加网的网点比传统调幅加网的网点要小很多，因此该加网方式可被认为是无网屏印刷的实现。但由于在印刷过程中难以控制极小网点的尺寸，因此影像技术和无网屏印刷技术并没有被广泛应用，但现代智能影像数字技术、高质量的激光影像输出设备及材料的出现，使爱克发水晶网这一无网屏印刷成为可能。

爱克发水晶网加网与调频加网一样，所有网点（与记录像素大小相同）都依据原图像的阶调值而改变其空间分布。这些网点的分布受到与之相邻的影像细节和经过统计估测的阶调值的影响。爱克发水晶网加网技术可在整个影像中持续改变加网线数，即在高光区和暗调区使用较低的加网线数，在中间调和细节区域使用较高的加网线数。也就是说，越需要细节的信息，加网线数就越高。由于每个网点都是随机分布的，但都经过精密的计算，因此，爱克发水晶网加网的阶调值能够再现更多的细节，并具有印刷一致性的特点。

调频加网在进行图像复制时不会产生干扰和莫尔纹现象，并且对比度明确。爱克发水晶网加网最大的优势在于它可以使用更多油墨（增加 15%）来保持细节以优化油墨密度，产生质量更卓越的印刷品。如图 6-34 所示为利用爱克发水晶网加网技术复制阶调值为 25%的效果图。

其他生产商的调频加网效果如图 6-35～图 6-39 所示。

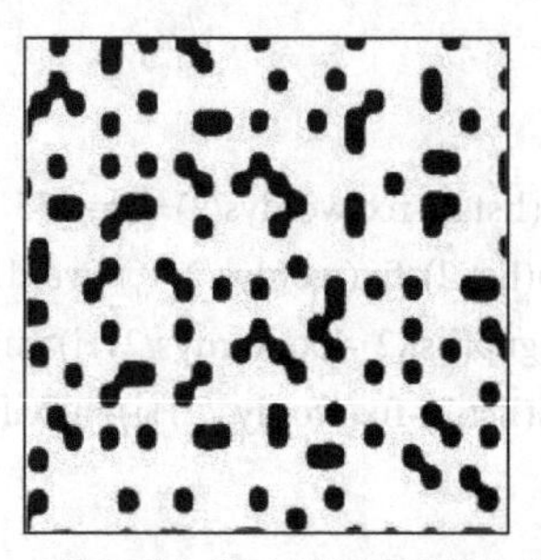

图 6-34　利用爱克发水晶网加网技术复制阶调值为 25%的效果

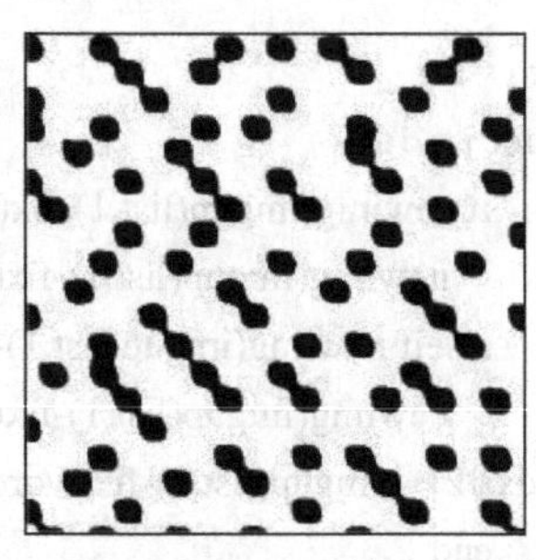

图 6-35　Corsfield FM（单个网点直径为 28μm）

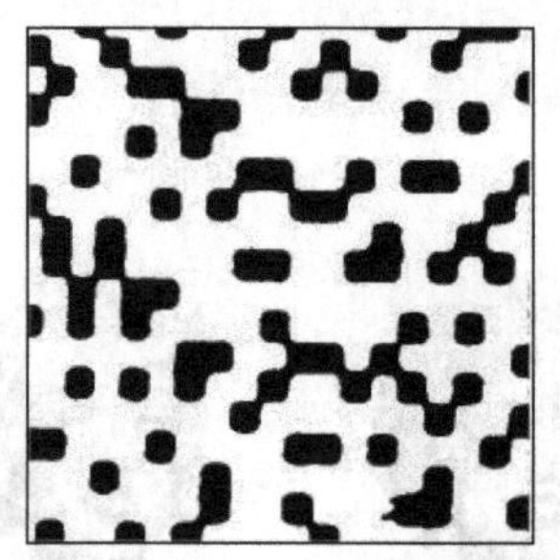

图 6-36　海德堡 Diamond（单个网点直径为 30μm）

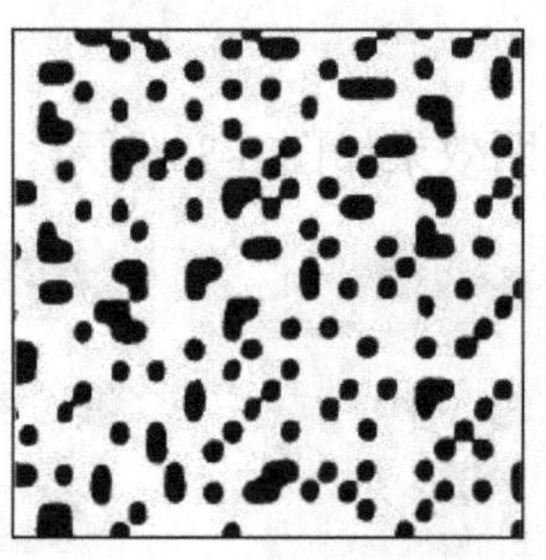

图 6-37　赛天使 Random（单个网点直径为 20μm）

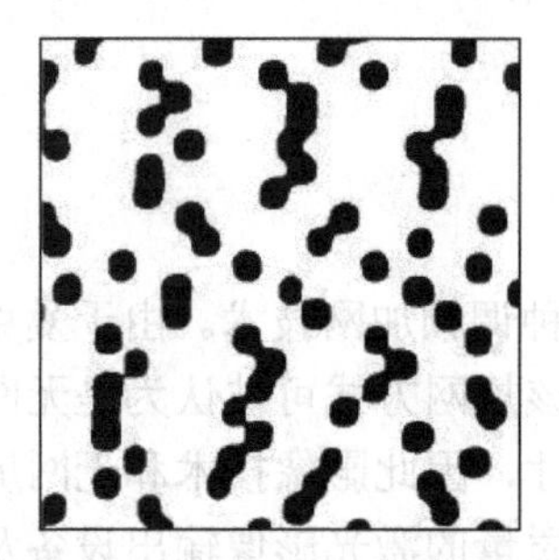

图 6-38　赛天使 Fulltone（单个网点直径为 15～25μm，采用部分随机方式改变网点大小和间距，可采用常规打样方式及分辨率输出）

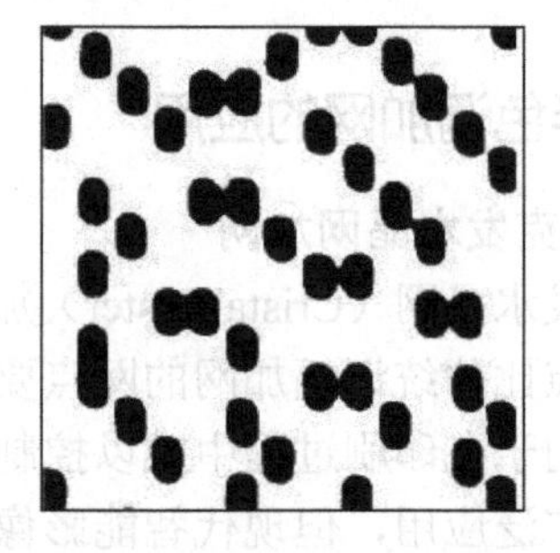

图 6-39　UGRA/FOGRA Velvet（单个网点直径为 41μm）

2．其他调频加网

调频加网一个最主要的特性就是网点的随机分布性。对于现有的调频加网算法而言，模式抖动、误差扩散抖动都是产生随机网点的有效方式。为高效获得高品质的印刷品，可根据不同种类的印刷品选择不同的加网算法。

调频加网的网点，其位置是由灰度值和随机函数共同决定的，选用的随机函数不同，相同像素单位内部随机点生成的位置就不同，加网的效果也不同。例如，对于灰度值为

N 的像素单元，就要连续不少于 N 次地调用随机函数，调用一次产生一个随机数，然后在对应网格位置的微小单元放置网点，直到完成 N 个灰度值为止。如果产生的随机数超过了灰度范围，则需要重新调用随机数；如果在调用随机函数时产生的随机数与之前的随机数重复，则该随机数为重码，也需要重新调用随机函数。在灰度值较大的情况下，在最后几次调用随机函数时产生重码的概率较大，甚至有时连续调用函数都不能产生新的随机数，这就需要人为地补偿伪随机网点，但该行为会导致图像质量的下降。

乘同伪随机函数具有简便、速度快、周期长、生成的随机数具有良好的统计特性等优点，并且满足均匀性和独立性检验，符合调频加网随机数产生的条件。其公式可表示为

$$X_{n+1} = X_n \cdot (a \bmod M) \tag{6-40}$$

式中：

$$\begin{aligned} M &= 2^s \\ a &= 8k \pm 3 \\ X_0 &= 2t+1 \end{aligned} \tag{6-41}$$

在上述式子中，式(6-40)表示下一个随机数是上一个随机数乘以 a 对 M 取余所得，其中，M 与 X_0 互素，X_0 与 a 互素。在式（6-41）中，s 是正整数，M 实际上是可产生随机数的周期。因此，随机数周期应比可产生的随机数周期小，一般要求随机数周期为 $M/4$。式（6-40）中的系数 a 一般取与 $a \approx 2^s/2$ 最接近的值，同时满足式（6-41），其中 k 为任意正整数。

随机数的产生和加网效率取决于参数 a、M 及初始值 X_0 的选取和修正。在 0～255 个灰度级范围内，M 的最小值可以取 255，即最小周期为 255，M 的最大值为最小周期的 4 倍，同时满足式（6-41），因此 M 修正后的值可取 1024、512 和 256，对应得到参数 a 的取值为 29、35、21、19、13。在这两个参数确定后，就得到了用于生成调频网点的 5 个乘同伪随机函数：

$$a=29,\quad M=1024;\quad X_{n+1}=29X_n(\bmod 1024) \tag{6-42}$$

$$a=35,\quad M=1024;\quad X_{n+1}=35X_n(\bmod 1024) \tag{6-43}$$

$$a=21,\quad M=512;\quad X_{n+1}=21X_n(\bmod 512) \tag{6-44}$$

$$a=19,\quad M=256;\quad X_{n+1}=19X_n(\bmod 256) \tag{6-45}$$

$$a=13,\quad M=256;\quad X_{n+1}=13X_n(\bmod 256) \tag{6-46}$$

在不考虑产生随机数重码的基础上，分别对 5 个随机函数进行实验，得到在不同灰度级和初始值条件下调用乘同伪随机函数的最小次数，见表 6-1～表 6-5。

表 6-1　最小次数（一）

初 始 值	1	3	5	7	9
灰度级 1	50				
函数 1	182	184	212	214	216
函数 2	182	206	208	210	211
函数 3	99	101	103	105	107
函数 4	50	52	54	56	58
函数 5	50	52	54	56	58

表 6-2　最小次数（二）

初　始　值	1	3	5	7	9
灰度级 2			100		
函数 1	392	394	396	424	426
函数 2	386	410	412	414	415
函数 3	198	200	202	204	206
函数 4	100	102	104	106	108
函数 5	100	102	104	106	108

表 6-3　最小次数（三）

初　始　值	1	3	5	7	9
灰度级 3			150		
函数 1	601	603	605	607	609
函数 2	590	592	616	618	619
函数 3	297	299	301	303	317
函数 4	150	152	154	156	158
函数 5	150	152	154	156	158

表 6-4　最小次数（四）

初　始　值	1	3	5	7	9
灰度级 4			200		
函数 1	782	784	813	815	817
函数 2	794	796	820	822	823
函数 3	396	398	400	402	416
函数 4	200	202	204	206	208
函数 5	200	202	204	206	208

表 6-5　最小次数（五）

初　始　值	1	3	5	7	9
灰度级 5			250		
函数 1	992	994	996	1024	1026
函数 2	997	999	1001	1024	1025
函数 3	494	496	498	512	514
函数 4	250	252	254	256	258
函数 5	250	252	254	256	258

通过实验及上述数据可得出，对于同一个乘同伪随机函数：

（1）设定的初始值相同，灰度级越大，调用函数的次数越多；

（2）相同的灰度级，设定不同的初始值，调用函数的次数不同，初始值越大，调用函数的次数越多，加网效率越低；

（3）对于相同灰度级的不同像素，每次调用完函数后产生的随机数也有很大的差别，即所产生的随机网点的位置体现了随机性。

对于不同乘同伪随机函数：

（1）设定的初始值相同，对于相同灰度级而言，参数 M 值越大，调用函数的次数越多，加网效率就越低；反之，M 值越小，调用函数的次数越少，加网效率就越高；

（2）设定的初始值相同，对于不同的灰度级而言，参数 M 值越大，调用函数的次数越多，加网效率就越低；反之，M 值越小，调用函数的次数越少，加网效率就越高。

由此可以得出，选择参数 M 值较小的乘同伪随机函数，或者在调用选定乘同伪随机函数时选择较小的初始值都可在一定程度上提高加网效率。在生产中就可根据实际情况在二者之间进行取舍。

6.3　彩色半色调加网

早期开发的半色调算法大多以灰度图像为处理对象，当处理对象为彩色图像时只是同一种半色调算法对于彩色图像各主色通道的依次应用。对模拟传统网点的记录点集聚有序抖动算法而言，这种做法确实并无不妥，4 种主色的半色调处理结果即使有差异，也仅仅是网点排列角度不同，算法的主体部分不存在原则区别。然而，如果以其他半色调算法重构彩色连续调效果，则问题没有想象的那样简单。如今，彩色打印机的制造成本越来越低，除办公应用外，家庭拥有彩色台式打印机不再是稀罕事。与此同时，适合商业印刷领域使用的彩色数字印刷机越来越多，输出速度越来越快。高速度和高质量的彩色印刷需要相应数字半色调算法的配合，为此应该设计和开发合理的彩色半色调算法，不能停留在只能处理灰度图像的水平。

6.3.1　彩色半色调加网原理

要理解彩色加网，首先需要了解单色半色调与彩色半色调的关系。单色半色调算法指针对连续调灰度图像二值硬拷贝输出和显示的转换技术，原连续调图像的多值像素表示转换成二值编码，只要合理地排列二值记录点的位置，就能够模拟原灰度图像的层次变化，二值图像在人眼的低通滤波效应作用下被感受为连续调图像。所有具备商业应用价值的半色调算法都经过仔细的设计，尽可能消除视觉赝像，为此必须考虑到引起视觉赝像最重要的原因，即网点或记录点的亮度波动。对二值半色调（仅产生黑色和白色记录点）处理来说，产生视觉赝像的因素与记录点的排列/布置方式有关，缓解视觉赝像只能借助黑色记录点的合理分布。彩色半色调算法通常是 3 个或 4 个半色调处理单色平面的笛卡儿乘积，3 个单色或四色平面对应原 RGB 或 CMYK 连续调彩色图像的主色分量。由于各主色等价亮度存在差异，如果从单色半色调算法考察彩色图像半色调处理结果中的着色记录点，则这些彩色记录点的亮度肯定不相等。

为了产生良好的彩色半色调处理结果，必须在“放置”各成像平面的彩色记录点时遵守下述规则。

（1）记录点定位到目标位置后形成的二值图像在视觉上不易察觉，每种主色平面都应该满足这种要求。

（2）彩色记录点叠加后呈现的局部平均颜色与期望颜色相同或类似，为此要求彩色记录点满足位置精度。

（3）所使用的颜色应该能降低记录点图像的可察觉程度，应该按彩色叠加/合成的原理选择合理的颜色。

在以上规则中，前两个彩色半色调算法设计规则很容易由单色半色调算法满足，第三个规则显然无法从单色半色调处理结果的简单笛卡儿乘积得到满足。

第三个规则用于确认在印刷系统作用下再现给定输入图像颜色时是否使用了恰当的半色调颜色。例如，显示设备应该选择 RGB，而彩色硬拷贝设备则应该选择 CMYK。确定基本主色分量并不困难，除非输出设备要求更多的颜色，如不少彩色喷墨打印机以 4 种以上颜色复制彩色图像。彩色半色调处理更复杂的问题还在于参与复制颜色的参数，如果处理不当，则容易引起色彩空间的畸变，须作为半色调操作的前处理过程考虑。

连续调彩色图像由红、绿、蓝三色分量构成，假定利用 CMY 三色打印机（如染料热升华打印机）输出，并假定以网点大小的变化模拟不同程度的阶调和颜色，则只要先将 RGB 彩色图像的各主色通道转换到相应的补色，并利用某种数字半色调算法将连续调主色通道图像转换到二值图像即可。改成 CMYK 四色印刷时，以上原则同样适用。由于记录点集聚有序抖动算法输出的半色调图像由网点构成，转换过程几乎不涉及主色通道的相关性，因此可采用主色通道彼此独立的转换原则。然而，对其他算法类型就未必如此了。例如，不同主色半色调图像内记录点彼此搭接，从而增加印刷图像的颗粒度。以误差扩散算法从分色版图像转换到半色调图像时，当前像素阈值比较引起的误差分配给邻域像素，由于同一位置不同分色版图像的像素值彼此不同，即使误差分配方案相同，但分色版图像当前像素阈值比较引起的误差不同，邻域像素分配到不同的误差，因而不再彼此独立。因此，彩色图像往往不能采用通道独立的方法执行半色调处理，受到半色调算法的限制。

以彩色误差扩散为例，误差扩散算法是高性能的数字半色调算法，阈值比较产生的量化误差扩散到未来将要处理的像素，结果半色调图像具有典型的蓝噪声特性。Floyd 和 Steinberg 提出经典误差扩散算法时，原本打算用于灰度图像，实际上可以扩展应用到彩色图像。然而，如果对经典误差扩散算法不做任何修改，各自独立地应用到主色通道，效果并不理想。大量研究结果证实，经典误差扩散算法不能原封不动地移植到彩色半色调处理。以下将介绍 6 种彩色误差扩散原理：可分离误差扩散、色度量化误差扩散、追求最小亮度波动的彩色误差扩散、高质量省墨彩色误差扩散、蓝噪声蒙版三色抖动处理和嵌入式彩色误差扩散。

1. 可分离误差扩散

为了在调色板数量有限的低成本彩色显示器或空间分辨率不高的彩色打印机上高质量地再现连续调彩色数字图像，彩色误差扩散可以提供很好的解决方案。对于打印机领域，输入色彩空间是青色、品红色、黄色和黑色组成的四色关系，输出水平则是固定的。举例来说，假定以点对点叠加的方式再现，则二值输出能力的 CMYK 打印机共存在 8 种可能输出的颜色。

针对灰度图像连续调再现的误差扩散算法直接移植到各彩色平面时，显然不能反映视觉系统对于彩色噪声的响应特点。按理想状态考虑，阈值比较引起的量化误差必须按频率和颜色扩散，误差扩散的目标应该考虑视觉系统最不敏感的对象。可以期望的是，彩色量化发生在诸如 LAB 那样的均匀感觉色彩空间内，作为输出颜色的着色剂矢量选择感觉上应该与被量化的彩色矢量最接近。

Kolpatzik 和 Bouman 利用明度和色度空间可分离的误差过滤器处理彩色平面间的相互关系，在可分离视觉系统模型的基础上以彼此不相关的方式针对明度和色度通道设计各自独立的误差过滤器。由于这种误差过滤器在设计时没有考虑到彩色成像平面的相关性，因此称为标准误差过滤器。尽管如此，由于对误差过滤器没有附加约束条件，因此可以确保扩散红色、绿色和蓝色通道的所有量化误差。Kolpatzik 和 Bouman 按白噪声过程建立了误差图像模型，推导了优化的可分离误差过滤器，分别用于明度和色度通道。上述处理方法意味着假设明度和色度通道不相关，说明从 RGB 到明度和色度空间的变换矩阵是一元的。

Darnera-Venkala 和 Evans 解决了通用场合的不可分离误差过滤器优化问题，针对所有误差要求扩散的领域，采用不可分离的彩色视觉模型，从 RGB 到相反色空间的变换具有多元变换性质。这种解决方案的明度和色度可分离误差过滤器包含在矢量误差扩散公式中。

彩色误差扩散的可分离算法不考虑彩色平面的相关性，因此属于标量性质。矢量误差扩散则与此不同，原连续调彩色图像中的每个像素被表示为矢量值。因此，矢量误差扩散的阈值处理步骤应该以确定每一矢量成分的阈值为前提，矢量值的量化误差反馈给系统并经滤波后，添加到邻域的未经半色调处理的彩色像素。以矩阵表示的误差过滤器考虑到了彩色平面的相关性。对于 RGB 图像，误差过滤器系数组成 3×3 矩阵。

2．色度量化误差扩散

在着色剂空间（如 CMYK 空间）中使用均方根误差准则等价于均匀、可分离和标准性质的量化。如果按感觉准则执行量化处理，则视觉量化误差有可能进一步降低。这种方法的典型彩色半色调处理目的包括色度误差的最小化、明度波动或两者的组合。

Haneishi 等人建议利用 XYZ 和 LAB 空间执行色彩的扭化和彩色图像的误差扩散处理，此时再现色域不再是 RGB 彩色立方体。XYZ 或 LAB 空间的均方根误差准则都用于对最佳输出颜色的决策，当前像素阈值比较产生的量化误差是 XYZ 空间的矢量，通过合理的误差过滤器扩散到邻域像素。然而，由于色度量化存在亮度的非线性波动，因而 LAB 空间并不适合误差扩散。色度量化误差扩散算法的执行性能要优于可分离误差扩散，但容易在彩色边界上出现所谓的“污染”赝像（颜色的相互渗透）和慢响应（彩色记录点出现位置的滞后现象）赝像等，这归结于从邻域像素将量化器输入颜色推出到色域外部的累积误差。若对此采取彩色误差裁剪措施，或者采用标量和矢量结合的量化方法，则可减小彩色误差扩散的副作用，其因标量与矢量结合而得名半矢量量化。

上述方法基于如下事实：着色剂空间的误差较小时，矢量量化不会产生所谓的“污染”赝像；若检测出较大的着色剂空间误差，则可以利用标量量化技术，以避免潜在的半色调图像被“污染”的可能性。实现色度量化误差扩散算法时首先应确定着色剂空间的误差在何处超过了预设的阈值，再据此执行标量性质的量化处理。

3．追求最小亮度波动的彩色误差扩散

根据最小亮度波动准则，特定颜色必须利用半色调集合中亮度波动最小的颜色再现。

考虑大面积实地色块的简单例子，可分离误差扩散半色调实践采用所有 8 种颜色再现实地色块，这些颜色的色貌比表现为与期望颜色距离的某种递减函数。然而，使用 8 种基本颜色与最小亮度波动准则多少有些矛盾，事实上 4 种颜色已经足够了，更何况几乎任何实地颜色中的黑色和白色的亮度波动总是最大的，但仍然使用。

为了利用最小亮度波动准则找到所要求的半色调图像集合，考虑以大尺寸的半色调图像再现任意实地输入颜色。为此须执行半色调图像变换，目的在于保留平均颜色，减少亮度波动，参与半色调处理的颜色数量降低到最小值，即仅使用 4 种颜色。在以上条件控制下得到的半色调结果的四色关系将产生要求的半色调集合，称为最小亮度波动四色关系。

上述要求通过油墨重新定位变换得以实现。在油墨重新定位变换过程中，相邻半色调“配对”变换到亮度波动最小，但保留它们的平均颜色，即

$$KW \to MG \tag{6-47}$$

为从黑色和白色半色调配对到绿色和品红色半色调配对。显然，式（6-47）定义的相邻半色调配对变换基于最小亮度波动的考虑，黑色和白色处在排序的两个极端位置，要求从黑色和白色配对变换到最小亮度波动准则的半色调配对时，品红色和绿色配对成为必然的选择，其他主色配对均不满足最小亮度波动准则。经过一系列的变换后，半色调处理过程的每种输入颜色均可利用 CMYW、MYGC、RGMY、KRGB、RGBM 或 CMGB 之一得以再现，6 种组合中的每种四色关系显然都具备最小亮度波动特征。显然，由以上 6 种主色组合给定的四色关系使 RGB 立方体被划分成 6 个四面体，这些四面体之间彼此没有搭接，可以用图 6-40 表示。

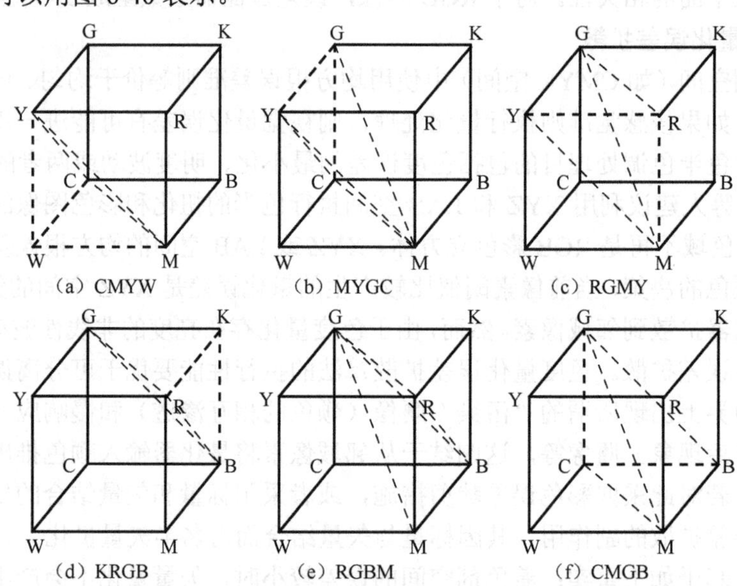

图 6-40　彩色立方体被划分成 6 个四面体

4 个顶点组成一个凸壳，每种半色调四色关系只能再现相应凸壳中的颜色，给定输入颜色的最小亮度波动四色关系显然是其所在四面体顶点的集合。这样，如果给定了某种 RGB 三色关系，就可以通过点的位置计算最小亮度波动四色关系。

下面将要讨论的彩色误差扩散算法是标准误差扩散算法的矢量修改版本。记 RGB

(i,j) 为像素位置 (i,j) 的 RGB 值，并以 $e(i,j)$ 表示像素位置 (i,j) 的累积误差，则彩色误差扩散算法可以用公式化的语言描述如下，对于图像中的每个像素 (i,j) 执行下述操作。

（1）确定以 RGB (i,j) 表示的最小亮度波动四色关系 MBVQ[RGB (i,j)]。

（2）找到属于该最小亮度波动四色关系的顶点 v，应该最靠近 RGB $(i,j)+e(i,j)$ 。

（3）计算量化误差 RGB $(i,j)+e(i,j)-v$ 。

（4）将误差分布到未来像素。

可分离误差扩散算法与彩色误差扩散算法间的唯一区别是以上描述的步骤（2），彩色误差扩散算法寻找最接近输入颜色最小亮度波动四色关系的顶点。这样，任何可分离误差扩散就可以修改到彩色误差扩散，与像素排序及误差计算或分布的方式无关，意味着允许以任何误差扩散算法为基础，如 Floyd 和 Steinberg 提出的经典误差扩散算法。

4．高质量省墨彩色误差扩散

灰度图像的误差扩散多种多样，图 6-41 所示的处理流程是其中之一，它与经典误差扩散的主要区别表现在要求搜索最大像素值位置，且带有前处理和添加少量噪声的功能。连续调灰度图像在进入流程时首先以 11×11 的数字滤波器进行锐化处理，改变滤波器的配置可改变图像的锐化程度。由于这种误差扩散处理过程建立在搜索最大像素值的基础上，因此对于像素值为常数的输入图像，第一个或最后一个像素都有可能被选择，导致最终图像的高度结构化。为了避免半色调图像内出现明显的结构赝像，可以采用对输入图像添加噪声的方法，但添加的噪声必须极其微量，使常数图像的像素值产生微小的差异。

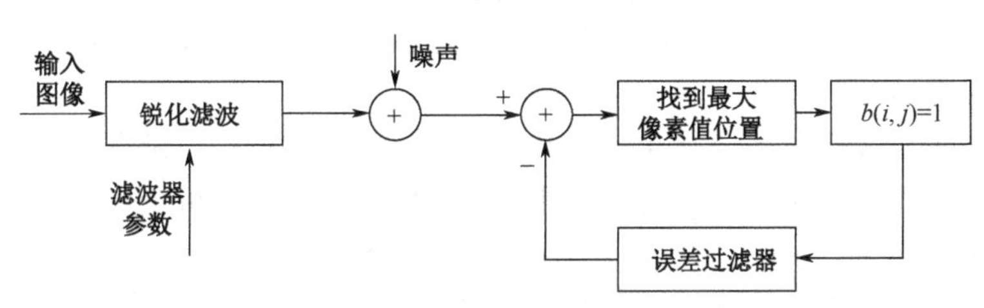

图 6-41　与相关性省墨彩色误差扩散配套的灰度图像处理流程

图 6-41 所示的方法很容易扩展到相关性彩色半色调处理。假定彩色印刷仅使用青色、品红色和黄色三种油墨，则完全有理由认为其中的一种主色油墨可以按独立于其他两种主色油墨的原则执行半色调处理。考虑到白色纸张上的黄色油墨比青色、品红色油墨更不容易看清，因而选择黄色作为独立于其他两色的半色调处理主色通道，操作结果不至于对其他两个主色通道产生明显的影响。四色印刷的处理原则类似，即首先假定一种主色独立于其他三色，对该主色通道执行独立的半色调处理。

独立地完成对黄色通道的半色调处理后，接下来的问题是如何处理青色和品红色，为此需要确定正确的策略，根据一个主色通道独立、其他主色通道相关的特点，相关性省墨误差扩散算法要求尽可能避免记录点挨着记录点的印刷方式，在整个彩色图像平面上类似地放置青色和品红色记录点。为叙述方便，分别以 c 和 m 标记青色和品红色油墨覆盖率，并从预设条件 $(c+m)\leqslant 1$ 出发开始讨论，这意味着记录点挨着记录点的印刷方式可完全避免。

如同灰度图像半色调处理那样，相关性省墨误差扩散算法需要在处理前预先计算放置到青色和品红色分色版内不同区域的记录点数，找到青色和品红色通道内的最大像素值。假定发现的最大像素值在青色通道内，则执行量化误差反馈过程，应针对青色和品红色通道展开。由于最大像素值在青色通道内发现，因而青色通道的锐化滤波器必须选择与灰度图像半色调处理准确一致。当然，确定用于品红色通道的锐化滤波器需要更多的研究。假定 $c>0.2$，则可计算出青色记录点的平均距离小于 2.23，将其圆整到最接近的整数 2；为了尽可能均匀地分布记录点，青色和品红色记录点之间的距离应该等于 1。因此，对于品红色来说使用 1×1 的滤波器就足够了。对于 $c<0.2$ 的条件可以按类似的方式处理，先计算青色记录点的平均距离，并按对半原则确定适合品红色的锐化滤波器尺寸。如果搜索结果表明最大像素值在品红色通道内找到，则可以使用同样的处理方法。当前像素的量化误差反馈过程执行结束后，算法从修改后的青色和品红色通道寻找下一个最大像素值，并在相应主色通道的对应位置放置下一个记录点，然后执行误差反馈过程。上述处理过程须重复执行下去，直到预先确定的记录点全部放置到每个主色通道对应的阶调区域中。

5. 蓝噪声蒙版三色抖动处理

彩色半色调处理技术最有可能产生分散的记录点纹理组织，因为不同着色剂记录点的交互作用有机会充分地发展。为此出现了彩色设计准则半色调处理技术，首先设置总的记录点排列方式，在此基础上执行记录点颜色改变的优化处理，但不改变记录点的总体排列方式，实现方式之一是启发式地通过交替执行的直接二值搜索算法求解。结合使用蓝噪声蒙版的彩色半色调算法将四个蒙版应用到对应的彩色平面，通过蓝噪声特性叠加成彩色图像，来自不同彩色成像平面的记录点以共同的方式互相排斥，在高光层次等级区域最大限度地分散开来。

为了降低明亮区域的高颗粒度，利用蓝噪声蒙版对 CMY 记录点进行空间分散处理的半色调算法出现了，用来代替明亮区域内的黑色记录点。分析蓝噪声蒙版算法发现，从当前灰度等级到下一灰度等级构造半色调图像时无须改变当前的像素位置。以这种限制条件为基础，若打印机的输入灰度等级为 171～255（占动态范围的 1/3），并以 CMY 记录点代替黑色记录点，记录点的数量应该是输入灰度等级记录点数量的 3 倍。

蓝噪声蒙版三色抖动算法并非只使用三色油墨，而是四色油墨基础上的半色调图像优化算法。为了获得高质量的包含蓝噪声特性的彩色半色调处理结果，首要任务在于确定避免记录像素重叠的阈值，并按下述原则处理：低于此阈值时通过蓝噪声蒙版转换成的半色调图像由 CMYK 记录点组成，而高于阈值时产生的半色调图像则使用经分散处理的 CMY 记录点。为了分散 CMY 记录点，算法使用有共同互斥特性的青色、品红色和黄色修正蓝噪声蒙版，因不包括黑色而共有三种，分别命名为青色修正组合蓝噪声蒙版、品红色修正组合蓝噪声蒙版和黄色修正组合蓝噪声蒙版。对经典蓝噪声蒙版算法而言，在当前蒙版图像基础上更新下一蒙版图像时，下一蒙版图像内的记录点被指定到非重叠的位置上。例如，对某一尺寸为 $N \times N$ 的蒙版需要 P 个记录点以降低一个灰度等级，若灰度等级为 $g-2$（254）的蒙版图像由 P 个记录点组成，则 $g-3$ 蒙版图像需要 $2P$ 个记录点，而 $g-3$ 蒙版图像应该包含 $3P$ 个记录点，其结果是可以避免蒙版图像的重叠。为了利用空间分散的 CMY 记录点来表示 $g-2$ 这一灰度等级，由青色修正组合蓝噪声蒙版产生的 $g-2$ 图像被指定给青色通道。此后，为了避免任何蒙版图像重叠，由品红色修正组合蓝

噪声蒙版产生的 g–2 蒙版图像被指定给品红色通道，而由黄色修正组合蓝噪声蒙版产生的 g–2 图像被指定给黄色通道。

当灰度等级低于阈值时，输入图像分离为 CMYK 通道，为此先确定黑色生成函数，再根据底色去除或灰成分替代原则（通常采用底色去除）得到青色、品红色和黄色。有了分色结果后，就可执行蓝噪声蒙版三色抖动处理，得到由青色、品红色、黄色、黑色记录点组成的输出半色调图像。图 6-42 以图形方式演示了分散 CMY 抖动算法的例子，其中，(a)、(b) 和 (c) 分别表示单个叠加、双重叠加和三重叠加图像，(d)、(e) 和 (f) 则表示指定给 CMY 记录点的半色调图像，以主色油墨的英文首字母标记。

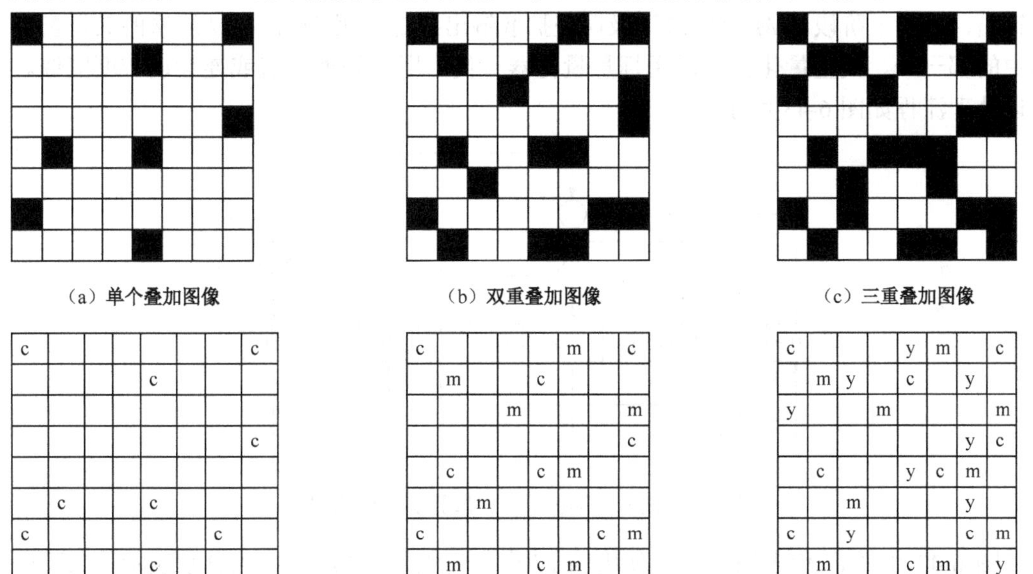

(a) 单个叠加图像　(b) 双重叠加图像　(c) 三重叠加图像

(d) 指定青色到单个图像　(e) 指定青色和品红色到双重图像　(f) 指定青色、品红色、黄色到三重图像

图 6-42　分散 CMY 抖动算法的例子

虽然图 6-42 仅用于演示，但对于青色、品红色、黄色记录点的空间分散处理原则表示得很清楚，也清楚地展示了为什么分散 CMY 抖动仅适用于明亮区域，因为对暗色调区域分散 CMY 抖动无法避免青色、品红色、黄色记录点的重叠。

6. 嵌入式彩色误差扩散

这种彩色误差扩散算法主要用于累进式的图像传输、图像数据库和图像浏览系统，但也可用于印刷。例如，在 Web 图像浏览系统中，图像以有损的方式存储，误差扩散格式已经被使用不同显示设备的用户所接受。举例来说，位分辨率为 8 的彩色显示器能接收 8 位彩色连续调图像，或者以累进方式接收图像数据；只有单色表示能力的显示屏能接收 8 位彩色图像的 1 位数据，意味着只能显示彩色图像的二值误差扩散版本；对 4 位液晶显示器来说，显示能力为 8 位彩色图像的 4 位，说明需要按半色调原理显示 4 位灰度或彩色图像来模拟连续调效果。进而，任何用户都可以将图像传送到二值单色或彩色打印机，获得高质量的硬拷贝输出。

事实上存在许多将误差扩散图像嵌入更高层次等级图像的方法。例如，以彼此独立的方式产生两幅误差扩散半色调图像，分别为 1 位误差扩散图像和 3 位误差扩散图像；上述两幅图像组合在一起后，则嵌入操作完成，产生包含 1 位误差扩散图像的 4 位层次等级误差扩散图像。通过以上特殊的半色调处理方法，结果图像就具备了嵌入半色调数据的属性。然而，这种方法无法以智能化的方式利用 16 位的全部有效彩色信息或灰度等级，结果半色调图像不如下面要描述的方法产生的图像质量好。

若以一般方式叙述，则改进后的嵌入式误差扩散算法的目标是将 M 个层次等级的误差扩散图像嵌入 N 个层次等级的误差扩散图像，这里 $M<N$。这种算法分成两个阶段：在第一阶段，先利用 M 个二进制矢量组成的量化器产生 M 个层次等级的误差扩散彩色半色调输出；进入第二阶段后，将有序排列的由 N 个二进制矢量构成的量化器分解成 M 个量化器，每个量化器包含 N/M 个输出层次等级，由此产生 N 个层次等级的误差扩散彩色输出，由第一阶段的 M 个层次等级误差扩散输出决定使用 M 个 N/M 层次的矢量量化器中的哪一个。矢量量化器可以用标量量化器替代，用于处理二值或连续调灰度图像。上述处理流程如图 6-43 所示。

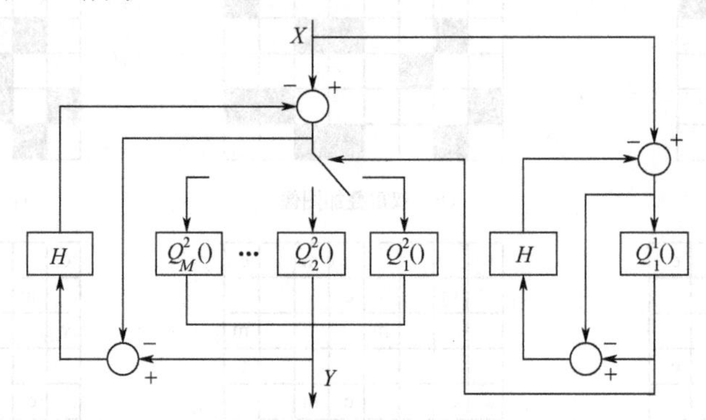

图 6-43　嵌入式彩色误差扩散算法处理流程

图 6-43 中的 Q_1^1 代表第一阶段使用的 M 个二进制量化器，Q_m^2 则分别表示第二阶段使用的 N/M 个二进制量化器 $(m=1,2,\cdots,M)$。

然而，与灰度图像的半色调处理相比，从彩色图像转换到半色调图像要复杂得多，必须注意的条件是，对于最终转换结果的黑白半色调图像（二值半色调图像）提出的质量要求在彩色图像半色调处理时都必须得到满足。彩色半色调图像由多幅黑白半色调图像组成，对应它们各自作用的彩色成像平面，为了保持黑白半色调图像复制成彩色图像时彼此间的协调和一致，必须控制这些黑白半色调图像间的交互作用。

6.3.2　莫尔纹的产生原因

对于调幅加网来说，网点是由记录像素聚集而成的。这些记录像素在一个网格内，按照一定的生长方式生长，然后聚集的记录像素形成了大量的低频分量。因此，调幅加网是一个点聚集态有序抖动的过程。由于该加网技术的网点具有固定的周期性，引入的额外颜色对应的网点图像必须旋转不同的角度，以避免莫尔纹效应。然而，分色版的增加使旋转角度受限，原因在于 0°～90° 内可选择的旋转角度数量有限，只要部分网点图像的旋转角度不够，则莫尔纹将无法避免。事实上，某些半色调算法可完全消除莫尔纹，如蓝噪声蒙版和误差扩散。在这些算法建立的半色调图像内，记录点出现的位置是随机的，因而执行彩色图像的半色调处理时无须旋转网屏角度。但随机半色调技术也存在自己的问题，例如，误差扩散算法用于彩色图像的半色调处理时容易出现相关的图像，蓝噪声蒙版存在周期性的“瓷砖”图像排列问题等，这些问题对单色连续调图像的半色调处理可不予考虑，但当存在更多彩色平面叠加时，图像复制不得不面对产生莫尔纹的问题。因此，尽力避免莫尔纹的加网技术是实现彩色图像印刷的核心。

当两个或多个具有相同频率的网屏相互重叠时会因为网屏间的遮光和透光作用而产生相当于差频的深浅变化。随着加网角度差的变化，这种深浅也发生变化，进而形成了所谓莫尔纹，如图 6-44 所示。在印刷中，莫尔纹是要极力避免的。

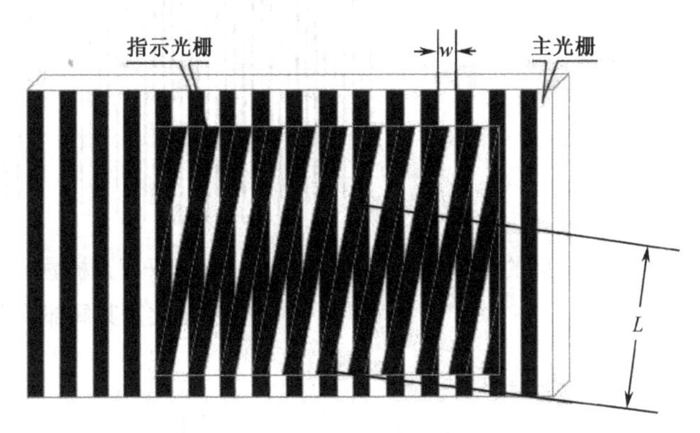

图 6-44 两个相同光栅交叉形成的莫尔纹

在印刷中，莫尔纹可以由以下多种情况引起。

（1）原图像或加网后的图像存在周期性细节，然后与周期性网屏相互作用而产生莫尔纹。例如，若原图像中含有相同周期的背景，则不同色版间的遮光和透光作用会导致产生莫尔纹。

（2）多色叠印中加网角度不同，从而形成莫尔纹。

（3）扫描类似加网后的图像时，扫描线与图像中排列规律的网点图案相互作用而产生莫尔纹。

（4）扫描设备本身造成产生莫尔纹。

而在这些情况中，引起莫尔纹的主要原因是不同分色版的网屏叠加。

6.3.3 莫尔纹产生的机制及分布规律

莫尔纹的定性分析可以通过在频域内的图示矢量法来展示，其中网屏可由向量来表示。图 6-45 显示了两个直线网屏（光栅）间的相互作用。频率向量 $\boldsymbol{f}_\mathrm{a}$ 和 $\boldsymbol{f}_\mathrm{b}$ 代表了两个直线网屏以角度 θ 相交。这两个向量的和为 $\boldsymbol{f}_\mathrm{m}$，它与两个网屏因相互作用产生的莫尔纹相关。由于周期是频率的倒数（频率向量越短，周期越长），$\boldsymbol{f}_\mathrm{m}$ 的长度定性地表示了莫尔纹的周期，它比网屏周期$1/\boldsymbol{f}_\mathrm{a}$ 和$1/\boldsymbol{f}_\mathrm{b}$ 都要长。

由图 6-45 可以得出莫尔频率（令两个网屏频率分别为 $\boldsymbol{f}_1$、$\boldsymbol{f}_2$）：

$$\begin{cases} \boldsymbol{f}_\mathrm{m} = |\boldsymbol{f}_1 - \boldsymbol{f}_2| \\ \tau_\mathrm{m} = \dfrac{1}{\boldsymbol{f}_\mathrm{m}} \end{cases} \tag{6-48}$$

从式（6-48）可以得出，网屏频率 $\boldsymbol{f}_1$ 和 $\boldsymbol{f}_2$ 之间的差异越小，莫尔频率越低，因此莫尔周期 τ_m 越大，莫尔纹现象越不明显。

两个光栅的叠加所产生的莫尔纹是最简单的形式，这种莫尔纹在两个光栅叠加的交界处形成亮带和暗带的周期性波动，因此在该情况下莫尔纹有两种特殊的形式。

（1）当两个光栅以相同的角度叠加但在频率（或周期）上有细微的不同时，莫尔纹与原始光栅平行，如图 6-46 所示。

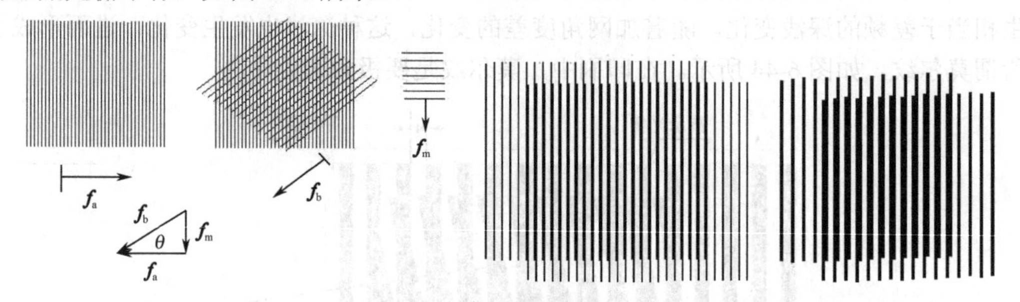

图 6-45　两个直线网屏间的相互作用

图 6-46　两个平行光栅叠加时产生的莫尔纹及其局部放大图

利用频率和周期的倒数关系得到

$$f_m = \left|\frac{1}{\tau_1} - \frac{1}{\tau_2}\right| = \frac{|\tau_1 - \tau_2|}{\tau_1 \tau_2} \tag{6-49}$$

$$\tau_m = \frac{1}{f_m} = \frac{\tau_1 \tau_2}{|\tau_1 - \tau_2|} \tag{6-50}$$

式中：τ_1、τ_2为两个光栅的周期。式（6-49）和式（6-50）只在τ_1、τ_2相对差异很小的情况下才适用。

当两个光栅有相同的周期或其中一个周期为另一个周期的整数倍时，莫尔纹就会完全消失（更准确地说，它的周期变为“无穷大”），如图 6-47（a）所示。但该状态是一个不稳定的无莫尔纹状态，在任何光栅中任何频率或角度的不准确都可能会使莫尔周期回到它的可见范围内并引起莫尔纹的重现，如图 6-47（b）所示。

（2）当两个光栅以相同的周期、不同的角度重叠形成夹角θ时，莫尔带就会出现在θ的角平分线处，如图 6-48 所示。

莫尔周期τ_m可由网屏周期与网角函数导出。在图 6-48 中，RQ 的距离为网屏周期τ，则

$$QQ' = \frac{\tau}{\cos(\theta/2)} \tag{6-51}$$

$$\tau_m = OP = \frac{PQ}{\tan(\theta/2)} = \frac{QQ'}{2\tan(\theta/2)} \tag{6-52}$$

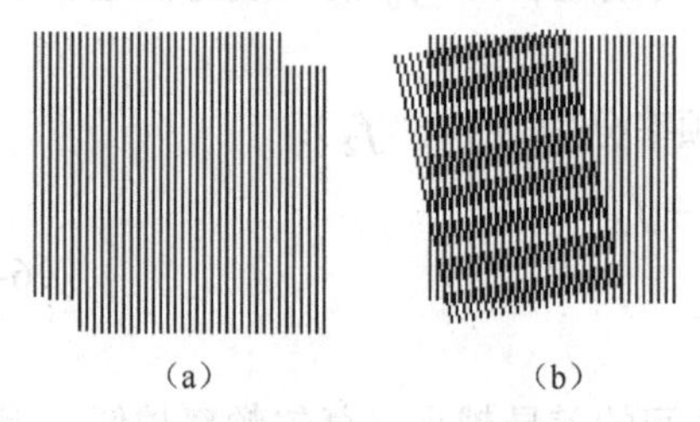

图 6-47　相同周期的光栅形成的无莫尔纹状态及由角度变化引起的莫尔纹

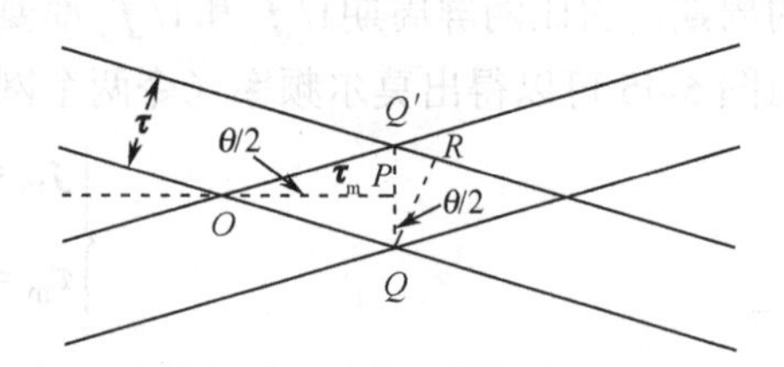

图 6-48　周期相同的光栅形成的莫尔带

将式（6-51）中的 QQ'代入式（6-52），可得到

$$\tau_{\mathrm{m}}=\frac{\tau\cot(\theta/2)}{2\cos(\theta/2)}=\frac{\tau}{2\sin(\theta/2)} \tag{6-53}$$

式（6-53）表明 τ_{m} 是与 $\sin(\theta/2)$成反比的函数；当 θ 减小到 0° 时 τ_{m} 增大到无穷大，如图 6-49 所示。θ 越小，莫尔纹越明显，直到 $\theta=0°$ 时达到一个无莫尔纹状态。当 $\theta=0°$ 时，两个网屏间是准确对齐的，这时 $\tau_{\mathrm{m}}=\infty$ 且莫尔纹足够大，以至于其不能被察觉。这个表现关于在 90° 角的垂直线对称，意味着当角度达到 180° 时，τ_{m} 又会是无穷大。因此，可以得到

$$\tau_{\mathrm{m}}=\frac{\tau}{2\sin[(180°-\theta)/2]} \tag{6-54}$$

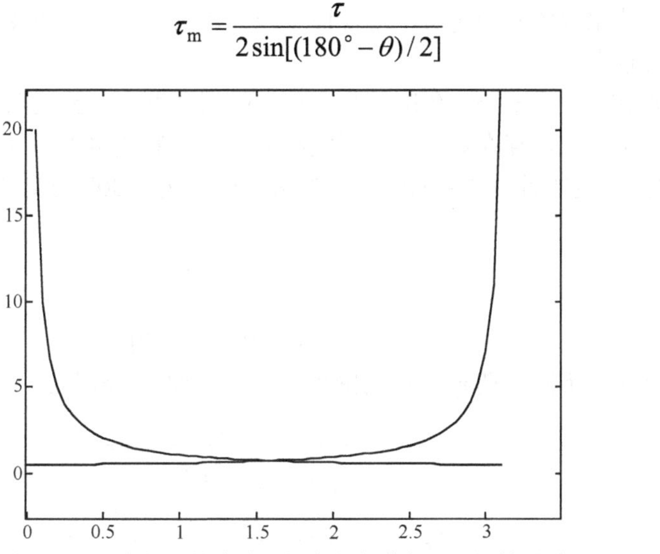

图 6-49　两个相同的直线光栅夹角与莫尔纹之间的关系

（横坐标为夹角值，纵坐标为莫尔纹的距离）

图 6-50　一个稳定的无莫尔纹状态

当两个网屏平行时（$\theta=0°$）莫尔纹就会消失，但这是一个极不稳定的无莫尔纹状态，一个微小的不重合位移会引起莫尔纹的重现。由于莫尔纹强度随着 θ 的增大而减小，当 θ 接近 45° 时，它就几乎不可见了。当 $\theta\geqslant60°$ 时，$\tau_{\mathrm{m}}\leqslant\tau$，这就表明了莫尔纹缩小到小于网屏周期。这个结果使得灯对图像不再感受到莫尔纹的存在。当 $\theta=90°$ 时，两个光栅之间的夹角被平分，达到了一个最低稳定状态，在这个状态下莫尔纹完全消失了，如图 6-50 所示。注意，莫尔周期与 τ 成正比，而与 $\sin(\theta/2)$成反比。在一个小角度时，比例系数 $1/[\sin(\theta/2)]$就会变得十分大。这使得 τ_{m} 对 τ 中的小偏差十分敏感。在 τ 中的任何误差都会引起莫尔带中的偏差。

在通常情况下，两个光栅会在频率和角度上有细微的差别，而此时莫尔周期为

$$\tau_{\mathrm{m}}=\frac{\tau_1\tau_2}{\sqrt{\tau_1^2+\tau_2^2-2\tau_1\tau_2\cos\theta}} \tag{6-55}$$

$$\tau_{\mathrm{m}}=\frac{\tau_1\tau_2}{\sqrt{\tau_1^2+\tau_2^2-2\tau_1\tau_2\cos(180°-\theta)}} \tag{6-56}$$

当$\tau_1=\tau_2$时，式（6-55）、式（6-56）就可简化为式（6-53）、式（6-54）。当$\theta=0°$时，式（6-55）简化为式（6-50）。这表明式（6-55）、式（6-56）确实是基本表达式。注意到，若$\theta\neq0°$，即使$\tau_1=\tau_2$，也不会有无莫尔纹状态。

双色网点叠印莫尔纹的数学模型表明，莫尔纹的产生和变化规律与各色网点的加网线数及网线之间的夹角有关。计算机仿真实验证明，在加网线数相同的条件下，各色网点的加网角度差越大，则莫尔纹的频率越大、间距越小、可视程度越小；各通道的加网角度越接近，莫尔纹的间距越大、可视程度越大，且莫尔纹对图像的色彩与层次的干扰和破坏作用就越大。

在四色印刷中，由于每一色版都具有正交的两个方向，因此在平行线光栅所确定的莫尔纹的垂直位置上，存在着另一组形状和大小相同的莫尔纹。可以利用这种四重对称性，即 90° 与 0° 旋转后的结果相同，得到两个相互交叉 90° 的交叉带，由此得到

$$\tau_{\mathrm{m}}=\frac{\tau}{2\sin(\theta/2)} \tag{6-57}$$

$$\tau_{\mathrm{m}}=\frac{\tau}{2\sin[(90°-\theta)/2]} \tag{6-58}$$

对于具有两个不同周期τ_1和τ_2的网屏，莫尔周期τ_{m}分别为

$$\tau_{\mathrm{m}}=\frac{\tau_1\tau_2}{\sqrt{\tau_1^2+\tau_2^2-2\tau_1\tau_2\cos\theta}} \tag{6-59}$$

$$\tau_{\mathrm{m}}=\frac{\tau_1\tau_2}{\sqrt{\tau_1^2+\tau_2^2-2\tau_1\tau_2\cos(90°-\theta)}} \tag{6-60}$$

当$\tau_1=\tau_2$时，式（6-60）和式（6-59）变为式（6-58）和式（6-57）。由图 6-51 可得，当两个网屏的夹角为 0° ～45° 时，所产生的莫尔纹最明显（“主莫尔纹”），而在其余角度

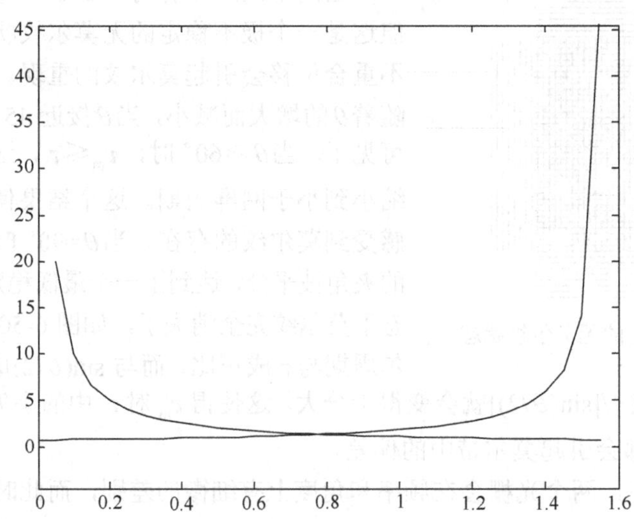

图 6-51　两个相同的交叉直线光栅夹角与莫尔纹之间的关系

（横坐标为夹角值，纵坐标为莫尔纹的距离）

下莫尔纹（“次莫尔纹”）较小且不易察觉；随着角度的增大，由θ产生的莫尔纹逐渐不明显，而余角的莫尔纹逐渐占主导地位。

在实践中人们还发现，当加网线数相同的两个色版叠加时，若在 0° ～90° 转动一个色版，则不仅会看到上述莫尔纹，而且在 33° ～45° 和 50° ～75° 存在另一种莫尔纹，但由于其对人眼的刺激性较弱，故称“亚莫尔纹”，它是在“主莫尔纹”和“次莫尔纹”的相互作用下产生的。

在四色加网印刷中，莫尔纹的形成要比两个光栅叠加所形成的莫尔纹复杂得多。将加网线数相同的四个色版的加网角度分别设置为品红色 15° 、青色 75° （−15° ）、黄色 0° 、黑色 45° 。若品红色版的空间频率分布为$F_1(u,v)$，青色版的空间频率分布为$F_2(u,v)$，则根据卷积定理，这两个色版相互叠加所产生的空间频率$F_3(u,v)$为

$$F_3(u,v) = F_1(u,v) \otimes F_2(u,v) \tag{6-61}$$

式中：u、v 分别为各色版网点图案在水平方向和竖直方向的空间频率分量。

将已经完成的 15° 品红色版和−15° 青色版叠加后，再继续叠加 45° 色版，其原点附近的空间频率成分如图 6-52 所示。

若上述角度足够精确，则在原点附近的空间频率成分正好与原点重合；若上述角度不够精确，则在距离原点极近的周围区域会出现空间频率成分，进而产生粗大网纹状的莫尔纹。

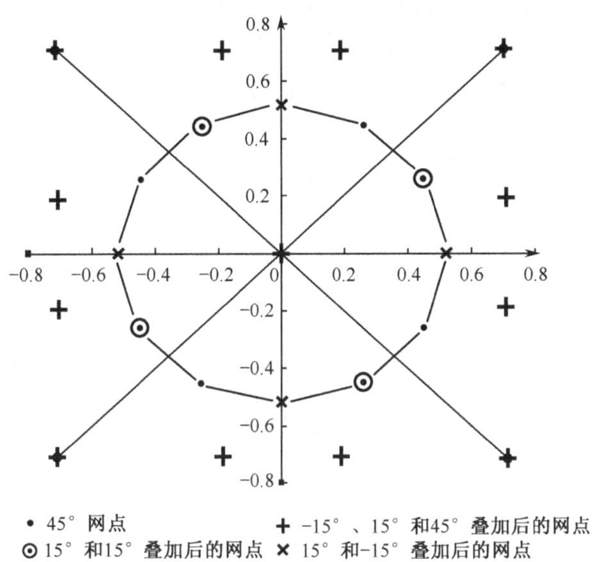

图 6-52 频率相同的 45° 、15° 和−15° 网屏重叠时产生的空间频率成分（典型的莫尔纹）

6.3.4 莫尔纹的消除

当具有周期性的图案相互叠加时一定会出现莫尔纹，因此取莫尔周期的最小值或使莫尔周期超过纸张宽度就能防止莫尔纹的产生。

在 RIP 输出时，合理地安排各色版的加网角度。深色版或主色版宜采用 45° ，其他色版优先选用 15° 和 75° 。为了降低四色印刷中 15° 角度差形成的莫尔纹对印刷图像的影响，优先将黄色版设为 90° ，并且作为最后的色序进行印刷，以降低整个版面的莫尔

纹强度。在七色高保真印刷中，宜采用 C/R–75°、M/G–15°、Y/G–90°、K–45° 的方案。对于半色调原图像，必须进行消网处理，通过改变光孔，降低解像力，或者对虚焦距使原图像上的网点模糊发虚，或者利用高斯模糊滤波器进行反复消网，这些措施都可以有效地抑制扫描引起的莫尔纹。高斯模糊滤波器对图像的品质有损害作用，半径不可超出 0.7～1.2 像素。消网处理前后的效果对比如图 6-53 所示。

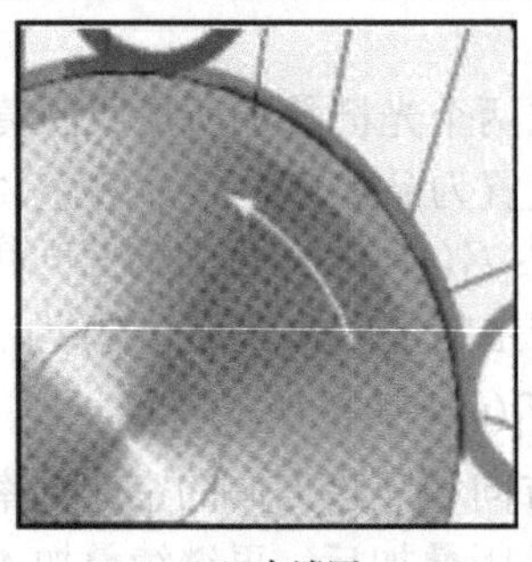
（a）未消网

（b）消网

图 6-53　消网处理前后的效果对比

6.1 节中已经介绍过，早期的有理正切加网技术只能形成 18.4°，但随着计算机运算速度的提高，出现的超细胞加网结构就能够精确地逼近 15°。并且，现在该技术已经应用得十分普遍了，因此可利用现代超细胞加网结构将莫尔纹控制在最小范围内。

当用扫描输入设备将已经加网的图像扫描到图像处理系统中时，通常也会出现莫尔纹。为了减少莫尔纹的产生可以采用以下两种措施。

（1）利用高分辨率进行扫描，以减小网点在扫描时产生的变形。

（2）利用使莫尔纹的空间频率成为最大值的扫描分辨率，而最大扫描分辨率与加网线数和加网角度有关，呈离散状态。

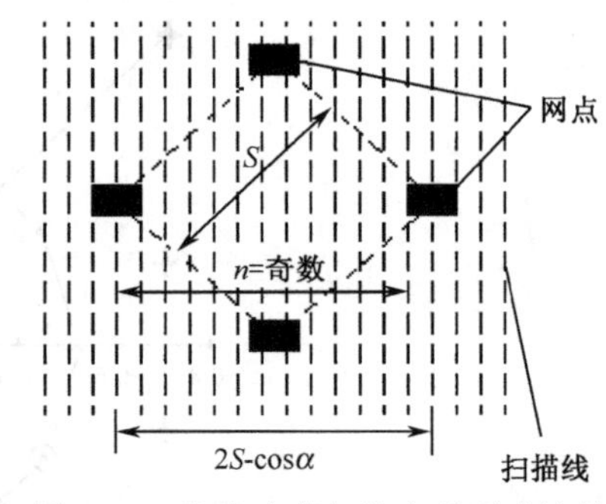

图 6-54　为防止莫尔纹出现所建议的扫描线与网点的相互关系

对带网图像进行扫描时，如图 6-54 所示，应该将扫描分辨率设置成使对角相邻的两网点间的扫描线数（n）为奇数。

由此可得，所设置的扫描分辨率应为

$$\mathrm{dpi}=\frac{n\times \mathrm{lpi}}{2\cos\alpha} \tag{6-62}$$

式中：dpi 为建议采用的扫描分辨率；n 为扫描时在两个对角网点间的扫描线数；lpi 为印刷品的加网线数；α为印刷品的加网角度。

例如，在报纸印刷中，通常采用 65 lpi 的加网线数，若使用 45° 的加网角度，且 n=9，则可得扫描分辨率 dpi=(65×9)/1.414=413.7 ≈ 414。在复制具有纺织花纹或细线图案等特殊精细条纹的原图像时，采用 375 lpi 以上的高加网线数，或者采用调频加网、混合加网等技术，都可以较好地解决原图像条纹引起的莫尔纹问题。调频加网采用随机分布的网点来模拟图像的阶调层次，无固定的网线角度，从而消灭了莫尔纹。混合加网技术会自动根据画面的颜色和层次的变化，适时地选用调幅加网或调频加网，从而抑制了莫尔纹的形成，如图 6-55 所示。

（a）传统加网

（b）混合加网

图 6-55　传统加网技术与混合加网技术的效果对比

利用商业彩色打印机打印彩色图像时，为防止莫尔纹的产生，可以使用如下方式。

（1）按照模拟信号来记录色彩密度，如彩色热升华打印机。

（2）首先按照数字信号将色彩密度转换成网点，再进行记录。

由于在利用彩色打印机进行图像输出时，输出的网点与印刷的加网不完全相同，因此输出图像时就可利用打印机良好的位置记录精度将各色版的角度固定，并按照与网点记录位置成反相位的条件来叠加各色版，这样各色版的叠加就失去了随机性，色彩就更容易校正，因而莫尔纹就得以避免或受到控制。

6.3.5　莫尔纹防伪

虽然在印刷过程中要尽量避免莫尔纹的产生，但是同样可以利用这种在印刷上需要杜绝的现象来进行防伪工作。在常规印刷条件和工艺过程中，通过应用制版技术中产生的莫尔纹来达到难以仿制的效果。这一途径的优点在于：就生产成本而言，由于采用常规的印刷方式，无论是纸张、油墨，还是印刷机械等印刷要素都可采用印刷机构现有的常规型号和设备，因此省去了引进特殊设备或增加特殊工序的资金投入、技术维护和人力资源成本，比较经济实用。从有效性而言，通过对莫尔纹的参数设置来产生莫尔纹的不同变化，工艺简单，但是其规律性较难掌握，低端的仿制，如通过扫描、彩色复印等手段，其效果难以乱真，因此比较可靠有效。从应用性而言，采用莫尔纹防伪，可印制成商品防伪标识或直接用于产品说明等商品附件，美观而显见，并且可以与其他防伪技术组合使用，用途广泛。与其他印刷方式相比，这些优点就凸显出其性价比的优越性了。

目前，以莫尔纹技术和莫尔纹的变体为基础的印刷防伪技术主要有以下几种类型。

（1）利用常规印刷工艺的新建专色版，通过调节专色版相关参数人工合成莫尔纹进行防伪设计。

（2）利用相位潜像调制法将图文信息隐藏在预复制的彩色图像中实现防伪。

（3）莫尔纹结合微结构艺术加网在半色调或黑白图像上应用，以产生强烈的难以仿制的视觉防伪效果。

其中，运用专色来实现莫尔纹防伪的方法较为常用。在包装印刷中，经常需要把某种企业指定的颜色印制成专色。这就要求在设计制作过程中，将这一颜色特征的区域以专色通道的形式加以表现。在后期的分色加网中，专色通道被处理成 CMYK 后的第五张胶片。在印制了 CMYK 后，印上调配好的专色油墨。在特殊要求的产品包装印刷中，专色甚至有好几种，如再印制专金、专银等。

莫尔纹的应用与此工艺类似。可以将图像的背景在专色通道加以处理。在加网时，设置不同于四色的网点参数，使这一角度可以和四色中的某个色版形成莫尔纹，得到第五张胶片。而这张胶片上的网目角度数值的设置是特殊而微妙的，或者说，只有设置者本人才知道确切数值。这张胶片与四色胶片中的某个色版之间形成的莫尔纹会因为微小的数值变化而呈现明显的差异，那么可以通过设置这些特殊而微妙的数值来给不法分子设置障碍，让他们的伪造企图难以得逞。这就是莫尔纹版的制作思路。

莫尔纹的可靠性在于决定莫尔纹变化的变量。在实际印刷中，莫尔纹是指半色调彩色印刷品上由于具有周期性的网点并列或重叠而产生的一种不规则纹理图案。因此，影响莫尔纹的纹理样式的主要因素包括加网角度、加网线数、网点形状、防伪母版、专色版的数量等。在实际工艺中，通常采用以下方法来实现莫尔纹防伪。

（1）改变专色版的加网角度。专色版的加网角度与防伪母版的夹角越小，莫尔纹越明显。因此，可以选择不同的加网角度与防伪母版进行叠印，如选择品红色版作为母版。在 Photoshop CS4 中，选择半色调网屏模拟加网并分离通道得到各单色版，新建专色版与品红色版各自以一定加网角度叠印（正版叠底），可以观察到干涉产生的莫尔纹，它可用于产品的外观包装防伪设计。

（2）改变专色版的加网线数。专色版加网线数的微小改变会使莫尔纹间距发生不确定性的巨大变化，可以选择合适的加网线数以得到理想的莫尔纹。

（3）改变专色版的网点形状。莫尔纹是由具有周期性的网点并列或重叠而干涉产生的，不同形状的网点干涉可以产生不同的纹理样式。专色版可以选择与防伪母版不同的网点形状，以产生需要的莫尔纹。不同的网点形状叠印可以产生丰富的莫尔纹。在相同的加网线数和加网角度条件下，不同的网点形状相互干涉会产生不同的莫尔纹。

（4）选择不同的防伪母版。专色版与不同的防伪母版干涉所产生的莫尔纹差异很大。可选择不同的单色版进行模拟并观察莫尔纹。

（5）选择多个专色版。多个专色版与不同的防伪母版干涉可以产生不可预测的莫尔纹。实验所需设备主要有数码打样机、Photoshop 专业版及计算机、CTP 直接制版机及海德堡多色印刷机。基于常规印刷的莫尔纹印刷防伪技术具有较高的可靠性、较强的独占性及简便的工艺等特点。由人工合成的莫尔纹是由相关制版参数控制的，其变化周期十分复杂，是一个多元方程，仿造者很难精确掌握。

另外，仿造者通过扫描或复印等方式也很难做到以假乱真。这是因为，莫尔纹由网点组成，必然是极为细小的，而复制和扫描都将导致网点扩大和糊化。例如，在扫描稿的基础上再度加网，得到的印刷品与原件之间必然会产生明显的差异，也就难以达到仿造的目的。同时，为了增强其可靠性，还可以将莫尔纹与其他防伪方式相结合，例如，在背景上采用其他随机图案来增加复杂度，采用防伪油墨来印刷莫尔纹版，采用特殊纸张（如水印纸）作为承印基础等。

在制作工艺上，莫尔纹防伪采用的是常规印刷的方式。其流程从对原图像的处理制作、拼版分色输出到打样印刷，与常规印刷无异。莫尔纹版的制作仅需要参照专色工艺，用一套可以进行精确加网的 RIP 输出系统，以及在四色基础上额外出胶片，就可以进行多色印刷。因此，相比其他防伪方式，这种方式显得十分方便、简捷，无须投入过多人力和技术。

第 7 章

半色调信息隐藏

随着数字加网技术和计算机信息处理技术的快速发展，针对印刷图像输出均为半色调图像这一特点，由于半色调图像的特殊性，半色调图像信息隐藏技术常与半色调方法（加网方法）相结合。作为一种全新的印刷防伪手段，半色调图像信息隐藏技术受到越来越多的关注，属于信息隐藏技术的一个重要分支。该技术是一种利用不同的网点属性实现图像信息隐藏，达到传递机密信息、实现有效防伪目标的技术。在满足印刷图像灰度和颜色再现条件下，利用半色调网点的大小和空间伪随机分布的空域特性、半色调网点图像的变换域（频谱）特性、光谱特性，或者多通道彩色半色调网点图像的同色异谱的色域特性实现信息隐藏，解决信息的视觉不见性，进而达到防伪、防复制和防假冒侵权的目的。本技术自 20 世纪 90 年代兴起，历久弥新，不断发展壮大，已经成为印刷防伪领域的主流技术。

本章主要介绍利用半色调网点特性实现信息隐藏和印刷防伪的主要方法、基础理论和相关算法；同时，为了更好地理解半色调信息隐藏算法，将介绍半色调信息隐藏算法的评价指标。

7.1 基于调幅网点形状的信息隐藏

在传统调幅加网中，所用的加网形式就是运用不同的网点大小来进行图像的二值化，经过半色调处理后的图像，其网点只表现了原连续调图像的灰度值，而其本身不携带任何信息。网点作为印刷最小结构单元，其形状的改变在一定范围内是不能被人眼所察觉的。对于不同的图像类型或同一幅图像中不同的阶调可使用不同形状的网点。由此可得，若要对图像进行信息隐藏，就可以利用调幅加网中不同形状的网点达到该效果，图 7-1 所示为调制前后的网点图。在原连续调图像半色调加网过程中，将待隐藏的信息二值处理生成调制信号，根据调制信号实现原稿不同网点形态加网，需要隐藏的图文信息采取一种网点形态加网，原图文信息则采用另一种网点形状加网，然后就可按照普通调幅加网的方式进行半色调加网处理，利用不同网点形态添加防伪信息。信息隐藏的具体流程如图 7-2 所示。

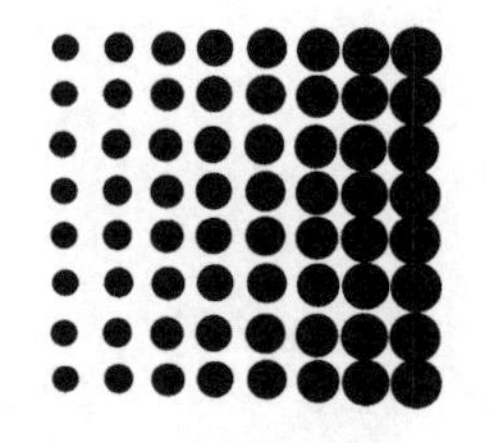

（a）调制前的网点图（未加载信息）

（b）调制后的网点图（已加载信息）

图 7-1　调制前后的网点图

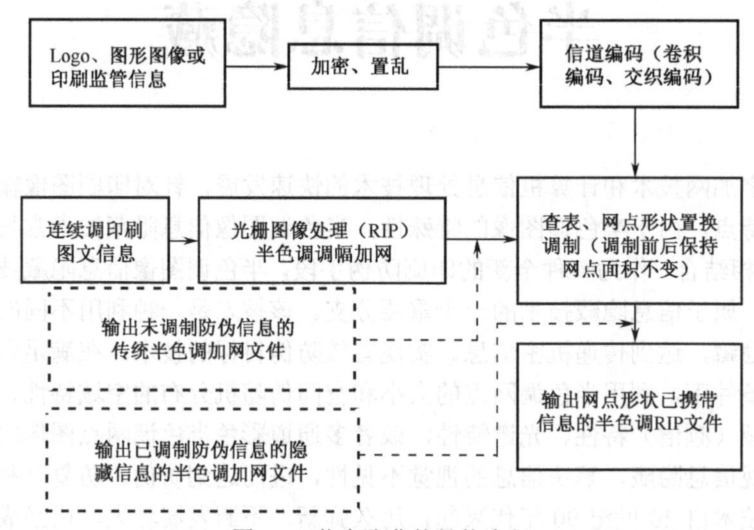

图 7-2　信息隐藏的具体流程

将不同的网点形状运用于信息隐藏可获得令人满意的效果。例如，要将一幅 Logo 图像（见图 7-3）隐藏到另一幅连续调图像中，如图 7-4 所示，那么在调制时就可利用不同的网点形状进行加网处理。在该例子中，对 Logo 图像加网时用圆形网点，而将隐藏该 Logo 的图像用方形网点，加网结果如图 7-5 所示，并且从这幅加网图中可以看出，在图像中央有个与图 7-3 相同的 Logo 图像。这就说明通过运用不同的网点形状可使网点携带信息，达到隐藏信息的目的。

图 7-3　需要隐藏的 Logo 图像

图 7-4　原连续调图像

图 7-5　加网结果

为了达到更好的效果，使隐藏的图文信息人眼不可感知，还可以对 Logo 信息进行加密，而加密可以有多种方式。

传统的加密方式是对图像进行迭代加密，通过迭代次数对图像进行置乱，在解密时可以用相同的迭代方法和迭代次数进行图像提取。图 7-6 所示为图 7-3 迭代 30 次后的置乱图像。但从该置乱图像中可以看出，虽然迭代后的图像已没有了原图的形状，但还是具有一定规则的纹路，这就使在图像嵌入后会引发龟纹。为了避免龟纹的产生，可以利用一种伪随机的方式对图像进行置乱，使人眼不能感知出纹理规律。一种伪随机置乱的效果如图 7-7 所示。

图 7-6　图 7-3 迭代 30 次后的置乱图像

图 7-7　一种伪随机置乱的效果

利用 MATLAB 仿真的主要程序如下。

先将图 7-3 所示的二值图像读入（imread('apple.bmp')），作为防伪信息 message（256×256）。

防伪信息的嵌入如下。

（1）根据防伪信息对图 7-4 所示 Lena 图信息 Image（256×256）进行调制加网。

```
function tiaofu=halftone(ssss)
model1=[64 53 42 26 27 43 54 61
          60 41 25 14 15 28 44 55
         52 40 13 5 6 16 29 45
         39 24 12 1 2 7 17 30
         38 23 11 4 3 8 18 31
         51 37 22 10 9 19 32 46
         59 50 36 21 20 33 47 56
         63 58 49 53 34 48 57 62];    %圆形网点阈值矩阵

ssss=64*(1-ssss/255);                                    %将 256 级图像转换为 64 级图像
for m=1∶8
      for n=1∶8
%加网灰度值与矩阵中的每一个值比较，如果原始图像灰度值大于模板灰度值就曝光，即有着墨点；否则不曝光
                 if ssss>model1(m,n)
                 tiaofu(m,n)=0;
                  else
                      tiaofu(m,n)=255;
                end
        end
     end
end
```

（2）信息的调制加网算法。

```
if message(i,j)==1
bw(i,j)={halftone(Image)};                    %若防伪信息为 1，则进行圆形加网
else if message(i,j)==0
bw(i,j)={halftonesquare(Image)};              %若防伪信息为 0，则进行方形加网
```

将防伪信息进行普通迭代加密处理的程序代码如下。

```
for k=1:30                  %迭代次数为 30 次
 for x=1:leth
   for y=1:wide1
        x1=x+y ;
        y1=x+2*y ;
        if x1>leth1
             x1=mod(x1,leth1) ;
       end;
         if y1>wide1
          y1=mod(y1,wide1) ;
         end;
         if x1==0
          x1=leth1 ;
         end ;
         if y1==0
          y1=wide1;
         end ;
          w1(x1,y1) =message(x,y);
      end ;
 end ;
message =w1 ;
end ;
```

将防伪信息进行伪随机混沌加密处理的程序代码如下。

```
x(1)=0.4;
for i=1:m*n-1
    x(i+1)=3.7*x(i)*(1-x(i));
end
[y,num]=sort(x);              %将产生的混沌序列进行排序
                              %B=sort(A)，对一维或二维数组进行升序排序，并返回排序
                              %当 A 为二维时，对数组每一列进行排序
S=uint8(zeros(m,n));          %产生一个与原图大小相同的 0 矩阵
        for i=1:m
            for j=1:n
                 if w1(i,j)==1
                       S(i,j)=255;
        end
            end
```

```
            end
            Scambled=uint8(zeros(m,n));
    for i=1:m*n
        Scambled(i)=S(num(i));
    end
```

将置乱后的图像嵌入连续调图像进行加网处理，不同的置乱方式就得到了不同的效果图。从图 7-8 和图 7-9 中可以看出，普通迭代置乱后的图像在嵌入连续调图像后会有可见的龟纹，降低了图像质量，而经过伪随机处理后的置乱图像在嵌入后获得了良好的效果。

图 7-8 普通迭代置乱后的嵌入图

图 7-9 伪随机置乱后的嵌入图

由于在实际印刷中，人眼在正常视距范围内是无法分辨网点形状的，因此就无法解析防伪信息，可以对加网后的半色调图像进行解调，提取防伪信息。信息提取实际上是信息隐藏的逆过程，采用模板匹配的方法，将某种形状的网点按灰度级 0～255 进行加网，所生成的网点模板就具有各个灰度级特性的网点形状。在进行信息提取时，对加网后的图像进行解置乱，使用防伪信息在加网时所用的网点形状的模板，与解置乱后的图像的每个网点一一比较，再存储匹配的网点，经过滤波就完成了防伪信息的提取，具体的提取步骤如下。

（1）创建网点模板。选择一定范围内的灰度级，本例选择网点的灰度级为 58～228。若网点的灰度级范围太小，则提取的误码率太高；若其太大，则计算量太大。

模板匹配的网点如图 7-10 所示。

图 7-10 模板匹配的网点

将其中的部分网点放大，如图 7-11 所示。

图 7-11 局部放大图

（2）模板匹配。将加网后的图像与模板中的每个网点进行匹配，若与其中的任何一个网点相同，则将信息标记为 1，否则为 0。对提取后的信息进行保存、显示。

相应的 MATLAB 信息的解调函数代码如下。

```
function newmsg=decodebed(a)
 moban=imread('58-228.png');                                  %网点匹配模板
moban1=mat2cell(moban,ones(8/8,1)*8,ones(1368/8,1)*8);        %将所有网点分离
for i=1:161
```

```
            c=isequal(a,moban1{i});                    %网点与模板中每个网点进行比较，网点匹配
            if(c==1)
                g=1;
                  break;
            end
            g=0;
        end
    newmsg=g;
```

要对置乱后嵌入的图像信息进行提取，首先要经过解置乱处理，而解置乱就是置乱加密的逆过程，具体的迭代解置乱 MATLAB 代码与加密代码相类似，对于 256×256 的图置换 192 次回到原图，则先置换 30 次，解置乱时再继续置换 162 次回到原图。

进行防伪信息提取后的图像如图 7-12 和图 7-13 所示。其中，图 7-12 为没有进行置乱嵌入的提取图像，图 7-13 为经过置乱后提取的图像。将图 7-13 解置乱后就得到了图 7-14。从图 7-14 中就能得到置乱前的信息，提取后的还原度更高，并且通过适当的滤波方式就能得到令人满意的效果。

图 7-12　没有进行置乱嵌入的提取图像

图 7-13　经过置乱后提取的图像

图 7-14　解置乱后的图像

利用网点形状的改变，将防伪信息调制到半色调图像中，进而实现信息隐藏及防伪的目的。这种方式直接通过网点自身的形态属性实现信息隐藏，极大地降低了印刷成本，是一种操作简单、易实现、安全性高的防伪方法。

7.2　基于调频网点伪随机空间位置的信息隐藏

利用类似于调频加网的方式进行信息隐藏也能获得良好的效果。由于调频加网的网点大小是固定的，并且它通过控制网点的密集程度来表现阶调，因此它相对于调幅加网能更好地避免干涉条纹的产生。与基于调幅加网的信息隐藏方式不同，利用网点的不同位置进行加网，对待嵌入的图像信息采用某种特定的网点排列方式来进行加网调制，而其他网点则采用另一种排列方式进行加网，如图 7-15 和图 7-16 所示。

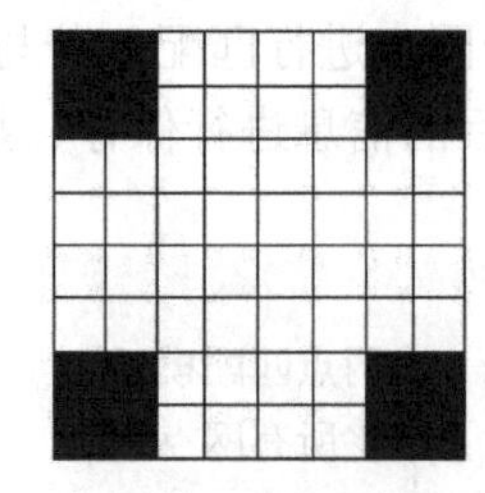

图 7-15　带嵌入图像的网点排列方式

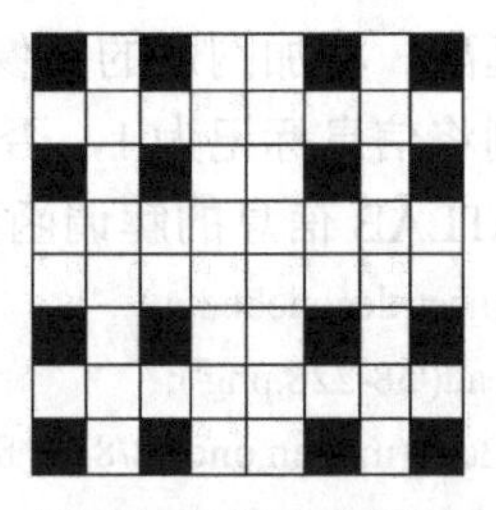

图 7-16　相同灰度值的其他网点排列方式

7.2.1　随机数和伪随机数

由调频加网可知，调频网点的分布是随机的。要了解随机数的性质，首先要知道矩形分布。矩形分布也称均匀分布，其中最基本的矩形分布是单位矩形分布，其分布密度函数为

$$f(x)=\begin{cases}1, & 0\leqslant x\leqslant 1\\ 0, & \text{其他}\end{cases} \tag{7-1}$$

从具有单位矩形分布的总体中抽取的简单子样 $X_1,X_2,\cdots,X_n$，简称随机数序列，其中的每一个个体称为随机数。

随机数具有一个非常重要的性质：对于任意自然数 S，由 S 个随机数所组成的 S 维空间上的点（$\xi_{n+1},\xi_{n+2},\cdots,\xi_{n+S}$）在 S 维空间的单位立体 G_s 上均匀分布，即对任意的 a_i 有

$$0\leqslant a_i\leqslant 1,\ i=1,2,\cdots,S$$

下列等式成立：

$$P(\xi_{n+i}\leqslant a_i,i=1,2,\cdots,S)=\prod_{i=1}^{S}a_1 \tag{7-2}$$

式中：P 为概率。反之，如果随机变数序列 $\xi_1,\xi_2,\xi_3,\cdots$ 对于任意自然数 S，由 S 个元素所组成的 S 维空间上的点（$\xi_{n+1},\xi_{n+2},\cdots,\xi_{n+S}$）在 S 维空间的单位立体 G_s 上均匀分布，则随机变数序列 $\xi_1,\xi_2,\xi_3,\cdots$ 是随机数序列。

由于用物理方法产生的随机数序列无法重复实现，无法进行程序复算，给验证带来了困难，而且需要为购置随机数序列发生器和电路连接等附加设备支付昂贵的费用。因此，在实际应用中选择用数学方法产生随机数，一般用下面的递推公式：

$$\xi_{n+k}=T(\xi_n,\xi_{n+1},\cdots,\xi_{n+k-1}) \tag{7-3}$$

对于给定的初始值 $\xi_1,\xi_2,\cdots,\xi_k$，确定 ξ_{n+k}，$n=1,2,\cdots$。

经常遇到的是 $k=1$ 的情况，此时递推公式为

$$\xi_{n+1}=T(\xi_n) \tag{7-4}$$

对于给定的初始值 ξ_1，确定 ξ_{n+k}，$n=1,2,\cdots$。

用数学方法产生随机数有两个特点。

（1）递推公式和初始值 $\xi_1,\xi_2,\cdots,\xi_k$ 确定后，整个随机数序列就被唯一确定下来了。或者说，随机数序列中除前 k 个随机数是选定的以外，任意一个随机数 ξ_{n+k} 被前面的随机数唯一确定了，不满足随机数相互独立的要求。

（2）既然随机数序列是用递推公式确定的，计算机所表示的数又是有限多的，因此，递推无限继续下去时，随机数序列就不可能不出现重复。一旦出现这样的 n' 和 n''，$n'<n''$，使下面的等式成立：

$$\xi_{n'}+i=\xi_{n''}+i,\ i=1,2,\cdots,k \tag{7-5}$$

随机数序列就出现了周期性的循环现象，这与随机数的要求是矛盾的。

正是由于这两个特点，常把用数学递推方法产生的随机数称为伪随机数。关于伪随机数的第一个特点，无法从本质上改变，但只要递推公式选取得比较好，随机数的相互独立性就可以近似地满足。对于第二个特点，由于加网时所需要的随机数个数（范围）

是有限的，只要个数不超过伪随机数序列出现循环现象的长度就能满足要求。

7.2.2 基于网点位置的信息隐藏算法

调频网点是由记录点按照原连续调图像相应的灰度级随机排列得到的，并且不同的伪随机算法能够得到不同的排列方式。相较于传统调幅加网的优势是不会产生龟纹，调频网点的随机分布的特性打破了网点分布的规律，使最终的加网图像能够获得良好的视觉外观。利用传统调频加网的方法，再结合类似基于调幅加网的信息隐藏方法，就能够完成基于调频加网的信息隐藏。

对于调频网点的分布需要找到两个合适的调频模板，并且这两个模板能够容易地进行信息提取。例如，运用两个互补的抖动矩阵。在确定了模板之后，就能够运用类似基于调幅加网的信息隐藏方式进行调制加网。图 7-17 所示为将隐藏的 Logo 信息进行伪随机置乱后嵌入连续调图像的调频加网图像。从图 7-17 中可以看出，隐藏的信息已经完全不可见，并且原连续调图像在加网后获得了比调幅加网图像更好的效果。

基于调频加网的信息隐藏 MATLAB 程序与基于调幅加网的信息隐藏程序相似，主要代码如下。

先将 apple.bmp 二值图像读入（imread('apple.bmp')），作为防伪信息 message（256×256）。

（a）普通迭代加密

（b）混沌加密

图 7-17 基于调频加网的信息隐藏图像

防伪信息的嵌入步骤如下。

（1）根据防伪信息对 Lena 图信息 Image（256×256）进行调制加网。基于调频加网的信息隐藏 MATLAB 程序如下。

```
function tiaofu=frehalftone1(ssss)                %加网函数 frehalftone1
model1=[0 32 8 40 2 34 10 42
        48 16 56 24 50 8 58 26
        12 44 4 36 14 46 6 38
        60 28 52 20 62 30 54 22
        3 35 11 43 1 33 9 41
        51 19 59 27 49 17 57 25
        15 47 7 39 13 45 5 37
        63 31 55 23 61 29 53 21];                 %抖动矩阵

ssss=64*(1-ssss/255);                             %将 256 级图像转换为 64 级图像
for m=1:8
```

```
    for n=1:8
        if ssss>model1(m,n)                    %加网灰度值与矩阵中的每个值比较
                                               %大于，就曝光，有着墨点；否则不曝光
            tiaofu(m,n)=0;
        else
            tiaofu(m,n)=255;
        end
      end
    end
end
```

（2）信息的调制加网算法的主要代码如下。

```
if message(i,j)==1
        bw(i,j)={frehalftone1(Image)}; %若防伪信息为 1，进行矩阵 1 加网
else if message(i,j)==0
        bw(i,j)={frehalftone2(Image)}; %若防伪信息为 0，进行矩阵 2 加网
```

将防伪信息进行普通迭代加密和伪随机混沌加密处理的程序代码，与基于调幅加网的信息隐藏方式相同。普通迭代加密和伪随机混沌加密的解密方式与加密方式相同，都用相同的系数去置乱图像。图 7-18（a）所示为未对防伪信息进行置乱处理所产生的半色调图像，图 7-18（b）所示为对防伪信息进行置乱处理后所产生的图像。

（a）

（b）

图 7-18　基于调频加网的信息隐藏效果

对比图 7-18（a）和（b），可以清楚地看到使用该技术进行信息隐藏时，无论是否对防伪信息进行置乱处理，所生成的半色调图像中隐藏的防伪信息的轮廓在人眼视距范围内都无法被人眼感知，这是与基于网点形状的信息隐藏技术最大的不同之处。

进行信息提取的基于网点位置的模板局部放大图如图 7-19 所示。

图 7-19　进行信息提取的基于网点位置的模板局部放大图

正是由于调频加网产生网点的随机性及嵌入信息置乱的伪随机性，才使最终嵌入信息后的图像质量良好。

7.3　矢量半色调网点信息隐藏

彩色印刷的研究方向之一是在印刷过程中引入更多的颜色，以扩展色域，复制出那

些常规 CMYK 四色套印无法复制的颜色，如喷墨印刷。对于模拟传统网点的记录点集聚有序抖动技术来说，根据以往的经验，引入的额外颜色对应的网点图像必须旋转不同的角度，以避免莫尔纹。然而，分色版的增加使旋转角度受限，原因在于[0°,90°]范围内可选择的旋转角度数量有限，只要部分网点图像的旋转角度不够，莫尔纹就无法避免。事实上，某些半色调算法可完全消除莫尔纹，如蓝噪声蒙版和误差扩散算法。在这些算法建立的半色调图像内，记录点出现的位置是随机的，因而执行彩色图像的半色调处理时无须旋转网屏角度。但随机半色调技术也存在自己的问题，如误差扩散算法用于彩色图像的半色调处理时容易出现相关图像、蓝噪声蒙版的周期性“瓷砖”图像排列问题等，这些问题对单色连续调图像的半色调处理可不予考虑，但存在更多彩色平面叠加时，则结构性赝像容易被人眼察觉。

彩色半色调处理技术最有可能产生分散的记录点纹理组织，不同着色剂记录点的交互作用有机会充分地发展。为此，许多半色调研究者提出以彼此相关的方式从分色版连续调图像转换到二值半色调图像的建议，这种处理方法称为矢量半色调。

Miller 和 Sullivan 在矢量空间中处理彩色图像，试图利用误差扩散算法提高彩色半色调处理的视觉质量。他们没有采用对彩色成分各自独立的处理方法，每个像素作为彩色矢量进入半色调处理流程，这种算法也称矢量误差扩散算法。该算法首先将彩色图像转换到不可分离的色彩空间，指定给像素的半色调颜色与不可分离色彩空间接近。矢量误差扩散算法的误差传递方式与标量误差扩散算法相同，即矢量误差也分配给邻域的未来像素。Klassen 等也提出了矢量误差扩散算法，旨在使彩色噪声的可察觉程度最小。他们提出的矢量误差扩散算法建立在人类视觉系统感受特性的基础上，对比灵敏度随空间频率的增加而迅速下降。获得空间频率增加的方法之一在于避免印刷那些比邻域像素对比度高的像素。例如，明亮的灰色采用非搭接的青色、品红色和黄色像素叠印的方法。与其他半色调算法相比，经典误差扩散算法在彩色半色调方面表现得更成功，而矢量误差扩散算法在给定像素位置引起的误差则以组合方式扩散到彩色平面，或者由独立于色彩空间的设备执行。Kite 等通过线性误差扩散定量地研究灰度误差扩散引入的锐化和噪声，他们借助由 Ardalan 和 Paulos 开发的线性扩大模型改变量化器在误差扩散处理流程中的位置，实现 σ-δ 调制。这种模型可以准确地预测误差扩散半色调图像的噪声和锐化。Amera-Venkata 和 Evans 成功地将灰度图像误差扩散的线性系统模型移植到矢量误差扩散算法中，以矩阵扩大模型并利用矩阵值系数组成的误差过滤器特性代替线性扩大模型。他们建议的矩阵扩大模型包含早期线性扩大模型，作为矩阵扩大模型的特例。采用矩阵扩大模型在频域中可描述矢量彩色误差扩散，预测半色调处理造成的噪声和线性频率畸变。

基于网点形状不变、位置改变的信息隐藏算法是从调幅和调频的加网算法演变而来的。该算法不仅能够有效地进行信息隐藏，提高加网后图像的质量，还能够隐藏海量的数据信息。

该算法的准备工作与基于调幅和调频的信息隐藏算法相同，都是需要将被隐藏的图像进行置乱处理。唯一不同的就是在加网中，对于被隐藏的二值图像信息以位置和形状的方式进行嵌入，具体做法如下：若被嵌入二值图像的像素值为 255，则该像素选择随机位置加网，加网的网点随机在网格的四个角排列；若像素值为 0，则加网的网点位于网中心。但这些网点无论在哪个位置分布，它们的形状都是相同的。

该算法的核心 MATLAB 程序代码如下。

```
ww=round(3*rand(256,2048));
for i=1:leth
    for j=1:wide
      if w1(i,j)==255    %若图像的值为 255，则选择随机位置加网，网点随机在四个角排列
        wx(i,j)=ww(i,j);
      else
        wx(i,j)=4;          %否则选择第五种加网方法，网点位置在中间
      end
    end
end
for i=1:leth
    for j=1:wide
    conv=I(i,j);
    conv=double(conv);
    switch wx(i,j)
        case 0
            bw(i,j)={lefttone1(conv)};
        case 1
            bw(i,j)={lefttone2(conv)};
        case 2
            bw(i,j)={lefttone3(conv)};
        case 3
            bw(i,j)={lefttone4(conv)};
        case 4
            bw(i,j)={lefttone5(conv)};
    end
    end
end
```

图 7-20 和图 7-21 所示分别为待嵌入的图像和嵌入信息后的图像。

从图 7-21 中就可以看出，基于网点形状不变、位置改变的信息隐藏算法能获得令人十分满意的效果。

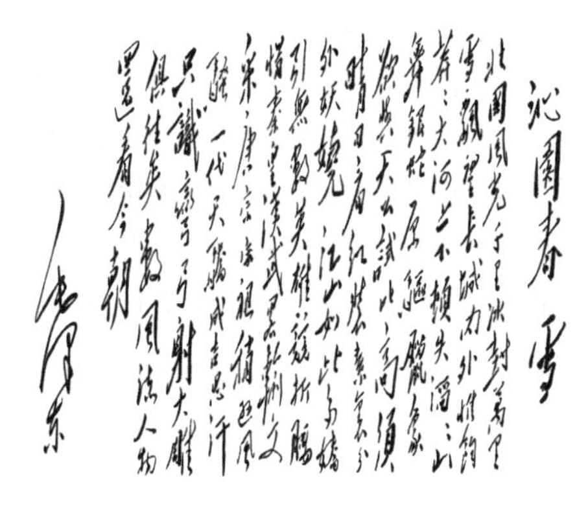

图 7-20　待嵌入的图像

图 7-21　嵌入信息后的图像

7.4 基于空域的信息隐藏

基于空域的信息隐藏技术是指在图像的空域中嵌入秘密信息的技术，或者通过改变像素的亮度值来加入秘密信息的技术。最简单和有代表性的方案是最低有效位（LSB）信息隐藏。在灰度图像中，每个像素通常由 8 位表示，图像像素的 8 位由低位到高位构成了 8 个位平面，这 8 个位平面所代表的重要程度是不同的，其中，第一个位平面由每个像素的最低位组成，而第八个位平面由每个像素的最高位组成。由此可见，不同的位平面所代表的图像特征不同，高位的图像细节和特征都比较明显，而低位几乎看不出任何图像细节，基本上都是噪声。最低有效位信息隐藏就是利用低位的这个特点，用秘密信息替换载体图像中最不重要位的信息，即将信息隐藏到载体图像最低位或几位。由于信息隐藏在最低几位，相当于叠加一个能量微弱的信号，因而在视觉上很难察觉，从而达到信息隐藏的目的。在进行信息提取时，通过获得嵌入比特数及位置便可以将秘密信息从载体文件中提取出来。

实践证明，任何一幅图像都具备一定的噪声分量，这表现在数据的最低有效位，其统计特征具有一定的随机性，就依靠这种随机性来隐藏信息。事实上，无论是声音还是视频，都有这种随机性。在数字图像中，每个像素由多位构成。在灰度图像中，每个像素通常为 8 位；在真彩色图像（RGB 形式）中，每个像素为 24 位，其中 RGB 这 3 色各为 8 位，每一位的取值为 0 或 1。在数字图像中，每个像素的各个位对图像的贡献是不同的。对于 8 位的灰度图像，每个像素的灰度可表示为

$$g = \sum_{i=0}^{7} b_i 2^i \tag{7-6}$$

式中：i 为像素的灰度权值，b_i 为第 i 位权值的系数。

对于灰度图像，人眼不能分辨全部 256 个灰度等级，4 个左右灰度等级的差异人眼是不能区别的。而当对比度比较小时，人眼的分辨能力更差。这样可把整个图像分解为 8 个位平面，从 MSB（最高有效位 7）到 LSB（最低有效位 0）。从位平面的分布来看，随着位平面从低位到高位（从位平面 0 到位平面 7），位平面图像的特征逐渐变得复杂，细节不断增加。对于比较低的位平面，在视觉上已经不能单纯地从一个位平面上看出测试图像的信息。由于图像低位所表示的能量很少，改变图像的低位对图像本身并没有多大的影响，Lena 图的 8 个位平面见表 7-1。LSB 信息隐藏技术就是利用这一点将需要隐藏的秘密信息随机（或连续）地隐藏在载体中较低的位平面。具体做法是将原始载体图像的空域像素值由十进制转换成二进制表示，以块图像为例，如图 7-22（a）所示，然后用二进制秘密信息中的每一位替换与之相对应的载体数据的最低有效位，假设待嵌入的二进制秘密信息序列为[0 1 1 0 0 0 1 0 0]，则替换过程如图 7-22（b）所示，最后将得到的含秘密信息的二进制数据转换为十进制像素值，从而获得含秘密信息的图像，如图 7-22（c）所示。

表 7-1 Lena 图的 8 个位平面

位平面 0	位平面 1	位平面 2	位平面 3
位平面 4	位平面 5	位平面 6	位平面 7

信息提取就是上述过程的逆过程。

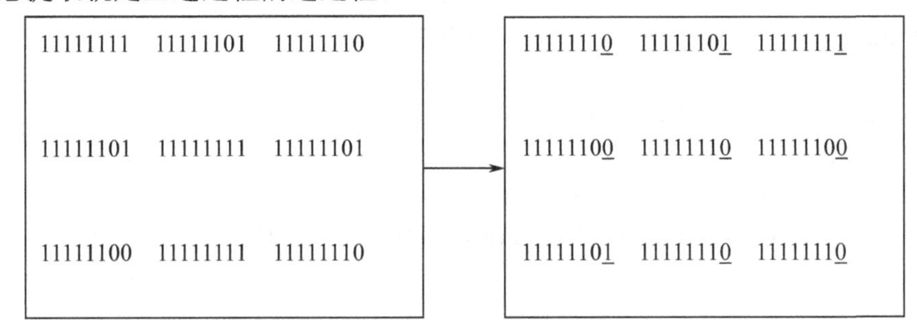

（a）原始图像空域像素值的转换

11111110 11111101 11111111
11111100 11111110 11111100
11111101 11111110 11111110

254 253 255
252 254 252
253 254 254

（b）信息替换过程

（c）秘密信息的转换

图 7-22 秘密信息嵌入的具体过程

LSB 信息隐藏的效果图如图 7-23 所示。

图 7-23　LSB 信息隐藏的效果图

隐藏过程的核心 MATLAB 程序代码如下。

```
[height,width]=size(I);     %获取载体图像的大小

new_carrier=zeros(height,width,8);        %用来存储 8 个位平面的图像
result_carrier=zeros(height,width);        %嵌入水印后的图像

 for i=1:8     %遍历原始图像的每个位平面
     for row=1:height
         for col=1:width   %遍历原始图像的每个像素点
             new_carrier(row,col,i)=bitget(I(row,col),i); %获取原始图像中的指定位
         end
     end
 end
 for row=1:height
    for col=1:width
      new_carrier(row,col)=bitset(new_carrier(row,col),1,watermark(row,col));%提取图像中对应位
的图像
    end
 end

i=1;
while(i<=8）
     result_carrier=result_carrier+new_carrier(:,:,i)*2^(i-1);   %将每个位平面的值乘以 2^(i−1)得到
对应的十进制值，再将 8 个位平面的值累加
     i=i+1;
end
```

人眼对平滑区的噪声非常敏感，视觉阈值较低，只能嵌入少量的秘密信息；人眼对非平滑区中边缘区的噪声不是很敏感，可嵌入适量的秘密信息；人眼对非平滑区中纹理区的噪声不敏感，视觉阈值较高，可嵌入较多的秘密信息。因此，要利用人类视觉系统特性进行信息隐藏，首先要根据视觉掩蔽效应将图像划分成不同的块，以便在不同的噪声敏感区域分别嵌入不同的信息量。载体图像的分块流程如图 7-24 所示。

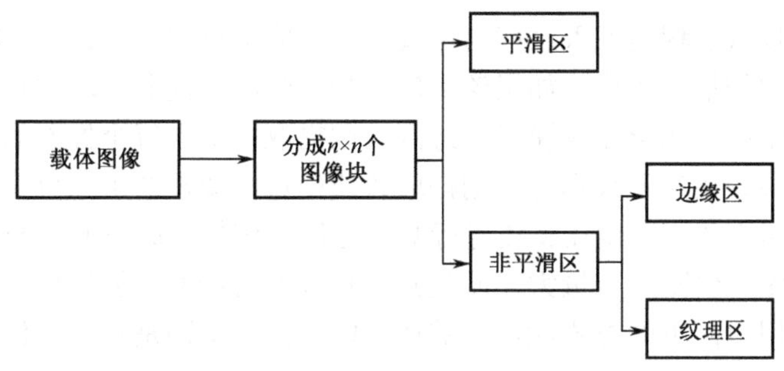

图 7-24　载体图像的分块流程

图像块熵值的计算方法：设图像有 $S_1,S_2,\cdots,S_q$ 共 q 种幅值，并且出现的概率为 $P_1,P_2,\cdots,P_q$，则每一幅值的信息量为 $\log_2(P_i)$，其熵值为

$$H=-\sum_{i=1}^{q}P_i\times\log_2 P_i \tag{7-7}$$

方差用于表示数据分布和离散程度的一维统计特性。但是，方差的结果随着像素的灰度值的变化起伏很大，因此利用方差进行多组数据的比较就显得不太合理，而利用变异系数（Coefficient of Variance，CV，或称变异度）来比较则更为合适，它在数量上度量了一个总体的变异性相对于其总体均值的大小，标准方差的计算公式如下：

$$s=\frac{1}{n-1}\sum_{x,y\in B_{i,j}}\left[f(x,y)-\overline{f}\right]^2 \tag{7-8}$$

式中：n 为图像块 $B_{i,j}$ 中元素的个数，$f(x,y)$ 为图像块 $B_{i,j}$ 中像素点的灰度值，$\overline{f}$ 为图像块 $B_{i,j}$ 的平均灰度值。变异度的计算公式如下：

$$c=\frac{s}{\overline{F}} \tag{7-9}$$

式中：$\overline{F}$ 为图像的平均灰度值。

以 256×256 的灰度图像为例，划分平滑区、边缘区和纹理区的算法如下：将图像分成 8×8 的块 $B_{i,j}$（$i,j=1,2,\cdots,32$），产生每个图像块的直方图并计算出每种幅值出现的概率，根据式（7-7）求每个图像块的熵值，计算每个图像块的平均灰度值与标准方差，然后计算整个图像的平均灰度值并按式（7-9）计算其变异度，根据熵值和变异度及设定的熵阈值和变异度阈值将图像块划分成平滑区、边缘区与纹理区。

LSB 算法改变图像中的像素值，但像素值的改变有一定的限度，超过这个限度就会被察觉，这个限度称为 JND 阈值。在对载体图像嵌入信息时，若嵌入的信息量低于 JND 阈值，则载体图像的改变不会被察觉。在信息隐藏中利用 JND 阈值来隐藏信息，不仅保证了秘密信息的不可见性，还增强了秘密信息的稳健性。大量统计结果表明：平滑区、边缘区和纹理区对应的 JND 阈值为 2、4、10（单位为灰度值）。

还是以 256×256 的灰度图像为例，算法实现如下：将图像分成 8×8 的块；按照上述原则区分每个块属于哪个区，并且做相应的标记；将秘密信息转化为二进制比特流，并存放于数组中；依次扫描每个块，如果该块属于平滑区，则在该块中每个像素的末一位嵌入一个秘密信息比特流；如果该块属于边缘区，则在该块中每个像素的末两位嵌入两个秘密信息比特流；如果该块属于纹理区，则在该块中每个像素的末三位嵌入三个比特流。

秘密信息的提取过程是嵌入过程的逆过程，具体步骤如下：首先，将图像分成 8×8 的块。然后，依次扫描每个块，如果该块属于平滑区，则提取该块中每个像素的末一位信息并保存在数组中；如果该块属于边缘区，则提取该块中每个像素的末两位信息并保存在数组中；如果该块属于纹理区，则提取该块中每个像素的末三位信息并保存在数组中。最后，把数组中的二进制比特流进行数据重组，恢复成原来的秘密信息。利用 LSB 算法进行信息隐藏不仅隐藏容量大，而且具有较好的隐蔽性，但低位很容易受到攻击，攻击者只需要采用很简单的方式就可以破坏水印图像，特别是删除低位信息，因此这种算法的缺点是稳健性差。

7.5 基于变换域的信息隐藏

基于空域的信息隐藏算法的最大缺点是稳健性不好，抗信号失真的能力较差，嵌入的信息不能太多。近年来，基于变换域的信息隐藏算法逐渐成为主流，与基于空域的信息隐藏算法相比，它具有如下优点。

① 隐藏的信息能量可以散布到空域的所有载体单元上，有利于保证秘密信息的不可见性。

② 基于变换域的信息隐藏算法具有较好的稳健性，能抵抗噪声、压缩和一部分几何变换攻击。

③ 在变换域，人类视觉系统的某些特性（如频率掩蔽效应）可以更方便地结合到秘密信息编码过程中。

数字水印作为信息隐藏的一个重要分支，逐渐引起人们的重视。数字水印技术是指用信号处理的方法在数字化的多媒体数据中嵌入隐蔽的标记。它是为了满足数字媒体版权保护的需要而产生的，是信息隐藏技术的一个重要研究方向。按照数字水印隐藏的位置划分，可以将其分为空域数字水印和变换域数字水印。

较早的数字水印都是空域数字水印，空域数字水印使用各种各样的方法直接修改图像的像素，将数字水印直接加载在数据上。变换域数字水印则在水印嵌入之前先对载体进行变换，得到变换域系数，然后设计一定的嵌入准则将水印叠加在载体之上，得到修改后的变换域系数，再通过反变换恢复出原始图像。其中，较为常用的变换技术有离散余弦变换（DCT）和离散小波变换（DWT）。

1. 离散余弦变换

离散余弦变换是 1974 年由 Ahmed 和 Rao 等提出的，是一种实数域变换，其变换核为实数的余弦函数避免了傅里叶变换中的复数运算。离散余弦变换将图像进行分块，对每个块进行相应的变换和反变换。图像经过 DCT 后，变换域系数几乎不相关，经过反变换重构图像，信道误差和量化误差将像随机噪声一样分散到块中的各个像素中，不会造成误差积累。DCT 能将数据块中的能量压缩到为数不多的部分低频中（DCT 系数矩阵的左上角）。DC 分量是直流分量，是 DCT 系数矩阵中数值最大的，它代表了图像背景的平均值，即图像亮度值。AC 分量是交流分量，分低、中、高三个频带，低频分布在矩阵的左上角，其系数值较大，集中了图像的大部分能量，中频、高频依次向外分布。

人眼对于图像的各种成分具有不同的敏感性。

① 人眼对中等灰度最为敏感，过亮或过暗都不敏感。

② 人眼对平滑区和边缘区敏感，对纹理区和噪声区不敏感。

因此，在 DCT 变换域嵌入水印信息时，应结合人类视觉系统掩蔽效应，对于嵌入的位置主要考虑以下因素。

（1）低频集中了图像信号的大部分能量，对图像较为重要，因此嵌入的水印具有足够的稳健性。由于人眼对低频信号非常敏感，在低频加入过多的水印信息不能保证其不可见性，但可以选择信息量小、对低频系数改变不大的水印信息，而且低频系数通常具有较大的值，信息嵌入后对图像的影响小，有利于保证不可见性。

（2）DC 系数代表块的平均亮度，对 DC 系数的改变易引起块效应，对图像的主观质量有明显影响；但 DC 系数振幅较大，较 AC 系数具有更大的感觉容量。

（3）根据人眼的频域特性，人眼对图像上不同空间频率具有不同灵敏度，对中频响应较高，而对高频响应较低。

基于 DCT 的数字水印可以分为基于全局 DCT 的数字水印和基于分块 DCT 的数字水印。由于基于全局 DCT 的数字水印实用性不好，不能很好地利用图像的局部特性，因此目前越来越多的算法都转到分块 DCT 域中。基于分块 DCT 的变换信息嵌入算法流程如图 7-25 所示。

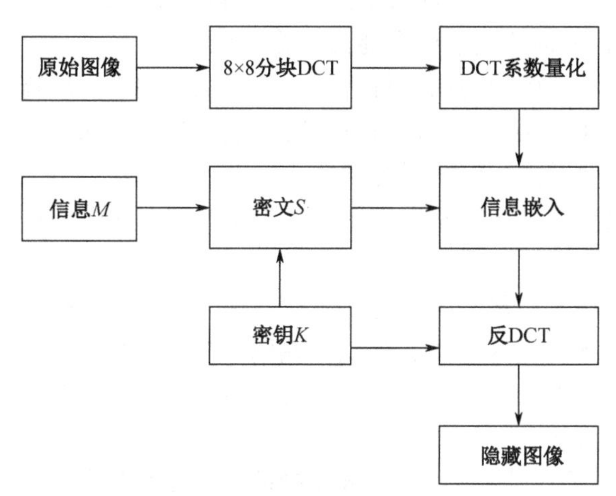

图 7-25 基于分块 DCT 的变换信息嵌入算法流程

具体步骤如下。

（1）将原始的载体图像进行 8×8 分块 DCT。

（2）将变换后得到的 DCT 系数进行量化，选择合适的 DCT 系数块准备嵌入信息。

（3）将要隐藏的信息加入密钥转换为密文 *S*。

（4）将密文 *S* 嵌入 DCT 系数块。

（5）将 DCT 系数矩阵进行反 DCT，得到隐藏图像。

该算法的核心 MATLAB 程序代码如下。

```
[height,width]=size(I);
K=8;  %定义块大小
BLOCK = zeros(K,K);
```

```
for p=1:height/K     %遍历到第（p,q）个块
    for q=1:width/K
        x=(p-1)*K+1;     %该块的起始像素点
        y=(q-1)*K+1;
        BLOCK=I(x:x+K-1,y:y+K-1);    %取该块的所有元素给 BLOCK
        BLOCK=dct2(BLOCK);    %对其进行离散余弦变换
        if J(p,q)==0
            a=-1;
        else
            a=1;
        end
        BLOCK=BLOCK*(1+a*0.03);      %0.03 是嵌入强度，a=−1，则减小该块的像素值，a=1，则增大该块的像素值
        BLOCK=idct2(BLOCK); %对变换后的子块进行离散余弦反变换
        I(x:x+K-1,y:y+K-1)=BLOCK; %用新得到的子块替换原始图像的子块
    end
end
```

相对于全局 DCT，利用分块 DCT 嵌入水印有以下优点：

（1）分块 DCT 有更强的能量结合能力，稳健性更好。

（2）可以更好地利用图像的局部特性。具体来说，利用亮度掩码、对比度掩码和频率掩码，可以在每个 8×8 小块范围内对图像特性进行分析，从而使嵌入强度在不影响透明性的前提下尽可能地增大，以增强稳健性。

（3）可以更好地与各种压缩标准相结合，为压缩域水印算法奠定了基础。

2．离散小波变换

离散小波变换是对人们熟悉的傅里叶变换与短时傅里叶变换的一个重大突破，并已成功应用于图像的去噪、边缘检测、分割及编码。在新一代压缩标准（MPEG-4、JPEG 2000）中，小波变换成为一种关键技术，小波域的能量分布比较清楚，因此小波域的水印算法有良好的发展前景。

DCT 纯粹将空域变换到频域，而小波变换的基础是平移和伸缩变换下的不变性，对图像进行一种多尺度、空间-频率分解，同时保持原图像的信息，更符合人类视觉系统的特点。由于小波变换在时频两域都具有表征信号局部特征的能力，其特征化和定位攻击能力更强，并且运算量比 DCT 小。采用分块 DCT 会使重构图像出现马赛克现象，而用小波变换则不会出现这种现象。另外，离散小波变换具有分层特性，可将水印分散在原图像的某个子带或某几个子带中。

利用小波变换的具体算法主要有三种：

（1）基于小波零树结构。

（2）小波多级分解，在不同的分解级上结合人类视觉系统特性，分别嵌入整数小波变换。

（3）在最大的 n 个系数上嵌入。

这些算法嵌入秘密信息的方式有两种：一种是通过修改系数来嵌入秘密信息；另一种是通过改变小波系数的值来嵌入秘密信息，该方式对于以传送的秘密信息为目标的攻击

具有很高的稳健性。

当图像经过一次离散小波变换后，会将原始图像划分成 4 个子带图像，如图 7-26 所示，包括一个低频子带 LL（垂直和水平方向的低通子带）、一个高频子带 HH（垂直和水平方向的高通子带）、两个中频子带 LH（水平方向的低通和垂直方向的高通子带）和 HL（水平方向的高通和垂直方向的低通子带），每一子图的大小为原图的四分之一。图 7-27 所示为对大小为 256×256 的灰度图像 Lena 进行一级小波变换分解后的结果。由图 7-27 可见，LL 子图表示由小波变换分解级数决定的最大尺度、最小分辨率下对原始图像的最佳逼近，它的统计特征与原始图像相似，集中了原始图像的绝大多数能量，称为原始图像的逼近子图。LL 子带系数的改变通常会引起较大的图像失真。HL、LH 和 HH 子图分别表示原始图像在不同尺度、不同分辨率下的垂直边缘细节、水平边缘细节和对角边缘细节信息，它们刻画了图像的细节特性，称为细节子图。由于它们的系数相对较小，只包含图像的少部分能量，因此这部分的改变对图像的影响也较小。

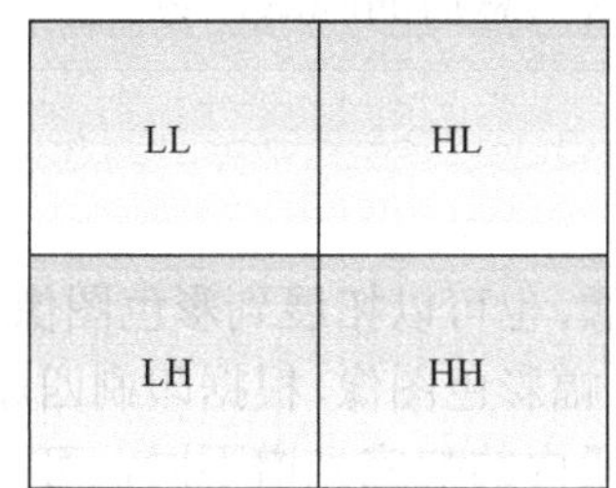

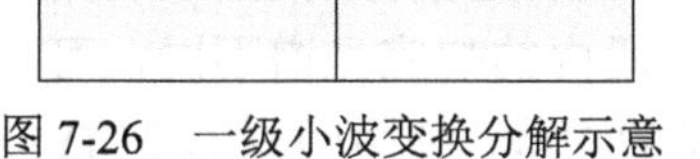

图 7-26 一级小波变换分解示意

图 7-27 Lena 图像的一级小波变换分解结果

若再对低频子带 LL 进行分解，就可以得到更低分辨率的子带，如此反复，可以对图像进行多次小波变换分解。图 7-28 所示为三级小波变换分解示意。图 7-29 所示为对大小为 256×256 的灰度图像 Lena 进行三级小波变换分解后的结果。

图 7-28 三级小波变换分解示意

图 7-29 Lena 图像的三级小波变换分解结果

利用人类视觉系统的照度掩蔽效应和纹理掩蔽效应，可以通过修改细节子图上的某些小波系数来嵌入秘密信息，即将秘密信息嵌入图像的纹理和边缘。小波域的嵌入算法通过多分辨率分析的小波变换分解，将原始图像分解到对数间隔的子带之中，然后对原始图像在每个分辨率等级上进行分割，形成互不相交的像块，再按照对视觉效果影响的程度对各像块嵌入信息，最后对嵌入信息后的小波域的图像进行小波反变换。

该算法的信息隐藏主要有以下几个步骤。

第一步：对要隐藏的秘密信息进行 Arnold 置乱加密（密钥 k 为载体置乱次数），并按位排成一维序列，形成待嵌入的秘密信息。

第二步：对载体图像进行三级小波变换，得到要嵌入区域（HH_2、HL_2、LH_2、HH_3、HL_3 和 LH_3）的小波系数。将原始图像各个 $n \times n$ 子块进行三级小波变换，得到第 3 层低频系数 LL_3，以及每一层的 3 个细节子带系数。将第 3 层低频系数 LL_3 扩展为与待嵌入的细节子带同等大小的矩阵，求取余数矩阵，并结合秘密信息自身的特征，通过调整余数矩阵和细节子带系数之间的关系来完成秘密信息的嵌入。

第三步：根据二级和三级小波变换后的系数及嵌入策略确定被嵌入的小波系数的位置。

第四步：信息嵌入。将待嵌入信息的一维序列按 HH_2、HL_2、LH_2、HH_3、HL_3 和 LH_3 系数的可嵌入位置从低位到高位顺序嵌入。

第五步：进行三级小波反变换，得到隐藏秘密信息后的隐藏图像。

7.6 基于同色异谱特性的信息隐藏

前述的半色调信息隐藏方法主要用于灰度图像，也可以拓展到彩色图像。除此之外，彩色图像还具有更加独特的信息隐藏方法。对于一幅彩色图像，根据印刷四原色（CMYK）的每个原色在不同光源（如红外线、紫外线）波段内的响应光谱不同，可以利用其同色异谱原理生成同色异谱防伪图像，实现秘密信息的隐藏。利用印刷的 CMYK 四色色谱和观察的 RGB 三基色色谱具有同色异谱的特性，基于炭黑在红外线下的光学特性及 CMYK 不同配比中 K 墨含量的差异，使秘密信息在日光下不可见，而在红外光源下可见。

同色异谱是色度学中的一个基本概念，在实际生产和生活中有很大的理论和实际意义。同色异谱是这样定义的：如果两个色样在可见光谱内的光谱幅度分布不同，而对于特定的标准观察者和特定的照明体具有相同的三刺激值，则这两个色样就是同色异谱色，其颜色反射率也不同，即

$$R(\lambda_1) \neq R(\lambda_2), \lambda_1, \lambda_2, \in (380\text{nm}, 680\text{nm}) \tag{7-10}$$

若在给定的照明光源和标准观察者条件下，有

$$\begin{aligned} X_1 &= \int_\lambda \phi^{(1)}(\lambda)\bar{x}(\lambda)\mathrm{d}\lambda = X_2 = \int_\lambda \phi^{(2)}(\lambda)\bar{x}(\lambda)\mathrm{d}\lambda \\ Y_1 &= \int_\lambda \phi^{(1)}(\lambda)\bar{y}(\lambda)\mathrm{d}\lambda = Y_2 = \int_\lambda \phi^{(2)}(\lambda)\bar{y}(\lambda)\mathrm{d}\lambda \\ Z_1 &= \int_\lambda \phi^{(1)}(\lambda)\bar{z}(\lambda)\mathrm{d}\lambda = Z_2 = \int_\lambda \phi^{(2)}(\lambda)\bar{z}(\lambda)\mathrm{d}\lambda \end{aligned} \tag{7-11}$$

则色样 1 和色样 2 就是同色异谱色。

式（7-11）中，X_1、Y_1、Z_1 和 X_2、Y_2、Z_2 分别为色样 1 和色样 2 的颜色三刺激值；$\phi^{(1)}$、$\phi^{(2)}$ 为两个色样颜色的光谱分布，且 $\phi^{(1)} = R_1(\lambda)S(\lambda)$，$\phi^{(2)} = R_2(\lambda)S(\lambda)$，$S(\lambda)$ 为照明体相对光谱功率分布；$\bar{x}$、$\bar{y}$、$\bar{z}$ 为标准观察者匹配函数。

根据同色异谱特性配置四组 CMYK 比例不同的配色方案，通过比例配色使第一组配色油墨在可见光下和红外线下看到的是相同的白色；使第二组配色油墨在可见光下看到的是黑色，在红外线下看到的是白色；使第三组配色油墨在可见光下看到的是白色，在

红外线下看到的是黑色；使第四组配色油墨在可见光下和红外线下看到的是相同的黑色，以此达到防伪信息在可见光下不可见、在红外线下可见的效果。

基于同色异谱特性的半色调信息隐藏根据 CMYK 配色方案、加网模板对待隐藏图像和载体图像进行半色调加网，将待隐藏图像隐藏到载体图像中，生成安全二维码。

1．设计加网模板

对待隐藏图像和载体图像进行半色调加网时，加网模板的随机化程度会影响调制的效果。表 7-2 中，使用的载体图像——二维码中包含噪点，在对图像进行加网的过程中不能对它们产生干扰，因此需要对二维码中所有噪点进行标记，根据标记的结果调用相应的模板。

（1）判定信息点：二维码中每个信息块的中心点是信号采集点，如果该点的像素值等于任意一个噪点的像素值，则说明该点是信号点。

（2）判定黑底白噪点：如果信号点的像素值为 255，则该区域为黑底白噪点。

（3）判定白底黑噪点：如果信号点的像素值为 0，则该区域为白底黑噪点。

（4）通过以上步骤，标记载体图像中的噪点信息，标记结果见表 7-3。

（5）设计 32 个加网模板（母版）。母版的设计需要注意均匀化、随机分布，以及 C、M、Y、K 的比例。

（6）通过计算、实验验证，以这 32 个母版作为 C 通道的加网模板，记为 moudleC；根据计算出的映射关系，找到 moudleC 映射到 M 通道时所对应的模板，并将这些模板旋转 90°，得到 M 通道的模板，记为 moudleM；找到 moudleM 映射到 Y 通道时所对应的模板，并将这些模板旋转 90°，得到 Y 通道的模板，记为 moudleY；找到 moudleY 映射到 K 通道时所对应的模板，并将这些模板旋转 90°，得到 K 通道的模板，记为 moudleK。用这种方法能够得到 128 个加网模板。

表 7-2 信息块中的噪点个数及分布

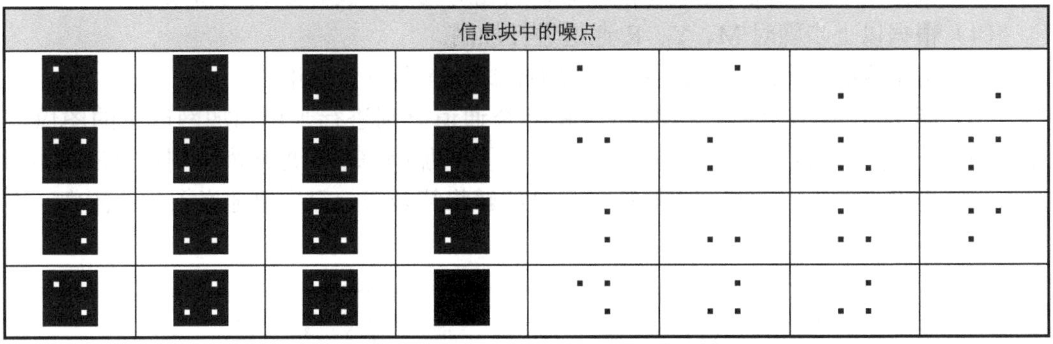

信息块中的噪点							

表 7-3 载体图像中的噪点标记结果

黑底白噪点				白底黑噪点			
噪点图像	标记结果	噪点图像	标记结果	噪点图像	标记结果	噪点图像	标记结果
	1111		0111		0000		1000
	1110		0110		0001		1001

续表

黑底白噪点				白底黑噪点			
噪点图像	标记结果	噪点图像	标记结果	噪点图像	标记结果	噪点图像	标记结果
	1101		0101		0010		1010
	1100		0100		0011		1011
	1011		0011		0100		1100
	1010		0010		0101		1101
	1001		0001		0110		1110
	1000		0000		0111		1111

2．图像加网算法

采用基于网点空间矢量的水印信息隐藏算法，分别对图像的C、M、Y、K四个通道进行加网，根据载体图像和防伪图像位置的映射关系，将防伪图像嵌入载体图像的对应位置，再将生成的四个通道的图像叠加起来，得到同色异谱安全二维码。算法流程如下。

（1）对载体图像进行分色处理，提取出四个通道的图像。

（2）以C通道为例，遍历C通道图像的像素值，判定每个像素点的像素值是否满足四组油墨配比中设定的C油墨的含量。

（3）根据判断结果及标定的噪点信息调用相对应的模板对C通道图像进行加网。

（4）根据以上步骤对M、Y、K通道进行加网。

（5）将生成的四个通道的图像进行叠加合成，得到安全二维码。

（6）图7-30所示为对C、M、Y、K四个通道分别进行半色调加网产生的图像，图7-31所示为生成的安全二维码。可以看出，上述加网算法及加网模板制作方法，不会对二维码中携带的噪点信息产生干扰，并且能够将待隐藏信息完整地嵌入载体图像，不影响防伪信息的隐藏效果。

（a）对C通道进行半色调加网产生的图像

（b）对M通道进行半色调加网产生的图像

图7-30　对C、M、Y、K四个通道分别进行半色调加网产生的图像

（c）对 Y 通道进行半色调加网产生的图像

（d）对 K 通道进行半色调加网产生的图像

图 7-30　对 C、M、Y、K 四个通道分别进行半色调加网产生的图像（续）

3．复合防伪性能检测

使用四种待隐藏图像，将这些待隐藏图像分别与载体图像按照上述方法进行调制，生成安全二维码，并且使用理光 Pro C7100 数码印刷机以 600dpi 分辨率进行打印。为了更好地重现二维码，不破坏二维码的加网结构，在打印时需要关闭打印机的色彩管理功能，避免对图像的网点再现产生干扰。表 7-4 所示为安全二维码打印测试结果对比表。

图 7-31　生成的安全二维码

表 7-4　安全二维码打印测试结果对比表

打印的安全二维码	红外检测设备下呈现的图像	经扫描后的安全二维码	红外检测设备下呈现的图像

第一组图像为打印的安全二维码，在可见光下只能观察到二维码，看不到隐藏的防伪信息；第二组图像为在红外检测设备下呈现的图像，能够看到隐藏的防伪信息；第三组图像为扫描后的安全二维码，可以看出，经过扫描，二维码中的一些噪点信息已经丢失；第四组图像为在红外检测设备下呈现的图像，由于扫描之后，图像颜色信息已经发

生改变，不能再呈现出同色异谱的效果，因此不能看到防伪信息。测试结果说明利用该方法生成的安全二维码具备防伪、防复制的功能。

7.7 基于光谱特性的信息隐藏

同色异谱防伪利用印刷四原色中 K 墨在红外波段的光学特性达到信息隐藏的目的。基于 RGB 或 CMYK 等颜色空间，每种基色都处于不同的波段，具有不同的波长。同时，各基色及其混合色可以用于表征不同的灰度，借助图像处理软件或光学滤色片进行滤色处理，可以实现颜色的选通，以实现灰度在可见光及有色光下的跳变。光学滤色片分为带通滤色片和带阻滤色片，带通滤色片只允许其波长范围内的颜色通过，不在其波长范围内的颜色则被滤除；带阻滤色片的作用则相反，它可以阻止其波长范围内的颜色通过。

基于颜色的光谱特性使同一个二维码在可见光下显示一个图像，而在另一种有色光或光学滤色片下显示另一个图像，从而实现信息隐藏的目的，这种方法在二维码的防伪应用中极具优势。通过引入不同的颜色来为二维码增加额外的功能特性（如提高信息容量、信息隐藏）是最直接、最经济的方法。基于颜色的波长及灰度，将一个二维码作为明码，另一个或多个二维码作为暗码，结合彩色编码技术和多路复用技术，将暗码隐藏到明码中生成彩色二维码，其结构如图 7-32 所示，经过光学滤波处理实现明码和暗码的有效区分，实现暗码信息的隐藏。

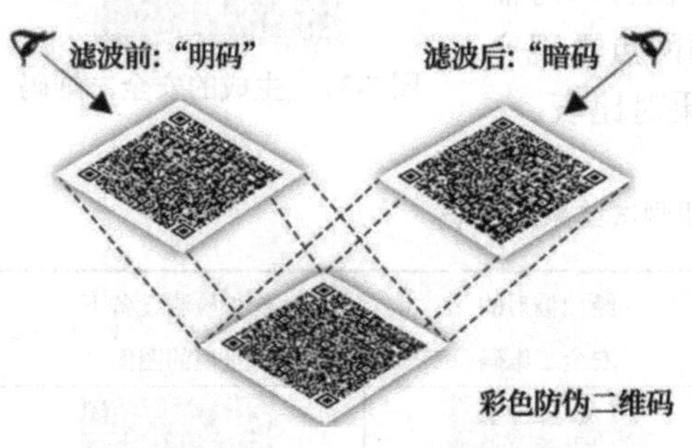

图 7-32　彩色二维码的结构示意

为了保证二维码的可识读性，需要对其进行灰度分割，以避免出现颜色的灰度混淆，其模型如图 7-33 所示。假设需要对 N 个二维码进行多路复用，则至少须使用 2^N 个具有不同波长的颜色模块，可用其表示 2^N 个灰度：2^{N-1} 个模块为深色状态，2^{N-1} 个模块为浅色状态，即双稳态。

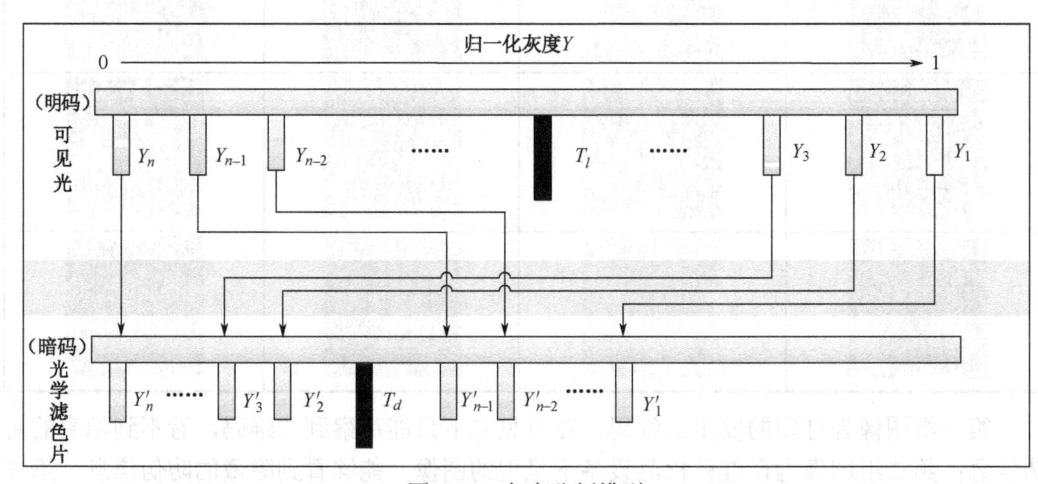

图 7-33　灰度分割模型

滤波前的 n 个颜色模块基于灰度来表征明码，记为 $G_{p\_i}(i=1,2,\cdots,n)$；各颜色模块因波长不同，经滤波后各颜色模块部分发生双稳态颜色跳变（深色状态与浅色状态的互相跳变），即灰度跳变，暗码用跳变后的灰度表示，记为$G_{h_i}(i=1,2,\cdots,n)$。为了确保生成的彩色二维码在滤波前后可以检测出不同的有效二维码，须尽可能提高颜色模块之间的抗干扰容限，严格避免彩色二维码的模块在滤波前后发生灰度状态的错判。因此，G_{p_i}和G_{h_i}之间的n个灰度必须有明显的区分，这样解码时才能被正确地判定为“0”或“1”。n个颜色模块在表示明码和暗码时的灰度关系如下：

$$\begin{cases} G_{p\_n} < G_{p\_n-1} \cdots G_{p\_2} < G_{p\_1} \\ G_{h\_n} < G_{h\_n-1} \cdots G_{h\_2} < G_{n\_1} \end{cases} \tag{7-12}$$

明、暗码的灰度判别阈值T_p和T_h分别通过式（7-13）求解。根据判别阈值对每个模块进行灰度判别，以实现模块的深浅状态划分。

$$\begin{cases} T_p = (G_{p\_\max} + G_{p\_\min})/2 \\ T_h = (G_{h\_\max} + G_{h\_\min})/2 \end{cases} \tag{7-13}$$

式中：$G_{p\_\max}$、$G_{p-\min}$、$G_{h\_\max}$、$G_{h-\min}$分别为n个颜色模块在滤波前后的最大、最小灰度。

以普通的黑白二维码作为处理对象，对其进行颜色信息调制得到彩色二维码，其生成流程框图如图 7-34 所示。

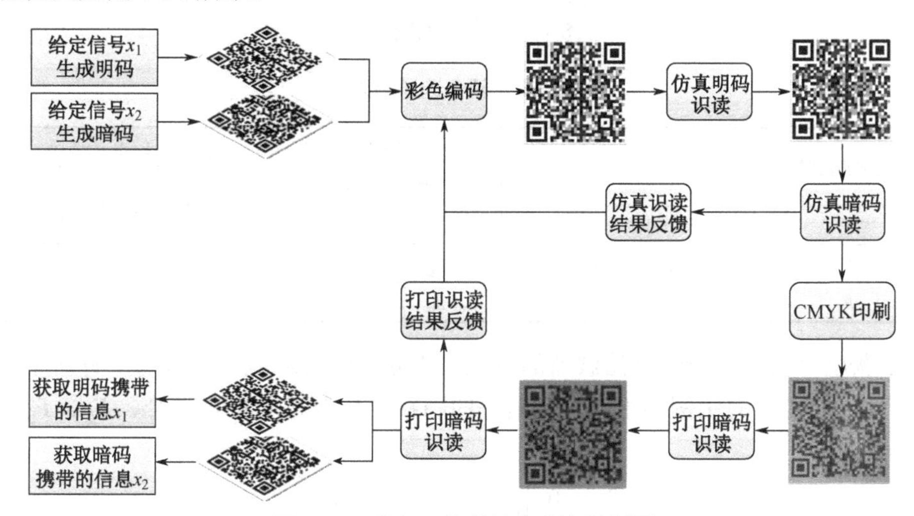

图 7-34 彩色二维码的生成流程框图

利用二维码生成器将给定信息（载体信息和待隐藏信息）生成由黑白块组成的标准二维码，其中明码作为载体图像，通过多路调制器选择一个或多个暗码作为调制信息进行颜色和灰度编码，使它们复合为一体，将暗码隐藏到明码中，颜色调制过程如图 7-35 所示。

以 RGB 空间为例，明码和暗码在多路复用前通过“0”和“1”表示颜色的深浅状态，作为调制器的输入；以 RGB 颜色分量作为输出，用[0, 1]区间的数值表示其使用的比例。按照此信息编码方式，完成明码和暗码所有模块的遍历调制。为了兼顾明码和暗码的可识读性，在选择使用的颜色组合及混合色的颜色比例时，需要确保各颜色模块在滤波前后的灰度状态均可被解码设备分辨。使用 RGB 三种光学滤波器对彩色二维码进行研究，

记作 F_r、F_g、F_b，其波长为 λ_r、λ_g、λ_b；RGB 三原色的波长记作 λ_R、λ_G、λ_B。光学滤波器均为带通滤波器（窄带滤波器），只有部分波长的颜色可以通过（用“1”表示），而不在其波长范围内的颜色则被滤除（用“0”表示），称为颜色选通过程，滤波器对 RGB 的颜色选通结果见表 7-5。

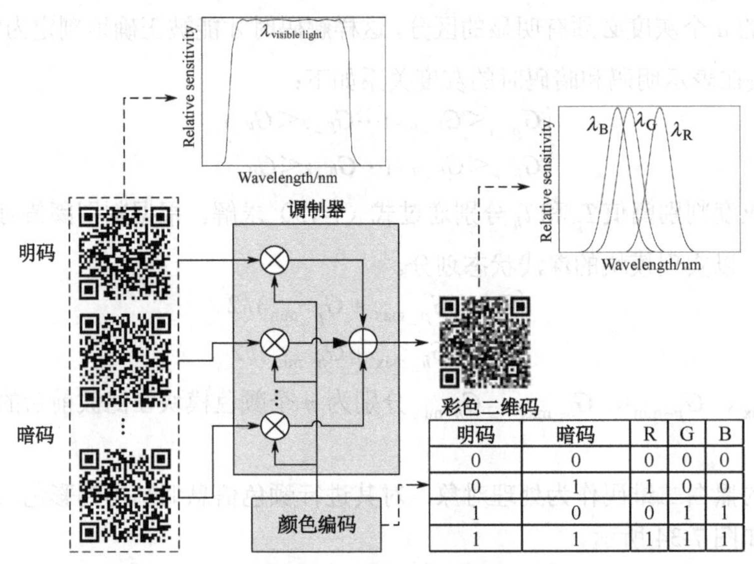

图 7-35 颜色调制过程

表 7-5 颜色选通结果

光学滤波器	波长范围/nm	三原色与窄带滤波器的波长关系			RGB 的选通		
					R	G	B
F_r	$\lambda_r \in [620, 650]$	$\lambda_R \in \lambda_r$	$\lambda_B < \lambda_r$	$\lambda_G < \lambda_r$	1	0	0
F_g	$\lambda_g \in [520, 550]$	$\lambda_R > \lambda_g$	$\lambda_G \in \lambda_g$	$\lambda_B < \lambda_g$	0	1	0
F_b	$\lambda_b \in [480, 510]$	$\lambda_R > \lambda_b$	$\lambda_G > \lambda_b$	$\lambda_B \in \lambda_b$	0	0	1

基于灰度分割模型及光学滤波器的特性，利用波长关系 $\lambda_B < \lambda_G < \lambda_R$，针对不同的光学滤波器选择 RGB 的比例和组合进行暗码的隐藏。基于光学滤波器 F_r、F_g、F_b 的颜色变换过程如下：

$$
\begin{bmatrix} 0 & 0 & 0 \\ k_{r1} & 0 & 0 \\ 0 & k_{r2} & k_{r3} \\ k_{r4} & k_{r5} & k_{r6} \end{bmatrix} \begin{bmatrix} R \\ G \\ B \end{bmatrix} = \begin{bmatrix} 0 \\ k_{r1}R \\ k_{r2}G + k_{r3}B \\ k_{r4}R + k_{r5}G + k_{r6}B \end{bmatrix}
$$

$$
\begin{bmatrix} 0 & 0 & 0 \\ 0 & k_{g1} & 0 \\ k_{g2} & 0 & k_{g3} \\ k_{g4} & k_{g5} & k_{g6} \end{bmatrix} \begin{bmatrix} R \\ G \\ B \end{bmatrix} = \begin{bmatrix} 0 \\ k_{g1}G \\ k_{g2}R + k_{g3}B \\ k_{g4}R + k_{g5}G + k_{g6}B \end{bmatrix} \tag{7-14}
$$

$$\begin{bmatrix} 0 & 0 & 0 \\ 0 & 0 & k_{b1} \\ k_{b2} & k_{b3} & 0 \\ k_{b4} & k_{b5} & k_{b6} \end{bmatrix}\begin{bmatrix} R \\ G \\ B \end{bmatrix}=\begin{bmatrix} 0 \\ k_{b1}B \\ k_{b2}R+k_{b3}G \\ k_{b4}R+k_{b5}G+k_{b6}B \end{bmatrix}$$

式中，第一个矩阵为 RGB 系数矩阵，其中 k_{ri},k_{gi},k_{bi} ($i=1,2,\cdots,6$)分别表示 RGB 的比例；第二个矩阵表示 RGB 三个颜色分量；等式右边是用于生成彩色二维码的颜色组合。

设明码模块的像素值为 $L(i,j)$，暗码模块的像素值为 $D(i,j)$，$1\leqslant i\leqslant N$，$1\leqslant j\leqslant N$。选择的四个颜色模块的像素值分别记为 $Y_1(i,j)$、$Y_2(i,j)$、$Y_3(i,j)$、$Y_4(i,j)$，$1\leqslant i\leqslant N$，$1\leqslant j\leqslant N$。以红色滤色片为例，设 $C_r(i,j)$ 为生成的彩色二维码的像素值，其可以表示为

$$C_r(i,j)=\begin{cases} Y_4(i,j) & L(i,j)==0\ \&\&D(i,j)==0 \\ Y_3(i,j) & L(i,j)==0\ \&\&D(i,j)==1 \\ Y_2(i,j) & L(i,j)==1\ \&\&D(i,j)==0 \\ Y_1(i,j) & L(i,j)==1\ \&\&D(i,j)==1 \end{cases} \tag{7-15}$$

根据明、暗码像素值 $L(i,j)$ 和 $D(i,j)$ 共同决定生成的彩色二维码的颜色模块的像素值：$C_r(i,j)$、$C_g(i,j)$ 和 $C_b(i,j)$，其算法如图 7-36 所示。

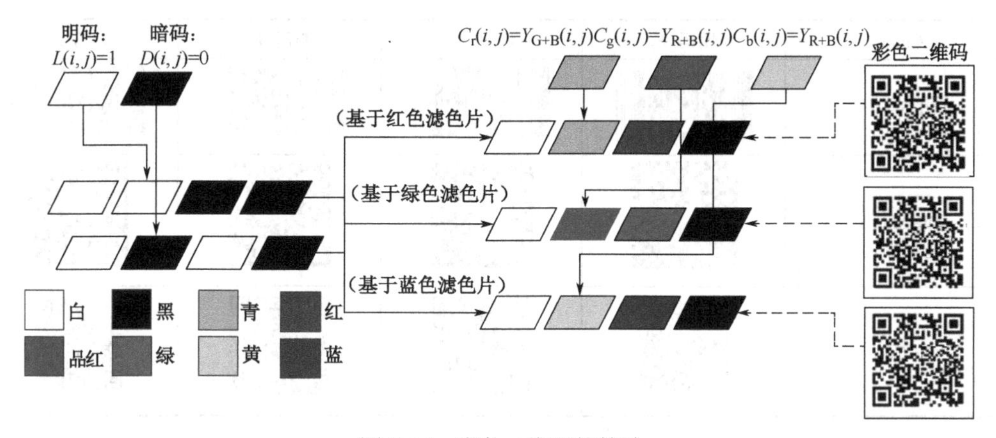

图 7-36　彩色二维码的算法

彩色二维码的明、暗码表示如图 7-37 所示，利用光学滤波器的选通特性使其在滤波前表现为明码，各颜色模块的波长记为 $f_r(\lambda_{p1},\lambda_{p2},\lambda_{p3},\lambda_{p4})$、$f_g(\lambda_{p1},\lambda_{p2},\lambda_{p3},\lambda_{p4})$、$f_b(\lambda_{p1},\lambda_{p2},\lambda_{p3},\lambda_{p4})$；将其作为光学滤波器的输入，经滤波后部分模块由深色状态跳变为浅色状态或由浅色状态跳变为深色状态，输出波长为 $f_r(\lambda_{h1},\lambda_{h2},\lambda_{h3},\lambda_{h4})$、$f_g(\lambda_{h1},\lambda_{h2},\lambda_{h3},\lambda_{h4})$、$f_b(\lambda_{h1},\lambda_{h2},\lambda_{h3},\lambda_{h4})$ 的颜色模块组成的暗码。

由于绿色属于“亮色”，其与同等比例的红色和蓝色相比所表示的灰度更大，对深色的呈现能力较差，难以实现其在双稳态之间的灰度跳变。对基于 F_r 和 F_b 滤波器的彩色二维码进行结果展示，见表 7-6 和表 7-7。

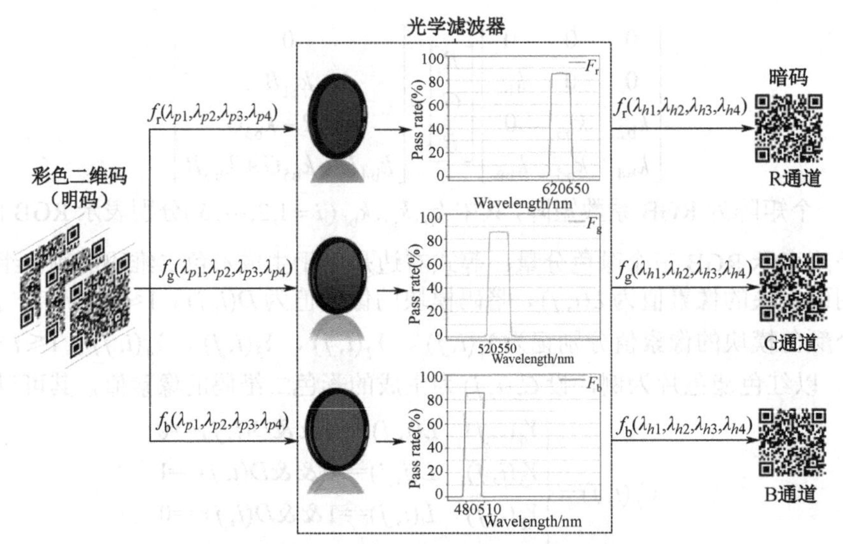

图 7-37　彩色二维码的明、暗码表示

表 7-6　彩色二维码（连续调图像）

Code	明码_F_r	暗码_F_r	明码_F_b	暗码_F_b
PDF417				
Data Matrix				
QR Code				

表 7-7　彩色二维码（半色调图像）

光学滤色片	彩色二维码	明码	暗码
红色 滤色片 F_r			
蓝色 滤色片 F_b			

由表 7-6 和表 7-7 中的结果可知，不管是连续调图像还是半色调图像，暗码都可以

很好地隐藏在明码中。在可见光下，使用普通的扫码设备扫描彩色二维码，只能获取明码信息，而隐藏在其中的暗码信息需要经过光学滤色处理（在扫描设备前加装光学滤色片）或在相应的有色光下才能读取。由此可见，利用颜色的光谱特性，可以达到信息隐藏的目的，且其中的明码和暗码具有良好的兼容性。

7.8　半色调信息隐藏的评价

目前对载密图像的不可感知性的评价分为主观评价和客观评价两类，主观评价的典型方法为 ITU—R Rec 500 的质量等级评判法。由于视觉感知能力因人而异，主观评价载密图像的不可感知性很难给出稳定可靠的结论，因此在研究和开发隐藏算法的过程中，一般采用客观定量度量的方法。

目前定量度量载密图像的不可感知性的客观指标主要有峰值信噪比（PSNR）和均方误差（MSE），对于一个 $M \times N$ 像素的灰度图像，设隐藏信息前和隐藏信息后每个像素的值分别为 $f(i,j)$ 和 $g(i,j)$ ，其中， $i=1,2,\cdots,M$ ； $j=1,2,\cdots,N$ ，图像的 MSE 和 PSNR 分别表示如下：

$$\mathrm{MSE}=\frac{1}{MN}\sum_{i=1}^{M}\sum_{j=1}^{N}\left[f(i,j)-g(i,j)\right]^2 \tag{7-16}$$

$$\mathrm{PSNR}=10\lg\left(\frac{\max f(i,j)^2}{\frac{1}{MN}\sum_{i=1}^{M}\sum_{j=1}^{N}\left[f(i,j)-g(i,j)\right]^2}\right) \tag{7-17}$$

由于 PSNR 和 MSE 能定量衡量信息隐藏引入的失真，在一定程度上反映了待检测图像与原始图像的近似程度，且计算简便，因此被广泛使用。但计算 PSNR 时，对图像是逐点进行的，对每个点的所有误差（不管其在图像中的位置）都赋予同样的权值，并且没有考虑与周围像素点的相关性，这与人类视觉特性明显不相符，因此用 PSNR 衡量隐藏算法的不可感知性的优劣往往是不准确的。

为了更好地度量隐藏算法的不可感知性，学者提出了一些新的评价方法。Watson 提出了基于小波域量化噪声视觉权重分析方法，Kaewkameerd 提出了基于小波域的人眼视觉系统模型的门限公式，这两种基于小波域的评价方法计算复杂度过高，影响了应用价值。Wang、朱里和杨威分别提出了图像空域中的结构相似度失真指标，该类方法不仅算法复杂度高，而且对图像模糊不够敏感。Voloshynovkiy 等通过引入噪声视觉可见函数（NVF），提出了一个修正的加权峰值信噪比（WPSNR）指标，WPSNR 指标与主观评价更趋于一致，但该指标没有考虑到人眼在不同方向感知度不同这一实际情况。Van den 和 Farrell 提出了基于人类空间视觉的多通道模型的失真度度量指标，该模型考虑了人类视觉系统的对比灵敏性和屏蔽现象，是一个基于人类空间视觉的多通道模型，计算复杂度也非常高。Watson 视觉感知模型提出了一个很重要的被称为临界差异（JND）的概念，指出了在实验中能被识别出来的最小失真，即能够被普遍感知到变化的最小值，在嵌入信息时，要遵循的一个原则就是嵌入信息后导致图像系数的变动不能超过一个单位的 JND。该模型考虑了三个因素：频率敏感性、亮度掩蔽效应和对比度掩蔽效应。由于所获得的视觉计算模型过于复杂，因此很难针对每一幅图像或图像的局部特征构造自适应的

图 7-38 两幅随机图像

图像视觉压缩算法，人类视觉特性并没有得到充分利用。

针对 PSNR 存在的缺陷，相关文献提出了一种分块的客观失真评价方法——PBED，该方法将图像分成 8×8 或 16×16 的子块，然后考察这些图像子块的失真情况。PBED 不仅从总体上反映了隐藏处理引入的失真，还从微观上对局部的最大失真给出了限制，解决了 PSNR 局部评价较差的问题，计算复杂度也不是很高。但它仍然将每个像素作为独立的点看待，没有考虑图像相邻像素点之间的相互影响，在观看图像时，不但要获取图像的细微特征，还要将各个像素点，尤其是相邻的像素点视为一个有机的整体。图 7-38 所示的两幅随机图像中，每个像素点的像素值由[0, 255]区间的随机整数构成，它们是两幅完全不同的图像，它们的 PSNR 值非常小，为 7.78，PBED 值远远高于相关文献所提出的要求，但在人类视觉系统中它们是几乎相同的两幅图像，这说明在这两幅图像中可以隐藏大量的由随机信号调制后的隐秘信息，用 PBED 来评价隐藏效果时仍会影响其嵌入容量。

用于评价不可感知性的理想指标应该满足以下几个条件：一是能充分反映人类视觉特性；二是指标的计算是基于空域的，因为人眼对图像的感知最终是在空域中进行的；三是计算复杂度较低。基于这种思想，有关文献提出了一种视觉失真感知函数（Vision Distortion Sensitivity Function，VDSF）来评价隐藏信息后的不可感知性。

基于图像的信息隐藏可看成在强背景（原始图像）上叠加一个弱信号（被隐藏的信息），只要叠加的信号低于对比度门限（Contrast Sensitivity Threshold），人类视觉系统就无法感觉到信号的存在。根据 HVS 的对比度特性，该门限值受背景照度、背景纹理复杂性和信号频率的影响。根据 Daugman 提出的视觉通道的 Gabor 滤波模型，一个像素点像素值的改变会影响与其相邻的多个像素点的视觉效果，即相邻像素点之间存在相关性，但这种相关性随着两者之间的距离增大而迅速减小。

设背景照度为 I，根据 Weber-Fecher 定律，在均匀背景下，人眼刚好可以识别的物体照度为 $I+\Delta I$，ΔI 满足

$$\Delta I \approx 0.02 \times I \tag{7-18}$$

视觉领域的进一步研究表明，人眼的感知系统是一个非线性系统，ΔI 与 I 的关系更接近指数关系。有文献提出了更准确的对比敏感度函数（Contrast Sensitivity Function，CSF）：

$$\Delta I = I_0 \times \max\left\{I, (I/I_0)^{\alpha}\right\} \tag{7-19}$$

式中：I_0 为当 $I=0$ 时的对比度门限；α 为常数，$\alpha \in (0.6, 0.7)$。

当多个像素点中每个点的变化均不可感知时，这些像素点的变化之和也应该是不可感知的，即没有视觉失真，当单个像素点的变化能被人眼感知到，且这些能被感知到的像素点较多或某个像素点失真很严重时才会引起视觉失真，因此衡量视觉失真时应该只考虑人眼能感知到变化的那些像素点，而不考虑虽然改变了但人眼不能感知到变化的那些像素点，这是目前广泛被忽视的问题。

由于人眼对图像平滑区的噪声敏感，而对纹理区的噪声不敏感，因此对像素点的失真感知度与该像素点一定邻域内的平滑度关系很大，坐标（i, j）处一定区域的邻域的平

滑度 s 可定义为

$$s_{i,j} = \left(\frac{1}{1+\sigma_{i,j}^2}\right)^{\beta} \tag{7-20}$$

式中，$\sigma_{i,j}^2$ 为均方差：

$$\sigma_{i,j}^2 = \frac{1}{(2E+1)^2}\sum_{l=-E}^{E}\sum_{k=-E}^{E}\left[f(i+l,j+k)-\bar{f}(i,j)\right]^2 \tag{7-21}$$

$$\bar{f}(i,j) = \frac{1}{(1+2E)^2}\sum_{l=-E}^{E}\sum_{k=-E}^{E} f(i+1,j+k) \tag{7-22}$$

s 的值越大（最大值为 1），该邻域越平滑，像素值的变化越容易被感知。图像由平滑变为粗糙与由粗糙变为平滑对人眼的视觉感知来说是相同的，而嵌入信息前后邻域内的平滑度一般会发生改变，这就存在平滑度是以原始图像还是以嵌入信息后的图像作为参照的问题，因为由粗糙变为平滑时，其感知也是非常明显的。但在实际的嵌入处理中，待隐藏的信息一般是经过加密或置乱处理后的数据，这些数据一般都呈现噪声特性，隐藏信息后的图像不会出现由粗糙变为平滑的现象，因此以原始图像的平滑度作为参照更适合衡量嵌入前后的视觉感知量。

根据对比敏感度函数和邻域的平滑度，坐标（i,j）处的噪声感知量 NA 可定义为

$$\mathrm{NA}(i,j) = s_{i,j}\times\sum_{l=-E}^{E}\sum_{k=-E}^{E}\left[\max(0,\left|f(i,j)-g(i+l,j+k)\right|-\Delta f(i+l,j+k))^2 \div d \div (l^2+k^2+1)\right] \tag{7-23}$$

式中，

$$d = \begin{cases} 1, & l=0\text{或}k=0 \\ 2, & |l|=|k|\text{且}l\neq 0 \\ 1.5, & \text{其他} \end{cases}$$

NA 表示受影响的像素点的方向关系量，水平或垂直方向影响最大，正对角线方向影响最小。

式（7-21）、式（7-22）中，E 为所考虑的邻域的大小，$\Delta f(x,y)$ 为按式（7-19）计算的坐标为 (x,y) 的像素点的对比敏感度，l^2+k^2+1 则反映相邻区域受影响的像素点的距离关系，影响量与距离的平方成反比，距离越远，影响越小。

整个图像嵌入信息后的视觉失真感知指标 VDSF 表示为

$$\mathrm{VDSF} = \lg\left(\frac{\max f(i,j)^2}{\frac{1}{MN}\sum_{i=1}^{M}\sum_{j=1}^{N}\mathrm{NA}(i,j)}\right) \tag{7-24}$$

当式（7-21）中的 E 和式（7-20）中的 β 取值为 0 且不考虑像素点的最低亮度变化量时（认为所有像素点的 $\Delta I = 0$ 时），VDSF 的值与 PNSR 相同，即 PNSR 是 VDSF 的一种特殊情况。VDSF 反映了人类视觉系统的四个特性。

（1）人眼对视觉信号变化剧烈的地方（纹理区）的噪声不敏感，对平滑区的噪声敏感。

（2）人眼对水平或垂直方向的变化比对角线方向的变化更为敏感。

（3）低于可感知极限的亮度变化是不可感知的。

（4）人眼在观看图像时，不但要获取图像的细微特征，还要将各个像素点，尤其是相邻的像素点视为一个有机的整体，像素点之间距离越近，相关性越强。

第 8 章

数字空间安全

为了确保传输的信息数据的完整性、真实性、可靠性，防止信息数据在存储和传输过程中被泄露和篡改，必须对信息数据进行处理和保护。信息加密过程就是按照某种加密算法，将原始的信息数据（明文）转换为用于传输的信息数据（密文）的过程。信息加密一般包括以下要素。

① 明文：原始的信息数据。

② 密文：明文经加密而成的一种隐蔽形式。

③ 加密算法：发送者对明文进行加密操作时采用的一组规则。

④ 密钥：独立于明文的值，算法根据当时使用的特定值产生不同的输出，改变密钥就改变了算法的输出。

近年来，随着计算机应用技术的不断发展，信息加密技术也越来越复杂多变。经过技术人员的不断研究和探索，信息加密技术已经基本能实现对数据的动态保护，并能很好地运用于日益发展的计算机网络应用，有效地维护计算机网络系统的使用安全。

8.1 数字加密

在数据整合过程中，将部分数据变成非法用户不能识别的乱码，即数字加密，解密就是加密的逆过程。

数字加密在信息安全方面要实现的基本功能如下。

（1）机密性。在数字加密技术的保护下，只有信息的发送方和指定接收方才能理解所传输的报文信息的含义。窃密者虽然可以截取报文信息，但无法还原信息内容。

（2）鉴别功能。报文发送方和接收方通过指定口令可以证实信息传输过程中涉及的对方身份，信息传输的另一方可以识别他们声称的身份。也就是说，在数字加密技术的防护下，收发双方可以对对方的身份进行鉴别，第三方无法冒充身份。

（3）报文完整性。要保证报文信息在传输过程中未被篡改，从而保证报文传输的完整性。

（4）不可否认性。在收到报文信息之后，要证实报文信息确实来自所宣称的发送方，报文发送方在报文信息发送之后无法做否认操作。

数字加密与算法有何种关系？这二者好似商品包装与工人的关系。算法是数据的加密、解密过程的主要工作者，也就是说，加密、解密过程是由算法来操作的。传统的数字加密算法主要有下面四种。

（1）传统的置换表算法。在加密算法之中，最为简洁的算法就是置换表算法，利用置换表中的某个偏移量与数据段恒定的相对应性，这些相对应的偏移量数据在再次输出后即自行变成加密过的文件。解密的过程更为简单，就是参照置换表来对加密过的信息进行解读。这种算法的优点就是加密、解密的方法简单、迅捷，其缺点也显而易见，如果其他人获悉这个置换表，那么文件的加密效果就荡然无存了。

（2）改进之后的置换表算法。改进之后的置换表算法并没有发生多大变化，只是置换表的数量增多，搭配方式相应随机而已，即通过两个或多个置换表的随机搭配组合，对数据进行多次加密，以此来加强数据的加密效果。

（3）XOR 操作算法。该算法实际是变换数据位置的算法，即不断将字节在一个数据流内循环地进行移位，再使用 XOR 操作对其迅速加密，使其变成密文。该算法的局限就是只能在计算机上进行操作，而且其密文较难破译。

（4）循环冗余校验算法。它是一种 16 位或 32 位校验和的散列函数校验算法，如果数据的其中一位丢失、两位或多位出现错误，校验和出错的结果是必然会出现的。该加密算法经常被用于校验传输通道干扰引发的错误，因此，也被广泛地应用于文件的加密传输。

目前，常见的数字加密技术主要可以分为两大类：对称加密技术（私钥加密技术）和非对称加密技术（公钥加密技术）。

（1）对称加密技术。对称加密又称私钥加密，指的是信息的发送方和接收方使用完全相同的密钥对数据进行加密和解密。这就要求双方必须商定一个公共的密钥作为安全传输秘密信息的前提。对称加密技术是人们日常生活中最常用的数字加密技术之一，该技术的数据加密算法主要有 DES、AES 和 IDEA 三种。其中，DES 是一种对二元数据进行加密的算法，它的密码是 64 位对称数据，并且进行分组，而其密钥为随机搭配的 56 位，余下的 8 位用于奇偶校验。

对称加密技术对信息编码和解码的速度很快，效率也很高，具有密钥简短、破解困难的特点（只要密钥未被任何一方泄露，就能确保所要传输的数据的安全性、机密性和完整性)，且加密范围极其广泛，被成功应用于银行电子资金转账领域，保证银行的计算机安全正常运行。

但对称加密技术也存在一些问题，主要问题在密钥的分发和管理上。因为传输密码的信息必须保密，要么双方当面接触交换密钥，要么在私密的环境中交换密钥，如果通过公共传输系统（如电话、邮政)，密钥一旦被截获，信息传输就可能泄密。如果通过加密的方式在网上传输，就需要另一个密钥，非常麻烦。对称密钥的另一个问题是无法适应互联网开放环境的需要，因为利用互联网交换保密信息的每对用户都需要一个密钥，假如在网络中有 N 个人彼此之间进行通信，就需要 $N(N-1)/2$ 个密钥，每个人如果分别和其他人进行通信，那么每个人需要保管的密钥就是 $N-1$ 个。当 N 这个数字很大的时候，整个网络中密钥的总数量就是一个天文数字。

（2）非对称加密技术。非对称加密又称公钥加密，指的是信息的发送方、接收方使用不同的密钥对数据进行加、解密。密钥会被分类为被加密过的公开密钥和用来解密的私有密钥，现有的技术和设备均达不到由公钥来导出私钥，通过密钥交换协议，信息的发送方和接收方不需要事先交换密钥，便可直接进行安全的通信，这样既消除了密钥的安全隐患，也使要传输的数据的保密性得到了提高。RSA、Diffie-Hellman、ElGamal、椭圆曲线等算法是非对称加密技术典型的加密算法。其中，RSA 算法值得一提，当前已知的所有密码攻击对该算法的攻击均是无效的。同时，它也是应用最为广泛的知名度相当高的一种公钥算法。除数据加密之外，身份认证和数据完整性验证均可用于非对称加密技术。因此，该技术在数字证书、数字签名等信息交换领域被广泛应用。

与对称加密技术相比，非对称加密技术有突出的优点：

① 在多人之间传输保密信息所需保管的密钥组合数量很小，在 N 个人彼此之间传输保密信息，只需要 N 对密钥，远远小于对称加密技术需要的 $N(N-1)/2$ 个；

② 公钥的分发比较方便，无特殊的要求，可以公开；

③ 非对称加密可实现数字签名，签名者事后不能否认。

但非对称加密技术也有缺点，其最大的缺点就是加、解密速度慢。由于需要进行大数运算，因此无论是用软件实现还是硬件实现，RSA 算法最快的情况也比 DES 算法慢两个数量级。

总而言之，数字加密就是采用传统的置换表算法、改进之后的置换表算法、XOR 操作算法和循环冗余校验算法等加密算法对所要保护的数据信息进行加密保护，以此来确保所传送数据的保密性、完整性。数字加密在现实中主要应用于信息加密隐藏、安全认证协议、网络数据通信安全协议等方面。

8.2 对称密码系统

对称密码系统在加密和解密时使用相同的密钥，由于密钥是不公开的，所以也称私钥密码系统。根据加密方式的不同，可以将对称密码系统分为流密码和分组密码。在流密码中，对明文按照原来的顺序逐个加密；在分组密码中，需要先将明文按照一定的长度分成若干组，再分别对每一组明文进行加密。替代和置换是对称密码系统中最常用的两个方法。替代是将明文信息用其他字母、数字或符号代替；置换则是通过某个置换表，对明文信息进行位置上的变化，变化后的明文顺序被完全打乱。对称密码系统流程如图 8-1 所示。

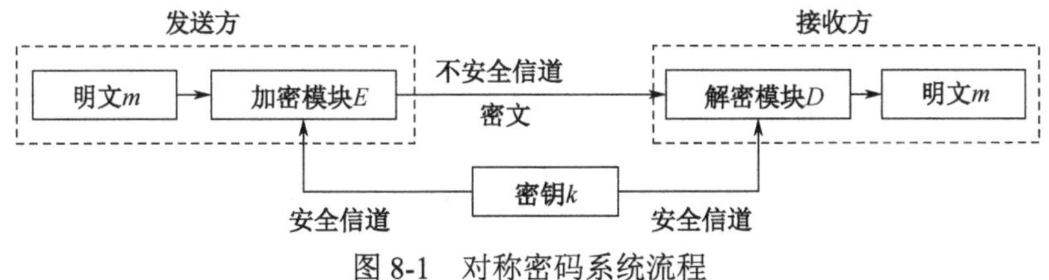

图 8-1 对称密码系统流程

对称密码系统中的发送方和接收方使用同一个密钥 k 进行加密和解密，所以密钥的安全性是保证算法安全的关键。

8.2.1 DES 算法

1971 年，依据信息论奠基者 Shannon 开创的多重加密有效性理论，美国学者 Tuchman

与 Meyer 首创了数据加密标准（Data Encryption Standard，DES）算法。DES 算法自从被纳入美国联邦规范以后，逐步成为最典型的对称密码算法，同时也是分组密码的代表之一，对于密码学的理论发展具有巨大的推动作用。DES 算法包含 64 位明文、64 位密钥，因为其中每一字节的最后一位用于校验，所以实际上参与计算的只有 56 位数据，其余 8 位用于奇偶校验，明文和密钥进行一系列的置换等运算后，最终实现数据加密。目前，DES 算法主要应用于金融行业，其在金融行业的应用主要是为信用卡持卡人的 PIN 的加密传输、金融交易数据包的 MAC 校验、IC 卡与 POS 间的双向认证等。

1. Feistel 结构

DES 算法是基于 Feistel 结构的，采用 16 圈 Feistel 模型。标准 Feistel 结构如图 8-2 所示。输入数据 D_{i-1} 分为左右两部分，分别记为 L_{i-1} 和 R_{i-1}；输出数据 D_i 也分为左右两部分，分别记为 L_i 和 R_i。在 DES 算法中，每个 D_i 的长度为 64 位，L_i 和 R_i 的长度均为 32 位。

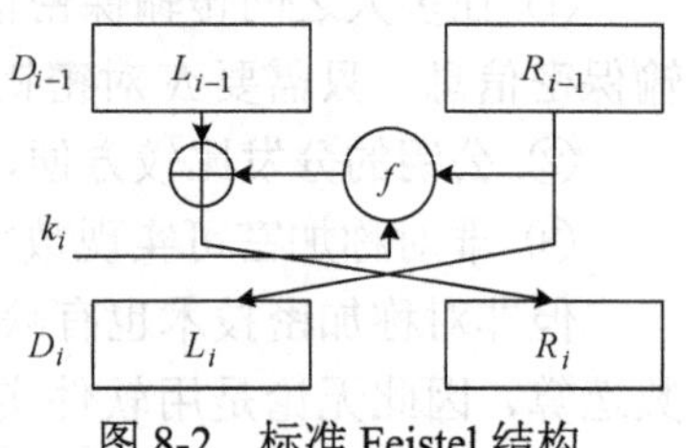

图 8-2　标准 Feistel 结构

2. DES 加密密钥生成

DES 算法的任何一轮迭代都需要利用长度为 48 位的子密钥，并且都由长度为 64 位的初始密钥扩展生成 16 个 48 位的加密子密钥。子密钥生成流程如图 8-3 所示。

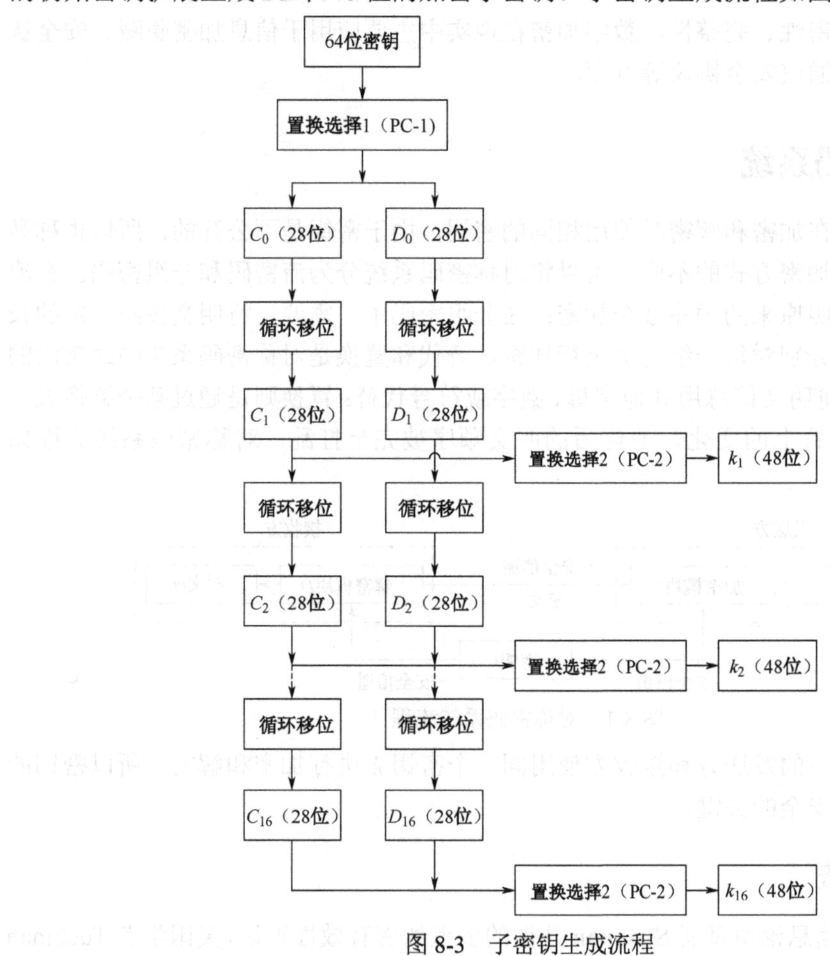

图 8-3　子密钥生成流程

从图 8-3 中可以看出，64 位的初始密钥经过置换选择 1 后，把密钥的第 57 位变换到第 1 位，密钥的第 49 位变换到第 2 位，重复变换过程，直至把第 4 位变换到第 56 位，将初始密钥中每一字节的第 8 位舍弃（第 8、16、24、32、40、48、56、64 位），从而得到 56 位。将得到的 56 位平均分成左右两部分，左半部记为 C_0，右半部记为 D_0。C_0 为置换选择 1 的前半部分，D_0 为置换选择 1 的后半部分。从 C_0 和 D_0 开始进行运算，变换后的 C_0 的第 1 位在变换前的密钥里处于第 57 位，变换后的 D_0 的第 1 位在变换前的密钥里处于第 63 位。对 C_i 和 D_i 按照循环左移移位表进行循环左移，获得 C_{i+1} 和 D_{i+1}。循环左移移位表见表 8-1。

表 8-1　循环左移移位表

轮序	1	2	3	4	5	6	7	8	9	10	11	12	13	14	15	16
移位数	1	1	2	2	2	2	2	2	1	2	2	2	2	2	2	1

循环左移（LS）的计算模型如下：

$$\begin{cases} C_i = \mathrm{LS}_i(C_{i-1}) \\ D_i = \mathrm{LS}_i(D_{i-1}) \end{cases} (1 \leqslant i \leqslant 16) \tag{8-1}$$

式中：当 i=1,2,9,16 时，进行循环左移 1 位变换，其余进行循环左移 2 位变换。

经过 16 轮的循环移位和置换选择 2 操作产生 16 个 DES 加密子密钥。具体过程如下：先将 C_{i-1} 和 D_{i-1} 通过循环位移操作分别得到 C_i 和 D_i（位移的位数与其所在的圈数有关），再对 C_i 和 D_i 执行置换选择 2 运算，经过置换选择 2 运算后得到 48 位的 DES 加密子密钥。其中，置换选择 1 见表 8-2，置换选择 2 见表 8-3。

表 8-2　置换选择 1

57	49	41	33	25	17	9
1	58	50	42	34	26	18
10	2	59	51	43	35	27
19	11	3	60	52	44	36
63	55	47	39	31	23	15
7	62	54	46	38	30	22
14	6	61	53	45	27	29
21	13	5	28	20	12	4

表 8-3　置换选择 2

14	17	11	24	1	5
3	28	15	6	21	10
23	19	12	4	26	8
16	7	27	20	13	2
41	52	31	37	47	55
30	40	51	45	33	48
44	49	39	56	34	53
46	42	50	36	29	32

3. DES 加密算法

DES 加密算法的整体结构采用的是 16 圈 Feistel 模型。首先将输入的明文进行分组，每组为 64 位。通过一个初始置换 IP，对每组 64 位的输入 M 进行置换，输出为 W=IP(M)，W 依然是 64 位，只是改变了明文信息的排列顺序。然后将 64 位的输入等分为左右两部分，每部分 32 位。接着是 16 轮的迭代加密运算，每一轮加密算法都是相同的，并产生 16 个子密钥，每个子密钥为 48 位。在第 16 轮中交换输出的左右两部分的次序，最后经过一个逆初始置换 IP^{-1}，置换规则为 $Z=\mathrm{IP}^{-1}(W)=\mathrm{IP}^{-1}(\mathrm{IP}(M))$，产生 64 位的密文信息，如图 8-4 所示。

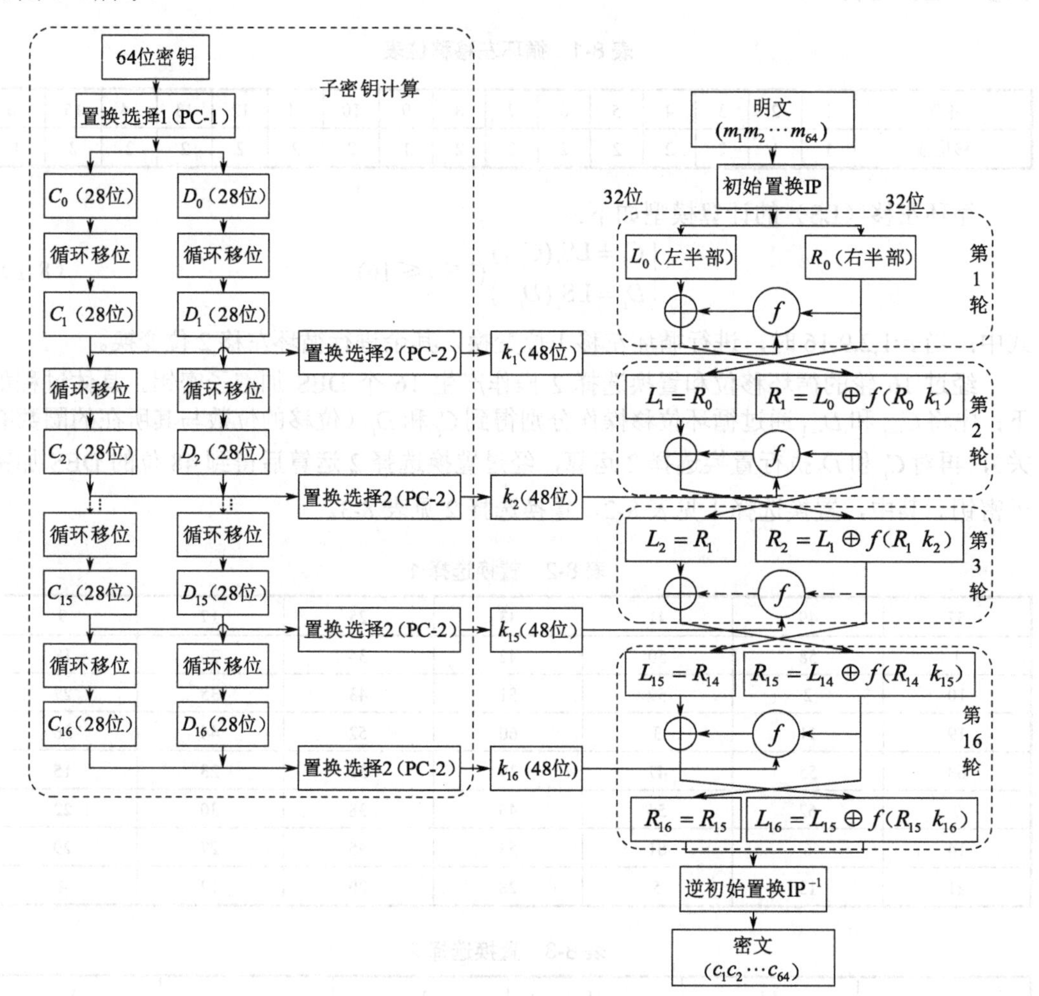

图 8-4 DES 加密算法流程

1）*初始置换 IP 和逆初始置换* IP^{-1}

对于输入的 64 位明文，首先进行的操作就是初始置换 IP，初始置换只是改变了明文中信息的排列。初始置换 IP 见表 8-4。由表 8-4 可以发现，明文的顺序都被打乱了，明文的第 58 位变成了第 1 位，第 50 位变成了第 2 位，第 42 位变成了第 3 位，以此类推。

表 8-4 初始置换 IP

58	50	42	34	26	18	10	2
60	52	44	36	28	20	12	4
62	54	46	38	30	22	14	6
64	56	48	40	32	24	16	8
57	49	41	33	25	17	9	1
59	51	43	35	27	19	11	3
61	53	45	37	29	21	13	5
63	56	47	38	31	23	15	7

经过 16 轮迭代运算后，进行逆初始置换 IP^{-1}，即将迭代后数据的第 40 位逆置换到第 1 位，将迭代后数据的第 8 位逆置换到第 2 位，依此类推，直至将迭代后数据的第 25 位逆置换到第 64 位，从而得到加密后的密文。逆初始置换是初始置换的逆运算，见表 8-5。

表 8-5 逆初始置换 IP^{-1}

40	8	48	16	56	24	64	32
39	7	47	15	55	23	63	31
38	6	46	14	54	22	62	30
37	5	45	13	53	21	61	29
36	4	44	12	52	20	60	28
35	3	43	11	51	19	59	27
34	2	42	10	50	18	58	26
33	1	41	9	49	17	57	25

2）f 函数

f 函数是整个 DES 加密算法的核心，加密中的混乱和扩散目的主要就是通过 f 函数来实现的。f 函数有两个数据输入，一个是加密的右半部 32 位的数据 R，另一个是加密子密钥 k_i（$1 \leqslant i \leqslant 16$）。$f$ 函数的具体表达式如下：

$$f(R,k_i)=PS(E(R)\oplus k_i) \tag{8-2}$$

f 函数的具体运算流程如图 8-5 所示。

由图 8-5 可以看出，f 函数主要由三部分组成，即扩展变换 E 盒、选择压缩变换 S 盒、置换运算 P 盒。其中，E 盒的作用是将输入的 32 位数据平均分成 8 组，由每组 4 位扩展为 6 位，扩展变换 E 的变换表见表 8-6。S 盒是 DES 加密算法中唯一的非线性运算，也是安全性的所在，其作用就是将经过 E 盒操作并与加密子密钥进行异或运算后的数据通过 S 盒查表运算，由 48 位数据重新变为 32 位数据输出，8 个 S 盒见表 8-7～表 8-14。P 盒的作用是对 S 盒变换的数据进行移位操作，置换运算 P 见表 8-15。

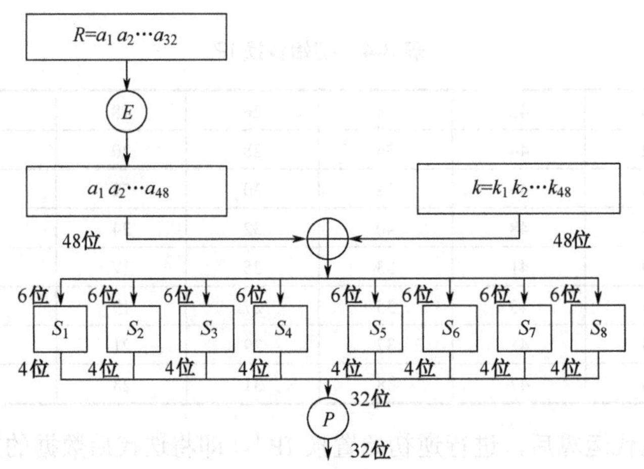

图 8-5 f 函数运算流程

表 8-6 扩展变换 E 的变换表

32	1	2	3	4	5
4	5	6	7	8	9
8	9	10	11	12	13
12	13	14	15	16	17
16	17	18	19	20	21
20	21	22	23	24	25
24	25	26	27	28	29
28	29	30	31	32	1

表 8-7 S_1 盒

14	4	13	1	2	15	11	8	3	10	6	12	5	9	0	7
0	15	7	4	14	2	13	1	10	6	12	11	9	5	3	8
4	1	14	8	13	6	2	11	15	12	9	7	3	10	5	0
15	12	8	2	4	9	1	7	5	11	3	14	10	0	6	13

表 8-8 S_2 盒

15	1	8	14	6	11	3	4	9	7	2	13	12	0	5	10
3	13	4	7	15	2	8	14	12	0	1	10	6	9	11	5
0	14	7	11	10	4	13	1	5	8	12	6	9	3	2	15
13	8	10	1	3	15	4	2	11	6	7	12	0	5	14	9

表 8-9 S_3 盒

10	0	9	14	6	3	15	5	1	13	12	7	11	4	2	8
13	7	0	9	3	4	6	10	2	8	5	14	12	11	15	1
13	6	4	9	8	15	3	0	11	1	2	12	5	10	14	7
1	10	13	0	6	9	8	7	4	15	14	3	11	5	2	12

表 8-10 S_4 盒

7	13	14	3	0	6	9	10	1	2	8	5	11	12	4	15
13	8	11	5	6	15	0	3	4	7	2	12	1	10	14	9
10	6	9	0	12	11	7	13	15	1	3	14	5	2	8	4
3	15	0	6	10	1	13	8	9	4	5	11	12	7	2	14

表 8-11 S_5 盒

2	12	4	1	7	10	11	6	8	5	3	15	13	0	14	9
14	11	2	12	4	7	13	1	5	0	15	10	3	9	8	6
4	2	1	11	10	13	7	8	15	9	12	5	6	3	0	14
11	8	12	7	1	14	2	13	6	15	0	9	10	4	5	3

表 8-12 S_6 盒

12	1	10	15	9	2	6	8	0	13	3	4	14	7	5	11
10	15	4	2	7	12	9	5	6	1	13	14	0	11	3	8
9	14	15	5	2	8	12	3	7	0	4	10	1	13	11	6
4	3	2	12	9	5	15	10	11	14	1	7	6	0	8	13

表 8-13 S_7 盒

4	11	2	14	15	0	8	13	3	12	9	7	5	10	6	1
13	0	11	7	4	9	1	10	14	3	5	12	2	15	8	6
1	4	11	13	12	3	7	14	10	15	6	8	0	5	9	2
6	11	13	8	1	4	10	7	9	5	0	15	14	2	3	12

表 8-14 S_8 盒

13	2	8	4	6	15	11	1	10	9	3	14	5	0	12	7
1	15	13	8	10	3	7	4	12	5	6	11	0	14	9	2
7	11	4	1	9	12	14	2	0	6	10	13	15	3	5	8
2	1	14	7	4	10	8	13	15	12	9	0	3	5	6	11

表 8-15 置换运算 P

16	7	20	21
29	12	28	17
1	15	23	26
5	18	31	10
2	8	24	14
32	27	3	9
19	13	30	6
22	11	4	25

在每一轮中，密钥通过移位和置换选择产生新一轮的子密钥。通过 E 盒扩展置换数据，将右半部 32 位扩展成 48 位，与每一轮生成的 48 位子密钥进行异或运算，通过 8 个 S 盒进行代换、选择运算生成新的 32 位数据，新的 32 位数据再通过 P 盒置换一次。P 盒输出数据与左半部分 32 位数据进行异或运算，成为新的右半部 32 位数据。原来的右半部数据成为新的左半部 32 位数据。每轮变换可由以下公式表示：

$$\begin{cases} L_i = R_{i-1} \\ R_i = L_{i-1} \oplus f(R_{i-1}, k_i) \end{cases}, \quad i = 1,2,\cdots,15,16 \tag{8-3}$$

式中：f 为变换函数；k_i 为第 i 个子密钥。

4. DES 解密算法

DES 解密是 DES 加密的逆过程。加密和解密可以使用相同的算法。解密和加密唯一不同的是子密钥的输入次序是相反的，即先使用子密钥 k_{16}，再使用子密钥 k_{15}，以此类推，最后使用子密钥 k_1。也就是说，如果每一轮的加密密钥分别是 $k_1,k_2,k_3,\cdots,k_{16}$，那么解密密钥就是 $k_{16},k_{15},k_{14},\cdots,k_1$。加密是密钥循环左移，解密是密钥循环右移。解密密钥每次移动的位数是 0、1、2、2、2、2、2、2、1、2、2、2、2、2、2、1。

5. DES 算法的伪代码

DES 算法的特点就是只使用标准的算术和逻辑运算，其作用的数位最多只有 64 位。DES 算法的伪代码如下。

输入：密钥 k，信息 data1，工作模式 mode。

输出：信息 data2。

（1）将 data1 以长度 64 位为单位进行相应分组。

（2）根据 DES 密钥扩展机制生成 16 个子密钥。

（3）将信息进行初始置换 IP，data1 被平均分为左半部 L_0 和右半部 R_0，每部分 32 位。

（4）for i=1 to 16。

（5）$L_i = R_{i-1}$。

（6）$R_i = L_{i-1} \oplus f(R_{i-1}, k_i)$。

（7）最后一次迭代运算，也就是第 16 次运算，不进行左右两部分对换操作。

（8）end。

（9）将迭代运算后的左右两部分连接起来，进行逆初始置换 IP^{-1}。

（10）输出信息 data2。

（11）end。

其中，工作模式 mode 分为加密和解密。当 mode 为加密模式时，明文信息 data1 按照 64 位进行分组，形成明文组，密钥 k 用于对数据加密，得到密文信息 data2；当 mode 为解密模式时，k 用于对数据解密，密文信息 data2 经过解密得到明文信息 data1。

8.2.2 AES 算法

1997 年，美国开始寻求电子信息加密的新标准，最终比利时密码专家 Rijmen 提出的 Rijndael 算法胜出，被确定为 AES 算法。从此，AES 算法取代 DES 算法成为电子信息加密的新规范。AES 算法也称 Rijndael 算法，与 DES 算法相同，AES 算法也属于分组对称密码技术，但不同的是 AES 算法的密钥长度比 DES 算法长，可以有效对抗穷举密钥攻击。AES 算法的密钥长度有三种，即 128 位、192 位和 256 位，分别表示为 AES-128、AES-192 和 AES-256。密钥长度不同不影响算法的结构流程，仅仅影响算法整体复杂程度。密钥长度每增加 64 位，加密迭代就会增加两轮，表 8-16 为 AES 算法的明文长度、密钥长度、密文长度及加密轮数。

表 8-16　AES 算法的明文长度、密钥长度、密文长度及加密轮数

算　法	明文长度（N_b）	密钥长度（N_k）	密文长度（字）	加密轮数（N_r）
AES-128	4	4	4	10
AES-192	4	6	4	12
AES-256	4	8	4	14

1. AES 加密算法

AES 加密算法中的每一轮加密基本经过四个步骤，分别为字节替换（Sub Bytes）、行移位（Shift Rows）、列混合（Mix Columns）、轮密钥加（Add Round Key）。由于 128 位的加密算法最常用，因此这里以 AES-128 为例，将 AES 加密过程看成一次次轮变换，AES-128 则有 11 次轮变换，第一次轮变换仅有轮密钥加运算，而中间 9 次相同的轮变换包含字节替换、行移位、列混合、轮密钥加运算，最后一次轮变换包含字节替换、行移位、轮密钥加运算。AES 加密流程如图 8-6 所示。

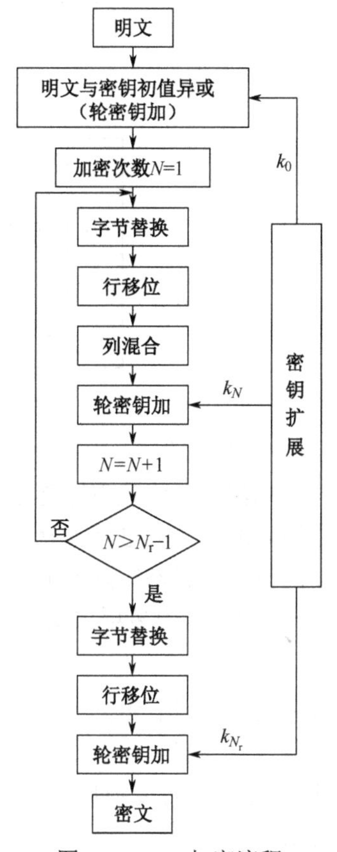

图 8-6　AES 加密流程

1）字节替换

字节替换是起到混淆作用的非线性变换。它通过 S 盒查找表将一字节映射成完全不同的字节，从而起到混淆的作用。映射规则如下：将一字节的高 4 位和低 4 位分别作为行值和列值，选择 S 盒中对应位置的元素进行映射。将状态矩阵中的所有字节都进行查找和替换。字节替换操作过程如图 8-7 所示。

解密时，相对应的模块是逆字节替换（Inv Sub Bytes），即对状态矩阵的每一字节都使用逆 S 盒的字节进行替换。

2）行移位

行移位是将各行中的各字节都进行左移且每行移动的字节数不同，打乱各字节的位置关系，起到扩散的作用。其原理是第一行保持不变，第二行循环左移 8 位，第三行循环左移 16 位，第四行循环左移 24 位，即令状态矩阵 State 的第一行元素不移动，第二行元素字节移动量为 1，第三行元素字节移动量为 2，第四行元素字节移动量为 3。行移位计算公式如式（8-4）所示，其原理如图 8-8 所示。

$$\text{Shift Rows(bit)} = \begin{cases} 0, \text{bit} = 4 \\ 1, \text{bit} = 3 \\ 2, \text{bit} = 2 \\ 3, \text{bit} = 1 \end{cases} \tag{8-4}$$

在解密的时候，对应的模块是逆行移位（Inv Shift Rows），其与行移位互为逆过程，即将第一行保持不变，第二行循环右移 8 位，第三行循环右移 16 位，第四行循环右移 24 位。

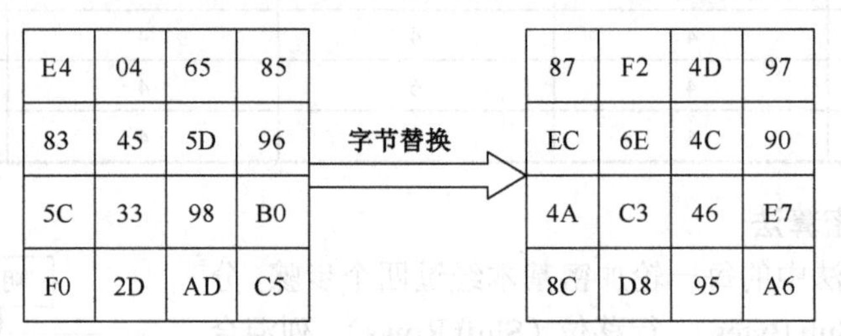

图 8-7　字节替换操作过程

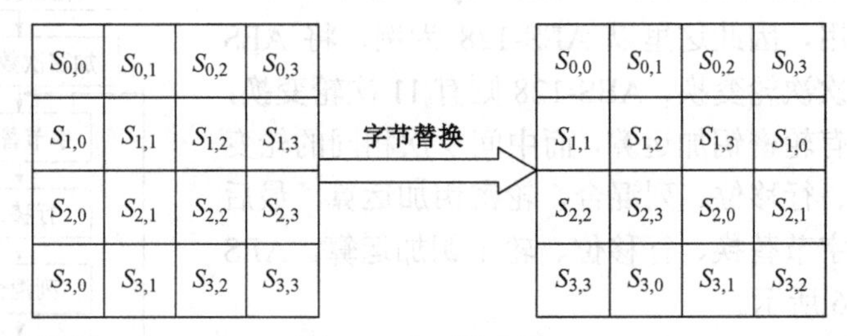

图 8-8　行移位原理

3）列混合

列混合是将状态矩阵中的所有字节按列更新为新的值，同样起到扩散的作用，对状态矩阵的每一列进行独立操作，利用 GF(2^8)域上的算术特性将每一列的每一字节替换成新的值。将状态矩阵 State 的列看成 GF(2^8)域中的多项式，对 x^4+1 取模，然后与多项式 $a(x)$相乘，其中多项式 $a(x)$可定义如下：

$$a(x) = 03 \cdot x^3 + 01 \cdot x^2 + 01 \cdot x + 02 \tag{8-5}$$

则列混合可以表示为

$$\boldsymbol{s}'(x) = a(x) \cdot \boldsymbol{s}(x) \bmod (x^4 + 1) \tag{8-6}$$

式中：$\boldsymbol{s}(x)$为行变换后的状态矩阵；$\boldsymbol{s}'(x)$ 为列混合后的状态矩阵。可将式（8-6）按照矩阵乘法表示为

$$\begin{bmatrix} s'_0 \\ s'_1 \\ s'_2 \\ s'_3 \end{bmatrix} = \begin{bmatrix} 02 & 03 & 01 & 01 \\ 01 & 02 & 03 & 01 \\ 01 & 01 & 02 & 03 \\ 03 & 01 & 01 & 02 \end{bmatrix} \times \begin{bmatrix} s_0 \\ s_1 \\ s_2 \\ s_3 \end{bmatrix} \tag{8-7}$$

列混合操作过程如图 8-9 所示。

在解密的时候，对应的模块是逆列混合（Inv Mix Columns），其与列混合过程互逆，

只是左乘的多项式矩阵不同，逆列混合左乘的多项式矩阵如图 8-10 所示。

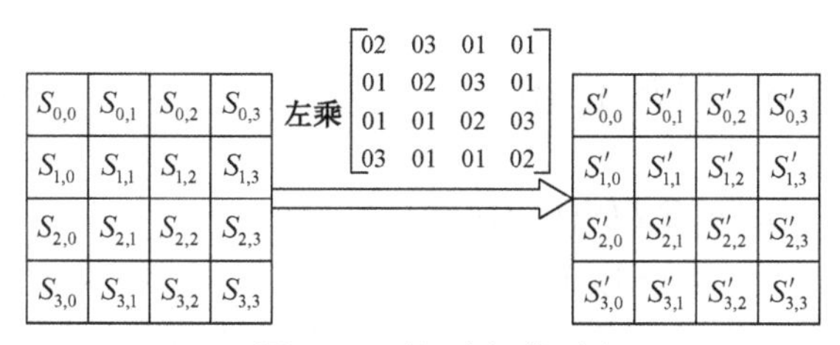

图 8-9　列混合操作过程

$$
\begin{bmatrix} 0E & 0B & 0D & 09 \\ 09 & 0E & 0B & 0D \\ 0D & 09 & 0E & 0B \\ 0B & 0D & 09 & 0E \end{bmatrix}
$$

图 8-10　逆列混合左乘的多项式矩阵

4）轮密钥加

轮密钥加是将轮密钥矩阵与状态矩阵进行逐位异或运算，得到新的矩阵。其依据的原理是：任何数与自身异或的结果是 0。加密时，状态矩阵与轮密钥矩阵异或一次；解密时，再异或该轮的轮密钥矩阵即可恢复。通过轮变换函数对状态矩阵的 N_r 次循环运算，将最终的状态矩阵映射为密文。其中，加密过程的最后一轮变换与前 N_r-1 轮稍有不同，去掉了列混合模块。解密过程中，采用字节替换、行移位和列混合对应的逆操作，轮密钥的使用顺序与加密过程相反，除初始密钥和最后一轮密钥之外，其余轮密钥要进行逆列混合变换。将列混合得到的状态矩阵 $s'(x)$ 与对应的扩展密钥 K 逐位异或得到密文 $c(x)$，轮密钥加运算过程可表示为

$$
\begin{bmatrix} C_0 \\ C_1 \\ C_2 \\ C_3 \end{bmatrix} = \begin{bmatrix} s'_0 \\ s'_1 \\ s'_2 \\ s'_3 \end{bmatrix} \oplus \begin{bmatrix} K_0 \\ K_1 \\ K_2 \\ K_3 \end{bmatrix} \tag{8-8}
$$

轮密钥加操作过程如图 8-11 所示。

$$
\begin{bmatrix} S'_{0,0} & S'_{0,1} & S'_{0,2} & S'_{0,3} \\ S'_{1,0} & S'_{1,1} & S'_{1,2} & S'_{1,3} \\ S'_{2,0} & S'_{2,1} & S'_{2,2} & S'_{2,3} \\ S'_{3,0} & S'_{3,1} & S'_{3,2} & S'_{3,3} \end{bmatrix} \oplus \begin{bmatrix} K_{0,0} & K_{0,1} & K_{0,2} & K_{0,3} \\ K_{1,0} & K_{1,1} & K_{1,2} & K_{1,3} \\ K_{2,0} & K_{2,1} & K_{2,2} & K_{2,3} \\ K_{3,0} & K_{3,1} & K_{3,2} & K_{3,3} \end{bmatrix} = \begin{bmatrix} C_{0,0} & C_{0,1} & C_{0,2} & C_{0,3} \\ C_{1,0} & C_{1,1} & C_{1,2} & C_{1,3} \\ C_{2,0} & C_{2,1} & C_{2,2} & C_{2,3} \\ C_{3,0} & C_{3,1} & C_{3,2} & C_{3,3} \end{bmatrix}
$$

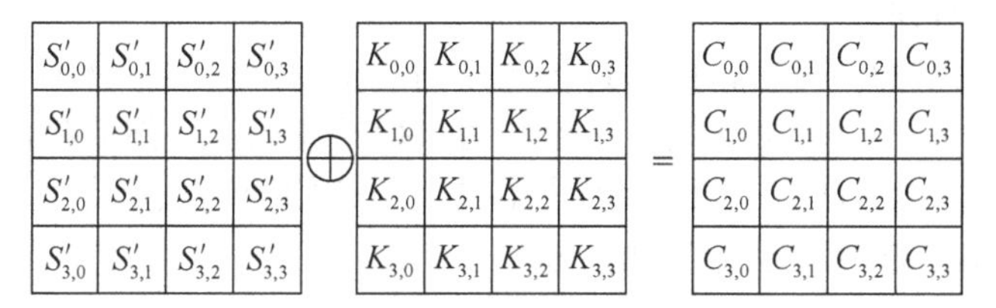

图 8-11　轮密钥加操作过程

2. AES 密钥扩展算法

AES 密钥扩展算法通过初始密钥迭代产生加密过程所需的所有轮密钥。AES-128 加密算法总共需要 11 个轮密钥，包括最初的轮密钥加操作所需的 1 个轮密钥，以及迭代 10 轮所需的 10 个轮密钥。因此，密钥扩展算法将输入的 128 位初始密钥扩展成 11 个 128 位子密钥来满足加密的需要。轮密钥以字为单位，包含 4 字节，AES-128 共需要 44 个字的扩展密钥。假设轮密钥为 $w[i]$（$i=0,1,2,3,\cdots,43$），为方便对初始密钥进行扩展，将 4×4 矩阵的每一列看作一个字，则初始密钥矩阵可由($w[0]$, $w[1]$, $w[2]$, $w[3]$)表示，AES 密钥扩展算法如图 8-12 所示。其扩展规则如下。

（1）前四个字 $w[0]$、$w[1]$、$w[2]$、$w[3]$与初始密钥完全相同，只需要将初始密钥的值复制到前四个字即可。

（2）剩余的数值则根据 w 数组的下标 i 选择对应的生成方式。如果 i 不能被 4 整除，则：

$$w[i]=w[i-4]\oplus w[i-1] \tag{8-9}$$

如果 i 能被 4 整除，则：

$$w[i]=w[i-4]\oplus T\left(w[i-1]\right) \tag{8-10}$$

式中：$i=4,5,\cdots,43$。T 是一个复合函数，包括以下三个步骤。

① 首先进行字节移位（Rotword）运算，将字 $w[i-1]$ 中的字节全部向左移动一位。

② 然后查询 S 盒进行相应的字节替换，所有字节全部替换。

③ 最后将替换后的字节与轮常量 Rcon[i]异或，i 为轮数。轮常量是由四字节构成的一个字，轮常量第一字节 $\text{Rcon}_i[0]$的值见表 8-17，其余字节均由“00”填充。

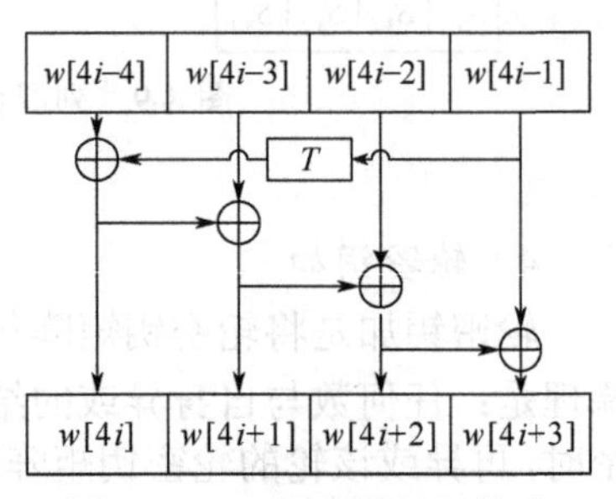

图 8-12 AES 密钥扩展算法

表 8-17 $\text{Rcon}_i[0]$的值

i	$\text{Rcon}_i[0]$	i	$\text{Rcon}_i[0]$
1	01000000	6	20000000
2	02000000	7	40000000
3	04000000	8	80000000
4	08000000	9	1B000000
5	10000000	10	36000000

3．AES 解密算法

AES 解密是加密的逆过程，解密过程包括四个步骤：逆字节替换、逆行移位、逆列混合、轮密钥加。首先将密文与最后一轮密钥执行异或运算，然后将四个解密步骤进行 $N_{\mathrm{r}}-1$ 轮，最后一轮执行逆字节替换、逆行移位、与初始密钥执行异或运算得到明文，不进行逆列混合。AES 解密算法流程如图 8-13 所示。

4．AES 算法的伪代码

AES 标准支持可变分组长度，分组长度可设定为 32 位的任意倍数，最小为 128 位，最大为 256 位，所以用穷举法是不可能破解的。

AES 加密算法的伪代码如下。

输入：明文信息 data1，密钥 k。

输出：密文信息 data2。

（1）将明文信息 data1 以长度 128 位为单位进行相应分组。

（2）根据密钥扩展机制生成 11 轮加密子密钥。

（3）将明文与第一轮加密子密钥进行轮密钥加运算。

（4）运算结果执行字节替换操作。

（5）将执行字节替换的结果进行移位。

（6）将执行移位后的结果执行列混合操作。

（7）将列混合后的结果与第二轮加密子密钥进行轮密钥加运算。

（8）反复执行步骤 4 到步骤 7，执行轮密钥加运算时，要使用相应的加密子密钥。

（9）将加密后的所有结果按照加密的先后次序连接起来组成密文 data2。

（10）end。

AES 解密算法的伪代码如下。

输入：密文信息 data2，密钥 k。

输出：明文信息 data1。

（1）将密文信息 data2 以长度 128 位为单位进行相应分组。

（2）根据密钥扩展机制生成 11 轮解密子密钥，与加密子密钥的次序相反。

（3）将密文与第一轮解密子密钥进行轮密钥加运算。

（4）运算结果执行逆字节替换操作。

（5）将执行逆字节替换的结果进行逆行移位。

（6）将执行逆行移位后的结果执行逆列混合操作。

（7）将上述结果与第二轮解密子密钥进行轮密钥加运算。

（8）反复执行步骤 4 到步骤 7，执行轮密钥加运算时，要使用相应的解密子密钥。

（9）将解密后的所有结果按照解密的先后次序连接起来组成明文 data1。

（10）end。

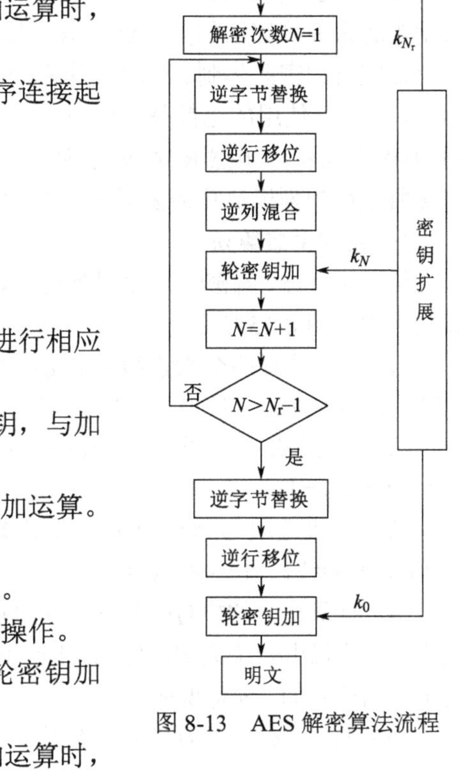

图 8-13 AES 解密算法流程

8.3 非对称密码系统

非对称密码系统的密钥是可以公开的，所以又被称为公钥密码系统，它采用两个密钥进行加密和解密，分别为公钥和私钥，公钥和私钥的关系是非常紧密的，其中使用公钥加密信息，而只有对应的私钥才能解密。非对称密码系统采用的不是替代和置换的方法，而是数学函数。非对称密码系统流程如图 8-14 所示。

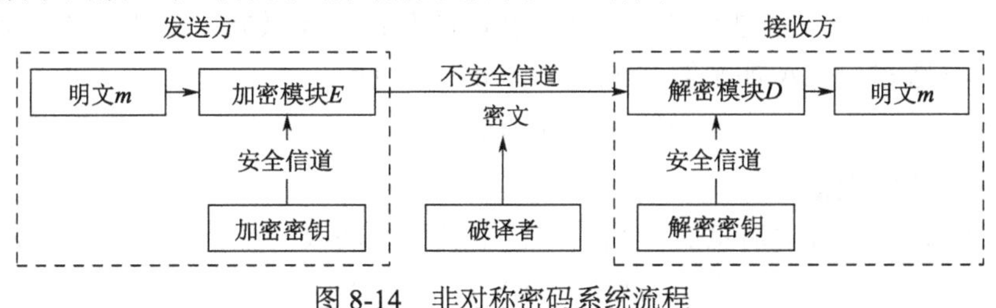

图 8-14 非对称密码系统流程

8.3.1 RSA 算法

RSA 算法是由 Rivest、Shamir 和 Adleman 提出的一种非对称加密算法，在此算法中将同时使用公钥和私钥。它利用数论构造了一种公钥加密算法，利用了许多难以分解的数学难题来保障算法的安全性，既可用于加密数据，又可用于数字签名，是迄今为止理论上最完善的密码体制。该算法的密钥长度达到 1024 位时即被认为非常安全，在实际应用中，大部分使用的也都是 1024 位密钥，只有在一些安全性要求非常高的系统中才会采用 2048 位密钥。虽然 RSA 算法因其简单及良好的安全性得到了人们的认可，但其中心算法所采用的幂模运算需要耗用太多的时间，这是影响其广泛应用的瓶颈。

1．密钥生成算法

信息进行加、解密时需要用到密钥，RSA 密钥生成算法流程如图 8-15 所示。

（1）随意选择两个大素数 p 和 q，其中 p 不等于 q，p 和 q 必须保密，一般取 1024 位，计算模数 $n=p\times q$。

（2）根据欧拉定理，得到欧拉函数 $\varphi(n)=\varphi(p\times q)=(p-1)(q-1)$。

（3）随机选取与 $\varphi(n)$ 互质的正整数 e，使其满足 $\gcd(e,\varphi(n))=1$，且 $1<e<\varphi(n)$。

（4）计算出 e 的模 $(p-1)$ $(q-1)$ 的乘法逆元素，命名为 d，即找出一个数 d，使 $ed=1\bmod(p-1)$ $(q-1)$。其中 e 为公开的，d 是保密的。

（5）将 p、q 及 $\varphi(n)$ 的记录销毁，保留 e、d 和模数 n。

（6）公钥为 (e, n)，私钥为 (d, n)。

在密钥生成过程结束后可获取公钥 (e, n) 和私钥 (d, n)。将公钥 (e,n) 发送给所有需要进行通信的对象，即消息发送方，私钥 (d,n) 由密钥生成方保管好，防止泄露。

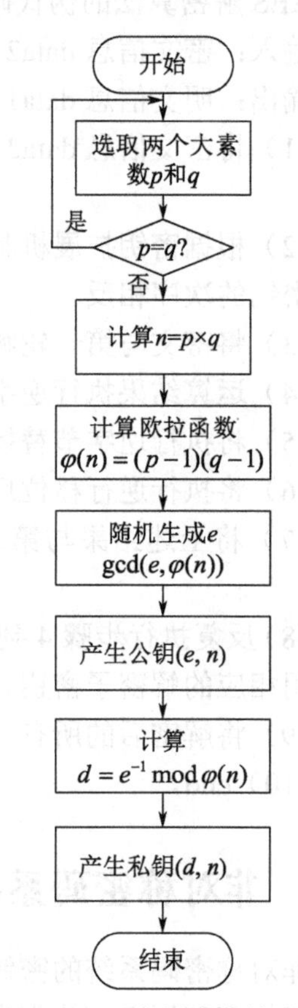

图 8-15　RSA 密钥生成算法流程

2．RSA 加密算法

消息发送方向接收方发送明文消息 M 时，客户端会将明文消息 M 转换为一个小于模数 n 的非负整数 N。例如，将明文消息 M 的每个字符转换为对应的 ASCII 码，然后将所有字符对应的 ASCII 码连在一起组成新的明文。如果明文消息 M 的长度很大，可以将明文消息 M 进行分组。通过获取的公钥 (e, n) 及式（8-11）将转换后的内容加密为密文消息 C。RSA 加密算法流程如图 8-16 所示。

$$C=M^e \bmod(n) \tag{8-11}$$

3．RSA 解密算法

消息接收方得到密文消息后，利用密钥生成阶段获取的私钥 (d, n) 及式（8-12）对密文消息进行解密，从而得到明文消息 M。RSA 解密算法流程如图 8-17 所示。

$$M=C^d \bmod(n) \tag{8-12}$$

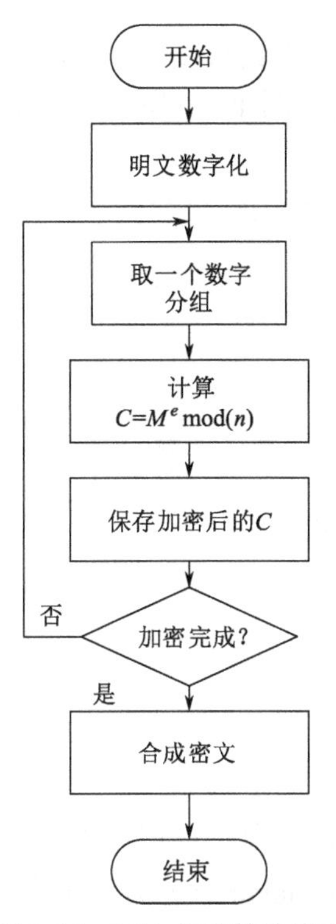

图 8-16 RSA 加密算法流程

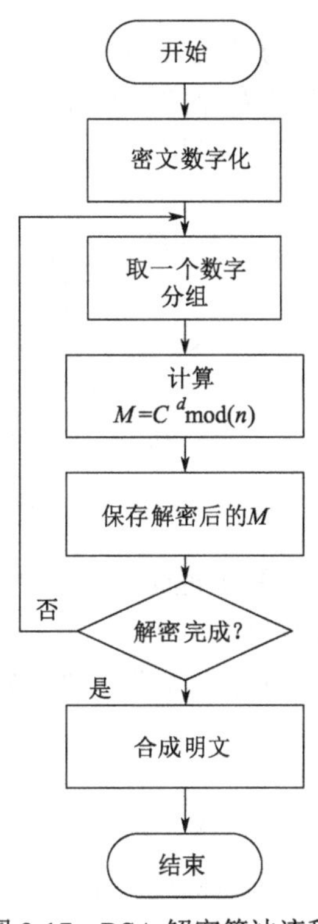

图 8-17 RSA 解密算法流程

4．RSA 数字签名算法

在使用 RSA 加密算法进行数字签名时需要注意，用于签名的消息内容本身、用于生成数字签名的密钥及最终生成的数字签名在计算机中都是以数字形式表示的，所以在对消息内容进行签名前需要将消息内容本身进行数字化编码。

1）签名过程

签名者持有私钥(d, n)，利用 RSA 加密算法生成签名，如式（8-13）所示：

$$签名=消息^d \bmod n \tag{8-13}$$

式（8-13）中使用的(d, n)是签名者持有的私钥，生成签名后消息发送者就可以将消息内容和签名发给消息接收方。

2）验证过程

消息接收方持有公钥(e, n)，利用 RSA 解密算法验证签名，如式（8-14）所示：

$$消息=签名^e \bmod n \tag{8-14}$$

式（8-14）中使用的(e, n)就是消息接收方持有的公钥，消息接收方通过上述方式计算出由签名求得的消息，并将其与发送方直接发过来的消息内容进行对比。如果由签名求得的消息与发送方直接发过来的消息一致，则说明签名验证无误，否则说明签名验证有误。

8.3.2 椭圆曲线算法

椭圆曲线（Elliptic Curve Cryptosystem，ECC）算法是 Neal Koblitz 和 V.S.Miller 在 1985 年提出的一种非对称加密算法。它对数据加密的安全程度基于椭圆曲线离散对数问题求解的困难性，这是一个 NP 完全问题，求解的复杂程度是指数级的，比其他公钥密码体系都要大。与其他公钥密码算法相比，在相同的密钥长度下，椭圆曲线算法安全性更高，而且更节约存储空间和算力。ECC 算法结构如图 8-18 所示，从上到下分为协议层、点操作层、模运算层。

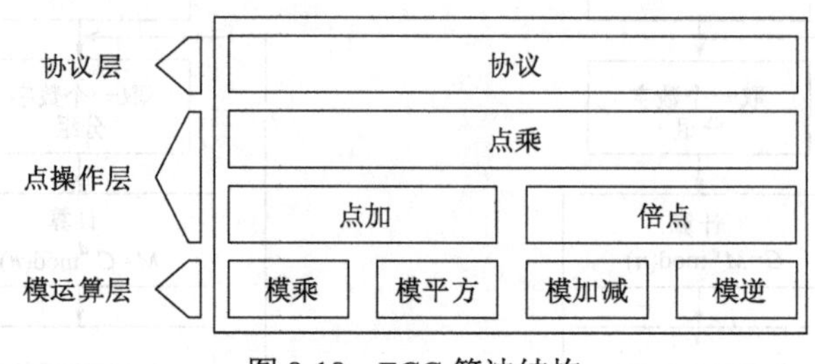

图 8-18 ECC 算法结构

1. 椭圆曲线基本理论

1）椭圆曲线的基本定义

椭圆曲线的研究来源于椭圆积分：

$$\int \frac{\mathrm{d}x}{\sqrt{E(x)}} \tag{8-15}$$

式中：$E(x)$ 为 x 的三次多项式或四次多项式。这样的积分不能用初等函数来表达，因此引入椭圆函数。椭圆曲线指的是由韦尔斯特拉斯（Weierstrass）方程确立的平面曲线：

$$y^2 + a_1xy + a_3y = x^3 + a_2x^2 + a_4x + a_5x + a_6 \tag{8-16}$$

若 F 是一个域，$a_i \in F$，$i=1,2,\cdots,6$，满足韦尔斯特拉斯方程的(x,y)称为域 F 上椭圆曲线 E 的点。F 可以是有理数域，也可以是复数域，还可以是有限域。

在有限域 GF(p)上，可以将式（8-16）转化为 $y^3 \equiv x^3 + ax + b \pmod p$，常记为 $E_p(a,b)$，简记为 E。其中 a、b、x 和 y 均在有限域 GF(p)上取值，p 是素数，且满足 $4a^3+27b^2 \pmod p \neq 0$。该椭圆曲线只有有限个点数 n，表示椭圆曲线的阶，n 越大，安全性越高。

定理 1（Hasse 定理） 令 $E(\mathbb{F}_q)$ 是定义在有限域 $\mathbb{F}_q$ 上的椭圆曲线，$E(\mathbb{F}_q)$ 的点数用 $\#E(\mathbb{F}_q)$ 表示，则

$$\left|\#E(\mathbb{F}_q) - q - 1\right| \leqslant 2\sqrt{q} \tag{8-17}$$

定理 2 对任意 $t \leqslant 2\sqrt{q}$，$t \neq 0 \bmod (p)$，存在 $\mathbb{F}_q$ 上的椭圆曲线 E，使 $\#E(\mathbb{F}_q) = q+1-t$。

2）椭圆曲线基本运算

椭圆曲线上的点加运算是椭圆曲线最基本的运算。椭圆曲线上的点(x, y)和无穷远点 O 构成了一个加法群。根据群的定义，群中两个元素的和仍旧是这个群中的元素。因此，对于椭圆曲线上的任意两点 $P \neq Q$，$Q \neq O$，它们的和 $P+Q=Q+P=S$ 也为椭圆曲线上的点。图 8-19 为椭圆曲线上点加的几何表示。从图 8-19 中可以看到，任意取椭圆曲线上两点 P、Q，作直线 l 交于椭圆曲线上的一点 R，过 R 作 y 轴的平行线 l' 交于椭圆曲线上的另一点 S，则 S 点为 P 点与 Q 点的和点。

如果要对具有不同 x 坐标的两个点 $P(x_1,y_1)$ 和 $Q(x_2,y_2)$ 进行相加，则直线 $l=PQ$ 与椭圆曲线有且仅有第三个交点 R，定义 $P+Q=S$。令 $S=(x_3,y_3)$，则有

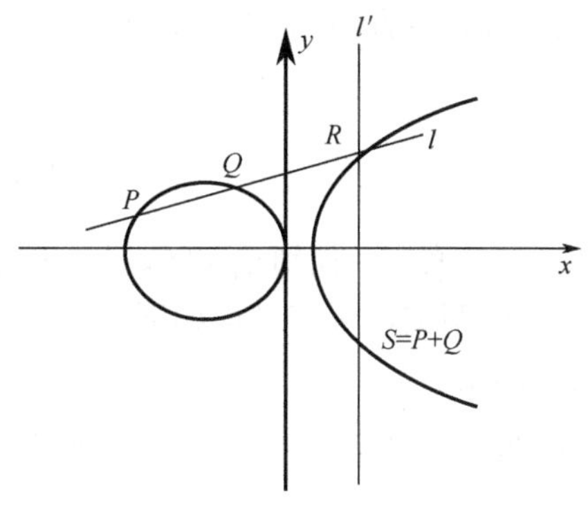

图 8-19　椭圆曲线上点加的几何表示

$$\begin{cases} x_3 \equiv \lambda^2 - x_1 - x_2 (\bmod p) \\ y_3 \equiv \lambda(x_1 - x_3) - y_1 (\bmod p) \end{cases} \tag{8-18}$$

式中：$\lambda = \dfrac{y_2 - y_1}{x_2 - x_1}(\bmod p)$，称这种加法为椭圆曲线上的点加运算。

若 $P = Q$，$y_1 \neq 0$，令 l 为椭圆曲线上点 P 的切线，l 与椭圆曲线有且仅有第二个交点 R，则 $P + Q = 2P = S$。令 $S = (x_3, y_3)$，则有

$$\begin{cases} x_3 = \lambda^2 - 2x_1 (\bmod p) \\ y_3 = \lambda(x_1 - x_3) - y_1 (\bmod p) \end{cases} \tag{8-19}$$

式中：$\lambda = \dfrac{3x_1 + a}{2y_1}$，称这种加法为椭圆曲线上的倍点运算。

2．椭圆曲线参数

椭圆曲线密码系统是基于椭圆曲线离散对数困难性问题的公钥加密系统。为了保障该系统的安全性，必须选取合适的椭圆曲线参数组。素数域$\mathbb{F}_q$上椭圆曲线系统参数包括：

（1）域的规模 q，q 是大于 3 的素数；

（2）椭圆曲线的系数 a 和 b，确定唯一椭圆曲线$E(\mathbb{F}_q): y^2 = x^3 + ax + b$；

（3）基点$G \in E(\mathbb{F}_q)$，G 是椭圆曲线上的点，且$G \neq O$，O 表示无穷远点；

（4）基点 G 的阶 n；

（5）余数因子 h，$h = \#E(\mathbb{F}_q)/n$，其中$\#E(\mathbb{F}_q)$表示椭圆曲线上点的个数。

为更好地保护用户的信息安全，建议使用素数域 256 位椭圆曲线。

3．椭圆曲线密码加密、解密过程

椭圆曲线加密系统属于公钥加密系统，因此具有公钥加密系统的所有特点。公钥加密系统的加密双方都需要两个密钥——公开的公钥与保密的私钥。每一方的公钥都是通过自己的私钥得到的，加密明文的时候都要用到对方的公钥，解密密文的时候使用自己的私钥。现在假设有两个用户，用户 A 想要得到用户 B 的某份文件，那么利用椭圆曲线加密系统传输文件的过程如下。

首先把要加密的明文 M 编码成椭圆曲线上的一点，设明文 M 经过编码后在 E 上的点为$P_m(x_m, y_m)$。然后定义一个椭圆曲线群 E，在 E 上选择一个基点 G，要满足 $n*G =$ 0，使等式成立时的最小整数 n 称为 G 点的阶（这里的曲线 E、G 等密码系统参数是密文传输双方都知道的椭圆曲线密码系统的参数）。

现在假定发送方 A 要传送明文P_m给接收方 B，A 首先随机选择一个比 n 小的整数n_A，这个n_A是 A 的私钥，然后 A 用选择的私钥来产生自己的公钥：

$$P_A = n_A * G \tag{8-20}$$

同时，B 也随机选择整数n_B，当然这个整数n_B也比 n 小，这个n_B就是 B 的私钥，并且以此计算 B 的公钥：

$$P_B = n_B * G \tag{8-21}$$

B 将自己的公钥 P_B 传给 A。A 再选择一个随机整数 k，然后 A 利用下式计算出 C_1 和 C_2：

$$\begin{aligned} C_1 &= P_m + k * P_B \\ C_2 &= k * G \end{aligned} \tag{8-22}$$

将计算好的 C_1 和 C_2 发给 B，这里的 C_1 和 C_2 就是加密的密文。收到 C_1 和 C_2 后，B 用自己的私钥 n_B 对密文做解密运算，计算结果就是解密出的明文，解密过程如下：

$$\begin{aligned} C_1 - n_B * C_2 &= P_m + k * P_B - n_B * (k * G) \\ &= P_m + k * (n_B * G) - n_B * (k * G) \\ &= P_m \end{aligned} \tag{8-23}$$

4．椭圆曲线数字签名算法

数字签名算法由一个签名方对消息产生数字签名，并由一个验证者验证签名的可靠性。数字签名是指在数据上附加一些信息，以确保消息的不可抵赖性和完整性。椭圆曲线数字签名算法（Elliptic Curve Digital Signature Algorithm，ECDSA）包括签名和验证两个过程。ECDSA 运算流程如图 8-20 所示。

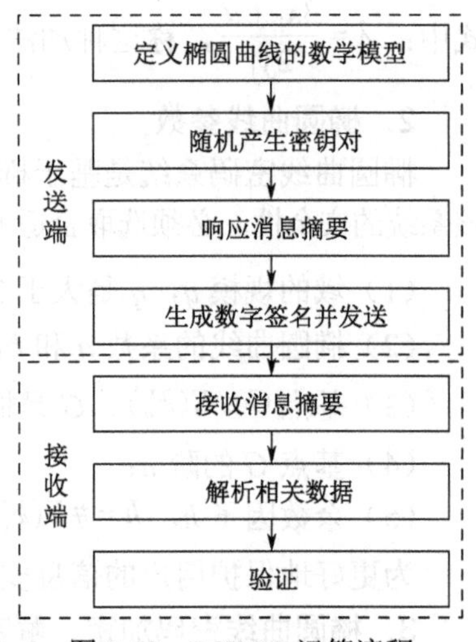

图 8-20 ECDSA 运算流程

首先选定一个椭圆曲线 E 和一个阶是 n 的基点 G。假定用户 A 要签名明文信息 M。根据椭圆曲线相关参数（a、b、p、G、$\#E(\mathbb{F}_q)$、n），用户 A 产生签名的过程如下。

（1）A 选择一个随机或伪随机的数 k，使 $k \in [1, n-1]$。

（2）A 计算点 $k*G$，设所得点的坐标是(x_1, y_1)，计算式：$r \equiv x_1 \bmod n$，若 r=0，则返回步骤 1。

（3）A 用自己的私钥 d 按照下式计算：

$$\begin{aligned} e &\equiv \mathrm{SHA-1}(M) \bmod n \\ s &\equiv k^{-1}(e + dr) \bmod n \end{aligned} \tag{8-24}$$

若 s=0，则返回步骤 1。

（4）A 对明文 M 的签名就是(r, s)，其中 SHA−1(M)是安全哈希函数，k^{-1} 是 k 的逆。A 将签名(r, s)、公钥 $Q=d*G$ 和明文信息 M 一同发给用户 B。

得到 A 的签名、A 的公钥和明文 M 的用户 B 的验证过程如下。

（1）验证(r, s)，若 $r, s \notin [1, n-1]$，则拒绝该签名。

（2）计算 e：$e \equiv \mathrm{SHA-1}(M) \bmod n$。

（3）计算 w：$w \equiv s^{-1} \bmod n$。

（4）计算 u_1：$u_1 \equiv ew \bmod n$。

（5）计算 u_2：$u_2 \equiv rw \bmod n$。

（6）利用 A 的公钥 Q 和基点 G 计算点 $X=u_1G+u_2Q$，设点 X 坐标是(x, y)。

（7）若 $X=(x, y)=O$，则签名无效，否则计算 $v \equiv x \bmod n$，若 $v=r$，则签名正确，否则

签名不正确。

ECDSA 的正确性证明如下。

当数字签名(r, s)是签名消息 M 的合法信息时，有 $s \equiv k^{-1}(e+dr) \bmod n$，即

$$
\begin{aligned}
& s \equiv [k^{-1}(e+rd)] \bmod n \\
& \Rightarrow k \equiv [s^{-1}(e+rd)] \bmod n \\
& \Rightarrow k \equiv [w(e+rd)] \bmod n \\
& \Rightarrow k \equiv (we+wrd) \bmod n \\
& \Rightarrow kG = u_1 G + u_2 Q \\
& \Rightarrow (x_1, y_1) = kG = u_1 G + u_2 Q = (x, y) \\
& \Rightarrow r = v
\end{aligned} \tag{8-25}
$$

5．椭圆曲线 Diffie-Hellman 密钥交换协议

椭圆曲线 Diffie-Hellman 密钥交换协议是一种通过公共信道安全地交换密钥的方法，其最初由 Ralph Merkle 概念化并以 Whitfield Diffie 和 Martin Hellman 的名字命名。密钥交换协议的通信双方在不安全信道上交换彼此的密钥，是在通信实体之间安全地建立一个共享密钥的协商过程。首先设定一个椭圆曲线群 E，并选择一个基点 G（基点的阶为 n）作为参数。用户 A 和用户 B 之间的密钥交换可以通过如下步骤进行。

（1）A 随机选择一个比 n 小的整数 n_A，这个 n_A 就是 A 的私钥。

（2）A 用自己的私钥计算出自己的公钥 $P_A = n_A * G$，这个公钥是 E 上的一个点。

（3）B 用自己的私钥计算出自己的公钥 $P_B = n_B * G$，这个公钥是 E 上的一个点。

（4）A 和 B 相互交换密钥，A 将 P_A 传给 B，B 将 P_B 传给 A，双方得到对方的公钥后，都用自己的私钥去计算自己的密钥，计算公式如下：

$$
\begin{aligned}
& K_A = n_A * P_B = n_A * (n_B * G) \\
& K_B = n_B * P_A = n_B * (n_A * G) \\
& K_A = K_B
\end{aligned} \tag{8-26}
$$

这样 A 和 B 就有了一个共同的会话密钥作为双方通信的安全密钥，完成了密钥交换。

对称密钥 k_1 用在对称密钥密码中对明文加密，k_2 则用于验证得到的密文，KDF 是由散列（Hash）函数 F 构成的密钥派生函数，运行思想如下：由一个共享的比特串经过计算，派生出一个长度固定的密钥数据，密钥派生函数的作用是在密钥协商中，可以秘密地交换获取到的指定比特串，这样所需要的密钥就产生了。ENC 是对称加密方案中的加密函数，而 DEC 和 AES 是解密函数，MAC 是消息认证码算法。

ECC 加密算法的伪代码如下。

输入：公钥 Q，明文 M，椭圆曲线参数组 $T=(a, b, p, G, h=\#E(\mathbb{F}_q), n)$，安全散列函数 F，对称加密算法密钥长度 S，消息验证码密钥长度 L。

输出：密文(R, C, t)。

（1）选择一个随机或者伪随机的数 k，使 $k \in [1, n-1]$。

（2）计算 $R = kG = (x_i, y_i)$ 和 $Z = hkQ = (x_1, y_1)$。若 Z 为无穷大，则跳至步骤 1。

（3）计算 $w = F(x_1, y_i)$，$(k_1, k_2) \leftarrow$KDF(w)，即取 w 的左边 S 比特作为对称加密算法的密钥 k_1，取 w 的右边 L 比特作为消息验证码算法的密钥 k_2。

（4）计算$C = \text{ENC}_{k1}(M)$和$t = \text{MAC}_{k2}(C)$。

（5）返回(R, C, t)。

（6）end。

ECC 解密算法的伪代码如下。

输入：私钥 d，密文(R, C, t)，椭圆曲线参数组 $T=(a, b, p, G, h=\#E(\mathbb{F}_q), n)$，安全散列函数 F，对称加密算法密钥长度 S，消息验证码密钥长度 L。

输出：明文 M。

（1）计算$Z = hdR = (x_1, y_1)$。若 Z 为无穷大，则拒绝该密文。

（2）计算$w = F(x_1, y_i)$，$(k_1, k_2) \leftarrow \text{KDF}(w)$，即取 w 的左边 S 比特作为对称加密算法的密钥k_1，取 w 的右边 L 比特作为消息验证码算法的密钥k_2。

（3）$t' = \text{MAC}_{k2}(C)$，若$t' \neq t$，则拒绝该密文。

（4）计算$M = \text{DEC}_{k1}(C)$。

（5）返回 M。

（6）end。

8.4 量子密钥

近年来，量子密钥成为研究者关注的焦点和快速发展的主题，世界各国都在积极争取在量子加密技术上占据制高点。目前，量子通信应用已形成商业化产品。量子密钥在被用于执行一次一密的加密方式时，得到的协议是无条件安全的，其将量子密钥与密码应用程序结合，可实现基于信息论安全的保密通信。

经典保密通信中应用经典密钥对数据进行加密，加密方式基于数学理论，对数据进行代替和移位操作。经典密钥分为对称密钥和非对称密钥两种。对称密钥的密码系统是对外公开的，密钥一旦被窃取将无任何安全性可言。非对称密钥的加、解密速度慢，虽然目前的量子计算机技术还不成熟，但传统密码系统面临严重的威胁，基于物理学原理产生的量子密钥是目前保障信息安全的必要选择。现有的密钥形式对比见表 8-18。

表 8-18　现有的密钥形式对比

密钥形式	理论基础	加密速度	是否在公开信道传输	安全性
非对称密钥	数学理论	慢	是	可证明的计算安全性，理论上可破解
对称密钥	数学理论	快	否	可实现一次一密，计算安全
量子密钥	量子测不准原理	快	是	无条件安全

1. 量子密钥概述

量子密钥是基于量子力学的量子保密通信技术，采用量子态来编码通信双方之间的密钥，根据不确定性原理和量子不可克隆原理，在理论上实现了通信密钥的绝对安全。

（1）不确定性原理。

不确定性原理是德国物理学家海森堡于 1927 年提出的理论。不确定性原理也称“海森堡测不准原理”，描述了微观世界与宏观世界之间显著的不同。在量子力学中，对于微观粒子的某些物理量，当确定其中一个量时，就无法同时确定另一个量。例如，对于微观世界的一个粒子，永远无法同时确定它的位置和动量。微观世界中量子的状态是基于概率的，在对一个量子进行测量时会不可避免地扰乱量子的状态，对一组量的精确测量必然导致另一组量的完全不确定性。

（2）量子不可克隆原理。

根据量子态叠加原理，沃特思（Wotters）和祖列克（Zurek）在 1982 年提出了量子不可克隆原理。该原理指出，不存在任何能够完美克隆任意未知量子态的量子复制装置，也不存在量子克隆能够输出与输入状态完全一致的量子态，即在量子力学中，无法实现精确地复制一个量子的状态，使复制后的量子与被复制的量子状态完全一致。

与经典密钥相比，量子密钥在安全保障方面有绝对的优势，它被证明是无条件安全的，不受攻击者的计算能力影响。量子密钥的优点如下。

（1）真随机。量子遵循海森堡测不准原理，在密钥协商过程中产生的密钥资源具有真随机性。密钥的随机性越高，破解密钥的可能性就越低，量子密钥是由量子物理特性决定的真随机数。

（2）无条件安全。尽管量子密钥在分发初期与非身份验证原语相结合时，依赖一些计算假设，但在身份验证机制之后的任何时间进行攻击，都不能破坏生成密钥的安全性。利用密钥资源，可实现一次一密的绝对安全通信，无论窃听者多么强大，都无法破译密码系统。

（3）分发方式安全。量子密钥不需要经过任何信道传输密钥，而是通过量子信道和经典信道协商产生。同时，量子具有不可克隆的特性，在密钥协商过程中，窃听者无法窃听和复制量子密钥。

（4）窃听监听。由于量子的测量坍缩原理，如果量子信道中存在窃听者，会引入额外的误码率，若误码率超过阈值，则表示有窃听者，以此监听是否存在窃听者。

（5）长度随机、实时更新。长度随机是指根据加密数据量的大小选取密钥长度，量子密钥分发形成的密钥池资源可以实现选取长度随机的密钥。随着协商的持续进行，量子密钥池实时更新。

2. 量子密钥分发

第一个量子密钥分发协议 BB84 是 1984 年由 Bennett 与 Brassard 在 IEEE 计算机科学技术大会上提出的，它是最为著名且技术成熟的量子密钥分发协议。量子密钥的制备主要基于 BB84 协议原理，通过量子密钥分发协议 QKD 机制生成具有真随机性的量子安全密钥。

量子加密依靠量子密钥的物理特性对数据进行加密，而不依赖数学复杂性，是一种可证安全的加密方式。量子加密技术快速发展，在电话网络、数据网络、无线网络中都可以与量子密钥分发融合进行更为安全有效的数据加密。量子密钥分发是量子保密通信的核心工作，也是量子通信技术中实际应用最为广泛的成熟技术。量子密钥分发原理如图 8-21 所示。

量子密钥分发技术的通信双方在实际协商时，通常会在 QKD 协议下统一进行，最终会形成共享密钥，保护通信双方信息交流安全。在 BB84 协议之下，主要借助单光子量子态作为信息传输载体，并在这一过程中完成信息编码、传递与检测，最终实现量子密钥的分发。与此同时，针对每个光子而言，通常会随机选择调制基矢，在接收端，会

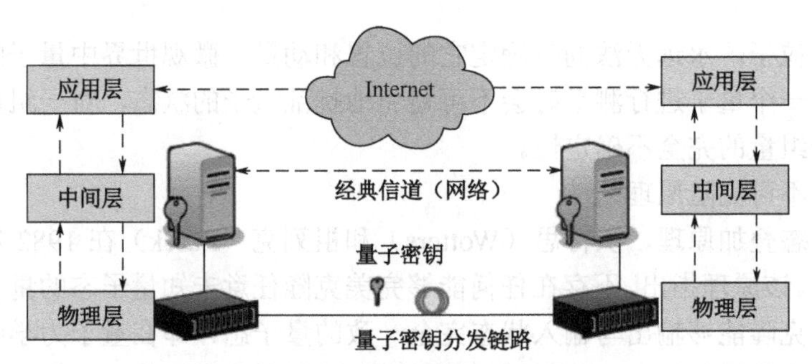

图 8-21　量子密钥分发原理

选择随机基矢完成信息传输监测。例如，在偏振编码中，主要采用单光子的偏振态，这种偏振态包括四种类型，除水平（0°）、垂直（90°）偏振态以外，还有±45°两种偏振态，其中前者构成水平垂直基（base0），后者构成斜对角基（base1）。通信双方通过事先约定，将水平偏振态或-45°偏振态表示为二进制码 0，将垂直偏振态或+45°偏振态表示为二进制码 1。发送方在发送信息时，随机采用两组基矢，将随机数 01 编码到单光子偏振态中，然后通过量子信道发送给接收方。接收方在完成光子接收后，同样会随机采用两组基矢的检偏器，对偏振态进行测量检查。如果发现制备基矢与检测基矢能够互相兼容，那么说明接收随机数与发送随机数完全一致，否则说明接收随机数与发送随机数可能存在一定差异。为了能够提取出相同的信息，发送方与接收方会在协商信道上比对制备基矢和检测基矢，在发送方与接收方两端，通常都会保留基矢一致部分的信息，因此双方必然会具有相同的随机数序列密钥。

在这一过程中，如果存在窃听现象，由量子不可克隆原理可知，窃听者无法准确复制正确的量子比特序列，因此为了能够窃取信息，窃听者只能先截获光子测量，然后进行重发。然而在这一过程中，会有 25%的概率会得到错误的测量结果，同时还会对量子态进行一定干扰，最终会增大误码率，而误码率的大小将会直接决定密钥是否保留，针对保留的密钥，一般也会通过纠错和保密方式，最终获得安全密钥。

3. 量子密钥的应用

随着量子信息产业的发展，量子密码信息技术也在不断进步，量子密钥已经逐渐走进市场，现有量子密钥的应用场景可分为以下 4 类。

（1）根据量子密钥改造通信协议，创建基于量子的新型通信模式。

利用量子密钥改造通信协议的方法：将通信协议中利用公钥和对称密钥分发、加密处理的部分，变成利用量子密钥分发产生的量子密钥资源，同时由于量子密钥资源的特点，产生新的解决方案，不改变协议的整体框架，在保证性能的同时，提高协议的安全级别。为做到无条件安全，也有在密码系统中加入一次性密码本（OTP）的解决方案，进行一次一密的加密操作，提高安全性，但随着密钥量需求的增加，协议的可用性降低。利用量子密钥改造现有通信传输协议，实现光纤量子通信与传统网络相结合，可实现高度可信的 IP 网络数据的加密传输，利用量子密钥分发过程中量子密钥不可截获的特点，实现无条件安全通信。改造后的量子保密通信网络可承载所有网络数据，可应用的业务范围广泛，如视频系统、电力系统、医疗系统、轨道运输管理系统等，涉及国防、医疗、金融、政务等多个领域。

（2）对传统应用软件中的数据保护部分采用量子密钥进行内容安全保护。

将量子密钥应用于应用软件中的方法：利用量子密钥隐藏私有信息，实现内容安全，根据具体应用场景，加密数据不同，对密钥量和更新频率的要求也就不同，提出针对性的解决方案，保障数据的完整性、安全性。

（3）将量子密钥分发、量子加密模块加入硬件设备，构建新型保密硬件设备。

将量子密钥应用在硬件设备改造中的方法：在 DSP 板、ARM 板中嵌入 QKD 任务、加密算法、网络管理等模块，目的是构建专业的信号处理，产生一个高度安全的嵌入式系统，通过点对点的公共网络将不同的安全基础设施连接起来。基于量子密钥分发，构建新型嵌入式密码系统，实现直接和便携的网络支持，同时封装不必要访问的密钥数据，提高系统安全性。

（4）针对量子密钥缺点改造量子密钥资源，提供基础密码服务。

将量子密钥应用于密码资源改造时，由于量子密钥资源有限，将量子密钥与传统密码方法结合，可产生更多安全、可靠的密码资源，构建密钥服务平台。采用这种方法会降低密钥安全性，但可产生大量密钥资源为更多应用提供密码服务，通过密钥服务平台给出的接口也可为未加入量子通信网络中的设备服务。

采用量子密钥不仅可以减少传统网络信息传输的安全弊端，也可以有效解决信息传输的安全问题，根据量子密钥的特点，确保信息传输的唯一性、安全性、不可窃听性、不可篡改性，这些都会大大增强量子密钥的优势。量子密钥还具有传统 IPSec 的 IKE 密钥交换不具备的优势，可以减少数学密码技术中的缺陷，也可以有效提高信息传输中的安全效益，是真正无法破译的密码，也是迄今为止最安全的密码。

8.5 动态密钥

随着各种破解技术的发展，传统加密方法使用的静态密钥很容易被获取。如何确保工作密钥安全是网络通信中信息安全的关键。研究一种安全的密钥生成、传输、认证等处理机制十分必要，它有广泛的现实意义和应用前景。如果用来加密信息的密钥从通信开始到通信结束始终不变，就容易出现安全问题。因此，只有用来加密信息的密钥可以不断更新，才能保证通信系统的安全。

“动态密钥”，顾名思义，其数据并不是一成不变的，而是随着时间、地点和不同的用户操作而发生变化，从而使造假者无从下手，即使复制出一批相同的标识，由于其中的密钥是原先的旧数据，而原版中的密钥已经变成新数据，系统只接受原版中的新密钥，因此，复制品将永远无法通过系统的验证。动态密钥克服了目前防伪标识一成不变而易于被仿造复制的缺点，保证了每个防伪标识在任何时候都是唯一合法的，保障了牢不可破的防伪有效性。动态密钥作为信息加密的一个重要部分，已被广泛应用于商标包装、网络隐私信息加密、射频 IC 卡识别、电子支付等方面。

目前，市面上通常使用的防伪载体为防伪标、防伪卡片、防伪包装、RFID 等，信息形式有镭射图形、二维码、反光水印、动感密文、变色荧光、RFID 芯片标签等，鉴别方式主要依靠消费者的直接观察、触摸、号码查询、阅读器读取等。以上防伪方式的一个缺陷是，其识别信息都是静态的。只要商品出厂，造假者就可为所欲为地加以仿造，无论把标识做得多复杂，很快就有人将其“山寨”出来，始终摆脱不了被仿冒的命运。例如，刮开序号查询的方式，仿冒者通过在销售点刮开一些产品序号，抄录后再按这些序号及其规律大量仿制，结果上网查询的结果都是正品。另一个缺陷就是操作烦琐，消费者必须深入了解这些防伪方式的关键点，再加以操作和鉴别，往往不同的人会得出完全相反的结论，造成真假难辨。

基于 RFID 和云计算的动态密钥防伪系统完全克服了上述缺陷，其原理如下：首先向防伪芯片写入初始密钥，再由鉴定终端读取芯片，记录芯片序列号、当前日期和时间、网络 IP、鉴定器编码、鉴定次数加 1，然后控制中心生成新密钥，向芯片写入新密钥，后台数据库也写入新密钥。由此，芯片和后台数据库中的密钥等信息均已变成全新的信息。每次鉴定时，读取芯片序列号、密钥、当前日期和时间、网络 IP、鉴定器编码、鉴定次数加 1，与后台数据库中的新密钥进行比较。如果相符，则判定此防伪芯片合法，记录芯片序列号、当前日期和时间、网络 IP、鉴定器编码、鉴定次数加 1，控制中心生成新密钥，向芯片写入新密钥，后台数据库也写入新密钥。以此类推，每次操作时，芯片和后台数据库中的密钥等信息都成了全新的信息。即使有人复制了相同的防伪芯片，复制品也无法通过系统的验证，只能成为一堆废品。

动态密钥的实现，需要以一个物联网验证系统作为基础。该验证系统主要由控制（含数据）中心、通信网络、终端设备、RFID 智能芯片组成。

1. 控制中心

该部分是整个验证系统的核心。任何终端、任何区域的控制流程、数据交换及工作指令，均由控制中心统一实时指挥，包括所有防伪控制机制与流程、所有区域的实时数据交换、整个系统的安全机制、全球各种终端的信息实时发布与实时监控、所有信息节点的远程交互流程。

2. 通信网络

进行商品鉴定，必须能够实现多终端接入，兼容大多数常用的通信标准，以保证每个能上网的地方都能连接到验证鉴定中心。

3. 终端设备

终端设备是消费者验证商品的重要保障，如立柜机、壁挂机、NFC 手机、便携式 RFID 终端等，以广泛适应各种区域和场所，为广大用户提供便利。

4. RFID 智能芯片

RFID 智能芯片是动态密钥的基本载体，其制式标准、频率、读写速度、制造工艺等指标，都要满足整个验证系统及商品的要求。

在商标防伪方面，动态密钥技术克服了以往采用静态密钥的防伪方式的某些缺陷，展现了其巨大优势和潜力，使复制品原形毕露，使造假者无从下手；通过云计算随时随地把物品与后台数据中心紧密地连接起来，通过后台控制中心，使物品的“一举一动”都处在严密的掌控之中，即使有人想做手脚，也逃不过控制中心的“法眼”。

8.6 数字签名

在现实生活中，人们常常需要进行身份鉴别、数据完整性认证和抗否认。身份鉴别可以确认一个人的身份，数据完整性认证可识别消息的真伪、是否完整，抗否认可防止人们否认自己曾经做过的行为。传统商业中的契约及个人之间的书信等常常采用手书签名、印章和封印等手段，以便获得在法律上认可的身份鉴别、数据完整性认证和抗否认效果。随着信息时代的到来，网络技术飞速发展，信息安全问题也成为当下的热点话题，数字签名便应运而生了。

8.6.1 数字签名概述

1. 数字签名的原理

数字签名是对个人身份进行认证的技术，它的实现原理类似于纸质版手写签名，即在数字化文档上面进行签名。数字签名技术能够对所有接收到的信息进行验证，其内容不可伪造。在实际应用过程中，接收者能够验证文档是否来自签名者，并对签名的文档修改情况进行检测，切实保证信息的真实性和完整性。

数字签名的过程分为两部分：签名与验证，其原理如图 8-22 所示。图 8-22 左侧为签名过程，右侧为验证过程。发送方将原文（信息）用哈希算法求得数字摘要，用签名私人密钥对数字摘要加密得到数字签名，发送方将原文与数字签名一起发送给接收方。接收方验证签名，即用发送方公开密钥解密数字签名，得出数字摘要。接收方将原文采用同样的哈希算法求得一个新的数字摘要，将两个数字摘要进行比较，如果二者匹配，说明经数字签名的电子文件传输成功。

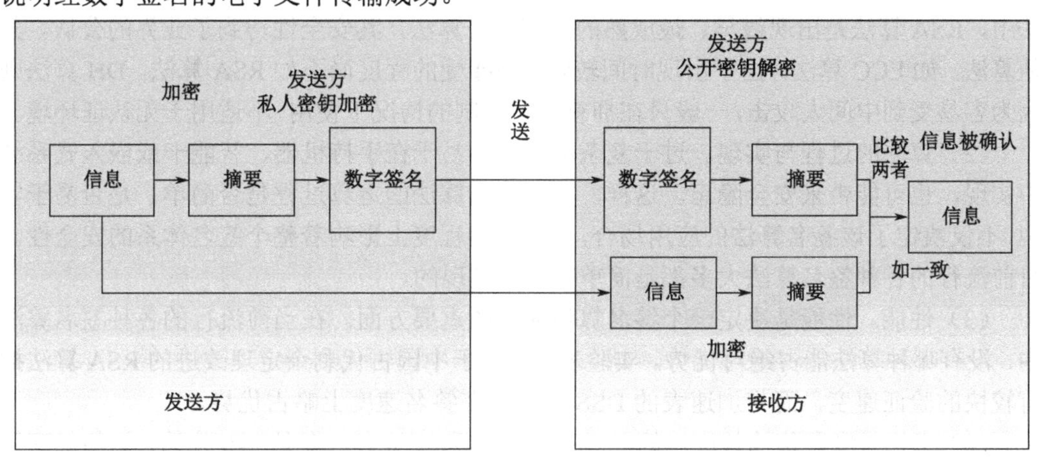

图 8-22 数字签名原理

2. 数字签名的基本特性

数字签名可以分为简单数字签名、合格数字签名和高级数字签名三种类型。简单数字签名是没有特殊属性的基本签名。可以用简单数字签名快速签署任何文件，而不需要注册。不过，这种类型的身份验证也有其局限性。因为身份不能仅通过打开已签名的文档来验证。简单地说，发起操作的人必须在文件上应用手工签名标记才能让文档受到密码戳的保护。虽然这个签名可能很简单，但它仍然强大到足以确保数据的完整性。合格数字签名和高级数字签名是专家推荐的更安全的方法，它们可以确保文件的隐私，并提供对签署者的准确跟踪。它们使用唯一的签名密钥，这些密钥在不同的签名者之间是不同的。私有签名密钥确保了不可否认性，并且可以显示签署文件的个人信息。

数字签名的作用是保证发送的信息不会被篡改，是一种基于加密技术的信息认证技术，又称公钥数字签名，是一种通过公钥加密鉴别数字信息的方法。一般来说，完整的数字签名必须具有以下几个基本特性。

（1）不可伪造性。数字签名只能由发送方自己签发，其他任何人都不能伪造出发送方的数字签名。

（2）不可否认性。接收方收到数字签名后能够确认该签名是由发送方签发的，同时发送方不能否认发送消息给接收方。

（3）不可篡改性。一旦有第三方截获并篡改了消息，接收方能够轻易地检验出来。

（4）不可重用性。保证消息是新的，而不是已用过的消息的重用，若重用旧消息，发送方和接收方都能检验出来，这就要求数字签名具有自毁功能。

（5）可鉴别性。当双方发生争议时，第三方（仲裁机构）能够凭借发送方的消息，通过一个公开的验证算法来验证数字签名是否为发送方签发的。

3. 数字签名技术的评价

常见的数字签名算法有许多，如 RSA、DSS 等。每种数字签名算法都有其优缺点。如何评价一个数字签名算法，确定其最佳的应用场合，就成为了一个新的问题。迄今为止，人们提出了许多评价方案，可以归纳成以下 6 个方面：安全性、算法的过程与实现、性能、密钥长度和传输长度、互操作性、碰撞。

（1）安全性。安全性主要是由密码编码算法的安全性来决定的。在各种公钥加密算法中，RSA 算法是出现最早、最成熟的公密加密算法，其安全性得到了业界的公认。其他算法，如 ECC 算法，由于出现时间较晚，被接受的程度尚不如 RSA 算法。DH 算法则因为容易受到中间人攻击，一般只在拥有认证机制的情况下使用，不适用于无认证环境。

（2）算法的过程与实现。过于复杂的算法不易于在手持机器、智能卡或嵌入式系统中实现，也可能带来安全隐患。这样，一个签名算法的运算过程是否简单、是否易于实现，不仅决定了该签名算法的应用场合，也在某种程度上影响着整个签名体系的安全性。目前流行的各种签名算法大多都是简单和易于实现的。

（3）性能。性能是决定一个签名算法应用的重要方面。在当前流行的各种签名算法中，没有哪种算法能占绝对优势。实验表明，基于中国古代剩余定理改进的 RSA 算法拥有较快的验证速度，而带加速表的 DSS 算法则在签名速度上略占优势。

（4）密钥长度和传输长度。基于 DSS 算法的数字签名大多是 340 位的，这与加密算法的密钥长度无关。而 RSA 算法的签名长度与其密钥长度相等，因此，1024 位密钥长度的 RSA 算法产生的数字签名长度也为 1024 位。在传输长度比较重要的场合，DSS 算法可能是首选。

（5）互操作性。在数字签名领域，RSA 算法几乎无处不在，并且早已成为事实上的国际标准。而 DSS 算法则是由美国政府推出的美国标准，也已成为大多数密码软件的一部分。因此，无论是谁，都可以验证用 RSA 算法和 DSS 算法完成的数字签名。而其他一些较新的数字签名算法，因为普及程度不够，在互操作性方面，肯定不如 RSA 算法和 DSS 算法。

（6）碰撞。当两条不同的消息由相同的签名算法签名之后，得到了相同的数字签名，这个过程称为碰撞（Collision）。数字签名的过程包括消息摘要和加密两个子过程。对于加密子过程，由于明文和密文是一一对应的，因此不可能出现两条不同的明文对应同一条密文。而对于消息摘要子过程，由于摘要的长度是固定的，有可能出现两条不同的消息对应同一条摘要。对于 MD5 摘要算法，由于其有 128 位摘要长度，因此其发生碰撞的概率为 $1/2^{128}$。而对于 SHA-1 摘要算法，由于其摘要长度可达 256 位，因此其发生碰撞的概率更低。

8.6.2　量子数字签名

在量子力学的研究过程中，人们发现量子有三大物理特性：海森堡测不准原理、不可区分和量子不可克隆原理。这三大特性使其拥有独一无二的安全性，于是人们将量子力学原理与密码学进行结合，形成了新的研究方向——量子密码学。经典密码学的安全性基于求解大整数问题、离散对数问题等无法在有效的时间内计算出来的数学难题。而随着计算能力的提升，特别是采用并行运算方式的量子计算机的研制，经典密码学中基于数学难题的算法和协议都不再安全。在这种环境下，量子密码学应运而生，为密码学的发展指明新的方向。自从 1984 年 Bennett 和 Brassard 提出了第一个量子密钥分发协议，即 BB84 协议以来，量子密码学引起了广泛的关注。现今，量子密码学的研究方向很广泛，其中量子数字签名同经典数字签名一样，主要用来确保信息的真实性和完整性。不过，不同于经典数字签名，量子数字签名是在量子密钥分发的基础上进行研究的，理论和实验都发展迅猛的量子密钥分发为量子数字签名提供了强有力的支持。

量子数字签名主要分为纯理论和实用量子数字签名两个方向。因为纯理论的量子数字签名目前没有成熟的实验设备来确保其在实际应用中的安全性，所以现在更多人研究的是实用量子数字签名。实用量子数字签名可以划分为 BB84 型和与测量设备无关型。BB84 型量子数字签名的签名率高，但实验效果差；而测量设备无关型量子数字签名在实验中容易实现，但签名率较 BB84 型低。此外，这两种量子数字签名都不能脱离没有量子中继器的信道密钥容量的限制。因此，研究在没有量子中继器的情况下不受信道密钥容量限制且具有更高安全性和签名率的新型量子数字签名意义重大。

量子密钥分发在量子密码学研究领域中发展迅速，是量子数字签名设计的重要理论支撑。常见的密钥分发协议有 BB84 协议、B92 协议和 EPR 协议。

1. BB84 协议

BB84 协议又称四态协议，是量子密钥分发史上的第一个协议。在 BB84 协议中，通常采用单光子作为载体携带比特信息，单光子有四种偏振态编码信息，分别为 $|0\rangle$、$|1\rangle$、$|+\rangle$ 和 $|-\rangle$。$|0\rangle$ 和 $|-\rangle$ 表示经典信息“0”，$|1\rangle$ 和 $|+\rangle$ 表示经典信息“1”。四个偏振态的空间关系如下。

$$\begin{cases} |H\rangle = |0\rangle \\ |V\rangle = |1\rangle \\ |-\rangle = \dfrac{1}{\sqrt{2}}\left(|0\rangle - |1\rangle\right) \\ |+\rangle = \dfrac{1}{\sqrt{2}}\left(|0\rangle + |1\rangle\right) \end{cases} \tag{8-27}$$

式中，$|H\rangle$和$|V\rangle$分别表示水平和垂直偏振态，构成水平垂直基，记为Z基；$|+\rangle$和$|-\rangle$分别表示45°和135°偏振态，记为X基。每组基中的偏振态都是两两正交的，但Z基中的一个量子态与X基中的一个量子态是非正交不可区分的。BB84协议的原理是通信双方采用两组正交基编解码获取密钥。

在通信过程中，发送方Alice以单光子作为信息载体，在四种量子态中随机选择一种发送给接收方Bob，Bob同样随机选择Z基或X基测量收到的量子态。通过信息比对，最终可获得一致的密钥。BB84协议的具体过程如下。

（1）制备：Alice随机地从$|H\rangle$、$|V\rangle$、$|+\rangle$和$|-\rangle$这四种偏振态中选取一种量子态发送给Bob，并按照既定的规则做好对应的信息记录。

（2）选基和测量：Bob从X基和Z基中随机选取一组偏振基对接收到的量子态进行测量，并保存相应的选择情况和比特信息。

（3）对基：Bob利用经典信道公布自己的测量基信息，同时Alice也公布制备的量子态所在的基。如果Alice发送的量子态所在的基与Bob选取的测量基一致，则对基成功，双方丢弃对基不成功的数据，仅保留对基成功的记录作为筛后密钥。

（4）生成密钥：对基成功之后，Alice和Bob都会得到一串相关密钥，然后采用相同的转换规律，将测量结果转化为二进制中的“0”和“1”。为保证密钥的安全性，需要进行密钥协商、保密放大等后处理操作，得到安全、一致的密钥。

BB84协议的示例见表8-19。

表8-19　BB84协议的示例

二进制随机序列	1	1	0	0	1	0	1	0	0	1
Alice发送的量子态	$|V\rangle$	$|+\rangle$	$|H\rangle$	$|H\rangle$	$|+\rangle$	$|-\rangle$	$|+\rangle$	$|-\rangle$	$|H\rangle$	$|V\rangle$
Bob 选择的基矢	Z	Z	X	Z	Z	X	X	X	X	X
筛选后的量子态				$|H\rangle$		$|-\rangle$	$|+\rangle$	$|-\rangle$		
原始密钥	1			0		0	1	0		
协商	1			0			1	0		
最终密钥	1010									

2．B92协议

B92协议是1992年由Bennett提出的基于非正交态的二态协议。B92协议与BB84协议最大的区别就是B92协议只采用了两个量子态，去除了通信双方测量基的对比步骤，降低了制备基的难度，使协议在实验中更容易实现，其安全性也能得到保证，相应地，其密钥率只有BB84协议的二分之一。发送方Alice任意选择两个非正交的量子态，假设为$|H\rangle$和$|+\rangle$，可表示为

$$\begin{cases} |H\rangle = |0\rangle \\ |+\rangle = \dfrac{1}{\sqrt{2}}\left(|0\rangle + |1\rangle\right) \end{cases} \tag{8-28}$$

接收方Bob对接收到的光子随机选择X基或Z基进行测量。B92协议的具体过程如下。

（1）制备：Alice随机地从$|H\rangle$和$|+\rangle$这两种偏振态中选取一种量子态发送给Bob，并按照既定的规则做好对应的信息记录。

（2）选基与测量：Bob 随机选择 X 基或 Z 基，测量接收到的所有量子态，并记录测量结果。

（3）对基：Bob 不公开具体使用的测量基，而是对测量结果进行筛选，只使用公共信道通知 Alice 自己能确定的信息位的位置。随后，Alice 和 Bob 各自删除不确定的量子态，只保留可以确定结果的量子态。

（4）生成密钥：Alice 和 Bob 按照约定好的量子态与经典比特的对应关系得到一串相关的密钥。为了保证密钥安全性，对密钥做进一步的隐私放大等后处理操作，生成最终的密钥。

B92 协议的示例见表 8-20。

表 8-20　B92 协议的示例

二进制随机序列	1	1	0	0	1	0	1	0	0	1
Alice 发送的量子态	$\|H\rangle$	$\|+\rangle$	$\|+\rangle$	$\|H\rangle$	$\|+\rangle$	$\|H\rangle$	$\|+\rangle$	$\|H\rangle$	$\|+\rangle$	$\|+\rangle$
Bob 选择的基矢	Z	Z	X	Z	X	X	X	Z	X	Z
Bob 得到的结果	$\|H\rangle$	$\|V\rangle$	$\|+\rangle$	$\|H\rangle$	$\|+\rangle$	$\|-\rangle$	$\|+\rangle$	$\|H\rangle$	$\|+\rangle$	$\|V\rangle$
筛选后的量子态		$\|V\rangle$				$\|-\rangle$				$\|V\rangle$
原始密钥		1				0				1
协商		1				0				
最终密钥	10									

3. EPR 协议

EPR 协议于 1991 年由英国牛津大学青年学者 A.Ekert 首次提出，该协议是基于 EPR 纠缠特性实现的，其安全性由 Bell 理论进行保证。不管是 BB84 协议还是 B92 协议，均属于基于单粒子的量子密钥分配方案，而 EPR 协议是基于纠缠粒子的量子密钥分配方案。EPR 协议具有非常好的安全性，因为量子比特在传输的过程中状态不确定，只能在合法用户（合法的通信者）对纠缠态的粒子进行测量后确定其状态。该性质使窃听者截获了合法通信者之间进行传输的纠缠态粒子后，也无法得到有效信息。

由图 8-23 可知，EPR 协议的具体过程如下：EPR 源将 EPR 纠缠对的粒子分别发送给发送方 Alice 和接收方 Bob，这样双方就各持 EPR 纠缠对的一个粒子。接着，Alice 和 Bob 选择 xOy 平面的任意方向进行测量，将二者在相同方向的测量结果作为二者之间共享的密钥，其他结果即可用来检测窃听者存在的概率。

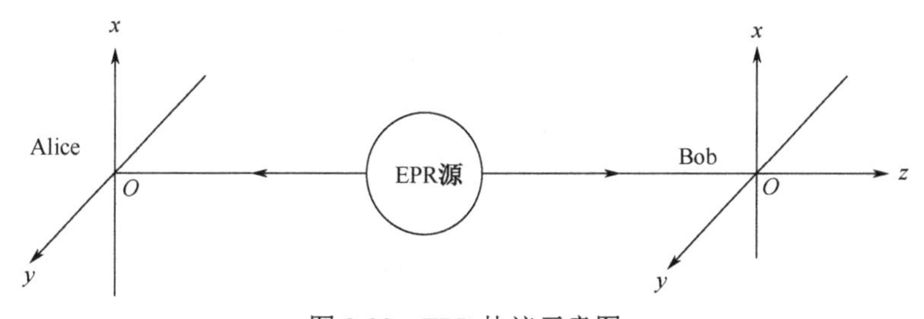

图 8-23　EPR 协议示意图

8.6.3 数字签名的应用

在当下的大数据信息时代，随着公钥加密的普及，数字签名技术得到了飞速发展。数字签名凭借自身优势，已经成为目前信息安全领域必不可少的处理技术，具有非常广阔的应用和发展前景。数字签名作为一种替代手写签名的技术，主要用于验证信息发送者的身份，以及保证信息完整性，是现代密码学的重要组成部分。举例来说，Alice 有一份数字信息需要发送给 Bob。如果她直接发送该信息给 Bob，有可能被攻击者 Eve 截获并篡改信息，Bob 也无法知道接收到的数字信息是 Alice 发送给他的还是 Eve 篡改过的。为了解决这些问题，保证信息传输的保密性、真实性、完整性和不可否认性，采用数字签名算法对数字信息进行数字加密和签名。首先，Alice 使用哈希（Hash）函数对数字信息进行哈希运算，得到一份摘要信息；然后，Alice 用自己的私钥对摘要信息进行加密得到数字签名，并将其附在数字信息上；接着，Alice 使用 Bob 的公钥对要发送的数字信息进行加密，形成密文信息，再将加密的摘要信息和密文信息一起发送给 Bob。此时，Bob 使用 Alice 的公钥对加密的摘要信息进行解密，可以获得摘要信息一。Bob 用自己的私钥对密文信息进行解码，得到最初的明文信息，再使用哈希函数对明文进行哈希运算获得摘要信息二。经过对比，如果摘要信息二和摘要信息一是相同的，Bob 就可以确定数字信息没有被篡改过，即该信息是由 Alice 发送的，他就接收信息；如果不同，Bob 就丢弃明文信息。

不同的领域对数字签名有不同的要求，新的数字签名方案也在不断地被提出。例如，在电子政务中，数字签名技术能保障电子政务工作流中信息传输的机密性和完整性，有效地防止电子政务中的各种安全隐患。在电子商务中，数字签名技术可以解决电子交易过程中的数据不完整、交易双方身份确认和交易中的抵赖行为等问题。在网络通信中，数字签名技术的应用保证了信息传递双方的数据的完整性和保密性，提高了网络通信的安全性和可靠性。在区块链中，将签名与区块链系统配对，使用数字签名在区块链发送交易时进行签名验证，可以获得更高级别的安全性，基于数字签名的区块链交易过程如图 8-24 所示。

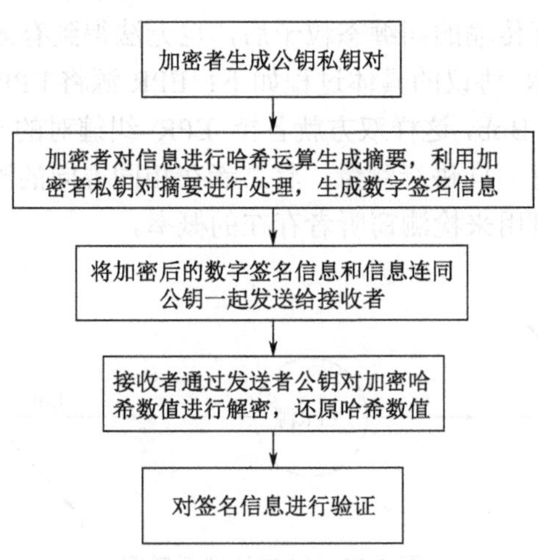

图 8-24　基于数字签名的区块链交易过程

8.7 区块链技术

区块链作为一种去中心化的创新技术，吸引了政务、金融、物流领域和学界的广泛关注和探索，近年来已成为全球互联网领域最炙手可热的热门技术之一。密码学作为网络空间安全的重要基石之一，由于在区块链中的综合运用而大放异彩。区块链利用密码学技术和分布式共识协议保证网络传输与访问安全，实现数据多方维护、交叉验证、全网一致、不易篡改。区块链的应用已经延伸到物联网、智慧能源、智能制造、供应链管理、数字资产交易等多个领域，将为云计算、大数据、移动互联网等新一代信息技术的发展带来新的机遇，有能力引发新一轮的技术创新和产业变革。

8.7.1 区块链

区块链（Blockchain）起源于化名为“中本聪”（Satoshi Nakamoto）的学者在 2008 年发表的奠基性论文《比特币：一种点对点电子现金系统》。从狭义上讲，区块链是一种按照时间顺序将数据区块以顺序相连的方式组合成链式数据结构，并以密码学方式保证不可篡改和不可伪造的分布式账本。从广义上讲，区块链是利用块链式数据结构来验证与存储数据、利用分布式节点共识算法来生成和更新数据、利用密码学方式保证数据传输和访问的安全、利用由自动化脚本代码组成的智能合约来编程和操作数据的一种全新的分布式基础架构与计算范式。本节涉及的缩略语及原始术语见表 8-21。

表 8-21 缩略语及原始术语

缩略语	原始术语
PoW	工作量证明（Proof of Work）
P2P	点对点（Peer to Peer）
PoS	权益证明（Proof of Stake）
PBFT	实用拜占庭容错（Practical Byzantine Fault Tolerance）
PoET	消逝时间证明（Proof of Elapsed Time）
SBFT	简化的拜占庭容错（Simplified Byzantine Fault Tolerance）
EVM	以太坊虚拟机（Ethereum Virtual Machine）
RPCA	瑞波共识算法（Ripple Protocol Consensus Algorithm）
QuorumVoting	Quorum 拜占庭协议　仲裁投票算法
DApp	分布式应用（Decentralized Application）
Berkeley DB	文件数据库
Level DB	键值数据库

1. 区块链发展历程

区块链的发展历程可以分为四个阶段，如图 8-25 所示。

（1）技术起源。区块链技术起源于 P2P 网络技术、非对称加密算法、数据库技术和数字货币。P2P 网络技术是区块链系统连接各对等节点的组网技术，在多数媒体上被称为“点对点”或“端对端”网络，是建构在互联网上的一种连接网络。非对称加密算法是指使用公、私钥对数据存储和传输进行加密和解密。数据库技术是基础性技术，也是软件业的基石，其在区块链系统建设中发挥着巨大作用。数字货币（Digital Money）又称电子现金（Ecash）或电子货币（Emoney），被视为对现实货币的模拟，涉及用户、商家和处于中心化地位的银行或第三方支付机构。数字货币是电子商务和网上转账的基础。

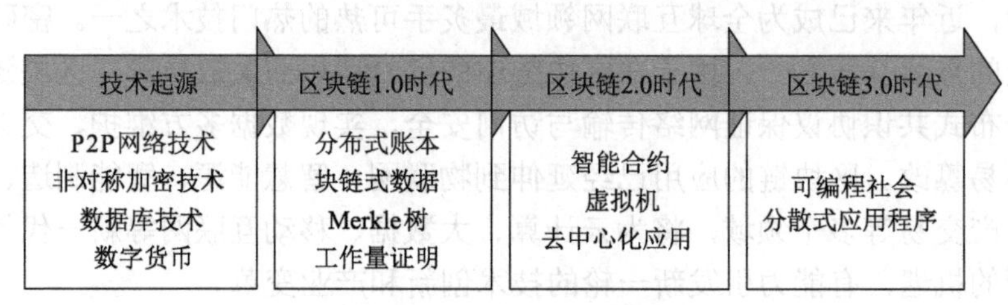

图 8-25 区块链发展历程

（2）区块链 1.0 时代。其代表应用是比特币等类型的数字加密货币底层技术构成的一个去中心化数字货币系统，可以支撑虚拟货币的转账交易等操作。区块链 1.0 技术的典型特征为以区块为单位的链状数据块结构，并在交易过程中全网共享账本。系统的各节点通过共识机制选取具有打包交易权限的区块节点，该节点需要将新区块的前一个区块的哈希值、当前时间戳、一段时间内发生的有效交易及其 Merkle 树根值等内容打包成一个区块，向全网广播。

（3）区块链 2.0 时代。区块链 2.0 时代具有代表性的应用就是智能合约。智能合约被视为一种对现实中的合约条款执行电子化的量化交易协议，它的出现允许用户自定义编程实现各种程序，自动化执行交易的智能合约广泛应用于金融领域，加速了区块链技术的可编程发展。其代表应用是以太坊（Ethereum）。

（4）区块链 3.0 时代。其代表性应用就是超级记账本（Hyperledger）。在这个时代，区块链技术已经深入社会各个方面，为各种领域提供分布式去中心化解决方案，对任何上链的信息做溯源、实现完全透明公开，所有信息都可以确认来源和后续走向。应用场景拓宽到政务、电商、物流等领域，实现政务资金、交易信息等数据的透明高效管理，最终实现一个可编程社会。

目前，区块链技术架构已趋于稳定，围绕产业区块链场景实际需求，相关技术朝着“高效、安全、便捷”持续演化。联盟链主要服务于企业级应用，其关注重点在节点管控、监管合规、性能、安全等方面。其中，密码算法、对等网络、共识机制、智能合约、数据存储等核心技术发展相对缓慢，运维管理、安全防护、跨链互通等扩展技术发展较快，且与其他信息技术融合趋势明显，行业焦点逐步由核心技术攻关转向以面向场景优化为主。图 8-26 为区块链技术演进趋势。

2. 区块链类型

区块链按照开放程度、接入权限的不同，一般可以分为公有区块链、联盟区块链和私有区块链。

公有区块链又称公有链，是一种完全去中心化开放式的区块链平台，其允许各个节点自由加入和退出网络，并参与链上数据的读写，任何人在任何地理位置都能够参与共识，运行时每秒可完成 3～20 次数据写入，并以扁平的拓扑结构互联互通，网络中不存在任何中心化的服务端节点。这种完全去中心化的特性，大大增加了系统被恶意攻击的可能。

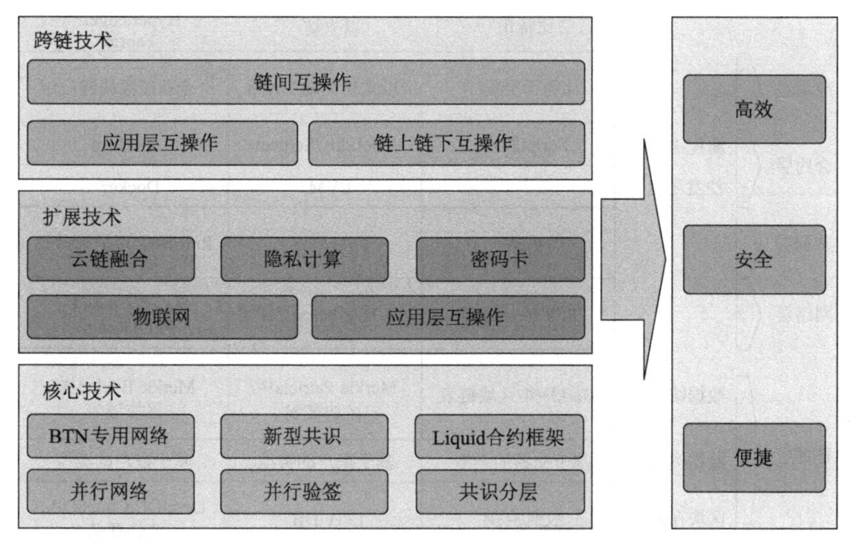

图 8-26　区块链技术演进趋势

联盟区块链又称联盟链，是一种许可链，它可以看成公有链和私有链的一种结合，它的各个节点通常有与之对应的实体机构组织，通过授权后才能加入与退出网络。联盟链还需要具有成员的管理功能（如证书颁发机构），需要对用户身份进行审核和管理。各机构组织组成利益相关的联盟，共同维护联盟链的健康运转。联盟链的数据写入速度可达到每秒 1000 次以上。

私有区块链又称私有链，也是一种许可链，不同于完全开放的公有链，私有链只在某个组织内部使用，外部节点无法接入私有链。私有链的各个节点的写入权限收归内部控制，而读取权限可视需求有选择性地对外开放。私有链的完全中心化及封闭性，使其具有较大的吞吐量及较高的安全隐私保护级别，但同时也体现出了私有链的局限性。私有链仍然具备区块链多节点运行的通用结构，适用于特定机构的内部数据管理与审计。私有链的数据写入速度可达到每秒 1000 次以上。

3. 区块链层次架构

邵奇峰等人分析了区块链技术并描述了区块链体系架构。区块链的基础架构可分为五层，从下向上依次为数据层、网络层、共识层、合约层和应用层，如图 8-27 所示。区块链每层之间互相配合、互相支撑，实现一个去中心化的信任机制，这也是区块链的魅力所在。

4. 区块链技术特点

区块链作为一种分布式网络数据管理技术，具有如下特点。

1）去中心化

在分布式系统中，各个节点之间是对等关系，并不存在中央节点、服务器、可信第三方等角色。在这种背景下，系统可以通过区块链协议自发地完成一些共识任务、信息传递、验证及管理。这极大地减轻了中央服务器节点的压力，并且规避了传统中心化网络的一些弊端，例如，易遭受黑客集中式攻击、信息及隐私泄露等。去中心化是区块链最突出、最本质的特征。

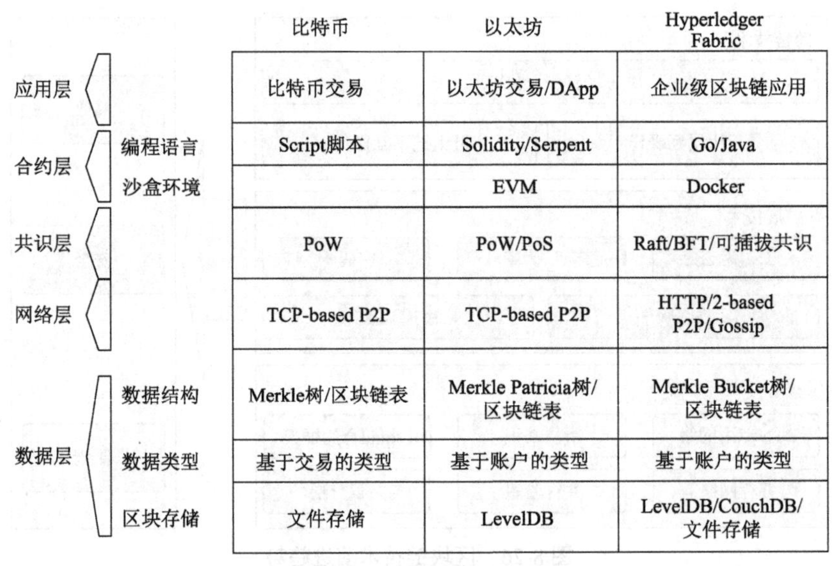

图 8-27　区块链层次架构

2）无法篡改

在区块链中，区块内依靠 Merkle 树的数据结构类型保证链上数据的不可篡改性。而区块间依靠哈希指针按时间顺序存储的线性结构，通过增加时间维度来保证数据的不可篡改性。同时，需要得到各参与方的共同认可，才能完成账本的修改。通常，在区块链账本中的交易数据可以视为不能被“修改”，只能通过被认可的新交易来“修正”。修正的过程会留下痕迹，这也是区块链不可篡改的原因，篡改是指用作伪的手段改动或曲解。

3）公开、可信、透明

区块链技术基础是开源的，除交易各方的私有信息被加密外，区块链的链上信息对于系统内的所有节点都是公开且透明的，任何人都可以通过公开的接口查询区块链数据和开发相关应用，且节点之间不会存在不一致的信息差。

4）可追溯

由于区块链中存储着自系统运行以来所有的数据记录，基于区块链上数据的不可篡改性，各参与方或监管仲裁机构可以轻松地还原、追溯出需要的原链上数据记录及数据的操作日志。

5）独立性

区块链的整个系统不依赖第三方，所有节点能够在系统内自动安全地验证、交换数据，不需要任何人为干预，表现出很强的独立性。

8.7.2　区块链中的密码学技术

在区块链技术中，利用有序的链式数据结构存储数据，利用共识算法更新数据，利用密码学技术保障数据安全。在基于区块链的交易中，为了确保交易数据的完整性、真实性和隐私性，运用了大量的密码学技术。

1．哈希函数

哈希（Hash）函数又称散列函数，是一种单向密码体制，即只有加密过程，没有解密过程。一个任意长度的消息可以通过哈希算法得到一个长度固定的值，称为哈希值。可任意表示为 Hash=$H(x)$，其中 x 表示消息，哈希值表示经过哈希函数 H 处理后得到的值。常见的哈希函数有 MD5、SHA-1、SHA-256 等。当需要存储较多内容的消息时，可以通过哈希算法将其变成固定长度的哈希值，这样既方便存储，也保证了消息的可靠性。区块链之所以称为“链”，就是因为通过哈希函数构成指针的链表，这个链表连接一系列的区块，每个区块包含数据及指向前一个区块的指针。前一个区块的指针使用的是其哈希值，这个哈希值会存储在后一个区块中以方便查找其位置。同时，通过这个哈希值也能验证这个区块所包含的数据是否发生变化。区块链中重要的数据结构——Merkle 树是哈希函数在区块链中的另一个应用。哈希函数具有如下特点。

（1）单向散列性。给定消息 x，通过哈希函数 H 可以得到处理后的哈希值。但是，如果给定处理后的哈希值，却不能推断出之前的消息 x。

（2）抗弱碰撞性。对于两个不同消息 x_1 和 x_2，通过哈希算法得到相同哈希值的概率非常低。

（3）抗强碰撞性。给定相同哈希值的不同消息 x_1 和 x_2 几乎不可能存在。

（4）防篡改能力强。对于输入的消息 x，只要更改很小的值，其哈希值变化会非常大。

综上所述，哈希函数的特性决定了其用于验证数据完整性可以较快地得到结果，安全性也有保障，保证了区块链的不可篡改性。

2. 非对称加密

区块链中主要应用非对称加密算法，非对称加密是公有链中实现匿名性及数字签名的核心技术。非对称加密通常在加密和解密过程中使用两个非对称的密码，分别称为公钥和私钥。非对称密钥对具有两个特点：一是用其中一个密钥（公钥或私钥）加密信息后，只有另一个对应的密钥才能解开；二是公钥可向其他人公开，但私钥保密，其他人无法通过公钥推算出相应的私钥。公钥与私钥一一对应，如果使用公钥对内容加密，那么只有这个公钥对应的私钥才能解密，只要私钥不泄露，这个内容就是安全的。目前常见的非对称加密算法有 RSA、ElGamal、Schnorr、BLS 和椭圆曲线数字签名算法。

3. 数字签名

数字签名是一项既可以证实数字内容的完整性，又可以确认其来源的技术。数字签名在消息真实性、不可否认性、身份验证、电子商务和网络通信等方面得到了广泛的应用。数字签名的全过程分为两部分，即签名与验证。

8.7.3 共识算法

共识算法是所有区块链的基础，它构成了区块链平台中最重要的部分。区块链系统中的共识算法主要分为三类：工作量证明（Proof of Work，PoW）共识算法、Po*凭证类共识算法和拜占庭容错（Byzantine Fault Tolerance，BFT）类共识算法。

1. PoW 共识算法

PoW 共识算法在早期的传统区块链项目中被广泛应用，最早在中本聪 2008 年的论文中出现，它的核心思想是通过在分布式网络节点中引入竞争机制来实现网络中的各个节点达成数据一致性状态，以及保证网络中的数据无法被轻易篡改。比特币采用 PoW 共识算法来保证分布式记账的数据统一性，同时抵御攻击。基本思想是系统中的所有节点共同竞争解决某个数学问题，最先解决该数学问题的节点可以获得系统奖励的比特币。然而，PoW 共识算法也存在着明显的缺陷，速度慢、耗费算力造成的资源浪费一直都困扰着人们。工作量证明机制需要进行大量的计算，而且长达 10 分钟的交易确认时间使其相对不适合小额交易的商业应用。在这里将一个区块表示为包含三元组的数据包 $B = < h', \text{txs}, \text{nonce} >$，其中 h' 是前一个区块的哈希值，txs 是区块中所包含的交易记录，nonce 是一个 32 比特的整数。为了达成共识，系统将节点构造区块等价为解一个困难问题，设定一个难度值 D。D 定义了当前整个区块哈希值需要多少位前导 0，前导 0 数量越多，难度越大。由于 nonce 改变任意一个比特都会使整个区块的哈希值 $H(B)$ 完全改变，所以没有方法可以预测哪种形式的 nonce 符合要求。因此，为了达到区块的要求，节点需要用其计算资源尝试大量可能的 nonce 值，使得 $H(B) < D$。可以将 PoW 共识算法用伪代码简单表示为算法 1。

算法 1　PoW 共识算法

```
Input: preHash, txs, D
Output: Block
1: nonce←1
2: while(H(nonce,txs,preHash) ＞ = D):
3: nonce←nonce + 1
4: Broadcast( ＜ nonce,txs,preHash ＞ )
5: end
```

2. Po*凭证类共识算法

为了解决 PoW 共识算法中过大的算力浪费，人们提出了 Po*凭证类共识算法。这种算法根据每个节点的某些属性（拥有币数、持币时间、计算资源、声誉等，即 Po*中的*）来定义每个节点出块难度或优先级，选取凭证排序最优的节点作为下一段时间记账节点。

权益证明（PoS）共识算法就是其中一种算法，它是一种依赖于验证者在网络中的经济利益的公共区块链共识算法。PoS 共识算法不同于 PoW 共识算法以竞争资源的模式达成共识，而是重新产生记账模式。由系统中具有最高权益而非最高算力的节点获得区块记账权，按照所有权益的多少分配记账权，权益越多的参与者获得记账权的概率越大。权益是由节点对特定数量货币的所有权决定的，称为币龄（Coin Age）。币龄是 PoS 共识算法的一个重要概念，即每笔交易的金额乘以这笔交易的币在账上留存的时间。PoS 共识算法在一定程度上解决了 PoW 共识算法算力浪费的问题，大大缩短了系统达成共识的时间，因而比特币之后的许多竞争币都采用 PoS 共识算法。但是，PoS 共识算法同样存在一些缺点，因为节点间的记账权是按照所持权益比例分配的，所以会导致权益越大的节点记账权越高，不能达到区块链完全去中心化的要求。目前，有 Peercoin、NTX、Blackcoin 使用了 PoS 共识算法，将共识算法用伪代码表示为算法 2。共识过程中，节点需要提交一份交易记录来证明对区块链资产的拥有权，同时拥有的区块链资产越多，持有时间越长，挖矿就会越容易。权益证明算法希望用户可以自己向自己进行一笔转账，来证明所拥有的一定数量的区块链资产，这些资产可以影响区块链矿工挖矿的难度，拥

有越多的资产，就越有机会计算出符合条件的 nonce。因此，要解决的哈希难题变为

$$\text{proofhash} < \underbrace{\text{coins} \cdot \text{age}}_{\text{coin age}} \cdot \text{target} \tag{8-29}$$

算法 2 Peercoin 权益证明共识算法

```
Input: preHash, txs, D, accountBalance, lashTransactionTime
Output: Block
1: nonce←1
2: coins←accountBalance
3:age←currentTime-lashTransactionTime
4:while(H(nonce,txs,preHash) > = coins • age • D):
5: nonce←nonce + 1
6:Broadcast( < nonce,txs,preBlockHash > )
7:end
```

股份制权益证明（Delegated Proof of Stake，DPoS）共识算法是 PoS 共识算法的改进版，DPoS 共识算法在 PoS 共识算法的基础上改进了权益分配机制，引入了选举投票机制和选举过程来保证区块链系统的安全性。DPoS 共识算法的基本过程如下：节点按照自己所持有的股份权益投票选出代表成立委员会，委员会负责对请求处理、写入交易等操作产生区块。通过权益选举出委员会达成共识的方法不仅有效地解决了 PoW 共识算法资源浪费的问题和矿池对去中心化构成威胁的问题，还能够弥补 PoS 共识算法中有记账权益的参与者却没有记账实权的缺点，有效地解决了 PoS 共识算法的所有节点参与记账的问题，所以 DPoS 共识算法的效率更高。DPoS 共识算法的代表性应用有 EOS、Waychain 等。DPoS 共识算法的共识过程分为见证人选举和见证人出块两个子过程。见证人只负责对交易进行见证，验证交易的签名和时间戳，并不参与交易，网络中每个账户都可以为自己的见证人投票，拥有的区块链资产越多，票数也就越多。

3. BFT 类共识算法

与 PoW 共识算法和 Po*凭证类共识算法不同的是，BFT 类共识算法采用选举的方式来产生领导者作为记账节点，由记账节点接收并排序区块链系统中的交易，然后递交给其他节点对区块进行验证，如果超过三分之二的节点通过验证，则表明该区块有效并广播给所有节点。如果超过三分之一的节点认为当前提议有问题，则推翻当前记账节点并重新进行选举，产生新的领导者进行记账。实用拜占庭容错（Practical Byzantine Fault Tolerance，PBFT）共识算法就是 BFT 类共识算法，它是由 Castro 和 Liskov 提出的一种基于状态机复制的一致性算法。该算法可以工作在异步环境中，并且通过优化在早期算法的基础上把响应性能提升一个数量级以上，算法复杂度由指数级别降低为多项式级别，使拜占庭容错共识算法可以在实际中应用。PBFT 共识算法使用加密技术来防止欺骗攻击和重播攻击，能容纳故障节点和作恶节点，并且首次将算法复杂度由指数级别降低为多项式级别。该算法流程分为五个阶段，如图 8-28 所示，其中 Primary 是主节点，副节点 Replica 共有三个，Client 是客户端。

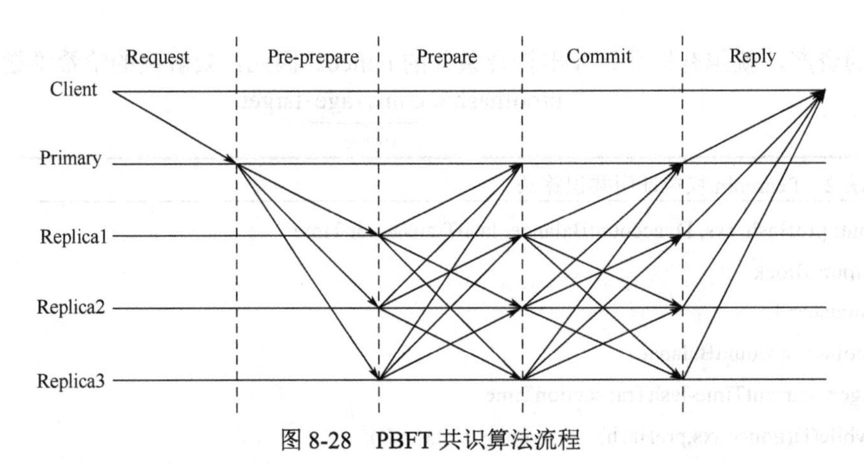

图 8-28 PBFT 共识算法流程

（1）Request（请求）：客户端向系统的主节点发送请求，主节点接收到客户端发来的请求。客户端发送的请求带有时间戳，用来标识每个请求的唯一性，此时节点状态转换为 Request。

（2）Pre-prepare（预准备）：主节点向所有副节点发送准备消息，执行消息签名验证，判断其是否由客户端发来且中间没有被篡改，此时节点状态转换为 Pre-prepare。

（3）Prepare（准备）：网络中的所有节点在收到准备消息后，如果确认无误，需要向外广播消息，此时节点状态转换为 Prepare。

（4）Commit（提交）：网络中的副节点收到若干来自其他副节点的准备消息，此时节点状态为 Commit。

（5）Reply（回复）：副节点在本地执行完毕后，需要向客户端返回消息执行结果，此时节点状态为 Reply。

4. 区块链共识算法对比

从资源消耗、中心化程度、吞吐量、交易确认时间等方面比较各个共识算法的优缺点，见表 8-22。同时，在表 8-23 中对许可链常见共识协议下的容错能力给出了定量描述，对于无法抵抗该错误的用“-”表示，其中 n 表示节点数。

表 8-22 共识算法的优缺点对比

共识算法	优　点	缺　点
PoW	去中心化	资源消耗大，交易确认时间长
PoS	减少计算资源的消耗	币龄攻击，资源不平等
DPoS	吞吐量高	容易形成寡头
PBFT	吞吐量高，交易确认时间短	节点数量固定

表 8-23 许可链容错情况比较

区块链	共识协议	允许宕机的最大数量 C	允许拜占庭错误的最大数量 F
Hyperledger Fabric	PBFT 协议	$C<n/3$	$F<n/3$
Tendermint	PBFT 变种协议	$C<n/3$	$F<n/3$
R3 Corda Version1	Raft	$C<n/2$	—
R3 Corda Version2	BFT-Smart	$C<n/3$	$F<n/3$

8.7.4 区块链应用

随着各行业数字化转型进程加快，多维业务需求日益增长，这为区块链技术应用创造了非常广阔的市场空间。同时，区块链技术的发展也为传统行业数字化转型提供了新的驱动力。一方面，区块链应用场景正在实体经济、公共服务等行业的传统细分领域不断拓展，呈现新型水平化布局。另一方面，随着应用场景的深入化和多元化不断加深，区块链将进一步赋能数字人民币（DCEP）、碳交易等相关增量业务发展，市场潜能被持续激发。从最初的比特币、以太坊等公有链项目开源社区，到各种类型的区块链创业公司、风险投资基金、金融机构、IT 企业及监管机构，区块链的发展生态也在逐渐得到发展与丰富。区块链生态系统如图 8-29 所示。

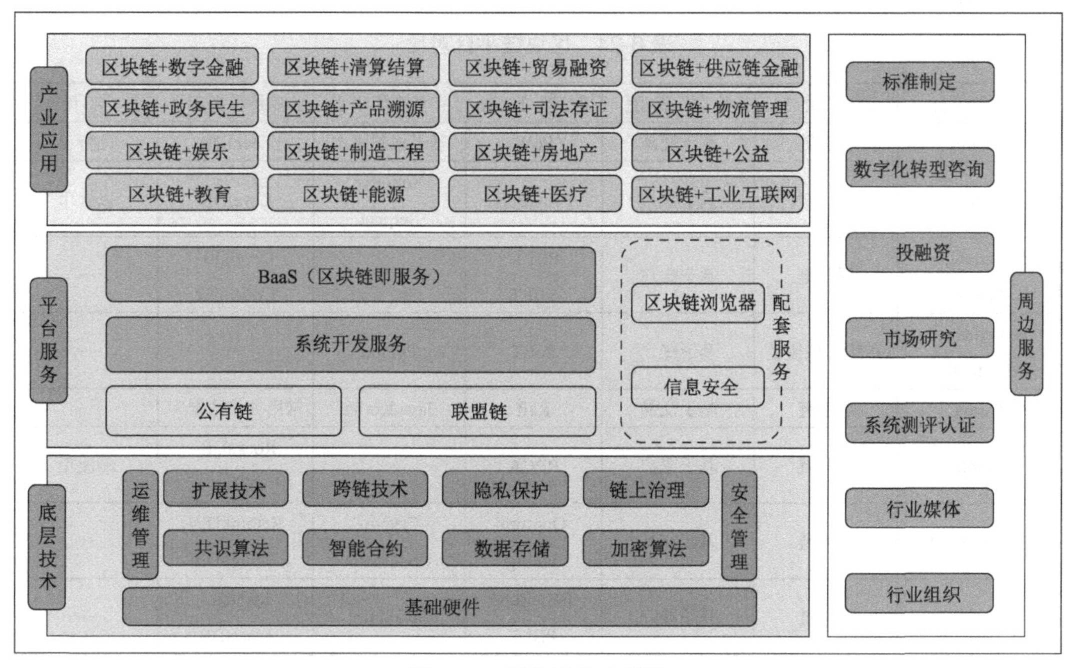

图 8-29 区块链生态系统

1. 区块链平台

随着区块链的不断发展，区块链平台也在不断更新换代，从最开始的比特币（Bitcoin）到以太坊（Ethereum）、超级账本（Hyperledger）、分布式账本平台（Corda）、可扩展的区块链数据库（BigchainDB）及可信区块链平台（TrustSQL）等，区块链技术已经从最初的金融货币应用推广到了各领域应用。

区块链起源于比特币的底层技术。2013 年 12 月，Buterin 提出了以太坊区块链平台，除可基于内置的以太币（Ether）实现数字货币交易外，还提供了图灵完备的编程语言以编写智能合约（Smart Contract），从而首次将智能合约应用到了区块链。2015 年 12 月，Linux 基金会发起了 Hyperledger 开源区块链项目，旨在发展跨行业的商业区块链平台。Hyperledger 提供了 Fabric、Sawtooth、Iroha 和 Burrow 等多个区块链项目，其中最受关注的项目是 Fabric。不同于比特币和以太坊，Hyperledger Fabric 专门针对于企业级的区块链应用而设计，并引入了成员管理服务。2016 年 4 月，R3 公司发布了面向金融机构定制设计的分布式账本平台 Corda，并且声称 Corda 是受区块链启发的去中心化数据库，而不是一个传统的区块链平台，原因就是 R3 反对区块链中每个节点拥有全部数据，而注重保障数据仅对交易双方及监管可见的交易隐私性。2016 年 2 月，BigchainDB 公司发布了可扩展的区块链数据库 BigchainDB，BigchainDB 不仅拥有高吞吐量、低延迟、大容量、丰富的查询和权限等分布式数据库的优点，而且具有去中心化、不可篡改、资产传输等区块链的特性。2017 年 4 月，腾讯发布了可信区块链平台 TrustSQL，致力于提供企业级区块链基础设施及区块链云服务，TrustSQL 支持自适应的共识机制、4000TPS 的交易吞吐量、秒级交易确认及 Select、Insert 两种 SQL 语句。表 8-24 分别从准入机制、数据模型、共识算法、智能合约语言、底层数据库、数字货币几个方面对常用区块链平台进行了对比。

表 8-24　区块链平台对比

区块链平台	准入机制	数据模型	共识算法	智能合约语言	底层数据库	数字货币
Bitcoin	公有链	基于交易	PoW	基于栈的脚本	LevelDB	比特币
Ethereum	公有链	基于账户	PoW/PoS	Solidity/ Serpent	LevelDB	以太币
Hyperledger Fabric	联盟链	基于账户	PBFT/ SBFT	Go/Java	LevelDB/ CouchDB	—
Hyperledger Sawtooth	公有链/联盟链	基于账户	PoET	Python	—	—
Corda	联盟链	基于交易	Raft	Java/Kotlin	常用关系数据库	—
Ripple	联盟链	基于账户	RPCA	—	RocksDB/ SQLite	瑞波币
BigchainDB	联盟链	基于交易	Quorum Voting	Crypto-Conditions	RethinkDB/ MongoDB	—
TrustSQL	联盟链	基于账户	BFT-Raft/ PBFT	JavaScript	MySQL/ MariaDB	—

2. 区块链应用场景

区块链系统具有分布式高冗余存储、时序数据、不可篡改和伪造、去中心化、自动执行的智能合约、安全和隐私保护等显著的特点，这使区块链技术不仅可以成功应用于数字货币领域，在经济、金融、物联网、供应链、智能制造中也存在广泛的应用场景。

1）金融应用领域

麦肯锡研究报告指出了区块链在金融业应用的五大场景。

（1）数字货币：提高货币发行便利性。

（2）跨境支付与结算：实现点到点交易，减少中间费用。

（3）票据与供应链金融业务：减少人为介入，降低成本及操作风险。

（4）证券发行与交易：实现实时资产转移，加快交易清算速度。

（5）客户征信与反欺诈：降低法律合规成本，防止金融犯罪。

区块链技术与金融市场应用有非常高的契合度。区块链可以在去中心化系统中自发地产生信用，能够建立无中心机构信用背书的金融市场，从而在很大程度上实现“金融脱媒”，这对第三方支付、资金托管等存在中介机构的商业模式来说是颠覆性的变革。传统的金融交易需要通过银行证券及交易所等中心化机构或组织的协调来开展工作，而区块链技术无须依附任何中间环节，即可构建一种点对点式的数据传输方式，极大地改善了交易速度和成本等，简化了相应的业务流程。

在传统融资模式中，科技型企业必须提供可靠有效的材料向银行证明自身的信用水平及还款能力，银行通过征信查询和财务数据来评价企业的信用水平。但是，多数银行的数据来源主要为行内存量客户信息和部分政府部门的公开信息，数据渠道和结构相对单一，银行普遍反映无法掌握企业在他行的账户开立和资金变动等信息，也不能直接取得企业用电、用水、产品进出口等数据。通过建立以区块链为底层架构的去中心化网络，连接整合政府、行业协会、征信机构等部门数据库节点，实现数据资源的流通共享，贷款企业的经营活动、社会行为、信贷记录都可以如实记录在区块链上，银行可通过区块链自由查询其他数据库拥有的大量非结构化数据（如企业主个人信用、企业知识产权评估、行业发展前景、上下游产业链等），更多维度地获取科技企业的技术能力、发展前景、财务状况、运营能力、信用风险等关键信息，以缓解贷款企业和金融机构之间的信息不对称现象。分布式账本、智能合约及 Token 治理从“治标”和“治本”层面降低了金融业的组织和交易成本。组织和交易成本曲线的移动会产生新型市场单元——分布式自治组织。分布式自治组织对于增强微观主体的金融市场化程度具有重要作用，投融资等金融活动可更加无摩擦地展开，同时具有对企业制度实现迭代的可能性。

2）物联网应用领域

物联网技术将各种物理设备与互联网集成起来，实现物与物、物与人之间的信息交换。随着物联网设备的不断增多，分布范围越来越广，设备的安全控制、身份认证、数据交换、安全防御等问题逐渐凸显，传统集中式的访问控制系统已经不能适应物联网的发展需求。基于区块链技术实现的物联网成为当前学术研究的重点。

区块链与物联网的融合应用可分为横向和纵向两种模式。从横向模式来看，区块链可对整个物联网产业链进行升级改进，解决在物联网应用领域中所出现的生态链冗长、信息高度不对称的问题。区块链将物联网设备采集到的数据视为数字化资产，利用自身的技术特点，使网络上的参与方在达成共识的前提下挖掘和利用所采集到的数据，保障数据信息的安全性和一致性，消除物联网产业链的信息壁垒，为物联网中的相关用户提供高质量的多维数据，提高数据的应用价值。从纵向模式来看，运用区块链技术在互联网技术设备和物联网设备间创建连接，可以确保数据信息的安全性、可靠性和不可篡改性。物联网采集的数据是物理世界中的目标对象通过感知控制域中的设备连接所映射成的虚拟空间中的数字化资产对象。通过区块链技术在目标对象、设备、平台间实现数据信息采集的客观性和有效性，从而有效确保物理世界的实体资产与虚拟世界的数字资产间的可靠性和一致性。

更深层次的就是将云计算、区块链和物联网进行集成，这种混合互联方案需要将持久保存的关键交互信息记录在区块链上，其余的交互信息仅在物联网设备之间产生，并将数据存储和处理交给云计算设施。这种方案要求物联网应用能够明确区分并优化实时交互事件和需要上链的交互事件，对它们进行合理调配。

3）供应链应用领域

供应链是一个由物流、信息流、资金流共同组成，并将行业内的供应商、制造商、分销商、零售商、用户串联在一起的复杂结构。而区块链技术作为一种大规模的协作工具，天然地适用于供应链管理。首先，区块链技术能使数据在交易各方之间保持公开透明，从而在整个供应链上形成一个完整且流畅的信息流，这可确保参与各方及时发现供应链系统运行过程中存在的问题，并针对性地找到解决问题的方法，进而提升供应链管理的整体效率。其次，区块链所具有的数据不可篡改和时间戳的存在性证明的特质能很好地用于解决供应链体系内各参与主体之间的纠纷，实现轻松举证与追责。最后，数据不可篡改与交易可追溯两大特性相结合，可根除供应链内产品流转过程中的假冒伪劣问题。

在产业供应链中，运用区块链技术将产业供应链上通过质检的单品以“单品+代工厂”多标签的交易形式加入区块链，从而在供应链的起始位置形成“厂商→代工厂→产品→单品”的树形结构，这种单向性能够保证该结构的安全性和易于验证性，使得非法厂商无法伪造商品的各项生产信息。由于用户可查询到产品在整条供应链上的传输记录，因此不会出现类似验证码的伪造问题。在物流供应链中，利用数字签名和公私钥加解密机制，可以充分保证信息安全，以及寄、收件人的隐私。例如，快递交接需要双方私钥签名，每个快递员或快递点都有自己的私钥，是否签收或交付只需要查一下区块链即可。最终用户没有收到快递就不会有签收记录，快递员无法伪造签名，因此可杜绝快递员通过伪造签名来逃避考核的行为，减少用户投诉，防止货物的冒领误领。另外，利用区块链技术，通过智能合约能够简化物流程序并大幅提升物流效率。

4）智能制造应用领域

智能制造是将互联网、云计算等大数据时代下的信息技术与产品的设计、生产、管理、服务等制造活动相关的每个环节联系起来，并具有信息深度化、决策优化、精准控制执行等先进功能的系统。当前，我国经济转向高质量发展阶段，智能制造作为我国制造业的主要驱动力之一，不断推动产业的技术变革和优化升级。同时，作为一项持续演进、迭代提升的系统工程，智能制造须长期坚持并分步实施。要实现制造业质量效益提升、保持制造业比重基本稳定、提高产业链现代化水平，离不开智能制造。当前，我国正在加快实施智能制造工程，积极推动制造企业利用新一代信息技术提升研发设计、生产制造、经营管理等环节的数字化、网络化水平，实现智能化转型，以重塑制造业竞争新优势。实施智能制造，重点任务就是实现制造企业内部信息系统的纵向集成，以及不同制造企业间基于价值链和信息流的横向集成，从而实现制造的数字化和网络化。利用区块链技术，可有效采集和分析在原本孤立的系统中存在的所有传感器和其他部件所产生的信息，借助大数据分析，评估其实际价值，并对后期制造进行预期分析，能够帮助企业快速有效地建立更为安全的运营机制、更为高效的工作流程和更为优秀的服务，有助于提升工业制造中的诸如供应链协作、产品生命周期、物流信息、仓储管理、售后跟进、财务成本等环节的管理水平。数据透明化使研发审计、生产制造和流通更为有效，同时也为制造企业降低运营成本、提升良品率和降低制造成本，使企业具有更大的竞争优势。智能制造的价值之一就是重塑价值链，而区块链有助于提高价值链的透明度、灵活性，并能够更敏捷地应对生产、物流、仓储、营销、销售、售后等环节存在的问题。

与技术特征相对应的区块链核心作用，主要体现在存证、自动化协作和价值转移三方面，随着其价值潜力不断被挖掘，应用落地场景已从金融这个突破口，逐步向实体经济和政务民生等多领域拓展。区块链针对实体经济的核心价值正是促进产业上下游高效协作，提升产融结合效能。发展前期，区块链应用模式以文件、合同等的存证为主。现阶段，区块链产业应用正逐步向政务数据共享、供应链协同、跨境贸易等自动化协作和价值互联迈进。表 8-25 为区块链应用场景及典型建设模式。

表 8-25 区块链应用场景及典型建设模式

领　域	行　业	区块链核心作用	应用场景	应用效果
金融	数字资产	存证+价值转移	权属登记	身份认证，提高信用透明度
	保险	存证+自动化协作	保险理赔	简化损失评估，缩短索赔时限
	证券	存证+价值转移	股票分割、派息、负债管理	简化转移流程
	供应链金融	存证+自动化协作+价值转移	智能化流程	实时监督、保障回款
实体经济	供应链协同	存证+自动化协作	汽车制造、电子产品	条款自动验证，提高协同效率
	溯源	存证	农产品溯源、食品溯源、药品溯源	提高产品全流程透明度、产品标识管理的安全性
	能源	存证+自动化协作	分布式能源、能源互联网	提高交易效率，能源交易记录精准管理
	互联网内容服务	存证	版权、电子商务、游戏、广告、资讯	降低版权维权成本
	跨境贸易	存证+价值转移	跨境支付、清结算	提高交易效率和过程透明度
政务民生	发票/票据	存证	税务、电子票据	降低管理成本，提高开票报销效率
	电子证照	存证	电子合同、电子证据、身份认证	提高管理效率
	政务	存证+自动化协作	政务数据共享、投票、捐款	提高数据共享的时效性、可用性和一致性
	公共服务	存证+自动化协作	精准扶贫、征信、公共慈善	简化业务流程

第 9 章

印刷信道可靠性

利用半色调网点特征（空域、频域、色谱域）实现信息隐藏的前提条件是将信息可靠地记录在承印物上，进而通过识读设备采集图像，提取并识读信息。在此过程中，不可避免地存在因印刷过程中出现的网点变形、错位、飞墨、漏墨，以及图像采集过程中出现的光照、图像畸变、信号噪声等因素造成的原半色调网点信息的失真，这种失真比通常意义上的通信信号信道传输失真更为复杂。因此，为了解决半色调信息隐藏及其可靠识读问题，交叉应用和组合优化通信信道可靠性编码技术，使之能够满足在复杂噪声干扰下引起的半色调网点编码信息的检纠错性能要求，解决此类问题的技术瓶颈。

本章首先对通信信道可靠性编码技术进行介绍，然后构建印刷通信系统，讨论印刷通信信道噪声模型，在此基础上给出印刷信道可靠性编码方法、理论、技术和实例。

9.1 通信信道可靠性编码

实际信道中存在噪声和干扰的影响，信号在传输过程中可能出现差错，导致经信道传输后接收到的码元与发送的码元之间存在差异。为了提高系统的可靠性，需要使用可靠性编码技术。信道编码又称差错控制编码、纠错编码，基本思路是待传输的信息在发送端按照既定的规则被人为加入一定的冗余信息，使原本相互独立的码元序列产生关联性，接收端可以根据这些冗余信息检查并纠正在传输中出现的一些错误，从而改善通信系统的传输质量，保证信息传输的可靠性。正常情况下，冗余信息一般添加在信息序列的后面。级联编码技术是信道编码技术的重要组成部分，它可以减少译码器的计算量，得到等效长码性能，同时能够对突发性问题进行及时处理，从而提升检纠错能力。图 9-1 是一个经过信道编码后的码字，该码字总共有 n 个符号，其中信息包含 k 个符号，码字剩余的 $n-k$ 个符号是信息符号经过特定规则计算得到的冗余符号。

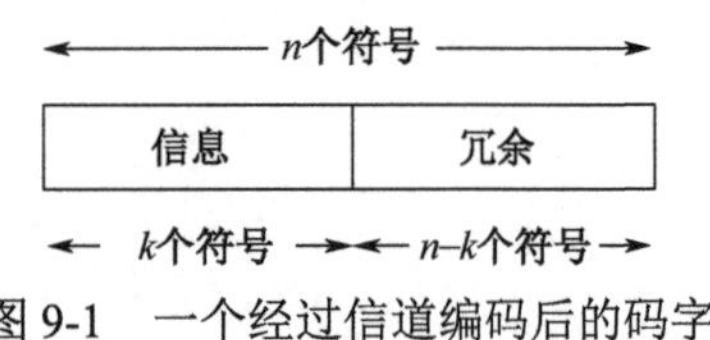

图 9-1　一个经过信道编码后的码字

人为添加冗余信息的方式和规则有多种，对应的码可划分为两大类：如果规则是线性的，即码元之间的关系为线性关系，那么称这类码为线性分组码，否则称为非线性码。

信道编码按照编码方法主要可分为线性分组码、卷积码、Turbo 码和 LDPC 码等，根据信息位出现的形式可分为系统码和非系统码，根据码的长短可分为长码和短码。目前常用的线性分组码有汉明码、BCH 码、RS 码等，这些编码在中等码长和长码长下，具有很好的纠错性能。

下面主要介绍信道编码中的线性分组码、BCH 码、RS 码、卷积码和 LDPC 码。

9.1.1　线性分组码

线性分组码是信道编码中最基础且最重要的一类编码，它在研究其他信道编码方面发挥着重要作用。所谓线性，是指码元之间的约束关系是线性的，而分组是指在进行构造时，将输入的信息码组按照每 k 位为一组进行编码，并按照一定的线性规则人为添加冗余信息，最终构成每 n（$n>k$）位为一组的编码输出信息，因此一般线性分组码采用 (n,k,d) 表示，其中 k 表示输入的信息码组，n 代表输出的信息码组，d 为该线性分组码的最小距离，$n-k$ 代表在编码过程中按照一定线性规则人为添加的冗余信息。这些人为添加的冗余信息是用于接收端检查和纠正在信道传输过程中产生错误的码元，因此也称监督码元或校验码元。

一个 (n,k) 线性分组码，其信息长度为 n，存在 2^k 个码字，当且仅当全部 2^k 个码字构成域 GF(2)上所有 n 维向量，其构成的向量空间的一个 k 维子空间称为 (n,k) 线性分组码。由此可知，(n,k) 线性分组码 C 构成的一个 k 维子空间归属于 n 维向量空间，那么可以在这个 n 维向量空间中找到 k 个相互独立的向量，即 k 个码字组成的信息码组 X：

$$X=(x_{k-1},x_{k-2},\cdots,x_1,x_0) \tag{9-1}$$

按照一定的编码规则得到包含 n（$n>k$）个码元的码组 C：

$$C=(c_{n-1},c_{n-2},\cdots,c_1,c_0) \tag{9-2}$$

式中，编码规则可以定义为

$$\begin{cases} c_0 = f_0(x_{k-1},x_{k-2},\cdots,x_1,x_0) \\ c_1 = f_1(x_{k-1},x_{k-2},\cdots,x_1,x_0) \\ \quad\vdots \\ c_{n-1} = f_{n-1}(x_{k-1},x_{k-2},\cdots,x_1,x_0) \end{cases} \tag{9-3}$$

如果 $f_i()$（$i=0,1,\cdots,n-1$）都为线性函数，那么称码组 C 为线性分组码。如果信息码组 X 和得到的码组 C 的所有码元都来自二元有限域 GF(2)（只有元素 0 和 1），那么把这种线性分组码叫作二元线性分组码。

二元线性分组码 (n,k,d) 有 2^k 个码字，GF(2)上 n 维线性空间有 2^n 个不同的码组，因此二元线性分组码可以看作 GF(2)上 n 维线性空间的一个 k 维子空间，所以在码元集合中一定可以找到一组码字 $g_0,g_1,\cdots,g_{k-2},g_{k-1}$，使所有的码字都可以通过这 k 个独立向量的线性组合表示，使得码组 C 满足：

$$C=x_{k-1}g_{k-1}+x_{k-2}g_{k-2}+\cdots+x_1g_1+x_0g_0 \tag{9-4}$$

若记 $\boldsymbol{g_i}=(g_{i,0},g_{i,1},\cdots,g_{i,n-2},g_{i,n-1})$，那么可以将这组码字写成矩阵形式，即 (n,k,d) 线性分组码的生成矩阵 $\boldsymbol{G}$。

$$G=\begin{bmatrix} g_0 \\ g_1 \\ \vdots \\ g_{k-1} \end{bmatrix}=\begin{bmatrix} g_{0,n-1} & g_{0,n-2} & \cdots & g_{0,0} \\ g_{1,n-1} & g_{1,n-2} & \cdots & g_{1,0} \\ \vdots & \vdots & \vdots & \vdots \\ g_{k-1,n-1} & g_{k-1,n-2} & \cdots & g_{k-1,0} \end{bmatrix}$$
$$=\left[\begin{array}{cccc|ccccc} p_{0,n-k-1} & p_{0,n-k-2} & \cdots & p_{0,0} & 1 & 0 & 0 & \cdots & 0 \\ p_{1,n-k-1} & p_{1,n-k-2} & \cdots & p_{1,0} & 0 & 1 & 0 & \cdots & 0 \\ \vdots & \vdots & \vdots & \vdots & \vdots & \vdots & \vdots & \cdots & \vdots \\ p_{k-1,n-k-1} & p_{k-1,n-k-2} & \cdots & p_{k-1,0} & 0 & 0 & 0 & \cdots & 1 \end{array}\right] \tag{9-5}$$

由式（9-5）可知，线性分组码的生成矩阵 $\boldsymbol{G}$ 是一个 $k\times n$ 的二元矩阵，令 $\boldsymbol{I}_k$ 表示 $k\times k$ 的单位矩阵，那么生成矩阵 $\boldsymbol{G}$ 可表示为 $\boldsymbol{G}=[\boldsymbol{P}\boldsymbol{I}_k]$，其中 $\boldsymbol{P}$ 为 $k\times(n-k)$ 维矩阵。

根据数学知识可知，生成矩阵 $\boldsymbol{G}$ 是由 k 个线性无关的行向量组成的，因此存在一个由 $n-k$ 个线性无关的行向量组成的矩阵 $\boldsymbol{H}$ 与之正交，即

$$\boldsymbol{G}\boldsymbol{H}^{\mathrm{T}}=0 \tag{9-6}$$

式中，矩阵 $\boldsymbol{H}$ 为 $(n-k)\times k$ 维矩阵，称为线性分组码的校验矩阵。由于线性分组码的生成矩阵 $\boldsymbol{G}$ 与校验矩阵 $\boldsymbol{H}$ 的正交关系，校验矩阵 $\boldsymbol{H}$ 可以表示为

$$\boldsymbol{H}=\left[\boldsymbol{I}_{n-k}\boldsymbol{P}^{\mathrm{T}}\right] \tag{9-7}$$

根据生成矩阵 $\boldsymbol{G}$ 可以得到唯一对应的校验矩阵 $\boldsymbol{H}$，再根据 $\boldsymbol{G}$ 和 $\boldsymbol{H}$ 可以实现对线性分组码的编码。假设 $\boldsymbol{u}=(u_{k-1},u_{k-2},\cdots,u_1,u_0)$ 为待编码的信息码组，对应的编码后的码组为 $\boldsymbol{C}=(c_{n-1},c_{n-2},\cdots,c_1,c_0)$，那么 $\boldsymbol{C}$、$\boldsymbol{u}$、$\boldsymbol{G}$ 和 $\boldsymbol{H}$ 之间的关系可表示为

$$\begin{aligned} \boldsymbol{C}\boldsymbol{H}^{\mathrm{T}}&=0 \\ \boldsymbol{C}&=\boldsymbol{u}\cdot\boldsymbol{G} \end{aligned} \tag{9-8}$$

9.1.2 BCH 码

BCH（Bose-Chaudhuri-Hocquenghem）码是一种重要的循环码，能够纠正多个随机错误，也适用于纠正突发错误。这种码由 Hocquenghem 于 1959 年首次提出，Bose 和 Chaudhuri 在 1960 年也独立提出了这种码。BCH 码具有严格的代数结构，编码效率较高，并且能够用线性移位寄存器来实现，因此在信道编码理论中起着重要的作用。BCH 码可以用有限域 GF(q^m)（m≥3 为任意正整数）中生成多项式 $g(x)$ 的根来表示：

$$g(x)=\mathrm{LCM}[m_1(x),m_3(x),\cdots,m_{2t-1}(x)] \tag{9-9}$$

式中：t 为纠错的个数；$m_i(x)$ 为素多项式（$i=1,3,\cdots,2t-1$）；LCM 表示取最小公倍数。在特征为 2 的有限域 GF(2^m)上，二进制 BCH 码以 $\alpha,\alpha^3,\cdots,\alpha^{2t-1}$ 为根，最小码距 $d\geqslant 2t+1$，在每个分组中它可以纠正 t（$t<2^m-1$）个随机独立错误，码长为 $n=2^m-1$，信息符号长度 $k=n-2t$，至少有 mt 个校验位，监督元位数 $r=n-k\leqslant mt$。

根据生成多项式及循环码的循环移位特性可以构造 BCH 码的生成矩阵 $\boldsymbol{G}$。设 $C(x)=q(x)g(x)$ 是 BCH 码的任一码字，则 $\alpha,\alpha^3,\cdots,\alpha^{2t-1}$ 为码多项式 $C(x)$ 的根，即若多项式为

$$C(x)=c_{n-1}x^{n-1}+c_{n-2}x^{n-2}+\cdots+c_1x+c_0 \tag{9-10}$$

则有

$$C(\alpha^i)=c_{n-1}(\alpha^i)^{n-1}+c_{n-2}(\alpha^i)^{n-2}+\cdots+c_1(\alpha^i)+c_0=0 \tag{9-11}$$

式中：$i=1,3,\cdots,2t-1$。根据 $\boldsymbol{CH}^{\mathrm{T}}=0$ 可知 BCH 码的校验矩阵 $\boldsymbol{H}$ 为

$$\boldsymbol{H}=\begin{bmatrix} \alpha^{n-1} & \alpha^{n-2} & \cdots & \alpha & 1 \\ (\alpha^3)^{n-1} & (\alpha^3)^{n-2} & \cdots & \alpha^3 & 1 \\ \vdots & \vdots & \ddots & \vdots & \vdots \\ (\alpha^{2t-1})^{n-1} & (\alpha^{2t-1})^{n-2} & \cdots & \alpha^{2t-1} & 1 \end{bmatrix} \tag{9-12}$$

对于定义在 GF(2^3) 上的二元本原 BCH 码，$m=3$，α 为 GF(2^3) 上的本原元，GF(2^3) 上的本原多项式为 $p(x)=x^3+x+1$。校验元的个数为 $mt=3$，得到纠错能力 $t=1$ 的(7,4,1)BCH 码，其生成多项式为 $g(x)=x^3+x+1$，根据表 9-1 中 GF(2^3)的元素列表的形式，可以将(7,4,1)BCH 码的校验矩阵 $\boldsymbol{H}$ 写为

$$\begin{aligned}\boldsymbol{H}&=[\alpha^6,\alpha^5,\alpha^4,\alpha^3,\alpha^2,\alpha,1]\\ &=\begin{bmatrix} 1 & 1 & 1 & 0 & 1 & 0 & 0 \\ 0 & 1 & 1 & 1 & 0 & 1 & 0 \\ 1 & 1 & 0 & 1 & 0 & 0 & 1 \end{bmatrix}\end{aligned} \tag{9-13}$$

表 9-1　GF(2^3)的元素列表

幂次 α^k	α 的多项式	多项式系数	十进制表示	最小多项式
α^0	1	001	1	$x+1$
α^1	α	010	2	x^3+x+1
α^2	α^2	100	4	x^3+x+1
α^3	$\alpha+1$	011	3	x^3+x^2+1
α^4	$\alpha^2+\alpha$	110	6	x^3+x+1
α^5	$\alpha^2+\alpha+1$	111	7	x^3+x^2+1
α^6	α^2+1	101	5	x^3+x^2+1

BCH 码可以分为本原 BCH 码和非本原 BCH 码。本原 BCH 码的 $g(x)$ 中包含最高阶数为 m 的本原多项式 $p(x)$，并且其码长为 $n=2^m-1$；非本原 BCH 码的 $g(x)$ 中不包含最高阶数为 m 的本原多项式 $p(x)$，并且其码长 n 是 2^m-1 的一个因子，即码长 n 一定可以整除 2^m-1。

BCH 码编码的关键是生成多项式的选取，或者说生成矩阵 $\boldsymbol{G}$ 和校验矩阵 $\boldsymbol{H}$ 的构造。对于定义在 GF(q^m) 上分组长度为 $n=q^m-1$、确定可纠正 t 个错误的 BCH 码，编码步骤如下。

（1）选取一个次数为 m 的既约多项式（一般选取 GF(q^m)的本原多项式）并构造 GF(q^m)。

（2）取本原元 α，根据纠错能力 t，确定连续根 α^i，并求 α^i（$i=1,3,\cdots,2t-1$）的最小

多项式$m_i(x)$。

（3）构造可纠正t个错误的码生成多项式$g(x)=m_1(x)m_3(x)\cdots m_{2t-1}(x)$。

（4）按照循环码的编码规则和编码电路进行编码，所有加法运算和乘法运算都在GF(q^m)上进行，以GF(2^3)为例，纠错能力$t=1$的(7,4,1)BCH码的加法运算见表9-2，乘法运算见表9-3。

表9-2　GF(2^3)域内的加法运算表

项目	1	α^1	α^2	α^3	α^4	α^5	α^6
1	0	α^3	α^6	α^1	α^5	α^4	α^2
α^1	α^3	0	α^4	1	α^2	α^6	α^5
α^2	α^6	α^4	0	α^5	α^1	α^3	1
α^3	α^1	1	α^5	0	α^6	α^2	α^4
α^4	α^5	α^2	α^1	α^6	0	1	α^3
α^5	α^4	α^6	α^3	α^2	1	0	α^1
α^6	α^2	α^5	1	α^4	α^3	α^1	0

表9-3　GF(2^3)域内的乘法运算表

项目	1	α^1	α^2	α^3	α^4	α^5	α^6
1	1	α^1	α^2	α^3	α^4	α^5	α^6
α^1	α^1	α^2	α^3	α^4	α^5	α^6	1
α^2	α^2	α^3	α^4	α^5	α^6	1	α^1
α^3	α^3	α^4	α^5	α^6	1	α^1	α^2
α^4	α^4	α^5	α^6	1	α^1	α^2	α^3
α^5	α^5	α^6	1	α^1	α^2	α^3	α^4
α^6	α^6	1	α^1	α^2	α^3	α^4	α^5

对于能够纠正t个错误的(n, k, d)BCH码，根据错误位置多项式$\sigma(x)$的定义式

$$\sigma(x)=\sum_{i=1}^{t}(1-x_i x)=\sum_{i=0}^{t}\sigma_i x^i \tag{9-14}$$

伴随多项式$S(x)$可以表示为

$$S(x)=\sum_{i=0}^{n-k}s_i x^i=\sum_{i=0}^{n-k}\left(\sum_{j=1}^{t}y_j x_j^i\right)x^i, s_0=1 \tag{9-15}$$

令$w(x)$=$S(x)\sigma(x)$，由于$w(x)$的次数不会超过$2t$，因此，有

$$w(x)=\sum_{i=0}^{2t}w_i x^i, w_0=1 \tag{9-16}$$

并且

$$\sum_{i=0}^{t}s_{t-i+j}\sigma_i=0, j=1,2,\cdots,t \tag{9-17}$$

由于错误位置多项式$\sigma(x)$的次数为t，$w(x)$的次数不会超过$2t$，因此在伴随多项式

$S(x)$ 中仅需求幂次小于 t 的项参与计算，从而有

$$w(x) \equiv (S(x)\sigma(x)) \bmod (x^{2t+1}) \tag{9-18}$$

这里采用迭代算法求解错误位置多项式 $\sigma(x)$ 和 $w(x)$ 。迭代算法步骤如下。

（1）初始化：$\sigma^{(-1)}(x)=1$，$w^{(-1)}(x)=0$，$d_{-1}=1$，$D(1)=0$ 和 $\sigma^{(0)}(x)=1$，$w^{(0)}(x)=1$，$d_0=s_1$，$D(0)=0$。

（2）在第 j 次迭代后，$j \leftarrow j+1$，计算 d_j。

$$d_j = s_{j+1} + \sum_{i=1}^{k} s_{j+1-i}\sigma_i^{(j)} \tag{9-19}$$

式中：k 为多项式的次数。

（3）判断 d_j 是否等于 0，如果等于 0，则使用递推计算公式：

$$\begin{gathered}\sigma^{(j+1)}(x) = \sigma^{(j)}(x) \\ w^{(j+1)}(x) = w^{(j)}(x) \\ (j+1) - D(j+1) = j - D(j)\end{gathered} \tag{9-20}$$

然后进入第 7 步，否则进入第 4 步。

（4）选择 j 之前的第 i 行。

（5）判断是否存在 $d_i \neq 0$ 且 $i - D(i)$ 最大，如果不是，则返回第 4 步，否则进入第 6 步。

（6）迭代计算。

$$\begin{gathered}\sigma^{(j+1)}(x) = \sigma^{(j)}(x) - d_j d_i^{-1} x^{j-i} \sigma^{(i)}(x) \\ w^{(j+1)}(x) = w^{(j)}(x) - d_j d_i^{-1} x^{j-i} w^{(i)}(x)\end{gathered} \tag{9-21}$$

（7）判断 j 是否等于 $2t$，如果不相等，则返回第 2 步，否则进入第 8 步。

（8）完成迭代，得到最终的 $\sigma(x)$ 和 $w(x)$ 。

$$\begin{gathered}\sigma(x) = \sigma^{(j+1)}(x) \\ w(x) = w^{(j+1)}(x)\end{gathered} \tag{9-22}$$

9.1.3 RS 码

RS（Reed-Solomon，理德-所罗门）码是一种纠错能力很强的码，也是一种特殊的非二进制 BCH 码，这种码是在 1960 年由 Reed 和 Solomon 提出来的。在线性分组码中 RS 码的纠错能力和编码效率是最高的，因此被广泛应用在数字通信或数据存储系统中，特别适用于对进制调制的场合。在实际应用中，RS 码的 q 一般取值为 2 的幂次方，即 $q = 2^m$，并且它的码符号是 GF(2^m)上的元素。

RS 码的所有码元都取自 GF(q)，其码长 $n = q - 1$，并且其生成多项式 $g(x)$ 在 GF(q) 上有 $n - k$ 个根，根的集合中有 $\delta - 1$ 个连续的幂元素。因此，码长为 n、设计距离为 δ 的 RS 码的生成多项式为

$$g(x) = \prod_{i=1}^{\delta-1}(x - \alpha^i) = (x-\alpha)(x-\alpha^2)\cdots(x-\alpha^{\delta-1}) \tag{9-23}$$

式中：α 为有限域 GF(q)上的本原元。

通过式（9-23）可以得到一个 q 进制的$(q-1,q-\delta)$RS 码，其码长$n=q-1$，维数$k=q-\delta$，最小距离$d=\delta$。RS 码可以纠正 t 个错误的充要条件是校验矩阵中任何 $2t$ 列元素线性无关，那么最小汉明距离$d_{\min}\geqslant\delta=2t-1$，又根据 Singleton 限可知$(n,k,d)$线性分组码的最大可能的最小距离为$n-k+1$，所以 RS 码的最小汉明距离 $d_{\min}=\delta=n-k+1$。

RS 码的编码方式和 BCH 码的编码方式相同，都是利用生成多项式来构造码字的，并且移位寄存器的系数和运算都在有限域上。假设 RS 码的输入信息序列为$m(x)=(m_0,m_1,\cdots,m_{k-1})$，信息多项式可表示为

$$m(x)=m_0+m_1x+\cdots+m_{k-1}x^{k-1},\ m_i\in\mathrm{GF}(q) \tag{9-24}$$

那么 RS 码的系统码可以表示为

$$c(x)=m(x)x^{n-k}+r(x)=m(x)x^{n-k}+[m(x)x^{n-k}]\bmod g(x) \tag{9-25}$$

式中：$r(x)$为$m(x)x^{n-k}$除以生成多项式$g(x)$得到的余式。同时，RS 码的系统码又是生成多项式的倍式，可以表示为

$$c(x)=q(x)g(x) \tag{9-26}$$

所以用信息序列乘以x^{n-k}，再除以生成多项式，可以得到校验多项式$h(x)$，即校验多项式$h(x)$可表示为

$$h(x)=\frac{m(x)x^{n-k}}{g(x)} \tag{9-27}$$

RS 码可以采用硬判决译码算法进行译码，假设在 GF(q)上的(n,k,d)RS 码以$\alpha,\alpha^2,\cdots,\alpha^{2t}$为根，其中$\alpha$为有限域中的 n 级元素。具体译码流程如下。

（1）根据接收码多项式$r(x)$计算伴随式$S(x)$。

在接收码字当中可能会产生错误，假设错误图样为$e(x)=r(x)-c(x)$，则伴随式可以表示为

$$S_i=r(\alpha^i)=e(\alpha^i)=\sum_{k=0}^{n-1}e_k\alpha^{ik} \tag{9-28}$$

式中：$i=1,2,\cdots,2t$。假设$r(x)$中有β个错误，并且这些错误码字对应的位置分别为$l_1,l_2,\cdots,l_\beta$，对应的错误值分别记为$e_{l_\gamma}\in\mathrm{GF}(q)$（$\gamma=1,2,\cdots,\beta$），那么伴随式可以表示为

$$S_i=\sum_{\gamma=0}^{\beta}e_{l_\gamma}(\alpha^i)^{l_\gamma}=\sum_{\gamma=0}^{\beta}e_{l_\gamma}(\alpha^{l_\gamma})^i \tag{9-29}$$

式中：$i=1,2,\cdots,2t$。

（2）根据伴随式$S(x)$，得到错误位置多项式并求根。

式（9-29）构成了包含 $2t$ 个方程的方程组，可以利用这 $2t$ 个非线性方程求出β个未知的错误位置，但是求解起来非常麻烦，因此需要引入错误位置多项式：

$$\sigma(x)=\sum_{\gamma=0}^{\beta}(1-\alpha^{l_\gamma}x)=\sum_{\gamma=0}^{\beta}\sigma_\gamma x^\gamma \tag{9-30}$$

式中：$\sigma_0=1$。这样就将问题转换为求多项式$\sigma(x)$的根。

（3）计算错误数值。

可以根据 Forney 算法进行错误数值的计算，具体算法可以概括为

$$e_{l_\gamma}=\frac{\Omega(\sigma_\gamma^{-1})}{\sigma'(\sigma_\gamma^{-1})} \tag{9-31}$$

式中：$\sigma'(\sigma_\gamma^{-1})$ 为 $\sigma(\sigma_\gamma^{-1})$ 的一阶导数。

在二进制信息传输信道中，因为各种因素的影响，传输过程中会连续成串出现突发错误信息，又由于 RS 码是多进制码，它的其中一个码元包含若干比特，因此连续出现的错误信息仅仅占据几个码元的位置，如果错误码元的数量小于 RS 码的纠错能力，那么 RS 码可以对连续错误比特进行纠错。RS 码译码器在对一个码元进行纠错时，相当于纠正了若干突发错误信息。RS 码采用硬判决译码器进行译码时，输出的误符号率（SER）可表示为

$$P_s \approx \frac{1}{n}\sum_{w=t+1}^{n}\binom{n}{w}P_m^w(1-P_m)^{n-w} \tag{9-32}$$

式中：P_m 为传输信道输出的误码率。系统的调制方式如果采用 BPSK 调制，那么 P_m 可以表示为

$$P_m = 1-\left(1-0.5\text{erfc}\left(\sqrt{R\frac{E_b}{N_0}}\right)\right)^m \tag{9-33}$$

对于非二进制的 RS 码，其误比特率（BER）可以用误符号率表示为

$$P_b=\frac{2^{m-1}}{2^m-1}P_s \tag{9-34}$$

9.1.4 卷积码

卷积码是信道编码中的一种，也是一种性能非常优越的纠错码。卷积码是由美国麻省理工学院的埃里亚斯（P.Elias）于 1955 年最早提出的主要用来纠正随机错误的一种有记忆、非分组的信道编码技术。卷积码和线性分组码不同，非分组的卷积码产生的码元不仅与自己本身的信息位有关，还和之前在规定时间内的信息位有关。正是因为在编码过程中的这种相关性，再加上卷积码的码组信息位小，使在相同码率的情况下卷积码的性能比其他分组码都要好。卷积码在通信系统中得到了广泛的应用，如 IS-95、TD-SCDMA、WCDMA、IEEE 802.11 及卫星等系统中均使用了卷积码。

卷积码一般用 (n,k,m) 来表示，其中 k 代表输入的码元数，即编码长度；n 代表输出码字的码长，即输出信息位的数目；m 表示编码器的移位寄存器的数目；$R=k/n$ 为输入的码元数除以输出的码长，代表的是卷积码的码率，即卷积码的编码效率，其由输入的码元数和输出的码长共同确定，可以用来衡量一个卷积码编码传输信息的有效性能；$N_0=m+1$ 表示编码的约束度，代表卷积码编码器结构中相关联的码组数；$N=nN_0$ 定义为编码的约束长度，表示卷积码编码过程中相关联的码元的个数。典型的卷积码一般选择较小的 n 和 k（$k<n$）值，但是约束长度 N 一般取较大值（$N<10$），这样可以获得简单且高性能的信道编码。

卷积码编码器是一个包含 k 个输入位、n 个输出位，并且具有 m 级移位寄存器的有限状态的有记忆系统。编码器在任何一段规定时间内产生的 n 个码元，不仅取决于这段

时间内输入的 k 个信息位，还取决于前 m 段规定时间内的信息位。如图 9-2 所示为卷积码编码器的结构。

卷积码的编码算法由实例二元(2,1,3)卷积码引入。图 9-3 为(2,1,3)卷积码的编码器结构。该编码器的参数 $k=1$，$n=2$，$m=3$，$N_0=4$，$N=8$，该编码器的编码效率 $R=k/n=1/2$，相当于每输入 1bit 信息，编码器就能够输出 2bit 信息。

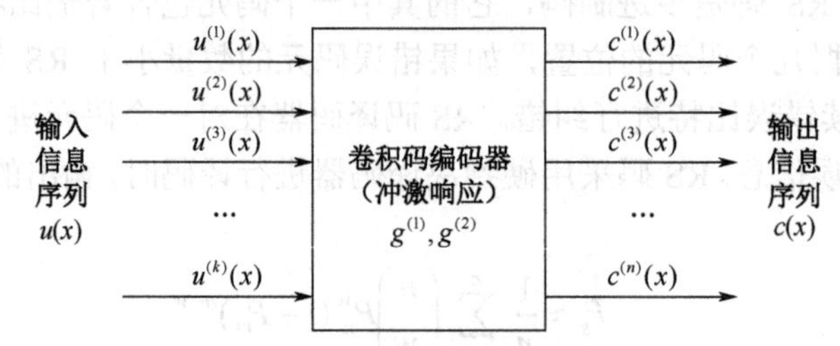

图 9-2　卷积码编码器的结构

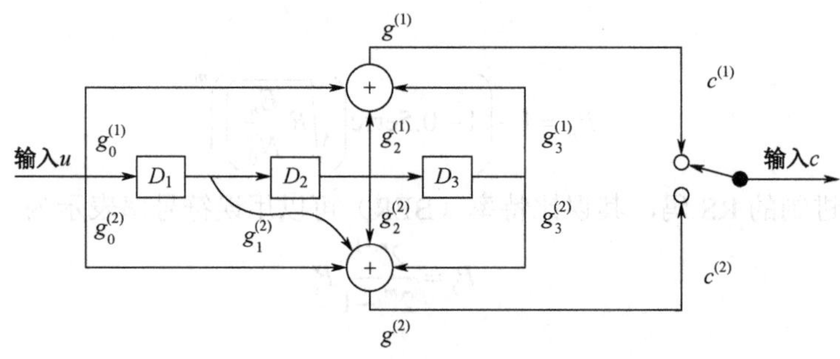

图 9-3　(2,1,3)卷积码的编码器结构

进行卷积码编码时，在某一特定时刻 k 送入一个信息元 u_k，对应移位寄存器 D_1 中存储的数据为 $k-1$ 时刻的输入信息元 u_{k-1}，D_2 中存储的数据为 $k-2$ 时刻的输入信息元 u_{k-2}，D_3 中存储的数据为 $k-3$ 时刻的输入信息元 u_{k-3}。该时刻生成的两个输出码组为 $c_k^{(1)}$ 和 $c_k^{(2)}$。按照给定的方式进行异或运算，编码规则为

$$
\begin{aligned}
c_k^{(1)} &= u_k + u_{k-2} + u_{k-3} \\
c_k^{(2)} &= u_k + u_{k-1} + u_{k-2} + u_{k-3}
\end{aligned}
\tag{9-35}
$$

对应的编码输出为

$$
c_k = (c_k^{(1)}, c_k^{(2)}) \tag{9-36}
$$

由式（9-35）和式（9-36）可以得出，任一特定时刻 k 的输出 c_k，不仅与当前时刻的输入 u_k 有关，还与 $k-1$ 时刻的输入 u_{k-1}、$k-2$ 时刻的输入 u_{k-2} 和 $k-3$ 时刻的输入 u_{k-3} 有关。不仅如此，k 时刻的输入信息元还会限制 $k+1$ 时刻和 $k+2$ 时刻的编码输出 c_{k+1} 和 c_{k+2}，最终可以得到编码输出结果如下：

$$
\begin{aligned}
c_{k+1}^{(2)} &= u_k + u_{k+1} + u_{k-1} + u_{k-2} \\
c_{k+2}^{(2)} &= u_k + u_{k+1} + u_{k+2} + u_{k-1}
\end{aligned}
\tag{9-37}
$$

一般情况下，任一特定时刻 k 送至编码器的输入信息元为 k_0 个，这些信息位可表示为 $u_k=(u_k^{(1)},u_k^{(2)},\cdots,u_k^{(k_0)})$，相应的编码输出信息位可表示为 $c_k=(c_k^{(1)},c_k^{(2)},\cdots,c_k^{(k_0)})$，假设卷

积码编码器的移位寄存器初始状态为 0，则：

$$c_{j,k}=\sum_{i=1}^{k_0}\sum_{k=0}^{m}u_i g_k^{(i,j)},\ j=1,2,\cdots,n \tag{9-38}$$

式中：冲激响应 $g^{(i,j)}$ 定义为

$$g^{(i,j)}=(g_0^{(i,j)},g_1^{(i,j)},\cdots,g_m^{(i,j)}) \tag{9-39}$$

式中：$i=1,2,\cdots,k$，$j=1,2,\cdots,n$。$g_m^{(i,j)}$ 表示在第 m 个移位寄存器中第 i 个输入对第 j 个输出的影响。

假设编码输入的信息序列为 u=（100⋯），由于编码器有 $m=3$ 个移位寄存器，因此冲激响应最多可以持续到 $N_0=m+1=4$ 位。故相应的系统冲激响应为

$$g^{(1)}=(g_0^{(1)},g_1^{(1)},g_2^{(1)},g_3^{(1)})=(1011)$$
$$g^{(2)}=(g_0^{(2)},g_1^{(2)},g_2^{(2)},g_3^{(2)})=(1111) \tag{9-40}$$

编码得到的输出信息组 c_k 可以用单脉冲序列 δ_k 和冲激响应 $g_m^{(1)}$、$g_m^{(2)}$ 进行表示，结果如下：

$$c_k^{(1)}=g_0^{(1)}\delta_k+g_1^{(1)}\delta_{k-1}+g_2^{(1)}\delta_{k-2}+g_3^{(1)}\delta_{k-3}$$
$$c_k^{(2)}=g_0^{(2)}\delta_k+g_1^{(2)}\delta_{k-1}+g_2^{(2)}\delta_{k-2}+g_3^{(2)}\delta_{k-3} \tag{9-41}$$

对于一般的输入信息序列：

$$u_k=(u_{k-3},u_{k-2},u_{k-1},u_k) \tag{9-42}$$

相应的编码方程可写为

$$c_k^{(j)}=g_0^{(j)}u_k+g_1^{(j)}u_{k-1}+g_2^{(j)}u_{k-2}+g_3^{(j)}u_{k-3}=u_k*g^{(i)} \tag{9-43}$$

式中：$j=1,2,\cdots,m$；$i=1,2,\cdots,m$；*为卷积运算，即卷积编码可由输入信息序列 u_k 和冲激响应 $g^{(i)}$ 卷积得到。

此时相应的编码输出为

$$c_k=(c_k^{(1)},c_k^{(2)})=(u_k*g^{(1)},u_k*g^{(2)}) \tag{9-44}$$

用 $\boldsymbol{G}_\infty$ 代表卷积码的生成矩阵，该矩阵为一个半无限的矩阵，可以用冲激响应 $g^{(i)}$ 表示，可展开为

$$\boldsymbol{G}_\infty=\begin{bmatrix} g_0^{(1)}g_0^{(2)} & g_1^{(1)}g_1^{(2)} & g_2^{(1)}g_2^{(2)} & g_3^{(1)}g_3^{(2)} & 00 & \cdots \\ 00 & g_0^{(1)}g_0^{(2)} & g_1^{(1)}g_1^{(2)} & g_2^{(1)}g_2^{(2)} & g_3^{(1)}g_3^{(2)} & 00 \\ & 00 & g_0^{(1)}g_0^{(2)} & g_1^{(1)}g_1^{(2)} & g_2^{(1)}g_2^{(2)} & g_3^{(1)}g_3^{(2)} \\ & & & \cdots & \cdots & \cdots \\ & & & & \cdots & \cdots \end{bmatrix} \tag{9-45}$$

若将输入的信息序列 $\boldsymbol{u}_\infty$ 和输出的码字 $\boldsymbol{c}_\infty$ 都用向量的形式表示：

$$\boldsymbol{u}_\infty=(u_0,u_1,u_2,u_3,\cdots)$$
$$\boldsymbol{c}_\infty=(c_0^{(1)},c_0^{(2)},\cdots,c_0^{(n)};c_1^{(1)},c_1^{(2)},\cdots,c_1^{(n)};c_2^{(1)},c_2^{(2)},\cdots,c_2^{(n)};\cdots) \tag{9-46}$$

则上述编码矩阵可改写为以下形式：

$$\boldsymbol{c}_\infty=\boldsymbol{u}_\infty\cdot\boldsymbol{G}_\infty \tag{9-47}$$

卷积码的译码可以采用 Viterbi（维特比）算法，该算法是 1967 年由 Viterbi 提出来的。该算法是一种基于码的网格图的最大似然译码算法，也是最佳的概率译码算法之一。Viterbi 算法有硬判决译码和软判决译码两种实现方式，针对不同的信号可以采用不同的译码实现方式。

一个完整的 Viterbi 译码器一般包括以下几个部分：累加器组、比较器组、度量值寄存器、信息序列寄存器、判决器、其他控制电路等，Viterbi 译码器结构如图 9-4 所示。

在一个译码周期内，累加器组完成分支度量值的计算，比较器组实现同一状态的路径度量值比较，将较小的路径度量值存入度量值寄存器中，判决器则选出度量值寄存器中最小的路径度量值，并将相应的信息序列寄存器的译码结果输出。

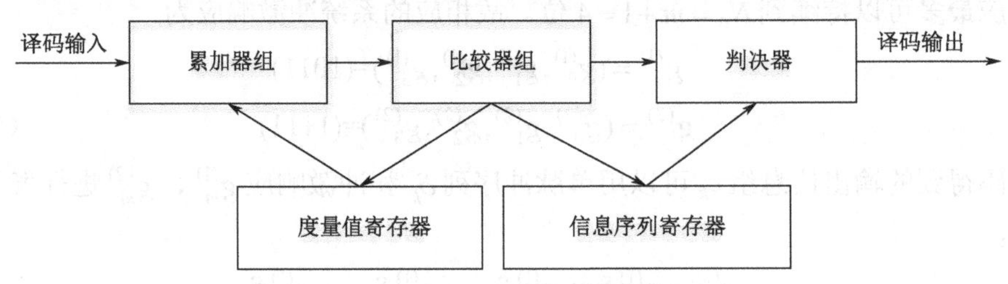

图 9-4　Viterbi 译码器结构

加比选（Add-Compare-Select，ACS）模块是 Viterbi 译码器中最重要的模块之一。所谓“加”指的是将每条路径的分支度量值进行累计。度量的方法有汉明距离、欧氏距离等。“比”指的是将到达节点的两条路径的累计度量值进行对比。“选”指的是选出到达节点的两条路径中度量值小的一条路径作为幸存路径。

Viterbi 算法为基于编码器网格图搜索的最大似然译码算法，目的在于在编码器对应网格图中找到一条与接收序列之间的距离最小的路径。根据解调之后选择的判决方法，在寻找最佳路径的过程中可以采用汉明距离和欧氏距离进行度量值的比较。Viterbi 算法不是一次性在网格图中所有可能的 2^{kL} 条不同的路径中选择一条具有最佳度量值的路径，而是每次接收一段信息序列，进行度量值的计算，并在到达同一状态的路径中选择当前具有较大度量值的路径，舍弃其他路径，从而使最后留存的路径仅有一条，且为具有最大似然函数的路径。Viterbi 算法的具体流程如下。

（1）计算分支度量值。计算每个状态下单条路径的分支度量值，并存储每个状态下具有最大度量值的路径及其度量值。

（2）更新度量路径。对于下一段路径，将上一段幸存路径的度量值与当前各个状态的分支度量值进行相加，挑选具有最大部分路径值的部分路径作为幸存路径，删去到达该状态的其他路径，然后幸存路径向前延长一个分支。

（3）循环执行步骤 1 和 2 直到输入结束，得到最大度量路径，即最大可能的译码路径。

（4）回溯搜索得到的幸存路径，得到最大可能的译码序列。

Viterbi 算法利用了编码器网格图的特殊结构，这种方法不仅可以降低算法计算的复杂度，而且译码速度快、可靠性高。相较于门限译码器和序列译码器，Viterbi 译码器在硬件实现上的复杂度、译码延时及计算复杂度都比较低，因此具有相对较广的应用意义和范围。

9.1.5　LDPC 码

LDPC（Low Density Parity Check）码即低密度奇偶校验码，最早在 1963 年由 Gallager 提出。LDPC 码是一种线性分组码，它的主要功能是通过校验矩阵（$\boldsymbol{H}$ 矩阵）来体现的，校验矩阵最主要的特征是具有稀疏性，具体表现为其内部元素中“1”的数量要远小于“0”的数量。在 $\boldsymbol{H}$ 矩阵中，行重 r 指每一行中“1”的个数，列重 g 指每一列中“1”的个数，由于 $\boldsymbol{H}$ 矩阵的稀疏性，矩阵中元素“1”的数量特别少，因此行重和列重都是非常小的数，且任意两行的重叠数目都小于 1。正是因为存在这种稀疏性，译码复杂度和最小码距都只随码长线性增加。要想通过 LDPC 码得到发送序列，则需要通过一个生成矩阵将图像的信息序列映射成发送序列。值得注意的是，对于生成矩阵，会有一个完全等效的奇偶校验矩阵存在。

根据行重 r 和列重 g 的大小关系，可以对 LDPC 码进行分类，当 $r=g$ 时，可以称之为规则 LDPC 码；当 $r\neq g$ 时，就称之为非规则 LDPC 码。在实际应用中，非规则 LDPC 码的性能要优于规则 LDPC 码。在非规则 LDPC 码中，变量节点能够快速接收到正确值，这样就能以最快的速度给对应的校验节点发出可靠的消息。

1．LDPC 码的表示方法

LDPC 码是一类性能接近香农容量极限的低密度奇偶校验码，由对应的生成矩阵 $\boldsymbol{G}$ 或校验矩阵 $\boldsymbol{H}$ 得到。除了矩阵表示，LDPC 码还可以用直观的消息传递的图模型来表示，其中 Tanner 图以其简便直观的优点被广泛应用。矩阵表示和 Tanner 图表示都定义了一个唯一的 LDPC 码，度分布表示则可以确定一个 LDPC 码的集合。

1）LDPC 码的矩阵表示

在 GF(2)上的分组长度为 n，信息长度为 k 的 LDPC 码 $\boldsymbol{c}(c_1,c_2,\cdots,c_n)$ 是一种 (n,k) 线性分组码。其校验矩阵 $\boldsymbol{H}$ 的大小为 $m\times n$，代表 m 个校验方程，码字 $\boldsymbol{c}$ 中的每一位都需要满足这 m 个校验方程，即码字 $\boldsymbol{c}$ 是 m 个校验方程的解，满足 $\boldsymbol{cH}^{\mathrm{T}}=0$，码字 $\boldsymbol{c}$ 就是校验矩阵 $\boldsymbol{H}$ 对应的零空间。以 5 行 10 列的校验矩阵为例，码字为 $\boldsymbol{c}(c_1,c_2,\cdots,c_{10})$，且满足关系式 $\boldsymbol{cH}^{\mathrm{T}}=0$，校验矩阵如式（9-48）所示，与 $\boldsymbol{H}$ 相对应的校验方程组如式（9-49）所示。

$$\boldsymbol{H}=\begin{bmatrix}1&1&1&0&0&1&1&1&0&0\\1&0&1&0&1&1&0&1&0&1\\0&0&1&1&1&0&1&0&1&1\\0&1&0&1&1&1&0&0&1&1\\1&1&0&1&0&0&1&1&1&0\end{bmatrix}\tag{9-48}$$

$$\begin{cases}c_1+c_2+c_3+c_6+c_7+c_8=0\\c_1+c_3+c_5+c_6+c_8+c_{10}=0\\c_3+c_4+c_5+c_7+c_9+c_{10}=0\\c_2+c_4+c_5+c_6+c_9+c_{10}=0\\c_1+c_2+c_4+c_7+c_8+c_9=0\end{cases}\tag{9-49}$$

由上式可知码字 $\boldsymbol{c}$ 是行重为 6、列重为 3 的规则 LDPC 码。校验矩阵 $\boldsymbol{H}=(h_{ij})_{mn}$，如果校验矩阵 $\boldsymbol{H}$ 各行之间线性无关，则 $m=n-k$，码率 $R=(n-m)/n=1-m/n$。若矩阵 $\boldsymbol{H}$ 的秩 $R(\boldsymbol{H})<m$，则 $m>n-k$，码率 $R>1-m/n$。

2）LDPC 码的 Tanner 图表示

Tanner 引入了一种直观刻画消息传递过程的图模型，这种图模型可以很好地表示 LDPC 码，从而方便对其进行分析和理解。Tanner 图是由一组节点和一组边构成的双向图，用 $G=\{(W,E)\}$表示。Tanner 将校验矩阵的行和列分别用 m 个校验节点（Check Node）和 n 个变量节点（Variable Node）表示。集合 W 包括所有校验节点和所有变量节点，E 表示连接变量节点和校验节点的边的集合。由于不存在边使同一种类的节点相连，所以 Tanner 图是一种二分图（Bipartite）。LDPC 码的 Tanner 图由两类节点组成：变量节点和校验节点，分别对应校验矩阵 $\boldsymbol{H}$ 中的列和行。变量节点是码字的信息位集合，表示为 V；校验节点是由原始码字和校验矩阵通过约束方程所得到的节点集合，表示为 C。若校验矩阵中的元素 $\boldsymbol{H}(i,j)\neq 0$，则第 i 个校验节点与第 j 个变量节点互相连接，由此构成了 LDPC 码的 Tanner 图。在 Tanner 图中，行（校验节点）由正方形表示，列（信息节点）由圆表示，“1”由弧线表示。例如，(10, 5, 2, 4)LDPC 码的校验矩阵 $\boldsymbol{H}$ 和 Tanner 图如图 9-5 所示。由图 9-5 可看出，校验节点为 $c_1\sim c_5$，表示矩阵行数为 5；变量节点为 $v_1\sim v_{10}$，表示矩阵列数为 10。码字长度由 Tanner 图的变量节点确定，这里的码字长度为 10。

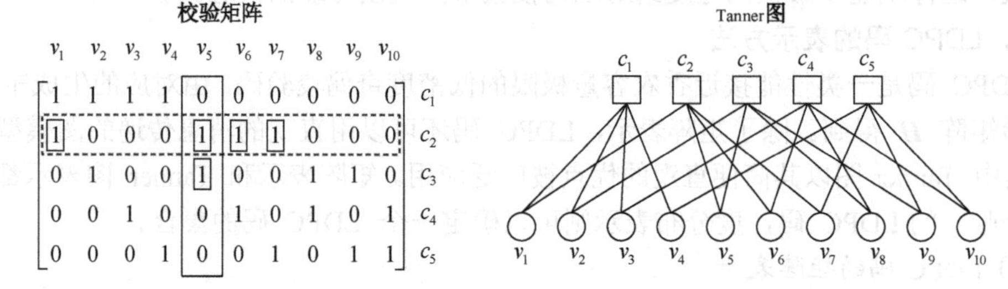

图 9-5 (10, 5, 2, 4)LDPC 码的校验矩阵 $\boldsymbol{H}$ 和 Tanner 图

3）LDPC 码的度分布表示

不同于矩阵和 Tanner 图表示唯一的一个 LDPC 码，度分布函数可以表示一个 LDPC 码的集合。以图 9-5 所示的 Tanner 图为例进行说明，Tanner 图中各个节点的度（Degree）被定义为图中与其相连的边的总数。对于每个校验节点，所连接的变量节点边数为 4；对于每个变量节点，所连接的校验节点边数为 2。根据边数与校验矩阵节点的特性，可以使用度分布函数来表示 LDPC 码的集合。假设 d_v 表示所有变量节点的度的最大值，d_c 表示所有校验节点的度的最大值。γ_d 表示连接所有度为 d 的变量节点的边的数目在总边数中的比重，ρ_d 表示连接所有度为 d 的校验节点的边的数目在总边数中的比重。分别用 $\gamma(x)$ 和 $\rho(x)$ 表示变量节点的度分布函数和校验节点的度分布函数，则有

$$\gamma(x)=\sum_{d=1}^{d_v}\gamma_d x^{d-1} \tag{9-50}$$

$$\rho(x)=\sum_{d=1}^{d_c}\rho_d x^{d-1} \tag{9-51}$$

式中：$\gamma(1)=\rho(1)=1$。对于式（9-49）表示的 LDPC 码，$d_v=2$，$d_c=4$，度分布对为 (x,x^3)。

设 E 为边的总数，a_d 为度为 d 的变量节点数在变量节点总数中的比重，b_d 为度为 d 的校验节点数在校验节点总数中的比重。n 为变量节点的总数，m 为校验节点的总数，

则 γ_d 和 ρ_d 可以表示如下：

$$\gamma_d = \frac{d \cdot a_d \cdot n}{E} \tag{9-52}$$

$$\rho_d = \frac{d \cdot b_d \cdot m}{E} \tag{9-53}$$

由于 $\sum_{d=2}^{d_v} a_d = 1$ 和 $\sum_{d=2}^{d_c} b_d = 1$，那么

$$E = \frac{n}{\sum_{d=2}^{d_v} \frac{\lambda_d}{d}} = \frac{m}{\sum_{d=2}^{d_c} \frac{\rho_d}{d}} = \frac{n}{\int_0^1 \lambda(x) \mathrm{d}x} = \frac{m}{\int_0^1 \rho(x) \mathrm{d}x} \tag{9-54}$$

$$a_d = \frac{\lambda_d / d}{\sum_{d=2}^{d_v} \frac{\lambda_d}{d}} = \frac{\lambda_d / d}{\int_0^1 \lambda(x) \mathrm{d}x} \tag{9-55}$$

$$b_d = \frac{\rho_d / d}{\sum_{d=2}^{d_c} \frac{\rho_d}{d}} = \frac{\rho_d / d}{\int_0^1 \rho(x) \mathrm{d}x} \tag{9-56}$$

由此可以知道码率为

$$R = \frac{n-m}{n} = 1 - \frac{m}{n} = \frac{\int_0^1 \rho(x) \mathrm{d}x}{\int_0^1 \lambda(x) \mathrm{d}x} \tag{9-57}$$

故 LDPC 码的码率由度分布对确定。

2．LDPC 码的构造方法

LDPC 码的构造过程主要是由校验矩阵来完成的，因此矩阵的构造方式会对码的性能产生一定的影响。一般来说，校验矩阵的构造需要考虑编译码复杂度、译码性能、收敛速度及码率等。然而，校验矩阵的构造很难保证同时满足以上要求，因此往往会根据应用场合对这些要求进行折中。矩阵的构造目的主要包括：使 Tanner 图中的环变大，让节点分布趋于合理，让编码的复杂度降低。LDPC 码矩阵的构造方法主要包括随机构造法和代数构造法。

1）随机构造法

（1）Gallager 构造法。Gallager 定义的 (n,r,g) LDPC 码是码长为 n 的码字。Gallager 最早提出 LDPC 码的一种构造方法，具体的操作思想如下：对于码长为 n 的规则 LDPC 码，$m \times n$ 矩阵 $\boldsymbol{H}$ 可以通过 r 个大小为 $(m/r) \times n$ 的子矩阵构造，子矩阵本身也是 LDPC 矩阵，列重为 1，行重为 g，m 必须是 r 的整数倍。校验矩阵 $\boldsymbol{H}$ 的表达形式如下：

$$\boldsymbol{H} = \begin{bmatrix} \boldsymbol{H}_1 \\ \boldsymbol{H}_2 \\ \vdots \\ \boldsymbol{H}_g \end{bmatrix} \tag{9-58}$$

上式中的 $\boldsymbol{H}$ 按行分为 g 个子矩阵，子矩阵构成形式表示为 $\mu \times \mu g$，μ、g 均为任意整数且大于 1，每个子矩阵 $r=1$。构造子矩阵 $\boldsymbol{H}_1$，使 $\boldsymbol{H}_1$ 中的非零元素按逐行阶梯下降排

列，第 i 行元素呈现的地方是第 $(i-1)g+1$ 列到第 ig 列，其中 $i=1,2,\cdots,\mu$ 。其余的子矩阵都是由 $\boldsymbol{H}_1$ 经过随机列变换得出的结果，显然 $\boldsymbol{H}$ 维数为 $\mu g\times\mu r$。图 9-6、图 9-7 分别给出了利用此方法构造的(20,4,3)LDPC 码的 Tanner 图和校验矩阵，其中 $\mu=5$ ，$g=4$ ，$r=3$ 。

利用此方法虽然能够很容易地得到校验矩阵 $\boldsymbol{H}$，然而由于缺少特殊的规则，编码需要进一步采用高斯消元法等举措，增大了编译码的难度。

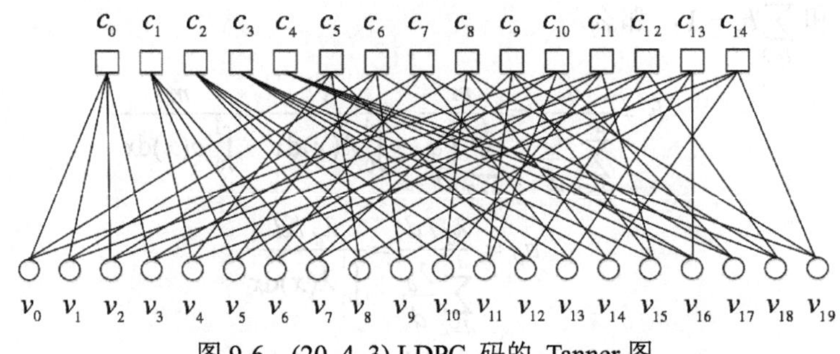

图 9-6　(20, 4, 3) LDPC 码的 Tanner 图

$$
\left(\begin{array}{cccccccccccccccccccc}
1&1&1&1&0&0&0&0&0&0&0&0&0&0&0&0&0&0&0&0\\
0&0&0&0&1&1&1&1&0&0&0&0&0&0&0&0&0&0&0&0\\
0&0&0&0&0&0&0&0&1&1&1&1&0&0&0&0&0&0&0&0\\
0&0&0&0&0&0&0&0&0&0&0&0&1&1&1&1&0&0&0&0\\
0&0&0&0&0&0&0&0&0&0&0&0&0&0&0&0&1&1&1&1\\
\hline
1&0&0&0&1&0&0&0&1&0&0&0&1&0&0&0&0&0&0&0\\
0&1&0&0&0&1&0&0&0&1&0&0&0&0&0&0&1&0&0&0\\
0&0&1&0&0&0&1&0&0&0&0&0&0&1&0&0&0&1&0&0\\
0&0&0&1&0&0&0&0&0&0&1&0&0&0&1&0&0&0&1&0\\
0&0&0&0&0&0&0&1&0&0&0&1&0&0&0&1&0&0&0&1\\
\hline
1&0&0&0&0&1&0&0&0&0&0&1&0&0&0&0&0&1&0&0\\
0&1&0&0&0&0&1&0&0&0&1&0&0&0&0&1&0&0&0&0\\
0&0&1&0&0&0&0&1&0&0&0&0&1&0&0&0&0&0&1&0\\
0&0&0&1&0&0&0&0&1&0&0&0&0&1&0&0&1&0&0&0\\
0&0&0&0&1&0&0&0&0&1&0&0&0&0&1&0&0&0&0&1
\end{array}\right)
$$

图 9-7　(20, 4, 3) LDPC 码的校验矩阵

（2）Mackay 构造法。另一种随机构造法称为 Mackay 构造法，它的主要原理是给出一种规则化的 LDPC 码的基本描述，利用一个大于或等于 3 的整数来构造矩阵 $\boldsymbol{A}_{m\times n}$，使其具有一定的列重和行重，然后对矩阵 $\boldsymbol{A}$ 实施消元处理，得到如下矩阵：

$$\boldsymbol{H}=\left[\boldsymbol{P}\,|\,\boldsymbol{I}\right] \tag{9-59}$$

如果矩阵 $\boldsymbol{A}$ 中各行之间是线性相关的，则可以进行列变换处理，然后就可以得到如下的结构：

$$\boldsymbol{A}=\left[\boldsymbol{C}_1\,|\,\boldsymbol{C}_2\right] \tag{9-60}$$

式中：$\boldsymbol{C}_1$ 为大小为 $m\times(n-m)$的稀疏矩阵；$\boldsymbol{C}_2$ 为大小为 $m\times m$ 的稀疏矩阵。因此，可以得到 $\boldsymbol{P}=\boldsymbol{C}_2^{-1}\boldsymbol{C}_1$。最后，就可以构造出码长为 n、码率为$(n-m)/n$ 的生成矩阵，可以表示为

$$G^{\mathrm{T}}=\begin{bmatrix} \boldsymbol{I} \\ \boldsymbol{P} \end{bmatrix}=\begin{bmatrix} \boldsymbol{I} \\ \boldsymbol{C}_2^{-1}\boldsymbol{C}_1 \end{bmatrix} \tag{9-61}$$

Mackay 构造法不仅可以避免出现长度为 4 的环，降低循环的次数，而且能够使用不小于 3 的整数来构造矩阵，这样的方式能够优化译码性能，提高码元构造的准确性。

Gallager 构造法和 Mackay 构造法都属于随机构造法，这两种方法的优势在于可以自由地选择码字参数，比较灵活，但其缺点是在构造较长的码元时，无法避开出现四环码的情况，且编码过程的难度较大。

2）代数构造法

代数构造法主要包括下三角式编码构造法和类三角式编码构造法。

（1）下三角式编码构造法。下三角式编码构造法的核心思想如下：利用高斯消元法将校验矩阵 $\boldsymbol{H}$ 划分为大小分别为 $m\times(n-m)$和 $m\times m$ 的对角线元素为“1”的下三角矩阵 $\boldsymbol{H}_1$、$\boldsymbol{H}_2$，则 $\boldsymbol{H}=[\boldsymbol{H}_1\ \ \boldsymbol{H}_2]$，矩阵结构如图 9-8 所示。

将下三角式编码构造法对应的码字 $\boldsymbol{c}$ 也划分为信息位 s 和校验位 p，表示成 $\boldsymbol{c}=[s\,p]$，s 和 p 的大小分别为 $1\times(n-m)$和 $1\times m$。由于编码时 $\boldsymbol{c}$ 须满足 $\boldsymbol{cH}^{\mathrm{T}}=0$，因此可以得到 $\boldsymbol{H}_1 s^{\mathrm{T}}=\boldsymbol{H}_2 p^{\mathrm{T}}$。编码过程要先把信息序列作为码字 $\boldsymbol{c}$ 的前 $n-m$ 位，然后依照以下公式计算校验信息：

$$p(1)=\sum_{j=1}^{k}H_1'(1,j)\cdot s(j) \tag{9-62}$$

$$p(i)=\sum_{j=1}^{k}H_1'(1,j)\cdot s(j)+\sum_{l=1}^{i-1}H_2'(i,l)\cdot p(l),i=2,3,\cdots,m \tag{9-63}$$

这种方法实际上利用从上到下各行的校验约束关系，降低了编码的复杂度，但由于须用串行方式逐个码字迭代递推编码，时延较大，也因为转化成下三角结构而不再有稀疏性。

（2）类三角式编码构造法。类三角式编码构造法的核心思想是对校验矩阵 $\boldsymbol{H}$ 只进行列变换。由于只有列变换，没有行变换，也没有分割成不同部分，因此保证了变换后矩阵的稀疏性，其结构如图 9-9 所示。

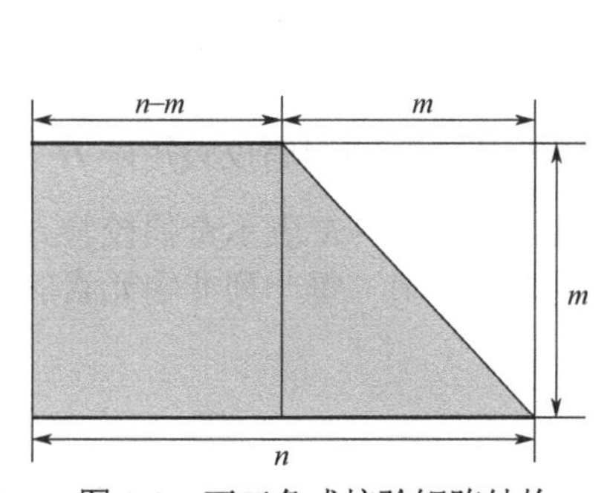

图 9-8　下三角式校验矩阵结构

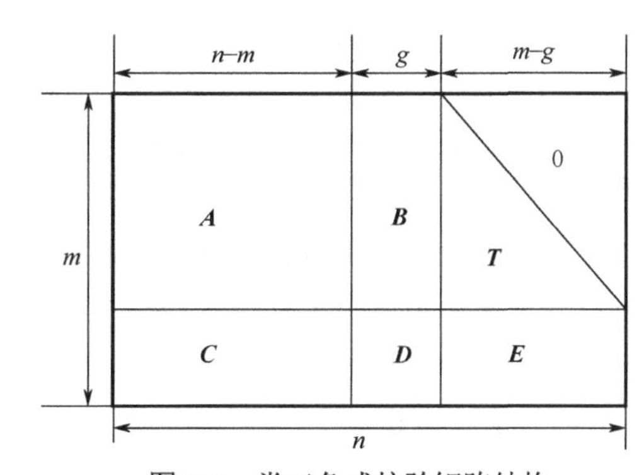

图 9-9　类三角式校验矩阵结构

图 9-9 中的校验矩阵 $\boldsymbol{H}$ 可以表示为

$$\boldsymbol{H}=\begin{bmatrix}\boldsymbol{A} & \boldsymbol{B} & \boldsymbol{T}\\ \boldsymbol{C} & \boldsymbol{D} & \boldsymbol{E}\end{bmatrix} \tag{9-64}$$

式中：$\boldsymbol{A}$、$\boldsymbol{B}$、$\boldsymbol{C}$、$\boldsymbol{D}$、$\boldsymbol{E}$、$\boldsymbol{T}$ 分别为$(m-g)\times(n-m)$、$(m-g)\times g$、$g\times(n-m)$、$g\times g$、$g\times(m-g)$、$(m-g)\times(m-g)$维矩阵，除了 $\boldsymbol{T}$ 是下三角式矩阵，其余均为稀疏矩阵。令 $\boldsymbol{L}=\begin{bmatrix}\boldsymbol{I} & 0\\ -\boldsymbol{E}\boldsymbol{T}^{\mathrm{T}} & \boldsymbol{I}\end{bmatrix}$，矩阵 $\boldsymbol{H}$ 左乘矩阵 $\boldsymbol{L}$ 得到：

$$\begin{bmatrix}\boldsymbol{I} & 0\\ -\boldsymbol{E}\boldsymbol{T}^{\mathrm{T}} & \boldsymbol{I}\end{bmatrix}\boldsymbol{H}=\begin{bmatrix}\boldsymbol{A} & \boldsymbol{B} & \boldsymbol{T}\\ -\boldsymbol{E}\boldsymbol{T}^{\mathrm{T}}\boldsymbol{A}+\boldsymbol{C} & -\boldsymbol{E}\boldsymbol{T}^{\mathrm{T}}\boldsymbol{B}+\boldsymbol{D} & 0\end{bmatrix} \tag{9-65}$$

令码字 $\boldsymbol{c}=(s,p_1,p_2)$，$s$ 和 p_1、p_2 分别为码长 $n-m$ 的信息比特和码长 g、$m-g$ 的校验比特，由 $\boldsymbol{c}\boldsymbol{H}^{\mathrm{T}}=\boldsymbol{0}$ 可得：

$$\boldsymbol{A}s^{\mathrm{T}}+\boldsymbol{B}p_1^{\mathrm{T}}+\boldsymbol{T}p_2^{\mathrm{T}}=\boldsymbol{0} \tag{9-66}$$

$$(-\boldsymbol{E}\boldsymbol{T}^{-1}\boldsymbol{A}+\boldsymbol{C})s^{\mathrm{T}}+(-\boldsymbol{E}\boldsymbol{T}^{-1}\boldsymbol{B}+\boldsymbol{D})p_1^{\mathrm{T}}=\boldsymbol{0} \tag{9-67}$$

设 $\boldsymbol{\varphi}=-\boldsymbol{E}\boldsymbol{T}^{-1}\boldsymbol{B}+\boldsymbol{D}$，并要求其满秩，即可求得：

$$p_1^{\mathrm{T}}=\boldsymbol{\varphi}^{-1}(-\boldsymbol{E}\boldsymbol{T}^{-1}\boldsymbol{A}+\boldsymbol{C})s^{\mathrm{T}} \tag{9-68}$$

$$p_2^{\mathrm{T}}=-\boldsymbol{T}^{\mathrm{T}}(\boldsymbol{A}s^{\mathrm{T}}+\boldsymbol{B}p_1^{\mathrm{T}}) \tag{9-69}$$

经过代数构造法构造之后，LDPC 码拥有循环功能，且在双向图中无四环样式，编码的过程非常简单，且在译码的过程中具有优越的性能。

3. LDPC 码的译码

根据分组码的基本理论可知，译码复杂度与码字长度成指数关系，即随着码字长度的增长，译码复杂度将以指数关系增长。当码字增加到一定长度后，译码复杂度就趋于无穷大。然而，由于 LDPC 码的校验矩阵是稀疏矩阵，所以它的译码复杂度大幅降低，译码复杂度与码长近似于线性关系，因此克服了较长码字译码算法复杂的缺点，从而使较长码字的应用成为可能。

现有的 LDPC 码的译码算法主要包括软判决译码算法和硬判决译码算法。软判决译码算法虽然性能优异，却以更高的复杂度作为代价，换取更低的误比特率，大量的计算使得迭代时延过大，导致其难以得到广泛的实际应用；硬判决译码算法结构简单，译码时延小，却无法摆脱误比特率过高的缺陷。

在 GF(2)域上采用(N, K)表示的 LDPC 码可以用 $M\times N$ 大小的奇偶校验矩阵 $\boldsymbol{H}=(h_{ij})$ 来定义，其中 N 表示码字长度，K 表示信息位的长度，$M=N-K$ 表示奇偶校验方程的个数，每一行非零元素的集合定义为 $N_i=\{j:0\leqslant j\leqslant n-1,h_{i,j}=1\}$，每一列非零元素的集合定义为 $M_j=\{i:0\leqslant i\leqslant m-1,h_{i,j}=1\}$。

1）硬判决译码算法

LDPC 码硬判决译码算法是一种低复杂度译码算法，主要包括大数逻辑（MLG）算法和比特翻转（BF）算法等。

（1）大数逻辑算法。大数逻辑算法是一种复杂度很低的硬判决译码算法。在数据传输过程中，接收端将得到的信道数据 $y=(y_0,y_1,\cdots,y_{n-1})$，根据 $\varphi(c_j)=1-2c_j$ 的 BPSK 调制规则进行硬判决，调制规则如下：

$$z_j = \begin{cases} 0, y_j \geqslant 0 \\ 1, y_j < 0 \end{cases} \tag{9-70}$$

从而得到硬判决序列 $z=(z_0,z_1,\cdots,z_{n-1})$，再根据编码的校验关系 $\boldsymbol{cH}^{\mathrm{T}}=0$，计算伴随式向量 $\boldsymbol{s}=(s_0,s_1,\cdots,s_{m-1})$。伴随式向量 s_i 的计算如下：

$$s_i = \sum_{0\leqslant j\leqslant n-1} \oplus z_j h_{i,j} = \sum_{j\in N_i} \oplus z_j \tag{9-71}$$

式中：符号 $\oplus$ 表示模 2 加计算。当校验正确时，$s_i=0$；当校验错误时，$s_i=1$。对于每个变量节点，定义 $\boldsymbol{f}=(f_0,f_1,\cdots,f_{n-1})$ 作为指示向量，那么 f_j 的计算公式如下：

$$f_j = \sum_{i\in M_j} (1-2s_i) \tag{9-72}$$

式中：$0\leqslant j\leqslant n-1$，$f_j$ 可理解为所有包含硬判决比特 z_j 的伴随式统计。假设规则 LDPC 码的列重为 g，当 $f_j<0$ 时，表明在所有 z_j 参与计算的伴随式 s_i 中，校验错误的个数大于 $g/2$。对于满足 $f_j<0$ 的变量节点，将其加入翻转集合 $\boldsymbol{J}$ 中，$\boldsymbol{J}$ 的定义如下：

$$\boldsymbol{J} = \{j : f_j < 0\} \tag{9-73}$$

综上所述，大数逻辑算法的步骤如下。

A. 计算硬判决序列 $z^{(0)}=(z_0^{(0)},z_1^{(0)},\cdots,z_{n-1}^{(0)})$。

B. 计算伴随式 s_i，如果 $s=(s_0,s_1,\cdots,s_{m-1})=0$，那么输出 $z^{(0)}=(z_0^{(0)},z_1^{(0)},\cdots,z_{n-1}^{(0)})$ 作为最后的译码结果。

C. 计算校验和指示向量 $\boldsymbol{f}=(f_0,f_1,\cdots,f_{n-1})$。

D. 对于满足 $f_j<0$ 的变量节点，将其加入翻转集合 $\boldsymbol{J}$ 中。

E. 输出 $z^{(1)}=(z_0^{(1)},z_1^{(1)},\cdots,z_{n-1}^{(1)})$ 作为最后的译码结果。

（2）比特翻转算法。Gallager 还提出了一种硬判决译码算法，这种算法只可在 BSC 信道中使用，称为比特翻转算法，该算法具有结构简单、复杂度低和资源开销小的优点。在数据传输过程中，首先将信道数据进行硬判决，得到一组初始译码序列，如果这组序列出现错误比特，那么将会出现校验方程不成立的情况，即校验向量 $\boldsymbol{s}=(s_0,s_1,\cdots,s_{m-1})$ 中某些位不等于 0。因此，当某个比特参与的不成立的校验方程的数目累积到某个值后，该比特将会被翻转，以此反复迭代，达到寻找正确码字的目的。

设定阈值 δ，如果某个比特的校验失败方程数最多且超过该阈值，那么该比特将被翻转。翻转之后得到一组新的序列，并重新计算校验向量。重复上述过程，直到出现 $\boldsymbol{s}=0$ 或达到最大迭代次数。比特翻转算法的步骤如下。

A. 硬判决。根据接收信息 $y=(y_0,y_1,\cdots,y_{n-1})$ 的符号进行硬判决，从而得到硬判决序列 $z=(z_0,z_1,\cdots,z_{n-1})$。

B. 计算校验向量 $\boldsymbol{s}$，如果所有校验方程都成立，或者迭代次数 v 达到最大值 $v_{\max}$，则停止译码，否则继续往下执行。

C. 计算每个比特相关的非零校验方程的个数，记作 f_i，$i=0,1,\cdots,n-1$。

D. 比较 f_i 与阈值 δ，翻转超过阈值的比特。

E. 重复步骤 A～D，直到所有校验值都为 0，或者达到设定的最大迭代次数。

2）软判决译码算法

LDPC 码软判决译码算法是一类基于概率的译码算法。软判决译码算法以置信传播为基础，对于非二进制译码采用的是概率域 BP 算法，消息是用概率的形式来表示的；对于二进制译码采用的是对数域 BP 算法，消息可以表示为对数似然比（Log Likelihood Ratio，LLR）的形式，也称 LLR BP 算法。根据 Tanner 图所描述的 LDPC 码，BP 算法将每次迭代译码过程分为三步：校验节点更新、变量节点更新及后验信息更新。

算法描述涉及的符号及其含义见表 9-4。

表 9-4 算法描述涉及的符号及其含义

符 号	含 义
$r_{ji}(b)$	$r_j \to q_i$ 的外部概率信息，其中 $b\in\{0,1\}$
$q_{ij}(b)$	$q_i \to r_j$ 的外部概率信息，其中 $b\in\{0,1\}$
$q_i(b)$	q_i 的硬判决信息，其中 $b\in\{0,1\}$
$P_i(b)=P_r(v_i=b\mid y_i)$	接收到信道消息 y 后，判断发送端第 i 个比特满足 $v_i=b$ 的后验概率，其中 $b\in\{0,1\}$
$L(P_i)=\ln(P_i(0)/P_i(1))=2y_i/\sigma^2$	信道初始信息
$L(r_{ji})=\ln(r_{ji}(0)/r_{ji}(1))$	校验节点 r_j 传递给变量节点 q_i 的信息
$L(q_{ij})=\ln(q_{ij}(0)/q_{ij}(1))$	变量节点 q_i 传递给校验节点 r_j 的信息
$L(q_i)=\ln(q_i(0)/q_i(1))$	变量节点 q_i 所收集的用于判决的后验信息
v	译码过程的第 v 次迭代回合

（1）概率域 BP 算法。对于从信道接收来的信息 y_i，其发送端发送的信息为 $x_j\in E=\{-1,+1\}$。根据条件概率公式有

$$P(x_j\mid y_j)P(y_j)=P(y_j\mid x_j)P(x_j) \tag{9-74}$$

对上式进行变形，得到

$$P(x_j\mid y_j)=\frac{P(y_j\mid x_j)P(x_j)}{P(y_j)} \tag{9-75}$$

根据全概率公式，$P(y_j)$ 可表示为

$$P(y_j)=\sum_{x_j\in E}P(y_j\mid x_j)P(x_j) \tag{9-76}$$

将式（9-76）代入式（9-75），可得到在接收值为 y_j 的情况下，发送 x_j 的后验概率：

$$P(x_j\mid y_j)=\frac{P(y_j\mid x_j)P(x_j)}{\sum_{x_j\in E}P(y_j\mid x_j)P(x_j)} \tag{9-77}$$

对于 AWGN 信道，其噪声序列服从均值为 0、方差为 σ^2 的正态分布。经过 BPSK 调制后的调制结果分别服从均值为 1、方差为 σ^2 和均值为−1、方差为 σ^2 的正态分布，两种条件概率密度函数表示如下：

$$f(y_j \mid x_j = 1) = \frac{1}{\sqrt{2\pi}\sigma} \mathrm{e}^{-\frac{(y_j-1)^2}{2\sigma^2}}$$
$$f(y_j \mid x_j = -1) = \frac{1}{\sqrt{2\pi}\sigma} \mathrm{e}^{-\frac{(y_j+1)^2}{2\sigma^2}} \tag{9-78}$$

假设 ε 为接收的信息，由条件概率密度函数计算条件概率 $P(y_j \mid x_j = 1)$ 和 $P(y_j \mid x_j = -1)$ 的公式如下：

$$P(\varepsilon \mid x_j = 1) = P(y_j > \tau) = \frac{1}{\sqrt{2\pi}\sigma} \int_{\tau}^{\infty} \mathrm{e}^{-\frac{(r-1)^2}{2\sigma^2}} \mathrm{d}r$$
$$P(\varepsilon \mid x_j = -1) = P(y_j > \tau) = \frac{1}{\sqrt{2\pi}\sigma} \int_{\tau}^{\infty} \mathrm{e}^{-\frac{(r+1)^2}{2\sigma^2}} \mathrm{d}r \tag{9-79}$$

假设信息的发送是等概率事件，则有

$$P(x_j = 1) = P(x_j = -1) = \frac{1}{2} \tag{9-80}$$

在接收信号为 y_j 的条件下，x_j 为 1 或–1 的概率关系如下：

$$P(x_j = 1 \mid y_j) + P(x_j = -1 \mid y_j) = 1 \tag{9-81}$$

若发送 0 与 1 为等概率事件，则条件概率 $P(x_j = -1 \mid y_j)$ 与 $P(x_j = 1 \mid y_j)$ 之间的关系可由 $P(y_j \mid x_j = -1)$ 与 $P(y_j \mid x_j = 1)$ 决定。只需要求得 $P(x_j = -1 \mid y_j)$ 与 $P(x_j = 1 \mid y_j)$ 之间的比例关系，再进行归一化，即可获得相关的概率。令 $\xi = \frac{P(x_j)}{\sum_{x_j \in E} P(y_j \mid x_j) P(x_j)}$，那么 $P(x_j = -1 \mid y_j)$ 与 $P(x_j = 1 \mid y_j)$ 可以表示为

$$P(x_j = 1 \mid y_j) = \xi \times P(y_j \mid x_j = 1) = A \times \frac{1}{\sqrt{2\pi}\sigma} \mathrm{e}^{-\frac{(y_j-1)^2}{2\sigma^2}}$$
$$P(x_j = -1 \mid y_j) = \xi \times P(y_j \mid x_j = -1) = A \times \frac{1}{\sqrt{2\pi}\sigma} \mathrm{e}^{-\frac{(y_j+1)^2}{2\sigma^2}} \tag{9-82}$$

对条件概率进行归一化处理，在信道接收值为 y_j 的条件下，发送 $x_j = 1$ 或 $x_j = -1$ 的归一化概率为

$$P_{x_j=1} = \frac{P(x_j = 1 \mid y_j)}{P(x_j = -1 \mid y_j) + P(x_j = 1 \mid y_j)} = \frac{\mathrm{e}^{-\frac{(y_j-1)^2}{2\sigma^2}}}{\mathrm{e}^{-\frac{(y_j-1)^2}{2\sigma^2}} + \mathrm{e}^{-\frac{(y_j+1)^2}{2\sigma^2}}} = \frac{1}{1 + \mathrm{e}^{-\frac{2y_j}{\sigma^2}}}$$
$$P_{x_j=-1} = \frac{P(x_j = -1 \mid y_j)}{P(x_j = -1 \mid y_j) + P(x_j = 1 \mid y_j)} = \frac{\mathrm{e}^{-\frac{(y_j+1)^2}{2\sigma^2}}}{\mathrm{e}^{-\frac{(y_j-1)^2}{2\sigma^2}} + \mathrm{e}^{-\frac{(y_j+1)^2}{2\sigma^2}}} = \frac{1}{1 + \mathrm{e}^{\frac{2y_j}{\sigma^2}}} \tag{9-83}$$

后验概率 $P_{x_j=1}$ 与 $P_{x_j=-1}$ 可看成信道的初始信息，作为译码器的输入。基于概率域的 BP 译码算法的步骤描述如下。

A. 初始化：

$$q_{ij}(0)=1-p_j=P(c_j=0\mid y_j)=\frac{1}{1+\mathrm{e}^{-\frac{2y_j}{\sigma^2}}}$$
$$q_{ij}(1)=p_j=P(c_j=1\mid y_j)=\frac{1}{1+\mathrm{e}^{\frac{2y_j}{\sigma^2}}} \tag{9-84}$$

B. 校验节点更新（水平迭代）：

$$r_{ji}(0)=\frac{1}{2}+\frac{1}{2}\prod_{i'\in N_{j/i}}(1-2q_{i'j}(1))$$
$$r_{ji}(1)=1-r_{ji}(0) \tag{9-85}$$

C. 变量节点更新（垂直迭代）：

$$q_{ij}(0)=\alpha_{ij}(1-p_j)\prod_{j'\in M_{i/j}}r_{j'i}(0)$$
$$q_{ij}(1)=\alpha_{ij}p_j\prod_{j'\in M_{i/j}}r_{j'i}(1) \tag{9-86}$$

参数 α_{ij} 满足 $q_{ij}(0)+q_{ij}(1)=1$ 。

D. 软判决：

$$Q_j(0)=\beta_j(1-p_j)\prod_{j\in N_i}r_{ji}(0)$$
$$Q_j(1)=\beta_j p_j\prod_{j\in N_i}r_{ji}(1) \tag{9-87}$$

参数 β_j 满足 $Q_j(0)+Q_j(1)=1$ 。

E. 硬判决：

$$c_j=\begin{cases}1, & Q_j(1)>0\\ 0, & \text{其他}\end{cases} \tag{9-88}$$

若满足 $\boldsymbol{cH}^{\mathrm{T}}=0$，则输出 $c^{(k)}=(c_0^{(k)},c_1^{(k)},c_2^{(k)},\cdots,c_{n-1}^{(k)})$ 作为译码结果，否则重新回到步骤 B。

（2）对数域 BP 算法。由于基于概率域的 BP 译码算法中含有大量的乘法运算，因此该算法需要较长的运行时间，并且耗费较多的硬件资源。基于概率域的置信度以对数似然比的形式在校验节点和变量节点之间传播，将传递的消息从实数域转化到对数域后，BP 译码算法中的乘法运算就会转化为更加简单的加法运算。对数域 BP 算法的步骤描述如下。

A. 初始化。初始信道消息为

$$L^{(0)}(q_{ij})=L(P_i) \tag{9-89}$$

B. 校验节点信息更新。在第 v 次迭代时，变量节点传递给校验节点的消息为

$$L^{(v)}(r_{ji})=2\tanh^{-1}\left(\prod_{i'\in N_{j/i}}\tanh\left(\frac{1}{2}L^{(v-1)}\left(q_{i'j}\right)\right)\right) \tag{9-90}$$

C. 变量节点信息更新。校验节点传递给变量节点的消息为

$$L^{(v)}(q_{ji})=L(P_i)+\prod_{j'\in M_{i/j}}L^{(v)}(r_{j'i}) \tag{9-91}$$

D. 计算后验信息：

$$L^{(v)}(q_i)=L(P_i)+\prod_{j\in M_i}L^{(v)}(r_{ji}) \tag{9-92}$$

对其进行判决：

$$\widehat{C}_i=\begin{cases}0, & L^{(v)}(q_i)>0\\1, & L^{(v)}(q_i)\leqslant 0\end{cases} \tag{9-93}$$

E. 如果 $\boldsymbol{cH}^{\mathrm{T}}=0$ 成立，或者迭代次数达到 $v_{\max}$ ，则结束译码并输出译码结果，否则返回步骤 B 进行新一轮的迭代运算。

9.2　印刷信息传输系统

在印刷中，半色调加网技术用于将原稿的连续调图像转换为半色调图像，使印刷后的图像在人眼视觉系统中所呈现的效果是连续调的。并且，半色调加网是通过改变网点的属性来进行操作的，通过不同的网点表达不同的信息。将该技术与现代通信技术、计算机图像处理与识别、信息编解码、信息防伪与信息隐藏、先进印刷工艺融合应用，构建了“印刷通信系统”，并通过量子点信息加载及最佳打印输出预失真处理、图像空域和频域均衡，构建了最佳的印刷量子点信息隐藏及打印输出系统。这种半色调信息隐藏技术将印刷作业过程等同于一个特殊的通信过程，将打印输出等同于特殊的信道，通过这种方式，建立如图 9-10 所示的印刷图文信息打印输出系统模型（或技术体系架构），进而将现代通信的先进理论、技术交叉应用于印刷量子点信息隐藏的研究中，提供了信息隐藏与提取的方法和理论。

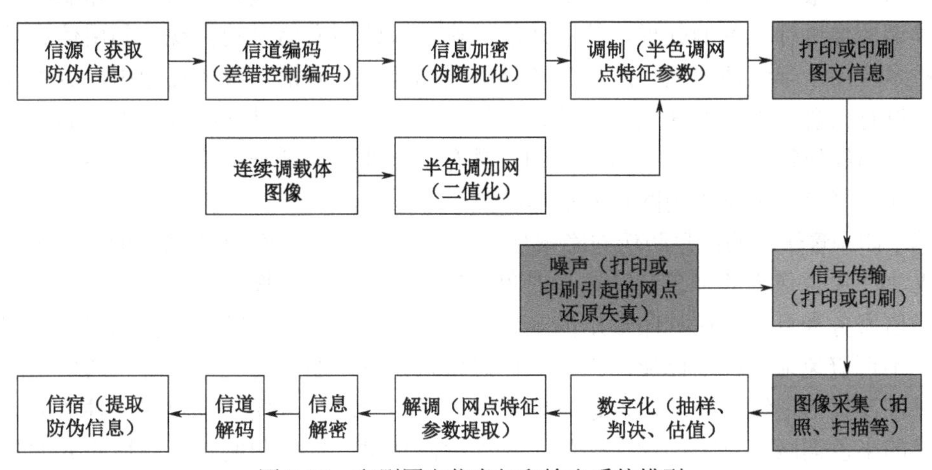

图 9-10　印刷图文信息打印输出系统模型

印刷图文信息打印输出系统可分为两部分：半色调印刷图像生成及信息隐藏和半色调印刷图像信息提取与识读。半色调印刷图像生成及信息隐藏的过程：首先获取待防伪的明文信息，经过可靠性信道编码得到伪随机信息序列，对该信息序列进行信息加密，使信息数据得到进一步的安全处理，再将连续调载体图像进行半色调加网处理，得到二值化后的半色调载体图像，接着将加密后的信息序列通过半色调网点特征参数的选择进行信息调制，植入半色调载体图像中，最后将信息调制得到的图文信息打印或印刷出来。

半色调印刷图像信息提取与识读的过程：首先通过特定的拍摄或扫描设备采集印刷制品，再将采集到的印刷制品进行数字化处理，其中包括抽样、判决和估值等，接着将数字化处理后的数据根据网点特征参数进行信息解调处理，然后对解调后的信息进行解密，最后通过可靠性信息解码得到原始明文信息。在半色调印刷图像生成与信息识读过程中可能会因为环境等因素存在误差、噪声甚至成块数据被污损等问题，因此在信息传输过程中需要通过信道编码、扩频和交织编码处理来消除这种干扰。

通过确立印刷通信系统概念、系统技术架构和信息处理与传输流程，将印刷通信系统和电子通信系统有机结合起来，充分汲取电子通信技术的基础理论和共性技术，交叉应用于印刷通信系统，提供印刷量子点信息隐藏、打印再现和信息识读（接收）的方法、理论和技术，对推动半色调印刷防伪技术乃至纸媒体技术发展与进步具有极其重要的作用。

9.3 印刷信道可靠性编解码

半色调技术基于人眼的低通滤波性，用灰度数字图像作为操作对象，以含有黑色和白色二值的图像来呈现连续调图像的灰度级，避免连续调灰度图像二进制量化输出时由于量化误差而产生对图像质量的影响。通常情况下，半色调的研究是将待隐藏的信息进行置乱处理，然后以加网的方式植入载体图像。在将原始连续调图像转换为半色调图像的过程中，通常需要对防伪信息（图像、商标、防伪标识或文字等）进行图像加密、检纠错编码等处理，生成伪随机信号，然后用此伪随机信号调制调幅网点的形状，使其携带防伪信息，最终实现信息防伪印刷。在印刷产业中，对连续调图像进行印刷时需要先将连续调图像进行半色调处理，然后才能够实现原始图文信息的再现。利用信道可靠性编码技术应用于半色调图像，产生半色调掩膜图像，从而植入载体图像中，这种以编码的方式进行信息植入的方法相较于其他信息隐藏的方法更加具有防复制性。通过信息加密、检纠错编码得到的伪随机信息序列，具有安全性高，抗干扰能力强，能够抵抗印刷缺陷、印刷网点丢失及印刷网点变形等特点。

基于印刷量子点的信息防伪与隐藏技术，以打印信息防伪领域中最小的成像单元——1×1 或 2×2 单位像素的半色调网点为对象，以半色调网点图像的信息隐藏、信息防伪和信息增值服务为目的。在打印输出的半色调网点点阵图像污损及图像检测错误等因素影响下，不可避免地引起半色调网点点阵信息传输误码，通过交叉应用现代通信信息传输的可靠性及其信道编码技术，构建打印系统图像传输的信道模型，建立一种适应该信道的最优的半色调网点点阵图像传输的可靠性编码技术，提供印刷防伪领域研究的基础理论及其共性关键技术。

半色调图像以点阵数据加载防伪信息，打印半色调网点信息，实现信息隐藏和信息防伪，是对原有的半色调信息隐藏和信息防伪技术的继承、发展和再创新。半色调网点信息隐藏和信息防伪技术具有极强的抗复制性和隐藏海量信息等特性，可以被广泛用于打印信息防伪领域，提供印刷品（如商标、标签、有价证券、门票、证卡等）的防伪及其信息增值服务。

9.3.1　印刷通信信道噪声模型

半色调网点信息从数据记录到网点图像的识读（检测与判决）需要经过打印（或印刷）和扫描（或照相）两个过程，如图 9-11 所示。打印再现过程：$g_i(x,y)$ 是半色调加网输出的二值化图文数据，$h'_p(x,y)$ 是等效的打印信道，$g_m(x,y)$ 为理想的打印输出的图像，$n_p(x,y)$ 为打印过程中引起的飞墨、漏墨等噪声信息，$g'_m(x,y)$ 为打印再现的图像。扫描识读过程：$g'_0(x,y)$ 为扫描采集到的电子图像，该图像是 $g'_m(x,y)$ 经过扫描系统 $h'_s(x,y)$ 采集到电子图像 $g_0(x,y)$，再叠加等效的加性噪声 $n_s(x,y)$ 得到的最终电子图像。

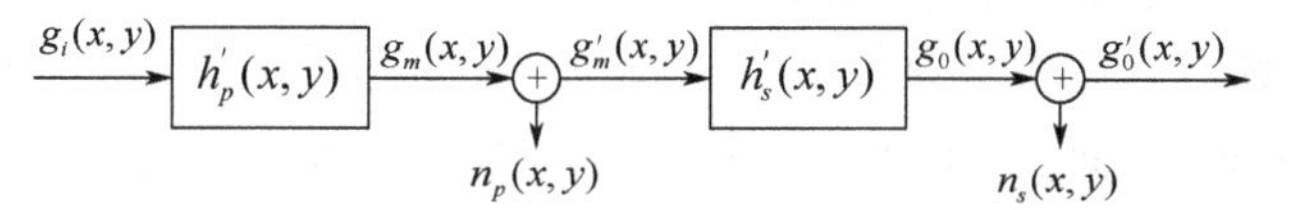

图 9-11　半色调网点信息打印-扫描信道噪声模型

构建该打印-扫描信息传输系统，不难理解该系统是一个并行、超高维的数据通信系统，与一般意义上的串行或并行的电子通信系统存在很大的不同，需要具体问题具体分析，并且需要优化模型的主要数学特征。

1．打印信道噪声模型

$g_i(x,y)$ 是印前处理输出的图像数据，该数据以二进制点阵数据制版为印版，通过印版将油墨转印到承印物上，或者直接打印到承印物上，再现为印刷图像 $g_m(x,y)$。在此过程中，因各种印刷缺陷造成的从 $g_i(x,y)$ 到 $g_m(x,y)$ 出现的失真、谬误等效为理想的印刷信道 $h_p(x,y)$ 引入非线性失真、乘性噪声 $k_{np}(x,y)$ 的印刷信道 $h'_p(x,y)$，印刷输出图像 $g_m(x,y)$ 在飞墨、漏墨等噪声 $n_p(x,y)$ 的污损下最终再现为印刷图像 $g'_m(x,y)$。

$$g'_m(x,y)=g_i(x,y)*h'_p(x,y)+n_p(x,y) \tag{9-94}$$

$$h'_p(x,y)=k_{np}(x,y)*h_p(x,y) \tag{9-95}$$

$$g'_m(x,y)=k_{np}(x,y)*g_i(x,y)*h_p(x,y)+n_p(x,y) \tag{9-96}$$

式中：$g'_m(x,y)$ 为印刷图像，半色调网点特征加载记录的信息和噪声并存于该图像中，通常为了达到更好的信息隐藏效果，隐藏和记录信息的半色调网点的大小一般需要限定在几微米以内，但受打印工艺、设备、承印物和印刷环境等因素限制和影响，并且基于半色调网点特征的信息记录方式的误码率都比较高，因此记录信息的半色调网点的大小一般在 10^{-3}～10^{-2} 数量级。

2．扫描信道噪声模型

扫描（或照相）设备采集印刷图像过程中，存在着几何畸变，光源及其散射、折射和反射等引起的光照失真，以及光电感应器件噪声等失真和噪声干扰，对这些因素进行建模，等效为理想的扫描信道 $h_s(x,y)$ 引入乘性和几何畸变失真 $k_{ns}(x,y)$ 的扫描信道 $h'_s(x,y)$，然后叠加加性噪声 $n_s(x,y)$，最终得到被污损的电子图像 $g'_0(x,y)$。

$$g'_0(x,y)=g'_m(x,y)*h'_s(x,y)+n_s(x,y) \tag{9-97}$$

$$h'_s(x,y)=k_{ns}(x,y)*h_s(x,y) \tag{9-98}$$

$$g'_0(x,y)=k_{ns}(x,y)*g'_m(x,y)*h_s(x,y)+n_s(x,y) \tag{9-99}$$

3．打印-扫描信道噪声模型

将打印和扫描系统级联起来实现电子图像到电子图像的发送与接收全过程，其等效数学模型为

$$
\begin{aligned}
g_0'(x,y) &= [g_i(x,y) * h_p'(x,y) + n_p(x,y)] * h_s'(x,y) + n_s(x,y) \\
&= g_i(x,y) * h_p'(x,y) * h_s'(x,y) + n_p(x,y) * h_s'(x,y) + n_s(x,y) \\
&= k_n(x,y) * [g_i(x,y) * h_{ps}(x,y)] + n_p(x,y) * [k_{ns}(x,y) * h_s(x,y)] + n_s(x,y)
\end{aligned} \tag{9-100}
$$

式中：$h_{ps}(x,y) = h_p(x,y) * h_s(x,y)$ 为打印-扫描级联系统；$k_n(x,y) = k_{np}(x,y) * k_{ns}(x,y)$ 为打印和扫描两个过程引起的几何畸变和乘性失真。式（9-100）表示半色调网点信息识读在受到打印-扫描系统几何畸变和乘性失真干扰下，打印噪声 $n_p(x,y)$ 和半色调网点信息一同被扫描系统无差别“接收”；同时，扫描系统也受到自身噪声的干扰。以上这些因素引起的失真和噪声污损情况有时非常严重，通常会导致采用半色调网点隐藏信息的污损及其误码率严重恶化，甚至导致这种方法不可行。因此，要实现半色调信息隐藏及其可靠提取与识别，需要有针对性地研究可靠性编码技术，以及采用分辨率更高，成像质量更好、更稳定和更可靠的打印与扫描设备。

9.3.2 印刷量子点信息可靠性编解码方案

半色调信息隐藏方法通常都是将待隐藏的信息进行置乱处理，然后将置乱后的图像以加网的形式植入载体图像。基于印刷量子点点阵防伪图像的信息隐藏方法是对待隐藏的明文信息进行加密，这种加密方法是通过印刷信道可靠性编码算法实现的。在印刷信息隐藏与防伪领域，对连续调图像的打印或印刷需要先将其进行半色调处理，然后才能够实现在打印或印刷后原始图文信息仍然可以清晰地展现出来。利用印刷量子点信息隐藏编码算法得到的防伪点阵图像就是通过半色调的形式植入载体图像的，并且经过信道编码得到的网点图像是基于最小印刷墨点的空间矢量特征记录的印刷量子点图像。印刷信道可靠性编码实现的信息隐藏与防伪具有更强的防复制性，并且相较于普通的信息隐藏方法具有更好的隐藏效果和识读效果。

印刷量子点生成图像的每块识别码区在印刷或打印过程中会造成污损，为了解决因污损而导致的高误码率问题，需要对印刷量子点的生成过程进行可靠性编码。这种可靠性编码的方法是，采用帧同步位作为空间矢量特征来记录位置信息，利用多重检纠错编码来进行数据编码，利用二维奇偶校验来对数据进行检纠错，利用交织变换的迭代处理来解决连串成片的误码问题。印刷量子点信息识读过程是印刷量子点图像生成的反过程，首先对截取的部分印刷量子点防伪点阵图像进行解码匹配，然后对其进行分块解置乱，再将得到的解置乱图像进行多重检纠错解码，得到印刷量子点点阵本原图像，最后对点阵本原图像进行信息解密得到原始的明文信息。印刷量子点点阵防伪图像生成与识读之间需要经过一个理想通道，对点阵图像进行局部截取。基于印刷信道可靠性编解码的印刷量子点图像生成与识读的流程如图 9-12 所示。

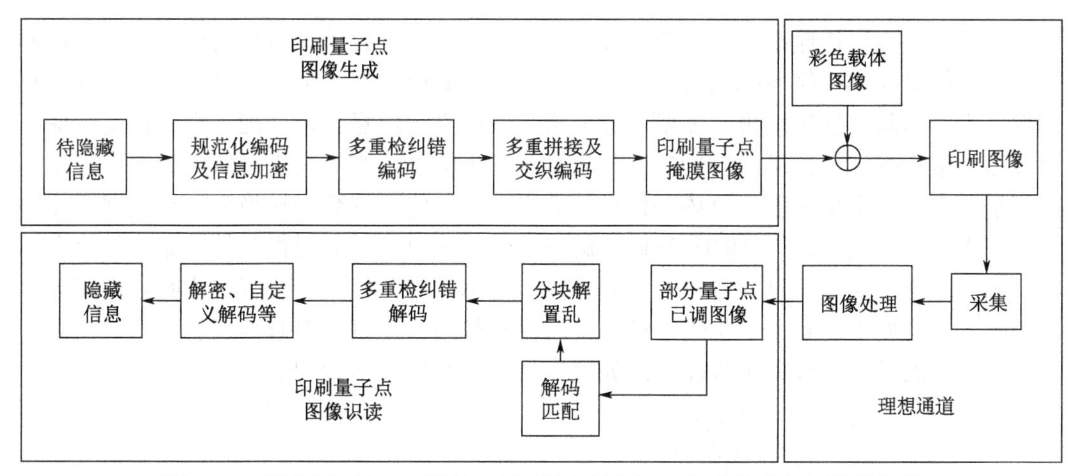

图 9-12　基于印刷信道可靠性编解码的印刷量子点图像生成与识读的流程

1. 基于 BCH 码的印刷量子点信息编解码

印刷量子点图像在打印或光学图像采集过程中存在量子点污损和误判问题，为了解决因污损和误判而导致的高误码率问题，需要对印刷量子点图像的生成过程进行可靠性编码研究。这种可靠性编码的方法包括对待隐藏的明文信息进行预处理，为保证信息安全，需要对预处理后的数据进行 DES 加密，对加密后的一维数据进行进制变换，使之变成二维的二进制码流，再对二维数据进行二维奇偶校验编码，实现内层检错的功能，然后对其进行 BCH 编码，实现外层纠错的功能，采用帧同步位作为空间矢量特征来记录量子点位置信息，为保证与商标等载体图像尺寸匹配，需要对得到的印刷量子点点阵本原图像进行周期性复制拼接，再利用交织编码的迭代处理来解决图像连串成片的误码问题，具体方案如图 9-13 所示。

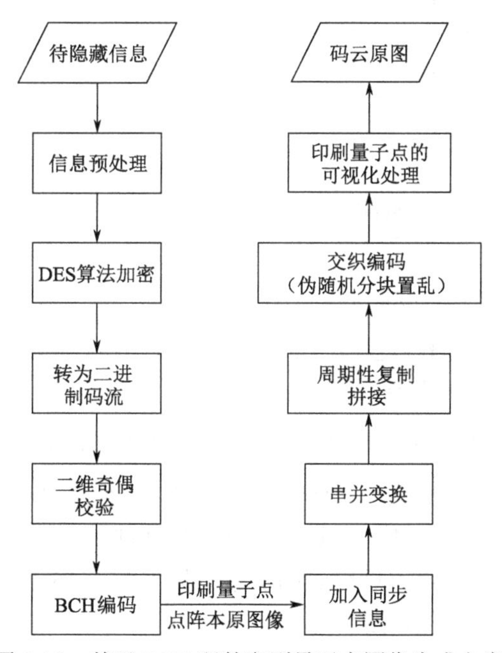

图 9-13　基于 BCH 码的印刷量子点图像生成方案

为了能够实现快速准确的解码识读，需要设计一套符合编码方案的解码方案。该解码方案包括对经过可靠性编码的码云原图进行局部截取，得到部分印刷量子点点阵掩膜图像，为了消除可视化效果，需要对部分掩膜图像进行信息解调处理，得到置乱图像，对该图像进行帧同步信息检测判断。若检测到同步信息，则对其进行解交织编码，得到印刷量子点点阵本原图像，对该图像进行并串变换，将二维数据转换为一维数据，然后去掉同步信息，接着进行 BCH 解码、解奇偶校验编码，最后对得到的数据进行信息解密，识读出原始明文信息。若没有检测到同步信息，则需要判断反置乱次数是否超限。若超限，则需要移动到下一位进行处理；若没有超限，则只需要修改反置乱迭代次数，产生一个新的反置乱数据进行反置乱处理。具体方案如图 9-14 所示。

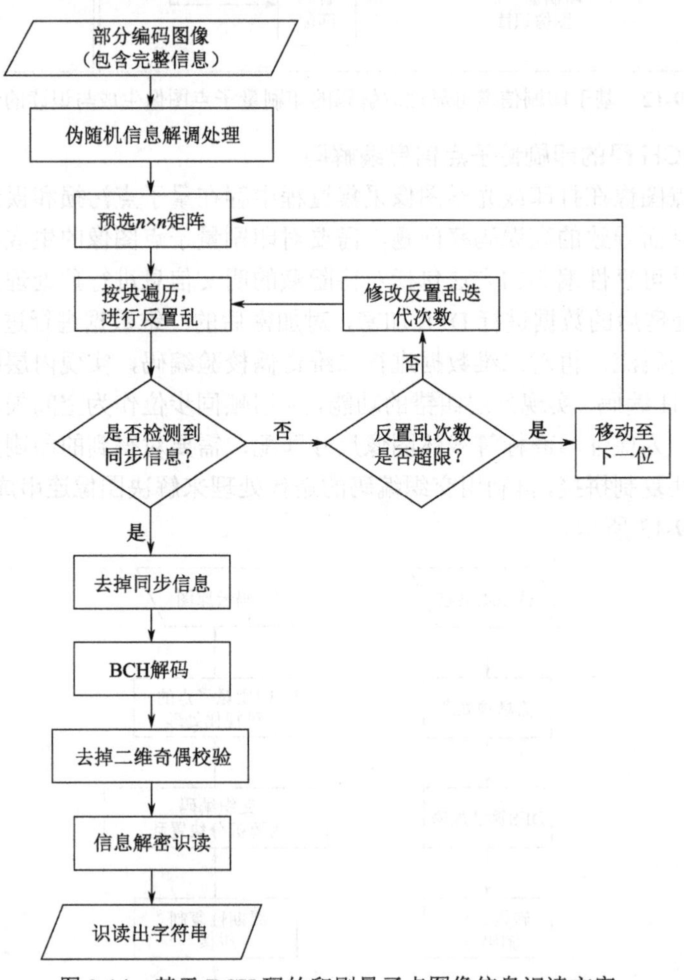

图 9-14 基于 BCH 码的印刷量子点图像信息识读方案

印刷量子点图像的防伪信息加入的是一串字符串，信息处理采用 MATLAB 软件，按照上述处理方法和运算关系，并经过算法优化，构建印刷量子点图像生成的仿真实验过程。对明文信息进行检纠错编码后得到的实验结果如图 9-15 所示，其中，图 9-15（a）是二维奇偶校验后的输出图像，图 9-15（b）是在图 9-15（a）的基础上进行 BCH 编码后得到的印刷量子点点阵本原输出图像。

为了与半色调彩色载体图像尺寸匹配，对检纠错编码输出图像进行多重拼接。由图 9-16（a）可以看到，其具有很明显的纹理特征，这样很容易引起信息安全漏洞，因此需要再对其进行交织迭代置乱运算，得到一个随机性排列的图像，如图 9-16（b）所示。

对伪随机信息置乱后的图像进行信息调制，得到信息记录容量大、可靠性高的单像素印刷量子点防伪点阵掩膜图像，即码云原图，如图 9-17（a）所示。图 9-17（b）是从图 9-17（a）中截取的一块包含完整信息的印刷量子点防伪点阵掩膜图像。

（a）二维奇偶校验后的输出图像　（b）印刷量子点点阵本原输出图像

图 9-15　对明文信息进行检纠错编码后得到的实验结果

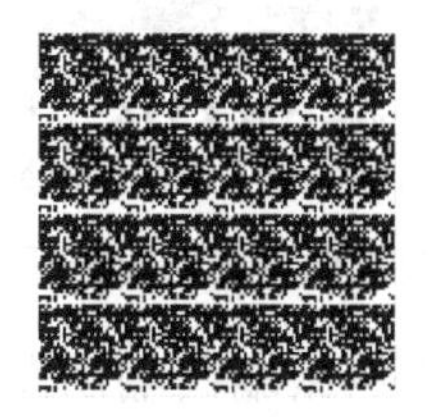

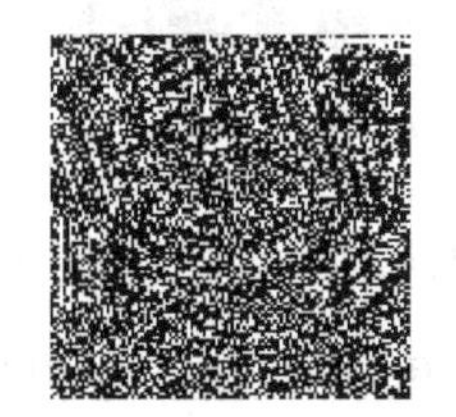

（a）多重复制拼接图像　（b）交织迭代置乱图像

图 9-16　伪随机信息置乱输出图像

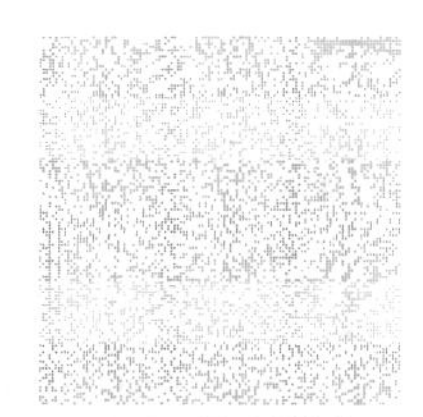

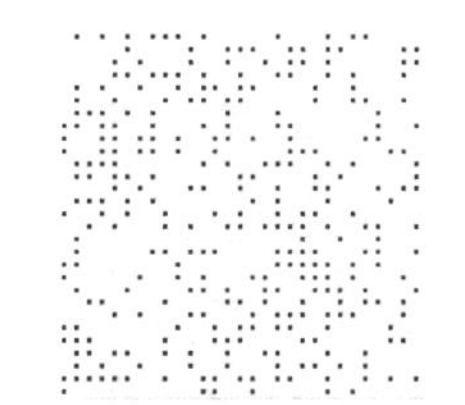

（a）码云原图　（b）截取的局部码云原图

图 9-17　印刷量子点防伪点阵输出图像

对随机截取的局部码云原图［图 9-17（b）］进行信息解调，得到如图 9-18（a）所示的置乱图像，再对该图像进行解交织置乱，得到如图 9-18（b）所示的印刷量子点点阵本原图像。

（a）置乱图像　（b）印刷量子点点阵本原图像

图 9-18　检纠错解码输出图像

对解码得到的印刷量子点点阵本原图像去掉同步信息后进行 BCH 解码，对得到的解码序列去掉二维奇偶校验，得到二进制的密文信息，再对其进行 DES 加密，识读出原始明文信息。借助 MATLAB 仿真工具可完整识读并提取出原始字符的明文信息。

2. 基于卷积码的印刷量子点信息编解码

基于卷积码的印刷量子点图像生成与识读方案和基于 BCH 码的印刷量子点图像生成与识读方案类似，只需要将图 9-14 中的 BCH 解码改成 Viterbi 译码。

印刷量子点图像的防伪信息加入的字符串信息和基于 BCH 码的一样，信息处理采用 MATLAB 软件，按照上述处理方法和运算关系，并经过算法优化，构建印刷量子点图像生成的仿真实验过程。对明文信息进行检纠错编码后得到的实验结果如图 9-19 所示，其中，图 9-19（a）是二维奇偶校验后的输出图像，图 9-19（b）是在图 9-19（a）的基础上进行卷积编码后得到的印刷量子点点阵本原输出图像。

（a）二维奇偶校验后的输出图像

（b）印刷量子点点阵本原输出图像

图 9-19　对明文信息进行检纠错编码后得到的实验结果

为了与半色调彩色载体图像尺寸匹配，对检纠错编码输出图像进行多重拼接，如图 9-20（a）所示。由图 9-20（a）可以看到，其具有很明显的纹理特征，这样很容易引起信息安全漏洞，因此需要再对其进行交织迭代置乱运算，得到一个随机性排列的图像，如图 9-20（b）所示。

（a）多重拼接图像

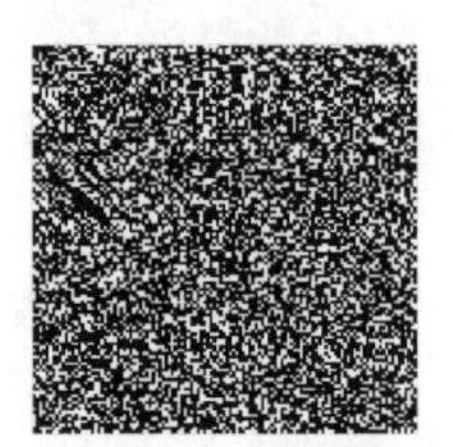

（b）交织迭代置乱图像

图 9-20　伪随机信息置乱输出图像

对伪随机信息置乱后的图像进行信息调制，得到信息记录容量大、可靠性高的单像素印刷量子点防伪点阵掩膜图像，即码云原图，如图 9-21（a）所示。图 9-21（b）是从图 9-21（a）中截取的一块包含完整信息的印刷量子点防伪点阵掩膜图像。

（a）码云原图

（b）截取的局部码云原图

图 9-21　印刷量子点防伪点阵输出图像

对随机截取的局部码云原图［图 9-21（b）］进行信息解调，得到如图 9-22（a）所示的置乱图像，再对该图像进行解交织置乱，得到如图 9-22（b）所示的印刷量子点点阵本原图像。

（a）置乱图像

（b）印刷量子点点阵本原图像

图 9-22　检纠错解码输出图像

对解码得到的印刷量子点点阵本原图像去掉同步信息后进行 Viterbi 译码，对得到的解码序列去掉二维奇偶校验，得到二进制的密文信息，再对其进行 DES 加密，识读出原始明文信息。借助 MATLAB 仿真工具可完整识读并提取出原始字符的明文信息。

3．非关联盲植入载体

待隐藏的明文信息经过信息加密和多重检纠错编码得到印刷量子点点阵本原图像，为了能够与载体图像尺寸匹配，需要将点阵本原图像进行周期性多重复制拼接，得到能够满铺于载体图像的印刷量子点防伪图像，然后将复制得到的携带隐藏信息的每块内容进行伪随机信息置乱处理，最后进行信息调制，得到印刷量子点点阵防伪图像。对得到的印刷量子点点阵防伪图像进行非关联盲植入，实现在载体图像中的信息隐藏。印刷图像信息匹配打印的技术流程如图 9-23 所示。

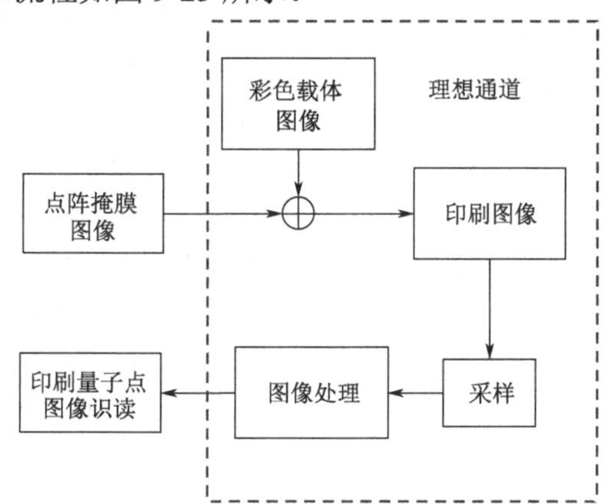

图 9-23　印刷图像信息匹配打印的技术流程

基于盲水印的嵌入算法需要考虑水印的隐蔽性、易碎性和稳健性，又由于三者是相互矛盾的，因此需要结合实际应用需求或应用场景进行博弈，使其达到一种最佳的平衡和使用效果。基于可靠性信道编码的印刷量子点点阵防伪图像是一种基于最小墨点的半色调网点图像，可以很好地隐藏于载体图像中，且不影响图像质量，具有一定的抗复制功能。要想复制纹理图像，就需要采用高精度的复印设备进行复印，或者用高精度的拍照设备抓取纹理图像后，再将拍到的图像缩放到与原图一样的尺寸进行打印或印刷，但是在复制或相应的工艺处理过程中，微小的信息记录载体（墨点）的空间特性信息就会全部或部分丢失，造成信息缺损或污损，进而达到信息防伪的目的。

将印刷量子点点阵防伪图像以满铺的形式非关联盲植入载体图像中，得到的效果如图 9-24 所示。

图 9-24　非关联盲植入输出图像

9.3.3　印刷图像信息匹配打印

半色调网点信息特征主要指网点的空间点阵分布，也可以通过网点形状变化加载信息。对这些特征网点进行伪随机化控制，使其在满足图像显示效果的基础上可记录非可视信息，实现信息隐藏、防伪及其增值服务。以特征网点记录非可视信息的防伪方法受打印污损、设备性能、油墨、纸张等因素影响，满足高保真打印再现半色调网点信息记录，实现信息隐藏的有效性和防伪信息识读的有效性兼容是比较困难的。同时，打印输出半色调网点微元信息时，一方面，要求在达到打印图像视觉效果的前提下，满足信息检测信噪比或误码率要求，实现信息可靠记录；另一方面，要求在调制网点微元特征时，提高数据记录容量和抗复制技术门槛。

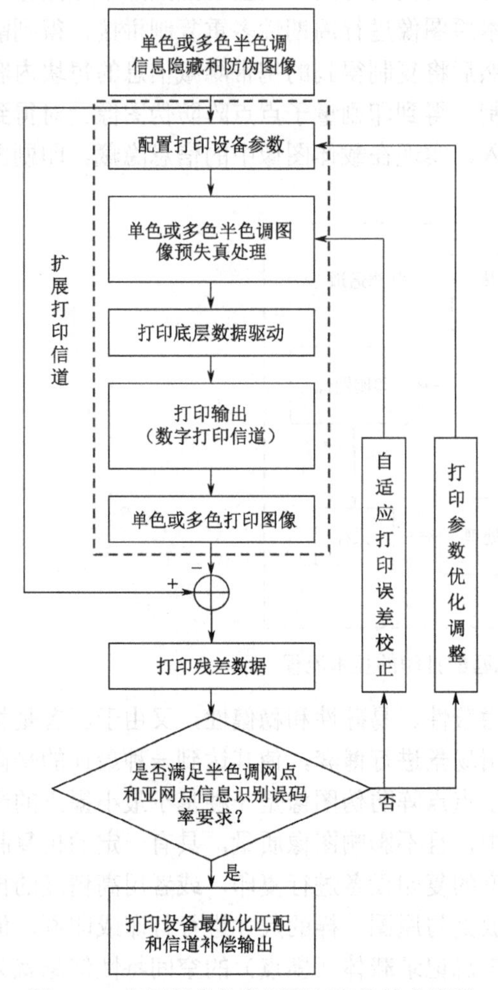

图 9-25　印刷图像信息匹配打印的技术流程

现有数字打印设备，从工业应用到办公应用，从数字喷墨打印到激光打印，均通过专业的光栅化处理软件或设备固化的光栅化处理软件，对输入图像进行半色调加网。同时，喷墨打印或激光打印在打印成像过程中，存在网点图像还原严重失真的问题。

半色调网点图像信息打印输出需要高保真还原和再现，即图像经过打印信道传输，仍可有效对抗各种失真和污损问题。同时，利用手机等便携设备快速检测半色调网点信息时，因其网点物理尺度在 30μm 左右，为了能够有效采集到分辨率等级为 30μm 左右的图像，半色调网点图像需要具备对抗信息失真和损失的能力。

针对以上问题，可以采用打印设备最优化匹配及打印信道补充的方法来解决半色调网点图像信息打印输出的问题，印刷图像信息匹配打印的技术流程如图 9-25 所示。

印刷图像信息匹配打印方法的核心是把打印过程等效为一个通信信号的传输过程，进而用通信信道的相关理论研究打印输出问题。首先，应用通信信道相关理论和技术，构建打印信道模型，把打印图像再现中存在的网点扩大、油墨渗透等系统性问题等效为打印信道的系统误差。然后，应用预失真补偿方法，比较打印输出图像与原稿图像，生成误差信息，将该误差信息反馈到单色或多色（CMYK 同色异谱）连续调图像，通过修改该图像，消除打印过程中出现的一系列误差和失真，使打印输出图像质量满足要求。同时，采用最佳参数匹配打印技术，是为了尽量减少甚至避免打印过程中出现二次加网，影响单色或多色（CMYK 同色异谱）图像打印输出效果。

接下来介绍一种基于分辨率匹配打印的印刷图像信息匹配打印方法。为了降低打印机的半色调系统对打印网点的影响，需要使原始加网后的半色调灰度图像的分辨率与打印机的分辨率满足对应的关系。然而，打印机的分辨率只有固定的几种，为了能够使半色调加网图像的分辨率与打印机的分辨率相互匹配，只能通过调节半色调图像的分辨率来改善打印网点变形的问题。

半色调加网图像的分辨率以 M(ppi)表示，那么图像的两个网点之间的距离可用 $1/M$（inch）表示。打印机的分辨率以 N（dpi）表示，那么两个打印网点之间的最小距离可以用 $1/N$（inch）表示。如果图像中两个网点间的距离和打印网点之间的距离不成比例，即 $nM \neq N$（n=1,2,3,⋯），使用打印机对图像进行输出时，打印机的半色调系统会对半色调加网图像的网点间距造成影响，进而对网点形状造成严重破坏，使打印后的网点间距和网点形状发生改变，如图 9-26 所示。当 M 和 N 满足一定的比例关系时，输出的半色调图像的网点形状能够达到令人比较满意的效果，如图 9-27 所示。

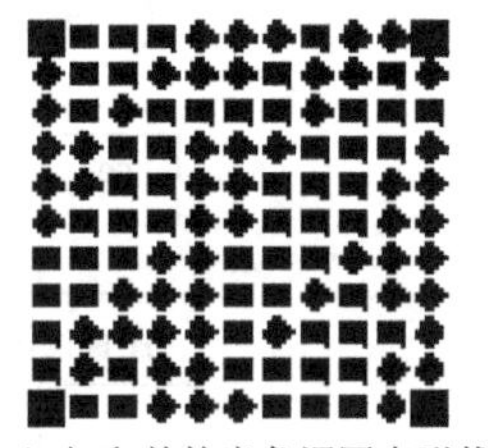
（a）打印前的半色调网点形状

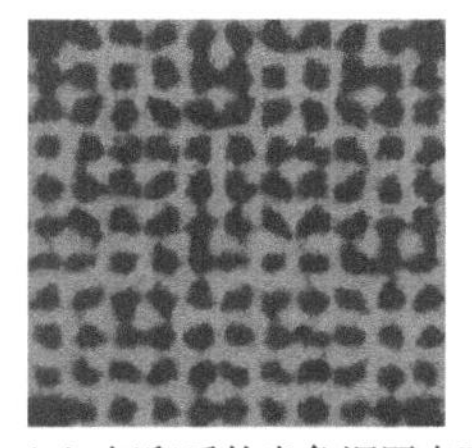
（b）打印后的半色调网点形状

图 9-26 半色调图像网点间距和打印网点间距不成比例的输出图像

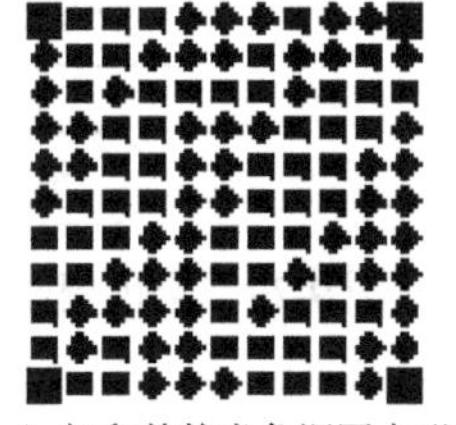
（a）打印前的半色调网点形状

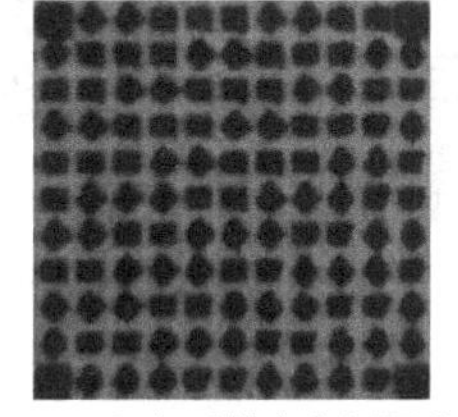
（b）打印后的半色调网点形状

图 9-27 半色调图像网点间距和打印网点间距成比例的输出图像

对一幅像素点为 $a \times b$ 的图像进行加网处理，需要加网的矩阵为 $l \times l$（根据不同的情况，l 的取值是不同的），加网后生成的图像的像素点为 $la \times lb$。经过这种方式处理后的图像的网点数没有改变，但每个网点都是由 $l \times l$ 个像素点逼近的，因此总的像素点是增加的。像素点的增加会造成图像的膨胀，可以通过调节图像的分辨率来解决图像的膨胀问题。调节图像分辨率的方法如下：

$$m(\text{ppi})=\frac{M(\text{ppi})}{l}, l \neq 0 \tag{9-101}$$

式中：m(ppi)为连续调灰度图像文件的分辨率；M(ppi)为半色调图像文件的分辨率；l 为加网时的矩阵构成。在对原连续调图像进行加网时，首先需要确定加网时的网格矩阵构成，在半色调图像的分辨率确定后，通过式（9-101）计算得到所需连续调图像的分辨率为 m(ppi)，再将所拥有的图像进行预处理，使其满足需求，然后就可以进行半色调加网，对加网后图像处理得到分辨率为 M(ppi)的半色调图像。通过这种方法得到的半色调加网图像，其印刷后的尺寸与原图像相同，含有保真度较高的网点信息。

9.3.4 印刷图像微结构信息识别

半色调网点图像的印刷量子点之间蕴含着具有判别能力的局部细节空间关系信息，并进一步构成一种微结构，这种微结构携带着区分复杂图像的本质特征。常见的图像信息识别算法无法检测半色调网点图像的印刷量子点，这种印刷量子点的特点是稀疏，面积极小，携带了图像中隐藏的防伪信息，分布在整个图像上，肉眼不易识别，如图 9-28 所示。要提取半色调网点图像中印刷量子点所携带的防伪信息，先要准确识别这些印刷量子点，并且将其与图像的其他信息区别开来。

在扫描或拍摄的印刷量子点图像上任意截取一部分，为了能够提取出印刷量子点的样本，首先需要对截取的部分进行数据规范化处理，半色调网点图像数据规范化处理的流程如图 9-29 所示。

图 9-28　半色调网点图像及印刷量子点

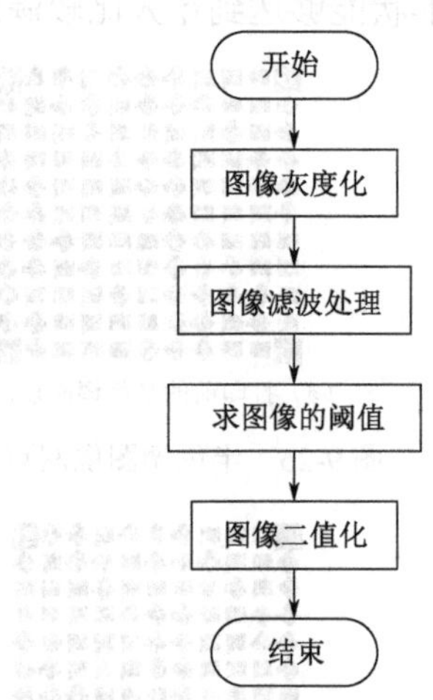

图 9-29　半色调网点图像数据规范化处理的流程

对截取的部分印刷量子点图像先进行灰度化处理，一般可采用加权平均法。考虑到在采集图像的过程中会有噪声的影响，对灰度化处理后的图像需要进行滤波处理，以此来弱化不是印刷量子点的噪声点，滤波过程可采用中值滤波或维纳滤波。接下来，对滤波后的图像求取阈值，然后利用该阈值对量子点图像进行二值化处理，将量子点与背景区域区分开来。图 9-30 为印刷量子点图像规范化处理效果图。

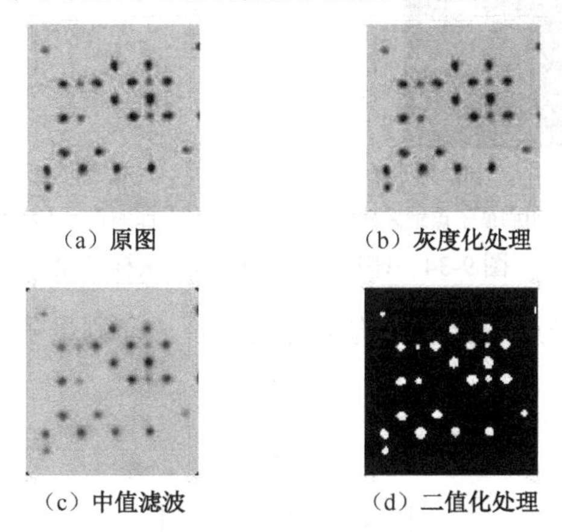

（a）原图 （b）灰度化处理

（c）中值滤波 （d）二值化处理

图 9-30 印刷量子点图像规范化处理效果图

接着需要从规范化处理后的图像中选取一个可以识别印刷量子点的“标准”，如果一个网点符合选取的“标准”，那么该网点为需要的印刷量子点，否则就将其视为噪声点。图 9-31 为印刷量子点样本点选取流程。

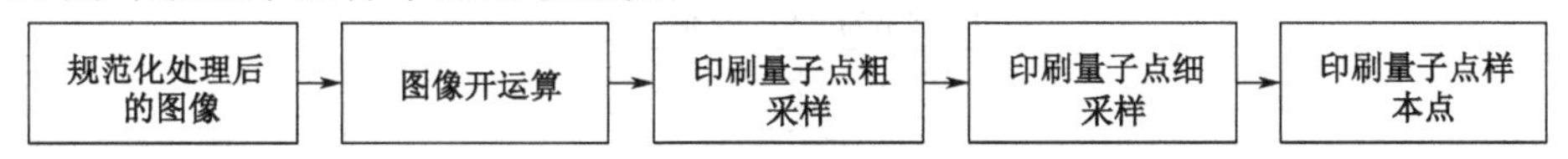

图 9-31 印刷量子点样本点选取流程

首先需要对规范化处理后的图像进行图像开运算，以此来消除小区域，以及在纤细点使区域分离和平滑较大区域的边界，并且保证经过开运算后各区域的面积不发生显著改变。开运算的作用与腐蚀操作有相似之处，但不同于腐蚀操作的是，开运算可以基本保持目标区域的面积不变，因此可以选用开运算来去除一些小颗粒噪声。印刷量子点图像开运算处理结果如图 9-32 所示。

在图像开运算之后，需要对图像进行连通域标记，然后在标记的连通域中选取需要的样本点。扫描或拍摄得到的印刷量子点图像近似于圆形和椭圆形，由于圆形是特殊的椭圆形，可以用量子点的长轴和短轴来描述印刷量子点的形状，因此可以选用长轴和短轴之比接近 1 且大小适中的量子点作为样本点，以此进行粗采样得到初级样本点模板。印刷量子点粗采样结果如图 9-33 所示。

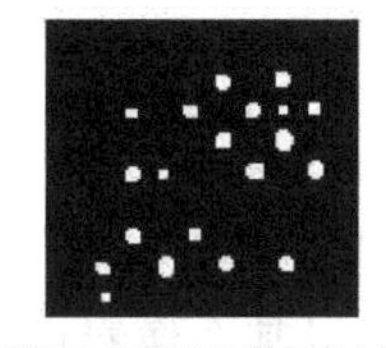

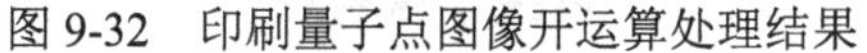

图 9-32 印刷量子点图像开运算处理结果

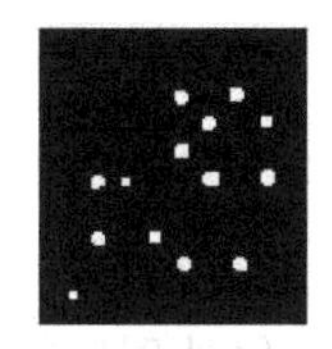

图 9-33 印刷量子点粗采样结果

在根据形状筛选得到初级样本点模板之后，需要根据印刷量子点的大小来选取样本点。首先计算图像中各连通域的面积，得出连通域中最大面积与最小面积的均值，再计算各点的面积与该均值之差的绝对值，然后保留绝对值最小的一个点，该点为需要的样本点，最后将该点从图像中截取出来，作为一个单独的样本，如图 9-34 所示。

（a）印刷量子点细采样结果　　（b）印刷量子点样本点

图 9-34　印刷量子点样本点采样结果

接下来就是印刷量子点图像微结构信息的识别。印刷量子点图像微结构信息识别流程如图 9-35 所示。

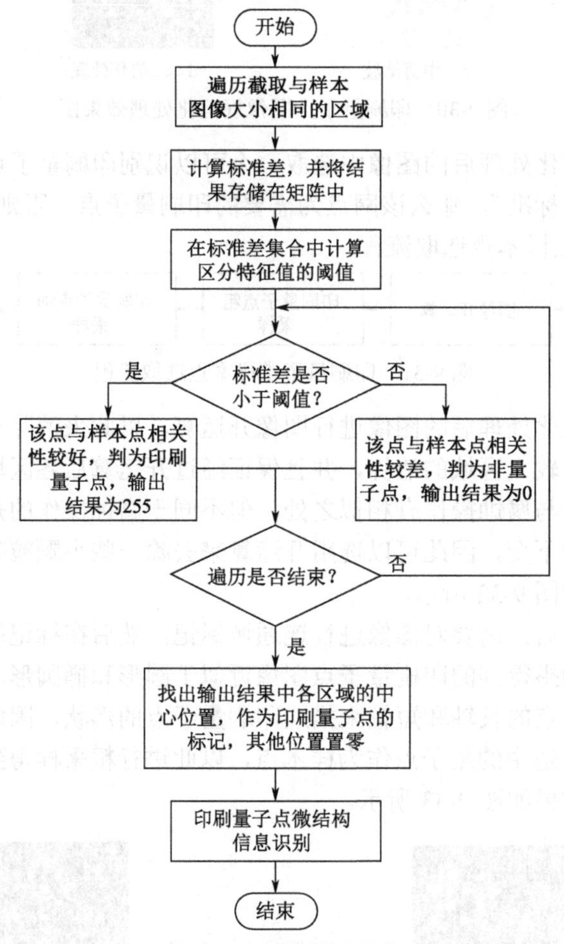

图 9-35　印刷量子点图像微结构信息识别流程

首先在图像规范化处理后的二值图像上进行遍历，以某个像素点 (x, y) 为中心，选取与样本图像相同大小的区域，然后计算该区域与样本点的标准差，标准差的计算公式可表示为

$$\sigma=\sqrt{\frac{1}{N}\sum_{i=1}^{N}(x_i-\mu)^2} \tag{9-102}$$

由于图像可以用矩阵表示，因此式（9-102）可以简化为

$$\sigma=\frac{1}{M\times N}\sum_{i=1}^{M}\sum_{j=1}^{N}\left|\boldsymbol{I}_{M(i,j)}-\boldsymbol{I}_{N(i,j)}\right| \tag{9-103}$$

式中：M 和 N 分别为区域矩阵和样本点矩阵的大小；$\boldsymbol{I}_M$ 为遍历时选取的区域矩阵；$\boldsymbol{I}_N$ 为样本点矩阵。根据式（9-103）计算得出像素点 (x,y) 的特征值，并且每次移动一个像素，依次得出每个像素点的特征值，将这些特征值存储在一个新的矩阵中，得到一个记录各个像素点特征值的矩阵 $\boldsymbol{S}$。为了对这些特征值进行区分，需要从矩阵 $\boldsymbol{S}$ 中得出一个可以区分特征值的阈值。如果标准差小于阈值，那么该点与样本点的相关性较好，将其判为印刷量子点，输出结果为 255；如果标准差大于阈值，那么该点与样本点的相关性不好，输出结果为 0。最后找到输出结果中各区域的中心位置，以该位置作为印刷量子点的标记，其他位置置零。截取的印刷量子点微结构信息识别结果如图 9-36 所示。

图 9-36　截取的印刷量子点微结构信息识别结果

印刷量子点微结构信息识别之后需要对识别后的信息进行提取。印刷量子点间存在着空间位置关系，这种空间位置关系构成了表现图像特征的微结构信息，找到这种空间位置关系即可提取出印刷量子点图像的微结构信息。首次需要对识别后的印刷量子点图像进行点阵映射图像网格化。所谓网格化，就是将一个量子点及其周围固定范围内的所有点看作一个整体，将这个整体提取为一个信息，以达到“降维”的目的。各个量子点在嵌入图像时有着线性关系，只要找到这种线性关系，就可以描述印刷量子点的空间特征。

根据点阵编码规则，在一个区域内搜索距离最近的两个印刷量子点 $D_1(x_1,y_1)$ 和 $D_2(x_2,y_2)$，中点坐标可表示为 $D_m[x_m=(x_1+x_2)/2, y_m=(y_1+y_2)/2]$，它们之间的距离表示为 d_m。假设搜索到的两个点是其周围固定范围内的中心点，根据这两点的位置关系，有三种可能出现的情况，下面分别进行讨论。

（1）当 $x_1=x_2$ 时，在两点附近再寻找一个点 $D_3(x_3,y_3)$，计算 D_3 与 D_2（或 D_1）的斜率 k 与距离 d，则可得出方程组：

$$\begin{cases} y=k\times x+y_m-k\times x_m-n_1\times\dfrac{d}{2}\times\sqrt{k^2+1} \\ y=-\dfrac{1}{k}\times x+y_m+\dfrac{x_m}{k}-n_2\times d\times\sqrt{\dfrac{1}{k^2}+1} \end{cases} \tag{9-104}$$

式中：$n_1=\cdots,-1,1,3,5,\cdots$；$n_2=\cdots,0,1,2,3,\cdots$。

如果找到的第三个点 D_3 的 x_3 和 x_1、x_2 仍然相等，那么可以得出方程组：

$$\begin{cases} x=x_m-\dfrac{d_m}{2}+n_1\times d_m \\ y=y_m+n_2\times d_m \end{cases} \tag{9-105}$$

式中：$n_1,n_2\in[-y_m/d_m,(Y-y_m)/d_m]$，$n_1,n_2\in N$，其中 Y 为图像高度。

（2）当 $y_1=y_2$ 时，在两点附近再寻找一个点 $D_3(x_3,y_3)$，计算 D_3 与 D_2（或 D_1）的斜率 k 与距离 d，则可得出同式（9-104）的方程组。

如果找到的第三个点 D_3 的 y_3 和 y_1、y_2 仍然相等，那么可以得出方程组：

$$\begin{cases} x = x_m + n_1 \times d_m \\ y = y_m - \dfrac{d_m}{2} + n_2 \times d_m \end{cases} \tag{9-106}$$

式中：$n_1, n_2 \in [-y_m / d_m, (Y - y_m) / d_m]$，$n_1, n_2 \in N$，其中 Y 为图像高度。

（3）当 $x_1 \neq x_2$ 且 $y_1 \neq y_2$ 时，斜率 k 可表示为 $k = (y_2 - y_1)/(x_2 - x_1)$，则可得出同式（9-104）的方程组。

根据式（9-104）、式（9-105）和式（9-106）可以对图像进行两个方向的分割，实现量子点图像的网格化。网格化后的印刷量子点的位置信息可以通过两条直线确定，式(9-106）中的 n_1 和 n_2 代表了不同量子点的位置信息。根据以上讨论的情况，n_1 和 n_2 的取值也有三种情况，在不同的情况下使用对应的公式求出 n_1 和 n_2 的值，并且对其进行取整，则 (n_1, n_2) 代表了微结构信息在新矩阵中的坐标，将其存储在对应的位置，即可得到提取出微结构信息的矩阵。

参考文献

[1] Gallager R G. Low-Density Parity Check Codes[D]. Cambridge, MA:MIT Press, 1963.

[2] 包展恺. 基于 LDPC 码与混沌序列的数字水印技术[D]. 烟台：烟台大学，2021.

[3] 丘明春. 改进型 LDPC 译码算法的研究与实现[D]. 北京：北京邮电大学，2021.

[4] 黄剑婷. 低复杂度 LDPC 码译码算法研究与实现[D]. 哈尔滨：哈尔滨工业大学，2019.

[5] 韦文娟. LDPC 译码算法及其和极化码的性能分析研究[D]. 南宁：广西大学，2021.

[6] 娄阳. LDPC 码在混沌序列图像加密中的应用研究[D]. 烟台：烟台大学，2017.

[7] 张文娜. LDPC 码的编码调制研究[D]. 杭州：浙江大学，2010.

[8] Tanner R. A recursive approach to low complexity codes[J]. IEEE Transactions on information theory, 1981, 27(5): 533-547.

[9] Diop I, Farssi S M, Chaumont M, et al. Using of LDPC Codes in Steganography[J]. Journal of Theoretical and Applied Information Technology, 2012, 38(1): 103-109.

[10] Wang Z, Meng X. Digital image information hiding algorithm research based on LDPC code[J]. EURASIP Journal on Image and Video Processing, 2018, 2018(1): 1-12.

[11] Luby M G, Mitzenmacher M, Shokrollah M A, et al. Improved low-density parity-check codes using irregular graphs[J]. IEEE Transaction on Information Theory, 2001, 47(2): 585-598.

[12] 刘冰，张用宇，吴东伟，等. 多进制准循环 LDPC 码满秩校验矩阵构造及系统编码[J]. 系统工程与电子技术，2011, 33(10): 2331-2337.

[13] Mackay D J C, Wilson S T, Davey M C. Comparison of constructions of irregular Gallager codes[J]. IEEE Transactions on Communications, 1999, 47(10): 1449-1454.

[14] 黄炜，张建秋. 准循环 LDPC 码的构造及编解码方法研究[D]. 上海：复旦大学，2007.

[15] Akansha Gautam, Richa Gupta. Enhancement of Steganogrophy Scheme based on QC-LDPC Codes[J]. International Conference on Signal Processing, 2015:10-13.

[16] Nasrin M Makbol, Bee Ee Khoo, Taha H Rassem. Block-based discrete wavelet

transform-singular value decomposition image watermarking scheme using human visual system characteristics[J]. The Institution of Engineering and Technology, 2016:34-52.
[17] 唐锐. LDPC 码的编译码算法研究[D]. 成都：电子科技大学，2018.
[18] 洪涛. LDPC 码的编译码方法研究[D]. 南京：东南大学，2018.
[19] 徐恒舟. LDPC 码：分析、设计与构造[D]. 西安：西安电子科技大学，2017.
[20] Richardson T, Urbanke R. The capacity of low-density Parity-check codes under message-Passing decoding[J]. IEEE Trans. Inform Theory, 2001: 599-618.
[21] 梁奇. 低复杂度的大数逻辑 LDPC 译码算法及其量化优化[D]. 南宁：广西大学，2017.
[22] 陈海强，罗灵山，孙友明，黎相成，李道丰，覃团发. 基于大数逻辑可译 LDPC 码的译码算法研究[J]. 电子学报，2015,43(6):1169-1173.
[23] Kou Y, Lin S, Fossorier M P C. Low-density parity-check codes based on finite geometries: a rediscovery and new results[J]. IEEE Transactions on Information theory, 2001, 47(7): 2711-2736.
[24] Wiberg N. Codes and decoding on general graphs[J]. 1996.
[25] Fossorier M P C, Mihaljevic M, Imai H. Reduced complexity iterative decoding of low-density parity check codes based on belief propagation[J]. IEEE Transactions on communications, 1999, 47(5): 673-680.
[26] Chen J, Dholakia A, Eleftheriou E, et al. Reduced-complexity decoding of LDPC codes[J]. IEEE transactions on communications, 2005, 53(8): 1288-1299.
[27] Miladinovic N, Fossorier M P C. Improved bit-flipping decoding of low-density parity-check codes[J]. IEEE Transactions on Information Theory, 2005, 51(4): 1594-1606.
[28] Chen H, Luo L, Sun Y, et al. Iterative reliability-based modified majority-logic decoding for structured binary LDPC codes[J]. Journal of Communications and Networks, 2015, 17(4): 339-345.
[29] Zhang K, Chen H, Ma X. Adaptive decoding algorithms for LDPC codes with redundant check nodes[C]//2012 7th International Symposium on Turbo Codes and Iterative Information Processing (ISTC). IEEE, 2012: 175-179.
[30] Han G, Guan Y L, Huang X. Check node reliability-based scheduling for BP decoding of non-binary LDPC codes[J]. IEEE transactions on communications, 2013, 61(3): 877-885.
[31] Richardson T J, Urbanke R L. The capacity of low-density parity-check codes under message-passing decoding[J]. IEEE Transactions on information theory, 2001, 47(2): 599-618.
[32] 许刘泽，杨冠男. LDPC 码编译码研究与实现[J]. 电子世界，2017(12):125-127.
[33] S. Ning. Improving Resistive RAM Hard and Soft Decision Correctable BERs by Using Improved-LLR and Reset-Check-Reverse-Flag Concatenating LDPC Code[J]. IEEE Transactions on Circuits and Systems II: Express Briefs, 2020, 67(10):2164-2168.
[34] 孙斌，王钢，杨文超，王少博. 一种改进型 LLR BP 算法的 LDPC 译码研究[J]. 无线电工程，2015,45(03):4-6,18.
[35] MacKay D J C, Neal R M. Near Shannon limit performance of low density parity check codes[J]. Electronics letters, 1996, 32(18): 1645.

第 10 章 高分辨率图像生成与复原

10.1 图像增强与图像复原

10.1.1 图像增强

图像增强是针对图像的某些局部特征进行改善，如对图像边缘、轮廓、对比度等进行强调或锐化。第一，通过图像增强可以改善视觉效果，如增大对比度，有利于识别、跟踪和理解图像中的目标；第二，通过图像增强可以有选择地突出某些感兴趣的信息或抑制某些不需要的信息，提高图像的实际使用价值；第三，通过图像增强可以转换为更适合于人或机器分析与处理的形式。对于增强后的图像，没有统一的客观标准来评价图像质量，只能按特定用途、特定方法选择最合适的。但是，增强处理后的图像并不一定保真，因为在图像增强过程中，不分析图像降质的原因，处理后的图像没有增加图像中的信息量。

在实际应用领域，图像增强的应用十分广泛，涉及各种类型的图像。如在军事应用中，增强红外图像以提取我方感兴趣的敌军目标；在医学应用中，增强 X 射线所拍摄的患者脑部、胸部图像以确定病症的准确位置；在农业应用中，增强遥感图像以了解农作物的分布；在交通应用中，对大雾天气图像进行增强，以便对车牌、路标等重要信息进行识别；在数码摄影中，增强彩色图像可以减少光线不均、颜色失真等造成的图像退化现象。

随着图像处理技术的不断发展，新的图像增强方法不断涌现。图像增强大致可分为空域增强、频域增强、彩色增强。空域增强是直接对图像像素的灰度值进行变化处理。频域增强是先将图像由空域变换到频域进行处理，然后通过傅里叶反变换映射回空域。彩色增强一般是指对多波段的黑白遥感图像，通过各种方法和手段进行彩色合成或彩色显示，以突出不同地物之间的差别，提高解译效果。

1. 空域增强

空域增强是基于图像像素灰度值进行的增强处理，图像像素的位置没有变化，主要分为点运算和图像滤波两大类：点运算是灰度到灰度的映射过程，包括图像灰度变换、直方图均衡化等技术；图像滤波是对目标图像的噪声进行抑制，并最大限度保留图像细节特征，包括线性滤波和非线性滤波等技术。

1）点运算

在图像处理中，点运算是最简单、最常用的图像增强方法之一。对于一幅输入图像，经过点运算将输出一幅图像，输出图像上每个像素的灰度值仅由相应输入像素的灰度值决定。

设输入图像和输出图像在点 (x,y) 处的灰度值分别是 $r(x,y)$ 和 $s(x,y)$，则点运算表示输入图像像素与输出图像像素的灰度映射关系：

$$s(x,y)=T[r(x,y)] \tag{10-1}$$

式中：$T(\cdot)$ 为对输入图像像素 $r(x,y)$ 的一种操作。灰度变换、直方图均衡化都属于点运算。它是图像数字化软件和图像显示软件的重要组成部分。

（1）灰度变换。图像的亮度范围不足或非线性会使图像的对比度不理想。灰度变换是指将原图中像素的灰度通过一个变换函数转化成一个新的灰度，以调整图像灰度的动态范围，从而增大图像的对比度，使图像更加清晰，特征更加明显。它不改变图像内的空间关系，除灰度级的改变是根据某种特定的灰度变换函数进行之外，可以将其看作“从像素到像素”的复制操作。灰度变换又称图像的对比度增强或对比度拉伸。

根据变换函数的形式，灰度变换分为线性变换和非线性变换，非线性变换包括对数变换和指数（幂次）变换。

采用线性变换对图像像素的灰度进行线性拉伸，可以有效地改善图像的视觉效果，输入图像与输出图像的灰度线性函数关系如下：

$$s(x,y)=k\times r(x,y)+b \tag{10-2}$$

式中：$r(x,y)$ 为输入图像灰度；$s(x,y)$ 为输出图像灰度；k 控制不同级别灰度的明暗差异，当 $k>1$ 时，对比度变大，当 $k<1$ 时，对比度变小，当 k 为负时，实现负片效果；b 控制输出图像的整体亮度，当 $b>0$ 时，亮度增大，当 $b<0$ 时，亮度减小。对图 10-1（a）进行线性变换的结果如图 10-1（b）和图 10-1（c）所示。

（a）原始图像

（b）变换后的图像（k=1, b=1）

（c）变换后的图像（k=0.5, b = −1）

图 10-1 线性变换示例

采用对数变换可以实现图像灰度扩展和压缩的功能，显示出更多低灰度值部分或者高灰度值部分的图像细节，输入图像与输出图像的对数变换函数关系如下：

$$s(x,y)=c\log_{v+1}(1+v\cdot r(x,y)) \tag{10-3}$$

式中：输入图像灰度为 $r(x,y)\in[0,1]$；输出图像灰度为 $s(x,y)\in[0,1]$；c 为灰度缩放系数；v 为底数，实际计算时用换底公式，v 越大，低灰度值部分强调越强，高灰度值部分压缩也越强，即图像越来越亮。对图 10-2（a）进行对数变换的结果如图 10-2（b）和图 10-2（c）所示。

（a）原始图像

（b）变换后的图像（v=10）

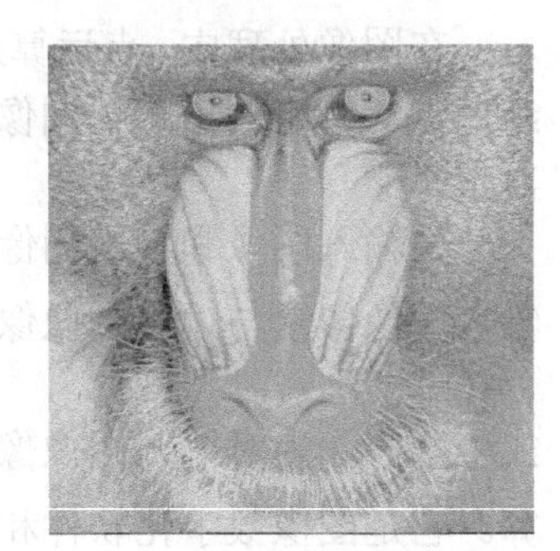
（c）变换后的图像（v=100）

图 10-2　对数变换示例

采用指数变换可以对灰度值过高或灰度值过低的图像进行修正，增大图像对比度，又称伽马变换，式（10-4）是对输入图像中的每个像素值做乘积运算。

$$s(x,y)=cr^{\gamma}(x,y) \tag{10-4}$$

式中：输入图像灰度为$r(x,y)\in[0,1]$；$s(x,y)$为输出图像灰度；c为灰度缩放系数；γ为缩放因子，当$\gamma<1$时，放大暗处细节，压缩亮处细节，数值越小，效果越强，当$\gamma>1$时，放大亮处细节，压缩暗处细节，数值越大，效果越强。对图 10-3（a）进行指数变换的结果如图 10-3（b）和图 10-3（c）所示。

（a）原始图像

（b）变换后的图像（γ=3）

（c）变换后的图像（γ=0.5）

图 10-3　指数变换示例

（2）直方图均衡化。通过重新分布图像中各像素的灰度，将原始图像比较集中的灰度概率密度分布经过一种变换，映射到新图像的均匀灰度概率密度分布，实现对图像的非线性拉伸。换句话说，对于整体偏暗或偏亮的图像，经过直方图均衡化，将图像中像素个数多的起主要作用的灰度值进行展宽，将像素个数少的不起主要作用的灰度值进行合并，增大像素之间灰度值差别的动态范围，使图像更加清晰。虽然直方图均衡化能够自动增大图像的整体对比度，但具体效果不易控制，均衡化后图像的灰度级减少，某些图像细节减少。对此，可以有选择地增大某个范围内的对比度。

图像可以用一个连续函数表示，直方图均衡化过程中保持图像在映射过程中的大小关系不变，即亮的区域映射后依旧亮，暗的区域映射后依旧暗，只增大图像对比度。输入没有归一化的图像灰度$r\in[0,L-1]$的概率密度为$p_r(r)$，输出归一化的图像灰度

$s \in [0,1]$ 与输入图像灰度间的关系如式（10-1）所示。输出图像灰度 s 的概率密度 $p_s(s)$ 可由 $p_r(r)$ 求得，由概率分布可得式（10-5）。

$$\int_{-\infty}^{s} p_s(s)\mathrm{d}s = \int_{-\infty}^{r} p_r(r)\mathrm{d}r \tag{10-5}$$

因为概率密度函数是分布函数的导数，所以，在式（10-5）中，两边对 s 求导可得 $p_s(s)$：

$$p_s(s) = \frac{\mathrm{d}[\int_{-\infty}^{r} p_r(r)\mathrm{d}r]}{\mathrm{d}s} = p_r(r)\frac{\mathrm{d}r}{\mathrm{d}s} = p_r(r)\frac{\mathrm{d}r}{\mathrm{d}[T(r)]} \tag{10-6}$$

通过变换函数 $T(\cdot)$ 可以控制图像灰度级的概率密度函数 $p_s(s)$，改善图像的灰度，达到图像增强的目的。其离散化形式如式（10-7）所示，其中，$k = 0,1,2,\cdots,L-1$ 表示归一化前的灰度级，$r_k = \dfrac{k}{L-1} \in [0,1]$ 表示归一化后的灰度级，N 表示输入图像中像素数总和，L 表示整幅图像中的灰度级总和，n_i 表示灰度级 r_i 的像素数。

$$s_k = T(r_k) = \sum_{i=0}^{k} p_r(r_i) = \sum_{i=0}^{k} \frac{n_i}{N} \tag{10-7}$$

综上所述，采用直方图均衡化进行图像增强的步骤如下。

第一步，统计原图像每一灰度级的像素数和累计像素数。

第二步，计算每一灰度级均衡化后的新值。

第三步，用新值代替原图像中的灰度值，对原像素按新的灰度值进行归类，形成均衡化后的新像素，并统计新像素数。

第四步，根据新像素统计值，画出直方图。

直方图均衡化示例如图 10-4 所示。其中，图 10-4（a）和图 10-4（b）为一幅 256 级灰度级的原始图像及其直方图。原始图像较暗，反映在直方图上为直方图占据的灰度值范围较窄且集中。图 10-4（c）和图 10-4（d）分别为对原始图像进行直方图均衡化处理的结果和对应的直方图。经处理后，直方图占据了整个图像灰度值允许的范围，处理后的图像许多细节都看得比较清楚。

2）图像滤波

图像滤波是指在尽量保留图像细节特征的条件下对目标图像的噪声（如高斯噪声、椒盐噪声、随机噪声等）进行抑制，突出图像中所感兴趣的部分，提高图像的质量，它是图像预处理中不可缺少的操作，其处理效果的好坏将直接影响后续图像处理和分析的有效性与可靠性。对不同噪声的抑制，需要使用不同的滤波技术进行处理，主要分为线性滤波（如均值滤波、高斯滤波）和非线性滤波（如中值滤波、双边滤波等）。

均值滤波采用邻域平均法，通过对周边像素取平均值代替原始图像中的各个像素值，实现滤波目的。其本身存在缺陷，即它不能很好地保护图像细节，在图像去噪的同时也破坏了图像的细节部分，使图像变得模糊；它不能很好地去除噪声点，尤其是椒盐噪声。

高斯滤波是一种线性平滑滤波，能够有效抑制噪声，平滑图像，适用于消除高斯噪声，被广泛应用于图像处理的减噪过程。通俗地讲，高斯滤波就是对整幅图像进行加权平均，每个像素点的值，都由其本身和邻域内的其他像素点的值经过加权平均后得到。高斯滤波的具体操作如下：用一个模板（或称卷积、掩模）扫描图像中的每个像素点，用模板确定的邻域内像素点的加权平均灰度值替代模板中心像素点的值。高斯平滑滤波器对于抑制服从正态分布的噪声非常有效。

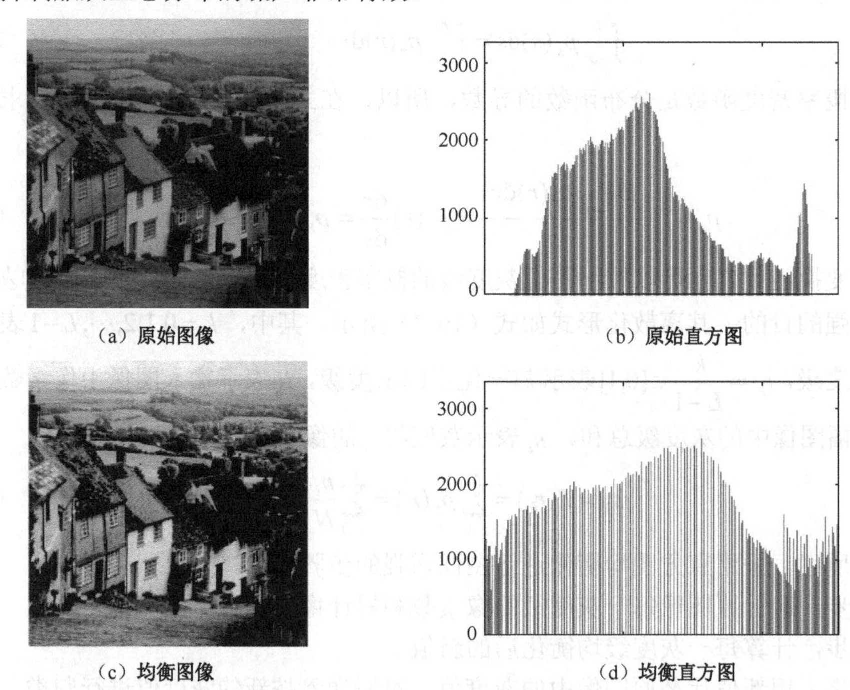

（a）原始图像　（b）原始直方图

（c）均衡图像　（d）均衡直方图

图 10-4　直方图均衡化示例

中值滤波就是把图像中一点的值用该点的一个邻域中各点值的中值代替，让周围的像素值接近真实值，从而消除孤立的噪声点。中值滤波对脉冲噪声有良好的滤除作用，特别是在滤除噪声的同时，能够保护信号的边缘，使之不被模糊。对于被椒盐噪声破坏的图像，经过中值滤波处理后，可以得到比较清晰的图像。

双边滤波可以较好地保持图像边界平滑，它由两部分组成，一部分是用高斯滤波器生成只与像素位置相关的模板，另一部分是根据像素值生成另一个与像素值相关的模板。双边滤波是结合图像的空间邻近度和像素值相似度的一种折中处理方法，同时考虑将要被滤波的像素点的空域信息和灰度相似性，达到保边去噪的目的。双边滤波可以过滤掉一些低频信息，弱化图像边缘信息，使整个图像的颜色看起来更柔和，更符合人眼的视觉特性。图 10-5 所示为图像滤波示例。

2．频域增强

频域增强是指将图像 $r(x,y)$ 从空域经傅里叶变换映射到频域，根据频域特有的性质对变换后的图像进行滤波处理 $H(u,v)$，处理结束后再将处理结果进行傅里叶反变换映射回空域，得到需要的图像 $s(x,y)$。图 10-6 所示为增强模型对比图。常用的频域增强主要分为频域平滑和频域锐化。

1）频域平滑

对于一幅图像而言，噪声主要集中在高频部分，去除噪声除在空域中进行外，也可以在频域中进行。为去除噪声，改善图像质量，采用低通滤波器 $H(u,v)$ 来抑制高频成分，通过低频成分，然后进行傅里叶反变换获得滤波图像，就可达到平滑图像的目的。常用

的频域低通滤波器 $H(u,v)$ 有四种：理想低通滤波器、巴特沃斯低通滤波器、指数低通滤波器、梯形低通滤波器。

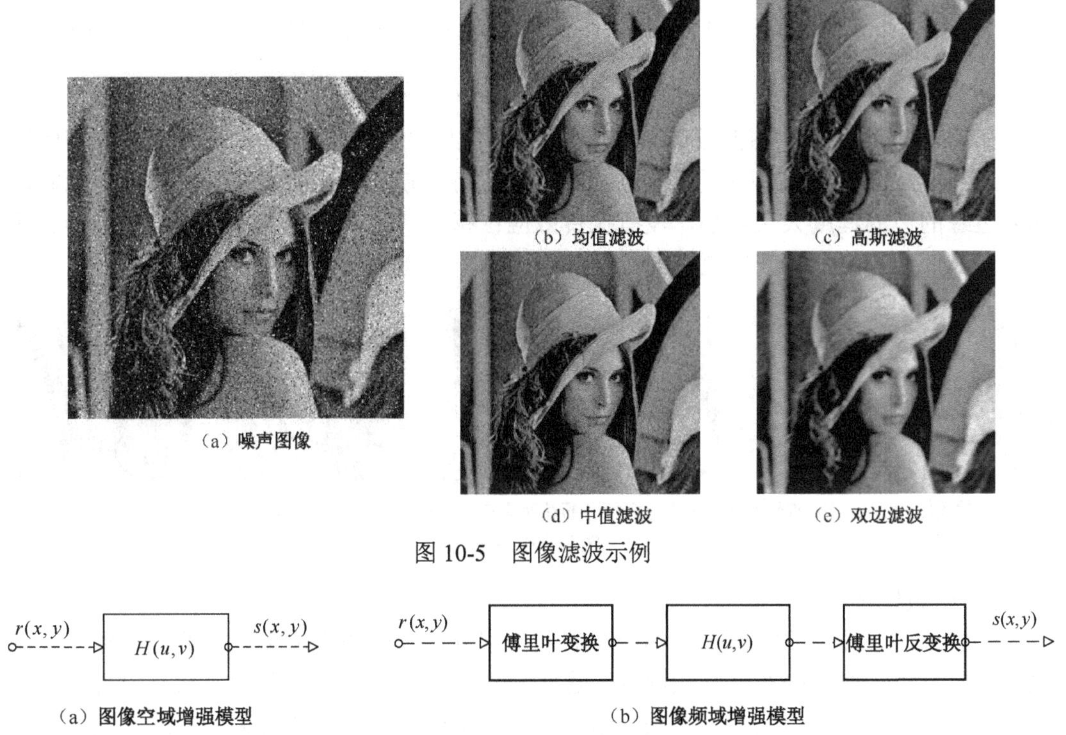

（a）噪声图像 （b）均值滤波 （c）高斯滤波 （d）中值滤波 （e）双边滤波

图 10-5 图像滤波示例

（a）图像空域增强模型 （b）图像频域增强模型

图 10-6 增强模型对比图

理想低通滤波器：设傅里叶平面上理想低通滤波器离开原点的截止频率为 D_0，则理想低通滤波器的传递函数为式（10-8）。式中：$D(u,v)=\sqrt{(u^2+v^2)}$ 为点 (u,v) 到原点的距离。该滤波器可以滤除含有边缘信息的高频成分，同时会导致边缘信息损失而使图像边缘模糊，并且会产生抖动现象（振铃效应）。

$$H(u,v)=\begin{cases}1, & D(u,v)\leqslant D_0\\ 0, & D(u,v)>D_0\end{cases} \tag{10-8}$$

巴特沃斯低通滤波器：n 阶巴特沃斯低通滤波器的传递函数为式（10-9），当 n 较小时，滤波曲线比较平坦；当 n 较大时，滤波曲线比较尖锐，接近理想低通滤波器。它是连续性衰减的，因此在抑制噪声的同时，图像边缘的模糊程度也大大减小。

$$H(u,v)=\frac{1}{1+\left[\dfrac{D(u,v)}{D_0}\right]^{2n}} \tag{10-9}$$

指数低通滤波器：n 阶指数低通滤波器的传递函数为式（10-10），n 决定指数的衰减率。

$$H(u,v)=\mathrm{e}^{\left[-\frac{D(u,v)}{D_0}\right]^n} \tag{10-10}$$

梯形低通滤波器：梯形低通滤波器的传递函数为式（10-11）。它是理想低通滤波器和指数低通滤波器的折中，性能介于理想低通滤波器和指数低能滤波器之间。

$$H(u,v)=\begin{cases}1, & D(u,v)<D_0 \\ \dfrac{D(u,v)-D_1}{D_0-D_1}, & D_0\leqslant D(u,v)\leqslant D_1 \\ 0, & D(u,v)>D_1\end{cases} \tag{10-11}$$

如图 10-7 所示，从图像频域平滑结果示例可以看出：理想低通滤波器在去噪声的同时，还会导致边缘信息损失而使图像边缘模糊；巴特沃斯低通滤波器在抑制噪声的同时，图像边缘的模糊程度大大减小，没有振铃效应；指数低通滤波器和梯形低通滤波器相比巴特沃斯低通滤波器会产生更多的图像边缘模糊，没有明显的振铃效应。

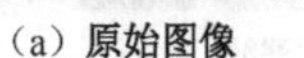

（a）原始图像　（b）理想低通滤波器　（c）巴特沃斯低通滤波器　（d）指数低通滤波器　（e）梯形低通滤波器

图 10-7　图像频域平滑结果示例

2）频域锐化

一般来说，图像的能量主要集中在其低频部分，噪声所在的频段主要是高频段，图像边缘信息也主要集中在其高频部分。这将导致原始图像在平滑处理之后，出现图像边缘和图像轮廓模糊的情况。为了减少这类不利效果的影响，就需要采用高通滤波器使图像的边缘、轮廓及细节变得清晰。高通滤波器让高频成分通过，削弱低频成分，再经傅里叶反变换得到边缘锐化的图像。常用的高通滤波器有四种：理想高通滤波器、巴特沃斯高通滤波器、指数高通滤波器、梯形高通滤波器。

理想高通滤波器：理想高通滤波器的传递函数为式（10-12）。它有明显振铃效应，即图像的边缘有抖动现象。

$$H(u,v)=\begin{cases}0, & D(u,v)\leqslant D_0 \\ 1, & D(u,v)>D_0\end{cases} \tag{10-12}$$

巴特沃斯高通滤波器：n 阶巴特沃斯高通滤波器的传递函数为式（10-13）。它的滤波效果较好，但计算复杂，其优点是有少量低频成分通过，是渐变的，振铃效应不明显。

$$H(u,v)=\frac{1}{1+\left[\dfrac{D_0}{D(u,v)}\right]^{2n}} \tag{10-13}$$

指数高通滤波器：指数高通滤波器的传递函数为式（10-14）。它的效果比巴特沃斯高通滤波器差一些，振铃现象不明显。

$$H(u,v)=\mathrm{e}^{\left[-\frac{D_0}{D(u,v)}\right]^{n}} \tag{10-14}$$

梯形高通滤波器：梯形高通滤波器的传递函数为式（10-15）。它会产生微振铃效应，但计算简单，比较常用。

$$H(u,v)=\begin{cases}0, & D(u,v)<D_0\\ \dfrac{D(u,v)-D_1}{D_0-D_1}, & D_0\leqslant D(u,v)\leqslant D_1\\ 1, & D(u,v)>D_1\end{cases} \tag{10-15}$$

图 10-8 所示为图像频域锐化结果示例。

（a）原始图像

（b）理想高通滤波器

（c）巴特沃斯高通滤波器

（d）指数高通滤波器

（e）梯形高通滤波器

图 10-8　图像频域锐化结果示例

3．彩色增强

人眼可以分辨几千种颜色，但分辨的灰度级介于十几到二十几级之间，彩色分辨能力可达到灰度分辨能力的百倍以上。彩色增强技术利用人眼的视觉特性，将灰度图像变成彩色图像或改变彩色图像已有颜色的分布，从而改善图像的可分辨性。彩色增强可分为伪彩色增强和假彩色增强两类。

1）伪彩色增强

伪彩色增强是把离散灰度图像 $f(x,y)$ 的各个不同灰度级按照线性或非线性映射函数变换成不同的颜色，以提高图像内容的可辨识度，得到一幅彩色图像的技术，常用于遥感图像处理、医学图像处理。伪彩色图像处理可在空域内实现，也可在频域内实现。伪彩色图像可以是离散的彩色图像，也可以是连续的彩色图像。常见的伪彩色增强方法有密度分割法、灰度级-彩色变换法和频域滤波法。

密度分割法：密度分割法是一种单波段图像彩色变换的方法，原理如图 10-9 所示。它把灰度图像 $f(x,y)$ 的灰度级从 0（黑）到 L（白）分成 n 个区间 L_i，其中 $i=1,2,\cdots,n$，给每个区间 L_i 指定一种颜色 C_i，使一幅灰度图像变成一幅伪彩色图像，其中每一层包含的亮度值范围可以不同。如果分层方案与地物光谱差异对应得很好，通过这种方法就可以区分各种地物的类别。该方法比较简单、直观，缺点是变换出的颜色数目有限。

灰度级-彩色变换法：这是一种广泛应用于彩色范围内图像增强的伪彩色处理方法。大多数彩色图像可以用红、绿、蓝三原色按不同比例组合得到，因此，把一幅图像 $f(x,y)$ 每一点的像素，按其灰度值独立地经过三种不同颜色的变换 $T_R[f(x,y)]$、$T_G[f(x,y)]$、$T_B[f(x,y)]$，变成三基色分量 $R(x,y)$、$G(x,y)$、$B(x,y)$，然后用它们分别去控制彩色显示器的红、绿、蓝电子枪，便可以在彩色显示器的屏幕上合成一幅彩色图像。其变换过程如图 10-10 所示。

通常，为了提升灰度级-彩色变换法的增强效果，在进行伪彩色增强前，可事先对原图像进行一些其他增强处理，例如，先进行一次直方图均衡化处理等。

频域滤波法：先把灰度图像经傅里叶变换映射到频域，在频域内用三个不同传递特性的滤波器分离出三个独立分量，然后通过傅里叶反变换得到三幅代表不同频率分量的单色图像，对这三幅图像做进一步的增强处理（如直方图均衡化），最后将它们作为三基色分量分别加到彩色显示器的红、绿、蓝显示通道，从而实现频域伪彩色增强，其原理如图 10-11 所示。采用频域滤波法，其输出图像的伪彩色与灰度图像的灰度级无关，而仅与灰度图像中的不同空间频率成分有关。

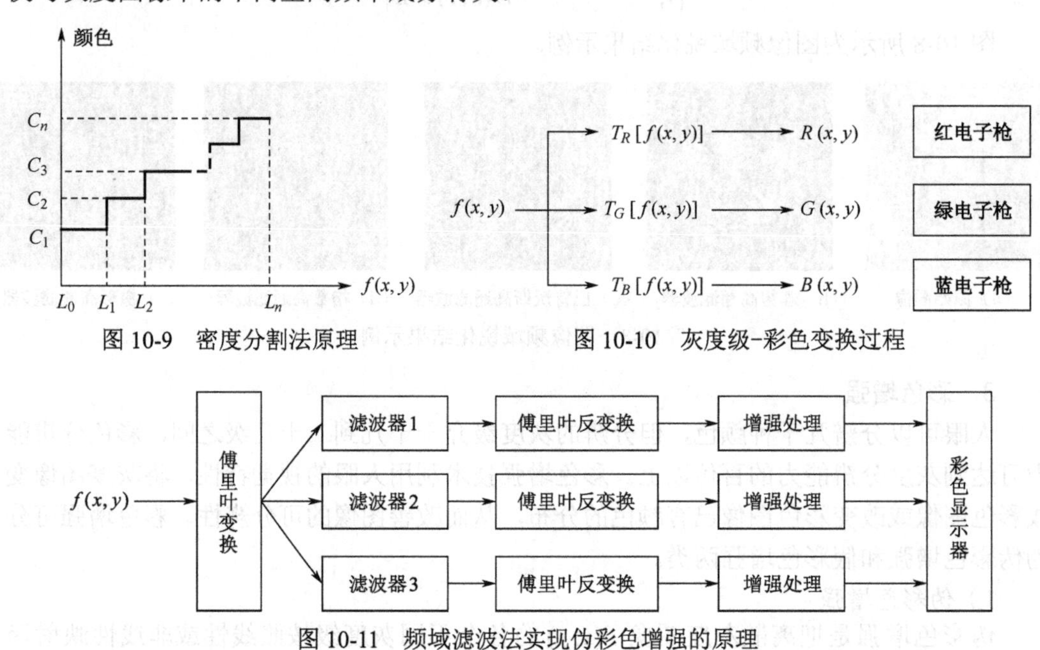

图 10-9　密度分割法原理

图 10-10　灰度级-彩色变换过程

图 10-11　频域滤波法实现伪彩色增强的原理

2）假彩色增强

假彩色增强是将一幅自然景色图像或同一景物的多光谱图像中每个像素点的 RGB 值，通过映射函数变换成新的三基色分量，使图像中各目标呈现出与原图像不同颜色的过程。假彩色增强不仅可以使感兴趣的目标呈现奇异的彩色或置于奇特的彩色环境中，从而更引人注目，还可以使景物呈现出与人眼色觉相匹配的颜色，以提高对目标的分辨力。

多光谱图像的假彩色增强可表示为

$$\left.\begin{aligned} R_F &= f_R\{g_1, g_2, \cdots, g_i, \cdots\} \\ G_F &= f_G\{g_1, g_2, \cdots, g_i, \cdots\} \\ B_F &= f_B\{g_1, g_2, \cdots, g_i, \cdots\} \end{aligned}\right\} \tag{10-16}$$

式中：g_i 为第 i 波段图像；f_R、f_G、f_B 为通用的函数运算；R_F、G_F、B_F 为经增强处理后送往彩色显示器的三基色分量。

对于自然景色图像，通用的线性假彩色映射可表示为式（10-17）。它将原图像的三基色分量 R_F、G_F、B_F 转换成另一组新的三基色分量 R_f、G_f、B_f。

$$\begin{bmatrix} R_F \\ G_F \\ B_F \end{bmatrix} = \begin{bmatrix} a_1 & b_1 & c_1 \\ a_2 & b_2 & c_2 \\ a_3 & b_3 & c_3 \end{bmatrix} \cdot \begin{bmatrix} R_f \\ G_f \\ B_f \end{bmatrix} \tag{10-17}$$

假彩色增强主要用于以下三个方面。

（1）把目标映射到特定的彩色环境中，使目标比本色更引人注目。

（2）根据眼睛的色觉灵敏度，重新分配图像目标对象的颜色，使目标更加适应人眼对颜色的灵敏度，提高人眼鉴别能力。例如，视网膜中锥状细胞和杆状细胞对可见光区的绿色波长比较敏感，可将原来非绿色的图像细节变成绿色，以达到提高目标分辨率的目的。

（3）将遥感多光谱图像处理成彩色图像，使之看起来自然、逼真，甚至可以通过与其他波段图像的综合获得更多信息，以便区分某些特征。

10.1.2 图像复原

图像复原是指利用退化过程的先验知识从被污染或畸变的图像信号中提取所需要的信息，沿着使图像降质的逆过程恢复图像的本来面目，它是改变图像质量时所用的非常重要的技术之一。图像复原流程如图 10-12 所示。

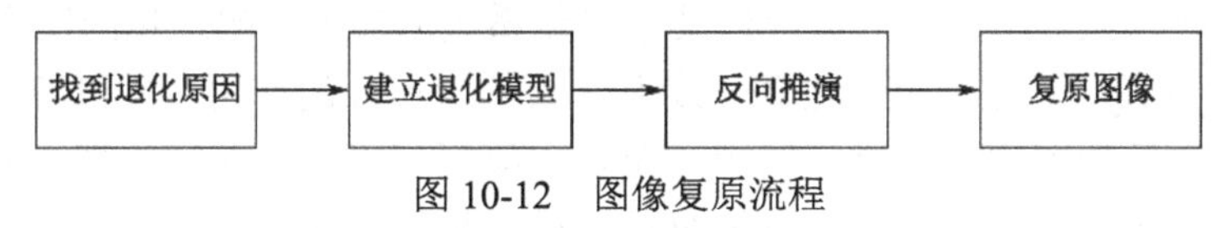

图 10-12 图像复原流程

典型的图像复原过程如下：首先，根据图像退化的先验知识，建立相关的数学模型，提高图像的质量；其次，通过求解数学模型中的逆问题得到图像的复原模型；最后，通过得到的复原模型对原始图像进行合理估计。因此，图像复原的关键是知道图像退化的过程，即图像退化模型，并据此采用相反的过程求得原始图像。

针对不同的退化问题，图像复原的方法主要有逆滤波、维纳滤波、有约束最小二乘、逆半色调等。

图像复原的目的是尽可能地恢复已退化图像的本来面目，它与图像增强有类似的地方，二者的目的都是改善图像的质量，但它们追求的目标不同。图像增强不考虑图像是如何退化的，而是试图采用各种技术来增强图像的视觉效果。因此，图像增强可以不考虑增强后的图像是否失真，只要满足人眼或机器视觉的要求即可。而图像复原完全不同，需要了解图像退化的机制和过程等先验知识，据此找出一种相应的逆处理方法，从而得到恢复的图像。如果图像已退化，应先做复原处理，再做增强处理。

图像复原在初级视觉处理中占有极其重要的地位，在航空航天、国防公安、生物医学、文物修复等领域具有广泛的应用。传统的复原方法是在平稳图像、线性空间不变的退化系统、图像和噪声统计特性的先验知识已知等条件下讨论的，而现代复原方法已经在非平稳图像（如卡尔曼滤波）、非线性方法（如神经网络）、信号与噪声的先验知识未知（如盲图像复原）等前提下开展了卓有成效的工作，取得了令人鼓舞的成果。

1. 图像退化原因

由于拍摄环境条件的限制和光学成像系统的物理局限性，图像在形成、传输和记录等过程中，不可避免地会出现畸变、模糊、失真或混入噪声，导致获取到的图像存在强噪声、低品质和失真等质量下降的退化问题。图像退化的常见原因主要有以下几个。

（1）射线辐射、大气湍流、雾霾天气等造成的照片畸变或降质。

（2）图像在成像、数字化、采集和处理过程中引入的加性噪声、乘性噪声或泊松噪声等。

（3）成像系统的像差、畸变、带宽有限等。

（4）成像系统与被拍摄景物之间存在相对运动。

（5）成像设备拍摄姿态和扫描非线性引起的图像几何失真。

（6）光学系统或成像传感器本身特性不均匀，造成景物成像灰度失真。

（7）成像系统受各种非线性因素及系统本身的性能影响。

（8）成像系统镜头聚焦不准产生的散焦模糊。

（9）成像系统存在各种随机噪声。

在形成数字图像的过程中，噪声是不可避免的，它会影响图像的质量，导致后续的特征提取不完整、目标探测与识别失败、图像分析理解受限制等。因此，研究图像退化模型，可以获取最接近真实情况的清晰图像。

2．图像退化模型

图 10-13 表示输入图像 $f(x,y)$ 经过某个退化系统后输出一幅退化的图像 $g(x,y)$ 的过程。原始图像 $f(x,y)$ 经过一个退化算子或退化系统 $h(x,y)$ 的作用，再和噪声 $n(x,y)$ 进行叠加，形成退化后的图像 $g(x,y)$ 。其中， $h(x,y)$ 概括了退化系统的物理过程，它就是要寻找的退化数学模型。这里，退化系统 $h(x,y)$ 通常是线性非时变系统。

因此，图像退化过程的空域数学形式可以表示为

$$g(x,y)=h(x,y)*f(x,y)+n(x,y) \tag{10-18}$$

式中：“*”表示空间卷积。

对于频域上的图像退化，由于空域上的卷积等于频域上的乘积，因此，退化过程的频域数学形式可以表示为

$$G(u,v)=H(u,v)F(u,v)+N(u,v) \tag{10-19}$$

式中： $G(u,v)$ 、 $H(u,v)$ 、 $F(u,v)$ 、 $N(u,v)$ 分别为 $g(x,y)$ 、 $h(x,y)$ 、 $f(x,y)$ 、 $n(x,y)$ 的傅里叶变换。$H(u,v)$ 是系统的点冲激响应函数 $h(x,y)$ 的傅里叶变换，称为系统在频率上的传递函数。

3．图像复原方法

1）*逆滤波*

如图 10-14 所示，原始图像 $f(x,y)$ 经过退化系统 $h(x,y)$ 及噪声 $n(x,y)$ 的影响后得到退化的图像 $g(x,y)$ ，经过复原系统 $M(u,v)$ 将 $g(x,y)$ 尽最大可能恢复到近似原图 $f'(x,y)$ ，因此，对图像的复原可以看作图像退化的逆过程。

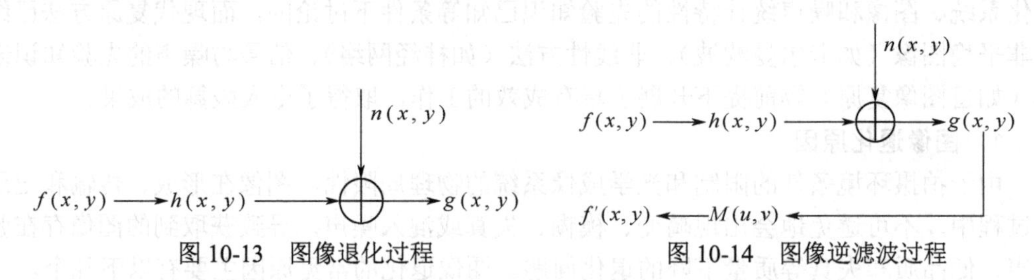

图 10-13　图像退化过程　　　　图 10-14　图像逆滤波过程

逆滤波复原是将退化后的图像从空域变换到频域，进行逆滤波后再变换回空域，从而实现图像的复原。

由图像退化模型及图像复原的基本过程可知，复原处理的关键在于对系统 $h(x,y)$ 的

了解。根据频域上的图像退化模型可知，在无噪声的理想情况下，可将其化简为式（10-20）。将式（10-20）进行傅里叶反变换可得到 $f(x,y)$。将 $1/H(u,v)$ 称为逆滤波器。

$$F(u,v)=\frac{G(u,v)}{H(u,v)} \tag{10-20}$$

设 $F'(u,v)$ 为 $F(u,v)$ 的估计，复原图像的傅里叶变换为 $F'(u,v)=G(u,v)/H(u,v)$。当有噪声存在时，$F'(u,v)=F(u,v)+N(u,v)/H(u,v)$，通过该式可求得 $F(u,v)$，再进行傅里叶反变换可得到 $f(x,y)$。然而，因为 $H(u,v)$ 出现在分母上，当 $H(u,v)$ 很小或等于零时，就会导致不稳定解。解决这个问题的一种方法是限制滤波的频率，从频谱图可知，高频分量的值接近 0，而 $H(0,0)$ 在频域中通常是 $H(u,v)$ 的最高值。因此可缩短滤波半径，使通过的频率接近原点，降低遇到零值的概率。

2）维纳滤波

由于逆滤波器的幅值常随着频率的升高而增大，因此会增强高频部分的噪声。为了克服以上缺点，采用最小均方误差的方法（维纳滤波）进行模糊图像复原。换句话说，维纳滤波采用复原图像 $f'(x,y)$ 与原始图像 $f(x,y)$ 的均方误差最小准则方法恢复模糊图像，公式如下：

$$E\left\{\left[f'(x,y)-f(x,y)\right]^2\right\}=\min \tag{10-21}$$

当用线性滤波来恢复图像时，复原问题可归结为找到合适的点扩散函数 $h_w(x,y)$，使 $f'(x,y)=h_w(x,y)*g(x,y)$。通过对逆滤波复原法进行改进，推导出满足要求的维纳滤波器：

$$G(u,v)=\frac{H^*(u,v)F(u,v)}{\left|H(u,v)\right|^2+\dfrac{rP_n(u,v)}{P_f(u,v)}} \tag{10-22}$$

式中：当 $r\neq 1$ 时，是含参维纳滤波器；当 $r=1$ 时，是标准维纳滤波器；当噪声较小，可忽略，或者为 0 时，噪声功率谱 $P_n(u,v)=0$，则为理想逆滤波器。但是，实际上 $P_n(u,v)/P_f(u,v)$ 不易求得，因此可以用比值 k 代替，从而得到简化公式：

$$F'(u,v)=\frac{1}{H(u,v)}\frac{\left|H(u,v)\right|^2}{\left|H(u,v)\right|^2+rk}G(u,v) \tag{10-23}$$

维纳滤波器在统计意义上可使原始图像与复原图像之间的均方误差最小，属于有约束恢复，可以自动抑制噪声放大，但是它需要知道图像较多的先验知识，这在实际应用中比较困难。

3）有约束最小二乘

一般情况下，考虑噪声存在下的极小化过程要求约束条件两端范数，即 $\|n\|^2=\|g-\boldsymbol{H}f'\|^2$。

设 $\boldsymbol{Q}$ 为 f 的线性算子，有约束最小二乘法复原问题就是使 $\|\boldsymbol{Q}f'\|^2$ 在约束条件下为最小，即寻找一个 f'，使准则函数 J 最小：

$$J(f')=\|\boldsymbol{Q}f'\|^2+\lambda(|g-\boldsymbol{H}f|-|n|^2) \tag{10-24}$$

式中：拉格朗日系数 λ 为常数。为求最小值，令 $\partial J(f')/\partial f=2\boldsymbol{Q}^{\mathrm{T}}\boldsymbol{Q}f'-2\lambda\boldsymbol{H}^{\mathrm{T}}(g-\boldsymbol{H}f')=0$，

得到：

$$f' = (\boldsymbol{H}^{\mathrm{T}}\boldsymbol{H} + \lambda \boldsymbol{Q}^{\mathrm{T}}\boldsymbol{Q}) - 1\boldsymbol{H}^{\mathrm{T}}g \tag{10-25}$$

将 f' 看成 (x, y) 的二维函数，平滑约束是指原始图像 $f(x, y)$ 为最光滑的，那么它在各点的二阶导数都应最小。因为二阶导数有正负，所以约束条件是使各点二阶导数的平方和最小，得到：

$$\frac{\partial^2 f(x,y)}{\partial x^2} + \frac{\partial^2 f(x,y)}{\partial y^2} = \nabla^2 f \tag{10-26}$$

$$= f(x+1,y) + f(x-1,y) + f(x,y+1) + f(x,y-1) - 4f(x,y)$$

其约束条件如下：

$$\min \sum_{x=0}^{M-1}\sum_{y=0}^{N-1}\left[f(x+1,y) + f(x-1,y) + f(x,y+1) + f(x,y-1) - 4f(x,y)\right]^2 \tag{10-27}$$

将式（10-26）用卷积形式表示为

$$f'(x,y) = \sum_{m=0}^{2}\sum_{n=0}^{2} f(x-m, y-n)\boldsymbol{C}(m,n) \tag{10-28}$$

式中：$\boldsymbol{C}(m,n) = \begin{bmatrix} 0 & 1 & 0 \\ 1 & -4 & 1 \\ 0 & 1 & 0 \end{bmatrix}$。

所以，复原就是在约束条件式（10-27）下使 $\boldsymbol{C}f'$ 最小。令 $\boldsymbol{Q} = \boldsymbol{C}$，则最佳复原解为

$$f' = (\boldsymbol{H}^{\mathrm{T}}\boldsymbol{H} + \lambda \boldsymbol{C}^{\mathrm{T}}\boldsymbol{C})^{-1}\boldsymbol{H}^{\mathrm{T}}g \tag{10-29}$$

4）逆半色调

半色调技术是将连续调图像加网转换成二值图像，使其满足在二值设备上成像的数字图像处理技术。而逆半色调技术是从半色调图像中复原连续调图像，且要求复原出来的连续调图像的视觉效果类似于原来的半色调图像。主要方法包括滤波法、误差扩散法、神经网络法和小波变换法。逆半色调技术在半色调图像处理和识别领域有广泛的应用，包括增强处理、滤波、信息抽取、插值和半色调图像的缩放等。

半色调图像的连续调复原是十分困难的任务，往往会导致严重的质量下降。几乎所有的半色调图像都是以二值描述的形式生成的，由于数据结构与灰度图像、RGB 图像等有本质差异，数据运算受到许多限制。因此，解决半色调图像问题使用了某种特定的常规图像处理方法，通过逆半色调计算程序使半色调图像转换成连续调图像，然后以常规方法处理，最终对处理好的图像重新执行半色调化操作。

10.2 高分辨率图像生成

10.2.1 印刷量子点图像生成

印刷量子点是打印信息防伪领域中的最小成像单元，尺寸非常小，通常在 20～30μm，手机识读过程中的误码率非常高，很难达到信息检纠错和解码的要求。通过将二维奇偶校验、BCH 编码、交织编码和帧同步编码进行组合，实现用印刷量子点记录信息数据，

并且可以截取局部印刷量子点图像进行信息解码识读。

在印刷量子点图像中，印刷量子点尺寸 PQD、栅格尺寸 grid 和噪声容限 noise 之间的关系为式（10-30）。图 10-15 为印刷量子点图像示例，其中，$\mathrm{PQD}=4$，$\mathrm{grid}=16$，$\mathrm{noise}=6$。

$$\begin{cases} \mathrm{noise}=\dfrac{\mathrm{grid}-\mathrm{PQD}}{2}, & \mathrm{grid}-\mathrm{PQD}\text{ 为偶数} \\ \mathrm{noise}=\dfrac{\mathrm{grid}-\mathrm{PQD}}{2}+1, & \mathrm{grid}-\mathrm{PQD}\text{ 为奇数} \end{cases} \tag{10-30}$$

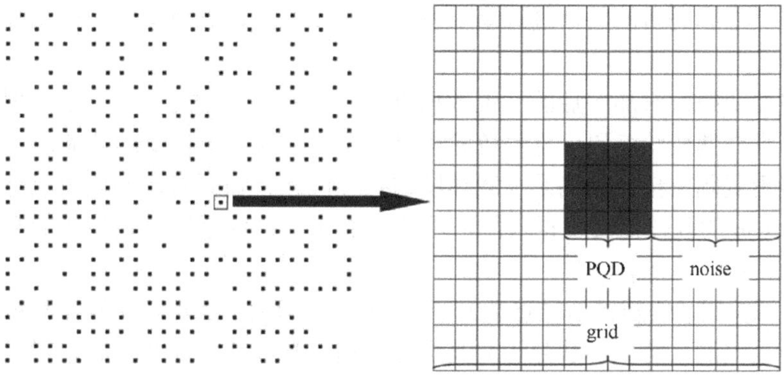

图 10-15　印刷量子点图像示例

印刷量子点图像生成流程如图 10-16 所示。

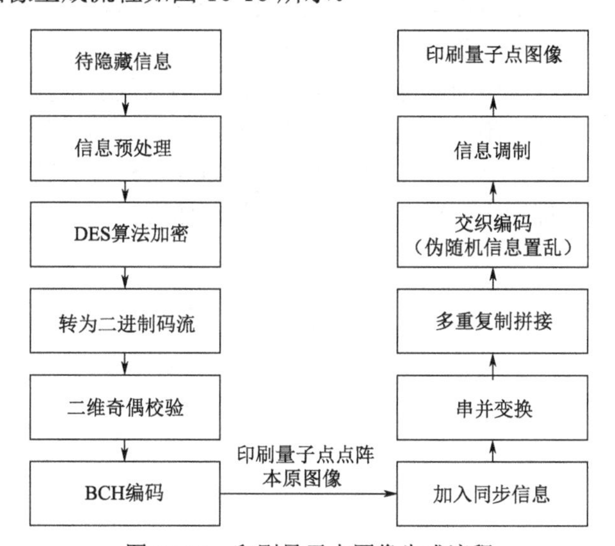

图 10-16　印刷量子点图像生成流程

（1）信息预处理。对待隐藏的防伪标识、网址、序列号、文本、商标等不同格式的明文信息进行预处理，使之成为规范的十六进制序列码组。

（2）DES 算法加密。为了满足在进行分组时每 64 位二进制数据为一组，需要将得到的十六进制码流进行补零，直到达到要求。对得到的十六进制码流数据进行 DES 算法加密，密钥为 8765432112345678，得到与之唯一对应的十六进制码流序列，再转换为二进制数据。为了提高二进制码流的安全性，在其头部和尾部分别加上 6 位二进制数据作为同步头和同步尾。

（3）二维奇偶校验。将二进制数据进行串并变换，得到二维的二进制数据矩阵，对该矩阵进行二维奇偶校验，产生二维奇偶校验码，得到校验信息数据。利用二维奇偶校验码对信息数据进行内层检错，当信息在传输过程中出现误码时可以及时发现，以保证信息传输的准确性。

（4）BCH 编码。对步骤（3）中得到的校验信息数据进行(7,4)BCH 编码，得到编码后的二进制信息数据，再在其末尾加入 13 位帧同步码组信息，作为完整待隐藏信息的记录标志。将一维编码后的数据进行串并变换，得到二维信息数据，即印刷量子点点阵本原图像。

（5）串并变换。对加密后的一维数据进行串并变换，使之变成二维数据，再对二维数据进行二维奇偶校验编码，得到校验信息数据，实现内层检错的功能。

（6）多重复制拼接。为满足与载体图像尺寸匹配，需要对印刷量子点点阵本原图像进行 $m \times m$（m 的取值需要根据实际应用情况而定）的周期性复制和多重拼接，得到一个满铺图像。

（7）交织编码（伪随机信息置乱）。为解决因印刷量子点点阵图样排列相对规则而引起的信息安全漏洞，防止不法分子对其进行伪造、抄袭或者非法复制，对复制拼接的输出图像进行伪随机信息置乱。伪随机信息置乱是指采用不同迭代次数的伪随机交织编码，对每个区域的图像进行交织迭代置乱运算，得到一个随机性排列的图像。

（8）信息调制。对伪随机信息置乱后的图像进行信息调制，得到信息记录容量大、可靠性高的单像素印刷量子点防伪点阵掩膜图像。

印刷量子点图像数据集中的图像共分为 4 类，分别为量子点伪随机抖动图像、不同尺寸印刷量子点噪声图像、不同形状印刷量子点噪声图像和不同背景噪声印刷量子点图像，如图 10-17 所示。每类中各组有 RGB 格式的 3000 个样本，样本总数为 90000 个，每个样本是一个包含目标图像和相应的退化图像的图像对。

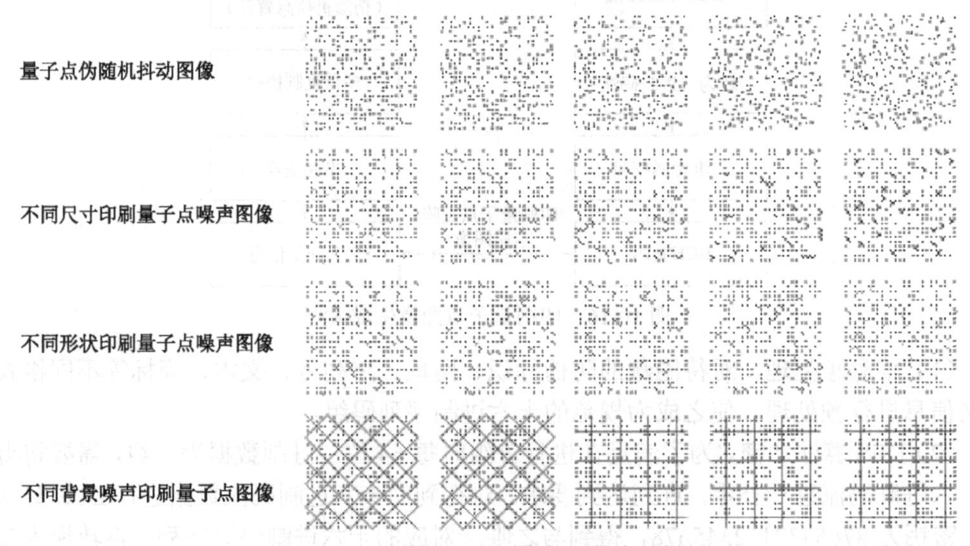

图 10-17　印刷量子点图像数据集中的样例

印刷量子点图像数据集由训练集、验证集和测试集三部分构成，分别包含 63000 张、18000 张和 9000 张图片。

10.2.2　安全二维码图像生成

安全二维码（Security QR Code）是指在二维码中植入以伪随机噪声形态分布的印刷量子点图像信息，它具有显著的抗复制特性，可用于解决现有的各类二维码、条形码等在抗复制、假冒、侵权方面所存在的问题，如图 10-18 所示。

安全二维码生成流程：首先，对要隐藏的防伪信息进行编码，生成印刷量子点图像；然后，将编码后的印刷量子点图像信息以噪点的形式嵌入普通的二维码图像，黑块中的噪点为白色，白块中的噪点为黑色；最终得到携带防伪信息的安全二维码图像。

安全二维码在扫描后进行隐藏信息的提取和解码，即可得到隐藏的防伪信息。不法分子即使复制了这种二维码，也无法得到其中隐藏信息的内容，既保证了企业或产品信息不易泄露，又可使用户得知二维码的来源。

安全二维码图像数据集由 9000 个样本组成，包括 1×1 像素量子点图像和 2×2 像素量子点图像两类。每个样本是一个包含目标图像和相应模糊图像的图像对，其中 6000 对图像用于训练，1000 对图像用于验证，2000 对图像用于测试。目标图像是单通道的二值图像，模糊图像是三通道的灰度图像。在保证纵横比不变的条件下，对所有图像的尺寸、位置、角度进行了标准化处理。经标准化处理之后，目标图像和模糊图像的尺寸分别为 333×333 像素和 296×296 像素。

安全二维码图像数据集中的样例如图 10-19 所示。

图 10-18　安全二维码

1×1 像素量子点图像

2×2 像素量子点图像

图 10-19　安全二维码图像数据集中的样例

10.2.3　印刷量子点防伪图像生成

印刷量子点防伪图像由印刷量子点图像和载体图像组成，用于实现信息记录、信息隐藏和信息防伪，如图 10-20 所示。

印刷量子点防伪图像生成流程：首先，基于可靠信道编码，采用印刷量子点图像生成算法，将待藏的防伪信息编码成印刷量子点图像；然后，将印刷量子点图像以满铺的形式非关联盲植入载体图像；最终得到携带防伪信息的印刷量子点防伪图像。

图 10-20　印刷量子点防伪图像

10.3 基于深度学习的图像复原

10.3.1 深度学习概述

深度学习源于人工神经网络，由多层感知机发展而来，强调从连续的层（Layer）中学习。其中，“深度”在某种意义上是指神经网络的层数，而“学习”是指训练这个神经网络的过程。近些年，深度学习在图像处理、语音识别、自然语言处理等许多领域获得了显著进步，解决了很多复杂的模式识别问题，对人工智能领域有着极大的推动作用。

深度学习从网络的深度着手，学习输入数据的潜在规律和结构表达层次，通过逐层传导的方式进行特征提取和参数训练，以信息流动的方式使模型的特征在层与层之间变换和抽象，信息在多层次的非线性网络中传递抽象的模型也更符合人类的信息处理机理，因此其表达更容易接近信息和数据本质。相较于传统的学习模型，深度学习有更多的层次结构，它的隐藏节点、内部参数都是成倍增长的。

典型的深度学习网络有：卷积神经网络（Convolution Neural Network，CNN）、循环神经网络（Recurrent Neural Network，RNN）、生成对抗网络（Generative Adversarial Network，GAN）和深度强化学习（Reinforcement Learning，RL）。

10.3.2 深度学习与机器学习的区别

深度学习与机器学习的最大区别在于二者提取特征的方式不同，如图 10-21 所示。在特征提取方面，机器学习靠手动完成，而且需要大量领域专业知识；深度学习通常由多层组成，它们通常将更简单的模型组合在一起，将数据从一层传递到另一层来构建更复杂的模型，通过训练大量数据自动得出模型，不需要人工特征提取环节。对于数据量和计算性能的要求，机器学习需要的执行时间远少于深度学习，而深度学习需要大量的训练数据集，同时训练深度神经网络需要大量的算力。

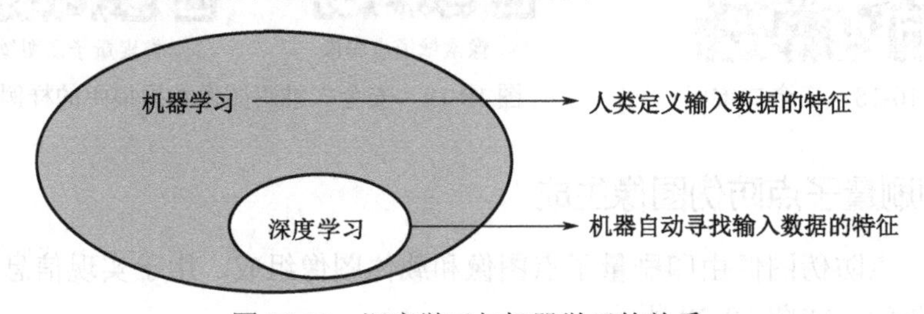

图 10-21 深度学习与机器学习的关系

10.3.3 基于深度学习的图像修复实例——Image Inpainting for Irregular Holes Using Partial Convolutions

1. 数据集介绍

ImageNet：ImageNet 数据集用于分类、定位和检测任务，其中图片超过千万张，共 2.2 万类。每张图片都经过严格的人工筛选与标记。ImageNet 最常用的子集是 ImageNet 大规模视觉识别挑战赛（ILSVRC）2012—2017 图像分类和本地化数据集。此数据集跨越 1000 个对象类，包含 1281167 张训练图像、50000 张验证图像和 100000 张测试图像。

Places2：Places2 数据集包含超过 1000 万张图片，其中包含 400 多个独特的场景类别。该数据集每个分类具有 5000～30000 张训练图像，与现实世界中的场景频次一致。

CelebA-HQ：名人人脸属性的 CelebA-HQ 数据集包含 10177 个名人身份的 202599 张人脸图片。每张图片都做好了特征标记，包含人脸 bbox 标注框、5 个人脸特征点坐标及 40 个属性标记。

2．模型的提出

一般的基于深度学习的图像复原方法使用标准卷积网络，以有效像素（非缺失部分的像素）和缺失部分填充适当的值（通常为平均值）为条件进行卷积操作。但这通常会导致颜色差异和模糊等伪影。NVIDIA 团队的 Guilin Liu 等人使用堆叠的部分卷积运算和掩膜更新步骤来更好地复原图像。

部分卷积的定义如下：假设 W 是卷积滤波器的权重，b 是相应的偏差。X 是当前卷积（滑动）窗口的特征值（像素值），M 是相应的二进制掩膜，每个位置的部分卷积被表示为

$$x' = \begin{cases} W^{\mathrm{T}}(X \odot M)\dfrac{1}{\mathrm{sum}(M)} + b, & \mathrm{sum}(M) > 0 \\ 0, & \text{其他} \end{cases} \tag{10-31}$$

式中：$\odot$ 表示逐像素乘法。比例因子 $\dfrac{1}{\mathrm{sum}(M)}$ 应用适当的缩放比例来调整有效（未屏蔽）输入的变化量。

更新掩码规则如式（10-32）所示，如果卷积能够以至少一个有效输入值作为条件输出，那么将该位置标记为有效。

$$m' = \begin{cases} 1, & \mathrm{sum}(M) > 0 \\ 0, & \text{其他} \end{cases} \tag{10-32}$$

损失函数，即针对每个像素的重建精度来关注合成。设定退化的输入图片为 I_{in}，初始的二元 mask 为 M，其中 0 为孔洞，网络预测的输出为 I_{out}，清晰图像为 I_{gt}。式（10-33）为总损失的定义，不同的损失项权重是通过对 100 张验证图像执行超参数进行搜索获得的。

$$L_{\mathrm{total}} = L_{\mathrm{valid}} + 6L_{\mathrm{hole}} + 0.05L_{\mathrm{perceptual}} + 120(L_{\mathrm{style_{out}}} + L_{\mathrm{style_{comp}}}) + 0.1L_{\mathrm{tv}} \tag{10-33}$$

像素损失采用 L_1 损失，如式（10-34）所示。式中，$1-M$ 表示只关心孔洞区域，M 表示只关心有效像素区域。

$$\begin{aligned} L_{\mathrm{hole}} &= \left\|(1-M)\odot(I_{\mathrm{out}} - I_{\mathrm{gt}})\right\|_1 \\ L_{\mathrm{valid}} &= \left\|M\odot(I_{\mathrm{out}} - I_{\mathrm{gt}})\right\|_1 \end{aligned} \tag{10-34}$$

感知损失如式（10-35）所示。感知损失是 I_{out}、I_{comp} 与 I_{gt} 的 L_1 距离，但不是直接使用原始图片，而是使用 ImageNet 预训练的 VGG16 将 I_{out}、I_{comp} 与 I_{gt} 映射到高级特征空间中，如式（10-34）所示。$\varPsi_n$ 是第 n 个选择层的激活层。这里选择 pool1、pool2、pool3 作为损失映射的特征输出。

$$L_{\mathrm{perceptual}} = \sum_{n=0}^{N-1}\left\|\varPsi_n(I_{\mathrm{out}}) - \varPsi_n(I_{\mathrm{gt}})\right\|_1 + \sum_{n=0}^{N-1}\left\|\varPsi_n(I_{\mathrm{comp}}) - \varPsi_n(I_{\mathrm{gt}})\right\|_1 \tag{10-35}$$

风格损失为在每个特征图上展现自相关后再应用 L_1 距离

$$L_{\text{style}_{\text{out}}} = \left\| K_n((\Psi_n(I_{\text{out}}))^{\mathrm{T}}(\Psi_n(I_{\text{out}})) - (\Psi_n(I_{\text{gt}}))^{\mathrm{T}}(\Psi_n(I_{\text{gt}}))) \right\|_1$$
$$L_{\text{style}_{\text{comp}}} = \left\| K_n((\Psi_n(I_{\text{comp}}))^{\mathrm{T}}(\Psi_n(I_{\text{comp}})) - (\Psi_n(I_{\text{gt}}))^{\mathrm{T}}(\Psi_n(I_{\text{gt}}))) \right\|_1 \tag{10-36}$$

总变化损失为

$$L_{\text{tv}} = \sum_{(i,j)\in P,(i,j+1)\in P} \left\| I_{\text{comp}}^{i,j+1} - I_{\text{comp}}^{i,j} \right\|_1 + \sum_{(i,j)\in P,(i+1,j)\in P} \left\| I_{\text{comp}}^{i+1,j} - I_{\text{comp}}^{i,j} \right\|_1 \tag{10-37}$$

网络结构类似 U-net，用所有的部分卷积代替所有的卷积层，并在解码阶段使用最近邻上采样。在编码阶段使用 ReLu，在解码阶段使用 alpha = 0.2 的 Leaky ReLU。在第一和最后的卷积层之外的每部分卷积和 ReLu/Leaky ReLU 层之间使用批量归一化层。

3. 实验设置

实验为训练生成了 55116 个 mask，为测试生成了 24866 个 mask。使用 3 个独立数据集，分别为 ImageNet 数据集、Places2 数据集和 CelebA-HQ 数据集，用于训练、测试和验证。对 ImageNet 和 Places2 使用原始的 train、test 和 val 分割。对于 CelebA-HQ，将其随机分成 27000 张用于训练，3000 张用于测试。在训练时，为 mask 进行数据增强。所有用于训练和测试的 mask、图像大小都为 512×512 像素。

在训练时，使用初始化方法初始化权值，并使用 Adam 进行优化。在单个 NVIDIA V100 GPU（16GB）上进行训练，批处理大小为 6。

首先使用 0.0002 的学习速率对初始训练启用批处理归一化。然后使用 0.00005 的学习速率进行微调，并冻结网络中编码器部分的批处理归一化参数，在解码器中启用批处理规范化。这不仅避免了不正确的均值和方差问题，而且有助于实现更快的收敛。ImageNet 和 Places2 模型训练 10 天，而 CelebA-HQ 模型训练 3 天。所有的微调都是在一天内完成的。

4. 实验结果与分析

将该方法与 PM、GL、GntIpt 和 PConv 四种方法进行对比，在数据集 ImageNet、Places2 和 CelebA-HQ 上的测试结果对比分别如图 10-22～图 10-24 所示。

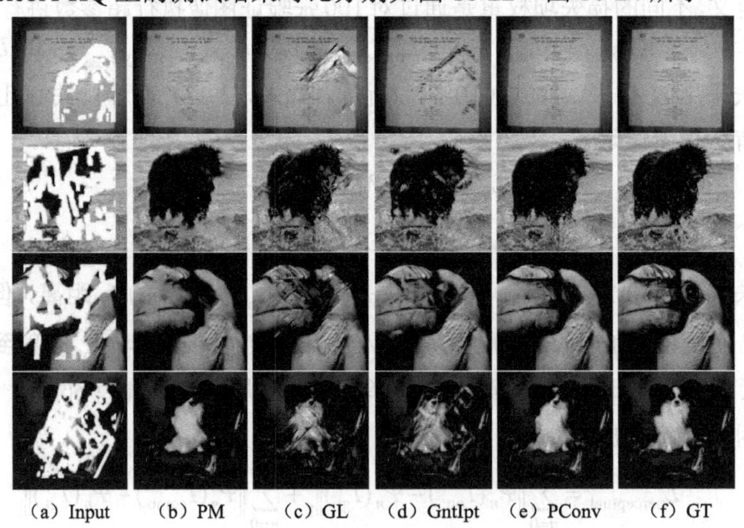

图 10-22 ImageNet 测试结果对比

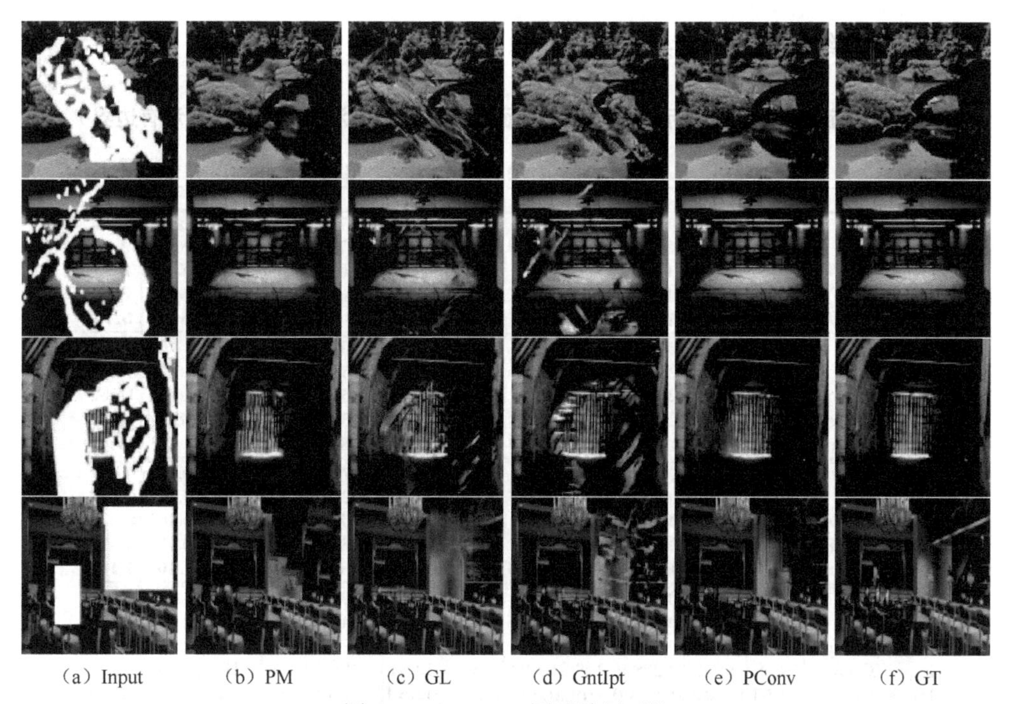

图 10-23 Places2 测试结果对比

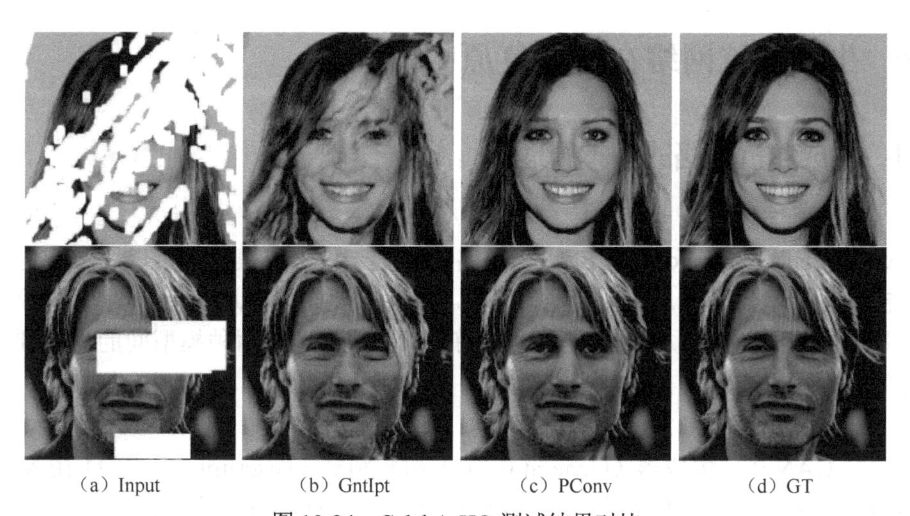

图 10-24 CelebA-HQ 测试结果对比

定性比较：图 10-22 和图 10-23 分别显示了 ImageNet 和 Places2 上的比较，GT 代表真实图像。图 10-24 显示了在 CelebA-HQ 上比较 PConv 和 GntIpt 的结果。可以看出，PM 可能会复制语义不正确的补丁来填补污损，而 GL 和 GntIpt 有时无法通过后处理或细化网络实现合理的结果。PConv 使用带有自动遮罩更新机制的部分卷积层，并实现最先进的图像复原结果，可以稳健地处理任何形状、大小、位置或距离图像边界的污损，同时性能不会随着污损的增大而急剧恶化。

定量比较见表 10-1，通过评价指标 L_1 、PSNR、SSIM 在 Places2 数据集中的结果和评价指标 Inception Score（IScore）在 ImageNet 数据集中的结果可知，PConv 方法在不规则污损上的复原结果优于所有其他方法。

表 10-1 定量比较（列表示污损与图像的面积比，N 表示没有边界，B 表示有边界）

	[0.01,0.1]		(0.1,0.2]		(0.2,0.3]		(0.3,0.4]		(0.4,0.5]		(0.5,0.6]	
	N	B	N	B	N	B	N	B	N	B	N	B
ℓ_1(PM)(%)	**0.45**	**0.42**	1.25	1.16	2.28	2.07	3.52	3.17	4.77	4.27	6.98	6.34
ℓ_1(GL)(%)	1.39	1.53	3.01	3.22	4.51	5.00	6.05	6.77	7.34	8.20	8.60	9.78
ℓ_1(GntIpt)(%)	0.78	0.88	1.98	2.09	3.34	3.72	4.98	5.50	6.51	7.13	8.33	9.19
ℓ_1(Conv)(%)	0.52	0.50	1.26	1.17	2.20	2.01	3.37	3.03	4.58	4.10	6.66	6.01
ℓ_1(PConv)(%)	0.49	0.47	**1.18**	**1.09**	**2.07**	**1.88**	**3.19**	**2.84**	**4.37**	**3.85**	**6.45**	**5.72**
PSNR(PM)	32.97	33.68	26.87	27.51	23.70	24.35	21.27	22.05	19.70	20.58	17.60	18.22
PSNR(GL)	30.17	29.74	23.87	23.83	20.92	20.73	18.80	18.61	17.60	17.38	16.90	16.37
PSNR(GntIpt)	29.07	28.38	23.20	22.86	20.58	19.86	18.53	17.85	17.31	16.68	16.24	15.52
PSNR(Conv)	33.21	33.79	27.30	27.89	24.23	24.90	21.79	22.60	20.20	21.13	**18.24**	18.94
PSNR(PConv)	**33.75**	**34.34**	**27.71**	**28.32**	**24.54**	**25.25**	**22.01**	**22.89**	**20.34**	**21.38**	18.21	**19.04**
SSIM(PM)	**0.946**	**0.947**	0.861	0.865	0.763	0.768	0.666	0.675	0.568	0.579	0.459	0.472
SSIM(GL)	0.929	0.923	0.831	0.829	0.732	0.721	0.638	0.627	0.543	0.533	0.446	0.440
SSIM(GntIpt)	0.940	0.938	0.855	0.855	0.760	0.758	0.666	0.666	0.569	0.570	0.465	0.470
SSIM(Conv)	0.943	0.943	0.862	0.865	0.769	0.772	0.674	0.682	0.576	0.587	0.463	0.478
SSIM(PConv)	**0.946**	0.945	**0.867**	**0.870**	**0.775**	**0.779**	**0.681**	**0.689**	**0.583**	**0.595**	**0.468**	**0.484**
IScore(PM)	0.090	0.058	0.307	0.204	0.766	0.465	1.551	0.921	2.724	1.422	4.075	2.226
IScore(GL)	0.183	0.112	0.619	0.464	1.607	1.046	2.774	1.941	3.920	2.825	4.877	3.362
IScore(GntIpt)	0.127	0.088	0.396	0.307	0.978	0.621	1.757	1.126	2.759	1.801	3.967	2.525
IScore(Conv)	0.068	0.041	0.228	0.149	0.603	0.366	1.264	0.731	2.368	1.189	4.162	2.224
IScore(PConv)	**0.051**	**0.032**	**0.163**	**0.109**	**0.446**	**0.270**	**0.954**	**0.565**	**1.881**	**0.838**	**3.603**	**1.588**

10.4 生成对抗网络在图像复原中的应用

10.4.1 生成对抗网络的基本原理

1. GAN 概述

GAN 由 Ian Goodfellow 于 2014 年提出，它是一种生成模型，可以用于图像生成、图像转换、图像超分辨率、图像修复等任务。给定一批样本，训练一个 GAN 模型，能够生成满足相同分布的新样本。GAN 同时训练两个模型，通过两种模型间的对抗训练方式来估计生成模型分布。

2. GAN 的原理

在原始 GAN 中，生成器（Generator，G）和判别器（Discriminator，D）由 MLP（多层感知器）构成，目标函数如式（10-38）所示。G 和 D 相互博弈，最终达到使 G 学习到真实样本的数据分布。其中，G 接收一个随机噪声 z，生成尽可能逼真的目标数据；D 判断 G 生成的数据 x 是不是真实的。

$$\min_G \max_D V(D,G) = E_{E\sim P_{\text{data}}}(x)[\log D(x)] + E_{z\sim P_z}(z)[\log(1-D(G(z)))] \tag{10-38}$$

式中：$D(x)$ 为 D 判断真实样本 x 属于真实数据分布的概率；$1-D(G(z))$ 为 D 判断 $G(z)$ 来自模型生成的概率。该目标函数希望 D 能尽可能地分辨真实数据和生成数据，同时希望生成器能尽可能地欺骗 D。

在训练中，固定一方参数，更新另一方的网络权重，此过程交替迭代。通过 min-max 博弈，双方都极力优化自己的网络，从而形成竞争对抗。最终，两者会达到一个平衡，结果就是生成器生成以假乱真的数据样本，判别器输出一个固定的概率值。

最后收敛时，D 判断不出数据的来源，也就等价于生成器 G 可以生成符合真实数据分布的样本。

GAN 的训练过程如图 10-25 所示，判别网络和生成网络互相交替地迭代训练。

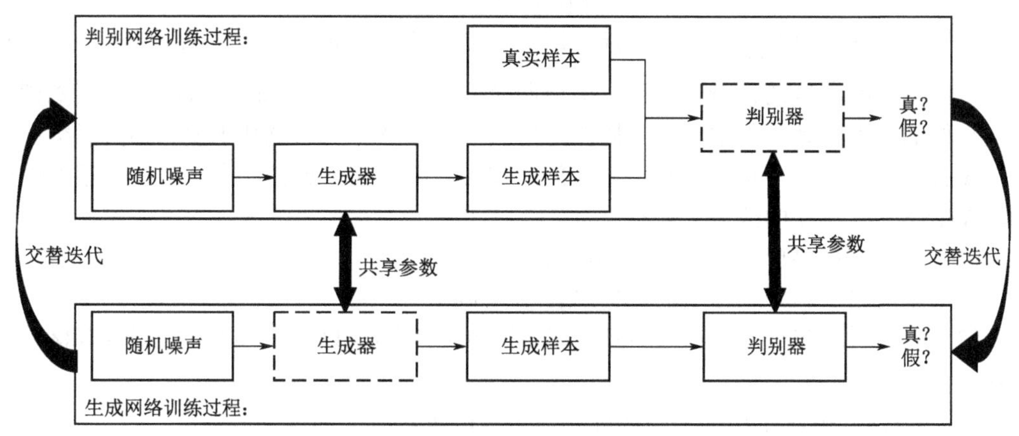

图 10-25　GAN 的训练过程

判别器采用常规的训练方法。训练数据包括真实样本 x 和随机噪声 z，真实样本的标记为 1，输入噪声后生成的假样本的标记为 0。

利用这些数据训练出判别器之后，再将判别器用到生成器训练过程中。训练生成器时，它根据输入训练数据，输出假样本，并将其作为判别器的输入。判别器可能会被欺骗，如果被欺骗，则输出 1，否则输出 0。接着做反向传播更新生成网络的参数，判别器的参数不变。最后继续交替训练判别器和生成器，经过多次交替迭代，生成器就可以生成非常逼真的假样本。

3. GAN 的改进

原始 GAN 存在训练不稳定、梯度消失、模式崩溃、模式消失等问题。研究人员陆续提出了各种改进的 GAN。

在基本的 GAN 模型中，生成器通过输入随机噪声来实现，一般以均匀分布和高斯分布为主。当然，改进后的 GAN 也有不以随机数作为生成器的输入值的，如 CycleGAN 等。而在 CGAN 中，不仅要输入随机数，还需要将其与标签类别做拼接，一般要将标签转换成 one-hot 或其他的 tensor，再将其输入生成器，生成所需要的数据。此外，对判别器也需要将真实数据或生成数据与对应的标签类别做拼接，再输入判别器的神经网络进行识别和判断，其目标函数为

$$\min_G \max_D V(D,G) = E_{x\sim P_{\text{data}}}[\lg D(x\mid y)] + E_{z\sim P_z}[\lg(1-D(G(z\mid y)))] \qquad (10\text{-}39)$$

2015 年，DCGAN 将 GAN 和卷积层结合，在原始 GAN 的网络结构上进行了改动，这是 GAN 与卷积神经网络相结合的一种尝试，它的收敛速度及生成数据的质量相比于原始 GAN 有了很大提高。具体包括：在判别器上，使用带步长的卷积取代空间池化，允许网络学习自身的空间下采样，从而使 GAN 的训练更加稳定和可控；在生成器上，使用微步幅卷积，允许网络学习自身的空间上采样。此外，舍弃全连接层，直接用卷积层相连。通过一些经验性的网络结构设计使得对抗训练更加稳定。

WGAN 从原理上更改了生成数据和真实数据的距离的数学表示。WGAN 使用 Wasserstein 距离代替 JS（Jensen-Shannon）散度，以克服原始 GAN 可能存在的梯度消失问题。Wasserstein 距离又称 EM（Earth-Mover）距离。公式如下：

$$W(P_{\text{data}},P_g)=\inf_{\gamma\sim\prod(P_{\text{data}},P_g)} E_{(x,y)\sim\gamma}[\|x-y\|] \tag{10-40}$$

式中：$\prod(P_{\text{data}},P_g)$ 为 P_{data} 与 P_g 组合起来所有可能的联合分布的集合。Wasserstein 距离相比 KL 散度、JS 散度的优越性在于，即便两个分布没有重叠，Wasserstein 距离仍然能够反映它们的远近，具有优越的平滑特性。相比于 DCGAN，WGAN 主要从损失函数的角度对 GAN 进行改进，损失函数改进后的 WGAN 即使在全连接层上也能得到很好的结果，WGAN 对 GAN 的改进主要有：

（1）判别模型最后一层去掉 Sigmoid；

（2）生成模型和判别模型的损失函数不取 log；

（3）对更新后的权重强制截断到一定范围内，如 $[-0.01,0.01]$，以满足 Lipschitz 连续性条件；

（4）WGAN 解决了模式崩溃的问题，生成结果具有多样性。

10.4.2 生成对抗网络在图像复原中的应用实例

1. 基于 SRGAN 的安全二维码图像复原

1）模型的提出

SRGAN 即超清晰生成对抗网络，它可以从模糊的安全二维码图像中生成满足信息检纠错和解码要求的安全二维码图像。SRGAN 采用残差网络和跳跃连接，并将 MSE 作为唯一优化目标，其网络结构如图 10-26 所示。

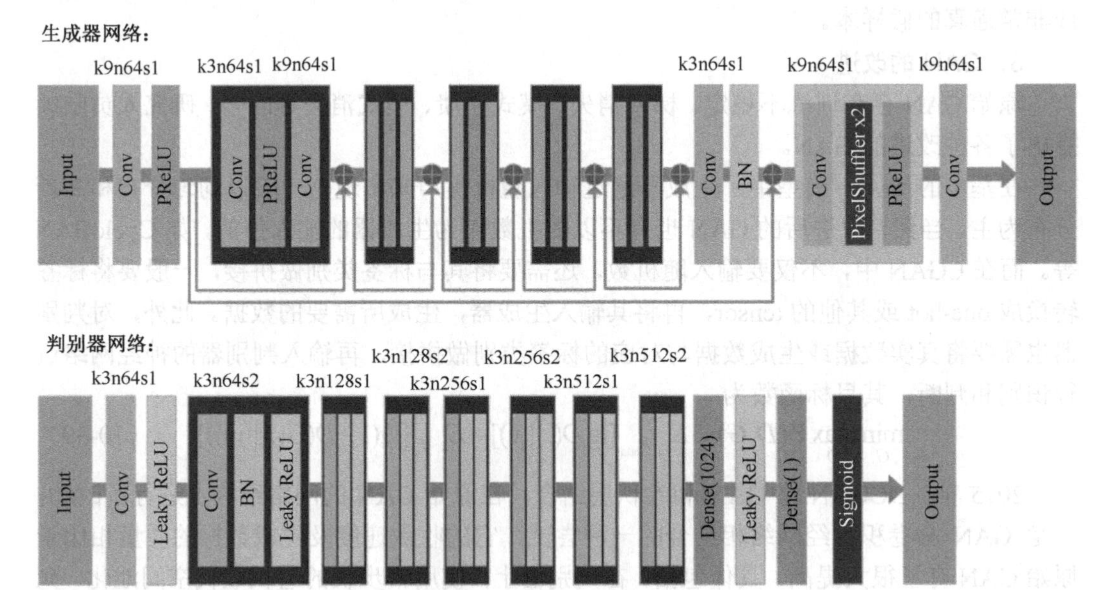

图 10-26 SRGAN 网络结构

生成器网络 G 包含 8 个有相同布局的残差块。每一块包含两个 3×3 核的卷积层、

64 个特征图及一个规范化层，并使用 PReLU 作为激活函数。输入图像的清晰度通过两个训练后的子像素卷积层进行提升。

判别器网络 D 使用 Leaky ReLU（a=0.2）作为激活函数，并包含 8 个过滤核不断增加的卷积层。核数以 2 的倍数从 64 核增长到 512 核。每次特征翻倍，就使用步长卷积来降低图像的清晰度。最终的 512 核特征图经过两个致密层及最后的 Sigmoid 激发层得到图像样本是真实图像的概率。

损失函数主要由复原图像与目标图像之间的内容损失和网络的对抗损失组成，如式（10-41）所示。该损失函数由三部分组成，第一部分是内容损失，第二部分是对抗损失，第三部分是正则化损失。

$$l^{\mathrm{SR}} = l_X^{\mathrm{SR}} + 10^{-3} l_{\mathrm{Gen}}^{\mathrm{SR}} + 2\times 10^{-8} l_{\mathrm{TV}}^{\mathrm{SR}} \tag{10-41}$$

内容损失是生成器生成的复原图像和目标图像之间的差异。如式（10-42）所示，在已经训练好的 VGG 上提出某一层的特征图，将复原图像的这一幅特征图和目标图像的这一幅特征图进行比较。

$$l_{\mathrm{VGG}/i,j}^{\mathrm{SR}} = \frac{1}{W_{i,j}H_{i,j}} \sum_{x=1}^{W_{i,j}} \sum_{y=1}^{H_{i,j}} (\phi_{i,j}(I^{\mathrm{HR}})_{x,y} - \phi_{i,j}(G_{\theta G} I^{\mathrm{HR}})_{x,y})^2 \tag{10-42}$$

对抗损失是生成的让判别器无法区分的数据分布，如式（10-43）所示。其中，$D_{\theta D}(G_{\theta D}(I^{\mathrm{LR}}))$ 表示的是判别器将生成器生成的图像误判为目标图像的概率。

$$l_{\mathrm{Gen}}^{\mathrm{SR}} = \sum_{n=1}^{N} -\log D_{\theta D}(G_{\theta D}(I^{\mathrm{LR}})) \tag{10-43}$$

正则化损失是一种基于全变分范数的正则化损失函数，如式（10-44）所示。这种正则化损失倾向于保留图像的光滑性，防止图像变得过于像素化；同时，防止模型的过拟合，降低模型的复杂度。

$$l_{\mathrm{TV}}^{\mathrm{SR}} = \frac{1}{r^2 WH} \sum_{x=1}^{rW} \sum_{y=1}^{rH} \left\| \nabla G_{\theta G}(I^{\mathrm{LR}})_{x,y} \right\| \tag{10-44}$$

2）实验设置

实验平台：硬件配置为 E5-2683 v3 处理器，NVIDIA TITAN Xp 显卡。该平台运行 Ubuntu 20.04 操作系统，深度学习框架为 PyTorch 1.8.1。

模型参数：通过 Adam 算法优化生成器模型损失函数，通过随机梯度下降（SGD）算法优化判别器模型损失函数。在实验中，采用每训练 5 次判别器就训练 1 次生成器的交替训练方式，设定全局学习率（Learning Rate）$\alpha = 5\times 10^{-5}$，动量（Momentum）$\beta = 0.9$，批处理量 $m = 8$，迭代训练 $\text{epoch} = 20000$，直至模型收敛。

在 2 倍放大尺度因子下，训练已搭建的 SRGAN 模型。当目标图像分别为安全二维码数字图像和印刷量子点数字图像时，训练得到安全二维码生成器网络模型和印刷量子点图像生成器网络模型。在验证集上查看其训练效果，并用测试集进行其学习能力的测试。

3）实验结果与分析

在测试集中，取任意一组图像对，图 10-27 所示为印刷量子点图像复原示例。在图 10-27（a）中，印刷量子点为 2×2 像素。在图 10-27（b）中，印刷量子点为 1×1 像素。

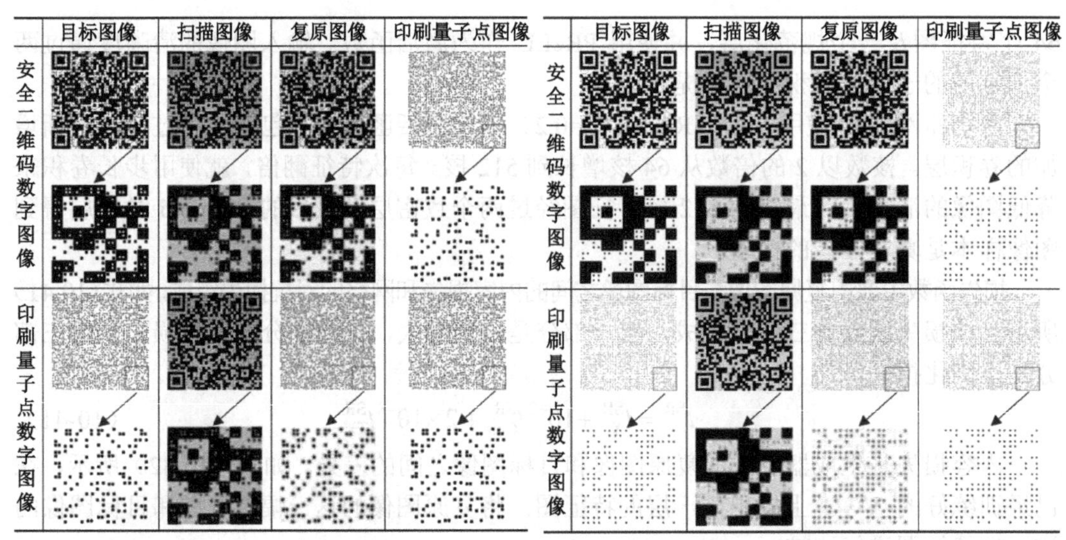

图 10-27 印刷量子点图像复原示例

由于印刷量子点的大小和目标图像不同，最终获取到的印刷量子点图像质量也会不同。通过分别以安全二维码数字图像和印刷量子点数字图像为目标图像时的平均误码率对比可知，当印刷量子点为2×2像素时，从载体图像中直接提取印刷量子点图像的平均误码率为6.34×10^{-4}，恢复出全部载体图像后的印刷量子点图像平均误码率为7.87×10^{-4}；当印刷量子点为1×1像素时，从载体图像中直接提取印刷量子点图像的平均误码率为2.68×10^{-3}，恢复出全部载体图像后的印刷量子点图像平均误码率为5.63×10^{-3}。因此得出结论：第一，印刷量子点越大，提取越容易；第二，从载体图像中直接提取印刷量子点图像的方法相比于恢复出全部载体图像后再提取印刷量子点图像的方法，能达到误码率更低的效果，该结果能够满足印刷量子点图像信道编码的容错要求。

2. 基于 ESRGAN 的印刷量子点图像复原

1）ESRGAN 架构

为了提高复原图像质量，ESRGAN 在 SRGAN 的基础上去掉了所有 BN 层，提出用残差密集块(RRDB)代替原始基础块，其结合了多层残差网络和密集连接(Dense Block)。退化后的印刷量子点图像首先通过几何校正模块，再将校正后的图像送入 ESRGAN，通过多层残差网络和密集连接学习 HR 图像和 LR 图像间不同层和相同层的特征，完成图像信息复原。其生成器网络如图 10-28 所示。

ESRGAN 对标准判别器 D 进行了增强，估算输入图像 x 真实和自然的可能性，如图 10-29 所示，相对判别器试图预测真实图像 x_r 比假图像 x_f 更真实的概率。

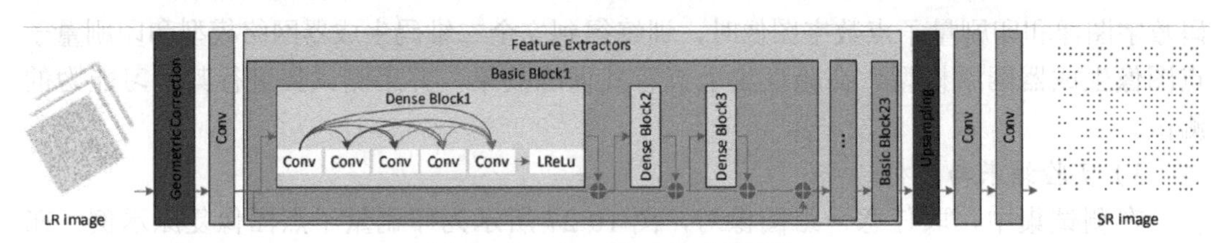

图 10-28 ESRGAN 生成器网络

$D(x_r)=\sigma(C(\text{Real}))\rightarrow 1$　　$D_{\text{Ra}}(x_r, x_f)=\sigma(C(\text{Real})-E[C(\text{Fake})])\rightarrow 1$

$D(x_f)=\sigma(C(\text{Fake}))\rightarrow 0$　　$D_{\text{Ra}}(x_g, x_t)=\sigma(C(\text{Fake})-E[C(\text{Real})])\rightarrow 0$

（a）标准判别器　　（b）相对判别器

图 10-29　从标准判别器到相对判别器

用相对平均判别器（Relativistic Average Discriminator，RAD）代替标准判别器，表示为 D_{Ra}。判别器损失为

$$L_D^{\text{Ra}} = -\mathrm{E}_{x_r}[\log(D_{\text{Ra}}(x_r, x_f))] - E_{x_f}[\log(1 - D_{\text{Ra}}(x_f, x_r))] \tag{10-45}$$

生成器的对抗损失是一种对称的形式：

$$L_G^{\text{Ra}} = -\mathrm{E}_{x_r}[\log(1 - D_{\text{Ra}}(x_r, x_f))] - E_{x_f}[\log(D_{\text{Ra}}(x_f, x_r))] \tag{10-46}$$

根据网络的目标函数（损失函数），通过对内容损失 L_1、生成对抗损失 L_G^R 和特征感知损失 L_{percep} 适当加权结合，共同约束生成器网络。生成器完整的损失可表示为式（10-47），通过损失函数可以生成更加清晰的复原图像。

$$L_G = \min(\alpha L_1 + \beta L_G^R + \lambda L_{\text{percep}}) \tag{10-47}$$

式中：α、β、λ 为各项所占权重。

2）实验设置

实验平台：硬件配置为 E5-2683 v3 处理器，NVIDIA TITAN Xp 显卡。该平台运行 Ubuntu 20.04 操作系统，深度学习框架为 PyTorch 1.8.1。

模型参数：在实验中，通过 Adam 算法优化生成器模型和判别器模型损失函数。损失函数中的权值参数设置为 $\alpha = 0.01$，$\beta = 0.005$，$\gamma = 1$；设定全局学习率 $\text{learn} = 0.0004$；动量平滑常数 $\beta_1 = 0.9$，$\beta_2 = 0.99$；批处理量 $\text{batch} = 8$，迭代训练至模型收敛。

3）实验结果与分析

图 10-30 所示为复原结果图。为了验证印刷量子点图像信息复原能力，采用误码率和欧氏距离作为客观评价指标，在验证集上查看训练效果，并用测试集进行学习能力测试。

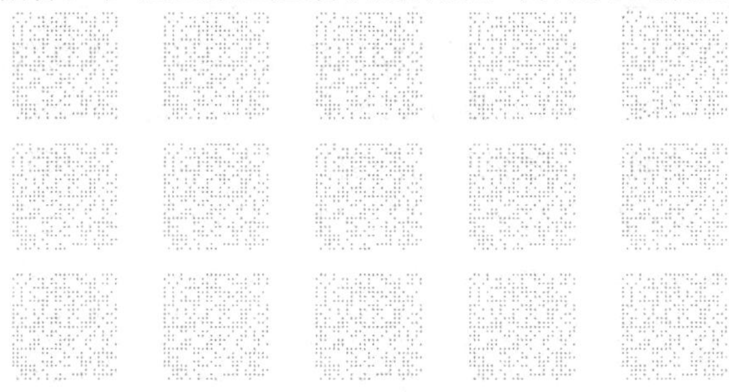

图 10-30　复原结果图（第一行为抖动 2 pixels、抖动 3 pixels、抖动 4 pixels、抖动 5 pixels、抖动 6 pixels，第二行为 50%size、75%size、100%size、125%size、150%size，第三行为方形、十字、斜线、矩形网格、菱形网格）

表 10-2 展示了 5 组、共 15000 个样本对的伪随机抖动后印刷量子点退化图像实验结果。

表 10-2　复原伪随机抖动后印刷量子点退化图像误码率和欧氏距离结果

印刷量子点图像	误码率/%		欧氏距离/pixel
	平均误码率	最大误码率	
抖动 2 pixels	0.57	1.31	0
抖动 3 pixels	0.66	2.16	0.12
抖动 4 pixels	0.74	2.59	0.24
抖动 5 pixels	0.96	2.86	0.48
抖动 6 pixels	18.03	46.41	104

表 10-3 展示了 10 组、共 30000 个样本对的不同尺寸、形状、复杂背景噪声印刷量子点退化图像实验结果。

表 10-3　复原不同尺寸、形状、复杂背景噪声印刷量子点退化图像误码率和欧氏距离结果

印刷量子点图像	误码率/%		欧氏距离/pixel
	平均误码率	最大误码率	
50%size 噪声	0.32	1.20	0
75%size 噪声	0.24	1.22	0
100%size 噪声	0.39	1.55	0
125%size 噪声	0.35	1.23	0
150%size 噪声	0.28	1.01	0
方形噪声	0.23	0.96	0
十字噪声	0.15	0.96	0
斜线噪声	0.16	0.95	0
矩形网格噪声	0.41	0.94	0
菱形网格噪声	0.97	1.54	0

可以看出，在噪声容限范围内，根据编码特征，能较好地恢复随机抖动后的印刷量子点图像，网络纠错能力强。最大平均误码率为 0.96%，最大误码率为 2.86%，欧氏距离为 0.48 pixel。但随着印刷量子点随机抖动范围的扩大，误码率和欧氏距离呈增大的趋势；超出噪声容限范围时，编码特征失效，误码率和欧氏距离直线上升，随机抖动后的印刷量子点图像不能被有效恢复。由于不同尺寸、形状、复杂背景噪声退化图像的欧氏距离都为 0，所以复原图像中的误码率是由噪声引起的，而与噪声点特征无关，网络具有较好的稳健性。其中，最大平均误码率为 0.97%，最大误码率为 1.55%。噪声点的大小、形状和复杂背景对图像复原没有影响，点信息和噪声信息都可根据编码特征和点特征复原和过滤。

通过 ESRGAN 的多层残差网络和密集连接的特征提取网络学习层间特征，使用训练好的生成网络进行图像复原能力测试，该方法能有效实现噪声容限范围内的印刷量子点图像信息复原，产生满足实际应用需求的点阵图像，从而可以广泛应用于印刷防伪领域。

第 11 章

数字图像与信息识别

21 世纪是一个充满信息的时代，图像作为人类感知世界的视觉基础，是人类获取信息、表达信息和传递信息的重要手段。数字图像处理，即用计算机对图像进行处理。随着计算机技术的迅速发展，数字图像处理设备从专业的图像处理设备迅速过渡到微型个人计算机，数字图像处理变得触手可及，这使图像处理在各个领域的应用成为可能。

近年来，随着数字图像处理技术的不断优化和完善，其在印刷行业中应用的优势越发明显。数字图像处理技术所具有的处理性能强、处理方式灵活及处理设备较小等特点，对于印刷行业的发展有着非常重要的意义。

图像信息识别技术是通过计算机对图像进行处理、分析，以识别各种不同模式的目标和对象的技术。图像信息识别流程如图 11-1 所示。其中，图像采集是通过摄像头、传感器等采集设备采集图像信息；图像预处理是通过对图像进行滤波来去除噪声，以确保图像的质量；图像检测是对图像进行局部划分，并对各部分图像进行检测；图像特征提取是对分割后的图像模块对应的关键特征信息进行提取；图像信息识别是通过对比提取的图像特征与特征库中的信息，获得准确的图像识别结果。

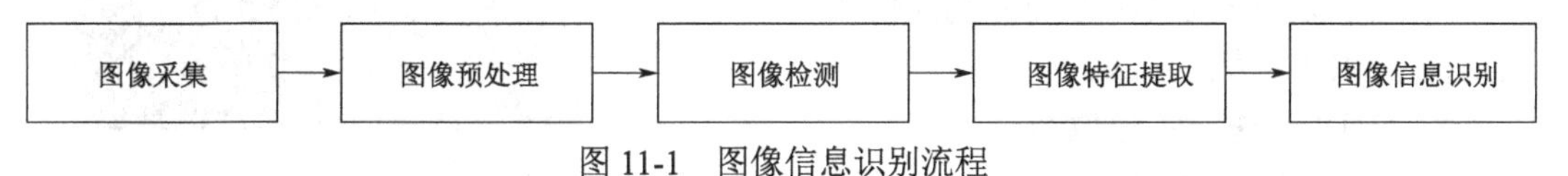

图 11-1　图像信息识别流程

图像信息识别技术具有信息处理能力强、信息处理精确度高、信息处理灵活性强等特点。其中，信息处理能力强是指在硬件与软件配置达到特定技术应用条件时，图像识别技术可以对海量的图像信息进行识别；信息处理精确度高是指图像识别技术可以借助计算机系统的数据处理能力及数据库的强大存储能力，对图像进行分割检测和特征提取，为图像识别提供信息支持，使图像识别的结果更加精确；信息处理灵活性强是指图像识别技术可以借助计算机系统对图像信息进行放大处理，使图像的大小与图像识别的精度和时效性要求实现更好的匹配，满足不同图像识别处理的需求。

本章主要介绍数字图像处理、分析与信息识别的基本方法、理论和算法，重点介绍灰度图像的处理算法和获取图像中重要信息（如点、线段等）的方法、算法及其应用实例，并对从拍摄的二维码图像中提取所包含的信息及从隐形点阵图像中提取有效信息的原理进行介绍。

11.1 图像处理

图像处理主要是对图像进行加工处理以改善图像的视觉效果并为自动识别做好铺垫，或者对图像进行压缩编码以减少所需存储空间和时间。通俗地讲，图像处理是消除图像中的无关信息，增强有关信息的可检测性，最大限度地简化数据，从而改进特征提取、图像分割、匹配和识别的可靠性。本节将介绍图像二值化、图像形态学和图像几何变换等基本的图像处理方法。

11.1.1 图像二值化

图像二值化就是将图像上的点的灰度值转化为 0 或 255，也就是使整个图像呈现明显的黑白效果。通过选取合适的阈值，将具有 256 个亮度等级的灰度图像转换为仍然可以反映图像整体和局部特征的二值图像。在数字图像处理中，二值图像占有非常重要的地位，特别是在实用的图像处理中，由二值图像处理构成的系统是很多的。要进行图像处理与分析，首先要把灰度图像二值化，得到二值图像，这样在对图像做进一步处理时，图像的集合性质只与像素值为 0 或 255 的点的位置有关，不再涉及像素的多级值，使处理变得简单，而且数据的处理和压缩量小。为了得到理想的二值图像，一般采用封闭、连通的边界定义不交叠的区域。所有灰度值大于或等于阈值的像素点被判定为属于特定物体，其灰度值为 255，否则这些像素点被排除在物体区域以外，灰度值为 0，表示背景或例外的物体区域。因此，图像二值化的核心问题就是选择合适的阈值 TH 来分割图像的前景与背景，其分割公式如下：

$$G(x,y)=\begin{cases}255, & I(x,y)\geqslant \mathrm{TH}\\ 0, & I(x,y)<\mathrm{TH}\end{cases} \tag{11-1}$$

当使用阈值 TH = 128 对灰度图像进行分割时，其效果如图 11-2 所示。

图 11-2　原始灰度图像经阈值 TH = 128 二值分割的效果

为了高效获得灰度图像的分割阈值 TH，下面介绍几种常用的二值化算法。

1．P-TILE 法（P-分位数法）

在统计学上，分位数也称分位点，是指将一个随机变量的概率分布范围分为几个数值点，常用的有中位数（二分位数）、四分位数、百分位数等。分位数指的就是连续分布函数中的一个点，这个点对应概率 P。若概率 $0<P<1$，随机变量 X 或它的概率分布的分位数 Z_a 是指满足条件 $P(X\leqslant Z_a)=\alpha$ 的实数。

P-TILE 法由 Doyle 于 1962 年提出。该算法通过已知的先验概率（目标和背景的像素比例）来设定阈值。需要预先获得图像中前景占完整画面的比值 $P\%$，依次累计灰度直方图，直到该累计值大于或等于前景图像（目标）所占面积，此时的灰度级即所求阈值。例如，已知概率为 PO/PB（PO 为目标像素，PB 为背景像素），可以根据此条件在图像的灰度直方图上找到一个合适的阈值 TH，并认为灰度值大于 TH 的像素为目标，灰度值小于 TH 的像素为背景。对于图 11-2 中的图像，采用 P-TILE 法计算分割最佳阈值，假设取先验概率为 0.5（对图像上所有像素进行累加，当百分比达到预设的 0.5 时，将对应的灰度级设为该图像的阈值）。

在 MATLAB 中使用如下代码进行仿真实验。

```
I = imread('9-1.tif');
I = rgb2gray(I);
Tile = 50;
Sum = 0;
Amount = 0;
[counts,x] = imhist(I);
for x=1:256
    Amount = Amount + counts(x) * x;
end
for y=1:256
    Sum = Sum + counts(y) * y;
    if (Sum >= Amount * Tile / 100)
        TH = y;
        break;
    end
end
[m,n] = size(I);
for i = 1 : m
    for j =1 : n
        if I(i,j) >= TH
            I_bw(i,j) = 255;
        else
            I_bw(i,j) = 0;
        end
    end
end
imshow(I_bw);
```

P-TILE 法图像二值化效果图如图 11-3 所示。

Doyle 于 1962 年提出的 P-TILE 法可以说是最古老的一种阈值选取算法。该算法根据先验概率来设定阈值，使二值化后的目标或背景像素比例等于先验概率。该算法简单高效，但对于先验概率难以估计的图像无能为力。因此，需要使用其他算法对图像进行二值化操作。

图 11-3　P-TILE 法图像二值化效果图

2．最小误判概率法

对于两类问题，根据类的概率和概率密度将模式的特征空间 Ω 划分为两个子空间 Ω_1 和 Ω_2，即

$$\begin{aligned}\Omega_1 \cup \Omega_2 = \Omega \\ \Omega_1 \cap \Omega_2 = \varnothing\end{aligned} \tag{11-2}$$

式中：$\varnothing$ 为空集。当 $x \in \Omega_1$ 时，判 $x \in \omega_1$ 类；当 $x \in \Omega_2$ 时，判 $x \in \omega_2$ 类。

显然，这里可能出现两种误判，一种是把实属 ω_1 类的模式判属为 ω_2 类，原因是这个模式在特征空间中散布到 Ω_2 中，从而导致误判，这时的误判概率为

$$\varepsilon_{12} = \int_{\Omega_2} p(x \mid \omega_1)\mathrm{d}x \tag{11-3}$$

同理，另一种误判概率为：

$$\varepsilon_{21} = \int_{\Omega_1} p(x \mid \omega_2)\mathrm{d}x \tag{11-4}$$

因此，总的误判概率为

$$\begin{aligned} P(e) &= P(\omega_1)\varepsilon_{12} + P(\omega_2)\varepsilon_{21} \\ &= P(\omega_1)\int_{\Omega_2} p(x \mid \omega_1)\mathrm{d}x + P(\omega_2)\int_{\Omega_1} p(x \mid \omega_2)\mathrm{d}x \end{aligned} \tag{11-5}$$

希望误判的概率最小，等价于让总的正确率最大，总的正确率为

$$P(c) = \int_{\Omega_1} P(\omega_1)p(x \mid \omega_1)\mathrm{d}x + \int_{\Omega_2} P(\omega_2)p(x \mid \omega_2)\mathrm{d}x \tag{11-6}$$

对于一幅灰度图像，设前景像素灰度概率密度函数为 $p(x)$，背景像素灰度概率密度函数为 $q(x)$，灰度分布函数如图 11-4 所示。前景像素数占图像总像素数的百分比为 θ_1，背景为 $\theta_2 = 1-\theta_1$。

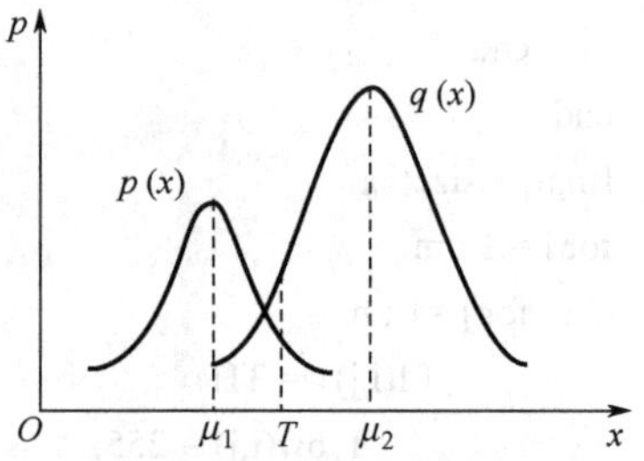

设分割阈值为 T，前景像素被错分为背景的概率为

$$E_1(T) = \theta_1\int_T^{\infty} p(x)\mathrm{d}x \tag{11-7}$$

图 11-4　图像的灰度分布函数

背景像素被错分为前景的概率为

$$E_2(T) = \theta_2\int_{-\infty}^{T} q(x)\mathrm{d}x \tag{11-8}$$

阈值 T 造成的错误分割概率为

$$E(T) = \theta_1\int_T^{\infty} p(x)\mathrm{d}x + \theta_2\int_{-\infty}^{T} q(x)\mathrm{d}x \tag{11-9}$$

用最小误判概率法求取图像二值化阈值就是求一个使 $E(T)$ 的值最小的阈值 T。$E(T)$ 取得最小值时，其导数为 0。

$$\frac{\partial E(T)}{\partial T} = \theta_1 p(T) - \theta_2 q(T) = 0 \tag{11-10}$$

假设图像中前景和背景像素灰度都呈正态分布，均值和方差分别为 μ_1、μ_2、σ_1^2 和 σ_2^2，则有

$$\theta_1 \mathrm{e}^{-\frac{(\mu_1-T)^2}{2\sigma_1^2}} = \theta_2 \mathrm{e}^{-\frac{(\mu_2-T)^2}{2\sigma_2^2}} \tag{11-11}$$

为了便于计算，假设 $\mu_1 = \mu_2 = 1/2$，$\sigma_1^2=\sigma_2^2=\sigma$，则最佳阈值 $T=(\mu_1+\mu_2)/2$。显然，该阈值是一个近似解，它是基于假设的 T 的取值，实际上就是取了前景分布的均值和背景分布的均值的平均值。在算法的设计中，存在鸡和蛋的矛盾关系，即只有知道 T 的前提下才能获知 μ_1、μ_2，但只有知道了 μ_1 和 μ_2 才能够求出最佳阈值 T。在一般算法中，常通过迭代的方式来进行求解，但其过于耗时。

3．大津法

大津法即 Otsu 算法，是一种确定图像二值化分割阈值的算法，由日本学者大津于1979 年提出。该算法又称最大类间方差法，因为按照大津法求得的阈值进行图像二值化分割后，前景与背景图像的类间方差最大。该算法是图像分割中阈值选取的最佳算法，计算简单，不受图像亮度和对比度的影响，因此在数字图像处理中得到了广泛的应用。它按图像的灰度特性，将图像分成背景和前景两部分。方差是灰度分布均匀性的一种度量，背景和前景之间的类间方差越大，说明构成图像的两部分的差别越大，将部分前景错分为背景或部分背景错分为前景都会导致两部分差别变小。因此，使类间方差最大的分割意味着错分概率最小。

假设前景像素数量为 ω_1，像素分布函数 $p(x)$ 的均值为 μ_1，方差为 $\sigma_1^2=\sum_{i=1}^{\omega_1}(X_i-\mu_1)^2\Big/\omega_1$；背景像素数量为 ω_2，像素分布函数 $q(x)$ 的均值为 μ_2，方差为 $\sigma_2^2=\sum_{i=1}^{\omega_2}(X_i-\mu_2)^2\Big/\omega_2$；图像总像素数量为 ω_t，均值为 μ_t，方差为 σ_t^2。此时，类内方差为

$$\sigma_w^2=\frac{\omega_1\sigma_1^2+\omega_2\sigma_2^2}{\omega_1+\omega_2} \tag{11-12}$$

类间方差为

$$\sigma_b^2=\frac{\omega_1(\mu_1-\mu_t)^2+\omega_2(\mu_2-\mu_t)^2}{\omega_1+\omega_2}=\frac{\omega_1\omega_2(\mu_1+\mu_2)^2}{(\omega_1+\omega_2)^2} \tag{11-13}$$

由于图像方差与类内方差、类间方差存在 $\sigma_t^2=\sigma_w^2+\sigma_b^2$ 的关系，可知分离度为

$$\frac{\sigma_b^2}{\sigma_w^2}=\frac{\sigma_b^2}{\sigma_t^2-\sigma_b^2} \tag{11-14}$$

类内方差表示图像中像素相对于它们自己的那一类的分散程度；类间方差表示图像中两类像素之间的分散程度，越大越好。因此，当分离度最大时，即 σ_b^2 最大，而类间方差的分母为固定值，故所求分子最大时的阈值 T 即大津法所得分割阈值。

在 MATLAB 中使用如下代码进行仿真实验。

```
I=im2double(imread('11-1.tif'));                %变为双精度，即 0-1
subplot(221);imhist(I);                         %显示灰度直方图
[M,N]=size(I);                                  %得到图像行列像素
number_all=M*N;                                 %总像素值
hui_all=0;                                      %预设图像总灰度值为 0
ICV_t=0;                                        %预设最大方差为 0
%得到图像总灰度值
for i=1:M
    for j=1:N
        hui_all=hui_all+I(i,j);
    end
end
all_ave=hui_all*255/number_all;                     %图像灰度值的总平均值
%t 为某个阈值，把原图像分为 A 部分（每个像素值大于或等于）与 B 部分（每个像素值小于）
```

```
    for t=0:255                                    %不断试探最优 t 值
        hui_A=0;                                   %不断重置 A 部分总灰度值
        hui_B=0;                                   %不断重置 B 部分总灰度值
        number_A=0;                                %不断重置 A 部分总像素
        number_B=0;                                %不断重置 B 部分总像素
        for i=1:M                                  %遍历原图像每个像素的灰度值
            for j=1:N
                if (I(i,j)*255>=t)                 %分割出灰度值大于或等于 t 的像素
                    number_A=number_A+1;           %得到 A 部分总像素
                    hui_A=hui_A+I(i,j);            %得到 A 部分总灰度值
                elseif (I(i,j)*255<t)              %分割出灰度值小于 t 的像素
                    number_B=number_B+1;           %得到 B 部分总像素
                    hui_B=hui_B+I(i,j);            %得到 B 部分总灰度值
                end
            end
        end
        PA=number_A/number_all;                    %得到 A 部分像素总数占图像总像素数的比例
        PB=number_B/number_all;                    %得到 B 部分像素总数占图像总像素数的比例
        A_ave=hui_A*255/number_A;                  %得到 A 部分总灰度值与 A 部分总像素的比例
        B_ave=hui_B*255/number_B;                  %得到 B 部分总灰度值与 B 部分总像素的比例
        ICV=PA*((A_ave-all_ave)^2)+PB*((B_ave-all_ave)^2);  %Otsu 算法
        if (ICV>ICV_t)                             %不断判断，得到最大方差
            ICV_t=ICV;
            k=t;                                   %得到最大方差的最优阈值
        end
    end
    for i = 1 : M
        for j =1 : N
            if I(i,j) >= k/256
                I_bw(i,j) = 255;
            else
                I_bw(i,j) = 0;
            end
        end
    end
    imshow(I_bw);
```

图 11-5　大津法图像二值化效果图

大津法图像二值化效果图如图 11-5 所示。

大津法的优点在于可以快速有效地找到类间分割阈值，但其缺点也很明显，就是只能针对单一目标分割，或者感兴趣的目标都属于同一灰度范围，若需要探测的目标灰度范围分布较大，则必将有一部分目标丢失。

11.1.2 图像形态学

图像形态学处理是以形态为基础对图像进行分析的数学工具，它用具有一定形态的结构元素，度量和提取图像中的对应形状，从而达到对图像分析和识别的目的。本节将简要介绍连通域和图像形态学处理算法：腐蚀与膨胀算法、开运算与闭运算。二值图像的亮度值只有两个状态：0（黑）和 255（白）。二值图像在图像分析与识别中有着举足轻重的地位，因为其模式简单，对像素在空间上的关系有着极强的表现力。在实际应用中，很多图像的分析最终都转换为二值图像的分析，如医学图像分析、前景检测、字符识别、形状识别。二值化和数学形态学能解决很多计算机识别工程中目标提取的问题。二值图像分析最重要的方法就是连通域标记，它是所有二值图像分析的基础，它通过对二值图像中白色像素（目标）的标记，让每个单独的连通域形成一个被标识的块，进而获取这些块的轮廓、外接矩形、质心等几何参数。图像形态学处理（简称“形态学”）是指一系列处理图像形状特征的图像处理技术。形态学的基本思想是利用一种特殊的结构元来测量或提取输入图像中相应的形状或特征，以便进一步进行图像分析和目标识别。

1．连通域

在了解图像连通域分析方法之前，首先需要了解图像连通域的概念。图像的连通域是指图像中具有相同像素值且位置相邻的像素组成的区域，连通域分析是指在图像中找出彼此互相独立的连通域并将其标记出来。提取图像中不同的连通域是图像处理中较为常用的方法，例如，在车牌识别、文字识别、目标检测等领域对感兴趣的区域进行分割与识别。一般情况下，一个连通域内只包含一个像素值，因此为了防止像素值波动对提取不同连通域的影响，连通域分析常处理的是二值化后的图像。图像中两个像素相邻有两种定义方式，分别是 4 邻域和 8 邻域，如图 11-6 所示。

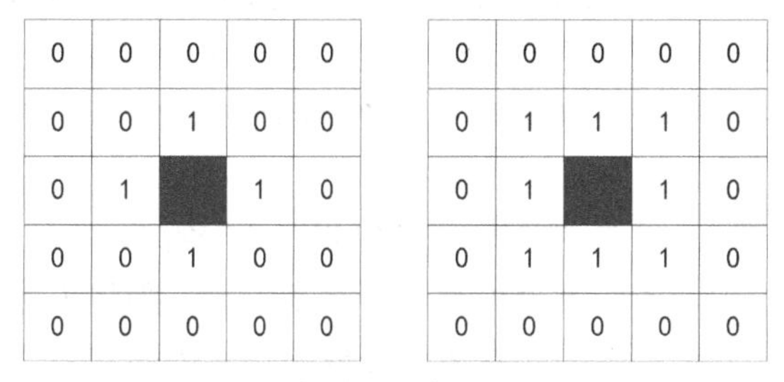

图 11-6 4 邻域和 8 邻域的定义方式

4 邻域的定义方式如图 11-6 中的左侧部分所示，两个像素必须在水平和垂直方向上相邻，相邻的两个像素坐标只能有一位不同且只能相差 1。例如，某像素点坐标为 (x,y)，它的 4 邻域的 4 个像素点分别为 $(x-1,y)$、$(x+1,y)$、$(x,y-1)$ 和 $(x,y+1)$。8 邻域的定义方式如图 11-6 中的右侧部分所示，两个像素允许在对角线方向相邻，相邻的两个像素坐标在 X 方向和 Y 方向上的最大差值为 1。例如，像素点 (x,y) 的 8 邻域的 8 个像素点分别为 $(x-1,y-1)$、$(x-1,y)$、$(x-1,y+1)$、$(x,y-1)$、$(x,y+1)$、$(x+1,y-1)$、$(x+1,y)$ 及 $(x+1,y+1)$。根据两个像素相邻的定义方式不同，得到的连通域也不同，因此在分析连通域时，一定要声明是在哪种邻域条件下分析得到的结果。

常用的图像邻域分析法有两遍扫描法和种子填充法。两遍扫描法会遍历两次图像，第一次遍历图像时会给每个非 0 像素赋予一个数字标签，当某个像素的上方和左侧邻域内的像素已经有数字标签时，取两者中的最小值作为当前像素的标签，否则赋予当前像素一个新的数字标签。第一次遍历图像的时候同一个连通域可能会被赋予一个或者多个不同的标签，因此第二次遍历需要将这些属于同一个连通域的不同标签合并，最后实现同一个邻域内的所有像素具有相同的标签。

种子填充法源于计算机图像学，常用于对某些图形进行填充。该方法首先将所有非 0 像素放到一个集合中，之后在集合中随机选出一个像素作为种子像素，根据邻域关系不断扩充种子像素所在的连通域，并从集合中删除扩充出的像素，直到种子像素所在的连通域无法扩充，之后再从集合中随机选取一个像素作为新的种子像素，重复上述过程，直到集合中没有像素。

2．腐蚀和膨胀

二值图像的形态变换是一种针对集合的处理过程。其形态算子的实质是表达物体或形状的集合与结构元素间的相互作用。在形态学中，结构元素是最重要、最基本的概念。结构元素在形态变换中的作用相当于信号处理中的“滤波窗口”，其形状就决定了这种运算所提取的信号的形状信息。图像形态学处理是在图像中移动一个结构元素，然后将结构元素与下面的二值图像进行交、并等集合运算。

假定定义一个结构元素 B 在集合 A 上的操作如下（图 11-7）：通过让 B 在 A 上运行，以便 B 的原点访问 A 的每个元素，来创建一个新集合。如集合 A 与结构元素 B 满足下式：

$$X = A \odot B = \{x : B(x) \subset A\} \tag{11-15}$$

即在 B 的每个中心位置，如果 B 完全被 A 包含，则将该位置标记为新集合 X 的一个成员，对每个集合中的元素运行完成后得到的新集合 X 即对二值图像形态学腐蚀后的图像，如图 11-8（a）所示。从图中可以看到，当 B 的原点位于 A 的边界元素上时，B 的一部分将不再包含在 A 中，从而排除了 B 处在中心位置的点作为新集合的成员的可能。如集合 A 与结构元素 B 满足下式：

$$Y = A \oplus B = \{y : B(y) \cap A \neq \varnothing\} \tag{11-16}$$

即在 B 的滑动运行过程中，B 与 A 至少有一个元素重叠，则将 B 中所有元素位置标记为新集合 Y 的成员，对每个集合中的元素运行完成后得到的新集合 Y 即对二值图像形态学膨胀后的图像，如图 11-8（b）所示。

（a）集合　　（b）结构元素

图 11-7　集合与结构元素

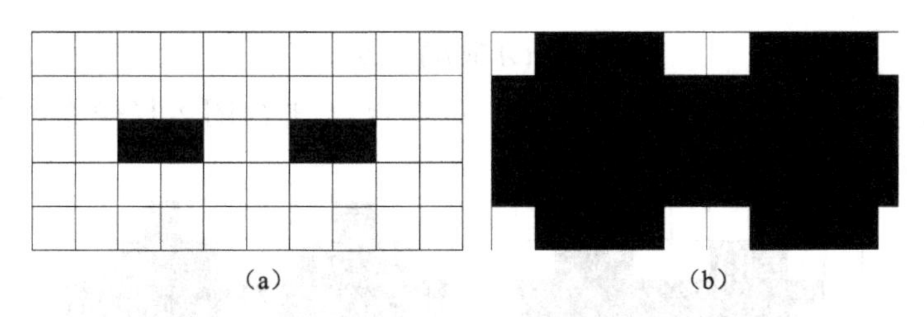

图 11-8 腐蚀后的效果图与膨胀后的效果

在 MATLAB 中使用如下代码进行仿真实验。

```
A = imread('11-3.tif');
B = [0,1,0;
     1,1,1;
     0,1,0;
     ];
A_DILATE = imdilate(A,B);%集合 A 被结构元素 B 膨胀
A_ERODE = imerode(A,B); %集合 A 被结构元素 B 腐蚀
figure;imshow(A_DILATE *255);
figure;imshow(A_ERODE*255);
```

腐蚀和膨胀后的实例如图 11-9 所示。

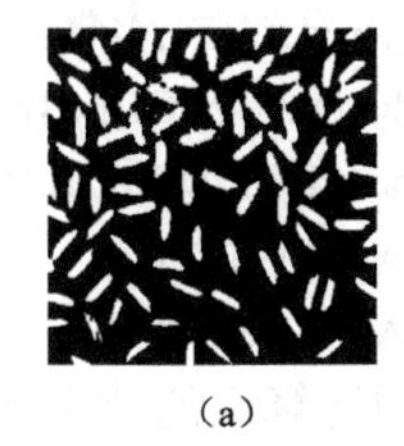

图 11-9 腐蚀和膨胀后的实例

从图 11-9 中可以看出，膨胀和腐蚀对图像具有不同的作用，膨胀将目标点融合到背景中，向外部扩展。膨胀可以将断裂开的目标物进行合并，便于对其进行整体提取。腐蚀与膨胀作用相反，它可以消除连通的边界，使边界向内收缩。腐蚀可以将粘连在一起的不同目标物分离，并且可以将小的颗粒噪声去除。

二值形态膨胀与腐蚀可转化为集合的逻辑运算，算法简单，适于并行处理，且易于硬件实现，适合对二值图像进行分割、细化、骨架抽取、边缘提取、形状分析。但是，在不同的应用场合，结构元素的选择及相应的处理算法是不一样的，对不同的目标图像须设计不同的结构元素和不同的处理算法。结构元素的大小、形状选择合适与否，将直接影响图像的形态学运算结果。

3. 开运算和闭运算

前面介绍了形态学处理——图像腐蚀与膨胀，图像膨胀会扩大一幅图像的组成部分，而图像腐蚀会缩小一幅图像的组成部分。下面将继续介绍形态学处理中两个重要的形态学运算：开运算和闭运算。

开运算与闭运算是从腐蚀和膨胀演变而来的。开运算是对图像先腐蚀后膨胀。用结构元素 B 对集合 A 进行开运算，表示为 $A \circ B$，定义为

$$A \circ B = (A \odot B) \oplus B \tag{11-17}$$

设结构元素 B 为图 11-7 中的结构元素，对图 11-7 中的集合 A 进行开运算操作，得到的效果如图 11-10（a）所示。

闭运算是对图像先膨胀后腐蚀。用结构元素 B 对集合 A 进行闭运算，表示为 $A \cdot B$，定义为

$$A \cdot B = (A \oplus B) \odot B \tag{11-18}$$

设结构元素 B 为图 11-7 中的结构元素，对集合 A 进行闭运算操作，得到的效果如图 11-10（b）所示。

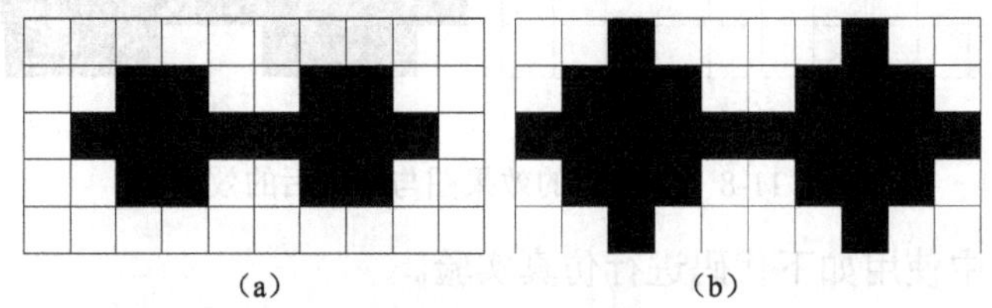

（a）（b）

图 11-10　效果图

在 MATLAB 中使用如下代码进行仿真实验。

```
A = imread('11-3.tif');
B = [0,1,0;
     1,1,1;
     0,1,0;
     ];
A_DILATE = imdilate(A,B);%集合 A 被结构元素 B 膨胀
A_ERODE = imerode(A,B); %集合 A 被结构元素 B 腐蚀
A_OPEN = imdilate(A_ERODE,B);%集合 A 被结构元素 B 先腐蚀后膨胀
A_CLOSE = imerode(A_DILATE,B);%集合 A 被结构元素 B 先膨胀后腐蚀
figure;imshow(A_OPEN*255);
figure;imshow(A_CLOSE*255);
```

经开运算和闭运算后的效果如图 11-11 所示。

（a）（b）

图 11-11　经开运算和闭运算后的效果

从图 11-11 中可以看出，开运算可以用来消除小的物体，平滑形状边界，并且不改变其面积。闭运算可以用来填充物体内的小空洞，连接邻近的物体，连接断开的轮廓线，平滑物体边界的同时不改变其面积。总的来说，开运算能够除去孤立的小点、毛刺和小桥；而闭运算能够填平小湖（小孔），弥合小裂缝。开运算和闭运算都是基于几何运算的滤波器，结构元素大小的不同将导致滤波效果的不同，且重要的是经过运算后总的位置和形状不变。

11.1.3　图像几何变换

图像几何变换又称图像空间变换，是各种图形、图像处理算法的基础。它将一幅图像中的坐标位置映射到另一幅图像中的新坐标位置。图像几何变换就是确定这种空间映射关系，以及映射过程中的变化参数。图像几何变换改变了像素的空间位置，建立了原图像像素与变换后图像像素之间的映射关系，通过这种映射关系能够实现下面两种计算：一是计算原图像任意像素在变换后图像中的坐标位置，二是计算变换后图像的任意像素在原图像中的坐标位置。对于第一种计算，只要给出原图像上的任意像素坐标，就能通过对应的映射关系获得该像素在变换后图像中的坐标位置。将这种输入图像坐标映射到

输出的过程称为“向前映射”。反过来，知道任意变换后图像上的像素坐标，计算其在原图像中的坐标，将输出图像映射到输入的过程称为“向后映射”。但是，在使用向前映射处理几何变换时有一些不足，通常会产生两个问题：映射不完全，即输入图像的像素总数小于输出图像，这样输出图像中的一些像素找不到其在原图像中的映射；映射重叠，即输入图像的多个像素映射到输出图像的同一个像素上。本节主要介绍两种几何变换方式，即图像的仿射变换和投影变换。

1．图像的仿射变换

仿射变换是指图像在一个向量空间中进行一次线性变换（乘以一个矩阵）和一次平移（加上一个向量），变换到另一个向量空间的过程。仿射变换包括平移、缩放、旋转、反射、错切等，直线经过仿射变换后还是直线，平行线经过仿射变换之后还是平行线。

图像的平移是指使一幅图像在二维空间中平行移动一个位置。为了讨论方便，只考虑图像中的一个点(x, y)，那么图像中所有的点和现在讨论的这个点可以通过同样的方式得到平移后的坐标。假设讨论点平移后的坐标为(x', y')，其满足下式：

$$\begin{pmatrix} x' \\ y' \\ 1 \end{pmatrix} = \begin{pmatrix} 1 & 0 & t_x \\ 0 & 1 & t_y \\ 0 & 0 & 1 \end{pmatrix} \begin{pmatrix} x \\ y \\ 1 \end{pmatrix} \tag{11-19}$$

式中：t_x和t_y为平移量。平移是一种不产生形变而移动物体的刚性变换。

图像的缩放是指将给定的图像在X轴方向按比例缩放a倍，在Y轴方向按比例缩放b倍，从而得到一幅新的图像。如果$a = b$，称这样的缩放为图像的全比例缩放。如果a不等于b，图像的缩放会改变原始图像像素间的相对位置，产生几何畸变。缩放前后的点坐标满足下式：

$$\begin{pmatrix} x' \\ y' \\ 1 \end{pmatrix} = \begin{pmatrix} s_x & 0 & 0 \\ 0 & s_y & 0 \\ 0 & 0 & 1 \end{pmatrix} \begin{pmatrix} x \\ y \\ 1 \end{pmatrix} \tag{11-20}$$

式中：s_x、s_y分别为X轴、Y轴方向上的变换系数。

假设原坐标(x, y)逆时针旋转θ后的坐标为(x', y')，点旋转后到原点的距离是不变的。假设在旋转前，原坐标与原点之间的直线段（长度为r）与X轴的夹角为α，则逆时针旋转θ后的坐标满足：$x' = r\cos(\alpha + \theta)$，$y' = r\sin(\alpha + \theta)$。利用积化和差公式可将其转化为$x = x\cos\theta - y\sin\theta$，$y = x\sin\theta + y\cos\theta$。由此可得，图像旋转后的坐标与原坐标满足下式：

$$\begin{pmatrix} x' \\ y' \\ 1 \end{pmatrix} = \begin{pmatrix} \cos\theta & \sin\theta & 0 \\ -\sin\theta & \cos\theta & 0 \\ 0 & 0 & 1 \end{pmatrix} \begin{pmatrix} x \\ y \\ 1 \end{pmatrix} \tag{11-21}$$

式中：$\sin\theta$的负号位置与旋转方向和原点相关。

反射即对称变换，其变换后的图像是原图像关于某一轴线或原点的镜像。反射变换后的坐标(x', y')与原坐标(x, y)间的关系满足：$x' = ax + by$，$y' = cx + dy$。当对称轴不同时，其系数a、b、c和d不同。不同对称轴下的反射变换矩阵见表 11-1。

表 11-1　不同对称轴下的反射变换矩阵

对　称　轴	X 轴	Y 轴	$x=y$ 轴	$x=-y$ 轴
反射变换矩阵	$\begin{bmatrix}1&0&0\\0&-1&0\\0&0&1\end{bmatrix}$	$\begin{bmatrix}-1&0&0\\0&1&0\\0&0&1\end{bmatrix}$	$\begin{bmatrix}0&1&0\\1&0&0\\0&0&1\end{bmatrix}$	$\begin{bmatrix}0&-1&0\\-1&0&0\\0&0&1\end{bmatrix}$

错切也称剪切、错位变换，用于产生弹性物体的变形处理。错切有两种方式，一种是 X 方向错切，另一种是 Y 方向错切，如图 11-12 所示。

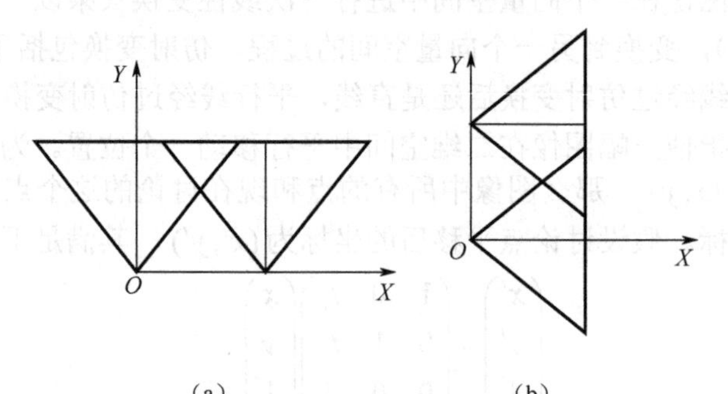

图 11-12　X 方向错切和 Y 方向错切

从图 11-12 中可以看出，错切使图形从一个矩形变为一个平行四边形，不同方向会导致矩形变形的方向不同。错切变换后的坐标 (x',y') 与原坐标 (x,y) 间的关系满足下式：

$$\begin{pmatrix}x'\\y'\\1\end{pmatrix}=\begin{pmatrix}1&a&0\\b&1&0\\0&0&1\end{pmatrix}\begin{pmatrix}x\\y\\1\end{pmatrix}\tag{11-22}$$

式中，改变 a 值表示 X 方向错切，改变 b 值表示 Y 方向错切，a、b 值均发生改变则表示在两个方向同时错切。

仿射变换允许图像任意移动、任意倾斜，在 X 和 Y 方向上任意伸缩。在仿射变换中，点共线特性、平行线平行特性不变，但线段长度及直线夹角不一定不变。一个集合 $\boldsymbol{X}$ 的仿射变换表达式如下：

$$f(x)=Ax+b,x\in\boldsymbol{X}\tag{11-23}$$

当图像中的点用齐次坐标表示时，变换矩阵如下：

$$\begin{pmatrix}x'\\y'\\1\end{pmatrix}=\begin{pmatrix}a_{11}&a_{12}&t_x\\a_{21}&a_{22}&t_y\\0&0&1\end{pmatrix}\begin{pmatrix}x\\y\\1\end{pmatrix}\tag{11-24}$$

仿射变换可以更简单地写成

$$x'=H_A\boldsymbol{X}=\begin{pmatrix}\boldsymbol{A}&\boldsymbol{t}\\0&1\end{pmatrix}x\tag{11-25}$$

式中：$\boldsymbol{A}$ 为仿射矩阵；$\boldsymbol{t}$ 为平移向量；a_{11}、a_{12}、a_{21}、a_{22}、t_x 和 t_y 分别为仿射变换的 6 个自由度。仿射矩阵 $\boldsymbol{A}$ 可以进行 SVD 分解，即：

$$\boldsymbol{A}=R(\theta)R(-\phi)DR(\phi)\tag{11-26}$$

式中：$D = \mathrm{diag}(\lambda_1, \lambda_2)$。仿射矩阵 $\boldsymbol{A}$ 可以看作一个旋转 ϕ，x 和 y 方向按照比例因子 λ_1、λ_2 缩放，回转 $-\phi$，以及旋转 θ 的复合变换。

在 MATLAB 中使用如下代码进行仿真实验。

```
I=imread('lena.jpg');
figure,imshow(I),title('原始图像');
[w,h]=size(I);
theta=pi/4;%旋转角
t=[200,80];%平移 tx,ty
H_a=projective2d([1+cos(theta) 2+sin(theta) t(1);
                  0-sin(theta) 2+cos(theta) t(2);
                  0 0   1]');
I_a=imwarp(I,H_a);
figure;imshow(I_a),title('仿射变换');
```

Lena 图经平移变换、非均匀变换与旋转变换后的效果如图 11-13 所示。

2. 图像的投影变换

投影变换（Projective Transformation）也称透视变换（Perspective Transformation）、射影变换，仿射变换是投影变换的一个特例。仿射变换是指图像在一个向量空间中进行一次线性变换和一次平移，变换到另一个向量空间的过程。现实中为直线的物体，在图片上可能呈现为斜线，投影变换的目的就是通过透视变换将其转换成直线。它是最一般的线性变换，即单应性变换，共有 8 个自由度。投影变换保持重合关系和交比不变，但不会保持平行性，这会使投影变换产生非线性效应。其原理如图 11-14 所示。

(a)

(b)

图 11-13　Lena 图经平移变换、非均匀变换与旋转变换后的效果

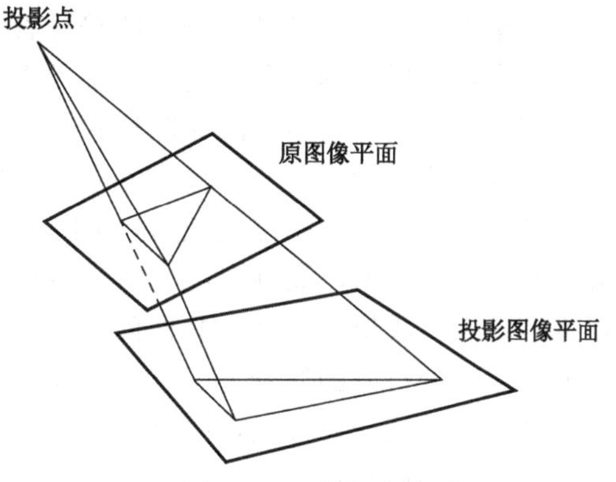

图 11-14　投影变换原理

一个集合 $\boldsymbol{X}$ 的投影变换表达式如下：

$$f(x) = Ax + b, x \in \boldsymbol{X} \tag{11-27}$$

当图像中的点用齐次坐标表示时，变换矩阵如下：

$$\begin{pmatrix} x' \\ y' \\ 1 \end{pmatrix} = \begin{pmatrix} h_{11} & h_{12} & h_{13} \\ h_{21} & h_{22} & h_{23} \\ h_{31} & h_{32} & 1 \end{pmatrix} \begin{pmatrix} x \\ y \\ 1 \end{pmatrix} \tag{11-28}$$

式中：h_{11}、h_{12}、h_{13}、h_{21}、h_{22}、h_{23}、h_{31} 和 h_{32} 分别为投影变换的 8 个自由度，需要 4

个点构成 8 个方程来解。

在 MATLAB 中使用如下代码进行仿真实验。

```
I=imread('lena.jpg');
figure,imshow(I),title('原始图像');
H_P=projective2d([0.765,-0.122,-0.0002;
                  -0.174,0.916,9.050e-05;
                   105.018,123.780,1]);
I_P=imwarp(I,H_P);
figure;imshow(I_P),title('投影变换');
```

Lena 图经平移变换、非均匀变换与旋转变换后的效果图如图 11-15 所示。

(a)

(b)

图 11-15 Lena 图经平移变换、非均匀变换与旋转变换后的效果

当投影变换的变换矩阵的最后一行为（0，0，1）时就是仿射变换，在仿射的前提下，当左上角 2×2 矩阵正交时为欧氏变换，当左上角矩阵行列式为 1 时为定向欧氏变换。因此，投影变换包含仿射变换，而仿射变换包含欧氏变换。

11.2 图像分析

图像分析是指对图像中感兴趣的目标进行检测和测量，以获得目标的客观信息，从而建立对图像的描述。图像分析是一个从图像到数据的过程。这里的数据可以是对目标特征测量的结果，或者基于测量的符号表示，如角点、直线等。其主要是以观察者为中心研究客观世界。图像分析是图像工程中层的操作，分割和特征值提取把原来以像素描述的图像转变为比较简单的非图形式描述。

图像分析一般利用数学模型并结合图像处理技术来分析底层特征和上层结构，从而提取具有一定智能性的信息。它是利用模式识别和人工智能方法对景物进行分析、描述、分类和解释的技术，又称景物分析或图像理解。20 世纪 60 年代以来，在图像分析方面已有许多研究成果，从针对具体问题和应用的图像分析技术逐渐向建立一般理论的方向发展。图像分析同图像处理、计算机图形学等研究内容密切相关，而且相互交叉。但图像处理主要研究图像传输、存储、增强和复原；计算机图形学主要研究点、线、面和体的表示方法，以及视觉信息的显示方法；图像分析则着重于构造图像的描述方法，用符号表示各种图像，而不是对图像本身进行运算，并利用各种有关知识进行推理。图像分析与人类视觉研究也有密切关系，对人类视觉机制中的某些可辨认模块的研究可促进计算机视觉能力的提高。本节主要介绍图像的直方图分析、图像空域分析、图像频域分析、贝叶斯决策和深度学习。

11.2.1 直方图分析

直方图是一种统计报告图，由一系列高度不等的纵向条纹或线段表示数据分布的情况。直方图被广泛运用于计算机视觉应用，例如，通过标记帧与帧之间显著的边缘和颜色的统计变化，来检测视频中场景的变化。在每个兴趣点设置一个有相近特征的直方图构成的“标签”，用以确定图像中的兴趣点。边缘、色彩、角度等直方图构成了可以被传递给目标识别分类器的一个通用特征类型。色彩和边缘的直方图序列还可以用来识别网络视频是否被复制。

图像灰度直方图用以表示数字图像中的亮度分布，它标识了图像中每个亮度值的像素数。对于一幅灰度图像，其直方图反映了该图像中不同灰度级出现的统计情况。严格地说，图像灰度直方图是一个一维离散函数，可写成

$$h(k)=n_k,\quad k=0,1,\cdots,L-1 \tag{11-29}$$

式中：L 为图像的灰度级；n_k 为图像 $f(x,y)$ 中灰度级为 k 的像素的个数。直方图的每一列（称为 bin）的高度对应 n_k。直方图提供了原图中各种灰度值分布的情况，也可以说，直方图给出了一幅图像所有灰度值的整体描述。直方图的均值和方差也是图像灰度的均值和方差。图像的视觉效果与其直方图有对应关系，或者说，直方图的形状和改变对图像有很大的影响。

在直方图的基础上，进一步定义归一化的直方图为灰度级出现的相对频率 $P_r(k)$，即：

$$P_r(k)=\frac{n_k}{N} \tag{11-30}$$

式中：N 为图像 $f(x,y)$ 的像素总数。

在 MATLAB 中可以使用 imhist()函数来计算图像的灰度直方图，代码如下。

```
clear;close all;clc
I=imread('lena.jpg');
figure,imshow(I),title('原始图像');
I = rgb2gray(I);
imhist(I);
axis([0 255 0 2000])%设置 x、y 轴坐标范围
N = numel(I);   % 求图像像素的总数
Pr = imhist(I) / N;
k = 0 : 255;
figure;bar(k, Pr);
```

Lena 图的灰度直方图如图 11-16 所示。

（a）

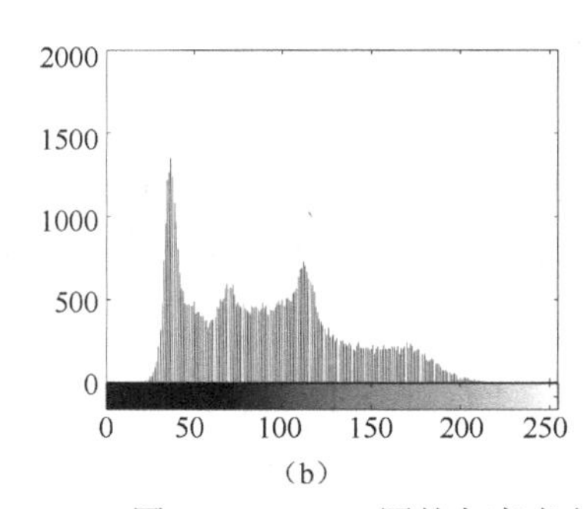

（b）

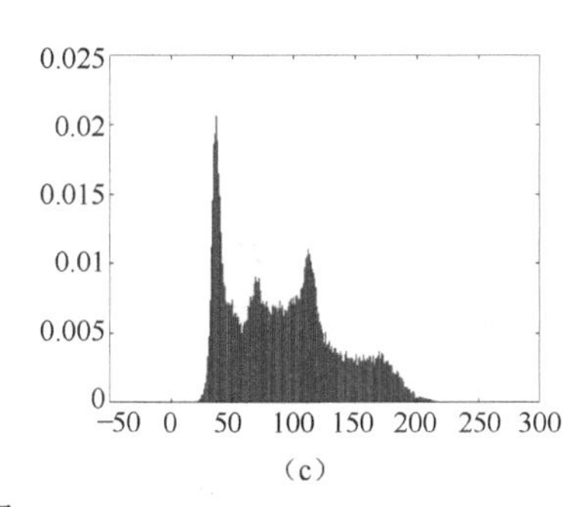

（c）

图 11-16　Lena 图的灰度直方图

在图像灰度直方图中，横坐标的左侧为纯黑、较暗的区域，而右侧为较亮、纯白的区域。因此，Lena 图的灰度直方图中的数据集中于左侧和中间部分，而整体明亮、只有少量阴影的图像则相反。

图像灰度直方图表示图像中每种灰度像素的个数，反映了图像中每种灰度级出现的频率，是图像的基本统计特征之一。常见的直方图调整方法包括直方图均衡化和直方图规定化。

1. 直方图均衡化

直方图均衡化是一种利用灰度变换自动调节图像对比度质量的方法，基本思想是通过灰度级的概率密度函数求出灰度变换函数，它是一种以累计分布函数变换法为基础的直方图修正法。直方图均衡化通过改变图像的直方图来改变图像中各像素的灰度，主要用于增大动态范围偏小的图像的对比度。原始图像可能由于其灰度分布集中在较窄的区间，造成图像不够清晰。例如，过曝光图像的灰度级集中在高亮度范围内，而曝光不足将使图像灰度级集中在低亮度范围内。采用直方图均衡化，可以把原始图像的直方图变换为均匀分布（均衡）的形式，这样就增大了像素之间灰度值差别的动态范围，从而达到增大图像整体对比度的效果。换言之，直方图均衡化的基本原理是，对图像中像素个数多的灰度值（对画面起主要作用的灰度值）进行展宽，而对像素个数少的灰度值（对画面不起主要作用的灰度值）进行归并，从而增大对比度，使图像清晰，达到增强的目的。

为讨论方便起见，以 r 和 s 分别表示归一化后的原图像灰度和经直方图均衡化后的图像灰度（因为经过归一化，所以 r 和 s 的取值在 0 和 1 之间）。当 $r=s=0$ 时，表示黑色；当 $r=s=1$ 时，表示白色；当 $r,s\in(0,1)$ 时，表示像素灰度在黑白之间变化。所谓直方图均衡化，其实是根据直方图对像素点的灰度值进行变换，属于点操作范围。换言之，即已知 r，求其对应的 s。

对于 $[0,1]$ 区间内的任何一个 r，经变换函数 $T(r)$ 都可以产生一个对应的 s，且

$$s=T(r) \tag{11-31}$$

式中，$T(r)$ 应当满足以下两个条件。

（1）当 $0\leqslant r\leqslant 1$ 时，$T(r)$ 为单调递增函数，此条件保证了均衡化后图像的灰度级从黑到白的次序不变。

（2）当 $0\leqslant r\leqslant 1$ 时有 $0\leqslant T(r)\leqslant 1$，此条件保证了均衡化后图像的像素灰度值在允许的范围内。

式（11-31）的逆变换关系为

$$r=T^{-1}(s) \tag{11-32}$$

式中，$T^{-1}(s)$ 对 s 同样满足上述两个条件。

由概率论可知，如果已知随机变量 r 的概率密度是 $P_r(r)$，而随机变量 s 是 r 的函数，则 s 的概率密度 $P_s(s)$ 可以由 $P_r(r)$ 求出。假定随机变量 s 的分布函数用 $F_s(s)$ 表示，根据分布函数的定义有：

$$F_s(s)=\int_{-\infty}^{s}P_s(s)\mathrm{d}s=\int_{-\infty}^{r}P_r(r)\mathrm{d}r \tag{11-33}$$

又因为概率密度函数是分布函数的导数，因此式（11-33）两边对 s 求导可得：

$$P_s(s)=\frac{\mathrm{d}F_s(s)}{\mathrm{d}s}=\frac{\mathrm{d}[\int_{-\infty}^{r}P_r(r)\mathrm{d}r]}{\mathrm{d}s}=P_r(r)\frac{\mathrm{d}r}{\mathrm{d}s}=P_r(r)\frac{\mathrm{d}r}{\mathrm{d}T(r)} \tag{11-34}$$

从上式可以看出，通过变换函数 $T(r)$ 可以控制图像灰度级的概率密度函数 $P_s(s)$，从而改善图像的灰度层次。

从人类视觉特性来考虑，一幅图像的灰度直方图如果是均匀分布的，那么该图像看上去效果比较好。因此要做直方图均衡化，这里的 $P_s(s)$ 是均匀分布的概率密度函数。

由概率论知识可知，对于区间 $[a,b]$ 上的均匀分布，其概率密度函数等于 $1/(b-a)$。如果原图像没有进行归一化，即 $r\in[0,L-1]$，那么 $P_s(s)=1/(L-1)$，归一化之后 $r\in[0,1]$，所以这里的 $P_s(s)=1$，可得：

$$s=T(r)=\int_0^r P_r(r)\mathrm{d}r \tag{11-35}$$

式（11-35）就是所求的变换函数 $T(r)$。它表明当变换函数 $T(r)$ 是原图像直方图的累积分布概率时，能达到直方图均衡化的目的。

对于灰度级为离散的数字图像，用频率来代替概率，则变换函数 $T(r_k)$ 的离散形式可以表示为

$$s_k=T(r_k)=\sum_{i=0}^{k}P_{r_i}(r_i)=\sum_{i=0}^{k}\frac{n_i}{N} \tag{11-36}$$

式中：$0\leqslant r_k\leqslant 1$，$k=0,1,\cdots,L-1$（注：这里的 r_k 表示归一化后的灰度级，k 表示归一化前的灰度级）。由式（11-36）可以知道，均衡化后各像素的灰度级 s_k 可直接由原图像的直方图算出来。

在 MATLAB 中可以使用 histeq()函数来实现灰度图像的直方图均衡化，代码如下。

```
clear;close all;clc
I=imread('lena.jpg');
figure,imshow(I),title('原始图像');
I = rgb2gray(I);
J = histeq(I,256);
figure,imshow(J);
```

Lena 灰度图的直方图均衡化效果如图 11-17 所示。

（a）

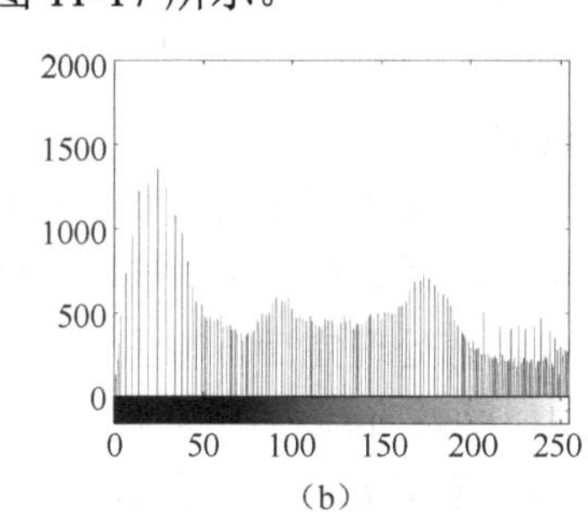

（b）

图 11-17 Lena 灰度图的直方图均衡化效果

如果一幅图像整体偏暗或偏亮，那么直方图均衡化的方法很适用。但直方图均衡化是一种全局处理方式，它对处理的数据不加选择，可能会提升背景干扰信息的对比度并降低有用信息的对比度（如果图像某些区域对比度很好，而另一些区域对比度不好，直方图均衡化就不一定适用）。此外，均衡化后图像的灰度级减少，某些细节将会消失；某些图像（如直方图有高峰）经过均衡化后对比度不自然。

2. 直方图规定化

直方图规定化也称直方图匹配，用于将图像变换为某一特定的灰度分布，也就是其

灰度直方图是已知的。这其实和均衡化类似，均衡化后的灰度直方图也是已知的，是一个均匀分布的直方图；而规定化后的直方图可以随意指定，也就是在执行规定化操作时，首先要知道变换后的灰度直方图，这样才能确定变换函数。直方图规定化是对给定图像的直方图进行处理，得到一幅其灰度级具有指定概率密度函数的图像，也就是使处理后的图像直方图的形状逼近用户希望的直方图。

为讨论方便起见，暂时回到连续灰度 r 和 s（看成连续随机变量），分别表示归一化后的原图像灰度和经直方图规定化后的图像灰度，并令 $P_r(r)$ 和 $P_s(s)$ 表示它们所对应的连续概率密度函数。可以由给定的输入图像估计 $P_r(r)$，而 $P_s(s)$ 是希望输出图像所具有的指定概率密度函数。

令 z 为一个有如下特性的随机变量：

$$z = T(r) = (L-1)\int_0^r P_r(r)\mathrm{d}r \tag{11-37}$$

从上式可以发现，z 为直方图均衡化的连续形式，即 $T(r)$ 应当满足直方图均衡化的两个条件。

接着，定义一个有如下特性的随机变量 s：

$$G(s) = (L-1)\int_0^s P_s(t)\mathrm{d}t = z \tag{11-38}$$

式中，t 为积分假变量。由这两个等式可以得到 $G(s) = T(r)$，因此 s 必须满足以下条件：

$$s = G^{-1}[T(r)] = G^{-1}(z) \tag{11-39}$$

一旦由输入图像估计出 $P_r(r)$，变换函数 $T(r)$ 就可以由式（11-37）得到。类似地，因为 $P_s(s)$ 已知，变换函数 $G(s)$ 可由式（11-38）得到。

使用下列步骤，可由一幅给定图像得到一幅其灰度具有指定概率密度函数的图像。

（1）由给定的图像得到 $P_r(r)$，并由式（11-37）求得 z 的值。

（2）使用公式中指定的概率密度求得变换函数 $G(s)$。

（3）求得变换函数 $s = G^{-1}(z)$，因为 s 是由 z 得到的，所以该处理是 z 到 s 的映射，而后者正是所期望的值。

总的来说，首先，对输入图像进行均衡得到输出图像，该图像的像素值是 z 值。然后，对均衡后的图像中具有 z 值的每个像素执行反映射 $s = G^{-1}(z)$，得到输出图像中的相应像素。当所有的像素都处理完后，输出图像的概率密度等于指定的概率密度。

在 MATLAB 中，函数 histeq()还可以进行直方图规定化处理，该函数中 I 为输入的原始图像，hgram 为一个整数向量，表示用户希望的直方图形状，该向量的长度与最后规定的效果有密切关系，向量越短，最后得到的直方图越接近希望的直方图。J 为进行直方图规定化后得到的灰度图像。代码如下。

```
clear;close all;clc
I=imread('lena.jpg');
figure,imshow(I),title('原始图像');
I = rgb2gray(I);
hgram=ones(1,256);
J=histeq(I,hgram);    %直方图规定化
figure,imshow(J);
```

Lena 灰度图的直方图规定化效果如图 11-18 所示。

(a)

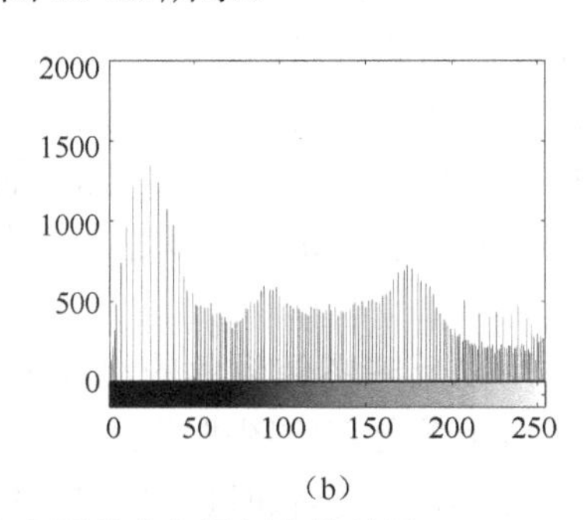

(b)

图 11-18 Lena 灰度图的直方图规定化效果

从图 11-18 中可以看出，图像的灰度值是离散变量，因此直方图表示的是离散的概率分布。若以各灰度级的像素数占总像素数的比例为纵坐标作出图像的直方图，将直方图中各条形的最高点连成一条外轮廓线，则该轮廓线可近似看成图像相应的连续函数的概率分布曲线。

直方图反映了图像中的灰度分布规律。它描述每个灰度级具有的像素个数，但不包含这些像素在图像中的位置信息。任何一幅特定的图像都有唯一的直方图与之对应，但不同的图像可以有相同的直方图。对每幅图像都可作出其灰度直方图，并且能够根据直方图的形态大致推断图像质量的好坏。由于图像包含大量像素，其像素灰度值的分布应符合概率统计分布规律。假定像素的灰度值是随机分布的，那么其直方图应该是正态分布的。

11.2.2 图像空域特征

下面介绍图像特征在不同变换域下的分析方法。图像空间又称空域，是由图像像素组成的空间。在空域中，函数自变量(x,y)被视为二维空间中的一个点，数字图像$f(x,y)$即一个定义在二维空间中的矩形区域上的离散函数。图像特征通过数学方法来描述图像的属性或特点，是图像识别、图像分析中的一个基本问题。传统方法通过人工设计数学方法来描述图像的特征；而深度学习通过训练数据自动提取特征，在很多识别任务中深度学习自动提取特征的性能要远远超过传统方法。但是，人工设计的特征量在很多识别任务中仍然起到很重要的作用。因此，在选择图像特征的时候，应该注意以下几点：首先是特征的可区分性，即选择的特征应该能够反映图像的本质特点；其次是特征的稳健性，即图像发生旋转、尺寸变化或者在光照条件下，特征量应该保持恒定；最后是特征的维度，一个高维的特征可能具有比较好的可区分性，但可能会牺牲其稳健性，因此要在可区分性和稳健性之间找到一个平衡点。

1. 图像的全局特征

图像的全局特征是指整幅图像的特征，全局特征是相对于局部特征而言的，用于描述图像或目标的颜色和形状等整体特征。

（1）颜色特征是一种全局特征，描述了图像或图像区域所对应的景物的表面性质。颜色是图像的主要视觉性质之一，在人们对图像的印象中，颜色占有很大的比重。颜色特征由于具备计算简单、性能稳定等优点，现已成为图像检索系统中应用最广泛的特征之一。通常来讲，相似的图像具有相似的颜色或者灰度级分布，该分布对平移、旋转、尺度缩放具有不变性，因此可以通过颜色特征对图像进行检索。在图像处理中，可以将一个具体的像素点所呈现的颜色用多种方法分析，并提取出其颜色特征分量。例如，通过手工标记区域提取一个特定区域（Region）的颜色特征，用该区域在一个颜色空间中三个分量各自的平均值表示，或者可以建立三个颜色直方图等。下面介绍一下颜色直方图和颜色矩的概念。

颜色直方图：用以反映图像颜色的组成分布，即各种颜色出现的概率。Swain 和 Ballard 最先提出了应用颜色直方图进行图像特征提取的方法，首先利用颜色空间三个分量的剥离得到颜色直方图，之后通过观察实验数据发现，将图像进行旋转变换、缩放变换、模糊变换后，图像的颜色直方图改变不大，即图像直方图对图像的物理变换是不敏感的。因此，常提取颜色特征并将颜色直方图应用于衡量和比较两幅图像的全局差。另外，如果图像可以分为多个区域，并且前景与背景颜色分布具有明显差异，则颜色直方图呈现双峰形。

颜色矩：它是一种有效的颜色特征，由 Stricker 和 Orengo 提出，利用线性代数中矩的概念，将图像中的颜色分布用其矩表示。利用颜色一阶矩（平均值，Average）、颜色二阶矩（方差，Variance）和颜色三阶矩（偏斜度，Skewness）来描述颜色分布。与颜色直方图不同，利用颜色矩进行图像描述无须量化图像特征。由于每个像素具有颜色空间的三个颜色通道，因此图像的颜色矩用 9 个分量来描述。由于颜色矩的维度较少，因此常将颜色矩与其他图像特征综合使用。

以上两种方法通常用于两幅图像全局或特定区域之间的颜色比较、匹配等，而颜色集的方法致力于实现基于颜色对大规模图像的检索。

颜色集由 Smith 和 Chang 提出，该方法将颜色转换到 HSV 颜色空间后，将图像根据其颜色信息分割成若干特定区域，并将颜色分为多个 bin，每个特定区域进行颜色空间量化，建立颜色索引，进而建立二进制图像颜色索引表。为加快查找速度，还可以构造二分查找树进行特征检索。

（2）纹理特征也是一种全局特征，是指物体表面共有的内在特性，其包含物体表面结构组织排列的重要信息及其与周围物体的联系。当检索在粗细和疏密等方面有较大差别的图像时，利用纹理特征是一种行之有效的方法。图像边缘是指图像灰度在空间上或梯度方向上发生突变的像素点的集合，上述突变通常是由图像中景物的物理特性发生变化而引起的。

边缘检测是图形图像处理、计算机视觉和机器视觉中的一个基本工具，通常用于特征提取和特征检测，旨在检测一幅数字图像中有明显变化的边缘或者不连续的区域。在一维空间中，类似的操作称为步长检测（Step Detection）。边缘是一幅图像中不同区域之间的边界线，通常一个边缘图像是一个二值图像。边缘检测的目的是捕捉亮度急剧变化的区域，而这些区域通常是人们关注的。在一幅图像中两个不连续的区域通常是以下几项之一：图像深度不连续处、图像（梯度）朝向不连续处、图像光照（强度）不连续处、纹理变化处。

理想情况下，对所给图像应用边缘检测器可以得到一系列连续的曲线，用于表示对象的边界。因此，应用边缘检测算法所得到的结果将会大大减少图像数据量，从而过滤掉很多不需要的信息，留下图像的重要结构，要处理的工作被大大简化。然而，从普通图片上提取的边缘往往被图像分割所破坏，也就是说，检测到的曲线通常不是连续的，有一些边缘曲线断开，就会丢失边缘线段，而且会出现一些人们不感兴趣的边缘。这就需要提高边缘检测算法的准确性。

（3）与颜色特征和纹理特征相比，形状特征更接近目标的语义特征，包含一定的语义信息，可帮助用户忽略不相关的背景或不重要的目标，直接搜索与目标图像相似的图像。通常来讲，形状特征有以下两种表示方法：一是轮廓特征，即目标的外边界；二是区域特征，即整个形状区域。形状特征的表达以对图像中的目标或区域的分割为基础，而图像分割在当前仍是一个尚未完全解决的难题。此外，适用于图像检索的形状特征必须满足对变换、旋转和缩放的不变性，这也给形状相似性的计算带来了一定难度。

（4）空间关系特征是指图像中分割出来的多个目标之间的相互空间位置或相对方向关系，这些关系可分为连接/邻接关系、交叠/重叠关系和包含/包容关系等。通常，空间位置信息可以分为两种：相对空间位置信息和绝对空间位置信息。前一种强调的是目标之间的相对情况，如上、下、左、右关系等；后一种强调的是目标之间的距离大小及方位。显而易见，由绝对空间位置可推出相对空间位置，但表达相对空间位置的信息比较简单。空间关系特征的使用可增强对图像内容的描述区分能力，但空间关系特征常对图像或目标的旋转、反转、尺度变化等比较敏感。另外，实际应用中，仅仅利用空间信息往往是不够的，不能有效、准确地表达场景信息。为了检索，除使用空间关系特征外，还需要其他特征来配合。

2. 图像的局部特征

在很多场景下，不需要对图像的全局特征进行描述就可以完成图像识别、匹配等任务。图像局部特征是图像特征的局部表达，它反映了图像上具有的局部特性，适合于图像匹配、检索等应用。与纹理特征、结构特征等图像全局特征相比，图像局部特征具有在图像中数量大，特征间相关度小，遮挡情况下不会因为部分特征的消失而影响其他特征的检测和匹配等特点。近年来，图像局部特征在人脸识别、三维重建、目标识别及跟踪、影视制作、全景图像拼接等领域得到了广泛的应用。典型的图像局部特征生成应包括图像极值点检测和描述两个阶段。好的图像局部特征应具有特征检测重复率高、速度快，特征描述对光照、旋转、视点变化等图像变换具有稳健性，特征描述符维度低，易于实现快速匹配等特点。

在图像中，角落的像素和边缘上的像素，以及一些亮度平滑变化或者亮度值接近恒定的区域具有较强的特征。在亮度平滑变化或者亮度值接近恒定的区域中的像素几乎是等价的，因此该区域不具有可区分性。显然，比较容易把边缘上的像素和这些平滑变化区域的像素分开。但是，边缘上的像素互相之间不具有很高的匹配性，而角落的像素显然在这个图像中是具有独一无二的特征的，所以这些像素的可区分性非常强。接下来将介绍角点检测，角点就是角落中具有较强可区分性的局部特征。

角点通常是目标轮廓上曲率的局部极大值点，对掌握目标的轮廓特征具有决定作用。通常认为角点是二维图像亮度变化剧烈的点，或者两条线的交叉处，如图 11-19 所示。

图 11-19　角点

角点普遍具有以下特征：

（1）局部小窗口沿各方向移动，窗口内的像素均产生明显变化；

（2）图像局部曲率（梯度）突变；

（3）对于同一场景，在视角发生变化的情况下，其角点通常具备某些稳定的特征。

因此在进行角点检测时，可以从角点具有的特征出发，即选取一个局部窗口，将这个窗口沿着各个方向移动，计算移动前后窗口内像素的差异，进而判断窗口对应的区域是不是角点，用数学公式描述为

$$E(u,v)=\sum_{x,y}w(x,y)[I(x+u,y+v)-I(x,y)]^2 \tag{11-40}$$

式中：$I(x+u,y+v)-I(x,y)$ 为窗口移动前后的灰度差；$w(x,y)$ 为窗口函数，每个像素差值乘上一个权重，体现对整体的贡献程度，该窗口函数可以是中值滤波核，也可以是高斯滤波核；$E(u,v)$ 为图像进行窗口移动后的能量函数。将 $E(u,v)$ 表达式进一步演化，$I(x+u,y+v)$ 使用泰勒展开进行线性逼近：

$$f(x_0+\Delta x,y_0+\Delta y)=f(x_0,y_0)+\nabla f^{\mathrm{T}}\begin{bmatrix}\Delta x\\ \Delta y\end{bmatrix}+\frac{1}{2}[\Delta x,\Delta y]\boldsymbol{H}(f)\begin{bmatrix}\Delta x\\ \Delta y\end{bmatrix}+O^n \tag{11-41}$$

式中：∇f 为一阶梯度，即 $\nabla f=\begin{bmatrix}\partial f/\partial x\\ \partial f/\partial y\end{bmatrix}$；$\boldsymbol{H}(f)$ 为二阶梯度（Hessian 矩阵），即 $\boldsymbol{H}(f)=\begin{bmatrix}f_{xx} & f_{xy}\\ f_{xy} & f_{yy}\end{bmatrix}$。将 $I(x+u,y+v)$ 进行一阶泰勒展开：

$$I(x+u,y+v)=I(x,y)+uI_x+vI_y \tag{11-42}$$

可得

$$\begin{aligned}E(u,v)&\approx w(x,y)\sum_{x,y}(uI_x+vI_y)^2\\&=w(x,y)\sum_{x,y}(u^2I_x^2+v^2I_y^2+2uvI_xI_y)\\&=[u,v]\cdot[w(x,y)\cdot\sum_{x,y}\begin{bmatrix}I_x^2 & I_xI_y\\ I_xI_y & I_y^2\end{bmatrix}]\cdot\begin{bmatrix}u\\ v\end{bmatrix}\end{aligned} \tag{11-43}$$

其中，设矩阵 $\boldsymbol{M}=w(x,y)\cdot\sum_{x,y}\begin{bmatrix}I_x^2 & I_xI_y\\ I_xI_y & I_y^2\end{bmatrix}=w(x,y)\begin{bmatrix}A & C\\ C & B\end{bmatrix}$，$\boldsymbol{M}$ 是一个实对称矩阵，所以可以将 $E(u,v)$ 进行标准化：

$$E(u',v')=[u',v']\cdot\begin{bmatrix}\lambda_1 & 0\\ 0 & \lambda_2\end{bmatrix}\cdot\begin{bmatrix}u'\\ v'\end{bmatrix} \tag{11-44}$$

即 $E(u',v')=u'^2\lambda_1+v'^2\lambda_2$，其中 λ_1,λ_2 为 $\boldsymbol{M}$ 的特征值，$\begin{bmatrix}u'\\ v'\end{bmatrix}=P\begin{bmatrix}u\\ v\end{bmatrix}$，$P=\dfrac{[\boldsymbol{p}_1,\boldsymbol{p}_2]}{\sqrt{|\det(\boldsymbol{M})|}}$，$\boldsymbol{p}_1,\boldsymbol{p}_2$ 为 $\boldsymbol{M}$ 的两个特征向量。

不同区域的图像灰度梯度分布：当图像中灰度变化较为平坦时，I_x 和 I_y 集中分布在原点附近；当图像中存在边缘点时，x 和 y 其中一方具有较大的梯度；当图像中存在角点时，x 和 y 都具有较大的梯度。可以将 $E(u',v')=u'^2\lambda_1+v'^2\lambda_2$ 看成一个椭圆函数，对于平

坦区域，两个特征值都小，且近似相等，能量函数在各个方向上都较小；对于边缘区域，一个特征值大，另一个特征值小，能量函数在某一方向上增大，其他方向较小；对于角点区域，两个特征值都大，且近似相等，能量函数在所有方向上都增大。这样一来，就可以仅通过矩阵 $\boldsymbol{M}$ 的特征值来评估图像是否存在角点。但 Harris 角点的计算方法甚至不需要用到特征值，只需要计算一个 Harris 响应值 R：

$$R = \det \boldsymbol{M} - k(\mathrm{trace}\boldsymbol{M})^2 \tag{11-45}$$

而对于 n 阶方阵又有以下性质：

（1）行列式等于特征值之和；

（2）迹等于特征值之积。

这样可以求出 $\det \boldsymbol{M} = \lambda_1\lambda_2 = AC - B^2$， $\mathrm{trace}\boldsymbol{M} = \lambda_1 + \lambda_2 = A + C$，Harris 响应值 R 为

$$R = AC - B^2 - k(A + C)^2 \tag{11-46}$$

至此，通过求出 R，便可以进行角点检测。对于平坦区域，R 为小数值；对于边缘区域，R 为大数值负数；对于角点区域，R 为大数值正数。

在 MATLAB 中使用如下代码进行仿真实验。

```
clear all; clc ;
ori_im = imread('test.JPG');
if(size(ori_im,3)==3)
    ori_im = rgb2gray(uint8(ori_im));
end
fx = [-2 -1 0 1 2];                    % x 方向梯度算子（用于 Harris 角点提取算法）
Ix = filter2(fx,ori_im);               % x 方向滤波
fy = [-2;-1;0;1;2];                    % y 方向梯度算子（用于 Harris 角点提取算法）
Iy = filter2(fy,ori_im);               % y 方向滤波
Ix2 = Ix.^2;
Iy2 = Iy.^2;
Ixy = Ix.*Iy;
clear Ix;
clear Iy;
h= fspecial('gaussian',[7 7],2);       % 产生 7×7 的高斯窗函数，sigma=2
Ix2 = filter2(h,Ix2);
Iy2 = filter2(h,Iy2);
Ixy = filter2(h,Ixy);
height = size(ori_im,1);
width = size(ori_im,2);
result = zeros(height,width);          % 纪录角点位置，角点处值为 1
R = zeros(height,width);
for i = 1:height
    for j = 1:width
        M = [Ix2(i,j) Ixy(i,j);Ixy(i,j) Iy2(i,j)];        % auto correlation matrix
        R(i,j) = det(M)-0.06*(trace(M))^2;
    end
```

```
    end
    cnt = 0;
    for i = 2:height-1
        for j = 2:width-1
            % 进行非极大抑制，窗口大小为3×3
            if   R(i,j) > R(i-1,j-1) && R(i,j) > R(i-1,j) && R(i,j) > R(i-1,j+1) && R(i,j) > R(i,j-1) && R(i,j) >
R(i,j+1) && R(i,j) > R(i+1,j-1) && R(i,j) > R(i+1,j) && R(i,j) > R(i+1,j+1)
                result(i,j) = 1;
                cnt = cnt+1;
            end
        end
    end
    Rsort=zeros(cnt,1);
    [posr, posc] = find(result == 1);
    for i=1:cnt
        Rsort(i)=R(posr(i),posc(i));
    end
    [Rsort,ix]=sort(Rsort,1);
    Rsort=flipud(Rsort);
    ix=flipud(ix);
    ps=100;
    posr2=zeros(ps,1);
    posc2=zeros(ps,1);
    for i=1:ps
        posr2(i)=posr(ix(i));
        posc2(i)=posc(ix(i));
    end
    imshow(ori_im);
    hold on;
    plot(posc2,posr2,'g+');
```

Harris 角点检测效果如图 11-20 所示。

图 11-20　Harris 角点检测效果

直线检测作为图像分割处理基础的同时，也是图像分析中一项重要的研究内容。在图像处理领域，经常需要做一些特殊的任务，而这些任务中经常会用到直线检测算法，如车道线检测、长度测量等。

霍夫变换（Hough Transform）于 1962 年由 Paul Hough 首次提出，后于 1972 年由 Richard Duda 和 Peter Hart 推广使用，是图像处理领域内从图像中检测几何形状的基本方法之一。经典霍夫变换用来检测图像中的直线，后来霍夫变换经过扩展可以进行任意形状物体的识别，如圆和椭圆。

在图像 x-y 坐标空间中，经过点 (x_i, y_i) 的直线表示为

$$y_i = ax_i + b \tag{11-47}$$

式中：a 为斜率；b 为截距。通过点 (x_i, y_i) 的直线有无数条，且对应不同的 a 和 b 值。如果将 x_i 和 y_i 视为常数，而将原本的参数 a 和 b 看作变量，则式（11-47）可以表示为

$$b = -ax_i + y_i \tag{11-48}$$

这样就变换到了参数平面 $a-b$。这个变换就是直角坐标中对于 (x_i, y_i) 点的霍夫变换。该直线是图像坐标空间中的点 (x_i, y_i) 在参数空间中的唯一方程。考虑图像坐标空间中的另一点 (x_j, y_j)，它在参数空间中也有相应的一条直线，表示为

$$b = -ax_j + y_j \tag{11-49}$$

这条直线与点 (x_i, y_i) 在参数空间中的直线相交于点 (a_0, b_0)，如图 11-21 所示。

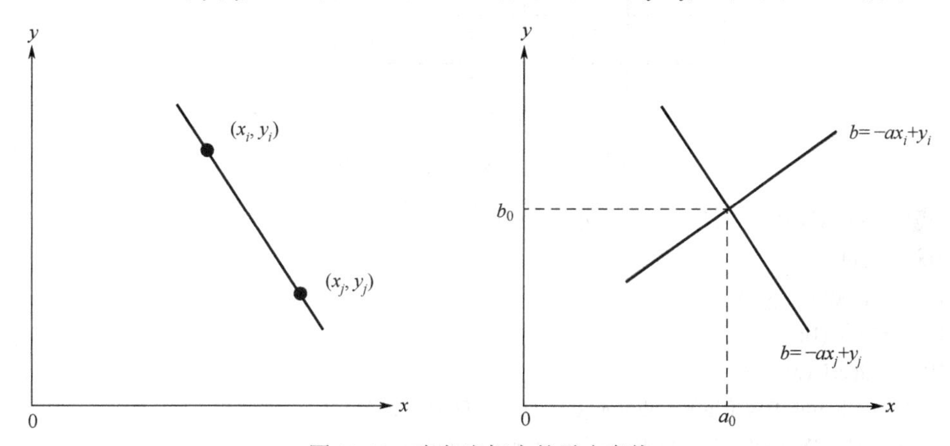

图 11-21　直角坐标中的霍夫变换

图像坐标空间中过点 (x_i, y_i) 和 (x_j, y_j) 的直线上的每一点在参数空间 a-b 上各自对应一条直线，这些直线都相交于点 (a_0, b_0)，而 a_0、b_0 就是图像坐标空间 x-y 中点 (x_i, y_i) 和 (x_j, y_j) 所确定的直线的参数。反之，在参数空间中相交于同一点的所有直线，在图像坐标空间中都有共线的点与之对应。根据这个特性，给定图像坐标空间中的一些边缘点，就可以通过霍夫变换确定连接这些点的直线方程。

具体计算时，可以将参数空间视为离散的。建立一个二维累加数组 $A(a, b)$，第一维的范围是图像坐标空间中直线斜率的可能范围，第二维的范围是图像坐标空间中直线截距的可能范围。开始时将 $A(a, b)$ 初始化为 0，然后对图像坐标空间中的每个前景点 (x_i, y_i)，将参数空间中每个 a 的离散值代入式（11-48）中，从而计算出对应的 b 值。每计算出一对 (a, b)，都将对应的数组元素 $A(a, b)$ 加 1，即 $A(a, b)=A(a, b)+1$。所有的计算结束之后，在参数计算表决结果中找到 $A(a, b)$ 的最大峰值，所对应的 a_0、b_0 就是原图像中共线点数目最多（共 $A(a, b)$ 个共线点）的直线方程的参数；接下来可以继续寻找次峰值、第 3 峰值和第 4 峰值等，它们对应原图像中共线点略少一些的直线。参数空间表决结果如图 11-22 所示。

这种利用二维累加器的离散方法大大简化了霍夫变换的计算，参数空间 a-b 上的细分程度决定了最终找到直线上点的共线精度。

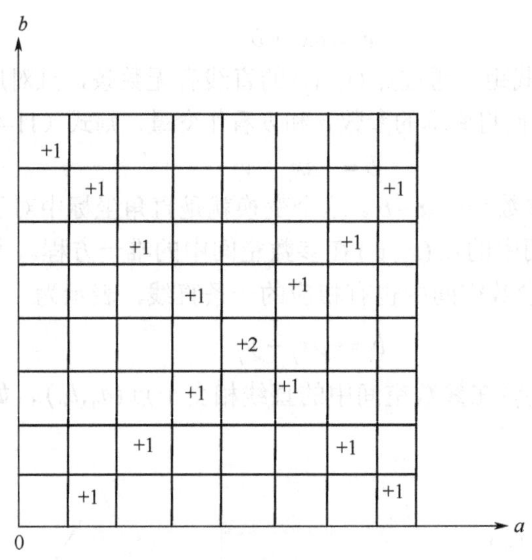

图 11-22 参数空间表决结果

在 MATLAB 中使用如下代码进行仿真实验。

```
clear all; clc ;
I   = imread('test.jpg');
I = rgb2gray(I);
BW = edge(I,'canny');
[H,T,R] = hough(BW,'RhoResolution',0.5,'Theta',-90:0.5:89.5);
imshow(H,[],'XData',T,'YData',R,'InitialMagnification','fit');
xlabel('\theta'), ylabel('\rho');
axis on, axis normal, hold on;
P   = houghpeaks(H,50,'threshold',ceil(0.3*max(H(:))));
x = T(P(:,2));
y = R(P(:,1));
plot(x,y,'s','color','white');
lines = houghlines(BW,T,R,P,'FillGap',7,'MinLength',100);
figure, imshow(I), hold on
max_len = 0;
for k = 1:length(lines)
    xy = [lines(k).point1; lines(k).point2];
    plot(xy(:,1),xy(:,2),'LineWidth',2,'Color','green');
    plot(xy(1,1),xy(1,2),'x','LineWidth',2,'Color','yellow');
    plot(xy(2,1),xy(2,2),'x','LineWidth',2,'Color','red');
    len = norm(lines(k).point1 - lines(k).point2);
    if ( len > max_len)
        max_len = len;
        xy_long = xy;
    end
end
plot(xy_long(:,1),xy_long(:,2),'LineWidth',2,'Color','cyan');
```

霍夫变换直线检测效果如图 11-23 所示。

图 11-23 霍夫变换直线检测效果

图像中还有许多类似的问题，如检测出椭圆、正方形、长方形、圆弧等。这些方法大都类似，关键就是需要熟悉这些几何形状的数学性质。霍夫变换的应用是很广泛的。例如，要做一个支票识别的任务，假设支票上有一个方形的二维码，可以通过霍夫变换来对这个二维码进行快速定位，再配合其他手段进行处理。霍夫变换由于不受图像旋转的影响，所以可以用来进行定位。

11.2.3 图像频域特征

在前一节中着重讲述了图像的空域特征，接下来介绍图像的频域特征。以频率（波数）为自变量描述图像的特征，可以将一幅图像像素值在空间上的变化分解为具有不同振幅、空间频率和相位的简振函数的线性叠加，图像中各种频率成分的组成和分布称为空间频谱。这种对图像频率特征进行的分解、处理和分析称为频域处理或波数域处理。

1．一维傅里叶变换及其反变换

单变量连续函数 $f(x)$ 的傅里叶变换 $F(u)$ 定义为

$$F(u)=\int_{-\infty}^{\infty} f(x)\mathrm{e}^{-\mathrm{j}2\pi ux}\mathrm{d}x \tag{11-50}$$

式中：$\mathrm{j}=\sqrt{-1}$。相反，给定 $F(u)$，通过傅里叶反变换可以获得 $f(x)$，即

$$f(x)=\int_{-\infty}^{\infty} F(u)\mathrm{e}^{\mathrm{j}2\pi ux}\mathrm{d}u \tag{11-51}$$

这两个等式组成了傅里叶变换对。它们指出了一个重要事实，即一个函数可以从它的反变换中重新获得。

单变量离散函数 $f(x)$（其中 $x=0,1,2,\cdots,M-1$）的傅里叶变换由下式给出：

$$F(u)=\frac{1}{M}\sum_{x=0}^{M-1} f(x)\mathrm{e}^{-\mathrm{j}2\pi ux/M},\quad u=0,1,2,\cdots,M-1 \tag{11-52}$$

上式为一维离散傅里叶变换（DFT）定义式。同样，给定 $F(u)$，通过相应的反变换可以获得 $f(x)$，即

$$f(x)=\sum_{u=0}^{M-1} F(u)\mathrm{e}^{\mathrm{j}2\pi ux/M},\quad x=0,1,2,\cdots,M-1 \tag{11-53}$$

在傅里叶变换前的乘数 $1/M$ 有时被放置在反变换前。

离散傅里叶变换及其反变换总是存在的。这一点可以从将以上两式相互代入对方的式子中，以及利用指数的正交特性得出，可以获得一个指明这两个函数存在的恒等式。当然，当 $f(x)$ 为无限数值时，总会有些问题发生，但在本书中仅处理有限数值。这些都适用于二维（和更高维数）函数。因此，对于数字图像，傅里叶离散变换或其反变换是适用的。根据欧拉公式及余弦的对称性可得

$$F(u)=\frac{1}{M}\sum_{x=0}^{M-1} f(x)[\cos 2\pi ux/M-\mathrm{j}\sin 2\pi ux/M] \tag{11-54}$$

式中：$u=0,1,2,\cdots,M-1$。从上式中可看到傅里叶变换的每一项，即对于每个 u 值，$F(u)$

的值由 $f(x)$ 函数所有值的和组成。$f(x)$ 的值则与各种频率的正弦值和余弦值相乘。$F(u)$ 值的范围覆盖域称为频域，因为 u 决定了变换的频率成分。$F(u)$ 的 M 项中的每个值称为变换的频率分量。在极坐标下 $F(u)$ 为

$$F(u)=|F(u)|\mathrm{e}^{\mathrm{j}\phi(u)} \tag{11-55}$$

式中：

$$|F(u)|=[R^2(u)+I^2(u)]^{1/2} \tag{11-56}$$

上式称为傅里叶变换的幅度或频率谱，$R(u)$ 和 $I(u)$ 分别为 $F(u)$ 的实部和虚部，同时

$$\phi(u)=\arctan\left[\frac{I(u)}{R(u)}\right] \tag{11-57}$$

上式称为傅里叶变换的相角或相位谱。其功率谱被定义为傅里叶变换的平方：

$$P(u)=|F(u)|^2=R^2(u)+I^2(u) \tag{11-58}$$

在研究图像频域特征时，人们主要关心频率谱的性质。

2．二维离散傅里叶变换及其反变换

一维离散傅里叶变换及其反变换向二维扩展是简单明了的。一个图像尺寸为 $M\times N$ 的函数 $f(x,y)$ 的离散傅里叶变换由下式给出：

$$F(u,v)=\frac{1}{MN}\sum_{x=0}^{M-1}\sum_{y=0}^{N-1}f(x,y)\mathrm{e}^{-\mathrm{j}2\pi(ux/M+vy/N)} \tag{11-59}$$

与一维的情况一样，此表达式必须对 u 值（$u=0,1,2,\cdots,M-1$）和 v 值（$v=0,1,2,\cdots,N-1$）进行计算。同样，给出 $F(u,v)$，可以通过傅里叶反变换获得 $f(x,y)$：

$$f(x,y)=\sum_{u=0}^{M-1}\sum_{v=0}^{N-1}F(u,v)\mathrm{e}^{\mathrm{j}2\pi(ux/M+vy/N)} \tag{11-60}$$

式中：$x=0,1,2,\cdots,M-1$，$y=0,1,2,\cdots,N-1$。式（11-59）和式（11-60）构成了二维离散傅里叶变换对。变量 u 和 v 是变换或频率变量，x 和 y 是空间或图像变量。按照一维离散傅里叶变换的方式定义二维离散傅里叶变换的相角和频率谱：

$$|F(u,v)|=[R^2(u,v)+I^2(u,v)]^{1/2} \tag{11-61}$$

$$\phi(u,v)=\arctan\left[\frac{I(u,v)}{R(u,v)}\right] \tag{11-62}$$

$$P(u,v)=|F(u,v)|^2=R^2(u,v)+I^2(u,v) \tag{11-63}$$

式中：$R(u,v)$ 和 $I(u,v)$ 分别是 $F(u,v)$ 的实部和虚部。

图像的频率是表征图像中灰度变化剧烈程度的指标，是灰度在平面空间上的梯度。图像的边缘部分是突变部分，变化较快，因此在频域上表现为高频分量，图像的噪声在大部分情况下是高频分量，图像中灰度变化平缓的部分则为低频分量，也就是说，傅里叶变换提供了另一个角度观察图像，可以将图像从灰度分布转化到频率分布来观察图像的特征。

在 MATLAB 中可以使用 fft2()函数来实现灰度图像的傅里叶变换，代码如下。

```
clear;close all;clc
img=imread('lena.jpg');
subplot(2,2,1);imshow(img);title('原图');
```

```
f=rgb2gray(img);        %对于 RGB 图像是必须做的一步，也可以用 im2double()函数
F=fft2(f);              %傅里叶变换
F1=log(abs(F)+1);       %取模并进行缩放
subplot(2,2,2);imshow(F1,[]);title('傅里叶变换频谱图');
Fs=fftshift(F);         %将频谱图中零频率成分移动至频谱图中心
S=log(abs(Fs)+1);       %取模并进行缩放
subplot(2,2,3);imshow(S,[]);title('移频后的频谱图');
fr=real(ifft2(ifftshift(Fs)));   %频域反变换到空域，并取实部
ret=im2uint8(mat2gray(fr));      %更改图像类型
subplot(2,2,4);imshow(ret),title('傅里叶反变换');
```

Lena 灰度图的傅里叶变换频谱图与反变换效果如图 11-24 所示。

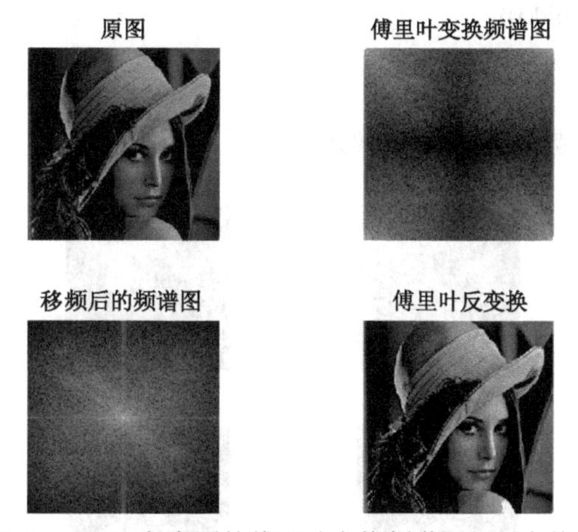

图 11-24　Lena 灰度图的傅里叶变换频谱图与反变换效果

将频谱移频到原点以后，可以看出图像的频率是以原点为圆心对称分布的。将频谱移频到圆心，除可以清晰地看出图像频率分布以外，还有一个好处，即可以分离出有周期性规律的干扰信号，如正弦干扰。从一幅带有正弦干扰、移频到原点的频谱图上可以看出，除中心以外还存在以某一点为中心、对称分布的亮点集合，这个集合就是干扰噪声产生的，这时可以很直观地通过在该位置放置带阻滤波器来消除干扰。

另外，还要说明以下几点。

（1）图像经过二维傅里叶变换后，其变换系数矩阵表明：若变换矩阵原点设在中心，其频谱能量集中分布在变换系数矩阵的中心附近（图中阴影区）。若所用的二维傅里叶变换矩阵的原点设在左上角，那么图像信号能量将集中在系数矩阵的四个角上。这是由二维傅里叶变换本身性质决定的。同时表明一股图像能量集中在低频区域。

（2）变换之后的图像在原点平移之前四角是低频、最亮，平移之后中间部分是低频、最亮，亮度大说明低频的能量大（幅角比较大）。

在 MATLAB 中使用如下代码进行去除部分高频分量后对图像进行傅里叶反变换的实验。

```
clear;
close all;
color_pic=imread('lena.jpg');
gray_pic=rgb2gray(color_pic);
```

```
threshold=[100000,30000,5000,500];  %设置不同阈值（高频部分能量低）
figure('name','傅里叶反变换图像');
for i=1:4
    Fourier=fft2(gray_pic);
    Fourier_shift=fftshift(Fourier);
    h_Fourier_shift=abs(Fourier_shift);
    Fourier_shift(h_Fourier_shift<threshold(i))=0;
    IFourier=real(ifft2(ifftshift(Fourier_shift)));
    ret=uint8(IFourier);
    subplot(2,2,i);
    imshow(ret);
    str=num2str(threshold(i));
    title(['阈值:',str]);
end
```

Lena 图去除部分高频分量后对图像进行傅里叶反变换的效果如图 11-25 所示。

图 11-25　Lena 图去除部分高频分量后对图像进行傅里叶反变换的效果

从图 11-25 中可以看出，由于高频部分能量较低，即傅里叶变换后的高频部分幅度值较小，设置的阈值越小，保留的低频部分越多，即轮廓部分保留下来，图像也就越接近原图。

11.2.4　贝叶斯决策

分类可以看作一种决策，即人们根据观测对样本做出归属哪一类的决策。例如，图片中存在一个形状，让你猜是什么形状，这其实就可以看作一个分类决策的问题。你需要从各种可能的形状中做出一个决策。如果告诉你这个形状只可能是圆形或长方形，那么这就是一个两类的分类问题。

贝叶斯决策是指在不完全信息下，对部分未知的状态用主观概率估计，然后用贝叶斯公式对发生概率进行修正，最后利用期望值和修正概率做出最优决策。贝叶斯决策属于风险型决策，决策者虽不能控制客观因素的变化，但能掌握其变化的可能状况及各状况的分布概率，并利用期望值即未来可能出现的平均状况作为决策准则。

贝叶斯决策理论方法是统计模型决策中的一个基本方法，其基本思想如下：已知条件概率密度函数表达式和先验概率，利用贝叶斯公式将其转换成后验概率，然后根据后验概率大小进行决策分类。

先验概率在分类方法中有着重要的作用，它的函数形式及主要参数要么是已知的，要么是可通过大量抽样实验估计出来的。

用 w_1 和 w_2 分别表示两个类别，$P(w_1)$ 和 $P(w_2)$ 表示它们各自的先验概率，此时满足

$$P(w_1)+P(w_2)=1 \tag{11-64}$$

推广到 c 类问题中，$w_1,w_2,\cdots,w_c$ 表示 c 个类别，它们各自的先验概率用 $P(w_1),P(w_2),\cdots,P(w_c)$ 表示，则满足

$$P(w_1)+P(w_2)+\cdots+P(w_c)=1 \tag{11-65}$$

条件概率密度函数是指在某种确定类别条件下，模式样本 X 出现的概率密度分布函数，常用 $p(X|w_i)$（$i\in 1,2,\cdots,c$）来表示。本书采用 $p(X|w_i)$ 表示条件概率密度函数，采用 $P(X|w_i)$ 表示其对应的条件概率。

后验概率是在某个具体的模式样本 X 条件下，某种类别出现的概率，常以 $P(w_i|X)$（$i\in 1,2,\cdots,c$）表示。后验概率可以根据下式计算出来并直接用作分类判决的依据。

$$P(w_i|X)=\frac{p(X|w_i)P(w_i)}{p(X)} \tag{11-66}$$

式中：

$$p(X)=\sum_{i=1}^{c}p(X|w_i)P(w_i) \tag{11-67}$$

先验概率是指 w_i（$i\in 1,2,\cdots,c$）出现的可能性，不考虑其他条件。条件概率密度函数 $p(X|w_i)$ 是指 w_i 条件下在一个连续的函数空间内出现 X 的概率密度，也就是第 w_i 类样本的特征 X 是如何分布的。

基于最小错误率的贝叶斯决策是已知类别出现的先验概率 $P(w_i)$ 和每类中样本分布的条件概率密度 $p(X|w_i)$，可以求得一个待分类样本属于每类的后验概率 $P(w_i|X)$（$i\in 1,2,\cdots,c$），将其划归到后验概率最大的那一类中，这种分类器称为最小错误率贝叶斯分类器，其分类决策准则可表示如下。

（1）两类情况：

$$\begin{cases}\text{if}\ \ P(w_1|X)>P(w_2|X), X\in w_1\\ \text{if}\ \ P(w_2|X)>P(w_1|X), X\in w_2\end{cases} \tag{11-68}$$

（2）多类情况：

$$\text{if}\ \ P(w_i|X)=\max\{P(w_j|X)\}(j\in 1,2,\cdots,c), X\in w_i \tag{11-69}$$

由贝叶斯公式，已知待识别样本 X 后，可以通过先验概率 $P(w_i)$ 和条件概率密度函数 $p(X|w_i)$，得到样本 X 分属各类别的后验概率，显然这个概率值可以作为判别 X 类别归属的依据。该判别依据有以下几种等价形式。

观察式（11-66），分母与 i 无关，即与分类无关，故分类规则又可表示为

$$\text{if}\ \ p(X|w_i)P(w_i)=\max\{p(X|w_j)P(w_j)\}(j\in 1,2,\cdots,c), X\in w_i \tag{11-70}$$

对两类问题，上式相当于

$$\begin{cases}p(X|w_1)P(w_1)>p(X|w_2)P(w_2), X\in w_1\\ p(X|w_2)P(w_2)>p(X|w_1)P(w_1), X\in w_2\end{cases} \tag{11-71}$$

上述公式可改写为

$$\begin{cases} \text{if} \quad l(X)=\dfrac{p(X\mid w_1)}{p(X\mid w_2)}>\dfrac{P(w_2)}{P(w_1)}, X\in w_1 \\ \text{if} \quad l(X)=\dfrac{p(X\mid w_1)}{p(X\mid w_2)}<\dfrac{P(w_2)}{P(w_1)}, X\in w_2 \end{cases} \tag{11-72}$$

统计学中称$l(X)$为似然比，$P(w_2)/P(w_1)$为似然比阈值。

对上式取自然对数，有

$$\begin{cases} \text{if} \quad \ln l(X)=\ln p(X\mid w_1)-\ln p(X\mid w_2)>\ln P(w_2)-\ln P(w_1), X\in w_1 \\ \text{if} \quad \ln l(X)=\ln p(X\mid w_1)-\ln p(X\mid w_2)<\ln P(w_2)-\ln P(w_1), X\in w_2 \end{cases} \tag{11-73}$$

上述公式都是贝叶斯决策规则的等价形式。可以发现，上述分类决策规则实为“最大后验概率分类器”，易知其分类错误的概率为

$$P(e)=\int_{-\infty}^{\infty} p(e,X)\mathrm{d}X=\int_{-\infty}^{\infty} p(e\mid X)p(X)\mathrm{d}X \tag{11-74}$$

而

$$p(e\mid X)=\sum_{i=1}^{c} p(w_i\mid X)-\max_{1\leqslant i\leqslant c} p(w_i\mid X) \tag{11-75}$$

显然，当$p(e\mid X)$取得最小值时，$P(e)$也取得最小值，“最大后验概率分类器”与“最小错误率分类器”是等价的。

基于最小错误率的贝叶斯决策实验探究：实验采用 iris 数据集，这个数据集里共有 150 行记录，其中前 4 列为花萼长度、花萼宽度、花瓣长度、花瓣宽度 4 个用于识别鸢尾花的属性，第 5 列为鸢尾花的类别（包括 Setosa、Versicolour、Virginica 三类）。通过判定花萼长度、花萼宽度、花瓣长度、花瓣宽度来识别鸢尾花的类别。

在 MATLAB 中使用如下代码进行仿真实验。

```
    iris = load('iris.txt');% 从 iris.txt 文件中读取估计参数用的样本，每类样本抽出前 40 个，分别求
其均值
    N=40;
    for i = 1:N %求第一类样本均值
        for j = 1:4
            w1(i,j) = iris(i,j+1);
        end
    end
    sum×1 = sum(w1,1);
    for i=1:4
        mean×1(1,i)=sumx1(1,i)/N;
    end
    for i = 1:N %求第二类样本均值
    for j = 1:4
            w2(i,j) = iris(i+50,j+1);
        end
    end
    sum×2 = sum(w2,1);
```

```
for i=1:4
meanx2(1,i)=sumx2(1,i)/N;
end
for i = 1:N %求第三类样本均值
    for j = 1:4
        w3(i,j) = iris(i+100,j+1);
    end
end
sumx3 = sum(w3,1);
for i=1:4
    mean×3(1,i)=sum×3(1,i)/N;
end
z1(4,4) = 0;%求第一类样本协方差矩阵
var1(4,4) = 0;
for i=1:4
    for j=1:4
        for k=1:N
            z1(i,j)=z1(i,j)+(w1(k,i)-meanx1(1,i))*(w1(k,j)-meanx1(1,j));
        end
        var1(i,j) = z1(i,j) / (N-1);
    end
end
z2(4,4) = 0 ; %求第二类样本协方差矩阵
var2(4,4) = 0;
for i=1:4
    for j=1:4
        for k=1:N
            z2(i,j)=z2(i,j)+(w2(k,i)-meanx2(1,i))*(w2(k,j)-meanx2(1,j));
        end
        ar2(i,j) = z2(i,j) / (N-1);
    end
end
z3(4,4) = 0 ; %求第三类样本协方差矩阵
var3(4,4) = 0;
for i=1:4
    for j=1:4
        for k=1:N
            z3(i,j)=z3(i,j)+(w3(k,i)-meanx3(1,i))*(w3(k,j)-meanx3(1,j));
        end
        var3(i,j) = z3(i,j) /( N-1);
    end
end
var1_inv = [];var1_det = [];var1_inv = inv(var1);var1_det = det(var1);%求各类的协方差矩阵逆矩阵及
```

```
行列式
    var2_inv = [];var2_det = [];var2_inv = inv(var2);var2_det = det(var2);
    var3_inv = [];var3_det = [];var3_inv = inv(var3);var3_det = det(var3);
    M=10; %10 个数据和第二类进行分类，代码如下
    for i = 1:M
        for j = 1:4
            test(i,j) = iris(i+50,j+1); %取测试数据
        end
    end
    t1=0;t2=0;t3=0;
    for i = 1:M
        x=test(i,1);y=test(i,2);
        z=test(i,3);h=test(i,4);
        g1 = (-0.5)*([x,y,z,h]-meanx1)*var1_inv*([x,y,z,h]'-meanx1') - 0.5*log(abs(var1_det)) + log(p1);
        g2 = (-0.5)*([x,y,z,h]-meanx2)*var2_inv*([x,y,z,h]'-meanx2') - 0.5*log(abs(var2_det)) + log(p2);
        if g1>g2
            t1=t1+1; %若 g1>g2 则属于第一类，否则属于第二类，并统计属于每一类的个数
        else
            t2=t2+1;
        end
    end
```

11.2.5 深度学习

深度学习是近几年人工智能领域的主要研究方向。深度学习的主要任务是通过构建神经网络和采用大量样本数据作为输入，得到一个具有强大分析能力和识别能力的模型以应用于实际工作。深度学习是大数据时代的算法利器，和传统的机器学习算法相比，深度学习技术有着两方面的优势。一是深度学习技术可随着数据规模的增大不断提升其性能，而传统机器学习算法难以利用海量数据持续提升其性能。二是深度学习技术可以从数据中直接提取特征，削减了对每个问题设计特征提取器的工作，而传统机器学习算法需要人工提取特征。因此，深度学习成为大数据时代的热点技术，学术界和产业界都对深度学习展开了大量的研究和实践工作。

1. 人工神经网络

随着神经科学、认知科学的发展，人们逐渐知道人类的智能行为都和大脑活动有关。人类大脑是一个可以产生意识、思想和情感的器官。受到人脑神经系统的启发，早期的神经科学家构造了一种模拟人脑神经系统的数学模型，称为人工神经网络，简称“神经网络”。

人工神经网络是为模拟人脑神经系统而设计的一种计算模型，它从结构、实现机理和功能上模拟人脑神经系统。人工神经网络与生物神经元类似，由多个节点（人工神经元）互相连接而成，可以用来对数据之间的复杂关系进行建模。不同节点之间的连接被赋予了不同的权重，每个权重代表了一个节点对另一个节点的影响大小。每个节点代表一种特定函数，来自其他节点的信息经过其相应的权重综合计算，输入一个激活函数中

并得到一个新的活性值（兴奋或抑制）。从系统观点看，人工神经网络是由大量神经元通过极其丰富和完善的连接而构成的自适应非线性动态系统。

2．前馈神经网络

前馈神经网络（Feedforward Neural Network，FNN）是最早发明的简单人工神经网络。前馈神经网络也称多层感知器（Multi-Layer Perceptron，MLP）。

在前馈神经网络中，各神经元分别属于不同的层。每一层的神经元可以接收上一层神经元的信号，并产生信号输出到下一层。第 0 层称为输入层，最后一层称为输出层，其他中间层称为隐藏层。整个网络中无反馈，信号从输入层向输出层单向传播，可用一个有向无环图表示。多层前馈神经网络如图 11-26 所示。

前馈神经网络的记号见表 11-2。

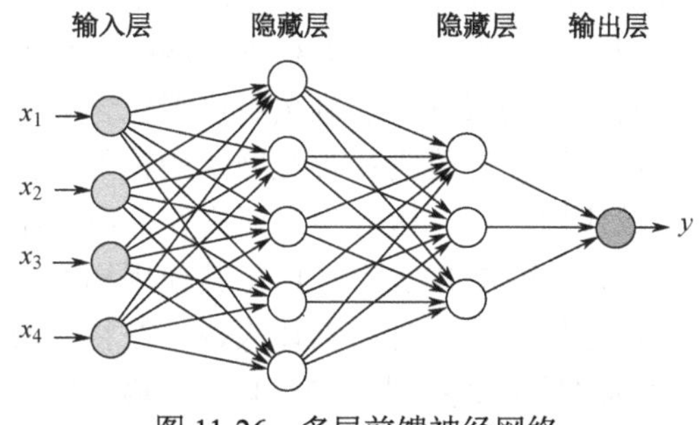

图 11-26　多层前馈神经网络

表 11-2　前馈神经网络的记号

记　号	含　义
L	神经网络的层数
M_l	第 l 层神经元的个数
$f_l(\cdot)$	第 l 层神经元的激活函数
$W^{(l)} \in R^{M_l \times M_{l-1}}$	第 l–1 层到第 l 层的权重矩阵
$b^{(l)} \in R^{M_l}$	第 l–1 层到第 l 层的偏置
$z^{(l)} \in R^{M_l}$	第 l 层神经元的净输入（净活性值）
$a^{(l)} \in R^{M_l}$	第 l 层神经元的输出（活性值）

令 $a^{(0)} = x$，前馈神经网络通过不断迭代下面的公式进行信息传播：

$$z^{(l)} = W^{(l)} a^{(l-1)} + b^{(l)} \tag{11-76}$$

$$a^{(l)} = f_l(z^{(l)}) \tag{11-77}$$

首先根据第 $l-1$ 层神经元的活性值（Activation）$a^{(l-1)}$ 计算出第 l 层神经元的净活性值（Net Activation）$z^{(l)}$，然后经过一个激活函数得到第 l 层神经元的活性值。因此，也可以把每个神经层看作一个仿射变换（Affine Transformation）和一个非线性变换。

这样，前馈神经网络可以通过逐层的信息传递，得到最后的输出 $a^{(L)}$。整个网络可以看作一个复合函数 $\phi(x;W,b)$，将向量 x 作为第 1 层的输入 $a^{(0)}$，将第 L 层的输出 $a^{(L)}$ 作为整个函数的输出。

$$x = a^{(0)} \to z^{(1)} \to a^{(1)} \to z^{(2)} \to \cdots \to a^{(L-1)} \to z^{(L)} \to a^{(L)} = \phi(x;W,b) \tag{11-78}$$

式中，b、W 表示网络中所有层的连接权重和偏置。

3．卷积神经网络

卷积神经网络（Convolutional Neural Network，CNN 或 ConvNet）是一种具有局部连接、权重共享等特性的深层前馈神经网络。

卷积神经网络最早主要用来处理图像信息。在用全连接前馈神经网络处理图像时，会存在以下两个问题。

（1）参数太多。如果输入图像大小为 100×100×3（图像高度为 100，宽度为 100，有 RGB 三色通道），那么在全连接前馈神经网络中，第一个隐藏层的每个神经元到输入层都有 100×100×3 = 30000 个互相独立的连接，每个连接都对应一个权重参数。随着隐藏层神经元数量的增多，参数的规模也会急剧增大。这会导致整个神经网络的训练效率非常低，也很容易出现过拟合。

（2）局部不变性特征。自然图像中的物体都具有局部不变性特征，如尺度缩放、平移、旋转等操作不影响其语义信息。而全连接前馈网络很难提取这些局部不变性特征，一般需要进行数据增强来提高性能。

卷积神经网络是受生物学中感受野机制的启发而提出的。感受野（Receptive Field）机制主要是指听觉、视觉等神经系统中一些神经元的特性，即神经元只接收其所支配的刺激区域内的信号。在视觉神经系统中，视觉皮层中的神经细胞的输出依赖于视网膜上的光感受器。视网膜上的光感受器受刺激兴奋时，将神经冲动信号传到视觉皮层，但不是所有视觉皮层中的神经元都会接收这些信号。一个神经元的感受野是指视网膜上的特定区域，只有这个区域内的刺激才能激活该神经元。卷积神经网络结构包含以下5个部分。

（1）输入层：卷积神经网络的输入层可以处理多维数据，一维卷积神经网络的输入层接收一维或二维数组，其中一维数组通常为时间或频谱采样，二维数组可能包含多个通道；二维卷积神经网络的输入层接收二维或三维数组；三维卷积神经网络的输入层接收四维数组。由于卷积神经网络在计算机视觉领域应用较广，因此许多研究在介绍其结构时预先假设了三维输入数据，即平面上的二维像素点和RGB通道。由于其使用梯度下降算法进行学习，卷积神经网络的输入特征需要进行标准化处理。具体来说，在将学习数据输入卷积神经网络前，须在通道或时间/频率维对输入数据进行归一化，若输入数据为像素，也可将分布的原始像素值归一化至[0,1]区间。输入特征的标准化有利于提升卷积神经网络的学习效率和表现。

卷积神经网络的隐含层包含卷积层、池化层和全连接层，在一些更为现代的算法中可能有Inception模块、残差块（Residual Block）等。在常见结构中，卷积层和池化层是卷积神经网络特有的。卷积神经网络有三个结构上的特性：局部连接、权重共享及汇聚。这些特性使卷积神经网络具有一定程度上的平移、缩放和旋转不变性。和前馈神经网络相比，卷积神经网络的参数更少。卷积神经网络主要用在图像和视频分析的各种任务（如图像分类、人脸识别、物体识别、图像分割等）中，其准确率一般也远远超过其他的神经网络模型。近年来，卷积神经网络也被广泛应用于自然语言处理、推荐系统等领域。

（2）卷积层：卷积层的功能是对输入数据进行特征提取，其内部包含多个卷积核，组成卷积核的每个元素都对应一个权重系数和一个偏差量（Bias Vector），类似于一个前馈神经网络的神经元。卷积层内每个神经元都与前一层中位置接近的区域的多个神经元相连，区域的大小取决于卷积核的大小。

图像卷积（Convolution）操作，或称核（Kernel）操作，是进行图像处理的一种常用手段。图像卷积操作的目的是利用像素和其邻域像素之间的空间关系，通过加权求和的操作，实现模糊（Blurring）、锐化（Sharpening）、边缘检测（Edge Detection）等功能。其计算过程就是卷积核按步长对图像局部像素块进行加权求和的过程。卷积核实质上是一个固定大小的权重数组，该数组中的锚点通常位于中心。

二维卷积公式如下：

$$y_{ij} = \sum_{u=1}^{U}\sum_{v=1}^{V} w_{uv} x_{i-u+1,\, j-v+1} \tag{11-79}$$

式中：w 为大小为 $u \times v$ 的滤波器；x 为大小为 $M \times N$ 的图像。二维卷积示例如图 11-27 所示。

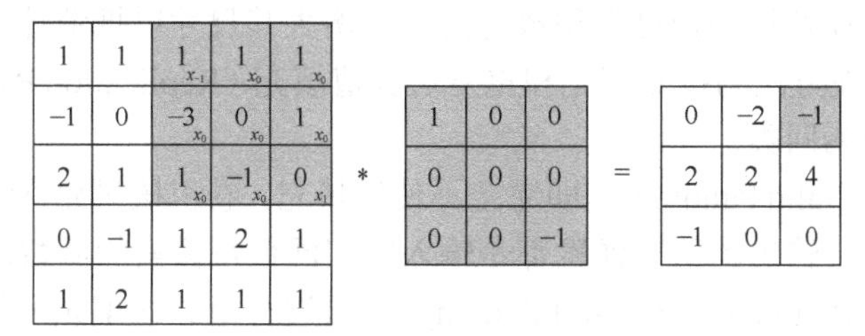

图 11-27 二维卷积示例

图像处理中常用的均值滤波（Mean Filter）就是一种二维卷积，它将当前位置的像素值设为滤波器窗口中所有像素的平均值。

在图像处理中，卷积是特征提取的有效方法。一幅图像在经过卷积操作后得到的结果称为特征映射。图 11-28 给出了图像处理中常用的几种滤波器及其滤波效果图。图中最上面的滤波器是常用的高斯滤波器，可以用来对图像进行平滑去噪；中间和最下面的滤波器可以用来提取边缘特征。

图 11-28 图像处理中常用的几种滤波器及其滤波效果图

卷积层参数包括卷积核大小、步长和填充，三者共同决定了卷积层输出特征图的尺寸。其中，卷积核大小可以指定为小于输入图像尺寸的任意值，卷积核越大，可提取的输入特征越复杂。

由卷积核的交叉相关计算可知，随着卷积层的堆叠，特征图的尺寸会逐步减小。例如，16×16 的输入图像在经过单位步长、无填充的 5×5 卷积核后，会输出 12×12 的特征图。因此，填充是在特征图通过卷积核之前人为增大其尺寸以抵消计算中尺寸收缩影响的方法。常见的填充方法为按 0 填充和重复边界值填充（Replication Padding）。填充依据其层数和目的可分为四类。

① 有效填充（Valid Padding）：即完全不使用填充，卷积核只允许访问特征图中包含完整感受野的位置。输出的所有像素都是输入中相同数量像素的函数。

② 相同填充/半填充（Same/Half Padding）：只进行足够的填充来保持输出和输入的特征图尺寸相同。相同填充下特征图的尺寸不会缩减，但输入像素中靠近边界的部分相比于中间部分对于特征图的影响更小，即存在边界像素的欠表达。使用相同填充的卷积称为等长卷积（Equal-Width Convolution）。

③ 全填充（Full Padding）：进行足够多的填充使得每个像素在每个方向上被访问的次数相同。

④ 任意填充（Arbitrary Padding）：介于有效填充和全填充之间，是人为设定的填充，较少使用。

（3）池化层：在卷积层进行特征提取后，输出的特征图会被传递至池化层进行特征选择和信息过滤。池化层包含预设的池化函数，其功能是将特征图中单个点的结果替换为其相邻区域的特征图统计量。池化层选取池化区域与卷积核扫描特征图步骤相同，由池化大小、步长和填充控制。池化操作后的结果相比其输入缩小了。池化层的引入是仿照人类视觉系统对视觉输入对象进行降维和抽象。在卷积神经网络过去的工作中，研究者普遍认为池化层有如下三个特点。

① 特征不变性：池化操作使模型更加关注是否存在某些特征而不是特征具体的位置。其中不变性包括平移不变性、旋转不变性和尺度不变性。平移不变性是指输出结果对小量平移基本保持不变，例如，输入为(1, 5, 3)，最大池化将会取 5，如果将输入右移一位得到(0, 1, 5)，输出的结果仍将为 5。如果原先的神经元在最大池化操作后输出 5，那么经过伸缩（尺度变换）后，最大池化操作在该神经元上很大概率输出仍是 5。

② 特征降维（下采样）：池化相当于在空间范围内做了维度约减，从而使模型可以抽取更广范围的特征。同时减小了下一层的输入大小，进而减少了计算量和参数个数。

③ 在一定程度上防止过拟合，更便于优化。

（4）全连接层：卷积神经网络中的全连接层等价于传统前馈神经网络中的隐含层。全连接层位于卷积神经网络隐含层的最后部分，并且只向其他全连接层传递信号。特征图在全连接层中会失去空间拓扑结构，被展开为向量并通过激励函数。

按表征学习观点，卷积神经网络中的卷积层和池化层能够对输入数据进行特征提取，全连接层的作用则是对提取的特征进行非线性组合以得到输出，即全连接层本身不被期望具有特征提取能力，而是试图利用现有的高阶特征完成学习目标。

在一些卷积神经网络中，全连接层的功能可由全局均值池化（Global Average Pooling）取代，全局均值池化会将特征图每个通道的所有值取平均，即若有 7×7×256 的特征图，全局均值池化将返回一个 256 的向量，其中每个元素都是 7×7、步长为 7、无填充的均值池化。

（5）输出层：卷积神经网络中输出层的上游通常是全连接层，因此其结构和工作原理与传统前馈神经网络中的输出层相同。对于图像分类问题，输出层使用逻辑函数或归一化指数函数输出分类标签。在物体识别（Object Detection）问题中，输出层可设计为输出物体的中心坐标、大小和分类。在图像语义分割中，输出层直接输出每个像素的分类结果。

一个典型的卷积网络由卷积层、池化层、全连接层交叉堆叠而成。目前常用的卷积网络整体结构如图 11-29 所示。一个卷积块为连续 M 个卷积层和 b 个汇聚层（M 通常设置为 2～5，b 为 0 或 1）。一个卷积网络中可以堆叠 N 个连续的卷积块，后面接着 K 个全连接层（N 的取值区间比较大，如 1～100 或者更大；K 一般为 0～2）。

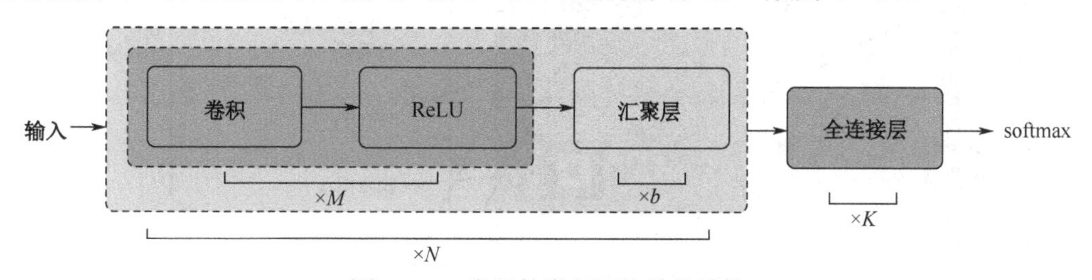

图 11-29 常用的卷积网络整体结构

目前，卷积网络的整体结构趋向于使用更小的卷积核（如 1 × 1 和 3 × 3）以及更深的结构（如层数大于 50）。此外，由于卷积的操作越来越灵活（如不同的步长），池化层的作用也变得越来越小，因此在目前比较流行的卷积网络中，汇聚层的比例正在逐渐降低，趋向于全卷积网络。

11.3 图像信息识别

11.3.1 二维码图像信息识别

QR（Quick Response）码，即快速响应码，是日本 Denso Wave 公司于 1994 年 9 月研制的一种矩阵二维码符号。QR 码结构如图 11-30 所示，主要分为功能图形区和编码区，每个区又包含了不同的模块，下面对其进行详细介绍。

空白区：围绕在二维码图像四周的就是空白区。这片区域宽度为 4 个像素块，它并不存储任何信息，只是作为二维码与外界环境的区分。

位置探测图形：任何一个标准的 QR 码都有 3 个形状、大小均相同的位置探测图形，分别位于二维码图片的左上角、右上角和左下角，形如一个“回”字。整个“回”字是 7×7 像素块大小，最外面的黑色边框宽度为 1 个像素块，最内侧的黑色方块宽度为 3 个像素块，中间的白色区域宽度也是 1 个像素块。整个位置探测图形无论是从水平方向还是垂直方向，其色块比例均为 1∶1∶3∶1∶1。

位置探测图形分隔符：主要用来对位置探测图形区域和编码区域进行区分，其宽度为 1 个像素块。

定位图形：有水平方向和垂直方向的定位图形，都是由黑白相间的模块单元组成的，其宽度为 1 个像素块。其作用主要是把三个位置探测图形连接起来，从而为模块符号提供坐标信息。

校正图形：形状与位置探测图形类似，也呈“回”字形，但它的大小是 5×5 像素块。最外侧黑色边框、最内侧黑色方块、中间白色区域的宽度都是 1 个像素块，因此整个校正图形的像素块比为 1∶1∶1∶1∶1。校正图形的个数是由 QR 码的版本信息确定的，QR 码的版本越高，校正图形的个数就越多。

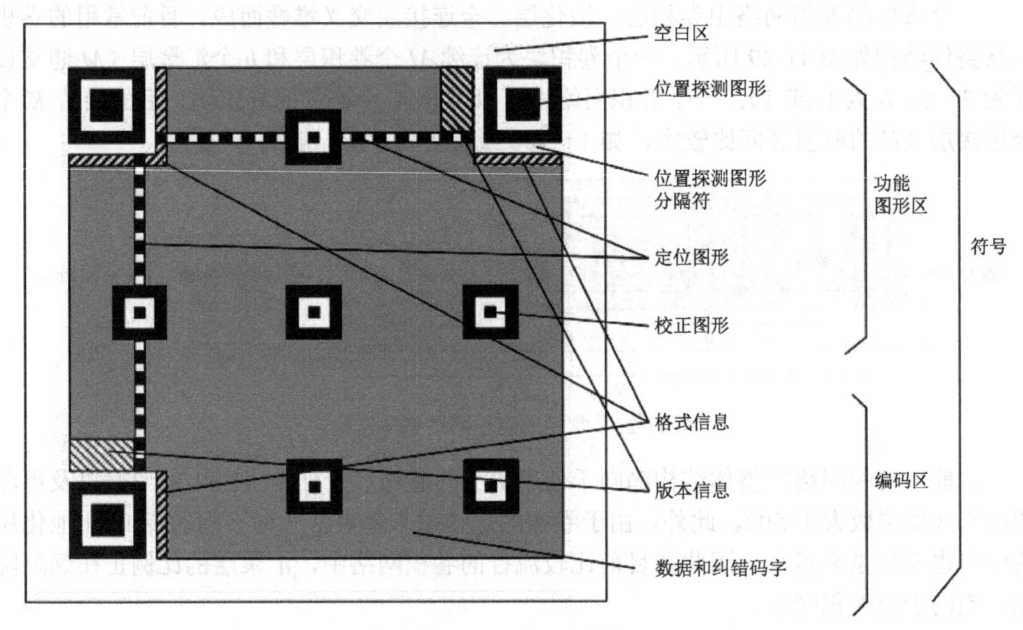

图 11-30　QR 码结构

格式信息：有三个位置，分别位于三个位置探测图形的周边，与位置探测图形分隔符相接。它表示二维码的纠错级别，一般可分为 L、M、Q、H 四个等级，级别 L 表示可以纠正约 7%的错误，级别 M 表示可以纠正约 15%的错误，级别 Q 表示可以纠正约 25%的错误，级别 H 表示可以纠正约 30%的错误。使用者可以根据所处的环境不同选择不一样的级别进行纠错。

版本信息：有两个位置，一个在左下方，一个在右上方，分别处于位置探测图形外围，与定位图形和位置探测图形分隔符相连，它表示二维码的规格。QR 码设有从 1 到 40 共 40 个版本，每个版本都有固定的码元结构。码元结构就是指二维码中的码元数，即构成 QR 码的方形黑白点。

数据和纠错码字：用来存储二维码实际要表达的信息内容和纠错码字，二维码是附着在一定的媒介上呈现出来的，如常见的纸张、食品包装袋等，还有一些其他材质（如金属）等。图 11-31 展示了一些人们日常生活中常见的二维码。

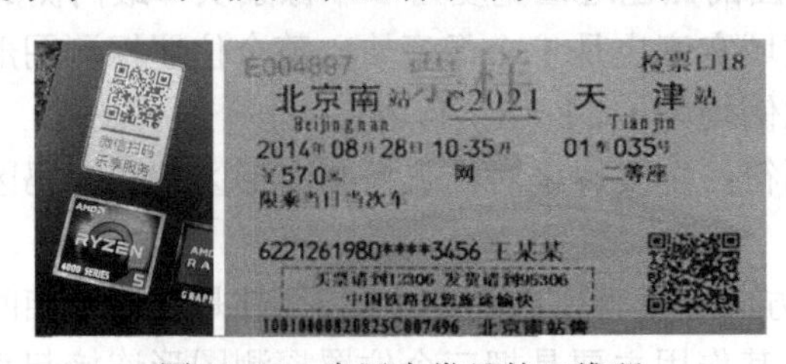

图 11-31　生活中常见的二维码

二维码逐步得到广泛使用，与此同时，越来越多的问题也显露出来。通常人们在扫描二维码时需要手动将二维码置于扫描框的中心位置，并且不能有遮掩。但是在现实生活中，人们扫描二维码时经常会遇到各种问题。当人们采集二维码时可能会遇到光线的影响，导致二维码过亮或者过暗，不能有效识别其内容。并且，识别二维码需要准确定位二维码，如果只扫描到二维码的一半甚至更少，就很有可能识别不出它所要传达的内容。另外，当人们使用采集设备（一般是手机）对准二维码进行扫描时，并不能很好地控制扫描角度，导致图片相对于采集设备而言发生一定程度的畸变，对快速有效识别其内容产生了影响。因此，需要通过数字图像处理相关算法对这些问题加以解决。根据二维码符号的排列特征，可以大致确定二维码检测的思路。二维码图像信息识别思路如图 11-32 所示。

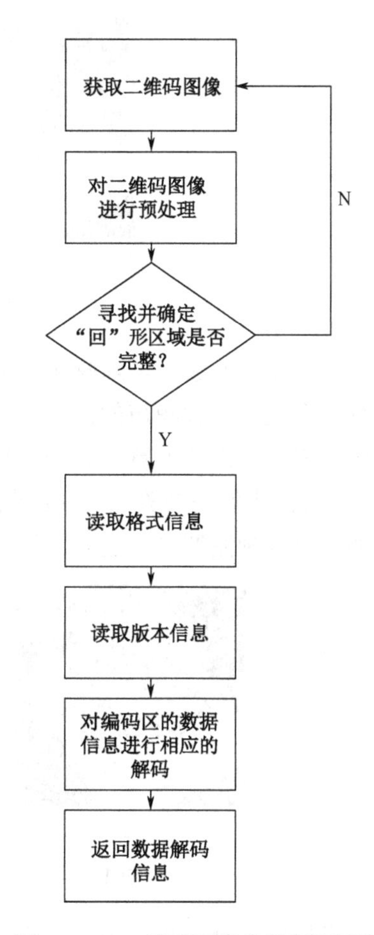

图 11-32　二维码图像信息识别思路

对于二维码本身的少量磨损和划痕等问题，通过 QR 码本身的容错机制解决。此外，由于复杂背景、噪声干扰、现场光照不均、阴影遮挡、图像畸变等问题，需要对采集到的二维码图像进行预处理，包括以下步骤。

（1）灰度化处理，以减少其占用的存储容量和加快后续的处理。人们接触到的图片一般来说都是有色彩的，都是由 R（红色，Red）、G（绿色，Green）、B（蓝色，Blue）三种颜色进行不同等级的组合形成的。每种颜色都有 0～255 共 256 个等级，能够组成图片的色彩范围很大。如果直接对图片进行识别，会大大增加计算机的工作量和存储空间，因此有必要对图片进行灰度化处理，这样可以减少计算机的工作量。

将 RGB 图像转化为灰度图像一般有以下三种方法。

① 最大值法：取三种颜色中等级最高的值作为灰度值，但这种方法会导致图片太亮，后续工作无法很好地进行。

② 平均值法：取三种颜色等级的平均值作为灰度值，此种方法比最大值法效果好。

③ 加权平均值法：对三种颜色按一定的权重进行取值作为灰度值，此种方法效果最佳，其表达式为

$$\text{gray}=\frac{w_1R+w_2G+w_3B}{w_1+w_2+w_3} \tag{11-80}$$

一般取 $w_1=0.30$，$w_2=0.59$，$w_3=0.11$，则有 $w_1+w_2+w_3=1$。加权平均值法示例如图 11-33 所示。

（a）（b）

图 11-33 加权平均值法示例

（2）图像滤波，消除噪声影响。由于成像设备、传输媒介等的不完善，在图片形成过程中会受到多种噪声的污染，主要表现为图片上突出的像素点，这对图片识别带来了一定的干扰。而滤波算法就是对这种噪声进行抑制的一种图片处理方法，能够帮助识别图片。目前中值滤波算法、均值滤波算法、高斯滤波算法（图 11-34）是常用的滤波算法，下面对这几种滤波算法进行比较。

（a）（b）（c）

图 11-34 中值滤波、均值滤波、高斯滤波算法示例

中值滤波是一种常用的非线性平滑滤波。其算法原理是取一个正方形窗口进行滑动，将窗口内所有点的像素值进行排序，利用数学上的中值概念选出这一列像素值的中值，用它来取代原窗口内中心点的像素值，由此形成一个新的窗口继续滑动，从而完成对图像的平滑处理。该算法在去除随机噪声方面具有较好的效果，并且对边缘信息的影响较小，起到了一定的保护作用。但是当图片的噪声比较密集时，该算法则受到滤波窗口大小的限制，去噪效果不是很好。

均值滤波是一种传统的图像处理方法。其算法原理同样是利用窗口滑动进行处理，取窗口内所有点像素值的平均值作为窗口的中心点像素值，以此来完成对噪声点的降噪处理。根据图像的特点，窗口形状可以取正方形、矩形、十字形等。该算法可以在一定程度上对噪声进行抑制，但是图像细节不能得到很好保护，利用该算法去噪的同时也会破坏图片的细节。

高斯滤波主要是针对高斯噪声进行处理的一种方法。图片上某些像素点的概率密度函数与高斯分布（正态分布）是吻合的，这样的像素点称为高斯噪声。该算法原理是以任一像素点为中心点取大小合适的窗口，将该像素点值与周围像素点值进行加权平均，并将计算出来的新值作为窗口中心点像素值，滑动窗口重复此操作，直到把所有的像素点都进行加权平权，就完成了图片的滤波处理。高斯滤波虽然能有效抑制服从正态分布的噪声，但对于其他噪声的抑制效果一般，并且可能会模糊掉图片的边缘信息，甚至会导致滤波后的结果偏离原来的模型。

这三种算法都采取滑动窗口的方式进行灰度值选取，再以此灰度值作为中心点像素值继续滑动，直到完成对整幅图像的平滑处理。

（3）二值化处理，以减少或消除光照不均、阴影遮挡对准确快速识别图片的影响。通过图像采集设备获取到的二维码图片通常是彩色或者灰色的，而原始的二维码图片是黑白的，所以需要对图片进行一定的处理，将它转换为黑白图片。图片的二值化处理就是将图片上所有的像素点设置为 0 或者 255，即呈现出黑白图像的效果（图 11-35），这样能够很好地把目标区域和背景区域分开。

（4）消除 QR 码图像所处的复杂背景，即感兴趣区域提取（图 11-36）。根据 QR 码的矩形特性，可将其从拍摄的图像中分离出来，去除不必要的部分，以便后续的定位、校正。

图 11-35　二值化效果

图 11-36　感兴趣区域提取

（5）定位算法，实现快速定位。根据二维码的结构可知，其有三个位置探测图形，呈“回”字形，只要检测出这三个“回”字的位置即可定位二维码。通常检测二维码时是通过“回”字黑白模块 1∶1∶3∶1∶1 的比例进行定位的，计算起来比较复杂。可以通过探寻定位点的轮廓及面积比例来判定位置探测图形的具体方位，再结合中心点连线是否能构成等腰直角三角形来对二维码进行定位。

如图 11-37 所示，位置探测图形近似由三条闭合曲线围成，这三条闭合曲线就相当于三个轮廓，根据比例关系可知最外侧轮廓面积与中间轮廓面积之比为 49∶25，中间轮廓面积与最内侧轮廓面积之比为 25∶9。利用 Opencv 中的 cv2.findCoun-Tours( )寻找轮廓函数提取待检测图片中的所有轮廓，再利用 cv2.contourArea( )函数计算所有轮廓面积，结合轮廓面积比例关系就找到了位置探测图形。

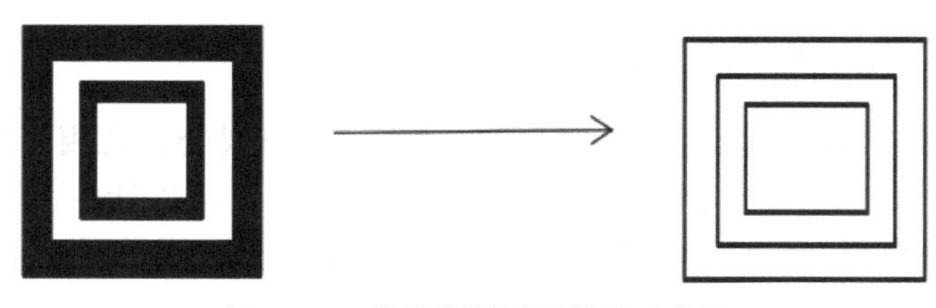

图 11-37　位置探测图形轮廓示意图

二维码有三个位置探测图形，分别位于左上方、左下方和右上方，其大小、形状完全一致，接下来根据其中心点连线是否能构成等腰直角三角形即可定位二维码。找到符合要求的位置探测图形之后，利用 cv2.moments( )函数计算出其中心点，继而通过中心点连线找出能构成等腰直角三角形的三个点，就锁定了位置探测图形的方位，从而就定位出了二维码。

图 11-38　旋转校正效果

（6）畸变校正算法，以减少或消除图像畸变对后续识别的影响。旋转校正主要是利用霍夫变换进行直线检测，并通过坐标点计算出直线的斜率，从而得出倾斜角，再进行相应角度的旋转就可以把图片恢复到标准状态。这里选用的是统计概率霍夫变换，它的输出结果直接从参数空间转变到了标准直角坐标系，避免了再通过计算得到坐标点的麻烦。得出一条直线上的两个坐标点就可以利用斜率的计算公式求出直线的斜率，再利用反正切函数得到旋转角度。最后根据旋转角度进行旋转，需要注意的是当旋转角度为正值时进行逆时针旋转，当旋转角度为负值时进行顺时针旋转。旋转校正效果如图 11-38 所示。

在实际采集图片的过程中，可能会存在镜头与所要采集的图片不处于平行状态的情况，这样得到的图片就会出现几何失真现象，通常表现为梯形，造成 QR 码识别困难甚至失败。上面提到的霍夫变换只能针对没有发生形变的图片进行旋转校正，对于变形扭曲的图片需要用透视变换来进行校正。

透视变换的实质是把一张图片从当前平面投影到另一个平面上，当投影设备与图片存在一定夹角时就会出现图片发生形变的现象。如图 11-39 所示，发生形变的图片四个顶点分别为 A、B、C、D，与之相对应的校正后的图片对应点分别为 A'、B'、C'、D'，当找到对应点之间的映射关系时，就可以对发生形变的图片进行校正，得到如图 11-40 所示的校正后的二维码。

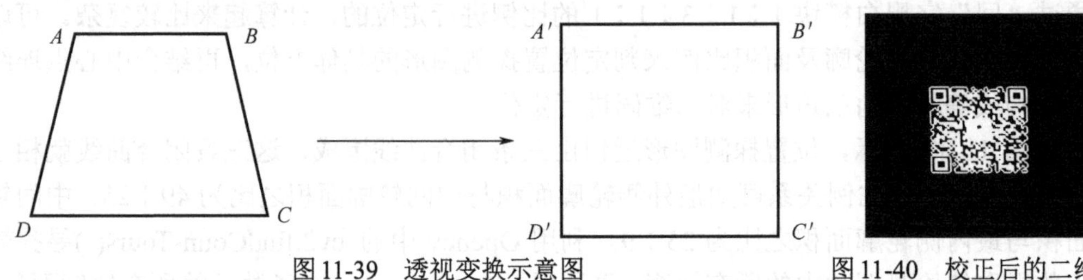

图 11-39　透视变换示意图　　图 11-40　校正后的二维码

将校正后的二维码送入解码器便可将其中的信息读取出来。

11.3.2　隐形点阵图像信息识别

点阵数据矩阵具有编码容量大、密度高、信息安全等特点，在相同尺寸和密度的情况下，与其他二维码相比，可包含更多的数据信息。在日常生活中，有许多通过点阵来记录信息的例子，如盲文、半色调图像等。图 11-41 展示了实际生活中点阵数据应用场景。

点阵及隐形点阵图像随着科技的进步也不断渗入人们的生活中，在实际工程应用中，获取的该类图像总存在许多问题，如拍摄的点阵图像存在畸变及局部缺失等问题，导致信息识别存在一定困难。根据点阵图像的形状特征，可以大致确定点阵图像信息识别的思路，其流程如图 11-42 所示。

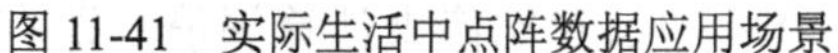

图 11-41　实际生活中点阵数据应用场景

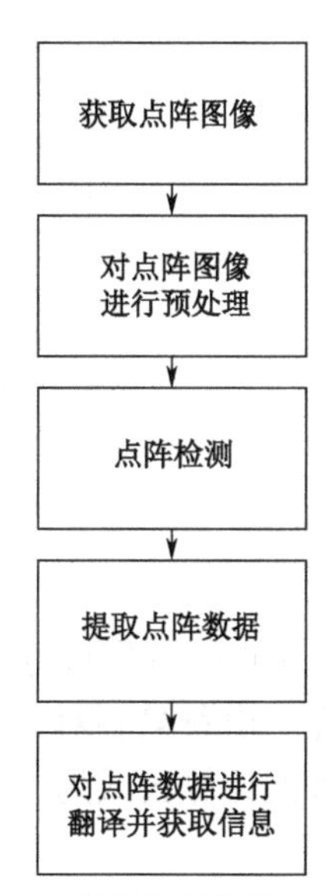

图 11-42　点阵图像信息识别流程

由于采用不同的识读技术，点阵阅读器对读取特定焦距或角度方向的代码有特殊要求。大多数量子点点阵阅读器因受其内部光学器件及内置量子点识读算法的限制，在处理拍摄的复杂背景图片过程中不可避免地受到高斯白噪声或者椒盐噪声的影响，存在由于拍摄距离和量子点点阵维度不同导致的分辨率失真。此外，由于复杂背景、噪声干扰、现场光照不均、阴影遮挡、图像畸变等问题，都需要对采集到的点阵图像进行预处理，包括以下步骤。

（1）灰度化处理，以减少其占用的存储容量和加快后续的处理。与二维码图像预处理相似，获取的点阵图像一般情况下均是 RGB 图像，为了减少计算机的工作量，在分析分布参数前，对采集的图像进行灰度化处理，将其颜色深度由 24 位（RGB）转为 8 位，并按下式进行灰度线性拉伸，从而解决由光照不均匀引起分割阈值存在偏差的问题（见图 11-43）。

$$Y(x,y)=\begin{cases}255\times\dfrac{G(x,y)-G_{\min}}{G_{\max}-0}, & G(x,y)<\lambda_1\\ 255\times\dfrac{G(x,y)-G_{\min}}{G_{\max}-G_{\min}}, & \lambda_1<G(x,y)<\lambda_2\\ 255\times\dfrac{G(x,y)-G_{\min}}{255-G_{\min}}, & \lambda_2<G(x,y)\end{cases} \tag{11-81}$$

式中：$Y(x,y)$为拉伸后输出图像的灰度值；$G(x,y)$为输入灰度化图像的灰度值；$G_{\min}$、$G_{\max}$为输入图像的最小和最大灰度值，对图像灰度值分布在 2%～98%的像素做线性拉伸，即λ_1、λ_2分别为直方图分布下拉伸因子为 1%和 2%时所对应的灰度值。

（2）图像滤波。考虑到在采集图像的过程中会有噪声的影响，对灰度化处理后的图像需要进行滤波处理，以此来弱化不是印刷量子点的噪声点，滤波过程可采用中值滤波或高斯滤波。

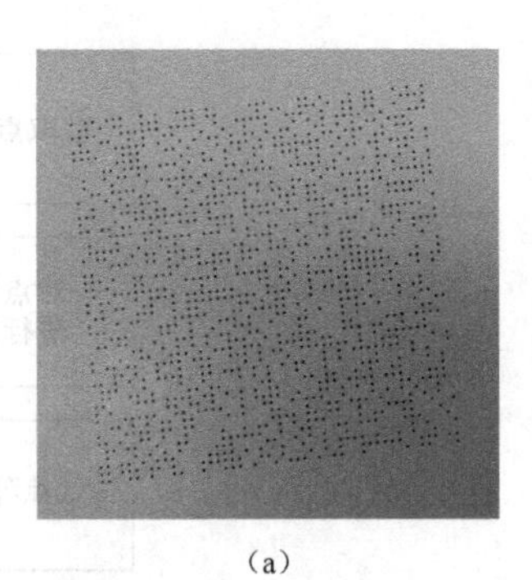

（a）

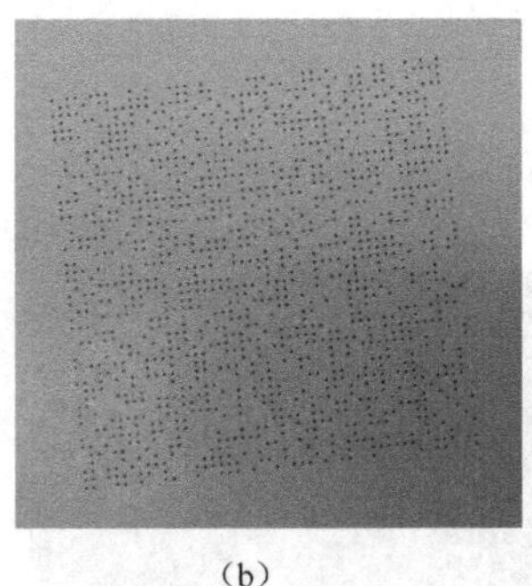

（b）

图 11-43　灰度化处理效果图

（3）对点阵图像进行分割，即图像二值化。根据 Niblack 算法和 Sauvola 算法的阈值计算原理，由背景和对象之间的局部均值和局部标准差两个参数归纳出局部阈值二值化算法的阈值计算公式为

$$T(x,y)=T\left[M(x,y),\delta(x,y)\right] \tag{11-82}$$

选用原图点像素 $f(x,y)$ 和局部均值 $M(x,y)$ 的差值和比值来计算阈值，即有

$$T(x,y)=k\left[M(x,y)+\sqrt{f(x,y)-M(x,y)}\left(1-\frac{f(x,y)}{M(x,y)}\right)\right] \tag{11-83}$$

式中：k 为偏差系数。利用局部阈值二值化快速算法处理上述点阵图像，得到其二值图像（图 11-44）。

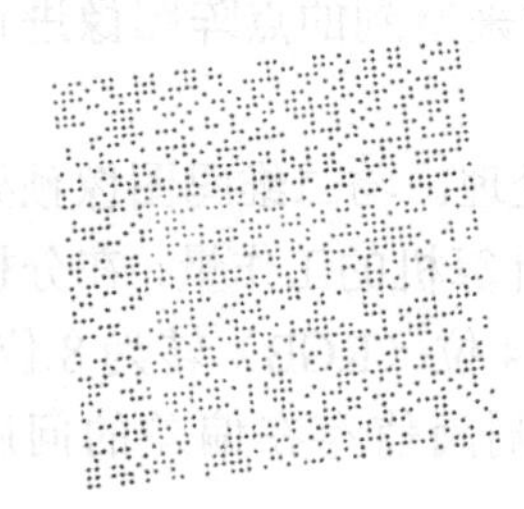

图 11-44　点阵图像二值化

（4）点阵图像的倾斜角度检测。经上述处理后的图像中主要存在四类信息：像素信息为“1”的点、像素信息为“0”的点、像素信息为“0”的背景，以及像素信息为“1”的噪声点。

对点阵二值图像采取抽样调查的方式，估算出点阵图像的旋转倾角。抽样调查是运用数理统计方法，根据部分图像中像素分布状态调查结果推断出整个图像像素分布的调查方法。

以图像的左下角为坐标原点，行为 X 轴，列为 Y 轴，建立笛卡儿坐标系。以 1/3Hz 采样频率为基准，抽样选取直线截距形成穿过点阵图像的平行直线簇。在[−45°, 45°]倾角范围内，以遍历的方式调整平行直线簇对应的斜率值，计算每个斜率值对应直线簇上像素信息的均值后获取均值的偏离程度，其数学表达式如下，偏离程度最大时对应的倾角即点阵图像的旋转倾角。

$$\mu_i=\frac{\sum\limits_{(x,y)\in L_i} I(x,y)}{\text{num}} \tag{11-84}$$

式中：$I(x,y)$为点阵图像像素集，num 为直线 L_i 上像素点的数量，μ_i 为直线 L_i 上像素均值。

$$\sigma=\sqrt{\frac{\sum\limits_{j=0}^{n-1}(\mu_j-\bar{\mu})^2}{n}} \tag{11-85}$$

式中：$n=\lfloor W/3 \rfloor$为直线截距序列的维度。求得最大标准差时对应平行直线簇应穿过或平行于点阵图像中每行点所在位置。旋转倾角（精确度为 1°）与标准差关系曲线如图 11-45 所示。

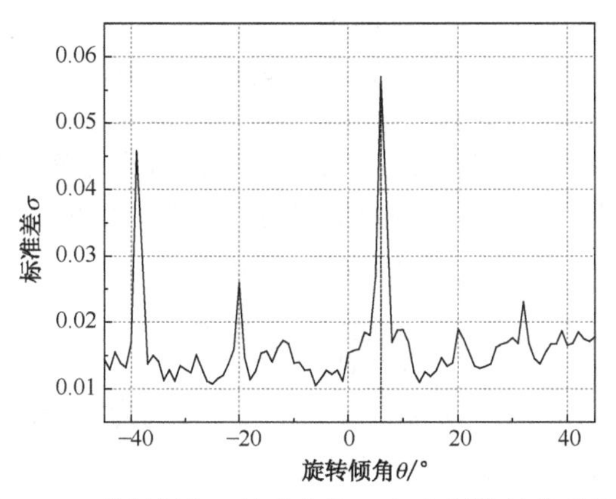

图 11-45　旋转倾角（精确度为 1°）与标准差关系曲线

（5）点阵图像栅格化。利用直线可将点阵图像每个点的信息投影于 X、Y 轴生成可视化数据波形。不同倾角下行方向点阵图像直线截距波形如图 11-46 所示。其中，自上向下投影波形所对应的旋转倾角分别为 45°、30°、15°、6.25°、0°、−15°、−30° 和−45°。

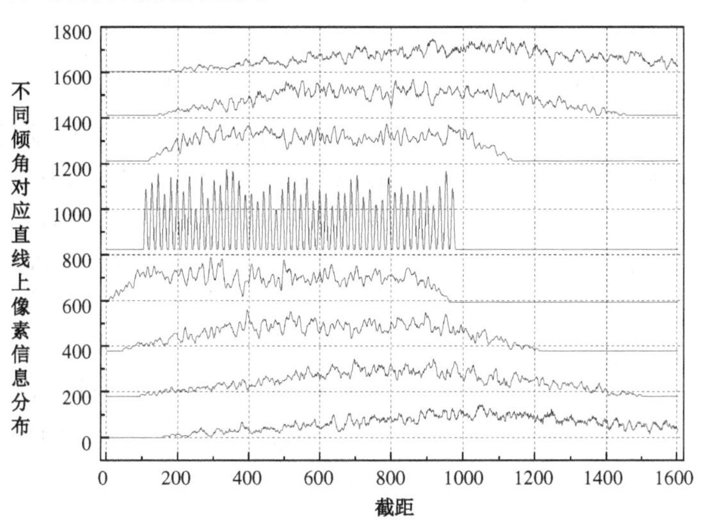

图 11-46　不同倾角下行方向点阵图像直线截距波形

从图 11-46 中可以看出，θ=6.25° 为原始点阵图像的旋转倾角，其波形为过零点的整齐锯齿波。采用 PWM 对其进行幅度调制，将调制波形下降沿所在位置作为直线截距序列并生成栅格线，使每个点可映射在分布栅格的交叉点处，识读时依据其邻域内的信息提取每个点。

行栅格线的生成：根据获取的倾角值θ，可确定直线函数表达式为

$$y_{\text{row}} = \tan(\theta) \times x + a \tag{11-86}$$

式中：a 为直线所在的截距。利用此直线，将点阵图像投影在 Y 轴得到行方向锯齿波形，其峰峰值对应截距值形成的一维数组序列即每行点阵栅格线位置。

列栅格线的生成：由点的排列分布方式可知列与行呈垂直关系，其列直线函数表达

式为

$$y_{\text{col}}=\frac{-1}{\tan(\theta)}\times x+b \tag{11-87}$$

式中：b 为直线所在的截距。利用此直线，将点阵图像投影在 X 轴得到列方向锯齿波形，其峰峰值对应截距值形成的一维数组序列即每列点阵栅格线位置。

（6）对每个点定域识别。假设向量 $\boldsymbol{a}=(a_0,a_1,\cdots,a_{m-1})$ 为点阵行方向栅格截距值序列，向量 $\boldsymbol{b}=(b_0,b_1,\cdots,b_{n-1})$ 为列方向栅格截距值序列，可建立如下二元一次方程组：

$$\begin{cases} y_{\text{row}}=\tan(\theta)\times x+a_i \\ y_{\text{col}}=\dfrac{-1}{\tan(\theta)}\times x+b_j \end{cases} \tag{11-88}$$

式中：$i=0,1,\cdots,m-1$，$j=0,1,\cdots,n-1$，y_{row}、y_{col} 分别为每行、列栅格线所在直线。解方程组可得栅格线交点，即点所在位置坐标：

$$\begin{bmatrix} (x_0,y_0) & (x_0,y_1) & \cdots & (x_0,y_j) & \cdots & (x_0,y_{m-1}) \\ (x_1,y_0) & (x_1,y_1) & \cdots & (x_1,y_j) & \cdots & (x_1,y_{m-1}) \\ \vdots & \vdots & \ddots & \vdots & \ddots & \vdots \\ (x_i,y_0) & (x_i,y_1) & \cdots & (x_i,y_j) & \cdots & (x_i,y_{m-1}) \\ \vdots & \vdots & \ddots & \vdots & \ddots & \vdots \\ (x_{n-1},y_0) & (x_{n-1},y_1) & \cdots & (x_{n-1},y_j) & \cdots & (x_{n-1},y_{m-1}) \end{bmatrix} \tag{11-89}$$

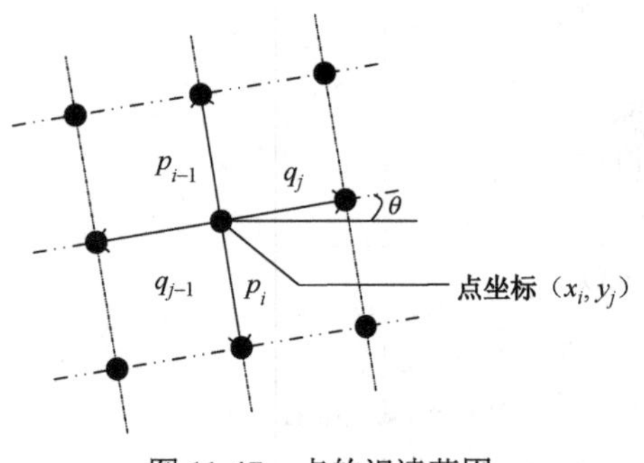

图 11-47　点的识读范围

将每个点所在位置坐标及其特定邻域所有像素信息视为一个整体，从中提取点的信息。依据栅格线截距差值，生成行、列点间距序列 $\boldsymbol{p}=(p_0,p_1,\cdots,p_{n-2})$ 和 $\boldsymbol{q}=(q_0,q_1,\cdots,q_{m-2})$。在识读过程中，以点位置 (x_i,y_j) 为中心，根据其所在的行数 i、列数 j 获得相应的上下左右间距 p_{i-1}、p_i、q_{j-1}、q_j，如图 11-47 所示。

当旋转倾角 $\theta=0°$ 时，点的识读噪声容限的理想长、宽分别为

$$\begin{cases} \text{length}=(p_{i-1}+p_i)/2 \\ \text{width}=(q_{j-1}+q_j)/2 \end{cases} \tag{11-90}$$

由于点阵图像存在旋转倾角，设定识别范围为间距的中值会使在识别时将邻边的点误判为该点的信息，为了消除此情况带来的误码率，将其识读噪声容限的长、宽分别设为

$$\begin{cases} \text{length}=(p_{i-1}+p_i)\times\cos(|\theta|)/2 \\ \text{width}=(q_{j-1}+q_j)\times\cos(|\theta|)/2 \end{cases} \tag{11-91}$$

遍历该区域像素信息，当该区域存在像素信息“1”时退出循环，表明该位置的点的信息为“1”，将 Dot=1 返回。若将该区域循环遍历完之后并未发现像素信息“1”，则表明该位置的点的信息为“0”，将 Dot=0 返回。将所有栅格化后栅格线的交叉位置依次判

别完成后，即可获得印刷量子点图像对应的二进制码数据信息矩阵，点阵图像信息矩阵如图 11-48 所示。

将提取出的点阵图像信息矩阵送入相应的解码器即可获取其中所包含的数据信息。

图 11-48　点阵图像信息矩阵

参考文献

[1] Rafael C Gonzlez, Richard E Woods. Digital Image Processing[D]. Cambridge, MA:MIT Press, 1963.

[2] Liu Yin. Application Technology and Development Direction of Digital Image Processing[J]. China Computer & Communication, 2018, 14:149-150.

[3] 张晓冉. 像信息识别的智能处理方法分析[J]. 集成电路应用，2019,36(11):114-115.

[4] 王俊姝. 图像识别技术应用与管理研究[J]. 科技创新导报，2019,16(5):167-169.

[5] Nasrin M Makbol, Bee Ee Khoo, Taha H Rassem. Block-based discrete wavelet transform-singular value decomposition image watermarking scheme using human visual system characteristics[J]. The Institution of Engineering and Technology, 2016:34-52.

[6] Yaniv Taigman, Ming Yang, Marc'Aurelio Ranzato, et al. DeepFace: closing the gap to human-level performance in face verification// Proceedings of the IEEE Conference on Computer Vision and Pattern Recognition (CVPR), Columbus, USA, 2014:1701-1708.

[7] Wang Xiao-Gang. Deep learning in image recognition[J]. Commun ications of the CCF, 2015,11(8):15-23.

[8] 周飞燕，金林鹏，董军. 卷积神经网络研究综述[J]. 计算机学报，2017,40(7):141-163.

[9] 黄立威，蒋碧涛，吕守业，等. 基于深度学习的推荐系统研究综述[J].计算机学报，2018.

[10] 屈卫锋. 低振量 QR 二维码快速识别与软件设计研究[D]. 咸阳：西北农林科技大学，2016.

[11] 王丹丹. 二维码识别算法的扫描应用及分析[D]. 湘潭：湘潭大学，2020.

[12] 郭浩铭. 复杂背景下的 DataMatrix 二维码识别算法研究[D]. 深圳：深圳大学，2017.

[13] 温永强. Data Matrix 二维码识别算法的研究与应用[D]. 北京：中国石油大学，2017.

[14] ZHONG Zhiyan, HU Yueming. Feature extraction method of halftone images based on pixel aggregation descriptor[J]. Multimedia Tools and Applications, 2020,79 (11-12): 7763-7781.

[15] LU Wei, YIN Xiaolin, LIU Wanteng, GUO Jingming et al. Reversible Data Hiding in Halftone Images Based on Dynamic Embedding States Group[J]. IEEE Transactions on Circuits and Systems for Video Technology, 2021,31(7):2631-2645.

[16] Miladinovic N, Fossorier M P C. Improved bit-flipping decoding of low-density parity-check codes[J]. IEEE Transactions on Information Theory, 2005, 51(4): 1594-1606.

[17] ZHAO Ziyi, ROBERT ULICHNEY, MATTHEW GAUBATZ, et al. Advances in the Decoding of Data-bearing Halftone Images[C]// NIP. 35th International Conference on Digital Printing Technologies, September 29 - October 3, 2019, Society for Imaging Science and Technology, Seattle, WA, USA. New York：IS&T, 2019:162-167.

[18] DAI Yange, LIU Lizhen, SONG Wei, DU Chao, et al. The Realization of Identification Method for Data Matrix Code[C]// PIC. 5th International Conference on Progress in Informatics and Computing, December 15-17, 2017, Nan Jing, China. New York : Institute of Electrical and Electronics Engineers Inc. 2017:410-414.

[19] ZEBA KHANAM, ATIYA USMANI. Optical Braille Recognition Using Circular Hough Transform[D]. Ithaca, New York, Cornell University, Computer Science, Computer Vision and Pattern Recognition, 2021.

[20] AMAREAL RODRIGO DE LIMA, BORTOLIN VITOR AUGUSTO ANDREGHETTO, MAZZETO MARCELO, et al. A Novel Method Based on the Otsu Threshold for Instantaneous Elimination of Light Reflection in PIV Images[J]. Measurement Science and Technology, 2022,33(2):1:31.

[21] AMAREAL RODRIGO DE LIMA, BORTOLIN VITOR AUGUSTO ANDREGHETTO, MAZZETO MARCELO, et al. A Novel Method Based on the Otsu Threshold for Instantaneous Elimination of Light Reflection in PIV Images[J]. Measurement Science and Technology, 2022,33(2):1:31.

[22] XIAO Leyi, OUYANG Honglin, FAN Chaodong. An Improved Otsu Method for Threshold Segmentation Based on Set Mapping and Trapezoid Region Intercept Histogram[J]. Optik, 2019,196.

[23] 陈光慧，刘建平. 抽样调查基础理论体系研究综述与应用[J]. 数理统计与管理，2015,34(2):284-296.

[24] 盛奋华. 一种频率占空比独立可调的PWM信号发生器的设计与仿真[J]. 集成电路应用，2020, 37(11): 10-12.

第 12 章

自动识别与物品溯源

琳琅满目的商品丰富着市场的同时，大量的盗版伪劣产品也充斥其中，致使消费者在购买时无法仅从包装上分辨出正版与盗版的区别，长此以往，不仅严重损害了消费者的利益，也会对品牌的价值认同造成影响。若商品的所有流程清晰可查，即物品可溯源，消费者就可以知道所购物品的所有环节信息，这样就既能保护消费者的权益，也能帮助企业提高商品品牌价值和综合竞争力。

物品溯源通过物品与数据相关联，实现物品在生产加工、包装仓储、物流流通、物品购买等各个环节的真伪查询和数据分析。在生产、流通、传输的过程中，每个环节都需要对物品信息（如流通和传输的起点、节点、终点、数据类别、数据详情、数据采集人、数据采集时间等）进行采集和数据上传，用户需要时可以查询到之前所有环节的一切物品信息，从而完成对物品的溯源。

本章首先介绍二维码、RFID、NFC 等自动识别技术，然后介绍区块链及其在物品编码和信息溯源系统中的典型应用。

12.1 二维码

二维码是按照一定规律在平面上分布黑色和白色两种颜色的几何图形来记录数据符号信息的技术。二维码基于计算机内部逻辑基础的“0”“1”比特流的概念，代码编制上巧妙地用若干个与二进制相对应的几何形体来表示信息，通过图像设备或光电扫描设备自动识读以实现信息自动处理。

二维码可以应用于物品溯源流程中，如对物品进行包装并将关联信息存入二维码中，用户通过扫码便可获取物品及其流通信息。二维码防伪技术对二维码进行信息加密来标识产品，用户通过特定的二维码防伪系统或手机扫码软件对印刷或粘贴在产品包装上的二维码进行扫码，便可验证产品的真伪。二维码可以存储丰富的产品信息，具有生成不重复、可验证、加密等特点，这些特点使二维码不易被复制盗用，也就实现了产品信息防伪的高效性。

12.1.1 常见的二维码

二维码技术的研究始于 20 世纪 80 年代末，常见的二维码主要有 PDF417、QR 码、

Code 49、Code 16K、Code One 等。这些二维码的信息密度都比传统的一维码有了较大提高，如 PDF417 的信息密度是一维码 Code C39 的 20 多倍。几种常见的二维码如图 12-1 所示。

图 12-1　几种常见的二维码

从分类上来说，二维码可分为堆叠式、行排式和矩阵式。

1）堆叠式、行排式二维码

堆叠式、行排式二维码在形态上由多行短截的一维码堆叠而成。

堆叠式、行排式二维码的编码规则基于一维码，根据需要将一维码堆叠成两行或者多行，典型的行排式二维码有 Code 16K、Code 49、PDF417、Micro PDF417 等。

2）矩阵式二维码

矩阵式二维码又称棋盘式二维码，综合了计算机图像处理技术和组合编码技术，以矩阵的形式组成，其在矩形空间通过黑、白像素在矩阵中的不同分布进行编码，在矩阵相应元素位置上用圆点或方点表示二进制“1”，用空白表示二进制“0”，“1”和“0”的排列组合形成了矩阵式二维码携带的信息。

常用的矩阵式二维码有 Data Matrix、Maxi Code、Aztec Code、QR 码、Vericode、Ultracode 等，通常所说的二维码一般指 QR 码，也就是日常通用的二维码形式。

12.1.2　具有防复制功能的二维码

在日常生活中，防伪二维码标签可以防止假冒伪劣产品进入市场，适用于各个行业的产品，可实现保护品牌及企业利益、保障客户权益、提升品牌信誉度等效果。由二维码导致的安全事故频发，使用其的安全性遭受质疑，二维码本身的防伪性能成为研究热点。二维码编码技术（如网屏编码、量子云码、安全二维码等）能提高二维码的安全性，为二维码提供防伪功能，也能在物品溯源过程中为信息安全提供更可靠的查证来源。

1．网屏编码

网屏编码集印刷、模式识别、数字编码、自动纠错、数字图形图像处理等理论和技术于一体，在印刷过程中，通过对印刷品植入不同文字或图像的标识性网屏编码点阵来达到信息隐藏和防伪的目的。

网屏编码通过改变网屏网点的物理学特性，而不改变包括网点的灰度值等在内的印刷网屏特性来实现信息记录与信息隐藏，可同时在文字、照片、图像、图形中隐藏任何黑白或彩色印刷图像信息，采用与图像像素相同灰度的网屏编码的网点进行置换，网点数量少、直径小、灰度均匀、隐蔽性强，不易复制，抗破坏性强，可局部或满版印刷，即使印刷品受到污染和破损也能识别，图 12-2 所示为网屏编码图像示例。

在商品的包装上嵌入网屏编码，将商品的产地、商家信息、环节标记、生产日期、批号等通过网屏编码连接到数据库中，使用点读笔进行扫描即可了解商品相关信息，实现商品信息防伪及商品溯源等功能。图 12-3 所示为雪花啤酒的网屏编码应用。

图 12-2　网屏编码图像示例

图 12-3　雪花啤酒的网屏编码应用

网屏编码为可变数据，一码对应一标，在防伪溯源链中，不仅供应链成熟、应用行业广泛，而且高效防伪、易于测试。

2. 量子云码

量子云码是一种包含海量信息的微米级图像单元构成的智能纹理图像，构成量子云码的图像单元面积极小，肉眼无法识别，通过专利算法在平方毫米级的印刷面积内生成，可用于防伪溯源，如图 12-4 所示为量子云码图像示例。

量子云码在实现防伪和溯源的过程中，先绑定相关产品信息，将其录入数据库生成对应的量子云码数据；然后将量子云码印刷在产品外包装或者商品上，消费者通过特定的量子云码识别设备或手机软件识别量子云码；最后将采集到的完整图像上传到处理端进行数据解码及提取，从量子云码防伪溯源系统中抓取相关产品信息反馈给移动端。量子云码防伪溯源系统实质上就是以量子云码为媒介，依靠互联网大数据系统将生产领域、流通环节、消费者终端消费等相关信息集成在一起的防伪溯源信息平台。

量子云码防伪技术使溯源信息系统更为全面，在防伪溯源过程中可以检验防伪标签，为产品提供有效的品牌保护，也保障了消费者关于产品的所有环节信息的知情权等相关权益。

3. 安全二维码

基于半色调网点信息的安全二维码利用网点信息的特性并通过算法将半色调加网技术与最常见的 QR 码相结合，实现信息隐藏和信息防伪，如图 12-5 所示为安全二维码图像示例。

安全二维码能与普通二维码兼容，是一种基于半色调网点特性的信息防伪和信息隐藏的码中码，其信息容量更大，手机可直接识读，具有非常突出的防复制性，采用自主可控的特殊编码方式，信息安全可靠，防伪效果好，信息提取的稳定性高。

图 12-4　量子云码图像示例

图 12-5　安全二维码图像示例

12.1.3 QR 码

QR 码是日常使用最广泛的二维码类型。QR 码全称为快速响应矩阵码，QR 码呈矩形，常见 QR 码由黑白两色构成，3 个边角印有较小的正方形“回”字图案，可以帮助解码用户定位二维码，用户从任意角度进行扫描，都可以正确读取数据，如图 12-6 所示为 QR 码的结构。

图 12-6　QR 码的结构

“回”字形区域即定位标志或者位置探测图形，主要用来定位二维码。定时标志用于确定坐标。在日常扫码过程中，由于校正标志的存在，人们在 45° 范围内扫码都可正确识别。其余部分就是二维码所携带的内容信息，容错率高的二维码可以适当删减中间部分的方格。

12.1.4 QR 码的特点

QR 码信息容量大，可以存储包裹、货物的详细信息，并且它容易打印，可以采用标签打印机打印。由于 QR 码具有很强的自动纠错能力，在实际的包裹运输中，即使标签受到一定的污损，QR 码依然可以被正确地识读。QR 码还可以进行数据加密，防止对数据的非法篡改。QR 码的优势使其被广泛应用于邮局、铁路、码头等机构的包裹和货物运输，实现了货物生产和运输的全过程跟踪，加快了货物运输的数据处理速度，实现了物流管理和信息流溯源查询等的结合。

此外，QR 码还具有信息容量大、占用空间小、可有效表示多种字符、抗污损能力强、任意方向可识别、支持数据合并功能等优点，这些优点使 QR 码在各个领域都大放异彩。

1. 信息容量大

相较于传统条形码最多支持 20 位字符左右的信息存储，QR 码可以支持 7089 个数字、4296 个字母、1817 个汉字，存储容量远超前者，且 QR 码支持数字、英文字母、日文字母、汉字、符号、二进制等类型的数据，图 12-7 所示为 QR 码存储信息示例。

abcdefghijklmnopqrstuvwxyz1234567890abcdefghij
klmnopqrstuvwxyz1234567890abcdefghijklmnopqrs
tuvwxyz1234567890abcdefghijklmnopqrstuvwxyz12
34567890abcdefghijklmnopqrstuvwxyz1234567890
abcdefghijklmnopqrstuvwxyz1234567890abcdefghij
klmnopqrstuvwxyz1234567890abcdefghijklmnopqrs
tuvwxyz1234567890abcdefghijklmnopqrstu

图 12-7　QR 码存储信息示例

2. 占用空间小

QR 码在横向和纵向上都包含信息，而条形码只在一个方向上包含信息，如果用条形码和 QR 码表示同样的信息，那么 QR 码的面积只有条形码面积的 1/11，如图 12-8 所示。

图 12-8　QR 码与条形码面积比较

3. 可有效表示各种字符

QR 码用特定的数据压缩模式表示汉字，一个汉字仅用 13bit 就可表示，而 PDF417、Data Matrix 等二维码没有特定的汉字表示模式，在用字节模式表示汉字时，须用 16bit 表示一个汉字，因此 QR 码的汉字存储容量较前者提高了 20%。

4. 抗污损能力强

QR 码具备“纠错功能”，即使部分编码变脏或破损，也可以恢复数据。数据恢复以码字（组成内部数据的单位，在 QR 码中，每 8bit 代表 1 码字）为单位，最多可以纠错约 30%（根据变脏和破损程度的不同，也存在无法恢复的情况）。如图 12-9 所示为 QR 码污损情况示例。

5. 任意方向可识别

受益于 QR 码中的多处定位标志，QR 码在应用中可以从任何角度和方向对信息进行快速读取，如图 12-10 所示。这使 QR 码可以不受背景的影响，实现快速稳定的信息读取。

图 12-9　QR 码污损情况示例　　　图 12-10　QR 码定位标志

6. 支持数据合并功能

QR 码可以实现对数据的各部分分开编码，可编码的二维码个数上限为 16。这使 QR 码在携带信息时，既可以对数据进行分割处理，也可以对数据进行合并，如图 12-11 所示。

图 12-11　QR 码数据合并与分割

12.1.5　QR 码的版本和纠错能力

根据 QR 码的黑白块结构（码元），QR 码有 40 个不同的版本，即版本 1～版本 40。例如，版本 1 为 21 码元×21 码元，版本 40 为 177 码元×177 码元，版本间在纵向和横向均以 4 码元为单位递增。计算公式为 $(V-1)\times 4+21$（V 是版本号），最高的是版本 40，即 $(40-1)\times 4+21=177$。QR 码版本示例如图 12-12 所示。

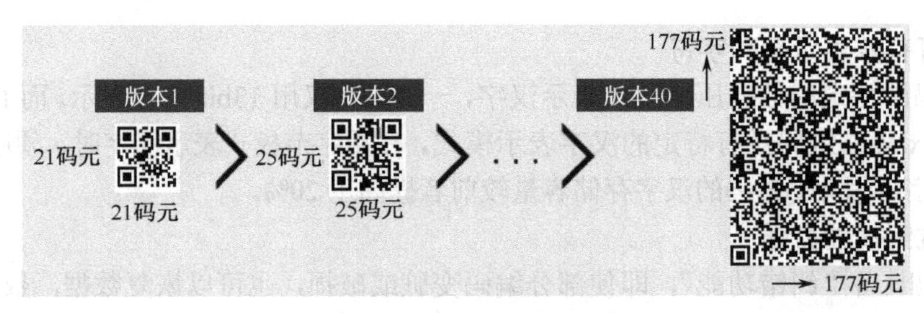

图 12-12　QR 码版本示例

QR 码在变脏或破损的情况下，也可自动恢复数据，图 12-13 所示为 QR 码的不同容错率。

图 12-13　QR 码的不同容错率

表 12-1　QR 码的 4 个纠错级别

级　别	容错率
L	约 7%
M	约 15%
Q	约 25%
H	约 30%

在日常使用中，QR 码的容错率越高，越容易被快速扫描；容错率越低，QR 码里面的格子就越少。容错率表现为 QR 码的纠错能力，共分为 4 个级别，如表 12-1 所示，用户可根据使用环境选择相应的级别。

级别 L 有 7%的字码可被修正，级别 M 有 15%的字码可被修正，级别 Q 有 25%的字码可被修正，级别 H 有 30%的字码可被修正。在工厂等容易污损的环境下，可以选择级别 Q 或 H；在较好的环境下，可以选择级别 L。

12.1.6　二维码的技术特点

二维码溯源是指给每个产品建立一个唯一的二维码，如同产品的身份证一样，在整个产业链中，从产品生产到产品销毁，该二维码保持不变。这个唯一的溯源二维码记录了产品全生命周期内的所有信息，具有以下几个特点。

1. 信息可追溯

二维码溯源的核心是为产品标定唯一的 ID，通过该 ID，可以对产品生产过程中的所有信息进行对接和绑定，形成数据链，并互相印证和关联。可以从终端追溯到起始端的所有相关信息，这对于质量管控、责任追究、流程分析、问题查找、产品召回等起到了重要的作用。

一些行业（如农业、渔业、禽畜养殖业）的生产过程会有防疫、保健、农药使用等方面的严格规定，溯源信息必须包含每个环节种植和养殖的操作记录、加工过程、检验检疫证明等。对于工业产品、医疗设备、电子产品、家用电器、机电设备、成套设备等产品的售后服务系统，都可以扫描二维码进行溯源。

2. 各环节信息流通

将各个环节的信息（如产品的图片、生产日期、生产企业、检测报告等）加入商品的流通过程，以确保信息的真实有效性。

3. 防止窜货

不同区域、不同经销商的产品销售策略不同导致市场价格、服务等有差异，为了防止窜货，在现有的二维码溯源系统中，应能追溯产品所属经销商和销售区域等信息。

12.1.7 二维码防伪溯源

二维码溯源是通过二维码记录产品供应、生产、运输、销售、代理、用户及售后等信息，做到产品全生命周期内的信息可追溯、可查询、可管控的一种技术和方法。

溯源二维码主要分为文本型溯源二维码和网址型溯源二维码。文本型溯源二维码的内容主要由文本构成，不依赖网络，所有的数据就存储在二维码中。网址型溯源二维码的内容主要是一个网址，该网址指向一个网页，主要用来展示和存储所有与该产品有关的信息，这种二维码主要用于生活类产品溯源系统。

二维码溯源都有独有的产品溯源编码，可以在企业指定的官方网站上输入该编码进行查询，验证信息是否真实有效。不同产品的溯源服务商或者溯源主体不同，查询的网址可能不同。溯源编码采取多重加密，本身就有防伪功能。溯源编码就是产品的“身份证”，从产品生产开始，一直到销售、使用等各个环节，通过它来同步各种相关的溯源信息。通常，使用特殊的编码算法得到产品溯源编码，它在系统中是唯一的，并且可以在线输入产品溯源编码进行查询，防止别人仿冒、猜测、编造溯源编码。同时，每个溯源编码都附带防伪验证码，用户通过扫码或者输入溯源编码查询，再输入防伪验证码，就可验证产品及信息的真实性。

二维码是互联网时代一个便捷、准确的网络接口，二维码溯源依托互联网技术，在物联网、区块链等行业得到了更广泛的应用和开发。

12.2 RFID

RFID（Radio Frequency Identification）即射频识别，是一种非接触式自动识别技术。RFID 通过射频信号自动识别目标对象并获取相关数据，识别工作无须人工干预，作为条形码的无线版本，RFID 具有条形码所不具备的防水、防磁、耐高温、使用寿命长、读取距离大、标签上数据可以加密、数据存储容量大、存储信息更改自如等优点，这种技术的应用将给零售、物流等产业带来革命性变化。RFID 的应用非常广泛，目前典型应用有动物芯片、汽车芯片防盗器、门禁管制、停车场管制、生产线自动化、物料管理等。

12.2.1 RFID 的基本工作原理

完整的 RFID 系统由读写器（Reader）、电子标签（Tag）及数据系统三部分组成。读写器发射特定频率的无线电波能量，用以驱动电路将内部的数据送出，之后读写器便依序接收、解读数据，送给应用程序做相应的处理，RFID 系统示意如图 12-14 所示。

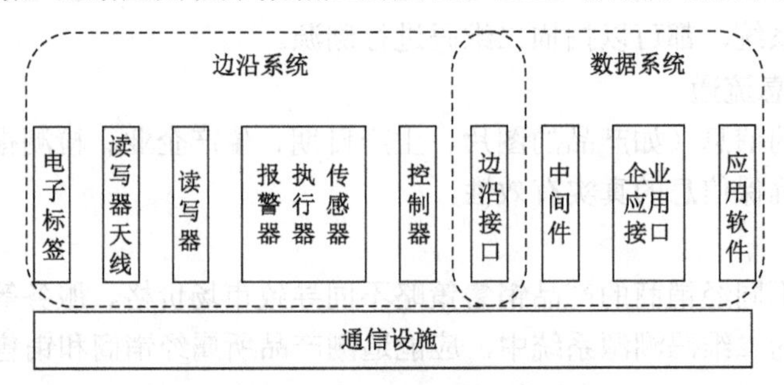

图 12-14 RFID 系统示意

RFID 系统工作时，读写器在一定区域内发送射频能量并形成电磁场，当携带有数据信息的电子标签在磁场范围内时，电子标签对读写器发射的射频信号做出反应，通过无线电波与读写器进行信息交互。电子标签分为有源标签和无源标签。读写器读取信息并解码后，送至中央信息系统进行数据处理。

从电子标签与读写器之间的通信及能量感应方式来看，RFID 系统一般可以分成两类，即电感耦合系统和电磁反向散射耦合系统。电感耦合一般适用于中频、低频工作的近距离 RFID 系统。电磁反向散射耦合即雷达原理模型，一般适用于超高频、高频、微波工作的远距离 RFID 系统。

RFID 系统的工作原理如图 12-15 所示。当读写器读取电子标签数据时，读写器利用它的发射天线广播一定频率的信号，当它的接收半径内有电子标签进入时，电子标签的内部会有感应电流产生，感应电流使电子标签芯片开始工作；电子标签通过其内置天线发射某一频率的射频信号和读写器之间建立连接，然后开始发送存储器中的数据；读写器的接收天线收到来自电子标签的信号之后，利用调节器把信号传给读写器，读写器对此信号进行解码，最后把数据传给数据系统，数据的读取流程结束。数据系统写入信息或者发送指令给电子标签的过程与此相似，首先通过读写器发射一定频率的射频信号，然后等电子标签获得能量后发送应答信号，最后再执行所需要的操作。

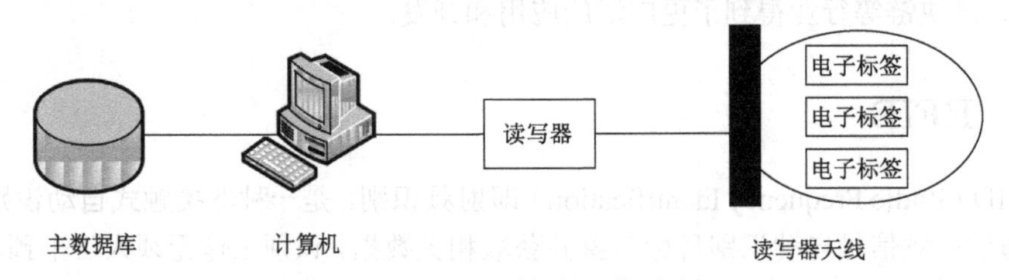

图 12-15 RFID 系统的工作原理

12.2.2 RFID 的关键技术

RFID 关键技术主要包括产业化关键技术和应用关键技术。从产业化方面来看，RFID 关键技术包括电子标签芯片设计与制造、天线设计与制造、电子标签封装技术与装备、电子标签集成和读写器设计等。从应用方面来看，RFID 关键技术包括 RFID 应用体系架构、RFID 系统集成与中间件、RFID 公共服务体系、RFID 检测技术与规范、RFID 安全与隐私保护技术等。这些关键技术的发展，是实现 RFID 技术产业化和大规模应用的前提和保障。

1. RFID 产业化关键技术

电子标签芯片设计与制造：例如，低成本、低功耗的 RFID 芯片设计与制造技术，适合电子标签芯片的新型存储技术，防冲突算法及电路实现技术，芯片安全技术，以及电子标签芯片与传感器的集成技术等。

天线设计与制造：例如，电子标签天线匹配技术，针对不同应用对象的电子标签天线结构优化技术，多电子标签天线优化分布技术，片上天线技术，读写器智能波束扫描天线阵技术，以及电子标签天线设计仿真软件等。

电子标签封装技术与装备：例如，基于低温热压的封装工艺，精密机构设计优化，多物理量检测与控制，高速高精运动控制，装备故障自诊断与修复，以及在线检测技术等。

电子标签集成：例如，芯片与天线及所附着的特殊材料、介质之间的匹配技术，电子标签加工过程中的一致性技术等。

读写器设计：例如，密集读写器技术，抗干扰技术，低成本小型化读写器集成技术，以及读写器安全认证技术等。

2. RFID 应用关键技术

RFID 应用体系架构：例如，RFID 应用系统中各种软硬件和数据的接口技术及服务技术等。

RFID 系统集成与中间件：例如，RFID 与无线通信、传感网络、信息安全、工业控制等的集成技术，RFID 应用系统中间件技术，海量 RFID 信息资源的组织、存储、管理、交换、分发、数据处理和跨平台计算技术等。

RFID 公共服务体系：例如，提供支持 RFID 社会性应用的基础服务体系的认证、注册、编码管理、多编码体系映射、编码解析、检索与跟踪等技术与服务。

RFID 检测技术与规范：例如，面向不同行业应用的电子标签及相关产品物理特性和性能一致性检测技术与规范，电子标签与读写器之间空中接口一致性检测技术与规范，以及 RFID 综合性检测技术与规范等。

12.2.3 RFID 的技术特点

RFID 依靠电磁波进行信息交互，可在尘、雾、塑料、纸张、木材及各种障碍物中建立连接，直接完成通信，高频段的 RFID 读写器还可以同时识别、读取多个电子标签的内容，且读取方式简单。RFID 是一种突破性技术，相较传统的条形码识别而言，具有如下几个特点。

（1）电子标签体积小，方便封装。现在的电子标签尺寸微小，便于贴在商品上，植入电子门票、卡等各类产品中，可封装性好。

（2）读写速度快，识别效率高。读写器在特定范围内就能与电子标签进行信息交互，而不需要物理上的接触。RFID 防碰撞机制还可以保证读写器能够同时处理多个电子标签，在很大程度上提升了 RFID 的识别和处理速度。

（3）数据存储容量大。电子标签的数据存储容量和内部记忆载体有关，存储技术的突破发展使其存储容量上限提高，能够携带和处理更多的数据信息，其存储容量可以根据用户的需求扩充到 10KB，远远高于条形码的存储容量。

（4）抗干扰性强，使用寿命长。电子标签使用有效期较长，在正常情况下，无源电子标签的使用寿命一般为 10 年。电子标签与油墨、全息照片、纸质条形码等传统材料不同，当磨损、油污等对电子标签造成破坏时，仍可正常地进行读写处理。

（5）可重复使用。电子标签能够多次读写，可以任意删除、修改、增加其存储数据，能够很方便地进行信息的更新。

（6）编号唯一。每个电子标签在 ROM 中都有全球唯一的编号（ID），这意味着每个产品都具有一个“身份证号码”，而且是唯一的，提高了编号伪造的难度。

（7）安全性较强，具有自我保护功能。电子标签的电子信息能自我加密、解密，从而防止数据的非法写入和读取，提高了数据防篡改和防伪造的可能性。

（8）可动态操作。电子标签中的数据可以利用编程进行动态修改，并且可以动态追踪和监控。

虽然 RFID 技术与传统防伪技术相比有很大优势，但在应用过程中仍有许多局限性。物联网的商品编号与电子标签中的 ID 不存在强关联性，伪造可能性大；电子标签信息经由网络传输，其过程的安全性无法保障，不能确保读取信息的真实性和完整性。此外，电子标签信息的读取需要专门的读写器，商品防伪验证过程也需要生产厂家提供信息支持，但是厂家都会建立各自独立的防伪查询系统，不仅成本花费较大，也给消费者的防伪查询工作增加了很多不便。

12.2.4 RFID 防伪溯源

商品从原材料采购到加工，再到运输，要经过多个环节，任何一个环节出现问题，都有可能导致严重的后果。不少厂家想通过对信息的监控管理来实现预警和追溯，预防和减少安全问题的出现，一旦出现状况，便可以迅速追溯到源头，及时遏制事态的进一步扩大。由于每个电子标签具有全球唯一的 ID，直接写入芯片，无法修改、难以仿造，无机械磨损，防污损，可通过电子标签与产品的一一对应关系，跟踪每件产品的后续流通情况，实现产品防伪溯源。

以食物类防伪溯源为例，采用 RFID 技术，实现食物生产、流通、销售过程的跟踪与监管，解决目前的食物类防伪技术无法全程跟踪的问题。

在生产管理环节增加相应节点，在食物的包装上嵌入电子标签，打开会导致包装上的电子标签损坏，无法被识别，从而达到防伪的目的。在仓储、物流管理环节采用 RFID 物流解决方案，每份食物从开始生产到消费者购买全程可追踪。在销售环节采用 RFID 防伪识别技术，方便查询手中产品的信息，各管理环节与数据中心相连，可记录并查询食物生产、仓储、销售出厂的全过程，自动统计产量、销量等信息，监测食物流通去向，实现防伪及信息化管理。

很多商家使用 RFID 结合 NFC 设计加密防伪查询系统，对数据进行信息加密传输，提高了仿造难度，有效地保护了商家的品牌质量和知识产权。此外，将 NFC 技术和防伪、移动互联网相结合，能为消费者提供更好的防伪查询体验，获取更加安全的防伪信息。

12.3 NFC

NFC（Near Field Communication，近场通信）是在非接触式射频识别技术的基础上，结合无线技术研发而成的，并向下兼容 RFID，RFID 本质上属于识别技术，而 NFC 属于通信技术。在近场通信中，“近场”是指靠近电磁场的无线电波，故遵循麦克斯韦方程，电场和磁场在从发射天线传播到接收天线的过程中会一直交替进行能量转换，并在进行转换时相互增强。近场通信业务结合了近场通信技术和移动通信技术，实现了电子支付、身份认证、票务、数据交换、防伪、广告等多种功能，是移动通信领域的一种新型业务。

NFC 是一种提供轻松、安全、迅速通信的无线连接技术，其传输距离比 RFID 小，RFID 的传输距离可以达到几米甚至几十米，但由于 NFC 采取了独特的信号衰减技术，相较 RFID，NFC 距离近、带宽高、能耗低。NFC 与现有非接触智能卡技术兼容，目前已经成为越来越多主要厂商支持的正式标准。NFC 还是一种近距离连接协议，可实现各种设备间轻松、安全、迅速、自动通信，与无线世界中的其他连接方式相比，NFC 是一种近距离的私密通信方式。RFID 更多应用在生产、物流、跟踪、资产管理上，而 NFC 在门禁、公交、手机支付等领域内发挥着巨大的作用。

12.3.1　NFC 的基本工作原理

NFC 设备的默认状态均为目标状态，目标设备不产生射频场，保持静默以等待来自发起者的指令。应用程序能够控制设备主动从目标状态转换为发起状态。设备进入发起状态后开始进行冲突检测，只有在没有检测到外部射频场时，才激活自身的磁场。应用程序确定通信模式和传输速率后，开始建立连接并传输数据。

NFC 技术根据设备是否主动产生射频场分为被动模式和主动模式。

在被动模式中，发起设备发送能量来形成射频场，目标设备被动接收发起设备产生的射频场，将发起设备产生的射频场转换为电能后接收发起设备发送的数据，并将数据交互到目标设备中，利用负载调制（Load Modulation）技术，以相同的速率将目标设备数据传回发起设备，图 12-16 所示为 NFC 被动模式的通信流程。

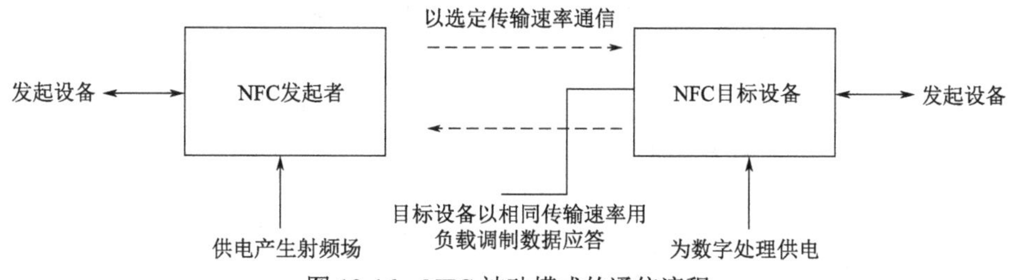

图 12-16　NFC 被动模式的通信流程

移动设备主要使用被动模式，可以大幅降低功耗，延长电池寿命。在应用会话过程中，设备可以在发起设备和目标设备之间切换角色，电量较低的设备可以要求以被动模式充当目标设备，而不是发起设备。

在主动模式中，发起设备和目标设备在向对方发送数据时，都必须主动产生射频场，它们都需要供电设备来提供产生射频场的能量，这种通信模式是对等网络通信的标准模式，可以获得非常高的连接速率。在主动模式下，通信双方收发器加电后，任何一方可以采用“发送前侦听”协议来发起一个半双工通信，图 12-17 所示为 NFC 主动模式的通信流程，这是点对点通信的标准模式。

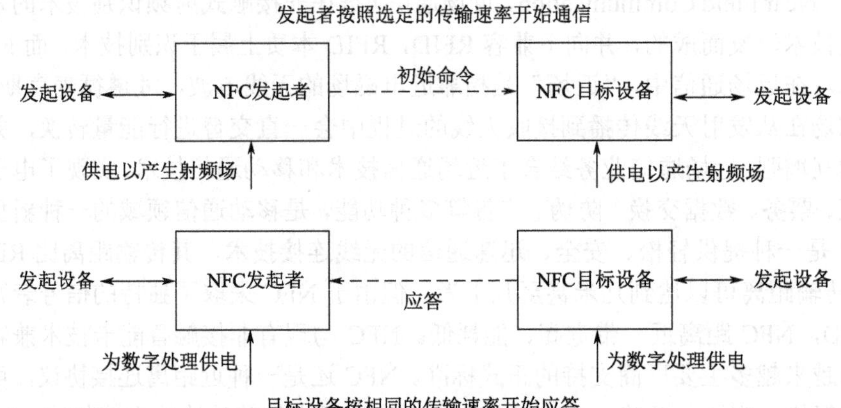

图 12-17　NFC 主动模式的通信流程

双向模式是主动模式和被动模式的结合，双方 NFC 设备都可以发出射频场，但仅适用于 NFC 终端机与 NFC 设备之间建立点对点通信，双方 NFC 设备应都处于主动模式。

12.3.2　NFC 的连接和传输技术

在利用 NFC 进行数据连接和传输的过程中，要先进行冲突检测，防止干扰正在工作的其他 NFC 设备或者在同一频段工作的其他类型设备。对周围射频场进行检测后，选择通信模式和指定的传输速率进行数据交互，激活数据传输的 NFC 协议，该协议方便两台手机或手机与其他物品间快速完成数据交换，图 12-18 所示为 NFC 初始化和数据传输示意。

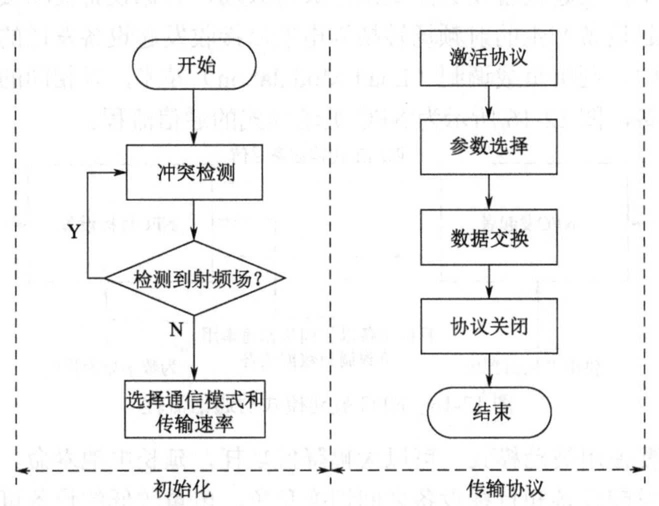

图 12-18　NFC 初始化和数据传输示意

在图 12-18 的初始化部分，NFC 防冲突机制在呼叫前会执行初始化操作检测到的 NFC 频段，当频段小于规定的门限值时，NFC 设备才能开始呼叫，如在范围内存在多台设备，则采用单用户检测。常见的防冲突机制主要有面向位的防冲突机制、面向时隙的防冲突机制、位和时隙相结合的防冲突机制。

1. 面向位的防冲突机制

电子标签向读写器发送命令，使用副载波调制的曼彻斯特（Manchester）码，副载波调制码元的右半部分表示数据“0”、左半部分表示数据“1”，当发生冲突时，由于同时回送“0”和“1”，整个码元都有副载波调制，读写器收到这样的码元，就知道发生冲突了。这种方法可以保证即便同类型的所有标签都参与防冲突，最多经过 32 个防冲突循环就能选出，但因为序列号唯一，且长度是固定的，所以某一类型电子标签的生产数量也是固定的，如常见的 Mifare1 卡，其只有 4 字节的序列号，因此生产数量最多为 2^{32}，即 4294967296 张。

2. 面向时隙的防冲突机制

时隙（Timeslot）指的是电子标签的序号，该序号的取值范围由读写器指定，有 1-1、1-2、1-4、1-8、1-16。当两个以上电子标签同时进入射频场时，读写器向射频场发出呼叫命令，命令中指定了时隙的范围，让电子标签在这个指定的范围内随机选择一个数作为自己的临时识别号。然后读写器从 1 开始叫号，如果叫到某个号恰好只有一个电子标签选择了该号，则该电子标签被选中处理。如果叫到的号没有响应或者有多于一次的应答，则继续向下叫号，如果遍历取值范围内的所有号都没选中，则重新随机选择临时识别号，直到选中电子标签。这种方法不要求电子标签有唯一序列号，因此生产数量没有限制。

3. 位和时隙相结合的防冲突机制

每个电子标签有一个 8 字节的唯一序列号，而且读写器在防冲突的过程中也使用时隙叫号的方式，不过这里的号不是随机选择的，而是电子标签唯一序列号的一部分。

当有多个电子标签进入射频场时，读写器发出清点请求命令，如果没有冲突，电子标签的序列号就被登记在 PCD 中，读写器发送一个帧结束标志，如果此过程中某个电子标签回送序列号时没有发生冲突，读写器就可选择此电子标签；如果巡检过程中没有电子标签响应，则表示射频场中没有电子标签，如果有响应的时隙发生了冲突，则读写器在下一次防冲突循环中指定部分电子标签参与防冲突，重复巡检。读写器可以从低位起指定任意位数的序列号，让低位和指定的低位序列号相同的电子标签参与防冲突循环，当选定的时隙数为 1 时，这种防冲突机制等同于面向位的防冲突机制。

在图 12-18 的传输协议部分，NFC 协议是一种方便两台手机或手机与其他物品间快速完成数据交换的协议，NFC 协议包括激活协议、数据交换、协议关闭三个过程。协议的激活包含属性申请和参数选择，激活的流程分为主动模式和被动模式。数据交换的帧结构中，包头包括两字节的数据交换请求与响应指令、一字节的传输控制信息、一字节的设备识别码、一字节的数据交换节点地址。协议关闭包含信道拆线和设备释放。在数据交换完成后，发起设备可以利用数据交换进行拆线。一旦拆线成功，发起设备和目标设备就都回到初始化状态。发起设备可以再次激活，但是目标设备不再响应发起设备的属性请求指令，而是通过释放请求指令切换到刚开机的原始状态。

12.3.3 NFC 防伪溯源

产品造假问题层出不穷，使人们极为担忧物品的安全问题，这也促使了 NFC 技术的产生。NFC 电子标签的应用就是将信息写入电子标签内，用户用 NFC 手机靠近芯片，即可轻松获取产品的真伪信息，简单方便。NFC 采用高强度密码算法，每个电子标签的数据与商品唯一对应，无法复制和伪造；使用专用的易毁标签，粘贴在商品包装封口等地方后便无法撕下，一撕即毁；128 位密钥位于芯片隐藏扇区，验证时芯片会通过 3DES 算法自动产生动态认证码，动态认证码作为 URL 参数发送到手机浏览器，极短时间内无法伪造，保证了信息的安全来源和难仿造性；商家无须建立产品数据库，直接读取电子标签加密数据，使印刷防伪与电子标签防伪结合，大幅降低了 NFC 防伪系统的运营成本。

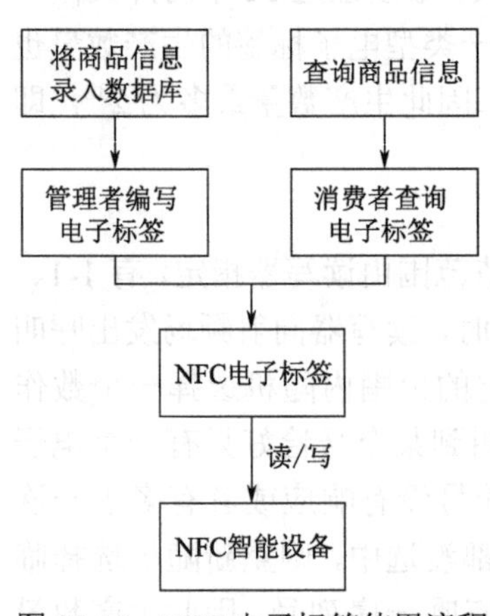

图 12-19　NFC 电子标签使用流程

在商品溯源系统中，被监管商品的详细信息以数据库形式进行存储，通过配备 NFC 芯片的智能手机设备在 NFC 电子标签中写入对应的标签编码信息，然后将编码信息存储在数据库中作为关键字，从而方便检索。在系统中，应用程序在数据库中通过该编码信息来搜寻对应的记录，进而得到商品的具体信息并呈现给用户。NFC 电子标签使用流程如图 12-19 所示。

通过生产流程信息化，防伪溯源系统可以提供更多数据，NFC 电子标签承载的是电子式信息，其数据内容可经由密码保护，使其内容不能被伪造、修改，每个防伪溯源电子标签具有唯一的标识信息，对应产品批号等信息，电子标签与商品信息绑定后，在后续流通、使用过程中真正做到一物一码。这种方法不仅能够对商品进行有效防伪，还能满足除防伪外的其他需求，如质量溯源、防窜货等。部分厂家针对不同产品，将 NFC 电子标签与产品外包装进行结合，将电子标签的检测线粘贴在包装盒的开启部分，如图 12-20 所示。在产品包装开启后，仍可读取 NFC 电子标签内的产品信息。但是当产品开启使用后，即检测线被物理断开后，则提示消费者产品已经开启使用，如图 12-21 所示。

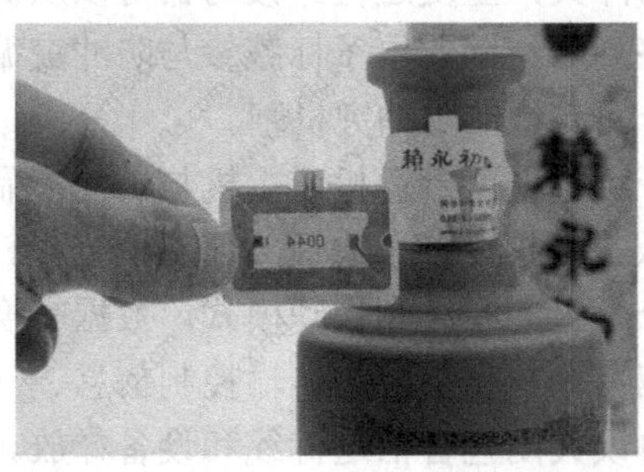
图 12-20　将 NFC 电子标签与包装结合

图 12-21　开启后 NFC 电子标签毁坏

12.4 区块链

区块链是源于 P2P 网络技术、加密技术、时间戳技术等的电子现金系统的构架理念，它是一种不依赖第三方，通过自身分布式节点进行网络数据的存储、验证、传递和交流的技术方案，其本质上是一个通过去中心化和去信任的方式集体维护的可靠数据库。区块链技术是分布式网络数据管理技术，利用密码学技术和分布式共识协议保证网络传输与访问安全，实现数据多方维护、交叉验证、全网一致、不易篡改。

当前区块链学术研究主要聚集在六大领域：第一，区块链技术体系，包括网络体系、互信、网络性能，以及区块链技术带来的经济和社会影响；第二，比特币和加密货币；第三，数据安全、隐私保护、信任管理、授权；第四，智能合约；第五，物联网、云计算、边缘计算；第六，智能电网、智慧城市等应用领域。

12.4.1 区块链的工作机制

区块链是一种分布式账本技术，记录和共享在专用的点对点网络中发生的所有交易。它本质上是一个去中心化的时间戳服务，通过一个虚拟机来执行在签名数据上操作的签名脚本。它利用分布式账本来存储脚本和数据，这些脚本和数据是在运行在同一个区块链网络中的参与节点之间达成共识的。

“去中心化”是区块链的典型特征之一，其使用分布式存储与算力，整个网络节点的权利与义务相同，系统中的数据被全网节点共同维护，因此区块链不依靠中央处理节点，便可以实现数据的分布式存储、记录与更新。而每个区块链都遵循统一规则，该规则基于密码算法而不是信用证书，且数据更新过程都需要用户批准，由此奠定区块链不需要中介与信任机构背书。

区块链采用链式存储结构，区块就是链式存储结构中的数据元素，区块链由区块相互连接形成单向链式结构，第一个区块称为创始区块。每个区块分为区块头（Block Header）和区块体（Block）。如图 12-22 所示为区块链结构示意。

（1）区块头：区块头中主要包括版本号、前一区块哈希值（也称散列值）、时间戳、随机数、目标哈希值、Merkle 根。以比特币为例，具体的数据格式为：4B 的版本字段，用来描述软件版本号；32B（256bit）的父区块头哈希值；32B（256bit）的 Merkle 根；4B 的时间戳；4B 的目标哈希值；4B 的随机数。区块头设计是整个区块链设计中极为重要的一环，区块头包含整个区块的信息，可以唯一标识出一个区块在链中的位置，还可以参与交易合法性的验证，同时体积小，可为轻量级客户端的实现提供依据。

版本号是关于创建区块的比特币节点的版本信息，用于追踪比特币协议的升级和更新情况。

前一区块哈希值也称父区块哈希值，用来定位上一个区块。每个区块都包含它的上一个区块的哈希值，针对任何一个区块的任何一个微小的改动，都会使后续区块的哈希值产生巨大的变化，如此环环相扣，确保比特币所有区块形成一条单一的链式结构，可以有效防止恶意篡改比特币区块数据的行为。

在区块头信息中，版本号、前一区块哈希值、Merkle 根、时间戳及目标哈希值都是已知信息，相对固定，不便随意更改。因此，如果要调整预备区块的哈希值，就需要引入一个可变的数据，即随机数。修改随机数，就可以调整预备区块的哈希值。

哈希函数也称数字摘要或者散列函数，所有参与节点都在遍历寻找一个随机数，节点算力输出越大就越有可能遍历到这个随机数，也就能够抢到这一轮的记账权。

时间戳通常是一个字符序列，唯一标识某一刻的时间，时间戳可以作为区块数据的存在性证明，有助于形成不可篡改、不可伪造的分布式账本。更为重要的是，时间戳为未来基于区块链技术的互联网和大数据增加了时间维度，使通过区块数据和时间戳来重现历史成为可能。

工作量证明本质上是按照 CPU 的算力来进行投票，最长的链代表了最多数的投票结果。由移动平均数法来确定每小时生成区块的平均个数，大约 10 分钟产生一个区块。

（2）区块体：区块体包含一个区块的完整交易信息，以 Merkle 树的形式组织在一起。在区块的交易数据列表中，取所有交易数据的哈希值，构建 Merkle 树，这个 Merkle 树的根哈希值即 Merkle 根哈希值，如图 12-22 所示，Merkle 树的构建过程是一个递归计算散列值的过程，交易 1 经过 SHA256 计算得到 Hash 1，用同样的算法得到 Hash 2，将两个散列值串联起来，再做 SHA256 计算，得到 Hash 12，这样一层一层地递归计算散列值，直到最后剩下一个根，就是 Merkle 根。可以看到，Merkle 树的可扩展性很好，不管交易记录有多少，最后都可以产生 Merkle 树及定长的 Merkle 根。同时，Merkle 树的结构保证了查找的高效性，这种高效性在大规模交易中异常明显。

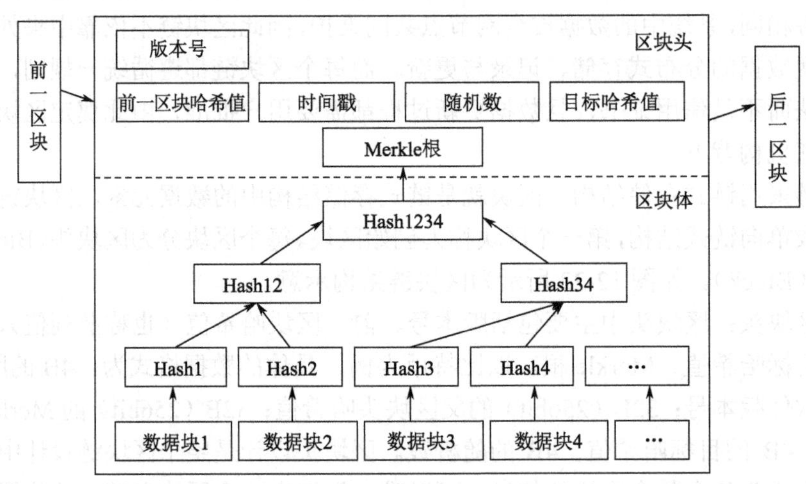

图 12-22　区块链结构示意

由于哈希算法的敏感性，整个交易的 Merkle 树中任何一个交易数据有微小的改动，都会产生联动效果，导致 Merkle 树的根哈希值出现巨大变化。因此，交易数据的 Merkle 根哈希值可以看作整个交易的数据，每个区块允许大概 2400 笔交易。

各挖矿节点对上一区块的哈希值、上一区块生成之后的新验证过的交易内容、随机数等形成的字符串求其哈希值，让新区块的哈希值小于比特币网络中给定的一个数，这是一道面向全体节点的“计算题”，这个数越小，计算出来就越难。要求哈希值的前 N 位为 0，将满足要求的哈希值作为新区块的头部，挖矿节点会及时地向比特币网络广播新区块，比特币网络中其他比特币节点在接到广播信息后，对新区块进行验证，就会把这期间的所有交易信息打包成一个区块并加到最长的区块链上，帮助成功验证新区块的节点会被区块链上的奖励机制给予帮助新区块生成的营运奖励金，新区块创建并确认完毕，对应交易也完成。挖矿难度的调整也取决于 N 的设定，动态调整 N 以保证平均每 10 分钟出现一个新区块。

计算哈希值的算法主要是 SHA256 算法，计算公式如下：

$$\text{Hash}=\text{SHA256}[\text{SHA256}(\text{字符串})] \tag{12-1}$$

比特币使用双 SHA256 散列函数，将任意长度的原始交易记录经过两次 SHA256 散列运算，得到一串 256bit 的散列值，便于存储和查找。SHA256 散列函数具有单向性、定时性、定长性和随机性。单向性是指由散列值几乎不可能反推得到原来的输入数据，定时性是指不同长度的数据计算散列值所需要的时间基本一样，定长性是指输出的散列值都是相同长度的，随机性是指两个相似的输入却有截然不同的输出。

在用户进行注册时，系统会生成一个随机数，该随机数会产生一个私钥（字符串），私钥又可以产生一个公钥（字符串），同时会产生一个地址，收款时给出公钥和地址，私钥加密，公钥对私钥加密的信息解密，由于密钥不一样，因此被称为非对称加密，如 RSA 加密算法。在交易中，每个拥有者都通过将上一次交给下一个拥有者的公钥的哈希值的数字签名添加到此货币末尾的方式将这枚货币转移给下一个拥有者，收款人可以通过验证数字签名来证实其为该链的所有者。只要交易的输出值小于输入值，差价就作为交易费被打包到包含此交易的区块激励中，一旦预定量的货币进入了流通领域，激励将只含有交易费，以避免通货膨胀。

比特币区块链上的节点须给出工作量证明来获得记账权。这意味着比特币区块链上的所有节点只要给出工作量证明就可以参与打包新区块的竞争。优先胜出的节点会将新区块的账本信息广播至比特币网络上，其余的节点验证后即从竞争改为接收新区块并同步新区块的记账信息，大家全部完成后再一同参与新的交易信息区块打包。

从产业结构来看，区块链产业分为底层技术、平台服务、产业应用、周边服务四部分，如图 12-23 所示。其中，前三部分呈现较为明显的上下游关系，分别由底层技术部分提供区块链必要的技术产品和组件，平台服务部分基于底层技术搭建出可运行相应行业应用的区块链平台，产业应用部分主要根据各行业实际场景，利用区块链技术开发行业应用，实现行业内业务协同模式革新。平台服务根据区块链组网方式不同，可分为公有链、联盟链、私有链三种，联盟链是国内区块链最重要的发展方向，为企业级区块链应用提供基本框架。区块链即服务（BaaS）集合了区块链和云计算的优势，以云作为基础资源，配合区块链网络的创建、管理、运行、维护组件，对应用提供快捷部署和可视化管理平台，降低了区块链应用的开发部署成本。周边服务部分则为行业提供支撑服务，其中包括行业组织、市场研究、标准制定、系统测评认证、行业媒体等，为产业生态发展提供动力。

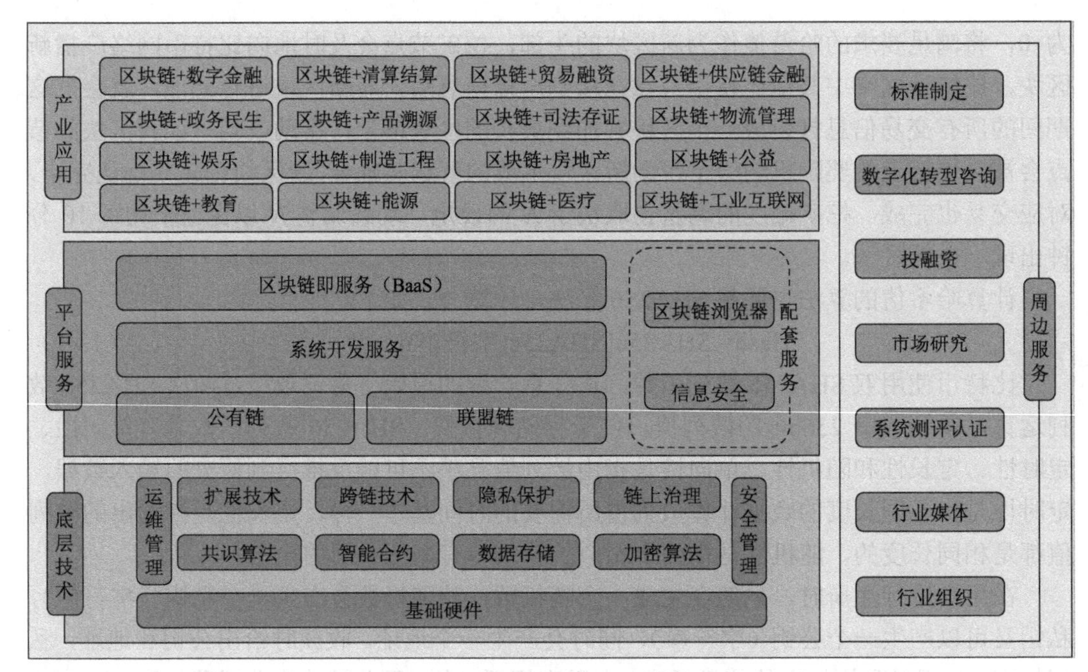

图 12-23 区块链的产业结构

12.4.2 区块链及以太坊

在各节点进行“挖矿”时，需要计算出新区块的哈希值才有创造新区块的资格，获取记账权，而采用的工作量证明在保证账目一致性的同时也促使矿池概念的出现和算力的集中，让普通的 CPU 无法参与竞争，由于比特币的交易速度慢、矿机等消耗过多电量转化为温室气体、比特币交易规则未合同化和程序化等，以太坊应运而生。

2014 年，程序员 Vitalik Buterin 受比特币启发后首次提出以太坊的概念，大意为“下一代加密货币与去中心化应用平台”，以太坊奠定了区块链系统的五大核心技术，包括密码算法、对等式网络、共识机制、智能合约、数据存储。

比特币和以太坊的基础架构如图 12-24 所示。图 12-24 中，虚线表示的是以太坊与比特币的不同之处。总体来说，数字货币的区块链系统包含底层的交易数据、狭义的分布式账本、重要的共识机制、完整可靠的分布式网络、网络之上的分布式应用这几个要素。底层的数据被组织成区块这一数据结构，各个区块按照时间顺序连接成区块链，分布式网络的各个节点分别保存一份名为区块链的分布式账本，网络中使用 P2P 协议进行通信，通过共识机制达成一致，基于这些产生相对高级的各种应用。在该架构中，不可篡改的区块链数据结构、分布式网络的共识机制、工作量证明机制和越发灵活的智能合约是具有代表性的创新点。

兼顾通信效率与去中心程度的混合型网络成为主流。对等网络按网络结构可分为无结构网络、结构化网络、混合型网络。无结构网络稳健性好，去中心化程度高，但通信冗余严重，容易形成网络风暴，如经典的 Gossip 网络；结构化网络牺牲了去中心化程度，按照一定策略维护网络拓扑结构，提升通信效率，如类 DHT（Distributed Hash Table，分布式哈希表）网络；混合型网络作为一种折中方案，兼顾了通信效率与去中心化程度。

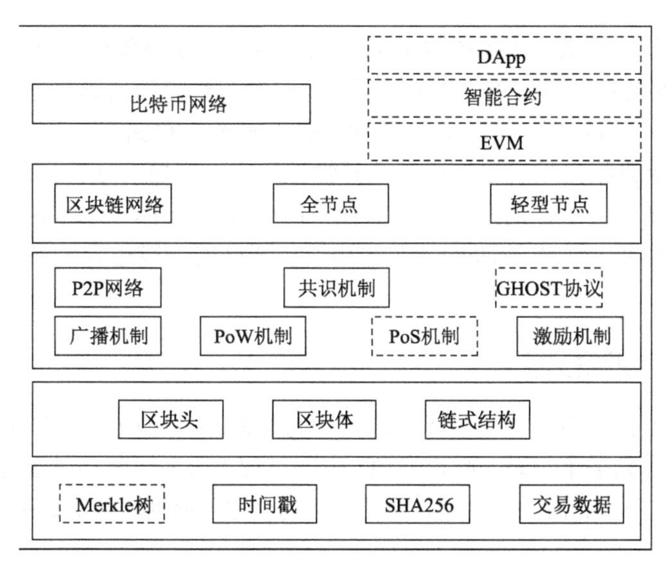

图 12-24 比特币和以太坊的基础架构

联盟链偏好高效、确定性的共识机制，多共识支持趋势凸显。相对于公有链希望“全民公投”的共识，联盟链更注重共识效率和共识确定性，如类 BFT 共识、Raft 共识等。

分布式网络的核心难题是如何高效地达成共识，就好比现有的社会系统，中心化程度高、决策权集中的社会更容易达成共识，如独裁和专制，但是社会的满意度很低；中心化程度低、决策权分散的社会更难达成共识，如民主投票，但是整个社会的满意度更高。

任何基于网络的数据共享系统最多拥有以下三项中的两项：数据一致性（C），数据更新具备高可用性（A），能容忍的网络分区（P），即 CAP 理论。分布式网络已经具有了 P，那么在 C 和 A 中只能选择一项。如何在一致性和可用性之间进行平衡，在不影响实际使用体验的前提下还能保证相对可靠的一致性，是研究共识机制的目标。

早期的比特币采用高度依赖节点算力的工作量证明机制来保证比特币网络分布式记账的一致性，随着各种竞争币种的发行，更多相似的共识机制得以出现，PoS 机制就是一种在 PoW 机制的基础上进行改进的共识机制。PoW 机制以算力竞争记账权，PoS 机制以权益竞争记账权，PoW 机制是干得越多，得到越多，PoS 机制是持有越多，获得越多。

智能合约是一种特殊协议，旨在提供、验证及执行合约，包含了有关交易的所有信息，只有在满足要求后才会执行结果操作。使用智能合约主要具有以下优势：在处理文档时效率更高，这归功于它能够采用完全自动化的流程，不需要任何人参与，只要满足智能合约代码所列出的要求即可，节省了交易时间，降低了成本，使交易更准确，且无法更改。此外，智能合约去除了第三方干扰，进一步增强了网络的去中心化。

区块链系统受到共识机制、对等网络、密码算法等的约束，单机性能存在上限，因此可扩展性技术就成为进一步提升区块链处理能力的关键技术。目前，常见的可扩展性技术包括分片机制、闪电网络、状态通道，以及 DAG（Directed Acyclic Graph，有向无环图）共识。

区块链的数据存储机制及结构是关系到区块链数据分布、记录、读取等操作行为的基本环境，区块链技术重构了数据世界的律法，而它的底层数据存储机制关系到区块链运作的稳定性、安全性和可扩展性的实现途径。存储一般分为日志存储、用户数据存储、索引存储三大类，而区块链项目中几乎所有的“账本”存储在本质上就是交易日志存储，用户数据存储则根据项目不同而有选择性地采用。例如，对于UTXO结构的区块链项目来说，其每个账号对应的余额直接保存在内存哈希表中，因此不需要一个独立的外接用户数据存储模块，而Hyperledger等通用区块链框架一般包含State Store等存储最终结果数据的模块。

12.4.3 区块链溯源技术

区块链溯源是指利用区块链技术，通过其特有的不可篡改的分布式账本特性，对物品实现从源头的信息采集记录、原料来源、生产过程、加工环节、仓储信息、检验批次、物流周转到第三方质检、海关出入境、防伪鉴证的全程可追溯，区块链溯源系统如图12-25所示。

在源头数据生成部分，通过溯源数据生成系统，从真实货物生成原始数据，一般使用IoT数据采集方式或人工数据录入方式；将原始数据进行处理后，传入区块链溯源系统，一旦数据进入该系统，就使用区块链技术来保护数据，使信息不可篡改；终端用户通过信息查询、溯源检验、追踪登记等实现数据的更新及使用。

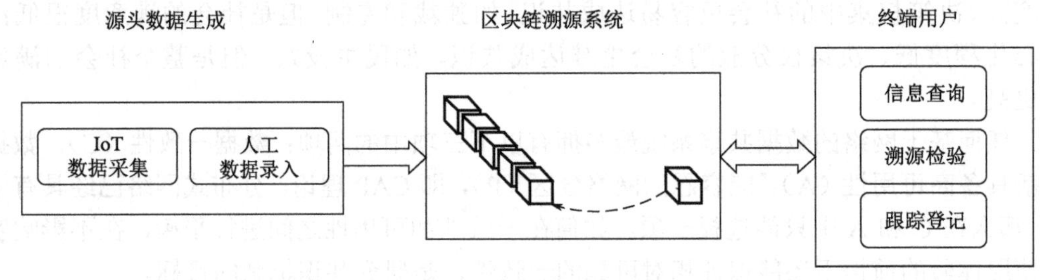

图12-25 区块链溯源系统

区块链溯源系统和终端用户部分会对数据进行更新操作，能通过区块链技术实现去中心化、不可篡改的信息存储，从而解决信任问题。但是，源头数据生成部分作为数据入口，如何保证信息采集或者数据录入的精准性还有待解决。

区块链溯源技术的优势主要体现在可追溯性、不可篡改性、透明性等方面。

1. 可追溯性

在供应链上需要可追溯性来保证物品信息可靠安全，这是市场发展的必经之路和必然结果。以往的溯源系统存在系统复杂、数据冗余等问题，不能快速、有效、精准地追责和召回有问题的商品；而在区块链系统中，上链的数据不可篡改，并且数据存储在联盟各方，其过程中产生的数据可以实时获取、精准定位和追溯。区块链系统中记录的数据包括产品原料从哪里取材、在哪家工厂生产、商品在哪里包装和加工、由哪家企业负责运输、销售到了哪些城市和哪些超市等，这些信息在区块链系统中可以快速地获取，对于应急处理社会公共事件有很好的帮助。

2. 不可篡改性

一方面，在传统的系统中，数据经常会遭到黑客的攻击，入侵后数据的修改会对业务造成很大的影响，企业的品牌影响力也会下降；另一方面，系统内部存在为了各种目的对数据进行获取和修改的风险，这些场景都无法从技术层面保证，需要额外的管理成本来解决此类问题。而区块链技术通过巧妙地利用数字签名、加密算法、分布式存储等技术，有效地从协议层面解决了篡改的问题，极大地增加了篡改难度，从技术上保障了数据的不可篡改性。

3. 透明性

透明性体现在多方面，一方面体现在数据上，数据由所有链上商业方共有，所有数据对每个节点都是透明的，任何一方都可以实时获取数据进行核查和分析。例如，供应链上的金融机构可以看到业务方的回款情况，经销商可以看到产品的质检报告等，这些会极大地提高商业互信度，提升链上物流和金融的流通效率。另一方面主要体现在智能合约上，供应链上的智能合约由商业各方共同制定，内容和各方的利益息息相关。他们利用智能合约代替传统的契约与合同，不以其中一方或者多方的意志为转移，达到公平的效果。

以上三点是区块链技术的优势，也是物品溯源行业的痛点所在，所以区块链技术在供应链行业的应用和落地有着得天独厚的条件，不少行业都有业务全流程信息可视化、业务数据一致性认可等方面的诉求，社会也期待在这些行业中有实质性的技术创新和进步，食品安全、疫苗溯源、药品溯源等也都是全社会关注的问题。

12.4.4 物品溯源系统流程

物品溯源系统通过物品与数据信息一物一码绑定，实现生产加工、包装仓储、渠道物流、终端销售、真伪查询、数据分析等产品全生命周期信息记录追溯管理，可以帮助企业提高商品品牌价值、综合竞争力，并获取商品市场大数据信息，为企业经营决策提供依据。可针对不同行业，根据行业生产流程特性设置对应的溯源流程，完美匹配不同行业的溯源需求。任何生产行业都能自定义合适的溯源流程，在每个溯源环节上设置对应的生产人员，实现每个溯源环节都有相应的人员录入溯源信息，确保溯源流程可追溯到每个生产环节上的责任人。

以某牛奶的溯源系统为例，牛奶的产品溯源流程可实时跟踪获取物品生产端、物流端和售卖端的数据信息，如图 12-26 所示。原料采集后进行生产和包装，根据生产端的数据信息为每件物品生成唯一的溯源码，送入检验环节，根据物品的唯一溯源码对物流端的质量认证，以及配送过程中的环境信息、操作信息、事件信息和操作时间进行匹配关联，对每件物品进行全程监控和记录。售卖端通过溯源系统查询生产端和物流端的操作信息，确认操作信息符合规定后对物品进行查收，并将查收记录及售卖存储情况保存到系统中。消费者通过智能终端进行扫码，与溯源系统进行通信以获取物品的溯源信息。

而在区块链中，物品溯源系统从技术层面可以分为五个层级，即基础层、核心层、服务层、应用层和管理层，物品溯源系统架构如图 12-27 所示。

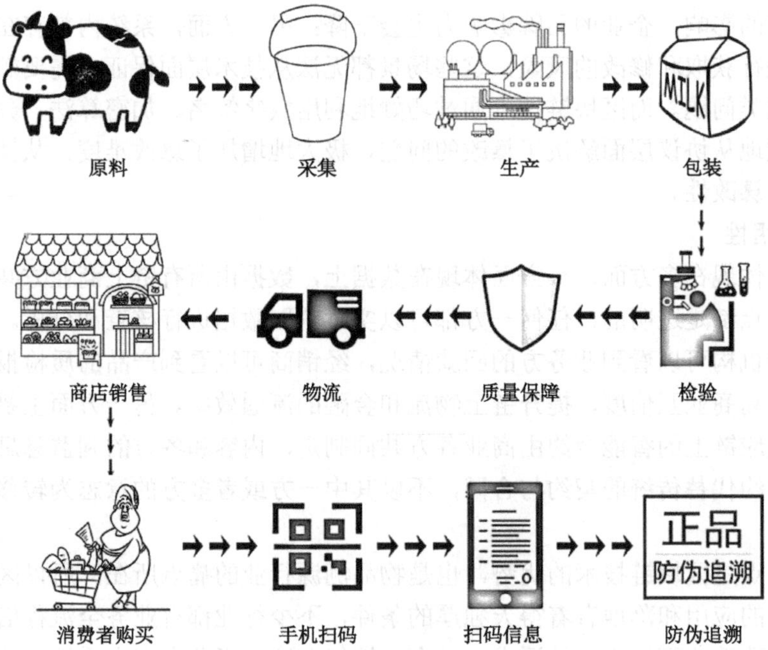

图 12-26　牛奶溯源系统流程

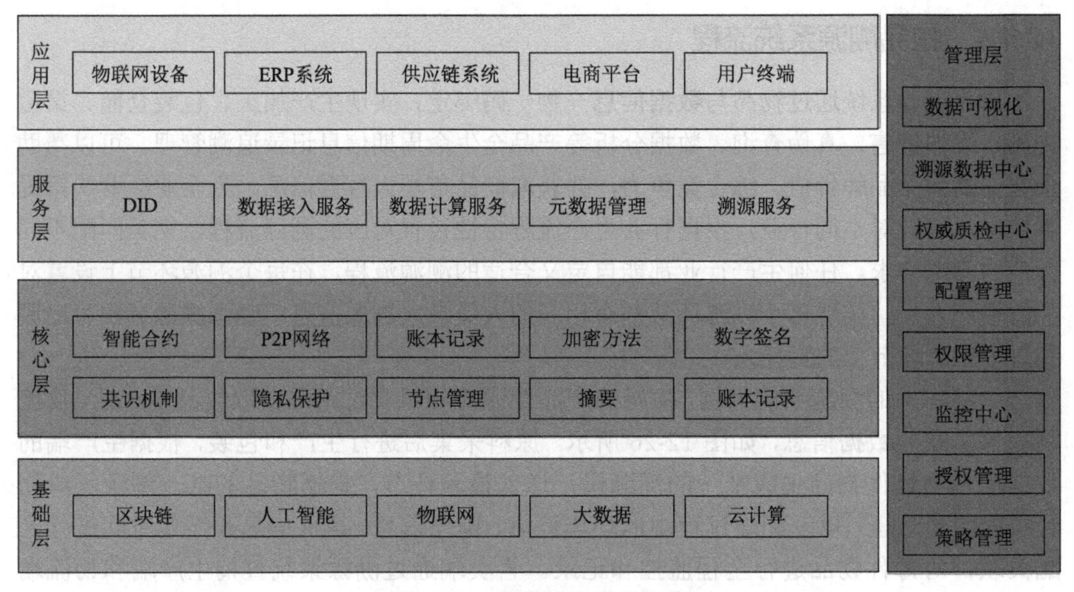

图 12-27　物品溯源系统架构

基础层提供基本的互联网基础信息服务，主要为上层架构组件提供基础设施，保证上层服务能够可靠运行，物联网设备决定了数据来源的可靠性，区块链保证了数据的真实性，最后将数据安全地存储、分析和计算，提供高效、精准的数据服务。

核心层是区块链系统最重要的组成部分，将会影响整个系统的安全性和可靠性。共识机制与 P2P 网络是区块链的核心技术，保证了网络的安全性和分布式一致性。

服务层为溯源应用提供核心区块链相关服务，保证了服务的高可用性、高便捷性。

可信的分布式身份（DID）是物或人的认证标识，可靠的数据接入服务、精准的数据计算服务、安全的元数据管理是溯源应用提供能力的保证。

应用层可以是溯源数据的来源端，也可以是溯源服务的接收端。从线下到线上的数据都有被篡改的风险，需要物联网设备作为可信的信息化数据手段，同时还有相应企业与个人所设计的前端应用。

管理层是溯源应用落地过程中必不可少的重要组件。权威质检中心为溯源应用数据提供权威的信用背书，认证实物的可用性，也为对应的数据赋予相符的价值。溯源数据中心收集整个溯源信息流作为数据“原料”。监控中心监控数据在流转中的异常，保证数据流转过程的可靠性。最终通过数据可视化展示的溯源信息是全流程的、真实的。管理层还有一些辅助功能，包括配置管理、权限管理、策略管理、授权管理等。

12.4.5　物品溯源系统构成

物品溯源系统用户群体可分为三类，即系统管理员、商家、消费者，如图 12-28 所示。

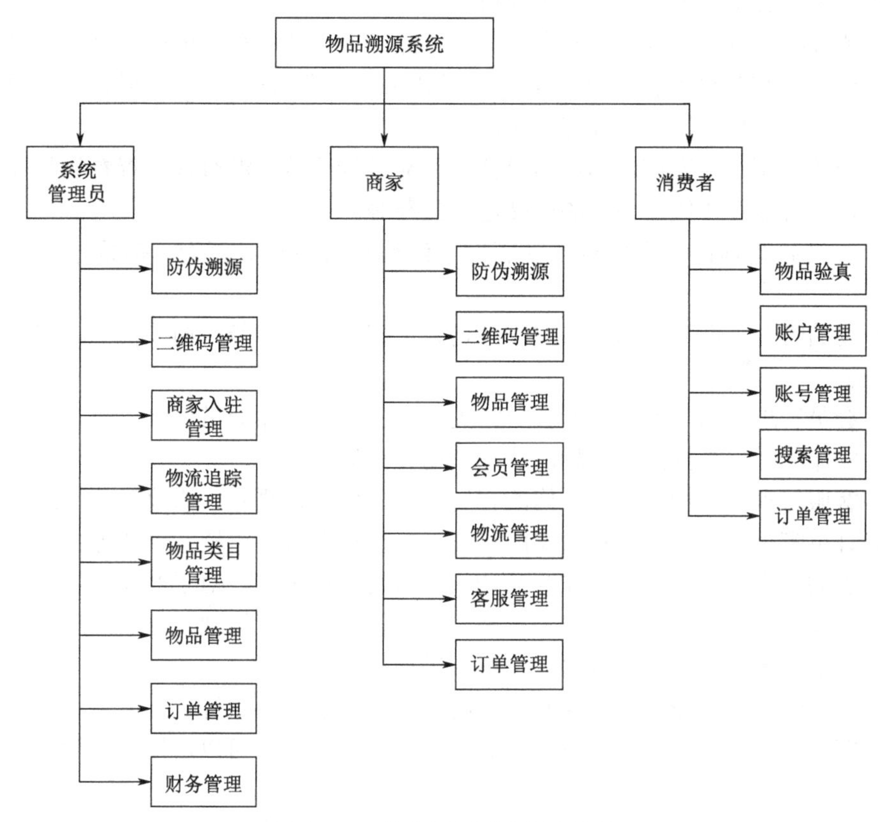

图 12-28　物品溯源系统用户群体

系统管理员的权限是三类用户群体中最高的，主要对整个系统进行管理，系统管理员拥有防伪溯源、二维码管理、商家入驻管理、物流追踪管理、物品类目管理、物品管理、订单管理和财务管理的权限。

（1）防伪溯源：系统管理员可以对某一物品进行防伪溯源查询，查看物品对应的安全二维码在红外光源下是否有暗码，如果有暗码，则说明该物品来自本平台；如果不存在暗码，则提示用户该物品存在假冒伪劣的风险。同时，系统平台将记录这次查询，对可能存在假冒伪劣的二维码进行安全预警等工作。

（2）二维码管理：系统管理员可对平台的二维码进行生成、查询、销毁、赋予物品等操作。

（3）商家入驻管理：系统管理员可对商家入驻本平台进行审核，具备入驻资格的商家将通过审核，系统管理员还可增加、删除商家，修改商家信息。

（4）物流追踪管理：系统管理员可对已销售的物品进行物流跟踪查询等。

（5）物品类目管理：系统管理员可以对商品类目进行增加、删除或者修改。

（6）物品管理：系统管理员可对物品进行分类、赋码、生产状态监控、查询等。

（7）订单管理：系统管理员可以对商家的相关订单进行查看、审核、管理等。

（8）财务管理：出于安全考虑，财务管理权限仅开放给超级管理员，普通管理员不具备查看系统相关资金流动、业绩等的权限。

商家所拥有的权限主要是商家在入驻本物品溯源系统平台下的电商平台后对自家的商品、交易、营销策略的管理，商家拥有防伪溯源、二维码管理、物品管理、会员管理、物流管理、客服管理、订单管理等权限。

（1）防伪溯源：商家可对本商店经营的物品进行防伪溯源查询，查看物品被扫描的相关信息，对可能存在假冒伪劣的产品进行预警等。

（2）二维码管理：商家可对本商店的二维码进行生产、查询、销毁、赋予物品等操作。

（3）物品管理：商家可以对自家物品进行上架、下架、修改商品信息、修改库存等操作。

（4）会员管理：商家具有查看会员相关信息的权限，如会员订单详情等。

（5）物流管理：扫描发件、物流状态查询、物流跟踪等。

（6）客服管理：增加、删除、修改客服信息，增加、删除、修改工单信息。

（7）订单管理：商家可以对自家的相关订单进行查看、审核、管理等。

消费者的所有权限都是建立在商品购买、查询基础上的，对于商品的信息拥有各个环节的知情权，包括物品验真、账户管理、账号管理、搜索管理、订单管理。

（1）物品验真：消费者可以对某一物品进行验真查询。

（2）账户管理：消费者可以查看自己的账户、充值、退款等信息。

（3）账号管理：消费者可以查看、修改个人信息，同时可以新增、删除、修改收货地址等。

（4）搜索管理：消费者可以在搜索框内输入关键字来查找相应的商品或者商家。

（5）订单管理：消费者可以对自己的相关订单进行查询、删除等。

系统管理员、商家和消费者之间的功能需求可以确立物品溯源系统的实体集和属性集，对该系统进行 E-R 图建模，图 12-29 所示为物品溯源系统关联模型。

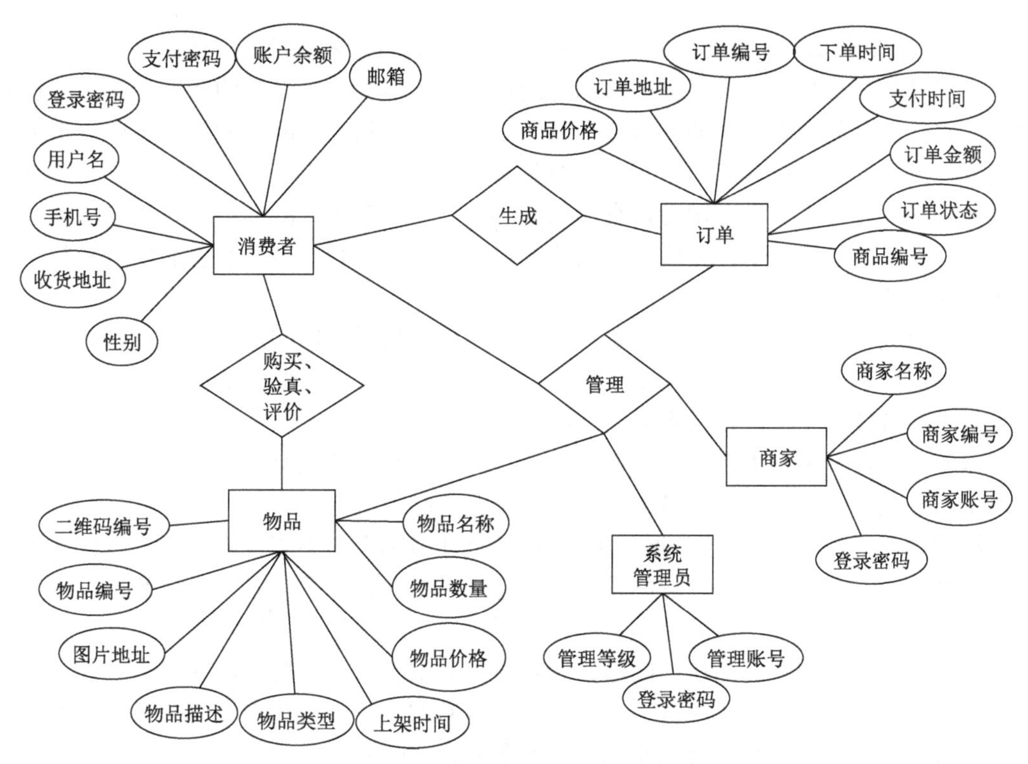

图 12-29 物品溯源系统关联模型

12.5 物品溯源技术应用

物品溯源技术可用于资产管理、生产线管理、供应链管理、仓储管理、防伪溯源（如食品、药品等）、零售管理、车辆管理等，通过一物一码技术，实现生产加工、包装仓储、渠道物流、终端销售、真伪查询、数据分析等产品全生命周期信息记录追溯管理，尤其在食品溯源和药品监管等领域发挥着重要作用。

12.5.1 食品溯源

食品溯源涉及食品生产、加工、流通和消费等环节，需要平台化的方式支撑。食品供应链是一条包含资金流、信息流和物流的具有特殊性和复杂性的网链。影响食品安全的主要因素存在于原材料供应、制造商加工、物流运输等各个环节中。因此，食品供应链的任何环节出现差错或者人为危害因素，都会导致食品安全问题。食品供应链管理包含供应链风险管理和供应链信息管理。从食品供应链管理的角度预防食品安全问题出现的研究中，目前国内外学者已经积累了不少的研究成果和实践经验。

1. 食品供应链的特点

食品供应链本身的特殊性使其与其他商品供应链存在较大的差异，具体有以下几个特点。

（1）依赖自然环境。农产品是绝大多数食品的原材料，其品质的好坏、产量的多少取决于自然环境情况，如土壤的组成、温度、湿度等。

（2）周转时间短。部分食品具有时效性，如鲜牛奶具有易腐败性，食品供应链生产、加工和运输等环节都必须进行较严格的时间控制，保障食品以最快的速度运输到消费者手中，以确保食品具有较高的新鲜度。特别是农产品，从农产品的种植到供应链末端的消费者，一般要经历很多环节，每个环节都有无法预测的风险，很可能因为食物腐败影响食品的增值和带来损失。同时，食品供应链上合作伙伴之间的业务关系也很复杂。在多主体、多环节的情况下，完成食品或原材料的快捷流通和周转，对食品供应链整体提出了较高的要求。

（3）对运输和存储设备要求高。在部分食品或原材料运输和存储过程中，为了确保食品的新鲜度和品质，对环境提出了较高的要求，一些食品需要在低温环境下存储，这不仅要求冷链技术完备，还要求采用环境监测技术。

（4）季节性及需求不确定性较大。众所周知，果蔬的种植有极其明显的季节性，并且在不同时期，其价格及需求量存在很大差异。食品供应链环节多，只有食品销售点直接接触消费者，能够较全面地掌握需求信息，其他环节都存在不同程度的需求放大现象，而且越是上游的节点放大效应越严重，同时造成了高库存等供应链管理问题。

（5）质量要求严格，风险性高。在原材料供应、生产加工、运输和销售过程中，有较多不安全因素影响食品品质。随着消费者对食品安全要求的提高，保障食品安全、提高食品质量已经成为食品供应链上各节点不可推卸的责任。食品安全问题的出现不仅会侵害消费者利益，还会导致食品滞销，影响食品企业的名誉。

信息共享是指食品供应链上的企业可以通过平台实现食品质量数据的有效传递和共享。追溯源头是指可以通过平台查询到食品生产、加工、流通和销售等任一环节的质量信息。责任到人是指一旦食品出现问题可以追溯食品的相关信息，迅速确认在哪个环节出现了问题。

一个协调的信息平台不仅能够实现对食品进行正向和逆向的溯源信息查询，而且能够实现对食品生产到供应过程中各环节的控制。企业间可以在保证本企业数据安全的同时实现溯源信息最大限度的共享。政府可以通过该平台对食品企业的溯源信息进行监督和管理，消费者也可以通过该平台查询到食品的全程溯源信息，如食品的产地、品种、加工信息及是否合格等一系列溯源信息。

2. 以大型农超为核心的食品溯源平台

以大型农超为核心的食品溯源平台实际上是实现卖场上的各类食品生产、加工、流通和销售等各个环节的质量信息数据化的一个数据处理信息交互平台。该平台分为三部分，分别是信息采集层、信息处理层和信息服务层，总体规划框架示意如图 12-30 所示。

1）信息采集层

该层主要通过物联网信息服务网关收集食品供应链上各个环节的信息数据，包括生产信息、加工信息、物流信息和销售信息。不同的物联网信息服务网关分别采集不同环节的数据，确保食品溯源信息的完整性和可追溯性。

2）信息处理层

信息处理层是食品溯源平台不可或缺的一个组成部分，是整个业务的核心组成部分，包含注册认证管理、权限管理、资源整合、系统维护四个模块。

（1）注册认证管理。该模块以大型农超为核心，食品供应链上的各个企业共享溯源信息前需要先完成平台的注册，再经由平台的系统管理员进行审核认证，只有审核认证完成的企业才可以使用该食品溯源平台对本企业的溯源信息进行管理，以及对食品供应链上的其他食品企业溯源信息进行查询。

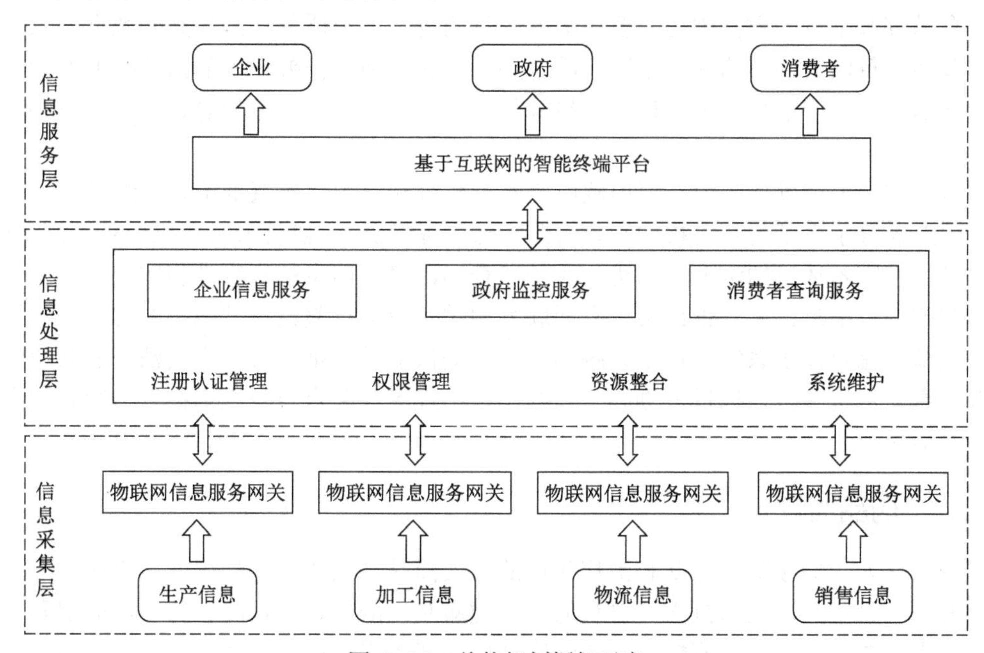

图 12-30 总体规划框架示意

（2）权限管理。该食品溯源平台的主要目的是满足消费者对食品溯源信息查询的需求，同时也要保证供应链上各个食品企业的利益。这里平台基于契约合作的信息协调机制，根据食品企业的合作级别来授权访问信息。

由于食品供应链的特殊性，部分溯源信息有关企业的生产机密，不适合向所有企业共享。消费者通常关心的是产品是否合格，而不是具体的检测数值。例如，某果蔬中农药含量小于 0.1mg/kg 的国家合格标准，因此在非合作伙伴间只需共享合格信息，而在重要合作伙伴之间可以共享具体检测值。

通过这种方式，企业间的合格标准更加符合规范，促进溯源信息的共享意愿和食品行业的高质量发展。根据不同合作企业的合作等级，溯源平台可对溯源信息进行授权管理，特别重要的合作伙伴可以获得更优质的服务，促进深层次的战略合作和资源共享更。

（3）资源整合。通过整合生产企业的生产信息、加工企业的加工信息、运输企业的物流信息及各个商家的销售信息，向消费者提供完整的食品溯源信息，满足消费者的食品安全需求。同时，系统管理平台通过记录消费者对各类食品溯源信息查询的次数、偏好程度、查询时地理位置及其他相关参数，分析消费者的偏好，帮助供应链上的重要合作伙伴更好地了解市场需求并提高产品质量。

（4）系统维护。系统管理平台不仅需要满足日常的注册认证管理、权限管理、资源整合等管理需求，还通过对系统进行不断地开发和扩展新功能，以满足企业和关监管部门的特定需求。

3）信息服务层

该层通过智能终端平台为企业、政府和消费者提供服务。信息服务层包括企业信息服务、政府监控服务和消费者查询服务三个模块。消费者可以通过多种方式查询食品溯源信息，如网站、二维码、小程序、公众号和查询机。

食品溯源平台的数据中心主要完成食品供应链上各类质量信息和基础数据的录入，实现食品质量信息的可追溯。不同产品（如果蔬和猪肉）需要录入的信息有所不同，涵盖产地信息、生产信息、加工信息、检验信息、包装信息、运输信息、储存信息和销售信息等。

食品安全追溯管理平台主要由政府监管子系统和溯源信息查询子系统组成。

政府监管子系统为政府机构和政府监管部门提供服务。监管人员可以登录溯源平台，对食品供应链各环节的溯源信息进行监管和查询，确保信息的真实性和完整性。一旦发现虚假或缺失信息，监管部门可以立即联系相关企业进行整改，并在必要时发布预警通告。溯源信息查询子系统。该子系统为消费者提供多种查询服务，方便消费者获取食品溯源信息。消费者可以通过追溯码、二维码、小程序、公众号及查询机等途径查询食品的相关信息。

12.5.2 药品监管

药品作为人们预防、诊断和治疗疾病的重要商品，其质量、使用安全直接关系到众多患者的切身利益，关系到人民群众的生命健康利益的维护与保障。其中，麻醉药品的安全尤为重要，一方面，麻醉药品在临床使用中能为患者减轻身体上的痛苦，体现了社会的文明程度与人文关怀水平。另一方面，这类药品本身存在药物依赖性，若使用不当，则会增加患者痛苦，造成医疗隐患；如果监管不当，使它通过非法渠道流入社会，还会变成毒品危害社会稳定。

一套完整的药品溯源系统包括药品从生产到使用过程中的所有信息，监管部门和消费者能对整个过程进行监控。通过对药品制造、运输、销售、使用环节的溯源，能有效加强对药品的质量控制，进一步保证消费者用药安全。目前已有关于院内药品的质量追溯研究，对于存在安全问题的药品，确保通过溯源系统可以快速召回，缩短患者接触不安全药物的时间。

1. 药品溯源系统分析

药品的质量和安全是整个社会的共同责任，政府、药品产业链和消费者都要参与其中。现行的药品溯源管理中，各环节参与度不够，这是影响药品溯源发展的主要因素。在各环节的管理及操作中，信息化程度低，大大降低了药品溯源的主动性。整个药品供应链中的各个参与者需要建立长期且稳定的关系，需要多方协调、共同配合，避免整个系统有大的变动，如果需要变动，应尽量使组织、团体、个人都参与其中。

在区块链账本上保存药品的当前状态记录和历史记录，历史记录不可更改，由历史记录可以正向推出药品的当前状态记录，药品的当前状态记录由药品当前的用户负责维护更新，初始用户为药品制造商。

1）制造商

药品制造商每生产一个批次的药品并检验通过后，首先通过私钥签名，获取该批次的药品批文及药品相关信息，节点通过公钥验证后获得相应的权限，生产药品并标识唯一溯源码，将生产管理信息、企业信息、交易信息、药品溯源码信息上链。

2）运输商

运输环节与药品制造环节衔接，包括入库、盘点、分拣、出库、配送运输等工作内容，制造商把药品信息和签名数据一同更新到区块链上，运输商将物流数据上链并对物流数据进行更新。

3）销售商

当药品由制造商向销售商或医疗机构流转时，双方达成交易共识后，首先由销售商或医疗机构对准备购买的药品签名信息进行验证，验证通过后用私钥签名对应药品信息，把签名数据发送给制造商，由制造商更新链上药品状态记录、药品当前所有者及所有者签名信息等。

4）消费者

当药品由销售商或医疗机构直接向最终消费者或其他非链上成员流转时，由销售商或医疗机构把药品最终去向及受众信息更新到链上药品信息中，并更新药品状态。

5）监管部门

监管部门通过对制造商、运输商、销售商进行市场准入认证，将其终端作为节点加入联盟链，同时将监管信息上链，并根据对药品的制造、运输、销售环节信息和消费者反馈信息的抽查，对制造商、运输商、销售商做出相应的调整或奖惩。

2. 区块链药品溯源系统设计

1）整体架构

根据目前我国药品流通的一般环节，将区块链药品溯源系统参与方设定为制造商、运输商、销售商、消费者、监管部门五大节点。各节点之间实时共享数据，在保证真实的前提下，实现数据的有效跟踪和追溯。将系统架构分为数据接入、数据服务和用户应用三层，系统架构如图 12-31 所示。

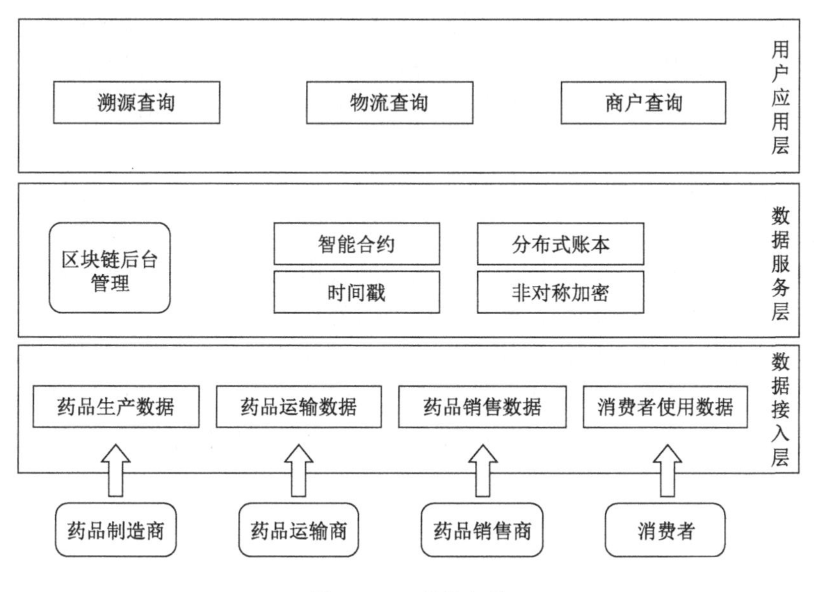

图 12-31　系统架构

其中，数据接入层的数据来源于药品生产、运输、销售、消费者使用的完整生命周期的信息记录，药品溯源系统将它们按照区块链数据块格式进行封装后，通过加密算法和时间戳的方式加入区块链中。数据服务层接入管理机制，采用分布式组网机制使数据分散在各节点数据库中，从技术层面保证了区块链的可传递性；将国家有关法律法规、标准等内容以智能合约的形式嵌入区块链中，使区块链具有良好的可编程性；同时采用非对称加密技术，保证药品信息无法被恶意篡改，保证了系统的安全性。用户应用层的质量溯源系统向药品制造商、运输商、销售商、消费者提供信息查询、质量追溯等服务支撑。三层架构确保了药品质量安全性和可追溯性。

2）功能设计

基于对区块链药品溯源系统的业务流程分析，从信息交换与录入、溯源、监管、系统维护四个方面，对系统功能进行了设计。

需要上链的数据包括生产信息、物流信息、交易信息和药品信息等。

生产信息包括药品的基本属性信息、生产过程中影响药品质量安全的关键信息和基于生产流程的关键信息，如药品检测信息、加工安全控制信息等；物流信息包括运输环节内各项工作内容，如药品订单信息、运输任务信息、出入库记录、运输车辆与实时位置记录等；交易信息包括销售环节的交易细节，如交易时间、交易数量及交易对象等；药品信息包括药品的成分、生产日期、批号等。

可溯源的过程包括生产过程、运输过程、销售过程等。

生产过程溯源：链上所有参与者都可以对链上的药品数据进行查询追溯，包括生产环境及生产环节是否符合规定等；运输过程溯源：消费者和其他厂商可以通过获取访问权输入私钥，根据系统拥有权限对运输细节进行读取，实时追踪药品的运送情况；销售过程溯源：制造商可以通过链上数据追踪本厂药品的流通情况，监管部门可以通过链上数据追溯药品交易细节。

监管功能包括企业资质认证、生产过程监管、运输过程监管、销售过程监管等。

企业资质认证：对链上参与药品各环节的各企业对象进行资质认证；生产过程监管：对链上生产细节进行严格监控，如加工环境、药品耗损等；运输过程监管：对链上运输细节进行监控，如运输环境温度、位置信息等；销售过程监管：对链上销售价格进行监控，控制中间商数量。

区块链管理者由政府和第三方机构共同构成，管理者不直接参与链上数据的更新维护，只负责维护区块链联盟成员的信息，入链的网络参与成员均由管理者授权并申请数字证书，由区块链系统管理者对链上组织成员的公钥及相关信息加密生成数字证书，网络成员私钥由成员自己持有保存，网络成员公钥公开保存。

区块链药品溯源系统以区块链技术为基础，引入各环节参与者共同监督，从而实现制造商、运输商、销售商、消费者、监管部门的交叉验证，提高各环节的造假成本，改善药品领域的生态环境，为政府科学监管、企业药品管理提供了可靠保证。

第 13 章

手机识别与移动应用开发

二维码、RFID、NFC、区块链等防伪溯源技术的兴起和应用，使半色调信息隐藏及防伪技术使用的便利性要求提高，直接或间接通过手机进行物品信息的溯源查询是生活中常见的应用场景，搭配各商家设计的移动应用系统，完善原始系统的不足与个性化，为用户提供更丰富的使用体验。

本章主要以二维码和安全二维码识读手机应用软件开发为例，对手机高清扫码、二维码图像识读与校正、zxing 解码关键技术、安全二维码识读 App 设计流程与扫码小程序的设计思路进行详细阐述。

13.1 手机高清扫码

半色调信息隐藏技术通过不同的加网方式实现，在应用过程中能够有效地保护版权信息，实现印刷品的信息防伪。通过手机等智能设备对半色调微结构网点信息进行提取和识读，实现半色调隐藏信息的有效提取验证，达到信息防伪检测的目的。

使用移动设备对物品进行溯源信息扫描和查询，需要实现对目标对象的高清扫描，扫描的效果越好，对目标的识别效果也越好，通过手机摄像头的参数配置、扫描控制流程、微距高清扫码等可实现识别目标的清晰聚焦。

13.1.1 手机摄像头

摄像头是智能手机的重要硬件模块之一，主要用来拍摄静态图片和视频信息。手机摄像头的性能是现代手机的重要性能指标之一，体现了手机企业在技术层面的核心竞争力，而手机摄像头的性能受多方面因素的影响。

一般来说，光圈的大小会直接影响摄像头的拍摄效果。手机摄像头的光圈与相机的镜头具有相似性，而现代手机受结构和体积的限制，摄像头的光圈普遍是固定的。快门也会在某种程度上对手机摄像头的拍摄效果造成影响，快门的时间长短与帧率之间呈反比例关系。对焦的准确性及速度会对手机的成像效果造成直接的影响，并形成不同的用户感受。大部分手机上的防抖功能是通过软件实现的，而其防抖效果的好坏也在一定程度上决定了成像效果的优劣。

现阶段市场上的大多数中低端摄像头是没有对焦马达的，摄像头的镜头组也不能伸缩，只能由数字处理芯片实现数字变焦功能，图 13-1 所示为手机摄像头结构。

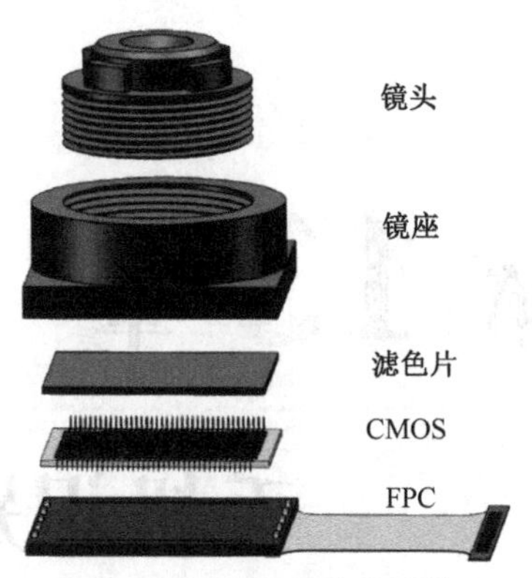

图 13-1　手机摄像头结构

1．手机摄像头的原理及硬件模块

当摄像头对目标物进行拍摄时，主要工作分为三部分，即图像的采集、图像的处理和图像的传输，摄像头拍摄图像时的工作流程如图 13-2 所示。

图像的采集是把光学信息转变为电信号，镜头取到的景物会被投影到图像传感器上，通过 A/D（模拟/数字）转换将模拟信号转变为数字信号。

图像的处理是对数字信号进行处理，在处理过程中会有如 AE（自动曝光）与 AWB（自动白平衡），以及运动目标检测与跟踪、目标的识别与提取等基于图像内容的处理，对图像质量要求较高。

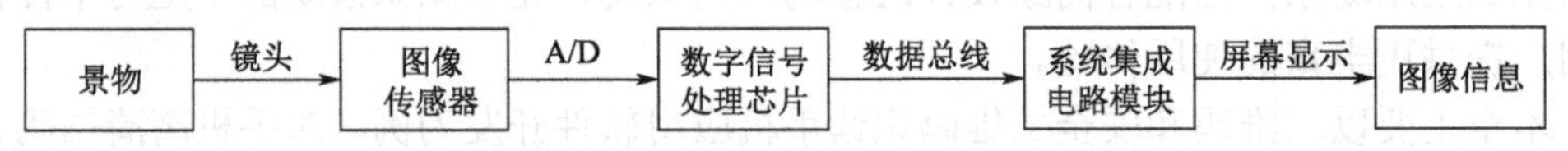

图 13-2　摄像头拍摄图像时的工作流程

影响成像质量的两个重要因素为曝光和白平衡。人眼对外部环境的明暗变化非常敏感，在强光环境下，瞳孔缩小，使景物不那么刺眼；而光线较弱时，瞳孔扩大，使景物尽可能地变清楚，这在成像中称为曝光。当外界光线较弱时，CMOS 成像芯片工作电流较小，图像偏暗，这时要适当增加曝光时间进行背光补偿；光线充足或较强时，要适当减少曝光时间，防止曝光过度，图像发白。改善成像质量，仅靠调节曝光时间是不够的。因为物体颜色会随照射光线的颜色发生改变，在不同的光线场合图像有不同的色温，即通过白平衡算法来进行处理。传统光学相机或摄像机通过给镜头加滤镜来消除图像的偏色现象。对于 CMOS 成像芯片，可以通过调整 RGB 三基色的电子增益解决白平衡问题。

图像的传输是指将上述结果通过数据总线传输到手机中的系统集成电路模块进行处理，然后将图像信息显示在移动端屏幕上。

镜头是一种透光设备，对其影响较大的因素有两个，即光圈和焦距。光圈由多组多片扇叶构成，用来控制进光量，一般来说，智能手机的摄像头镜头是不配备光圈的，这种装置一般用在单反相机中。焦距是镜头的中心到传感器平面上成像两点之间的距离，焦距与视角成反比。焦距长，视角小；焦距短，视角大。视角大能近距离摄取范围较广的景物。

图像传感器也称感光二极管阵列图像传感器，它是相机最重要的器件之一，是一种将光信号转换为电信号的装置。常见的传感器主要有 CCD 和 CMOS 两种。区别在于 CCD 的成像质量好，但是制造工艺复杂且耗电高；CMOS 价格比同分辨率的 CCD 便宜，图像质量略低。但由于 CMOS 耗电低，造价较为便宜，加上工艺技术的进步和如今图形处理器算法的不断优化，CMOS 的画质水平直逼 CCD，但在较恶劣的环境下，如光线极亮或极暗时，CCD 便显示出稳定的成像优势。

2．手机摄像头的常见参数

摄像头的常见参数主要有图像解析度（分辨率）、图像格式、色彩还原度、图像去噪、动态速度、算法支持等。

图像解析度也称分辨率，即摄像头能支持的最大图像大小，如 640×480（普清）、800×600、1280×720（高清）、1920×1080（全高清或超清）等。在实际生活中，像素是手机摄像头质量评判的重要标准。原始的像素定义就是分辨率的乘积大小，如 1920×1080=2073600 就被称为 200 万像素，但插值得到的 100 万像素和采集得到的 100 万像素在图像质量上存在极大的差异。

摄像头采集数据的存放格式一般有 RGB、YUV、YUYV、YV12、NV12、MJPEG 等，其中 RGB 是采用光的三基色相加混色的原理产生色彩的，YUV 则是指在 RGB 信号传输过程中使用矩阵变换电路分解出亮度信号 Y 和色差信号 U、V，然后将亮度信号和色差信号使用某种编码方式利用同一信道发送出去。

一般的编码器输入格式为 YV12（JM，x264）或者 NV12（x264 内部帧存储格式，将 NV12 输入 x264 更有优势）。如果摄像头输出的是 YUYV 格式，就需要进行色彩空间转换，转换为软件能够接收的格式，这势必增加计算量，因此最好选用的摄像头可以支持软件需要的色彩空间。MJPEG 即 Motion JPEG，可以理解为 JPEG 图像的序列，图像内部是有损或无损的 JPEG 编码，图像之间没有依赖关系，因为图像本身具有很大的色彩冗余，即使是无损的 JPEG 编码也有 6～10 倍的压缩率，可以大大降低存储数据量，由此也会影响摄像头的输出帧率。如果输出 MJPEG 格式，软件端还需要解码 MJPEG，然后转换为 YV12 或者 NV12，这会增加一些计算量，但帧率可能会提高。

色彩还原度体现了摄像头对各种颜色的还原能力，通过在不同条件下对物体色彩的观测来确定色彩还原度。如观察白色物体，拿一张白纸（在太阳光下显示为白色）对着摄像头，看显示器里面的颜色是否为白色，如果不为白色，可以尝试调节摄像头设置里面的白平衡（White Balance，WB），将白色调好，才能更加客观地比较其他颜色的效果；观察在特定应用场景下的摄像头整体色调，如视频会议系统是在明亮灯光下的场景，室外监控系统是在太阳光下的场景，桌面 USB 摄像头是在日光灯下的场景。

观察对应场景下摄像头所表现出来的整体色调是否真实，有没有苍白（色彩饱和度不足）、偏冷或偏暖的情况出现；观察各种颜色的物体经摄像头采集后显示出来的颜色是否与原物体颜色相同，尤其是红、绿、蓝三基色的表现；观察不同颜色的变化边缘是否锐利，感光材料的缺陷会使得颜色发生漂移，尤其是在颜色变化的边缘。

一般摄像头都有去噪（Noise Reduce，NR）功能，图像噪声指的是在图像的生成过程中因各种因素产生的杂点和干扰，在成像效果上表现为固定的彩色杂点。一般摄像头设置里面有 5 级 NR，默认为 3 级。NR 级别越高，滤波效果越明显，图像越光滑，噪声越少，但纹理细节也损失得越多。同时，NR 级别越高，摄像头的计算量就越多，摄像头的相应速度会变慢。摄像头噪声的来源有很多种，但大部分是时空孤立的，通过 NR 可以消除。

噪声和纹理的区别在于，纹理是现实世界中真实存在的物体表面细节，如毛衣上的纤维；噪声是不存在的，是由于摄像头电气特性、感光材料等原因叠加上去的。NR 的采用会在一定程度上去除噪声，抑制闪烁，但过高的NR设置会损害纹理还原度，因此需要在去噪和纹理还原之间平衡。比较不同摄像头时，可以把它们的NR都设置为中位值，然后在噪声抑制和纹理还原两方面衡量。

动态速度体现在观看快速运动的物体有没有拖影，在NR较高时图像的动态速度会降低，表现在图像上就是物体运动有拖影。动态速度还体现在显示器内的图像是否能够同步，而不至于存在一定滞后。

部分图像算法支持自动增益、白平衡、伽马校正、宽动态范围等。为了确保在不同的光照条件下都能输出标准的视频信号，必须使感光单元放大器的增益能够调节，这种增益调节通常都是通过检测视频信号的平均电平而自动完成的，实现此功能的电路称为自动增益控制（AGC）电路，具有AGC功能的摄像头在低照度下的灵敏度会有所提高，但由于信号和噪声被同时放大，此时的噪点也会比较明显。自动白平衡功能可以克服环境光谱的影响，增大色彩还原度。伽马校正可以弥补电视显示系统中亮度与输入电压并不是线性变化的这一现实缺陷。校正可以在显示系统中做，也可以在摄像头上做，使输出的图像在电视端不需要再做校正。宽动态范围在非常强烈的光照对比下可让用户看清影像。

13.1.2 微距高清扫码

1. 手机摄像头扫描控制流程

用户在使用手机实现自动对焦的过程中，通过驱动线圈调整镜头的位置来实现对焦，对焦过程中图像仍在不断产生，把镜头在某个位置时的那帧图像送到图像处理器（ISP）处理，得出该图像的统计信息，再把信息送到对焦算法库，对焦算法库根据硬件规范和上述统计信息算出下一步镜头该往哪个方向移动多少距离，并驱动镜头到达那个位置；接着在此位置得到新图像，又计算统计信息，计算下一步的镜头位置，直到图像清晰度渐渐变化，如此往复，图像清晰到一定程度就认为对焦成功。

聚焦方法为手机对比度对焦，也称反差对焦，就是通过不断的迭代过程，找到画面对比度最大时的镜头位置。要实现自动对焦，底层会有一张行程表表示无限远端到微距端的整个行程中的若干个（10～15个）采样点，采样规则为无限远端密集采样，近距端稀疏采样，图13-3所示为自动对焦镜头距离和物体位置曲线图。在整个行程表跑完之后，如果所有采样点中至少有一张图片的清晰度数据达到预设的阈值，那么就把清晰度最高的图片对应的采样点作为对焦目标点，驱动镜头到相应位置，对焦成功；如果所有采样点的清晰度数据都不能达到阈值，则对焦失败，镜头移到无线远端。

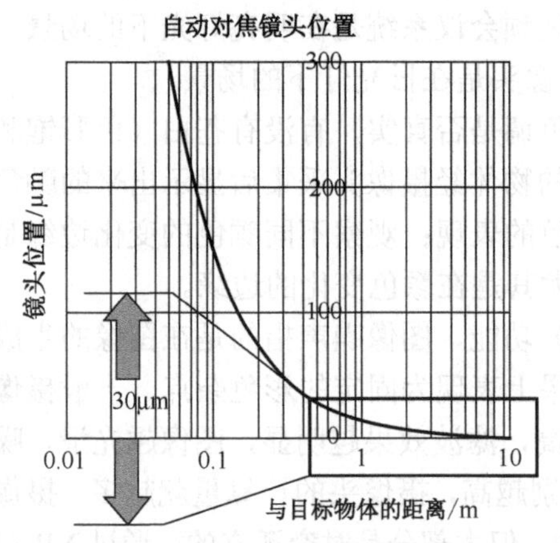

图13-3　自动对焦镜头距离和物体位置曲线图

从自动对焦的曲线中可以发现，当镜头距离目标物体小于0.1m时，手机摄像头是很难自动对焦成功的。而在利用智能手机识读隐藏半色调微结构信息的图像时，通常的识读距离在 5～12cm，由于该距离段采样点较少，因此不能有效地获得高保真图像。

2．自动对焦中的清晰度评价方法

围绕不同的对焦算法，就形成了各种自动对焦方式，不同的对焦方式有不同的对焦速度和硬件需求及设计（主要针对摄像头传感器），对焦算法设计的目标就是快、狠、准地完成对焦。

自动对焦技术的主要目的是对图像实现边缘轮廓清晰度检测，其边缘梯度越大，对象和背景的对比度越大，图像越清晰，自动对焦的焦点位置被保持在当前焦距位置。若目标图像的轮廓和边缘模糊，边缘灰度梯度对比小，则目标图像未能对焦成功。基于这一原则，自动对焦的过程变成了焦点反复运动、系统对清晰度判断并反馈的过程，当系统判断获得清晰图像时，焦点锁定当前位置，用户即可从屏幕上看到最清晰和理想的图像。

在自动对焦的过程中，一般来说有两种计算方法，一种是从图像中计算模糊度和深度信息，另一种是通过一系列不同模糊程度的图像来计算这一系列图像的清晰度评价值。这两种方法均能够达到自动对焦的效果，但是由于第一种方法对图像信息的需求较少，因此其对焦速度更快。该方法提高了相机拍照的速度，间接催生了不同的智能手机制造商的相机拍照速度之间的差异，图 13-4 所示为摄像头自动对焦技术判断示例。

自动对焦过程中，对一系列不同模糊程度的图像计算其清晰度评价值，得到每幅图像的清晰度评价值后拟合成对应曲线，根据曲线的峰值确定最佳对焦位置。

图像清晰度的评价方法通常可以分为两类，一类是相对清晰度评价，即对不同模糊程度的同一图像，评价其清晰度，主要反映图像随模糊程度逐渐变化表现出的单调性和一致性等特征；另一类是绝对清晰度评价，即对不同模糊程度的各种图像内容进行评价，主要反映与图像内容无关的图像清晰度判定结果。

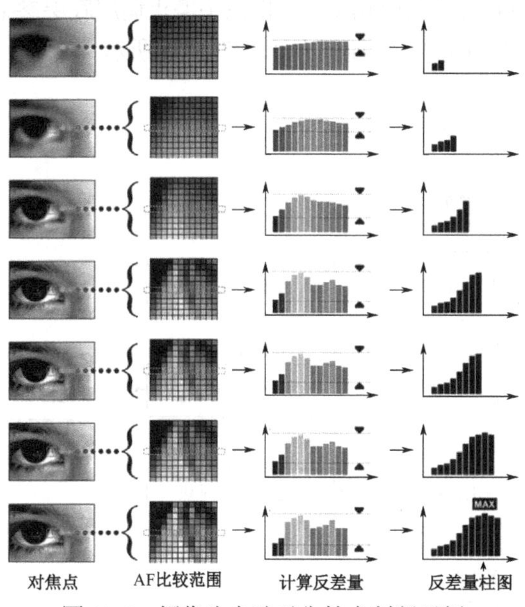

图 13-4　摄像头自动对焦技术判断示例

从无限远端到微距端设定多个点的行程表，并对多点图像进行清晰度判断后，返回固定点采集清晰度图像，微距技术则是在自动对焦技术的基础上，将该行程表的无限远端更改为某一中间位置（距离设为 M），在多个手机微距聚焦测试过程中，由于摄像头类型和生产商的原因，M 为 10～15cm，因此在微距聚焦模式中，手机摄像头采集图像时，只有将手机镜头与目标图像和信息的距离控制在 15cm 以内、1cm 以外（手机摄像头在自动对焦过程中，1cm 以内的点行程表上几乎为 0，所以无法对该范围内的图像进行有效判断），才可以采集到清晰的图像，而在此距离之外，不能有效地采集图像，显示模糊状态。

摄像头自动对焦技术能够有效地对高清的半色调防伪大图实现防复制扫描，对于电子产品或者放大版的复制品能够有效防扫描。

13.1.3 基于 zxing 的 QR 码解码介绍

zxing 是一个支持在图像中解码和生成二维码、EAN 码、UPC 码、Codabar 码等的一维/二维码图像处理库，具有多种语言接口，可以识别多种码，不依赖第三方库，使用简单，并且是开源的、多格式的。

在二维码的扫描过程中，首先打开摄像头的硬件设备并初始化，此时摄像头控制程序开始控制摄像头扫描。扫描的过程中，摄像头控制程序会请求调用摄像头的自动对焦功能。调用该功能的时候，就会设置自动对焦的一些参数，如设置对焦模式为微距对焦（FOCUS_MODE_MACRO），其他对焦模式有 FOCUS_MODE_AUTO、FOCUS_MODE_INFINITY、FOCUS_MODE_FIXED、FOCUS_MODE_CONTINUOUS_VIDEO、FOCUS_MODE_CONTINUOUS_PICTURE 等。当按照需求设置好自动对焦的一些参数后，摄像头会在自动对焦的过程中，把一帧一帧的图像传入缓存中，调用底层算法对图像的清晰度进行判断，当某幅图像在清晰度判断过程中被判为最清晰的时候，摄像头硬件变焦到该位置，同时将清晰图像保存。接下来，摄像头控制程序关闭预览，即摄像头停止调用底层参数，最后关闭摄像头，自动对焦过程结束。二维码扫描的反馈控制方法如图 13-5 所示。

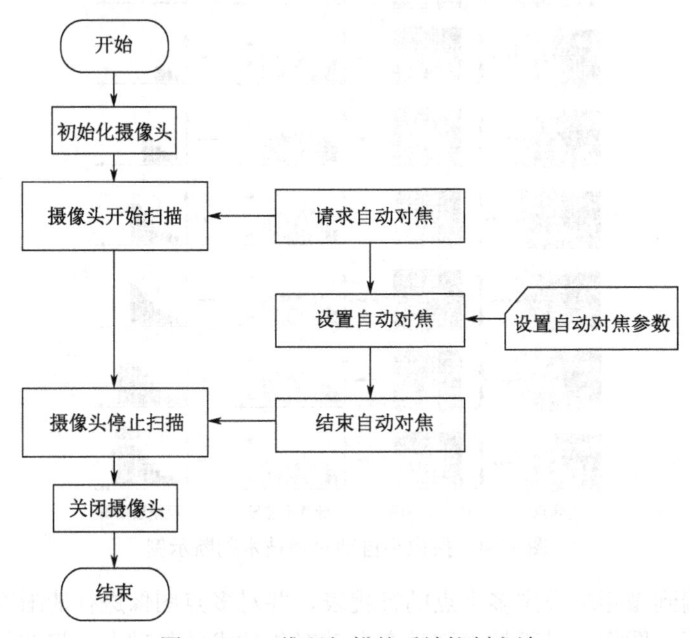

图 13-5　二维码扫描的反馈控制方法

13.2 二维码图像识读与校正

手机扫描识读二维码主要通过图像扫描、图像检测与校正、二维码解码三个过程来完成，图 13-6 所示为二维码图像识读与校正流程。

在二维码图像识读和校正的过程中，要求通过手机对二维码图像实现快速、稳定和高质量的扫描，采集到二维码图像，将手机扫码采集的 RGB 图像转换为灰度图像，通过局部阈值法对图像进行二值化处理，对处理的结果进行形态学滤波，如膨胀、腐蚀、开操作、闭操作等，进行 Harris 角点检测后通过凸包算法提取 QR 码轮廓并计算其顶点角点坐标，对处理后的图像进行仿射变换校正，校正之后的二维码图像通过调用二维码解码程序即可实现解码。

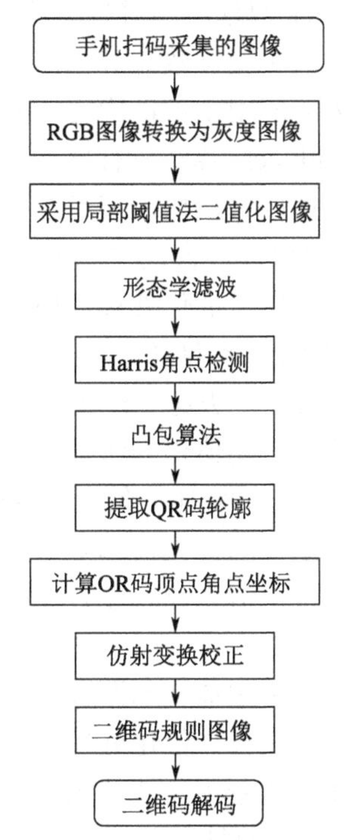

图 13-6 二维码图像识读与校正流程

13.2.1 局部阈值法

局部阈值法通过定义考察点的邻域，比较考察点与其邻域的灰度值来确定当前考察点的阈值。非均匀光照条件等情况虽然影响整体图像的灰度分布，却不影响局部的图像性质，使局部阈值法比全局阈值法有更广泛的应用。局部阈值法虽然能够根据局部灰度特性来自适应地选取阈值，有较大的灵活性，但局部阈值法存在速度慢，对文本图像进行二值化处理时，可能导致出现笔画断裂现象及伪影等问题，直接影响后面的识别工作。局部阈值法的经典算法有 Niblack 算法和 Bernsen 算法。

1. Niblack 算法

非均匀光照会影响全局的二值化效果，但并不影响局部的图像性质。Niblack 算法是一种典型的局部阈值法，它根据局部均值和局部标准差确定图像中不同的阈值。该算法对输入图像的每个像素点邻域进行阈值计算，并将阈值与该像素点的灰度值进行对比，从而进行二值化。Niblack 算法的基本思路：在图像中的像素点(x, y)处尺寸为 $w \times w$ 的邻域内计算该像素点的阈值。若该像素点的灰度值大于该像素点的阈值，则将该像素点的灰度值设为 255，否则将该像素点的灰度值设为 0。对图像中每个像素点进行同样的操作，从而完成图像的二值化。像素点(x, y)的阈值 $T(x, y)$的计算公式为

$$T(x,y) = m(x,y) + k \times \sigma(x,y) \tag{13-1}$$

式中：$m(x,y)$为 $w \times w$ 大小的邻域内灰度值的平均值；$\sigma(x,y)$为 $w \times w$ 大小的邻域内灰度值的方差；k 为偏差值，一般取 0.1～0.5。Niblack 算法在对光照不均的二维码进行二值化过程中最重要的是确定邻域尺寸 w。若 w 取值过小，则邻域内有可能都是同一个模块的数据，或者在位置探测图形中间 3×3 的模块内，这时进行二值化会产生较大误差。由于

需要计算邻域内灰度值的平均值及方差，若 w 取值过大，则会增加计算量。对 QR 码而言，w 较优的取值是 4～5 个模块的宽度。

Niblack 算法能很好地分割 QR 码区域，但是在灰度值变化不大的区域比较容易产生噪声，且其可变参数 k 和邻域的大小会一定程度上影响分割效果，而这两个参数在环境差异较大的应用中难以确定。Niblack 算法局部二值化效果如图 13-7 所示。

用 Niblack 算法进行图像二值化处理时，窗口大小的选择很重要，如果窗口选得很小，处理速度比较快，但是给二值图像带来的噪声导致前景湮没在噪声中，无法清晰辨识；如果窗口选得大，会大幅地降低二值图像中的噪声，但是会延长处理时间。用 Niblack 算法进行图像二值化处理，由于需要计算标准差，开方运算会使得处理速度比较慢。

2．Bernsen 算法

Bernsen 算法是一种典型的局部阈值法，其将一个窗口中各个像素点灰度值最大值和最小值的平均值作为该窗口的中心像素点的阈值，因此不存在预定阈值，适应性较全局阈值法强，不受非均匀光照条件等情况的影响。Bernsen 算法根据每个像素点所在局部窗口中像素点的最大值和最小值来获取该像素点的阈值。假设在局部窗口内，像素点的灰度值的最大值为 max (i,j)，最小值为 min (i,j)，根据下式获得该窗口的局部阈值 $T(i,j)$：

$$T(i,j) = (\max(i,j) + \min(i,j))/2 \tag{13-2}$$

按照顺序扫描文本图像中的每个像素点，使用式（13-2）获得该像素点的阈值，然后对该像素点进行二值化处理。

然而，随着不断地使用，人们也发现了这种算法的技术缺陷，如效率低、不能确保边缘连通性，而且会发生伪影等不利于图像识别的情况。Bernsen 算法局部二值化效果如图 13-8 所示。

图 13-7 Niblack 算法局部二值化效果

图 13-8 Bernsen 算法局部二值化效果

在使用 Bernsen 算法进行图像二值化的时候，需要选择窗口的大小，从 Bernsen 算法求局部阈值的公式来看，对于一个固定的像素点(x,y)，当窗口很小时，该像素点周围有细微的明暗变化，即有少量像素点的灰度变化就会影响阈值的选取；当窗口变大的时候，更多的像素点会进入窗口，原窗口内的像素点只是现在的一部分，对于阈值所产生的影响就相对弱化了，原有的细节就有可能丢失。

由于局部阈值法充分考虑到了每个像素点及其附近像素点的灰度分布情况，能兼顾图像的细节变化，因此使用局部阈值法对图像进行分割处理，一般来说会得到较好的效果。

13.2.2 形态学滤波

1．膨胀

膨胀就是求局部最大值的操作。简单来说，膨胀会使目标区域范围“扩大”，将与目标区域接触的背景点合并到该目标区域中，使目标区域边界向外部扩张。其作用就是填补目标区域中某些空洞，以及消除包含在目标区域中的小颗粒噪声，膨胀操作的数学公式如下：

$$A \oplus B = \{x, y \mid (B)_{xy} \cap A \neq \varnothing\} \tag{13-3}$$

式（13-3）表示用结构 B 膨胀 A，将结构 B 的原点平移到图像像元(x,y)位置。如果 B 在图像像元(x,y)处与 A 的交集不为空（也就是 B 中为 1 的元素位置上对应 A 的图像值至少有一个为 1），则输出图像对应的像元(x, y)赋值为 1，否则赋值为 0。图 13-9 显示了结构 A 在结构 B 的作用下膨胀的结果，将结构 B 在结构 A 上进行卷积操作，如果移动结构 B 的过程中，与结构 A 存在重叠区域，则记录该位置，所有移动结构 B 与结构 A 存在交集的位置的集合为结构 A 在结构 B 作用下的膨胀结果。

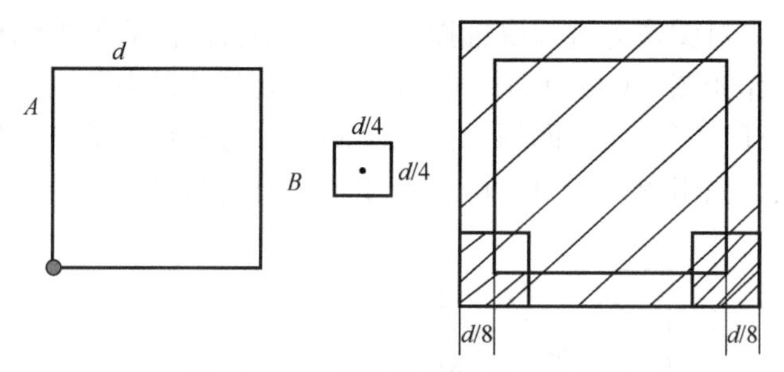

图 13-9　二值图像膨胀运算示意

2. 腐蚀

与膨胀操作相反，腐蚀就是求局部最小值的操作。腐蚀可以使目标区域范围“变小”，造成图像的边界收缩，可以用来消除小且无意义的目标物。腐蚀操作的数学公式如下：

$$A \Theta B(x, y) = \{x, y \mid (B)_{xy} \subseteq A\} \tag{13-4}$$

式（13-4）表示用结构 B 腐蚀 A，需要注意的是 B 中需要定义一个原点，而 B 移动的过程与卷积核移动的过程一致，同卷积核与图像有重叠之后再计算一样，当 B 的原点平移到图像 A 的像元(x,y)处时，如果 B 在(x,y)处完全被包含在图像 A 重叠的区域中，也就是 B 中为 1 的元素位置上对应的 A 图像值全部为 1，则将输出图像对应的像元(x,y)赋值为 1，否则赋值为 0。图 13-10 显示了结构 A 在结构 B 的作用下腐蚀的结果，移动结构 B，如果结构 B 与结构 A 的交集完全在结构 A 的区域内，则保存该位置，所有满足条件的位置构成结构 A 被结构 B 腐蚀的结果。

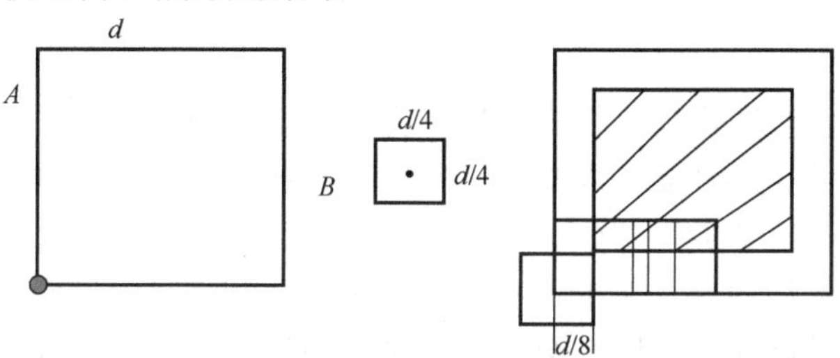

图 13-10　二值图像腐蚀运算示意

膨胀运算为二值图像的逻辑运算中的或运算，而腐蚀运算为与运算，二值图像的逻辑运算如图 13-11 所示。

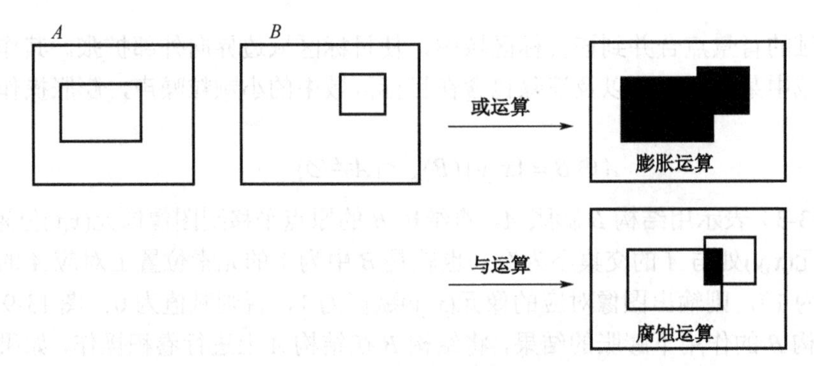

图 13-11　二值图像的逻辑运算

3. 开操作

在图像处理中，对图像先进行腐蚀操作再进行膨胀操作的处理过程，称为图像形态学的开操作。开操作如图 13-12 所示，从开操作的处理结果中可以看出，原有形状中间连接的部分被“打开”了，而且四周的角也圆润了，这就是开操作的处理效果，开操作结合了腐蚀和膨胀，先用 B 腐蚀 A，再用 B 膨胀之前的结果。

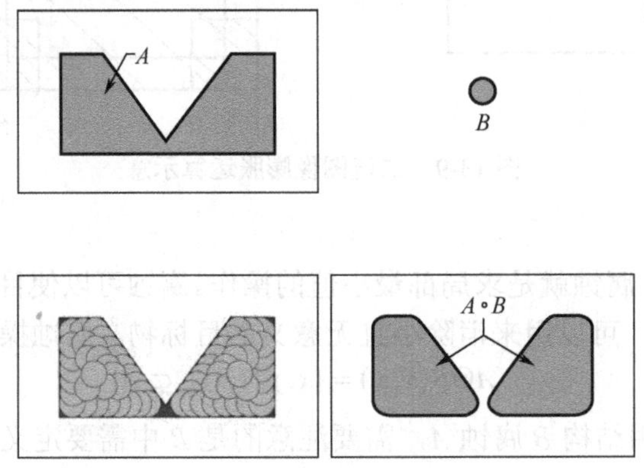

图 13-12　开操作

先利用腐蚀操作将图像 A 中的高亮区域缩小，再利用膨胀操作增大高亮区域。若图像中部分高亮区域比较小，则其会在腐蚀过程中消失，而膨胀过程会增大那些没有消失的高亮区域，因此开操作在消除小物体、平滑较大物体边界的同时并不明显改变其面积，可以提取水平或垂直的线。开操作的数学公式如下：

$$A \circ B = (A \Theta B) \oplus B \tag{13-5}$$

4. 闭操作

在图像处理中，对图像先进行膨胀操作再进行腐蚀操作的处理过程，称为闭操作。闭操作如图 13-13 所示，闭操作结果的轮廓好像用 B 在 A 外部滚过一圈，对于中间狭窄的区域无法触及就平滑了尖锐部分。

先利用膨胀操作将图像 A 中的高亮区域增大，再利用腐蚀操作缩小高亮区域。若图像中部分非高亮区域比较小，则其会在膨胀过程中消失，而腐蚀过程会增大那些没有消失的非高亮区域，因此闭操作能实现填充物体内细小空隙、平滑目标边界等效果。闭操作的数学公式如下：

$$A \cdot B = (A \oplus B) \Theta B \tag{13-6}$$

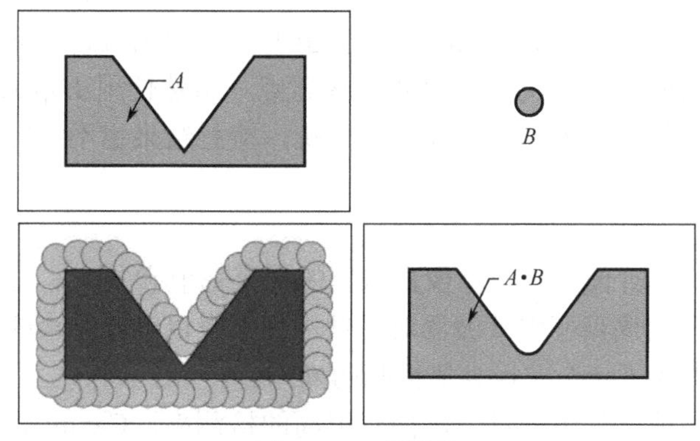

图 13-13　闭操作

13.2.3　检测方法

手机扫码要想正确地识读二维码，需要精准地定位二维码所在的区域范围，将文字、图像、二维码等不同的信息部分分开处理，识别和检测的常用方法有边缘检测、霍夫变换、基于位置探测图形的定位检测、Harris 角点检测等。

1．边缘检测

图像中边缘特征存在于目标与目标、目标与背景之间局部灰度变化最剧烈的部分。图像的边缘检测是进行目标分割、纹理特征识别和形状特征识别等的重要基础。目前常用的边缘检测算子有 Sobel 算子、Laplace 算子和 Canny 算子等，这些算子采用数学方法中的一阶或二阶方向导数的变化来描述图像中像素邻域内灰度值的变化，寻找变化显著的区域实现边缘检测。

1）Sobel 算子

Sobel 算子先进行局部的灰度值平均运算，从而有效地消除图像中的噪声，避免图像噪声对边缘检测的影响。Sobel 算子利用一阶导数进行边缘检测，其常用卷积核 $\boldsymbol{m}_x$ 和 $\boldsymbol{m}_y$ 如下：

$$\boldsymbol{m}_x=\begin{bmatrix}-1 & 0 & +1\\ -2 & 0 & +2\\ -1 & 0 & +1\end{bmatrix}\qquad \boldsymbol{m}_y=\begin{bmatrix}-1 & -2 & -1\\ 0 & 0 & 0\\ +1 & +2 & +1\end{bmatrix}\tag{13-7}$$

Sobel 算子将图像与两个卷积核进行卷积，从而分别求出 x 和 y 方向上的边缘，进而完成整幅图像的边缘检测。Sobel 算子进行卷积时计算简单，在实际应用中的计算效率比其他算子的计算效率要高，但是检测出来的边缘准确度不如 Canny 算子。

2）Laplace 算子

Laplace 算子通过二阶微分进行边缘检测。该算子着重考虑边缘位置而忽略周围像素灰度差值。当图像中存在噪声时，Laplace 算子在进行边缘检测之前，需要先进行低通滤波处理，否则效果噪声会对检测结果造成很大的影响。常用的边缘检测方法都是把平滑算子和 Laplace 算子结合生成一个全新的模板，Laplace 算子常用卷积核 $\boldsymbol{m}$ 如下：

$$\boldsymbol{m}=\begin{bmatrix}0 & 1 & 0\\ 1 & 4 & 1\\ 0 & 1 & 0\end{bmatrix}\tag{13-8}$$

使用 Laplace 算子进行边缘检测的方法分为两步：首先用 Laplace 卷积核与图像进行卷积，然后取卷积后的图像中灰度值为 0 的像素点。虽然使用 Laplace 算子进行边缘检测的方法比较简单，但它很容易受到噪声的干扰，检测结果也不能提供边缘方向的相关信息。

3）Canny 算子

Canny 算子采用一阶偏导来计算像素点上的梯度幅值和方向。在进行边缘检测前，Canny 算子需要先利用高斯平滑滤波器对图像进行平滑以消除噪声的影响。在处理过程中，Canny 算子还进行了一个非极大值抑制的操作。

Canny 算子是一种一阶微分算子，拥有很高的检测率。Canny 算子只对边缘进行响应，而且不漏检边缘，也没有将非边缘错误地标记为边缘。Canny 算子能够精确定位，其检测到的边缘与图像中的实际边缘之间的误差距离很小。Canny 算子可以明确响应，其对每一条边缘只有一次响应。

2．霍夫变换

霍夫变换是利用全局特性将边缘像素连接成封闭区域的方法，实际上是将原始图像中的已知曲线转换为参数空间中点的峰值。原始图像中的所有点(x,y)都满足

$$y = mx + n \tag{13-9}$$

式中：m 为直线斜率；n 为截距。图像中的直线在参数空间的方程如下：

$$n = -mx + y \tag{13-10}$$

分析式（13-10）可得，原始图像中的点对应参数空间中的一条直线，且斜率为$-m$，截距为 y，若图像空间中的多个点位于一条直线上，则在参数空间中表现为多条直线相交于一点，如图 13-14 所示。

3．基于位置探测图形的定位检测

基于位置探测图形的定位检测以 QR 码中独有的位置探测图形为主要定位对象，通过对位置探测图形的寻找确定 QR 码的三个角点位置坐标，完成 QR 码的快速定位与识别。图 13-15 所示为位置探测图形比例特征对照，深色模块与浅色模块按照 1∶1∶3∶1∶1 的比例交叉显示，图像的旋转及大小变化都不会影响该比例。

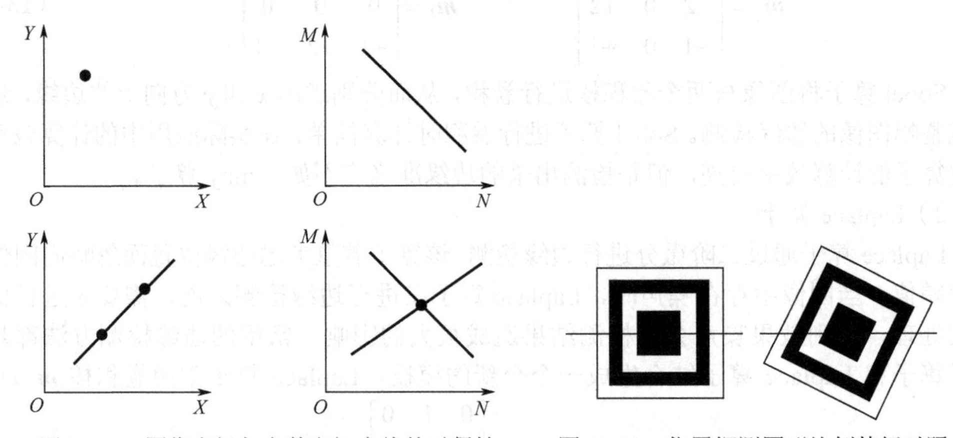

图 13-14　图像空间与参数空间点线的对偶性　　图 13-15　位置探测图形比例特征对照

扫描二值化后的 QR 码图像，记录同一灰度级的像素点为线段。若找到长度比例符

合 1∶1∶3∶1∶1 且颜色深浅交替的线段，则记录该线段。扫描完成后，把相邻的线段分为一组，去除不相邻的线段。把行线段组与列线段组中相互交叉的组分类，求出交叉的行、列线段组的交叉点，此点为探测图像的中心点。

标准情况下，当三点能够构成等腰直角三角形时即可完成验证；但图形在采集过程中或多或少会发生几何形变，三点连线会发生角度偏转，一般为非等腰直角三角形。探测点示意如图 13-16 所示。

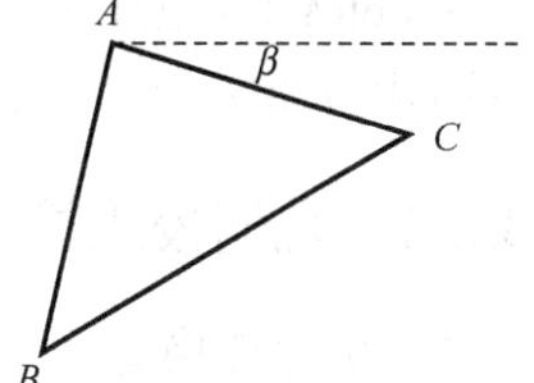

图 13-16　探测点示意

通过对角度 β 的判定，将图像逆时针或顺时针恢复到水平方向，由此可以实现对 QR 码的定位。

4．Harris 角点检测

角点检测（Corner Detection）是计算机视觉系统中用来获得图像特征的一种重要方法，也称特征点检测（Feature Point Detection）。如果某一点在任意方向的一个微小变动都会引起灰度很大的变化，那么就把这个点称为图像的一个角点（Corner）。更形象一点，可以把角点理解为平面的交会处或者边的交点，导致交点的局部区域具有多个不同区域和方向的边界。

Harris 角点检测算法是通过数学计算在图像上发现角点特征的一种算法，其具有旋转不变性。该算法使用微分运算和自相关矩阵来进行角点检测，具有运算简单、提取的角点特征均匀合理、性能稳定等特点。使用一个固定窗口在图像上进行任意方向上的滑动，比较滑动前与滑动后两种情况下窗口中像素灰度的变化程度，如果在任意方向上的滑动都有较大灰度变化，则该窗口中存在角点。

假设以(x, y)为中心的小窗口在 x 方向上移动 u，在 y 方向上移动 v，则其灰度变化量的解析式为

$$E(x, y)=\sum w_{x,y}(I_{x+u,y+v}-I_{x,y})^2=\sum w_{x,y}\left(u\frac{\partial I}{\partial X}+v\frac{\partial I}{\partial X}+o(\sqrt{u^2+v^2})\right)^2 \qquad (13\text{-}11)$$

式中：$E(x, y)$ 为窗口内的灰度变化量；$w_{x,y}$ 为窗口函数，其一般定义为

$$w_{x,y}=\mathrm{e}^{-(x^2+y^2)/\sigma^2} \qquad (13\text{-}12)$$

I 为图像灰度函数，略去无穷小项后得到

$$E_{x,y}=\sum w_{x,y}[u^2(I_x)^2+v^2(I_y)^2+2uvI_xI_y]=Au^2+2Cuv+Bv^2 \qquad (13\text{-}13)$$

式中：$A=(I_x)^2\otimes w_{x,y}$，$B=(I_y)^2\otimes w_{x,y}$，$C=(I_xI_y)^2\otimes w_{x,y}$（$\otimes$表示卷积）。

将 $E_{x,y}$ 化为二次型：

$$E_{x,y}=[u\ v]\boldsymbol{M}\begin{bmatrix}u\\v\end{bmatrix} \qquad (13\text{-}14)$$

$\boldsymbol{M}$ 为实对称矩阵：

$$\boldsymbol{M}=w_{x,y}\begin{bmatrix}I_x^2 & I_xI_y\\ I_xI_y & I_y^2\end{bmatrix} \qquad (13\text{-}15)$$

式中：I_x 为图像 I 在 x 方向上的梯度；I_y 为图像 I 在 y 方向上的梯度。通过分析矩阵 $\boldsymbol{M}$ 可以看出，矩阵 $\boldsymbol{M}$ 的特征值是自相关函数的一阶曲率，如果两个曲率值都大，就认为该点是角点。

在矩阵 $\boldsymbol{M}$ 的基础上，角点响应函数 CRF 定义为

$$\mathrm{CRF} = \det(\boldsymbol{M}) - k \cdot \mathrm{trace}^2(\boldsymbol{M}) \tag{13-16}$$

式中：$\det(\boldsymbol{M})$为矩阵 $\boldsymbol{M}$ 的行列式；$\mathrm{trace}(\boldsymbol{M})$为矩阵 $\boldsymbol{M}$ 的迹；k 为常数，一般取 0.04。CRF 的局部极大值所在点为角点。

13.2.4 几何校正算法

1. 仿射变换算法

对拍摄的图像进行扫描，找到图像中 QR 码的四个角点后，将四个角点分别设为 P_1、P_2、P_3、P_4，仿射变换后的 QR 码图像的四个角点设为 Q_1、Q_2、Q_3、Q_4。(x, y)代表原始拍摄图像上的 QR 码坐标，(X, Y)代表仿射变换后得到的 QR 码坐标，仿射变换公式如下：

$$[X', Y', W'] = [x, y, w]\begin{bmatrix} a_{11} & a_{12} & a_{13} \\ a_{21} & a_{22} & a_{23} \\ a_{31} & a_{32} & a_{33} \end{bmatrix} \tag{13-17}$$

由于扫描的图像都是二维的，因此默认 w=1，a_{33}=1。可以得到仿射变换后图像的横坐标 X 和纵坐标 Y：

$$X = \frac{X'}{W'} = \frac{a_{11}x + a_{21}x + a_{31}}{a_{31}x + a_{23}y + 1} \tag{13-18}$$

$$Y = \frac{Y'}{W'} = \frac{a_{12}x + a_{22}y + a_{32}}{a_{31}x + a_{23}y + 1} \tag{13-19}$$

失真的 QR 码图像的四个角点 P_1、P_2、P_3、P_4 通过仿射变换以后，对应想要得到的正方形 QR 码的坐标，并假设仿射变换后的 QR 码的长和宽分别为 h 和 w（预设 h=296，w=296），那么变换后的四个角点 Q_1、Q_2、Q_3、Q_4 坐标如下：

$$\begin{array}{ll} Q_1: X_1 = x_1, Y_1 = y_1 & Q_2: X_2 = x_2, Y_2 = y_1 + w \\ Q_3: X_3 = x_1 + h, Y_3 = y_1 & Q_4: X_4 = x_1 + h, Y_4 = y_1 + w \end{array} \tag{13-20}$$

整理可得线性方程组，据此可求得 a_{11}、a_{12}、a_{13}、a_{21}、a_{22}、a_{23}、a_{31}、a_{32}，从而得到变换后图像所有点的坐标：

$$\begin{bmatrix} x_1 & y_1 & 1 & 0 & 0 & 0 & -X_1x_1 & -X_1y_1 \\ 0 & 0 & 0 & x_1 & y_1 & 1 & -Y_1x_1 & -Y_1y_1 \\ x_2 & y_2 & 1 & 0 & 0 & 0 & -X_2x_2 & -X_2y_2 \\ 0 & 0 & 0 & x_2 & y_2 & 1 & -Y_2x_2 & -Y_2y_2 \\ x_3 & y_3 & 1 & 0 & 0 & 0 & -X_3x_3 & -X_3y_3 \\ 0 & 0 & 0 & x_3 & y_3 & 1 & -Y_3x_3 & -Y_3y_3 \\ x_4 & y_4 & 1 & 0 & 0 & 0 & -X_4x_4 & -X_4y_4 \\ 0 & 0 & 0 & x_4 & y_4 & 1 & -Y_4x_4 & -Y_4y_4 \end{bmatrix} \begin{bmatrix} a_{11} \\ a_{12} \\ a_{13} \\ a_{21} \\ a_{22} \\ a_{23} \\ a_{31} \\ a_{32} \end{bmatrix} = \begin{bmatrix} X_1 \\ Y_1 \\ X_2 \\ Y_2 \\ X_3 \\ Y_3 \\ X_4 \\ Y_4 \end{bmatrix} \tag{13-21}$$

这样，根据变换后的坐标一一对应灰度值就把不规则的 QR 码图像校正为规则的正方形图像。校正后的坐标(X, Y)可能是浮点型的，对这些坐标进行取整，就会导致校正后

的图像有的坐标位置出现空洞，即没有对应的灰度值，所以还需要对校正后的图像进行插值。

2．双线性插值

QR 码图像中的点(x, y)经过仿射变换校正为点(X, Y)后，经过取整坐标变为(x', y')，可以采用双线性插值确定点(x', y')的灰度值$f(x', y')$。该算法是根据点(X, Y)与四个相邻点的距离大小来决定这四个点的灰度值在目标点中所占的比例的，双线性插值公式如下：

$$v_1 = f(x'+1, y') \times (X - x') + f(x', y') \times (1 + x' - X) \tag{13-22}$$

$$v_2 = f(x'+1, y'+1) \times (X - x') + f(x', y'+1) \times (1 + x' - X) \tag{13-23}$$

$$f(x', y') = v_2 \times (Y - y') + v_1 \times (1 + y' - Y) \tag{13-24}$$

由以上公式可得到点(x', y')的灰度值$f(x', y')$，最后得到几何校正和插值后的 QR 码图像。

13.2.5　图像清晰度判别算法

图像清晰度判别算法有很多种，在空域中，主要思路是考察图像的邻域对比度，即相邻像素间的灰度特征的梯度差；在频域中，主要思路是考察图像的频率分量，对焦清晰的图像高频分量较多，对焦模糊的图像低频分量较多。应用软件进行二维码扫描时，运行系统软件调用摄像头，摄像头开始连续采集目标信息并进行信息提取，当信息提取成功时，程序结束；当提取失败时，须重新获得目标图像，即重新采集图像并进行提取，直到成功提取信息。二维码采集流程如图 13-17 所示。

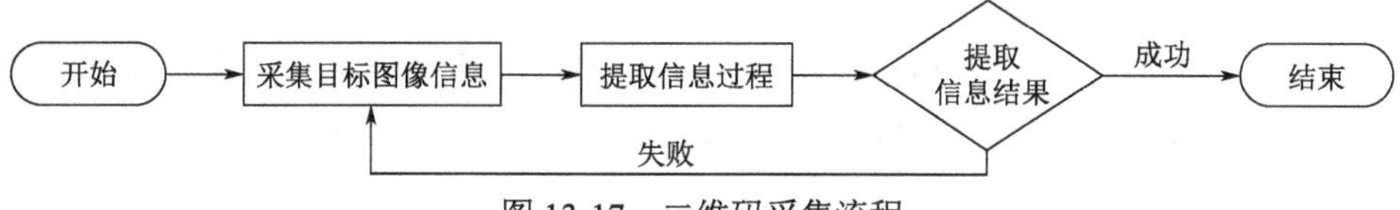

图 13-17　二维码采集流程

在使用智能手机连续获取隐藏半色调防伪信息的图像并进行信息提取的过程中，自动聚焦过程获得的 N 幅图像均被送入信息提取模块，成功率只有 1/10 左右。除考虑到信息提取模块的算法优化不足外，图像的清晰度也会直接影响信息的提取结果。如何快速有效地提高目标图像的清晰度是目前亟待解决的一个问题，而在图像处理过程中，图像清晰度判别函数值是一个判定画面是否清晰的重要指标。

常见的图像清晰度判别算法主要有拉普拉斯算子、恢复方差算子、梯度向量平方函数、差分绝对值之和、Robert 算子、Sobel 算子、频域分析法和统计学函数法。频域分析法和统计学函数法的缺点是抗噪声能力弱，算法复杂，现在广泛应用的是灰度梯度类算法及其改进算法。

1．基于最小二乘法在半色调图像上的改进算法

半色调微结构隐藏信息的具体结构特点如图 13-18 所示。

微结构隐藏信息的图像特征为相邻像素对比度明显，微结构特征表现区域化，所以采用最小二乘法的算法结果 E 作为阈值条件来提高所获得图像的清晰度，公式如下：

$$E = N \sum_{(i,j) \in S} (x_{(i,j+1)} - x_{(i,j)}) \tag{13-25}$$

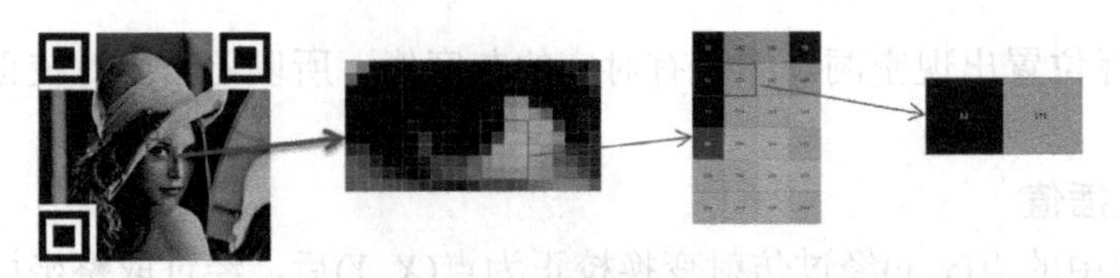

图 13-18　半色调微结构隐藏信息的具体结构特点

$x_{(i,j+1)}$和 $x_{(i,j)}$分别为像素矩阵中某个坐标的前、后两个灰度值，S 为该二维码的灰度矩阵集，含 N 个像素。为了提高数据的准确性，将 S 设定为去除最外圈边界的灰度矩阵集，最后所得的判断结果为 E。图 13-19 所示为最小二乘法函数曲线。

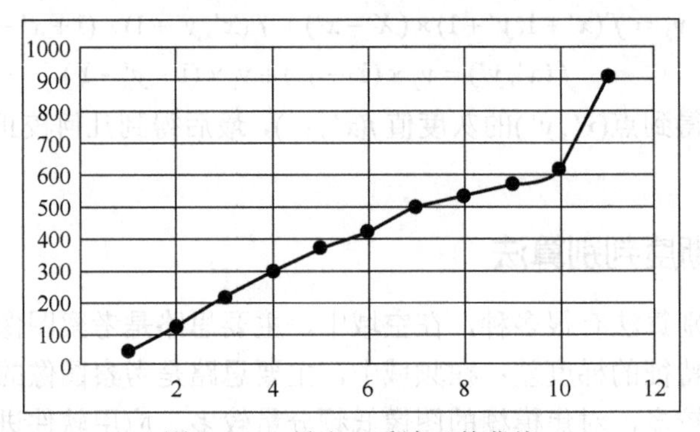

图 13-19　最小二乘法函数曲线

通过采集多幅图像，利用最小二乘法思想进行测试发现：最小二乘法判断结果 E 和清晰度二者呈近似正比例关系，把 E 值递增排序后绘制成曲线图，发现图像质量越高，E 值越大，最高点为原图的 E 值。

但在实践过程中发现，获得的图像的大小与手机屏幕分辨率和摄像头分辨率有关，有时图像像素信息可达到上万个，这就造成了最小二乘法的时间复杂度高。由于手机 CPU 的运算速度较 PC 或服务器慢，即循环运算消耗时间过长，所以在实际应用过程中，仅图像清晰度判断的程序运算就占用了很长一段时间，严重影响用户体验。因此提出几种快速分析的优化算法（以 500×500 矩阵的图像为例），见表 13-1。

表 13-1　基于最小二乘法的优化算法比较

优 化 依 据	三横线结构十字求差法	三横线三竖线差值法	十字架差值法	三横线求差法
图示	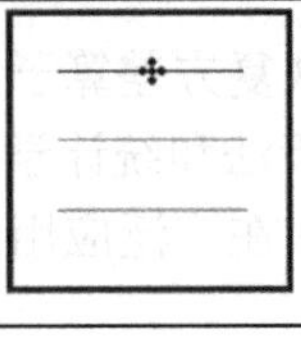	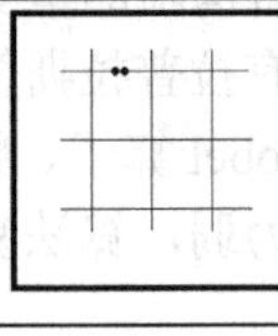	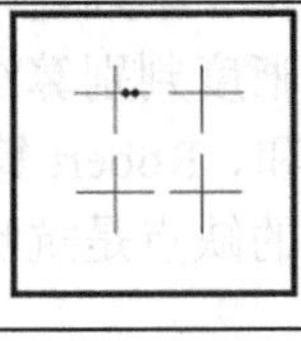	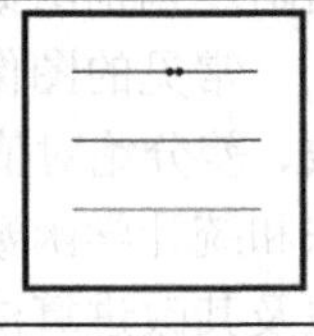
细节图示	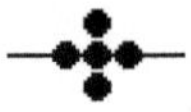			
时间复杂度	$O(12n)$	$O(6n)$	$O(16/3n)$	$O(3n)$
图像效果	清晰	清晰	清晰	清晰
最后使用方案	×	×	×	√

为了提高图像清晰度判别算法的图像保真度，在优化过程中，均采用几条线的差值法。该算法的时间复杂度不到原最小二乘法的 1%（原最小二乘法的时间复杂度为 $O(n^2)$）。在获得差值后进行两种比较：一种是将差值求和，对差值和进行比较，发现其规律和最小二乘法函数曲线图相似，近似呈正比例关系；另一种是计算差值中的较大值部分的数量，对大于某一阈值的差值进行统计，如果达到某个条件，则判断该图像为清晰的高保真半色调图像。通过进行大量的测试，最后选取三横线求差法，并合理规划三横求差值线段的位置。通过图像的角点信息，设定相互间隔一定距离的线段上下浮动来进行差值运算。

假设差值和为 E，同时设定阈值来获得不同清晰度的微结构图像。假设设定的阈值为 R，在程序中用 if 函数实现，即当 $E \geqslant R$ 时，可以返回结果保存图像；当 R 为 0、300、600 时，可以相应获得模糊的、较清晰的、清晰的图像，结合原图的比较结果见表 13-2。

表 13-2　基于最小二乘法的优化算法测试

对　比	R=0	R=300	R=600	原　图
拍摄图像				
高通滤波				
E	45.9	470.3	616.0	914.5
增益	0dB	13.1dB	11.3dB	13.0dB

通过对拍摄获得的图像进行高通滤波，发现其高频分量随着 R 值的增大逐渐明显。观察表 13-2 可知，随着 R 值的增大，拍摄图像清晰度明显提高，而进行高通滤波后，图像的轮廓也更加明显。对比曲线图发现，使用最小二乘法公式所得到的结果 E 值符合曲线趋势。假设在正常状态下拍摄图像的增益为 0，那么可以发现后两幅图像的增益均大于 10dB，即利用最小二乘法提高图像清晰度的阈值，可以获得所需的高保真图像。

2．基于 PWM 波的图像清晰度判别算法

PWM（脉冲宽度调制）技术是一种通过对一系列脉冲宽度进行调制，等效出所需要的波形的技术，波形效果类似于矩形波。该技术在电力电子领域有着广泛的应用，是电力变换器的基础技术。它是一种对模拟信号电平进行数字编码的方法，输出数字信号。

在对含有半色调防伪信息的图像进行深入研究时发现，其图像矩阵信息的对比度极为明显。任取一行像素信息构成一维数组，以数组下标为 x 轴，以数组中的灰度值为 y 轴，绘制二维坐标图，如图 13-20 所示。观察发现，在理想状态下，上升沿时间和下降沿时间（x 轴的递变量）均为 0；在正常情况下，获得的图像信息必然是 0～255；在归一化等处理后，同样可以通过上升沿时间和下降沿时间来判断图像的清晰度。

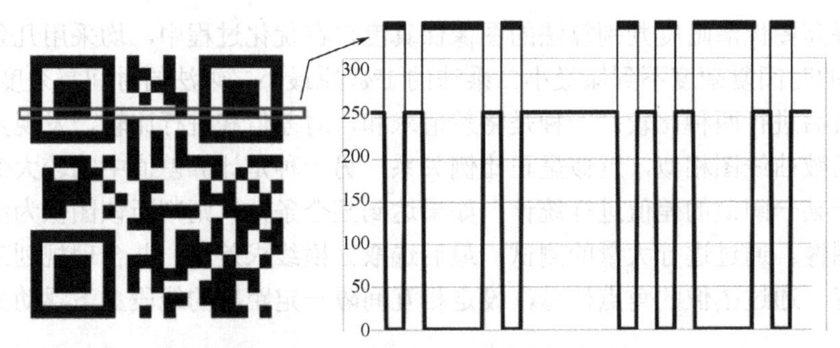

图 13-20　PWM 波形与二维码的结合

在对一幅标准的 QR 码图像进行灰度研究时发现，QR 码图像是由 0 和 255 两种灰度值组成的二值图像。结合脉冲调制技术发现，QR 码图像是较为标准的 PWM 波形，如图 13-21 所示。

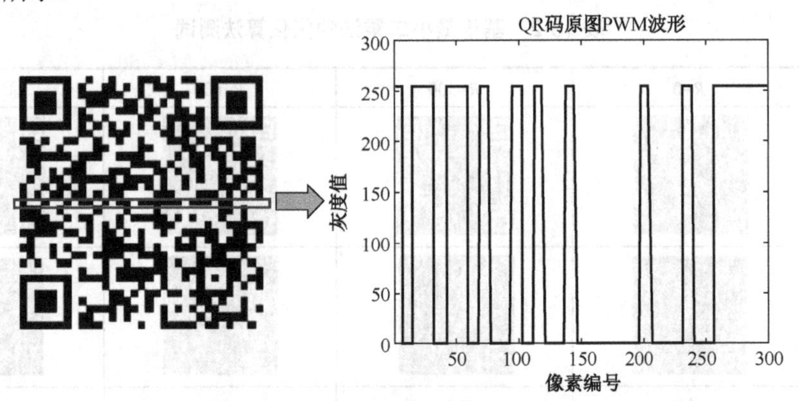

图 13-21　QR 码的 PWM 波形

观察波形图可知，在 QR 码图像中随机取一行像素，将其转换成 PWM 曲线后是一个标准的矩形波，即由 255 到 0 的下降沿时间和由 0 到 255 的上升沿时间均为 0。而对比 QR 码原图得知，该上升沿时间和下降沿时间恰好准确地表达了黑白块之间的过渡区域。因此采用 PWM 波的形式，并通过波形的上升沿时间和下降沿时间来判断黑白块过渡区域的灰度变换，也可以判断图像的清晰度。

采集过程中，图像可能存在几何失真，即有拉伸或者旋转的情况。因此，先对 QR 码原图进行旋转，再随机采集一行像素绘制 PWM 波形，如图 13-22 所示。

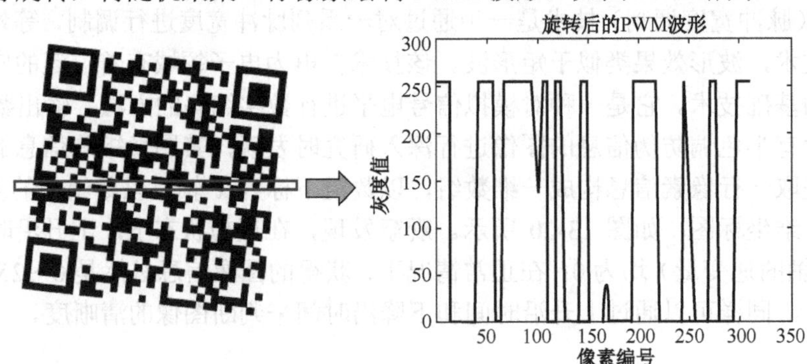

图 13-22　旋转 QR 码后的 PWM 波形展示

如图 13-22 所示，该 QR 码图像为 QR 码原图顺时针旋转 5°后的图像，同样按照原图方法随机取一行像素，将其转换成 PWM 波形。对比发现，几何失真后的 QR 码图像呈现非规则的矩形波，一部分波形上升沿时间和下降沿时间由于受旋转角度的影响而各有延迟，但剩余部分的波形上升沿时间和下降沿时间均为 0，故可判断，通过将半色调图像转换成 PWM 波形，然后测试上升沿时间和下降沿时间来判断清晰度是可靠有效的。

3．基于 PWM 波形的图像清晰度判别算法

保存两幅清晰度相异的 QR 码图像，随机取其一行的灰度值组成一维数组，绘制成 PWM 波形。通过对比绘制的波形图发现，清晰图像的上升沿和下降沿都较为完整，且时间较短，而模糊图像的上升沿和下降沿梯度小，灰度数组的极大值和极小值的差距较小。

该算法在对目标灰度图的清晰度进行判断时，需要对行值或列值进行随机扫描、上下浮动。但如果生成 PWM 波形的某行像素为 QR 码外的空白区域，则无法对其进行准确判断，因为空白行生成的 PWM 波无明显波形特征，均为白色，灰度值实测在 180 左右，不具有清晰度对比判断依据。

所以理想的 PWM 波形判断应在对图像进行角点检测后，得到相应的 4 个角点坐标，根据相应算法，保证生成 PWM 波形的 N 值在 QR 码图像内，再依据生成的波形，按其上升沿或下降沿的梯度值来判断目标图像的清晰度。表 13-3 所示为基于 PWM 波形的 QR 码清晰度判断。

表 13-3　基于 PWM 波形的 QR 码清晰度判断

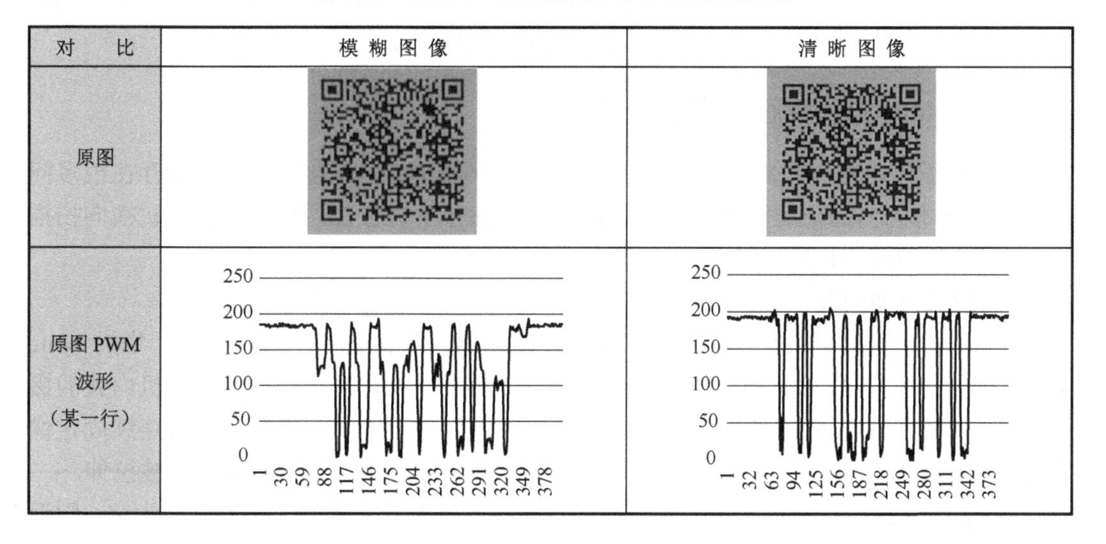

对　比	模糊图像	清晰图像
原图		
原图 PWM 波形（某一行）		

13.3　zxing 解码关键技术

Android 中与二维码相关的库比较少，并且大多数已经不再维护，目前最常用的是 zxing。zxing 是谷歌公司推出的用来识别多种格式条形码的开源项目，覆盖主流编程语言，也是目前还在维护的较受欢迎的二维码扫描开源项目之一。该项目很庞大，主要的核心代码在 core 文件夹里面，也可以单独下载由这个文件夹打包而成的 jar 包。

13.3.1 zxing 基本使用

官方提供的 zxing 在 Android 手机上的使用例子，考虑了各种各样的情况，包括多种解析格式、解析得到的结果分类、长时间无活动自动销毁机制等。这里只介绍扫描二维码和识别二维码图片这两个功能。

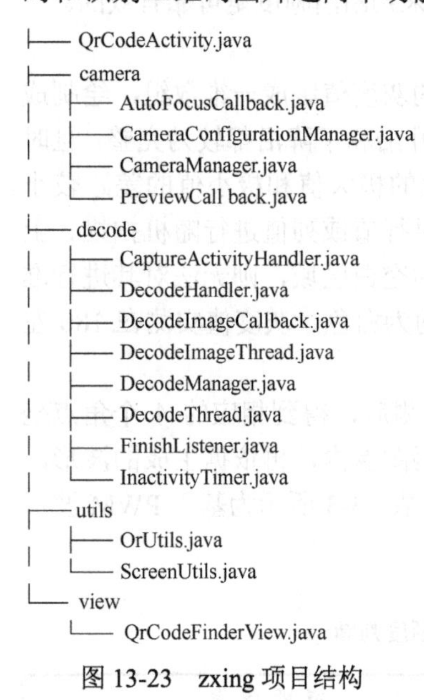

图 13-23 zxing 项目结构

zxing 项目结构如图 13-23 所示，主要分为 camera 类、decode 类、utils 类、view 类、启动类五部分。

camera 类主要实现相机的配置和管理、相机自动对焦功能，以及相机成像回调（通过 byte[]数组返回实际数据）。decode 类，即图片解析相关类。通过相机扫描二维码和解析图片使用两套逻辑，前者对实时性要求较高，后者对解析结果要求较高，因此采用不同的配置。相机扫描主要在 DecodeHandler 中通过串行的方式解析，图片识别主要通过线程 DecodeImageThread 异步调用返回回调的结果。FinishListener 和 InactivityTimer 用来控制长时间无活动时自动销毁创建的 Activity，以避免耗电。utils 类，即二维码图片解析的工具类及获取屏幕宽高的工具类。view 类负责扫描框的大小、颜色、刷新时间等其他设置、启动类，即 QrCodeActivity，包含相机扫描二维码及选择图片入口。

13.3.2 zxing 源码存在的问题及解决方案

zxing 源码实现了基本的二维码扫描及图片识别程序，但直接运行源码会存在很多问题，包括基本的扫描精准度不高、扫描区域小、部分手机存在图形拉伸、默认横向扫描及自定义扫描界面困难等问题。

1. 图形拉伸问题

Android 手机的屏幕分辨率种类繁多，不同型号的宽高比不一样，例如，华为 Mate 40 Pro 的分辨率是 2772×1344 像素，小米 10 的分辨率是 2340×1080 像素。手机内置的摄像头和卡片数码相机的成像原理是一样的，在摄像头预览时，最终都会生成连续固定像素的图片，这张图片会被投影到手机的屏幕上，不同分辨率的手机会使图像被拉伸。

zxing 在寻找最佳尺寸值时，先查找手机支持的预览尺寸集合，如果集合为空，则返回默认的尺寸，否则将对尺寸集合根据尺寸的像素从小到大进行排序；其次，移除不满足最小像素要求的所有尺寸；在剩余的尺寸集合中，剔除预览图片宽高比与屏幕分辨率宽高比之差的绝对值大于 0.15 的所有尺寸；最后寻找能够精确地与屏幕宽高比匹配上的预览尺寸，如果存在，则返回该宽高比，如果不存在，则使用尺寸集合中最大的那个尺寸。如果尺寸集合已经在前面的过滤中被全部排除，则返回相机默认的尺寸值。

zxing 寻找最佳预览尺寸的前三步剔除了部分不符合要求的尺寸集合，在最后一步，如果没有精确匹配到与屏幕分辨率一样的尺寸，则使用最大的尺寸。根据这个规则，寻找最佳尺寸的源码，将算法的核心从最大的尺寸改为比例最接近的尺寸，这样便能够最原始地接近屏幕分辨率宽高比，即拉伸几乎看不出来。定义一个比较器用来对支持的预览尺寸集合进行排序，然后根据宽高比来排序，并调用方法取最大值，初始化相机尺寸的时候分别将预览尺寸值和图片尺寸值都设定为比例最接近屏幕尺寸的尺寸值，这样就可以有效解决图片拉伸问题。

2．扫描精度问题

使用 zxing 自带的二维码扫描程序来识别二维码时速度较慢，而且可能扫描无效。zxing 在配置相机参数和二维码扫描程序参数的时候，兼顾了低端手机及多种二维码的识别，完全可以对项目中的一些配置做精简，并针对 QR 码的识别做优化。

zxing 官方为了减少解码的数据，提高解码效率和速度，采用了裁剪无用区域的方式，导致整个二维码数据需要完全放到聚焦框里才有可能被识别，并且在 buildLuminanceSource (byte[],int,int)这个方法签名中，传入的 byte 数组为图像的数据，取这个数组中的部分数据来达到裁剪的目的，没有因为裁剪而使数据量减小。如果把解码数据换成全幅图像数据，这样在识别的过程中便囿于聚焦框，使二维码数据可满铺整个屏幕。这样用户在使用程序来扫描二维码时，不完全对准聚焦框也可以识别。这种扫描策略上的优化提高了识别的精度，用户使用起来更加方便。

```
public PlanarYUVLuminanceSource buildLuminanceSource(byte[]data, int width, intheight){
    //直接返回全幅图像数据，而不计算聚焦框大小
    return new PlanarYUVLuminanceSource(data, width, height, 0,0, width, height,false);
}
```

13.3.3 二维码图像识别精度探究

1．图像/像素编码格式

Android 相机预览的时候支持几种不同的格式，从图像分类（ImageFormat）来说，有 NV16、NV21、YUY2、YV12、RGB_565 和 JPEG；从像素分类（PixelFormat）来说，有 YUV422SP、YUV420SP、YUV422I、YUV420P、RGB565 和 JPEG，它们之间的对应关系可以利用 Camera.Parameters.cameraFormatForPixelFormat(int)方法得到。

```
private String cameraFormatForPixelFormat(int pixel_format){
    switch(pixel_format){
    case ImageFormat.NV16:return PIXEL_FORMAT_YUV422SP;
    case ImageFormat.NV21:return PIXEL_FORMAT_YUV420SP;
    case ImageFormat.YUY2:return PIXEL_FORMAT_YUV422I;
    case ImageFormat.YV12: return PIXEL_FORMAT_YUV420P;
    case ImageFormat.RGB_565: return PIXEL_FORMAT_RGB565;
    case ImageFormat.JPEG:return PIXEL_FORMAT_JPEG;
    default:            return null;
    }
}
```

目前大部分 Android 手机摄像头设置的默认格式是 YUV420SP，因为编码成 YUV 的所有像素格式中，YUV420SP 占用的空间最小，因此针对 YUV 编码的数据，利用 PlanarYUVLuminanceSource 来处理，而针对 RGB 编码的数据，则使用 RGBLuminanceSource 来处理。在图像识别算法中，大部分二维码的识别都采用基于二值化的算法，在色域的处理上，YUV 的二值化效果要优于 RGB，并且 RGB 图像在处理中不支持旋转。因此，一种优化的思路是将所有 ARGB 编码的图像转换成 YUV 编码，再使用 PlanarYUVLuminanceSource 处理生成的结果。

但如果每次都生成新的 YUV 数组，就需要进行多次内存的占用和释放，所以采用静态数组变量来存储数据，只有当前数组的大小超过静态数组大小时，才重新生成新的 YUV 数据；YUV 的特性使长宽只能是偶数个像素点，否则可能会造成数组溢出；而且使用完了 Bitmap 要记得回收，否则会消耗很多内存。

2．二维码图像识别算法选择

二维码扫描精度与多种因素相关，最关键的因素是识别算法。目前在图像识别领域中，较常用的二维码图像识别算法主要有两种，分别是 HybridBinarizer 和 GlobalHistogramBinarizer，这两种算法都是基于二值化的，即将图片的色域变为黑白两个颜色，然后提取图形中的二维码矩阵。实际上，zxing 中的 HybridBinarizer 继承自 GlobalHistogramBinarizer，并在此基础上做了功能上的改进。

GlobalHistogramBinarizer 算法适用于低端设备，对手机的 CPU 和内存要求不高。但它选择了全部的黑点来计算，因此无法处理阴影和渐变这两种情况。HybridBinarizer 算法在执行效率上要低于 GlobalHistogramBinarizer 算法，但识别更有效。它仅为以白色为背景的连续黑色块二维码图像解析而设计，也更适合解析具有严重阴影和渐变的二维码图像。

zxing 项目官方默认使用的是 HybridBinarizer 算法，在实际测试中，它和官方的介绍大致一样。然而目前的大部分二维码都是黑色二维码、白色背景的。无论是二维码扫描还是二维码图像识别，使用 GlobalHistogramBinarizer 算法的效果要稍微比 HybridBinarizer 好一些，识别的速度更高，对低分辨的图像识别精度更高。

3．图像大小对识别精度的影响

手机像素的大小会对成像的质量有一定影响，不过决定一张照片品质的因素不仅仅是像素。处理器（包含测光、白平衡、降噪涂抹、锐化、饱和度调整等各种数码后期处理）、镜头、传感器、发热量、感光敏锐度、动态范围、镜头的锐度、对比度、色彩、畸变、色散、眩光等多种因素都会在一定程度上影响手机的最终成像结果。总体而言，高像素图片整体会表达得更加准确，将一张高分辨率的图片按原分辨率导入 Android 手机，容易产生内存溢出。

对采集的图像进行研究，从图像中均匀取 5 行，每行取中间 4/5 作为样本，以灰度值为 X 轴、每个灰度值的像素个数为 Y 轴建立一个直方图，从直方图中取点数最多的一个灰度值，然后对其他的灰度值进行分数计算，按照点数乘以与最多点数灰度值的距离的平方进行打分，选分数最高的一个灰度值。接下来，在这两个灰度值中间选取一个区分界线，选取的原则是尽量靠近中间，并且点数越少越好。界限有了以后就容易了，与整幅图像的每个点进行比较，灰度值比界限小的就是黑色，在新的矩阵中将该点置 1，其余的就是白色，置为 0。

根据算法实现可以知道，图像的分辨率对二维码的识别是有影响的，并不是图像的分辨率越高就越容易。在测试的过程中，尝试将图片压缩成不同大小的分辨率，然后进行图片的二维码识别，实际的测试结果是，当 MAX_PICTURE_PIXEL=256 时，识别率最高。

4．相机预览倍数设置及聚焦时间调整

如果使用 zxing 默认的相机配置，需要离二维码很近才能够识别，但距离过近会导致聚焦困难，可以调整相机预览倍数及减少相机聚焦时间。

通过实验测试发现，不同型号手机的最大放大倍数也不同，这可能和摄像头的型号有关。如果将最大放大倍数设置成一个固定的值，可能会造成倍数适配不当的问题，找到相机的参数设定里提供的最大放大倍数，通过取最大放大倍数的 *N* 分之一作为当前的放大倍数，就可完美地解决手机的适配问题。

```
//需要判断摄像头是否支持缩放
Parameters parameters = camera.getParameters();
if (parameters.isZoomSupported()){
//设置成最大放大倍数的 1/10，基本符合远近需求
    parameters.setZoom(parameters.getMaxZoom()/ 10);
}
```

zxing 默认的相机聚焦时间是 2s，可以根据扫描的视觉适当调整，在 AutoFocusCallback 这个类里，调整 AUTO_FOCUS_INTERVAL_MS 的值就可以了。

13.4　安全二维码识读 App

整合移动端的扫描与识别、二维码图像识读、zxing 解析二维码等功能，设计一款安全二维码识读 App，通过调用 zxing.jar 包里面的类和方法，实现二维码扫描和解码，并在 zxing 原有功能的基础上，增添半色调防伪信息的植入与提取。

13.4.1　App 设计

安全二维码识读流程如图 13-24 所示。当启动安全二维码识读程序后，调用移动端摄像头驱动模块，打开摄像头，设置摄像头参数（如闪光灯、曝光度、白平衡等）；点击预置的扫描界面，进行二维码的扫描预览，系统每隔一段时间就能从摄像头中获取一系列不同模糊程度的图像来进行对焦，计算其清晰度评价值，若判定为清晰的图像，则进行内容的识别，否则就重新获取，直到有符合要求的图像出现；在二维码解码过程中，需要对扫描得到的 YUV 数据进行二值化、定位等操作后再行解码，然后程序分别对普通二维码信息和安全防伪信息进行提取，并将最终结果返回界面供用户查看。

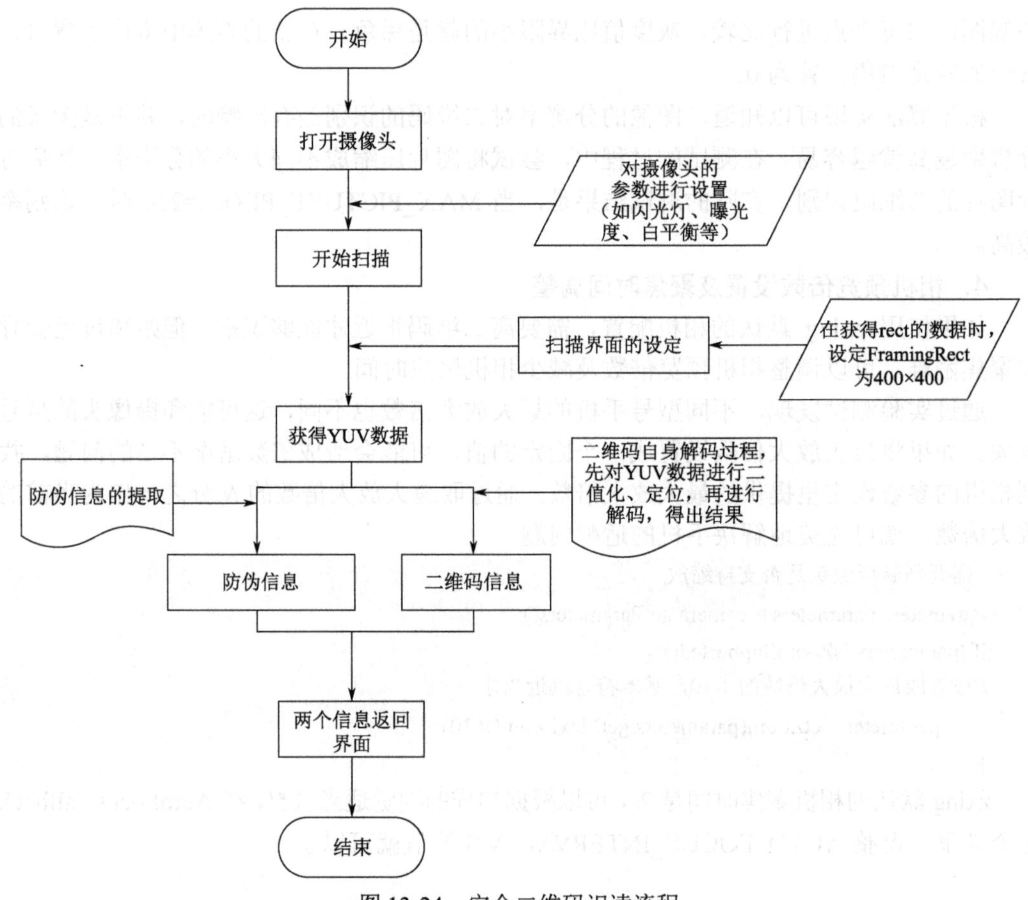

图 13-24　安全二维码识读流程

图 13-25 和图 13-26 所示分别为识读 App 的扫描界面和呈现结果界面。

图 13-25　识读 App 的扫描界面

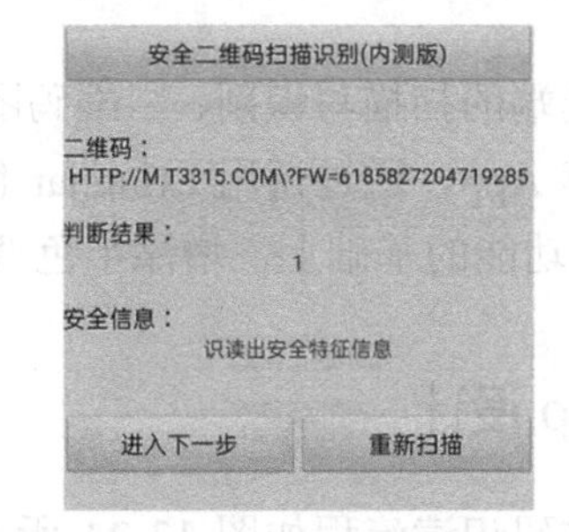

图 13-26　识读 App 的呈现结果界面

使用图 13-25 所示的识读 App 扫描界面进行二维码信息的扫描，在扫描过程中可以选择是否存储当前扫描图像，对符合要求的图像进行识别，解析二维码得到图 13-26 所示的结果。

13.4.2　安全二维码信息识读

在手机识读 App 程序编译过程中，需要保证安全二维码的解码程序部分具有一定的安全性，提高其抗反编译能力，因此采用动态链接库的形式（.so 文件）。

核心代码动态链接库名：libQRCodeScan.so

接口详情：

通过 FingerPrintJniCall.java 实现 JNI 中 C 语言和 Java 语言的通信，接口源码如下：

```
public class FingerPrintJniCall {
        static {
            System.1oadLibrary("QRCodeScan");
        }
        public native static String SetData(int iw, int ih, int[]  pixel);
        public native static String SetDecode(intiw, int ih, int[]  pixel);
}
```

在该接口中，通过两个本地静态方法来实现。

接口要求：

AI.SetData(int iw, int ih, int[] pixel)输入：

设定 iw=400，ih=400，即 SetData 为从相机中取 400×400 的 pixel 数组（此时扫描框也设定为 400×400）。

AO.SetData(int iw, int ih, int[] pixel)输出：

```
String correct=FingerPrintJniCall.SetData(w, h, bt);
```

利用 String 类型来得到 SetData 的返回值，即输出部分。

BI.SetDecode(int iw, int ih, int[] pixel)输入：

根据上一个 SetData 中刷新的 pixel 数组，取其中的一部分。

这里要求 iw=296，ih=296。程序如下：

```
for( int i=0;i<w1; i++)
                    {
                        for(int j=0; j<h1; j++)
                        {
                            btcorrect[i*w1+j]=bt[i*w+j];
                        }
                    }
```

bt[]为上一个 400×400 数组，而 btcorrect[]为 296×296 数组，其数组取法如图 13-27 所示。

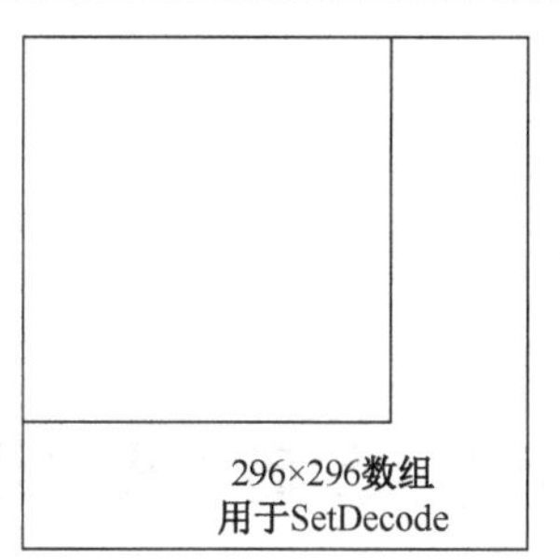

图 13-27　296×296 数组取法

BO.SetDecode(int iw, int ih, int[] pixel)输出：

同样利用一个 String 类型来接收 SetDecode 的返回值，程序如下：

```
String fingerPrintResult =FingerPrintJniCall.SetDecode(w1, h1,
btcorrect);
```

根据返回值判断是否成功提取安全信息。

二维码和防伪信息的提取过程总循环结构如图 13-28 所示。

对得到的 400×400 的 pixel 数组进行图像质量判断，符合要求的送入二维码信息的内容检测中，如可以检测则判断 SetData 的返回值，得到 SetDecode 的返回值，并进行该返回值的判断，然后通过二维码的解码 handle，将二维码信息和噪点信息的两个结果返回给用户交互界面对应的 Activity。

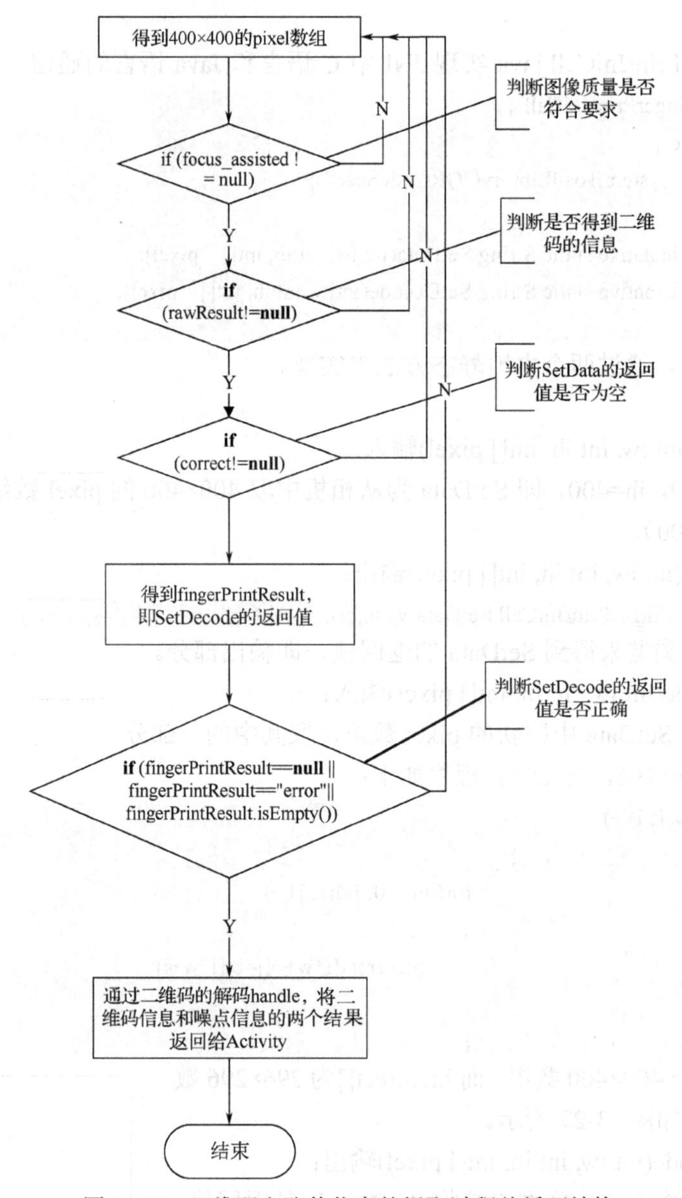

图 13-28　二维码和防伪信息的提取过程总循环结构

13.5 扫码小程序设计

用户（包括平台管理员、入驻平台的商家、消费者）在生活中需要对所购买的物品进行防伪溯源，而基于客户端的物品溯源微信小程序可以对物品进行信息的防伪溯源检测，大大节约了用户的时间，该微信小程序的主要功能就是对安全二维码进行识读，链接到所购买的物品信息，进行展示并跳转到物品对应详情页。

13.5.1 客户端小程序设计

微信小程序基于 XML、CSS 和 JS，提供相对封闭的 WXML、WXSS 和 JS，不支持 dom、Windows、jQuery 等第三方 JavaScript 框架，其与 HTML5 有很大差异。小程序本质并不是 B/S 的在线页面，而是采用 C/S 架构。在 WXML 中，通过 wx.request 或 socket 连接服务器。微信小程序只支持通过 HTTPS 调用微信 API（如 wx.request、wx.connectsocket）进行网络通信，是类似 DCloud 的流应用。微信小程序的代码随用随下载，大大提升了执行效率和用户体验，可更好地适应恶劣的网络环境。

微信小程序在技术架构上由 JS 负责业务逻辑的实现，而视图层则由 WXML 和 WXSS 共同实现，前者其实就是一种微信定义的模板语言，而后者类似 CSS，微信小程序的基本架构如图 13-29 所示。

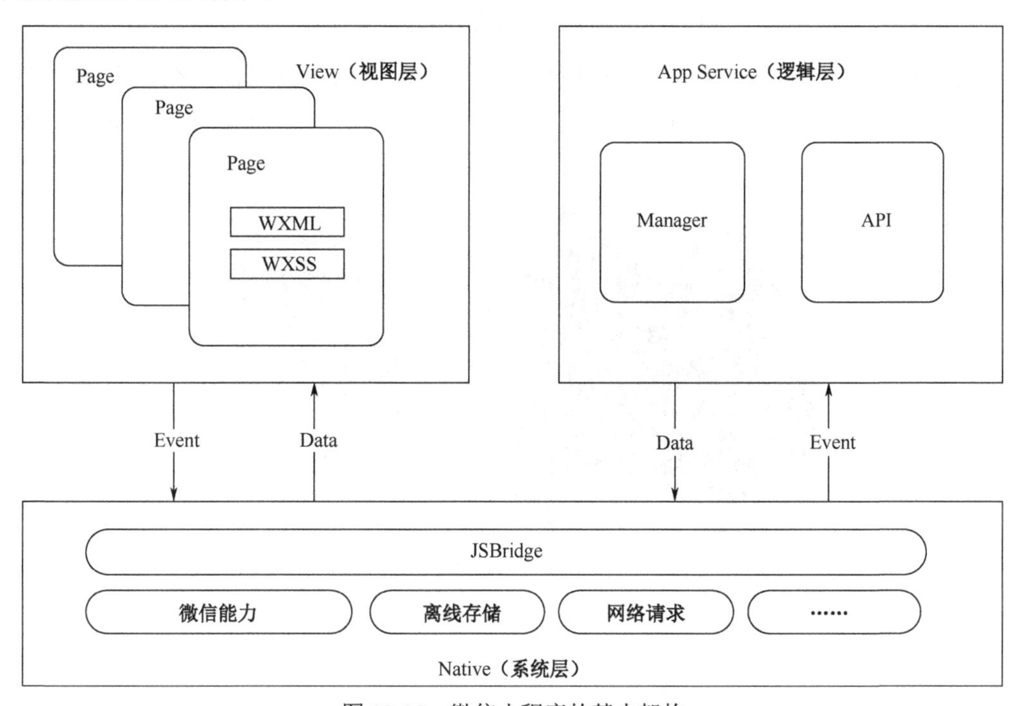

图 13-29 微信小程序的基本架构

微信小程序设计中使用 WXML 构建视图结构，使用 WXSS 描述样式，使用 WXS 模式开发，使用 PHP 编写系统的后台逻辑，使用 MySQL 数据库，通过优化缓存提高访问速度，减轻数据库压力，使用 Nginx 处理和转发请求。这里主要用到微信小程序的视图层和数据交互，展示还是通过 HTTPS 请求发往服务器进行相应处理，具体的数据请求由后台服务器进行相应处理。

用户点击进入微信小程序后，会出现首页，该页面的功能是产品库存查询，用户点击按钮即可进入相应的查询页面，该页面还可附加宣传产品的轮播图功能，首页效果如图 13-30 所示。

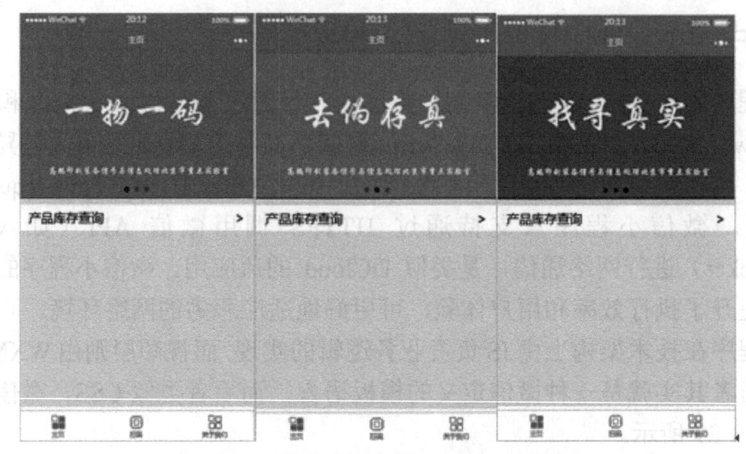

图 13-30　物品溯源微信小程序首页效果

当用户点击“产品库存查询”按钮后，跳转到相应的查询页面，在该页面中点击“当前选择”一栏，在页面底部将弹出相应的选择按钮，用户选择相应的产品种类名称后点击“确定”按钮，页面将会弹出对应种类产品的库存量，具体的效果如图 13-31 所示。

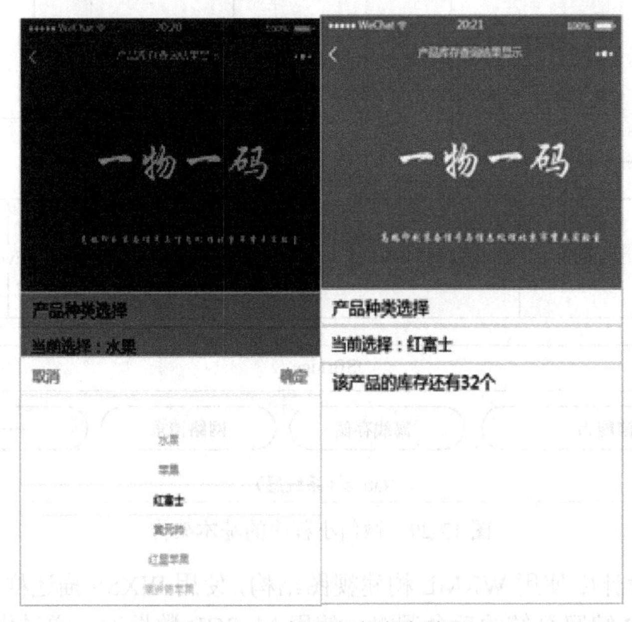

图 13-31　产品库存查询效果

二维码可以进行信息的隐藏和防伪处理，在不同光源下得到的二维码信息不同。扫码模块将调取微信的“扫一扫”获取二维码的内容并对其进行解析判断，在普通光源下扫描时将跳转到对应物品的详情页，在红外光源下扫描时将会获取一段加密后的字符串，系统对这个字符串进行解析判断，最后告知用户该物品是否来源于本平台，如果来源于本平台将跳转到物品的详细信息页面，具体如图 13-32 所示。

图 13-32　物品防伪溯源查询效果

13.5.2　后台用户画像

1. 用户画像的定义

用户画像（Persona）的概念最早由交互设计之父 Alan Cooper 提出，是指真实用户的虚拟代表，是建立在一系列属性数据之上的目标用户模型。随着互联网的发展，现在所说的用户画像又包含了新的内容，通常用户画像是根据用户人口学特征、网络浏览内容、网络社交活动和消费行为等信息而抽象出的一个标签化的用户模型。构建用户画像的核心工作，主要是利用存储在服务器上的海量日志和数据库里的大量数据进行分析和挖掘，给用户贴“标签”，而“标签”是能表示用户某一维度特征的标识。

用户画像以标签的形式将用户的个人信息、喜好、生活习惯等表现出来。根据用户的性别、年龄、地域等基础信息结合其在客户端的相关行为，计算提取出用户的兴趣模型，再将兴趣模型标签化，最终这些标签就形成该用户的虚拟模型。通过用户画像，未来的产品将是依据大数据分析出的用户真实喜好而设计与开发出来的，而不再是仅仅通过设计人员主观臆断出来的。

（1）数据收集。通过对用户行为数据的反馈，可以将数据类型分为显式反馈和隐式反馈。显式反馈数据可以直观地反映出用户对某件物品的喜好程度，如用户在系统中登记的相关个人信息或者对某件物品的评价打分等，可以很直观地反映出用户的喜好。隐式反馈数据主要记录用户在系统内的相关行为，如点击、搜索、评价等，从侧面能够体现出用户对某件物品或者某方面内容的喜好。

（2）兴趣建模。将第 1 步中收集到的数据进行数据清洗等工作，将无用或者干扰数据真实性的数据剔除，随后进行一系列建模整理工作，构建用户的兴趣模型。用户兴趣模型一般根据用户的相关历史行为（如点击、收藏、评价等）数据计算出能反映用户真实喜好的商品列表。

（3）画像构建。该过程主要深化第 2 步中得到的兴趣模型，将用户的基本属性、喜好等进行打标签，抽象出独属于该用户的个人标签。一般而言，标签都是以多级递增的方式来表达的。

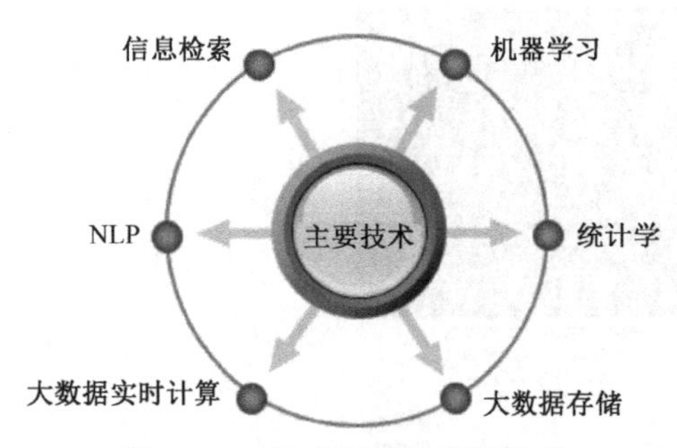

图 13-33 用户画像的构建技术

经过以上过程，用户画像基本构建完成。一般而言。用户画像其实是由一个个标签组成的，用户兴趣模型通过一个个标签来展现用户的喜好列表，画像构建中用到的技术涉及统计学、机器学习和自然语言处理（NLP）等，如图 13-33 所示。

目前主流的标签体系都是层次化的，首先将标签分为几大类，每个大类下再逐层细分。在构建标签时，只需要构建最下层的标签，就能够映射到上层标签，上层标签都是抽象的标签集合，一般没有实用意义，只有统计意义，标签粒度太粗会没有区分度，粒度过细会导致标签体系太过复杂而不具有通用性。

基于原始数据首先构建的是事实标签，事实标签可以从数据库中直接获取（如注册信息），或者通过简单的统计得到。这类标签构建难度低、实际含义明确，且部分标签可用作后续标签挖掘的基础特征（如产品购买次数可用作用户购物偏好的输入特征数据）。事实标签的构造过程也是对数据加深理解的过程。对数据进行统计的同时，不仅完成了数据的处理与加工，也对数据的分布有了一定的了解，为高级标签的构造做好了准备。模型标签是标签体系的核心，也是用户画像工作量最大的部分，大多数用户标签的核心都是模型标签。最后构建的是高级标签，高级标签是基于事实标签和模型标签进行统计建模得出的，它的构建多与实际的业务指标紧密联系。只有完成基础标签的构建，才能够构建高级标签。构建高级标签使用的模型可以是简单的数据统计模型，也可以是复杂的机器学习模型。

用户兴趣模型是会根据时间、地点等变化的，如大部分用户在夏天会购买半袖等凉爽的衣服，而在冬天会买更注重保暖的衣服。系统需要实时地根据用户的相关行为，分析用户的兴趣爱好，所以一个用户的画像是时刻在变化的。系统对用户的这种变化需要有实时敏感性，能够快速地根据用户发生的改变来改变本身的推荐策略。记录用户的搜索记录可以判断用户近期可能对某件产品或者某类型的产品感兴趣，用户近期内在某一商品详情页面停留许久，或者在评论区咨询其他购买过此商品的用户关于这件商品的评价，这些可以较清楚地说明用户对该商品比较感兴趣，系统可以为用户推送相关商品的信息。

用户的静态行为比较容易记录，但动态行为的记录是一个较复杂的过程，且其可能存在一些“脏数据”，致使数据分析不准确，所以在采集到数据之后还需要专门的人员进行数据清洗工作，再将剩余的数据进行分析建模后推荐给用户。

2. 用户画像的评估方法

用户画像效果最直接的评估方法就是看其对实际业务的提升，如互联网广告投放中画像效果主要看使用画像以后点击率和收入的提升，精准营销过程中主要看使用画像后销量的提升等。但是如果把一个没有经过效果评估的模型直接用到线上，风险是很大的，因此需要一些上线前可计算的指标来衡量用户画像的质量。用户画像的评估指标主要有准确率、覆盖率、时效性等。

1）准确率

标签的准确率指的是被打上正确标签的用户比例，准确率是用户画像最核心的指标，一个准确率非常低的标签是没有应用价值的。准确率的计算公式为

$$\text{precision} = \frac{|U_{\text{tag=true}}|}{|U_{\text{tag}}|} \tag{13-26}$$

式中：$|U_{\text{tag}}|$为被打上标签的用户数；$|U_{\text{tag=true}}|$为有标签用户中被打对标签的用户数。准确率的评估一般有两种方法：一种是在标注数据集里留一部分测试数据用于计算模型的准确率；另一种是在全量用户中抽一批用户进行人工标注，评估准确率。

2）覆盖率

标签的覆盖率指的是被打上标签的用户占全量用户的比例，标签的覆盖率应尽可能高。但覆盖率和准确率是一对矛盾的指标，需要对二者进行权衡，一般的做法是在准确率符合一定标准的情况下，尽可能提升覆盖率，覆盖尽可能多的用户，同时给每个用户打上尽可能多的标签，因此标签整体的覆盖率一般拆解为两个指标来评估。一个是标签覆盖的用户比例，另一个是覆盖用户的人均标签数，前一个指标表示覆盖的广度，后一个指标表示覆盖的密度，用户覆盖比例的计算方法如下：

$$\text{cov} = \frac{|U_{\text{tag}}|}{|U|} \tag{13-27}$$

式中：$|U|$为用户总数；$|U_{\text{tag}}|$为被打上标签的用户数。人均标签数的计算方法如下：

$$\text{ave} = \frac{\sum_{i=1}^{n} \text{tag}_i}{|U_{\text{tag}}|} \tag{13-28}$$

式中：$|\text{tag}_i|$为每个用户的标签数；$|U_{\text{tag}}|$为被打上标签的用户数。覆盖率既可以对单一标签计算，也可以对某一类标签计算，还可以对全量标签计算，这些都是有统计意义的。

3）时效性

有些标签的时效性很强，如兴趣标签、出现轨迹标签等，一周之前的就没有意义了；有些标签基本没有时效性，如性别、年龄等，可以有一年到几年的有效期。对于不同的标签，需要建立合理的更新机制，以保证标签时间上的有效性。

13.5.3　购物车模块设计

1．用户添加购物车逻辑模块

在平台中用户可以实现在未登录状态下添加购物车的功能，整个购物车模块的设计思路如下：当用户点击购物车按钮后，系统首先会判断用户是否登录，若用户未登录，则直接将所选商品的 ID 和商品对应的数量保存到 cookie 中，然后修改右上角中加入购物车的商品记录数。若用户已经登录，则首先判断登录用户的 cookie 中是否有商品信息，如果登录用户的 cookie 中有商品信息，则将 cookie 中的数据和新加入的商品数据合并，再将合并后的数据添加到数据库中，随后清空 cookie 中的商品数据，同时修改右上角中加入购物车的商品记录数；如果登录用户的 cookie 中没有其他商品信息，则将新增的

商品数据添加到数据库中，随后修改右上角中加入购物车的商品记录数，具体流程如图 13-34 所示。

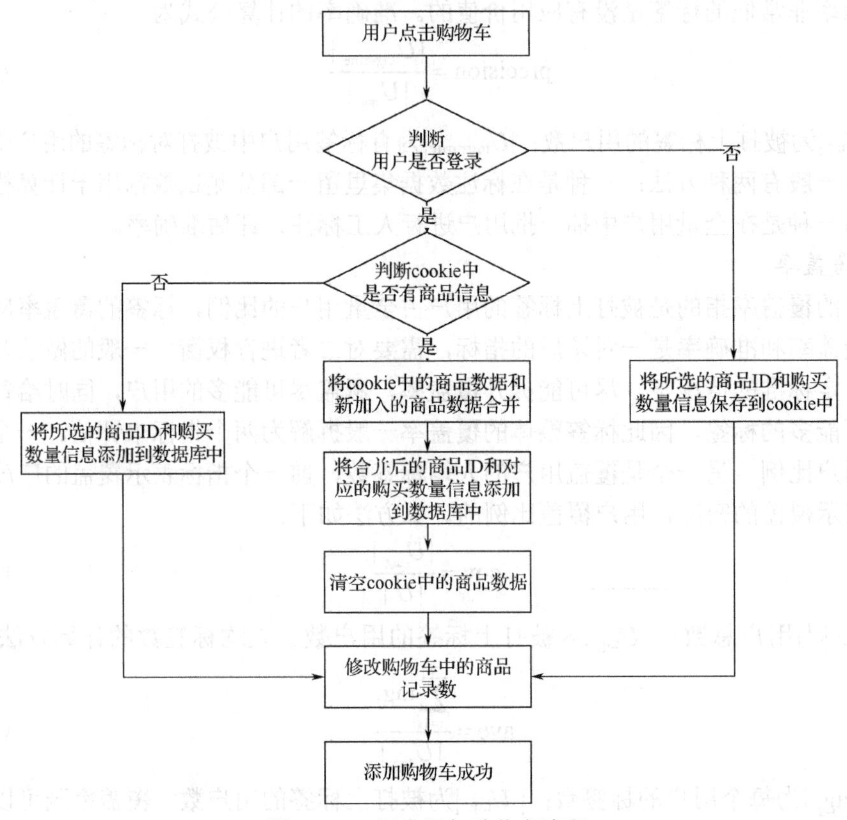

图 13-34　用户添加购物车流程

2．用户打开购物车逻辑模块

用户打开购物车逻辑模块的设计思路如下：当用户打开购物车后，系统会判断该用户是否登录，如果已经登录，则直接从数据库中提取出与该用户关联的商品 ID 和对应的商品数量，统计相应记录数并显示在购物车图标右上角，根据商品 ID 获取与其相关联的商品名称、图片、状态等信息；将已处于下架状态的商品置成灰色，并且使其无法被勾选，当用户点击此商品时，提示用户此商品已下架不能购买；从数据库中获取各个商品目前的库存，将库存为 0 的商品同样置灰；同时获取商品是否处于活动期间，如打折、促销等活动，标记此活动信息，最终计算出购物车中所选商品的总价，具体流程如图 13-35 所示。

购物车界面主要展示用户所选的商品信息，包括商品缩略图、商品名称、单价、数量、小计等，且能进行删除或者清空购物车等操作。图 13-36 所示为用户打开购物车界面。

用户登录后，将 cookie 中的信息与新增的数据合并添加到购物车并显示在购物车右上角，购物车缩略界面如图 13-37 所示。

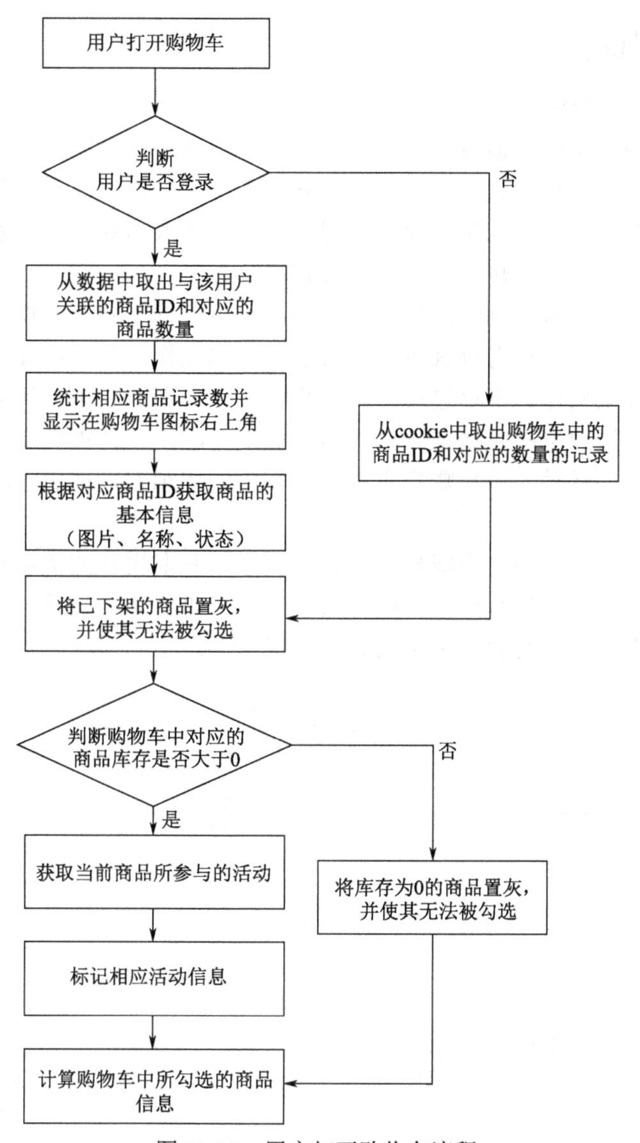

图 13-35　用户打开购物车流程

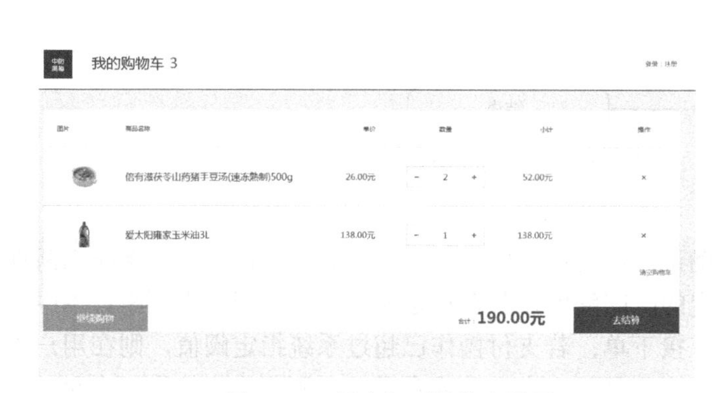

图 13-36　用户打开购物车界面

图 13-37　购物车缩略界面

13.5.4 订单模块设计

1．消费者下单模块

订单模块是商城系统中最复杂、最重要的一个模块，包含用户从购物车或者直接提交下单、订单生成、用户付款、物流交付等整个过程。订单生成后，若用户长时间未进行支付操作，则自动取消，同时库存的占用也会在支付取消后释放；若用户选择货到付款，则相应的支付环节也会转移到消费者收到商品之后。

用户提交订单时，首先判断用户是否登录，下单过程不同于购物车流程，下单过程需要校验用户是否登录，只有登录用户才可进行下单操作，若用户没有登录，则先跳转到登录页面进行登录操作。下单过程中，用户可以选择在购物车、活动详情页面或商品详情页面下单。当用户选择直接在活动详情页面下单时，在订单提交之前，后台会判断该商品是否参与促销活动，用户账户中是否有相应的优惠券，最后将这些计算结果提交给用户，使其进行下单操作。

当用户提交订单后，后台生成相应的订单列表，获取用户的优惠券和商家的促销活动，随后将商品按照商家进行分类。用户可以查看订单默认收货地址，并且可以修改收货地址，以及查看订单中是否使用了代金券、优惠券。下单模块流程如图 13-38 所示。

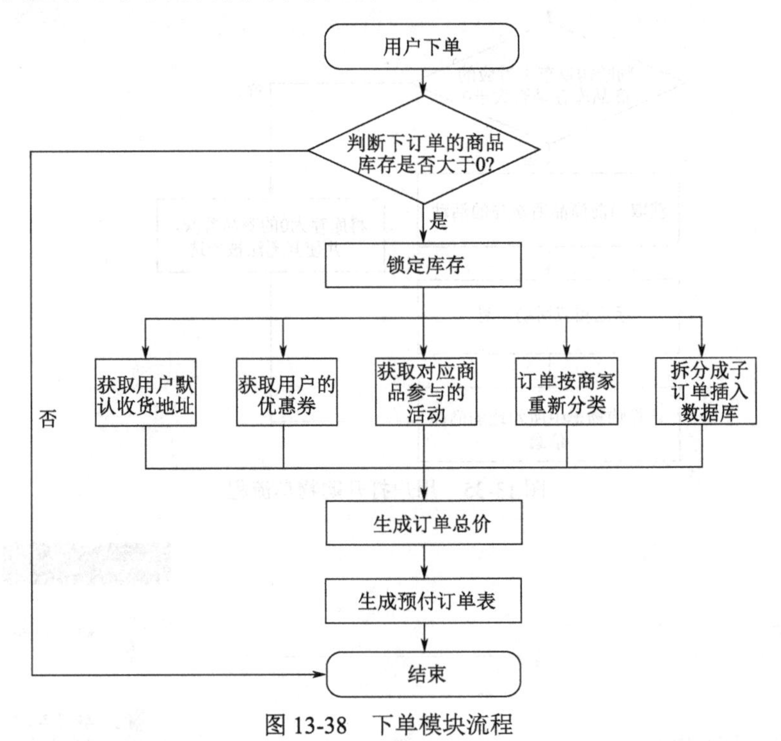

图 13-38　下单模块流程

2．消费者确认订单模块

提交订单操作是指消费者确认订单之后的操作，在消费者确认订单时，系统判断订单的提交时间是否超过系统指定的时间阈值，若在指定阈值之内，则不用判断订单中的商品是否还有库存，用户可以直接下单；若支付操作已超过系统指定阈值，则在用户进行支付操作时，系统再次查询对应商品的库存，若库存足够，则可以直接进行支付，若库存不够，则提示用户商品已经售罄。消费者确认订单模块流程如图 13-39 所示。

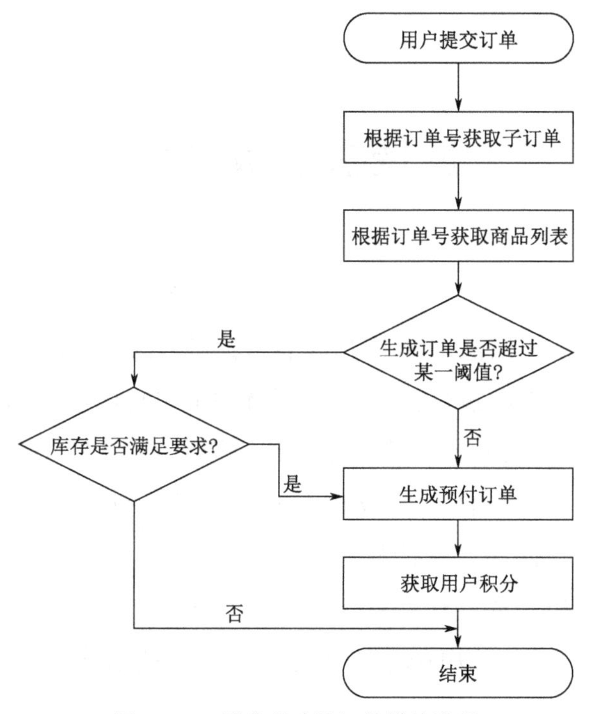

图 13-39　消费者确认订单模块流程

用户可以在购物车或者订单详情页面对自己想要购买的商品直接进行下单操作。用户进行下单操作后，系统会先判断对应商品的库存是否满足用户需求，在库存满足需求的情况下，系统获取用户收货地址、所拥有的优惠券、商家参与的活动，将其中的价格算出展现给用户，用户可以修改收货地址、选用优惠券等，之后用户可进行支付操作。若用户支付操作距离下单操作不超过预定的时间阈值，则可以直接进行支付；若支付操作距离下单操作已超过这一阈值，则系统会查询数据库，看当前商品的库存是否满足用户要求，若满足，则可继续支付，若不满足，则提示用户商品已售罄。

移动端系统和扫码小程序的开发和设计搭配多种防伪溯源技术，使消费者在购物时能够便捷、快速地获取商品的各环节信息，解决商品防伪、防窜货、溯源、营销等难题，打破渠道壁垒，建立企业与消费者的直接联系，帮助商家快速了解消费者。消费者用手机扫一扫便可以得知商品的真假信息，防伪查询体验较佳。

举报电话：（010）88254396；（010）88258888
传　　真：（010）88254397
E-mail:　　dbqq@phei.com.cn
通信地址：北京市万寿路 173 信箱
　　　　　电子工业出版社总编办公室
邮　　编：100036